KDS 국가건설기준 강도설계법과 한계상태설계법

철근콘크리트 전단과 비틀림

이 정 윤 지음

SHEAR AND TORSION

도서출판 동화기술

머리말

철근콘크리트 구조물의 휨과 압축에 대한 각 국의 설계기준은 매우 유사하지만 전단설계는 나라마다 다르다. 우리나라의 경우에 KDS 14 콘크리트기준과 KDS 41 건축구조기준의 전단설계는 미국의 ACI318기준과 동일하게 45도 트러스모델을 적용하고 있지만, 도로교설계기준(한계상태설계법)은 EC2-04기준과 동일하게 한계 소성트러스모델을 적용하고 있다. 이처럼 건축구조기준과 도로교설계기준에 다른 전단설계식이 적용되고 있어 실무자들이 이 들 전단설계식을 정확하게 적용하는데 어려움을 겪는 것이 현실이다.

이 책은 지난 한 세기 동안 연구되어 온 전단과 비틀림 분야의 주요 연구에 대하여 다루고 있다. 고전트러스모델, 소성트러스모델, 변형률의 적합조건을 고려한 트러스모델, 입체트러스모델 등을 설명하고, KDS 14 국가건설기준, 도로교설계기준(한계상태설계법), ACI318기준, 캐나다기준, 일본기준 등을 비교하여 설명하였다. 또한 KDS 14 국가건설기준에 적용되고 있는 스트럿－타이모델, 고강도 전단철근, 최대 전단강도, 최대 비틀림강도의 배경 이론을 상세하게 다루었다.

이 책에서는 기본 전단설계법과 함께 지진하중을 받는 부재의 전단연성능력, 에너지소산 등을 평가하고 철근콘크리트 부재의 전단 내진설계법을 소개하였다. 지진하중에 취약한 전이보, 하부 기둥, 보－기둥 접합부의 전단 내진특성과 이를 반영한 트러스모델을 설명하였다. 또한 실용 스트럿－타이 모델 설계법을 소개하고 이 방법을 KDS 41 건축구조기준의 깊은보 설계에 적용하였으며, 평면트러스와 입체트러스의 차이, 뒤틀림 효과 및 휨, 전단, 비틀림의 복합하중이 작용하는 부재의 비틀림설계법에 대해서도 설명하였다.

지난 한 세기 동안 철근콘크리트 구조물의 전단과 비틀림에 대한 많은 연구가 수행되었지만 아직 만족할 만한 수준에 도달하지 못하였다. 태생적으로 변동이 심한 전단과 비틀림강도를 기존의 이론으로 예측하는 것은 한계가 있으며, 현재의 한계를 돌파하기 위한 향후의 연구에서는 인공지능, 딥러닝, 빅데이터 등과 같은 최신 기술을 적극 활용해야 할 것으로 판단된다.

이 책에서는 저자가 지금까지 수행한 주요 연구 내용을 함께 정리하였다. 연구의 기반을 잡도록 지도해준 교토대학교의 F. Watanabe 교수님과 휴스턴대학교의 T. Hsu 교수님께 특별한 감사를 드린다. 또한 지난 20년 동안 함께 연구를 수행한 성균관대학교 콘크리트공학연구실 대학원생들에게 고마움을 전하며, 복잡한 그림과 수식을 포함하여 방대한 자료를 성심껏 검토해준 도서출판 동화기술 편집자에게 깊은 감사를 드린다.

저 자

차례

제 4 장 전단 설계기준

제 7 장 응력교란영역설계

제 8 장 비틀림 설계기준

제 9 장 복합하중을 받는 비틀림 부재

부록

찾아보기

부호

a ① 등가응력블럭의 깊이
② 전단경간[모멘트가 최대가 되는 위치에서 모멘트가 영(0)인 구간까지의 거리]

A_c ① 콘크리트 단면의 단면적
② 스트럿 양쪽의 스트럿 축과 직각인 단면적 중에서 작은 값

A_{cp} 비틀림 설계를 위한 보의 단면적

A_g 부재의 전 단면적

A_l 길이방향 비틀림철근의 총 단면적

$A_{l,\min}$ 부재축방향(종방향) 비틀림철근의 최소 면적

A_n ① F_u의 작용선에 직각인 절점영역 경계면의 면적 또는 합력 작용선에 직각인 절점영역 경계면의 면적
② 인장철근의 단면적

A_o 폐쇄형 비틀림철근 중심이 감싸고 있는 콘크리트의 유효면적

A_{oh} 폐쇄형스터럽에 둘러싸인 보의 단면적

A_{ps} 타이 안에 있는 프리스트레스가 가해진 철근(긴장재)의 단면적

A_s 인장철근의 단면적

$A_s{}'$ 압축철근의 단면적

A_{si} 콘크리트 스트럿 중심선과 이루는 각 γ_i와 철근의 간격 s_i로 배치된 철근의 전체 면적

A_{st} 타이 안에 있는 프리스트레스 되지 않은 철근의 단면적

A_t 폐쇄형 비틀림철근 한 가닥의 단면적

A_v 전단철근의 단면적

A_{vh} 휨인장철근과 평행한 수평전단철근의 단면적

b 단면의 폭

b_w 단면 복부의 폭

c 중립축의 깊이

C_d 콘크리트 압축대의 압축력

d 압축연단에서 인장측 철근의 중심까지의 거리(단면의 유효높이)

d_b 주철근의 지름

d_s 스터럽의 지름

E_c 콘크리트의 탄성계수

E_s 철근의 탄성계수

E_{tc} 콘크리트의 인장탄성계수

f ① 연직응력
② 휨응력

f_1 주인장응력

f_1^c 콘크리트의 주인장응력
f_2 주압축응력
f_2^c 콘크리트의 주압축응력
f_a 콘크리트 스트럿에 발생하는 응력
f_c 콘크리트의 응력
f_{ce} 콘크리트 스트럿의 유효압축강도
f_{ck} 콘크리트의 압축강도(최대 응력)
$f_{ck,c}$ 횡구속 콘크리트의 압축강도
f_{cr} 콘크리트의 인장강도
f_{cte} 콘크리트의 유효인장강도
f_{ctm} 콘크리트 평균인장강도
f_{cu} 콘크리트 스트럿의 유효압축강도
f_l 부재축방향(l 방향)의 직응력
f_{ls} l 방향에 배근된 철근의 응력
f_m^c m-방향의 콘크리트의 압축응력
f_n 복부에 작용하는 압축응력
f_n^c n-방향의 콘크리트의 인장응력
f_r 휨인장강도
f_s ① 철근의 응력
② 사용 하중 상태에서 인장 연단에 가장 가까이 배근된 철근의 응력
f_{s1}, f_{s2} 균열 사이면과 균열면에서의 철근 응력
$f_{s,ave}$ 철근의 평균응력
f_{so} 균열단면의 철근응력
f_{sp} 콘크리트의 쪼갬인장강도
f_s' 압축철근의 응력
f_t 부재축과 직각되는 방향(t 방향)의 직응력
f_{ts} ① t 방향에 배근된 철근의 응력
② 전단철근의 도달 응력
f_{t2} 균열 사이면의 콘크리트의 인장응력
$f_{t,ave}$ 콘크리트의 평균인장응력
f_x 부재축방향 응력
f_y 부재축에 대한 직각방향 응력
f_{yl} 길이방향 비틀림철근의 항복강도
f_{yt} ① 전단철근의 항복강도
② 폐쇄형 비틀림철근의 항복강도

F_n 스트럿, 타이, 또는 절점영역의 공칭강도
F_{nn} 절점영역의 공칭강도
F_{ns} 콘크리트 스트럿의 공칭압축강도
F_u 계수하중에 의하여 스트럿, 타이 또는 절점영역의 한 면에 작용하는 힘
G 전단탄성계수
h 부재 단면의 높이
I 단면2차모멘트
I_g 전단면적에 대한 단면2차모멘트(전단면2차모멘트)
jd 압축력과 인장력의 합력의 중심간 거리
k 크기효과 계수
l 부재의 중심간 거리
l_b 보의 접합부의 중심에서 중심까지의 길이
l_c 기둥의 접합부의 중심에서 중심까지의 길이
l_n 부재의 순간격
M 휨모멘트
M_{cr} 휨균열모멘트
M_n 단면 저항휨모멘트
M_u 소요휨모멘트
n ① 탄성계수의 비
② 균열을 가로지르는 철근의 수
p_{cp} 보의 둘레길이
p_h 전단흐름의 둘레길이
q 전단흐름
r 단면 중심에서 전단흐름까지의 거리
s ① 전단철근의 간격
② 폐쇄형 비틀림철근의 간격
s_h ① 깊은보의 수평 철근 간격
② 벽체의 수평 철근 간격
t 단면의 두께
T ① 비틀림모멘트
②인장력
T_{cr} 균열비틀림모멘트
T_{cu} 순수비틀림만이 작용한 경우의 비틀림내력
T_n 공칭비틀림모멘트
T_s ① 사인장균열을 가로지르는 모든 스터럽의 인장합력
② 비틀림철근에 의한 비틀림내력
T_u 소요비틀림모멘트

u	부착응력
v	전단응력
v_{lt}	$l-t$ 방향의 전단응력
v_{mn}	$m-n$방향의 콘크리트의 전단응력
V	전단력
V_a	아치작용에 의한 콘크리트 전단강도
V_c	콘크리트에 의한 전단강도
V_d	설계전단강도
$V_{d,\max}$	전단철근이 있는 부재의 복부 콘크리트 경사압축대의 압축파괴를 기준으로 한 최대설계전단강도
V_n	공칭전단강도
V_s	전단철근에 의한 전단강도
V_{sd}	전단철근이 있는 부재의 전단철근에 의한 설계전단강도
V_u	소요전단강도
w	① 분포하중 ② 균열의 폭
w_c	콘크리트의 단위 질량
w_t	타이의 유효폭
x	단면의 짧은 변의 길이
x_o	폐쇄형 비틀림철근의 짧은 변 중심간의 길이
y	① 단면의 중립축으로부터 떨어진 거리 ② 단면의 긴 변의 길이
y_o	폐쇄형 비틀림철근의 긴 변 중심간의 길이
α	① 변환각트러스모델에서 콘크리트의 주압축응력의 각도 ② 스터럽의 방향과 부재축이 이루는 각도
α_{cw}	기둥과 같이 축력이 작용할 경우에 발생하는 복부 압축력의 영향계수
β	변환각트러스모델에서 균열 각도 θ와 콘크리트 주압축응력각도 α의 차이
β_n	절점영역의 콘크리트 유효압축강도에 대한 타이의 정착이 미치는 영향을 고려한 계수
β_s	콘크리트 스트럿의 강도감소계수
γ_{lt}	l-과 t-방향의 전단변형률
γ_{mn}	$m-n$방향의 콘크리트의 전단변형률
η	콘크리트 직사각형 등가 압축응력블록의 크기를 나타내는 계수, 콘크리트의 실제 응력면적과 콘크리트의 최대 응력을 기준으로 한 직사각형 응력면적의 비
ε_1	콘크리트의 주인장응력의 방향(제1-방향)의 평균변형률
ε_2	콘크리트의 주압축응력 방향(제2-방향)의 평균변형률
ε_c	콘크리트의 변형률
ε_{cm}	균열간격 내의 평균 콘크리트변형률

ε_{co}	콘크리트의 압축강도에 상응하는 변형률
ε_{cr}	콘크리트의 인장강도에 상응하는 변형률
ε_{cu}	콘크리트의 극한 변형률, 압축연단의 콘크리트 변형률
ε_l	l-방향의 철근 평균변형률
ε_m^c	m-방향의 콘크리트의 압축변형률
ε_n^c	n-방향의 콘크리트의 압축변형률
ε_s	철근의 단면 중심에서의 변형률
$\varepsilon_{s,ave}$	철근의 평균변형률
ε_t	t-방향의 철근 평균변형률
$\varepsilon_{t,ave}$	콘크리트의 평균인장변형률
ε_y	철근의 항복변형률
θ	① 주압축응력의 각도 ② 콘크리트 압축대와 부재축이 이루는 각도 또는 균열의 각도 ③ 비틀림 각 φ의 변화율, 즉, 단위 길이에 대한 비틀림회전각($\theta = d\varphi/dx$)
λ	경량콘크리트 계수
λ_s	크기효과 계수
ξ	콘크리트의 유효압축강도계수
ρ	① 철근비 ② 인장철근비
ρ_l	① l에 배근된 철근의 철근비 ② 길이방향 비틀림철근의 철근비
$\rho_{t,\min}$	전단철근의 최소 철근비
$\rho_{t,\max}$	전단철근의 최대 철근비
ρ_t	① t방향에 배근된 철근의 철근비 ② 폐쇄형 비틀림철근의 철근비
ρ_w	주인장철근비
ρ'	압축철근비
φ	비틀림회전각
ϕ	강도감소계수
ϕ_c	콘크리트 재료계수
ϕ_s	강재의 재료계수
ϕM_n	설계휨모멘트
Ψ	소성트러스모델의 재료계수, $\Psi = \rho_t f_{yt}/(\xi f_{ck})$
Σo	철근의 둘레길이

MEMO

제1장
일반 사항

1.1 개요

콘크리트는 인간이 생활하고 활동하기 위해 필요한 공간을 구축하는데 가장 많이 기여하는 구조재료이다. 콘크리트의 제조와 설계기술의 발달과 함께 인류의 주거환경에는 큰 변화가 이루어졌으며, 사회간접자본 시설도 획기적으로 발전하였다. 콘크리트는 1960년대에 우리나라 경제성장의 원동력이었고, 1980~1990년대에는 공동주택에 의한 주거환경 변화를 이끌었다. 또한 2000년대 이후에도 우리나라 경제성장 달성의 주축이 되고 있다.

콘크리트 산업의 발전은 경제성장과 주거환경 개선의 주춧돌이 되었지만 부실 공사, 산업 폐기물 등 어두운 그림자를 드리우기도 하였다. 또한, 콘크리트를 거주 공간을 개선해 주는 소중한 재료로 인식하지 않고, 쉽게 구하고 시공할 수 있는 값 싼 재료로 잘못 인식하여 온 것도 사실이다. 1997년 국가 경제위기를 겪은 후에 건설 산업의 성장세는 크게 둔화하였으며, 지난 십여 년간 세계적인 경기침체와 국내건설시장의 포화로 건설경기는 극심한 침체에 직면하고 있다. 특히 우리나라가 개발도상국에서 선진국 대열로 진입함으로써 국가 기간산업이 증가되지 않고, 신규 주택공급 역시 축소되면서 건설산업은 장기간의 침체에 직면하고 있다. 이를 해결하기 위해서는 새로운 패러다임의 첨단 콘크리트 설계 기술의 개발이 요구된다.

구조설계 측면에서 보면 콘크리트 구조물이 대형화, 고층화, 비정형화되고 재료 기술이 발전됨에 따라 콘크리트 설계기술도 비약적으로 발전하였다. 특히, 철근콘크리트를 사용한 초고층건물 및 특수구조물의 증가로 인해 구조 해석 및 설계, 내진 및 내풍 설계, 성능기반설계, 비선형해석, 파괴역학, 구조시스템, 콘크리트 거동의 정밀해석 기법 개발 등의 콘크리트 관련 구조설계기술이 발전하였다. 해방 이후 일본과 미국식 설계기준을 답습하던 철근콘크리트 설계기준은 1999년 우리나라 콘크리트설계기준이 제정된 이후에 2003년, 2007년, 2012년, 2017년에 개정, 보완되어 설계기술 발전을 위한 지속적인 노력이 이루어졌다. 설계기술 개발과 함께 콘크리트 용어의 정비, 국제표준화, Asian Concrete Model Code 개발, ISO 국제 규격 등록, KS기준 제정, KDS 국가건설기준 등과 같은 제도 개선과 국제화가 이루어지고 있다.

그러나 철근콘크리트 구조설계 중에서 전단, 비틀림, 부착 설계 등은 아직 만족할 만한 수준에 도달하였다고 말하기는 어렵다. 특히 전단과 비틀림은 지난 반세기 동안 수많은 실험 결과와 이론이 발표되었지만 여전히 경험적 또는 반 실험적 방법에 의존하고 있다. 이 책에서는 그 동안 연구되어 왔던 전단과 비틀림 분야의 주요 연구를 설명하고,

KDS 14 국가건설기준과 도로교설계기준(한계상태설계법)을 비교하여 검토하였다. 또한 전단력이 지배하는 부재의 내진설계법과 스트럿-타이 모델에 관해 기술하였다.

1.2 전단과 비틀림설계의 역사적 배경

철근콘크리트 부재의 합리적인 전단설계는 1898년 Ritter가 제안한 트러스유사론(이하 트러스모델)에서 시작되었다고 할 수 있다. 콘크리트의 압축대, 전단철근의 인장대, 주철근의 인장대로 구성된 트러스모델은 1902년 Morch에 의하여 연속체의 개념으로 바뀌었다. 1900년대 초반의 ACI 구조설계기준에서는 철근콘크리트 부재의 전단강도를 콘크리트 기여분과 45도 트러스모델에 의하여 계산된 전단철근의 기여분의 합에 의해 계산하였으며, 콘크리트의 전단기여분(V_c)은 압축강도의 약 2퍼센트에서 4퍼센트 사이로 계산하였다. 1950년대까지 전단과 비틀림에 대한 연구는 활발하지 않았지만, 1955년 미국에서 비행기 격납고가 전단에 의해 파괴된 사고 이후에 전단에 대한 연구가 급격하게 증가하였다.

콘크리트의 전단강도(V_c)에 대해서는 1909년에 Morsch가 제안한 전단파괴시의 평균 전단응력을 콘크리트의 인장강도와 관련짓는 방법이 제안되었으며, 1960년대 중반에 Kani (1964)의 Comb-tooth analogy와 Zsutty (1971)에 의하여 전단경간비의 영향이 반영된 식이 제안되었다. 그 이후에 Okamura 등(1980)에 의하여 콘크리트의 인장강도, 주철근비, 전단경간비, 축력, 크기효과를 고려한 식이 제안되었다. 이 밖에도 Bažant 등(1984)은 파괴역학의 관점에서 골재의 최대 크기를 고려한 식을 제안하였다. ASCE-ACI Committee 426 (1998)에서는 균열이 발생한 콘크리트의 전단 전달메커니즘으로 균열이 발생하지 않은 콘크리트의 휨압축영역, 균열면에서의 전단전달(골재의 맞물림작용, 균열마찰작용), 장부작용, 아치작용, 균열부에서 직접 전달되는 잔류 인장응력 등을 제시하였다.

전단철근의 전단강도(V_s)에 대해서 대부분의 기준은 트러스모델에 근거하고 있다. Ritter가 제안한 트러스모델은 1970년대까지는 힘의 평형조건만을 이용한 변환각트러스모델((Kupfer 1964, Caflisch 등 1971, Lampert와 Thurlimann 1971), 소성트러스모델(Nielsen, 1967) 등으로 발전되었다. 이러한 트러스모델을 바탕으로 1980년대 중반 스트럿-타이 모델(Schlaich 등 1984, 1987)이 제안되어 응력교란영역의 설계에 적용되었다. 힘의 평형조건만을 이용한 트러스모델은 1980년 대 중반에 토론토대학(Vecchio, & Collins, 1986)과 휴스턴대학(Hsu, 1988) 연구진을 중심으로 변형률의 적합조건을 고려한 트러스모델로 발전되었다. 또한 균열마찰면의 저항을 바탕으로 한 트러스모델이 Reineck 등(1991)에 의하여 제안되었다. 취리히 연방공과대학(ETH)의 연구진(Kaufmann과 Marti, 1998)은 균열면의 평균부착응력의 개념과 소성파괴 한계를 연계한 Cracked Membrane Model (CMM)을 제시하였다.

비틀림 연구의 시작으로 1826년에 제안된 Navier의 원형관에 대한 비틀림이론을 꼽을 수 있다. 이 이론에서는 탄성 상태이며 방향성이 없는 균질한 재료에 대하여 후크의 법칙을 이용하여 비틀림모멘트가 유발하는 전단응력과 비틀림회전각을 유도하였다. Navier의 탄성이론은 1856년 St. Venant에 의해 사각형 단면을 갖는 부재의 비틀림내력평가로 발전되었다. 한편, Nadai (1950)는 St. Venant의 탄성이론과는 다르게 소성이론을 적용하여 직사각형 단면의 비틀림내력을 계산하였다.

철근콘크리트 부재의 비틀림설계는 1896년 제안된 Bredt의 박판튜브이론(thin walled tube theory)과 밀접한 관련이 있다. 박판튜브이론에서는 단면의 바깥쪽을 중심으로 발생하는 전단흐름(shear flow)을 이용하여 비틀림내력을 계산하고 있다.

콘크리트의 비틀림 저항(T_c)에 대해서 St. Venant의 탄성이론과 Nadai의 소성이론에서 유도된 비틀림응력 평가식을 콘크리트 단면에 적용하면 실제값을 정확하게 예측할 수 없다. 이는 콘크리트가 탄성재료가 아니며, 또한 소성이론을 적용할 만큼 충분한 연성능력이 없기 때문이다. 따라서 콘크리트의 파괴특성을 고려한 Skew bending 이론이 제안되었다. Skew bending 이론에서는 부재축에 일정한 방향으로 작용하는 콘크리트의 비틀림모멘트를 균열과 평행한 방향의 휨모멘트와 균열과 직각되는 방향의 뒤틀림모멘트로 분해하여 계산하였다.

ACI 318기준식에서는 1960년대까지 간접적으로 반영되었던 철근콘크리트 부재의 비틀림 효과를 1971년 발표된 ACI기준에 콘크리트에 의한 비틀림강도(T_c)와 비틀림철근에 의한 비틀림강도(T_s)의 합으로 반영하였다. 비틀림 평가식은 MacGregor 등(1995)의 연구 결과에 근거하여 1995년에 개정되었다. 개정된 비틀림 평가식도 박판튜브이론과 입체트러스이론에 근거하고 있지만, 1995 이전의 ACI 318기준식과 다르게 비틀림철근만에 의해 비틀림 내력을 계산한다.

전단설계식의 경우에 사인장균열의 각도를 계산하기 위하여 45도 트러스모델, 소성트러스모델, 수정압축장이론 등이 ACI318-19 (2019), EC-04 (2004), CSA-14 (2014), JSCE-07 (2007)기준 등에 적용되었지만, 비틀림내력의 경우에는 네 기준 모두 입체트러스모델과 박판튜브이론에 근거하여 유도된 내력 산정식을 사용하고 있다. 전단력에 의하여 발생하는 사인장균열의 각도는 ACI318-19와 JSCE-07기준의 경우에는 45도로 가정하지만 EC-04, CSA-14기준 등에서는 각각 변환각트러스모델과 수정압축장이론에 근거하여 계산하고 있다. 한편, 비틀림모멘트에 의하여 발생하는 사인장균열의 각도에 대해서는 네 기준 모두 횡방향과 종방향 비틀림철근의 양에 의하여 계산한다.

위와 같이 지난 100여 년 동안 전단과 비틀림에 대한 많은 연구가 진행되어 왔지만 현재 KDS 14 국가건설기준에서 규정하고 있는 전단과 비틀림에 관련된 식은 [그림 1.1]에 표시된 것과 같이 40개가 넘는다. 전단과 비틀림설계에 사용되는 식은 해가 지날

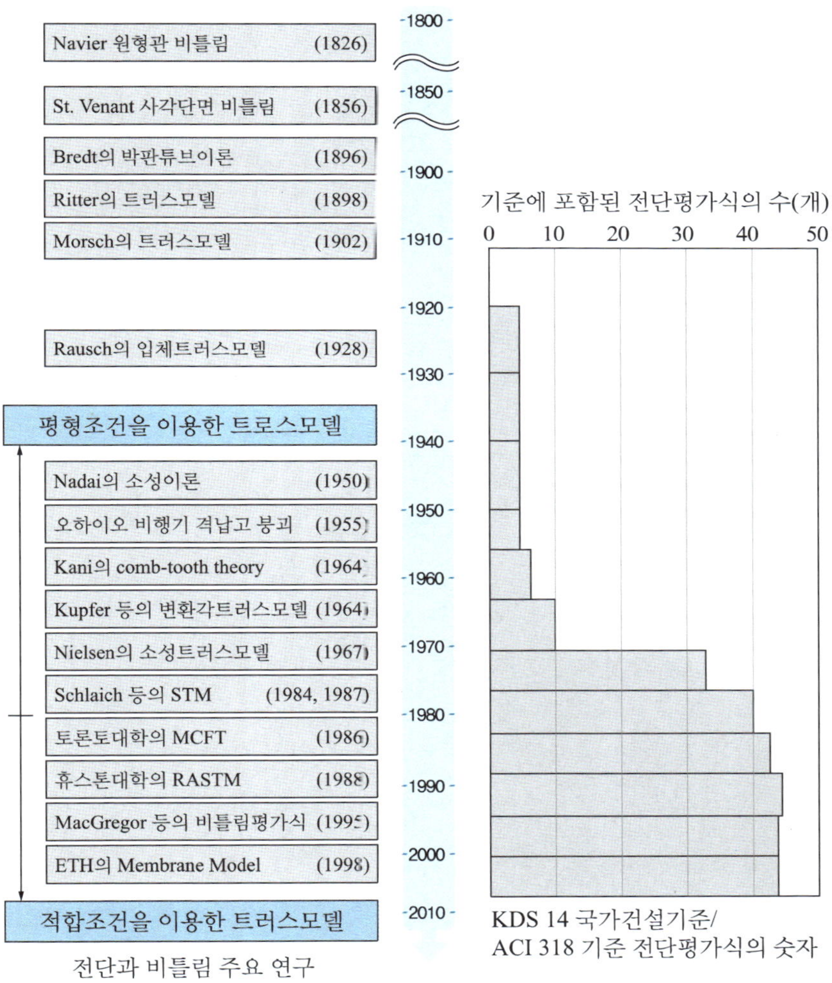

[그림 1.1] 전단과 비틀림 주요 연구 및 기준식의 숫자
(Collins 등, 1996, 내용 재정리 및 보완)

때마다 점점 증가하는 추세이며 이러한 경향은 전단과 비틀림에 대한 합리적인 이론이 부족하고 실험과 경험에 의존하여 적용 조건이 달라질 때마다 새로운 식이 필요하기 때문이다.

제 2 장

전단저항요소

2.1 일반 사항

등방성(isotropy)이며 균질한 재료의 전단내력은 고전 탄성이론을 이용하여 비교적 쉽게 계산할 수 있다. 그러나 이방성(anisotropy)이며 복합 재료인 철근콘크리트 부재의 전단내력을 계산하는 것은 쉽지 않다. 철근콘크리트는 철근과 콘크리트라는 두 가지 복합 재료로 구성되어 있을 뿐만이 아니라 콘크리트는 시멘트, 골재, 물, 혼화재 등과 같이 다양한 재료의 복합체이다. 따라서 철근콘크리트는 힘이 작용하는 방향에 따라서 재료의 성질이 달라지기 때문에 탄성재료에 적용하는 이론으로 철근콘크리트의 전단거동을 예측하기가 어렵다. 지난 한 세기 동안 철근콘크리트의 전단내력에 영향을 주는 요소를 평가하기 위하여 다양한 이론과 실험이 진행되었다. ASCE-ACI 위원회 426 (1973)에서는 전단철근이 없는 부재의 전단저항요소를 균열이 발생하지 않는 압축영역에서의 전단저항, 골재의 맞물림작용에 의한 전단저항, 장부작용(dowel action, 다월액션)에 의한 전단저항, 아치작용에 의한 전단저항의 네 가지로 분류하였다. 그러나 부재의 전단강도는 이러한 네 가지 요소뿐만 아니라 다른 여러 요소에 의하여 복합적인 영향을 받는다. 따라서 2장에서는 콘크리트의 전단거동에 영향을 주는 기본 요소를 먼저 소개한다. 이를 위하여 탄성체의 수평전단내력과 콘크리트 부재의 수평전단응력의 차이를 먼저 설명한다. 또한 콘크리트의 전단저항요소인 콘크리트의 인장강도, 골재의 맞물림작용, 장부작용, 전단경간비, 크기효과, 휨모멘트 및 축력, 2방향응력의 영향에 대하여 소개한다.

2.2 수평전단응력

2.2.1 탄성체의 수평전단응력

철근콘크리트 부재의 전단을 이해하기 위하여 탄성체의 수평전단응력을 우선 검토할 필요가 있다. [그림 2.1]과 같이 임의의 하중이 작용하는 부재의 길이방향으로 작은 길이 dx 를 절단하고, 절단된 부재에 작용하는 힘의 상태를 살펴보면 [그림 2.1(b)]가 된다. 절단된 작은 길이 dx 는 좌측면과 우측면의 모멘트에 차이(dM)가 발생한다. 우력모멘트(couple)는 압축력과 인장력에 이들 힘의 중심간의 거리로 곱한 값과 동일하므로

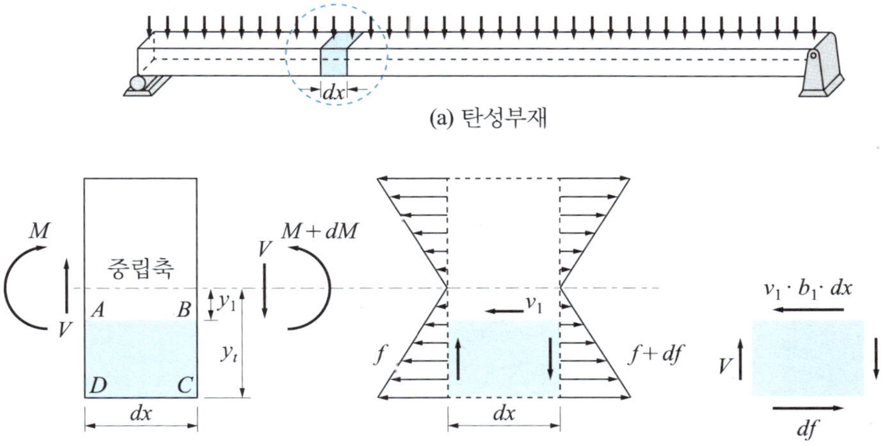

(a) 탄성부재

(b) dx에서의 힘의 상태

(c) 수평전단응력의 분포

[그림 2.1] 탄성체의 수평전단응력

모멘트의 차이(dM)를 [그림 2.1(b)]의 응력 차이(df)로 표현할 수 있다. 작은 길이 부재 dx를 중립축을 기준으로 중립축으로부터 y만큼 떨어진 곳까지를 다시 절단하여 [그림 2.1(c)]와 같은 힘의 상태를 구할 수 있다.

중립축에서 dx만큼 떨어진 임의의 위치에서의 휨응력(f)은 식(2.1)에 의해 구해진다.

$$f = \frac{M}{I}y \tag{2.1}$$

여기서, I : 단면2차모멘트

식(2.1)을 이용하여 [그림 2.1(b)]의 응력의 차이(df)를 식(2.2)으로 변경한 후에 전단력(V)과 모멘트(M)의 관계인 $dM/dx = V$를 이용하여 df를 식(2.3)으로 유도한다.

$$df = \frac{y}{I}dM \tag{2.2}$$

$$df = \left(\frac{df}{dx}\right)dx = \frac{y}{I}\frac{dM}{dx}dx = \frac{y}{I}Vdx \tag{2.3}$$

[그림 2.1(b)]의 절단한 면적 ABCD의 부재축방향에 대한 힘의 평형 $\Sigma F_x = 0$에서 식(2.4)를 유도한다.

$$- v_1 b_1 dx + \int_{y_1}^{y_t} (-f + f + df) dA = 0$$

$$v_1 b_1 dx = \int_{y_1}^{y_t} (df) dA \tag{2.4}$$

식(2.4)에 식(2.3)을 대입하여 식(2.5)를 구한다.

$$\int_{y_1}^{y_t} df \cdot dA = \frac{V}{I} dx \int_{y_1}^{y_t} y \cdot dA = \frac{VQ_1}{I} dx \tag{2.5}$$

여기서, $Q_1 = \int_{y_1}^{y_t} y \cdot dA$: y_1에서 하단 y_t에 이르는 단면의 중립축에 대한 단면1차모멘트이다.

AB면의 전단력(V_1)은 전단응력(v_1)에 면적을 곱해 계산할 수 있으므로 y_1에서의 수평전단응력(v_1)은 식(2.5)에 $V_1 = v_1 b_1 dx$의 관계인 식(2.4)를 대입하여 계산한다.

$$v_1 = \frac{Q_1}{I \cdot b_1} V_1 \tag{2.6}$$

식(2.6)을 일반화하여 중립축에서 y만큼 떨어진 위치의 수평전단응력(v)을 식(2.7)에 의해 계산한다.

$$v = \frac{V \cdot Q}{I \cdot b} \tag{2.7}$$

2.2.2 철근콘크리트 부재의 수평전단응력

철근콘크리트는 철근과 콘크리트로 이루어진 복합 재료이다. 탄성 상태에서 복합 재료를 단일 재료로 변화시키기 위해서는 어느 한 재료의 단면적을 다른 재료의 단면적으로 변환한 후에 전체 단면을 한 종류의 재료로 하여 계산하는 것이 편리하다. [그림 2.2(a)]의 탄성계수가 다른 콘크리트와 철근으로 이루어진 단면을 식(2.8)의 탄성계수의 비(n)를 이용하여 단일 재료로 변환할 수 있다.

$$n = \frac{E_s}{E_c} \tag{2.8}$$

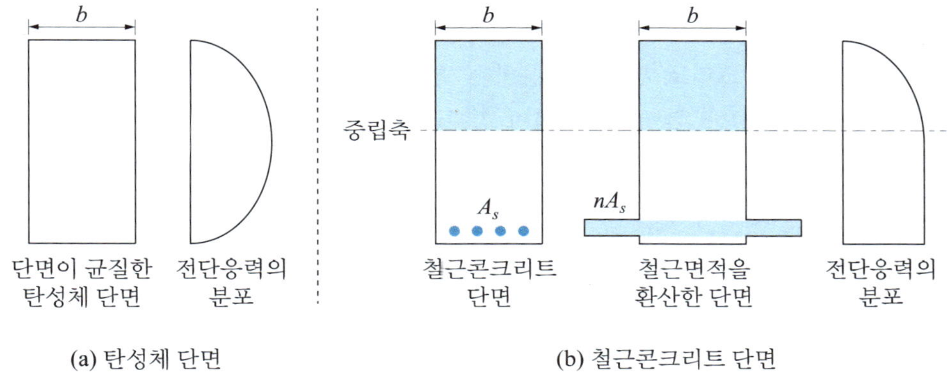

[그림 2.2] 수평전단응력의 분포

여기서, n : 탄성계수의 비

E_s : 철근의 탄성계수

E_c : 콘크리트의 탄성계수

힘과 변형의 관점에서 단면의 응력을 계산할 때 두 가지 재료를 한 재료로 변환하여 계산한 경우와 두 가지 재료를 각각 분리하여 계산한 경우에 결과는 동일하다. 따라서 [그림 2.2(b)]와 같이 철근을 콘크리트로 변환하여 단면적과 단면모멘트를 계산할 수 있다.

인장에 약한 콘크리트는 중립축 아래 인장측에서 균열이 발생할 수 있다. 균열이 발생한 이후에 휨인장력을 받는 콘크리트 단면은 무시해야 하며, 변환된 철근의 면적만을 계속 사용할 수 있게 된다. 식(2.7)에서 수평전단응력(v)이 단면1차모멘트(Q)에 비례하므로 중립축에서 일정한 거리를 유지하고 있는 변환된 철근 단면의 단면1차모멘트는 인장력을 받는 부분에서 일정하게 된다. 따라서 압축연단에서 중립축까지는 탄성체의 수평전단응력의 분포형태와 일정하지만, 중립축에서 철근 위치까지의 수평전단응력은 변환된 철근 단면적에 의한 영향만을 고려하여 [그림 2.2(b)]와 같이 일정한 분포가 된다. 다만 이러한 유도는 몇 가지 가정에 근거하고 있음을 잊어서는 안 된다. 즉, 단면을 변환하기 위해서는 두 재료가 모두 탄성 상태이며 후크의 법칙(Hooke's law)을 적용할 수 있어야만 하는데 철근은 이러한 가정을 적용할 수 있지만, 콘크리트는 응력이 조금 증가한 후에는 후크의 법칙을 적용할 수 없다는 것이다. 또한 콘크리트의 탄성계수는 할선탄성계수(secant modulus of elasticity)를 사용하고 응력의 각 단계마다 변화하므로 정확한 콘크리트의 탄성계수를 적용할 수 없다. 특히 인장응력을 받는 콘크리트 단면을 모두 배제하는 것이 타당한지에 대한 의문이 남게 된다.

2.2.3 철근콘크리트 부재의 평균전단응력

철근콘크리트 부재에 작용하는 평균전단응력은 등분포하중을 받는 [그림 2.3]을 이용하여 계산할 수 있다. 임의의 철근콘크리트 단면에 대한 수평전단응력은 [그림 2.3(d)]와 같이 중립축 아래 인장측에서는 일정하다고 볼 수 있다. [그림 2.3(a)]에서 작은 길이 dx를 절단하여 이 구간에 대한 자유물체도를 그리면 [그림 2.3(b)]가 된다. 작은 길이 dx를 중심으로 좌측과 우측에 모멘트의 차이(dM)가 존재한다. 우력모멘트(couple)를 압축력(C)과 인장력(T) 및 이들의 중심간의 거리(jd)로 나타낼 수 있으며, 모멘트의 차이(dM)에 의하여 인장력의 변화(dT)가 발생한다. 절단한 dx 부재를 중립축으로부터 y만큼 떨어진 곳까지를 다시 절단하면 [그림 2.3(d)]의 힘의 상태가 존재한다. 중립축에는 휨모멘트가 없으므로 절단한 면의 좌우측에 대한 힘의 평형을 이루기 위하여 그림과 같이 우측에서 좌측으로 응력이 발생하게 되며 좌우측에 대한 힘의 평형에서 수평전단응력(v)을 계산할 수 있다.

[그림 2.3(d)]요소에 대한 x방향의 평형조건에서 식(2.9)를 구할 수 있다.

$$dT = v \cdot b \cdot dx \tag{2.9}$$

여기서, dT : 인장력의 증분
v : 전단응력

모멘트(M)를 일차 미분하면 전단력(V)이 되며, 모멘트는 인장력에 응력중심간의 거

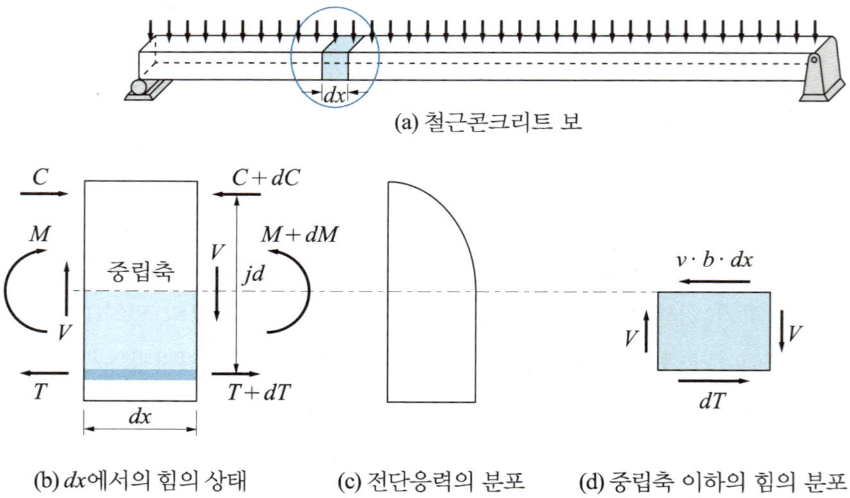

(b) dx에서의 힘의 상태 (c) 전단응력의 분포 (d) 중립축 이하의 힘의 분포

[그림 2.3] 평균전단응력

리(jd)를 곱한 값이다.

$$\frac{dM}{dx} = V$$

$$dM = dT \times jd \tag{2.10}$$

식(2.9)와 식(2.10)을 정리하여 식(2.11)을 유도할 수 있다.

$$v = \frac{V}{b \times jd} \tag{2.11}$$

KDS 14 국가건설기준에서는 계산을 간략화하기 위하여 응력중심간의 거리(jd)를 단면의 유효깊이(d)로 대치하여 식(2.12)에 의하여 평균전단응력(v)을 계산한다.

$$v = \frac{V}{b \times d} \tag{2.12}$$

[표 2.1]에서 KDS 14 국가건설기준, ACI318-19기준(2019), CSA-14 (2014)기준에서는 유효 전단단면깊이를 응력중심간의 거리(jd) 대신에 단면의 유효깊이(d)를 사용하여 전단강도를 계산하지만, 도로설계기준(한계상태설계법), EC2-04기준(2004), CEB-FIP Model Code (2010), 일본의 AIJ 기준(2010)에서는 상부와 하부 주철근의 중심간의 거

[표 2.1] 설계기준의 유효 전단단면깊이 비교

설계기준	유효 전단단면깊이
KDS 14 국가건설기준(2021)	d 사용
도로교설계(한계상태설계법), EC2-04기준	콘크리트 전단강도(V_{cd}) 계산 : d 사용 전단철근 전단강도(V_{sd}) 계산 : z 사용 최대 전단강도($V_{d,\max}$) 계산 : z 사용 ($z = 0.9d$ 로 사용 가능)
ACI318-19기준	d 사용
CSA-14기준	z 사용
CEB-FIP기준(2010)	콘크리트 전단강도(V_{cd}) 계산 : d 사용 전단철근 전단강도(V_{sd}) 계산 : z 사용 최대 전단강도($V_{d,\max}$) 계산 : z 사용 ($z = 0.9d$ 로 사용 가능)
AIJ-2010기준	jd 사용($jd = 7/8d$ 로 사용 가능)

리(z)를 사용하거나 압축력과 인장력의 중심간의 거리(jd)를 사용하여 전단강도를 계산한다. d와 z 또는 d와 jd는 약 10퍼센트의 차이가 있다.

2.3 콘크리트의 전단저항요소

탄성체의 전단강도는 단면적과 재료의 강도만으로 계산할 수 있지만 콘크리트의 전단강도는 탄성체의 전단강도와는 상이하며, 다양한 요소에 의하여 영향을 받는다. 콘크리트의 전단강도에 영향을 주는 대표적인 요소를 살펴보면 다음과 같다.

2.3.1 콘크리트의 강도

이방성 재료인 콘크리트는 압축강도에 비하여 인장강도와 전단강도가 작다. 표준공시체를 이용하여 측정된 콘크리트의 압축강도는 구조설계시에 콘크리트 강도의 기준이 된다. 철근콘크리트 부재의 휨내력을 계산할 때 장기하중에 대한 영향과 휨압축과 일축압축의 차이를 반영하여 공시체 압축강도를 $0.85f_{ck}$ 등으로 단순화하여 사용한다. 한편, 콘크리트 부재의 전단강도, 부착강도, 비틀림강도 등은 콘크리트의 압축강도보다 인장강도와 밀접한 관련이 있다. 콘크리트의 인장강도는 압축강도에 비하여 변동이 심해서 동일한 재료, 배합, 양생 조건으로 제작된 경우에도 큰 편차가 발생한다. [그림 2.4(a), (b)]는 실험에서 측정된 콘크리트의 압축강도와 인장강도의 분포이다. 일정한 양의 철근에 의하여 횡구속된 콘크리트 압축강도는 편차가 심하지 않으며 계산값이 측정값을 정확하게 예측하고 있음을 알 수 있다. 그러나 인장강도는 [그림 2.4(b)]와 같이 편차가 심하여 쉽게 예측하기가 어렵다. 즉, 동일한 재료로 콘크리트를 제조한 경우에도 측정한 인장강도는 큰 편차를 나타내며, 이 값을 정확하게 예측할 수 있는 식은 아직 제안되고 있지 않다. 콘크리트의 전단강도는 인장강도와 관계가 있기 때문에 태생적으로 예측하는 것은 용이하지 않다.

콘크리트의 인장강도는 쪼갬인장강도, 휨인장강도, 직접인장강도와 같이 작용하는 힘의 종류에 따라서도 달라진다. 지금까지 제안된 콘크리트의 인장강도 평가식은 식(2.13)의 형태로 표현된다.

$$f_t = \alpha f_{ck}^{\beta} \tag{2.13}$$

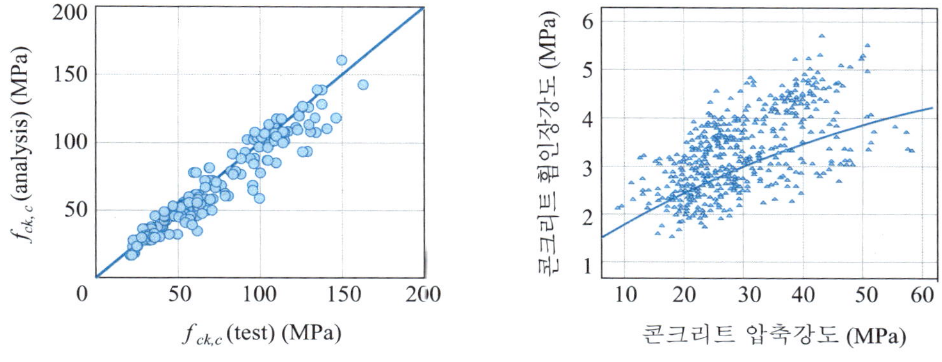

(a) 횡구속된 콘크리트 압축강도 (b) 인장강도(Mizar 등, 1979)

[그림 2.4] 콘크리트의 압축강도와 인장강도의 예측

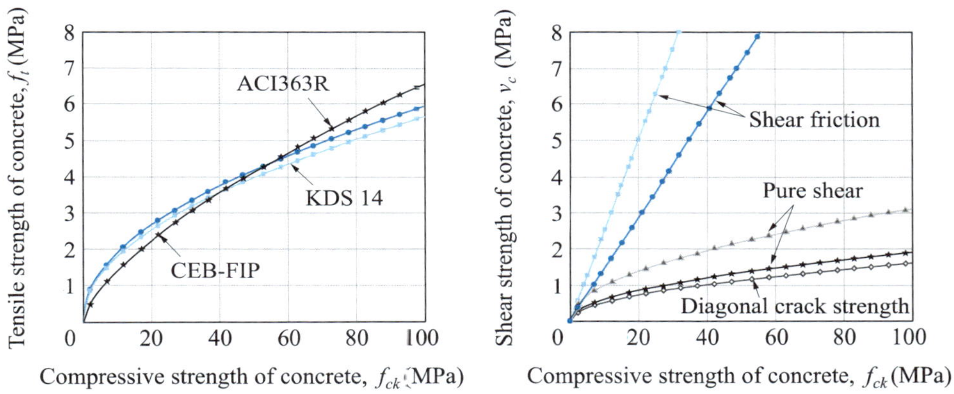

(a) 인장강도 (b) 전단강도

[그림 2.5] 콘크리트의 인장강도와 전단강도의 비교

쪼갬인장강도의 경우에 상수 α와 지수 β는 연구자와 기준에 따라서 다른 값이 사용된다. 예를 들어, [그림 2.5(a)]에 비교되었듯이 ACI363R-92 (1992)의 경우에는 $\alpha=0.59$, $\beta=0.5$를 사용하지만 KDS 14 국가건설기준(2021)의 경우에는 $\alpha=0.56$, $\beta=0.5$, CEB-FIP (1991)의 경우에는 $\alpha=0.3$, $\beta=0.67$이 사용되고 있다.

콘크리트의 전단강도는 인장강도와 유사하게 힘이 작용하는 위치에 따라서 달라진다. [그림 2.6]은 전단력이 직접 전달되는 부재(전단마찰), 순수전단력이 작용하는 패널, 중앙점에서 하중이 작용하여 휨과 전단력이 동시에 작용하는 보를 나타내고 있다. 이들 부재에 동일한 전단력을 가했을 경우에 부재의 전단강도는 모두 상이하다. 전단력이 직

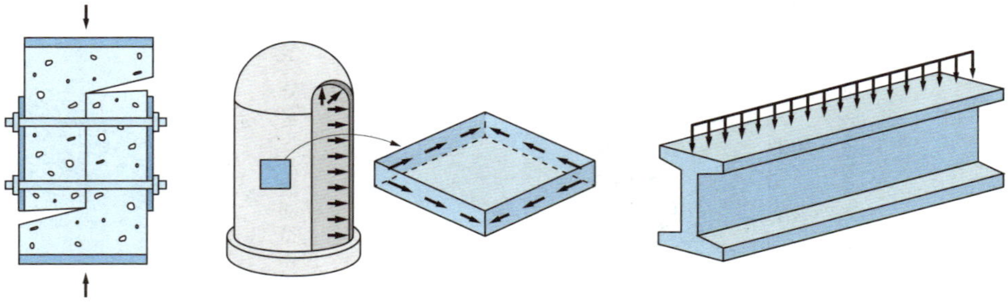

(a) 직접전단　(b) 순수전단(패널)　(c) 선부재의 사인장균열강도

[그림 2.6] 다양한 종류의 전단응력

접 전달되는 부재에 대한 실험에 의하면 직접전단내력(전단마찰)은 접합면의 상태와 골재 크기 등의 영향을 받으며 압축강도의 $1/7f_{ck} \sim 1/4f_{ck}$이다. 순수전단력이 작용하는 패널에 대한 연구에서 Vecchio와 Collins(1986), Hsu 등(1988, 1993)은 전단균열이 발생하는 순간의 콘크리트의 인장강도를 각각 $0.19\sqrt{f_{ck}}$ 와 $0.31\sqrt{f_{ck}}$ 로 제시하였다. 이를 비교해 보면 [그림 2.5(b)]와 같이 직접전단강도와 순수전단강도에 큰 차이가 있음을 알 수 있다. 한편 [그림 2.6(c)]의 보나 기둥과 같은 선부재(linear member)는 전단력만이 작용하지 않고 휨모멘트나 축력이 동시에 작용하는 경우가 대부분이다. 이러한 부재에는 휨균열이 먼저 발생하며 하중이 어느 일정값 이상이 되었을 때 휨균열이 복부로 경사지게 진전하는 휨전단균열이나, 복부에서 경사방향으로 사인장균열이 발생한다. 전단력이 작용하는 선부재에서 콘크리트의 인장강도와 가장 밀접한 관련이 있는 것은 사인장균열강도이다. 사인장균열강도는 경사진 대각선 균열이 발생하는 순간의 콘크리트의 강도를 말하며, 전단철근이 없는 부재는 사인장균열이 발생한 직후 최대 내력에 도달하는 경우가 많다. 사인장균열강도는 부재의 크기, 전단경간비, 주철근의 양, 응력 상태 등 여러 요소에 영향을 받으며, 콘크리트의 인장강도와 가장 밀접한 관련이 있다. 사인장균열강도는 많은 변수에 의해 영향을 받기 때문에 일정 값을 제시하기는 어렵지만 KDS 14 국가건설기준의 경우에 전단경간비가 2.5 이상인 부재에 대하여 $0.16\sqrt{f_{ck}}$ 의 값을 사용하고 있으며, 도로교설계기준(한계상태설계법)이나 EC2-04에서는 $\alpha f_{ck}^{1/3}$, 캐나다 기준(CSA-14)은 $\beta f_{ck}^{1/2}$ 의 값을 사용하고 있다. 사인장균열강도를 [그림 2.5(b)]에서 비교해 보면 순수전단강도와 유사하지만, 직접전단강도와는 큰 차이가 있다. 주요 기준에서 반영하고 있는 콘크리트의 인장강도를 [표 2.2]에 정리하였다. 표에서 여러 기준의 인장강도는 콘크리트 압축강도의 1/2승 또는 1/3승으로 적용되지만 AIJ 기준(2010)에서

[표 2.2] 설계기준의 콘크리트 인장강도 비교

설계기준	콘크리트 인장강도
KDS 14 국가건설기준(2021)	$\alpha\sqrt{f_{ck}}$
도로교설계(한계상태설계법), EC2-04기준	$\alpha f_{ck}^{1/3}$
ACI318-19기준	$\alpha\sqrt{f_{ck}}$
CSA-14기준	$\alpha\sqrt{f_{ck}}$
CEB-FIP기준(2010)	$\alpha\sqrt{f_{ck}}$
AIJ-2010기준	αf_{ck}

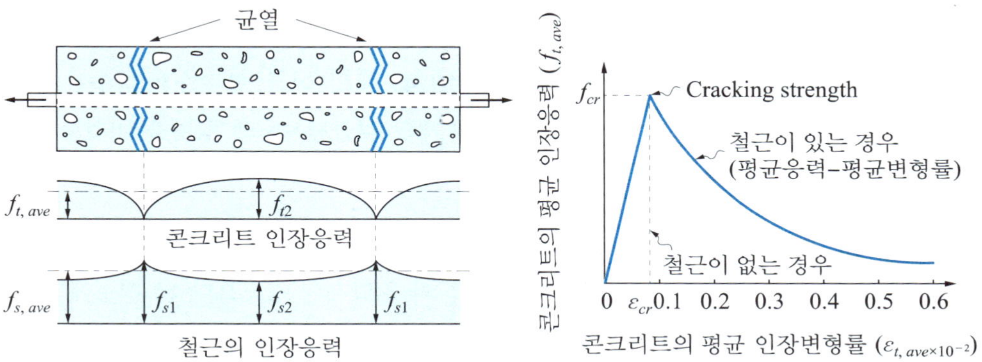

[그림 2.7] 철근이 배근된 부재의 평균 인장응력 – 평균 인장변형률 관계

는 콘크리트의 압축강도와 비례한다. 세 종류의 전단강도 비교에서 전단강도는 힘이 작용하는 위치에 따라서 달라진다.

전단철근이 배근된 이후에 부재의 파괴 시점은 사인장균열 발생 시가 아니라 균열이 발생한 이후의 내력이 된다. [그림 2.7]은 철근이 묻혀 있는 콘크리트에 인장력을 가했을 때 발생하는 철근과 콘크리트의 응력 분포를 나타낸다. 철근이 없이 콘크리트만 존재하는 부재의 인장강도는 콘크리트에 균열이 발생함과 거의 동시에 파괴되기 때문에 부재의 강도를 사인장균열 발생 시의 강도(f_{cr})와 동일하다고 가정할 수 있지만, 전단철근이 배근된 부재의 파괴점은 사인장균열 발생 이후가 되며 이때의 콘크리트 전단강도는 f_{cr} 보다 작다. 따라서 전단철근이 배근된 부재의 콘크리트 전단강도는 재료의 변형 조건을 고려하여 계산해야 한다.

이러한 연구 결과를 종합해 보면 전단강도는 다양한 요소에 의하여 영향을 받으며 특히 콘크리트의 인장강도와 밀접한 관련이 있다. 콘크리트의 인장강도는 변동이 심해서 동일한 제조 조건에서도 큰 편차가 발생하기 때문에 결과적으로 콘크리트의 전단강도를 예측하는 것은 쉽지 않다.

2.3.2 골재의 맞물림작용에 의한 영향

굵은 골재, 잔골재, 시멘트 등으로 이루어진 콘크리트가 힘을 받아 균열이 발생할 때 균열면은 매끄럽지 않고 [그림 2.8]과 같이 울퉁불퉁하다. 울퉁불퉁한 균열면에 미끌림이 발생할 때 균열과 균열이 접촉하는 면이 형성되며, 균열 양쪽 면에서 접촉된 면을 통하여 힘이 전달된다. 전단력에 의하여 발생하는 사인장균열면의 형상은 골재와 밀접한 관련이 있으므로 이러한 현상에 의한 전단저항을 골재의 맞물림작용(aggregate interlock)에 의한 전단저항력이라 한다. 골재의 맞물림작용에 대해서 Paulay와 Loeber (1974), Fenwick (1966), Mattock (1974) 등의 여러 연구자가 다양한 연구를 진행하였다. 실험과 이론을 통하여 밝혀진 골재의 맞물림작용에 영향을 미치는 요소를 정리하면 다음과 같다.

① **콘크리트의 강도** : 골재의 맞물림작용은 골재와 결합재(시멘트와 물)의 강도에 따라서 달라진다. 즉, 골재의 강도가 결합재의 강도보다 클 경우에는 균열이 주로 결합재에서 발생하여 골재를 관통하지 못하지만, 결합재의 강도가 골재의 강도보다 높을 경우에는 결합재에서 발생한 균열은 골재를 관통하여 진전한다. 콘크리트의 압축강도는 물시멘트비에 영향을 받으며 물시멘트비가 50퍼센트일 때 결합재의 압축강도는 약 30 MPa 정도이지만, 골재의 압축강도는 약 50～70 MPa이다 (Elnashai 등, 2001). 따라서 보통강도 콘크리트에서는 결합재의 강도보다 골재의 강도가 높기 때문에 균열은 골재를 통과하지 못하고 균열을 피해서 발생하게 되며 사인장균열면은 더 울퉁불퉁해진다. 반면에 결합재의 강도가 약 70 MPa를 초과할

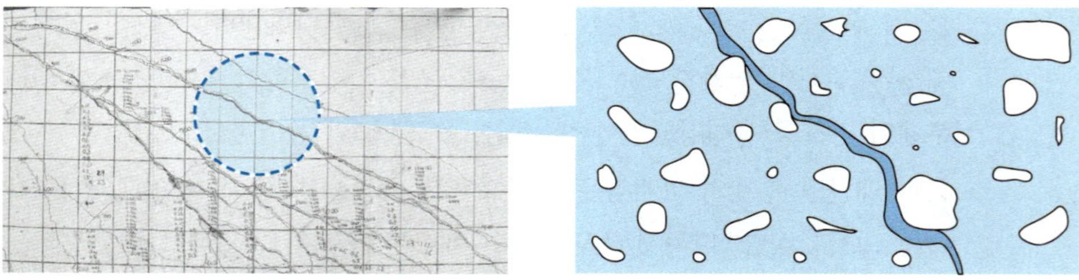

[그림 2.8] 골재의 맞물림작용

경우에는 결합재의 강도보다 골재의 강도가 낮기 때문에 균열은 골재를 관통하게 된다. 이 경우에 사인장균열면은 보통강도 콘크리트의 사인장균열면에 비하여 매끄럽게 되며 골재의 맞물림작용에 의한 전단저항력이 작아지게 된다. 따라서 고강도 콘크리트의 맞물림작용은 보통강도 콘크리트의 맞물림작용보다 낮다.

② **균열면의 거칠기** : Fenwick과 Paulay (1968)의 실험에 의하면 10 mm에서 20 mm 사이의 골재를 사용하였을 경우에 골재의 크기와 형상은 맞물림작용에 의한 전단저항력에 영향을 주지 못했지만, 균열면의 거칠기는 전단저항력에 영향을 주었다. 균열면이 거칠수록 맞물림작용에 의한 전단저항력은 증가하였다.

③ **철근의 양** : Mattock과 Hawkins (1972)의 실험에 의하면 균열을 가로지르는 철근의 양이 많아지면 거의 비례적으로 균열면의 전단강도가 증가하였다. 이는 철근의 양이 증가하면 균열의 숫자는 많아지지만 균열의 폭이 좁아지기 때문에 맞물리는 골재 면이 증가하기 때문이다.

④ **반복하중** : PCA (Portland Cement Association) 실험에 의하면 피로하중이나 지진하중과 같이 반복하중이 작용할 경우에 균열면의 거칠기가 감소하여 맞물림작용에 의한 전단저항력이 감소하였다.

골재의 맞물림작용에 대한 이론적인 연구는 Fardis와 Buyukozturk (1979), Bažant와 Gambarova (1980), Walravan (1979, 1981), Li 등(1991), Sagaseta와 Vollum (2011) 등에 의하여 이루어졌다. Walravan은 균열면에 위치한 골재를 기하학적으로 모델화하여 맞물림작용에 의한 전단저항을 계산하였다. 이 모델에서는 [그림 2.9]의 균열면의 경화시멘트페이스트를 모체(母體)로 하고, 골재를 직경이 다른 강체구로 모델화하였다. 구조체에 전단변형이 발생할 경우에 상하 글재의 접촉면에는 응력이 발생하게 된다. 발생한 응력면의 힘의 평형상태에서 식(2.14)를 유도할 수 있다.

$$v_{ca} = f_{pu}\left(\overline{A_x} + \mu \overline{A_y}\right) \tag{2.14a}$$

$$f_{ca} = f_{pu}\left(\overline{A_x} - \mu \overline{A_y}\right) \tag{2.14b}$$

여기서, f_{pu} : 모체 경화시멘트페이스트의 항복시의 연직응력

μ : 골재와 모체사이의 마찰계수

$\overline{A_x}$ 와 $\overline{A_y}$: 골재와 모체사이의 x방향과 y방향의 접촉 면적

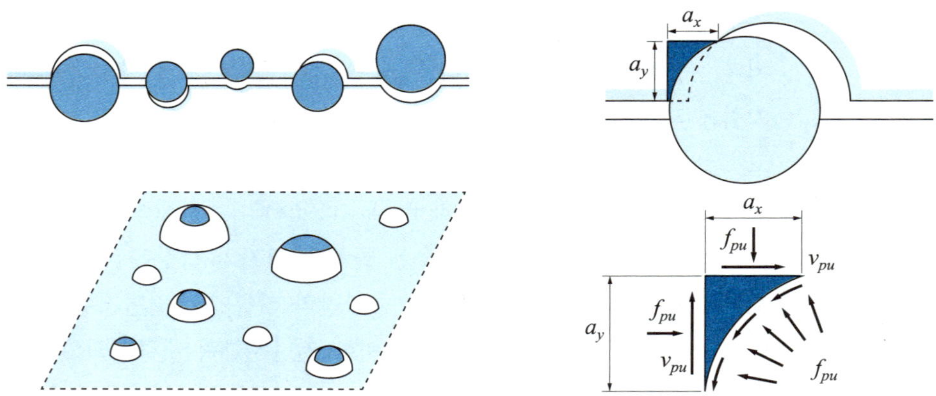

[그림 2.9] Walravan(1979, 1981)의 골재의 맞물림작용 평가 모델

식(2.14)의 접촉면적 $\overline{A_x}$ 와 $\overline{A_y}$ 는 골재의 최대 치수와 단위 체적에 대한 골재 양의 함수이며, Walravan (1981)은 실험 결과에 근거하여 마찰계수(μ)와 연직응력(f_{pu})을 계산하여 식(2.15a, b)를 제안하였다.

$$v_{ca} = -\frac{f_{cube}}{30} + \left[1.8\,w^{-0.8} + (0.234\,w^{-0.707} - 0.2)\,f_{cube}\right]s \tag{2.15a}$$

$$f_{ca} = \frac{f_{cube}}{20} - \left[1.35\,w^{-0.63} + (0.191\,w^{-0.552} - 0.15)\,f_{cube}\right]s \tag{2.15b}$$

여기서, f_{cube} : 정육면체 콘크리트 압축강도($f_{cube} \approx 1.1 f_{ck}$)

w 와 s : 균열의 폭(수직 변위)과 미끌림(전단 변위) (단위는 mm)

$v_{ca} \geqq 0$

$f_{ca} \leqq 0$

한편, Li 등(1991)은 균열면의 기하학적 형상을 접촉면밀도함수에 의하여 [그림 2.10]으로 표현하였다. Li 등은 균열면의 전단응력(v_{ca})과 연직응력(f_{ca})을 식(2.16a, b)의 접촉면밀도(Z)에 의한 힘의 평형식에서 유도하였다.

$$v_{ca} = \int_{-\pi/2}^{\pi/2} \left[Z(w,\, s,\, \theta_s)\sin\theta_s\right] d\theta_s \tag{2.16a}$$

$$f_{ca} = -\int_{-\pi/2}^{\pi/2} \left[Z(w,\, s,\, \theta_s)\cos\theta_s\right] d\theta_s \tag{2.16b}$$

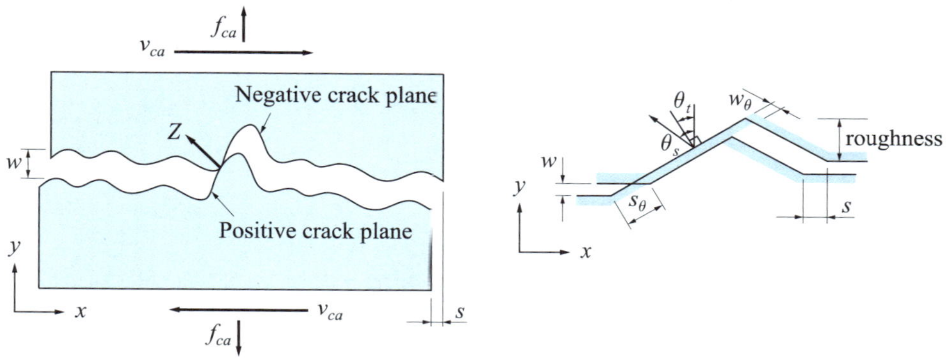

[그림 2.10] Li 등(1991)의 골재의 맞물림작용 평가 모델

여기서, Z는 접촉면밀도, θ_s는 접촉면에 작용하는 힘의 접선각도로 $\theta_s = \theta_t + \mu$ 이지만 마찰계수(μ)를 "0"으로 가정하여 $\theta_s = \theta_t$ 로 하였다. θ_t 는 접촉면의 접선각도이다. 수평과 수직 좌표계 x, y에 대하여 각도 θ만큼 경사진 균열에 대해서 식(2.16a, b)를 식(2.17a, b)로 변경할 수 있다.

$$v_{ca} = \int_{-\pi/2}^{\pi/2} [Z(w_\theta, s_\theta, \theta_t)\sin\theta_t]\, d\theta_t \tag{2.17a}$$

$$f_{ca} = -\int_{-\pi/2}^{\pi/2} [Z(w_\theta, s_\theta, \theta_t)\cos\theta_t]\, d\theta_t \tag{2.17b}$$

여기서, w_θ와 s_θ : 특정 균열의 폭과 미끌림이며, 전체 좌표계 x, y에 대하여 식 (2.18 a, b)의 관계가 있다.

$$w_\theta = s\sin\theta_t - w\cos\theta_t \tag{2.18a}$$

$$s_\theta = s\cos\theta_t + w\sin\theta_t \tag{2.18b}$$

이 모델에서 중요한 것은 접촉면밀도(Z)이며, Z는 균열과 균열이 접촉하고 있는 유효접촉면적에 작용하는 연직응력(f_{con})을 곱하여 계산한다.

$$Z(w_\theta, s_\theta, \theta_t)\, d\theta_t = f_{con}(\delta_\theta, w_\theta) \cdot k \cdot dA_\theta \tag{2.19}$$

여기서, k : 접촉이 가능한 면적에 대한 유효접촉면적의 비이며 $k = 1 - 2w/G_{max}$로 계산

G_{max} : 골재의 최대치수

식(2.19)의 유효접촉면적에 작용하는 연직응력(f_{con})은 재료특성과 이력특성에 의하여 식(2.20)에서 계산한다.

$$f_{con} = E_c(w_\theta - w_{\theta p}) \tag{2.20}$$

여기서, $w_{\theta p}$: 소성변위

식(2.19)의 dA_θ는 θ_s와 $d\theta_t$ 내의 접촉 가능한 면적으로 접촉밀도함수(Ω)와 단위 균열면적 내의 전체 표면적(A_t)으로 나타낼 수 있다.

$$dA_\theta = A_t \cdot \Omega(\theta_t)\, d\theta_t \tag{2.21}$$

따라서 식(2.20)과 식(2.21)을 식(2.19)에 대입하여 식(2.22)를 계산할 수 있다.

$$Z = R(w_\theta - w_{\theta p}) \cdot (1 - 2w/G_{\max}) \cdot \Omega(\theta_t) \tag{2.22}$$

식(2.22)의 R은 실험 결과에 의하여 계산하였다.

$$R = A_t \cdot E_c = 20.5\, f_{ck}^{1/3} \text{ (tonf/cm}^2\text{/cm)}$$

$$\Omega(\theta_t) = 0.5 \cdot \cos\theta_t$$

식(2.22)를 식(2.17a, b)에 대입하고 변형경로($d\delta$, dw)와 접촉면적($d\theta_t$)에 대하여 2차 적분하면 식(2.23a, b)를 유도할 수 있다.

$$v_{ca} = \int_{-\pi/2}^{\pi/2} \left[20.5 f_{ck}^{1/3}(w_\theta - w_{\theta p}) \cdot (1 - 2w/G_{\max}) \cdot 0.5 \cdot \cos\theta_t \cdot \sin\theta_t\right] d\theta_t \tag{2.23a}$$

$$f_{ca} = -\int_{-\pi/2}^{\pi/2} \left[20.5 f_{ck}^{1/3}(w_\theta - w_{\theta p}) \cdot (1 - 2w/G_{\max}) \cdot 0.5 \cdot \cos\theta_t \cdot \cos\theta_t\right] d\theta_t \tag{2.23b}$$

부재가 단조하중을 받을 경우에 유효접촉면적의 비(k)는 1과 거의 동일하다. 또한 식(2.23)은 전단력 전달시의 탄성성분을 무시하여 유도된 식이므로 탄성변형을 전체변형의 약 10퍼센트 정도로 가정하여 식(2.23)을 다음과 같이 변경한다.

$$v_{ca} = 3.83 f_{ck}^{1/3} \cdot \frac{s^2}{w^2 + s^2} \text{ (MPa)} \tag{2.24a}$$

$$f_{ca} = -3.83 f_{ck}^{1/3} \cdot (0.5\,\pi - \tan^{-1}\left(\frac{w}{s}\right) - \frac{w \cdot s}{w^2 + s^2} \text{ (MPa)} \tag{2.24b}$$

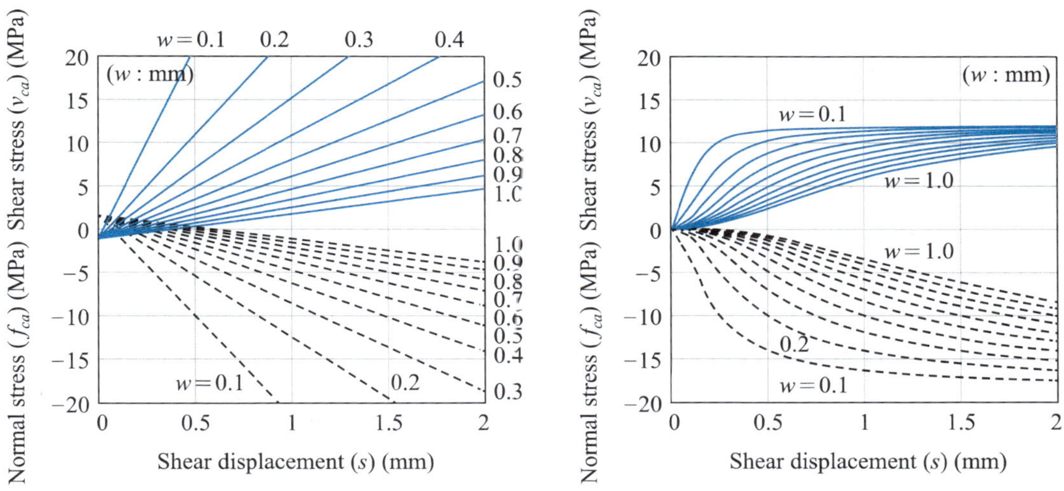

(a) Walravan (1979, 1981) (b) Li 등(1991)

[그림 2.11] 골재의 맞물림작용

Walravan과 Li 등이 제안한 식(2.15a, b)와 식(2.24a, b)에 의하여 계산한 골재 균열면의 전단응력(v_{ca})과 직응력(f_{ca})의 관계를 [그림 2.11]에 나타냈다. 전단응력(v_{ca})과 직응력(f_{ca})은 균열의 폭이 증가할수록 감소하였다. 식(2.15a, b)에 의하여 계산된 v_{ca}와 f_{ca}는 균열의 폭이 증가할 경우에 급격하게 감소하였지만, 식(2.24a, b)에 의하여 계산된 v_{ca}와 f_{ca}는 비교적 완만하게 감소하였다. 철근콘크리트 보 실험에 의하면 복부에 발생하는 사인장균열의 폭이 약 1∼2 mm일 때 부재가 파괴되므로, Walravan과 Li 등이 제안한 식을 재료메커니즘에 반영하여 철근콘크리트 부재의 전단거동을 예측할 수 있다.

2.3.3 장부작용

철근이 균열면을 가로질러 배근되었을 때 철근은 균열면의 전단변형을 억제시키며 전단저항을 유발한다. [그림 2.12]의 철근콘크리트 단순보의 상부에 하중이 작용할 경우에 단면의 하부철근과 수직되게 전단력이 작용하게 된다. 이 때 하부철근과 주변 콘크리트는 수직 전단력을 저항하게 되며 이를 장부작용(dowel action, 다웰작용)에 의한 전단저항력이라 한다(Fenwick and Paulay, 1968). 장부작용에서는 부재축과 평행하게 배근된 주인장철근이 부재축에 수직으로 작용하는 전단력을 마치 옷걸이와 같이 저항한다[Chana (1987), Vintzeleou와 Tassios (1986)]. 장부작용에서는 철근과 콘크리트 사이의

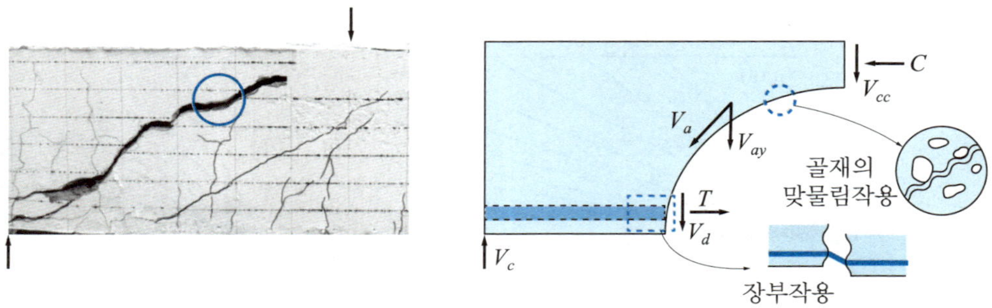

[그림 2.12] 장부작용

휨, 전단, 꺾임(kinking)에 의하여 변형이 발생하며(Paulay 등, 1974), 골재의 맞물림작용과 유사하게 다양한 요소에 의하여 영향을 받게 된다(Jelic 등, 1999).

① **주인장철근비** : 장부작용과 가장 밀접한 관련이 있는 것은 철근비이다. 주인장철근의 양이 증가할수록 수직으로 작용하는 전단력을 저항하는 철근이 많아져서 전단력에 대한 저항성분이 커지게 된다. 또한 주인장철근은 주인장변형률을 작게 하여 복부 콘크리트의 사인장균열 폭을 감소시키기 때문에 전단강도를 증대시킬 수 있다. Kani (1966)의 연구 결과에 의하면 [그림 2.13(a)]와 같이 주인장철근비(ρ_w)가 0.8퍼센트에서 2.8퍼센트로 증가할 경우에 전단경간비(a/d)가 3인 철근콘크리트 보의 전단내력이 약 65퍼센트 증가하였다.

② **콘크리트의 강도** : 콘크리트의 강도가 높을 경우에 철근 주변에서 발생하는 콘크리트의 쪼갬인장강도가 높아진다. 장부작용은 균열을 가로지르는 철근과 철근 주변의 콘크리트가 함께 전단력에 저항하는 현상으로 콘크리트의 강도가 증가하면 철근을 지지하는 힘이 커져서 장부작용에 의한 전단저항도 증가하게 된다.

③ **피복두께** : 콘크리트의 강도가 장부작용에 미치는 영향과 유사한 개념으로 콘크리트의 피복두께가 증가하면 주철근을 아래쪽에서 지지하는 콘크리트의 힘이 커지기 때문에 장부작용에 의한 전단저항력이 증가한다.

④ **전단철근** : 전단철근은 옷걸이와 같이 수직 전단력에 의해 부재축방향철근이 피복콘크리트와 함께 탈락하는 것을 방지해 준다. 즉, 휨균열이 발생한 이후에 주인장철근은 쉽게 떨어져 나갈 수 있는데 전단철근이 있을 경우에는 철근을 옷걸이와 같이 걸어주는 효과가 있기 때문에 장부작용에 의한 전단저항은 크게 증가한다. O'Leary (1970)의 연구에 의하면 [그림 2.13(b)]와 같이 전단철근이 있을 경우에 장부작용에 의한 내력이 증가함을 알 수 있다. 전단철근이 없을 경우에는 균열이 발생한 이후에 전단력이 거의 일정하지만, 전단철근이 있을 경우에는 균열이 발생

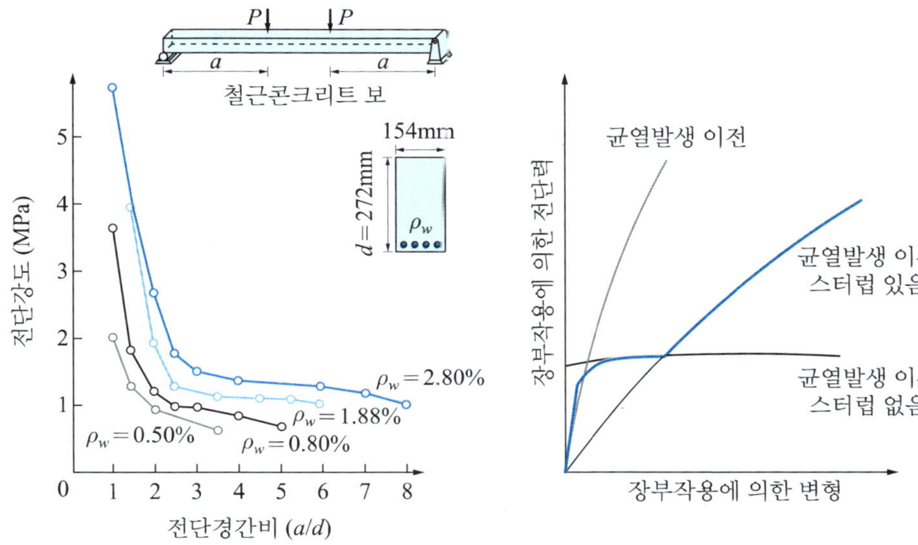

(a) 철근비의 영향(Kani, 1966)

(b) 스터럽의 영향(O'Leary, 1970)

[그림 2.13] 장부작용 영향 요소

한 이후에 변형이 발생하고, 부재축방향철근의 탈락을 전단철근이 막아주어 내력이 다시 증가한다.

설계기준에서 콘크리트의 전단강도를 계산하는데 사용하는 주인장철근비를 [표 2.3]에 비교하였다. 대부분의 기준에서는 주인장철근비를 1/3승 또는 0.23승으로 하여 주인장철근비의 영향을 크게 보지 않지만, KDS 14 국가건설기준의 전단평가식에서는 승수를 곱하지 않아 주인장철근비가 증가할 경우에 전단강도를 과대평가할 수 있다. 이에 대해서는 4장에서 실험데이터와 비교하면서 상세하게 설명한다.

[표 2.3] 설계기준의 주인장철근비 비교

설계기준	주인장철근비의 영향
KDS 14 국가건설기준 (2021)	$\alpha\ \rho_w$
도로교설계(한계상태설계법), EC2-04기준	$\alpha\ \rho_w^{1/3}$
ACI318-19기준	$\alpha\ \rho_w^{1/3}$
CSA-14기준	없음, 축방향변형률(ε_x)을 이용하여 간접적으로 반영
CEB-FIP기준(2010)	없음
AIJ-10기준	$\alpha\ \rho_w^{0.23}$

2.3.4 전단경간비

전단경간비는 철근콘크리트 부재의 전단내력에 중요한 영향을 미친다. 전단경간비(a/d)란 전단경간(a, 모멘트가 최대가 되는 위치에서 모멘트가 "0"인 위치까지의 거리)과 단면유효높이(d)의 비율을 나타낸다. 비교적 전단경간이 짧은 깊은보의 경우에 부재에 작용하는 하중의 일부가 지점에 직접 전달되는 아치작용(arch action)이 발생한다. 아치작용은 면에 접해서 작용하는 전단력의 힘의 전달 개념과는 다르다. 아치작용은 지점과 어느 정도 떨어진 곳에서 하중이 작용할 경우에 하중의 일부가 지점에 직접 전달되어 부재의 전단강도가 증가되는 현상을 말한다. 따라서 아치작용은 전단경간비에 따라서 달라지며, 전단경간비가 작을 경우에는 [그림 2.14]와 같이 가력점에 작용하는 하중이 지점에 직접적으로 작용하기 때문에 콘크리트 압축대의 폭이 커지며 전단저항능력이 크지만, 전단경간비가 클 경우에는 압축대의 폭이 좁아지며 전단저항능력이 작아진다. 전단경간비에 따라서 발생하는 균열 형상도 달라져서 전단경간비가 짧은 경우에는 가력점의 하중이 지점에 직접 전달되기 때문에 가력점과 지점을 연결하는 균열이 발생하지만, 전단경간비가 길어질 경우에는 부착균열이 발생한다. Adbar (1994)의 연구에 의하면 아치작용은 가력점이 부재의 윗면이며 지점이 부재의 아랫면일 때 더 많이 발생했다. 따라서 깊은보의 경우에 부재의 측면 아래쪽에 다른 부재가 연결될 때에는 아치작용에 의한 힘의 전달은 감소하게 된다.

전단경간비가 전단저항에 미치는 영향을 [그림 2.13(a)]의 Kani (1966)의 실험 결과에

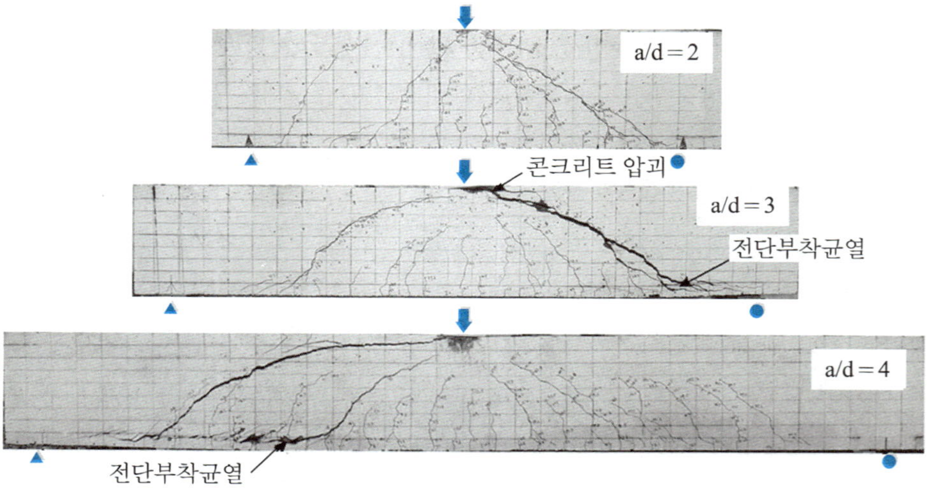

[그림 2.14] 전단경간비가 다른 부재의 균열

서 잘 알 수 있다. 전단경간비 약 2.5를 경계로 하여 전단강도는 크게 변화하여 전단경간비가 1.0일 때 전단강도는 약 3~5 MPa, 전단경간이 2.5일 때 약 1~2 MPa로 큰 폭으로 감소하였다. 전단강도의 감소 비율은 전단경간비가 2.5이상이 되었을 때 둔화하고, 그 이후에는 거의 일정한 값으로 수렴한다. 따라서 KDS 14 국가건설기준에서는 부재길이(l)와 단면높이(h)의 비 4.0을 기준으로 전단설계를 구분하여 $l/h \leq 4.0$인 보를 깊은 보로 보고 스트럿-타이 모델로 설계한다. 집중하중이 작용하는 보에 대하여 $l/h \leq 4.0$을 a/d로 환산해 보면 대략 2.5에 해당한다.

2.3.5 크기효과

콘크리트 공시체 압축강도 실험에서 공시체의 크기가 증가하면 콘크리트의 압축강도는 감소한다. 따라서 기준에서는 직경 150 mm의 표준공시체 강도를 기준으로 하며, 직경이 100 mm인 공시체를 사용할 경우에 강도를 3퍼센트 감소시키도록 하고 있다. 전단에서도 비슷한 현상이 발생해서 전단경간비를 포함하여 부재의 조건이 동일한 경우에도 부재의 단면 크기가 증가하면 전단강도는 감소하는데 이를 전단강도의 크기효과(size effect)라 한다. [그림 2.15]는 실험체 단면 깊이(h)가 600 mm, 900 mm, 1,200 mm, 1,500 mm로 변화하며 다른 조건은 거의 동일한 철근콘크리트 보의 실험 결과를 나타낸다. 그림에서 콘크리트의 전단강도는 단면의 깊이가 증가함에 따라서 급격하게 감소함을 알 수 있다. 다만 감소하는 비율은 일정하지 않고 $h \approx 1$ m를 기준으로 하여 그 이상 단면의 깊이가 증가하여도 전단강도의 감소 비율은 높지 않다.

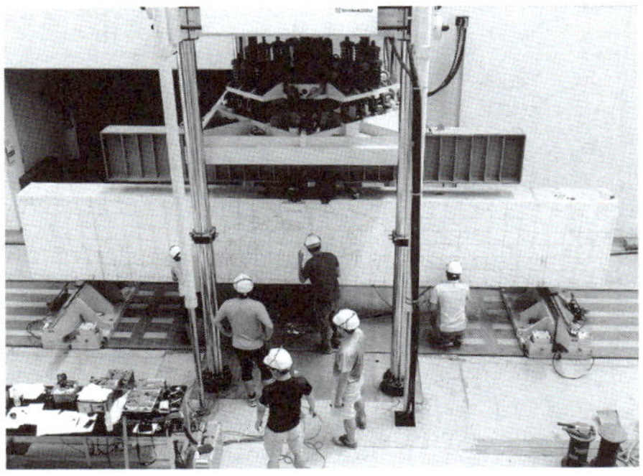

(a) 실험 전경

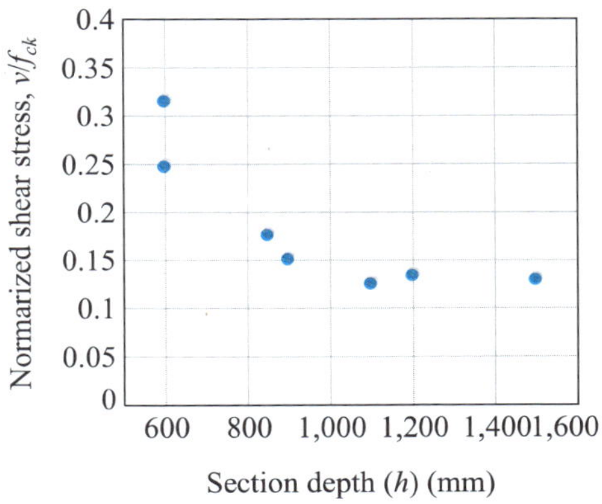

(b) 전단강도의 변화

[그림 2.15] 전단크기효과

1960년대부터 철근콘크리트 보의 크기효과에 대하여 여러 연구가 진행되었으며, 단면의 유효깊이가 크기효과의 주요 영향요소임이 발표되었다[Kani (1967), Bažant 등 (1980, 2005)]. Zararis와 Papadakis (2001)는 전단철근이 보강되지 않은 철근콘크리트 보의 크기효과는 단면의 유효깊이에 영향을 받을 뿐만 아니라 전단경간비에도 영향을 받는다는 것을 지적하였다. Bentz (2009)는 약 1,100개의 전단철근이 보강되지 않은 철근콘크리트 보의 크기효과를 분석하였다. 분석 결과에 의하면 단면의 유효깊이가 동일한 실험체의 경우에 크기효과는 전단응력에 반비례로 변하였다. Yu와 Bažant (2011)는 전단철근이 보강된 철근콘크리트 보의 크기효과에 대한 연구에서 전단철근이 크기효과를 억제하는 것에 도움을 주지만 완전히 억제하기는 어렵다고 하였다. Lee 등(2018, 2019)은 고강도 전단철근이 사용된 대형 보의 크기효과를 평가하여 단면의 크기가 증가할수록 고강도 전단철근을 사용한 실험체의 사인장균열의 폭이 증가함을 지적하였다.

크기효과는 부재에 발생하는 균열의 폭에 영향을 주어, 단면 깊이가 클수록 부재에 발생하는 전단균열의 폭이 증가한다. [그림 2.16]은 실험에서 계측된 단면의 크기와 균열의 폭의 관계를 나타내고 있다. 변위측정기, 균열게이지, 데멕(demec), 육안 측정의 4가지 방법에 의하여 균열을 측정한 후에 단면의 높이와 사인장균열의 폭에 대한 관계로 나타내었다. 사인장균열은 전단응력이 크게 작용하는 부재의 복부에서만 측정되었다. 실험체의 전단철근비(ρ_t)는 0.16퍼센트와 0.22퍼센트의 두 가지이며, 전단경간비(a/d)는 2.5로 일정하였다. [그림 2.16]의 사인장균열은 사용하중상태의 균열로, 부재의 하중이 최대 하중의 60퍼센트에 도달했을 때의 평균 사인장균열의 폭이다. 그림에서 단면의 깊이가 증가할수록 균열의 폭이 점점 증가하고 있음을 알 수 있다.

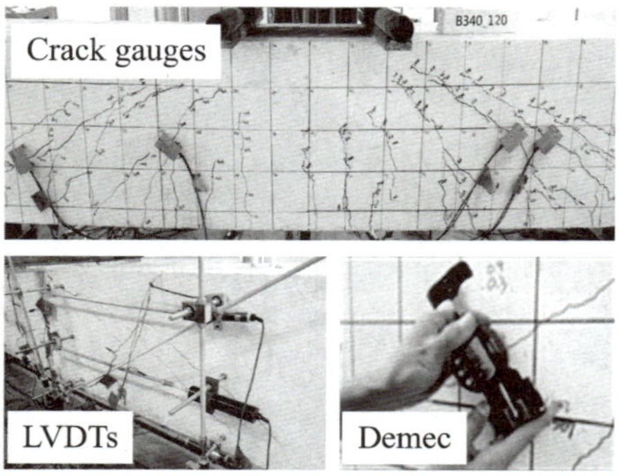

(a) 균열 측정 장치

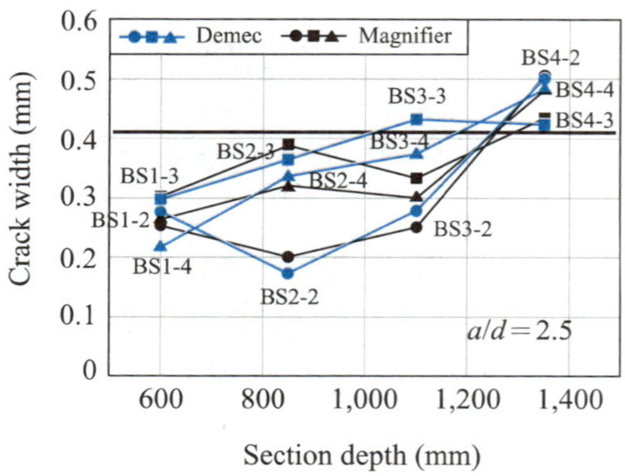

(b) 균열의 폭과 단면의 높이의 관계

[그림 2.16] 대형 보의 사인장균열의 폭의 변화(Lee 등, 2019)

[표 2.4] 설계기준의 전단크기효과 비교

설계기준	전단크기효과 고려 항목
KDS 14 국가건설기준(2021)	없음
도로교설계(한계상태설계법), EC2-04기준	$k = 1 + \sqrt{200/d} \leq 2.0$
ACI318-19기준	$\lambda_s = \begin{cases} \sqrt{\dfrac{2}{1+0.004d}} \leq 1.0 & \text{전단철근이 없는 경우} \\ \text{고려하지 않음} & \text{최소전단철근이 배근된 경우} \end{cases}$
CSA-14기준	$\beta = \begin{cases} \dfrac{230}{(1000+d_v)} & \text{전단철근이 없는 경우} \\ 0.18 & \text{최소전단철근이 배근된 경우} \end{cases}$ * V_c를 약산식으로 계산할 때 적용
CEB-FIP기준(2010)	$k_v = \begin{cases} = \dfrac{200}{(1000+1.3z)} \leq 0.15 & \text{if } \rho_v = 0 \\ = 0.15 & \text{if } \rho_v \geq 0.08\sqrt{f_{ck}}/f_{yt} \end{cases}$ * Level I 설계시 적용 (여기서, $z = 0.9d$, ρ_v은 전단철근비)
AIJ-2010기준	$0.72 \leq k_u \leq 1.0$($d \geq 400$ mm인 경우 $k_u = 0.72$)

KDS 14 국가건설기준의 전단평가식에는 부재의 크기효과에 대한 영향이 포함되어 있지 않으므로 단면의 높이가 1 m 이상인 부재를 전단설계할 때는 주의가 필요하다. 반면에 도로설계기준(한계상태설계법), ACI318-19기준, EC2-04기준, CEB-FIP Model Code, 일본의 AIJ-2010기준에서는 전단철근이 보강되어 있지 않는 철근콘크리트 보의 크기효과에 대한 영향을 고려하고 있다. [표 2.4]에서는 여러 설계기준에서 사용하는 크기효과를 비교하였다.

2.3.6 복합 하중

철근콘크리트 부재의 전단거동은 콘크리트 압축강도, 인장철근비, 전단철근비와 같은 부재의 전단내력 성분과 휨모멘트와 축력과 같은 외력의 영향을 받는다. 이는 콘크리트가 균질한 재료가 아니며 특히 압축에는 강하지만 인장에는 약한 재료이기 때문이다. 기둥이나 프리스트레스트 콘크리트 부재의 경우에는 부재축방향으로 압축응력이 콘크리트에 작용한다. 철근콘크리트 보는 [그림 2.17]에서 중립축에서 순수전단응력(v) 상태를 이루지만, 기둥이나 프리스트레스트 콘크리트 부재는 중립축에서 전단응력과 부재축 방향으로 연직 응력(f_x)이 작용하여 모어(Mohr)의 응력원이 압축측 방향으로 이동하며,

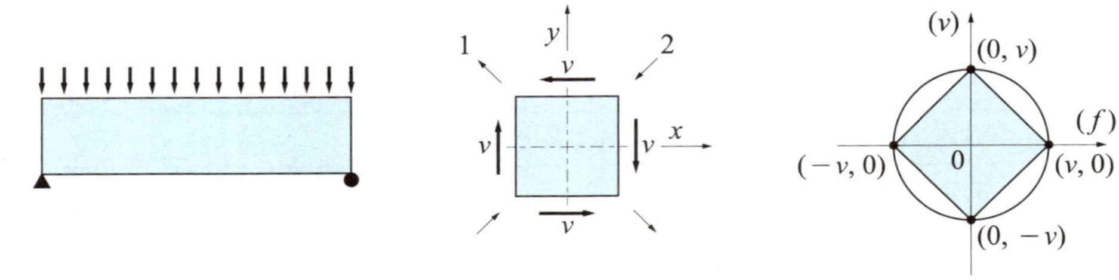

(a) 철근콘크리트 보

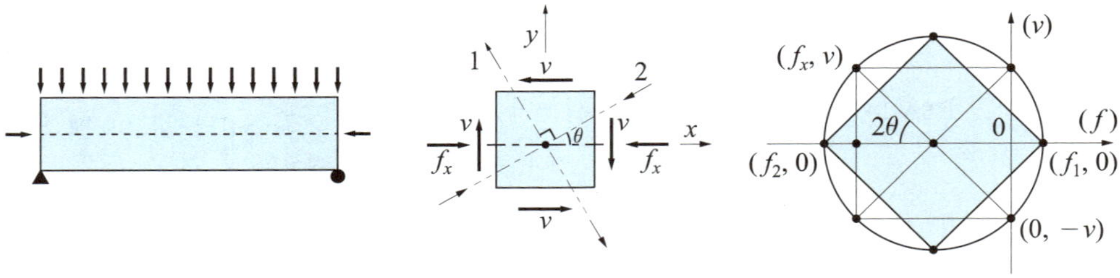

(b) 프리스트레스트콘크리트 보

[그림 2.17] 축력에 의한 모어의 응력원의 변화

모어원의 직경도 증가하게 된다. 따라서 기둥이나 프리스트레스트 콘크리트 부재의 전단내력은 부재축방향 응력을 고려하여 계산해야 한다. 주응력의 각도(θ)를 계산할 경우에 철근콘크리트 부재의 경우에는 θ가 45도(주압축응력면과 이루는 각도의 경우)를 이루지만, 압축응력을 받는 부재의 경우에는 f_x가 존재하여 45도보다 낮아진다.

기둥에 대한 여러 연구자들의 연구 결과에 의하면 축압축력이 증가하면 사인장균열의 폭이 감소하며, 골재의 맞물림작용이 증가한다. 또한 가력점과 지점간에 작용하는 압축대의 크기가 증가하여 콘크리트의 전단강도가 증가한다. 그러나 축인장력이 작용하면 균열의 폭이 증가하며 전단강도는 급격하게 감소한다. 한편 전단철근이 없는 기둥의 경우에는 축압축력이 클 경우에 전단균열이 발생함과 거의 동시에 부재가 취성적인 파괴를 일으켜 전단강도가 오히려 줄어들거나 증가율이 작을 수 있다. Gupta와 Collins (2001)는 이러한 이유에서 현재 사용되고 있는 ACI318-19기준의 압축력을 받는 부재의 전단강도 평가식이 안전하지 않음을 지적하였다.

콘크리트의 1축 압축강도는 시험방법이 수월하고 콘크리트 품질을 비교적 정확하게 알 수 있으므로 구조설계의 기본이 된다. 그러나 실제 구조물이 1축 압축응력을 받는 경우는 드물며 대부분 2축 이상의 다축 응력을 받는다. 따라서 보다 합리적인 구조설계를 위해서는 1축 압축강도와 다축(multi-axes) 강도의 차이점을 이해해야 한다. [그림

2.18]의 등분포하중을 받는 단순보는 중립축을 중심으로 인장응력과 압축응력이 발생하게 되며, 지점에서부터 떨어진 위치에 따라 휨모멘트와 전단력의 크기가 달라진다. 지점으로부터 일정한 거리만큼 떨어진 위치의 주응력과 주응력 각도를 계산하면, [그림 2.18]과 같이 중립축 아래쪽 요소(d, e)에서는 인장응력이 발생하지만, 중립축 위쪽 요소(a, b)에서는 압축응력이 발생한다. 주압축응력의 각도(θ)는 요소(d, e)에서는 부재축을 기준으로 45도 이상이 되지만, 중립축 위의 요소(a, b)에서는 45도 이하가 된다. 한편, 중립축의 위치인 요소(c)에서는 순수전단응력이 작용하며, 주압축응력의 각도는 45도가 된다. 실험에서 관찰된 콘크리트에 발생하는 균열의 각도와 주압축응력의 각도를 비교하면 거의 유사함을 알 수 있다. 즉, 균열은 주인장응력과 직각되는 방향인 주압축응력 방향으로 발생한다. 이와 같이 철근콘크리트 부재의 단면에 발생하는 응력은 위치에 따라서 달라지므로 단면을 응력상태에 따라 다음의 3가지로 구분할 수 있다.

① **1축 압축응력 요소** : [그림 2.18]의 요소(a)와 같이 주압축철근이 위치하는 압축연단 근처이다. 이 요소에서는 1축 압축강도 실험 결과인 콘크리트 공시체의 압축응력－변형률 곡선을 이용하여 설계할 수 있다. KDS 14 국가건설기준에서는 표준공시체의 1축 압축강도 실험에서 측정한 콘크리트의 설계기준압축강도(f_{ck})에 장기하중의 영향과 직접압축과 휨압축의 차이에 대한 영향을 반영하여 $0.85f_{ck}$를 사용하고 있다.

② **2축 응력 요소** : [그림 2.18]의 요소(b, c, d)와 같이 압축응력과 인장응력이 동시에 작용하는 요소이다. 인장응력의 영향으로 콘크리트의 압축강도가 급격하게 감소한다. 이 요소에서는 1축 압축강도 실험 결과를 직접 적용할 수 없으며 다음 단락에서 설명하는 콘크리트의 유효압축응력－변형률 곡선을 적용해야 한다([그림 2.19] 참조).

③ **1축 인장응력 요소** : [그림 2.18]의 요소(e)와 같이 주인장철근이 위치하는 인장연단 근처이다. 이 요소에서는 1축 휨인장강도를 이용하여 설계할 수 있다.

전단강도는 연직방향 응력에 따라서 달라지므로 중립축을 중심으로 압축응력과 전단응력을 받는 구역과 인장응력과 전단응력을 받는 구역으로 구분되며 이에 따라 전단저항 메커니즘도 복잡하게 변하게 된다. 압축응력이 작용하는 구역에서는 압축응력이 사인장균열의 진행을 억제시키며 전단강도를 증대시키지만, 인장응력이 작용하는 구역에서는 균열의 폭을 증대시키며 전단강도를 감소시키는 상반된 결과가 나타난다. 대부분의 부재는 휨모멘트와 전단력이 동시에 작용하므로 이들 두 힘의 상호 관계를 파악하기 위해 다양한 연구가 이루어졌다.

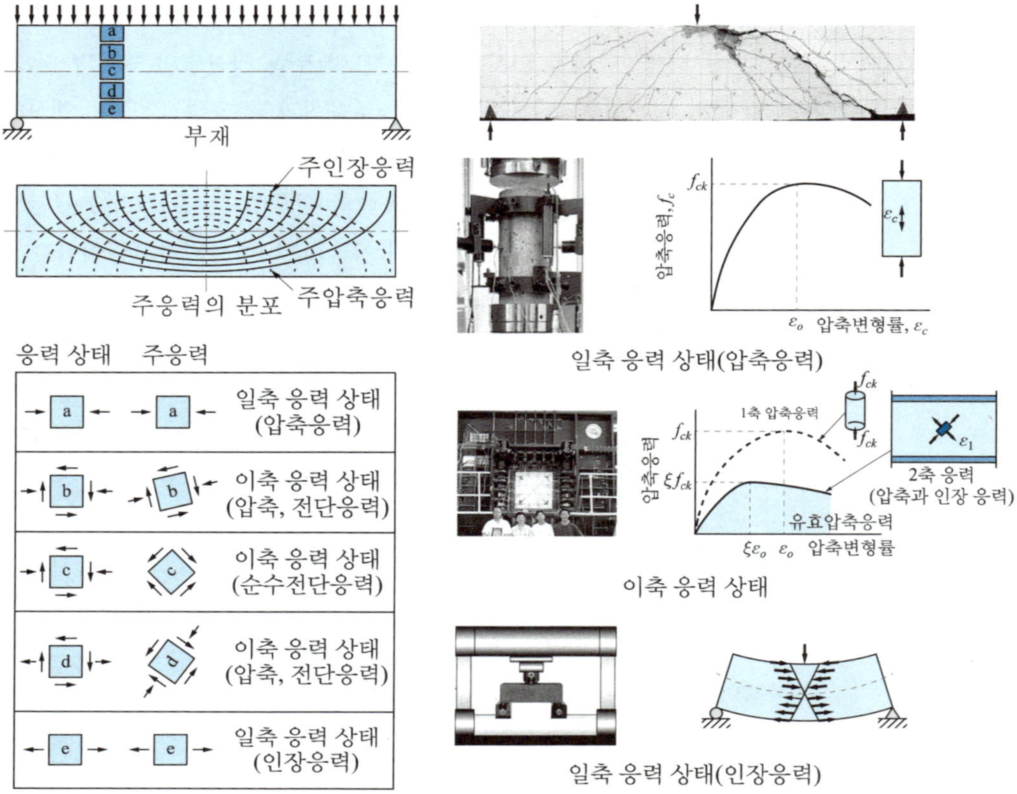

[그림 2.18] 철근콘크리트 단면 응력분포의 분류(이정윤, 2020)

▌ 유효압축강도와 유효압축변형률

철근콘크리트 부재의 지점이나 접합부에는 2축 압축응력이 작용하며, 기둥이나 보의 복부에는 1축 압축과 1축 인장응력의 다축 응력이 작용한다. [그림 2.19(a)]는 콘크리트 정육면체에 2축 응력이 작용했을 때의 콘크리트의 강도비를 나타낸다. 1사분면은 2축 압축응력이 작용하며 2, 4사분면에는 1축 압축과 1축 인장응력이 동시에 작용하고 있다. 또한 3사분면에는 2축 인장응력이 작용한다. 2축 응력을 받는 콘크리트 강도를 1축 압축강도(f_{ck})로 나누어 그림에 표시하였다. 그림에 나타난 2축 응력을 받는 콘크리트 강도의 특성을 요약하면 다음과 같다(Kupfer 등, 1969).

① 2축 압축응력이 작용할 때 콘크리트의 압축강도는 1축 압축강도에 비하여 증가한다. 양 방향의 압축응력이 1 : 0.52의 비율로 작용할 경우에 2축 압축강도는 1축 압축강도에 비하여 최대 27퍼센트까지 증가한다. 양 방향의 압축응력이 1 : 1의 비

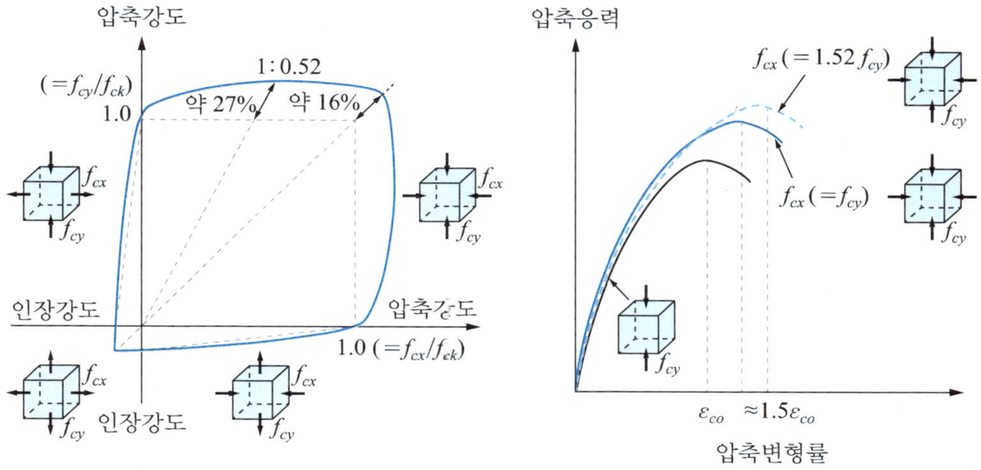

(a) 강도의 비율

(b) 압축응력–압축변형률 곡선

[그림 2.19] 2축 응력을 받는 콘크리트의 강도 비율과 응력–변형률 곡선(Kupfer 등 1969)

율로 작용할 경우에 압축강도는 1축 압축강도에 비하여 약 16퍼센트 증가한다([그림 2.19(a)]의 1사분면).

② 2축 인장응력이 작용할 경우에 콘크리트 인장강도는 1축 인장강도와 거의 유사하다([그림2.19(a)]의 3사분면).

③ 압축응력과 인장응력이 동시에 작용할 경우에 인장응력이 소폭 증가하면 압축강도는 급격하게 감소한다([그림 2.19(a)]의 2, 4사분면).

[그림 2.19(b)]는 2축 응력을 받는 정육면체 콘크리트의 변형률을 나타낸다. 2축 압축응력이 작용할 때 콘크리트의 변형률도 증가한다. 정육면체 콘크리트의 양 방향에 1 : 0.52의 비율로 압축력이 작용할 경우에 ε_{co}(압축강도에 상응하는 변형률)은 1축 응력이 작용하는 경우의 변형률에 비하여 약 50퍼센트까지 증가한다. 양 방향에 1 : 1의 비율로 압축력이 작용할 경우에 ε_{co}는 1축 응력이 작용하는 경우의 변형률에 비하여 약 25퍼센트 증가한다.

콘크리트가 2축 압축응력을 받으면 콘크리트의 압축응력이 상승하는 것과 대조적으로, 콘크리트가 1축 압축응력과 함께 1축 인장응력을 받으면 콘크리트의 압축강도는 급격하게 감소한다([그림 2.19]의 2, 4사분면 참조). 구조물의 보나 기둥의 복부 콘크리트는 대부분 압축응력과 인장응력이 동시에 작용한다. 이러한 응력은 부재의 전단강도나 비틀림모멘트 강도를 감소시킬 수 있다.

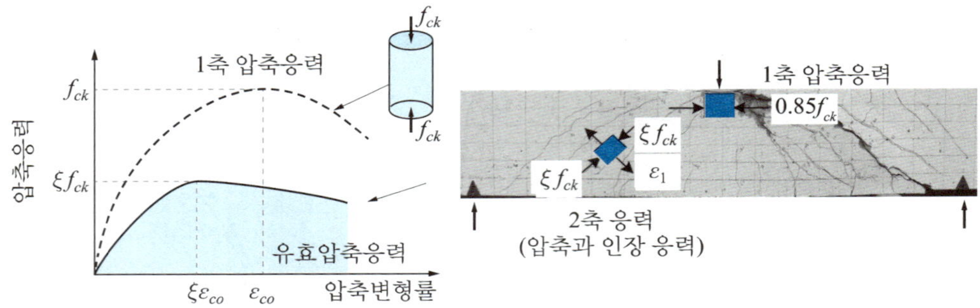

[그림 2.20] 콘크리트의 유효압축응력-변형률 곡선

[그림 2.20]은 1축 압축응력-변형률 관계와 2축(압축과 인장)응력을 받을 때의 콘크리트의 압축응력-변형률 관계를 나타낸다. 콘크리트가 압축응력과 인장응력을 동시에 받을 경우에 콘크리트의 압축강도와 변형률(ε_{co})은 급격하게 감소한다. 이와 같이 인장과 압축응력이 동시에 작용할 경우의 콘크리트 압축강도와 변형률을 유효압축강도(ξf_{ck})와 유효압축변형률($\xi\varepsilon_{co}$)이라 한다. 유효압축강도와 유효압축변형률은 콘크리트에 작용하는 인장응력(또는 인장변형률, ε_1)이 증가하면 감소한다.

유효압축강도에 대하여 지금까지 발표된 주요 평가식을 [표 2.5]에 정리하였다. Collins 등[Vecchio와 Collins (1986), Collins와 Mitchell (1991)]과 Hsu (1988)는 패널

[표 2.5] 콘크리트 유효압축강도 비교

설계기준	콘크리트의 유효압축강도
KDS 14 국가건설기준(2021) ACI 318-19기준	$\xi = 0.75$ (일정한 양의 복부철근이 있는 경우) $\xi = 0.65\lambda$ (일정한 양의 복부철근이 없는 경우)
도로교설계(한계상태설계법) EC2-04기준	$\xi = 0.6\left(1 - \dfrac{f_{ck}\,(\mathrm{MPa})}{250}\right)$
Collins 등의 제안식	$\xi = \dfrac{1}{0.8 + 170\,\varepsilon_1}$ (여기서, ε_1은 콘크리트의 주인장변형률)
Hsu 등의 제안식	$\xi = \dfrac{5.8}{\sqrt{f_{ck}}}\dfrac{1}{\sqrt{1+400\,\varepsilon_1}},\ \left(\dfrac{5.8}{\sqrt{f_{ck}}} \le 0.9\right)$
Lee 등의 제안식	$\xi = \dfrac{1}{1+350\,\varepsilon_1 f_{ck}^{-0.1}}$

실험을 통하여 측정한 콘크리트의 유효압축강도를 주인장변형률(ε_1)의 함수로 제안하였다. 제안된 평가식은 실제 $\xi f_{ck} - \xi \varepsilon_c$ 관계를 비교적 정확하게 예측하지만, 콘크리트의 주인장변형률(ε_1)을 구하는 것이 쉽지 않기 때문에 설계에 직접 반영하기는 어렵다. 한편 KDS 14 국가건설기준이나 도로교설계(한계상태설계법)에서는 유효압축강도계수로 일정한 값을 사용하거나 콘크리트 압축강도의 함수로 된 식을 사용하고 있다.

[표 2.5]의 콘크리트의 유효압축강도계수(ξ)를 콘크리트의 압축강도(f_{ck})나 주인장변형률(ε_1)의 관계로 하여 [그림 2.21]에서 비교하였다. [그림 2.21(a)]는 주인장변형률(ε_1)을 0.002로 고정하고 콘크리트의 압축강도(f_{ck})를 변화시켰을 때의 유효압축강도(ξf_{ck})의 변화를 나타낸다. ξf_{ck}가 가장 큰 것은 Collins 등의 제안식(1986)의 경우이며, Hsu 등의 제안식(1988)은 이 값보다 작다. Lee 등의 제안식은 KDS 14 기준과 EC2-04 기준의 중간 값이다(Watanabe and Lee, 1998). Hsu 등의 제안식은 $f_{ck} \geq 42$ MPa에서는 ξf_{ck}의 증가 비율이 감소한다. [그림 2.21(b)]는 콘크리트의 압축강도(f_{ck})를 30 MPa로 고정하고 주인장변형률(ε_1)을 변화시켰을 때의 유효압축강도계수(ξ)의 변화를 나타낸다. KDS 14 국가건설기준과 도로교설계기준(한계상태설계법) 또는 EC2-04 기준은 ε_1의 변화와 무관하게 일정한 값을 유지하지만 Collins 등, Hsu 등, Lee등의 제안식은 ε_1이 증가하면 감소한다.

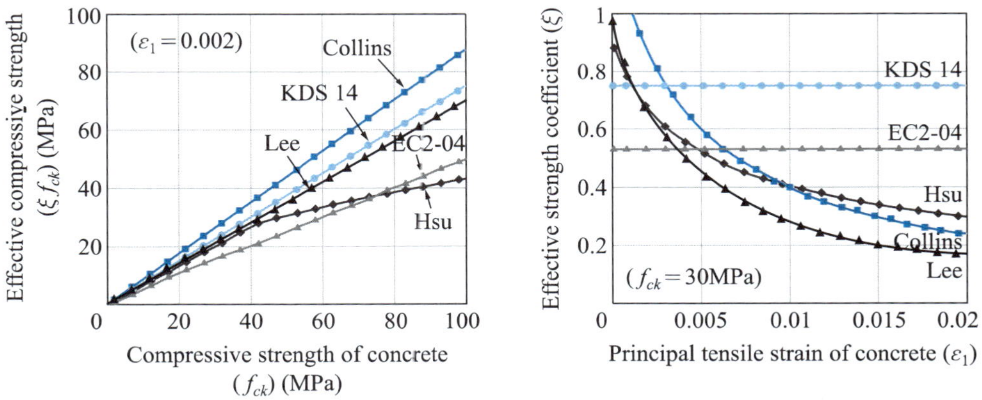

(a) ξf_{ck} - f_{ck} 관계 (b) ξf_{ck} - ε_1 관계

[그림 2.21] 유효압축강도계수(ξ) 비교

2.4 전단보강이 없는 부재의 전단저항 메커니즘

2.4.1 보작용과 아치작용

전단보강이 없는 철근콘크리트 부재의 전단저항 메커니즘을 표현하는 여러 이론이 지금까지 발표되었으며, 이 중에서 대표적인 이론 중의 하나는 [그림 2.22]의 보작용(beam action)과 아치작용(arch action)에 관련한 이론이다.

보작용과 아치작용은 균열이 발생한 위치의 회전에 대한 힘의 평형에 근거한다. 즉, 사인장균열이 발생한 면의 힘의 분포 중에서 장부작용을 무시할 경우에 휨모멘트는 식(2.25)에서 계산할 수 있다.

$$M = jd(T) \tag{2.25}$$

모멘트를 일차 미분하면 전단력이 되므로 식(2.25)는 전단력에 대하여 식(2.26)의 관계를 갖는다.

$$V = \frac{dM}{dx} = \frac{d}{dx}(T \cdot jd) \tag{2.26}$$

식(2.26)의 전단력을 인장력(T)과 합력간의 거리(jd)에 의하여 편미분하여 식(2.27)을 유도할 수 있다.

$$V = jd\frac{dT}{dx} + T\frac{d(jd)}{dx} \tag{2.27}$$

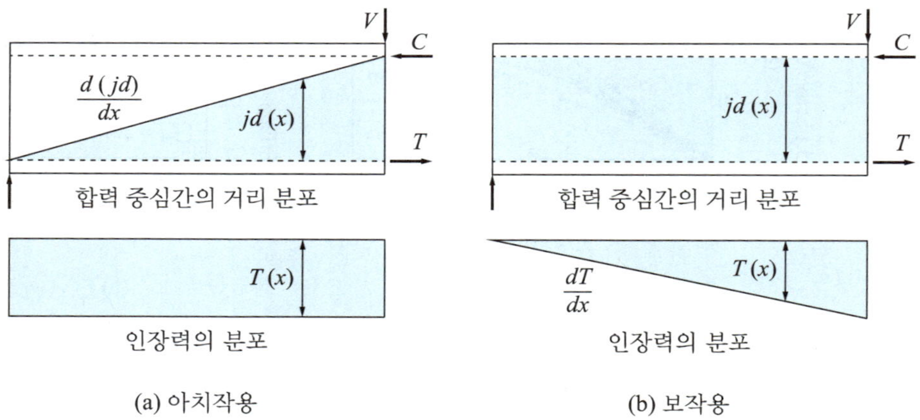

[그림 2.22] 아치작용과 보작용

▌ 아치작용(Arch action)

아치작용이란 철근과 콘크리트 사이의 부착이 없어져, 부재에 따라 합력간의 거리(jd)는 변화하지만, 인장력(T)은 일정하다고 가정하여 가력점 하중이 지점으로 직접 전달되는 작용을 말한다. 따라서 식(2.27)의 첫 번째 항이 "0"이 되어 식(2.28)을 유도할 수 있다.

$$V = T\frac{d(jd)}{dx} \tag{2.28}$$

합력간의 거리(jd)가 변화함에 따라서 [그림 2.22(a)]와 같이 외부하중은 지점과 가력점을 연결하게 되며, 하중은 콘크리트 압축대에 의하여 저항한다. 이러한 현상을 아치작용이라 하며 압축대의 크기는 전단경간비에 따라서 변화한다. 전단경간비가 작을 경우에 압축대의 폭이 크지만, 전단경간비가 커지면 압축대의 폭이 작아진다.

▌ 보작용(Beam Action)

보작용이란 부재에 따라 인장력(T)은 변화하지만, 합력간의 거리(jd)가 일정하다고 가정하여, 가력점 하중이 균열면에서 저항하는 작용을 말한다. 따라서 식(2.27)의 두 번째 항이 "0"이 되어 식(2.29)를 유도할 수 있다. 합력간의 거리(jd)가 일정할 경우에 부재에는 일정한 간격으로 사인장균열이 발생하게 되며 [그림 2.22(b)]와 같이 사인장균열면에는 장부작용에 의한 저항, 골재의 맞물림작용에 의한 저항, 균열이 발생하지 않은 면에서의 콘크리트 저항이 발생하게 된다.

$$V = jd\frac{dT}{dx} \tag{2.29}$$

실제 구조물에는 아치작용과 보작용만이 각각 하나씩만 작용하지 않고, 두 작용이 함께 작용한다.

2.4.2 Kani의 이론

전단보강이 없는 철근콘크리트 부재의 전단저항 메커니즘을 나타내는 이론 중에는 Kani (1966)에 의하여 제한된 빗살이론(Comb-tooth theory)이 있다. Kani의 이론에서는 [그림 2.23]과 같이 사인장균열이 발생한 철근콘크리트 부재의 전단저항을 균열과 균열 사이의 빗살(comb-tooth)과 균열이 진전하지 않은 아치(remaining arch)로 구분한다.

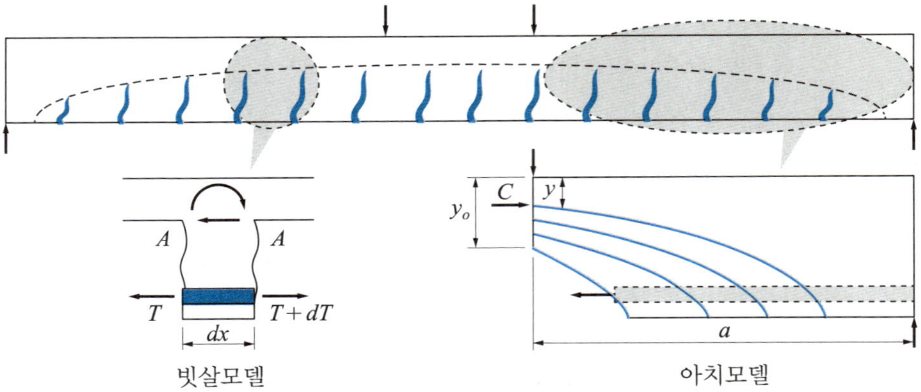

[그림 2.23] Kani(1966)의 이론

빗살이론이란 사인장균열이 발생한 이후의 두 균열면을 [그림 2.23]의 켄틸레버로 모델화하여 저항모멘트를 계산하는 이론이다. 균열면 인장응력의 차이가 균열의 단부([그림 2.23] 빗살모델의 A점)에 모멘트를 발생시킨다. 균열 단부 모멘트는 균열의 간격과 균열의 높이에서 계산할 수 있다.

아치이론이란 아치작용과 유사하게 가력점의 하중이 지점에 직접 전달되는 경우이다. Kani는 균열이 발생하지 않은 콘크리트와 가력점과 지점에 작용하는 콘크리트의 압축대를 모델화하여 [그림 2.23]의 아치작용에 의한 전단저항력을 유도하였다.

Kani는 두 가지 파괴 메커니즘에서 유도된 부재의 내력을 전단경간비(a/d)에 따라서 [그림 2.24]와 같이 구분하였다. 그림에서 y축은 휨모멘트와 휨항복모멘트의 비를 나타내며 x축은 전단경간비를 나타낸다. Kani의 이론에 의하면 부재의 파괴 종류와 저항력은 전단경간비에 따라서 다음 세 가지로 구분된다.

① $a/d \leq 2.5$: 빗살이론에 의한 사인장균열면의 전단 저항력보다 아치작용에 의한 저항력이 큰 구간으로 부재의 전단력은 아치작용에 의하여 지배를 받는 구간이다.

② $2.5 < a/d \leq 5.6$: 아치작용에 의한 저항력보다 빗살이론에 의한 사인장균열면의 전단 저항력이 큰 구간으로 부재의 전단력은 빗살이론에 의한 전단력에 지배를 받는 구간이다.

③ $a/d > 5.6$: 부재가 전단파괴하지 않고 휨파괴하는 구간이다.

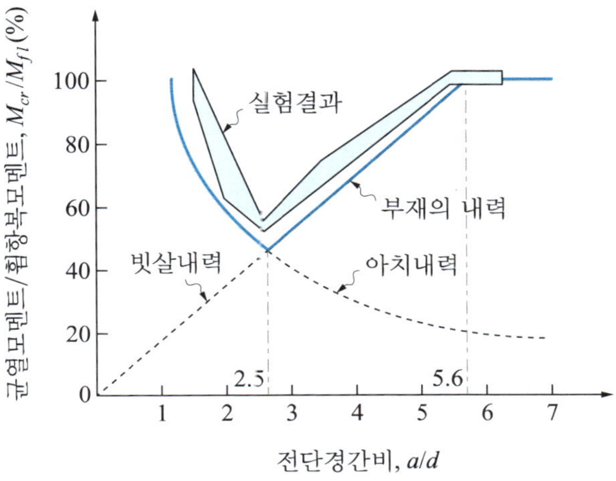

[그림 2.24] 전단경간비와 내력의 관계(Kani, 1966)

MEMO

제3장
트러스모델

3.1 일반 사항

철근콘크리트 부재의 전단거동을 예측할 수 있는 대표적인 모델은 1898년 Ritter가 제안한 트러스유사론(이하 트러스모델)이다. Ritter는 중앙부에서 가해지는 하중이 양 지점으로 전달되는 것을 콘크리트의 압축대, 전단철근의 인장대, 주철근의 인장대로 구성된 트러스에 의하여 설명하였다. 세 가지 구성 부재가 분리되어 연결된 Ritter의 트러스 모델은 1902년 Morch에 의하여 연속체의 개념으로 바뀌었다. Morch는 부재의 일정 구간에서 균열을 포함한 콘크리트 압축대가 연결되어 트러스 부재를 만들고 연속된 콘크리트 압축대와 힘의 평형을 이루는 전단철근의 인장대와 주철근의 인장대로 구성된 연속체 개념의 트러스모델을 제안하였다. Ritter와 Morch의 트러스이론에서는 사인장균열 각도를 45도로 가정한 뒤, 간단한 힘의 평형조건을 이용하여 전단력을 계산하였다. 그러나 균열의 각도를 45도로 가정할 경우, 트러스이론에 의해 예측된 전단강도는 실제의 전단강도를 과소평가할 수 있다. 따라서 보다 정확한 균열각도를 예측하기 위한 연구가 진행되었고, 그 중에서 대표적인 이론으로는 소성이론에 기본을 둔 트러스이론과 변형률의 적합조건을 이용한 트러스이론이 있다. 소성이론을 이용한 트러스이론은 콘크리트 부재가 전단파괴를 일으킬 때, 전단철근과 콘크리트가 소성 상태에 도달한다고 가정하여 균열각도를 계산한다. 따라서 균열각도는 전단철근의 양과 콘크리트의 압축강도에 따라 0도에서 45도로 변화한다. 스트럿-타이 모델도 소성이론에 근거한 트러스이론의 하나이다. 소성이론을 이용한 트러스이론은 힘의 평형조건만을 이용하여 전단강도를 구할 수 있으나, 전단파괴 시에 구성재료가 모두 소성 상태에 도달한다고 가정하기 때문에 실제의 전단강도를 다르게 평가할 수 있다. 따라서 힘의 평형조건과 변형률의 적합조건을 모두 포함한 트러스모델이 제안되었다. 변형률의 적합조건을 이용한 대표적인 이론은 수정압축장이론(modified compression field theory, Vecchio와 Collins, 1986), 회전각 연화트러스모델(rotating angle softened truss model, Hsu, 1988, 1993), 균열막모델(cracked membrane model, Kaufmann과 Marti, 1998), 변환각트러스모델(transformed angle truss model, Lee 등, 2006, 2011) 등이 있다. 이들 이론에서는 사인장균열각도와 콘크리트의 주압축응력의 각도가 동일하다고 가정하거나, 균열의 각도를 일정하게 고정한 후 콘크리트의 주압축응력의 각도를 균열 방향으로 변환시켜 전단강도를 계산한다. 따라서 균열의 각도를 구하기 위하여 힘의 평형조건뿐만 아니라, 변형률의 적합조건을 이용해야 한다. 변형률의 적합조건을 이용한 트러스모델의 계산 절차는 소성이론을 이용한 트러스이론보다 복잡하지만, 전단강도와 부재의 변형을 동시에 예측할 수 있다는 장점이 있다. 현재 사용되고 있는 구조설계기준의 대부분은 Ritter와 Morch의 트러스이론, 소성트러스이론, 변형률의 적합조건을 이용한 트러스이론 등에 근거하고 있다. 3장에서는 트러스모델에 기반을 둔 전단설계에 대하여 설명한다.

3.2 트러스모델의 기본 개념

Ritter는 [그림 3.1]의 균열이 발생한 부재 중앙점에 작용하는 하중이 트러스 형상으로 지점까지 힘이 전달된다고 가정하였다. Morch는 분리된 트러스 부재를 연속체의 개념으로 변경하였다. 트러스모델은 상현재, 하현재, 대각부재의 세 가지 부재로 구성되어 있으며 [그림 3.1]의 A점에 콘크리트의 압축력(C_d), 전단철근의 인장력(T_s), 주철근의 인장력($\Delta T = T_1 - T_2$)이 평형을 이루게 된다. 여기서 주철근의 인장력은 주철근에 작용하는 부착력을 의미한다.

Ritter와 Morch는 지극히 단순한 개념에 의하여 힘의 전달을 트러스에 의해 모델화하였지만 실제 부재에는 전단력과 휨모멘트 또는 전단력, 휨모멘트, 축력이 동시에 작용

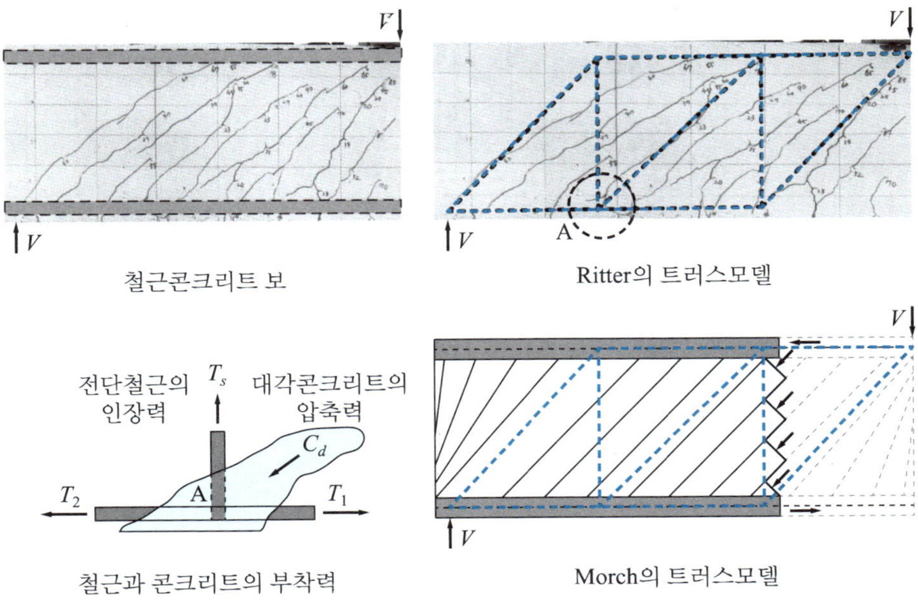

[그림 3.1] 트러스모델의 구성 부재

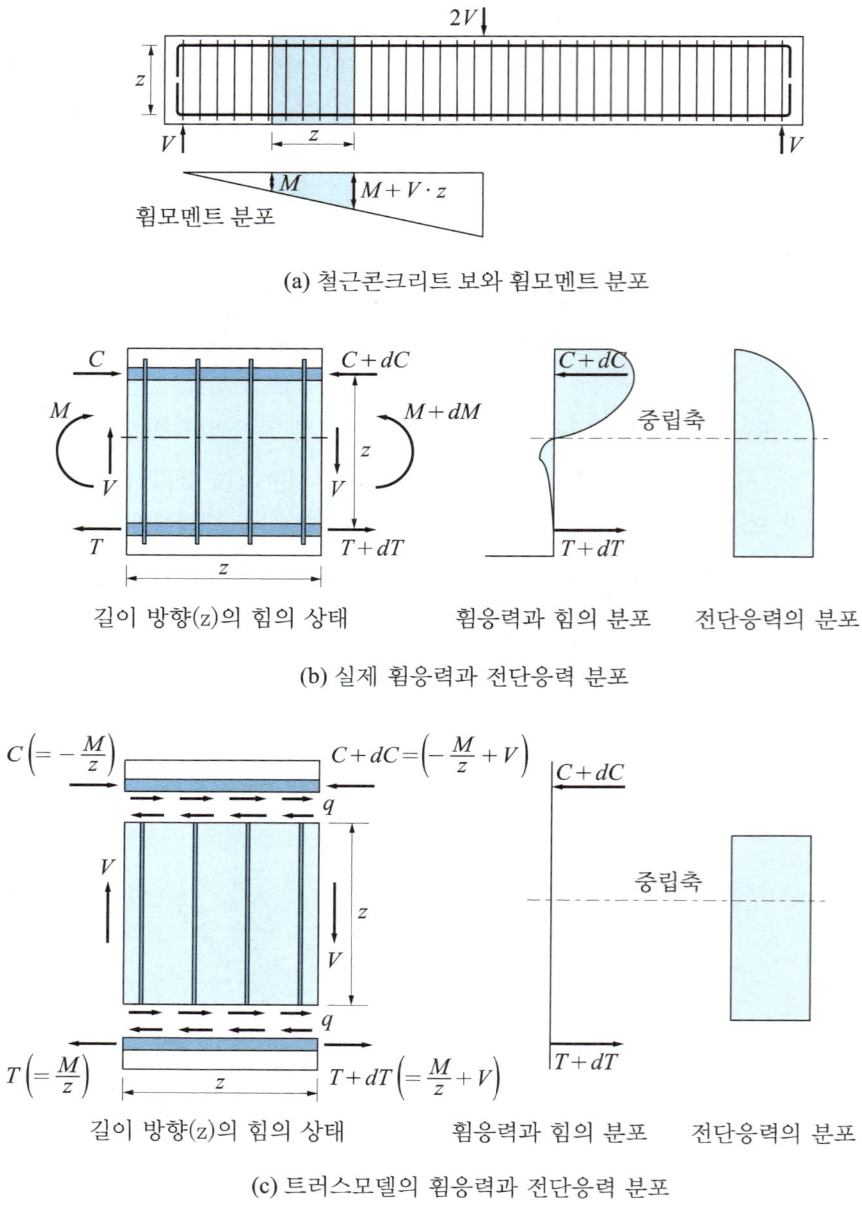

[그림 3.2] 트러스모델의 휨응력과 전단응력의 가정

하며 콘크리트 면부재에는 다축응력이 작용하므로 트러스모델을 부재에 적용하기 위해서는 여러 가정이 필요하다. [그림 3.2]는 집중하중을 받는 철근콘크리트 단순보를 나타낸다. [그림 3.2(a)]에는 보에 작용하는 휨모멘트 분포를 표시하였고, [그림 3.2(b)]에는

단면에 작용하는 휨응력과 전단응력 분포를 표시하였다. 단면에 작용하는 휨응력은 중립축을 중심으로 압축측과 인장측으로 구분되며, 인장력은 철근이 지지한다.

균열이 발생한 철근콘크리트 단면의 경우에 전단응력은 인장측 콘크리트 저항력이 포함되지 않고, 철근의 단면적(A_s)에 탄성계수의 비(n)를 곱하여 환산된 단면만이 고려되기 때문에 중립축 아래의 수평전단응력은 일정하다.

트러스이론에서는 [그림 3.2(b)]와 같이 단면의 위치에 따라서 달라지는 휨응력과 전단응력의 분포를 [그림 3.2(c)]로 단순화하여 전단강도 평가식을 유도한다.

① **휨응력** : 상현재(top chord, 주압축철근과 주위 콘크리트)와 하현재(bottom chord, 주인장철근과 주위 콘크리트)가 저항하며, 중립축과 가까운 복부 콘크리트는 휨응력을 저항하지 않는다.

② **전단응력** : 수평전단응력은 복부 콘크리트에 일정하게 분포한다.

이러한 두 가지 가정에 근거할 경우에 휨응력과 전단응력의 분포는 [그림 3.2(c)]와 같이 단순화 할 수 있다. 여기서 부재의 임의의 한 길이를 절단하고, 부재의 웨브 부분(복부 콘크리트)의 자유물체도를 작성하면 [그림 3.3]이 된다.

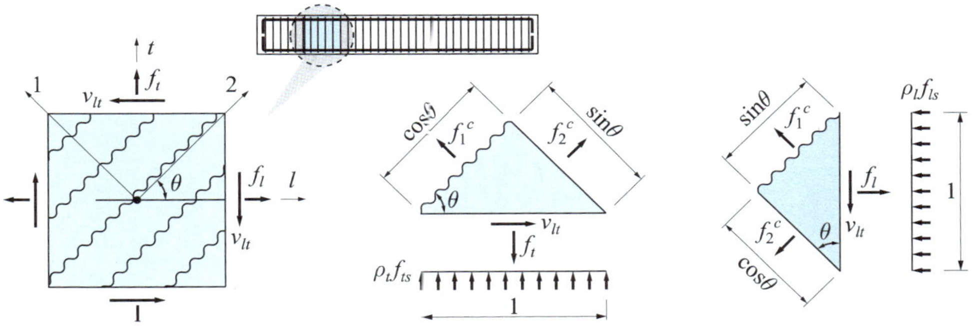

f_l : 부재축방향(l-방향)의 직응력
f_t : 부재축과 직각되는 방향(t-방향)의 직응력
v_{lt} : $l-t$방향의 전단응력
f_2^c : 콘크리트의 주압축응력
f_1^c : 콘크리트의 주인장응력
f_{ls} : l-방향에 배근된 철근의 응력(주철근의 응력)
f_{ts} : t-방향에 배근된 철근의 응력(전단철근의 응력)
ρ_l, ρ_t : l-과 t-방향에 배근된 철근의 철근비
θ : 균열의 각도이며 콘크리트 압축대와 부재축이 이루는 각도

[그림 3.3] 트러스모델을 위한 임의 요소의 응력 상태

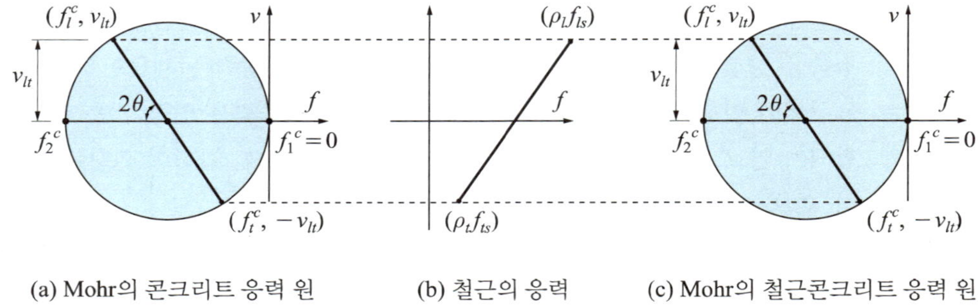

[그림 3.4] 모어의 응력원

전단설계를 하기 위해서는 [그림 3.3]의 $l-t$ 방향의 전단응력(v_{lt})이 계산되어야 한다. 만일 콘크리트의 주응력방향의 응력(f_2^c과 f_1^c)과 균열의 각도(θ)를 알고 있다면, 힘의 변환을 이용하여 주응력 방향(1, 2-방향)의 응력을 부재축(l-방향)과 부재축과 직각되는 방향(t-방향)의 응력으로 변환할 수 있다. 여기서 주응력방향(1, 2-방향)과 철근 방향(l, t-방향)의 응력간의 관계를 [그림 3.4]의 모어의 응력원(Mohr's stress circle)으로 나타낼 수 있다. 이 때 철근에는 전단응력이 작용하지 않고 직응력만이 작용한다고 가정하며(1축 요소), l-방향과 t-방향에 작용하는 철근의 응력을 콘크리트의 응력에 더한다. 따라서 주응력방향(1, 2-방향)과 철근 방향(l, t-방향)의 응력간의 관계는 식(3.1)~식(3.3)이 된다.

$$f_l = f_2^c \cos^2\theta + f_1^c \sin^2\theta + \rho_l f_{ls} \tag{3.1}$$

$$f_t = f_2^c \sin^2\theta + f_1^c \cos^2\theta + \rho_t f_{ts} \tag{3.2}$$

$$v_{lt} = \left(-f_2^c + f_1^c\right) \sin\theta \cos\theta \tag{3.3}$$

3.3 45도 트러스모델

45도 트러스모델에서는 힘의 평형식만을 이용한다. 식(3.1)~(3.3)의 힘의 평형식만을 이용하면 주어진 식에 비하여 미지수가 많기 때문에 전단응력(v_{lt})을 계산할 수 없다. 따라서 45도 트러스모델에서는 다음의 가정을 이용한다.

① 사인장균열의 방향 : 콘크리트 주압축응력의 방향과 사인장균열의 방향이 동일하다.
② 사인장균열각도(θ) : 사인장균열의 각도는 45도로 복부 콘크리트에 일정하게 발생한다.
③ 콘크리트의 인장강도 : 콘크리트의 인장강도는 매우 작아 무시할 수 있다($f_1^c = 0$).
④ 장부작용과 골재의 맞물림작용 : 장부작용과 골재의 맞물림작용은 직접적으로 고려하지 않는다.
⑤ 전단철근의 강도 : 전단철근의 응력(f_{ts})은 항복강도(f_{yt})와 동일하다. 식(3.2)의 철근 응력(f_{ts})은 부재가 파괴할 때의 철근 응력이며 항복강도(f_{yt})가 아니다. 설계에서는 전단철근 항복 이후에 콘크리트가 파괴하는 전단파괴를 유도하고 있으므로 철근 응력(f_{ts})을 항복강도(f_{yt})로 가정한다.
⑥ 주철근의 강도 : 주철근은 항복하지 않고 탄성 상태를 유지한다.

위의 가정에서 콘크리트의 인장강도를 무시하고(가정 ③), 보, 기둥, 슬래브 등의 경우에 부재축과 직각되는 방향(t-방향)의 직응력(f_t)은 존재하지 않으므로 식(3.2)를 식(3.4)로 변경할 수 있다.

$$f_2^c = -\frac{\rho_t f_{ts}}{\sin^2\theta} \tag{3.4}$$

식(3.4)를 식(3.3)에 대입하면 식(3.5)가 된다.

$$v_{lt} = (\rho_t f_t)\cot\theta \tag{3.5}$$

식(3.5)에서 식(2.12)의 전단력과의 관계[$v_{lt} = V_s/(b \times d)$]와 전단철근비 [$\rho_t = A_v/(s \times b)$]의 관계를 대입하여 식(3.6a)를 구한다.

(수직방향 전단철근 사용)

$$V_s = \frac{A_v f_{ts} d}{s}\cot\theta \tag{3.6a}$$

만일 전단철근의 방향이 부재축과 직각되지 않고 각도 α만큼 기울어져 배근되면 식(3.5)에서 식(3.6b)를 유도할 수 있다.

(경사 전단철근 사용)

$$V_s = \frac{A_v f_{ts} d}{s}\sin\alpha\,(\cot\alpha + \cot\theta) \tag{3.6b}$$

여기서, s : 전단철근의 간격

α : 전단철근과 부재축이 이루는 각도

A_v : 전단철근의 단면적

45도 트러스모델에서는 가정 ②와 ⑤에서 균열의 각도(θ)를 45도로 가정하고 전단철근의 항복강도(f_{yt})를 사용하므로 식(3.6a, b)는 식(3.7a, b)로 바뀐다.

(수직방향 전단철근 사용)

$$V_s = \frac{A_v f_{yt} d}{s} \tag{3.7a}$$

(경사 전단철근 사용)

$$V_s = \frac{A_v f_{yt} d}{s} (\sin\alpha + \cos\alpha) \tag{3.7b}$$

45도 트러스이론에 의하여 유도되는 식(3.7)은 다음과 같이 사인장균열을 관통하는 전단철근의 내력에 대한 평형식을 이용해서도 계산할 수 있다.

$$V_s = n A_v f_{yt} \tag{3.8}$$

여기서, n : 균열을 가로지르는 철근의 수

예를 들어 [그림 3.5]의 수직철근이 5개 배근된 3개 부재에 [그림 3.5(a)]의 수평 균열이 발생할 경우에 5개의 철근이 모두 균열을 억제하기 때문에 n은 5가 되지만, [그림 3.5(b)]와 같이 균열이 수직 방향으로 발생할 경우에 어느 철근도 균열을 억제하기 못하므로 n은 "0"이 된다. 만일 균열이 경사지게 발생하고 철근의 배근 간격이 s로 일정하

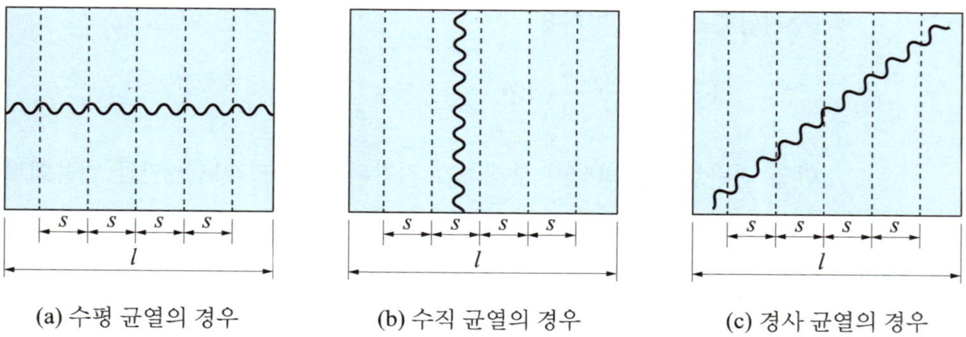

[그림 3.5] 균열의 방향과 유효철근의 수

다면 균열 억제에 효과가 있는 철근의 수는 식(3.9)에서 구할 수 있다.

$$n = \frac{l}{s} \tag{3.9}$$

[그림 3.6]은 부재축과 일정한 각도 θ로 균열이 발생한 부재에 각도 α방향으로 전단철근을 배근한 부재의 트러스모델을 나타낸다. 복부의 대각선 방향으로 발생한 콘크리트 압축대의 합력, 균열면에 작용하는 전단철근의 합력, 하부인장재의 인장력으로 구성된 [그림 3.6(c)]의 트러스를 구성한다. [그림 3.5(c)]에서 부재축과 수직되는 방향에 대한 힘의 평형조건을 이용하여 식(3.10)을 유도할 수 있다.

$$V_s = C_d \sin\theta = T_s \sin\alpha \tag{3.10}$$

여기서, C_d : 콘크리트 압축대의 압축력

T_s : 사인장균열을 가로지트는 모든 전단철근의 인장합력

V_s : 외부 전단력

θ : 사인장균열의 각도

α : 전단철근의 배근 각도

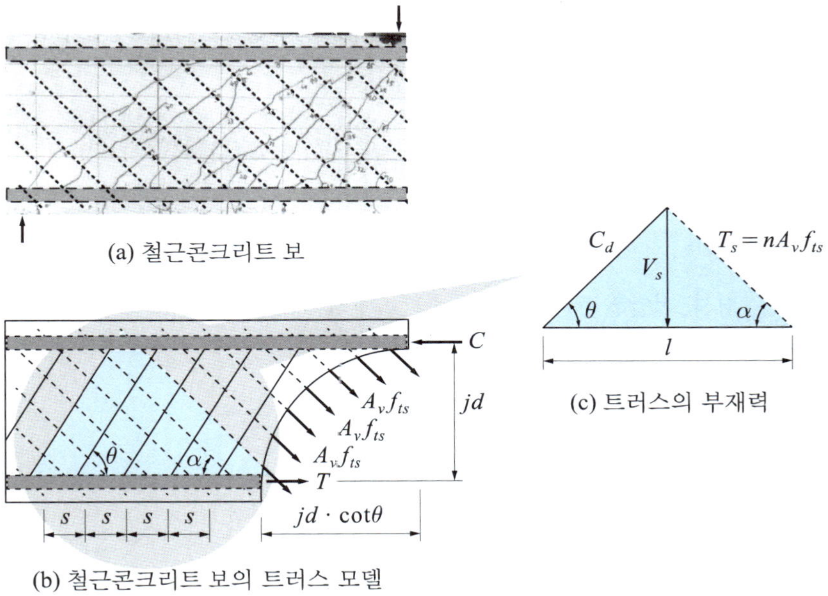

[그림 3.6] 균열이 발생한 철근콘크리트 보의 트러스모델에 의한 응력상태

전단철근의 합력(T_s)은 균열면에 존재하는 전단철근의 수(n)을 이용하여 계산한다.

$$V_s = n\, A_v\, f_{ts}\, \sin\alpha \tag{3.11}$$

단위 트러스의 수평방향의 길이(l)는 [그림 3.6(c)]에서 알 수 있으며 식(3.12)가 된다.

$$l = jd(\cot\alpha + \cot\theta) \tag{3.12}$$

식(3.12)의 l을 식(3.9)에 대입하여 균열을 가로지르는 철근의 수(n)를 계산할 수 있다.

$$n = \frac{jd(\cot\alpha + \cot\theta)}{s} \tag{3.13}$$

식(3.13)을 식(3.11)에 대입하여 식(3.14)를 계산할 수 있다. 이때 설계의 단순화를 위해 KDS 국가건설기준과 ACI 318 기준에서는 jd를 d로 대체하고 있다.

$$V_s = \frac{A_v\, f_{ts}\, d}{s} \sin\alpha\, (\cot\alpha + \cot\theta) \tag{3.14}$$

45도 트러스모델에서는 전단철근의 응력(f_{ts})이 항복강도(f_{yt})에 도달한다고 가정하며, 균열의 각도를 45도로 가정한다. 전단철근은 시공상의 어려움과 내진성능 등을 고려하여 부재축과 일반적으로 수직하게 배근된다. 따라서 식(3.14)에 두 가지 가정을 대입하여 수직방향 전단철근과 경사 전단철근을 사용한 부재의 전단강도를 식(3.15a) 또는 식(3.15b)에 의해 계산한다.

(수직방향 전단철근 사용) − 식(3.7a)와 동일

$$V_s = \frac{A_v\, f_{yt}\, d}{s} \tag{3.15a}$$

(경사 전단철근 사용) − 식(3.7b)와 동일

$$V_s = \frac{A_v\, f_{yt}\, d}{s} (\sin\alpha + \cos\alpha) \tag{3.15b}$$

3.4 소성트러스모델

3.4.1 하계소성이론 트러스모델

45도 트러스이론은 힘의 평형조건만을 이용하여 간단하게 전단력을 계산할 수 있지만 균열의 각도를 45도로 가정하고 있어 실제의 전단강도를 과소평가하는 경향이 있다. 균열의 각도는 재료의 조건에 따라서 달라지며, 전단철근의 양이 많아지면 균열의 각도가 커지고, 전단철근의 양이 작아지면 균열의 각도가 작아진다. [그림 3.7]은 전단철근의 양을 제외하고 동일한 조건인 부재의 균열 양상을 나타내고 있다. 전단철근이 작게 배근된 실험체의 사인장균열의 각도는 약 30도로 관찰되지만, 전단철근이 많이 배근된 실험체의 균열의 각도는 약 33도로 관찰되었다. 어느 경우에도 균열의 각도는 45도 보다 작다. 특히 식(3.14)에서 전단강도(V_s)는 $\cot\theta$에 비례하므로 각도의 작은 변화가 전단강도에 미치는 영향은 매우 크다.

이와 같이 재료 조건에 따라서 변화하는 사이장균열의 각도를 보다 정확하게 예측하고 이를 전단내력 평가식에 반영하기 위하여 소성이론 트러스모델(Nielsen 등, 1978)이 제안되었다. 소성이론 트러스모델은 variable angle truss model이라고도 하며, 여기서는 간략히 소성트러스모델로 하겠다. 소성이론은 하계소성이론(lower boundary plasticity theory)과 상계소성이론(upper boundary plasticity theory)으로 구분된다. 소성이론 트러스모델에서는 철근콘크리트부재를 강소성체로 가정하고 소성역학에 근거하여 전단강도를 계산한다. 하계소성이론은 내부의 응력장이 부재에 작용하는 하중의 항복기준을 위

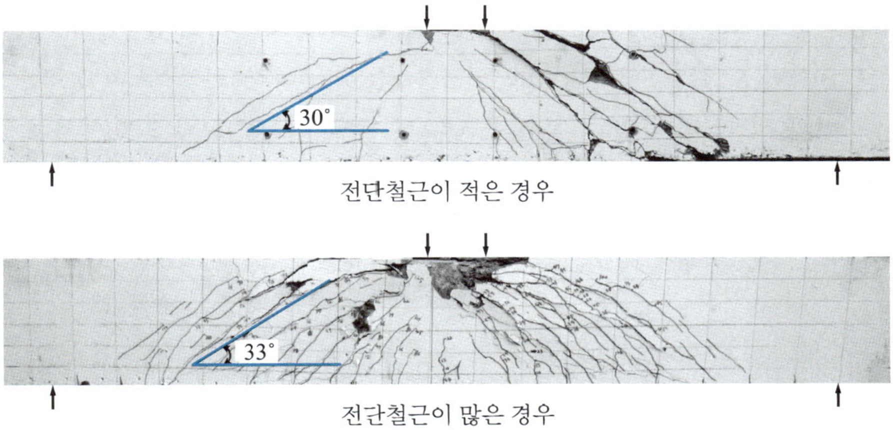

[그림 3.7] 사인장균열의 각도

반하지 않고 외부 하중과 평형을 이룰 때 외부 하중은 실제 붕괴 하중보다 크지 않은 것을 응용한 방법이며, 하계소성이론에서는 정적으로 허용되는 응력장에서 구한 값 중에서 가장 큰 값을 선택하게 된다. 상계소성이론은 외부 하중이 유발하는 일은 내부 응력에 의해 소산되는 에너지와 동일한 것을 응용한 방법이며, 운동학적으로 허용되는 변위장에서 구한 값 중에서 가장 작은 값을 선택하게 된다. 이 이론은 취성적으로 파괴하는 콘크리트를 소성체로 간주하고 전단파괴 메커니즘을 명확하게 제시하고 있다. 소성트러스모델에서도 힘의 평형식만을 이용하며 다음의 특징이 있다.

① 사인장균열의 각도 : 소성이론에서 균열각도를 계산하고, 콘크리트 주압축응력의 방향과 사인장균열의 방향이 동일하다고 가정한다.

② 콘크리트의 인장강도 : 콘크리트의 인장강도는 매우 작아 무시할 수 있다($f_1^c = 0$).

하계소성이론을 적용할 경우에 힘의 평형조건에서 철근콘크리트 부재가 파괴에 도달했을 때에 철근과 콘크리트가 모두 소성 상태, 즉 최대 응력에 도달했다고 가정한다. 따라서 식(3.3)에서 인장응력(f_1^c)을 무시하면 식(3.16)을 유도할 수 있다.

$$f_2^c = -\frac{v_{lt}}{\sin\theta\cos\theta} = -v_{lt}(\tan\theta + \cot\theta) \tag{3.16}$$

식(3.16)을 식(3.2)에 대입하여 식(3.17)을 구한다.

$$\rho_t f_{ts} = v_{lt}\tan\theta \tag{3.17}$$

철근콘크리트 부재가 파괴에 도달했을 때에 철근과 콘크리트가 모두 최대 응력에 도달했다고 가정하므로 식(3.16)과 (3.17)의 콘크리트의 주압축응력(f_2^c)과 t-방향 철근의 응력(f_{ts})은 식(3.18a, b)로 변경할 수 있다. 특히, 콘크리트의 응력은 2방향 응력(압축과 인장응력)을 받는 복부 콘크리트의 응력이므로 [그림 2.20]에서 설명한 콘크리트 유효압축강도(ξf_{ck})를 사용해야 한다.

$$f_2^c = \xi f_{ck} \tag{3.18a}$$

$$f_{ts} = f_{yt} \tag{3.18b}$$

여기서, ξ는 콘크리트의 유효압축강도 계수이다. 식(3.18a, b)를 식(3.16)과 식(3.17)에 대입하여 식(3.19)와 식(3.20)을 구한다.

$$\xi f_{ck} = -\frac{v_{lt}}{\sin\theta \cdot \cos\theta} = -v_{lt}(\tan\theta + \cot\theta) \tag{3.19}$$

$$\cot\theta = \frac{v_{lt}}{\rho_t f_{yt}} \tag{3.20}$$

식(3.19)와 식(3.20)을 정리하고 전단력과의 관계[$v_{lt} = V_s/(b \times d)$]와 전단철근비 [$\rho_t = A_v/(s \times b_w)$]의 관계를 대입하여 식(3.21)을 구한다.

(수직방향 전단철근 사용)

$$V_s = \frac{A_v f_{yt} d}{s}\cot\theta \tag{3.21}$$

(균열의 각도)

$$\tan\theta = \sqrt{\frac{\Psi}{1-\Psi}} \tag{3.22}$$

여기서, $\Psi = \dfrac{\rho_t f_{yt}}{\xi f_{ck}}$

식(3.19)와 식(3.20)을 다시 정리하면 식(3.22)의 전단응력과 콘크리트 압축강도의 관계를 구할 수 있다.

$$\frac{v_{lt}}{\xi f_{ck}} = \sqrt{\Psi(1-\Psi)} \tag{3.23}$$

식(3.22)에서 전단응력(v_{lt})과 Ψ는 원의 관계가 있음을 알 수 있다. 따라서 식(3.22)와 (3.22)의 전단내력(v_{lt})과 균열의 각도(θ) 및 Ψ의 관계를 원으로 나타내면 [그림 3.8]이 된다. [그림 3.8]의 원은 [표 3.1]의 두 구간으로 구분할 수 있다.

① $\Psi \leq 0.5$ 구간 : 식(3.22)에 의하여 균열의 각도(θ)를 계산하고, 식(3.21)에서 전단력을 계산한다.

② $\Psi > 0.5$ 구간 : 식(3.23)에 의하여 계산된 전단내력은 v_{lt}와 Ψ가 원의 관계이므로 재료계수(Ψ)가 증가함에 따라서 감소하지만, 실제 부재에서는 이와 같은 현상이 발생하지 않으므로 하계소성이론 트러스모델에서는 $\Psi > 0.5$일 경우는 $v_{lt} = 0.5\,\xi f_{ck}$로 가정한다. 즉, 이 구간에서는 소성이론을 적용할 수 없다.

[표 3.1] 하계소성트러스모델

Ψ	전단 내력(v_{lt})	균열의 각도(θ)	
		45도 트러스모델	하계소성트러스모델
$\Psi \leqq 0.5$	$\dfrac{v_{lt}}{\xi f_{ck}} = \sqrt{\Psi(1-\Psi)}$	45도	$\tan\theta = \sqrt{\dfrac{\Psi}{1-\Psi}}$
$\Psi > 0.5$	$\dfrac{v_{lt}}{\xi f_{ck}} = 0.5$	45도	45도

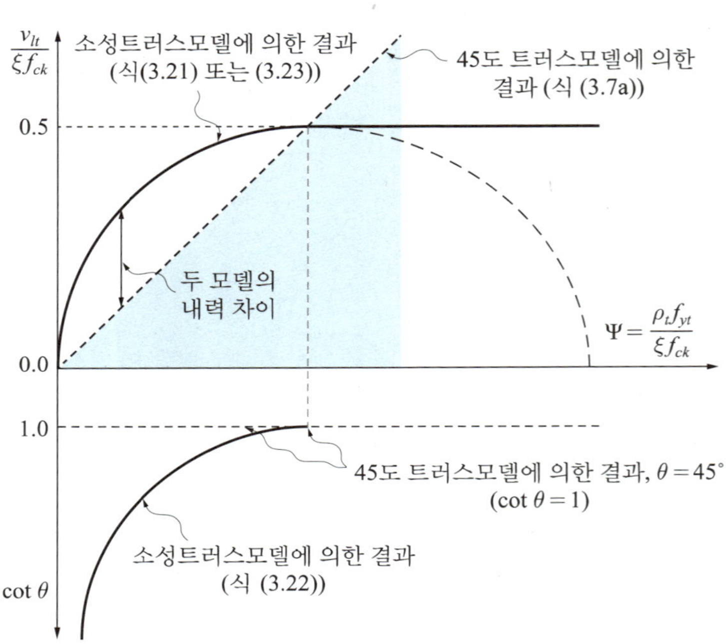

[그림 3.8] 하계소성이론 트러스모델과 45도 트러스모델 비교

45도 트러스모델에 의하여 계산한 전단내력과 하계소성이론 트러스모델에 의하여 계산한 전단내력을 [그림 3.8]에서 비교하였다. 그림에서 두 모델에 의하여 계산한 전단내력에는 상당한 차이가 있음을 알 수 있다. 이는 전단내력은 균열의 각도와 $\cot\theta$로 비례하여, 균열각도가 감소하면 전단내력은 급격하게 증가하기 때문이다. 현재 유럽설계기준과 도로교설계기준(한계상태설계법)에서는 하계소성이론 트러스모델(일명, variable angle truss model)에 근거하여 전단내력을 계산한다.

3.4.2 상계소성이론 트러스모델

[그림 3.9]는 상계소성이론 트러스모델을 나타내는 철근콘크리트 보의 변위장을 나타낸다. 전단력을 받아 각도 β의 사인장균열이 발생한 보가 있으며, 이 보는 I부분과 II부분으로 분리되어 있다. 외부 하중에 의해 I부분이 수직 방향으로 변위 u 만큼 이동하였을 때 II부분에는 변위가 발생하지 않았다고 가정한다. 각도 β의 사인장균열이 발생한 부분은 항복선(yield line)이 되며, 부재축방향 철근은 항복하지 않고 탄성 상태에 있다고 가정한다.

파괴메커니즘에 의해 발생한 내력의 일은 외력에 의한 일과 동일하므로 식(3.24)를 구할 수 있다.

$$P \cdot u = \rho_t f_{yt} (b \cdot h \cot \beta)\, u + \frac{1}{2} \xi f_{ck} (1 - \cos \beta) \left(b \cdot \frac{h}{\sin \beta} \right) u \tag{3.24}$$

식(6.24) 좌변의 첫 번째 항은 항복선을 가로지르는 전단철근에 의한 일이며, 두 번째 항은 콘크리트에 의한 일을 나타낸다. 콘크리트에 의한 일은 수정쿨롱항복기준[Modified Coulomb Yield Criteria, Chen과 Drucker (1969), Chen (1982)]에서 유도된 값이다. 쿨롱의 파괴기준인 식(3.25)는 콘크리트의 압축강도기준에 대해서는 어느 정도 일치하지만, 인장강도기준에 대해서는 과대평가하는 경향이 있기 때문에 수정항복기준에서는 인장쪽 기준을 절단하여 [그림 3.10]과 같이 반영한다.

$$|v| + f \tan\phi - c = 0, \quad f - f_{ct} = 0 \tag{3.25}$$

[그림 3.10]에서 미끌림기준은 주응력(f_2^c, f_3^c)의 함수로 구할 수 있다.

$$k f_2^c - f_3^c = f_{ck}$$

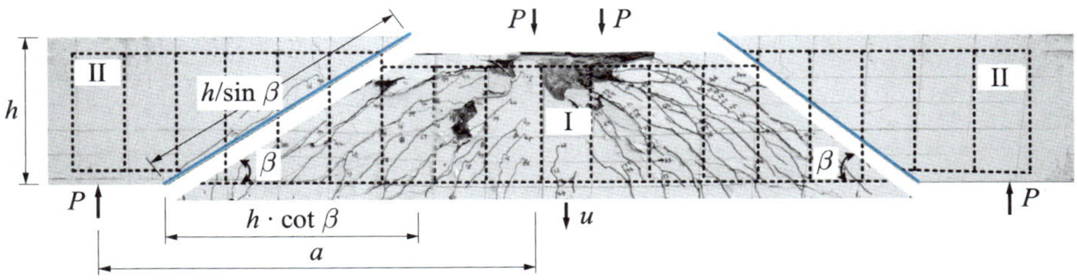

[그림 3.9] 상계소성이론 트러스모델의 파괴메커니즘

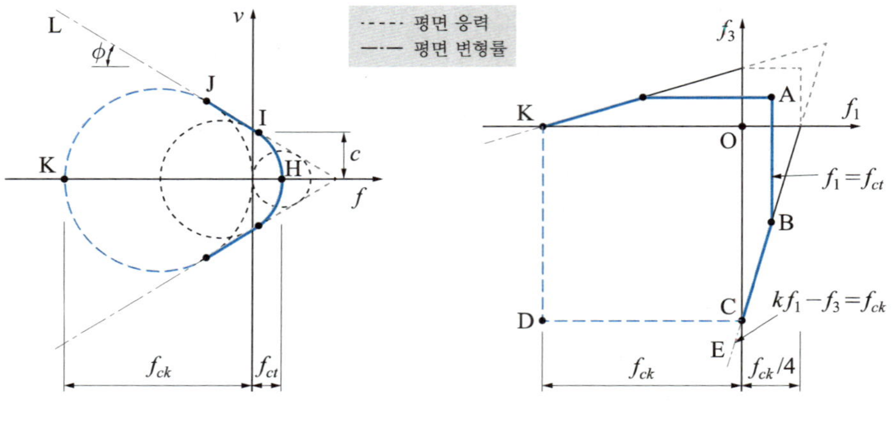

(a) 응력 관계　　(b) 주응력관계

[그림 3.10] 수정쿨롱파괴기준(Kaufman, 1998)

여기서,

$$k=\frac{1+\sin\phi}{1-\sin\phi},\ f_{ck}=\frac{2\,c\cos\phi}{1-\sin\phi}$$

여기서, f_{ct} : 콘크리트의 일축 인장강도

c : 콘크리트의 점착력

ϕ : 콘크리트의 내부마찰각

식(3.24)를 변환하여 식(3.26)을 구한다.

$$\frac{v_{lt}}{\xi f_{ck}}=\frac{P}{b\,h\,\xi\,f_{ck}}=\frac{\rho_t f_{yt}}{\xi\,f_{ck}}\cot\beta+\frac{1}{2}(1-\cos\beta)\frac{1}{\sin\beta} \tag{3.26}$$

상계소성이론은 운동학적으로 허용되는 변위장에서 구한 값 중에서 가장 작은 값을 선택해야 하므로 식(3.26)의 각도 β는 $\partial P/\partial\beta=0$이 되거나 식(3.27)을 만족해야 한다.

$$\tan\beta=2\frac{\sqrt{\Psi(1-\Psi)}}{1-2\Psi} \tag{3.27}$$

여기서, $\Psi=\rho_t f_{yt}/(\xi f_{ck})$

식(3.27)을 식(3.26)에 대입하면 $v_{lt}/(\xi\,f_{ck})$는 하계소성이론에서 구한 식(3.23)과 동일하게 된다.

$$\frac{v_{lt}}{\xi f_{ck}} = \sqrt{\Psi(1-\Psi)} \qquad \text{식(3.23)과 동일}$$

식(3.27)의 β는 식(3.22)의 균열각도(θ)의 2배이다.

$$\beta = 2\theta \tag{3.28}$$

항복선의 각도(β)는 지점과 가력점을 연결하는 직선보다 더 낮아질 수는 없으므로 β의 범위는 식(3.29)가 된다.

$$\frac{h}{a} \leqq \tan\beta \leqq \infty \tag{3.29}$$

따라서 하한값 $\tan\beta = h/a$를 식(3.26)에 대입하여 식(3.29)를 계산할 수 있다.

$$\frac{v_{lt}}{\xi f_{ck}} = \frac{1}{2}\left[\sqrt{1+\left(\frac{a}{h}\right)^2} - \frac{a}{h}\right] + \Psi\frac{a}{h} \tag{3.30}$$

[그림 3.11]은 a/h가 2 또는 4일 때의 상계 소성트러스모델에 의해 계산한 전단응력과 재료의 관계[$v_{lt}/(\xi f_{ck}) - \Psi$]를 나타낸다. 그림에서 하계소성트러스모델의 경우에는 전단철근이 배근되지 않아 Ψ가 "0"일 때 전단강도도 "0"이지만, 상계소성트러스모델의 경우에는 식(3.30)에 의하여 일정값의 전단응력이 콘크리트에 의해 발생하고 있다. 콘크리트에 의한 전단강도 기여분은 a/h가 증가함에 따라서 감소한다.

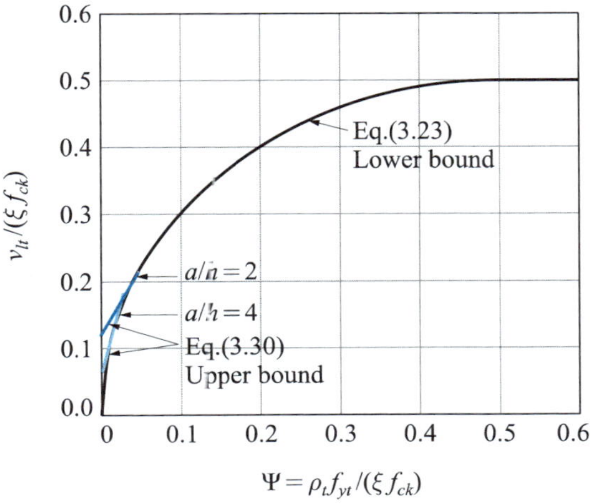

[그림 3.11] 상계소성이론 트러스모델

3.4.3 아치작용과 소성트러스모델

콘크리트의 인장강도 영향을 무시할 경우에 트러스모델에 의하여 계산되는 콘크리트의 전단저항성분은 존재하지 않는다. 즉, [그림 3.8]에서 전단철근이 없을 경우에 전단내력은 “0”이 된다. 하지만 실제 부재에는 콘크리트에 의한 전단저항성분이 존재하므로 이에 대한 영향을 반영하기 위한 모델이 Nielsen (1978), Watanabe 와 Ichinose (1992)에 의해 제안되었다. 이 모델에서는 전단력을 [그림 3.12]와 같이 아치작용에 의한 콘크리트 스터럿에 의한 저항성분(V_a)과 트러스에 의한 저항성분(V_s)의 합에 의하여 계산한다.

$$V_n = V_a + V_s \tag{3.31}$$

식(3.31)에서 트러스에 의한 저항성분(V_s)은 하계소성이론 트러스모델에 의하여 계산한 식(3.21)과 동일하다. 한편 콘크리트 스터럿에 의한 저항성분(V_a)은 [그림 3.13]과 같이 가력점에서 지점으로 직접 전달되는 저항성분을 의미한다. 그림에서 지점과 가력점의 삼각형 ABC와 DEF에는 정수압응력 f_a 가 3면에서 동일하게 작용하며 이 응력은 콘크리트 스트럿 BCEF를 통하여 전달된다. 하계소성이론에서는 정적으로 허용되는 응력장에서 구한 값 중에서 가장 큰 값을 선택하므로 스트럿의 폭 AC와 DF는 단면의 중간까지의 길이 $h/2$가 된다. 그림의 기하학적 조건에 의하여 식(3.32)에 의해 스트럿과 부재축이 이루는 각도(ϕ)를 계산한다.

$$\tan\phi = \frac{\sqrt{l^2+h^2}-l}{h} = \sqrt{\left(\frac{l}{h}\right)^2+1} - \frac{l}{h} \tag{3.32}$$

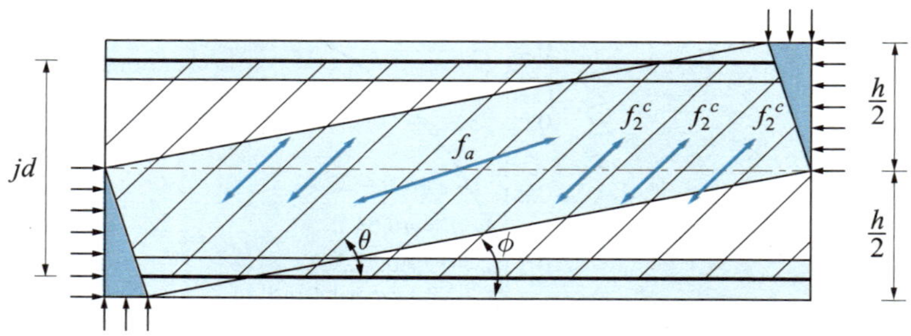

[그림 3.12] 아치작용과 트러스모델

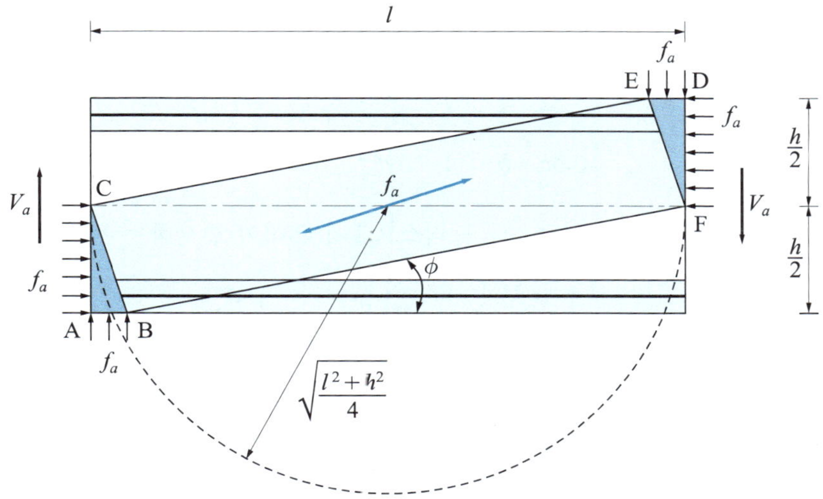

[그림 3.13] 아치작용

부재의 파괴는 소성이론에 근거하여 철근과 콘크리트가 모두 최대 응력에 도달했다고 가정하므로 t-방향 철근의 응력(f_{ts})은 항복강도(f_{yt})로 변경된다. 특히, 이 모델에서는 트러스모델에 의하여 발생하는 콘크리트 스트럿의 응력(f_2^c)과 아치작용에 의한 콘크리트 스트럿에 발생하는 응력(f_a)의 합이 콘크리트 유효압축강도(ξf_{ck})에 도달했을 때 콘크리트가 소성 상태에 도달한다고 가정한다.

$$\xi f_{ck} = f_2^c + f_a \tag{3.33}$$

엄밀하게 보았을 때는 아치작용에 의하여 발생하는 콘크리트 스트럿의 각도(ϕ)와 트러스모델에 의하여 발생하는 콘크리트 스트럿의 각도(θ)는 동일하지 않기 때문에 어느 한 방향으로 응력을 변환해야 하지만 여기서는 ϕ와 θ의 차이를 무시하고 두 응력을 직접 더한 식(3.33)을 이용한다.

식(3.16)과 식(3.17)을 식(3.33)에 대입하여 아치작용에 의해 콘크리트 스트럿에 발생한 응력(f_a)을 구할 수 있다.

$$f_a = (1-\beta)\xi f_{ck}$$

$$\beta = \frac{\rho_t f_{yt}(1+\cot^2\theta)}{\xi f_{ck}} \tag{3.34}$$

아치작용에 의해 발생하는 콘크리트 스터럿 저항성분(V_a)을 식(3.35)에 의해 계산한다.

$$V_a = 0.5b \cdot h \cdot f_a \tan\phi$$

$$V_a = 0.5b \cdot h \cdot (1-\beta)\xi f_{ck} \tan\phi \tag{3.35}$$

결과적으로 아치작용과 트러스모델에 의하여 발생하는 전단저항은 식(3.36)이 된다.

$$V_n = \frac{1}{2}(1-\beta)\xi f_{ck}(bh)\tan\phi + \frac{A_v f_{yt} z}{s}\cot\theta \tag{3.36}$$

또한 이 모델에서는 실제 구조물에 발생하는 사인장균열의 각도가 지나치게 낮지 않다는 점을 반영하여 식(3.22)에 의하여 계산되는 균열의 각도가 26.7도 이상이 되도록 하고 있다. 따라서 식(3.22)에 의하여 계산되는 $\cot\theta$ 의 각도는 2.0 이하가 되어야 한다. 결과적으로 전단응력(v_{lt})과 Ψ 의 관계를 표현하면 [그림 3.14]가 되며, 세 구간으로 구분된다.

① $\Psi \leq 0.2$ 구간 : 균열의 각도(θ)는 26.7도가 되며, 이 구간에서는 아치작용과 트러스모델에 의한 전단저항이 공존한다.

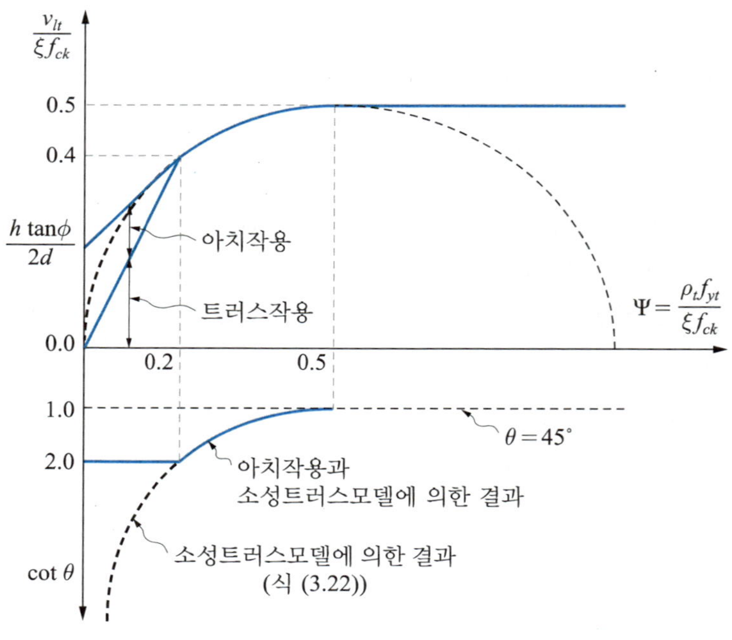

[그림 3.14] 아치작용과 트러스모델의 철근량과 전단내력

② $0.2 < \Psi \leq 0.5$ 구간 : 식(3.22)에 의하여 균열의 각도(θ)를 계산하고, 식(3.21)에서 전단력을 계산한다. 철근의 양이 증가하면서 아치작용에 의한 전단저항은 "0"이 된다.

③ $\Psi > 0.5$ 구간 : $v_{lt} = 0.5\,\xi f_{ck}$로 가정한다. 즉, 이 구간에서는 소성이론을 적용할 수 없다.

3.4.4 균열마찰 트러스모델

균열마찰 트러스모델(Truss model with crack friction)은 콘크리트에 의한 전단저항 성분과 하계소성이론을 연계한 트러스모델이며, Reineck (1991), Dei Poli 등(1987, 1990)에 의하여 발전되었다. 전단을 받는 부재의 파괴는 경사균열과 밀접한 관련이 있다. 경사균열을 가로지르는 전단철근의 변형률은 모두 일정하지 않고 한 곳에서 집중되며 경사균열의 폭도 일정하지 않고 변형이 큰 곳에서 더 넓어지게 된다. 균열마찰 트러스이론은 균열면의 마찰력과 밀접한 관련이 있다. 압축력이 작용하는 부재의 경우에도 미끌림면에는 전단응력과 압축력이 발생하게 된다. 전단을 받는 부재의 주압축응력이 작용할 때 이 압축력에 의하여 균열면에서는 [그림 3.15]와 같이 전단응력(T_f)과 직응력(N_f)이 발생한다. 그림에서 θ는 주압축응력의 각도이며, β_{cr}은 균열 각도이다. 균열마찰 트러스이론에서 θ와 균열각도 β_{cr}은 일치하지 않으며 β_{cr}은 θ보다 크다. 또한, 축인장철근에 의한 장부작용은 고려하지 않는다. 이 모델에서는 다른 트러스모델과 동일하게 압축과 인장현재는 부재축과 평행하다고 가정하므로 압축과 인장현재의 수직분력은 발생하지 않는다. 전단을 받는 부재의 경우에 균열면에 작용하는 압축력(N_f)은 하중이나 전단철근의 저항에 의하여 발생된다(Reineck, 1991).

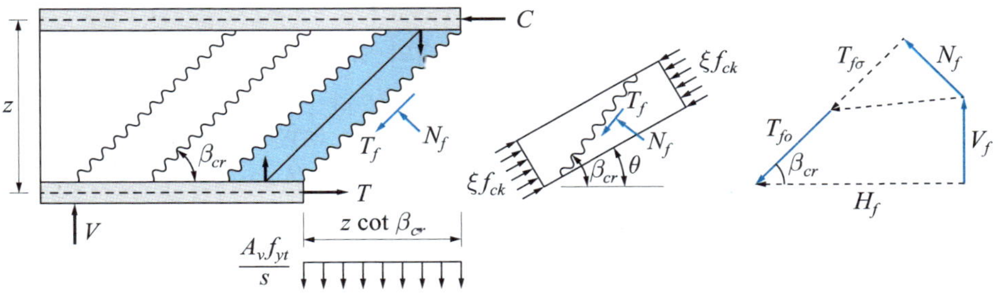

[그림 3.15] 균열마찰 트러스모델의 힘의 상태와 마찰에 의한 힘

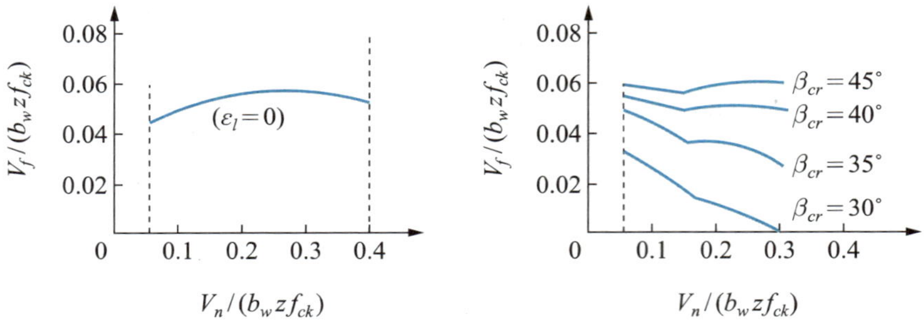

[그림 3.16] 균열마찰에 의한 전단력(Dei Poli 등, 1990)

균열마찰 트러스이론에서는 전단저항을 식(3.37)과 같이 전단철근에 의한 저항과 마찰력의 수직성분에 의한 저항(V_f)의 합으로 계산한다.

$$V_n = V_s + V_f = \frac{A_v f_{yt} z}{s} \cot\beta_{\mathrm{cr}} + V_f \tag{3.37}$$

균열면에서의 응력전달은 2장에서 설명한 Fardis와 Buyukozturk (1979), Bažant와 Gambarova (1980), Walravan (1979, 1981), Li 등(1991)의 연구를 바탕으로 계산할 수 있으며, Dei Poli 등(1990)의 연구 결과에 의하면 V_f는 [그림 3.16]과 같이 부재축방향 변형률(ε_l)과 균열 각도(β_{cr})에 따라서 달라진다.

FIP Recommendations (1996)에서는 균열마찰력(V_f)을 다음과 같이 규정하였다.

$$\begin{aligned} V_f &= 0.1(1-\cot\beta_{cr}/4)(b_w z) f_{cwd} \\ \cot\beta_{cr} &= 1.2 - 0.2 f_n / f_{ctm} \end{aligned} \tag{3.38}$$

여기서, $f_n = N/A_c$: 축력비이며 압축의 경우(−)

f_{cwd} : 경사콘크리트 압축대의 압축력이며 $f_{cwd} = 0.8 f_{ck}$

FIP Recommendations (1996, 1999)에서는 균열마찰력(V_f)을 식(3.39)로 규정하였다.

$$V_f = 0.07(b_w z) f_{cwd}, \quad \cot\beta_{cr} = 1.2, \quad \beta_{cr} = 40° \tag{3.39}$$

균열마찰력(V_f)을 알면 이를 이용하여 균열사이의 경사스트럿 응력 상태를 알 수 있다. 균열 사이에는 스터럽을 포함한 트러스모델의 경사스트럿이 [그림 3.17(a)]와 같이 존재한다. 마찰력(V_f)은 [그림 3.17(b)]와 같이 균열각도보다 작은 각도를 가진 주압축응력과 주인장응력을 유발한다. 전단력이 클 경우에 압축력(N_f)이 유발하는 응력이 크기 때문에 V_f가 유발하는 제1주응력은 압축응력이 되지만, 그 값이 작기 때문에 무시할 수 있다. 이 경우에 경사스트럿에는 [그림 3.17(a)]와 같이 압축응력만이 작용하게 되며 이는 소성트러스모델의 경사스트럿 응력상태와 동일하다. 한편 전단력이 작을 경우에는 압축력(N_f)이 유발하는 응력이 작기 때문에 V_f가 유발하는 제1주응력은 인장응력이 되므로 [그림 3.18]과 같은 두 개의 트러스모델로 나타낼 수 있다. [그림 3.18(a)]은 각도 θ로 기울어진 일축 압축스트럿으로 이루어진 트러스모델이며, [그림 3.18(b)]는 압축스트럿의 직각 방향으로 인장력이 작용하는 트러스모델이다. 전단력은 이 두 모델의 합에서 계산할 수 있다.

식(3.42)의 f_{cwd}의 값은 소성트러스모델에 사용되는 유효콘크리트강도(ξf_{ck})보다 큰 값이다. 만일 f_{cwd}와 β_{cr}이 각각 ξf_{ck}와 θ와 동일하다고 가정할 경우에 식(3.37)~식(3.39)의 전단내력(v_{lt})과 균열의 각도(θ) 및 Ψ의 관계를 [그림 3.19]와 같이 원으로 나타낼 수 있다. 하계소성트러스모델에서는 콘크리트의 전단저항력이 존재하지 않지만, 균열마찰 트러스모델에는 균열마찰력(V_f)에 의한 콘크리트 저항력이 발생한다. 또한 균열의 각도(θ)를 42도로 가정하기 때문에 v_{lt}는 직선이 된다.

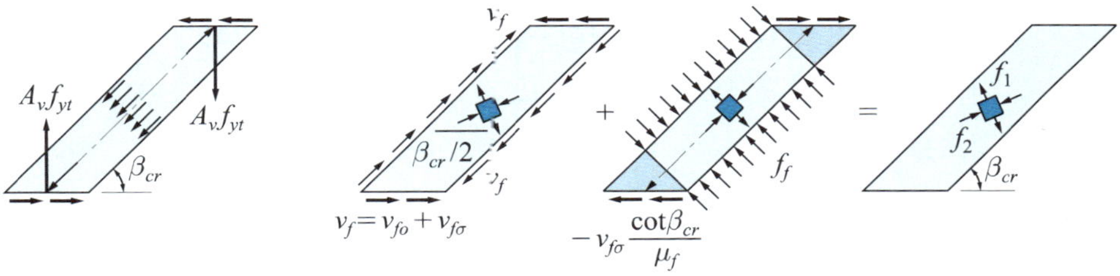

(a) 트러스모델 (b) 마찰력에 의한 2축 응력

[그림 3.17] 경사스트럿의 힘과 응력

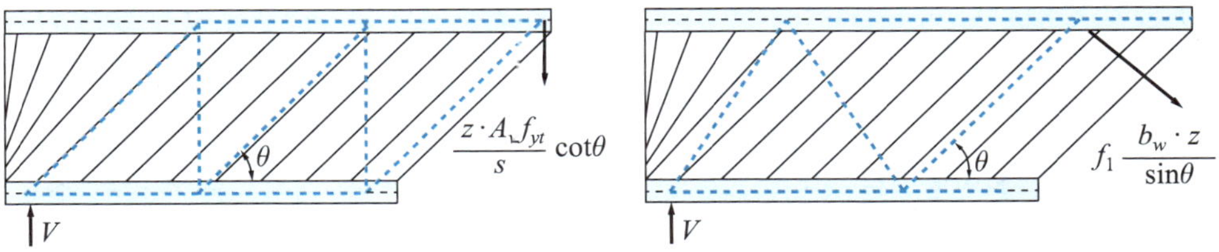

(a) 압축응력장 트러스모델 (b) 인장응력장 트러스모델

[그림 3.18] 주인장응력을 고려한 트러스모델(Reineck, 1991)

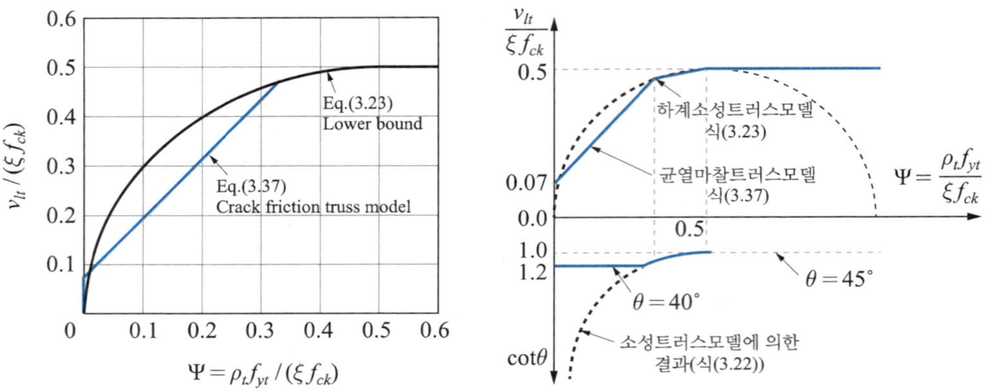

[그림 3.19] 균열마찰 트러스모델의 철근량과 전단내력

3.5 변형률 적합조건을 이용한 트러스모델

3.5.1 기본 이론

45도 트러스이론은 힘의 평형조건만을 이용하여 간단하게 전단력을 계산할 수 있지만, 균열의 각도를 45도로 가정하고, 콘크리트의 인장강도를 고려하지 않아 실제의 전단강도를 과소평가하는 경향이 있다. 변형률의 적합조건을 이용한 트러스모델(Compatibility Aided Truss Model, CATM)에서는 균열의 각도를 45도로 가정하지 않고, 재료 메커니즘(힘의 평형조건, 변형의 적합조건, 재료의 응력－변형률 곡선)을 이용하여 재료의 조건에 따라서 변화하는 균열각도를 계산한다.

[그림 3.2]와 같이 휨과 전단력이 동시에 작용하는 철근콘크리트 보에 대하여 트러스모델에서는 휨모멘트는 상하현재가 모두 저항하며, 복부에서는 일정한 전단력만이 작용한다고 가정한다. 또한 철근콘크리트 벽체, 원통쉘 등과 같은 부재에 대해서도 유사한 방법에 의하여 한 요소를 절단하여 응력 상태를 표시하면 [그림 3.20]과 같이 일반화 할 수 있다. [그림 3.20(a)]에서 콘크리트의 주압축응력과 주인장응력의 방향을 각각 2-방향, 1-방향으로 정하고, 부재축방향과 부재축방향과 직각으로 배근된 철근의 방향을 각각 l-방향과 t-방향으로 정한다. 콘크리트의 주압축응력과 주인장응력은 부재 실험을 통하여 계산할 수 있으므로 주응력을 사인장균열의 각도(θ)만큼 떨어진 l-방향과 t-방향으로 전환하여 식(3.1)～식(3.3)을 유도할 수 있다.

식(3.1)~식(3.3)에는 많은 미지수가 있어 전단력을 직접 계산할 수 없으므로 45도 트러스이론에서 설명한 여러 가정이 필요하다. 그러나 이러한 가정들은 실제의 구조 현상을 명확하게 반영할 수 없는 경우가 있으므로, 변형률의 적합조건을 활용한 트러스모델에서는 재료메커니즘을 이용하여 힘의 평형식과 함께 변형률의 적합조건 및 재료의 응력-변형률 곡선을 이용하여 전단내력을 계산한다.

변형률의 적합조건을 활용한 트러스모델에서는 [그림 3.20(b)]의 균열이 발생한 철근콘크리트 부재의 평균변형률(균열부위와 균열이 발생하지 않은 부위의 평균 변형률)을 사용한다.

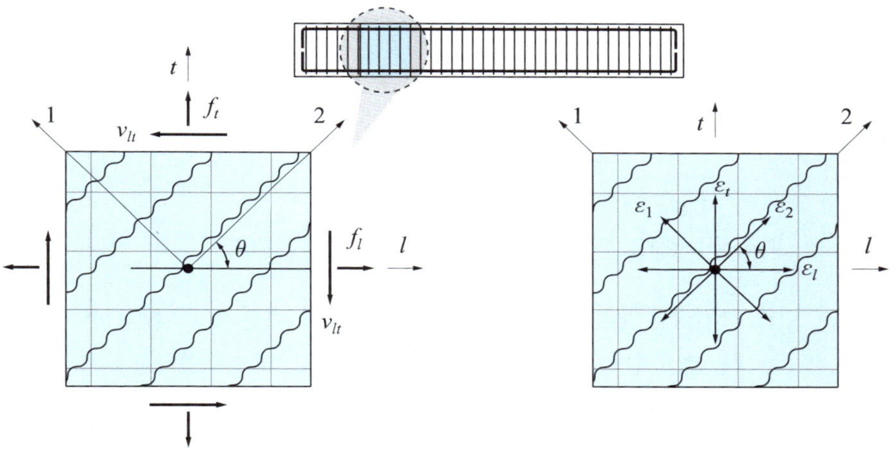

(a) 응력의 상태 (b) 변형률의 상태

[그림 3.20] 변형률 적합조건을 이용한 트러스모델

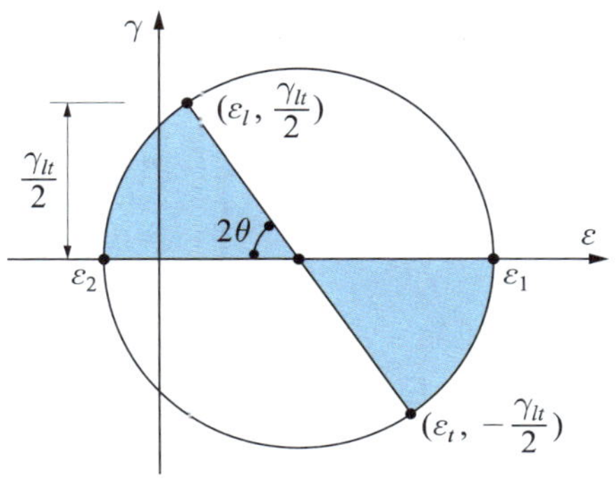

[그림 3.21] 모어의 변형률 원

[그림 3.20(b)]와 [그림 3.21]의 콘크리트 주압축변형률(2-방향)과 주인장변형률(1-방향)은 식(3.40)~식(3.42)와 같이 사인장균열의 각도(θ)만큼 떨어진 l-방향과 t-방향의 변형률로 전환할 수 있다. l-방향과 t-방향에서 콘크리트의 변형률은 철근의 변형률과 동일하다.

$$\varepsilon_l = \varepsilon_2 \cos^2\theta + \varepsilon_1 \sin^2\theta \tag{3.40}$$

$$\varepsilon_t = \varepsilon_2 \sin^2\theta + \varepsilon_1 \cos^2\theta \tag{3.41}$$

$$\frac{\gamma_{lt}}{2} = (-\varepsilon_2 + \varepsilon_1)\sin\theta\cos\theta \tag{3.42}$$

여기서, ε_l, ε_t : l-과 t-방향의 철근의 평균변형률

ε_1, ε_2 : 콘크리트 주인장응력(제1방향)의 방향과 주압축응력 방향(제2방향)의 평균변형률

γ_{lt} : $l-t$ 방향의 전단변형률

변형률 적합조건을 이용한 트러스모델은 다음의 특징이 있다.

① 사인장균열의 각도 : 힘의 평형과 함께 변형의 적합조건을 이용하여 균열의 각도를 계산하며, 콘크리트 주압축응력의 방향과 사인장균열의 방향이 동일하다고 가정한다.

② 콘크리트의 인장강도 : 콘크리트의 인장강도를 반영한다.

식(3.1)~식(3.3)과 식(3.40)~식(3.42)의 평형조건과 적합조건을 연결해 주기 위하여 재료의 구성법칙(응력－변형률 곡선)이 필요하다.

① 콘크리트의 주압축응력－주압축변형률 관계($f_2^c - \varepsilon_2$)

② 콘크리트의 주인장응력－주인장변형률 관계($f_1^c - \varepsilon_1$)

③ l-방향(부재축방향) 철근의 응력－변형률 관계($f_l - \varepsilon_l$)

④ t-방향(부재축방향) 철근의 응력－변형률 관계($f_t - \varepsilon_t$)

3.5.2 회전각 연화트러스모델

회전각 연화트러스모델(rotation angle softened truss model, RASTM)은 휴스턴대학(University of Houston) 연구팀(Hsu, 1988, 1993)에 의하여 개발되었다. 기본적인 이론

은 식(3.1)~식(3.3)과 식(3.40)~식(3.42)의 평형조건과 적합조건을 이용한다. 트러스모델에서는 평균응력과 평균변형률을 사용하므로 재료의 응력-변형률 곡선도 균열이 발생한 철근콘크리트 부재의 평균응력과 평균변형률 관계를 사용하였다. 재료의 구성법칙(응력-변형률 곡선)은 패널실험체를 통하여 측정된 실험 결과에 근거하여 제안되었다.

① 콘크리트의 주압축응력-주압축변형률 관계($f_2^c - \varepsilon_2$)

일축 압축응력을 받는 콘크리트의 응력(f_c)과 변형률(ε_c)관계를 식(3.43)의 포물선 식으로 표현할 수 있다.

$$f_2^c = f_{ck}\left[2\frac{\varepsilon_2}{\varepsilon_{co}} - \left(\frac{\varepsilon_2}{\varepsilon_{co}}\right)^2\right] \tag{3.43}$$

여기서, f_2^c : 콘크리트의 응력

ε_c : 콘크리트의 변형률

f_{ck} : 콘크리트 설계기준압축강도

ε_{co} : 콘크리트의 압축강도에 상응하는 변형률

2.3.6항의 복합 응력에서 설명하였듯이 부재의 복부에는 압축응력과 인장응력이 동시에 작용하는 2축 응력 상태이다. 콘크리트가 1축 압축응력과 함께 1축 인장응력을 받으면 콘크리트의 압축강도는 급격하게 감소한다([그림 2.19]의 2, 4사분면 참조). 휴스턴대학 연구팀에서는 [그림 3.22]의 철근콘크리트 패널실험체에 한 방향(가로 방향)에서 인장력을 가하고 다른 방향(세로 방향)에서는 패널이 파괴될 때까지 압축력을 가해서 인장응력이 압축강도에 미치는 영향을 평가하였다. 인장력과 압축력을 받는 패널의 압축응력-변형률 곡선은 1축 압축응력을 받는 실린더 실험 결과와 유사하게 포물선 형상을 보였지만, 압축강도(f_{ck})와 압축변형률(ε_{co})은 크게 감소하였다. 따라서 회전각 연화트러스모델에서는 콘크리트의 유효압축강도-변형률 관계를 포물선을 나타내는 식(3.43)에 유효압축강도 감소계수(ξ)를 곱하여 식(3.44)로 표현하였다.

$$f_2^c = \xi f_{ck}\left[2\frac{\varepsilon_2}{\xi\varepsilon_{co}} - \left(\frac{\varepsilon_2}{\xi\varepsilon_{co}}\right)^2\right] \tag{3.44}$$

$$\xi = \frac{5.8}{\sqrt{f_{ck}}}\frac{1}{\sqrt{1+400\varepsilon_1}} \cdot \left(\frac{5.8}{\sqrt{f_{ck}}} \le 0.9\right) \tag{3.45}$$

여기서, ξ는 콘크리트의 유효압축강도 감소계수이다.

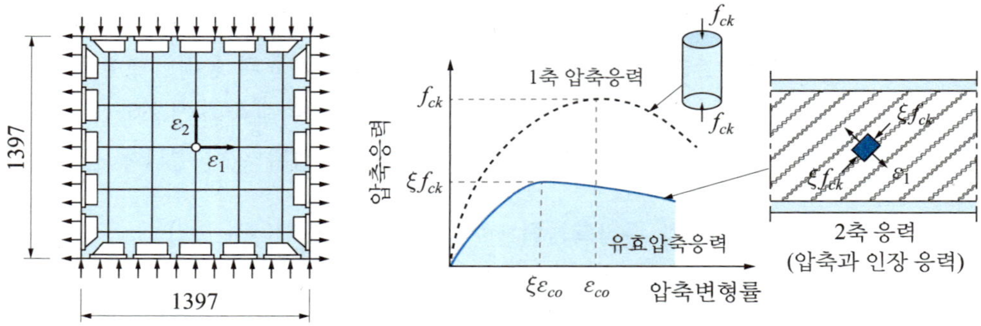

[그림 3.22] 패널 실험체와 콘크리트의 유효압축강도

인장력이 미치는 압축강도 감소계수(ξ)는 패널 실험 결과에 근거하여 식(3.45)로 제안되었다. 식(3.45)에서 균열과 직각되는 방향인 주인장변형률(ε_1)이 증가하면 콘크리트 유효압축강도(ξf_{ck})는 감소한다. 여기서 ε_1은 패널에 작용하는 인장력의 영향을 반영한 값으로 인장력이 증가하면 ε_1이 증가하고, 결과적으로 ξ는 감소한다.

② 콘크리트의 주인장응력－주인장변형률 관계($f_1^c - \varepsilon_1$)

콘크리트에 묻혀 있는 철근(steel bars in concrete)의 응력－변형률 곡선은 콘크리트에 묻혀 있지 않은 철근(bare steel bars)의 응력－변형률 곡선과 다르다. [그림 3.23]에서 콘크리트에 매립된 철근에 인장력이 가해져 외부 하중(P)의 값이 콘크리트의 인장강도를 넘으면 균열이 발생한다. 균열이 발생한 부분에서는 철근이 외부 하중에 저항하지만 균열 중간부분에서는 철근과 콘크리트가 동시에 외부 하중에 저항하므로 각각의 위치에서 힘의 평형은 식(3.46a)와 식(3.46b)가 된다.

(균열사이면) $$P = A_s f_{s2} + A_c f_{t2} \tag{3.46a}$$

(균열면) $$P = A_s f_{s1} \tag{3.46b}$$

여기서, A_s : 철근의 단면적

f_{s1}과 f_{s2} : 균열면과 균열 사이면에서의 철근 응력

A_c : 콘크리트의 단면적

f_{t2} : 균열 사이면의 콘크리트 인장응력

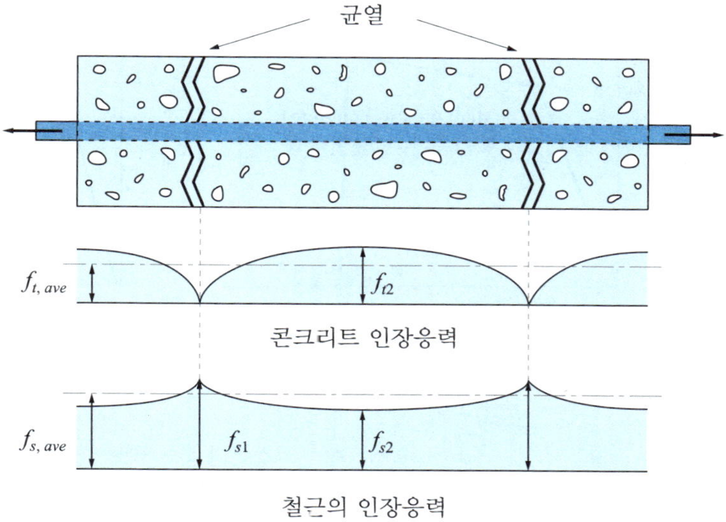

[그림 3.23] 콘크리트에 묻혀 있는 철근과 콘크리트의 응력

콘크리트 안에 묻혀 있는 철근의 응력은 [그림 3.23]의 균열면에서 최대가 되며, 균열 사이의 중간면에서는 최소가 된다. 반면에 콘크리트의 응력은 균열면에서 "0"이지만, 균열 사이의 중간면에서는 최대가 된다. 이와 같이 부재에 걸쳐서 변화하는 철근과 콘크리트 응력과 변형률의 평균값을 각각 평균응력($f_{s,ave}$와 $f_{t,ave}$)과 평균변형률($\varepsilon_{s,ave}$와 $\varepsilon_{t,ave}$)이라 한다.

콘크리트에 묻혀 있는 철근과 콘크리트의 평균응력－평균변형률을 [그림 3.24]에 표시하였다. [그림 3.24(a)]의 점선은 콘크리트에 묻혀 있지 않는 철근의 응력－변형률 관계를 나타내며, 실선은 콘크리트에 묻혀 있는 철근의 평균응력－평균변형률 관계를 나타낸다. [그림 3.24(b)]는 콘크리트의 평균인장응력－평균인장변형률 관계를 나타낸다. 콘크리트의 인장응력은 철근이 없는 경우에는 균열이 발생한 순간에 "0"이 되지만 철근이 있을 경우에는 "0"이 되지 않고 [그림 3.24(b)]와 같이 급격하게 감소한다. [그림 3.24(c)]는 철근의 평균응력에 콘크리트의 평균인장응력을 더한 값이다. 두 재료의 인장응력을 더할 경우에 철근과 콘크리트의 인장경화효과(tension stiffening effect)에 의해 보통철근과 상이한 응력－변형률 관계를 나타낸다. [그림 3.24(c)]에서 균열이 발생하기 이전에는 콘크리트의 인장응력이 크므로 철근콘크리트가 저항하는 인장응력도 크지만, 균열이 발생한 이후에는 콘크리트의 인장응력이 점차 감소한다(Hsu, 1993).

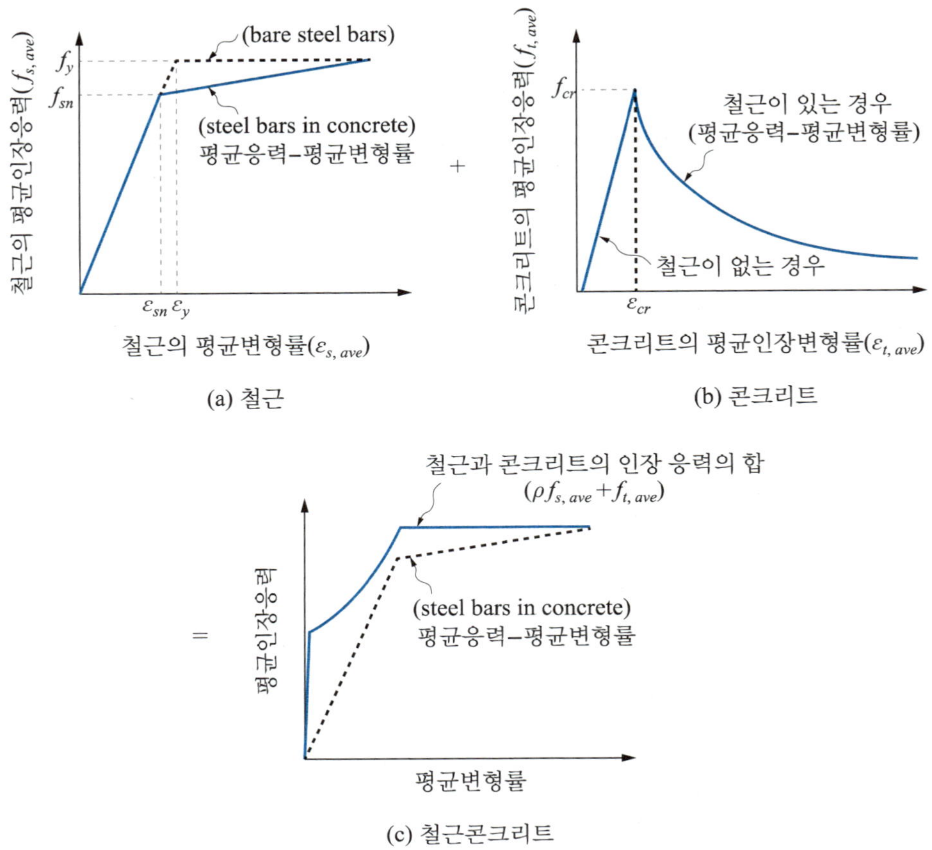

[그림 3.24] 철근, 콘크리트, 철근콘크리트의 응력–변형률 관계

회전각 연화트러스모델에서는 철근콘크리트 패널 실험에서 측정된 식(3.47a, b)의 콘크리트의 평균인장응력($f_{t,ave}$)과 평균인장변형률($\varepsilon_{t,ave}$)를 사용한다. $f_{t,ave}$와 $\varepsilon_{t,ave}$는 각각 콘크리트의 주인장응력($f_1{}^c$)과 주인장변형률(ε_1)로 대치되었다.

$\varepsilon_1 \leqq \varepsilon_{cr}$ 의 경우

$$f_1^c = E_{tc}\,\varepsilon_1 \tag{3.47a}$$

$\varepsilon_1 > \varepsilon_{cr}$ 의 경우

$$f_1^c = f_{cr}\left(\frac{\varepsilon_{cr}}{\varepsilon_1}\right)^{0.4} \tag{3.47b}$$

여기서, f_{cr} : 콘크리트의 인장강도이며 $f_{cr} = 0.311\sqrt{f_{ck}}$ 를 사용

ε_{cr} : 콘크리트의 인장강도에 상응하는 변형률로 0.00008

E_{tc} : 콘크리트의 인장탄성계수로 $E_{tc} = 3{,}902.4\sqrt{f_{ck}}$ (MPa)를 사용하여 계산한다.

③ l – 방향(부재축방향) 철근의 응력 – 변형률 관계($f_l - \varepsilon_l$)

[그림 3.24]에서 관찰된 철근의 평균응력 – 평균변형률 곡선의 특징을 살펴보면 콘크리트에 묻혀 있는 철근의 평균항복강도(f_{sn})는 콘크리트에 묻혀 있지 않는 철근의 항복강도(f_y)보다 작으며, 그 차이는 철근비가 감소할수록 증가하여 철근비 0.0035의 경우에 f_{sn}는 f_y의 약 54퍼센트에 지나지 않았다. 또한 철근이 항복한 이후에 항복단구간은 뚜렷이 나타나지 않으며, 변형률이 증가함에 따라서 평균응력이 일정한 기울기로 증가한다. Hsu (1993)는 철근콘크리트 패널 실험 결과를 이용하여 식(3.48a, b)의 철근의 평균항복강도와 항복강도의 관계를 제안하였다.

$\varepsilon_l \leqq \varepsilon_{yln}$의 경우

$$f_{ls} = E_s\,\varepsilon_l \tag{3.48a}$$

$\varepsilon_l > \varepsilon_{yln}$의 경우

$$f_{ls} = \left[0.91 - \frac{2}{\rho}\left(\frac{f_{cr}}{f_{yl}}\right)^{1.5}\right] f_{yl} + \left[0.02 + 0.25\frac{1}{\rho}\left(\frac{f_{cr}}{f_{yl}}\right)^{1.5}\right] E_s \cdot \varepsilon_l \tag{3.48b}$$

여기서, ε_{yln} : l-방향 철근의 평균항복변형률이며, $\varepsilon_{yln} = \left[0.91 - \frac{2}{\rho}\left(\frac{f_{cr}}{f_{yl}}\right)^{1.5}\right] f_{yl}/E_s$

ρ : 철근비

f_{yl} : l-방향 철근의 항복강도

f_{cr} : 콘크리트의 인장강도

④ t – 방향(부재축과 직각방향) 철근의 응력 – 변형률 관계($f_t - \varepsilon_t$)

동일하게 t-방향 철근의 평균응력 – 변형률 관계는 식(3.49 a, b)가 된다.

$\varepsilon_t \leqq \varepsilon_{ytn}$의 경우

$$f_{ts} = E_s\,\varepsilon_t \tag{3.49a}$$

$\varepsilon_t > \varepsilon_{ytn}$의 경우

$$f_{ts} = \left[0.91 - \frac{2}{\rho}\left(\frac{f_{cr}}{f_{yt}}\right)^{1.5}\right] f_{yt} + \left[0.02 + 0.25\frac{1}{\rho}\left(\frac{f_{cr}}{f_{yt}}\right)^{1.5}\right] E_s \cdot \varepsilon_t \quad (3.49b)$$

여기서, ε_{ytn} : t-방향 철근의 평균항복변형률이며, $\varepsilon_{ytn} = \left[0.91 - \frac{2}{\rho}\left(\frac{f_{cr}}{f_{yt}}\right)^{1.5}\right] f_{yt} / E_s$

ρ : 철근비

f_{yt} : t-방향 철근의 항복강도

f_{cr} : 콘크리트의 인장강도

회전각 연화트러스모델에서 적용한 재료메커니즘을 [표 3.2]에 정리하였다. 미지수와 식이 각각 10개로 문제를 해결할 수 있지만 변수들이 비선형 관계를 이루기 때문에 간단한 프로그램에 의한 해석이 필요하다. 식(3.1)의 f_l은 부재축 방향에 작용하는 응력이므로 기둥의 경우에는 축응력이 되며, 보의 경우에는 존재하지 않는다. 또한 부재의 횡방향에는 응력이 작용하지 않으므로 f_t는 "0"이 된다. 이 모델에서는 재료메커니즘을 이용하여 초기 하중에서 부재 파괴까지를 예측할 수 있으므로 변형 또는 응력에 대응하는 초기값을 주어야 한다. 여기서는 콘크리트의 주압축변형률(ε_2)에 대응하는 응력과 변형률을 계산하기 위해 ε_2을 먼저 정하고, 이에 대응하는 값을 계산한다.

[표 3.2] 회전각 연화트러스모델의 재료메커니즘

	요소/모델	적용 기준식
힘의 평형조건	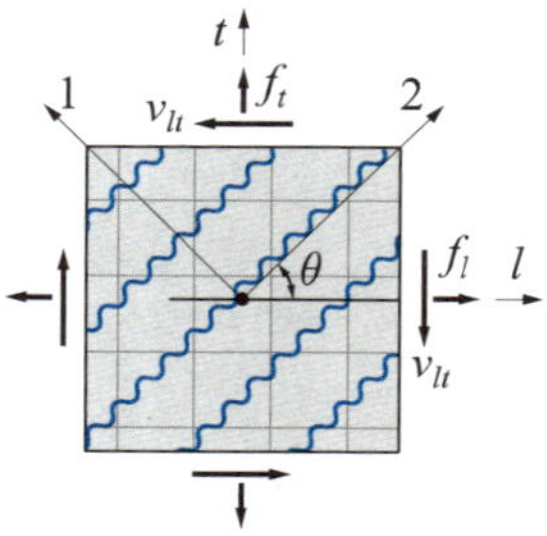	$f_l = f_2^c \cos^2\theta + f_1^c \sin^2\theta + \rho_l f_{ls}$ (3.1) $f_t = f_2^c \sin^2\theta + f_1^c \cos^2\theta + \rho_t f_{ts}$ (3.2) $v_{lt} = \left(-f_2^c + f_1^c\right) \sin\theta \cos\theta$ (3.3)
변형의 적합조건	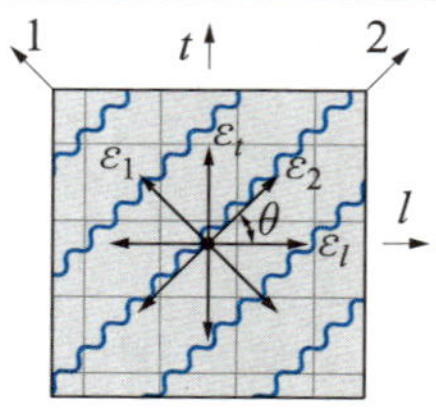	$\varepsilon_l = \varepsilon_2 \cos^2\theta + \varepsilon_1 \sin^2\theta$ (3.40) $\varepsilon_t = \varepsilon_2 \sin^2\theta + \varepsilon_1 \cos^2\theta$ (3.41) $\frac{\gamma_{lt}}{2} = \left(-\varepsilon_2 + \varepsilon_1\right) \sin\theta \cos\theta$ (3.42)

(표 3.2 계속)

	요소/모델	적용 기준식
재료의 구성법칙	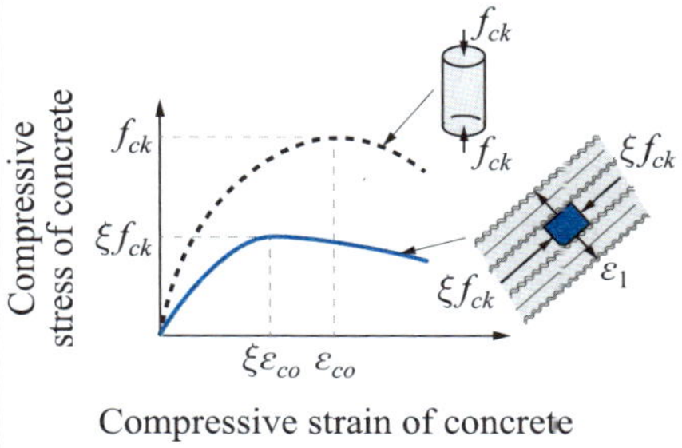 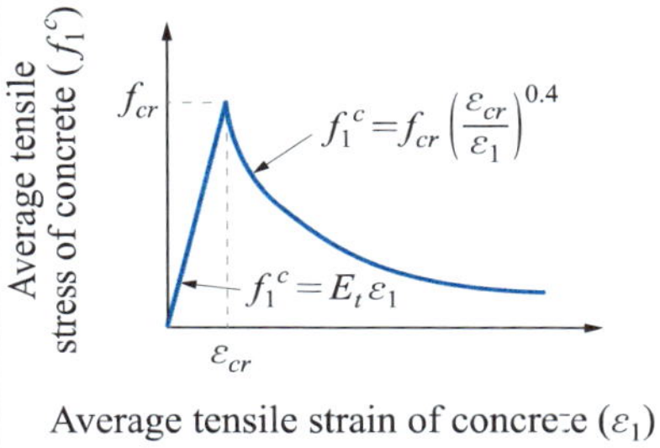 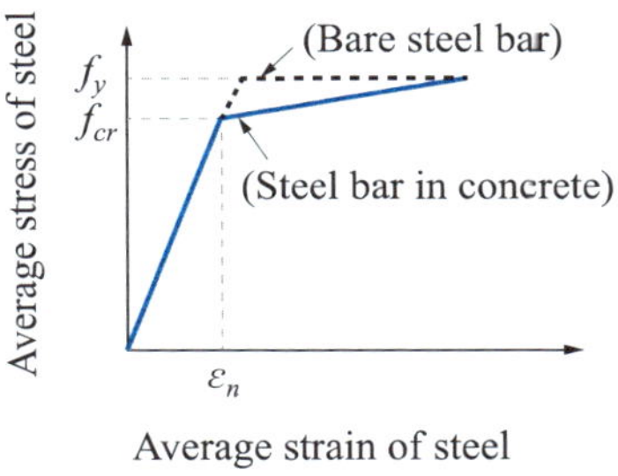	$(f_2^c - \varepsilon_2)$ $f_2^c = \xi f_{ck}\left[2\frac{\varepsilon_2}{\xi\varepsilon_{co}} - \left(\frac{\varepsilon_2}{\xi\varepsilon_{co}}\right)^2\right]$ (3.44) $\xi = \frac{5.8}{\sqrt{f_{ck}}}\frac{1}{\sqrt{1+400\varepsilon_1}}$ (3.45) $(f_1^c - \varepsilon_1)$ $\varepsilon_1 \leqq \varepsilon_{cr}$ $f_1^c = E_{tc}\varepsilon_1$ (3.47a) $\varepsilon_1 > \varepsilon_{cr}$ $f_1^c = f_{cr}\left(\frac{\varepsilon_{cr}}{\varepsilon_1}\right)^{0.4}$ (3.47b) $(f_l - \varepsilon_l)$, $(f_t - \varepsilon_t)$ $\varepsilon_{l,t} \leqq \varepsilon_{yltn}$ $f_t = E_s f_t$ (3.48, 49a) $\varepsilon_{l,t} > \varepsilon_{yltn}$ (3.48, 49b) $f_{l,t} = \left[0.91 - \frac{2}{\rho}\left(\frac{f_{cr}}{f_{ylt}}\right)^{1.5}\right] f_{ylt}$ $+ \left[0.02 + 0.25\frac{1}{\rho}\left(\frac{f_{cr}}{f_{ylt}}\right)^{1.5}\right] E_s \cdot \varepsilon_{lt}$
	미지수(10개) v_{lt}, f_2^c, f_1^c, f_{ls}, f_{ts} ε_l, ε_t, γ_{lt}, ε_1, θ	식(10개) 주어지는 값(3개) : f_l, f_t, ε_2 f_l = 축응력(기둥), $f_l = 0$(보), $f_t = 0$ ε_2 = 대응을 위한 주어지는 값

미지수 10개와 식 10개를 이용하여 계산하는 순서를 [그림 3.25]에 제시하였다. 전단응력과 전단변형률 관계를 계산하기 위해서는 다음과 같이 식을 단순화할 필요가 있다.

식(3.2)와 식(3.41)에서 $\sin^2\theta = (-f_t + f_1^c + \rho_t f_{ts})/(f_1^c - f_2^c)$, $\sin^2\theta = (-\varepsilon_t + \varepsilon_1)/(\varepsilon_1 - \varepsilon_2)$이므로 이를 정리하여 ε_t를 계산한다.

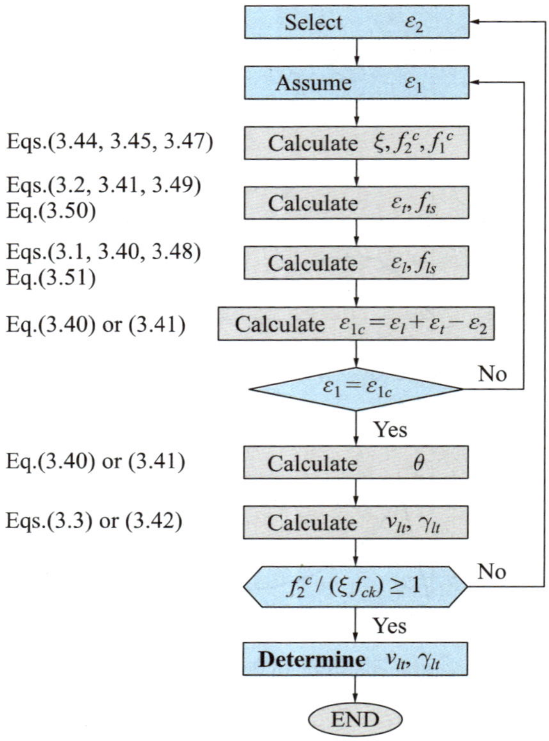

[그림 3.25] 회전각 연화트러스모델의 계산 순서

$$\varepsilon_t = \varepsilon_1 + \frac{\varepsilon_1 - \varepsilon_2}{f_1^c - f_2^c}\left(f_t - f_1^c - \rho_t f_{ts}\right) \tag{3.50}$$

식(3.1)과 식(3.40)에서 $\cos^2\theta = (-f_l + f_1^c + \rho_l f_{ls})/(f_1^c - f_2^c)$, $\cos^2\theta = (-\varepsilon_l + \varepsilon_1)/(\varepsilon_1 - \varepsilon_2)$이므로 이를 정리하여 ε_l을 계산한다.

$$\varepsilon_l = \varepsilon_1 + \frac{\varepsilon_1 - \varepsilon_2}{f_1^c - f_2^c}\left(f_l - f_1^c - \rho_l f_{ls}\right) \tag{3.51}$$

예제 3.1

[예제 그림 3.1.1] 패널의 전단변형률(γ_{lt})과 전단응력(v_{lt})의 관계를 구하라. 콘크리트의 압축강도 $f_{ck}=40\,\text{MPa}$이며, l-방향과 t-방향 철근의 항복강도 $f_y=400\,\text{MPa}$이다. l-방향과 t-방향 철근의 철근비는 각각 $\rho_l=0.012$와 $\rho_t=0.006$이다.

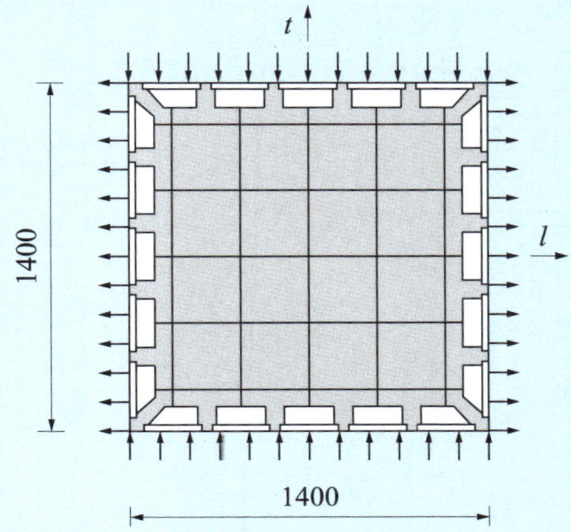

[예제 그림 3.1.1] 철근콘크리트 패널

[풀이]

① 콘크리트의 주압축변형률(ε_2)을 정한다. 주압축방향 변형률은 "0"에 근접한 값에서 점점 감소시킨다. 해석이 발산(發散)하지 않고 일정한 값에 수렴하기 위해서는 2×10^{-6}의 증분으로 ε_2를 감소시키는 것이 바람직하다. 여기서는 어느 한 점에 대한 결과를 비교하기 위하여 $\varepsilon_2=-0.000191$에 대한 결과를 살펴보았다.

② 콘크리트의 주인장변형률(ε_1)을 가정한다. 주인장방향 변형률은 "0"에 근접한 값에서 점점 증가시킨다. 해석이 발산하지 않고 수렴하기 위해서는 1×10^{-5}의 증분을 사용하는 것이 바람직하다. $\varepsilon_2=-0.000191$에 수렴하는 $\varepsilon_1=0.0094265$이었다.

③ ξf_{ck}, f_2^c, f_1^c을 식(3.44), 식(3.45), 식(3.47)에서 계산한다.

$$\frac{5.8}{\sqrt{f_{ck}}}=\frac{5.8}{\sqrt{40}}=0.917>0.9,\ \text{그러므로 0.9가 된다.}$$

$$\xi=\frac{5.8}{\sqrt{f_{ck}}}\frac{1}{\sqrt{1+400\varepsilon_1}}=0.9\times\frac{1}{\sqrt{1+400\times0.0094265}}=0.412056$$

$$\xi f_{ck}=0.412056\times(-40)=-16.482\,\text{MPa}$$

$$f_2^c=\xi f_{ck}\left[2\frac{\varepsilon_2}{\xi\varepsilon_{co}}-\left(\frac{\varepsilon_2}{\xi\varepsilon_{co}}\right)^2\right]=-16.482\left[2\frac{-0.000191}{0.412056\times(-0.002)}-\left(\frac{0.000191}{0.412056\times(-0.002)}\right)^2\right]$$

$$=-6.753\,\text{MPa}$$

$$f_1^c=f_{cr}\left(\frac{\varepsilon_{cr}}{\varepsilon_1}\right)^{0.4}=1.97\left(\frac{0.00008}{0.009427}\right)^{0.4}=0.292\,\text{MPa}$$

$f_{cr}=0.311\sqrt{f_{ck}}=0.311\sqrt{40}=1.97\,\text{MPa}$

④ ε_t, f_{ts}을 식(3.49), 식(3.50)에서 계산한다. 처음에는 철근이 탄성이라고 가정하여 식(3.50)에서 계산한다.

$$\varepsilon_t=\varepsilon_1+\frac{\varepsilon_1-\varepsilon_2}{f_1^c-f_2^c}\left(f_t-f_1^c-\rho_t f_{ts}\right)$$

$$=0.009427+\frac{0.009427+0.000191}{0.292+6.753}\left(0-0.292-0.006\times200{,}000\times\varepsilon_t\right)=0.003423$$

계산한 값을 평균 항복변형률(ε_{ytn})과 비교한다.

$$\varepsilon_{ytn}=\left[0.91-\frac{2}{\rho}\left(\frac{f_{cr}}{f_{yt}}\right)^{1.5}\right]f_{yt}/E_s=\left[0.91-\frac{2}{0.006}\left(\frac{1.97}{400}\right)^{1.5}\right]\frac{400}{200{,}000}=0.00159$$

$\varepsilon_t>\varepsilon_{ytn}$ 이므로 식(3.49b)에서 ε_t와 f_{ts}을 계산한다. 철근이 소성 상태이므로 변형률을 재계산한다.

$$f_{ts}=\left[0.91-\frac{2}{\rho}\left(\frac{f_{cr}}{f_{yt}}\right)^{1.5}\right]f_{yt}+\left[0.02+0.25\frac{1}{\rho}\left(\frac{f_{cr}}{f_{yt}}\right)^{1.5}\right]E_s\cdot\left[\varepsilon_1+\frac{\varepsilon_1-\varepsilon_2}{f_1^c-f_2^c}\left(f_t-f_1^c-\rho_t f_{ts}\right)\right]$$

$$=359.67\,\text{MPa}$$

$$\varepsilon_t=\varepsilon_1+\frac{\varepsilon_1-\varepsilon_2}{f_1^c-f_2^c}\left(f_t-f_1^c-\rho_t f_{ts}\right)=0.00608$$

⑤ ε_l, f_{ls}을 식(3.48)과 식(3.51)에서 계산한다. 처음에는 철근이 탄성이라고 가정하여 식(3.51)에서 계산한다.

$$\varepsilon_l=\varepsilon_1+\frac{\varepsilon_1-\varepsilon_2}{f_1^c-f_2^c}\left(f_l-f_1^c-\rho_l f_{ls}\right)$$

$$=0.009427+\frac{0.009427+0.000191}{0.292+6.753}\left(0-0.292-0.012\times200{,}000\times\varepsilon_l\right)=0.002112$$

계산한 값을 평균 항복변형률(ε_{yln})과 비교한다.

$$\varepsilon_{yln}=\left[0.91-\frac{2}{\rho}\left(\frac{f_{cr}}{f_{yl}}\right)^{1.5}\right]f_{yl}/E_s=\left[0.91-\frac{2}{0.012}\left(\frac{1.97}{400}\right)^{1.5}\right]\frac{400}{200{,}000}=0.00171$$

$\varepsilon_l>\varepsilon_{yln}$ 이므로 식(3.48b)를 이용하여 ε_l와 f_{ls}을 계산한다.

$$f_{ls}=\left[0.91-\frac{2}{\rho}\left(\frac{f_{cr}}{f_{yl}}\right)^{1.5}\right]f_{yl}+\left[0.02+0.25\frac{1}{\rho}\left(\frac{f_{cr}}{f_{yl}}\right)^{1.5}\right]E_s\cdot\left[\varepsilon_1+\frac{\varepsilon_1-\varepsilon_2}{f_1^c-f_2^c}\left(f_l-f_1^c-\rho_l f_{ls}\right)\right]$$

$$=358.07\,\text{MPa}$$

$$\varepsilon_l=\varepsilon_1+\frac{\varepsilon_1-\varepsilon_2}{f_1^c-f_2^c}\left(f_l-f_1^c-\rho_l f_{ls}\right)=0.00316$$

⑥ ε_{1c}를 계산하고 가정한 ε_1과 비교한다.

$\varepsilon_{1c}=\varepsilon_l+\varepsilon_t-\varepsilon_2=0.00316+0.00608-(-0.000191)=0.009431$

가정한 $\varepsilon_1=0.0094265$과 계산한 값이 거의 유사하므로 다음 단계로 이동한다. 오차 범위를 너무 작게 잡으면 수렴하지 않는 경우가 있으므로 오차 범위는 $(\varepsilon_1)^{0.2}\times0.00002$ 정도로 할 것을 권장한다.

⑦ 균열각도 θ 를 계산한다.

$$\varepsilon_t = \varepsilon_2 \sin^2\theta + \varepsilon_1 \cos^2\theta = \frac{\varepsilon_1 + \varepsilon_2 \tan^2\theta}{1+\tan^2\theta}$$

$$0.00608 = \frac{0.0094265 + (-0.000191)\tan^2\theta}{1+\tan^2\theta}$$

$$\theta = 36.19^\circ$$

⑧ 전단변형률(γ_{lt})과 전단응력(v_{lt})을 식(3.3)과 식(3.42)에서 계산한다.

$$v_{lt} = \left(-f_2^c + f_1^c\right)\sin\theta\cos\theta = (6.753 + 0.292)\sin(36.19)\cos(36.19) = 3.36\,\text{MPa}$$

$$\frac{\gamma_{lt}}{2} = (-\varepsilon_2 + \varepsilon_1)\sin\theta\cos\theta$$

$$\gamma_{lt} = (0.00019 + 0.00943)\sin(36.19)\cos(36.19) \times 2 = 0.00916$$

⑨ 콘크리트의 주압축응력(f_2^c)과 콘크리트의 유효압축강도(ξf_{ck})를 비교한다. f_2^c가 6.75 MPa로 ξf_{ck}의 16.48 MPa에 도달하지 못했으니 첫 번째 단계로 돌아가서 콘크리트의 주압축변형률(ε_2)을 음의 방향으로 증가시킨다.

계산한 결과를 [예제 표 3.1.1]에 정리하였다.

이러한 과정을 통하여 계산한 결과를 [예제 그림 3.1.2]에 표시하였다. 전단변형률(γ_{lt})과 전단응력(v_{lt})은 크게 3단계로 구분된다. 즉, 전단균열이 발생하기 전, 철근이 항복하기 전, 철근이 항복한 이후의 3단계이다. 전단균열이 발생한 이후에 기울기는 감소하며, 철근이 항복한 이후에 전단응력은 완만한 기울기로 증가한다. 전단강도에 도달하는 것은 [예제 그림 3.1.2(c)]의 콘크리트의 주압축응력(f_2^c)이 콘크리트의 유효압축강도(ξf_{ck})에 도달했을 때이다. ε_2가 증가함에 따라서 f_2^c는 증가하고 ξf_{ck}는 감소한다. 특히 철근이 항복한 이후에 이러한 경향은 두드러지며 최종적으로 f_2^c가 ξf_{ck}에 도달했을 때 부재는 파괴된다. 이 부재에서는 양 방향의 철근이 항복한 이후에 복부 콘크리트가 압축파괴하였다. [예제 그림 3.1.2(b)]에서 균열각도(θ)는 45도에서 시작하여 점점 감소한다. 특히 양 방향의 철근이 항복한 이후에 감소 비율이 변하게 된다. [예제 그림 3.1.2(d)]에서 콘크리트의 인장강도는 균열이 발생한 이후에 일정한 기울기로 감소하였다. 철근비가 많은 l-방향 철근의 평균 항복변형률(ε_{yln})은 t-방향 철근의 평균 항복변형률(ε_{ytn})보다 크며, 양 방향의 철근은 항복한 이후에도 일정한 기울기로 계속해서 증가하였다. 심지어 t-방향 철근은 부재 파괴시에 500 MPa을 초과하였다. 고강도 콘크리트를 사용할 경우에 파괴 변형률이 더 커지기 때문에 이러한 현상은 더 심해진다.

[예제 표 3.1.1] 변수의 계산 값

ε_2	ε_1	ξf_{ck} (MPa)	f_2^c (MPa)	f_1^c (MPa)	ε_t	f_{ts} (MPa)
−0.00019	0.00943	−16.48	−6.75	0.292	0.00608	359.67
ε_l	f_{ls} (MPa)	ε_{1c}	$\varepsilon_1 - \varepsilon_{1c}$	θ (deg.)	γ_{lt}	v_{lt} (MPa)
0.00316	358.07	0.00943	0.000005	36.19	0.00916	3.36

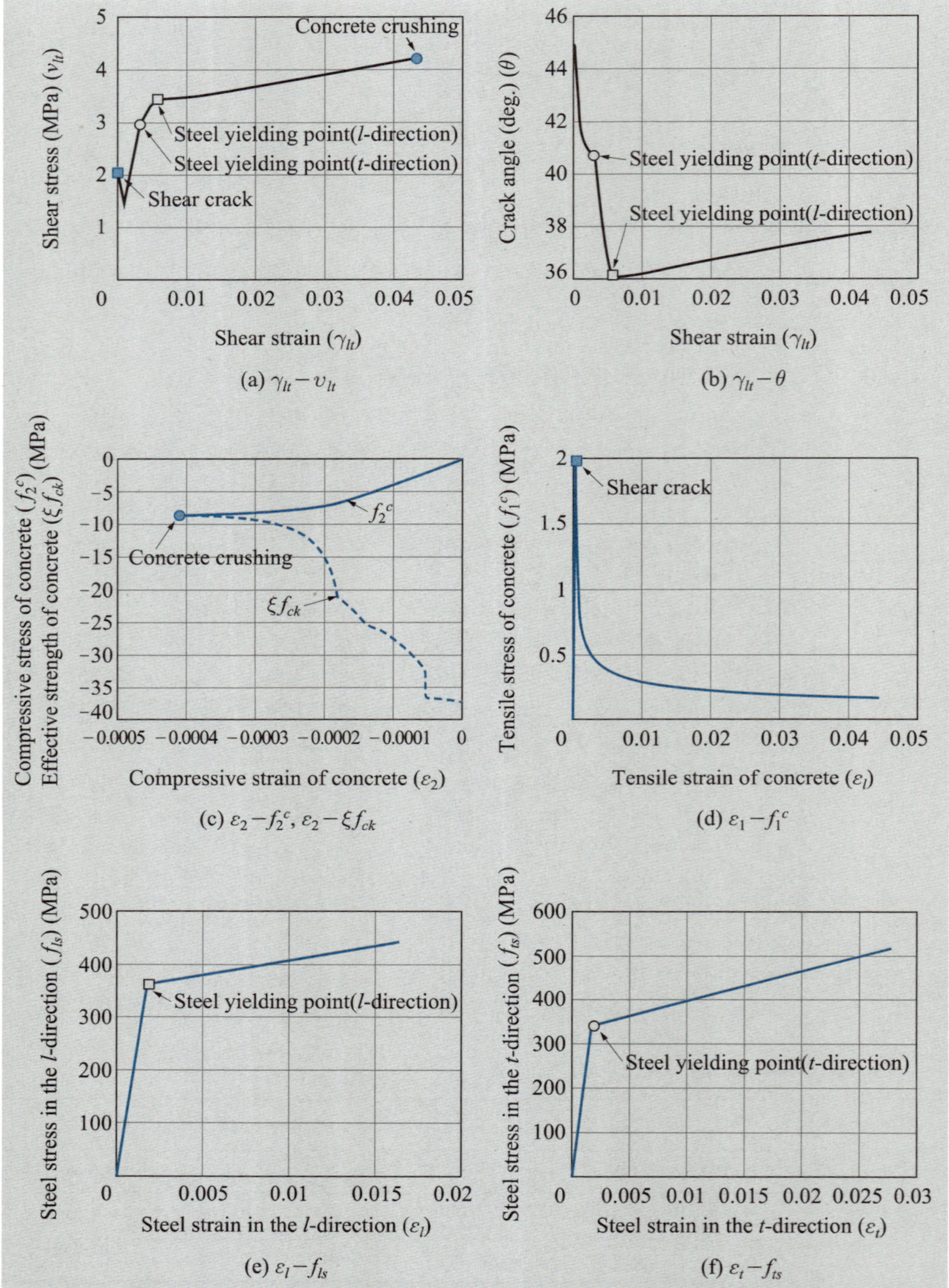

[예제 그림 3.1.2] 전단응력 – 변형률 관계와 재료의 응력 – 변형률 관계

3.5.3 수정압축장이론

수정압축장이론(modified compression field theory, MCFT)은 토론토대학(Toronto University) 연구팀에 의하여 개발되었다(Vecchio와 Collins, 1986). 기본적인 이론은 회전각 연화트러스모델과 동일하게 식(3.1)～식(3.3)과 식(3.40)～식(3.42)의 평형조건과 적합조건을 이용한다. 즉, 재료메커니즘을 이용하여 균열의 각도를 계산하며, 균열의 각도는 콘크리트의 주압축응력 각도와 동일하다고 가정한다. 다만 재료의 구성법칙(응력－변형률 곡선)은 토론토대학에서 실시한 실험 결과에 근거하여 제안되었다.

① 콘크리트의 주압축응력－주압축변형률 관계($f_2^c-\varepsilon_2$)

토론토대학의 실험 결과에 근거하여 식(3.53)의 유효압축강도 감소계수(ξ)를 제안하였다. 제안된 식은 식(3.45)와 동일하게 콘크리트의 주인장변형률(ε_1)의 영향을 받는다. 다만 $f_2^c-\varepsilon_2$ 관계에서 콘크리트의 압축강도에 상응하는 변형률(ε_{co})에는 감소계수(ξ)를 곱하지 않고 식(3.52)를 사용한다.

$$f_c=\xi f_{ck}\left[2\frac{\varepsilon_2}{\varepsilon_{co}}-\left(\frac{\varepsilon_2}{\varepsilon_{co}}\right)^2\right] \tag{3.52}$$

$$\xi=\frac{1}{0.8+170\varepsilon_1} \tag{3.53}$$

휴스턴대학의 패널 실험 결과에 근거한 식(3.45)와 토론토대학의 패널 실험 결과에 근거한 식(3.53)을 [그림 3.26]에서 비교하였다. [그림 3.26(a)]에서는 콘크리트의 압축

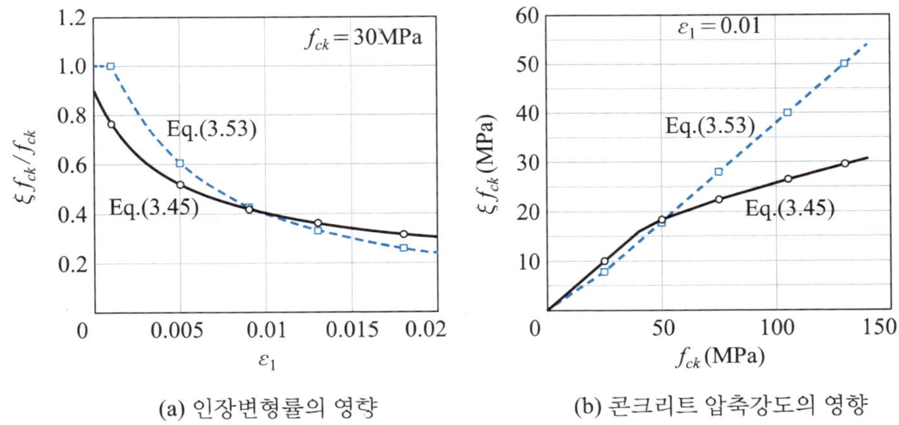

[그림 3.26] 콘크리트 유효압축강도 계수의 비교

강도(f_{ck})를 30 MPa로 고정한 상태에서 주인장변형률(ε_1)이 증가할 때의 ξ의 변화를 살펴보았으며, [그림 3.26(b)]에서는 ε_1를 0.01로 고정하고 f_{ck}가 변화할 때의 ξ의 변화를 살펴보았다. [그림 3.26]에서 두 제안식에 의해 계산된 ξ은 유사하지만 고강도 콘크리트의 경우에 대해서는 휴스턴대학의 식(3.45)의 값이 더 작다. 이는 휴스턴대학에서는 고강도 콘크리트를 변수로 하는 실험 결과를 반영하여 $5.8/\sqrt{f_{ck}} \leq 0.9$ 항목을 추가하였지만, 토론토대학에서는 고강도 콘크리트에 대한 패널 실험은 별도로 수행하지 않고 보통강도 콘크리트 실험 결과에 근거하고 있기 때문이다.

② 콘크리트의 주인장응력-주인장변형률 관계($f_1^c-\varepsilon_1$)

콘크리트의 주인장변형률에 대해서도 유사한 방법으로 패널 실험 결과에 근거하여 식(3.54)가 제안되었다.

$\varepsilon_1 \leq \varepsilon_{cr}$의 경우

$$f_1^c = E_{tc}\,\varepsilon_1 \tag{3.54a}$$

$\varepsilon_1 > \varepsilon_{cr}$의 경우

$$f_1^c = \frac{f_{cr}}{1+\sqrt{500\varepsilon_1}} \tag{3.54b}$$

여기서, f_{cr} : 콘크리트의 인장강도(균열강도)이며 $f_{cr} = 0.31\sqrt{f_{ck}}$를 사용

휴스턴대학에서 제안된 식(3.47)과 토론토대학에서 제안된 식(3.54)를 [그림 3.27]에 비교하였다. 그림에서 두 식의 균열강도(f_{cr})는 유사하지만, 균열이 발생한 이후의 주인

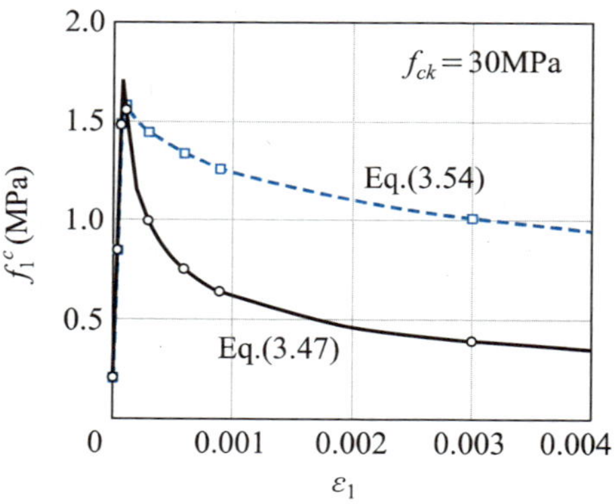

[그림 3.27] 콘크리트 인장응력 비교

장응력(f_1^c)은 수정압축장이론에 사용되는 식(3.54)의 값이 회전각 연화트러스모델에 사용되는 식(3.47)보다 약 2배 크다.

③ l – 방향(부재축방향) 철근의 응력 – 변형률 관계($f_l - \varepsilon_l$)

수정압축장이론에서는 회전각 연화트러스모델과 달리 철근의 응력 – 변형률 곡선으로 [그림 3.24]의 평균응력 – 평균변형률 곡선을 사용하지 않고, 콘크리트에 묻혀있지 않은 철근(bare steel bars)의 응력 – 변형률 극선을 사용하였다.

$\varepsilon_l \leqq \varepsilon_{yl}$ 의 경우

$$f_{ls} = E_s \, \varepsilon_l \tag{3.55a}$$

$\varepsilon_l > \varepsilon_{yl}$ 의 경우

$$f_{ls} = f_{yl} \tag{3.55b}$$

여기서, ε_{yl} : l-방향 철근의 항복변형률

f_{yl} : l-방향 철근의 항복강도

④ t – 방향 (부재축과 직각방향) 철근의 응력 – 변형률 관계($f_t - \varepsilon_t$)

t-방향 철근의 경우에도 평균응력 – 변형률 관계를 사용하지 않고, 콘크리트에 묻혀있지 않은 철근의 응력 – 변형률 곡선을 사용하였다.

$\varepsilon_t \leqq \varepsilon_{yt}$ 의 경우

$$f_{ts} = E_s \, \varepsilon_t \tag{3.56a}$$

$\varepsilon_t > \varepsilon_{yt}$ 의 경우

$$f_{ts} = f_{yt} \tag{3.56b}$$

여기서, ε_{yt} : t-방향 철근의 항복변형률

f_{yt} : t-방향 철근의 항복강도

철근의 응력 – 변형률 관계로 콘크리트에 묻혀 있는 철근의 평균응력 – 변형률 관계를 사용하지 않고, 콘크리트에 묻혀 있지 않은 철근의 응력 – 변형률 곡선을 사용할 경우에 한 가지 문제가 발생한다. 즉, 식(3.46)에서 외부 하중(P)의 값은 균열 중간 부분에서는 철근과 콘크리트가 동시에 외부 하중에 저항하므로 콘크리트와 철근의 평균값을 사용해

야 하는데 수정압축장이론에서는 식(3.57)과 같이 균열면의 철근이 저항하는 힘과 균열 중간면의 콘크리트의 평균저항력을 사용하기 때문에 인장경화효과를 과대평가할 수 있다.

$$P = A_s f_{s1} + A_c f_{t2} \tag{3.57}$$

여기서, A_s : 철근의 단면적

f_{s1} : 균열면에서의 철근 응력

A_c : 콘크리트의 단면적

f_{t2} : 균열 사이면의 콘크리트 인장응력

결과적으로 [그림 3.24(c)]에서 콘크리트의 평균인장응력($f_{t,ave}$)과 철근의 평균인장응력($f_{s,ave}$)을 더한 값이 되어야 하지만[식(3.46a)], 균열면의 철근의 국소인장응력(local stress, f_s)과 균열 중간면의 콘크리트의 평균인장응력($f_{s,ave}$)을 더함[식(3.57)]으로써 인장경화효과를 고려한 전체 응력은 [그림 3.28]과 같이 실제값보다 높게 된다. 따라서 수정압축장이론에서는 균열 검토(crack check)라는 과정을 통하여 높아진 응력을 철근의 항복강도(f_y)까지 낮춘다.

균열 검토란 균열면에서 콘크리트의 부담 인장응력 f_1^c/ρ과 철근의 부담인장응력 f_{ls} 또는 f_{ts}의 합이 철근의 항복강도 f_{yl} 또는 f_{yt} 이상이 되지 않도록 하는 과정이다.

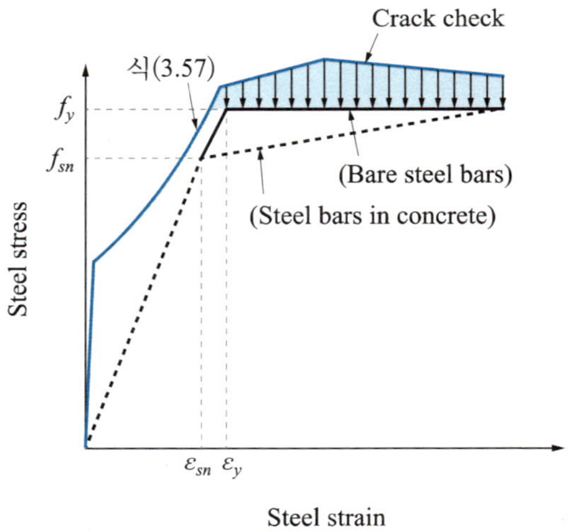

[그림 3.28] 균열 검토

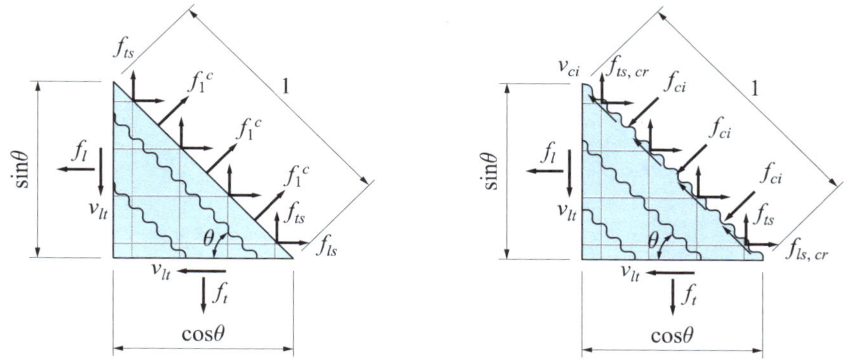

(a) 균열 사이면　　　　　(b) 균열면

[그림 3.29] 균열 사이면과 균열면의 응력 상태

$$f_{ls} + \frac{f_1^c}{\rho_l} \leqq f_{yl} \tag{3.58a}$$

$$f_{ts} + \frac{f_1^c}{\rho_t} \leqq f_{yt} \tag{3.58b}$$

[그림 3.29]는 균열 사이의 면과 균열면의 응력 상태를 나타낸다. 균열 사이면에는 식(3.46a)의 콘크리트의 평균인장응력과 철근의 평균인장응력이 존재하지만, 균열면에는 철근의 국소응력이 작용하며 골재의 맞물림작용에 의한 전단력과 직응력이 존재한다고 가정한다.

식(3.46a, b)에서 균열 사이면과 균열면에 작용하는 힘의 상태는 동일하다. 그러므로 t-방향과 l-방향의 균열 사이면과 균열면의 힘의 평형을 이용하여 다음 식을 유도할 수 있다.

$$\rho_t f_{ts} \cos\theta + f_1^c \cos\theta = \rho_t f_{ts,cr} \cos\theta - f_{ci} \cos\theta + v_{ci} \sin\theta \tag{3.59}$$

$$\rho_l f_{ls} \sin\theta + f_1^c \sin\theta = \rho_l f_{ls.cr} \sin\theta - f_{ci} \sin\theta - v_{ci} \cos\theta \tag{3.60}$$

여기서, $f_{ts,cr}$과 $f_{ls,cr}$: 균열면에서의 t-방향과 l-방향의 철근의 응력

f_{ci} : 균열면에 작용하는 직응력

v_{ci} : 균열면에 작용하는 전단응력

ρ_t 와 ρ_l : t-방향과 l-방향의 철근비

식(3.59)와 식(3.60)에서 t-방향과 l-방향의 균열면의 철근 응력은 다음 식과 같이 항복강도보다 커서는 안 된다.

$$f_{ts.cr} = f_{ts} + \frac{f_1^c + f_{ci} - v_{ci}\tan\theta}{\rho_t} \leqq f_{yt} \tag{3.61}$$

$$f_{ls.cr} = f_l + \frac{f_1^c + f_{ci} + v_{ci}\cot\theta}{\rho_l} \leqq f_{yl} \tag{3.62}$$

균열면에 작용하는 전단응력은 식(3.61)에 의해 계산하며, 이 값은 실험 결과에 근거한 식(3.63) 이하가 되어야 한다. 여기서 균열면에서의 $f_{ci} = 0$으로 가정하며, 철근은 항복강도를 사용한다.

$$v_{ci} = \frac{f_1^c - \rho_t (f_{yt,cr} - f_{ts})}{\tan\theta} \leqq \frac{0.18\sqrt{f_{ck}}}{0.31 + \dfrac{24w}{a+16}} \tag{3.63}$$

여기서, w : 균열의 폭

a : 골재의 최대 치수

균열의 폭은 CEB-FIP기준에 근거하여 식(3.64)와 식(3.65)에서 계산한다.

$$w = \varepsilon_1 \cdot s_\theta \tag{3.64}$$

$$s_\theta = \frac{1}{\dfrac{\sin\theta}{s_{ml}} + \dfrac{\cos\theta}{s_{mt}}} \tag{3.65}$$

여기서, s_{ml}과 s_{mt} : l-방향과 t-방향으로 각각 계산한 균열 간격

수정압축장이론에서는 [그림 3.30]의 계산 순서에 의하여 전단응력과 전단변형률 관계를 계산한다. 여기서는 콘크리트의 주인장변형률(ε_1)에 대응하는 응력과 변형률을 계산한다. 계산 과정에는 콘크리트의 주인장응력과 철근의 응력을 합한 값에 대한 균열 검토가 포함되어 있다. 또한 계산 결과가 쉽게 수렴되게 하기 위해 전단응력(v_{lt})을 식(3.66)으로 변환하여 계산한다. 식(3.2)을 식(3.3)에 대입하여 식(3.66)을 유도할 수 있다.

$$v_{lt} = \left(\frac{-f_t + f_1^c \cos^2\theta + \rho_t f_{ts}}{\sin^2\theta} + f_1^c \right) \sin\theta\cos\theta \tag{3.66}$$

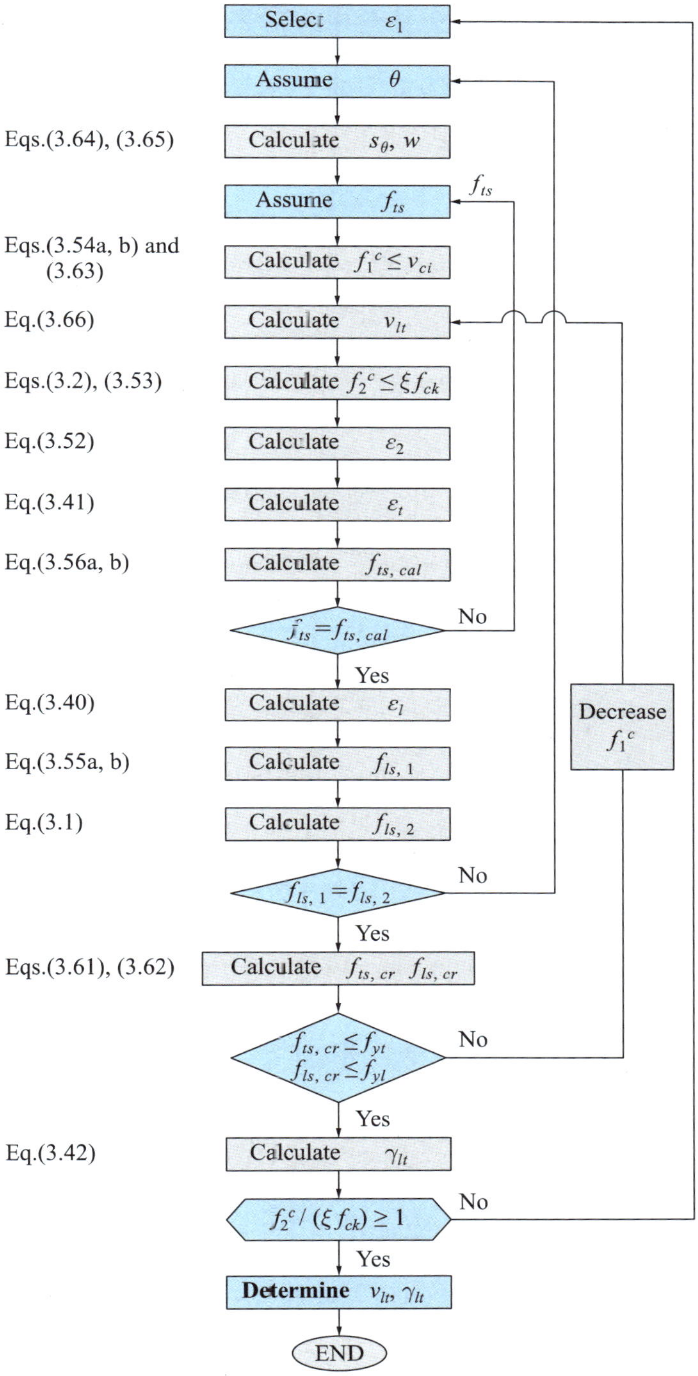

[그림 3.30] 수정압축장이론의 계산 순서

예제 3.2

[예제 3.1]의 패널의 전단변형률(γ_{lt})과 전단응력(v_{lt})의 관계를 수정압축장이론에 의하여 계산하라. 실험체의 조건은 [예제 3.1]과 동일하다. 철근의 간격 $s_{ml}=200$ mm, $s_{mt}=300$ mm이며, 골재의 크기(a)는 10 mm이다.

[풀이]

① 콘크리트의 주인장변형률(ε_1)을 정한다. 주인장방향 변형률은 "0"에 근접한 값에서 점점 증가시킨다. 여기서는 [예제 3.1]과 비교하기 위하여 $\varepsilon_1=0.00295$값에 대한 결과를 살펴보았다.

② 균열각도 θ를 가정한다. $\varepsilon_1=0.00295$값에 수렴하는 $\theta=41.08$도였다. 해석이 발산하지 않고 수렴하기 위해서는 각도를 0.1도씩 감소시키는 것이 좋다.

③ s_θ와 w을 식(3.64)와 식(3.65)에서 계산한다.

$$s_\theta=\frac{1}{\dfrac{\sin\theta}{s_{ml}}+\dfrac{\cos\theta}{s_{mt}}}=\frac{1}{\dfrac{\sin 41.08}{200}+\dfrac{\cos 41.08}{300}}=172.47\,\text{mm}$$

$$w=\varepsilon_1\cdot s_\theta=0.00295\times 172.47=0.509\,\text{mm}$$

④ f_{ts}을 가정한다. $\varepsilon_1=0.00295$값에 수렴하는 $f_{ts}=317.81$ MPa이었다.

⑤ f_1^c을 식(3.54a, b)와 식(3.63)을 비교하여 계산한다.

$$f_1^c=\frac{f_{cr}}{1+\sqrt{500\varepsilon_1}}=\frac{1.961}{1+\sqrt{500\times 0.00295}}=0.885\,\text{MPa}$$

$$f_{cr}=0.31\sqrt{f_{ck}}=0.31\sqrt{40}=1.961\,\text{MPa}$$

$$v_{ci}=\frac{f_1^c-\rho_t(f_{yt,cr}-f_{ts})}{\tan\theta}\leqq\frac{0.18\sqrt{f_{ck}}}{0.31+\dfrac{24w}{a+16}}$$

$$f_1^c=\frac{0.18\sqrt{f_{ck}}}{0.31+\dfrac{24w}{a+16}}\tan\theta+\rho_t(f_{yt,cr}-f_{ts})$$

$$=\frac{0.18\sqrt{40}}{0.31+\dfrac{24\times 0.509}{10+16}}\tan(41.08)+0.006(400-317.81)=1.766\,\text{MPa}$$

두 값(0.885 MPa과 1.766 MPa)중에서 작은 값인 0.885 MPa을 f_1^c로 택한다.

⑥ v_{lt}을 식(3.66)에서 계산한다.

$$v_{lt}=\left(\frac{-f_t+f_1^c\cos^2\theta+\rho_t f_{ts}}{\sin^2\theta}+f_1^c\right)\sin\theta\cos\theta$$

$$=\left(\frac{0+0.885\times\cos^2(41.08)+0.006\times 317.81}{\sin^2(41.08)}+0.885\right)\sin(41.08)\cos(41.08)=3.203\text{ MPa}$$

⑦ 식(3.2), 식(3.52)를 이용하여 f_2^c를 계산하고, ξf_{ck}를 초과하는지 검토한다.

$$f_2^c=\frac{f_t-f_1^c\cos^2\theta-\rho_t f_{ts}}{\sin^2\theta}=\frac{0-0.885\cos^2(41.08)-0.006\times 317.81}{\sin^2(41.08)}=-5.581\,\text{MPa}$$

$$\xi = \frac{1}{0.8+170\varepsilon_1} = \frac{1}{0.8+170\times 0.00295} = 0.768$$

$$\xi f_{ck} = 0.768\times(-40) = -30.73\,\mathrm{MPa}$$

초과하지 않으므로 다음 단계로 이동한다.

⑧ 식(3.53)에서 ε_2를 계산한다.

$$f_c = \xi f_{ck}\left[2\frac{\varepsilon_2}{\varepsilon_{co}} - \left(\frac{\varepsilon_2}{\varepsilon_{co}}\right)^2\right]$$

$$-5.581 = -30.734\left[2\frac{\varepsilon_2}{-0.002} - \left(\frac{\varepsilon_2}{-0.002}\right)^2\right]$$

$$\varepsilon_2 = -0.000191$$

⑨ ε_t을 식(3.41)에서 계산한다.

$$\varepsilon_t = \varepsilon_2 \sin^2\theta + \varepsilon_1\cos^2\theta = -0.000191\sin^2(41.08) + 0.00295\cos^2(41.08) = 0.001594$$

⑩ $f_{ts,cal}$을 식(3.61a, b)에서 계산하고 가정한 $f_{ts}=317.81$ MPa과 오차 범위에서 일치하는지 검토한다.

$\varepsilon_t \leq \varepsilon_{yt}$의 경우 $f_{ts} = E_s\,\varepsilon_t = 200{,}000\times 0.001594 = 318.8\,\mathrm{MPa}$

두 값의 차이가 0.99 MPa이므로 다음 단계로 이동한다.

⑪ ε_l을 식(3.40)에서 계산한다.

$$\varepsilon_l = \varepsilon_2\cos^2\theta + \varepsilon_1\sin^2\theta = -0.000191\cos^2(41.08) + 0.00295\sin^2(41.08) = 0.0011654$$

⑫ $f_{ls,1}$을 식(3.61a, b)에서 계산한다.

$$f_{ls} = E_s\,\varepsilon_l = 200{,}000\times 0.0011654 = 233.08\,\mathrm{MPa}$$

⑬ $f_{ls,2}$을 식(3.1)에서 계산하고, $f_{ls,1}=233.08$ MPa과 오차 범위에서 일치하는지 검토한다.

$$f_l = f_2^c\cos^2\theta + f_1^c\sin^2\theta + \rho_l f_{ls}$$

$$f_{ls,2} = \frac{f_l - f_2^c\cos^2\theta - f_1^c\sin^2\theta}{\rho_l} = \frac{0+5.581\cos^2(41.08) - 0.885\sin^2(41.08)}{0.012} = 232.42\,\mathrm{MPa}$$

두 값의 차이가 0.66 MPa이므로 다음 단계로 이동한다.

⑭ 식(3.48)과 식(3.51)에서 $f_{ts,cr}$과 $f_{ls,cr}$을 계산하고, 이 값들이 항복강도를 초과하는지 검토한다.

$$v_{ci} = \frac{f_1^c - \rho_t(f_{yt,cr} - f_{ts})}{\tan\theta} = \frac{0.885 - 0\,006(400-317.81)}{\tan(41.08)} = 0.45\,\mathrm{MPa}$$

$$f_{ts.cr} = f_{ts} + \frac{f_1^c + f_{ci} - v_{ci}\tan\theta}{\rho_t} \leq f_{yt} = 317.81 + \frac{0.885+0-0.45\times\tan(41.08)}{0.006} = 400\,\mathrm{MPa}$$

$$f_{ls.cr} = f_l + \frac{f_1^c + f_{ci} + v_{ci}\cot\theta}{\rho_l} \leq f_{yl} = 233.08 + \frac{0.885+0+0.45/\tan(41.08)}{0.012} = 349.89\,\mathrm{MPa}$$

두 값 모두 항복강도 400 MPa보다 작으므로 다음 단계로 이동한다. 만일 이 값들이 항복강도를 초과할 경우에는 인위적으로 f_1^c의 값을 감소시킨다.

⑮ 전단변형률(γ_{lt})을 식(3.42)에서 계산한다.

$$\frac{\gamma_{lt}}{2} = (-\varepsilon_2 + \varepsilon_1)\sin\theta\cos\theta$$

$$\gamma_{lt} = (0.000191+0.00295)\sin(41.08)\cos(41.08)\times 2 = 0.00311$$

⑯ 콘크리트의 주압축응력(f_2^c)과 콘크리트의 유효압축강도(ξf_{ck})을 비교한다. f_2^c가 5.581 MPa로 ξf_{ck}의 30.73 MPa에 도달하지 못했으므로 첫 번째 단계로 돌아가서 콘크리트의 주인장변형률(ε_1)을 양의 방향으로 증가시킨다.

계산한 결과를 [예제 표 3.2.1]에 정리하였다.

동일한 실험체에 대하여 [예제 표 3.1.1]과 [예제 표 3.2.1]을 비교해 보면 두 해석 결과에는 차이가 있다. 특히 응력보다 변형률에서 차이가 크다.
[예제 그림 3.2.1]은 회전각연화트러스모델(RASTM)과 수정압축장이론(MCFT)의 해석 결과를 비교한 것이다. 전단변형률(γ_{lt})과 전단응력(v_{lt}) 관계를 비교하면 두 해석 결과는 철근이 항복하기 전까지는 큰 차이가 없다. 그러나 철근이 항복한 이후에 수정압축장이론은 비교적 작은 γ_{lt}에서 최대 내력에 도달하였지만, 회전각연화트러스모델은 상대적으로 큰 γ_{lt}에서 최대 내력에 도달한다. 그 이유는 회전각연화트러스모델의 경우에는 철근이 항복한 이후에도 철근의 응력은 일정한 기울기로 계속해서 증가하므로 전단응력(v_{lt})도 일정한 기울기로 증가하기 때문이다(예제 그림 [3.2.1(e), (f)] 참조). 두 해석에서는 모두 l-방향과 t-방향의 철근이 항복한 이후에 콘크리트의 주압축응력(f_2^c)이 콘크리트의 유효압축강도(ξf_{ck})에 도달하여 파괴되었다. [예제 그림 3.2.1(b)]의 경우에 균열각도(θ)는 45도에서 시작하여 점점 감소하였으며 최종 파괴시점의 두 모델의 균열각도는 유사하였다. [예제 그림 3.2.1(d)]에서 수정압축장이론에 의한 콘크리트의 인장강도는 처음에는 식(3.54a, b)에 의하여 지배받았지만 변형이 증가한 이후에는 식(3.63)의 균열면의 전단응력에 의하여 지배받았다. [예제 그림 3.2.1(e)와 (f)]에서 수정압축장이론에서는 균열 검토에 의하여 철근이 항복강도 이상에 도달했을 때 강도가 항복강도로 제한되었지만, 회전각연화트러스모델에서는 철근이 항복한 이후에도 일정한 기울기로 계속해서 증가하였다. [예제 그림 3.2.1(e)와 (f)]에는 수정압축장이론에서 계산된 인장경화효과(tension stiffening effect)를 함께 표시하였다. 그림에서 철근비가 작은 t-방향에서 인장경화효과가 더 크게 발생하고 있다.

[예제 표 3.2.1] 변수의 계산 값

ε_2	ε_1	ξf_{ck} (MPa)	f_2^c (MPa)	f_1^c (MPa)	ε_t	f_{ts} (MPa)
−0.00019	0.00295	−30.73	−5.58	0.885	0.00159	317.81
ε_l	f_{ls} (MPa)	v_{ci} (MPa)	w (mm)	θ (deg.)	γ_{lt}	v_{lt} (MPa)
0.00117	233.08	0.45	0.509	41.08	0.00311	3.20

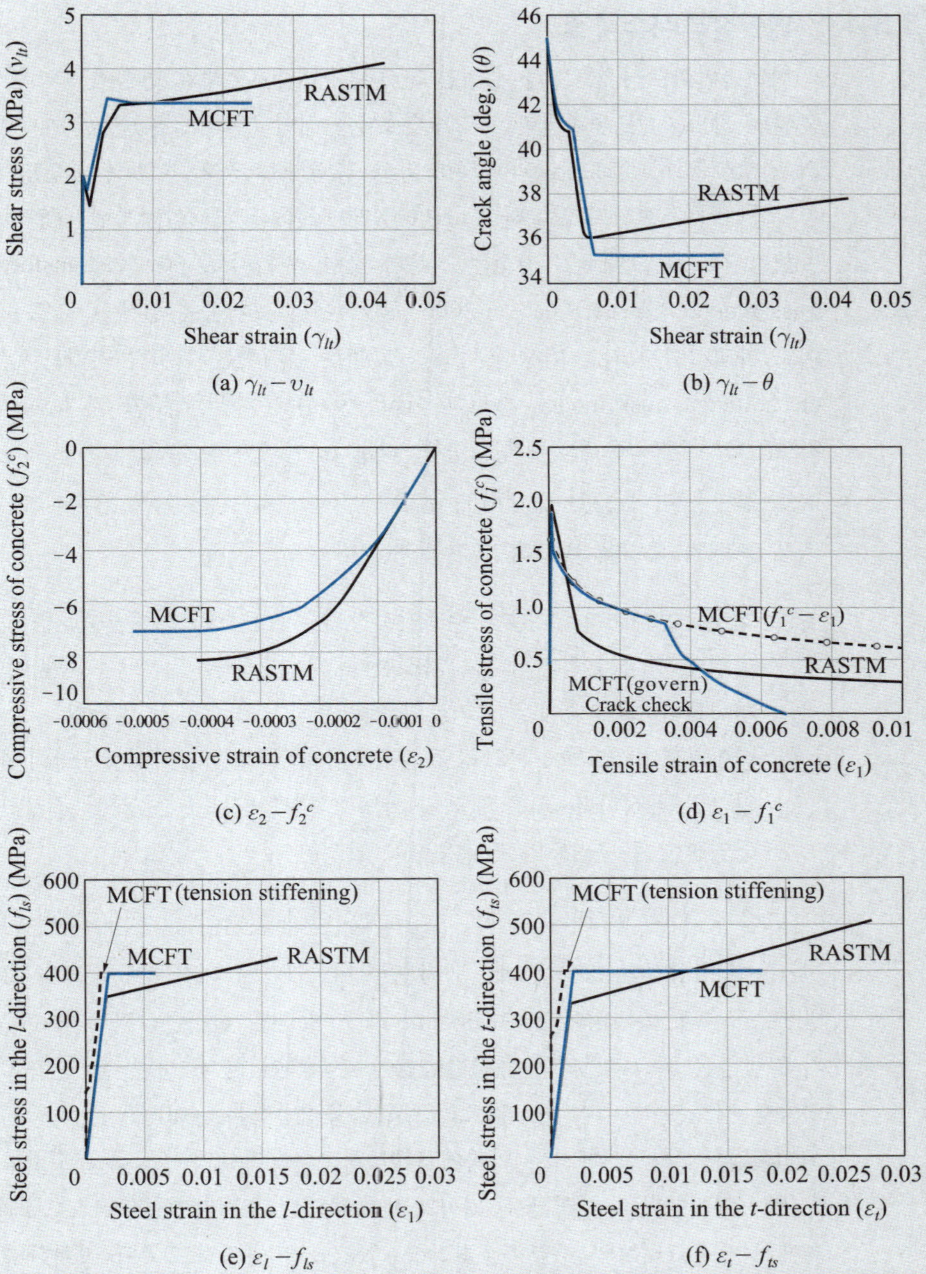

[예제 그림 3.2.1] 회전각연화트러스모델과 수정압축장이론의 해석 결과 비교

3.5.4 변환각트러스모델

회전각연화트러스모델과 수정압축장이론에서는 부재의 변형이 증가함에 따라서 전단균열의 각도(θ)가 변화한다. 두 이론에서는 전단균열의 각도(θ)가 콘크리트 주압축응력의 방향(2 방향, 각도 α)과 일치한다고 가정하고 있다. 따라서 균열면에는 콘크리트의 전단응력이 존재하지 않는다. 그러나 실제 실험 결과를 살펴보면 균열의 각도는 처음에 발생한 각도를 그대로 유지하는 경우가 많다. 변환각트러스모델(transformation angle of truss model, TATM, Lee 등, 2006, 2011)에서는 처음에 발생한 균열은 응력이 증가하여도 파괴시까지 처음 발생한 각도를 그대로 유지하는 고정각 연화트러스모델(fixed angle softened truss model, Pang과 Hsu, 1996)에 기반을 두고 있다. 따라서 전단균열의 각도(θ)와 주압축응력의 방향(2방향, 각도 α)이 일치하지 않게 되므로 균열면에는 콘크리트 전단응력(v_{mn}^c)이 발생하게 된다.

세 모델의 특징을 비교하면 다음과 같다.

① 회전각연화트러스모델과 수정압축장이론 : 콘크리트 주압축응력의 방향과 사인장균열의 방향이 동일하다고 가정한다. 사인장균열의 각도는 응력이 증가하면 계속 변화한다. 균열면에 콘크리트의 전단응력이 발생하지 않는다.

② 변환각트러스모델 : 콘크리트 주압축응력의 방향과 사인장균열의 방향이 동일하지 않다고 가정한다. 처음 발생한 사인장균열의 각도는 응력이 증가하여도 일정하다. 균열면에 콘크리트의 전단응력이 발생한다.

[그림 3.31]은 면 내 응력 f_l, f_t, v_{lt}을 받아 균열이 발생한 철근콘크리트 요소이다. 철근은 l-방향과 t-방향에 배근되어 있으며, 외력에 의한 철근콘크리트 요소의 주응력 방향은 m-과 n-방향이다. 여기서 m-과 n-방향은 철근콘크리트의 주응력방향이며, 1-과 2-방향은 콘크리트의 주응력방향임에 주의해야 한다. 또한 철근콘크리트의 주압축응력방향 각도는 θ이며, 콘크리트의 주압축응력방향은 α이다.

변환각트러스모델에서는 외력에 의한 철근콘크리트의 주압축응력방향 각도가 균열각도 θ와 일치한다고 가정한다. 지금까지 다루었던 회전각연화트러스모델과 수정압축장이론에서는 콘크리트의 주압축응력방향 각도 α가 균열각도 θ와 일치한다고 가정하였다.

[그림 3.32(a)]는 [그림 3.31]의 철근콘크리트 요소의 콘크리트 응력 상태를 나타낸다. [그림 3.32(a)]에서 f_2^c와 f_1^c는 콘크리트의 주압축응력과 주인장 응력이며, 각도 β는 균열각도 θ와 콘크리트 주압축응력각도 α의 차($\beta = \theta - \alpha$)이다. 따라서 [그림 3.31]과 [그림 3.32(a)]로부터 다음의 평형 조건식을 유도할 수 있다.

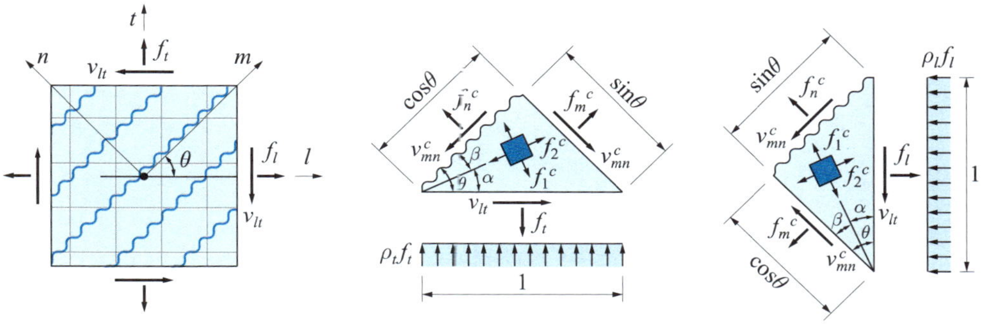

[그림 3.31] 변환각트러스모델의 응력 상태

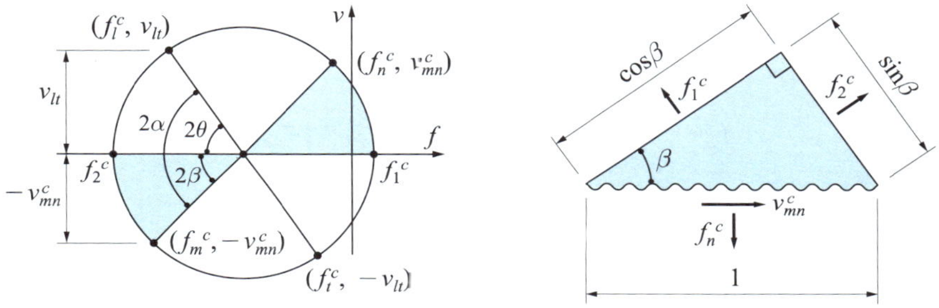

(a) 응력 상태

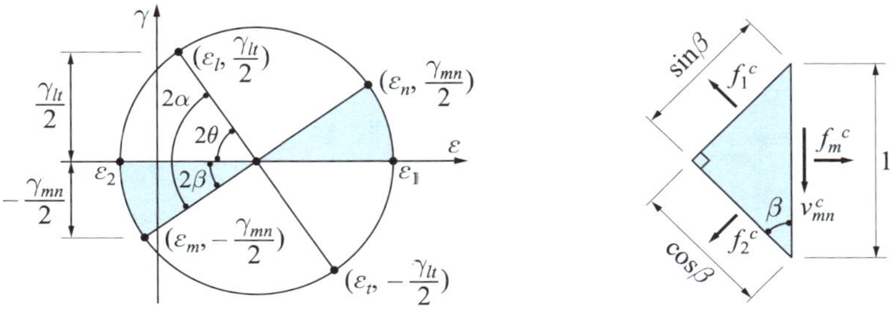

(b) 변형률 상태

[그림 3.32] 변환각트러스모델의 모어의 원

$$f_l = f_m^c \cos^2\theta + f_n^c \sin^2\theta + 2v_{mn}^c \sin\theta\cos\theta + \rho_l f_{ls} \tag{3.67}$$

$$f_t = f_m^c \sin^2\theta + f_n^c \cos^2\theta - 2v_{mn}^c \sin\theta\cos\theta + \rho_t f_{ts} \tag{3.68}$$

$$v_{lt} = \left(-f_m^c + f_n^c\right)\sin\theta\ \mathrm{ccs}\theta + v_{mn}^c\left(\cos^2\theta - \sin^2\theta\right) \tag{3.69}$$

균열방향이 콘크리트의 주응력방향과 다르므로 힘의 평형식에 콘크리트의 전단응력(v_{mn}^c)이 포함되어 있다. [그림 3.32(b)]의 모어의 변형률 원을 이용하여 다음의 접합조건식을 유도할 수 있다.

$$\varepsilon_l = \varepsilon_m \cos^2\theta + \varepsilon_n \sin^2\theta + \gamma_{mn} \sin\theta \cos\theta \tag{3.70}$$

$$\varepsilon_t = \varepsilon_m \sin^2\theta + \varepsilon_n \cos^2\theta - \gamma_{mn} \sin\theta \cos\theta \tag{3.71}$$

$$\frac{\gamma_{lt}}{2} = (-\varepsilon_m + \varepsilon_n) \sin\theta \cos\theta + \frac{\gamma_{mn}}{2}(\cos^2\theta - \sin^2\theta) \tag{3.72}$$

여기서, f_l : 부재축방향(l-방향)의 직응력

f_t : 부재축과 직각되는 방향(t-방향)의 직응력

v_{lt} : $l-t$방향의 전단응력

f_m^c : m-방향의 콘크리트의 압축응력

f_n^c : n-방향의 콘크리트의 인장응력

v_{mn} : $m-n$방향의 콘크리트의 전단응력

f_2^c : 콘크리트의 주압축응력

f_1^c : 콘크리트의 주인장응력

f_{ls} : l-방향에 배근된 철근의 응력(주철근의 응력)

f_{ts} : t-방향에 배근된 철근의 응력(전단철근의 응력)

ρ_l, ρ_t : l-방향과 t-방향에 배근된 철근의 철근비

θ : 균열의 각도

ε_l, ε_t : l-방향과 t-방향의 철근의 평균변형률

γ_{lt} : $l-t$방향의 전단변형률

ε_m^c : m-방향의 콘크리트의 압축변형률

ε_n^c : n-방향의 콘크리트의 압축변형률

γ_{mn} : $m-n$방향의 콘크리트의 전단변형률

ε_1, ε_2 : 콘크리트 주인장응력(1-방향)의 방향 및 주압축응력 방향(2-방향)의 평균변형률

식(3.67)~식(3.72)를 이용하여, 전단응력(v_{lt})과 전단변형률(γ_{lt}) 관계를 구하기 위해서는 다섯 개의 재료의 구성법칙이 필요하다. 즉, 회전각연화트러스모델과 수정압축장

이론과는 달리 균열면에 작용하는 콘크리트의 전단응력－변형률 관계($v^c_{mn}-\gamma_{mn}$)가 추가로 요구된다.

① 콘크리트의 압축응력－압축변형률 관계($f^c_m-\varepsilon_m$)
② 콘크리트의 인장응력－인장변형률 관계($f^c_n-\varepsilon_n$)
③ 콘크리트 전단응력－변형률 관계($v^c_{mn}-\gamma_{mn}$)
④ l-방향 (부재축방향) 철근의 응력－변형률 관계($f_l-\varepsilon_l$)
⑤ t-방향 (부재축방향) 철근의 응력－변형률 관계($f_t-\varepsilon_t$)

변환각트러스모델에서는 $m-n$방향의 콘크리트의 응력－변형률 관계가 필요하므로 회전각연화트러스모델과 수정압축장이론에서 사용한 콘크리트의 주압축응력－주압축변형률 관계($f^c_2-\varepsilon_2$)와 콘크리트의 주인장응력－인장변형률 관계($f^c_1-\varepsilon_1$)를 직접 사용할 수 없다. 일부 모델에서는 $f^c_m-\varepsilon_m$ 관계식 대신에 $f^c_2-\varepsilon_2$ 관계식을 사용하거나, $f^c_n-\varepsilon_n$ 관계식 대신에 $f^c_1-\varepsilon_1$ 관계식을 사용하여 해석하기도 하지만, 이 경우에 균열각도 θ와 콘크리트 주압축응력각도 α의 차($\beta=\theta-\alpha$)를 이루는 각도 β의 값이 커질 경우, 계산된 $f^c_m-\varepsilon_m$ 관계와 $f^c_2-\varepsilon_2$ 관계(또는 $f^c_n-\varepsilon_n$ 관계와 $f^c_1-\varepsilon_1$ 관계)에 차이가 발생한다. [그림 3.32(a)]에서 f^c_l 와 f^c_t 는 각각 l-과 t-방향에서의 콘크리트의 응력이다. [그림 3.32(a)]에서 $\beta=0$일 경우, $f^c_2=f^c_m$, $f^c_1=f^c_n$ 이지만, β값이 커질수록 f^c_2 와 f^c_m 의 값 그리고 f^c_1와 f^c_n 의 값의 차이가 점점 커진다. 특히, β의 값이 매우 커질 경우 f^c_n 의 값은 음수값(압축)이 될 수 있다. 또한 $\beta=0$일 경우에 $\varepsilon_2=\varepsilon_m$, $\varepsilon_1=\varepsilon_n$ 이지만, β값이 커질수록 ε_2와 ε_m 의 값, 그리고 ε_1과 ε_n 의 값의 차이가 커져서 ε_m 의 값이 양수값(인장)이 될 수 있다(Lee 등, 2006, 2011).

실제로 부재마다 새롭게 변하는 각도에 맞추어 $f^c_m-\varepsilon_m$ 관계식과 $f^c_n-\varepsilon_n$ 관계식을 제안하기는 어렵다. 따라서 변환각트러스모델에서는 기존의 $f^c_2-\varepsilon_2$ 관계식과 $f^c_1-\varepsilon_1$ 관계식을 β만큼 회전시켜 $f^c_m-\varepsilon_m$ 관계식과 $f^c_n-\varepsilon_n$ 관계식으로 사용하였다.

[그림 3.33]은 m-과 n-방향과 2-와 1-방향에서의 콘크리트의 응력들의 관계를 나타낸다. [그림 3.32(a), (b)]와 [그림 3.33]에서 m-과 n-방향의 응력 및 변형률의 값(f^c_m, ε_m, f^c_n, ε_n)은 2-와 1-방향의 주응력과 변형률의 값(f^c_2, ε_2, f^c_1, ε_1)이 $\beta=\theta-\alpha$ 만큼 회전된 값임을 알 수 있다. 따라서 변환각트러스모델에서는 식(3.73)~식(3.76)에서 주응력과 변형률의 값(f^c_2, ε_2, f^c_1, ε_1)과 β와의 관계를 이용하여 f^c_m, ε_m, f^c_n, ε_n을 구한다.

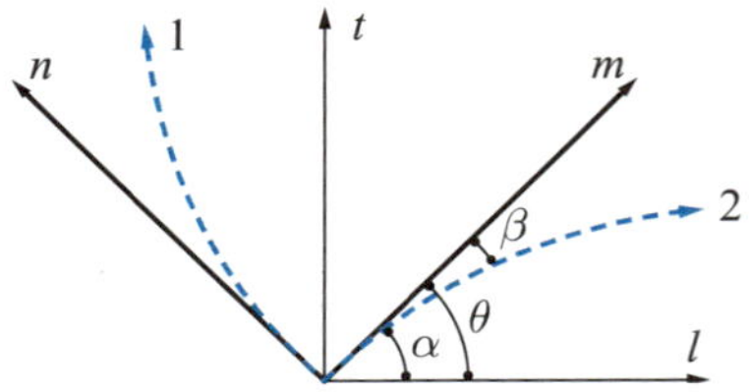

[그림 3.33] 좌표축 변환

$$f_m^c = f_2^c \cos^2\beta + f_1^c \sin^2\beta \tag{3.73}$$

$$f_n^c = f_2^c \sin^2\beta + f_1^c \cos^2\beta \tag{3.74}$$

$$\varepsilon_m = \varepsilon_2 \cos^2\beta + \varepsilon_1 \sin^2\beta \tag{3.75}$$

$$\varepsilon_n = \varepsilon_2 \sin^2\beta + \varepsilon_1 \cos^2\beta \tag{3.76}$$

$f_2^c - \varepsilon_2$ 관계식과 $f_1^c - \varepsilon_1$ 관계식은 콘크리트의 주응력과 주변형률의 관계이므로 회전각 연화트러스모델이나 수정압축장이론에서 사용하는 식을 사용할 수 있다.

한편 변환각트러스모델에서는 처음에 발생한 균열의 각도는 부재가 파괴될 때까지 그대로 유지되며, 전단균열의 각도(θ)와 주압축응력의 방향(2-방향, 각도 α)이 일치하지 않기 때문에 균열면에는 콘크리트 전단응력(v_{mn}^c)과 전단변형률(γ_{mn}^c)이 발생한다. 따라서 해석을 위하여 콘크리트 전단응력-변형률 관계($v_{mn}^c - \gamma_{mn}$)가 필요하다. $v_{mn}^c - \gamma_{mn}$관계는 균열면의 복잡한 응력전달을 접촉밀도함수를 이용하여 나타낸 2장의 Li 등의 제안식(1991)을 사용할 수 있다.

$$v_{mn}^c = 3.83\sqrt[3]{f_{ck}}\,\frac{v_s^2}{(w^2 + v_s^2)} \qquad \text{식 (2.24a)와 동일} \tag{3.77}$$

여기서, w : 균열의 폭이며, $w = s_\theta \varepsilon_n$
v_s : 균열면에서의 전단 미끌림이며, $v = s_\theta \gamma_{mn}$
s_θ : 전단 균열 간격

변환각트러스모델에서는 철근에 대한 $f_l - \varepsilon_l$ 관계, $f_t - \varepsilon_t$ 관계를 회전각연화트러스모델에 사용된 식을 사용하였다. 이 트러스모델의 힘의 평형조건, 변형의 적합조건, 재료의 구성법칙에는 21개의 미지수가 존재한다. 즉, 10개의 응력(f_l, f_t, v_{lt}, f_m^c, f_n^c, v_{mn}^c, f_{ls}, f_{ts}, f_2^c, f_1^c)과 8개의 변형률(ε_l, ε_t, γ_{lt}, ε_2, ε_1, ε_m^c, ε_n^c, γ_{mn}), 각도 θ, β 및 강도감수계수 ξ이다. 21개의 미지수 중에 철근콘크리트 보의 축방향력 f_l이 작용

하지 않는 경우에 $f_l = f_t = 0$이며, 균열각도 θ는 45도가 된다. 또한, β는 [그림 3.32(a)]의 응력 관계를 이용하여 식(3.78)에서 구할 수 있다.

$$\tan 2\beta = \frac{2\,v_{mn}^c}{f_m^c - f_n^c} \tag{3.78}$$

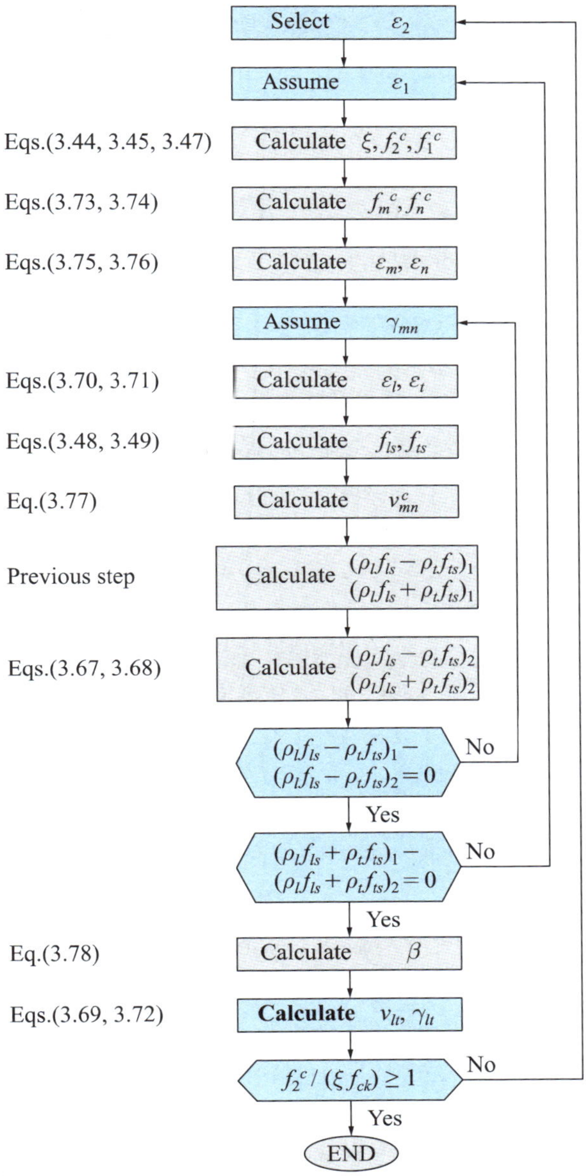

[그림 3.34] 변환각트러스모델의 계산 순서

따라서 미지수는 17개가 되며, [그림 3.34]의 해석 순서에 의하여 계산한다. 해석에서는 ε_2 의 값을 증가시켜 ε_2 의 값에 상응하는 부재의 전단응력과 변형률을 계산한다. 회전각연화트러스모델에 사용된 $f_2^c - \varepsilon_2$ 관계식과 $f_1^c - \varepsilon_1$ 관계식을 구한 후에 이 값들을 β 만큼 변환하여 $f_m^c - \varepsilon_m$ 관계식과 $f_n^c - \varepsilon_n$ 관계식을 구한다.

예제 3.3

[예제 3.1]의 패널의 전단변형률(γ_{lt})과 전단응력(v_{lt})의 관계를 변환각트러스모델에 의하여 계산하라. 실험체의 조건은 [예제 3.1]과 동일하다. 전단균열 간격 $s_\theta = 80$ mm이다.

[풀이]

① 콘크리트의 주압축변형률(ε_2)을 정한다. 여기서는 [예제 3.1]과 비교하기 위하여 $\varepsilon_2 = -0.00019$에 대한 결과를 살펴보았다.

② 콘크리트의 주인장변형률(ε_1)을 가정한다. $\varepsilon_2 = -0.00019$에 수렴하는 $\varepsilon_1 = 0.017613$이었다.

③ ξf_{ck}, f_2^c, f_1^c을 식(3.44), 식(3.45), 식(3.47)에서 계산한다.

$$\xi = \frac{5.8}{\sqrt{f_{ck}}}\frac{1}{\sqrt{1+400\varepsilon_1}} = 0.9 \times \frac{1}{\sqrt{1+400\times 0.017613}} = 0.3173$$

$$\xi f_{ck} = 0.3173 \times (-40) = -12.692\,\text{MPa}$$

$$f_2^c = \xi f_{ck}\left[2\frac{\varepsilon_2}{\xi\varepsilon_{co}} - \left(\frac{\varepsilon_2}{\xi\varepsilon_{co}}\right)^2\right] = -12.692\left[2\frac{-0.00019}{0.3173\times(-0.002)} - \left(\frac{0.00019}{0.3173\times(-0.002)}\right)^2\right]$$
$$= -6.462\,\text{MPa}$$

$$f_1^c = f_{cr}\left(\frac{\varepsilon_{cr}}{\varepsilon_1}\right)^{0.4} = 1.97\left(\frac{0.00008}{0.017613}\right)^{0.4} = 0.228\,\text{MPa}$$

$$f_{cr} = 0.311\sqrt{f_{ck}} = 0.311\sqrt{40} = 1.97\,\text{MPa}$$

④ 식(3.78)을 이용하여 전 단계에서 계산한 응력값을 이용하여 β를 계산한다. 여기서는 계산 과정이 반복되어 전 단계의 v_{mn}^c, f_m^c, f_n^c 계산 과정은 기록하지 않았다.

$$\tan 2\beta = \frac{2v_{mn}^c}{f_m^c - f_n^c} = \frac{2\times(-1)}{-6.30-0.26} = 0.3049$$

$$\beta = 8.66^\circ$$

⑤ 식(3.73)~식(3.76)에서 f_m^c, f_n^c, ε_m^c, ε_n^c를 계산한다.

$$f_m^c = f_2^c\cos^2\beta + f_1^c\sin^2\beta = (-6.462)\cos^2(8.66) + (0.228)\sin^2(8.66) = -6.31\,\text{MPa}$$

$$f_n^c = f_2^c\sin^2\beta + f_1^c\cos^2\beta = (-6.462)\sin^2(8.66) + (0.228)\cos^2(8.66) = 0.076\,\text{MPa}$$

$$\varepsilon_m = \varepsilon_2\cos^2\beta + \varepsilon_1\sin^2\beta = (-0.00019)\cos^2(8.66) + (0.017613)\sin^2(8.66) = 0.000214$$

$$\varepsilon_n = \varepsilon_2\sin^2\beta + \varepsilon_1\cos^2\beta = (-0.00019)\sin^2(8.66) + (0.017613)\cos^2(8.66) = 0.01721$$

⑥ 균열면의 콘크리트 전단변형률(γ_{mn})을 가정한다. $\varepsilon_2 = -0.00019$에 수렴하는 $\gamma_{mn} = -0.00505$이었다.

⑦ ε_l, ε_t을 식(3.70)과 식(3.71)에서 계산한다

$$\varepsilon_l = \varepsilon_m \cos^2\theta + \varepsilon_n \sin^2\theta + \gamma_{mn} \sin\theta \cos\theta$$

$$= (0.000214)\cos^2(45) + (0.01721)\sin^2(45) - 0.00505\sin(45)\cos(45) = 0.00618$$

$$\varepsilon_t = \varepsilon_m \sin^2\theta + \varepsilon_n \cos^2\theta - \gamma_{mn} \sin\theta \cos\theta$$

$$= (0.000214)\sin^2(45) + (0.01721)\cos^2(45) + 0.00505\sin(45)\cos(45) = 0.01124$$

⑧ 식(3.48)과 식(3.49)에서 f_{ls}, f_{ts}을 계산한다.

ε_l을 평균 항복변형률(ε_{yln})과 비교한다. [예제 3.1]에서 $\varepsilon_{yln} = 0.00171$이므로 식(3.48b)를 이용하여 f_{ls}를 계산한다.

$$f_{ls} = \left[0.91 - \frac{2}{\rho}\left(\frac{f_{cr}}{f_{yl}}\right)^{1.5}\right] f_{yl} + \left[0.02 + 0.25\frac{1}{\rho}\left(\frac{f_{cr}}{f_{yl}}\right)^{1.5}\right] E_s \cdot \varepsilon_l$$

$$f_{ls} = \left[0.91 - \frac{2}{\rho}\left(\frac{f_{cr}}{f_{yl}}\right)^{1.5}\right] f_{yl} + \left[0.02 + 0.25\frac{1}{\rho}\left(\frac{f_{cr}}{f_{yl}}\right)^{1.5}\right] E_s \cdot \left[\varepsilon_1 + \frac{\varepsilon_1 - \varepsilon_2}{f_1^c - f_2^c}\left(f_l - f_1^c - \rho_l f_{ls}\right)\right]$$

$$= 343.36\ \text{MPa}$$

ε_t를 평균 항복변형률(ε_{ytn})과 비교한다. [예제 3.1]에서 $\varepsilon_{ytn} = 0.00189$로 $\varepsilon_t > \varepsilon_{ytn}$ 이므로 식(3.49b)를 이용하여 f_{ts}를 계산한다.

$$f_{ts} = \left[0.91 - \frac{2}{\rho}\left(\frac{f_{cr}}{f_{yt}}\right)^{1.5}\right] f_{yt} + \left[0.02 + 0.25\frac{1}{\rho}\left(\frac{f_{cr}}{f_{yt}}\right)^{1.5}\right] E_s \cdot \varepsilon_t$$

$$f_{ts} = \left[0.91 - \frac{2}{\rho}\left(\frac{f_{cr}}{f_{yt}}\right)^{1.5}\right] f_{yt} + \left[0.02 + 0.25\frac{1}{\rho}\left(\frac{f_{cr}}{f_{yt}}\right)^{1.5}\right] E_s \cdot \left[\varepsilon_1 + \frac{\varepsilon_1 - \varepsilon_2}{f_1^c - f_2^c}\left(f_t - f_1^c - \rho_t f_{ts}\right)\right]$$

$$= 329.40\ \text{MPa}$$

⑨ 식(3.77)에서 $\rho_l f_{ls}$, $\rho_t f_{ts}$을 계산하고 가정된 값과 비교한다.

$$v_{mn}^c = 3.83\sqrt[3]{f_{ck}}\,\frac{v_s^2}{(w^2 + v_s^2)} = 3.83\sqrt[3]{40}\,\frac{(-0.404)^2}{(1.3768)^2 + (-0.404)^2)} = -1.038\ \text{MPa}$$

$$w = s_\theta \varepsilon_n = 80 \times 0.01721 = 1.3768\,\text{mm}$$

$$v = s_\theta \gamma_{mn} = 80 \times (-0.00505) = -0.404\,\text{mm}$$

⑩ 전 단계의 $\rho_l f_{ls}$, $\rho_t f_{ts}$을 식(3.67)과 식(3.68)을 이용하여 계산하고 현 단계의 $\rho_l f_{ls}$, $\rho_t f_{ts}$와 비교하여 가정된 값을 검토한다.

$$f_l = f_m^c \cos^2\theta + f_n^c \sin^2\theta + 2v_{mn}^c \sin\theta\cos\theta + \rho_l f_{ls}$$

$$\rho_l f_{ls} = 6.31\cos^2 45 - 0.076\sin^2 45 + 2(1.038)\sin 45\cos 45 = 4.155\ \text{MPa}$$

$$f_t = f_m^c \sin^2\theta + f_n^c \cos^2\theta - 2v_{mn}^c \sin\theta\cos\theta + \rho_t f_{ts}$$

$$\rho_t f_{ts} = 6.31\sin^2 45 - 0.076\cos^2 45 - 2(1.038)\sin 45\cos 45 = 2.079\ \text{MPa}$$

두 값이 오차 범위에 있으므로 다음 단계로 이동한다.

⑪ 식(3.78)을 이용하여 β를 계산한다.

$$\tan 2\beta = \frac{2v_{mn}^c}{f_m^c - f_n^c} = \frac{2 \times (-0.998)}{-6.31 - 0.076} = 0.3126$$

$$\beta = 8.88^\circ$$

⑫ 전단변형률(γ_{lt})과 전단응력(v_{lt})을 식(3.69)와 식(3.72)를 이용해서 계산한다.

$$v_{lt}=\left(-f_m^c+f_n^c\right)\sin\theta\cos\theta+v_{mn}^c\left(\cos^2\theta-\sin^2\theta\right)$$

$$=(6.31+0.076)\sin45\cos45+(-1.038)(\cos^245-\sin^245)=3.19\text{ MPa}$$

$$\frac{\gamma_{lt}}{2}=\left(-\varepsilon_m^c+\varepsilon_n^c\right)\sin\theta\cos\theta+\frac{\gamma_{mn}}{2}\left(\cos^2\theta-\sin^2\theta\right)$$

$$=(-0.000214+0.01721)\sin45\cos45+(-1.038)(\cos^245-\sin^245)$$

$$\gamma_{lt}=0.0085\times2=0.017$$

⑬ 콘크리트의 주압축응력(f_2^c)과 콘크리트의 유효압축강도(ξf_{ck})을 비교한다. f_2^c가 6.462 MPa로 ξf_{ck}의 12.692 MPa에 도달하지 못했으므로 첫 번째 단계로 돌아가서 콘크리트의 주압축변형률(ε_2)을 음의 방향으로 증가시킨다.

계산 결과를 [예제 표 3.3.1]에 정리하였다.

동일한 실험체에 대하여 [예제 표 3.1.1], [예제 표 3.2.1], [예제 표 3.3.1]을 비교해 보면 세 해석(회전각연화트러스모델(RASTM), 수정압축장이론(MCFT), 변환각트러스모델(TATM))은 응력보다 변형률에서 차이가 발생하였다. 세 모델의 해석 과정을 비교하여 [예제 그림 3.3.1]에 표시하였다. 전단변형률(γ_{lt})과 전단응력(v_{lt}) 관계에 대한 비교에서 세 해석 결과는 철근이 항복하기 전까지는 거의 비슷하지만, 철근이 항복한 후에 전단변형률의 값에 차이가 있다. 그러나 세 해석에서 계산된 전단강도는 거의 유사하다. 세 해석에서는 모두 양 방향의 철근이 항복한 이후에 콘크리트의 주압축응력(f_2^c)이 콘크리트의 유효압축강도(ξf_{ck})에 도달하여 복부 콘크리트가 압축파괴하였다.

[예제 표 3.3.1] 변수의 계산 값

ε_2	ε_1	ξf_{ck} (MPa)	f_2^c (MPa)	f_1^c (MPa)	ε_t	f_{ts} (MPa)
−0.00019	0.01761	−12.69	−6.46	0.228	0.01124	329.40
ε_l	f_{ls} (MPa)	α (deg.)	β (deg.)	θ (deg.)	γ_{lt}	v_{lt} (MPa)
0.00618	343.36	36.12	8.88	45	0.017	3.19

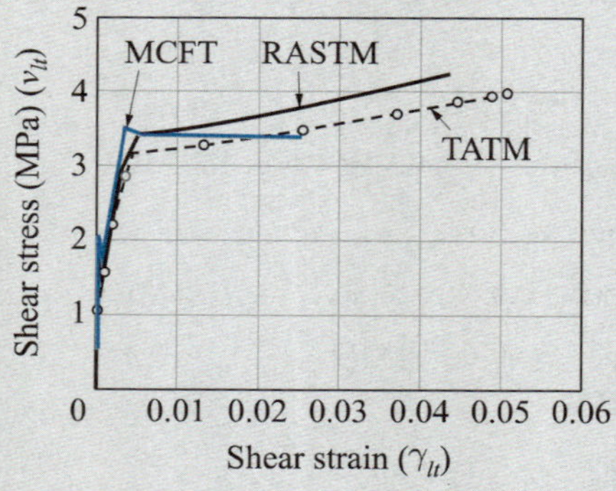

(a) $\gamma_{lt}-v_{lt}$

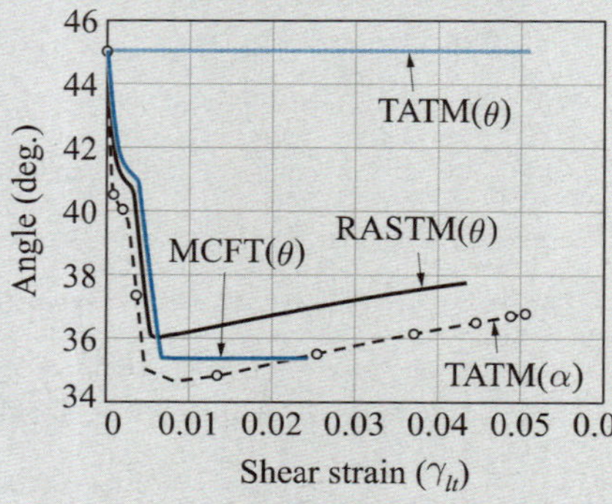

(b) $\gamma_{lt}-\theta$

[예제 그림 3.3.1] 세 모델의 비교

[예제 그림 3.3.1(b)]에서 균열각도(θ)는 변환각트러스모델에서는 45도로 고정되었지만 회전각연화트러스모델과 수정압축장이론에서는 변형이 증가하면서 점점 감소하였다. 변환각트러스모델의 경우에도 콘크리트의 주압축응력의 각도(α)는 회전각연화트러스모델과 수정압축장이론의 균열각도와 유사한 경향으로 변화하고 있다.

3.5.5 트러스모델의 비교

지금까지 설명한 트러스모델의 특징을 [표 3.3]에서 비교하였다. 45도 트러스모델에서는 균열의 각도가 45도로 고정되었지만 다른 트러스모델에서는 소성이론이나 적합조건을 이용하여 각도를 계산하고 있다. 45도 트러스모델, 소성트러스모델에서는 콘크리트의 인장강도를 무시하고 전단강도를 계산하지만, 적합조건을 이용하는 트러스모델에서는 콘크리트의 인장강도를 고려하여 전단강도를 계산한다. 변환각트러스모델을 제외하고 모든 트러스이론에서는 균열의 각도와 콘크리트의 주압축응력 방향이 일치한다고 가정한다. 변환각트러스모델에서는 균열면에 발생하는 콘크리트 전단응력의 영향을 반영하고 있다. 힘의 평형조건만을 이용한 45도 트러스모델, 소성트러스모델은 하나의 식으로 전단강도를 간단하게 계산할 수 있지만, 변형률의 적합조건을 이용한 회전각연화트러스모델, 수정압축장이론, 변환각트러스모델은 비선형 관계 때문에 전단강도를 간단하게 계산할 수 없고 간단한 해석 프로그램이 요구된다.

[표 3.3] 트러스모델의 특성 비교

모델	균열의 각도	힘의 평형	변형의 적합	콘크리트 인장강도	균열면의 전단응력
45° 트러스모델	$\theta = 45°$	반영	미반영	미반영	미반영
소성이론 트러스모델	$\theta \leq 45°$ (재료 조건 ξf_{ck}와 $\rho_t f_{yt}$에서 계산)	반영	미반영	미반영	미반영
MCFT	θ는 응력이 변하면 계속 변화 균열의 각도와 콘크리트의 주압축응력 각도가 일치	반영	반영	반영	미반영
RASTM	θ는 응력이 변하면 계속 변화 균열의 각도와 콘크리트의 주압축응력 각도가 일치	반영	반영	반영	미반영
TATM	θ는 응력이 변해도 처음 각도를 유지 균열의 각도와 콘크리트의 주압축응력 각도 불일치	반영	반영	반영	반영

MEMO

제4장
전단 설계기준

4.1 일반 사항

철근콘크리트 구조설계기준은 각 나라마다 다르며 구조물에 따라서도 다르게 적용된다. 그 중에서 유럽 국가를 중심으로 사용되고 있는 EC2-04기준(2004)과 북미 국가를 중심으로 사용하는 ACI318기준(2019)이 가장 널리 알려진 콘크리트구조 설계기준이라 할 수 있다. 우리나라의 콘크리트구조 학회기준과 KDS 14 국가건설기준은 ACI318기준과 유사하며, 도로교설계기준(한계상태설계법, 2016)은 EC2-04기준과 유사하다.

구조설계기준에는 휨과 압축에 대한 설계, 전단과 비틀림에 대한 설계, 정착과 이음에 대한 설계, 철근 상세 등 다양한 내용이 포함되어 있다. 각 국에서 다른 기준을 사용하고 있지만 기준의 휨강도와 압축강도 계산식은 거의 유사하다. 대부분의 기준에서는 우력(couple)을 이용하여 휨내력을 계산하며 계산된 휨강도는 거의 동일하다. 또한 비틀림 내력에 대해서도 각 기준에서는 박판튜브이론과 입체트러스모델에 근거한 식을 사용하기 때문에 계산 결과가 거의 유사하다. 그러나 전단내력에 대한 계산 방법은 각 기준마다 상당한 차이가 있다. 기준에 따라서 콘크리트의 전단강도를 반영하기도 하지만, 또 어느 기준에서는 반영하지 않고 있다. 전단철근에 의한 전단내력은 대부분 트러스모델에 근거한다. Ritter와 Morch에 의해 제안된 트러스모델은 여러 연구자들에 의해 다양하게 개선되었다. 따라서 각 기준에서는 고전적인 트러스모델을 적용하거나 개선된 트러스모델을 적용하여 전단내력을 평가한다. 결과적으로 각 기준에 의하여 계산된 전단내력에는 상당한 차이가 발생한다. 4장에서는 주요 기준의 전단설계법의 특징을 설명하고 계산 결과를 비교하고자 한다.

4.2 각 국의 전단 설계기준

세계 각국에서 사용되는 전단강도 평가식(V_n)은 일반적으로 콘크리트에 의한 전단저항(V_c)과 전단철근에 의한 전단저항(V_s)으로 구분된다. 콘크리트에 의한 전단저항(V_c)은 콘크리트의 인장강도, 골재, 주인장철근비, 전단경간비, 단면의 크기, 축력 등에 영향을 받으며 이들 요소의 영향을 정확하게 예측하는 것은 어렵기 때문에 기준에서는 실험식이나 경험적인 방법을 이용한다. 반면 전단철근에 의한 전단저항(V_s)은 트러스모델로 형상화하여 어느 정도 예측이 가능하기 때문에 트러스모델에 기반을 둔 식이 많이 사용된다. 트러스모델은 기본적으로 매우 단순한 형태를 갖고 있지만 균열의 각도는 전단철근의 저항력(V_s)에 대하여 $\cot\theta$에 비례하기 때문에 각도가 약간만 변해도 V_s 값은 크게 영향을 받는다. 예를 들어, KDS 14 국가건설기준이나 ACI318-19기준에서는 균열의

[표 4.1] 각 기준의 전단설계식

	KDS 14 국가건설기준	도로교설계기준 (한계상태설계법)	CSA-14기준
기본 이론	콘크리트강도 – 경험식 철근강도 – 45° 트러스모델	콘크리트강도 – 경험식 철근강도 – 소성트러스모델	콘크리트강도 – 수정압축장이론 철근강도 – 수정압축장이론
주요 저항성분	콘크리트와 전단철근 $V_n = V_c + V_s$	콘크리트 또는 전단철근 $V_d = V_{cd}$ 또는 $V_d = \min(V_{sd}, V_{d,\max})$	콘크리트와 전단철근 $V_f = V_{cd} + V_{sd}$
콘크리트 전단저항	$V_c = (0.16\lambda\sqrt{f_{ck}} + 17.6\rho_w V_u/M_u d)b_w d$	$V_{cd} = (0.85\phi_c k\sqrt[3]{\rho_w f_{ck}} + 0.15 f_n)b_w d$	$V_{cd} = \phi_c \beta\sqrt{f_{ck}} b_w z$ $\beta = \dfrac{0.40}{1+1500\varepsilon_x} \times \dfrac{1300}{1000+s_{ze}}$
크기효과	-	$k = 1 + \sqrt{\dfrac{200}{d}} \le 2.0$	$\beta = \begin{cases} \dfrac{230}{(1000+d_v)} \\ 0.18 \end{cases}$ * V_c를 약산식으로 계산할 때 적용
전단철근 전단저항	$V_s = \dfrac{A_v f_{yt} d}{s}$	$V_{sc} = \phi_s \dfrac{A_v f_{yt} z}{s}\cot\theta$	$V_{sd} = \phi_s \dfrac{A_v f_{yt} z}{s}\cot\theta$
사인장균열 각도	$\theta = 45°$	$\tan\theta = \sqrt{\dfrac{\Psi}{1-\Psi}}$ $\Psi = \dfrac{\phi_s \rho_t f_{yt}}{\phi_c \alpha_{cw} \xi f_{ck}}$ $1 \le \cot\theta \le 2.5$ $22° \le \theta \le 45°$	$\theta = 29 + 7000\,\varepsilon_x$ (도) $\varepsilon_x = \dfrac{M_u/z + V_u + 0.5N_u}{2E_s A_s}$
최대강도 제한	$V_{s,\max} = \xi f_{ck} b_w d/3$ $V_{s,\max} = \xi f_{ck} b_w d/4$	$V_{d,\max} = \phi_c \alpha_{cw} \xi f_{ck} b_w z \times \dfrac{1}{\cot\theta + \tan\theta}$	$V_{s,\max} = (0.25 f_{ck} - \beta\sqrt{f_{ck}})(b_w z)$
최소전단 철근비	$\rho_{t,\min} = 0.0625\dfrac{\sqrt{f_{ck}}}{f_{yt}}$	$\rho_{t,\min} = 0.08\dfrac{\sqrt{f_{ck}}}{f_{yt}}$	$\rho_{t,\min} = 0.06\sqrt{f_{ck}}\dfrac{b_w s}{f_{yt}}$
전단철근의 최대항복강도	$f_{yt} \le 500$ MPa	$f_{yt} \le 500$ MPa	$f_{yt} \le 550$ MPa
유효단면높이	d	z	z

[표 4.1] (계속)

	콘크리트 전단강도	전단철근 전단강도	최대 전단강도
ACI318-14	$V_c = (0.16\lambda\sqrt{f_{ck}}$ $+17.6\rho_w V_u/M_u d)b_w d$	$V_s = \dfrac{A_v f_{yt} d}{s}$	$V_{n,\max} = V_c + \dfrac{2}{3}\sqrt{f_{ck}}b_w d$
ACI318-19	$(A_v < A_{v,\min})$ $V_c = \left(0.66\lambda\,\lambda_s\,(\rho_w)^{1/3}\sqrt{f_{ck}} + \dfrac{N_u}{6A_g}\right)b_w d$ $(A_v \geqq A_{v,\min})$ $V_c = \left(0.66\lambda\,(\rho_w)^{1/3}\sqrt{f_{ck}} + \dfrac{N_u}{6A_g}\right)b_w d$	$V_s = \dfrac{A_v f_{yt} d}{s}$	$V_{n,\max} = V_c + \dfrac{2}{3}\sqrt{f_{ck}}b_w d$
AASHTO LRFD (2002)	$V_c = \beta\sqrt{f_{ck}}b_w z$ (MCFT에서 유도) β는 테이블을 이용하여 계산하며 ε_x의 함수	$V_s = \dfrac{A_v f_{yt} z}{s}\cot\theta$ θ는 테이블을 이용하여 계산하며 ε_x의 함수	$V_{s,\max} = (0.25 f_{ck}$ $- \beta\sqrt{f_{ck}})(b_w z)$
EC2 (1991)	1) Standard method $V_{Rd1} = 0.0525\,k\,\beta\,(f_{ck})^{2/3}$ $\times (1.2 + 40\rho_w)b_w d$ $k = (1.6 - d/1000) \geqq 1$ 가력점에서부터 집중하중의 위치 (x)가 $2.5d$ 이하인 경우, $\beta = 2.5\dfrac{d}{x}$, $1 \leqq \beta \leqq 5$ 그 이외의 경우 $\beta = 1$ $\rho_w \leqq 0.02$ 2) Variable-angle truss method $V_{Rd1} = 0$	1) Standard method $V_{Rd3} = \dfrac{A_v f_{yt} z}{s}$ 2) Variable-angle truss method $V_{Rd3} = \dfrac{A_v f_{yt} z}{s}\cot\theta$ $\tan\theta = \sqrt{\dfrac{\Psi}{1-\Psi}}$ $\Psi = \dfrac{\rho_t f_{yt}}{\xi f_{ck}}$ $0.4 \leqq \cot\theta \leqq 2.5$	1) Standard method $V_{d,\max} = 0.5\xi f_{ck} b_w z$ $\xi = (0.7 - f_{ck}/200) \geqq 0.5$ 2) Variable- angle truss method $V_{d,\max} = \xi f_{ck} b_w z$ $\times \dfrac{1}{\cot\theta + \tan\theta}$
DIN (2001)	1) 전단철근이 없는 부재 $V_c = [0.1k(100\rho_w f_{ck})^{1/3}$ $-0.12\,\sigma_{cd}]b_w d$ $k = 1 + \sqrt{\dfrac{200}{d}} \leqq 2.0$, $\rho_w \leqq 0.02$ $\sigma_{cd} = N_{ed}/A_c$, 축력, 압축력(−) 2) 전단철근이 있는 부재 $V_c = \left[0.24 f_{ck}^{1/3}\left(1 - 1.2\dfrac{\sigma_{cd}}{f_{cd}}\right)\right]b_w z$	$V_s = \dfrac{A_v f_{yt} z}{s}\cot\theta$ $\cot\theta = \dfrac{1.2 - 1.4\sigma_{cd}/f_d}{1 - V_c/V_u}$ $0.58 \leq \cot\theta \leq 3$	$V_{d,\max} = 0.75 f_{cd} b_w z$ $\times \dfrac{1}{\cot\theta + \tan\theta}$ $f_{ck} = \alpha_{cc}\dfrac{f_{ck}}{\gamma_c}$

각도를 45도로 가정한 45도 트러스모델을 사용하고 있다. 그러나 균열의 각도는 일반적으로 45도보다 낮으며 사용하는 재료에 의하여 영향을 받으므로 도로교설계기준(한계상태설계법), EC2-04기준, 일본건축학회의 강도설계법(AIJ, 1990)에서는 소성이론에 기반을 둔 트러스모델에 근거한 재료 조건에 의하여 균열의 각도를 계산한다. 한편, 캐나다설계기준(CSA-14, 2014)과 미국의 AASHTO설계기준(2014)에서는 변형률 적합조건을 이용한 트러스모델에 기반을 두어 균열의 각도를 계산한다. 세 가지 설계기준의 차이를 [표 4.1]에 정리하였다.

4.2.1 전단거동과 전단파괴모드

전단파괴하는 부재는 휨인장파괴하는 부재에 비하여 취성적으로 파괴된다. [그림 4.1]은 전단철근이 없는 철근콘크리트 보와 전단철근이 배근된 철근콘크리트 보의 파괴양상을 나타낸다. 전단철근이 없는 보는 전단균열이 발생함과 동시에 부재가 파괴되며, 전단균열의 숫자도 작다. 그러나 전단철근이 배근된 보는 전단철근이 항복한 이후에 복부콘크리트가 압축파괴하며 전단균열의 숫자도 증가한다. 전단철근이 있는 경우와 없는

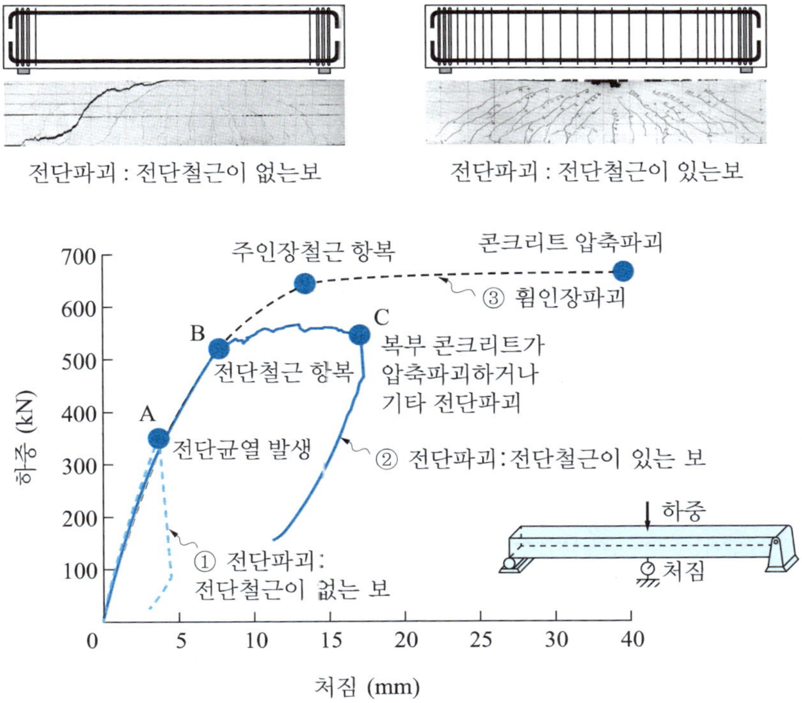

[그림 4.1] 전단 거동

경우의 부재의 연성을 비교하면 [그림 4.1의 ②]와 같이 전단철근이 있는 부재의 연성이 크다. 그러나 휨인장파괴하는 보의 연성과 비교하면 전단철근이 있는 보의 연성은 매우 작다([그림 4.1]의 ②와 ③ 비교). 따라서 설계에서는 휨내력을 전단내력보다 작게 하여 부재가 휨인장파괴하도록 설계하는 것이 바람직하다. 설계에서 요구하는 전단철근 항복 이후에 전단파괴하는 철근콘크리트 보의 하중-처짐 관계를 다음과 같이 세 단계로 구별할 수 있다[그림 4.1의 ②].

① **전단균열 발생(OA구간)** : 하중이 작아 보에 전단균열이 발생하지 않고 철근콘크리트 보의 전체 단면이 전단력을 지지하는 구간이다. 이 구간에서는 보의 강성이 커서 다른 구간에 비하여 처짐이 작게 증가한다. 하중이 증가하면 A점에서 전단균열이 발생한다.

② **전단철근의 항복(AB구간)** : A점에서 전단균열이 발생한 이후에 하중-처짐 곡선의 기울기는 감소한다. 따라서 AB구간에서는 OA구간보다 처짐이 더 증가한다. 하중이 증가함에 따라서 전단철근의 인장변형률이 증가하여 B점에서 전단철근이 항복한다.

③ **콘크리트의 압축파괴(BC구간)** : B점에서 전단철근이 항복한 이후에 전단력은 거의 일정한 크기를 유지한다. 하중이 증가함에 따라서 복부 콘크리트의 변형이 증가하며 콘크리트의 유효압축강도가 감소하여 복부 또는 휨압축을 받는 부분에서 콘크리트가 압축파괴한다. C점 이후에 하중이 급격하게 감소하며 부재가 파괴된다.

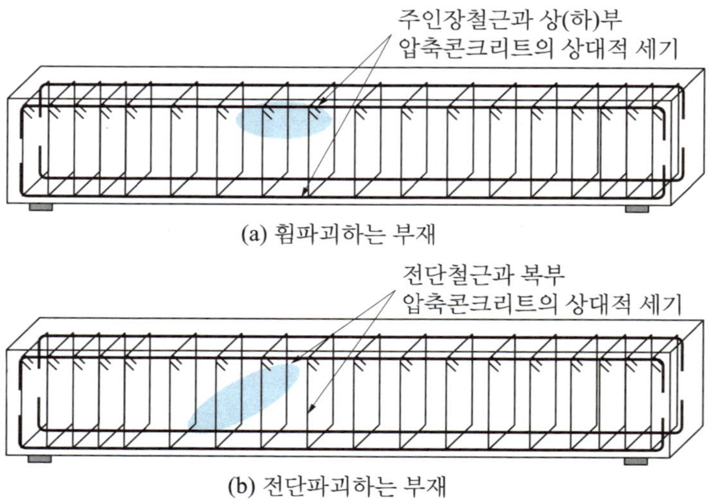

[그림 4.2] 철근과 콘크리트의 상대적 세기

휨모멘트를 받는 철근콘크리트 부재는 [그림 4.2(a)]와 같이 주인장철근과 압축력을 받는 상(하)부 콘크리트의 상대적 저항력 차이에 따라서 파괴모드가 최소철근파괴, 인장파괴, 균형파괴, 압축파괴로 구분된다. 전단파괴하는 부재도 휨파괴와 유사하게 콘크리트와 철근의 상대적 세기에 의하여 네 가지의 파괴모드로 구분된다. 다만, 전단파괴하는 부재는 휨파괴하는 부재와는 달리 [그림 4.2(b)]와 같이 전단철근과 복부 콘크리트의 상대적 세기에 따라서 파괴모드가 달라진다.

① **최소전단철근파괴** (minimum shear reinforcement failure) : 전단철근량이 매우 적게 배근된 경우. 부재에 전단균열이 발생함과 동시에 파괴되는 취성적 파괴([그림 4.3]의 ① 참조). 전단균열이 발생하기 이전에는 콘크리트와 철근이 전단력을 저항하지만 전단균열이 발생한 이후에는 콘크리트의 인장내력은 급격하게 감소하고 전단철근이 외부 인장력을 저항한다. 최소전단철근파괴는 부재에 매우 적은 전단철근이 배근되어 전단균열 발생 시의 외력을 전단철근이 지지하지 못하고 전단균열이 발생함과 동시에 파괴되는 취성적인 파괴이다.

② **전단인장파괴** (shear tension failure, under reinforced shear failure) : 전단철근이 비교적 적게 배근된 경우. 전단철근이 항복한 이후에 복부 콘크리트가 압축파괴하거나 기타 전단파괴(부착 등)하는 경우로, 다른 세 가지의 파괴모드에 비하여 연성적이다([그림 4.3]의 ② 참조). ($\varepsilon_s > \varepsilon_y$, $f_s = f_{yt}$)

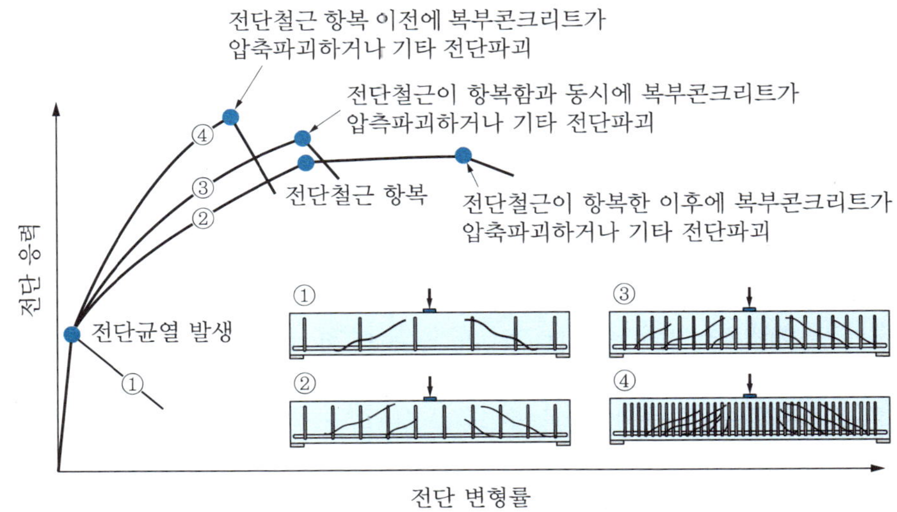

[그림 4.3] 전단파괴의 종류

③ **전단균형파괴** (shear balanced failure) : 전단철근이 항복변형률에 도달함과 동시에 복부 콘크리트가 압축파괴하거나 기타 전단파괴(부착 등)하는 경우로 취성적으로 파괴된다([그림 4.3]의 ③ 참조). ($\varepsilon_s = \varepsilon_y$, $f_s = f_{yt}$)

④ **전단압축파괴** (shear compression failure, over reinforced shear failure) : 전단철근이 비교적 많이 배근된 경우. 전단철근이 항복하기 이전에 콘크리트가 압축파괴하거나 기타 전단파괴(부착 등)하여 취성적으로 파괴된다([그림 4.3]의 ④ 참조). ($\varepsilon_s < \varepsilon_y$, $f_s < f_{yt}$)

전단파괴도 콘크리트와 전단철근의 구성 비율에 따라서 파괴종류가 달라지며 위의 네 가지 파괴모드 중에서 전단인장파괴는 전단철근이 먼저 항복하고 콘크리트가 압축파괴하기 때문에 부재가 다소 연성적으로 파괴하기는 하지만, 휨인장파괴하는 보의 연성에 비하여 작다. 전단균형파괴 또는 전단압축파괴하는 부재는 전단철근이 항복하기 이전에 파괴하여 전단인장파괴하는 부재에 비하여 취성적으로 파괴된다. 설계에서는 최소전단철근비와 최대전단철근비를 제한하여 전단인장파괴를 유도한다.

4.2.2 KDS 14 국가건설기준과 ACI318-19기준

▌ 전단강도평가식

강도설계법에 근거하고 있는 KDS 14 국가건설기준과 ACI318-19기준의 전단설계에서는 강도감소계수를 고려한 설계전단강도가 하중계수를 포함하는 소요전단강도 이상이 되어야 한다.

$$V_u \leqq \phi V_n \tag{4.1}$$

여기서, V_u : 소요전단강도(계수전단강도)

V_n : 공칭전단강도

ϕ : 강도감소계수($\phi = 0.75$)

식(4.1)의 공칭전단강도(V_n)는 콘크리트와 전단철근에 의한 저항으로 구분할 수 있다.

$$V_n = V_c + V_s \tag{4.2}$$

여기서, V_c : 콘크리트에 의한 공칭전단강도

V_s : 전단철근에 의한 공칭전단강도

콘크리트에 의한 저항평가식(V_c)은 정산식과 약산식으로 구분된다. 정산식에서는 콘크리트의 인장강도, 주인장철근비, 전단경간비 등의 영향이 고려되어 있다.

[정산식]

(KDS-14)

$$V_c = \left(0.16\lambda\sqrt{f_{ck}} + 17.6\rho_w \frac{V_u}{M_u} d\right) b_w d \leq 0.29\lambda\sqrt{f_{ck}}\, b_w d \tag{4.3a}$$

(ACI318-19) ($A_v < A_{v,\min}$)

$$V_c = \left[0.66\lambda\,\lambda_s\,(\rho_w)^{1/3}\sqrt{f_{ck}} + \frac{N_u}{6A_g}\right] b_w d \tag{4.3b}$$

(ACI318-19) ($A_v \geq A_{v,\min}$)

$$V_c = \left[0.66\lambda\,(\rho_w)^{1/3}\sqrt{f_{ck}} + \frac{N_u}{6A_g}\right] b_w d \tag{4.3c}$$

여기서, λ : 경량콘크리트 계수

f_{ck} : 콘크리트 압축강도

ρ_w : 주인장철근비

b_w : 단면 복부폭

V_u : 소요전단강도

M_u : 소요모멘트

N_u : 소요축력

d : 단면 유효춤, $(V_u d/M_u) < 1$

$A_{v,\min}$: 최소전단철근면적

식(4.6)의 $\rho_{t,\min}$을 사용하고, $A_{v,\min} = \rho_{t,\min}(b_w)$

λ_s : 크기효과 계수, $\lambda_s = \sqrt{2/(1+0.004d)} \leq 1.0$ (d는 mm)

또한, 두 기준에서는 식(4.3)을 간략화한 식(4.4)를 이용할 수 있도록 허용하고 있다.

$$V_c = \frac{1}{6}\lambda\sqrt{f_{ck}}\, b_w d \tag{4.4}$$

전단철근에 의한 전단저항평가식(V_s)은 균열의 각도(θ)를 45도로 가정한 45도 트러스모델에 의하여 계산한다.

$$V_s = \frac{A_v f_{yt} d}{s} \tag{4.5}$$

여기서, A_v : 전단철근의 면적

f_{yt} : 전단철근의 항복강도

d : 단면의 유효깊이

s : 전단철근의 간격

전단철근이 있는 부재의 복부 콘크리트 경사압축대의 최대설계전단강도($V_{s,\max}$)에 대해서는 식(4.6)을 사용한다. 식(4.6)을 식(4.18)의 유효압축강도계수(ξ)를 사용해서 표현할 수도 있다.

$$\xi = 0.6\left(1 - \frac{f_{ck}}{250}\right) \ (f_{ck}\text{의 단위는 MPa})$$

$$V_{s,\max} = 0.2\left(1 - \frac{f_{ck}}{250}\right) f_{ck} b_w d \quad \text{또는} \quad V_{s,\max} = \frac{\xi}{3} f_{ck} b_w d \tag{4.6a}$$

여기서 4.5절에서 설명하는 것과 같이 콘크리트 압축대 내력의 예측 신뢰도와 철근 내력 예측 신뢰도가 다르기 때문에 콘크리트의 재료계수(0.65)와 철근의 재료계수(0.9)의 차이를 대입해서 $0.65/0.9 \approx 0.75$를 식(4.6a)에 곱하면 식(4.6b)가 된다.

$$V_{s,\max} = 0.15\left(1 - \frac{f_{ck}}{250}\right) f_{ck} b_w d \quad \text{또는} \quad V_{s,\max} = \frac{\xi}{4} f_{ck} b_w d \tag{4.6b}$$

▌설계의 제한

[그림 4.3]에서 설명한 전단인장파괴를 유도하기 위해서는 최소전단철근비와 최대전단철근비를 제한할 필요가 있다. 소요전단력이 콘크리트 전단강도보다 작을 때 ($V_u \leq \phi V_c$) 전단철근 배근은 불필요하다. 그러나 전단철근량이 매우 작거나 없을 경우에는 사인장균열이 발생함과 동시에 부재의 강도가 급격하게 감소하여 [그림 4.4]의 최소전단철근파괴가 발생한다. 따라서 최소전단철근파괴를 방지하기 위하여 최소전단철근량을 식(4.7) 이상으로 배근해야 한다. 또한 너무 많은 양의 전단철근이 배근될 경우에 전단철근은 항복강도(f_{yt})에 도달하지 않고 탄성인 상태에서 콘크리트가 취성적으로 전단파괴하는 경우가 있다([그림 4.3] 참조). 따라서 설계에서는 사인장균열각도의 변화를 반영하고, 전단인장파괴를 유도하며, 사인장균열폭을 억제하기 위해 최대전단철근비와 철근의 항복강도를 제한한다.

(최소전단철근비)

$$\rho_{t,\min} = 0.0625\frac{\sqrt{f_{ck}}}{f_{yt}} \geq \frac{0.35}{f_{yt}} \tag{4.7}$$

(최대전단철근비 – KDS 14)

$$\rho_{t,\max} = \frac{1}{f_{yt}}\left[0.2\left(1-\frac{f_{ck}}{250}\right)f_{ek}\right],\ \rho_{s,\max} = \frac{\xi}{3}\frac{f_{ck}}{f_{yt}} \tag{4.8a}$$

$$\rho_{t,\max} = \frac{1}{f_{yt}}\left[0.15\left(1-\frac{f_{ck}}{250}\right)f_{ck}\right],\ \rho_{s,\max} = \frac{\xi}{4}\frac{f_{ck}}{f_{yt}} \tag{4.8b}$$

(최대전단철근비 – ACI318-19)

$$\rho_{t,\max} = \frac{2}{3}\frac{\sqrt{f_{ck}}}{f_{yt}} \tag{4.9}$$

(전단철근의 최대항복강도 – KDS 14) $f_{yt} \leqq 500\,\text{MPa}$

(전단철근의 최대항복강도 – ACI318-19) $f_{yt} \leqq 420\,\text{MPa}$

4.2.3 도로교설계기준(한계상태설계법)과 EC2-04기준

▌ 전단강도평가식

도로교설계기준(한계상태설계법)과 EC2-04기준에서는 3장의 하계소성이론 트러스모델에 근거하여 전단내력을 계산한다. 두 기준에서는 한계상태설계법에 근거하여 재료계수를 사용한 설계전단강도가 소요전단강도 이상이 되도록 하고 있다.

$$V_u \leqq V_d \tag{4.10}$$

여기서, V_u : 소요전단강도(계수전단강도)

V_d : 설계전단강도

설계전단강도는 콘크리트 재료계수(ϕ_c) 0.65와 강재의 재료계수(ϕ_s) 0.9를 이용하여 계산한다.

소성이론 트러스모델에서는 콘크리트의 인장강도의 영향을 무시하고 전단철근만으로 전단강도를 계산하므로 KDS 14 극가건설기준이나 ACI318-19기준과 같이 전단강도(V_n)를 콘크리트에 의한 전단저항강도(V_c)와 전단철근에 의한 전단저항강도(V_s)의 합($V_n = V_c + V_s$)으로 계산할 수 없다. 따라서 도로교설계기준(한계상태설계법)과 EC2-04

기준에서는 전단철근이 없는 부재에 대해서는 KDS 14 국가건설기준이나 ACI318-19와 유사하게 경험식을 사용하며, 전단철근이 있는 부재에 대해서는 하계소성트러스이론에 의하여 유도된 식을 사용한다.

$$V_d = V_{cd} \quad \text{(전단철근이 없는 부재)} \tag{4.11}$$

$$V_d = \min(V_{sd}\,,\ V_{d,\max}) \quad \text{(전단철근이 있는 부재)} \tag{4.12}$$

여기서, V_{cd} : 전단철근이 없는 부재의 설계전단강도

V_{sd} : 전단철근이 있는 부재의 전단철근에 의한 설계전단강도

$V_{d,\max}$: 전단철근이 있는 부재의 복부 콘크리트 경사압축대의 압축파괴를 기준으로 한 최대설계전단강도

식(4.12)에서 전단철근이 있는 부재의 전단강도는 V_{sd}와 $V_{d,\max}$ 중에서 작은 값을 택해야 한다. 이는 [그림 4.4]에 표시된 트러스모델에서 트러스모델을 구성하는 세 가지 성분(전단철근의 인장력, 경사콘크리트의 압축력, 주철근의 부착력) 중에서 가장 작은 값에 의해 트러스내력이 결정되기 때문이다. 식(4.10)의 V_{sd}는 트러스모델의 수직성분인 전단철근에 의한 내력이고, $V_{d,\max}$는 트러스모델의 경사성분인 콘크리트 압축대에 의한 전단내력이다. 도로교설계기준(한계상태설계법)과 EC2-04기준의 전단설계에서는 두 가지 내력을 비교하여 작은 값에 의해 전단철근이 있는 부재의 설계전단강도를 계산한다.

전단철근이 없는 부재의 전단강도(V_{cd})에 대해서는 식(4.13)의 경험식을 사용한다.

$$V_{cd} = (0.85\,\phi_c k\,\sqrt[3]{\rho_w f_{ck}} + 0.15 f_n) b_w d \tag{4.13}$$

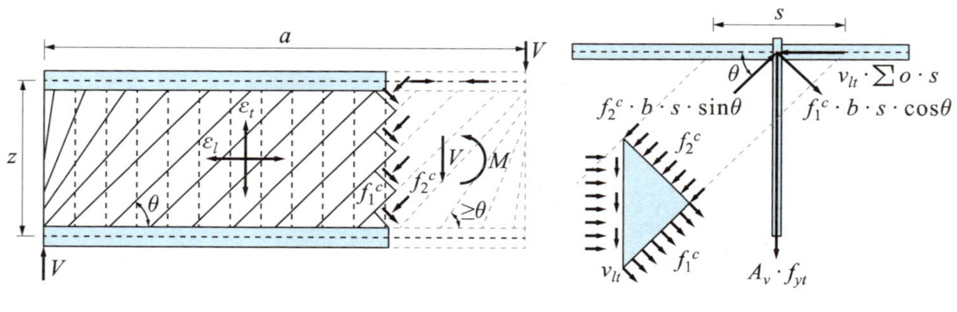

[그림 4.4] 트러스모델의 세 성분

여기서, ϕ_c : 콘크리트 재료계수이며 0.65

k : 크기효과계수이며, 식(4.14)에 의해 계산

ρ_w : 주인장철근비

$$k = 1 + \sqrt{\frac{200}{d}} \leq 2.0 \quad (d\text{의 단위는 mm}) \tag{4.14}$$

식(3.21)과 동일하지만 단면의 유효깊이(d) 대신에 [그림 3.2]에서 설명한 상부와 하부철근의 중심간의 거리(z)를 사용하며, z는 간략하게 $0.9d$를 사용할 수 있다. 유도된 식에 재료계수 ϕ_s를 곱하여 사용한다.

$$V_{sd} = \phi_s \frac{A_v f_{yt} z}{s} \cot\theta \tag{4.15}$$

여기서, ϕ_s : 전단철근의 재료계수이며 0.9

균열의 각도(θ)는 식(4.16)에 의해 계산하며, 소성트러스모델에서 유도한 식(3.22)와 동일하다. 도로교설계기준(한계상태설계법)에서는 식(3.22)에 재료계수(ϕ_c와 ϕ_s)와 복부 압축력의 영향계수[α_{cw}, 식(4.18a, b, c, d)]를 곱하여 사용한다.

$$\tan\theta = \sqrt{\frac{\Psi}{1-\Psi}} \quad, \ \Psi = \frac{\phi_s \rho_t f_{yt}}{\phi_c \alpha_{cw} \xi f_{ck}} \tag{4.16}$$

또는

$$\cot\theta = \sqrt{\frac{\phi_c \alpha_{cw} (\xi f_{ck})}{\phi_s \rho_t f_{yt}} - 1} = \sqrt{\frac{\phi_c \alpha_{cw} (\xi f_{ck}) b_w s}{\phi_s A_v f_{yt}} - 1}$$

경제적인 설계를 위해서는 V_{sd}와 $V_{d,\max}$를 동일하게 하여 유도한 식(4.16)을 사용해야 한다. 식(4.16)에 의해 계산되는 값의 범위는 재료조건에 따라서 0도에서 90도까지 변할 수 있지만 실제로 전단균열의 각도는 지나치게 낮지 않다. 또한 경사각이 높을수록 전단철근의 효과가 작아져 안전한 설계가 되므로 기준에서는 식(4.17)에 의해 경사각(θ)을 제한한다. 식(4.17)은 경사각의 실제 현상을 반영하고 전단인장파괴를 유도하기 위하여 제한된 값이다. 설계자는 경사각 θ를 식(4.17)의 범위 안에서 선택할 수 있다.

$$1 \leq \cot\theta \leq 2.5 \qquad (22^\circ \leq \cot\theta \leq 45^\circ) \tag{4.17}$$

콘크리트의 유효압축강도는 [표 2.5]의 유럽기준에서 사용하는 식(4.18)을 이용한다.

$$\xi = 0.6\left(1 - \frac{f_{ck}}{250}\right) \qquad (f_{ck}\text{ 의 단위는 MPa}) \tag{4.18}$$

전단철근이 있는 부재의 복부 콘크리트 경사압축대의 최대설계전단강도($V_{d,\max}$)에 대해서는 식(4.19)를 사용한다. 식(4.19)는 식(3.2)와 식(3.3)에서 유도할 수 있다. 부재에서 f_t 는 "0"이며, 소성트러스모델에서는 콘크리트의 인장강도(f_1^c)를 무시한다. 따라서 식(3.2)의 f_2^c 를 식(3.3)에 대입하여 식(4.19)를 유도할 수 있다. 이에 대해서는 4.5절에서 상세하게 설명하니 참조하기 바란다. 유도된 식에 설계를 위하여 ϕ_c 와 α_{cw} 를 곱하였다.

$$V_{d,\max} = \phi_c\,\alpha_{cw}\,\xi f_{ck} b_w z\,\frac{1}{\cot\theta + \tan\theta} \tag{4.19}$$

여기서, α_{cw} 는 기둥과 같이 축력이 작용할 경우에 발생하는 복부 압축력의 영향계수이며, 다음과 같이 정한다.

축력이 없는 부재	: $\alpha_{cw} = 1$	(4.20a)
$0 \le f_n \le 0.25\,\phi_c f_{ck}$	: $\alpha_{cw} = 1 + f_n/(\phi_c f_{ck})$	(4.20b)
$0.25\,\phi_c f_{ck} \le f_n \le 0.5\,\phi_c f_{ck}$	: $\alpha_{cw} = 1.25$	(4.20c)
$0.5\,\phi_c f_{ck} \le f_n \le 1.0\,\phi_c f_{ck}$	: $\alpha_{cw} = 2.5[1 - f_n/(\phi_c f_{ck})]$	(4.20d)

여기서, f_n : 복부에 작용하는 압축응력

▌설계의 제한

도로교설계기준(한계상태설계법)과 EC2-04기준에서도 KDS 14와 ACI318-19기준과 동일하게 전단인장파괴를 유도하고 취성적인 파괴를 방지하기 위하여 다음의 설계를 위한 상세 규정을 두고 있다. 최대전단철근비는 최대설계전단강도($V_{d,\max}$)에 대한 식에서 유도되었다.

$$(\text{최소전단철근비}) \qquad \rho_{t,\min} = 0.08\frac{\sqrt{f_{ck}}}{f_{yt}} \tag{4.21}$$

$$(\text{최대전단철근비}) \qquad \rho_{t,\max} = \frac{\phi_c\,\alpha_{cw}\,\xi f_{ck}}{\phi_s f_{yt}}\sin^2\theta \tag{4.22}$$

(전단철근의 최대항복강도 – 도로교설계기준) $f_{yt} \le 500\,\text{MPa}$

(전단철근의 최대항복강도 – EC2-04) $f_{yt} \le 600\,\text{MPa}$

4.2.4 캐나다 설계기준

▌ 전단강도평가식

캐나다 설계기준(CSA-14, 2014)은 KDS 14 국가건설기준과 ACI318-19기준의 전단 설계와 마찬가지로 식(4.1)의 설계전단강도가 소요전단강도 이상이 되어야 한다. 또한 공칭전단강도(V_n)는 콘크리트와 전단철근에 의한 저항으로 식(4.2)에 의해 계산한다. CSA-14기준은 3장의 수정압축장이론에 근거하고 있다. [그림 3.30]의 설계 순서에서 알 수 있듯이 수정압축장이론을 기준에 직접 적용하는 것은 복잡하다. 또한 수정압축장 이론은 패널과 같이 어느 한 요소에 대한 해석 방법이므로 이를 보나 기둥에 적용하기 위해서는 이들 부재의 하중조건, 즉 휨모멘트와 축력의 영향을 반영해야 한다. 따라서 CSA-14기준에서는 [그림 4.5]에 표시된 단면 중심에서의 변형률(ε_x)을 트러스모델의 l-방향의 변형률(ε_l)과 같이 사용한다. CSA-14기준에서는 ε_x를 이용하여 휨모멘트와 축력이 전단 거동에 미치는 영향을 반영하고 있다. 휨모멘트에 의하여 그림 우편의 변형률 분포가 발생할 경우에 ε_x는 축인장철근의 변형률(ε_{xl})에 의해 구할 수 있다. 휨모멘트가 커지면 ε_x도 커지게 되며, ε_x가 커지면 콘크리트의 주인장변형률(ε_1)이 증가하여 [표 2.5]의 콘크리트의 유효압축강도가 감소하게 된다. 기준에서는 ε_x를 수정압축장이론을 기본으로 한 유한요소해석을 이용하여 다양한 변수에 대한 해석을 수행한 후에 해석 결과에서 도출된 식(4.23)에 의해 계산한다.

$$\varepsilon_x = \frac{M_u/z + V_u + 0.5N_u}{2E_sA_s} \tag{4.23}$$

여기서, M_u, V_u, N_u : 각각 계수휨모멘트, 계수전단력, 계수축력

A_s : 휨인장철근의 전체 단면적

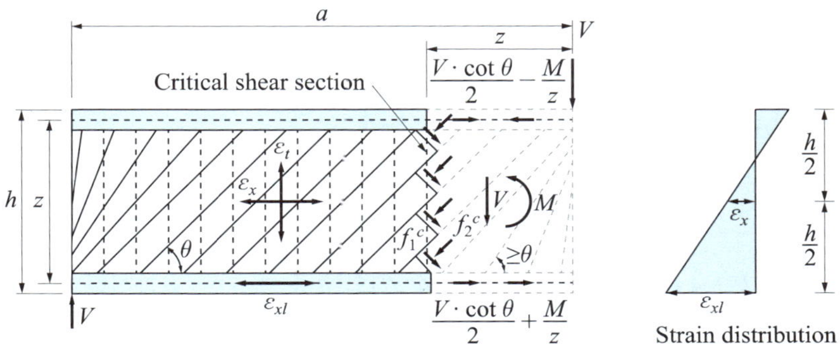

[그림 4.5] 단면 중심의 축방향 변형률

콘크리트의 전단강도(V_c)는 부재가 파괴될 때의 콘크리트 주인장강도(f_1^c)에 기반을 두어 유도되었다. 앞에서도 설명하였듯이 수정압축장이론을 기준에 직접 적용하는 것은 어렵기 때문에 V_c 의 경우도 수정압축장이론을 기본으로 한 유한요소해석(Bentz와 Collins, 2001)을 이용하여 간략화한 식(4.24)를 사용하고 있다. CSA-14기준에서는 도로교설계기준(한계상태설계법)과 같이 재료계수(ϕ_c)를 곱하여 설계전단강도(V_{cd})를 계산한다.

$$V_{cd} = \phi_c \, \beta \sqrt{f_{ck}} \, b_w z \tag{4.24}$$

$$\beta = \frac{0.40}{1 + 1500\varepsilon_x} \times \frac{1300}{1000 + s_{ze}} \tag{4.25}$$

여기서, ϕ_c : 콘크리트 재료계수이며, 0.65

s_{ze} : 균열간격으로 $35 s_z / (15 + a_g)$ 를 이용하여 구하거나 300 mm 사용 가능

a_g : 골재의 최대 치수

전단철근이 있는 부재의 설계전단강도(V_{sd})에 대해서는 트러스모델에서 유도된 식(4.26)을 사용한다.

$$V_{sd} = \frac{\phi_s A_v f_{yt} z}{s} \cot\theta \tag{4.26}$$

여기서, ϕ_s : 철근 재료계수이며, 0.85

식(4.26)에서 V_{sd} 를 구하기 위해서는 균열의 각도(θ)를 먼저 계산해야 한다. 수정압축장이론에서는 재료메커니즘을 이용하여 [그림 3.30]의 설계 순서에 의해 균열의 각도를 구할 수 있다. 다만 [그림 3.30]에는 휨모멘트의 영향이 반영되어 있지 않으며 계산과정이 복잡하기 때문에 수정압축장이론을 기본으로 한 유한요소해석을 이용하여 다양한 변수에 대하여 해석을 수행한 후에 해석 결과를 이용하여 도출된 식(4.27)에서 θ 를 계산한다(Bentz와 Collins, 2004).

$$\theta = 29 + 7000\,\varepsilon_x \tag{4.27}$$

[그림 4.6]은 해석 결과와 식(4.27)의 θ 를 비교한 결과이다. 그림에서 음영 부분은 해석에서 구한 θ 의 범위이다.

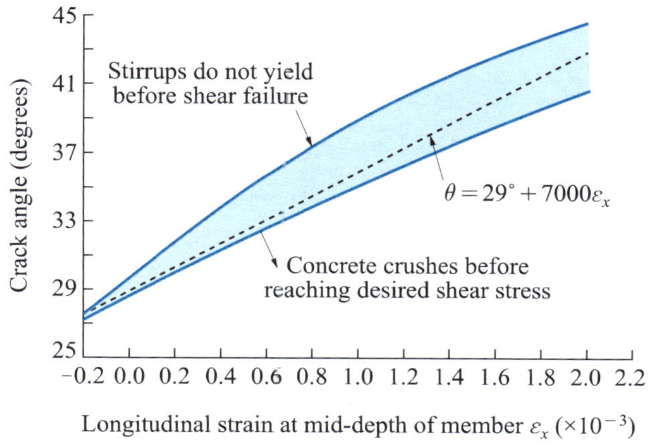

[그림 4.6] 균열각도(Bentz와 Collins, 2004)

▌설계의 제한

CSA-14기준에서는 다음의 최소 및 최대전단철근비와 전단철근의 최대항복강도에 대한 설계 상세 규정을 두고 있다.

(최소전단철근비)

$$\rho_{t,\min} = 0.06\frac{\sqrt{f_{ck}}}{f_{yt}} \tag{4.28}$$

(최대전단철근비)

$$\rho_{t,\max} = 0.25\frac{\phi_c}{\phi_s}\frac{f_{ck}}{f_{yt}}\tan\theta - \frac{\phi_c}{\phi_s}\frac{\beta\sqrt{f_{ck}}}{f_{yt}}\tan\theta \tag{4.29}$$

(전단철근의 최대항복강도)

$$f_{yt} \leqq 550\,\mathrm{MPa}$$

4.2.5 일본토목학회 전단설계기준

▌전단강도평가식

일본토목학회 설계기준(JSCE-07, 2007)은 보나 기둥과 같은 선형 부재와 슬래브나 벽체와 같은 면 부재에 대한 전단설계가 다르다. 하지만 기본적으로 전단강도는 식(4.2)의 콘크리트의 전단강도와 전단철근의 전단강도의 합에 의하여 공칭전단강도를 계산한다. 선형 부재에 대한 콘크리트의 전단강도는 식(4.30)에 의해 계산한다.

$$V_{cd} = \beta_d \, \beta_p \, \beta_n \, f_{vcd} \, b_w \, d \, / \gamma_c \tag{4.30}$$

여기서, β_d : 크기효과에 대한 계수

β_d : 장부작용과 관련된 주인장철근비에 대한 계수

β_n : 휨과 축력에 대한 계수

f_{vcd} : 콘크리트의 인장강도와 관련된 값

γ_b : 콘크리트 재료계수이며 1.3

$$f_{vcd} = 0.2 \sqrt[3]{f_{ck}} \leqq 0.72 \, \text{MPa}$$
$$\beta_d = \sqrt[4]{1000/d} \leqq 1.5 \quad (d : \text{mm})$$
$$\beta_p = \sqrt[3]{100 \, \rho_w} \leqq 1.5$$
$$\beta_n = 1 + 2 \, M_o / M_{ud} \leqq 2.0 \quad (N_d \geqq 0, \text{ 압축, } +)$$
$$= 1 + 4 \, M_o / M_{ud} < 0 \quad (N_d < 0, \text{ 인장, } -)$$

여기서, N_d : 설계축압축력

M_{ud} : 축력이 없을 때의 순수휨내력

M_o : 설계휨모멘트에 상응하는 인장영역(extreme tension fiber)의 축력에 의하여 발생하는 응력을 없애기 위하여 필요한 휨모멘트

전단철근이 있는 부재의 전단강도(V_s)에 대해서는 트러스모델에서 유도된 식(4.31)을 사용한다. 이 기준에서는 균열의 각도를 45도로 가정하기 때문에 $\cot \theta = 1$이 된다.

$$V_{sd} = \frac{A_v f_{yt} \, z}{\gamma_s \, s} \tag{4.31}$$

여기서, γ_s : 철근 재료계수이며 1.1

전단철근이 있는 부재의 복부 콘크리트 경사압축대의 최대설계전단강도($V_{d,\max}$)에 대해서는 식(4.32)를 사용한다.

$$V_{d,\max} = f_{wcd} b_w \, d / \gamma_c \tag{4.32}$$

여기서, $f_{wcd} = 1.25 \sqrt{f_{ck}} \leqq 7.8 \, \text{MPa}$

▌ 설계의 제한

JSCE-07기준에서는 다음의 최대전단철근비와 전단철근의 최대항복강도에 대한 설계 상세 규정을 두고 있다. 특이한 것은 콘크리트의 압축강도에 따라 최대항복강도가 다르다는 것이며, 그 이유에 대해서는 4.5절에서 설명하니 참고하기 바란다.

(최대전단철근비)

$$\rho_{t,\max} = \frac{\gamma_s}{\gamma_c}\frac{f_{wcd}}{f_{yt}}\frac{d}{z} - \frac{\gamma_s}{\gamma_c}\frac{\beta_d\beta_p\beta_n f_{vcd}}{f_{yt}}\frac{d}{z} \tag{4.33}$$

(전단철근의 최대항복강도)

$(f_{ck} < 60\text{ MPa}$인 경우$)$, $f_{yt} \leq 400\text{ MPa}$

$(f_{ck} \geq 60\text{ MPa}$인 경우$)$, $f_{yt} \leq 800\text{ MPa}$

4.2.6 일본건축학회 강도설계지침

▌ 전단강도평가식

일본건축학회의 강도설계지침(AIJ-1990)기준은 아치작용과 하계소성이론에 근거한 트러스모델에 의해 전단강도를 계산하고 있다.

$$V_n = \frac{1}{2}(1-\beta)\xi f_{ck}(bh)\tan\phi + \frac{A_v f_{yt} z}{s}\cot\theta \qquad \text{(3.39와 동일)} \tag{4.34}$$

$$\beta = \frac{\rho_t f_{yt}(1+\cot^2\theta)}{\xi f_{ck}} \qquad \text{(3.37과 동일)} \tag{4.35}$$

$$\tan\phi = \sqrt{\left(\frac{l}{h}\right)^2 + 1} - \frac{l}{h} \qquad \text{(3.34와 동일)} \tag{4.36}$$

식(4.34)의 각도(θ)는 도로교설계기준(한계상태설계법)과 마찬가지로 식(4.16)에서 계산한다. 다만 재료계수는 곱하지 않으며, 경사각 θ는 식(4.37)의 범위 안에서 선택할 수 있다.

$$1 \leq \cot\theta \leq 2.0 \qquad (26.7^\circ \leq \cot\theta \leq 45^\circ) \tag{4.37}$$

또한 콘크리트의 유효압축강도는 [표 2.5]의 유럽기준에서 사용하는 식(4.18)과 유사한 식(4.38)을 사용한다.

$$\xi = 0.7 - \frac{f_{ck}}{200} \qquad (f_{ck}\text{의 단위는 MPa}) \tag{4.38}$$

전단철근이 있는 부재의 복부 콘크리트 경사압축대의 최대설계전단강도($V_{d,\max}$)은 [그림 3.11]의 최댓값인 식(4.39)가 된다.

$$V_{d,\max} = 0.5\,\xi\,f_{ck}\,b\,z \tag{4.39}$$

▌ 설계의 제한

AIJ-1990기준에서는 다음의 설계를 위한 상세 규정을 두고 있다.

(최대전단철근비)

$$\rho_{t,\max} = 0.5\,\xi\,\frac{f_{ck}}{f_{yt}}\,\tan\theta - \frac{1}{2}(1-\beta_s)\,\xi\,\frac{f_{ck}}{f_{yt}}\,\frac{h}{z}\tan\phi\,\tan\theta \tag{4.40}$$

(전단철근의 최대항복강도)

$$f_{yt} = 25 f_{ck}$$

예제 4.1

[예제 그림 4.1.1]의 철근콘크리트 단면에 계수모멘트 $M_u = 1{,}020\,\mathrm{kN \cdot m}$이 작용할 때 필요한 전단철근의 간격(s)을 계산하라. 전단철근은 D10 (단면적 $A_s = 71.3\,\mathrm{mm^2}$)을 네 가닥 배근하며, 부재의 전단경간비(a/d)는 3이다. 주인장철근은 D29 (단면적 $A_s = 642.4\,\mathrm{mm^2}$)를 8개 사용하였다. 콘크리트의 압축강도 $f_{ck} = 24\,\mathrm{MPa}$, 전단철근의 항복강도 $f_y = 400\mathrm{MPa}$ 이다.
전단철근의 간격이 $s = 150\,\mathrm{mm}$ 일 때 각 기준의 설계전단강도를 계산하라.

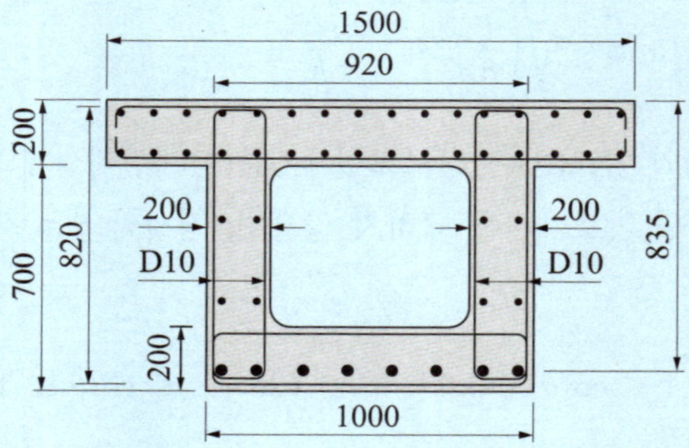

[예제 그림 4.1.1] 철근콘크리트 보의 단면

[풀이 : KDS 14 국가건설기준]

① 식(4.2)의 V_c와 V_s의 합에 의해 공칭 전단강도를 계산한다.

$$V_n = V_c + V_S$$

콘크리트에 의한 공칭 전단강도(V_c)를 계산한다.

$$V_c = \left(0.16\sqrt{f_{ck}} + 17.6\rho_w \frac{V_u}{M_u} d\right) b_w d \leq 0.29\sqrt{f_{ck}}\, b_w d$$

주인장철근비(ρ_w)를 계산한다.

$$\rho_w = \frac{A_s}{b \cdot d} = \frac{8 \times 642.4}{1{,}000 \times 835} = 0.0062$$

전단경간비가 3이므로 $(V_u d/M_u) = 1/3 = 0.33$이다. 따라서 V_c는

$$V_c = (0.16\sqrt{24} + 17.6 \times 0.0062 \times 0.33)400 \times 835 = 273.95\ \text{kN}$$

계산된 V_c가 최대값 이하가 되는지 검토한다.

$$0.29\sqrt{f_{ck}}\, b_w d = 0.29\sqrt{(24)} \times 400 \times 835 = 474.52\ \text{kN}$$

그러므로 V_c는 273.95 kN 이다.

콘크리트에 의한 공칭 전단강도(V_c)를 약산식을 사용하여 계산하면 다음과 같이 정산식과 큰 차이가 없기는 하지만, 이 차이는 부재의 조건에 따라서 달라지므로 주의가 필요하다.

$$V_c = \frac{1}{6}\sqrt{f_{ck}}\, b_w d = \frac{1}{6}\sqrt{(24)}\, 400 \times 835 = 272.71\ \text{kN}$$

② 전단철근에 의한 전단 저항력(V_s)을 계산한다.

전단철근은 부재축과 90도 각도로 4가닥이 배근되어 있다.

$$V_s = A_v f_{yt} \frac{d}{s} = 4 \times 71.3 \times 400 \frac{835}{150} = 635.0\text{kN}$$

V_s값에 대한 최댓값 제한으로 식(4.6a, b)를 검토하면 다음과 같다.

$$V_{s,\max} = 0.2\left(1 - \frac{f_{ck}}{250}\right) f_{ck} b_w d = 0.2\left(1 - \frac{24}{250}\right) 24 \times 400 \times 835 = 1{,}449.3\text{kN}$$

$$V_{s,\max} = 0.15\left(1 - \frac{f_{ck}}{250}\right) f_{ck} b_w d = 1{,}087.0\ \text{kN}$$

③ 계산된 철근비에 대한 최솟값 제한(최소전단철근비)을 (4.7)을 이용하여 검토한다.

$$\rho_{t,\min} = 0.0625 \frac{\sqrt{f_{ck}}}{f_{yt}} = 0.0625 \frac{\sqrt{24}}{400} = 0.00077$$

$$\rho_t = \frac{A_v}{b_w s} = \frac{4 \times 71.3}{400 \times 150} = 0.00475$$

설계가 가능하다.

④ 공칭전단강도를 계산한다.

$$V_n = V_c + V_s = 274.0 + 635.0 = 909\,\text{kN}$$

⑤ 설계전단강도를 계산한다.

$$V_u = \phi V_n = 0.75 \times 909 = 681.8\ \text{kN}$$

[풀이 : ACI318-19기준]

① 식(4.2)의 V_c와 V_s의 합에 의해 공칭 전단강도를 계산한다. ACI318-19기준은 KDS 14 국가건설기준과 거의 동일하지만 V_c가 다르다. V_c에 대하여 전단철근이 최소전단철근 이상이므로 식(4.3c)를 활용한다.

$$V_c = \left[0.66\lambda\,(\rho_w)^{1/3}\sqrt{f_{ck}} + \frac{N_u}{6A_g}\right]b_w d = \left[0.66\times 1\times\,(0.0062)^{1/3}\sqrt{24}\,\right]400\times 835 = 198.4\text{ kN}$$

$$A_v \geqq A_{v,\min} = \rho_{t,\min} b_w s$$

② 전단철근에 의한 전단 저항력(V_s)를 계산한다.

$$V_s = A_v f_{yt}\frac{d}{s} = 4\times 71.3\times 400\frac{835}{150} = 635.0\text{kN}$$

V_s값에 대한 최댓값은 식(4.9)를 이용하여 검토한다.

$$V_s = \frac{2}{3}\sqrt{f_{ck}}\,b_w d = \frac{2}{3}\sqrt{24}\times 400\times 835 = 1{,}090.8\ kN$$

그러므로 설계가 가능하다.

③ 전단철근의 간격(s), 최소전단철근비 검토는 KDS 14 국가건설기준과 동일하다.

④ 공칭전단강도를 계산한다.

$$V_n = V_c + V_s = 198.4 + 635.0 = 833.4\text{kN}$$

⑤ 설계전단강도를 계산한다.

$$V_u = \phi V_n = 0.75\times 833.4 = 625.1\text{ kN}$$

[풀이 : 도로교설계기준(한계상태설계법)]

① 전단철근이 있으므로 식(4.12)를 활용한다.

$V_d = \min(V_{sd},\ V_{d,\max})$ (전단철근이 있는 부재)

참고로 콘크리트에 의한 공칭 전단강도($V_{Rd,c}$)를 계산하면 다음과 같다.

$$V_{cd} = (0.85\,\phi_c k\sqrt[3]{\rho_w f_{ck}} + 0.15 f_n)b_w d$$
$$= 0.85\times 0.65\times 1.49\sqrt[3]{0.0062\times 24}\times 400\times 835 = 145.7\text{ kN}$$

$$k = 1 + \sqrt{\frac{200}{d}} = 1 + \sqrt{\frac{200}{835}} = 1.49 < 2.0$$

② 전단철근에 의한 전단 저항력($V_{Rd,s}$)을 계산한다.

식(4.15)에서 전단 저항력($V_{Rd,s}$)을 계산한다.

$$V_{sd} = \phi_s\frac{A_v f_{yt} z}{s}\cot\theta = 0.9\times\frac{4\times 71.3\times 400\,(0.9\times 835)}{150}\times 1.986 = 1{,}021.6\text{kN}$$

여기서

$$\xi = 0.6\left(1 - \frac{f_{ck}}{250}\right) = 0.6\left(1 - \frac{24}{250}\right) = 0.5424$$

$$\rho_t = \frac{A_v}{b_w s} = \frac{4\times 71.3}{400\times 150} = 0.004753$$

$$\Psi = \frac{\phi_s\,\rho_t f_{yt}}{\phi_c\,\alpha_{cw}\,\xi f_{ck}} = \frac{0.9\times 0.004753\times 400}{0.65\times 1\times 0.5424\times 24} = 0.2022$$

$\tan\theta = \sqrt{\dfrac{\Psi}{1-\Psi}} = \sqrt{\dfrac{0.2022}{1-0.2022}} = 0.5035$

$\theta = 26.7^\circ$

$\cot\theta = \dfrac{1}{0.5035} = 1.986$

$1 \leqq \cot\theta \leqq 2.5$이므로 $\cot\theta = 1.986$

$\alpha_{cw} = 1$(축력이 없는 부재)

③ 계산한 각도에 의한 값이 식(4.19)의 콘크리트 압축대의 파괴를 유발하는지 검토한다.

$V_{d,\max} = \phi_c\,\alpha_{cw}\,\xi f_{ck} b_w z\,\dfrac{1}{\cot\theta + \tan\theta}$

$V_{d,\max} = 0.65 \times 1 \times (0.5424 \times 24) \times 400 \times 751.5\,\dfrac{1}{1.986 + 0.5035} = 1{,}021.6\text{ kN}$

그러므로 $V_{sd} = V_{d,\max} = 1{,}021.6\text{ kN}$

식(4.19)대신에 식(4.22)의 최대전단철근비를 이용하여 검토해도 결과는 동일하다.

$\rho_{t,\max} \leq \dfrac{\phi_c\,\alpha_{cw}\,\xi f_{ck}}{\phi_s f_y}\sin^2\theta = \dfrac{0.65 \times 1 \times (0.5424 \times 24)}{0.9 \times 400}\sin^2(26.7^\circ) = 0.00475$

④ 최소전단철근비를 식(4.21)을 이용하여 검토한다.

$\rho_{t,\min} = 0.08\dfrac{\sqrt{f_{ck}}}{f_{yt}} = 0.08\dfrac{\sqrt{24}}{400} = 0.00098$

그러므로 설계가 가능하다.

⑤ 설계전단강도를 계산한다.

$V_u = V_{sd} = 1{,}021.6\text{ kN}$

[풀이 : 캐나다 설계기준]

① 식(4.2)의 V_{cd}와 V_{sd}의 합에 의해 설계전단강도를 계산한다.

$V_u = V_{cd} + V_{sd}$

콘크리트에 의한 설계전단강도(V_{cd})를 식(4.24)에서 계산한다. s_{ze}는 300 mm를 사용하였다.

$V_{cd} = \phi_c\,\beta\sqrt{f_{ck}}\,b_w z = 0.65 \times 0.155 \times \sqrt{24} \times 400 \times (0.9 \times 835) = 148.7\text{kN}$

여기서

$$\varepsilon_x = \frac{\dfrac{M_u}{z} + V_u + 0.5N_u}{2E_sA_t} = \frac{\dfrac{1{,}020 \times 10^3}{0.9 \times 835} + 800 \times 10^3}{2 \times 200{,}000 \times 8 \times 642.4} = 0.00105$$

$$\beta = \frac{0.40}{1+1500\varepsilon_x} \times \frac{1300}{1000+s_{ze}} = \frac{0.40}{1+1500 \times 0.00105} \times \frac{1300}{1000+300} = 0.155$$

캐나다 설계기준에서 ε_x를 계산하기 위해서는 설계전단강도가 필요하다. 여기서는 $V_u = 800\text{ kN}$으로 가정하였으며, 이 값은 다음 단계에서 계산한 값과 큰 차이가 나지 않는다.

② 전단철근에 의한 설계전단강도(V_{sd})를 계산한다.

$$V_{sd} = \frac{\phi_s A_v f_{yt} z}{s}\cot\theta = \frac{0.85 \times 4 \times 71.3 \times 400 \times (0.9 \times 835)}{150}\cot(36.3) = 661.3\text{ kN}$$

여기서, $\theta = 29 + 7000\varepsilon_x = 29 + 7{,}000 \times 0.00105 = 36.3^\circ$

최대 전단강도를 최대전단철근비에 대한 식(4.27)을 이용하여 검토한다.

$$V_{s,\max} \leq 0.25\phi_c f_{ck} b_w z - V_{cd}$$

$$= 0.25 \times 0.65 \times 24 \times 400 \times (0.9 \times 835)/1000 - 148.7 = 1{,}023.6 \text{ kN}$$

그러므로 설계가 가능하다.

식(4.29)의 최대전단철근비를 이용하여 검토해도 결과는 동일하다. $\rho_t = 0.00475$ 이다.

$$\rho_{t,\max} \leq 0.25 \frac{\phi_c}{\phi_s} \frac{f_{ck}}{f_{yt}} \tan\theta - \frac{\phi_c}{\phi_s} \frac{\beta\sqrt{f_{ck}}}{f_{yt}} \tan\theta$$

$$= 0.25 \frac{0.65}{0.85} \frac{24}{400} \tan(36.3) - \frac{0.65}{0.85} \frac{0.155\sqrt{24}}{400} \tan(36.3) = 0.00736$$

$$\rho_t = \frac{A_v}{b_w s} = \frac{4 \times 71.3}{400 \times 150} = 0.00475$$

③ 최소전단철근비를 검토한다.

$$\rho_{t,\min} = 0.06 \frac{\sqrt{f_{ck}}}{f_{yt}} = 0.06 \frac{\sqrt{24}}{400} = 0.00073$$

④ 설계전단강도를 계산한다.

$$V_u = V_{cd} + V_{sd} = 148.7 + 661.3 = 810.0 \text{ kN}$$

[풀이 : 일본토목학회 설계기준]

① 식(4.2)의 V_c와 V_s의 합에 의해 공칭 전단강도를 계산한다.

$$V_n = V_c + V_S$$

콘크리트에 의한 공칭 전단강도(V_c)를 식(4.30)에서 계산한다.

$$V_{cd} = \beta_d \beta_p \beta_n f_{vcd} b_w d / \gamma_c = 1.05 \times 0.85 \times 1 \times 0.58 \times 400 \times 835/1.3 = 133.0 \text{ kN}$$

여기서

$$f_{vcd} = 0.2\sqrt[3]{f_{ck}} = 0.2\sqrt[3]{24} = 0.58 \text{ MPa} < 0.72 \text{ MPa}$$

$$\beta_d = \sqrt[4]{1000/d} = \sqrt[4]{1000/835} = 1.05 < 1.5$$

$$\beta_p = \sqrt[3]{100\,\rho_w} = \sqrt[3]{100 \times 0.0062} = 0.85 < 1.5$$

$$\beta_n = 1 + 2M_o/M_{ud} = 1$$

② 전단철근에 의한 전단 저항력(V_{sd})를 계산한다.

$$V_{sd} = \frac{A_v f_{yt} z}{\gamma_s s} = \frac{4 \times 71.3 \times 400 \times (0.9 \times 835)}{1.1 \times 150} = 519.6 \text{ kN}$$

최대 전단강도를 최대전단철근비에 대한 식(4.32)를 이용하여 검토한다.

$$V_{s,\max} \leq f_{wcd} b_w d/\gamma_c - V_c = 6.12 \times 400 \times 835/1.3 - 133{,}000 = 1{,}439.4 \text{ kN}$$

여기서, $f_{wcd} = 1.25\sqrt{f_{ck}} = 1.25\sqrt{24} = 6.12 \text{ MPa} < 7.8 \text{ MPa}$

그러므로 설계가 가능하다.

식(4.33)의 최대전단철근비를 이용하여 검토해도 결과는 동일하다.

③ 설계전단강도를 계산한다.

$$V_u = V_{cd} + V_{sd} = 133.0 + 519.6 = 652.6 \text{ kN}$$

[풀이 : 일본건축학회 강도설계지침]

① 식(4.34)에서 전단강도를 계산한다.

$$V_n = \frac{1}{2}(1-\beta)\xi f_{ck}(bh)\tan\phi + \frac{A_v f_{yt} z}{s}\cot\theta$$

$$= \frac{1}{2}(1-0.683)0.58\times 24(400\times 900)\times 0.174 + \frac{4\times 71.3\times 400\times(0.9\times 835)}{150}\times 2$$

$$= 138.2 + 1{,}143.1 = 1{,}281.3\ \text{kN}$$

여기서

$$\xi = 0.7 - \frac{f_{ck}}{200} = 0.7 - \frac{24}{200} = 0.58$$

$$\rho_t = \frac{A_v}{b_w s} = \frac{4\times 71.3}{400\times 150} = 0.004753$$

$$\Psi = \frac{\rho_t f_{yt}}{\xi f_{ck}} = \frac{0.004753\times 400}{0.58\times 24} = 0.1366$$

$$\tan\theta = \sqrt{\frac{\Psi}{1-\Psi}} = \sqrt{\frac{0.1366}{1-0.1366}} = 0.40$$

$$\cot\theta = \frac{1}{0.40} = 2.5$$

$1 \leqq \cot\theta \leqq 2$ 이므로 $\cot\theta = 2$

$\theta = 26.7^\circ$

$$\beta = \frac{\rho_t f_{yt}(1+\cot^2\theta)}{\xi f_{ck}} = \frac{0.004753\times 400\left[1+\cot^2(26.7)\right]}{0.58\times 24} = 0.683$$

$$\tan\phi = \sqrt{\left(\frac{l}{h}\right)^2 + 1} - \frac{l}{h} = \sqrt{\left(\frac{835\times 3}{900}\right)^2 + 1} - \frac{835\times 3}{900} = 0.174$$

② 계산한 각도에 의한 값이 식(4.39)의 콘크리트 압축대의 파괴를 유발하는지 검토한다.

$$V_{d,\max} = 0.5\,\xi\, f_{ck}\, b\, z = 0.5\times 0.58\times 24\times 400\times(0.9\times 835) = 2{,}092.2\ \text{kN}$$

그러므로 설계가 가능하다.

③ 설계전단강도를 계산한다. 일본건축학회의 강도설계지침에는 재료계수 또는 강도감소계수가 나와 있지 않으므로 여기서는 공칭전단강도만 계산하였다.

$$V_n = 1{,}281.3\ \text{kN}$$

각 기준에 의해 계산된 결과를 [예제 표 4.1.1]과 [예제 그림 4.1.2]에 정리하였다. 표와 그림에서 설계전단강도가 가장 크게 계산되는 것은 도로교설계기준(한계상태설계법)이며, 그 이유는 균열의 각도가 26.7도로 다른 기준식에 비하여 낮기 때문이다. 콘크리트의 설계전단력(ϕV_c)는 KDS 14 국가건설기준의 값이 가장 크다. 그 이유는 크기효과를 고려하지 않고 주인장철근비의 영향을 다른 기준에 비하여 크게 반영하기 때문이다.

[예제 표 4.1.1] 각 기준의 계산 결과

Model	콘크리트 설계전단강도 (ϕV_c, V_{cd}) (kN)	전단철근 설계전단강도 (ϕV_s, V_{sd}) (kN)	설계전단강도 (V_u) (kN)	균열각도 θ (도)
KDS 14 국가건설기준	205.5	476.3	681.8	45
ACI318-19기준	148.8	476.3	625.1	45
도로교설계기준 (한계상태설계법)	-	1,021.6	1,021.6	26.7
CSA-14기준	148.7	661.3	810.0	36.3
JSCE-07기준	133.0	519.6	652.6	45
AIJ-1990기준	103.7* (138.2)	857.3* (1,143.1)	961.0* (1,281.3)	26.7

* 일본건축학회의 강도설계지침에는 재료계수 또는 강도감소계수가 나와 있지 않으므로 여기서는 강도감소계수를 0.75로 가정하여 계산하였다.

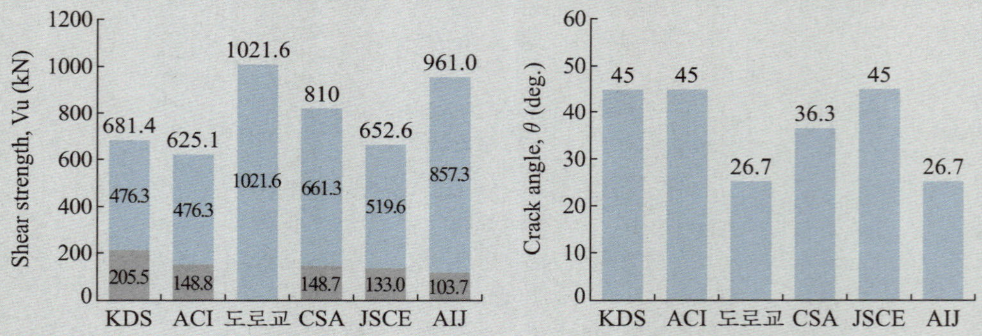

(a) 설계전단강도 (b) 균열각도

[예제 그림 4.1.2] 각 기준의 계산 결과 비교

예제 4.2

[예제 그림 4.1.1]의 철근콘크리트 단면의 설계전단강도 $V_u = 900\,\text{kN}$일 때 각 기준에 의한 전단철근의 간격을 계산하라. 재료의 조건은 [예제 4.1]과 동일하다.

[풀이 : KCI 14 국가건설기준]

① 전단철근의 간격(s)을 계산한다.

전단철근은 부재축과 90도 각도로 4가닥이 배근되어 있으므로, 간격(s)은 다음과 같다.

$$s = \frac{\phi A_v f_{yt} d}{V_u - \phi V_c} = \frac{0.75 \times 4 \times 71.3 \times 400 \times 835}{900{,}000 - 0.75 \times 273{,}950} = 102.9\,\text{mm}$$

V_c는 [예제 4.1]의 계산 값을 적용한다.

② 계산된 V_s값에 대한 최댓값 제한(최대전단철근비)을 식(4.8a, b)를 이용하여 검토한다.

$$\rho_{t,\max} = \frac{1}{f_{yt}}\left[0.2\left(1-\frac{f_{ck}}{250}\right)f_{ck}\right] = \frac{1}{400}\left[0.2\left(1-\frac{24}{250}\right)24\right] = 0.011$$

$$\rho_{t,\max} = \frac{1}{f_{yt}}\left[0.15\left(1-\frac{f_{ck}}{250}\right)f_{ck}\right] = 0.0081$$

$$\rho_t = \frac{A_v}{b_w s} = \frac{4\times 71.3}{400\times 102.9} = 0.00693$$

그러므로 설계가 가능하다.

③ 계산된 철근비에 대한 최솟값 제한(최소전단철근비)을 (4.7)을 이용하여 검토한다.

전단철근의 최대 간격은 V_s의 크기에 따라서 달라진다.

$$\rho_{t,\min} = 0.0625\frac{\sqrt{f_{ck}}}{f_{yt}} = 0.0625\frac{\sqrt{24}}{400} = 0.00077 \geq \frac{0.35}{f_{yt}}$$

설계가 가능하다.

[풀이 : ACI318-19기준]

① 전단철근의 간격(s)을 계산한다.

$$s = \frac{\phi A_v f_{yt} d}{V_u - \phi V_c} = \frac{0.75\times 4\times 71.3\times 400\times 835}{900{,}000 - 0.75\times 198.400} = 95.1\text{mm}$$

V_c는 [예제 4.1]의 계산 값을 적용한다.

② 최대전단철근비를 식(4.7b)를 이용하여 검토한다.

$$\rho_{t,\max} \leq \frac{2}{3}\frac{\sqrt{f_{ck}}}{f_y} = \frac{2}{3}\frac{\sqrt{24}}{400} = 0.00816$$

$$\rho_t = \frac{A_v}{b_w s} = \frac{4\times 71.3}{400\times 95.1} = 0.0075$$

그러므로 설계가 가능하다.

③ 최소전단철근비 검토는 KDS 14 국가건설기준과 동일하다.

[풀이 : 도로교설계기준(한계상태설계법)]

① 식(4.15)에서 전단철근 간격(s)을 계산한다.

경제적인 설계를 위해서는 전단철근과 콘크리트가 동시에 파괴하는 경우의 각도를 이용해야 한다.

$$s = \frac{\phi_s A_v f_{yt} z}{V_u}\cot\theta = \frac{0.9\times 4\times 71.3\times 400\times 751.5}{900{,}000}\cot\theta = 85.73\cot\theta \quad \text{(a)}$$

여기서 각도(θ)를 계산하기 위해서는 전단철근비(ρ_t)가 필요하며, ρ_t를 계산하기 위해서는 전단철근의 간격(s)이 필요하다. 따라서 식(4.16)에서 $\cot\theta$의 일부를 구한 후에 이 값을 대입하여 s를 계산한다.

$$\cot\theta = \sqrt{\frac{\phi_c\,\alpha_{cw}\,(\xi f_{ck})b_w s}{\phi_s A_v\, f_{yt}} - 1} = \sqrt{\frac{0.65\times 1\,(0.54\times 24)(400\times s)}{0.9(4\times 71.3)400} - 1}$$

$$= \sqrt{0.03282\,s - 1} \quad \text{(b)}$$

식(b)의 $\cot\theta$를 식(a)에 대입한다.

$s = 85.73\sqrt{0.03281s - 1}$

$s^2 - 85.73^2 \times 0.03281s + 85.73^2 = 0$

근의 공식에서 구한 $s = 206.7$ mm이다. s를 식(b)에 대입한다.

$\cot\theta = 2.40$

최댓값인 $\cot\theta = 2.5$보다 작으므로 설계가 가능하다.

② 계산한 각도에 의한 값이 식(4.19)의 콘크리트 압축대의 파괴를 유발하는지 검토한다.

$$V_{d,\max} = \phi_c\,\alpha_{cw}\,\xi f_{ck} b_w z \frac{1}{\cot\theta + \tan\theta}$$

$$V_{d,\max} = 0.65 \times 1 \times (0.54 \times 24) \times 400 \times 751.5 \frac{1}{2.4 + 1/2.4} = 899.0 \text{ kN}$$

$V_{d,\max}$와 $V_u = 900$ kN에 1 kN의 차이가 나는 것은 계산에서 소수점 반올림 방법의 차이 때문에 발생한 것으로 설계가 가능하다.

③ 최소전단철근비를 식(4.21)을 이용하여 검토한다.

$$\rho_{t,\min} = 0.08\frac{\sqrt{f_{ck}}}{f_{yt}} = 0.08\frac{\sqrt{24}}{400} = 0.00098$$

그러므로 안전하다.

위의 방법을 따르지 않고 설계자가 균열의 각도를 정하고 계산할 경우의 계산 순서는 다음과 같다. 설계의 단순화를 위하여 균열의 각도 38.6도를 권장하고 있으므로 여기서는 각도를 38.6도로 정하였다(Karlsruhe 등, 1994).

① 식(4.15)에서 전단철근 간격(s)을 계산한다.

$$s = \frac{\phi_s A_v f_{yt} z}{V_u}\cot\theta = \frac{0.9 \times 4 \times 71.3 \times 400 \times 751.5}{900{,}000}\cot 38.6 = 107.39 \text{ mm}$$

② 계산한 각도에 의한 값이 식(4.19)의 콘크리트 압축대의 파괴를 유발하는지 검토한다.

$$V_{d,\max} = \phi_c\,\alpha_{cw}\,\xi f_{ck} b_w z \frac{1}{\cot\theta + \tan\theta}$$

$$V_{d,\max} = 0.65 \times 1 \times (0.54 \times 24) \times 400 \times 751.5 \frac{1}{1.25 + 1/1.25} = 1{,}235.2 \text{ kN}$$

계산된 철근 간격은 부재가 동시에 파괴될 때의 $s = 206.7$ mm보다 좁다.

[풀이 : 캐나다 설계기준]

① 콘크리트에 의한 설계전단강도(V_{cd})를 식(4.23)에서 계산한다. s_{ze}는 300 mm를 사용하였다.

$$V_{cd} = \phi_c \beta \sqrt{f_{ck}}\, b_w z = 0.65 \times 0.1509 \times \sqrt{24} \times 400 \times 0.9 \times 835 = 144.4\text{kN}$$

여기서 $$\varepsilon_x = \frac{\dfrac{M_u}{z} + V_u + 0.5N_u}{2E_s A_t} = \frac{\dfrac{1{,}020 \times 10^6}{0.9 \times 835} + 900 \times 10^3}{2 \times 200{,}000 \times 8 \times 642.4} = 0.0011$$

$$\beta = \frac{0.40}{1 + 1500\varepsilon_x} \times \frac{1300}{1000 + s_{ze}} = \frac{0.40}{1 + 1500 \times 0.0011} \times \frac{1300}{1000 + 300} = 0.1509$$

② 전단철근의 간격(s)을 계산한다.

$$s = \frac{\phi_s A_v f_{yt} z}{V_u - V_{cd}}\cot\theta = \frac{0.85 \times 4 \times 71.3 \times 400 \times 0.9 \times 835}{900{,}000 - 144{,}400}\cot(36.7) = 129.4 \text{ mm}$$

여기서, $\theta = 29 + 7000\varepsilon_x = 29 + 7{,}000 \times 0.0011 = 36.7^\circ$

③ 식(4.29)의 최대전단철근비를 이용하여 검토한다.

$$\rho_{t,\max} \le 0.25\frac{\phi_c}{\phi_s}\frac{f_{ck}}{f_{yt}}\tan\theta - \frac{\phi_c}{\phi_s}\frac{\beta\sqrt{f_{ck}}}{f_{yt}}\tan\theta$$

$$= 0.25\frac{0.65}{0.85}\frac{24}{400}\tan(36.7) - \frac{0.65}{0.85}\frac{0.1509\sqrt{24}}{400}\tan(36.7) = 0.0075$$

$$\rho_t = \frac{A_v}{b_w s} = \frac{4\times 71.3}{400\times 129.4} = 0.00551$$

그러므로 설계가 가능하다.

④ 최소전단철근비 검토는 KDS 14 국가건설기준과 동일하다.

[풀이 : 일본토목학회 설계기준]

① 전단철근의 간격(s)을 계산한다.

$$s = \frac{A_v f_{yt} z}{\gamma_s (V_u - V_{cd})} = \frac{4\times 71.3\times 400\times(0.9\times 835)}{1.1\,(900{,}000 - 133{,}000)} = 101.6\text{ mm}$$

V_{cd}는 [예제 4.1]의 계산 값을 적용한다.

② 최대전단철근비를 식(4.33)에서 검토한다.

$$\rho_{t,\max} = \frac{\gamma_s}{\gamma_c}\frac{f_{wcd}}{f_{yt}}\frac{d}{z} - \frac{\gamma_s}{\gamma_c}\frac{\beta_d\beta_p\beta_n f_{vcd}}{f_{yt}}\frac{d}{z}$$

$$= \frac{1.1}{1.3}\frac{6.12}{400}\frac{835}{751.5} - \frac{1.1}{1.3}\frac{1.05\times 0.85\times 1\times 0.58}{400}\frac{835}{751.5} = 0.0132$$

$$\rho_t = \frac{A_v}{b_w s} = \frac{4\times 71.3}{400\times 101.6} = 0.00702$$

그러므로 설계가 가능하다.

[풀이 : 일본건축학회 강도설계지침]

① 식(4.34)를 이용한다.

$$V_n = \frac{1}{2}(1-\beta_s)\xi f_{ck}(bh)\tan\phi + \frac{A_v f_{yt} z}{s}\cot\theta$$

아치작용에 의한 공칭 전단강도(V_a)를 계산한다.

$$V_a = 0.5\times(b_w h)\times(1-\beta_s)\,\xi f_{ck}\tan\phi$$

$$= 0.5\times(400\times 900)\times(1-\beta_s)\times 0.58\times 24\times 0.174$$

$$= 435{,}974\,(1-\beta_s) \tag{a}$$

식(3.34)에서 β_s를 계산한다.

$$\beta_s = \frac{\rho_t f_{yt}(1+\cot^2\theta)}{\xi f_{ck}} = \frac{\rho_t f_{yt}(1+0.0488s-1)}{0.58\times 24} = \frac{\frac{0.713}{s}\times 400\times(0.0488s)}{0.58\times 24} = 1.0 \tag{b}$$

여기서 $\rho_t = \dfrac{A_v}{b_w s} = \dfrac{4\times 71.3}{400\times s} = \dfrac{0.713}{s}$

$$\cot\theta = \sqrt{\frac{(\xi f_{ck})b_w s}{A_v\, f_{yt}} - 1} = \sqrt{\frac{(0.58\times 24)(400\times s)}{(4\times 71.3)400} - 1} = \sqrt{0.0488\, s - 1} \qquad \text{(c)}$$

식(b)를 식(a)에 대입하면 $V_a = 435{,}974\,(1-\beta_s) = 0$

② 아치작용에 의한 저항력이 "0"이므로 트러스작용에 의한 전단강도(V_t)를 이용하여 전단철근의 간격(s)을 계산한다. 여기서는 강도감소계수를 0.75로 가정하였다.

$$s = \frac{0.75 A_v\, f_{yt}\, z}{V_u}\cot\theta = \frac{0.75\times 4\times 71.3\times 400\times(0.9\times 835)}{900{,}000}\sqrt{0.0488 s - 1}$$

$$= 71.44\sqrt{0.0488\, s - 1}$$

$$s^2 - 71.44^2\times 0.0488 s + 71.44^2 = 0$$

근의 공식에서 구한 $s = 226.5$ mm이다. s를 식(c)에 대입한다.

$\cot\theta = 3.17$

최댓값인 $\cot\theta = 2.0$보다 크므로 $\cot\theta = 2$로 하여 다시 계산한다.

$$s = \frac{0.75 A_v\, f_{yt}\, z}{V_u}\cot\theta = 71.44\times 2 = 142.9\ \text{mm}$$

③ 최대전단철근비를 식(4.40)에서 검토한다.

$$\rho_{t,\max} \le 0.5\,\xi\,\frac{f_{ck}}{f_{yt}}\tan\theta - \frac{1}{2}(1-\beta_s)\xi\frac{f_{ck}}{f_{yt}}\frac{h}{z}\tan\phi\tan\theta = 0.5\times 0.58\times\frac{24}{400}\frac{1}{2} - 0 = 0.0087$$

$$\rho_t = \frac{A_v}{b_w s} = \frac{4\times 71.3}{400\times 142.9} = 0.00499$$

그러므로 설계가 가능하다.

각 기준의 계산 결과를 [예제 표 4.2.1]에 정리하였다. 표에서 전단철근의 간격이 가장 좁게 계산되는 것은 ACI318-19기준이며, 가장 넓게 계산되는 것은 도로교설계기준[한계상태설계법]이다. 다만 도로교설계기준[한계상태설계법]의 경우에 각도를 임의의 값으로 정할 경우에는 철근 간격이 좁아지므로 이에 대해서는 설계자가 합리적으로 결정해야 한다.

[예제 표 4.2.1] 각 기준의 계산 결과

Model	KDS 14	ACI318-19	도로교설계기준	CSA-14	JSCE-07	AIJ-1990
철근 간격 (mm)	102.9	95.1	206.7 (최적 각도 사용)	129.4	101.6	142.9
			107.4 (각도 38.6도로 가정한 경우)			

* 일본건축학회의 강도설계지침(AIJ-1990)에는 재료계수 또는 강도감소계수가 나와 있지 않으므로 여기서는 강도감소계수를 0.75로 가정하여 계산하였다.

4.3 트러스모델에 의한 전단강도 간략식

전단이론 중에서 가장 널리 적용되는 이론중의 하나는 트러스모델이며 고전트러스모델은 여러 연구자에 의하여 소성트러스모델, 수정압축장이론, 회전각연화트러스모델, 변환각트러스모델 등과 같은 트러스모델로 발전되었다. 특히 이 중에서 적합조건을 포함한 재료메커니즘을 만족시키는 변형률기반 트러스모델이 제안되었으며 이러한 트러스모델은 평형식에 기반을 둔 트러스모델에 비하여 부재의 전단강도를 보다 정확하게 예측하였다. 다만 재료메커니즘을 모두 활용할 경우에 부재의 변수가 많아져서 단순한 전단평가식을 유도하기가 어려운 단점이 있다. 하지만 파괴시의 재료의 응력 및 변형상태를 기준으로 할 경우에 변형률적합조건을 이용한 트러스모델에서 간단한 전단평가식을 유도할 수 있다(Lee와 Kim, 2016).

[그림 4.7]은 변형률적합조건을 이용한 트러스모델에서 예측한 6개의 철근콘크리트 패널의 전단거동을 나타낸다. 패널의 변수는 전단철근의 양과 콘크리트 압축강도의 비율이다[Bentz 등(2006), Khalifa (1986), Kirschner과 Collins (1986), Pang과 Hsu (1995)]. 트러스모델의 경우에 전단파괴는 전단철근이 항복하기 이전의 전단파괴(전단압축파괴, [그림 4.3] 참조)와 전단철근이 항복한 이후의 전단파괴(전단인장파괴)로 구분된다. 전단압축파괴는 설계에서 허용되지 않으므로 전단인장파괴하는 부재의 전단강도를 계산해야 한다.

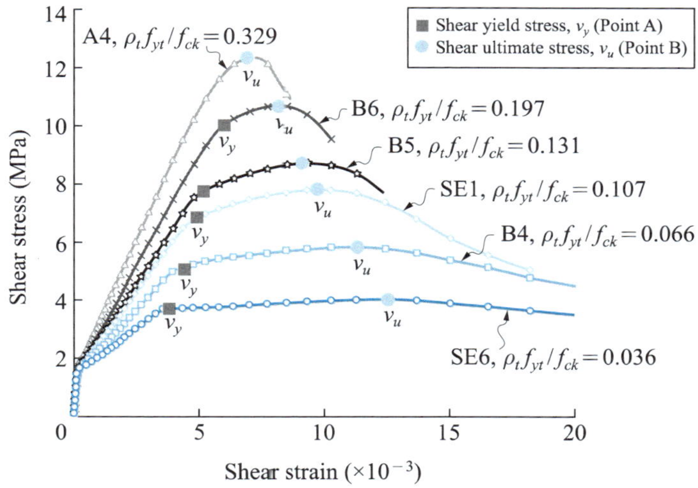

[그림 4.7] 철근콘크리트 패널 실험 결과
[Bentz 등(2006), Khalifa (1986), Kirschner과 Collins (1986), Pang과 Hsu (1995)]

[그림 4.7]에 사용된 실험체는 콘크리트의 압축강도가 일정한 상태에서 철근비가 증가하는 경우이다. 그림에는 철근이 항복하는 시점(이하 A점)의 전단응력(v_y)과 철근이 항복한 이후에 콘크리트가 압축파괴하는 시점(이하 B점)의 최대전단응력(v_u)을 표시하였다. B점의 전단강도를 예측하기 위해서는 콘크리트의 유효압축강도(ξf_{ck}), 전단철근의 항복강도(f_{yt}), 콘크리트의 인장강도(f_1^c), 전단철근의 변형률(ε_t), 복부에서의 부재축방향 변형률(ε_x), 콘크리트의 인장변형률(ε_1), 콘크리트의 압축변형률(ε_2) 등의 재료 응력과 변형률이 필요하다. 따라서 3장에서 설명한 회전각연화트러스모델과 수정압축장이론에서는 [그림 3.25]나 [그림 3.30]의 복잡한 계산 과정을 통하여 이 값들을 계산한다.

그러나 철근콘크리트 부재에 대한 해석 결과와 실험 결과를 살펴보면 [그림 4.7]의 A점과 B점에서 부재의 변형에는 큰 차이가 있지만, 전단응력은 A점(v_y)과 B점(v_u)에서 거의 유사하다. A점과 B점에서의 전단응력의 차이는 전단철근의 양($\rho_t f_{yt}$)과 콘크리트 압축강도(ξf_{ck})의 비율이 증가할 때 감소하며 그 값의 차이는 약 10퍼센트 전후이다. 이러한 경향은 면내하중을 받는 막요소 뿐만 아니라 철근콘크리트 보 실험에서도 나타났다(Lee와 Choi, 2011).

부재의 전단강도를 B점에서 계산하는 것이 정확하기 때문에 소성이론에 근거한 트러스이론을 비롯하여 기존 전단이론의 대부분은 B점(전단철근이 항복한 이후 콘크리트가 압축파괴하는 시점, v_u)의 재료의 강도와 균열의 각도를 이용하여 전단강도를 평가하고 있다. 그러나 B점의 경우에는 전단철근이 항복하여 변형률이 매우 커진 상태이며 이때의 변형률은 재료의 양에 따라서 달라지므로, 복부 콘크리트가 압축파괴 할 때의 전단철근의 변형률(ε_t), 콘크리트의 주인장변형률(ε_1), 주압축변형률(ε_2), 균열의 각도(θ) 등을 구하기 어렵다. 이러한 결과는 [예제 표 3.1.1]과 [예제 표 3.2.1]의 변환각연화트러스모델 또는 수정압축장이론에서도 확인할 수 있다. 그러나 A점은 전단철근이 항복하는 시점이기 때문에 재료의 양과 무관하게 전단철근의 변형률(ε_t)은 항복변형률(ε_y)과 동일하여 $\varepsilon_t = \varepsilon_y$를 사용할 수 있으며, 미지수를 줄일 수 있다. 또한 철근이 항복하는 시점이므로 콘크리트의 주인장변형률과 주압축변형률이 비교적 작다. 따라서 콘크리트 압축파괴시($f_2^c = \xi f_{ck}$)가 아니라 전단철근이 항복하는 A점의 재료 응력과 변형률 상태를 기본으로 부재 전단강도를 예측할 경우에 [그림 3.25]나 [그림 3.30]의 복잡한 계산 과정 없이 한 개의 식에서 전단강도를 계산할 수 있다.

축력이 없는 철근콘크리트 부재에 대한 트러스모델에서 부재축과 직각되는 방향의 힘의 평형조건을 이용하면 식(3.2)에서 다음 식을 유도할 수 있다.

$$-f_2^c = f_1^c \frac{\cos^2\theta}{\sin^2\theta} + \rho_t f_{ts} \frac{1}{\sin^2\theta} \tag{4.41}$$

위의 식을 식(3.3)의 전단응력(v_{lt})에 대한 평형식에 대입하여 식(4.42)를 유도한다.

$$v_{lt} = \left(f_1^c \frac{\cos^2\theta}{\sin^2\theta} + \rho_t f_{ts} \frac{1}{\sin^2\theta} + f_1^c\right)\sin\theta\cos\theta$$

$$v_{lt} = \left(\rho_t f_{ts} + f_1^c\right)\cot\theta \tag{4.42}$$

한편 변형의 적합조건 식(3.40)과 식(3.41)을 이용하면 콘크리트에 발생하는 균열의 각도(θ)를 유도할 수 있다.

$$\cot^2\theta = \frac{\varepsilon_t - \xi\varepsilon_2}{\varepsilon_l - \xi\varepsilon_2} \tag{4.43}$$

여기서, $\xi\varepsilon_2$: 콘크리트의 유효압축변형률, [그림 3.22]와 [식 3.44]의 개념 적용

식(4.43)에서 콘크리트의 주압축변형률(ε_2)은 [예제 3.1]과 [예제 3.2]에서 알 수 있듯이 다른 인장변형률(ε_l 또는 ε_t)에 비하여 크지 않고 이 값은 식(4.43) 우항의 분자와 분모에 모두 영향을 주어 그 파급 효과가 작다. [그림 4.8]은 [그림 4.7]의 실험체를 변형률 적합조건을 이용한 트러스모델로 해석한 결과이다. 그림은 실험체 SE6과 같이 전단철근이 작아 철근이 항복하고 변형이 상당히 증가한 이후에 콘크리트가 압축파괴하는 실험체와 A4와 같이 철근이 많아 철근이 항복하기 전에 콘크리트가 압축파괴하는 실험체의 전단응력(v_{lt})－콘크리트의 압축변형률(ε_2) 관계([그림 4.8(a)]), $v_{lt}/(\xi f_{ck})$－$\rho_t f_{yt}/(\xi f_{ck})$관계([그림 4.8(b)]), 콘크리트의 주압축응력(f_2^c)－주압축변형률(ε_2) 관계([그림 4.8(c)]), $\xi\varepsilon_2 - \rho_t f_{yt}/(\xi f_{ck})$ 관계([그림 4.8(d))이다. [그림 4.8(a)]와 [그림 4.8(c)]에서 SE6과 같이 철근이 적은 부재의 경우에는 철근이 항복할 때 콘크리트의 압축변형률(ε_2)은 아직 압축강도에 상응하는 변형률($\xi\varepsilon_2$)에 도달하지 않은 상태이며, 이 값은 매우 작아 -0.0005전후이다. 한편 실험체 A4와 같이 철근이 많이 배근된 경우에는 철근이 항복함과 동시에 또는 철근이 항복하기 이전에 콘크리트가 파괴되어 콘크리트의 압축변형률은 약 -0.001에 도달하게 된다. 이러한 결과는 [예제 3.1]과 [예제 3.2]에서도 확인할 수 있다. 해석에서 계산된 $v_{lt}/(\xi f_{ck}) - \rho_t f_{yt}/(\xi f_{ck})$의 관계를 [그림 4.8(b)]에 나타냈다. 그림에서 6개 실험체에 대한 해석 결과는 하계소성이론 트러스모델에 근거하여 계산된 [그림 3.6]의 원의 형태로 그려지는 $v_{lt}/(\xi f_{ck}) - \rho_t f_{yt}/(\xi f_{ck})$의 관계와 거의

일치하고 있다. [그림 4.8(b)]에서 전단철근과 복부 콘크리트가 동시에 파괴되는 부재의 $\rho_t f_{yt}/(\xi f_{ck})=0.5$이며, 이는 [그림 3.8]의 결과와 동일하다. 실험체 A4는 $\rho_t f_{yt}/(\xi f_{ck})>0.5$가 되어 철근이 항복하기 이전에 콘크리트가 압축파괴한 실험체이며, A4의 전단강도는 B6의 전단강도와 거의 유사하다.

실제 부재 설계에서 $v_{lt}/(\xi f_{ck})$가 0.3 이상으로 되는 경우는 많지 않다. 이는 전단철근의 양이 많을 경우에 부재에서 발생하는 균열의 폭이 증가하고, 철근의 양의 증가에 비하여 전단강도가 비례적으로 증가하지 않고, 원의 방정식으로 증가하기 때문에 전단강도 증가비가 점점 작아져서 비경제적인 설계가 되기 때문이다([그림 3.8] 참조). ACI318-19기준에서는 전단철근의 항복을 유도하고 사인장균열의 폭을 억제하기 위하여 최대철근비를 식(4.9)로 제한한다. 식(4.9)의 최대철근비를 식(4.18)의 ξ를 이용하여 계산하면 $\rho_t f_{yt}/(\xi f_{ck})=0.204$이다. 여기서 ξ는 식(4.18)에 의하여 계산하였다. 이 경

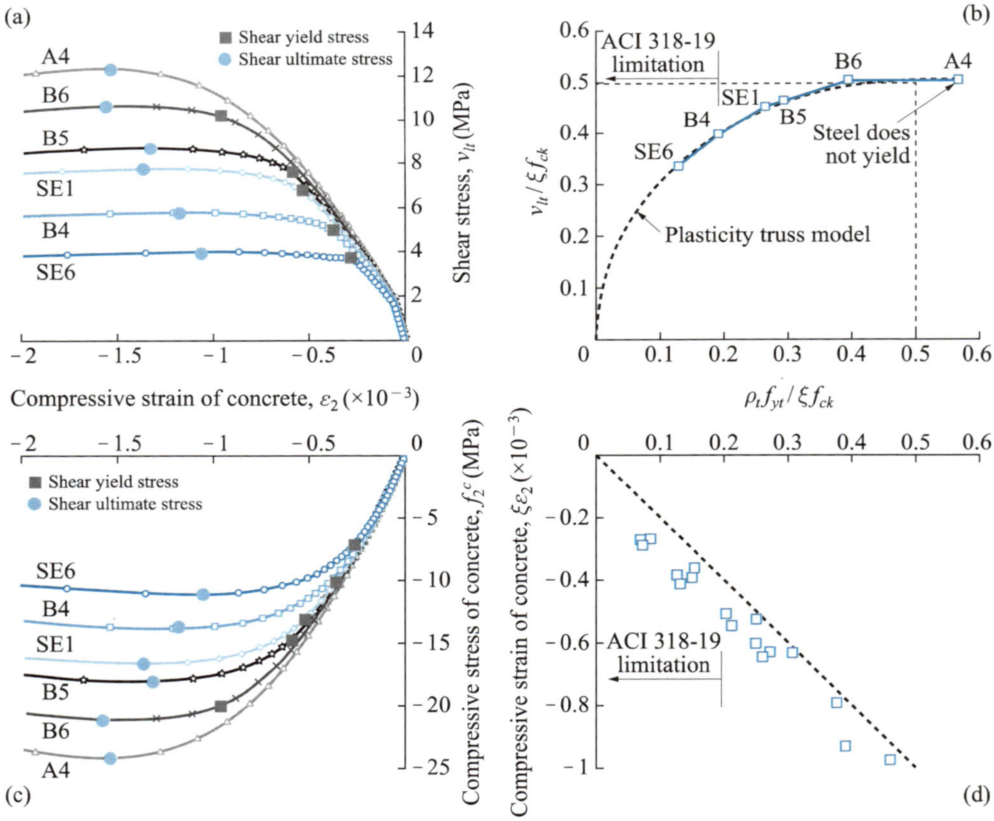

[그림 4.8] 철근콘크리트 패널 해석 결과

우에 [그림 4.8(d)]에서 전단철근 항복시의 $\varepsilon_2 \approx -0.0005$로 매우 작다는 것을 알 수 있다. 특히, 식(3.44)의 콘크리트의 압축응력과 압축변형률의 관계 $f_2^c = \xi f_{ck}\left[2\varepsilon_2/(\xi\varepsilon_{co}) - \{\varepsilon_2/(\xi\varepsilon_{co})\}^2\right]$를 사용할 경우에 콘크리트의 유효압축강도($\xi f_{ck}$)가 감소하면 전단철근 항복시의 $\xi\varepsilon_{co}$는 더욱 작아진다. 따라서 식(4.43)의 $\xi\varepsilon_2$를 무시하여도 철근항복시의 전단강도를 비교적 정확하게 예측할 수 있다. 그러나 보다 정확한 전단강도를 평가하기 위하여 다음 두 가지 경우에 대하여 식(4.43)을 계산하였다.

① $\xi\varepsilon_2 = 0$으로 가정한 경우

$$\cot^2\theta = \frac{\varepsilon_l}{\varepsilon_t} \tag{4.44}$$

[그림 4.8]의 해석 결과에서 알 수 있듯이 철근이 항복할 때의 $\xi\varepsilon_2$값은 일반적으로 -0.0005 전후로 매우 작은 값이다. 특히 최대전단철근의 양을 제한하는 경우에 $\xi\varepsilon_2$값은 더욱 작아진다. 가장 간단한 경우인 $\xi\varepsilon_2 = 0$으로 가정하여 전단강도를 계산한 후에 정산식에서 유도한 식(4.45)를 사용하여 계산한 전단강도와 [예제 4.3]에서 비교하였다.

② 식(4.43)을 그대로 사용하는 경우

식(4.43)을 식(4.42)에 대입하여 전단강도를 계산할 경우에 3차방정식이 되어 계산하는 것이 번거롭다. 그러므로 $\xi\varepsilon_2$가 철근의 변형률 ε_l 또는 ε_t에 미치는 영향을 식(4.45)의 배수 관계로 변환하여 계산할 수 있다. $\xi\varepsilon_2$는 ε_l과 ε_t에 동시에 영향을 주므로 $\xi\varepsilon_2$의 영향을 배수의 관계로 변환한 후에 이를 이용하여 균열각도를 계산한다.

$$\cot^2\theta = \frac{\varepsilon_l}{k\,\varepsilon_t} \tag{4.45}$$

여기서, $k = (1 - 500\,\xi\varepsilon_2)^{0.9}$

여기서 k는 $\xi\varepsilon_2$가 ε_l과 ε_t에 미치는 영향을 표현한 상수이다. [그림 4.8(d)]에서 철근이 탄성인 범위에서 $\rho_t f_{yt}/(\xi f_{ck})$가 증가할수록 $\xi\varepsilon_2$는 거의 선형적으로 증가하기 때문에 철근이 항복하는 시점의 $\xi\varepsilon_2$(압축이 음수)는 $\rho_t f_{yt}/(\xi f_{ck})$의 함수로 표현될 수 있으며, 이때의 $k \approx (1 - 500\,\xi\varepsilon_2)^{0.9}$가 된다. 또한 [그림 4.8(d)]의 $\xi\varepsilon_2$와 $\rho_t f_{yt}/(\xi f_{ck})$의 관계를 이용하여 k를 계산한 후에 이를 식(4.45)에 대입하면 식(4.46)이 된다.

$$\cot^2\theta = \frac{\varepsilon_l}{k\,\varepsilon_t} \tag{4.46}$$

여기서, $k = \left(1 + \dfrac{\rho_t f_{yt}}{\xi\, f_{ck}}\right)^{0.9}$

식(4.43)과 식(4.45)의 계산 결과를 [그림 4.9]에서 비교하였다. [그림 4.9(a)]는 $-0.0012 \leqq \xi\varepsilon_2 \leqq 0.0$과 $0.0005 \leqq \varepsilon_l \leqq 0.001$의 범위에서 $\xi\varepsilon_2$와 ε_l이 변화할 때의 $k = (1-500\,\xi\varepsilon_2)^{0.9}$를 식(4.45)에 대입하여 계산한 결과이다. [그림 4.9((b)]는 식(4.46)과 식(4.43)의 차이를 비교하고 있다.

[그림 4.8(d)]의 $\xi\varepsilon_2 - \rho_t f_{yt} / (\xi f_{ck})$관계는 콘크리트의 압축강도를 20 MPa, 42.6 MPa, 60 MPa, 80 MPa로 변화시킨 실험체에 대한 해석 결과이다. 철근이 항복하는 시점의 전단강도를 계산할 경우에 전단철근과 복부 콘크리트가 동시에 파괴되는 부재의 경우에 $\rho_t f_{yt} / (\xi f_{ck})$의 최대값은 0.5가 된다. $\rho_t f_{yt} / (\xi f_{ck}) = 0.5$일 때, 콘크리트의 유효압축강도 계수($\xi$)는 0.6 이하이며, $\xi = 0.6$인 경우에도 콘크리트의 압축강도에 상응하는 변형률(ε_2)을 -0.002 (압축이 음수)라고 할 때 $\xi\varepsilon_2 = -0.0012$가 된다. 또한, ASSHTO기준(2014)이나, CSA-14에 의하면 전단력이 지배하는 복부의 부재축방향변형률(ε_l)은 축인장철근변형률(ε_{xl})의 1/2값으로 하고 있다([그림 4.5]의 변형률 분포 참조). 주철근이 항복하기 이전에 파괴하는 부재의 전단강도를 예측하고자 할 경우에 ε_l을 항복변형률의 약 절반인 0.001로 하면 실험체에서 발생할 수 있는 재료 범위에 해당한다고 볼 수 있다. 따라서 [그림 4.9(a)와 (b)]의 비교에 사용된 변형률의 범위는 전단인장파괴하는 실

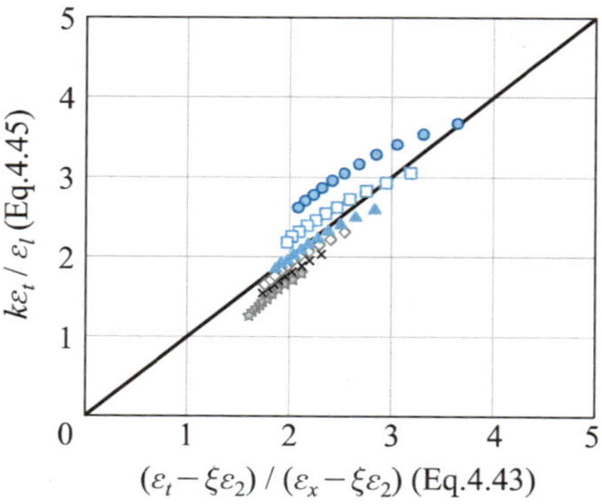

(a) 식 (4.43)과 식 (4.45)

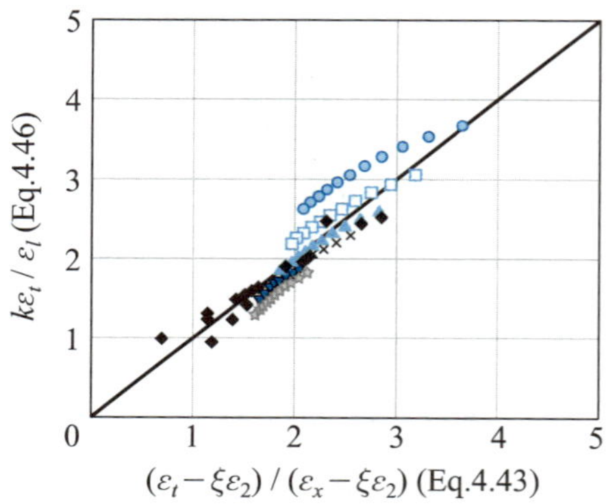

(b) 식 (4.43)과 식 (4.46)

[그림 4.9] k값을 사용한 각도의 비교

험체에서 발생할 수 있는 재료 범위를 포함하고 있다고 할 수 있다.

[그림 4.9(a)와 (b)]에서 식(4.43)과 식(4.45)의 차이는 많지 않다는 것을 알 수 있다. 특히, 전단철근이 탄성인 경우에 $\xi\varepsilon_2$와 $\rho_t f_{yt}/(\xi f_{ck})$는 거의 선형적인 관계를 이루고 있어 k를 $\rho_t f_{yt}/(\xi f_{ck})$의 함수인 $k=(1+\rho_t f_{yt}/\xi\varepsilon_2)^{0.9}$로 하여 계산한 후에 이를 비교할 경우에도 [그림 4.9(b)]와 같이 식(4.43)과 식(4.46)의 차이는 크지 않다. 여기서는 [그림 4.9]의 비교 외에도 유한요소해석(VecTor2)에 의하여 [식(4.43)과 식(4.34)]의 차이를 비교하였으며, 이에 대해서는 [그림 4.10]에서 상세하게 설명한다.

식(4.46)을 식(4.42)에 대입하면 식(4.47)을 유도할 수 있다.

$$v_{lt}^2 = \left(\rho_t f_{ts} + f_1^c\right)^2 \frac{\varepsilon_t}{k\,\varepsilon_l} \tag{4.47}$$

식(4.47)의 부재축방향변형률(ε_l)은 휨모멘트의 영향 등을 고려하여 평가해야 한다. 휨모멘트와 전단력을 받는 부재의 축인장철근의 변형률(ε_{xl})은 식(4.23)에서 계산한다. 식(4.23)에서 전단력이 일정한 부재의 경우에 휨모멘트가 최대인 위치에서 축인장철근의 변형률(ε_{xl})이 최대가 되지만, 이 위치에서는 클램핑 응력(clamping stress)에 의하여 전단강도가 증가하고(Bentz와 Collins, 2006), 사인장균열의 각도가 가력점에 가까워질수록 증가하게 되어 부재의 전단내력이 증가한다. 따라서 일본건축학회 강도설계지침(1990)에서는 부재의 전단파괴는 휨모멘트가 최대인 위치에서 단면의 유효깊이(d)만큼 떨어진 곳으로 한다. 따라서 위험단면의 휨모멘트를 계산하고 이 값을 식(4.23)에 대입하여 식(4.48)을 구한다.

$$\varepsilon_x = \frac{v_{lt}\, b_w\, d\,(a-d)/z + 0.5\, v_{lt}\, b_w\, d \cot\theta}{2E_s A_s} \tag{4.48}$$

CSA-14기준에서는 전단력이 지배하는 복부 콘크리트의 부재축방향변형률은 축인장철근변형률(ε_{xl})의 1/2값으로 하고 있다. 여기서 식(4.46)의 $\cot\theta$를 식(4.48)에 대입하여 식(4.49)에서 ε_{xl}을 계산한다.

$$\varepsilon_x = \frac{1.14\, v_{lt}\, b_w\,(a-d) + 0.5\, v_{lt}\, b_w\, d\,\sqrt{2\dfrac{\varepsilon_t}{k\,\varepsilon_{xl}}}}{2E_s A_s} \tag{4.49}$$

식(4.49)를 정리한다.

$$(E_s A_s)^2 k\varepsilon_{xl}^3 - 2.28\, E_s\, A_s\, v_{lt} b_w (a-d) k\varepsilon_{xl}^2 \\ + (v_{lt}\, b_w)^2 \left[1.3(a-d)^2 k\varepsilon_{xl} - 0.5\, d^2 \varepsilon_t\right] = 0 \tag{4.50}$$

식(4.50)을 계산할 때 셋째 항의 $1.3(a-d)^2 k\varepsilon_{xl}$과 $0.5\, d^2\varepsilon_t$의 차이를 전단경간비(a/d)에 따라서 비교해 보면 $a/d = 3.0$이며, $0.0005 \leqq \varepsilon_{xl} \leqq \varepsilon_{yl}$인 경우에 $0.5\, d^2\varepsilon_t$는 $1.3(a-d)^2 k\varepsilon_{xl}$의 약 6.95~9.84퍼센트이며, $a/d = 4.0$이고 $0.0005 \leqq \varepsilon_{xl} \leqq \varepsilon_{yl}$인 경우에 약 4.37~3.09퍼센트이다. 또한 a/d가 4.0보다 커지면 그 차이는 더욱 줄어든다. 따라서 식(4.50)의 셋째 항에서 $0.5\, d^2\varepsilon_t$를 "0"으로 가정할 수 있다. 이 가정에 대해서는 유한요소해석 결과와 비교하여 가정의 오차를 비교하였다. 따라서 식(4.50)은 ε_{xl}에 대한 2차식으로 변화하며, 근의 해를 써서 ε_l을 식(4.51)에서 계산한다.

$$\varepsilon_l = \frac{\varepsilon_{xl}}{2} = 0.57 \frac{v_{lt}\, b_w\, (a-d)}{E_s A_s} \tag{4.51}$$

식(4.51)의 단면 중심에서의 축방향변형률(ε_l)을 비선형 유한요소해석(VecTor2)을 사용하여 비교하였다. 해석에서는 [그림 4.10]과 같이 전단철근이 항복하는 시점에서 가력점으로부터 d만큼 떨어진 위치의 단면의 복부 축방향변형률(ε_l)과 식(4.51)에서 계산한 ε_l을 비교하여 [표 4.2]에 정리하였다. [표 4.2]에서 $\rho_t f_{yt} / (f_{ck})$가 다른 세 종류의 보에 대하여 식(4.51)을 사용하여 계산한 ε_l은 VecTor2를 이용하여 계산한 ε_l값을 약 3~6퍼센트 정도 과대평가하고 있다.

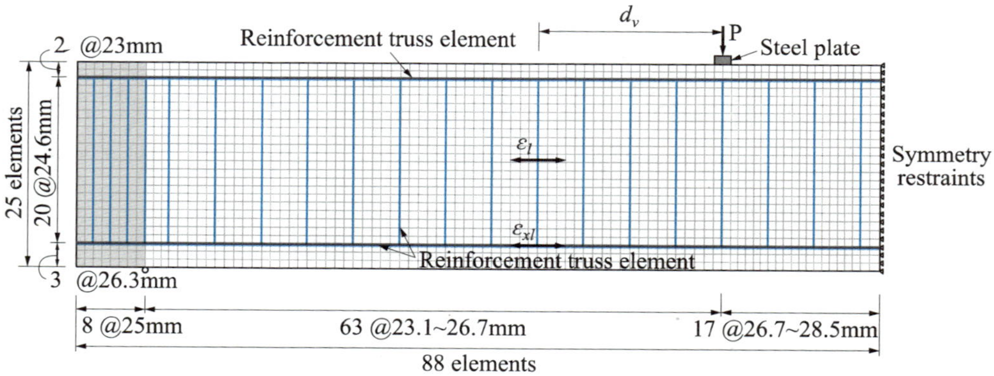

[그림 4.10] 유한요소해석 모델

[표 4.2] 유한요소해석과 식(4.51)의 비교

Specimen	(a) VecTor2 : ε_l	(b) Eq.(4.51) : ε_l	(b) / (a)
1	0.000963	0.000985	1.024
2	0.000690	0.000734	1.064
3	0.000975	0.001031	1.057

식(4.51)에서 계산한 부재축방향 변형률(ε_l)을 식(4.47)에 대입하여 식(4.52)의 전단력(V_n)을 계산한다. 식(4.51)에서 철근의 탄성계수 $E_s = 200{,}000$ MPa이며, 주어진 조건에서 철근이 항복하는 시점의 전단강도를 계산하므로 식(4.47)의 부재축과 직각되는 방향의 변형률은 $\varepsilon_t = \varepsilon_{yt} = 0.002$로 한다.

$$V_n = \sqrt[3]{(\rho_t f_{yt} + f_1^c)^2 \ \frac{700\rho_w}{k(a/d-1)}} \ (b_w z) \tag{4.52}$$

식(4.52)에는 경량콘크리트와 크기효과에 대한 영향이 포함되어 있지 않으므로 식(4.52)의 콘크리트의 인장강도에 경량콘크리트 계수(λ)와 크기효과 계수(λ_s)를 각각 곱하여 반영해야 한다. 경량콘크리트 계수(λ)는 KDS 14 국가건설기준의 값을 사용할 수 있다. λ_s는 도로교설계기준(한계상태설계법)에 근거한 $\lambda_s = \left(\sqrt{200/d}\right)^{1.5} \le 1.0$ (d는 mm)를 사용할 수 있다(Lee와 Kim, 2016).

$$V_n = \sqrt[3]{(\rho_t f_{yt} + \lambda\,\lambda_s\, f_1^c)^2 \ \frac{700\rho_w}{k(a/d-1)}} \ (b_w z) \tag{4.53}$$

여기서 식(4.44)를 사용할 경우에 $k = 1$이며, 식(4.45)를 사용할 경우에 $k = [1 + \rho_t f_{yt} / (\xi f_{ck})]^{0.9}$이다. 전단파괴시의 콘크리트의 인장강도($f_1^c$)는 최소전단철근 이하로 철근이 배근된 부재($A_v < A_{v,\min}$)와 전단철근이 있는 부재($A_v \geq A_{v,\min}$)로 나누어지며, $A_v < A_{v,\min}$의 전단철근이 배근된 부재에서는 $f_1^c = 0.19\sqrt{f_{ck}}$, $A_v \geq A_{v,\min}$의 전단철근이 배근된 부재에서는 $f_1^c = 0.145\sqrt{f_{ck}}$이다. 그 이유는 최소전단철근 이하의 전단철근이 배근된 부재의 경우에는 [그림 4.11]과 같이 전단균열이 발생함과 거의 동시에 부재가 파괴되므로 전단파괴시의 f_1^c는 [그림 4.11]의 $f_1^c - \varepsilon_1$ 관계에서 콘크리트의 균열강도(f_{cr})가 되어야 하며, 전단철근이 있는 부재의 경우는 [예제 3.1]과 같이 전단철근이 항복하는 시점의 콘크리트의 인장강도를 사용해야 하기 때문이다. 콘크리트의 인장강도는 식(3.54)에 의해 계산할 수 있다.

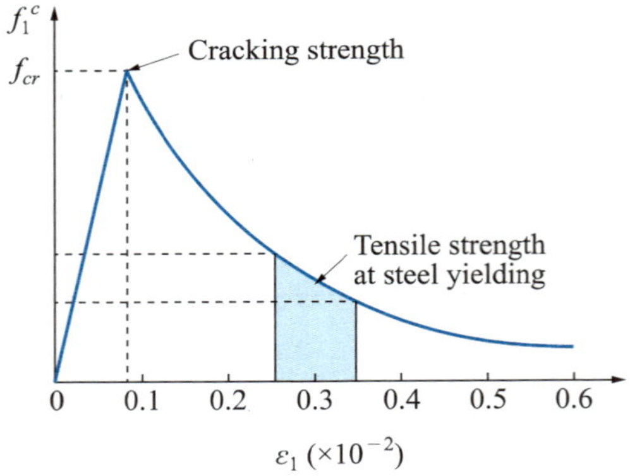

[그림 4.11] $f_1^c-\varepsilon_1$관계

식(3.54)를 사용하기 위해서는 콘크리트의 인장변형률(ε_1)을 알아야 한다. 전단철근이 매우 적게 들어가 사인장균열이 발생하는 순간에 전단파괴하는 부재의 경우에 ε_1은 약 0.0008～0.001이며, 이 값을 대입할 경우에 $f_1^c \approx 0.19\sqrt{f_{ck}}$ 가 되므로 이 값을 이용하여 $A_v < A_{v,\min}$ 부재의 전단강도를 평가한다. 전단철근이 $A_v \geqq A_{v,\min}$ 인 부재의 경우는 전단철근이 항복하는 시점의 콘크리트의 인장강도를 사용해야 한다. 식(3.40)과 식(3.41)의 변형률 적합조건을 이용하여 식(4.54)를 유도할 수 있다.

$$\varepsilon_1 = \varepsilon_t + \varepsilon_l - \xi\varepsilon_2 \tag{4.54}$$

식(4.54)에서 전단철근이 항복하는 시점의 전단강도를 계산하므로 $\varepsilon_t = \varepsilon_{yt}$ 가 된다. [그림 4.8(d)]에서 $\xi\varepsilon_2 = -\rho_t f_{yt}/(500\,\xi f_{ck})$에 의하여 계산할 수 있고, 단면 중심에서의 부재축방향변형률(ε_l)은 축인장철근 변형률(ε_{xl})의 1/2값으로 할 수 있으므로 $0.005 \leqq \varepsilon_l \leqq 0.001$이 된다. 그러나 균열이 발생한 이후에 f_1^c는 [그림 4.11]에서 완만한 기울기로 감소하므로 이러한 값들의 변화를 전부 고려하여도 식(3.54)에 의하여 계산되는 f_1^c값의 차이는 크지 않다. 따라서 $\varepsilon_t = \varepsilon_{yt} = 0.002$, $\xi\varepsilon_2 = -0.0005$, $\varepsilon_l = 0.0075$를 식(3.54)에 대입하여 f_1^c를 계산하면 $f_1^c \approx 0.145\sqrt{f_{ck}}$ 가 된다.

식(4.53)에서 전단강도(V_n)는 전단철근의 양($\rho_t f_{yt}$)의 2/3승에 비례하여 KDS 14 국가건설기준 또는 ACI318-19기준의 전단강도계산식의 $V_n - \rho_t f_{yt}$ 관계와 다르지만, 소성트러스모델에 의하면 균열의 각도 $\cot\theta = \sqrt{(\xi f_{ck})/(\rho_t f_{yt}) - 1}$ 의 관계가 있기 때문에 식(4.53)과 도로교설계기준(한계상태설계법) 또는 CSA-14기준의 전단강도계산식과는 변수의 관계상 큰 차이가 없다.

4.4 전단강도 비교

이 절에서는 KDS 14 국가건설기준, ACI318-19기준, 도로교설계기준(한계상태설계법)과 유사한 EC2-04기준, 변형률적합 트러스모델에 기반을 두고 유도된 간략식(4.53)의 전단강도 예측 정도를 비교하고자 한다. 지금까지 여러 연구자들에 의하여 많은 전단 실험 결과가 보고되었다. 여기서는 기존의 전단실험 결과 중에서 엄선된 데이터로 구성된 ACI-DAfStb Databases (Reineck 등, 2013)의 전단철근이 없는 실험체 784개와 전단철근이 있는 실험체 157개(Reineck 등, 2014)를 활용하였다. 수집한 데이터의 재료 범위를 [표 4.3]에 정리하였다. 사용된 데이터의 상세에 대해서는 [부록 : 1 전단강도 및 변수 분석 데이터]를 참조하기 바란다.

[표 4.3] 941실험체의 재료 특성

재료	전단철근이 없는 실험체(784개)	전단철근이 있는 실험체(157개)
f_{ck}	10.5 ~ 136.6 MPa	11.2 ~ 122.9 MPa
a/d	2.4 ~ 8.1	2.5 ~ 7.1
d	57 ~ 3,000 mm	198 ~ 1,369 mm
ρ_w	0.0014 ~ 0.0664	0.005 ~ 0.156
ρ_t	-	0.00078 ~ 0.0387
f_{yt}	-	237 ~ 820 MPa
$\rho_t f_{yt}$	-	0.0032 ~ 0.244 MPa

4.4.1 전단철근이 없는 실험체에 대한 비교

전단철근이 들어있지 않은 실험체와 KDS 14 국가건설기준, ACI 318-19기준, EC2-04기준, 트러스모델 기반 단순식(4.43)의 결과를 비교하여 [그림 4.12]에 정리하였다. KDS 14 국가건설기준은 주인장철근비(ρ_w)와 전단경간비(a/d)의 영향을 고려한 정산식을 사용하였으며, EC2-04기준식은 크기효과를 고려한 식을 사용하였다. 모든 기준식에서는 강도감소계수 또는 재료계수를 1로 하였으며, 주인장철근비와 최대전단강도에 대한 제한을 두지 않았다. 전단철근이 들어있지 않은 실험체의 경우에는 사인장균열이 발생함과 거의 동시에 부재가 파괴되며, $\rho_t f_{yt}$가 "0"이므로 식(4.43)에서 $k=1$이 된다. [그림 4.12]에서 KDS 14 국가건설기준의 전단강도 평가식은 784실험체의 전단강도를 평균값 1.362, 변동계수 0.334로 예측하였다. 평균값은 안전성을 고려할 경우에 바람직하지만 변동계수가 크다는 것을 알 수 있다. 반면, ACI318-19기준과 EC2-04기준의 평가식은 각각 평균값 1.474와 1.048, 변동계수 0.245와 0.231로 예측하였다. 두 기준식의 변동계수는 KDS 14 국가건설기준에 비하여 우수하다. 한편 트러스모델에 기반한 간략식(4.43)에서 계산된 전단강도와 784실험체의 전단강도를 비교해 보면 평균값 0.946, 변동계수 0.188로 평가하였다.

[그림 4.13]에서는 전단경간비(a/d), 주인장철근비(ρ_w), 콘크리트의 압축강도(f_{ck})에 따라서 변화하는 기준식의 예측정도를 비교하였다. KDS 14 국가건설기준은 전단경간비(a/d)가 증가함에 따라서 기준식의 예측정도(V_{c-test}/V_{c-KDS})가 다소 감소하는 경향을 보이고 있다. 특히 주인장철근비(ρ_w)가 증가할 경우에 V_{c-test}/V_{c-KDS}가 급격

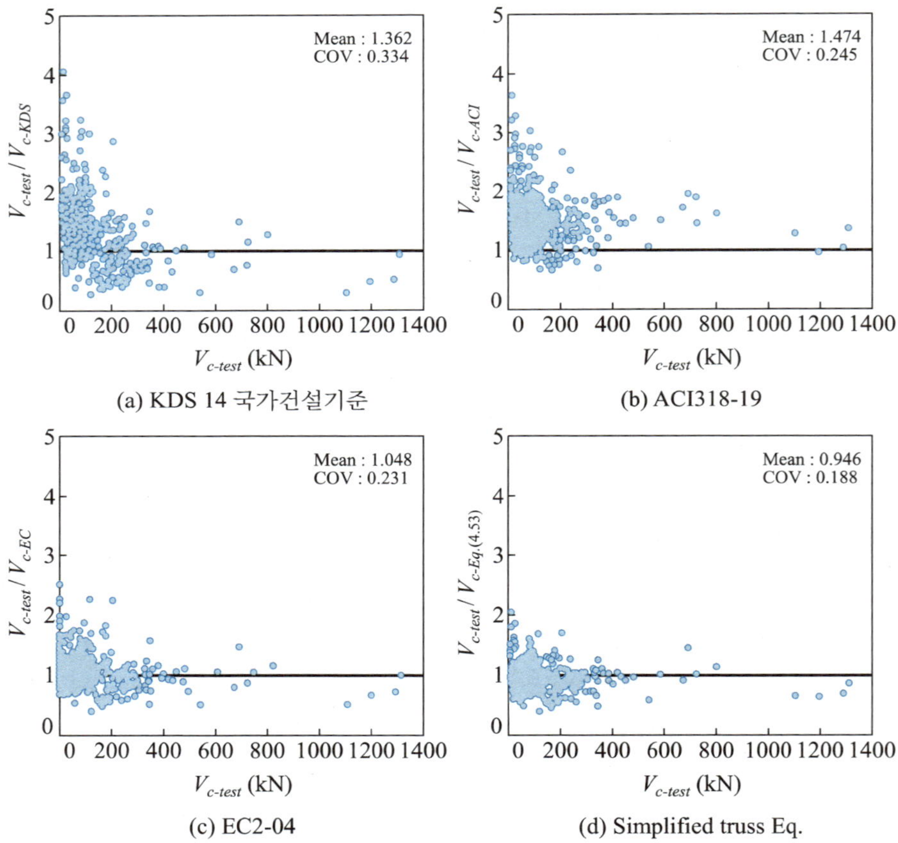

[그림 4.12] 전단철근이 없는 784 실험체의 전단강도 비교

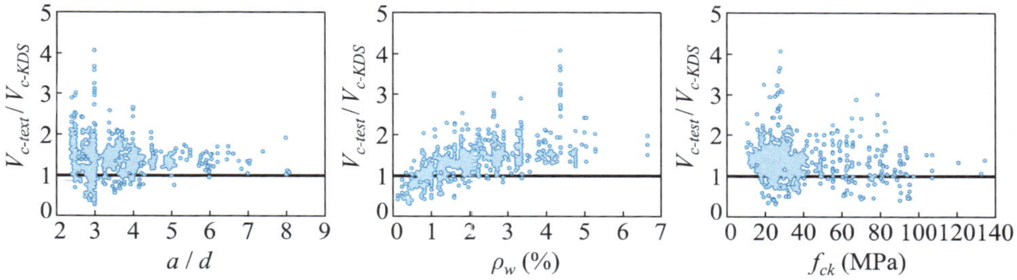

(a) KDS 14 국가건설기준

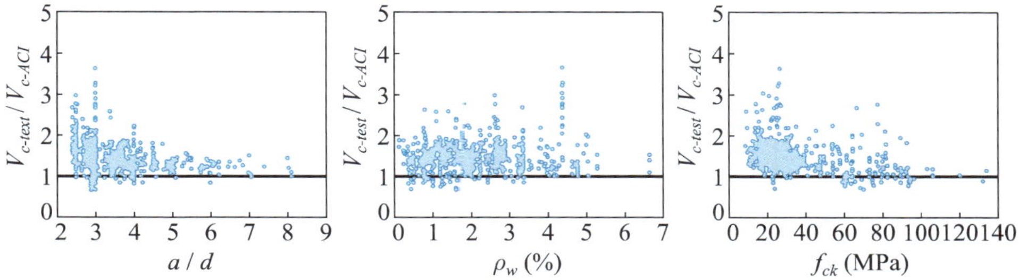

(b) ACI318-19

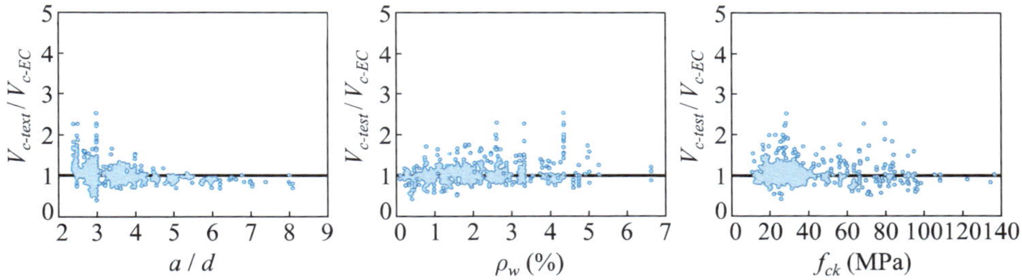

(c) EC2-04

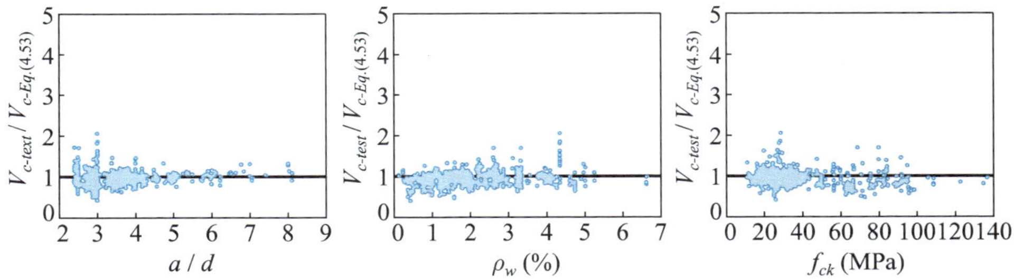

(d) Simplified truss Eq.

[그림 4.13] 전단철근이 없는 784 실험체의 변수 비교

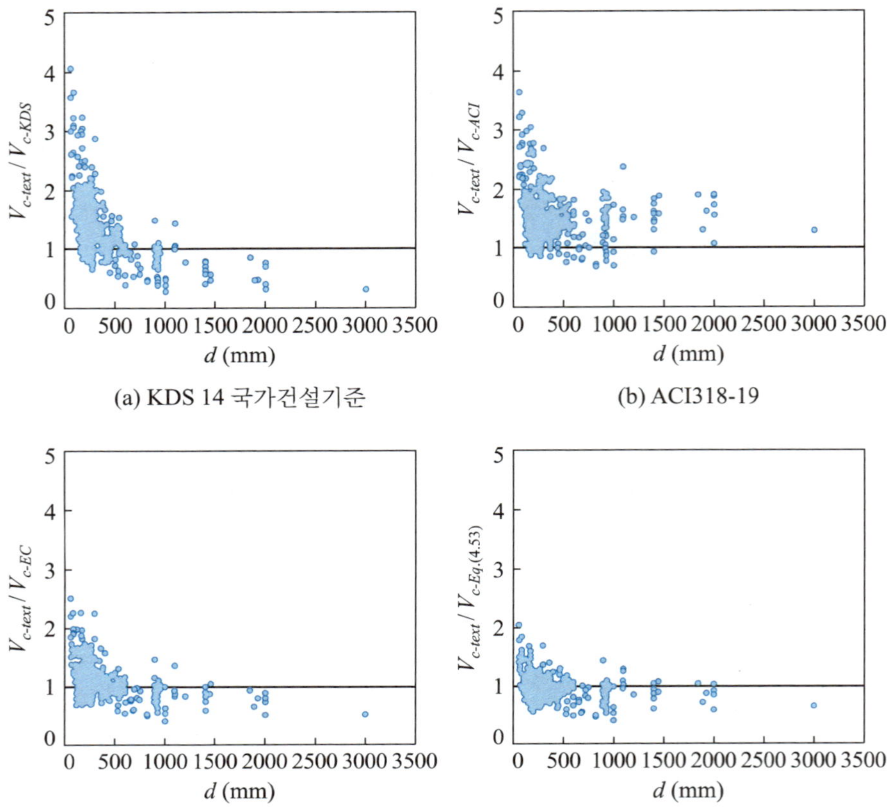

(a) KDS 14 국가건설기준 (b) ACI318-19

(c) EC2-04 (d) Simplified truss Eq.

[그림 4.14] 전단철근이 없는 784 실험체의 크기효과에 대한 평가

하게 증가하며, $\rho_w \leqq 0.01$에서 실제 전단강도를 과대평가한다. ACI318-19기준과 EC-04기준은 a/d, ρ_w, f_{ck}의 변화에 무관하게 거의 일정하게 전단강도를 예측한다. 식(4.45)의 경우에도 a/d, ρ_w, f_{ck}의 변화를 비교적 정확하게 평가하였다. [그림 4.14]에서는 단면의 유효 깊이(d)에 대한 계산 결과를 비교하였다. 그림에서 KDS 14 국가건설기준의 경우에 d의 값이 작을 경우에 실험값을 과소평가하고, d가 클 경우에 실험값을 다소 과대평가하였다. 그 이유는 KDS 14 국가건설기준에는 크기효과를 반영하고 있지 않기 때문이다. ACI 318-19는 KDS 14 국가건설기준보다는 개선되었지만 여전히 d의 값이 작을 경우에 실험값을 과소평가하였다. 반면에 EC2-04기준과 트러스모델에 근거한 간략식(4.45)는 다른 두 기준식에 비하여 크기효과를 보다 정확하게 반영하였다.

4.4.2 전단철근이 있는 실험체

[그림 4.15]에서는 전단철근이 들어있는 실험체와 KDS 14 국가건설기준, ACI 318-19기준, EC2-04기준, 트러스모델 기반 간략식(4.45)의 결과를 비교하였다. 기준식의 경우에는 강도감수계수와 재료계수를 1로 보고 계산하였으며, 최소철근비, 최대철근비, 최소전단철근의 간격에 대한 제한은 적용하지 않았다. [그림 4.15]에서 KDS 14 국가건설기준, ACI 318-19기준, EC2-04기준에 의한 예측된 전단강도의 평균값은 약 1.3 정도로 유사하였다. 식(4.45)에 의하여 예측된 157개 실험체의 전단강도 평균값은 1.25 이며, 변동계수는 16.5퍼센트로 예측하였다.

[그림 4.16]은 주인장철근비(ρ_w), 전단철근의 양($\rho_t f_{yt}$), 콘크리트의 압축강도(f_{ck})에 대한 식의 예측 정도를 나타낸다. 그림에서 ρ_w, $\rho_t f_{yt}$, f_{ck}의 변화에 관계없이 네 식의 예측 경향은 유사하다.

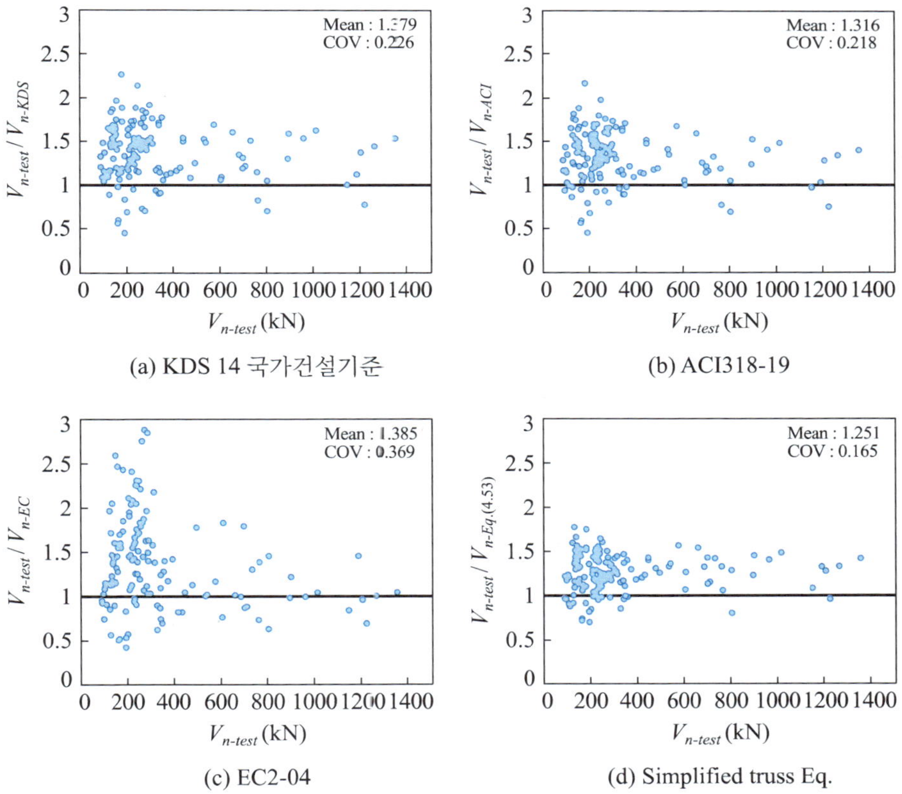

(a) KDS 14 국가건설기준 (b) ACI318-19

(c) EC2-04 (d) Simplified truss Eq.

[그림 4.15] 전단철근이 있는 157 실험체의 전단강도 비교

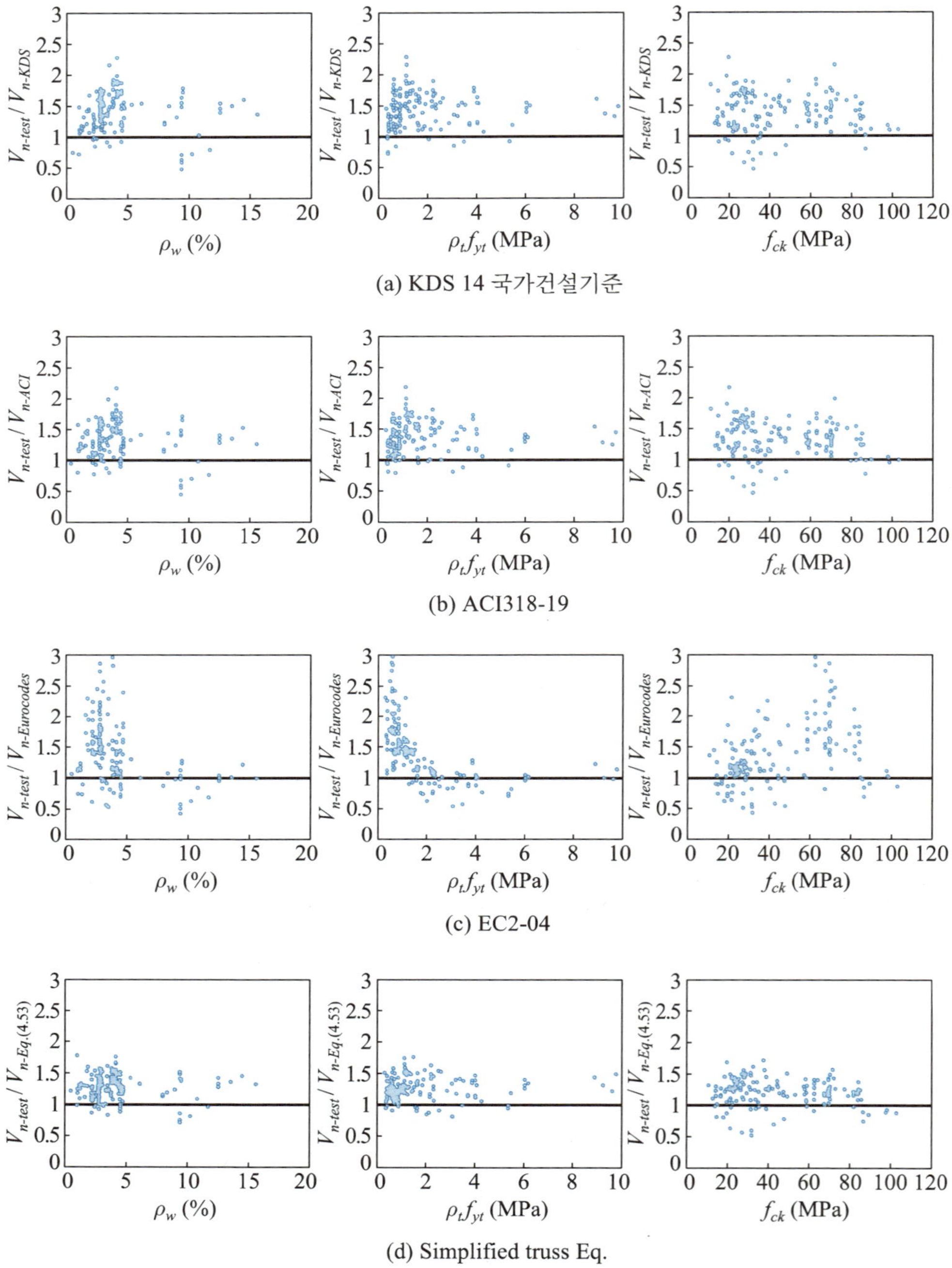

[그림 4.16] 전단철근이 있는 157 실험체의 변수 비교

[그림 4.17]에서는 $k=1$ 또는 $k=\left[1+\rho_t f_{yt}/(\xi f_{ck})\right]^{0.9}$를 사용한 식(4.53)의 계산 결과를 비교하였다. $\xi\varepsilon_2=0$으로 가정할 경우에 $k=1$이다. [그림 4.17(a)]는 $k=1$을 식(4.53)에 대입하여 전단철근이 있는 실험체 157개의 전단강도를 비교한 결과이다. 비교에 의하면 $\xi\varepsilon_2=0$으로 가정한 경우에도 실제 전단강도를 평균값 1.198, 변동계수 18.1 퍼센트로 비교적 정확하게 예측하고 있다. $k=1$ 또는 $k=\left[1+\rho_t f_{yt}/(\xi f_{ck})\right]^{0.9}$를 사용한 계산 결과에 큰 차이가 나지 않는 이유는 [그림 4.17(b)]에 나타난 것과 같이 대부분의 실험체의 $\rho_t f_{yt}/(\xi f_{ck})$는 균열의 억제 및 전단인장파괴를 유도하기 위하여 0.3 이하인 경우가 많기 때문이다. $\rho_t f_{yt}/(\xi f_{ck})$가 작을 경우에 전단철근이 항복할 때의 콘크리트의 압축변형률은 매우 작아 예측 결과에는 거의 영향을 주지 못한다.

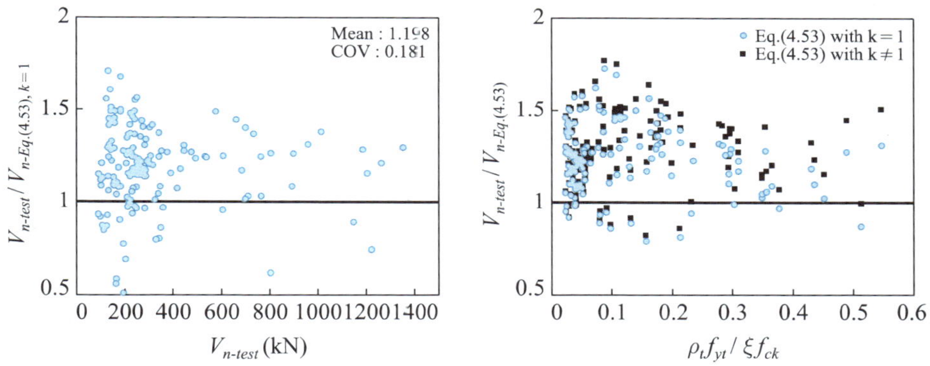

(a) $k=1$ 사용식의 전단강도 예측 (b) k 값의 비교

[그림 4.17] $k=1$ 사용식의 전단강도 예측과 k 값의 비교

4.5 최대전단철근비

현행 KDS 14 국가건설기준의 철근콘크리트 부재에 대한 전단설계법에서는 최소전단철근비에 대한 규정, 전단철근의 최대 간격에 대한 규정 및 최대전단철근비에 대한 규정 등이 있다. 최소전단철근비와 철근 간격에 대한 규정은 부재의 복부에 최초의 사인장균열이 발생할 때의 외력을 철근이 지지하지 못하게 되어 사인장균열이 발생함과 동시에 부재가 파괴되는 것을 방지하며, 사인장균열이 최소한 한 개 이상의 전단철근을

관통하여 취성적으로 파괴되지 않고 균열의 폭이 사용성 한계 이상으로 커지는 것을 방지하기 위함이다. 한편, 최대전단철근비에 대한 규정은 다음과 같이 크게 두 가지 요인에 기인한다.

① **전단철근의 항복 유도** : 전단철근의 양이 증가하면 전단철근의 전단저항력이 커져 전단철근이 항복하기 이전에 콘크리트에 의한 압축파괴가 발생할 수 있다. 이 경우에는 전단철근이 항복하지 않은 상태에서 부재는 최대전단력에 도달하여 소성설계에 기본을 둔 현 기준의 전단철근 내력 평가식을 사용할 수 없게 된다. 즉, 전단철근의 항복강도를 사용할 경우에 식(4.5)의 계산값은 실제값을 과대평가할 수 있다. 또한 전단파괴는 휨파괴보다 취성적이기는 하지만 이 중에서도 전단철근이 항복하기 이전에 복부 콘크리트가 먼저 파괴하는 전단압축파괴가 전단철근이 항복한 이후에 복부 콘크리트가 파괴하는 전단인장파괴보다 더 취성적이기 때문에 설계에서는 이러한 파괴를 제한한다.

② **사인장균열 폭의 제어** : 전단내력은 콘크리트에 의한 저항력과 전단철근에 의한 저항력으로 구분된다. 콘크리트에 의한 저항분이 일정한 상태에서 전단철근의 강도가 증가할 경우, 전단철근의 간격이 넓어지고, 이로 인해 사인장균열의 폭이 증가할 우려가 있다. 따라서 사인장균열 폭을 조절하기 위하여 전단철근의 양을 제한할 필요가 있다.

이 밖에도 경제적인 관점에서 최대철근비를 제한하기도 한다. 즉, 하계소성이론에 의한 소성설계법에 의하면 [그림 4.8]과 같이 전단저항력은 전단철근의 양에 비례하여 증가하지 않는다. 전단저항력은 원의 형태로 증가하여 전단철근의 양이 클 경우에 전단저항력의 증가비는 작아진다. 이는 전단철근의 양이 증가하면 콘크리트 압축대의 경사각이 커지기 때문이다.

4.5.1 최대전단철근비(최대전단강도)의 비교

4.2절에서 설명한 KDS 14 국가건설기준, ACI318-19기준, 도로교설계기준(한계상태설계법), EC2-04기준, CSA-14기준, JSCE-07기준 등의 구조설계기준에서 전단철근의 전단강도 평가식은 모두 트러스모델에 기본을 두지만, 최대전단철근비에 대한 기준식의 개념은 기준마다 다르다. 기준에서는 최대전단철근비를 최대전단강도의 개념으로 제한하고 있다. ACI318-19기준과 JSCE-07기준은 [표 4.4]와 같이 경험 및 실험에 근거하여 유도된 식을 사용하고 있지만, 도로교설계기준(한계상태설계법)과 CSA-14기준에서는

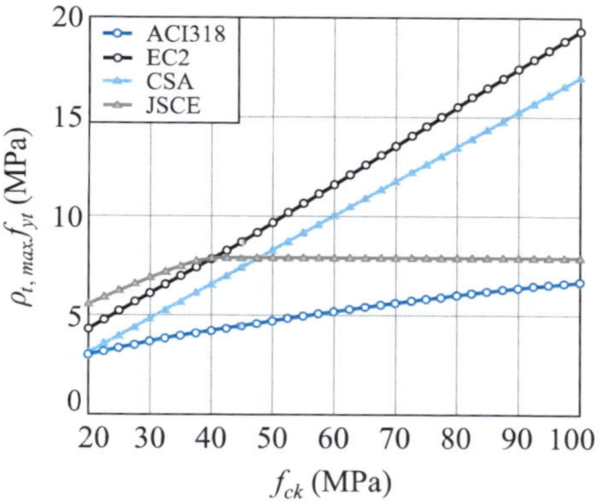

[그림 4.18] 최대전단철근비의 비교

[표 4.4] 최대전단강도와 최대전단철근비의 비교

기준	최대전단강도 / 최대전단철근비
ACI318-19기준	$V_{s,\max} = \frac{2}{3}\sqrt{f_{ck}}\, b_w\, d$
	$\rho_{t,\max} = \frac{2}{3}\frac{\sqrt{f_{ck}}}{f_{yt}}$
도로교설계기준 (EC2-04기준)	$V_{n,\max} = \alpha_{cw}\xi f_{ck}\frac{1}{\cot\theta+\tan\theta}(b_w z)$
	$\rho_{t,\max} = \frac{\xi f_{ck}}{f_{yt}}\sin^2\theta$
CSA-14기준	$V_{s,\max} = (0.25 f_{ck} - \beta\sqrt{f_{ck}})(b_w\, z)$
	$\rho_{t,\max} = 0.25\frac{f_{ck}}{f_{yt}}\tan\theta - \frac{\beta\sqrt{f_{ck}}}{f_{yt}}\tan\theta$
JSCE-07기준	$V_{s,\max} = (f_{wcd} - \beta_d\beta_p\beta_n f_{vcd})(b_w d)$
	$\rho_{t,\max} = \frac{f_{wcd}}{f_y}\frac{d}{z} - \frac{\beta_d\beta_p\beta_n f_{vcd}}{f_{yt}}\frac{d}{z}$
AIJ-1990기준	$V_{s,\max} = \frac{\xi}{4} f_{ck} b_w d$
	$\rho_{t,\max} = 0.5\,\xi\frac{f_{ck}}{f_{yt}}\tan\theta - \frac{1}{2}(1-\beta_s)\xi\frac{f_{ck}}{f_{yt}}\frac{h}{z}\tan\phi\tan\theta$

트러스모델에서 직접 유도된 평가식을 사용하고 있다. [그림 4.18]은 [표 4.4]의 평가식을 콘크리트 압축강도(f_{ck})에 대하여 비교한 것이다. 일본건축학회 강도설계법(AIJ-1990)은 아치 작용에 따라서 값에 차이가 발생하므로 비교에서 생략하였다. [그림 4.18]에서 ACI318-19기준과 JSCE-07기준의 최대전단철근양($\rho_{t,\max} f_{yt}$)은 EC2-04기준과 CSA-14기준과 차이가 있다. 콘크리트 압축강도가 40 MPa일 때 ACI318-19기준의 최대전단철근양은 4.22 MPa이지만, EC2-04기준, CSA-14기준, JSCE-07기준의 최대철근양은 각각 7.81 MPa, 6.53 MPa, 7.92 MPa로 ACI318-19의 약 2배 값이며, 기준간에 큰 차이가 있다.

Lee와 Hwang (2010)은 기존의 연구 결과를 바탕으로 각 기준의 최대전단철근비를 실험체의 파괴모드와 비교하였다. [그림 4.19(a)]는 전단철근의 양($\rho_t f_{yt} / f_{ck}$)과 전단강도(v / f_{ck})의 관계이다. 실험은 콘크리트의 압축강도에 따라서 4개의 그룹에 대한 실험 결과이며, 한 개의 실험체를 제외하고 모든 실험체는 최대전단력에 도달하기 이전에 전단철근이 항복하고 복부 콘크리트가 파괴한 경우이다. 그림에는 $f_{ck} = 27\,\mathrm{MPa}$인 경우와 $f_{ck} = 37\,\mathrm{MPa}$인 경우의 ACI318-19기준의 최대전단철근비 제한값과 EC2-04기준의 최대전단철근비 제한값이 표시되었다. 그림에서 ACI318-19기준보다 훨씬 많은 전단철근이 배근된 실험체의 경우에도 전단철근이 항복한 이후에 부재가 파괴하였으며, 전단강도는 전단철근의 양이 증가함에 따라서 일정한 기울기로 증가하여 ACI318-19기준의 최대전단철근비의 제한이 지나치게 안전 범위에 있다는 것을 알 수 있다.

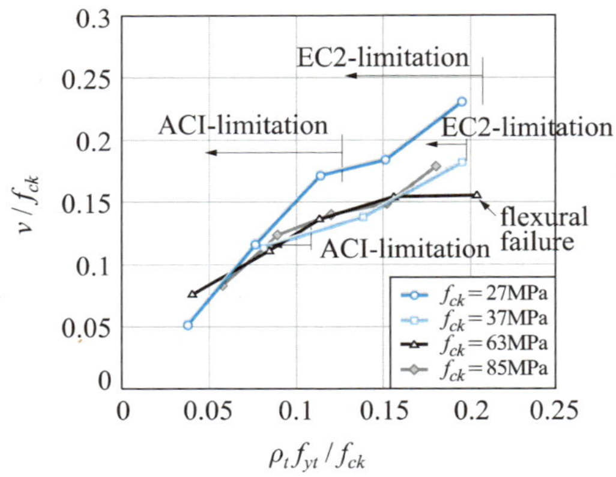

(a) $\rho_t f_{yt} / f_{ck}$와 v / f_{ck}의 관계

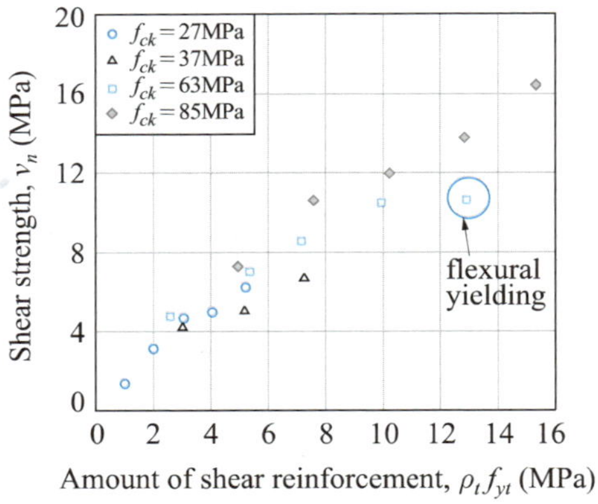

(b) $\rho_t f_{yt}$와 전단강도의 관계

[그림 4.19] $\rho_t f_{yt} / f_{ck}$와 전단강도의 관계(Lee와 Hwang, 2010)

이러한 경향은 $\rho_t f_{yt}$와 전단강도(v)의 관계를 나타내는 [그림 4.19(b)]에서도 확인할 수 있다. 이론적으로 볼 때 최대철근비 이상의 철근이 배근된 실험체의 경우에 철근이 항복강도에 도달하지 않고 파괴되어 전단강도(v)가 증가하지 않고 어느 한계값에 수렴해야겠지만, [그림 4.19]에서 철근의 양($\rho_t f_{yt}$)이 증가함에 따라서 전단강도(v)는 일정하게 증가하여 ACI318-19기준의 최대철근비 한계값이 지나치게 낮다는 것을 확인할 수 있다.

전단인장파괴와 전단압축파괴는 $\rho_t f_{yt}$와 f_{ck}의 상호관계에 밀접한 관련이 있다. 즉, 콘크리트의 압축강도(f_{ck})가 증가하면 전단철근의 양($\rho_t f_{yt}$)이 증가하여도 전단인장파괴(under-reinforced shear failure)할 수 있지만 f_{ck}가 낮으면 작은 $\rho_t f_{yt}$에도 전단압축파괴(over-reinforced shear failure)할 수 있다. [그림 4.20]은 파괴모드를 파악할 수 있는 178개 전단파괴 실험체의 $\rho_t f_{yt}/f_{ck}$와 전단강도 관계를 나타낸다. 178개 실험체의 콘크리트의 압축강도(f_{ck})는 13.8~139.2 MPa의 범위에 있으며, 전단철근의 양($\rho_t f_{yt}$)은 0.63~17.85 MPa의 범위에 있다. [그림 4.20]에서 $\rho_t f_{yt}/f_{ck}$가 약 0.18에 도달할 때까지 전단강도는 $\rho_t f_{yt}/f_{ck}$가 증가하면 거의 비례적으로 증가하였지만, 0.18 이상에서는 $\rho_t f_{yt}/f_{ck}$가 증가하여도 전단강도는 거의 일정하다. 이러한 경향은 부재의 파괴모드와 관련이 있다. 즉, 전단인장파괴하는 경우는 $\rho_t f_{yt}/f_{ck}$가 증가하면 전단강도도 함께 증가하지만, 어느 임의 점을 한계로 $\rho_t f_{yt}/f_{ck}$가 증가하여도 철근이 항복하지 않고 부재가 파괴되기 때문에 전단강도는 증가하지 않는다. 실험체의 파괴모드를 살펴보면 $\rho_t f_{yt}/f_{ck}$가 0.18 이상일 경우에 대부분의 부재는 전단압축파괴하였지만, $\rho_t f_{yt}/f_{ck}$가 0.18보다 작은 경우에 부재는 전단인장파괴하였다.

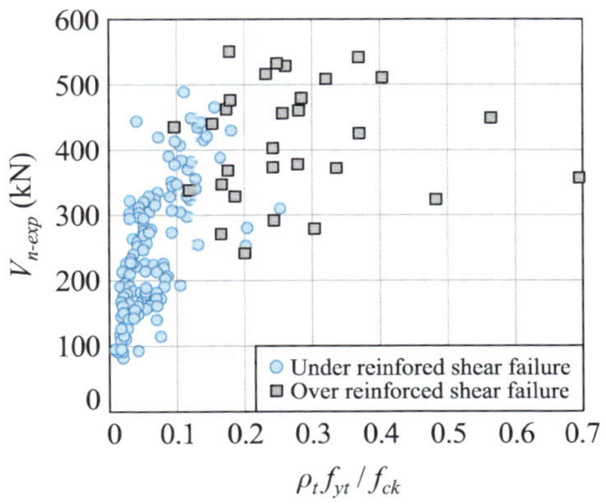

[그림 4.20] $\rho_t f_{yt}/f_{ck}$의 변화에 의한 전단파괴모드의 변화

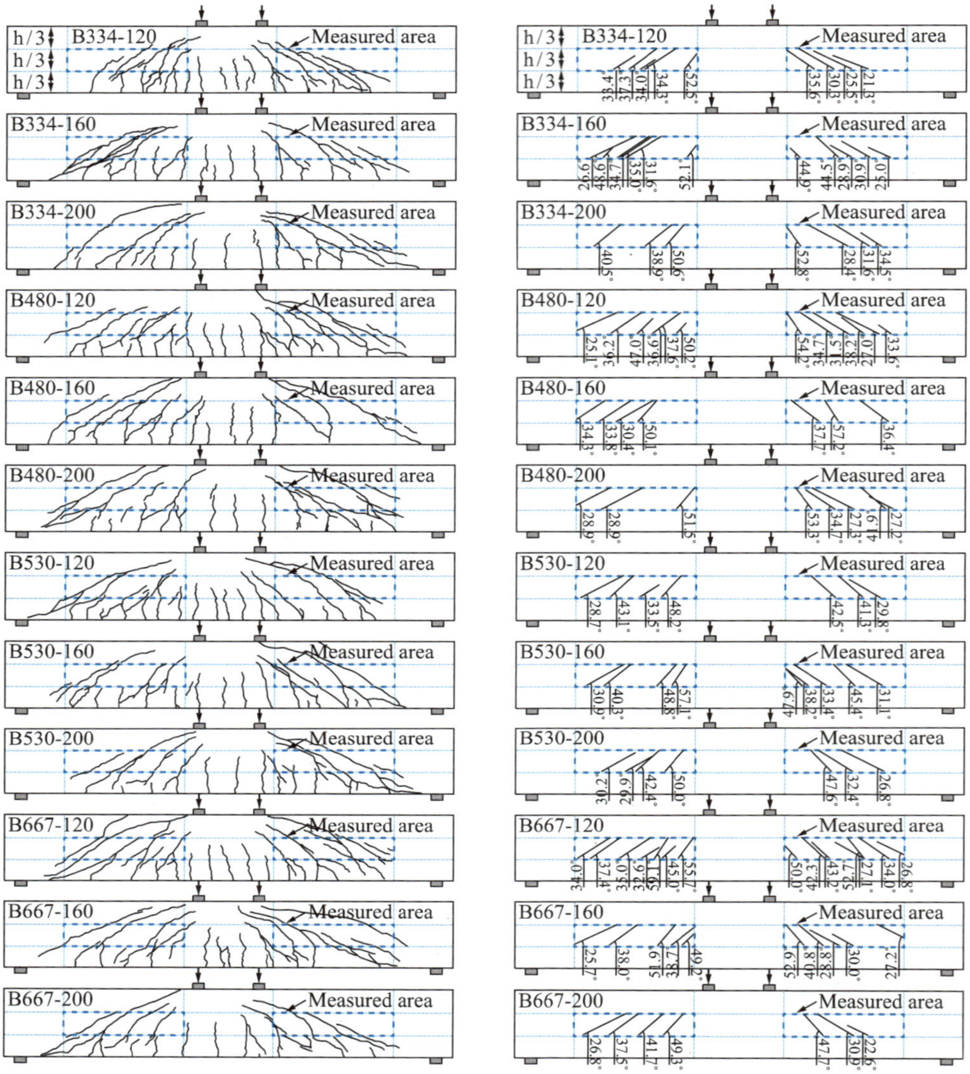

[그림 4.21] 전단위험 영역의 균열의 폭, 수, 각도 측정

[그림 4.21]은 [그림 4.19]에서 분석한 실험체에 대하여 계측한 실험체 좌측면과 우측면의 사인장균열의 각도, 수, 폭을 나타낸다. 실험에서는 그림과 같이 부재의 복부 위치를 정한 후에 복부에 발생하는 균열을 측정하였다. [그림 4.22]에는 ACI 224 R-1 (2001)에 근거하여 전단강도의 60퍼센트에 도달한 사용성 단계의 균열의 폭이 표시되었다. 그림에서 균열의 폭은 두 실험체를 제외하고 모두 ACI 224 R-1에서 권장하고 있는 0.41 mm 이하임을 알 수 있다. 특히, 전단철근의 양이 증가하여 전단강도가 증가할지라도

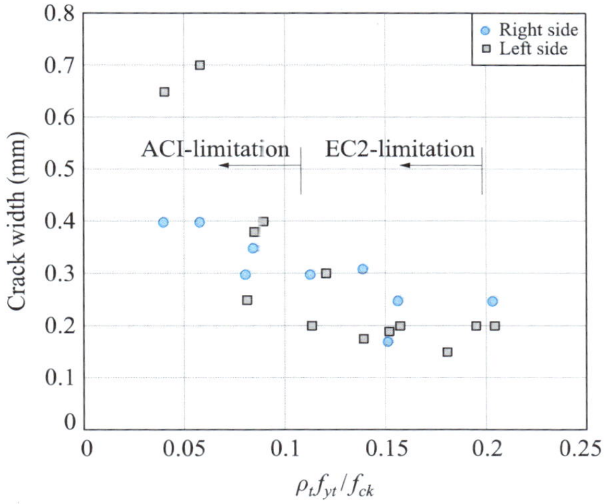

[그림 4.22] $\rho_t f_{yt}/f_{ck}$의 변화에 의한 균열폭의 변화

사인장균열의 수도 함께 증가하여 균열의 폭의 증가 비율은 높지 않았다.

4.5.2 트러스모델에 근거한 최대전단철근비(최대전단강도)의 유도

지금까지의 각 기준에 대한 비교에서 ACI318-19기준의 최대전단철근비는 도로교기준(한계상태설계법), CSA-14기준, JSCE-07기준의 값에 비하여 지나치게 낮다는 것을 알 수 있다. 사인장균열이 발생한 트러스모델에서 최대전단철근비는 [그림 4.23]의 모어의 원에 표시되었듯이 전단철근이 항복함과 동시에 복부 콘크리트가 압축파괴에 도달하는 전단균형파괴시의 철근비를 의미한다. 따라서 트러스모델 평형조건 중의 하나인 식(3.2)의 콘크리트의 주압축응력(f_2^c) 대신에 콘크리트의 유효압축강도(ξf_{ck})를 대입하고 전단철근의 응력(f_{ts}) 대신에 전단철근의 항복강도(f_{yt})를 대입해 구할 수 있다. 식(3.2)를 최대전단철근비($\rho_{t,\max}$)의 조건을 이용하여 식(4.55)로 변환한다.

$$\rho_{t,\max} = \frac{1}{f_{yt}}\left(\xi f_{ck}\ \sin^2\theta - f_1{}^c \cos^2\theta\right) \tag{4.55}$$

식(4.55)에서 유도된 최대전단철근비를 구하기 위해서는 다음과 같이 콘크리트 강도감소계수(ξ), 콘크리트 압축대의 각도(θ), 콘크리트의 주인장응력(f_1^c)을 계산해야 한다.

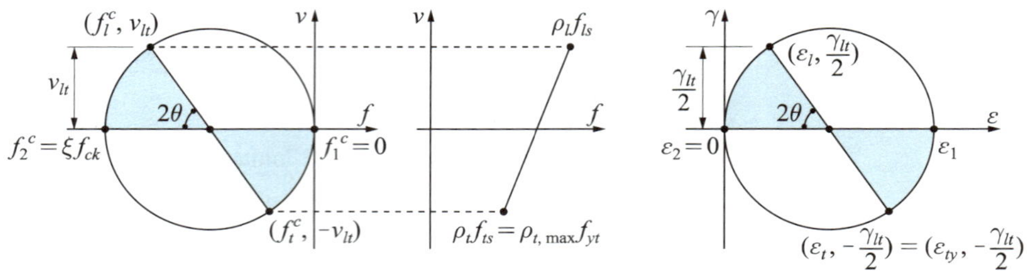

[그림 4.23] 균형파괴시의 응력 상태

① 콘크리트 강도감소계수(ξ)

2축 응력 상태인 복부 콘크리트가 유효압축강도에 도달했을 때의 강도감소계수는 주인장응력에 영향을 받게 된다. 강도감소계수를 예측하는 평가식은 주인장변형률(ε_1)의 함수로 된 식(3.45)와 식(3.53)이 있으며 , EC2-04기준과 도로교설계기준에 사용되는 콘크리트의 압축강도의 함수로 된 식(4.18)이 있다. 일반적으로는 ε_1값을 포함하고 있는 주인장변형률 영향식이 더 정확한 것으로 알려져 있지만 이들 식을 설계식에 반영하는 것은 어렵다. 그 이유는 파괴시 또는 철근항복시의 주인장변형률(ε_1)을 계산하는 것이 쉽지 않기 때문이다. ε_1을 트러스모델에 대한 변형적합조건에서 구하기 위해서는 전단철근의 변형률, 부재축방향변형률(ε_l), 콘크리트의 유효압축강도 변형률($\xi\varepsilon_2$)이 필요하다. 한편, 김우(2015)의 콘크리트 유효압축강도 비교에 의하면 압축강도 영향식(4.18)과 주인장변형률 영향식(3.45)와 식(3.53)의 차이는 크지 않아 도로교설계기준(한계상태설계법)에서는 EC2-04기준의 유효압축강도를 사용하고 있다. 특히 전단균형파괴시에는 변형률의 범위가 작기 때문에 식(4.55)에서도 콘크리트의 강도만을 변수로 사용하는 $\xi = 0.6(1 - f_{ck}/250)$을 사용할 경우, 용이하게 최대전단철근비의 계산이 가능하다.

② 사인장균열의 각도(θ)

트러스모델을 이용하여 전단강도를 평가할 때 가장 어려운 점 중의 하나는 균열의 각도를 예측하는 것이다. EC2-04기준의 경우에는 하계소성이론에 근거한 트러스모델에 기반을 두어 각도를 계산하고, CSA-14기준의 경우에는 수정압축장이론에 근거하여 각도를 계산하고 있다. 식(4.55)의 균열각도는 트러스모델의 변형적합조건 식(3.40)과 식(3.41)을 이용하여 콘크리트의 변형률과 철근의 변형률에 대한 함수로 변경할 수 있다.

$$\sin^2\theta = (\varepsilon_l - \xi\varepsilon_2)/(\varepsilon_1 - \xi\varepsilon_2) \tag{4.56}$$

$$\varepsilon_1 = \varepsilon_l + \varepsilon_t - \xi\varepsilon_2 \tag{4.57}$$

[예제 3.1]과 [예제 3.2]의 풀이 결과에서 알 수 있듯이 콘크리트의 $\xi\varepsilon_2$와 f_1^c는 다른 변형률과 강도에 비하여 매우 작기 때문에 "0"으로 가정할 수 있으며, 전단균형파괴시이므로 전단철근의 변형률(ε_t)은 항복변형률 (ε_{yt})에 도달한다([그림 4.23] 참조). 콘크리트의 유효압축강도로 식(3.53)을 사용할 경우에 주인장변형률에 대한 식(4.57)을 식(3.53)에 대입하고 식(4.55)를 식(4.58)로 변경할 수 있다.

$$\rho_{t,\max} = \left(- \frac{f_{ck}}{0.8 + 170(\varepsilon_l + \varepsilon_{yt})} \frac{\varepsilon_l}{\varepsilon_l + \varepsilon_{yt}} \right) \frac{1}{f_{yt}} \tag{4.58}$$

그러나 식(4.58)의 경우에도 여전히 부재축방향변형률(ε_l)이 미지수로 남아 있으며 이를 위해서는 CSA-14기준과 같이 휨모멘트의 영향을 반영하거나, 변수 해석을 통한 해결이 필요하다. 한편 EC2-04기준에서는 설계의 단순화를 위하여 균열의 각도 38.6도를 권장하고 있다(Karlsruhe 등, 1994).

③ 콘크리트의 인장강도

식(4.55)의 두 번째 항에 포함된 콘크리트의 인장강도에 대해서는 기준마다 상이하다. 예를 들어 도로교설계기준(한계상태설계법)의 전단평가식(4.12)은 처음부터 콘크리트의 저항성분과 전단철근의 저항성분을 분리하여 전단설계하며, 전단철근의 저항성분에 대한 계산에서는 콘크리트의 인장강도의 영향을 무시하므로 콘크리트의 인장강도를 "0"으로 가정하여 설계한다. 한편 CSA-14기준(식 4.24)의 경우에는 콘크리트의 인장강도에 대한 영향을 반영하고 있으므로 인장강도가 반영된 v_c의 항목을 고려하여 최대전단철근비를 계산하고 있다. 한편 ACI318-19기준에서는 v_c의 항목을 무시하고 최대전단철근비를 평가하고 있다.

4.5.3 KDS 14 국가건설기준의 최대전단강도

위에서 설명한 것과 같이 전단파괴시의 주인장변형률(ε_1)을 정확하게 반영하여 최대전단철근비와 최대전단강도를 계산할 수 있지만 이를 위해서는 또 다른 가정이 필요하며 계산식이 복잡해진다. 따라서 설계에 반영하기 위하여 가능하면 단순한 방법에 의하여 최대전단강도를 예측할 필요가 있다.

일반적으로 이루어지는 설계 범위의 값을 [표 4.4]의 최대전단철근비 식과 식(4.58)에 대입하여 비교하였다. [표 4.4] 기준식과 식(4.58)은 서로 다른 변수를 포함하고 있어서 모두 동일한 조건에서 최대전단철근비를 계산할 수 없다. 따라서 최대전단철근비가 최대가 될 수 있는 조건에 해당하는 변수를 대입하여 계산하였다. 즉, 전단파괴와 함께 주인장철근이 항복했을 경우에 식(4.58)과 CSA-14기준의 최대전단철근비가 가장 크므로 이들의 값을 각각 Eq.(4.58)-max. (상한)과 CSA-14-max. (상한)으로 구분하여 [그림 4.24]에 표시하였다. [그림 4.24]에서 전단철근의 양($\rho_{t,\max} f_{yt}$)과 콘크리트 압축강도 관계를 비교하였다. 식(4.58)에서 축방향변형률(ε_l)은 부재 단면 중심에서의 변형률이며, 주인장철근 변형률의 1/2의 값이 된다(CSA-14). 도로교설계기준(한계상태설계법)의 경우에는 균열의 각도가 45도인 경우에 철근비가 최대가 되므로 이 값을 EC2-04-max.로 표시하여 그림에 나타냈다. 또한, 전단파괴 시에 주인장철근 항복강도의 50퍼센트에 도달했을 경우의 식(4.58)의 최대전단철근비[Eq.(4.58)-min.(하한)]와 [표 4.4]의 CSA-14 기준의 최대전단철근비[CSA-14-min.(하한)]를 [그림 4.24]에 표시하였다. EC2-04기준의 경우에는 38.6도에 해당하는 최대전단철근비를 EC2-04-min.으로 하여 [그림 4.24]에 표시하였다. 모든 경우 전단철근 항복강도는 400 MPa로 동일하다. [그림 4.24]에서 콘크리트의 인장강도를 무시하고 계산하는 식(4.58)과 각도가 45도 또는 38.6도일 때의 도로교설계기준(한계상태설계법)의 최대전단 철근양은 거의 동일하다. 콘크리트의 인장강도를 고려하고 계산하는 CSA-14 기준식의 최대전단철근양은 이들 값보다 낮지만, CSA-14 기준식의 경우에도 식(4.58)과 같이 V_c의 항목을 고려하지 않을 경우에 계산결과는 식(4.58)이나 EC2-04-max.와 유사하다. [그림 4.24]에서 최대전단철근양은 각도와 주인장철근 등에 영향을 받아 일정한 범위 내에서 변화한다. 이들 변수의 영향을 고려하여 최대전단철근비를 계산할 경우에 최대전단철근비가 Eq.(4.58)-max.나 CSA-14-max.와 같이 큰 값일 경우에는 경우에 따라서 실제 파괴모드를 위험하게 예측할 수 있다. 따라서 최대전단철근비를 설계 범위에서 낮은 값이 되게 하는 것이 바람직하다. 계산을 간단히 하기 위해서는 식(4.55)에 EC2-04기준에서 사용하는 각도 38.6도와 강도감소계수[$\xi = 0.6(1 - f_{ck}/250)$]를 대입할 수 있다. 또한 콘크리트의 인장강도를 현재 KDS 14 국가건설기준에서 사용하고 있는 간략식 $\sqrt{f_{ck}}/6$를 대입한다. 그 결과 식(4.55)에서 식(4.59)를 유도할 수 있다.

$$\rho_{t,\max} = \frac{1}{f_{yt}}\left(\xi f_{ck}\ \sin^2\theta - v_c \cos^2\theta\right)$$

$$\rho_{t,\max} = \frac{1}{f_{yt}}\left[0.23\left(1 - \frac{f_{ck}}{250}\right)f_{ck} - 0.1\sqrt{f_{ck}}\right] \tag{4.59}$$

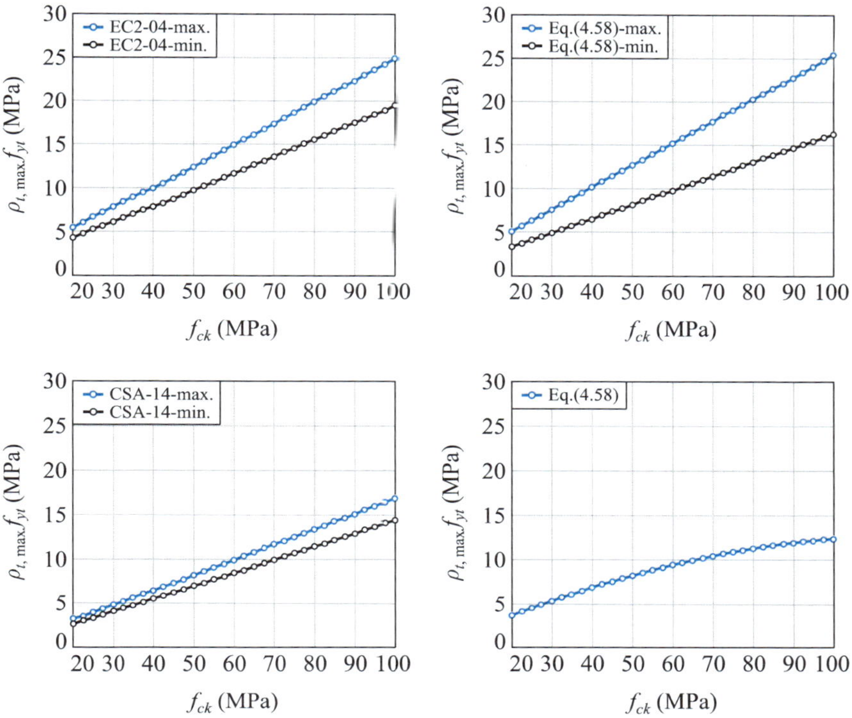

[그림 4.24] 콘크리트압축강도 변화에 따른 최대 철근량의 변화

식(4.59)의 첫 번째 항과 두 번째 항의 차이를 콘크리트의 압축강도에 대한 함수로 정리하면 식(4.60)이 된다. 식(4.59)와 식(4.60)의 차이를 비교하여 [그림 4.25]에 정리하였다. 그림에서 콘크리트의 압축강도가 20 MPa인 경우에는 두 식의 값이 거의 동일하며, 콘크리트의 압축강도가 100 MPa인 경우에 두 식은 최대 약 6퍼센트의 차이가 있다. 식(4.55)에 CSA-14기준과 동일하게 v_c 전체를 $\sqrt{f_{ck}}/6$로 보고 계산하여도 결과는 유사하다. 이 경우에 콘크리트의 압축강도가 100 MPa인 경우에 두 식은 최대 약 4퍼센트의 차이가 있다. 식(4.60)을 전단철근의 저항력으로 변환하면 식(4.61)이 된다.

$$\xi = 0.6(1 - f_{ck}/250)$$

$$\rho_{t,\max} = \frac{1}{f_{yt}}\left[0.2\left(1 - \frac{f_{ck}}{250}\right)f_{ck}\right] \quad \text{또는} \quad \rho_{t,\max} = \frac{\xi}{3}\frac{f_{ck}}{f_{yt}} \tag{4.60}$$

$$V_{s,\max} = \left[0.2\left(1 - \frac{f_{ck}}{250}\right)f_{ck}\right]b_w d \quad \text{또는} \quad V_{s,\max} = \frac{\xi}{3}f_{ck}b_w d \tag{4.61}$$

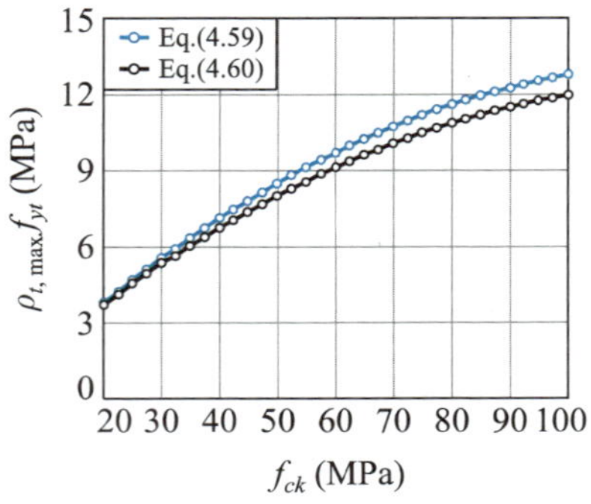

[그림 4.25] 정산식과 약산식 비교

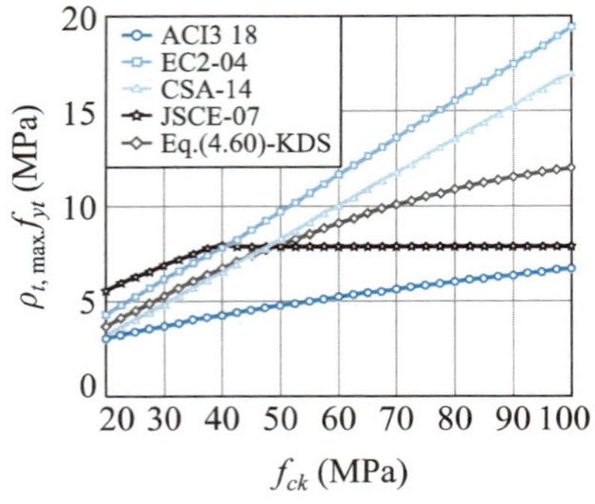

[그림 4.26] 최대전단철근비 기준식 비교

간략화된 식(4.60)의 KDS 14 국가건설기준과 ACI318-19기준, 도로교설계기준(한계상태설계법) 또는 EC2-04기준, CSA-14기준, JSCE-07기준을 [그림 4.26]에서 비교하였다. 그림에서 식(4.60)의 값은 도로교설계기준(한계상태설계법) 또는 EC2-04와 CSA-14 기준식보다 작으며, ACI318-19기준식보다 크다는 것을 알 수 있다. JSCE-07 기준식에 대해서는 콘크리트의 압축강도가 약 50 MPa일 때까지는 크지만 그 이후에는 작다.

한편 도로교설계기준(한계상태설계법) 또는 EC2-04기준, CSA-14기준, JSCE-07기준의 경우에는 최대전단철근비에 안전계수 또는 재료계수가 포함되어 있다. [표 4.4]의 값들을 안전계수 또는 재료계수를 반영하여 나타내면 [표 4.5]가 된다. 여기서 주목해야 할 점은 콘크리트 압축대의 안전계수 또는 재료계수는 철근의 안전계수 또는 재료계수보다 낮다는 것이다. 따라서 식(4.60)에 동일한 관점의 안전계수 또는 재료계수를 반영할 경우에는 현재 KDS 14 국가건설기준에서 사용하는 강도감소계수 0.75를 그대로 반영하기 보다는 콘크리트의 안전계수와 철근의 안전계수의 비율을 반영해야 한다. 도로교설계기준(한계상태설계법)의 경우에 이 비율은 $0.65/0.9 \approx 0.75$이다. 따라서 이 값을 식(4.60)에 곱하여 식(4.62)를 구할 수 있다.

$$\rho_{t,\max} = \frac{1}{f_{yt}}\left[0.15\left(1-\frac{f_{ck}}{250}\right)f_{ck}\right] \quad \text{또는} \quad \rho_{t,\max} = \frac{\xi}{4}\frac{f_{ck}}{f_{yt}} \tag{4.62}$$

$$V_{s,\max} = \left[0.15\left(1-\frac{f_{ck}}{250}\right)f_{ck}\right]b_w d \quad \text{또는} \quad V_{s,\max} = \frac{\xi}{4}f_{ck}b_w d \tag{4.63}$$

안전계수를 반영한 식(4.62)와 [표 4.5]에 정리된 ACI318-19기준, 도로교설계기준(한계상태설계법) 또는 EC2-04기준, CSA-14기준, JSCE-07기준을 비교하여 [그림 4.27]에 제시하였다. 식(4.62)의 값은 [그림 4.26]의 결과와 유사하게 도로교설계기준(한계상태설계법) 또는 EC2-04기준과 CSA-14기준보다 작으며, ACI318-19기준보다 크다.

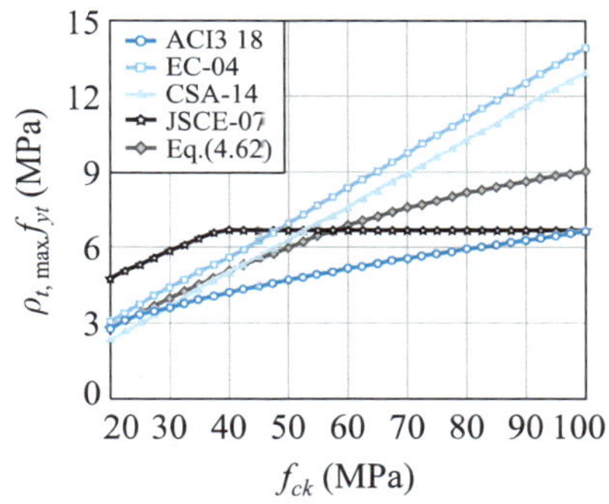

[그림 4.27] 재료계수 또는 안전계수를 고려한 최대전단철근 기준식 비교

[표 4.5] 재료계수 또는 안전계수를 고려한 최대전단강도와 최대전단철근비

기준	최대전단강도 / 최대전단철근비
ACI318-19기준	$V_{s,\max} = \frac{2}{3}\sqrt{f_{ck}}\, b_w\, d$
	$\rho_{t,\max} = \frac{2}{3}\frac{\sqrt{f_{ck}}}{f_{yt}}$
도로교설계기준 EC2-04기준	$V_{u,\max} = \phi_c\, \alpha_{cw}\, \xi f_{ck} \frac{1}{\cot\theta + \tan\theta}(b_w z)$
	$\rho_{t,\max} = \frac{\phi_c \alpha_{cw} \xi f_{ck}}{\phi_s f_{yt}} \sin^2\theta$
CSA-14기준	$V_{s,\max} = \phi_c (0.25 f_{ck} - \beta\sqrt{f_{ck}})(b_w\, z)$
	$\rho_{t,\max} = 0.25\frac{\phi_c}{\phi_s}\frac{f_{ck}}{f_{yt}}\tan\theta - \frac{\phi_c}{\phi_s}\frac{\beta\sqrt{f_{ck}}}{f_{yt}}\tan\theta$
JSCE-07기준	$V_{s,\max} = \frac{1}{\gamma_c}(f_{wcd} - \beta_d \beta_p \beta_n f_{vcd})(b_w d)$
	$\rho_{t,\max} = \frac{\gamma_s}{\gamma_c}\frac{f_{wcd}}{f_y}\frac{d}{z} - \frac{\gamma_s}{\gamma_c}\frac{\beta_d \beta_p \beta_n f_{vcd}}{f_{yt}}\frac{d}{z}$
식(4.63) 식(4.62)	$V_{s,\max} = \frac{\xi}{4} f_{ck} b_w d$
	$\rho_{t,\max} = \frac{\xi}{4}\frac{f_{ck}}{f_{yt}}$

4.5.4 최대전단강도와 실험 결과의 비교

283개의 철근콘크리트 보에 대한 실험 결과를 이용하여 최대전단철근비 및 최대전단강도를 분석한 내용을 살펴보기로 한다. 데이터에는 한국콘크리트학회에서 수행한 "콘크리트 구조물에 대한 고장력 철근의 적용성 연구", "고강도 철근 설계 시공 지침 작성 연구", "원전 구조물의 고강도 철근 적용기술 개발"의 실험 결과와 일반강도 및 고강도 전단철근에 대한 기존 연구자의 실험 결과가 포함되었다. 283개의 철근콘크리트 보의 콘크리트압축강도는 12.7～139.2 MPa이며, 전단철근의 양($\rho_t f_{yt}$)은 0.4～17.8 MPa이다. 전단철근의 항복강도(f_{yt})는 232.7～1451 MPa, 전단경간비(a/d)는 1.56～7.2 (역대칭모멘트를 받는 부재 제외), 단면 형상비(d/b_w)는 1.0～3.55이다. 분석한 보의 상세에 대해서는 [부록 2: 최대전단철근비 분석 데이터]를 참조하기 바란다.

[그림 4.28]은 전단철근이 항복한 실험체에 대하여 각 기준이 예측한 결과이다.

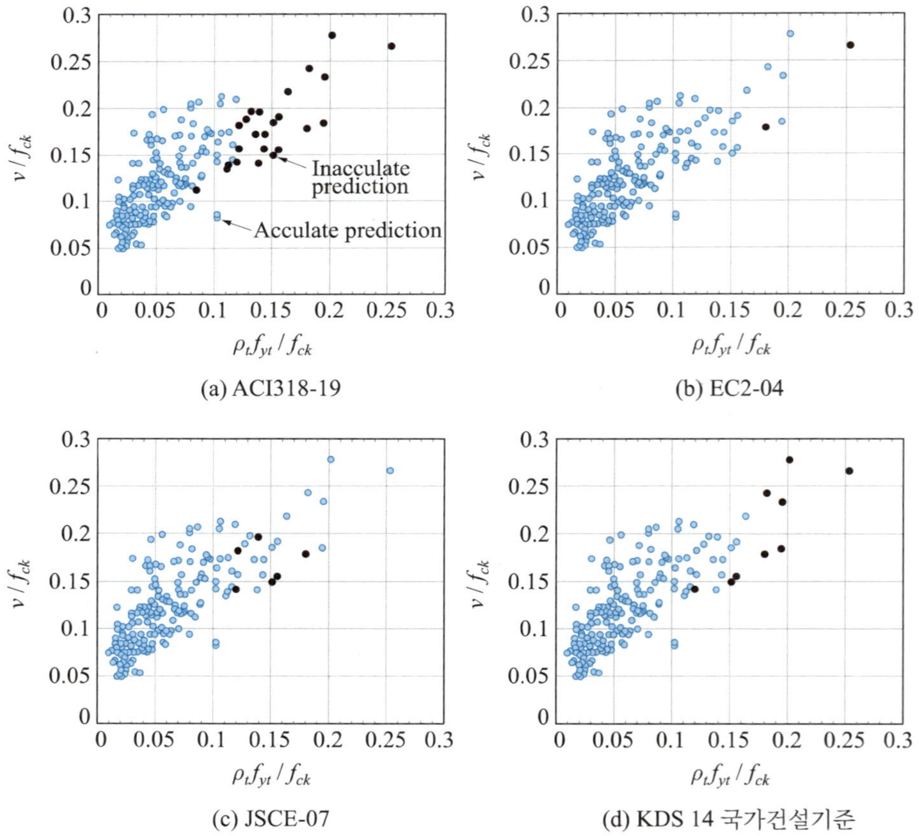

[그림 4.28] 최대전단강도 평가식과 실험 결과의 비교 (이정윤, 2018)

[그림 4.28]의 y축은 전단강도(v)를 콘크리트의 압축강도(f_{ck})로 무차원화하였으며, x축은 전단철근의 양($\rho_t f_{yt}$)을 콘크리트의 압축강도(f_{ck})로 무차원화한 것이다. 비교한 실험체에는 500 MPa의 고강도 전단철근을 사용한 실험체의 실험 결과가 함께 포함되었다. 전단철근의 항복은 철근의 항복강도, 철근의 양, 콘크리트의 압축강도의 영향을 동시에 받으므로 그림에서는 $\rho_t f_{yt}/f_{ck}$의 변화에 따른 v/f_{ck}의 변화를 평가하였다. [그림 4.28(a)]에서 ACI318-19 기준식의 경우에는 $\rho_t f_{yt}/f_{ck}$가 약 0.1보다 작은 경우에는 거의 모두 전단철근의 항복을 정확하게 예측하지만 약 0.1을 초과하는 경우에는 전단철근이 항복하지 않는 것으로 예측하고 있다. [그림 4.26(b)]의 도로교설계기준(한계상태설계법) 또는 EC2-04기준의 경우에는 [표 4.4]의 식을 사용하여 최대전단강도를 계산하였으며, 이 때 균열각도를 기준의 권장 각도인 38.6도로 하여 최대전단강도를 계산하였다. [그림 4.28(b)]에서 도로교설계기준(한계상태설계법) 또는 EC2-04기준의 경우에는 2개의 실험체를 제외하고는 모든 실험체의 전단철근의 항복을 정확하게 예측한다. [그림 4.28(c)]에 표시된 JSCE-07 기준의 경우에는 $\rho_t f_{yt}/f_{ck}$가 약 0.15인 경우에서 철근의 항복을 예측하고 있지 못하다. 이는 JSCE-07 기준의 경우에는 콘크리트의 압축강도를 60 MPa에서 제한하기 때문이다. 한편 KDS 14 국가건설기준의 식(4.60)의 경우에는 도로교설계기준(한계상태설계법) 또는 EC2-04기준의 예측정도보다는 정확하지는 않지만, 전단철근이 항복한 이후에 파괴되는 실험체의 전단철근의 항복을 비교적 정확하게 예측하고 있다. 식(4.60)은 $\rho_t f_{yt}/f_{ck}$가 약 0.15보다 작은 경우에는 전단철근의 항복을 정확하게 예측하지만 0.15를 초과하는 경우에는 전단철근이 항복하지 않는 것으로 예측하고 있다. 전체적인 예측정도를 보면 전단철근이 항복한 실험체에 대해서 도로교설계기준(한계상태설계법) 또는 EC2-04기준의 예측정도가 가장 높지만 $\rho_t f_{yt}/f_{ck}$가 약 0.15 전후에서 전단철근의 항복이 공존할 수 있다는 점을 고려할 때 도로교설계기준(한계상태설계법) 또는 EC2-04기준의 최대전단철근비는 다소 높은 편이며, 안전성과 경제성을 고려할 때 KDS 14 국가건설기준 평가식(4.60)의 평가 정도가 합리적이다.

ACI318-19기준의 최대전단강도와 KDS 14 국가건설기준 평가식(4.60)의 최대전단강도의 범위에 속하는 실험체의 실제 전단강도를 기준의 전단강도로 나누어 [그림 4.27]에서 비교하였다. ACI318-19기준의 전단강도는 정산식을 사용하였으며 비교를 위하여 강도감소계수를 1로 하여 강도를 계산하였다. 또한 전단철근의 항복강도는 KDS 14 국가건설기준에 근거하여 500 MPa로 제한하였다. [그림 4.29(a)]에서 ACI318-19기준의 최대전단강도 제한에 포함된 실험체의 전단강도 평균값은 1.46, 변동계수는 19.9퍼센트이었다. 한편 식(4.60)의 최대전단강도의 범위에 속하는 실험체의 전단강도 평균값은

1.46, 변동계수는 20.1퍼센트였다. 비록 식(4.60)의 최대전단강도의 범위에 속하는 실험체의 전단강도 변동계수가 ACI318-19기준의 최대전단강도 제한에 포함된 실험체의 변동계수보다 높기는 하지만 그 차이가 0.2퍼센트에 지나지 않아 큰 차이가 없음을 알 수 있다. 트러스모델에 근거하여 제안된 최대전단강도와 283개의 철근콘크리트 부재에 대한 실험 결과의 비교에서 KDS 14 국가건설기준 평가식은 안전성과 경제성을 고려할 때 실제의 전단 철근의 항복을 합리적으로 평가하고 있다.

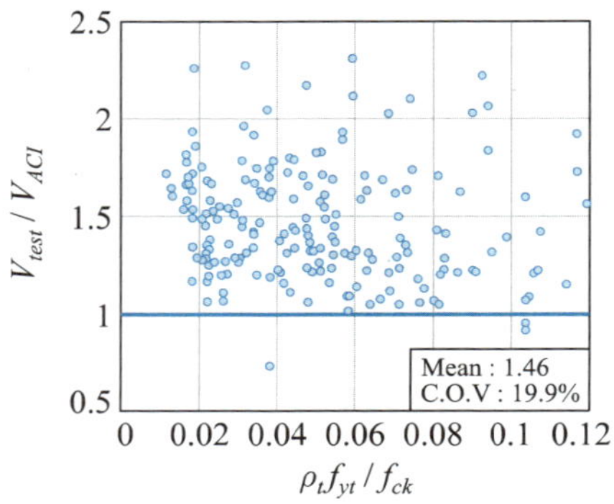

(a) ACI318-19

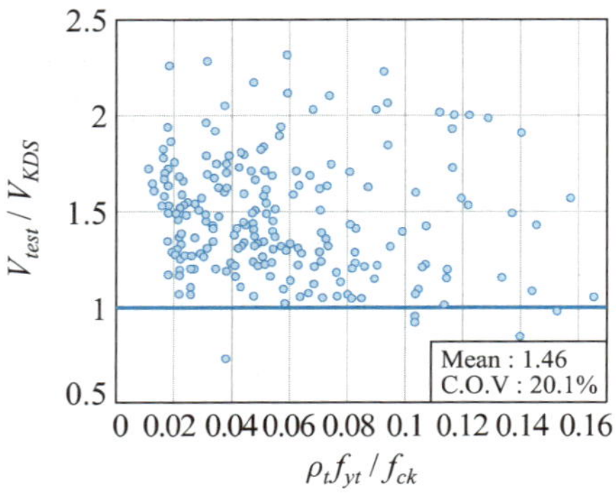

(d) KDS 14 국가건설기준

[그림 4.29] 전단강도 예측에 대한 비교

4.6 최소전단철근비

[그림 4.3]에서 설명하였듯이 전단력에 지배를 받는 철근콘크리트 부재의 파괴모드는 휨에 의하여 지배를 받는 철근콘크리트 부재와 동일하게 철근과 콘크리트의 상호관계에 의하여 네 가지 파괴모드로 구분할 수 있다. 이 중에서 최소전단철근파괴는 전단철근의 양이 매우 적어서 철근콘크리트 부재에 사인장균열이 발생함과 동시에 부재가 파괴되는 취성적 파괴이다. 최소전단철근파괴를 일으키는 부재는 부재의 복부에 최초의 사인장균열이 발생할 때의 외력을 철근이 지지하지 못하게 되어 균열이 발생함과 동시에 부재가 파괴되며, 균열의 폭도 한곳에 집중되어 매우 커지게 된다. 따라서 설계기준에서는 최소전단철근을 사인장균열 발생 이후의 여유 내력과 사인장균열 폭의 억제에 대한 관점에서 제한하고 있다.

[표 4.6] 최소전단철근비의 비교

기준	최소전단철근비
KDS 14 / ACI318-19기준	$\rho_{t,\min} = 0.0625 \dfrac{\sqrt{f_{ck}}}{f_{yt}}$
도로교설계기준 / EC2-04기준	$\rho_{t,\min} = 0.08 \dfrac{\sqrt{f_{ck}}}{f_{yt}}$
CSA-14기준	$\rho_{t,\min} = 0.06 \dfrac{\sqrt{f_{ck}}}{f_{yt}}$
AIJ-2010기준	$\rho_{t,\min} = 0.002$

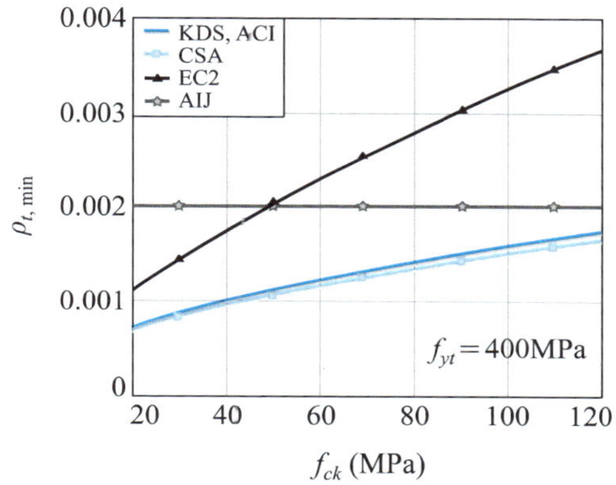

[그림 4.30] 최소전단철근비의 비교

ACI318-19기준에서는 1971년 이후 철근콘크리트 보의 최소전단철근량($\rho_{t,\min} f_{yt}$)을 요구하기 시작하였으며, 1989년에 69 MPa 이상의 고강도 콘크리트에도 적용할 수 있도록 최소전단철근비에 관한 식을 개정하였다. 또한 ACI318-02 기준에서는 콘크리트의 영향을 고려하여 CSA-14기준과 매우 유사한 평가식으로 변경하였다. 기준의 최소전단철근비를 [표 4.6]에 비교하였다. 1994년 개정된 CSA-14기준에서는 철근콘크리트 보의 최소전단철근량($\rho_{t,\min} f_{yt}$)을 콘크리트의 인장강도 $\sqrt{f_{ck}}$ 의 함수로 구하고 있으며, 도로교설계기준(한계상태설계법) 또는 EC2-04기준에서도 $\rho_{t,\min} f_{yt}$ 는 콘크리트의 균열발생강도(f_{cr})의 함수로 나타낸다. 일본건축학회 기준(AIJ-2010)의 철근콘크리트 보의 최소전단철근비($\rho_{t,\min}$)는 철근의 항복강도와 콘크리트의 균열발생강도와 상관없이 0.002로 일정하다. KDS 14 국가건설기준에서 채택하고 있는 $\rho_{t,\min} f_{yt}$ 는 ACI 318-19의 기준식과 동일하다. [표 4.6]과 [그림 4.30]에는 각 기준의 최소전단철근비($\rho_{t,\min}$)을 비교한 것이다. [그림 4.30]은 전단철근 항복강도(f_{yt})가 400 MPa로 일정한 철근콘크리트 보의 최소전단철근비($\rho_{t,\min}$)와 콘크리트 압축강도(f_{ck})관계를 나타낸다. [그림 4.30]에서 $f_{ck}=40\,\mathrm{MPa}$일 때, KDS 14 국가건설기준의 $\rho_{t,\min}$값이 약 0.001로 최소이며, 일본건축학회기준(AIJ-2010)의 $\rho_{t,\min}$값이 0.002로 최대로 그 차이가 2배 이상이다. 고강도 콘크리트인 $f_{ck}=80\,\mathrm{MPa}$에 대한 설계기준을 비교해 보면 CSA-14기준에 의하여 계산된 $\rho_{t,\min}$의 값과 도로교설계기준(한계상태설계법) 또는 EC2-04기준에 의하여 계산된 $\rho_{t,\min}$의 값의 차이가 2배 이상이다.

철근콘크리트 부재의 전단설계에 있어서 전단철근비의 중요성에 비하여, 최소전단철근비에 대한 연구는 적다. 이와 같이 연구의 수가 적은 이유가 현행 설계기준이 실제의 철근콘크리트 부재의 최소철근비를 정확하게 예측하고 있기 때문이라고 생각하기는 어렵다. 그것은 [그림 4.30]의 기준식에 대한 비교에서 알 수 있는 것처럼 각 국의 전단철근비 예측식은 서로 상이하여 어느 기준식이 맞을 경우에 반드시 다른 기준식은 비경제적 또는 위험하게 설계된다. 실제로 이러한 문제점은 여러 연구 결과[Roller와 Russell (1990), Yoon 등(1996)]에서도 지적되었다. 또한, 각 기준의 $\rho_{t,\min}$평가식은 실험 결과에 근거하여 결정되었기 때문에 채택된 기준식이 근거로 하고 있는 실험 범위를 벗어날 경우 실제의 $\rho_{t,\min}$값을 정확히 예측하지 못한다.

최소전단철근비도 최대철근비와 유사하게 트러스모델에 근거하여 예측할 수 있다.

4.6.1 트러스모델에 근거한 최소전단철근비의 유도

인장내력이 약한 콘크리트에 사인장균열이 발생할 경우, 최초 균열발생시의 외력을 전단철근이 지지해야 하며, 이때의 철근비가 최소철근비가 된다. [그림 4.31]은 사인장균열이 발생하기 직전과 직후의 철근콘크리트 요소의 응력을 나타낸다.

순수전단을 받는 철근콘크리트 요소는 사인장균열이 발생하기 직전에 콘크리트의 주압축 및 주인장응력이 거의 동일하며, 균열각도(θ)는 45도에 가깝다. 따라서 [그림 4.31(a)]와 같이 l-방향과 t-방향의 전단응력(v_{lt})은 콘크리트 주압축응력(f_2^c) 또는 콘크리트 주인장응력(f_1^c)과 거의 동일하다. f_l^c와 f_t^c는 식(3.1)과 식(3.2)의 두 번째까지의 항의 합, $f_l^c=f_2^c\cos^2\theta+f_1^c\sin^2\theta$, $f_t^c=f_2^c\sin^2\theta+f_1^c\cos^2\theta$이며, "0"에 가깝다. 또한 사인장균열이 발생하기 직전의 철근이 받는 응력은 [그림 4.31(a)]에 표시되었듯이 매우 작으며($\rho_t f_{ts}\approx 0$), 각 재료의 응력－변형률 관계를 개략적으로 나타내면 [그림

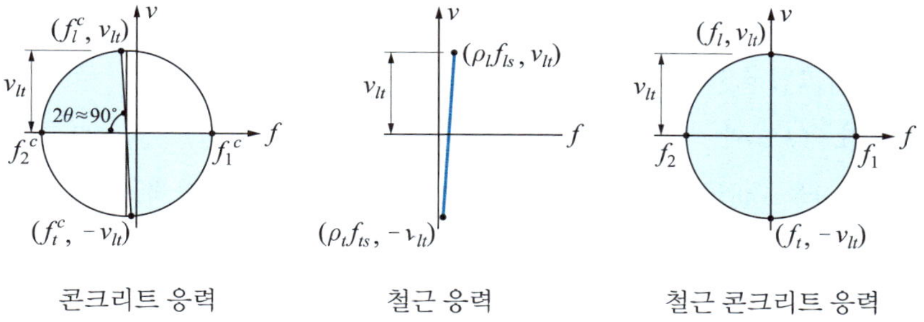

(a) 균열 발생 직전의 응력 상태

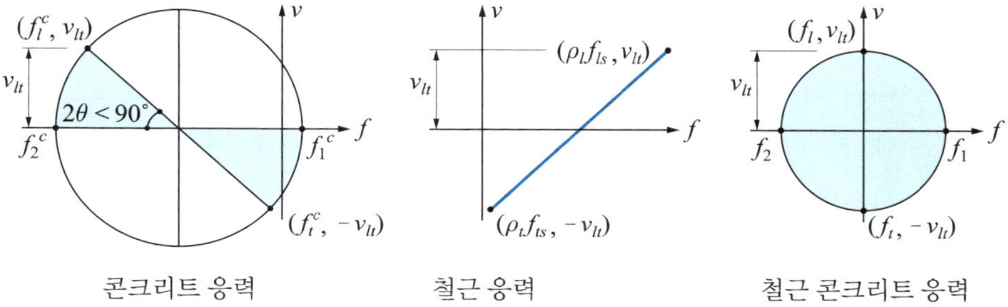

(b) 균열 발생 직후의 응력 상태

[그림 4.31] 사인장균열 발생 전후의 응력 상태

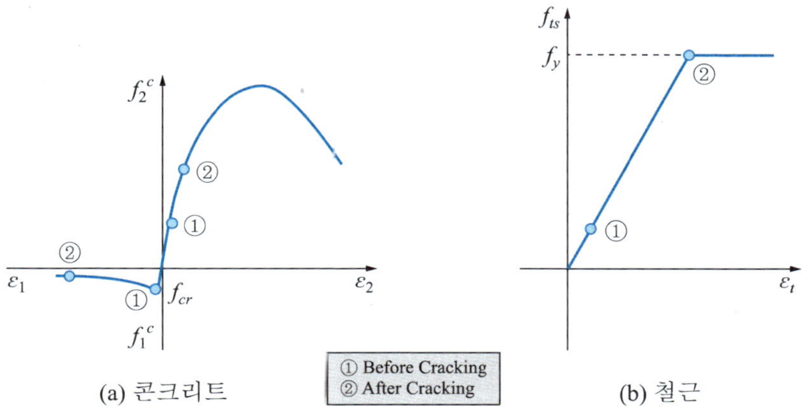

(a) 콘크리트 (b) 철근

[그림 4.32] 사인장균열 발생 전과 후의 응력–변형률 변화

4.32]가 된다.

[그림 4.31]에서 사인장균열이 발생하기 직전의 콘크리트 주인장응력(f_1^c)은 균열발생 강도(f_{cr})에 도달한다. 따라서 식(3.1)~식(3.3)에 $f_l = f_t = 0$, $\theta = 45^\circ$, $\rho_l f_{ls} = \rho_t f_{ts} \approx 0$을 대입하여 사인장균열이 발생하기 직전의 전단응력(v_{lt})을 구하면 식(4.64)가 된다.

$$v_{lt} = f_1^c = f_{cr} \tag{4.64}$$

사인장균열이 발생한 직후, 콘크리트의 주인장응력(f_1^c)은 [그림 4.32(a)]와 같이 급감하며, 콘크리트가 저항하지 못하는 인장력을 철근이 부담하게 되므로 철근의 응력은 [그림 4.32(b)]와 같이 급증한다. 사인장균열이 발생한 직후 균열각도(θ)는 f_2^c와 f_1^c의 차이에 의하여 [그림 4.32(a)]의 균열발생 이후와 같이 감소한다. 따라서 식(3.1)~식(3.3)에 $f_l = f_t = 0$, $\theta \neq 45^\circ$, $\rho_l f_{ls} \neq 0$, $\rho_t f_{ts} \neq 0$을 대입하여 사인장균열 발생 직후의 전단응력(v_{lt})을 구하면 식(4.65)가 된다.

$$v_{lt} = \frac{\rho_t f_{ts} + f_1^c}{\tan\theta} \tag{4.65}$$

식(4.64)와 (4.65)에서 사인장균열 발생시의 전단응력(v_{lt})은 동일하며, 균열 발생 후의 외력을 전단철근이 지지하게 되므로 식(4.65)의 전단철근 응력(f_{ts})은 항복강도(f_{yt})로 대치될 수 있다. 따라서 식(4.66)의 최소철근비($\rho_{t,\min}$)가 유도된다.

$$\rho_{t,\min} = \frac{1}{f_{yt}}(f_{cr}\tan\theta - f_1^c) \tag{4.66}$$

사인장균열 발생시의 균열각도(θ)는 트러스모델에서 부재축과 이루는 콘크리트 주압축응력의 경사각이다. 따라서 균열각도(θ)는 트러스모델의 위험요소에 대한 평균변형률의 관계에 의하여 구할 수 있다. 식(3.40)과 식(3.41)을 이용하여 균열각도(θ)를 구하면 식(4.67)이 된다.

$$\tan\theta = \sqrt{\frac{\varepsilon_l - \varepsilon_2}{\varepsilon_t - \varepsilon_2}} \tag{4.67}$$

식(4.67)에서 콘크리트의 주압축변형률(ε_2)은 상당히 작으므로 $\varepsilon_2 = 0$로 가정할 수 있으며, 사인장균열 발생시에 철근은 항복응력에 도달하므로 부재축과 수직되는 방향의 변형률(ε_t)은 철근의 항복변형률(ε_{yt})로 대치할 수 있다.

$$\tan\theta = \sqrt{\frac{\varepsilon_l}{\varepsilon_{yt}}} \tag{4.68}$$

4.6.2 최소전단철근에 영향을 주는 요소

① 사인장균열 발생 강도(f_{cr})

철근콘크리트 패널과 달리 철근콘크리트 보의 사인장균열강도는 식(4.3)과 같이 콘크리트의 인장강도와 함께 전단경간비(a/d) 및 주인장철근비(ρ_w) 등의 영향을 받아 변화한다. 여기서는 비교적 식이 간략한 Zsutty식(1971)을 사용하여 최소전단철근비를 유도해 보았다.

$$f_{cr} = v_c = 2.1\left(f_{ck}\,\rho_w\,\frac{d}{a}\right)^{1/3} \tag{4.69}$$

② 휨모멘트와 전단경간비의 영향

순수전단을 받는 철근콘크리트 막요소의 트러스모델을 철근콘크리트 보에 적용하기 위해서는 보에 작용하는 휨모멘트의 영향이 평가되어야 한다. CSA-14기준에 의하면 전단력이 지배하는 복부의 부재축방향변형률은 축인장철근변형률(ε_{xl})의 1/2값으로 하고 있다. 트러스모델에 의한 간략식을 계산했을 때와 동일한 방법으로 식(4.48)에 식(4.68)의 $\cot\theta$를 대입하여 ε_{xl}을 계산한다.

$$\varepsilon_x = \frac{v_{lt}\,b_w\,(a-d)d/z + 0.5\,v_{lt}\,b_w\,d\,\sqrt{\varepsilon_{ty}/\varepsilon_{xl}}}{2E_sA_s}$$

여기서 미지수 ε_x는 Newton-Raphson법을 이용하여 정해를 구하거나 식(4.70)의 근의 해를 이용한 근사해에서 구할 수 있다.

$$\varepsilon_x = \frac{v_{lt}b_w(a-d)(2+\sqrt{2})}{4E_sA_s} \tag{4.70}$$

③ 콘크리트 주인장응력(f_1^c)

콘크리트의 주인장응력(f_1^c)은 사인장균열이 발생한 직후 급격히 감소한다. 주인장응력(f_1^c)에 대해서 식(3.47)의 인장응력과 변형률 관계를 사용할 수 있다.

$\varepsilon_1 > \varepsilon_{cr}$ 의 경우

$$f_1{}^c = f_{cr}\left(\frac{\varepsilon_{cr}}{\varepsilon_1}\right)^{0.4} \quad \text{(3.47b와 동일)} \tag{4.71}$$

4.6.3 최소전단철근 평가식의 분석

최소전단철근비는 식(4.66)에 식(4.68), (4.69), (4.70)과 (4.71)을 대입하여 구할 수 있다. 이 경우에 5개의 식을 이용하여 정확하게 철근콘크리트 보의 최소전단철근비($\rho_{t,\min}$)를 구할 수 있지만, 이러한 식을 설계에 적용하기에는 복잡하다. 따라서 식(4.68), (4.69), (4.70)과 (4.71)을 식(4.66)에 대입하고 이를 간략화하여 식(4.72)로 나타냈다. 식(4.72)에는 $\rho_{t,\min}$에 영향을 주는 콘크리트의 압축강도(f_{ck}), 전단철근의 항복응력(f_{yt}), 주인장철근비(ρ_w), 전단경간비(a/d)의 영향이 고려되어 있다.

$$\rho_{t,\min} = 0.035\frac{\sqrt{f_{ck}}}{f_{yt}}\left(\frac{a}{\rho_w\, d}\right)^{0.1} \tag{4.72}$$

약산식(4.72)와 식(4.66)에 대입하여 구한 정해(正解)의 차이를 [그림 4.33]에서 비교하였다. 정해와 식(4.72)의 약산해는 [그림 4.33]과 같이 $20 \leqq f_{ck} \leqq 120\,\mathrm{MPa}$, $0.01 \leqq \rho_w \leqq 0.06$, $2 \leqq a/d \leqq 6$의 범위에서 최대 5.1퍼센트의 차이가 발생하고 있다.

트러스모델에 의하여 유도된 식(4.72)는 흥미롭게도 Roller와 Russell (1990)의 실험에 근거한 ACI318-19기준식(KDS 14 국가건설기준)과 매우 유사하였다. ACI 318-19기준식은 콘크리트의 압축강도의 영향을 실험을 통하여 평가한 후, 이를 새롭게 반영한 식이다. 한편, 트러스모델에 의하여 유도된 식(4.72)는 콘크리트의 압축강도(f_{ck}), 전단철근의 항복강도(f_{yt})와 함께 주인장철근비(ρ_w), 전단경간비(a/d)의 영향을 포함하고 있다. 주인장근비와 전단경간비가 최소전단철근비에 미치는 영향을 [그림 4.34]에서 비교하였다. ACI318-89기준의 최소전단철근비 평가식은 $f_{ck} = 69\,\mathrm{MPa}$을 전후로 $\rho_{t,\min}$의 값이 급격히 변화하여 불연속을 이루고 있으며, 콘크리트구조설계기준에서는 이 식을 2002년까지 사용하였다. 그림에서 ACI-89는 ACI318-89기준의 최소전단철근비를 의미한다. [그림 4.34(a)]는 전단철근의 항복응력(f_{yt})을 400 MPa, 주철근비(ρ_w)를 0.03, 전단경간비(a/d)를 3으로 고정한 후, 콘크리트의 압축강도의 증가에 따라서 변화하는 최소전단철근비($\rho_{t,\min}$)를 나타낸다. 주어진 값에 대하여 콘크리트 압축강도의 영향을 고려하고 있는 ACI318-19기준, 즉 KDS 14 국가건설기준과 트러스모델에 근거한 약산식(4.72)는 거의 동일하다. 두 식의 $\rho_{t,\min}$은 $\sqrt{f_{ck}}$에 비례하여 증가한다. 한편, [그림 4.34(b)]와 [그림 4.34(c)]에서 주인장철근비(ρ_w)와 전단경간비(a/d)가 변화할 경우에 ρ_w와 a/d의 영향을 고려하지 않는 ACI318-19기준식은 일정하였지만, 식(4.72)는 ρ_w와 a/d의 변화에 따라서 증감한다. 식(4.72)는 ACI318-89기준식과 ACI318-19기준식의 중간 범위이다.

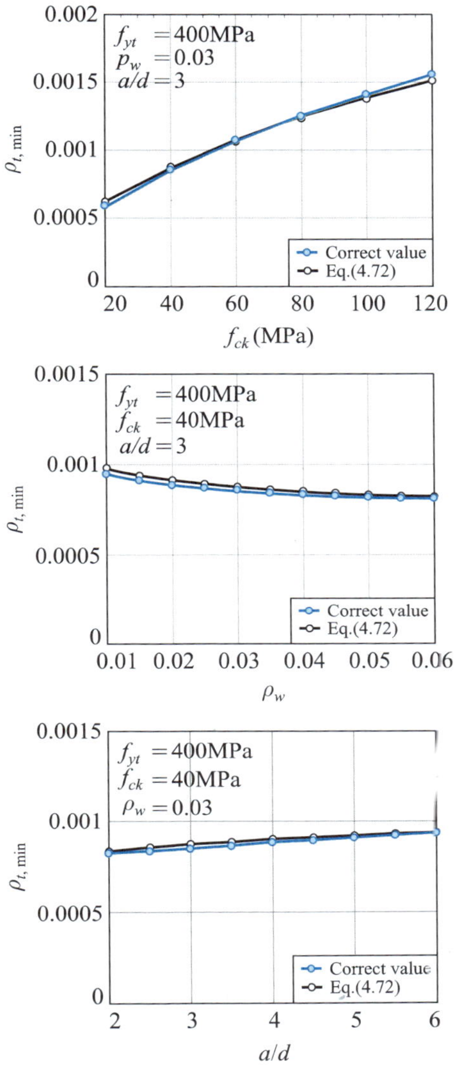

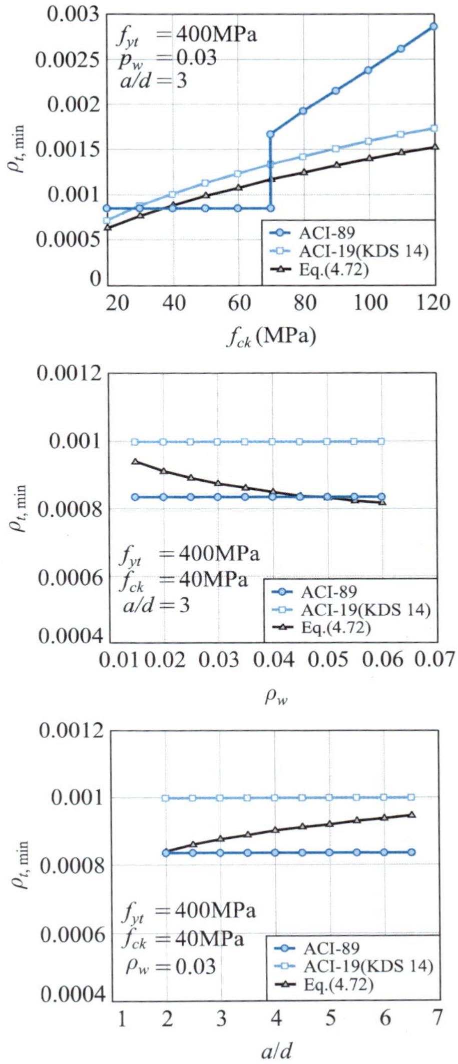

[그림 4.33] (좌) 최소전단철근비의 정산식과 약산식의 비교

[그림 4.34] (우) 최소전단철근비 평가식의 비교

4.6.4 최소전단철근 평가식과 실험 결과의 비교

철근콘크리트 보의 최소전단보강근비($\rho_{t,\min}$)에 대한 기존 실험의 대부분은 콘크리트의 압축강도(f_{ck})를 변수로 하고 있다. 여기서는 철근콘크리트 보의 기존실험 결과와 트러스모델에 기반한 약산식(4.72), KDS 14 국가건설기준에 의하여 계산된 최소전단보강근비($\rho_{t,\min}$)을 비교하였다(Lee와 Kim, 2008).

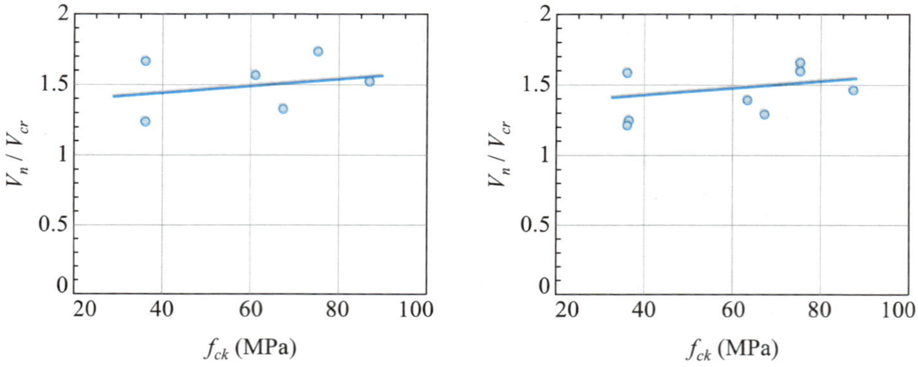

(a) KDS 14 국가건설기준　　(b) 트러스모델 약산식(4.72)

[그림 4.35] 최소전단철근비 계산식과 실험 결과의 비교

[그림 4.35]는 계산된 최소전단철근을 사용한 철근콘크리트 보의 전단여유내력-콘크리트 압축강도 관계를 나타낸다. 그림의 y축은 전단강도(V_n)를 콘크리트 사인장균열강도(V_{cr})로 나눈 값이며, V_n / V_{cr}을 전단여유내력으로 하였다. [그림 4.35]에서 약산식(4.72)와 KDS 14 국가건설기준에 의하여 계산된 $\rho_{t,\min}$은 $\sqrt{f_{ck}}$에 비례하여 증가하며, 전단여유내력(V_n / V_{cr})은 콘크리트 압축강도(f_{ck})와 상관없이 약 1.5의 일정한 값을 보유하고 있다.

4.7 전단철근의 최대 항복강도

지난 30년간 콘크리트의 압축강도는 비약적으로 증가하여 20 MPa 전후의 압축강도를 가진 콘크리트 대신에 80 MPa 전후의 고강도 콘크리트가 현장에 적용되고 있다. 그 동안 콘크리트의 압축강도는 크게 높아졌지만, 현장에서 사용되는 철근의 항복강도는 여전히 300~500 MPa의 보통강도 철근이 사용되고 있다. 그러나 최근에는 초고층 건물 및 장대교량이 증가하고 있으며 원자력 구조물, 발전소, LNG저장 탱크 등과 같은 대형 구조물 건설이 증가하면서 많은 양의 철근이 소요된다. 예를 들어, 원자력 격납고 1기를 만들기 위하여 약 7만~10만 톤의 철근이 소요되며, 150 m 이상의 고층건물에는 다수의 D35 이상의 대구경 철근이 필요하다. 이러한 건물에 보통강도 철근을 사용할 경우에 대량의 철근이 필요하며 시공에도 어려움이 발생한다. 특히, 최근에는 원자재 가격이 상승하여 철근의 가격이 크게 상승하고 있다.

지난 20년 동안 미국, 일본, 대만, 한국 등에서 고강도 철근의 사용에 대한 연구가 활발하게 진행되었다. 대표적인 연구로 미국의 경우에는 Grade 100철근(항복강도 약 700 MPa)의 전단성능, 부착성능 등이 지난 10여 년 동안 꾸준하게 연구되었다[Munikrisha 등(2011), Hosny 등(2012), Briggs 등(2007), Seliem 등(2009)]. 일본의 경우에는, "New RC Project"를 통하여 800 MPa에서 1,000 MPa의 고강도 철근의 적용성을 평가하였으며, 이들 고강도 철근이 실제 구조물에 적용되고 있다(Aoyama, 2001). 대만의 경우에도 최근에 "Taiwan New RC project"를 통하여 고강도 철근에 관련된 연구를 활발히 진행하고 있다. 우리나라에서는 2006년부터 고강도 철근과 관련된 다수의 국가 연구가 진행되고 있으며, 대표적인 연구로 한국콘크리트학회에서 수행한 "콘크리트 구조물에 대한 고장력 철근의 적용성 연구", "고강도 철근 설계 시공 지침 작성 연구", "원전 구조물의 고강도 철근 적용기술 개발"을 들 수 있다. 이들 연구에서는 고강도 철근의 개발(재료적 측면), 부재에 대한 적용(휨, 전단, 부착, 압축 등), 내진설계, 구조물의 전체거동 평가, 기준의 적용성, FEM해석, 경제성 평가 등을 검토하였다.

콘크리트 구조설계기준에서는 철근과 콘크리트의 강도에 대한 상한값을 두고 있다. KDS 14 국가건설기준에서는 [표 4.7]과 같이 철근의 설계기준항복강도(f_y)의 상한값을 부재력에 따라서 다르게 제한한다. f_y의 상한값을 제한하는 주요 이유는 철근의 항복에 의한 부재의 연성파괴를 유도하고, 균열과 처짐이 지나치게 증가하는 것을 방지하며, 철근 가공성능을 확보하기 위함이다.

콘크리트의 경우 다양한 연구 결과를 바탕으로 기존 재료보다 강도, 내구성 등 성능이 향상된 고성능 콘크리트가 널리 사용되고 있지만 고강도 철근에 대한 연구는 상대적으로 부족하다(Choi 등, 2014). 철근콘크리트 구조물에 고강도 철근을 사용할 경우 철근의 물량을 줄일 수 있기 때문에 자재 절약과 자중 감소의 효과를 볼 수 있으며, 시공성도 향상시킬 수 있다. 그러나 현재 각 기준에서는 구조성능과 안전성, 사용성 등의 확보를 위하여 전단철근의 항복강도를 제한한다. ACI 318-19기준에서는 전단철근의 항복강도를 약 420 MPa까지 제한하고 있지만, 도로교설계기준(한계상태설계법)에서는 500 MPa까지, EC2-04기준에서는 600 MPa까지 허용하고 있으며, CSA-14기준에서도 전단철근의 항복강도를 500 MPa까지 허용하고 있다. 특히 JSCE-07기준에서는 60 MPa 이상의 고강도 콘크리트를 사용할 경우에 전단철근의 항복강도를 800 MPa까지 허용한다. 각 기준에서 전단철근의 항복강도를 제한하는 것은 다음 두 가지 주요 이유 때문이다.

[표 4.7] KDS 14 국가건설기준의 철근 설계기준항복강도의 상한값(긴장재 제외)

철근 종류	항복강도 상한값 (MPa)	철근 종류	세부 적용	항복강도 상한값 (MPa)
주철근	600	전단철근	벽체를 제외한 보, 기둥, 슬래브 등의 부재	500
나선철근	700		벽체	600
띠철근	600		용접이형철망형 전단철근	600
확대머리 이형철근	400		2방향 전단보강재	400
비틀림철근	500		편심전단 설계용 전단철근	400
전단마찰철근	500			

① 전단철근의 항복 유도

전단철근의 항복강도가 증가하면 전단철근의 항복변형률이 증가하여 전단철근이 항복하기 이전에 복부 콘크리트가 압축파괴될 수 있다. 이 경우에는 전단철근이 항복하지 않으므로 전단설계 강도평가식에서 전단철근의 항복강도를 사용할 수 없다.

② 사인장균열의 폭

고강도 철근을 사용할 경우에 배근 간격이 증가하여 사인장균열의 폭이 증가할 수 있다. 철근의 양이 동일할 경우 전단철근의 항복강도가 증가할수록 전단철근의 간격이 넓어진다. 전단철근의 간격이 넓어지면 균열의 개수가 감소하고, 균열의 폭이 증가하여 사용성에 문제가 발생할 수 있다.

고강도 철근은 일반 구조물과 함께 대형 구조물에 적용되며, 대형 구조물에 적용될 경우 철근 절감 효과가 크게 나타난다. 그러나 대형 구조물에서는 고강도 철근의 영향뿐만 아니라 단면의 크기에 대한 고려도 필요하다. 부재의 단면이 증가하면 내력이 단면적에 비례하여 증가하지 못하는 크기효과가 발생하기 때문에 대형 구조물의 경우에는 철근의 항복강도의 영향과 함께 크기효과에 대한 검토도 필요하다.

4.7.1 고강도 전단철근을 사용한 철근콘크리트 부재의 전단 성능

고강도 전단철근의 적용성을 검토하기 위하여 전단파괴한 철근콘크리트 보의 실험 결과를 분석하여 파괴모드, 균열의 폭, 전단강도비의 변화를 검토하였다. 분석한 데이터의 전단철근의 항복강도는 232.7～1,451 MPa, 콘크리트의 압축강도는 12.7～139.2 MPa이다(Lee 등, 2018).

① 전단 파괴모드

[그림 3.1]과 같이 트러스모델에 근거하여 전단강도를 유도할 경우에 전단강도는 복부 콘크리트의 유효압축강도, 전단철근의 인장강도, 주철근과 그 주변 콘크리트에 의한 인장강도에 의하여 결정된다. 기준에서 전단철근의 최대 항복강도를 제한하는 이유 중 하나는 전단철근이 항복하기 이전에 콘크리트가 압축 파괴하는 것을 방지하기 위한 것이다. 고강도 전단철근은 항복 변형률이 크기 때문에 전단철근이 항복하기 이전에 복부 콘크리트가 압축파괴될 가능성이 높다.

[그림 4.36]과 [그림 4.37]은 6종류의 콘크리트 압축강도(25 MPa, 33.3 MPa, 35 MPa, 38.2 MPa, 50.3 MPa, 81.4 MPa), 5종류의 전단철근의 항복강도(378.8 MPa, 484.4 MPa, 555.3 MPa, 634.1 MPa, 750.1 MPa), 전단철근의 배근간격을 변수로 한 실험 결과이다(Lee와 Choi, 2011). [그림 4.36]은 전단철근의 응력－변형률 곡선이며, [그림 4.37]은 전단철근에 부착된 변형률 게이지 값을 이용하여 전단철근의 항복 유무를 관찰한 결과이다. [그림 4.37]의 y축은 전단강도에 도달했을 때의 전단철근의 변형률($\varepsilon_{t,peak}$)을 전단철근의 항복변형률(ε_{yt})로 나눈 값이다. 따라서 1 이상은 철근이 항복한 이후에 전단강도에 도달하여 기준에서 요구하는 전단인장파괴한 경우이다. 그림에서 전단파괴시의 전단철근의 변형률은 콘크리트의 압축강도(f_{ck})가 증가함에 따라서 함께 증가함을 알 수 있다. 이는 콘크리트의 압축강도가 증가하면 콘크리트의 전단내력이 증가하여 전단철근이 발휘할 수 있는 전단저항성분도 증가하기 때문이다. 이러한 결과는 콘크리트의 압축강도에 따라서 전단철근의 항복강도를 다르게 하는 JSCE-07 기준식과 유사하다. 그림에서 콘크리트의 압축강도(f_{ck})가 약 35 MPa 이하이며, 650 MPa 이상의 고강도 전

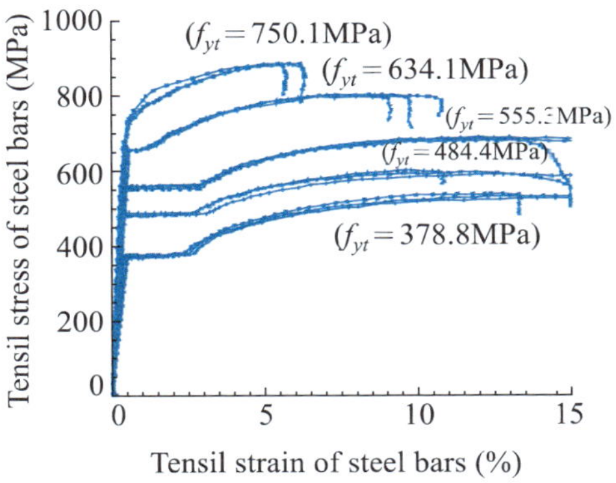

[그림 4.36] 전단철근의 응력－변형률 곡선

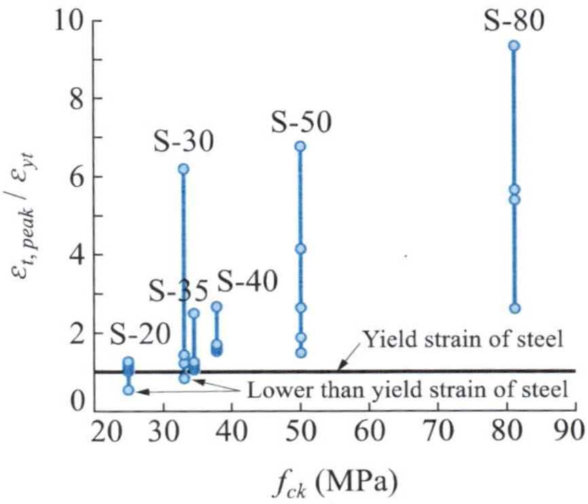

[그림 4.37] 전단파괴모드

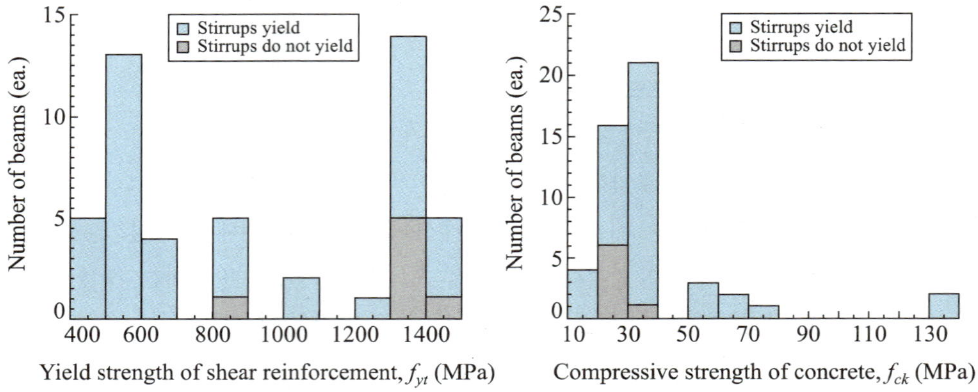

(a) 철근의 항복강도 (f_{yt})　　(b) 콘크리트의 압축강도 (f_{ck})

[그림 4.38] 전단파괴모드의 구분

단철근을 사용한 실험체에서는 전단철근이 항복하기 이전에 부재가 파괴되었지만, 콘크리트 압축강도가 35 MPa을 초과하였을 때는 약 750 MPa의 고강도 전단철근을 사용한 경우에도 전단철근이 항복하여 기준의 요구조건을 만족하고 있다.

이러한 결과는 49개의 실험 결과를 분석한 [그림 4.38]에서도 확인할 수 있다. [그림 4.38]에서는 철근의 항복강도(f_{yt})와 콘크리트의 압축강도(f_{ck})를 변수로 하여 전단철근이 항복한 이후에 파괴하는 전단인장파괴와 전단철근이 항복하지 않는 전단압축파괴를 구분하여 나타냈다. 대부분의 실험체는 전단인장파괴하였지만 [그림 4.38(b)]에서 f_{ck}가 약 35 MPa 이하인 경우에는 몇 개의 실험체가 전단압축파괴하였다. 이를 통하여 고강도 콘크리트를 사용할 경우에는 전단파괴시의 전단철근의 항복강도도 증가하지만, 보통강도 콘크리트를 사용할 경우에는 전단파괴시의 전단철근의 항복강도는 높지 않다는 것을 알 수 있다.

② 전단균열의 폭

설계기준이 전단철근의 항복강도를 제한하는 또 다른 이유는 균열의 폭을 제한하기 위함이다. 고강도 전단철근을 사용할 경우에 사인장균열의 폭이 증가할 가능성이 높으며, 특히 단면의 높이가 증가할 경우에 균열의 폭이 증가할 수 있다. 고강도 철근의 균열 폭을 평가하기 위하여 다음의 실험 결과를 소개하고자 한다.

실험에서는 [그림 4.39]와 같이 네 가지 방법에 의하여 실험체의 균열폭을 측정하였다. 즉, LVDT를 설치하여 복부 콘크리트의 평균 사인장균열폭을 측정하였으며, 사인장균열이 발생한 이후에 균열측정장치, 데맥(demac gauge), 균열확대경을 이용하여 하중

단계별로 변화하는 사인장균열의 폭을 측정하였다. 실험에서는 [그림 4.21]과 같이 각 지점에서 단면 깊이의 1/2만큼 떨어진 지점에서 부재축 방향으로 단면깊이(h)까지의 웨브 구간을 전단영역으로 설정하고 이 구역에서 발생한 사인장균열의 폭, 각도, 수를 측정하였다. 실험체의 상하부에서는 휨균열이 발생할 수 있으므로 단면의 상하부에서 발생한 균열은 측정에서 배제되었으며, 단면 중심에서 상하 $h/2$ 안에 발생한 균열만이 평가되었다. [그림 4.40]과 [그림 4.41]은 하중 단계별로 전단균열 영역 안에서 측정된 사인장균열의 변화를 나타낸다. 하중이 최대 하중의 약 40퍼센트에 도달할 때까지 사인장균열은 거의 발생하지 않았다. 최대 하중의 약 40퍼센트를 초과한 이후에 사인장균열이 복부에 발생하였으며, 균열의 폭은 하중이 증가함에 따라 함께 증가하였다. 균열의 폭은 균열의 발생 시기에 따라서 달라지고 대체적으로 균열 발생시기가 빠르면 최종하중 단계에서의 균열의 폭도 넓었으며, 동일한 실험체에 발생한 균열의 최댓값과 최솟값은 약 1 mm정도의 차이가 발생하였다. ACI 224R-01 (2001)에서는 사용하중 단계에서 철근콘크리트 부재의 균열의 폭이 0.41 mm 이하가 되도록 하고 있다. [그림 4.41(a)와 (b)]는 각각 항복강도 334 MPa과 480 MPa의 보통강도 전단철근을 사용한 실험체의 균열폭을 나타내며, [그림 4.41(c)와 (d)]는 각각 530 MPa과 667 MPa의 고강도 전단철근을 사용한 실험체의 사인장균열 폭을 나타낸다. 거의 모든 실험체에서 전단철근의 간격이 증가하면 균열의 폭이 증가하며, 보통강도 전단철근을 사용한 경우보다 고강도 전단철근을 사용한 보의 사인장균열 폭이 증가하고 있다. 그러나 고강도 전단철근을 사용한 실험체의 경우에도 사용하중 단계에서의 균열의 폭은 ACI 224R-01에서 권장하는 0.41 mm보다 낮게 측정되어, 고강도 전단철근을 사용하여도 사용성에 큰 문제가 없음을 알 수 있다.

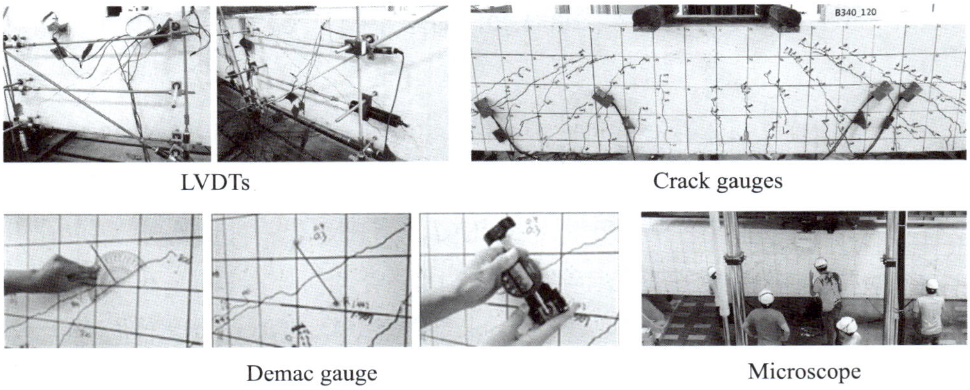

[그림 4.39] 사인장균열의 측정

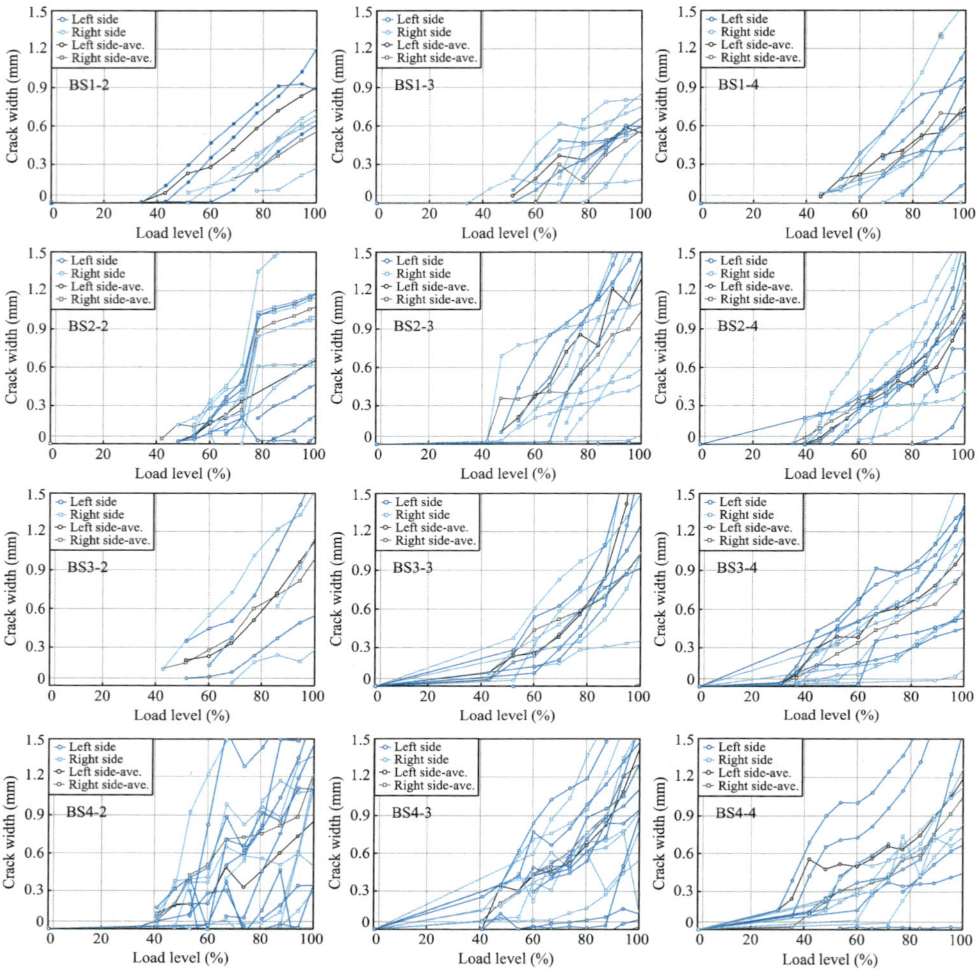

[그림 4.40] 하중단계별 사인장균열 폭의 측정

[그림 4.42(a)]는 항복강도가 다른 4종류의 전단철근을 사용한 실험체에 설치된 LVDT에 의하여 측정한 사용하중 단계의 평균 균열폭을 비교하고 있다. [그림 4.42(b)]는 균열의 간격과 전단철근의 양($\rho_t f_{yt}$)의 관계를 나타낸 것이다. [그림 4.42(a)]에서 거의 모든 실험체의 균열의 폭은 전단철근의 간격과 항복강도가 증가함에 따라서 증가하고 있다. 또한 모든 실험체의 사용하중단계에서의 평균 균열폭은 ACI 224R-01의 권장사항인 0.41 mm보다 작다. [그림 4.42(b)]에서 사인장균열의 간격은 전단보강철근의 양($\rho_t f_{yt}$)이 증가함에 따라서 완만하게 감소하고 있다. 이러한 결과는 고강도 전단철근을 사용한 실험체에 영향을 주며, 결과적으로 고강도 전단철근을 사용한 경우에도 균열의

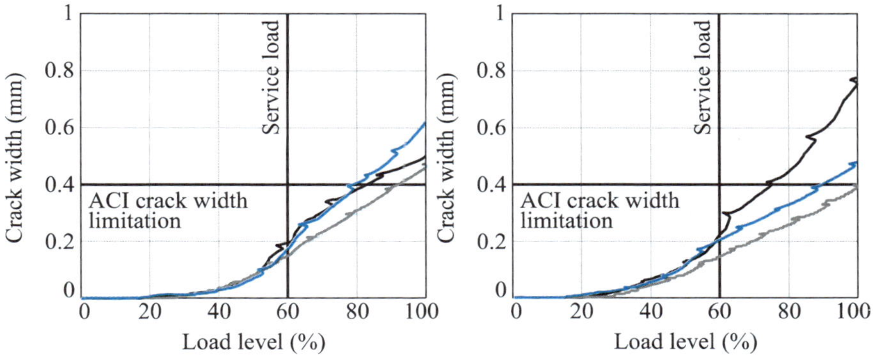

(a) 보통강도 전단철근 ($f_{yt}=334$MPa) (b) 보통강도 전단철근 ($f_{yt}=480$MPa)

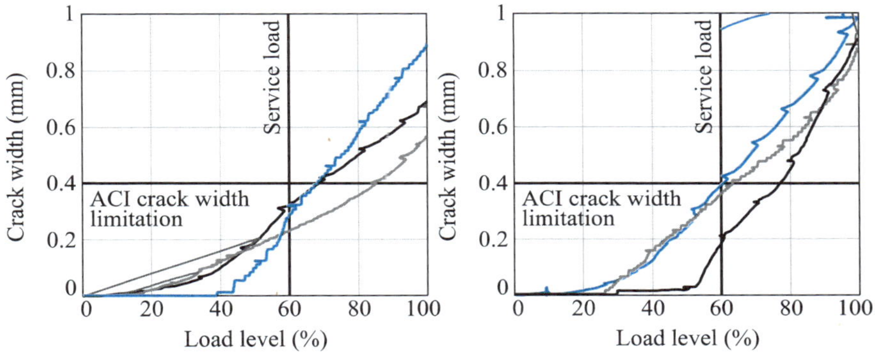

(c) 고강도 전단철근 ($f_{yt}=530$MPa) (d) 고강도 전단철근 ($f_{yt}=667$MPa)

[그림 4.41] 하중단계별 사인장균열 폭의 변화

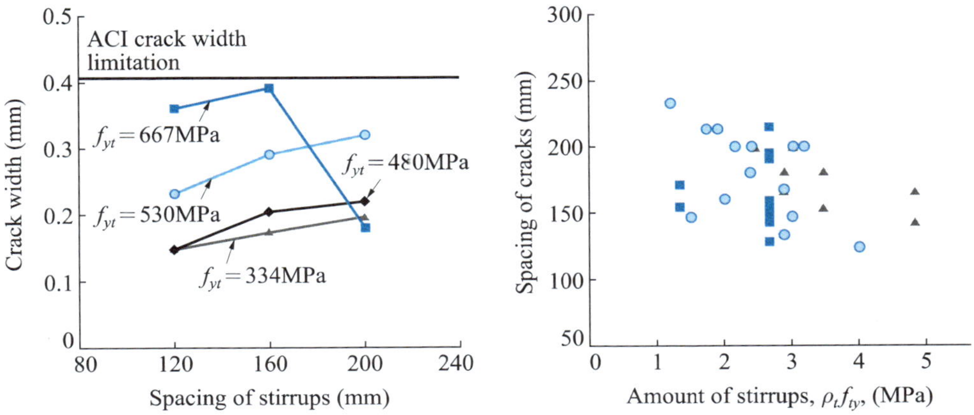

(a) 균열폭과 철근항복강도 관계 (b) 균열 간격과 철근의 양과의 관계

[그림 4.42] 균열의 폭과 간격

폭은 전단철근의 항복강도에 비례해서 증가하지 않고 그 증가의 폭이 완만하다는 것을 알 수 있다.

균열폭의 기준을 평균값으로 할 것인지 아니면 최대값으로 할 것인지에 대해서는 연구자들에 따라서 관점이 다르지만, 일반적으로 평균 균열폭을 기준으로 부재의 성능을 평가하므로, 이러한 관점에서 볼 때, [그림 4.42]는 고강도 전단철근을 사용할 경우에도 사인장균열의 폭이 0.41 mm 이하가 되어 고강도 전단철근의 사용 가능성을 제시하고 있다.

③ 전단강도비

[그림 4.43(a)]는 실험에서 측정된 전단철근 항복강도의 영향을 나타낸다. 네 종류의 고강도 전단철근을 사용한 실험체의 전단거동을 살펴보면 전단철근의 항복강도가 650 MPa을 초과했을 때는 전단철근이 항복하지 않고 부재가 파괴되는 경우가 있지만, 650 MPa 이하에서는 모든 실험체에서 전단철근이 항복하며, 전단강도 여유비(실험값/예측값)가 1 이상으로 안전측에 속하고 있다. [그림 4.43(b)]는 실험에서 측정된 232개의 전단파괴 실험 결과이다. 전단강도 여유비는 철근의 항복강도가 증가하면 감소한다. 전단철근의 항복강도가 약 650 MPa인 경우에는 부재가 전단강도에 도달할 때 전단철근이 항복강도에 도달하지만, 전단철근의 항복강도가 650 MPa 이상이고 보통강도 콘크리트가 사용될 때는 전단철근이 항복강도에 도달하지 않는 경우가 많다. 따라서 KDS 14 국가건설기준에서는 안전율을 고려하여 전단철근의 설계기준항복강도(f_{yt})를 500 MPa까지 허용하였다.

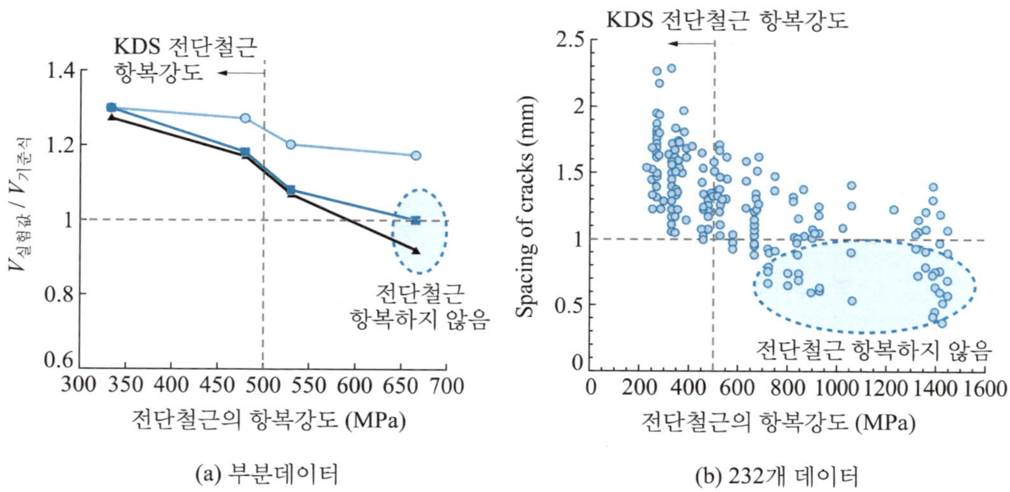

[그림 4.43] 전단강도비와 전단철근의 항복강도(이정윤, 2020)

4.7.2 고강도 전단철근을 사용한 철근콘크리트 대형보

고강도 철근은 일반구조물보다는 부재의 단면이 큰 구조물에 사용될 경우에 더욱 효율적이다. 특히 원자력발전소, 초고층빌딩, 장스팬 교량, 발전소, LNG저장 탱크 등과 같은 특수구조물은 다른 건물에 비하여 다량의 철근이 소요된다. 구조물에 고강도 철근을 사용할 경우 철근의 사용물량을 감소시켜 공사비를 절감할 수 있으며, 철근의 배근 간격을 넓게 하여 콘크리트 타설 효율성 및 품질을 향상시킬 수 있다.

철근콘크리트 보의 크기효과를 Kani (1967), Zararis와 Papadakis (2001), Bentz (2009), Bažant와 Yu (2005) 등이 연구하였다. 이들의 연구 결과에 의하면 대형보의 전단거동은 크기효과의 영향을 받는데, 크기효과에 영향을 주는 주요 원인으로 단면의 유효깊이와 전단경간비 등을 꼽는다. Bentz는 약 1,100개의 전단보강이 되지 않은 콘크리트의 전단응력과 크기효과의 상관관계를 분석하여 전단응력 또한 크기효과의 중요한 변수임을 확인하였다.

단면의 크기에 따라서 변화하는 실험체의 전단강도를 [그림 4.45(a)]에 표시하였다. 실험에서 측정된 전단강도(V_n)는 KDS 14 국가건설기준에 의하여 계산한 전단강도(V_{n-KDS})에 의하여 나누어졌다. 기준식의 전단강도 계산에서는 강도감수계수를 1로 하였으며, 실험에서 측정한 전단철근의 실제항복강도를 사용하여 V_{n-KDS}를 계산하였다. 그림에서 전단철근이 배근되지 않은 실험체(BS1-1, BS2-1, BS3-1, BS4-1)의 경우에는 단면의 높이가 850 mm 이상인 경우에 V_n / V_{n-KDS}가 1.0 이하가 되어 KDS 14 국가건설기준의 전단강도 평가식이 실제 전단강도를 위험하게 측정하고 있다. BS4-1을 제외하고 부재 단면이 증가하면 전단철근이 없는 보의 전단강도비는 감소하고 있다.

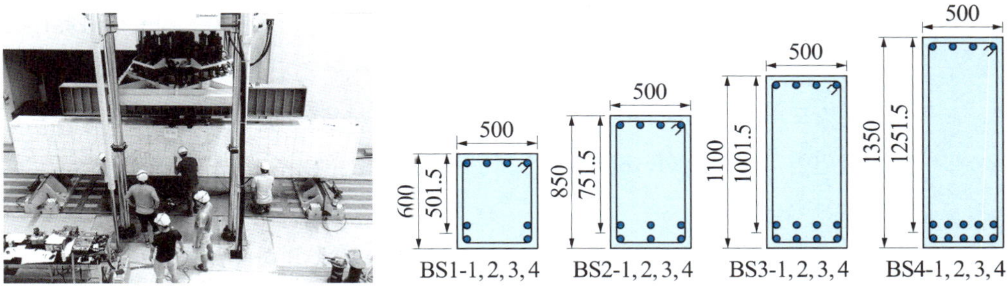

(a) 실험 전경 (b) 단면의 크기

[그림 4.44] 고강도 전단철근을 사용한 대형보 실험

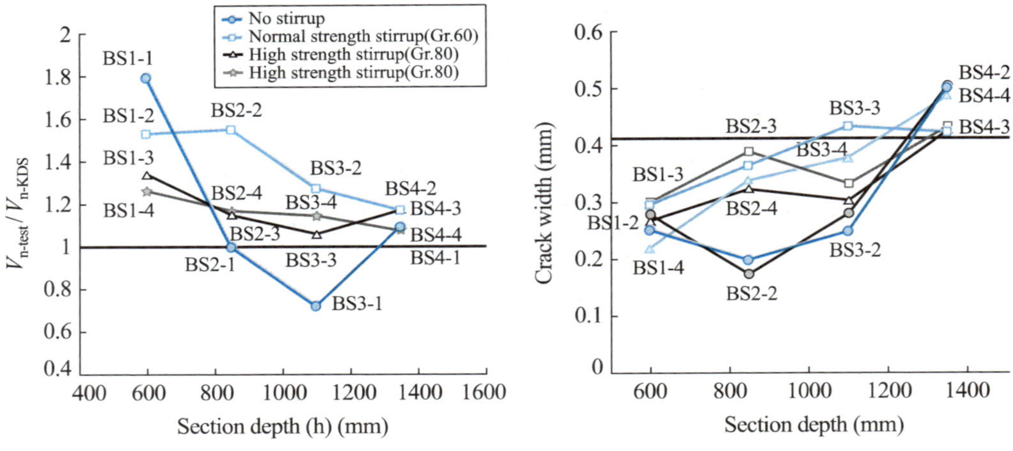

(a) 전단강도비 (b) 균열의 폭

[그림 4.45] 대형보의 전단강도비와 균열의 폭

전단철근이 배근된 부재의 경우에도 단면의 크기가 증가하면 전단강도비(V_n / V_{n-KDS})는 점차 감소하였다. BS4-4 실험체($h=1,350$ mm)의 경우에는 1.04로 매우 작았으며 단면의 크기가 1,350 mm보다 커질 경우에 기준식으로 계산한 전단내력이 실제 전단강도를 초과할 위험성을 나타냈다. 특히 KDS 14 국가건설기준의 콘크리트 전단기여분(V_c)계산식에는 크기효과의 영향이 포함되어 있지 않기 때문에 보의 단면이 커지면 실제의 전단강도를 과대평가할 위험성이 있다.

Grade 60철근($f_{yt}=459$ MPa)과 Grade 80철근($f_{yt}=674$ MPa)을 전단철근으로 사용한 단면의 전단강도비를 살펴보면 Grade 60철근을 전단철근으로 사용한 BS4-2부재의 전단강도비는 1.17이었지만 Grade 80철근을 전단철근으로 사용한 BS4-4 부재의 전단강도비는 1.04에 지나지 않아 Grade 80철근을 전단철근으로 사용할 경우에 부재의 전단강도비가 Grade 60철근을 전단철근으로 사용한 부재의 전단강도비보다 낮다. 따라서 단면이 크며 Grade 80의 고강도 전단철근을 사용할 경우에 전단강도비가 낮아져서 주의가 요구된다.

[그림 4.45(b)]는 실험체의 전단력이 기준식에 의하여 계산한 전단내력의 60퍼센트에 도달했을 때 측정된 균열의 평균폭과 단면의 높이의 관계를 나타낸다. [그림 4.45(b)]에서 거의 모든 실험체에서 전단철근의 간격이 증가하면 균열의 간격과 균열의 폭이 증가하고 있다. 또한 Grade 60철근을 사용한 경우보다 Grade 80철근을 사용한 보의 사인장 균열 평균폭이 증가하였다. 균열의 평균폭은 단면 깊이가 증가할수록 증가하여, 단면 깊

이가 1,200 mm 이상일 경우에 사인장균열의 평균폭이 ACI 224R-01의 0.41 mm를 초과하고 있다.

철근콘크리트 대형보의 크기효과를 확인하기 위해 전단철근을 배근하고, 단면의 높이가 600 mm 이하인 253개의 철근콘크리트 보 실험 결과와 대형보 실험 결과를 비교하였다. 비교된 실험체는 모두 전단인장파괴한 실험체이며, 전단철근의 항복강도는 233~1451 MPa, 콘크리트 압축강도 13~139 MPa이다(Lee 등, 2018). [그림 4.46(a)]에서 단면의 높이가 600 mm 이하인 실험체와 비교했을 때 대형보의 전단강도비가 낮다. 이렇게 강도비가 낮은 이유는 현재 KDS 14 국가건설기준에서는 크기효과를 고려하지 않기 때문이다.

[그림 4.46(b)]는 크기효과가 전단강도에 미치는 영향을 파악하기 위해 도로교설계기준(한계상태설계법)에서 사용되고 있는 크기효과 식(4.14)를 KDS 14 국가건설기준의 전단강도 평가식에 적용하여 전단내력비를 평가한 것이다. 크기효과 계수는 KDS 14 국가건설기준의 전단설계식에 적용할 수 있도록 도로교설계기준(한계상태설계법)의 크기효과 계수를 수정하여 사용하였다. 그 결과 크기효과를 고려한 철근콘크리트 대형보의 전단강도비는 증가하여 크기효과 반영의 필요성을 제시하고 있다.

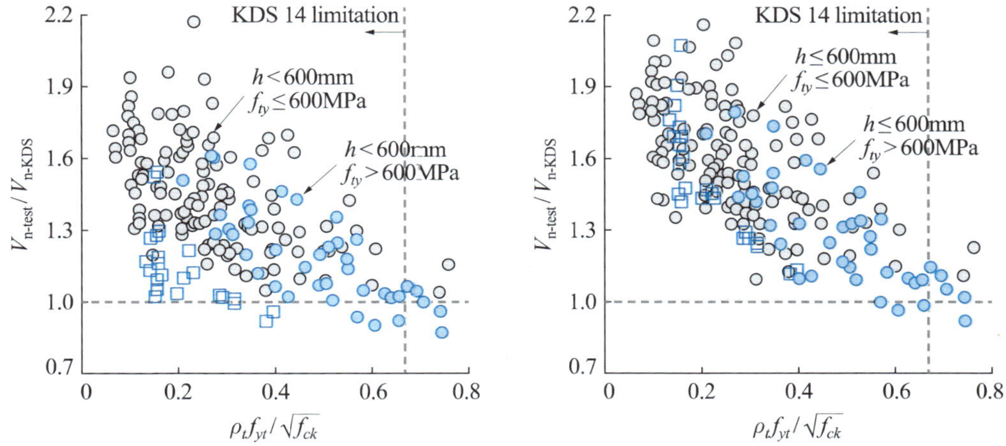

(a) 크기효과를 적용하지 않은 대형보의 전단강도비 (b) 크기효과를 적용한 대형보의 전단강도비

[그림 4.46] 철근콘크리트 보의 전단강도비

4.7.3 고강도 전단철근의 적용성

고강도 철근을 적용하기 위해서는 다양한 변수에 대하여 검증이 필요하다.

① 파괴모드의 관점

고강도 전단철근을 사용한 철근콘크리트 보의 전단파괴모드는 콘크리트의 압축강도에 영향을 받지만 보통강도 콘크리트를 사용한 경우에도 항복강도 650 MPa 전단철근은 기준에서 요구하는 전단인장파괴에 의하여 파괴된다.

② 전단균열의 관점

보통강도 전단철근을 사용한 경우보다 고강도 전단철근을 사용한 보의 사인장균열 폭이 증가한다. 그러나 고강도 전단철근을 사용한 실험체의 경우에도 사용하중 단계에서의 균열의 폭은 0.41 mm보다 낮게 측정되어 고강도 전단철근을 사용하여도 사용성에 큰 문제가 없다.

③ 전단강도비의 관점

고강도 전단철근을 사용한 철근콘크리트 보의 전단강도비는 전단철근의 항복강도가 증가하면 감소한다. 그러나 전단철근의 항복강도가 650 MPa 이하인 경우에는 전단강도비가 대부분 1 이상이 되어 기준의 요구 조건을 만족한다.

④ 대형 부재의 관점

단면의 깊이가 증가하여도 파괴모드는 기준의 요구조건을 만족하지만 부재의 유효깊이가 증가할 경우 전단강도비가 1 이하가 될 수 있어 크기효과의 영향을 반영할 필요가 있다. 또한 균열의 폭이 증가하므로 주의가 요구된다.

제 5 장

전단 부재의 내진 성능

5.1 일반 사항

철근콘크리트 구조기준에서는 지진 위험이 낮은 지역에 위치한 구조물과 지진 위험이 높은 지역에 위치한 구조물을 분리하여 별도의 설계기준을 규정하고 있다. 지진 위험이 낮은 지역에 위치한 구조물은 일반 설계기준에 근거하여 설계하지만, 지진 위험이 높은 지역에 위치한 구조물은 내진 설계기준에 근거해 설계해야 한다. 따라서 KDS 14 국가건설기준의 내진 설계 방법과 상세를 만족하는 구조물은 예상 지진하중에 대하여 충분한 내력과 연성을 가지고 저항할 수 있다고 할 수 있다. 내진 설계는 [표 5.1]과 같이 약진지역, 중진지역, 강진지역에 대한 설계로 구분된다. 우리나라는 강진지역으로 분류되지는 않으나, 2010년부터 우리나라 콘크리트설계기준이 ISO TC71 인증을 받음으로써 해외 건설시장에서도 우리나라 기준을 사용할 수 있도록 강진지역이나 높은 지진위험도가 요구되는 지진력 저항시스템에 대한 설계가 고려되었다.

모멘트골조시스템은 보통모멘트골조, 중간모멘트골조, 특수모멘트골조로 구분되며, 특수모멘트골조는 보통이나 중간모멘트골조보다 연성능력이 크기 때문에 더 유리한 지진계수를 사용한다. 특수모멘트골조는 더 큰 연성능력을 확보해야 하므로 보통모멘트골조나 중간모멘트골조보다 엄격한 철근 상세기준을 준수해야 하며, 설계 기본 원칙은 다음과 같다.

① 성능설계에 기본을 두어 보와 기둥에 소성힌지가 발생하도록 하고, 소성힌지의 예상강도는 철근의 초과강도 $1.25f_y$를 이용하여 계산한다.
② 전단과 같은 취성파괴를 방지하고 휨파괴가 먼저 발생하도록 한다.
③ 약보-강기둥 설계 원칙에 의해 보가 먼저 파괴되도록 하며, 기둥은 파괴되지 않도록 한다.
④ 접합부 파괴를 방지하고 정착과 이음 성능을 확보한다.

중간모멘트골조의 설계 기본 원칙은 다음과 같다.

① 보에 소성힌지가 발생하도록 하고, 예상강도는 철근의 항복강도 f_y를 이용하여 계산한다.
② 전단과 같은 취성파괴를 방지하고 휨파괴가 먼저 발생하도록 한다.
③ 파괴는 보에서 발생하도록 하고, 기둥에서는 파괴가 발생하지 않도록 한다.

내진골조시스템의 기본 원칙은 "전단과 같은 취성파괴를 방지하고 휨파괴가 먼저 발생하도록 한다"는 것이다. 따라서 이러한 설계 기본 원칙에 맞추어 전단력이 지배하는 부재의 내진설계는 휨항복강도, 전단강도, 연성능력을 고려하여 이루어 져야 한다. 특히 지진하중을 받는 철근콘크리트 부재의 전단강도는 반복하중의 영향에 의하여 콘크리트의 전단저항성능이 감소하며, 사인장균열의 각도도 변화한다. 5장에서는 전단파괴의 종류를 구분하고, 휨항복 후에 전단파괴하는 철근콘크리트 보와 기둥의 전단연성능력 평가법에 대하여 설명하고자 한다. 또한 트러스모델에 기반한 철근콘크리트 막요소의 전단예측모델에 대하여 설명한다.

[표 5.1] 지진위험도와 구조시스템

지진 위험도	구조시스템
약진지역에 속하거나 낮은 지진위험도가 요구되는 구조물	일반 구조설계기준에 맞게 설계함. 중간 또는 특수 콘크리트구조시스템을 사용하는 경우에는 내진설계기준에 맞게 설계함.
중진지역에 속하거나 중간 지진위험도가 요구되는 구조물	중간 또는 특수모멘트골조 및 보통, 중간, 특수철근콘크리트 구조벽이 지진력에 저항하도록 설계해야 함. 특수 콘크리트구조시스템을 사용하는 경우에는 특수 구조시스템에 대한 내진설계기준에 맞게 설계해야 함.
강진지역에 속하거나 높은 지진위험도가 요구되는 구조물	특수모멘트골조, 특수구조벽 그리고 격막구조 및 트러스구조 등이 지진력에 저항하도록 설계해야 함. 지진력에 저항하지 않는 구조 부재에 대하여도 내진설계의 요구사항을 만족하도록 설계해야 함.

5.2 각 국의 전단 내진설계기준

철근콘크리트 부재의 파괴모드는 관점에 따라서 다양하게 분류된다. 성능설계의 관점에서 휨파괴와 전단파괴를 구분하면 [그림 5.1]과 같이 세 종류로 구분할 수 있다.

① 전단파괴

엄밀하게 정의하면 휨항복 이전의 전단파괴이다. 이 경우는 전단내력이 휨내력보다 작아서 휨인장철근이 항복하기 이전에 전단에 의해서 파괴되는 경우이다. 실제 실험에 의하여 측정된 전단파괴 부재 A와 휨파괴 부재 C의 거동을 비교해 보면 [그림 5.2(a)]와 같이 전단파괴하는 부재는 휨파괴하는 부재에 비하여 취성적으로 파괴된다. 전단철근이 항복한 이후에 복부 콘크리트가 압축파괴하는 경우에도 휨인장파괴하는 부재의 연성과 비교하면 전단철근이 있는 부재의 연성은 매우 작다. 따라서 성능설계에서는 휨내력을 전단내력보다 작게 하여 부재가 휨인장파괴하도록 설계한다.

② 휨항복 후의 전단파괴

휨인장철근이 항복한 이후에 전단에 의하여 파괴되는 경우이다. 전단경간비가 짧은 연결보 또는 구조물의 하부층 기둥에서 많이 발생하는 파괴모드이다. 이 경우는 전단 내력이 휨인장파괴 내력보다 크기 때문에 먼저 휨인장철근이 항복하며, 부재의 강도는 휨인장내력에 의하여 결정된다. 그러나 파괴는 소성힌지에서 발생하는 것이 아니라 복부의 사인장균열의 폭이 증가하면서 최종적으로 전단에 의해 파괴된다. 이러한 파괴는 전단경간비와 밀접한 관련이 있다. 즉, 전단경간비가 짧을 경우에는 주인장철근이 항복한 이후에도 소성힌지 구역의 휨균열이 증가하지 않고, 사인장균열이 증가하며 파괴된다. 실제 실험에 의하여 측정된 휨항복 후에 전단파괴하는 부재 B와 휨파괴하는 부재 C의 거동을 비교해 보면 [그림 5.2(b)]와 같이 부재 B의 연성과 에너지소산이 부재 C에 비하여 작다. 부재 B의 파괴는 부재 C의 파괴에 비하여 바람직하지 않지만, 이러한 파괴는 부재의 기하학적 형상과 밀접한 관련이 있으므로 설계에서 피하기 어렵다. 따라서 성능설계에서는 휨항복 후의 전단파괴를 허용하지만 여러 제한 조건을 두어 연성을 확보할 수 있도록 하고 있다.

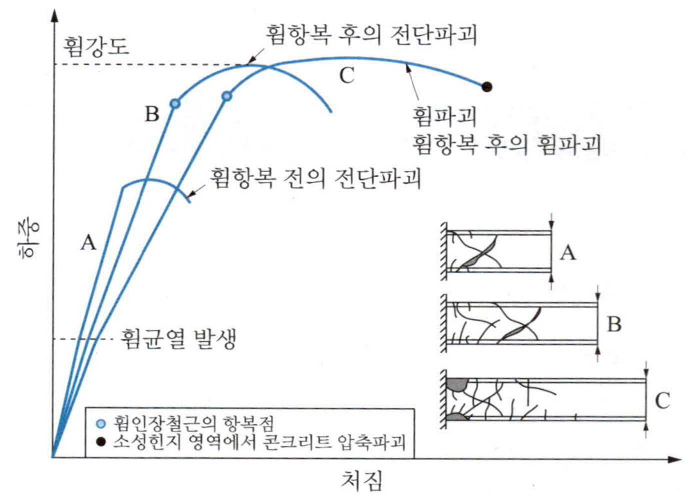

[그림 5.1] 전단파괴의 종류

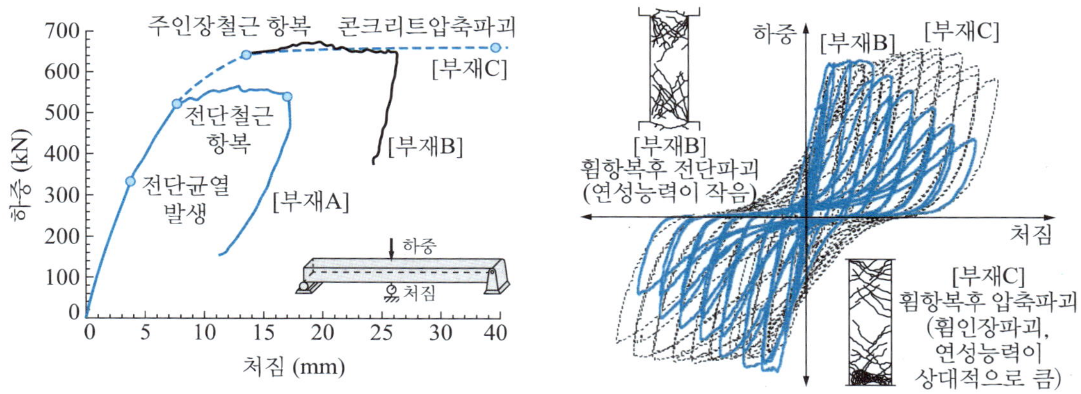

(a) 부재의 거동 비교

(b) 부재 B와 부재 C의 거동 비교

[그림 5.2] 철근콘크리트 보의 거동 비교

③ **휨항복 후의 휨파괴** : 간략하게 휨파괴라고 하며, 휨인장철근이 항복한 이후에 중립축의 길이가 짧아지면서 소성힌지 구역의 콘크리트가 압축파괴하는 경우이다. [그림 5.2]의 실험 결과에서 확인할 수 있듯이 연성능력과 에너지소산이 커서 가장 바람직한 파괴모드라고 할 수 있다.

5.2.1 KDS 14 국가건설기준

KDS 14 국가건설기준 또는 ACI318-19기준에서는 지진하중에 의한 전단력이 최대 소요 전단강도의 1/2 이상이며, 계수축력(P_u)이 $A_g f_{ck}/20$ 이하일 때는 콘크리트의 전단강도(V_c)를 무시한다. 즉, 4장의 식(4.3)과 식(4.4)의 콘크리트에 의한 공칭전단강도를 영(0)으로 한다($V_c = 0$). 따라서 공칭전단강도(V_n)는 전단철근만에 의한 저항으로 계산한다.

$$V_n = V_s \qquad (P_u \leq A_g f_{ck}/20) \tag{5.1a}$$

$$V_n = V_c + V_s \quad (P_u > A_g f_{ck}/20) \tag{5.1b}$$

여기서, V_s : 전단철근에 의한 공칭전단강도

이는 지진하중이 작용할 경우에 콘크리트에는 양방향으로 균열이 발생하여 단조하중(monotonic load)을 받아 한 방향으로만 균열이 발생하는 경우보다 균열의 폭이 커지고, 골재의 맞물림작용과 장부작용이 감소하여 콘크리트의 전단기여분이 감소하기 때문이다. 반면에 계수축력(P_u)이 $A_g f_{ck}/20$를 초과할 경우에는 축력이 균열의 폭의 증가를 억제하여 균열 폭이 크지 않으므로 식(4.3) 또는 식(4.4)의 콘크리트의 전단강도(V_c)를 고려한 식(5.1b)에 의해 전단강도를 계산할 수 있다.

지진하중을 받는 골조의 휨모멘트 분포는 중력하중을 받는 골조의 휨모멘트와 다르다. 예를 들어, [그림 5.3]과 같이 연직하중과 지진하중이 작용하는 골조의 전단력과 휨모멘트 분포는 연직하중만 작용하는 골조의 전단력과 휨모멘트 분포와 다르며, 부재가 받는 전단력이 증가한다. 연직하중을 받는 골조의 보의 전단력 분포(V_x)는 식(5.2)에 의해 계산하며, 연직하중과 지진하중을 받는 골조의 보의 전단력 분포는 식(5.3)에 의해 계산한다. 식(5.3)의 두 번째 항에 ±가 붙는 것은 단부의 모멘트 방향이 바뀌기 때문이다.

$$V_x = \frac{M_{pl} - M_{pr}}{l_n} + \frac{w_u l_n}{2} - w_u x \quad \text{(연직하중 골조)} \tag{5.2}$$

$$V_x = \frac{M_{pl} + M_{pr}}{l_n} \pm \frac{w_u l_n}{2} - w_u x \quad \text{(연직하중+지진하중 골조)} \tag{5.3}$$

여기서, M_{pl}, M_{pr} : 보의 좌우 단면 예상휨모멘트(휨강도)이며, 특수모멘트골조의 경우에 철근의 초과강도 $1.25f_y$를 이용하여 계산하고 중간모멘트골조의 경우에는 f_y를 이용하여 계산

l_n : 보의 순경간

w_u : 등분포하중

성능설계에 기반을 두는 특수모멘트골조 설계에서는 지진하중을 받는 부재의 설계전단력(V_e)을 부재 단부에 작용하는 예상 휨강도 M_{pl}과 M_{pr}의 정 또는 부의 값과 계수중력하중을 이용하여 계산한다. 성능기반 내진 설계는 취성적인 전단파괴를 방지하고 연성적인 휨파괴를 유도한다. 따라서 부재의 양단부에는 휨항복에 의하여 소성힌지가 먼저 발생하므로, V_e는 소성힌지영역의 M_{pl}과 M_{pr}을 기준으로 계산해야 한다. 예상휨강도(M_{pl}과 M_{pr})는 소성힌지가 발생하여 철근이 초과강도에 도달했을 때의 강도이므로 철근의 응력을 $1.25f_y$로 하여 계산한다. 기둥에 발생하는 M_{pt}와 M_{pb}의 값은 그 기둥이 접합되어 있는 보들의 M_{pl}과 M_{pr}값에 의해 계산되는 값을 초과할 필요는 없다. 또한, V_e는 구조물 해석에 의해 계산된 값보다 작을 수 없다.

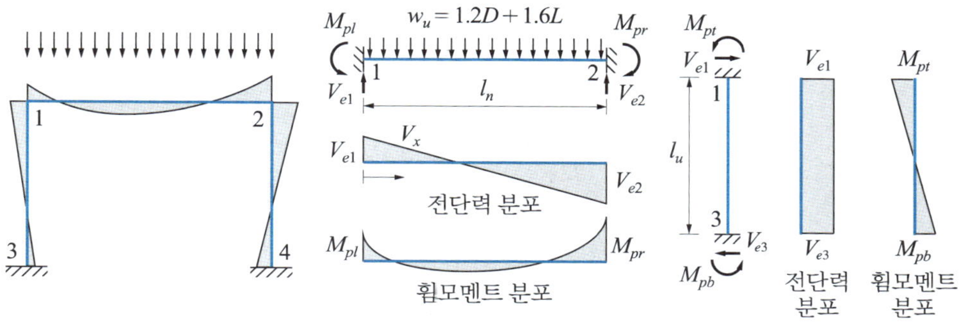

(a) 연직하중에 의한 모멘트 분포

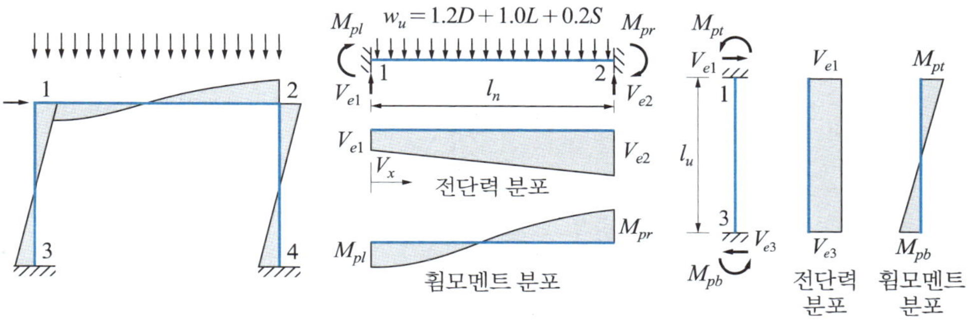

(b) 연직하중과 수평하중에 의한 모멘트 분포

[그림 5.3] 골조의 휨모멘트와 전단력 분포

예제 5.1

[예제 그림 5.1.1]의 철근콘크리트 특수모멘트골조를 내진설계하고자 한다. 3층의 내부 보를 전단설계하라. 보에는 고정하중 20 kN/m와 활하중 15 kN/m가 작용한다.

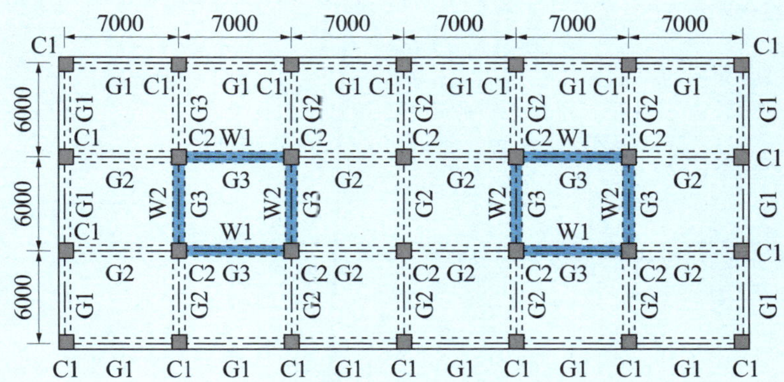

[예제 그림 5.1.1] 철근콘크리트 특수모멘트골조 평면

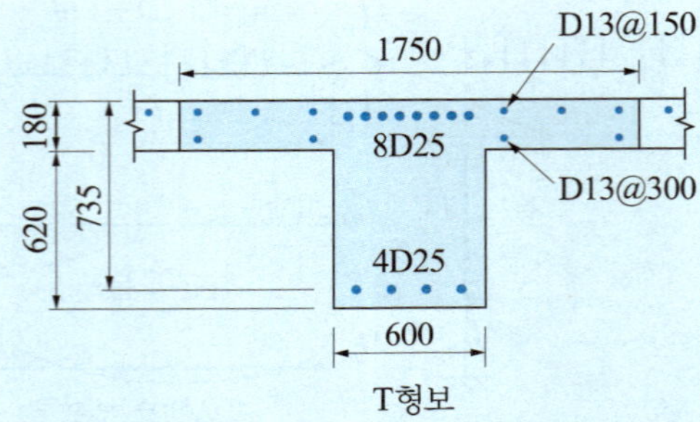

[예제 그림 5.1.2] 보 단면(단위 : mm)

[예제 표 5.1.1] 부재의 크기와 사용 재료

부재	단면(mm)	f_{ck} (MPa)	f_y (MPa)	주철근	횡방향철근	기타
슬래브	250 ×6,000	24	400	상부철근 D13@150	-	두께 : 250 mm 폭 : 6,000 mm
				하부철근 D13@300		
보	600 ×800	24	400	상부철근 8-D25	4-D10@120	보 길이 : 7,000 mm
				하부철근 4-D25		
기둥	800 ×800	27	400	12-D32	4-D13@100	기둥 높이 : 3,500 mm

D32 철근(d_b = 31.8 mm, A_s = 794.2 mm2), D25 철근(d_b = 25.4 mm, A_s = 506.7 mm2), D13 철근(d_b = 12.7 mm, A_s = 126.7 mm2), D10 철근(d_b = 9.53 mm, A_s = 71.3 mm2)

[풀이]

철근콘크리트 특수모멘트골조는 KDS 14 20기준의 요구 성능을 만족해야 한다. 계수축력이 $(A_g f_{ck}/10)$을 초과하지 않는 부재에 대하여 내진설계기준에 맞게 설계해야 한다.

(1) 보의 휨설계

① 단면 치수의 제한값을 만족하는지 확인한다.

부재의 순경간이 유효깊이의 4배 이상이어야 한다.

$$\frac{l_n}{d} = \frac{(7{,}000-600)}{735} = 8.71 > 4$$

깊이에 대한 폭의 비가 0.3 이상이어야 한다.

$$\frac{b}{h} = \frac{600}{800} = 0.75 > 0.3$$

부재의 폭은 250 mm 이상이어야 한다. 또한, 부재의 폭은 휨부재 축방향과 직각으로 측정한 지지부재의 폭에 받침부 양 측면으로 휨부재 깊이의 3/4을 더한 값보다 작아야 한다.

$b(=600) > 250\text{mm}$

$b <$ 기둥의 너비 $+0.75 \times$ 보의 깊이

$b(=600) < 800+0.75 \times 800 = 1{,}400\text{mm}$

② 소요휨강도를 계산한다.

KDS 하중조합에 근거하여 소요휨강도를 계산한다.

③ 보의 예상 정모멘트를 계산한다.

보에 정모멘트가 작용할 경우에 예상 휨모멘트(M_{pl})를 계산한다. 보에 작용할 수 있는 최대 내력을 계산해야 하므로 T형보를 사용하며, 철근에는 초과강도계수 1.25를 곱해야 한다. 등가 직사각형 압축응력블록을 이용하여 등가응력블럭의 깊이(a)를 계산하며, 설계의 단순화를 위하여 압축철근의 영향은 고려하지 않는다. 콘크리트 압축강도가 24 MPa이므로 계수 η는 1.0이다.

$$a = \frac{A_s(1.25 \times f_y)}{\eta\, 0.85 f_{ck} b} = \frac{4 \times 506.7 \times (1.25 \times 400)}{1 \times 0.85 \times 24 \times 1{,}750} = 28.4\text{mm}$$

$$M_{bN} = A_s(1.25 f_y)jd = 4 \times 506.7 \times (1.25 \times 400) \times (735 - 28.4/2) = 730.5\text{kN} \cdot \text{m}$$

④ 보의 예상 부모멘트를 계산한다.

보에 부모멘트가 작용할 경우에 예상 휨모멘트(M_{pr})를 계산한다. 이 때 보는 T형보로 하며, 인장력(T_b)을 계산할 때 슬래브의 인장철근을 포함해야 한다. 보의 휨설계에서는 정모멘트를 받는 보의 경우에만 T형보로 간주하지만, 내진설계에서는 정확한 내력을 평가하기 위하여 부모멘트를 받는 보의 경우에도 T형보로 간주하며 슬래브의 유효폭 내에 배근된 슬래브 철근을 포함하여 인장력을 계산한다. 또한, 철근에는 초과강도계수 1.25를 곱해야 한다. 이 경우에도 압축철근의 영향은 고려하지 않고 계산한다.

$$a = \frac{A_s(1.25 \times f_y)}{\eta\, 0.85 f_{ck} b} = \frac{(8 \times 506.7 + 6 \times 126.7 + 4 \times 126.7) \times (1.25 \times 400)}{1 \times 0.85 \times 24 \times 600} = 217.3\text{mm}$$

$$M_{bS} = A_s(1.25 f_y)jd = (8 \times 506.7 + 6 \times 126.7 + 4 \times 126.7) \times (1.25 \times 400) \times (735 - 217.3/2)$$
$$= 1{,}666.3\text{kN} \cdot \text{m}$$

⑤ 접합면에서 정모멘트에 대한 강도는 부모멘트에 대한 강도의 1/2 이상이어야 한다. 또 부재의 어느 위치에서나 정 또는 부모멘트에 대한 강도는 부재 양단 접합면의 최대 휨강도의 1/4 이상이어야 한다. 상부철근에는 8-D25, 하부철근에는 4-D25철근이 배근되어 접합면의 휨내력 조건에 만족한다.

(2) 전단철근량을 계산한다.

① 계수하중을 계산한다.

$$w_u = 1.2 w_D + 1.6 w_L = 1.2 \times 20 + 1.6 \times 15 = 48\text{kN/m}$$

② 부재축방향에 따라서 변화하는 소요전단력($V_{u,x}$)을 계산한다.

단부에서 x만큼 떨어진 위치의 소요전단력($V_{u,x}$)을 식(5.3)에 의하여 계산한다.

$$V_{ux} = \frac{M_{pl} + M_{pr}}{l_n} + \frac{w_u l_n}{2} - w_u x = \frac{(730.5 + 1{,}666.3)}{6.4} + \frac{48 \times 6.4}{2} - 48x = 528.1 - 48x$$

여기서, $l_u = 7{,}000 - 600 = 6{,}400$ mm이다. 양 단부의 저항 휨모멘트(M_{pl}과 M_{pr})는 보에 소성힌지가 발생한 이후의 강도이므로 철근의 인장응력이 $1.25 f_y$에 도달했을 때의 강도를 사용한다.

③ 최대 소요전단력($V_{u,\max}$)을 계산한다. 받침부에 압축력이 작용하면 받침부에서 단면유효높이(d) 만큼 떨어진 위치의 전단력이 최대 소요전단력이 된다.

$V_{u,\max} = 528.1 - 48x = 528.1 - 48 \times 0.735 = 492.8\,\text{kN}$

④ 계수축력이 $A_g f_{ck}/20$ 이하이므로 콘크리트의 전단강도(V_c)는 "0"이다.

$V_c = 0$

⑤ 전단철근의 전단강도(V_s)의 최댓값을 검토한다.

KDS 14 국가건설기준에서는 전단철근의 양을 제한하기 위하여 전단철근의 전단기여분(V_s)이 식(4.48)의 $0.2(1-f_{ck}/250)f_{ck}b_w d$ 이하가 되도록 규정하고 있다. 식(5.1a)를 이용하여 다음과 같이 적합성을 검토한다.

$\phi V_s = V_u - \phi V_c$

$$V_s = \frac{V_u}{\phi} - V_c = \frac{492.8}{0.75} - 0 = 657.1\text{kN}$$

$$(V_s)_{\max} = 0.2\left(1 - \frac{f_{ck}}{250}\right)f_{ck}b_w d = 0.2\left(1 - \frac{24}{250}\right)24 \times 600 \times 735 = 1{,}913.6\text{kN}$$

그러므로 설계가 적합하다.

⑥ 최대 소요전단력($V_{u,\max}$)이 작용하는 위치의 전단철근 간격을 계산한다. 전단철근은 D10철근($A_s = 71.3\text{mm}^2$)을 네 가닥 사용한다.

$$s = \frac{\phi A_v f_y d}{V_{u,\max} - \phi V_c} = \frac{0.75 \times 4 \times 71.3 \times 400 \times 735}{492{,}800 - 0} = 127.6\text{mm}$$

⑦ 전단철근의 최대 간격을 계산한다.

전단철근의 최대 간격은 전단철근에 의한 전단강도(V_s)의 크기에 따라서 달라진다. 식(5.1b)에서 계산한 V_s는 657.1 kN이다.

이 값은 $\lambda\sqrt{f_{ck}}/3 \times b_w d = 1 \times \sqrt{24}/3 \times 600 \times 735 = 720.1\,\text{kN}$보다 작으므로 전단철근의 최대 간격($s_{\max}$)은 다음의 세 가지 조건 중에서 최솟값을 사용해야 한다.

$$s_{\max} = \min\left(\text{식}(4.7)\ \text{이용},\ \frac{d}{2},\ 600\text{mm}\right) = \min\left(\frac{4 \times 71.3 \times 400}{0.35 \times 400},\ \frac{735}{2},\ 600\text{mm}\right)$$

$$= \min(814.9,\ 367.5,\ 600\text{mm})$$

그러므로 전단철근의 최대 간격($s_{\max}$)은 367.5 mm이다. 최대 소요전단력($V_{u,\max}$)이 작용하는 위치의 전단철근 간격 127.6 mm는 367.5 mm보다 작으므로 127.6 mm를 배근한다.

⑧ 최소전단철근량 이상 배근해야 할 구간을 계산한다. 취성파괴를 방지하기 위하여 $V_u \geq 1/2 \times \phi V_c$가 되는 구간에 최소전단철근을 배근한다.

$V_{ux} = 528.1 - 48x = \phi V_c/2$

$$\text{그러므로 } x = \frac{528.1 - \phi V_c/2}{48} = \frac{528.1 - 0/2}{48} = 11.0\,\text{m}$$

⑨ 전단철근의 최대 간격보다 좁은 간격으로 배근해야 할 부재의 위치(x_2)를 계산한다.

최대 간격이 367.5 mm이므로 전단철근을 배근할 경우의 전단저항력(V_s)을 계산한다.

$$\phi V_s = \frac{\phi A_v f_y d}{s} = \frac{0.75 \times 4 \times 71.3 \times 400 \times 735}{367.5} = 171.1\,\text{kN}$$

ϕV_c는 0 kN이므로 전체 저항력은 171.1 kN이다.

$V_{ux} = \phi V_s + \phi V_c = 171.1 + 0 = 171.1\,\text{kN}$

따라서 x_2의 위치는 다음과 같다.

$171.1 = 528.1 - 48x$, $x = 7.4\,\text{m}$

⑩ 보의 구간을 구분하여 전단철근을 배근한다.

시공의 편의를 고려하여 최소 간격 127.6 mm는 120.0 mm 간격으로 배근한다. 첫 번째 전단철근은 기둥 접합면에서 60 mm부터 배근한다.

처음	60 mm,	D10@60
3.0 m까지	120 mm,	D10@120

(3) 횡방향철근 규정에 대해 검토한다.

첫 번째 후프철근은 지지부재의 면부터 50 mm 이내에 위치해야 한다. 후프철근의 최대 간격은 $d/4$, 축방향철근의 최소 지름의 8배, 후프철근지름의 24배, 300 mm 중 가장 작은 값을 초과하지 않아야 한다.

- $d/4$	$735/4 = 183.8$ mm
- 축방향철근 지름의 8배	$8 \times 25.4 = 203.2$ mm
- 후프철근 지름의 24배	$24 \times 9.53 = 228.7$ mm
- 300 mm	300 mm

횡방향철근 규정에 맞추어 전단철근의 간격을 재조정한다.

처음	50 mm,	D10@50
3.0 m까지	120 mm,	D10@120

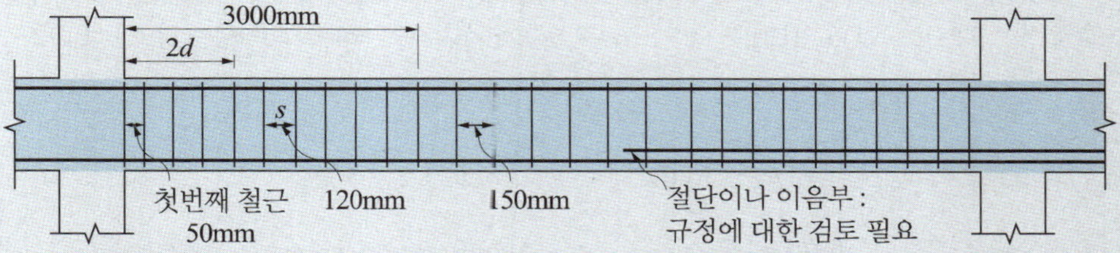

[예제 그림 5.1.3] 특수모멘트 철근콘크리트 구조물의 보

5.2.2 일본건축학회 강도설계지침

지진하중을 받는 부재의 전단성능을 일본건축학회의 강도설계지침(AIJ-1990)은 KDS 14 국가건설기준과 달리 평가하고 있다. KDS 14 국가건설기준 또는 ACI318-19기준에서는 계수축력(P_u)이 $A_g f_{ck}/20$ 이하일 때는 콘크리트의 전단기여분(V_c)을 무시하지만, AIJ-1990기준에서는 부재의 부재소성회전각(R_p)의 영향을 반영하여 전단내력과 전단연성을 평가한다.

AIJ-1990기준은 아치작용과 트러스모델에 기반을 두어 식(4.34)에 의해 전단강도를 계산한다. 일반 부재에 대해서는 식(4.37)과 식(4.38)에 의해 균열의 각도(θ)와 유효압축강도계수(ξ)를 이용하여 전단강도를 계산하지만, 지진하중을 받는 부재에 대해서는 식

(5.4)와 식(5.5)의 ξ와 θ를 식(4.34)에 대입하여 전단강도를 계산한다. 식(5.4)와 식(5.5)의 ξ와 θ를 대입하여 전단강도를 계산할 경우에 전단강도는 부재소성회전각(R_p)이 증가할수록 감소한다. 결과적으로 부재의 연성능력이 강도와 연계되어 평가된다.

부재소성회전각(R_p)이 증가할 경우에 부재에 발생하는 균열의 폭과 복부의 변형이 증가하여 콘크리트의 유효압축강도가 감소한다. 따라서 AIJ-1990기준에서는 식(4.38)의 유효압축강도계수(ξ) 대신에 식(5.4a, b)의 유효압축강도계수(ξ_p)를 식(4.34)에 대입하여 전단강도를 계산한다. 식(5.4a, b)의 ξ_p는 [그림 5.4(a)]와 같이 R_p가 증가하면 감소하며, $0.05 < R_p$에서는 일정한 값을 유지한다.

$$0 < R_p \leqq 0.05 \qquad \xi_p f_{ck} = (1 - 15R_p)\xi f_{ck} \tag{5.4a}$$

$$0.05 < R_p \qquad \xi_p f_{ck} = 0.25\,\xi f_{ck} \tag{5.4b}$$

또한 부재소성회전각(R_p)이 증가하면 콘크리트의 강도가 감소하여 사인장균열의 각도가 증가하는 경향이 있다. 따라서 AIJ-1990기준에서는 사인장균열의 각도를 식(5.5a, b)에 의해 계산하며, 이 값을 식(4.34)에 대입하여 전단강도를 계산한다. 식(5.5a, b)의 θ는 [그림 5.4(b)]와 같이 R_p가 증가하면 증가하고($\cot\theta$는 감소), $0.02 < R_p$에서는 일정한 값을 유지한다.

$$0 < R_p \leqq 0.02 \qquad \cot\theta = 2 - 50R_p \tag{5.5a}$$

$$0.02 < R_p \qquad \cot\theta = 1 \tag{5.5b}$$

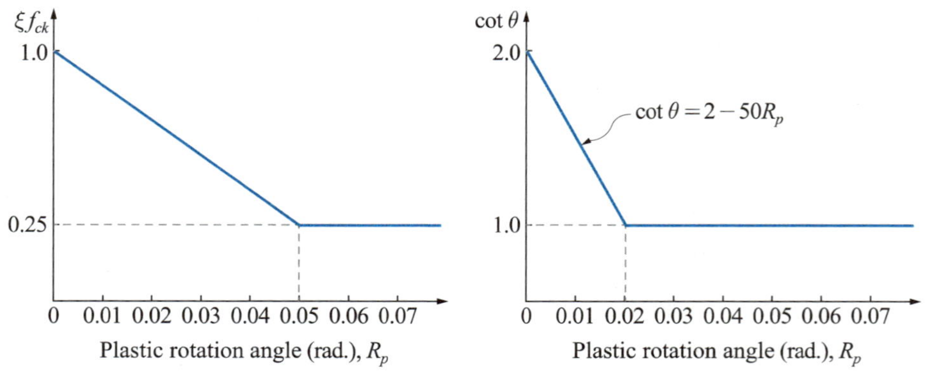

(a) 유효압축강도 (b) 사인장균열각도

[그림 5.4] 부재소성회전각의 영향

AIJ-1990기준에서는 전단철근의 배근을 소성힌지영역과 비소성힌지영역으로 구분하여 설계하는 것을 허용하고 있다. 성능설계의 기본은 약보−강기둥의 개념이며, 보에는 소성힌지가 발생한다. 소성힌지는 비소성힌지보다 더 큰 연성능력을 보유해야 하며, 사인장균열의 각도도 소성힌지가 위치하는 지점 근처에서 더 커지므로 이러한 영향을 반영하여, AIJ-1990기준에서는 전단철근을 ① 부재의 전 구역에서 일정하게 배근하는 방법과 ② 소성힌지와 비소성힌지 구역을 구분하여 배근하는 방법으로 구분한다.

① 전단철근을 전 구역에서 일정한 간격으로 배근

전단철근을 소성힌지와 비소성힌지 구분 없이 보의 전 구역에 일정한 간격으로 배근하는 방법이며, 식(5.4a, b)와 식(5.5a, b)를 사용한다. 아치작용과 트러스모델에 의하여 발생하는 전단저항은 식(4.37)과 식(4.38)의 θ와 ξ의 값 대신에 식(5.4)와 식(5.5)에서 계산한 ξ_p와 θ를 대입하여 계산한다.

$$\beta = \frac{\rho_t f_{yt}(1+\cot^2\theta)}{\xi_p f_{ck}} \tag{5.6}$$

$$V_n = \frac{1}{2}(1-\beta)\xi_p f_{ck}(bh)\tan\phi + \frac{A_v f_{yt} z}{s}\cot\theta \tag{5.7}$$

② 전단철근을 소성힌지구역과 비소성힌지구역에서 다른 간격으로 배근

소성힌지의 연성능력이 비소성힌지영역의 연성능력보다 더 커야 한다는 점을 고려하여 전단철근을 소성힌지에 집중 배근하고 비소성힌지영역에는 적게 배근하는 방법이다. 철근의 양이 달라질 경우에 트러스모델에 의하여 계산되는 사인장균열의 각도가 달라지며, 위험 단면도 달라진다. [그림 5.5]의 소성힌지와 비소성힌지의 경계점이 되는 C점의 바로 아래의 수직방향에 대한 힘의 평형에서 식(5.8)을 유도할 수 있다.

$$\rho_{th} f_{yt} = f_{2m}^c \sin^2\theta_m$$

$$f_{2m}^c = \rho_{th} f_{yt}(1+\cot^2\theta_m) \tag{5.8}$$

[그림 5.5]의 소성힌지영역(ABEF)과 비소성힌지영역(CDGH)의 경계선인 BF에서 소성힌지영역을 중심으로 한 평형조건에서 식(5.9)를 구한다.

$$V_t = \rho_{th} f_{yt} \cot\theta_h (b \times jd) \tag{5.9}$$

또한 경계선 CG에서 비소성힌지영역을 중심으로 한 평형조건에서 식(5.10)을 구한다.

$$V_t = \rho_{tm} f_{yt} \cot\theta_m (b \times jd) \tag{5.10}$$

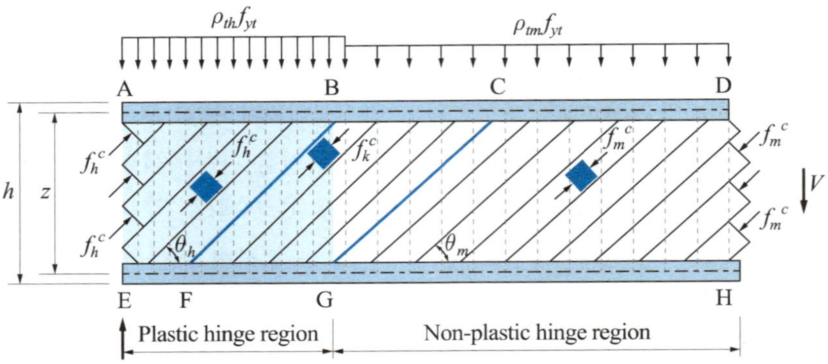

[그림 5.5] 소성힌지영역과 비소성힌지영역의 트러스모델

경계점에서 식(5.9)와 식(5.10)은 동일하므로 소성힌지영역(ABEF)과 비소성힌지영역(CDGH)의 철근의 관계를 계산할 수 있다.

$$\rho_{tm} = \rho_{th}\frac{\cot\theta_h}{\cot\theta_m} \tag{5.11}$$

비일정 배근 설계에서는 파괴의 위험 지점을 소성힌지영역(ABEF)과 비소성힌지영역(CDGH)의 경계점인 B점이 된다. 이는 B점에서 비소성힌지영역의 철근이 배근되어 철근의 양이 감소하며, 각도는 소성힌지영역에 접하고 있어 최대가 되기 때문이다. 따라서 3.3.3항에서 설명한 식(3.33) 대신에 B점의 콘크리트 응력(f_k^c)을 대입한 식(5.12)를 사용하여 계산한다.

$$\xi f_{ck} = f_k^c + f_a \tag{5.12}$$

식(3.4)와 식(5.4a, b)를 식(5.12)에 대입하여 아치작용에 의한 콘크리트 스트럿에 의하여 발생하는 응력(f_a)을 계산한다.

$$f_a = (1-\beta)\xi_p f_{ck} \tag{5.13}$$

$$\beta = \frac{\rho_{th} f_{yt}(1+\cot^2\theta_m)}{\xi_p f_{ck}} \tag{5.14}$$

아치작용과 트러스모델에 의하여 발생하는 전단저항은 식(5.15)가 된다.

$$V_n = \frac{1}{2}(1-\beta)\xi_p f_{ck}(bh)\tan\phi + \frac{A_v f_{yt} z}{s}\cot\theta_{\rm m} \tag{5.15}$$

5.2.3 ASCE/SEI41-13기준

ASCE/SEI41-13기준(2013)에서는 [그림 5.1]의 파괴 중에서 "휨항복 후의 전단파괴"와 "휨파괴"를 [그림 5.6]과 같이 이상화하였다. 휨인장철근이 항복하여 변위연성비(μ_Δ)가 1을 초과한 이후에 부재의 내력은 거의 일정하다가 한계값에 도달한 후에 감소하게 되며, 강소가 감소하는 지점까지의 변위를 부재의 연성능력으로 한다. 변위연성비는 최대 내력에 도달했을 때의 변위(Δ_u)를 축인장철근 항복시의 변위(Δ_y)로 나눈 값($\mu_\Delta = \Delta_u / \Delta_y$)이다. [그림 5.1]의 휨항복 후에 전단파괴하는 부재의 경우에는 변위연성비(μ_Δ)가 증가하면 콘크리트의 전단강도는 감소하고, 사인장균열의 각도는 증가하여 45도에 가깝게 된다. 결과적으로 부재의 전단강도는 점차 감소하게 된다. 휨항복 후에 전단파괴하는 부재의 내력은 휨항복 내력이 결정하지만, 부재가 갖고 있는 전단 내력을 계산해 보면 [그림 5.7(a)]의 점선으로 표시되었듯이 μ_Δ가 작을 때는 크지만 μ_Δ가 증가하면 점차 감소하게 된다. 이와 같이 부재가 보유하고 있는 전단강도를 잠재전단강도(V_p, potential shear strength)라 한다. ASCE/SEI41-13기준에서는 잠재전단강도를 μ_Δ의 함수로 된 계수 k와 연계하였다.

ASCE/SEI41-13기준은 식(5.16)과 식(5.17)에서 지진하중을 받는 부재의 전단강도를 계산한다. 식(5.16)과 식(5.17)은 실험 결과에 대한 분석을 통하여 제안된 Sezen과 Moehle (2004)의 제안식에 근거하고 있다.

$$V_n = V_c + V_s$$

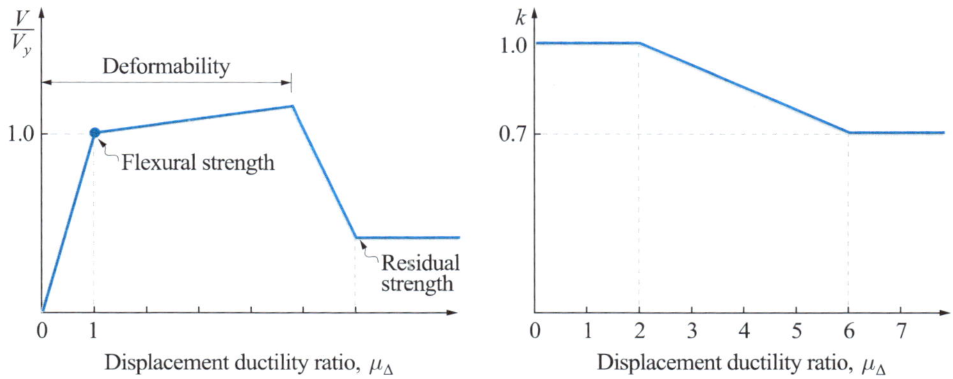

(a) 연성능력 (b) 잠재전단강도

[그림 5.6] ASCE/SEI의 연성능력과 잠재전단강도

$$V_c = k\frac{0.5\sqrt{f_{ck}}}{M/Vd}\sqrt{1+\frac{N_u}{0.5\sqrt{f_{ck}}A_g}} \times 0.8A_g \tag{5.16}$$

$$V_s = k\frac{A_v f_{yt} d}{s} \tag{5.17}$$

여기서, k는 소요변위연성비(μ_Δ)와 관련된 계수이며, [그림 5.6(b)]와 같이 $\mu_\Delta \leqq 2$일 때 $k=1$, $2 < \mu_\Delta \leqq 6$일 때 $0.7 \leqq k \leqq 1.0$에서 변화한다. 결과적으로 μ_Δ가 증가하면 k가 감소하며, 전단강도(V_n)는 감소하게 된다.

5.2.4 Priestley 평가식

Priestley 등(1996)에 의해 제안된 식의 경우에도 전단강도를 변위연성비(μ_Δ)와 연계하였다. 여기서는 전단내력을 콘크리트에 의한 전단강도와 전단철근의 전단강도의 합에 의하여 식(5.18)과 식(5.19)에 의하여 계산한다.

$$V_n = V_c + V_s$$

$$V_c = k\sqrt{f_{ck}}\,bd \tag{5.18}$$

$$V_s = \frac{A_v f_{yt} d}{s}\cot(30^\circ) \tag{5.19}$$

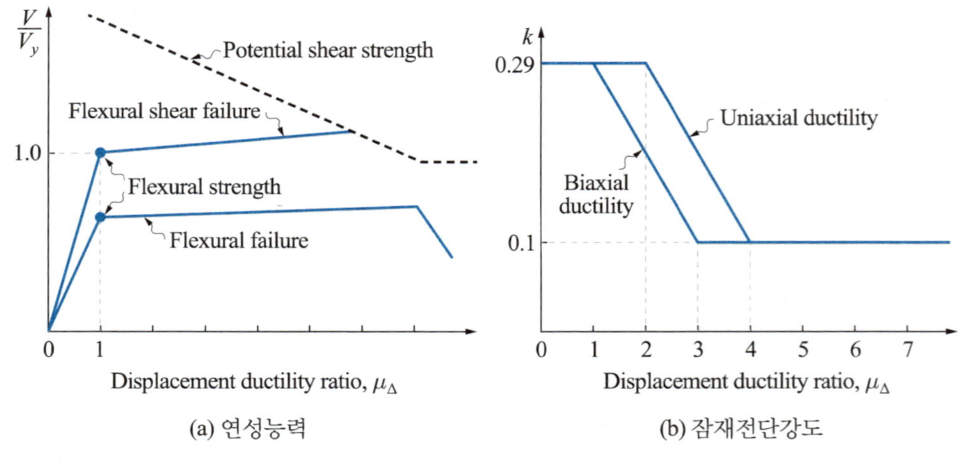

[그림 5.7] Priestley 평가식의 연성능력과 잠재전단강도

여기서, k는 소요변위연성비(μ_Δ)와 관련된 계수이며, 휨항복 후에 전단파괴하는 기둥의 전단강도와 관련이 있다. k는 일축 휨모멘트를 받는 경우와 이축 휨모멘트를 받는 경우로 구분되며, 일축 휨모멘트에 비교하여 이축 휨모멘트를 받을 때 더 작다. k의 최댓값은 0.29이며, 최솟값은 0.1이다. Priestley 평가식의 경우에도 ASCE/SEI41-13기준의 전단강도 평가식과 동일하게 $\mu\Delta$가 증가하면 k가 감소하며, 결과적으로 전단강도(V_n)도 감소하게 된다.

예제 5.2

[예제 5.1]의 철근콘크리트 특수모멘트골조의 보에서 변위연성비(μ_Δ)가 증가함에 따라서 변하는 전단내력을 계산하라. 전단철근은 [예제 5.1]에서 계산한 것과 동일하게 D10철근이 120 mm간격으로 4가닥 배근되었다.

(a) KDS 14 국가건설기준

(b) 일본건축학회 강도설계지침(AIJ-1990)

(c) ASCE/SEI41-13기준

(d) Priestley 평가식

[풀이 : KDS 14 국가건설기준]

KDS 14 국가건설기준의 전단강도 평가식(5.1)에 의해 전단강도를 계산한다. 축력비가 $P_u \leqq A_g f_{ck}/20$이므로 콘크리트의 전단강도(V_c)를 "0"으로 하고 전단철근의 강도만을 사용한다.

$$V_n = V_c + V_s (P_u \leqq A_g f_{ck}/20)$$

$$V_c = 0$$

$$V_n = V_s = \frac{A_v f_{yt} d}{s} = \frac{4 \times 71.3 \times 400 \times 735}{120} = 698.7\ \text{kN}$$

내진설계를 고려하지 않을 경우에는 V_c가 계산되어, $V_n = 1{,}017.2\ \text{kN}$이다.

[풀이 : AIJ-1990 기준]

일본건축학회의 강도설계지침(AIJ-1990)에 의한 계산 과정에서 부재소성회전각(R_p)이 0.03일 때의 계산 순서를 살펴보았다. 전단철근이 소성힌지영역과 비소성힌지영역에 일정하게 배근되었을 때의 잠재전단강도를 계산하였다.

① 콘크리트의 유효압축강도와 사인장균열의 각도를 식(5.4)와 식(5.5)를 이용하여 계산하였다. 여기서 ξ는 식(4.38)을 사용한다.

$$\xi = 0.7 - \frac{f_{ck}}{200} = 0.7 - \frac{24}{200} = 0.58$$

$0 < R_p \leqq 0.05$ $\quad\quad$ $\xi_p f_{ck} = (1 - 15R_p)\xi f_{ck} = (1 - 15 \times 0.03) \times 0.58 \times 24 = 7.66\ \text{MPa}$

$0.02 < R_p$ $\quad\quad$ $\cot\theta = 1$

② 식(5.6)에서 β를 계산한다.

$$\rho_t = \frac{4 \times 71.3}{600 \times 120} = 0.00396$$

$$\beta = \frac{\rho_t f_{yt}(1+\cot^2\theta)}{\xi_p f_{ck}} = \frac{0.00396 \times 400(1+1^2)}{7.66} = 0.414$$

③ 식(5.7)에서 전단내력을 계산한다.

$$\tan\phi = \sqrt{\left(\frac{l}{h}\right)^2 + 1} - \frac{l}{h} = \sqrt{\left(\frac{3,200}{800}\right)^2 + 1} - \frac{3,200}{800} = 0.123$$

부재의 중앙점에 변곡점이 발생한다고 가정하여 길이는 6400/2 = 3,200 mm를 사용하였다.

$$V_n = \frac{1}{2}(1-\beta)\xi_p f_{ck}(bh)\tan\phi + \frac{A_v f_{yt} z}{s}\cot\theta$$

$$= \frac{1}{2}(1-0.414)\ 7.66\ (600 \times 800)0.123 + \frac{4 \times 71.3 \times 400 \times 662}{120} \times 1 = 761.4\ \text{kN}$$

부재소성회전각(R_p)이 증가하면서 변화하는 전단내력을 [예제 그림 5.2.1]에 나타냈다. 다른 기준과 비교하기 위하여 R_p와 변위연성비(μ_Δ)가 동일하다고 가정하였다.

[풀이 : ASCE/SEI41-13기준]

변위연성비(μ_Δ)가 3일 때의 전단강도를 계산하였다.

① [그림 5.6(b)]에서 k를 계산하였다.

$$k = 1 - \frac{0.3}{4}(3-2) = 0.925$$

② 콘크리트의 전단강도를 계산한다.

$$V_c = k\frac{0.5\sqrt{f_{ck}}}{M/Vd}\sqrt{1 + \frac{N_u}{0.5\sqrt{f_{ck}}A_g}} \times 0.8A_g$$

$$= 0.925\frac{0.5\sqrt{24}}{3,200/735}\sqrt{1+0} \times 0.8(600 \times 800) = 199.8\ \text{kN}$$

③ 전단철근의 전단강도와 전체 전단강도를 계산한다.

$$V_s = k\frac{A_v f_{yt} d}{s} = 0.925\frac{4 \times 71.3 \times 400 \times 735}{120} = 646.3\ \text{kN}$$

$$V_n = V_c + V_s = 199.8 + 646.3 = 846.1\ \text{kN}$$

[풀이 : Priestley 평가식]

변위연성비(μ_Δ)가 3일 때의 전단강도를 계산하였다.

① [그림 5.7(b)]에서 k를 계산하였다.

$$k = 0.29 - \frac{0.19}{2}(3-2) = 0.195$$

② 콘크리트의 전단강도를 계산한다.

$$V_c = k\sqrt{f_{ck}}bd = 0.195\sqrt{24} \times 600 \times 735 = 421.3\ \text{kN}$$

③ 전단철근의 전단강도와 전체 전단강도를 계산한다.

$$V_s = \frac{A_v f_{yt} d}{s}\cot\theta = \frac{4 \times 71.3 \times 400 \times 735}{120}\cot(30) = 1,210.3\ \text{kN}$$

$$V_n = V_c + V_s = 421.3 + 1,210.3 = 1,631.6\ \text{kN}$$

변위연성비(μ_Δ)가 증가하면서 변화하는 전단내력을 [예제 그림 5.2.1]에 나타냈다.

[예제 그림 5.2.1]에서 휨항복 후 전단파괴하는 부재의 강도는 주인장철근이 항복하면서 정해지기 때문에 휨강도(flexural strength)와 동일하다. 네 가지 기준에서 계산된 잠재전단강도(V_p)를 분석하면 Priestley 평가식에 의하여 계산된 잠재전단강도는 다른 방법에 의해 계산된 전단강도보다 크다. 그 이유는 Priestley 평가식에서는 횡구속효과가 작용하는 원형 기둥에 대한 평가를 위하여 제한한 식으로 이 방법을 보에 적용할 경우에 실지 값을 과대평가하기 때문이다. 한편 AIJ-1990기준과 ASCE/SEI기준의 잠재전단강도는 연성비가 증가함에 따라서 점차 감소하다가 μ_Δ가 약 6인 점에서 부재의 휨항복강도(V_f)와 만나는 것을 알 수 있다. 따라서 두 기준에서는 부재의 연성비를 약 6으로 평가하고 있다. 한편, KDS 14 국가건설기준의 경우에는 잠재전단강도를 일정한 값으로 예측하고 있기 때문에 연성비의 변화에 따라서 달라지는 전단강도의 변화를 예측할 수 없다.

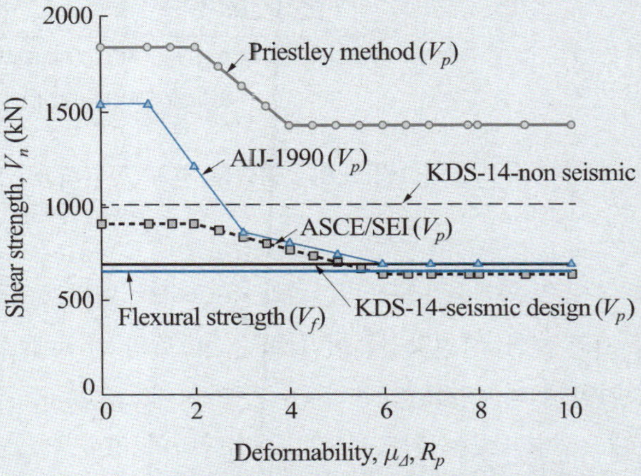

[예제 그림 5.2.1] 변위연성비와 전단강도의 변화

5.3 휨항복 후에 전단파괴하는 보의 연성 평가

[그림 5.1]에서 설명한 "휨항복 후에 전단파괴"하는 부재를 설계하기 위해서는 부재의 강도와 변형 능력을 동시에 예측해야 한다. 지진력을 받는 철근콘크리트 구조물의 내진설계는 구조물 또는 부재의 구조특성에 따라 보유내력과 변형성능의 관점에서 이루어진다. 보 항복이 선행한 후에 전체 붕괴가 일어나는 철근콘크리트 건물의 경우에 그 건물의 기둥에 대한 설계는 보유내력의 관점에서 이루어진다. 따라서 기둥의 극한강도가 설계하중보다 크면 설계요구조건을 만족한다. 그러나 소성힌지가 형성되는 보는 강도와 변형이 동시에 요구되므로 소성힌지를 형성할 수 있는 강도 및 설계에서 요구하는 소요변형능력을 동시에 충족해야 한다.

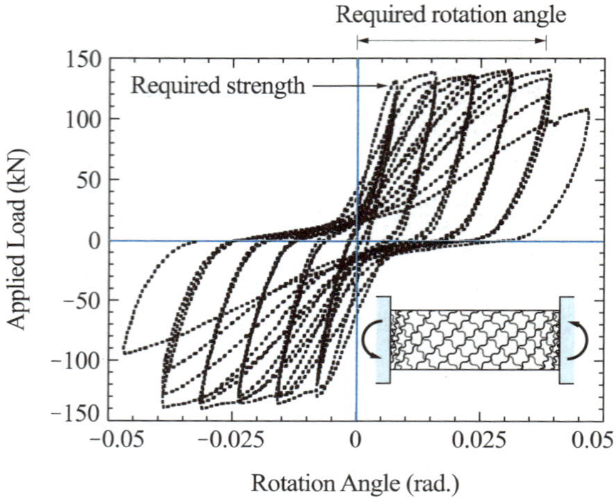

[그림 5.8] 휨항복 후에 전단파괴하는 부재

[그림 5.8]은 휨과 전단을 받는 철근콘크리트 보의 하중-부재회전각 관계를 나타낸다. [그림 5.8]의 보에 주인장철근이 항복한 후 보의 단부에 소성힌지가 형성되며, 부재회전각이 증가함에 따라 사인장균열폭이 증가하여 소성힌지 부근에서 취성적인 전단파괴가 발생한다. 이러한 보는 휨모멘트보다 전단력의 영향을 크게 받기 때문에 이력곡선에 핀칭현상이 나타나 에너지소산구간이 작아진다. [그림 5.8]의 휨항복 후에 전단파괴하는 보를 설계하기 위해서는 소성힌지가 형성될 수 있도록 부재의 강도를 예측해야 하고, 또한 부재의 변형 능력(힌지회전각 또는 부재회전각)을 예측해야 한다.

KDS 14 국가건설기준, ACI318기준의 전단설계에서는 전단강도의 예측에 중점을 두고 있고 휨항복 후 전단파괴하는 부재의 변형 능력은 전단강도 여유율의 개념에 의해 간접적으로 평가하고 있다. 한편 일본건축학회의 [철근콘크리트 구조물의 극한강도 내진설계지침, AIJ-1990]에서는 균열각도와 콘크리트 유효압축강도의 변화를 고려하여 잠재전단강도를 계산하고, 이를 이용하여 부재의 연성을 평가한다. 여기서는 트러스모델을 이용해서 휨항복 후 전단파괴하는 철근콘크리트 보의 전단성능 저하와 연성능력을 평가하고자 한다.

5.3.1 휨항복 후 전단파괴하는 철근콘크리트 보의 특성

[그림 5.1]의 "휨항복 전에 전단파괴"하는 부재와 "휨항복 후에 전단파괴"하는 부재의 차이점은 다음과 같다.

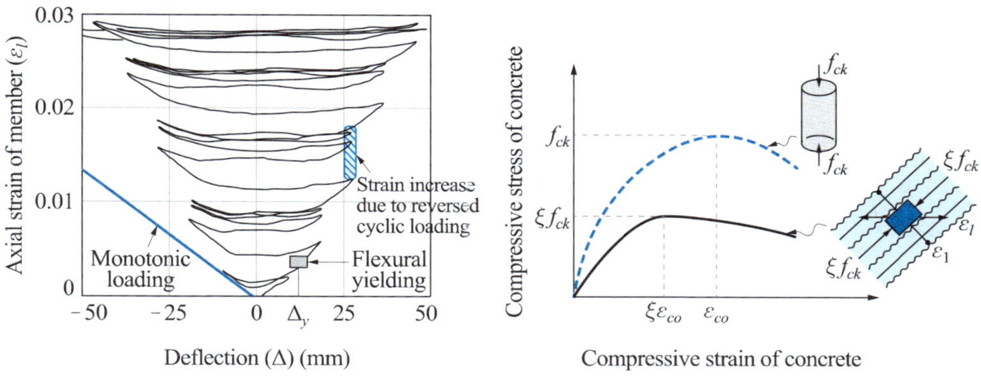

(a) 축방향변형률의 증가 (b) 유효압축강도의 감소

[그림 5.9] 휨항복 후 전단-파괴하는 철근콘크리트 보의 특성

① **축방향변형률의 증가** : 휨항복 후 철근콘크리트 보에는 소성힌지구간이 형성되며 축방향변형률이 급격히 증가한다. [그림 5.9(a)]는 단조하중을 받는 부재와 반복하중을 받는 부재의 소성힌지영역의 부재 축방향변형률(ε_l)과 처짐의 관계를 비교하고 있다. 그림의 사각형 표시는 주인장철근의 항복점을 나타낸다. 반복하중을 받아 소성힌지영역이 발생할 경우에 단면 중립축 높이가 감소하고, 철근의 잔류변형률이 증가한다(5.5절 참조). 결과적으로 [그림 5.9(a)]의 두 실험체의 축방향변형률에는 큰 차이가 발생한다.

② **콘크리트 유효압축강도의 감소** : 축방향변형률이 급격히 증가함에 따라 콘크리트 유효압축강도가 감소한다. [표 2.5]에서 설명하였듯이 콘크리트의 유효압축강도(ξf_{ck})와 유효압축변형률($\xi\epsilon_{co}$)은 콘크리트에 작용하는 인장응력(또는 인장변형률, ε_1)이 증가하면 감소한다. 인장변형률은 식(3.40)과 식(3.41)에서 $\varepsilon_1 = \varepsilon_l + \varepsilon_t - \varepsilon_2$의 관계가 있다. 따라서 부재 축방향변형률($\varepsilon_l$)의 증가는 균열과 직각되는 인장변형률($\varepsilon_1$)의 증가를 유발하고 콘크리트의 유효압축강도를 감소시킨다([그림 5.9(b)] 참조).

③ **콘크리트 전단강도의 감소** : 콘크리트의 유효압축강도가 감소하면 결과적으로 콘크리트의 전단강도(V_c)가 감소한다. 따라서 KDS 14 국가건설기준 또는 ACI318-19 기준에서는 지진하중에 의한 전단력이 최대 소요전단강도의 1/2 이상이며, 계수축력(P_u)이 $A_g f_{ck}/20$ 이하일 때는 콘크리트의 전단기여분(V_c)을 무시한다. AIJ-1990기준에서도 콘크리트의 유효압축강도를 식(5.4a, b)와 같이 감소시키고 있다.

④ **균열각도의 증가** : 콘크리트의 유효압축강도가 감소하면 전단변형률이 상대적으로 작은 시점에 콘크리트의 주압축응력(f_2^c)이 콘크리트 유효압축강도(ξf_{ck})에 도달하여 균열각도가 증가하게 된다. 이것은 소성트러스이론의 식(3.27)에서 명확하게 알 수 있는 것으로 철근의 양($\rho_t f_{yt}$)이 일정한 상태에서 ξf_{ck}가 감소하면 균열각도도 증가한다. 따라서 AIJ-1990기준에서도 부재의 변형이 증가할 경우에 균열각도가 식(5.5a, b)와 같이 증가한다.

결과적으로 휨항복 후 전단파괴하는 철근콘크리트 보는 연성률(μ) 또는 처짐(Δ)이 증가하면 ε_1의 값이 증가하게 되며, ε_1의 증가에 의하여 ξf_{ck}가 감소한다([그림 5.10] 참조). ξf_{ck}가 감소하면 콘크리트의 전단기여분(V_c)이 감소하며, 균열의 각도(θ)는 증가한다. 또한 증가한 균열각도는 전단철근의 전단기여분(V_s)을 감소시킨다.

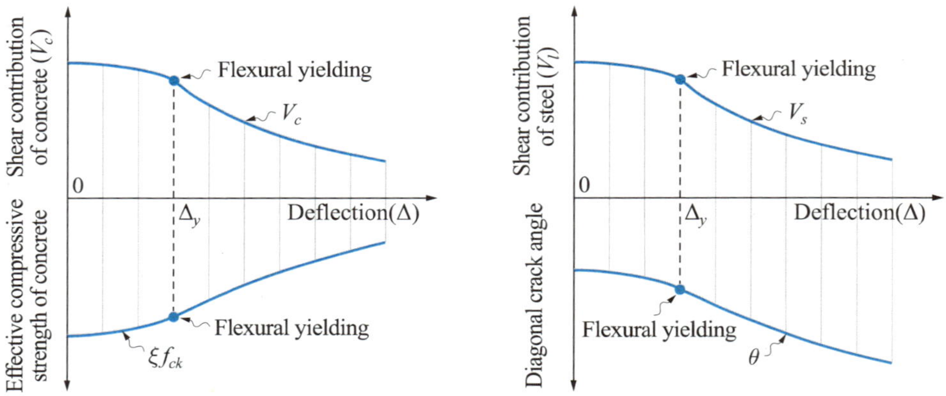

(a) 콘크리트의 전단저항 감소　　(b) 철근의 전단저항 감소

[그림 5.10] 보의 변형 증가에 의한 전단강도의 감소

5.3.2 트러스모델에 의한 보의 연성 평가

트러스모델을 이용하여 보의 연성을 계산하기 위해서는 주인장철근의 항복 후 전단파괴하는 철근콘크리트 보의 파괴 특성을 고려해야 한다. 트러스모델은 기본적으로 순수 전단을 받는 요소에 대한 이론이며, 휨모멘트의 영향은 고려되어 있지 않다. 따라서 변형률적합 트러스모델(Compatibility Aided Truss Model, CATM)을 이용하여 부재 축방향의 철근량(주인장철근의 철근량)과 부재축과 직각되는 방향의 철근량(전단철근의 철근량)이 동일한 철근콘크리트 보의 파괴 거동을 예측할 경우에 철근의 항복은 양방향에

서 동시에 발생한다. 그러나 철근콘크리트 보에서 양방향의 철근량이 동일한 경우에 철근의 항복은 휨모멘트의 영향에 의하여 부재 축방향에서 먼저 발생할 것이다. 이와 같이 휨모멘트의 영향을 고려하지 않고 순수전단만을 고려한 CATM은 철근콘크리트 보의 축방향변형률(ε_l)을 실제값보다 작게 예측한다. [그림 5.11]은 휨항복 후에 전단파괴하는 부재의 거동과 CATM에 의해서 예측한 결과를 비교하고 있다. 3장에서 설명한 트러스모델을 이용하여 보의 전단력과 처짐을 계산할 경우에 [그림 5.11(a)]와 같이 실제 전단력은 매우 크게 예측되고 처짐은 매우 작게 예측된다. 그 이유는 트러스모델에서는 휨항복 후에 발생하는 부재 축방향변형률(ε_l)의 영향이 포함되어 있지 않기 때문이다. 즉, [그림 5.11(b)]와 같이 실제 보의 경우에는 휨항복 후에 ε_l은 약 0.03까지 증가하지만, 트러스모델에서 계산된 ε_l은 약 0.007에 지나지 않기 때문이다. 실제 보는 휨철근이 먼저 항복하고 축방향변형률이 증가한 이후에 전단철근이 항복하였지만, 트러스모델에 의한 계산에서는 전단철근과 축방향철근이 거의 동시에 파괴되었다. 이와 같이 ε_l이 실제 값보다 작을 경우에 [그림 5.10]의 파괴 과정에서 설명하였듯이 ε_l과 ξf_{ck}가 증가하여 V_n을 과대평가할 수밖에 없다. 특히 휨항복 후에 전단파괴하는 부재의 강도는 전단강도가 아니라 주인장철근이 항복하여 정해지는 휨항복 강도이기 때문에 트러스모델을 직접 적용하여 부재의 거동을 평가하기는 어렵다.

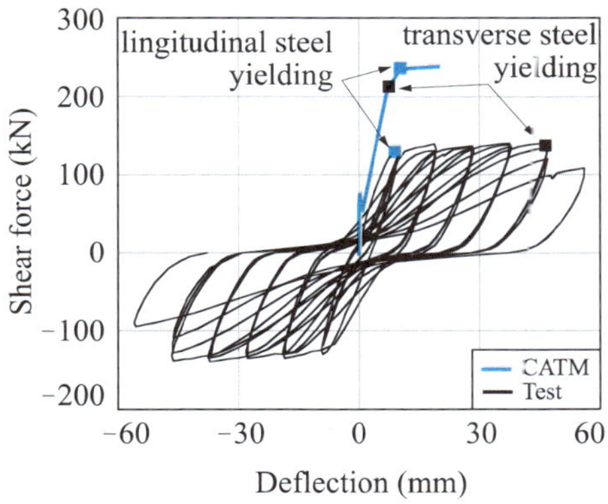

(a) 전단력과 처짐의 비교

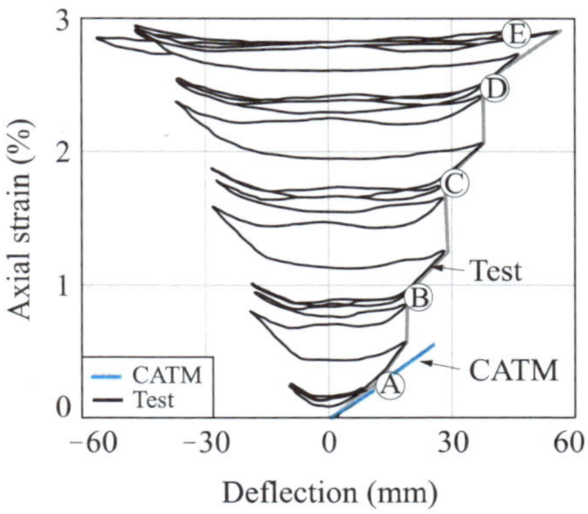

(b) 축방향변형률(ε_l)의 비교

[그림 5.11] 트러스모델과 실험 결과의 비교

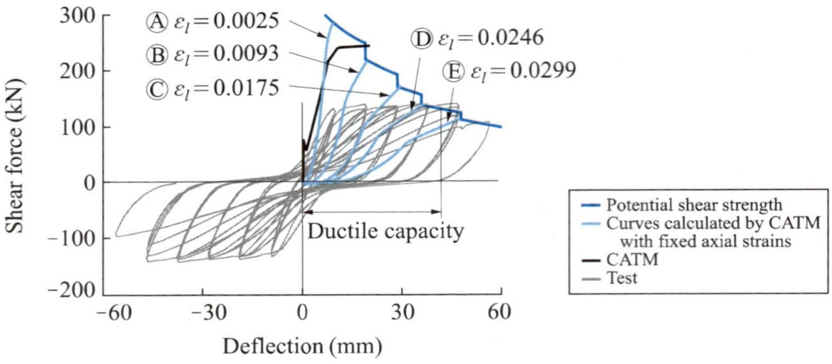

[그림 5.12] 축방향변형률을 직접 대입한 트러스모델과 실험 결과의 비교

이러한 문제는 부재의 축방향변형률(ε_l)을 직접 트러스모델에 대입하여 해결할 수 있다. 정확한 해석을 위하여 [그림 5.11(b)]의 ⓐ~ⓔ의 ε_l을 CATM에 직접 대입한 후에 부재가 파괴할 때의 전단강도를 계산해 보면 [그림 5.12]와 같이 ε_l이 증가하면 계산된 전단강도는 점차 감소한다. 예를 들어, $\varepsilon_l = 0.0025$일 때의 $V_n = 291$ kN이지만, $\varepsilon_l =$ 0.0093, 0.0175, 0.0246, 0.0299로 증가하면 V_n은 각각 220 kN, 171 kN, 141 kN, 115 kN으로 점점 감소한다. ε_l이 증가하면서 변하는 전단강도를 잠재전단강도(V_p, potential shear strength)라 한다. 부재의 휨항복강도(V_f)는 주인장철근이 항복하여 정해지는 값($M_n = T \cdot jd$)이므로 쉽게 계산이 가능하다. 변형률적합 트러스모델에서는 잠재전단강도(V_p)가 휨강도(V_f)에 도달할 때의 변형을 부재의 연성능력으로 정의하고 있다.

변형률적합 트러스모델을 이용한 보의 연성능력평가 계산 과정을 [그림 5.13]에 요약하였다.

① **1단계** : 부재회전각(R_m)이 주어진다.

② **2단계** : 부재회전각의 함수인 부재 축방향변형률(ε_l)을 계산한다. R_m과 ε_l의 관계는 5.3.3항에서 상세하게 설명된다.

③ **3단계** : 부재축과 수직인 전단철근의 변형률(ε_t)을 정한다. ε_l 값을 계산 한 후에 이 값을 고정하고, 전단철근의 변형률(ε_t)을 증가시킨다.

④ **4단계** : 부재의 전단력을 응력의 평형조건, 변형률의 적합조건 및 재료의 구성법칙을 이용한 트러스모델에서 구한다.

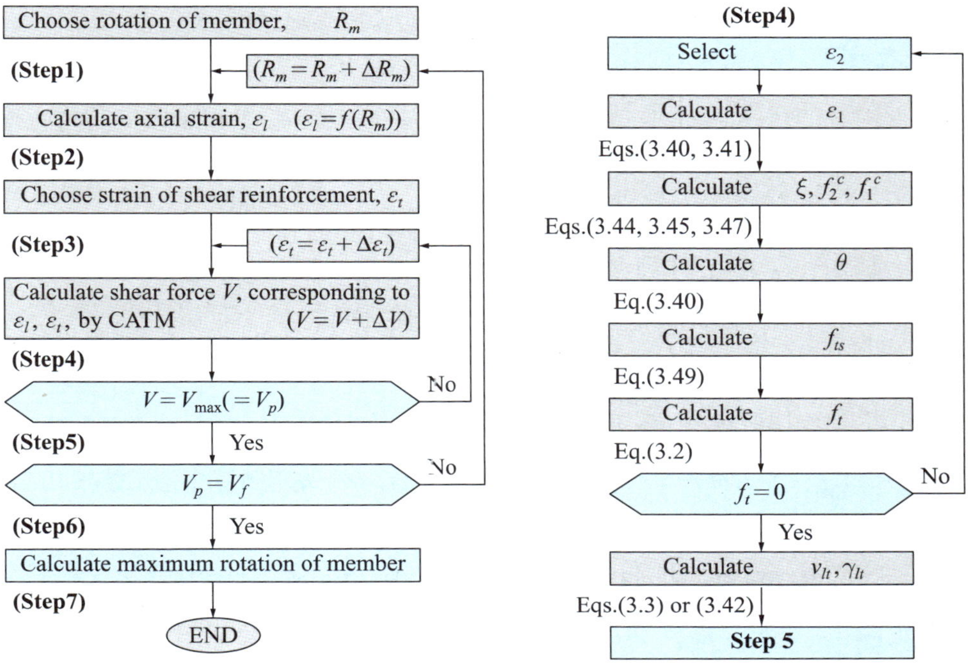

[그림 5.13] 트러스모델을 이용한 보의 연성능력 평가 과정

- [그림 3.25]의 계산 순서와 동일하게 주압축변형률(ε_2)을 가정한다.
- 식(3.40)과 식(3.41)을 이용하여 주인장변형률(ε_1)을 계산한다.

$$\varepsilon_1 = \varepsilon_l + \varepsilon_t - \varepsilon_2$$

- 콘크리트의 유효압축강도계수(ξ)를 식(3.45)에서 계산한다.

$$\xi = \frac{5.8}{\sqrt{f_{ck}}}\frac{1}{\sqrt{1+400\varepsilon_1}}, \quad \left(\frac{5.8}{\sqrt{f_{ck}}} \leq 0.9\right)$$

- 식(3.44)에서 콘크리트의 주압축응력(f_2^c)을 계산한다.

$$f_2^c = \xi f_{ck}\left[2\frac{\varepsilon_2}{\xi\varepsilon_{co}} - \left(\frac{\varepsilon_2}{\xi\varepsilon_{co}}\right)^2\right]$$

- 식(3.47)에서 콘크리트의 주인장응력(f_1^c)을 계산한다.

$$f_1^c = f_{cr}\left(\frac{\varepsilon_{cr}}{\varepsilon_1}\right)^{0.4}$$

- 식(3.40)을 이용하여 균열의 각도(θ)를 계산한다.

$$\cos^2\theta = \frac{-\varepsilon_l + \varepsilon_1}{\varepsilon_1 - \varepsilon_2}$$

- 식(3.49)에서 전단철근의 응력(f_{ts})을 계산한다.

$$f_{ts} = \left[0.91 - \frac{2}{\rho}\left(\frac{f_{cr}}{f_{yt}}\right)^{1.5}\right] f_{yt} + \left[0.02 + 0.25\frac{1}{\rho}\left(\frac{f_{cr}}{f_{yt}}\right)^{1.5}\right] E_s \cdot \varepsilon_t$$

- 식(3.2)에서 부재축과 직각방향의 응력(f_t)을 계산한다.

$$f_t = f_2^c \sin^2\theta + f_1^c \cos^2\theta + \rho_t f_{ts}$$

- f_t 가 "0"에 가까우면 다음 단계로 넘어가고, 그렇지 않으면 ε_2 을 새롭게 가정한다.
- 식(3.3)에서 전단응력(v_{lt})을 계산한다.

$$v_{lt} = \left(-f_2^c + f_1^c\right) \sin\theta \cos\theta$$

⑤ **5단계** : 고정한 ε_l 에 상응하는 전단강도에 도달했는지 검토한다. 즉, 콘크리트의 주압축응력(f_2^c)이 유효압축강도(ξf_{ck})에 도달했는지 검토한다. 도달했으면 6단계로 가며, 도달하지 않았으면 3단계로 돌아가 ε_t 를 증가시킨다.

⑥ **6단계** : 잠재전단강도(V_p)가 휨강도(V_f)에 도달했는지 검토한다. 해석에서는 구해진 V_p 가 V_f 에 도달할 때의 부재 변형능력을 그 부재의 최대 연성능력으로 한다. 도달하지 않았으면 1단계로 돌아가 부재회전각(R_m)을 증대시킨다.

5.3.3 보의 축방향변형률

트러스모델을 이용하여 철근콘크리트 보의 연성능력을 계산하기 위해서는 휨모멘트의 영향을 반영할 수 있는 부재의 축방향변형률(ε_l) 예측이 필요하다. 기존 연구에 의하면 보의 축방향변형률(ε_l)의 변화는 다음의 특징이 있다.

① 축방향변형률(ε_l)은 부재회전각에 영향을 받아 주인장철근의 항복 후 급격히 증가한다.

② 하중이력에 따라 ε_l 값이 달라져 양방향 점증 반복 하중을 받는 실험체의 ε_l 값은 한 방향 점증 반복 하중을 받는 실험체의 값보다 크다.

③ 동일한 부재회전각에서 반복 횟수가 증가하면 ε_l 이 증가하지만 증가하는 값의 크기는 크지 않다.

[그림 5.14]는 철근콘크리트 보의 부재 축방향변형률(ε_l)과 부재회전각(R_m)의 관계를 나타낸다. 그림에서 ε_l 은 휨항복 후 급격히 증가하며 휨항복 이전의 ε_l 의 증가율과 제하(除荷)시의 ε_l 의 감소율은 거의 동일하다. 또한, 제하 후에 균열폭이 닫히는 미끌림

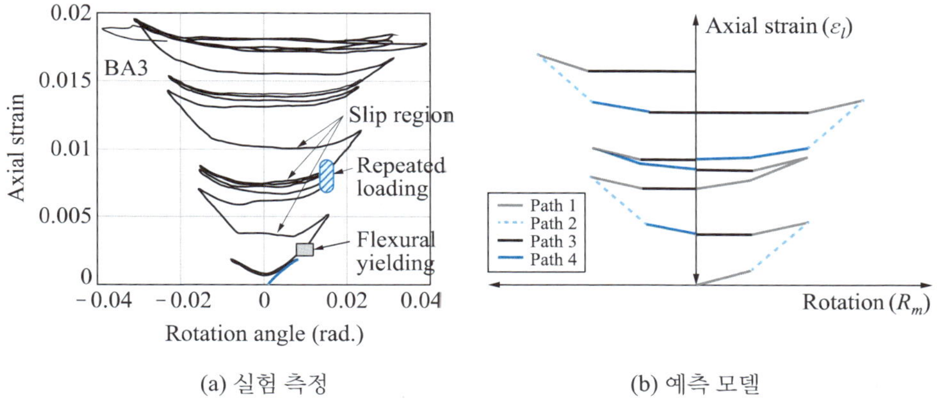

[그림 5.14] 축방향변형률과 부자회전각의 관계(Lee와 Watanabe, 2003)

구간(slip region)에서 ε_l은 거의 일정하며, R_m이 증가하면 미끌림구간도 증가한다. 동일한 R_m에서 반복하중을 받을 경우, ε_l은 반복하중의 수에 반비례하여 증가하지만 증가율은 그다지 크지 않다. [그림 5.14]은 $\varepsilon_l - R_m$ 관계를 다음의 네 가지 경로로 구분할 수 있다.

① **경로 1** : 휨항복 이전 또는 제하(除荷)시 ε_l의 기울기의 증감(增減)률은 동일하다.

② **경로 2** : 휨항복 이후 ε_l은 급격히 증가한다.

③ **경로 3** : 사인장균열의 폭이 닫히는 미끌림구간으로 ε_l은 거의 변하지 않는다.

④ **경로 4** : 동일한 R_m에서 반복하중을 받을 경우 ε_l은 반복하중의 수에 반비례하여 증가한다.

단면 중심에서의 축방향변형률(ε_l)은 압축철근의 변형률(ε_c)과 인장철근의 변형률(ε_t)의 평균값으로 구할 수 있다.

$$\varepsilon_l = \frac{\varepsilon_c + \varepsilon_t}{2} \tag{5.20}$$

곡률(ϕ)은 ε_c와 ε_t에 대하여 식(5.21)의 관계가 있으며, 소성힌지구간에서 소성힌지거리(l_p)와 소성힌지회전각(R_p)과는 식(5.22)의 관계가 있다.

$$\phi = \frac{-\varepsilon_c + \varepsilon_t}{z} \tag{5.21}$$

$$\phi = \frac{R_p}{l_p} \tag{5.22}$$

여기서, z : 상하(上下)철근 중심간 거리

단면 중심에서의 ε_l은 식(5.21)과 (5.22)를 식(5.20)에 대입하여 식(5.23)에서 구할 수 있다.

$$\varepsilon_l = \varepsilon_c + \frac{R_p \cdot z}{2l_p} \tag{5.23}$$

소성힌지회전각(R_p)과 부재회전각(R_m)은 약간의 차이가 있다. 부재의 처짐(Δ)은 [그림 5.15]와 같이 휨변형(ϕ, 곡률)과 전단변형(γ)의 합에 의해 식(5.24)에 의해 계산해야 한다.

$$\Delta = \left(l - \frac{l_p}{2}\right) l_p \phi + l_p \gamma \tag{5.24}$$

식(5.24)에서 부재회전각 $R_m = \Delta / l$ 이며, 소성힌지회전각 $R_p = l_p \cdot \phi$이므로 식(5.24)를 식(5.25)로 변경할 수 있다.

$$R_m = R_p \left[1 - \left(\frac{l_p}{2l} - \frac{l_p}{l}\frac{\gamma}{R_p}\right)\right] \tag{5.25}$$

소성힌지길이(l_p)는 일반적으로 단면의 유효깊이(d) 이하이며, 휨항복 후에 전단파괴하는 부재의 전단경간비(a/d)는 3 이상이다. 캔틸레버 보의 경우에 전단경간(a)은 부재의 길이(l)와 동일하므로 식(5.25)는 식(5.26)이 된다.

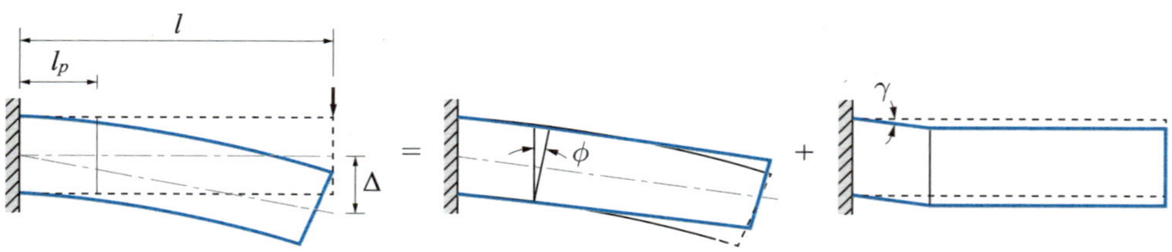

[그림 5.15] 부재의 처짐

$$R_m = R_p\left[1-\left(0.17-0.33\frac{\gamma}{R_p}\right)\right] \tag{5.26}$$

식(5.26)에서 휨항복 후에 전단파괴하는 부재의 γ/R_p는 일반적으로 0.5에서 1.0 사이이다. 결과적으로 소성힌지회전각(R_p)과 부재회전각(R_m)의 차이는 최대 약 10퍼센트이다. 따라서 $R_m \simeq R_p$로 가정할 수 있다.

식(5.23)에서 사용되는 소성힌지길이(l_p)는 단면의 깊이와 관련된 함수이다. l_p에 대해서는 여러 연구자들이 제한한 식이 있지만, 여기서는 일본건축학회의 RC연성평가법(1988)에서 사용하는 식(5.27)을 이용하였다.

$$l_p = 0.5\left(\frac{M}{V \cdot h}\right) \cdot d \qquad (0.75d \leqq l_p \leqq d) \tag{5.27}$$

여기서, $M/(V \cdot h)$: 전단경간비

d : 단면의 유효깊이

철근콘크리트 보는 주인장철근이 항복한 후에 단면 중립축 높이가 감소하며, 주인장철근의 신장(伸張, elongation)에 비해 주압축철근의 축소(ε_c)는 매우 작다. 또한, 반복하중을 받을 경우 잔류변형률의 증대로 부재 축방향변형률(ε_l)이 증가한다. 특히 경로 1의 제하에 의한 ε_l의 감소율과 경로 4의 ε_l의 증가율은 크지 않다. 또한 균열의 폭이 닫치는 경로 3의 미끌림구간에서는 ε_l은 변화하지 않는다. 따라서 부재 축방향 누적 변형률은 식(5.23)의 ε_c를 무시하고 정(正)과 부(負)방향의 소성 부재회전각의 영향을 포함한 식(5.28)에서 구할 수 있다.

$$\varepsilon_l = \frac{(R_{mp} + R_{mn}) \cdot z}{2l_p} \tag{5.28}$$

여기서, R_{mp}와 R_{mn}은 정(正)과 부(負)방향의 부재회전각이다. 이 방법은 뉴질랜드 콘크리트학회 지침서(1991)의 축방향변형률 계산법과 동일하다.

[그림 5.16]은 실험에서 측정된 다양한 하중이력을 받는 부재의 축방향변형률과 식(5.28)에서 측정한 축방향변형률을 비교한 결과이다.

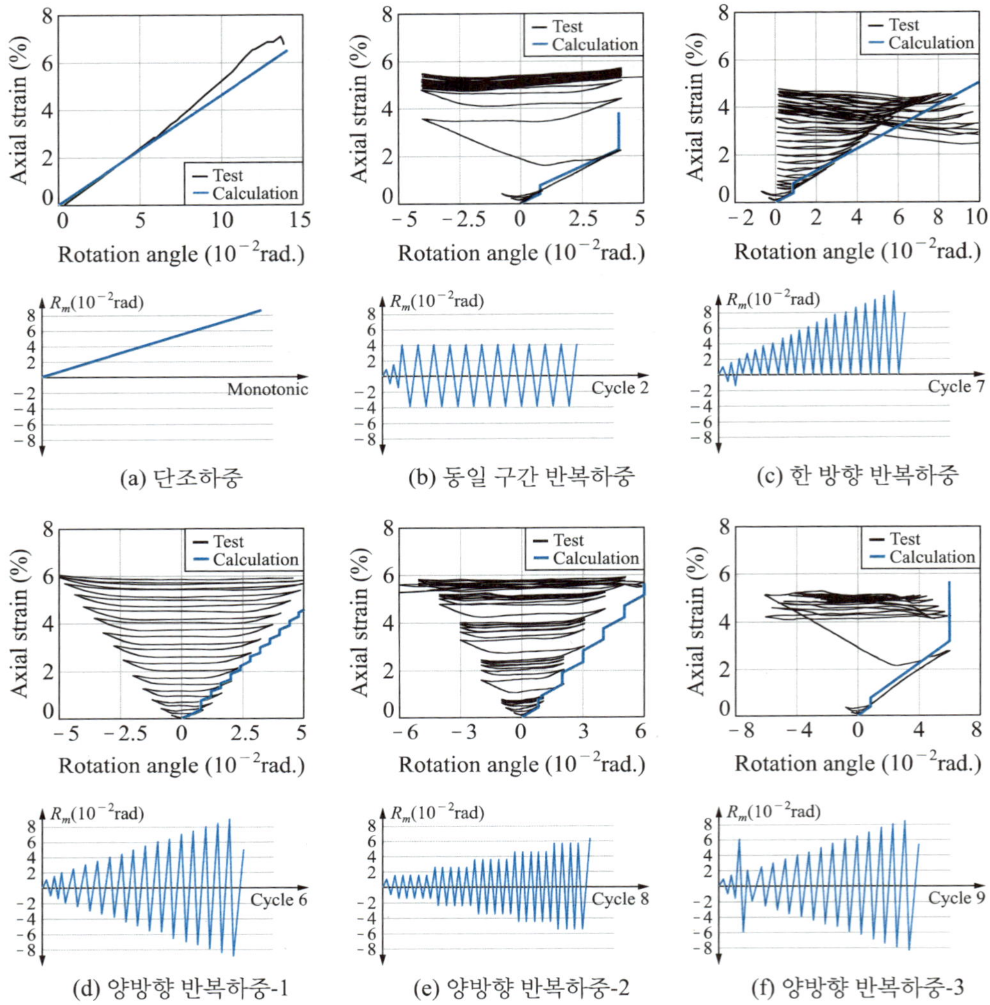

[그림 5.16] 축방향변형률 비교(Lee와 Watanabe, 2003)

예제 5.3

철근콘크리트 특수모멘트골조의 보에서 변위연성비(μ_Δ)가 증가함에 따라서 변하는 잠재전단내력과 연성을 구하라. 보는 [예제 그림 5.3.1]과 같이 2중 곡률이 발생하는 역대칭모멘트를 받고 있다. 보의 단면은 $200 \times 300\,\text{mm}$, $d = 270\,\text{mm}$, 콘크리트 압축강도 $f_{ck} = 29.3\,\text{MPa}$, 전단경간비 $a = 600\,\text{mm}$이다. 전단철근비 $\rho_t = 0.008$, 항복강도 $f_{yt} = 691.7\,\text{MPa}$, 단면적 $A_v = 19.64\,\text{mm}^2$의 전단철근이 4가닥 49.1 mm 간격으로 배근되었다. 이 예제에서는 실험 결과와 계산 결과를 직접 비교하기 위하여 실제 실험한 부재의 조건을 사용하였다.

(a) 트러스모델 (b) AIJ-1990기준

(c) ASCE/SEI41-13기준 (d) Priestley 평가식

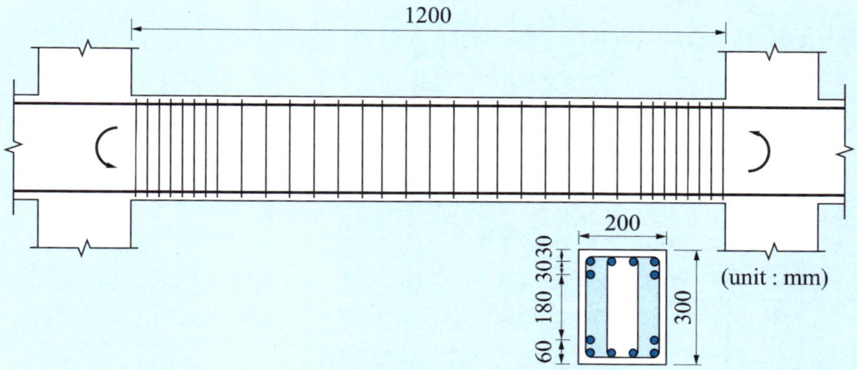

[예제 그림 5.3.1] 역대칭 모멘트를 받는 철근콘크리트 보 실험체

[풀이 : 트러스모델]

부재 변위 18 mm의 전단강도를 트러스모델에 기반을 둔 해석법으로 계산하였다.

① 부재회전각(R_m)을 계산한다.

$$R_m = R_{mp} = R_{mn} = \frac{\Delta}{l} = \frac{18}{1200} = 0.015$$

② 소성힌지영역의 축방향변형률(ε_l)을 식(5.28)에서 계산한다.

$$\varepsilon_l = \frac{(R_{mp} + R_{mn}) \cdot z}{2l_p} = \frac{(0.015 + 0.015) \times 240}{2 \times 270} = 0.0133$$

③ 전단철근의 변형률(ε_t)을 증가시킨다. 해석에 의하면 ε_t은 0.00767이 된다.

④ [그림 3.25]의 계산 순서와 동일하게 주압축변형률(ε_2)을 -0.000517로 가정한다.

⑤ 식(3.40)과 식(3.41)을 이용하여 주인장변형률(ε_1)을 계산한다.

$$\varepsilon_1 = \varepsilon_l + \varepsilon_t - \varepsilon_2 = 0.0133 + 0.00767 - (-0.000517) = 0.02148$$

⑥ 콘크리트의 유효압축강도계수(ξ)를 식(3.45)에서 계산한다.

$$\xi = \frac{5.8}{\sqrt{f_{ck}}} \frac{1}{\sqrt{1 + 400\varepsilon_1}}, \quad \left(\frac{5.8}{\sqrt{f_{ck}}} \leq 0.9\right)$$

$$\xi = \frac{0.9}{\sqrt{1 + 400 \times 0.02148}} = 0.2906$$

⑦ 식(3.44)에서 콘크리트의 주압축응력(f_2^c)을 계산한다.

$$f_2^c = \xi f_{ck}\left[2\frac{\varepsilon_2}{\xi\varepsilon_{co}} - \left(\frac{\varepsilon_2}{\xi\varepsilon_{co}}\right)^2\right] = 0.2906 \times 29.3\left[2\frac{-0.000517}{0.2906 \times (-0.002)} - \left(\frac{-0.000517}{0.2906 \times (-0.002)}\right)^2\right]$$
$$= -8.32\,\text{MPa}$$

⑧ 식(3.47)에서 콘크리트의 주인장응력(f_1^c)을 계산한다.

$$f_1^c = f_{cr}\left(\frac{\varepsilon_{cr}}{\varepsilon_1}\right)^{0.4} = 0.311\sqrt{29.3}\left(\frac{0.00008}{0.02148}\right)^{0.4} = 0.18\,\text{MPa}$$

⑨ 식(3.40)을 이용하여 균열의 각도(θ)를 계산한다.

$$\cos^2\theta = \frac{-\varepsilon_l + \varepsilon_1}{\varepsilon_1 - \varepsilon_2} = \frac{-0.0133 + 0.02148}{0.02148 - (-0.000517)} = 0.3719$$

$\theta = 52.43^\circ$

⑩ 식(3.49)에서 전단철근의 응력(f_{ts})을 계산한다.

$$f_{ts} = \left[0.91 - \frac{2}{\rho}\left(\frac{f_{cr}}{f_{yt}}\right)^{1.5}\right] f_{yt} + \left[0.02 + 0.25\frac{1}{\rho}\left(\frac{f_{cr}}{f_{yt}}\right)^{1.5}\right] E_s \cdot \varepsilon_t$$

$$= [0.91 - 2 \times 0.0153]\,691.7 + [0.02 + 0.25 \times 0.0153]\,200{,}000 \times 0.00767 = 645 \text{ MPa}$$

⑪ 식(3.2)에서 전단철근의 응력(f_{ts})을 계산한다.

$$f_t = f_2^c \sin^2\theta + f_1^c \cos^2\theta + \rho_t f_{ts}$$

$$= (-8.31)\sin^2(52.43) + 0.18\cos^2(52.43) + 0.008 \times 645 = -0.006 \text{ MPa}$$

⑫ f_t가 "0"에 가까우면 다음 단계로 넘어가고, 그러지 않으면 ε_2를 새롭게 가정한다. f_t가 "0"에 가까우므로 가정한 $\varepsilon_2 = -0.000517$은 옳다.

⑬ 식(3.3)에서 전단응력(v_{lt})을 계산한다.

$$v_{lt} = \left(-f_2^c + f_1^c\right)\sin\theta\cos\theta = (8.31 + 0.18)\sin(52.43) \cdot \cos(52.43) = 4.1 \text{ MPa}$$

⑭ 잠재전단력을 계산한다.

$$V_p = v_{lt}(b \times z) = 4.1 \times (200 \times 240) = 196.8 \text{ kN}$$

V_p가 V_f보다 크므로 처음 단계로 가서 R_m을 증가시킨다.

변위가 증가하면서 변화하는 잠재전단내력을 [예제 그림 5.3.2]에 나타냈다.

[풀이 : AIJ-1990 기준]

주어진 단면의 항복 변형각은 0.006이었으므로 부재소성회전각(R_p)이 0.009일 때의 전단강도를 계산하였다.

① 콘크리트의 유효압축강도와 사인장균열의 각도를 식(5.4)와 식(5.5)를 이용하여 계산하였다. 여기서 ξ는 식(4.38)을 사용하였다.

$$\xi = 0.7 - \frac{f_{ck}}{200} = 0.7 - \frac{29.3}{200} = 0.55$$

$$0 < R_p \leqq 0.05,\ \xi_p f_{ck} = (1 - 15R_p)\xi f_{ck} = (1 - 15 \times 0.009) \times 0.55 \times 29.3 = 13.94 \text{ MPa}$$

$$0 < R_p \leqq 0.02,\ \cot\theta = 2 - 50R_p = 2 - 50 \times 0.009 = 1.55$$

$$\theta = 32.8^\circ$$

② 식(5.6)에서 β를 계산한다.

$$\rho_t = 0.008$$

$$\beta = \frac{\rho_t f_{yt}(1 + \cot^2\theta)}{\xi_p f_{ck}} = \frac{0.008 \times 691.7(1 + 1.55^2)}{13.94} = 1.35$$

β가 1보다 크므로 $\beta = 1$

③ 식(5.7)에서 전단내력을 계산한다.

$$V_n = 0 + \frac{A_v f_{yt} z}{s}\cot\theta = \frac{4 \times 19.64 \times 691.7 \times 240}{49.1} \times 1.55 = 411.7 \text{ kN}$$

[풀이 : ASCE/SEI41-13 기준]

주어진 단면의 항복변형각은 0.006이었으므로 변위연성비(μ_Δ)=0.015/0.006=2.5일 때의 전단강도를 계산하였다.

① [그림 5.6(b)]에서 k를 계산하였다.

$$k = 1 - \frac{0.3}{4}(2.5 - 2) = 0.9625$$

② 콘크리트의 전단강도를 계산한다.

$$V_c = k\frac{0.5\sqrt{f_{ck}}}{M/Vd}\sqrt{1 + \frac{N_u}{0.5\sqrt{f_{ck}}A_g}} \times 0.8A_g = 0.9625\frac{0.5\sqrt{29.3}}{600/270}\sqrt{1+0} \times 0.8(200 \times 300)$$
$$= 56.3\ \text{kN}$$

③ 전단철근의 전단강도와 전단강도를 계산한다.

$$V_s = k\frac{A_v f_{yt} d}{s} = 0.9625\frac{4 \times 19.64 \times 691.7 \times 270}{49.1} = 287.6\ \text{kN}$$

$$V_n = V_c + V_s = 56.3 + 287.6 = 343.9\ \text{kN}$$

[풀이 : Priestley 평가식]

변위연성비(μ_Δ)가 2.5일 때의 전단강도를 계산하였다.

① [그림 5.7(b)]에서 k를 계산하였다.

$$k = 0.29 - \frac{0.19}{2}(2.5 - 2) = 0.2425$$

② 콘크리트의 전단강도를 계산한다.

$$V_c = k\sqrt{f_{ck}}bd = 0.2425\sqrt{29.3} \times 200 \times 270 = 70.9\ \text{kN}$$

③ 전단철근의 전단강도와 전단강도를 계산한다.

$$V_s = \frac{A_v f_{yt} d}{s}\cot\theta = \frac{78.54 \times 691.7 \times 270}{49.1}\cot(30) = 517.4\ \text{kN}$$

$$V_n = V_c + V_s = 70.9 + 517.4 = 588.3\ \text{kN}$$

변위연성비(μ_Δ)가 증가하면서 변화하는 전단내력을 [예제 그림 5.3.2]에 나타냈다. 그림에서는 동일한 조건에서 수행한 실험 결과를 함께 비교하였다. 그림에서 트러스모델에서 계산한 잠재전단강도는 부재회전각이 증가함에 따라서 점차 감소하다가 부재회전각(R_m)이 약 0.03일 때 휨항

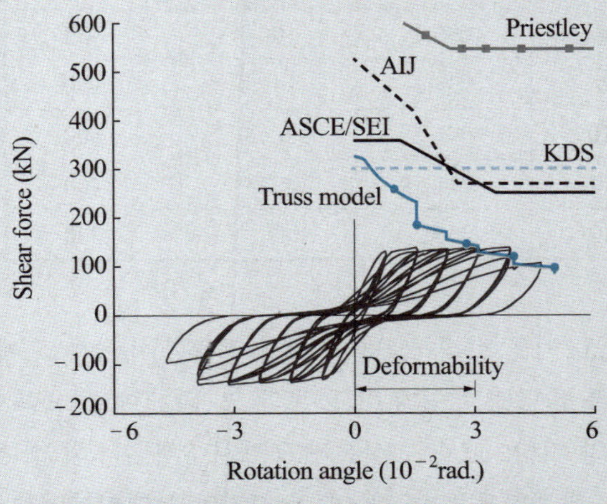

[예제 그림 5.3.2] 변위연성비와 전단강도의 변화

복강도(V_f)와 만나게 된다. 따라서 트러스모델에 의하여 예측한 부재회전각은 0.03이며, 실제 실험체의 부재회전각은 하중이 감소하기 시작하는 0.039이므로 약간의 차이가 있다는 것을 알 수 있다. 한편 다른 방법은 실제 부재의 연성능력을 크게 과대평가하고 있음을 알 수 있다. [예제 표 5.3.1]에서는 실험체의 강도가 감소하기 시작하는 $R_m = 0.039$일 때의 실험체의 휨강도와 각 방법에 의해서 계산된 잠재전단강도를 비교한 것이다. 그림에서 트러스모델을 제외하고 모든 계산값은 실제값을 과대평가하고 있음을 알 수 있다.

[예제 표 5.3.1] 휨항복강도와 계산값의 비교

	실험체	트러스모델	AIJ-A	ASCE / SEI	Priestley	KDS-내진설계
휨강도 (계산값/실험값)	138 kN	119 kN (86%)	269 kN (195%)	250 kN (181%)	547 kN (396%)	299 kN (217%)

[표 5.2] 휨항복 후에 전단파괴하는 철근콘크리트 보 실험체(Lee와 Watanabe, 2003)

실험체	전단철근			f_{ck} (MPa)	주인장철근
	f_{yt} (MPa)	s (mm)	ρ_t (%)		
BA1	492.3	62.8	0.400	29.3	6-D13 f_{yl} =399.5 MPa ρ_w = 1.45%
BA2	696.3	53.0	0.267		
BA3	838.2	70.7	0.200		
BA4	691.7	49.1	0.800		
BA5	731.5	47.1	0.533		
BA6	875.5	62.8	0.400		
BA7	581.9	70.7	0.200	43.4	
BA8	696.3	106.0	0.133		
BA9	838.2	141.0	0.100		
BA10	691.7	65.4	0.600		
BA11	731.5	62.8	0.400		
BA12	838.2	47.1	0.300		

[그림 5.17]은 트러스모델에 의해 예측한 휨항복 후에 전단파괴하는 보의 연성률 예측 결과를 나타내고 있다. 실험체의 크기는 [예제 그림 5.3.1]과 동일하며, 재료 특성은 [표 5.2]와 같다. 12개의 실험체 중에서 8개 실험체와 계산 결과를 비교하였다. 잠재전단강도는 부재회전각이 작을 때는 크지만 부재회전각이 증가함에 따라서 점차 감소하다가 휨항복강도에 도달하였다.

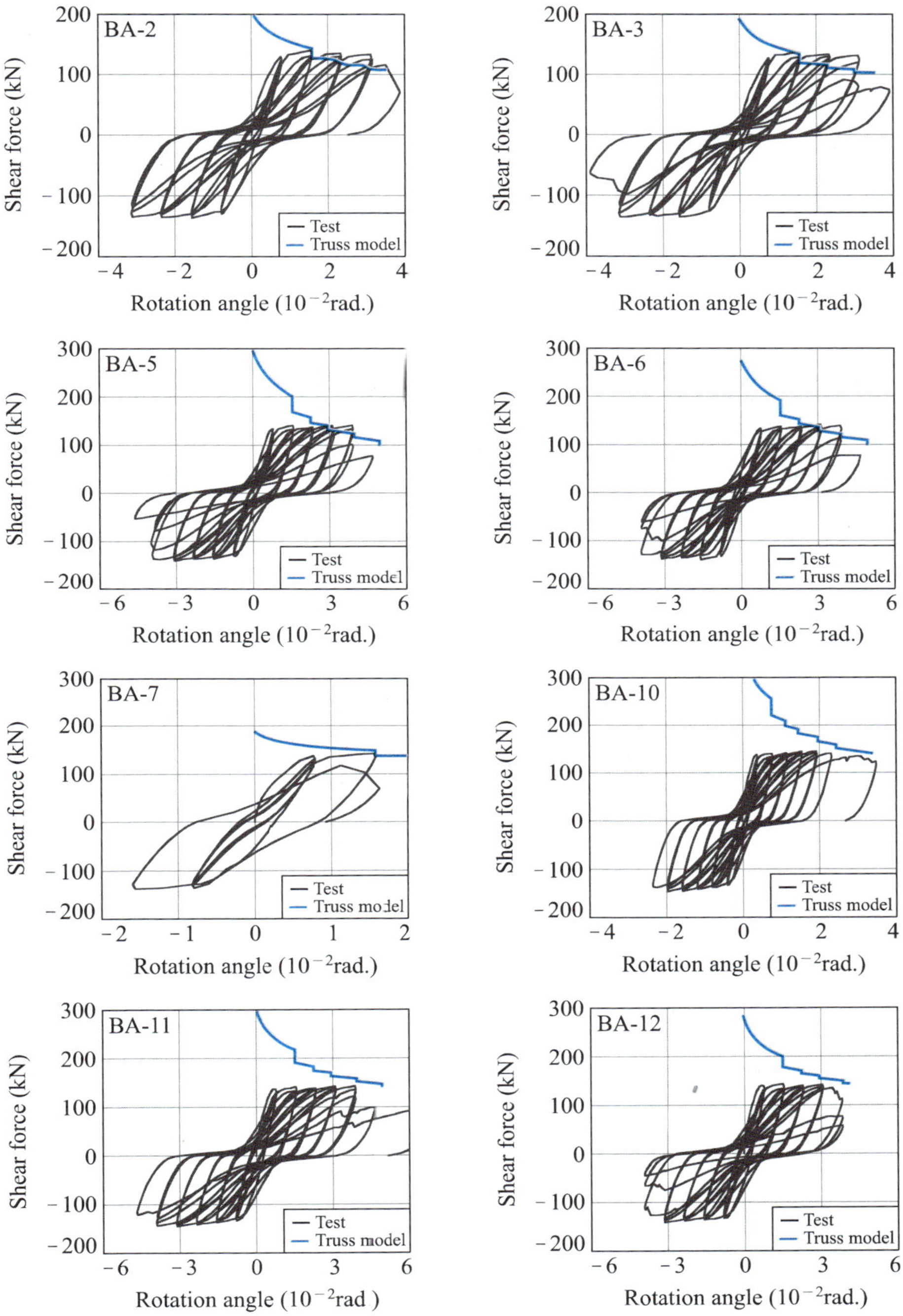

[그림 5.17] 트러스모델에 의한 휨항복 후에 전단파괴하는 보의 연성 예측

5.4 휨항복 후에 전단파괴하는 기둥의 연성 평가

지진력을 받는 철근콘크리트 구조물의 내진설계는 일반적으로 강한 기둥－약한 보 개념으로 보가 항복하여 소성힌지를 형성하고, 기둥은 지속적으로 내력을 발휘하도록 설계한다. 따라서 보 설계에 있어서는 소성힌지를 형성할 수 있는 강도와 소요변형능력이 동시에 고려되어야 하고, 기둥 설계는 보유내력이 고려되어야 한다. 그러나 건물의 소성붕괴메커니즘은 [그림 5.18]과 같이 여러 가지로 구분되며 설계에서는 층간붕괴메커니즘(story mechanism)을 방지하고 중간붕괴메커니즘(intermediate mechanism)이나 구조메커니즘(structural mechanism)의 설계를 유도한다. 이 경우에 구조물의 최하층에 있는 기둥은 소성붕괴메커니즘에 의하여 보와 같이 소성힌지가 발생한다. 특히 교량은 건물에 비하여 부정정차수가 낮기 때문에 더 쉽게 기둥에서 소성힌지가 발생할 수 있다.

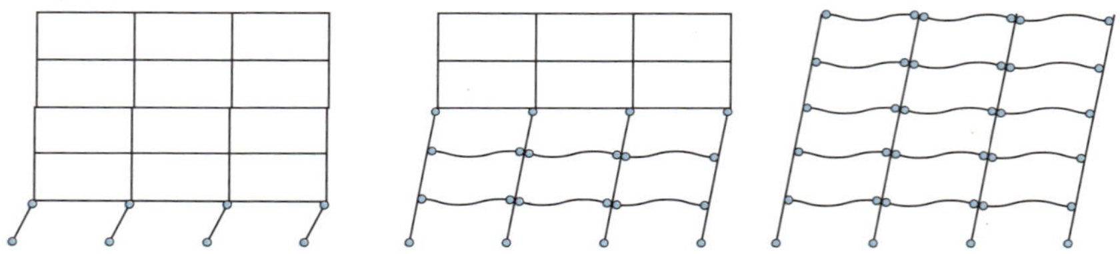

[그림 5.18] 구조물의 붕괴메커니즘

5.4.1 휨항복 후 전단파괴하는 철근콘크리트 기둥의 특성

소성힌지가 발생한 기둥의 파괴 특성을 살펴보면 다음과 같다.

① 휨항복 후의 전단파괴 가능성

소성힌지는 대부분 하부층 기둥에서 발생하며, 하부층 기둥은 높은 축력에 의하여 기둥의 단면적이 크다. 따라서 지진하중에 의하여 변곡점이 기둥의 중간부분에 발생할 때 전단경간비(a/d)가 짧아져서 [그림 5.1]에서 설명한 부재 B와 같이 휨항복 후에 전단파괴할 가능성이 높다.

② 횡구속의 영향

기둥의 콘크리트는 횡방향철근에 의하여 횡구속되어 콘크리트의 강도와 연성이 증가하므로 이를 반영하여 기둥의 거동을 평가해야 한다.

③ 축력의 영향

기둥에는 축력에 의한 압축응력이 존재한다. 여기에 전단력에 의해 발생하는 콘크리트 압축대 응력이 더해질 경우에 두 압축응력이 합해져서 보에 비하여 빨리 콘크리트 유효압축강도에 도달할 수 있다.

④ 축방향변형률의 영향

부재에 소성힌지가 형성되면 철근의 누적변형률에 의하여 부재의 축방향변형률이 증가하게 되며 부재의 전체 거동이 변할 수 있다. [그림 5.19(a)]는 기둥과 보의 콘크리트 유효압축강도(ξf_{ck})와 콘크리트 전단저항(V_c) 변화를 비교한 개념도이다. 부재의 변형이 증가하면 기둥이나 보의 축방향변형률이 증가한다. 특히 휨항복 후에 전단파괴하는 부재는 휨철근이 항복한 후에 부재가 파괴되므로 축방향변형률은 더 급격하게 증가한다. 축방향변형률이 증가하면 [그림 5.10]에서 설명하였듯이 소성힌지 구역의 ξf_{ck}가 감소하며, 결과적으로 V_c도 감소한다. 다만 기둥에 작용하는 축력은 기둥의 축방향변형률 증가를 억제해서 보의 축방향변형률보다 작기 때문에 기둥의 ξf_{ck}는 보의 ξf_{ck}보다 크다. 결과적으로 [그림 5.19(a)]와 같이 기둥의 콘크리트 V_c는 보의 V_c보다 크다. 기둥의 축방향변형률은 5.4.3항에서 상세하게 설명된다. 또한 기둥에 발생한 축방향변형률은 건물의 층간변위에 영향을 준다. 따라서 소성힌지가 발생한 부재의 축방향변형률의 평가는 부재의 소요강도와 변형능력을 예측함에 있어서 중요한 항목이다.

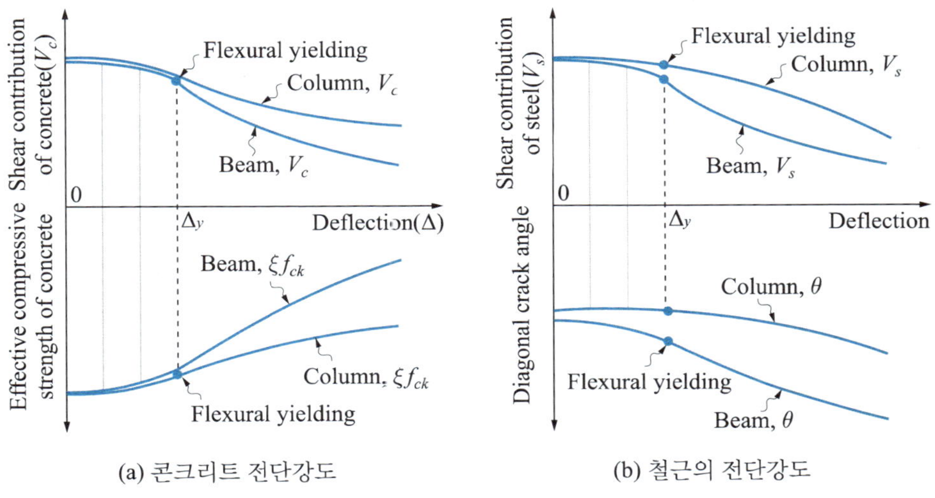

[그림 5.19] 기둥의 변형 증가에 의한 전단강도의 감소

⑤ 균열각도의 변화

보의 경우에는 축방향변형률이 증가하여 콘크리트의 유효압축강도가 감소하기 때문에 균열각도가 증가하였다. 그러나 기둥의 경우에는 축력이 증가하면 축방향변형률의 증가율이 작아지고 ξf_{ck}의 감소율이 크지 않기 때문에 균열각도는 보와 같이 크게 증가하지 않는다. [그림 5.19(b)]는 기둥과 보의 사인장균열각도(θ)와 전단철근의 전단강도(V_s)를 비교한 개념도이다. 부재의 변형이 증가하면 기둥과 보의 θ는 증가하지만, 기둥의 θ 증가율이 보의 θ 증가율보다 낮기 때문에, 기둥의 V_s는 보의 V_s보다 크다. 또한 균열각도의 변화는 축력에 따라서 달라진다.

5.4.2 트러스모델에 의한 기둥의 연성 평가

철근콘크리트 보의 연성 평가와 같은 방법으로 트러스모델을 이용하여 기둥의 연성을 평가할 수 있다. 다만 주인장철근의 항복 후 전단파괴하는 철근콘크리트 기둥의 파괴 특성을 트러스모델에 반영해야 한다. 트러스모델은 기본적으로 순수전단을 받는 요소에 대한 이론이며, 휨모멘트의 영향이 고려되어 있지 않다. 따라서 변형률적합 트러스모델을 이용하여 기둥의 연성능력을 평가하기 위해서는 [그림 5.12]에서 설명하였듯이 기둥의 축방향변형률(ε_l)을 직접 트러스모델에 대입한 후에 부재가 파괴할 때의 잠재전단강도를 계산해야 한다. [그림 5.20]은 트러스모델을 이용하여 예측하는 기둥의 거동평가에 대한 개념도이다. 그림에서 부재회전각(R_m)이 증가하면 ξf_{ck}는 감소하여 V_c가 감소하며, θ는 증가하여 V_s도 감소하게 된다. 기둥의 V_c와 V_s의 감소비율은 보에 비하여 낮기 때문에 기둥의 연성이 보의 연성에 비해 더 커질 수 있지만 축력의 영향으로 이러한 현상은 발생하지 않는다. 기둥의 콘크리트는 트러스모델에 의하여 발생하는 콘크리트의 주압축응력(f_2^c)과 축력(N)에 의하여 발생하는 압축응력(f_{co})를 동시에 받기 때문에 보의 경우보다 빨리 유효압축강도(ξf_{ck})에 도달하여 기둥의 연성은 보의 연성보다 작다.

변형률적합 트러스모델을 이용한 기둥의 연성능력평가 계산 과정은 보의 연성능력 평가와 유사하다.

① **1단계** : 부재회전각(R_m)이 주어진다.

② **2단계** : 부재회전각의 함수인 부재 축방향변형률(ε_l)을 계산한다. R_m과 ε_l의 관계에 대해서는 5.4.3항에서 상세하게 설명하였으니 참고하기 바란다.

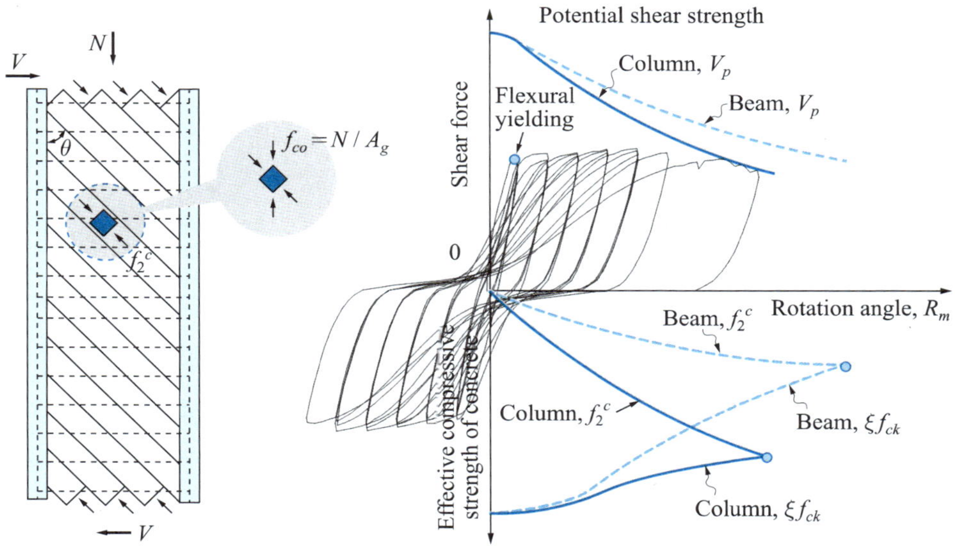

[그림 5.20] 트러스모델에 의한 기둥의 연성 예측

③ **3단계** : 부재축과 수직인 전단철근의 변형률(ε_t)을 정한다. ε_l를 계산한 후에 그 값을 고정한 상태에서 전단철근의 변형률(ε_t)을 증가시킨다.

④ **4단계** : 부재의 전단력을 변형률적합 트러스모델에서 구한다.

- [그림 3.25]의 계산 순서와 동일한 방법으로 먼저 주압축변형률(ε_2)을 가정한다.
- 식(3.40)과 식(3.41)을 이용하여 주인장변형률(ε_1)을 계산한다.

$$\varepsilon_1 = \varepsilon_l + \varepsilon_t - \varepsilon_2$$

- 콘크리트의 유효압축강도계수(ξ)를 식(3.45)에서 계산한다.

$$\xi = \frac{5.8}{\sqrt{f_{ck}}}\frac{1}{\sqrt{1+400\varepsilon_1}}\ ,\ \left(\frac{5.8}{\sqrt{f_{ck}}} \le 0.9\right)$$

- 콘크리트의 주압축응력(f_2^c)을 계산한다. 횡구속효과를 고려하기 위하여 Mander 등(1988)의 제안식을 사용할 수 있다.

$$f_2^c = \xi f_{cc}'\left[2\frac{\varepsilon_2}{\xi\varepsilon_{cc}} - \left(\frac{\varepsilon_2}{\xi\varepsilon_{cc}}\right)^2\right]$$

$$f_{cc}' = f_{ck}\left(2.254\sqrt{1+\frac{7.94 f_l'}{f_{ck}}} - \frac{2f_l'}{f_{ck}} - 1.254\right)$$

$$\varepsilon_{cc} = 0.002\left[1+5\left(\frac{f_{cc}'}{f_{ck}}-1\right)\right]$$

$$f_l{}' = K_e f_l = K_e \frac{2 f_{yh} A_{sp}}{d_s s}$$

여기서, f_{yh} : 횡구속철근의 항복강도

A_{sp} : 횡구속철근의 단면적

s : 횡구속철근의 간격

d_s : 횡구속된 콘크리트 단면 폭

f_l : 횡구속압력

횡구속계수 $K_e = 0.95$ (원형 단면), 0.75 (사각 단면), 0.60 (벽체 단면)이다. 원형 단면을 제외하고 횡구속압력의 값은 크지 않으며, 콘크리트 단면은 구속되는 콘크리트와 구속되지 않는 콘크리트로 분리되므로 횡구속효과를 무시해도 결과에는 큰 차이가 발생하지 않는다. 횡구속효과를 고려하여 계산할 때는 구속되는 콘크리트와 구속되지 않는 콘크리트를 면적비율로 반영할 수 있다.

- 식(3.47)에서 콘크리트의 주인장응력(f_1^c)을 계산한다.

$$f_1^c = f_{cr} \left(\frac{\varepsilon_{cr}}{\varepsilon_1} \right)^{0.4}$$

- 식(3.40)을 이용하여 균열의 각도(θ)를 계산한다.

$$\cos^2\theta = \frac{-\varepsilon_l + \varepsilon_1}{\varepsilon_1 - \varepsilon_2}$$

- 식(3.49)에서 전단철근의 응력(f_{ts})을 계산한다.

$$f_{ts} = \left[0.91 - \frac{2}{\rho} \left(\frac{f_{cr}}{f_{yt}} \right)^{1.5} \right] f_{yt} + \left[0.02 + 0.25 \frac{1}{\rho} \left(\frac{f_{cr}}{f_{yt}} \right)^{1.5} \right] E_s \cdot \varepsilon_t$$

- 식(3.2)에서 부재축과 직각방향의 응력(f_t)을 계산한다.

$$f_t = f_2^c \sin^2\theta + f_1^c \cos^2\theta + \rho_t f_{ts}$$

- f_t 가 “0”에 가까우면 다음 단계로 넘어가고, 그렇지 않으면 ε_2를 새롭게 가정한다.
- 식(3.3)에서 전단응력(v_{lt})을 계산한다.

$$v_{lt} = \left(-f_2^c + f_1^c \right) \sin\theta \cos\theta$$

⑤ **5단계** : 고정한 ε_l에서 잠재전단강도에 도달했는지 검토한다. 즉, 콘크리트의 주압축응력(f_2^c)과 축력에 의한 응력(f_{co})의 합이 유효압축강도(ξf_{ck})에 도달했는지 검토한다. 도달했으면 6단계로 가며, 도달하지 않았으면 3단계로 돌아가 ε_t 를 증가시킨다. 엄밀하게는 f_2^c와 f_{co}의 각도 차이를 반영해야 하지만, 그 영향이 크지 않

기 때문에 무시할 수 있다.

$\xi f_{ck} = f_2^c + f_{co}$

⑥ **6단계** : 잠재전단강도(V_p)가 휨강도(V_f)에 도달했는지 검토한다. 해석에서는 구해진 V_p가 V_f에 도달할 때의 부재 변형능력을 그 부재의 최대 연성능력으로 한다. 도달하지 않았으면 1단계로 돌아가 부재회전각(R_m)을 증대시킨다.

5.4.3 기둥의 축방향변형률

보에 대한 실험과 해석 결과에 근거하여 제안된 기존 연구자들의 예측 식(또는 모델)을 통하여 소성힌지가 발생한 기둥의 축방향변형률을 예측하기에는 한계가 있다. 이는 구조부재 특성상 보는 휨 지배를 받고 기둥에는 휨과 축력이 동시에 작용하며 축력은 부재 축방향변형률을 억제시키는데 영향을 미치기 때문이다. 기둥의 축방향변형률을 평가하기 위하여 반복하중을 받아 소성힌지가 발생한 철근콘크리트 기둥의 축방향변형률을 단면 해석에 의해 예측하고 실험 결과와 비교해 보았다.

▮ 단면 휨해석법

소성힌지가 발생한 철근콘크리트 기둥의 축방향변형률(ε_l)의 특성을 평가하기 위하여 단면 휨해석법을 이용하여 축력이 ε_l에 미치는 영향을 평가하였다. [그림 5.21]은 해석에 사용된 철근콘크리트 부재의 단면 분할 모습을 나타낸다. 부재의 단면은 y축과 z축 방향으로 각각 m과 n만큼 분할되어 A_{ij}요소로 구성되어 있다. 이 단면에 축력(N)과 모멘트(M_y, M_z)가 작용할 경우, x축 방향에 축방향변형률(ε_x)과 y, z축 방향에 각각 곡률(ϕ_y, ϕ_z)이 발생한다.

분할된 단면에 대하여 평면유지의 가정을 사용하여 각 요소의 변형률 증분($\Delta\varepsilon_{ij}$)을 식(5.29)에서 계산한다. 증분 $\Delta\varepsilon_x$는 단면 중심에서의 x축방향변형률의 증분이며, $\Delta\phi_y$와 $\Delta\phi_z$는 각각 y축과 z축 방향의 곡률의 증분이다. Y_{ij}와 Z_{ij}는 단면의 중심에서 (i, j)요소 중심까지의 y축과 z축 방향의 거리이다.

$$\Delta\varepsilon_{ij}(Y_{ij}, Z_{ij}) = \begin{bmatrix} 1 & Z_{ij} & -Y_{ij} \end{bmatrix} \begin{bmatrix} \Delta\varepsilon_l \\ \Delta\phi_y \\ \Delta\phi_z \end{bmatrix} \tag{5.29}$$

$\Delta\varepsilon_l$이 식(5.29)에서 구해지면 (i, j)요소 중심에서의 응력 또한 식(5.30)에서 구할 수 있다. E_{ij}는 (i, j)요소의 탄성계수이다.

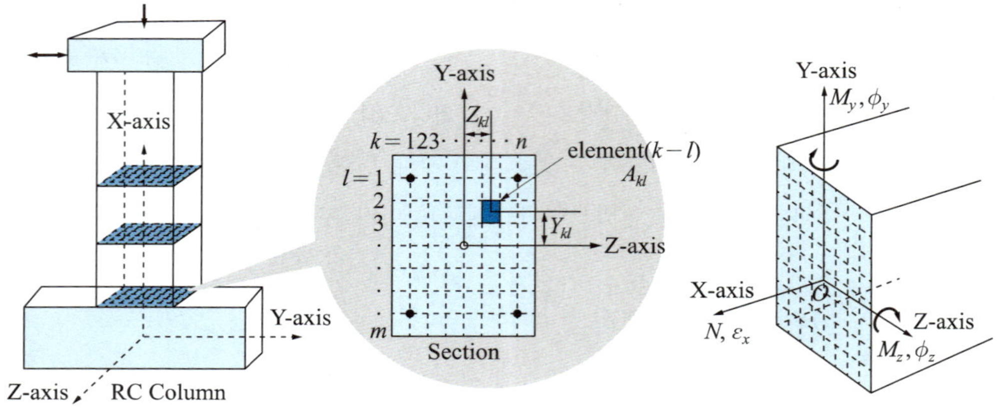

[그림 5.21] 단면의 분할과 변형

$$\Delta f_{ij}(Y_{ij}, Z_{ij}) = E_{ij}\Delta\varepsilon_{ij}(Y_{ij}, Z_{ij}) \tag{5.30}$$

단면의 축력 증분(ΔN)과 y축과, z축 방향 모멘트의 증분(ΔM_y와 ΔM_z)은 식(5.31)에 의해 구한다. 여기서 A_{ij}는 $(i,\ j)$요소의 단면적이다.

$$\begin{bmatrix} \Delta N \\ \Delta M_y \\ \Delta M_z \end{bmatrix} = \sum_{i=1}^{m}\sum_{j=1}^{n}\int_{A_{ij}} \begin{pmatrix} 1 \\ Z_{ij} \\ -Y_{ij} \end{pmatrix} \Delta f_{ij}\, dA_{ij} \tag{5.31}$$

식(5.29), (5.30), (5.31)을 정리하여 단면의 강성 매트릭스를 식(5.32)에서 계산할 수 있다.

$$\begin{bmatrix} \dfrac{\Delta N}{b\cdot h\cdot f_{ck}} \\ \dfrac{\Delta M_y}{b^2\cdot h\cdot f_{ck}} \\ \dfrac{\Delta M_z}{b\cdot h^2\cdot f_{ck}} \end{bmatrix} = \begin{bmatrix} K_{xx} & K_{xy} & -K_{xz} \\ K_{yx} & K_{yy} & -K_{yz} \\ -K_{zx} & -K_{zy} & K_{zz} \end{bmatrix} \begin{pmatrix} \Delta\varepsilon_l \\ b\cdot\Delta\phi_y \\ h\cdot\Delta\phi_z \end{pmatrix} \tag{5.32}$$

이 식에서,

$$K_{xx} = \sum_{i=1}^{m}\sum_{j=1}^{n}\frac{E_{ij}A_{ij}}{b\cdot h\cdot f_{ck}}, \qquad K_{yy} = \sum_{i=1}^{m}\sum_{j=1}^{n}\frac{E_{ij}(I_y + A_{ij}Z_{ij}^2)}{b^3\cdot h\cdot f_{ck}}$$

$$K_{zz} = \sum_{i=1}^{m}\sum_{j=1}^{n} \frac{E_{ij}(I_z + A_{ij} Y_{ij}^2)}{b \cdot h^3 \cdot f_{ck}}, \quad K_{xy} = K_{yx} = \sum_{i=1}^{m}\sum_{j=1}^{n} \frac{E_{ij} A_{ij} Z_{ij}}{b^2 \cdot h \cdot f_{ck}}$$

$$K_{xz} = K_{zx} = \sum_{i=1}^{m}\sum_{j=1}^{n} \frac{E_{ij} A_{ij} Y_{ij}}{b \cdot h^2 \cdot f_{ck}}, \quad K_{yz} = K_{zy} = \sum_{i=1}^{m}\sum_{j=1}^{n} \frac{E_{ij}(I_{yz} + A_{ij} Y_{ij} Z_{ij})}{b^2 \cdot h^2 \cdot f_{ck}}$$

여기서, b : 단면의 폭
h : 단면의 높이
f_{ck} : 콘크리트의 압축강도
I_y와 I_z : y, z방향 각각의 단면2차모멘트
I_{yz} : (i, j)요소의 단면2차모멘트

해석에서는 y축과 z축 방향 곡률의 증분($b \cdot \Delta\phi_y$, $h \cdot \Delta\phi_z$)과 축력의 증분 $[\Delta N/(b \cdot h \cdot f_{ck})]$이 주어진 후 (i, j)요소의 모멘트 증분$[\Delta M_y/(b^2 \cdot h \cdot f_{ck})$과 $\Delta M_z/(b \cdot h^2 \cdot f_{ck})]$, 축방향변형률의 증분($\Delta\varepsilon_x$)이 계산된다. 또한, 주어진 재료모델과 $\Delta\varepsilon_x$ 값에 따라 각 요소의 탄성계수(E_{ij})가 구해진다. E_{ij}가 계산되면, 식(5.29)를 이용하여 $\Delta\varepsilon_{ij}$를 구한다.

재료모델에는 반복하중을 받는 콘크리트의 응력-변형률 관계인 Muguruma와 Watanabe의 제안식(1990), 철근의 응력-변형률 관계인 Ramberg와 Osgood식(1943)을 기본으로 한 Yokoo와 Nakamura의 제안식(1977)이 사용되었다. 반복하중을 받는 콘크리트의 응력-변형률 곡선은 [그림 5.22]와 같이 재하와 반복하중의 응력-변형률 좌표가 만나는 교차점을 이용하고 있다. 교차점에서 하중이 제하된 콘크리트의 응력은 90퍼센트까지 감소한다. 단면은 구속된 콘크리트와 비구속된 콘크리트로 구분되며, 콘크리트의 인장응력은 무시하고 있다.

하중이력의 영향이 고려된 철근콘크리트 기둥의 부재 축방향변형률(ε_l)을 예측하기 위해 z축 방향에서 1방향 휨모멘트를 받는 직사각형 단면을 y축 방향으로 m회 분할하여 해석하였다. 콘크리트 압축강도는 30 MPa, 주압축철근과 주인장철근비는 동일하며, 철근은 단면의 상하면에 각각 3개씩 배근되었다. 철근의 항복강도는 400 MPa이며, 하중은 인장철근의 휨항복시 곡률 값 $\pm\phi_{zy}$ 이후 $\pm 2\phi_{zy}$, $\pm 3\phi_{zy}$ 배로 증가하고 2회 반복하는 양방향 점증 반복하중이 가해졌다. 해석 실험체는 [표 5.3]과 같이 콘크리트 압축강도의 0퍼센트, 5퍼센트, 10퍼센트, 15퍼센트, 30퍼센트 비율의 축력을 변수로 하였다.

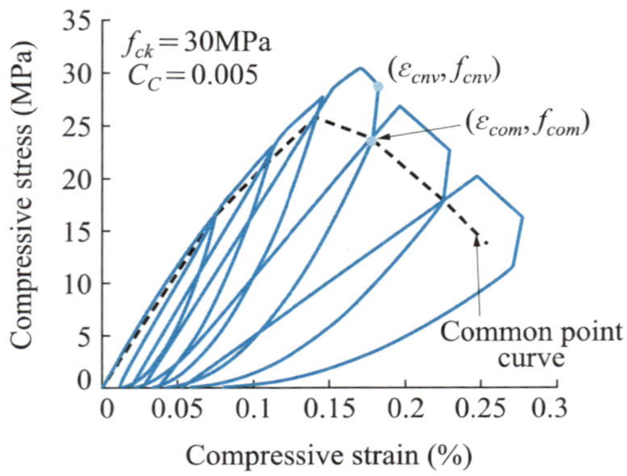

(a) 콘크리트의 응력-변형률 곡선
(Mugurma와 Watanabe, 1990)

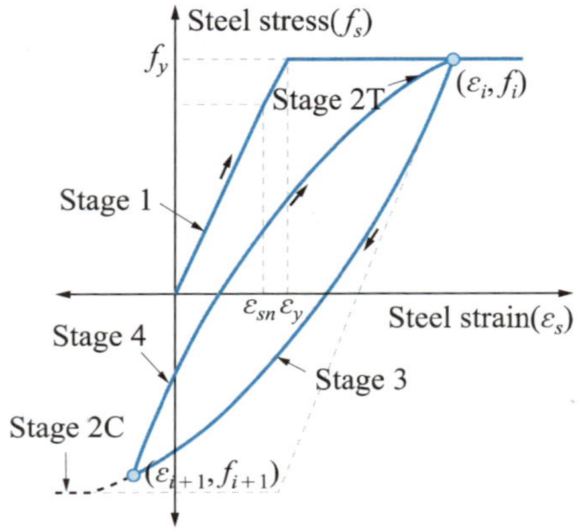

(b) 철근의 응력-변형률 곡선
(Yokoo와 Nakamura, 1977)

[그림 5.22] 재료의 응력 – 변형률 곡선

[표 5.3] 해석 단면의 특성

해석 실험체	C00	C05	C10	C15	C30
축력비	0%	5%	10%	15%	30%
f_{ck}	30 MPa				
횡구속 효과	0.005				
축방향철근	3-D16, f_{ly} =400 MPa, ρ_l =0.0113				

▌ 단면 휨해석 결과

[그림 5.23(a)]는 단면 휨해석에 의해 구해진 철근콘크리트 부재의 축방향변형률 – 곡률 관계이다. 단면의 크기 영향을 고려하기 위하여 곡률에 단면의 높이(h)를 곱하여 무차원화하였다. 그림에 표시된 위치 A ~ F는 하중이력의 변화에 상응하여 구별한 곡률과 하중 및 변형률 관계이며, 이를 이용하여 변형률의 변화를 관찰하였다. [그림 5.23(b)]는 축력이 다른 해석 실험체의 철근의 응력 – 변형률 곡선이다. [그림 5.23]에서 관찰된 축력이 축방향변형률(ε_l)에 미치는 주요 영향을 정리하면 다음과 같다.

① 부재의 변형이 증가함에 따라서 ε_l은 증가하지만, 축력을 크게 받을수록 그 증가량은 감소한다. 축력이 없는 보(실험체 C00)의 ε_l은 0.2퍼센트이었지만, 축력비가 30퍼센트인 기둥(실험체 C30)의 ε_l은 0.02퍼센트에 지나지 않아 두 값의 차이는 10배이다. 이와 같이 축력이 증가하면 ε_l이 감소하는 이유는 다음 두 가지 때문이다.

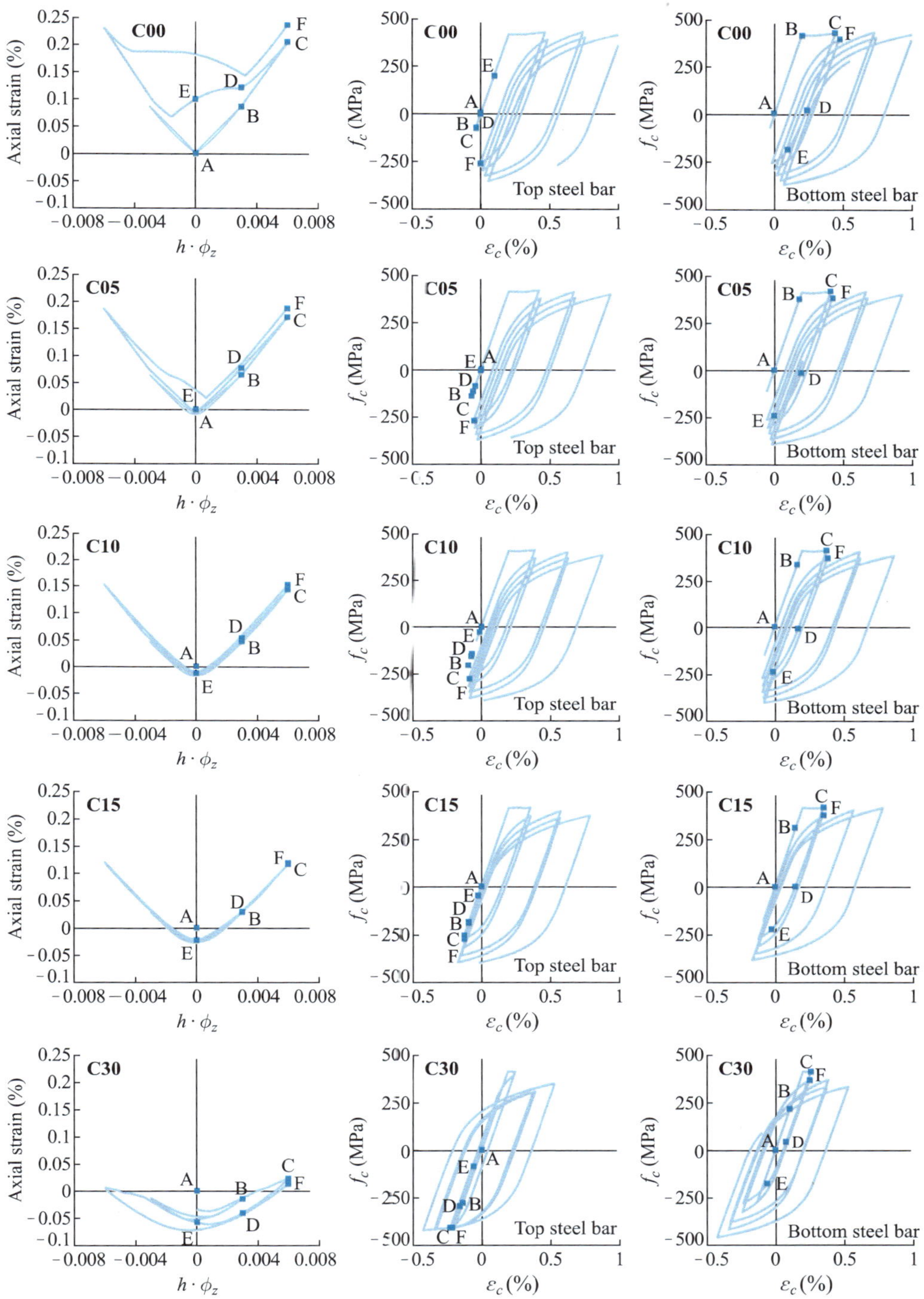

(a) 축방향변형률 (b) 철근의 응력–변형률 곡선

[그림 5.23] 축방향변형률과 철근의 응력 – 변형률 곡선

- 축력이 증가하면 압축철근의 변형률이 증가해서 단면의 중앙부에서의 ε_l이 감소한다. 예를 들어, C점에서 C00의 상하단의 변형률이 각각 0.0003과 0.0045이지만, 축력이 큰 C30의 상하단의 변형률은 0.0023과 0.0027로 압축변형률이 크게 증가한다.
- 축력이 증가하면 중립축의 위치가 압축 연단에서 멀어져서 부재 축방향변형률(ε_l)이 감소한다. 예를 들어, C점에서 C00의 중립축 깊이는 17 mm이지만, C30의 중립축의 깊이는 98 mm로 훨씬 크다.

② 휨항복 후 하중을 제거하였을 때 ε_l은 휨항복 전의 탄성구간(A－B)에서의 증가율과 거의 동일한 비율로 감소한다(그림의 C－D구간). 이는 철근의 응력－변형률 곡선에서 제하시와 탄성구간에서의 기울기가 동일하기 때문이다.

③ 제하(unloading) 후 반대방향으로 하중이 가해질 때 축력비가 클수록 ε_l의 감소율이 크다(그림의 D－E구간). 이 구간에서는 이력곡선에 핀칭현상이 나타나고, ε_l의 감소 패턴이 달라진다. 축력비가 클수록 핀칭현상은 미비해지며 ε_x의 감소량이 크다. [그림 5.33(b)]는 하중이력에서 정의한 점들에 상응하는 철근의 응력－변형률 관계를 해석을 통해 조사한 결과이다. 축력비가 클수록 압축철근의 응력과 변형률이 크고, 인장철근의 변형률이 작다. 인장철근의 응력－변형률 곡선에서 D－E구간은 축력비가 클수록 탄성구간과 가깝게 위치하고 있다. 그 후 반복하중을 받은 후인 F점에서 축력비가 클수록 C점과의 변형률 차이가 작다. 즉, 축력비가 증가할수록 철근의 잔류변형률이 감소되어 하중－처짐 곡선에서 핀칭현상이 사라지고, 에너지소산능력이 커지기 있다. 또한 축방향변형률은 휨항복과 함께 증가한 이후 D－E구간에서 다시 감소한다.

철근의 응력－변형률 관계에서 축력이 없는 보의 경우에는 반복하중을 받는 동안 철근의 잔류변형률이 누적되어 부재 축방향변형률이 크게 증가하였다. 그러나 기둥은 축력이 클수록 축력이 기둥의 전체 구조거동을 지배하여 철근의 잔류변형이 억제되고, 결과적으로 축방향변형률이 보에 비해 작아졌다.

▌ 기둥 부재 축방향변형률 모델

축방향변형률 특성을 파악하기 위해 단면 휨해석을 통해 분석한 기둥의 축방향변형률과 실험을 통해 관찰된 기둥의 축방향변형률을 비교하였다. [그림 5.24(a), (b)]는 실험(Lee 등, 2019)에서 측정된 반복하중을 받는 철근콘크리트 보와 기둥의 부재 축방향변형률(ε_l)과 부재회전각(R_m)의 관계이다. 실험체의 주요 변수는 축력비이며, 축력비는 0퍼센트, 5퍼센트, 10퍼센트, 15퍼센트, 30퍼센트로 변화하였다.

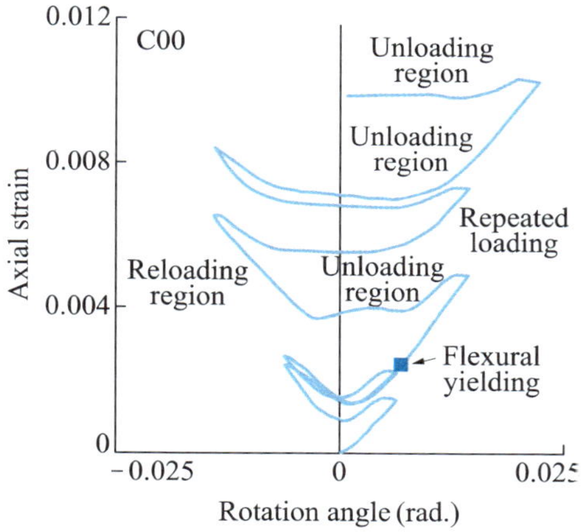

(a) 축력비 0퍼센트 실험체

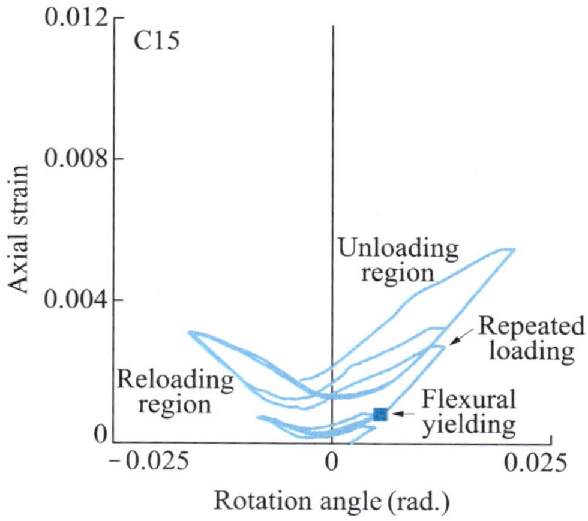

(b) 축력비 15퍼센트 실험체

[그림 5.24] 실험에서 측정된 축방향변형률과 부재회전각 곡선(Lee 등, 2019)

실험 결과에서도 해석 결과에서 관찰된 바와 같이 하중이 가해지는 동안 ε_l은 지속적으로 증가하지만, 보에 비해 기둥의 축방향변형률 증가율이 작으며, 제하 후 반대 방향으로 하중이 가해질 때 보에서는 균열의 폭이 닫히는 미끌림구간(slip region)이 형성된다.

축력이 없는 보의 경우에는 미끌림구간에서 ε_l이 일정하지만 기둥은 균열의 폭이 닫히면서 복원된다. 보는 철근의 변형률이 휨 항복과 함께 늘어난 후 하중을 제거하면 잔류변형률이 존재해 미끌림구간이 형성되나, 기둥은 축력의 영향으로 철근의 잔류변형률이 작아 미끌림 현상을 보이지 않고 이전 경험한 증가 기울기와 유사한 기울기로 변형률이 회복된다. 또한 해석 결과와 유사하게 같은 크기의 하중이 반복적으로 가해질 경우에 보의 경우에는 철근의 잔류변형이 증가하여 ε_l이 증가하지만, 기둥은 축력으로 인해 ε_l이 증가하지 않고 거의 일정하다. 실험 결과와 단면해석에 근거하여 [그림 5.25]의 부재 축방향변형률(ε_l)과 부재회전각(R_m) 관계를 모델화 할 수 있다.

[그림 5.25]는 다음의 세 가지 경로로 구성된다.

① 경로 1 : 재하(loading)시 ε_l은 축력이 증가함에 따라서 증가비율이 감소한다.

② 경로 2 : 제하(unloading) 후 반대 방향으로 하중이 가해지는 구간으로 ε_l은 미끌림 현상을 보이며 축력이 증가하면 감소율도 증가한다.

③ 경로 3 : 동일한 R_m에서 반복하중을 받을 경우 ε_l은 가력 횟수가 증가할수록 증가비율이 감소한다. 또한 ε_l의 증가율은 축력이 증가하면 감소한다.

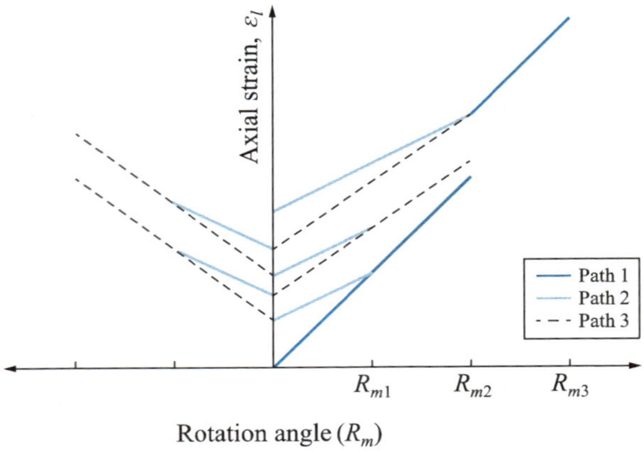

[그림 5.25] 기둥 축방향변형률과 부재회전각 모델

▌ 기둥 부재 축방향변형률 평가식

식(5.20)의 보의 축방향변형률 평가와 같은 방법으로 단면 중심에서의 부재 축방향변형률(ε_l)을 콘크리트의 변형률(ε_c)과 인장철근의 변형률(ε_t)의 평균값에서 구할 수 있다. 곡률(ϕ)과 변형률의 관계를 중립축의 깊이(kd)와 연계하여 유도하면 식(5.21) 대신에 식(5.22)이 된다. 인장철근의 변형률 관계, 소성힌지구간에서 소성힌지길이(l_h)와 소성힌지회전각(R_h)의 관계는 식(5.22)와 식(5.33)이 동일하다.

$$\phi = \frac{\varepsilon_t}{d - kd} \tag{5.33}$$

여기서, kd : 중립축의 깊이

소성힌지구간에서 소성힌지길이(l_h)와 소성힌지회전각(R_h)의 관계는 식(5.22)이므로 식(5.22)와 식(5.33)을 식(5.20)에 대입하여 식(5.34)를 구한다.

$$\varepsilon_l = \frac{\varepsilon_c}{2} + \frac{R_h \cdot (d - kd)}{2l_h} \tag{5.34}$$

식(5.34)에서 압축철근과 인장철근의 양이 동일한 보의 경우에는 중립축의 깊이를 $0.1d$로 가정하고 $d-kd$를 상하(上下)철근 중심간 거리(z)로 할 수 있다. 그러나 축력이 작용할 경우에는 중립축의 깊이(kd)가 증가하므로 $kd = 0.1d$로 가정할 수 없다. 따라서 뉴질랜드 지침서(1991)와 동일하게 소성힌지가 발생한 이후의 콘크리트 변형률(ε_c)은 인장철근 변형률(ε_t)에 비하여 매우 작은 값이므로 $\varepsilon_c/2 \approx 0$으로 가정하며, 축력에 따라서 변화하는 깊이($d - kd$)를 사용한다.

① 축하중에 의한 축방향변형률 예측

기둥에는 축하중이 작용한다. 축하중이 부재 단면에 일정하게 작용하게 되므로 축하중 변형률(ε_{lo})은 식(5.35)에 의하여 계산한다.

$$\varepsilon_{lo} = \frac{n \cdot f_{ck}}{E_c} \tag{5.35}$$

여기서, n : 축력비이며, 압축의 경우에는 음수(−)

E_c : 콘크리트의 할선탄성계수

② 경로 1의 축방향변형률 예측

경로 1의 재하시 축방향변형률(ε_{l1})은 부재회전각(R_m)에 비례하여 보와 같이 선형적으로 증가하되, 그 기울기는 축력비에 따라 달라진다(축력비가 증가하면 감소함. [그림 5.25] 참조). 이는 축력비가 증가함에 따라서 중립축의 깊이(kd)가 증가하기 때문이다. 경로 1의 변형률은 식(5.34)에서 압축 콘크리트의 변형률을 "0"으로 하여 식(5.36)에서 구할 수 있다.

$$\varepsilon_{l1} = \frac{R_m \cdot (h/2 - kd)}{l_h} \tag{5.36}$$

식(5.36)에서 중립축의 깊이(kd)는 보나 기둥의 힘의 평형을 이용하여 다음과 같이 계산할 수 있다.

$$C_c + C_s = P + T \tag{5.37}$$

$$\alpha f_{ck} kd \cdot b + A_s' f_s' = n(f_{ck} bh) + A_s f_s \tag{5.38}$$

여기서, C_c : 콘크리트 압축 합력

C_s : 철근의 압축 합력

P : 축력

T : 철근의 인장 합력

α : 중립축 안에서의 콘크리트 응력의 평균값과 관련된 계수

f_{ck} : 콘크리트 압축강도

b : 단면의 폭

h : 단면의 높이

d : 단면의 유효 높이

n : 축력비(여기서는 양수)

A_s' : 압축철근의 양

A_s : 인장철근의 양

f_s' : 압축철근이 응력

f_s : 인장철근의 응력

식(5.38)에서 구하고자 하는 것은 소성힌지구역 내의 축방향변형률이므로 인장철근 응력(f_s)은 항복강도(f_y)로 대치할 수 있다. 또한 인장철근이 항복강도에 도달했을 때의 압축철근 응력(f_s')은 인장철근 항복강도의 70퍼센트를 초과하지 않는 경우가 많으므로 식(5.38)의 $f_s' = 0.7 f_y$로 대체한다[Park와 Paulay (1975), Paulay와 Priestley (1992)]. 따라서 식(5.38)은 다음과 같이 다시 쓸 수 있다.

$$kd = \frac{n}{\alpha} h + \frac{f_{yl}}{\alpha f_{ck}} \rho_l (1 - 0.7\beta) d \tag{5.39}$$

여기서, β : 압축철근의 양(A_s')과 인장철근의 양(A_s)의 비($\beta = A_s'/A_s$)

ρ_l : 인장철근비

식(5.39)에서 α는 중립축 안에서의 콘크리트 응력의 평균값을 나타낸다. α는 인장파괴하는 부재의 철근이 항복하는 시점에는 0.5에 가깝지만, 인장철근 항복 후에 콘크리트가 압축파괴하는 시점에는 0.72 (= 0.85 × 0.85, 보통강도 콘크리트의 경우)에 가깝다. 구하고자 하는 축방향변형률은 철근이 항복한 이후에 최대 모멘트에 도달하는 구간이므로 α는 0.5와 0.72의 중간 값인 0.61로 할 수 있다.

③ 경로 2의 축방향변형률 예측

경로 2는 제하 후 반대 방향으로 하중이 가해지는 구간으로 ε_l은 미끌림 현상을 보이며 축력이 증가할수록 감소율도 증가한다. 축력이 없을 경우에는 축방향변형률의 감소 비율이 작지만, 축력이 증가하면 감소 비율이 커진다. 실험 및 해석의 관찰에 의하면 경로 2에서 축방향변형률(ε_{l2})은 다음의 두 가지 특성이 있다.

- 축방향변형률(ε_{l2})의 감소비율은 부재회전각의 크기와 관계없이 거의 일정하다.
- 축방향변형률(ε_{l2})의 감소는 부재회전각이 거의 "0"인 곳까지 감소한 이후에 다시

증가한다([그림 5.24]참조). 보다 정확하게는 양측 철근의 응력이 인장(또는 압축)에서 압축(또는 인장)으로 변화는 시점까지 감소한다.

축방향변형률의 두 가지 특성에 근거하여 인장철근이 항복한 직후의 축방향변형률과 하중을 부재회전각이 "0"인 위치까지 제거했을 때의 축방향변형률 비율(η)을 전 구간에 적용할 수 있다.

$$\eta = \frac{\varepsilon_{2o}}{\varepsilon_{ly}} \geq 0.0 \tag{5.40}$$

여기서, ε_{ly} : 인장철근이 항복한 직후의 축방향변형률

ε_{2o} : 부재회전각이 "0"인 위치의 축방향변형률

인장철근이 항복한 직후의 축방향변형률(ε_{ly})은 철근 항복시의 부재회전각을 식(5.36)에 대입하여 계산한다. 한편, ε_{2o}는 부재회전각이 "0"인 곳의 변형률이므로 단면 전 구간의 변형률이 동일하다. 따라서 식(5.37)을 식(5.41)로 변경할 수 있다.

$$\varepsilon_{2o}E_c(A_c) + A_s'(\varepsilon_{2o}\,E_s) = n(f_{ck}bh) + A_s(\varepsilon_{2o}\,E_s) \tag{5.41}$$

식(5.41)에서 철근이 항복한 직후에 하중을 제거할 경우에 인장철근과 압축철근은 탄성 상태의 응력-변형률 곡선을 따르게 되므로 동일한 변형률(ε_{2o})에서 인장철근과 압축철근은 동일한 응력 값에 도달하게 된다. 따라서 식(5.41)의 인장철근과 압축철근에 의한 합력은 서로 상쇄한다. 또한 식(5.41)에서 콘크리트의 면적(A_c)은 $0.61\,b \cdot kd$와 동일하다. 결과적으로 식(5.41)의 축력은 콘크리트만이 저항하게 되며 식(5.42)에서 ε_{2o}를 유도할 수 있다.

$$\varepsilon_{2o} = \frac{n(f_{ck})}{E_c}\frac{h}{0.61\,kd} \tag{5.42}$$

식(5.42)에서 계산한 ε_{2o}를 식(5.40)에 대입하여 감소율 η를 계산한 후에, 제하 후 반대 방향으로 하중이 가해지는 구간의 축방향변형률(ε_{l2})을 식(5.43)에서 구한다.

$$\varepsilon_{l2} = -\eta\,\varepsilon_{l1} \tag{5.43}$$

④ 경로 3의 축방향변형률 예측

경로 3에서의 부재 축방향 누적 변형률은 축력비에 영향을 받는다. 축력비가 작을 경

우에는 반복하중의 수(N_j)에 반비례하여 증가한다. 또한, 변형률은 반복되는 R_m 의 크기에 영향을 받아 큰 R_m 값에서의 하중의 반복에 의해 증가되는 변형률이 작은 R_m 값에서의 하중의 반복에 의해 증가되는 변형률보다 크다. 그러나 경로 3에서의 누적 변형률은 철근콘크리트의 보의 경우에서도 그 값이 크지 않고, 특히 축력이 작용할 경우에는 [그림 5.24]와 같이 누적 변형률이 거의 없기 때문에 고려하지 않아도 된다.

⑤ 축방향변형률의 포락선 평가식

각 경로에 대한 철근콘크리트 부재의 축방향변형률을 매 구간에서 합하여 계산하는 것은 번거롭다. 따라서 하중제거와 함께 부재의 축방향변형률이 복원되는 구간은 제외하고 총 늘어난 축방향변형률 값의 포락선만을 계산하는 것이 편리하며 이는 식(5.44)를 이용하여 계산할 수 있다.

$$\varepsilon_l = \varepsilon_{lo} + (1 - \eta R_{mn}) \frac{(R_{mp} + R_{mn})(h/2 - kd)}{l_h} \tag{5.44}$$

여기서, R_{mn} : 부방향의 부재회전각

R_{mp} : 정방향의 부재회전각

보의 축방향변형률 평가식(5.28)과 기둥의 축방향변형률 평가식(5.44)를 비교해 보면 기둥에는 축력에 의한 변형률(ε_{lo})과 중립축깊이(kd)의 영향이 반영되어 있다.

▌기둥의 축방향변형률 평가식 검증

축방향변형률 계산 결과를 반복하중을 받는 철근콘크리트 기둥의 실험 결과와 [그림 5.26]에서 비교하였다. 실험체의 주요 변수는 축력비로, 축력비는 0퍼센트, 5퍼센트, 10퍼센트, 15퍼센트, 30퍼센트로 증가하였다(Lee 등 2019). 가는 실선은 실험에서 측정된 축방향변형률이며, 중간 굵기 실선은 변형률의 경로를 3단계로 구분한 계산 결과, 굵은 선은 식(5.44)의 포락선식에 의한 계산 결과이다.

[그림 5.26]의 비교에서 C05를 제외하고는 모든 경우에 대하여 계산식이 약 10퍼센트의 범위 내에서 축방향변형률을 과대평가하고 있다. 축력에 의하여 감소하는 축방향변형률의 영향이 계산식에 반영되어 축력이 증가함에 따라서 예측된 변형률도 감소하고 있다.

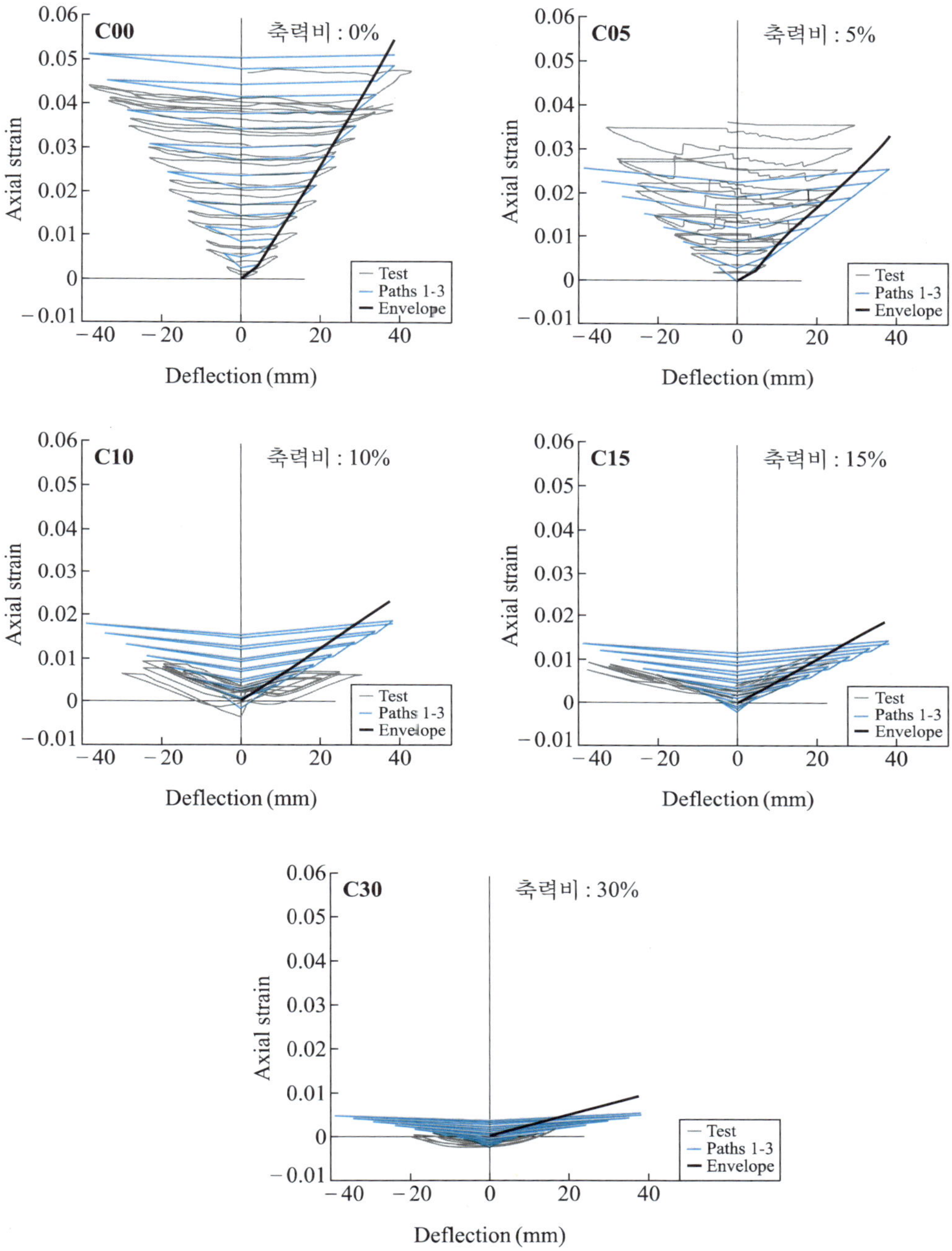

[그림 5.26] 기둥 축방향변형률의 비교

예제 5.4

철근콘크리트 특수모멘트골조의 기둥에서 변위연성비(μ_Δ)가 증가함에 따라서 변하는 잠재전단내력과 연성을 구하라. 기둥은 캔틸레버형이며, 기둥의 길이는 2,335 mm이다. 기둥의 단면은 $380 \times 610\,\mathrm{mm}$, $d = 572\,\mathrm{mm}$, 콘크리트 압축강도 $f_{ck} = 27.2\,\mathrm{MPa}$이다. 전단철근비 $\rho_t = 0.004$, 항복강도 $f_{yt} = 428\,\mathrm{MPa}$, 단면적 $A_v = 19.64\,\mathrm{mm}^2$의 전단철근이 사용되었다. 주인장철근비 $\rho_l = 0.0222$, 항복강도 $f_{yl} = 448\,\mathrm{MPa}$의 주철근이 사용되었다. 부재의 축력비 $n = -P/(A_g f_{ck}) = -0.098$이다. 이 예제에서는 실험 결과와 계산 결과를 직접 비교하기 위하여 실제 실험한 부재의 조건을 사용하였다.

(a) 트러스모델 (b) AIJ-1990기준

(c) ASCE/SEI41-13기준 (d) Priestley 평가식

[풀이 : 트러스모델]

부재 변위 72.4 mm의 잠재전단강도를 트러스모델에 기반을 둔 해석법으로 계산하였다.

① 부재회전각(R_m)을 계산한다.

$$R_m = R_{mp} = R_{mn} = \frac{\Delta}{l} = \frac{72.4}{2,335} = 0.031$$

② 소성힌지영역의 축방향변형률(ε_l)을 식(5.44)에서 계산한다.

$$\varepsilon_l = \varepsilon_{lo} + (1 - \eta R_{mn}) \frac{(R_{mp} + R_{mn})(h/2 - kd)}{l_h}$$

$$= -0.0001 + (1 - 0.787 \times 0.031) \frac{(0.031 \times 2)(610/2 - 200.86)}{572} = 0.0109$$

여기서,

$$\varepsilon_{lo} = \frac{n f_{ck}}{E_c} = \frac{-0.098 \times 27.2}{26756} = -0.0001$$

$$kd = \frac{n}{\alpha} h + \frac{f_{yl}}{\alpha f_{ck}} \rho_l (1 - 0.7\beta) d = \frac{0.098}{0.61} 610 + \frac{448}{0.61 \times 27.2} 0.0222(1 - 0.7 \times 1)572$$

$$= 200.86\ \mathrm{mm}$$

$$\eta = \frac{\varepsilon_{2o}}{\varepsilon_{ly}} = \frac{0.000496}{0.00063} = 0.787$$

$$\varepsilon_{2o} = \frac{n(f_{ck})}{E_c} \frac{h}{0.61\,kd} = 0.0001 \frac{610}{0.61 \times 200.86} = 0.000496$$

$$\phi_y = \frac{\varepsilon_y}{d - kd} = \frac{448/200000}{572 - 200.86} = 0.00000604$$

$$R_y = \phi_y \times l_h = 0.00000604 \times 572 = 0.00345$$

$$\varepsilon_{ly} = \frac{R_y \cdot (h/2 - kd)}{l_h} = \frac{0.00345(610/2 - 200.86)}{572} = 0.00063$$

③ 전단철근의 변형률(ε_t)을 증가시킨다. 해석에 의하면 ε_t는 0.0166이 된다.

④ [그림 3.25]의 계산 순서와 동일하게 주압축변형률(ε_2)을 -0.0002로 가정한다.

⑤ 식(3.40)과 식(3.41)을 이용하여 주인장변형률(ε_1)을 계산한다.

$\varepsilon_1 = \varepsilon_l + \varepsilon_t - \varepsilon_2 = 0.0109 + 0.0166 - (-0.0002) = 0.028$

⑥ 콘크리트의 유효압축강도계수(ξ)를 식(3.45)에서 계산한다.

$$\xi = \frac{5.8}{\sqrt{f_{ck}}} \frac{1}{\sqrt{1+400\varepsilon_1}}, \left(\frac{5.8}{\sqrt{f_{ck}}} \le 0.9\right)$$

$$\xi = \frac{0.9}{\sqrt{1+400 \times 0.028}} = 0.257$$

⑦ 식(3.44)에서 콘크리트의 주압축응력(f_2^c)을 계산한다. 콘크리트의 응력은 횡구속효과를 고려한 Mander 등의 식을 사용할 수 있지만, 예제 기둥의 횡구속효과는 크지 않으므로 여기서는 계산의 간략화를 위해 일반식을 사용하였다.

$$f_2^c = \xi f_{ck}\left[2\frac{\varepsilon_2}{\xi\varepsilon_{co}} - \left(\frac{\varepsilon_2}{\xi\varepsilon_{co}}\right)^2\right] = 0.257 \times 27.2\left[2\frac{-0.0002}{0.257 \times (-0.002)} - \left(\frac{-0.0002}{0.257 \times (-0.002)}\right)^2\right]$$
$$= -4.38\,\text{MPa}$$

⑧ 식(3.47)에서 콘크리트의 주인장응력(f_1^c)을 계산한다.

$$f_1^c = f_{cr}\left(\frac{\varepsilon_{cr}}{\varepsilon_1}\right)^{0.4} = 0.311\sqrt{27.2}\left(\frac{0.00008}{0.028}\right)^{0.4} = 0.156\,\text{MPa}$$

⑨ 식(3.40)을 이용하여 균열의 각도(θ)를 계산한다.

$$\cos^2\theta = \frac{-\varepsilon_l + \varepsilon_1}{\varepsilon_1 - \varepsilon_2} = \frac{-0.0109 + 0.028}{0.028 - (-0.0002)} = 0.606$$

$$\theta = 38.9^\circ$$

⑩ 식(3.49)에서 전단철근의 응력(f_{ts})을 계산한다.

$$f_{ts} = \left[0.91 - \frac{2}{\rho}\left(\frac{f_{cr}}{f_{yt}}\right)^{1.5}\right] f_{yt} + \left[0.02 + 0.25\frac{1}{\rho}\left(\frac{f_{cr}}{f_{yt}}\right)^{1.5}\right] E_s\,\varepsilon_t$$
$$= [0.91 - 2 \times 0.058]\,428 + [0.02 + 0.25 \times 0.058]\,200{,}000 \times 0.0166 = 454.4\ \text{MPa}$$

⑪ 식(3.2)에서 부재축의 직각 방향의 응력(f_t)을 계산한다.

$$f_t = f_2^c \sin^2\theta + f_1^c \cos^2\theta + \rho_t f_{ts} = (-4.38)\sin^2(38.9) + 0.156\cos^2(38.9) + 0.004 \times 454.4$$
$$= 0.14\,\text{MPa}$$

⑫ f_t가 “0”에 가까우면 다음 단계로 넘어가고, 그렇지 않으면 ε_2를 새롭게 가정한다.

⑬ 콘크리트의 주압축응력(f_2^c)과 축력에 의한 응력(f_{co})의 합이 유효압축강도(ξf_{ck})에 도달했는지 검토한다. 도달했으면 다음 단계로 가며, 도달하지 않았으면 ε_t를 증가시킨다.

$$\xi f_{ck} = f_2^c + f_{co}$$

$$-0.257 \times 27.1 = -4.38 - 2.66$$

$\xi f_{ck} = -6.99\,\text{MPa}$이며, $f_2^c = -4.38\,\text{MPa}$, $f_{co} = 0.098\,f_{ck} = -2.66$ MPa로 0.05 MPa의 차이가 있다.

⑭ 식(3.3)에서 전단응력(v_{lt})을 계산한다. 위의 과정이 만족되었다면 계산한 $-f_2^c$, f_1^c, θ를 대입하여 전단응력과 잠재전단강도를 구할 수 있다.

$$v_{lt} = \left(-f_2^c + f_1^c\right)\sin\theta\cos\theta = (4.38 + 0.156)\sin(38.9) \cdot \cos(38.9) = 2.22\,\text{MPa}$$

⑮ 잠재전단강도를 계산한다.

$$V = v_{lt}(b \times z) = 2.22 \times (380 \times 0.9 \times 572) = 434.3\ \text{MPa}$$

V가 V_f에 도달하지 않았으므로 1단계로 돌아가 R_m을 증가시킨다.

변위가 증가하면서 변화하는 전단내력을 [예제 그림 5.4.1]에 나타냈다.

[풀이 : AIJ-1990 기준]

주어진 단면의 항복변형각은 0.00345이므로 부재소성회전각(R_p)이 0.0276일 때의 전단강도를 계산하였다.

① 콘크리트의 유효압축강도와 사인장균열의 각도를 식(5.4)와 식(5.5)를 이용하여 계산한다. 여기서 ξ는 식(4.38)을 사용하였다.

$$\xi = 0.7 - \frac{f_{ck}}{200} = 0.7 - \frac{27.2}{200} = 0.564$$

$$0 < R_p \leqq 0.05,\ \xi_p f_{ck} = (1 - 15R_p)\xi f_{ck} = (1 - 15 \times 0.0276) \times 0.564 \times 27.2 = 8.99\ \text{MPa}$$

$$0.02 < R_p,\ \cot\theta = 1$$

② 식(5.6)에서 β를 계산한다.

$$\rho_t = 0.004$$

$$\beta = \frac{\rho_t f_{yt}(1 + \cot^2\theta)}{\xi_p f_{ck}} = \frac{0.004 \times 428(1 + 1^2)}{8.99} = 0.38$$

③ 식(5.7)에서 전단내력을 계산한다.

$$\tan\phi = \sqrt{\left(\frac{l}{h}\right)^2 + 1} - \frac{l}{h} = \sqrt{\left(\frac{2{,}335}{610}\right)^2 + 1} - \frac{2{,}335}{610} = 0.128$$

$$\frac{A_v}{s} = \rho_t \times b = 0.004 \times 380 = 1.52\,\text{mm}$$

$$V_n = \frac{1}{2}(1 - \beta)\xi_p f_{ck}(bh)\tan\phi + \frac{A_v f_{yt} z}{s}\cot\theta$$

$$= \frac{1}{2}(1 - 0.38)\ 8.99\ (380 \times 610)0.128 + 1.52 \times 428 \times 0.9 \times 572 \times 1 = 417.6\ \text{kN}$$

[풀이 : ASCE/SEI41 기준]

항복변형각이 0.00345이므로 변위연성비(μ_Δ) = 0.031/0.00345 = 9.0일 때의 전단강도를 계산하였다.

① [그림 5.6(b)]에서 k를 계산한다.

$$k = 0.7$$

② 콘크리트의 전단강도를 계산한다.

$$V_c = k\frac{0.5\sqrt{f_{ck}}}{M/Vd}\sqrt{1 + \frac{N_u}{0.5\sqrt{f_{ck}}A_g}} \times 0.8A_g$$

$$= 0.7\frac{0.5\sqrt{27.2}}{2{,}335/572}\sqrt{1 + \frac{2.67}{0.5\sqrt{27.2}}} \times 0.8(380 \times 610) = 117.9\ \text{kN}$$

$$\frac{N_u}{A_g} = n \times f_{ck} = 0.098 \times 27.2 = 2.67$$

③ 전단철근의 전단강도와 전체 전단강도를 계산한다.

$$V_s = k\frac{A_v f_{yt} d}{s} = 0.7 \times 1.52 \times 428 \times 572 = 260.5\ \text{kN}$$

$$V_n = V_c + V_s = 117.9 + 260.5 = 378.4\ \text{kN}$$

[풀이 : Priestley 평가식]

변위연성비(μ_Δ)가 9.0일 때의 전단강도를 계산하였다.

① [그림 5.7(b)]에서 k를 계산한다.

$k=0.1$

② 콘크리트의 전단강도를 계산한다.

$V_c = k\sqrt{f_{ck}}\,bd = 0.1\sqrt{27.2}\times 380\times 572 = 113.4\ \text{kN}$

③ 전단철근의 전단강도와 전체 전단강도를 계산한다.

$$V_s = \frac{A_v f_{yt} d}{s}\cot\theta = 1.52\times 428\times 572\times \cot(30) = 644.5\ \text{kN}$$

$$V_n = V_c + V_s = 113.4 + 644.5 = 757.9\ \text{kN}$$

[예제 그림 5.4.1]에서는 네 가지 방법으로 예측한 잠재전단강도를 실험 결과와 비교하고 있다. 트러스모델과 AIJ-1990기준, ASCE/SEI기준은 매우 유사하게 연성능력을 예측하였지만, Priestley 평가식은 실제값을 과대평가하였다.

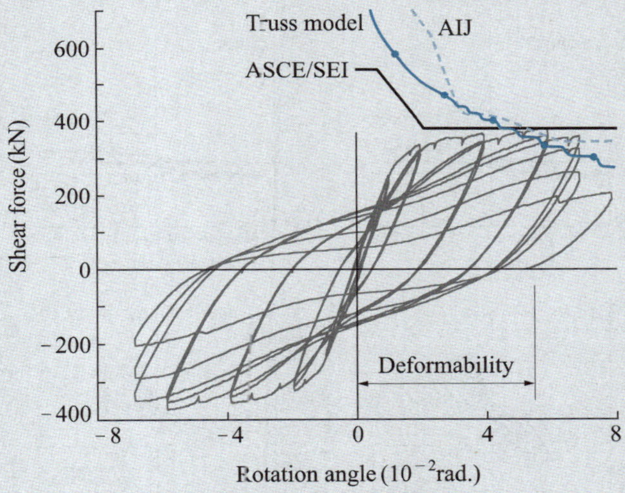

[예제 그림 5.4.1] 기둥의 변위연성비와 전단강도의 변화

[그림 5.27]은 다양한 조건에서 실험한 기둥의 연성능력을 트러스모델에 기본한 예측법, AIJ-1990기준, Priestley 평가식으로 비교한 것이다. Priestley 평가식은 전반적으로 실제 기둥의 연성능력을 매우 높게 평가하고 있다. 반면에 AIJ-1990기준은 비교적 정확하게 기둥의 연성능력을 예측하지만, 부재에 따라서 지나치게 안전측으로 연성능력을 평가하기도 하였다. 반면 트러스모델에 기반한 평가법은 기둥의 조건과 무관하게 AIJ-1990기준과 Priestley 평가식보다는 더 정확하게 기둥의 연성능력을 평가하고 있다.

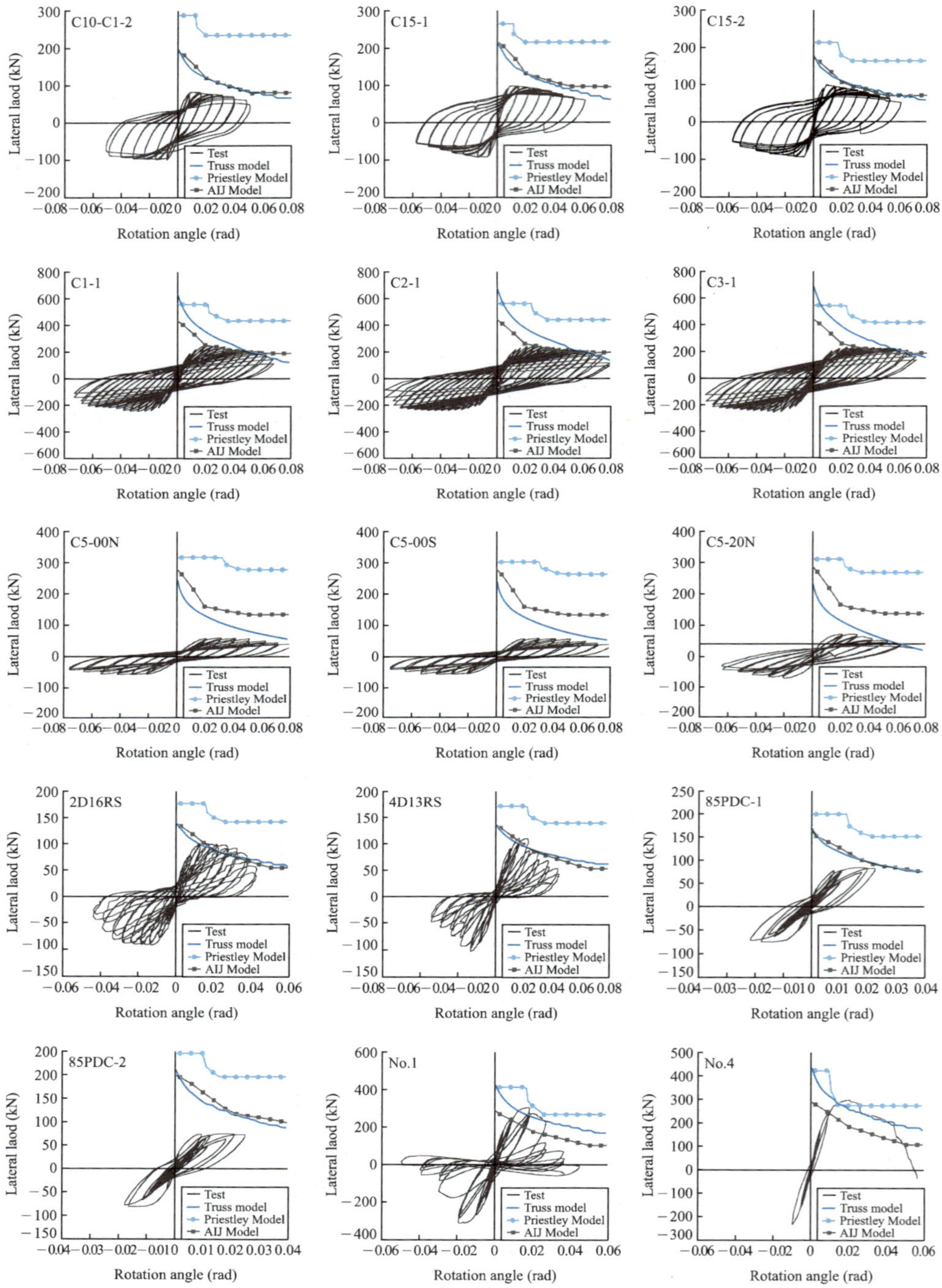

[그림 5.27] 휨항복 후에 전단파괴하는 기둥의 연성 예측(Haroon 등, 2020)

5.5 지진하중을 받는 막요소 거동 평가

원자로와 같은 철근콘크리트 원통셸, 전단벽, I-형보 등은 [그림 5.28]과 같이 면내응력을 받는 막요소로 해석할 수 있다. 구조물에 작용하는 응력은 플랜지 부위, 복부 부위 등과 같이 부재의 위치에 따라서 다르지만, 부재의 전체 거동을 대표할 수 있는 위험 요소를 선정하고 위험 요소의 거동을 평가하여 전체 부재 거동을 추정할 수도 있다. 지진하중을 받는 철근콘크리트 막요소의 거동을 3장에서 설명한 트러스모델을 이용하여 예측하고자 한다.

45도 트러스모델과 소성트러스모델을 이용하여 지진하중을 받는 막요소의 거동을 합리적으로 예측하는 것은 어렵기 때문에 재료메커니즘을 활용한 변형률적합 트러스모델이 필요하다. 또한 이를 위해서는 단조하중이 아니라 반복하중을 받는 재료의 응력－변형률 곡선이 필요하다. 재료의 응력－변형률 곡선은 여러 연구자들에 의하여 제안되었지만 여기서는 트러스모델 연구와 밀접한 관련이 있는 연화효과와 철근의 평균응력을 고려한 모델을 소개하고자 한다.

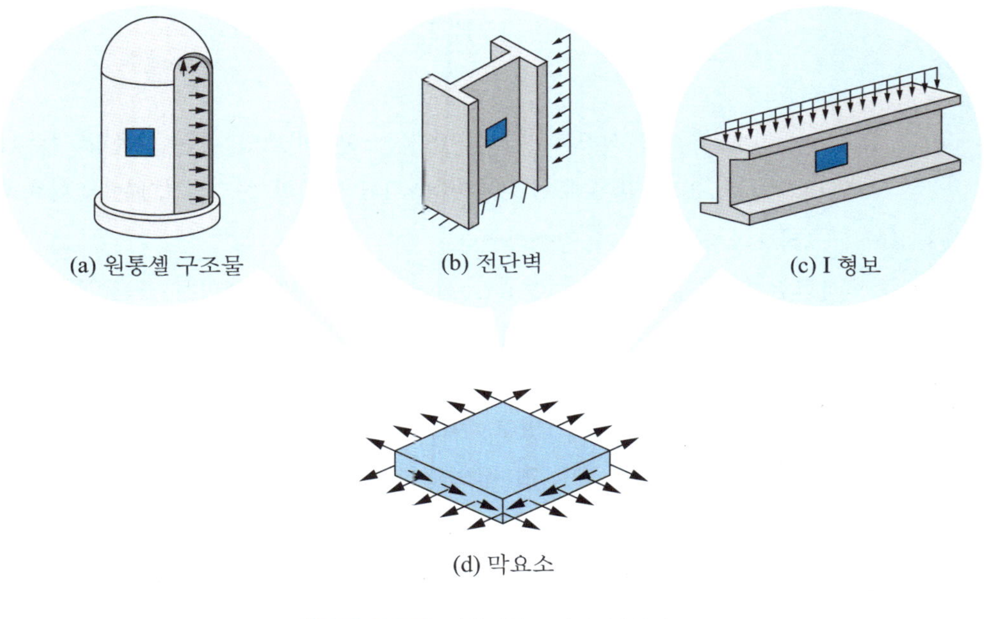

[그림 5.28] 철근콘크리트 막요소

5.5.1 콘크리트의 응력 - 변형률 곡선

반복하중을 받는 콘크리트의 응력 - 변형률 관계를 고찰하기 위해 철근콘크리트 패널 실험이 휴스턴대학의 만능패널실험기에 의해 이루어졌다. 실험에서는 [그림 5.29]와 같이 균열수직방향의 변형률이 콘크리트의 응력과 변형률에 미치는 연화효과(softening effect)를 측정하기 위하여 주인장변형률(ε_1)을 실험체에 따라 각각 0.0044, 0.03, 0.012로 가력한 후에 부재가 파괴될 때까지 반복하중을 가력하였다. 부재는 직교하는 두 방향에서 일축 압축과 일축 인장을 받는 이축응력 상태이다.

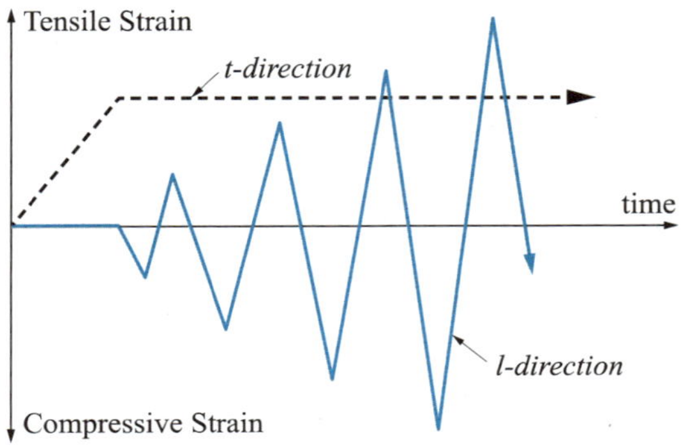

[그림 5.29] 가력 프로그램

콘크리트 공시체 실험을 통하여 측정한 콘크리트의 평균 압축강도는 45 MPa이었지만, [그림 5.30]과 같이 주인장변형률(ε_1)이 발생한 콘크리트에는 연화효과가 발생하여 콘크리트의 압축강도가 감소하였다.

[그림 5.30]에서 균열이 발생한 철근콘크리트 패널에서의 콘크리트 압축강도는 연화효과에 의하여 콘크리트 실린더 압축강도의 34퍼센트에서 66퍼센트까지 감소하였다. 주인장변형률이 0.03인 실험체의 압축강도는 주인장변형률이 0.0044인 실험체 압축응력의 약 57퍼센트에 머물고 있다. 재(再)가력시의 콘크리트의 압축강성은 압축변형률이 증가함에 따라 감소하였다. 제하(除荷)시의 콘크리트의 강성은 두 단계로 구분되었으며, 압축강도의 20퍼센트 이하에서 콘크리트의 강성은 현저하게 감소하였다.

철근콘크리트 패널 실험에 근거하여 [그림 5.31]의 반복하중을 받는 콘크리트의 응력 - 변형률 모델이 제안되었다. 모델은 C1에서 C7까지의 7단계의 압축응력 - 변형률곡선과 T1에서 T6까지의 6단계의 인장응력 - 변형률 곡선으로 구성되어 있다.

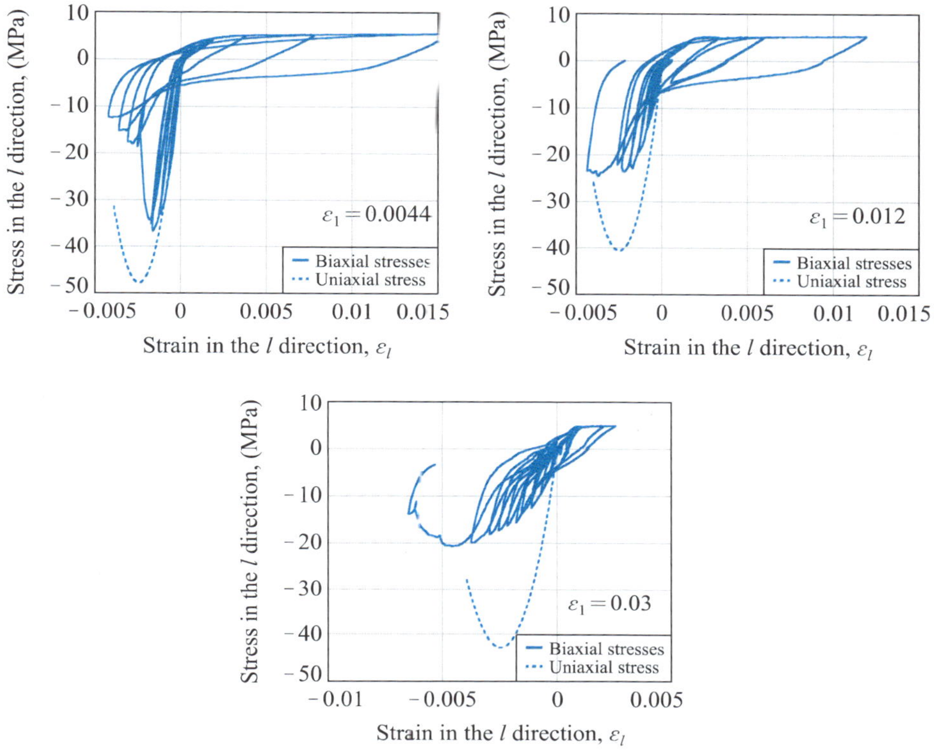

[그림 5.30] 2축 응력(압축과 인장)을 받는 콘크리트의 응력–변형률 곡선(Mansour 등, 2001)

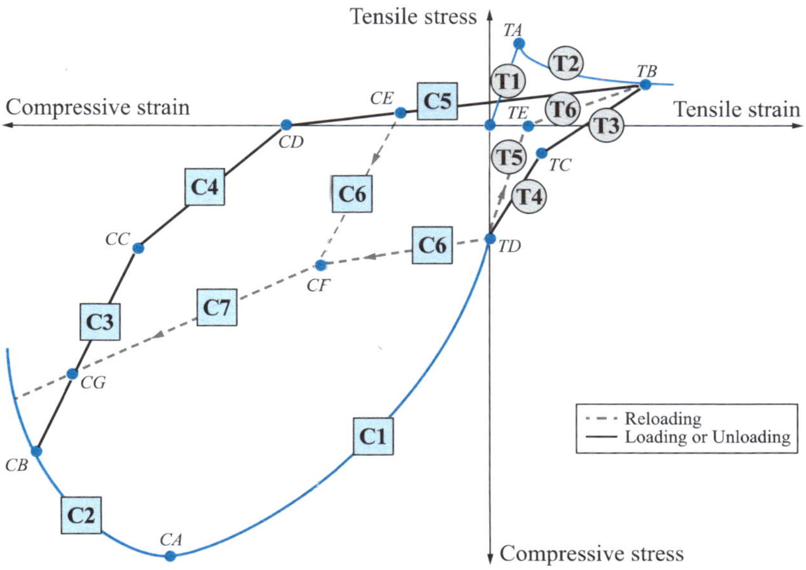

[그림 5.31] 연화효과가 고려된 반복하중을 받는 콘크리트의 응력–변형률 곡선

① 포락선에서의 응력－변형률 곡선(C1단계, C2단계, T1단계, T2단계)

연화효과에 의하여 균열이 발생한 콘크리트의 압축강도는 주인장방향의 콘크리트의 변형률이 증가함에 따라 감소한다. [그림 5.31]의 C1단계와 C2단계는 압축 포락선이며, T1단계와 T2단계는 인장 포락선이다. 포락선의 응력－변형률 관계는 단조하중을 받는 콘크리트의 평가식(3.43)을 기본으로 한 식(5.45)에서 계산한다.

(C1단계) $\varepsilon_{co} \leqq \varepsilon_c < 0$

$$f_c = (\xi f_{ck} - f_{ct4})\left[2\left(\frac{\varepsilon_c}{\xi\varepsilon_{co}}\right) - \left(\frac{\varepsilon_c}{\xi\varepsilon_{co}}\right)^2\right] + f_{ct4} \tag{5.45}$$

(C2단계) $\varepsilon_c < \varepsilon_{co}$

$$f_c = \xi f_{ck}\left(1 - \frac{\varepsilon_c/\varepsilon_{co} - 1}{4/\xi - 1}\right) \tag{5.46}$$

(T1단계) $\varepsilon_1 \leqq \varepsilon_{cr}$ 의 경우

$$f_c = E_{tc}\,\varepsilon_c \qquad \text{(3.47a)와 동일} \tag{5.47}$$

(T1단계) $\varepsilon_1 > \varepsilon_{cr}$ 의 경우

$$f_c = f_{cr}\left(\frac{\varepsilon_{cr}}{\varepsilon_c}\right)^{0.4} \qquad \text{(3.47b)와 동일} \tag{5.48}$$

여기서, f_c : 콘크리트의 평균응력

ε_c : 콘크리트의 평균변형률

f_{ck}, ε_{co} : 콘크리트의 실린더 압축강도 및 변형률

f_{ct4} : T4단계에서 C1단계로 변환할 때의 콘크리트의 응력([그림 5.31]의 TD점)

② 제하(除荷)와 재(再)가력시의 응력－변형률 곡선 (C3단계에서 C7단계, T3단계에서 T6단계)

철근콘크리트 부재가 반복하중을 받을 경우 콘크리트에 발생한 균열은 하중방향에 따라 개폐를 반복하게 되며, 이에 따라 콘크리트의 강성은 변화하게 된다. 균열의 폭이 최대로 열려 있을 경우 콘크리트의 강성은 최소가 되며, 균열이 완전히 닫힐 때 콘크리트의 강성은 최대가 된다. 제하(除荷) 및 재(再)가력시의 콘크리트의 압축응력－변형률 관계는 그림의 C3단계에서 C7단계까지의 7단계로 구분할 수 있다. 하중이 압축방향에서 인장방향으로 변할 경우의 응력－변형률 관계는 C3단계와 C4단계의 2개의 직선으로

표현되며, C3단계과 C4단계에서의 접선강성은 콘크리트 초기강성의 각각 80퍼센트와 20퍼센트에 해당된다. 하중이 인장방향으로 계속 증가하여 변형률이 [그림 5.31]의 TB를 초과할 경우 곡선은 식(5.48)의 포락선의 인장응력－변형률 곡선을 좇게 된다. 압축방향으로 하중이 다시 가력될 경우 응력－변형률 관계는 제하시 응력의 20퍼센트가 되는 응력점([그림 5.31]의 CF점)을 경계도 하여 C6단계와 C7단계의 2개의 직선으로 표현된다. 또한 C7단계는 제하시 응력과 변형률의 85퍼센트 및 98퍼센트가 되는 [그림 5.31]의 CG점을 통과한다. 모델에서는 제하 및 재가력시의 응력－변형률 관계인 C3단계에서 C7단계, T3단계에서 T6단계까지를 식(5.49)에서 구할 수 있게 하였다.

$$f_c = f_{ci} + E_{cc}(\varepsilon_{ci} - \varepsilon_c) \tag{5.49}$$

여기서, f_{ci}와 ε_{ci} : 각각 제하시의 콘크리트의 응력 및 변형률

E_{cc} : 콘크리트의 접선강성을 나타내며 식(5.50)에서 구할 수 있다.

$$E_{cc} = \frac{f_{ci} + f_{ci+1}}{\varepsilon_{ci} - \varepsilon_{ci+1}} \tag{5.50}$$

여기서, f_{ci+1}와 ε_{ci+1}는 각 단계 끝에서의 콘크리트의 응력 및 변형률을 나타내며, f_{ci}, ε_{ci}, f_{ci+1}, ε_{ci+1}를 [표 5.4]에 정리하였다.

[표 5.4]에서 ε_{cc2}와 f_{cc2}는 C2단계에서 C3단계의 제하시 응력 및 변형률, ε_{cc6}과 f_{cc6}은 C5단계에서 C6단계의 재가력시의 응력 및 변형률, ε_{ct2}와 f_{ct2}는 T2단계에서

[표 5.4] 각 단계의 시작 및 끝점의 응력과 변형률

Stage	Points	ε_{ci}	f_{ci}	Points	ε_{ci+1}	f_{ci+1}
Stage C3	CB	ε_{cc2}	f_{cc2}	CC	$\varepsilon_{cc2} - \varepsilon_{cc2}'$	$0.2f_{cc2}$
Stage C4	CC	$\varepsilon_{cc2} - \varepsilon_{cc2}'$	$0.2f_{cc2}$	CD	$\varepsilon_{cc2} - 2\varepsilon_{cc2}'$	0.0
Stage C5	CD	$\varepsilon_{cc2} - 2\varepsilon_{cc2}'$	0.0	TB	ε_{ct2}	f_{ct2}
Stage C6	CE	ε_{cc6}	f_{cc6}	CF	ε_{cc7}	$0.2f_{cc2}$
Stage C7	CF	ε_{cc7}	$0.2f_{cc2}$	CG	$0.98\varepsilon_{cc2}$	$0.85f_{cc2}$
Stage T3	TB	ε_{ct2}	f_{ct2}	TC	$\varepsilon_{ct2}/3$	$-0.2f_{cr}$
Stage T4	TC	$\varepsilon_{ct2}/3$	$-0.2f_{cr}$	TD	0.0	f_{ct4}
Stage T5	TD	0.0	f_{ct4}	TE	$\varepsilon_{ct2}/6$	0.0

T3단계의 제하시 응력과 변형률이다. 또한, $f_{ct4} = -f_{cr} + 0.8 f_{ct2}$, $\varepsilon_{cc2}{}' = f_{ct2}/E_c$, $E_c = 2f_{ck}/\varepsilon_{co}$, $\varepsilon_{cc7} = [2(\varepsilon_{cc2} - 1.5\varepsilon_{cc2}{}') + \varepsilon_{cc6}]/3$이다.

5.5.2 철근의 응력 - 변형률 곡선

콘크리트 안에 배근되어 인장력을 받는 철근은 철근과 콘크리트의 부착작용에 의해 보통철근과 다른 응력-변형률 관계를 나타낸다. 콘크리트 안에 배근된 철근의 응력은 균열면에서 최대가 되지만, 균열 중간에서 최소가 된다. 따라서 콘크리트에 의해 구속된 철근의 평균항복응력 f_{sn}은 콘크리트에 묻혀있지 않은 철근의 항복응력 f_y보다 작으며, 철근의 평균응력-변형률 관계는 균열 사이의 철근 응력과 변형률의 평균값에 의하여 정해져야 한다. 3장에서 설명하였듯이 f_{sn} 값과 f_y 값의 차이는 철근비(ρ), 콘크리트 균열강도(f_{cr}), 주응력방향과 철근방향과의 각도에 좌우된다.

[그림 5.32]는 철근콘크리트 패널 실험을 통하여 제안된 반복하중을 받는 철근의 응력-변형률 관계이다. 그림의 점선은 콘크리트에 묻혀 있지 않는 철근(bare steel)의 응력-변형률 관계를 나타내며, 그림의 실선은 콘크리트에 묻혀 있는 철근(embedded steel)의 평균응력-변형률 관계를 나타낸다. 반복하중을 받는 철근의 평균응력-변형률 관계는 1단계 : 탄성영역, 2T단계 : 인장 항복영역, 2C단계 : 압축 항복영역, 3단계: 제하 영역, 4단계 : 재가력 영역으로 구별할 수 있다. 1단계, 2T단계와 2C단계는 단조하중

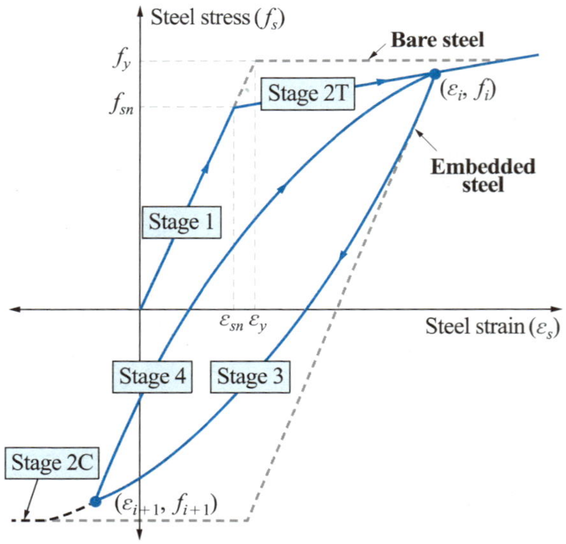

[그림 5.32] 반복하중을 받는 철근의 응력-변형률 곡선

을 받을 때의 철근의 평균응력－변형률 관계 식(3.48a, b)와 동일하다.

1단계($\varepsilon_s \leqq \varepsilon_{yn}$)

$$f_s = E_s \, \varepsilon_s \tag{5.51}$$

2T단계($\varepsilon_s > \varepsilon_{yn}$)

$$f_s = \left[0.91 - \frac{2}{\rho}\left(\frac{f_{cr}}{f_y}\right)^{1.5}\right] f_y + \left[0.02 + 0.25\frac{1}{\rho}\left(\frac{f_{cr}}{f_y}\right)^{1.5}\right] E_s \cdot \varepsilon_s \tag{5.52}$$

2C단계($f_s \leqq -f_y$)

$$f_s = -f_y \tag{5.53}$$

제하와 재가력 시의 영역 Stage 3과 Stage 4는 바우싱거(Baushinger)효과를 고려한 Ramberg와 Osgood식(1943)에 근거하여 식(5.54)를 사용한다.

Stage 3과 Stage 4

$$\varepsilon_s - \varepsilon_i = \frac{f_s - f_i}{E_s}\left\{1 + A^{-R}\left|\frac{f_s - f_i}{f_y}\right|^{R-1}\right\} \tag{5.54}$$

여기서, f_i와 ε_i : 철근의 평균응력과 변형률

$A = 1.9k_p^{-0.1}$, $B = 10k_p^{-0.2}$, $k_p = \varepsilon_p / \varepsilon_{yn}$

ε_p : 소성변형률

5.5.3 반복하중을 받는 재료의 응력 - 변형률 곡선 예측

반복하중을 받는 콘크리트와 철근의 하중－변형률 곡선에 대한 해석 모델과 실험 결과를 [그림 5.33]에서 비교하였다. [그림 5.33(a)]는 실험에서 측정된 전체 응력－변형률 관계와 [그림 5.32]의 철근의 응력－변형률 관계를 비교한 것이다. 그림에서 인장응력－변형률 관계는 예측된 철근의 응력－변형률 관계와 유사하지만, 압축응력－변형률 관계는 예측된 철근의 응력－변형률 관계와 차이가 있다. 그 이유는 실험의 경우는 콘크리트와 철근의 응력이 합해진 것이지만, 모델의 예측 결과는 철근의 응력만을 비교했기 때문이다. 따라서 콘크리트의 인장응력이 작기 때문에 예측된 철근의 인장응력－변형률 관계는 유사하지만, 압축응력측에서는 콘크리트의 응력이 크기 때문에 차이가 발생하고 있다. 만일 실험의 경우에도 콘크리트의 응력을 전체 응력에서 뺀 후에 철근의 응력－변형률 관계와 비교하면 압축과 인장 모두의 경우에 실험값과 해석값이 유사할

것으로 판단된다. [그림 5.33(b)와 (c)]는 각각 실험에서 측정된 콘크리트 압축응력-변형률 관계, 콘크리트 인장응력-변형률 관계와 [그림 5.31]의 콘크리트의 응력-변형률 관계를 비교한 것이다. [그림 5.33(b)와 (c)]의 비교에서 실험값과 예측값은 어느 정도 유사하다.

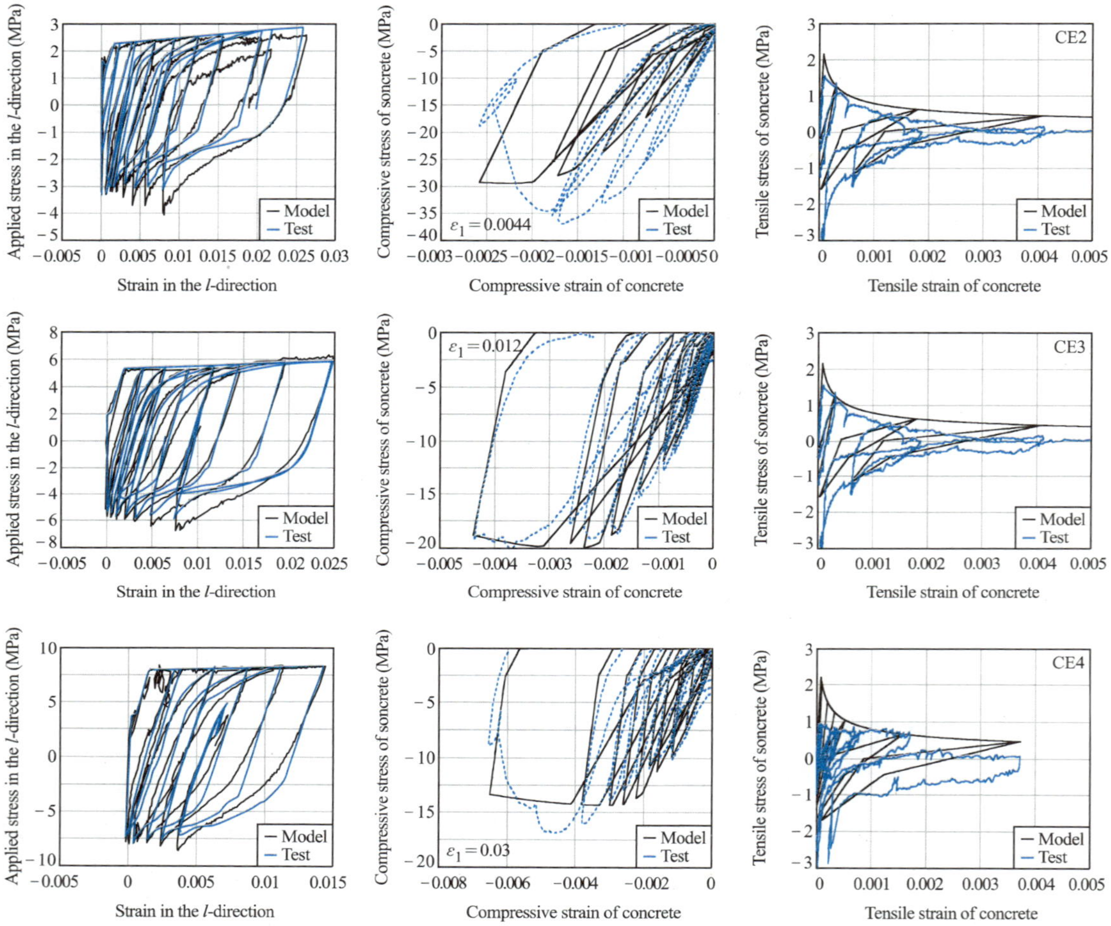

(a) 철근응력-변형률 (b) 콘크리트 압축응력-변형률 (c) 콘크리트 인장응력-변형률

[그림 5.33] 반복하중을 받는 콘크리트와 철근의 응력-변형률 곡선 비교

5.6 막요소의 연성능력과 에너지소산 평가

지진하중을 받는 철근콘크리트 부재의 내진설계는 부재의 에너지소산능력과 연성에 밀접한 관계가 있다. 보에 발생하는 소성힌지는 지배하중의 종류(휨모멘트, 전단력, 부착력 등), 철근의 양과 배근방향에 따라 상이한 하중이력곡선과 에너지소산을 나타낸다. 전단경간비가 커서 휨이 지배하는 보의 소성힌지는 에너지소산이 큰 이력곡선을 나타내는 반면에 전단경간비가 짧은 연결보(coupling beams)의 경우는 에너지소산이 작은 이력곡선을 보인다. [그림 5.34]는 전단철근의 배근방향과 경간이 다른 철근콘크리트 부재의 거동을 보여주고 있다. [그림 5.34(a)]는 부재의 길이가 길어 휨파괴하거나 전단철근이 주응력방향과 일치하는 대각선 방향으로 배근된 철근콘크리트의 하중-처짐 곡선이다. 그림에서 부재의 하중-처짐 곡선은 에너지소산이 매우 크다. 이와 같이 큰 에너지소산은 전단경간비가 비교적 커서 부재가 휨모멘트에 의하여 지배받는 부재나 전단경간비가 작지만 대각선 전단철근이 배근된 부재의 거동에서 나타난다. [그림 5.34(b)]는 전단경간이 짧거나 전단철근이 주응력 방향과 일치하지 않게 배근된 부재의 하중-처짐 곡선이다. 그림에서 철근이 주응력방향과 일치하지 않게 배근된 부재의 하중-처짐 곡선은 핀칭효과(pinching effect)에 의하여 에너지소산이 매우 작다.

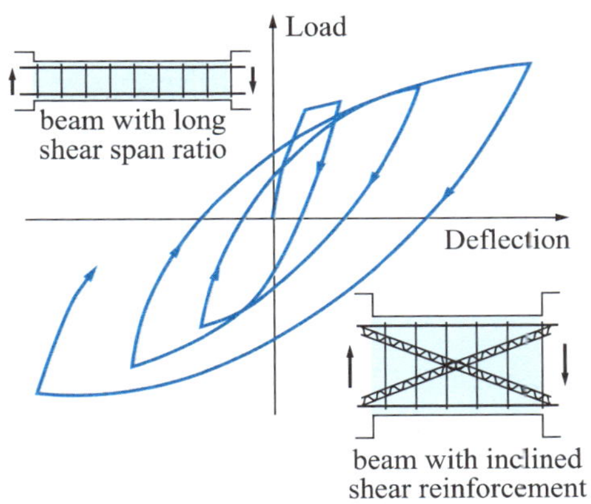

(a) 경간이 길거나 대각철근배근 부재

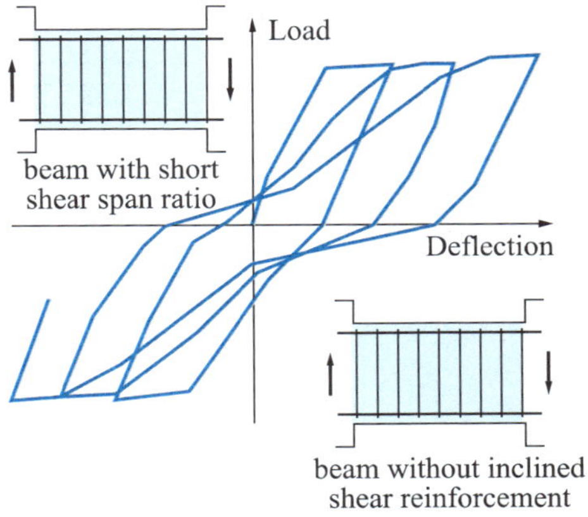

(b) 경간이 짧거나 대각철근이 없는 부재

[그림 5.34] 철근콘크리트 부재의 하중-처짐 곡선의 차이

5.6.1 핀칭효과

부재의 이력곡선에 나타나는 핀칭현상을 명확하게 규명하기 위해 철근의 배근방향이 다른 두 개의 막 요소, CA3과 CE3을 해석하였다. 해석에 사용된 막요소의 재료 특성을 [표 5.5]에 제시하였다. [그림 5.35]에 표시되었듯이 부재의 x축과 y축에 하중이 작용하므로 순수전단응력을 받는 부재의 주응력방향은 d, r방향이 된다. CA3의 경우에는 철근이 x축과 y축에 배근되어 주응력방향(d, r방향)과 45도로 배근되었지만, CE3의 경우에는 철근이 주응력방향과 일치되도록 배근되었다.

또한 해석과 동일하게 두 방향으로 배근된 철근콘크리트 패널 실험이 수행되었다 (Mansour 등, 2005). [그림 5.36]은 패널실험체의 철근배근 형상과 단면 크기이다. 실험체의 크기는 1397 × 1397 × 178 mm이고, 철근은 가로방향(l-방향)과 세로방향(t-방향)에 2열씩 서로 직교하도록 배근되었다. [그림 5.36(a)]실험체는 철근방향이 주응력방향과 45도 각도로 배근된 경우이며, [그림 5.36(b)]실험체는 철근방향이 주응력방향과 일치하는 경우이다. 실험에서는 2방향에서 반복하중을 받는 철근콘크리트 패널의 거동을 측정하기 위하여 [그림 5.37]과 같이 가로방향(l-방향)과 세로방향(t-방향)에 동일한 힘을 가력하였다. 실험체는 철근이 항복하기까지는 하중에 의하여 제어되었고 철근항복 이후에는 변형률에 의하여 제어되었다.

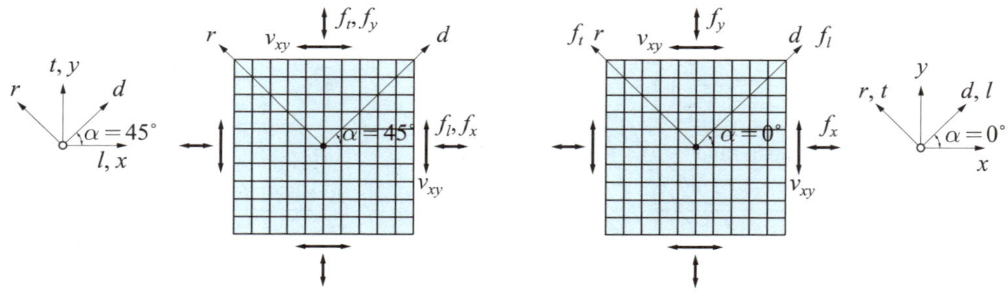

(a) CA3($\alpha = 45°$) (b) CE3($\alpha = 0°$)

[그림 5.35] 철근배근이 다른 두 요소

[표 5.5] 철근콘크리트 요소의 재료 특성

실험체	f_{ck} (MPa)	ρ_l (%)	f_{yl} (MPa)	ρ_t (%)	f_{yt} (MPa)	각도
CA3	45	1.7	428	1.7	428	45
CE3	50	1.2	428	1.2	428	0

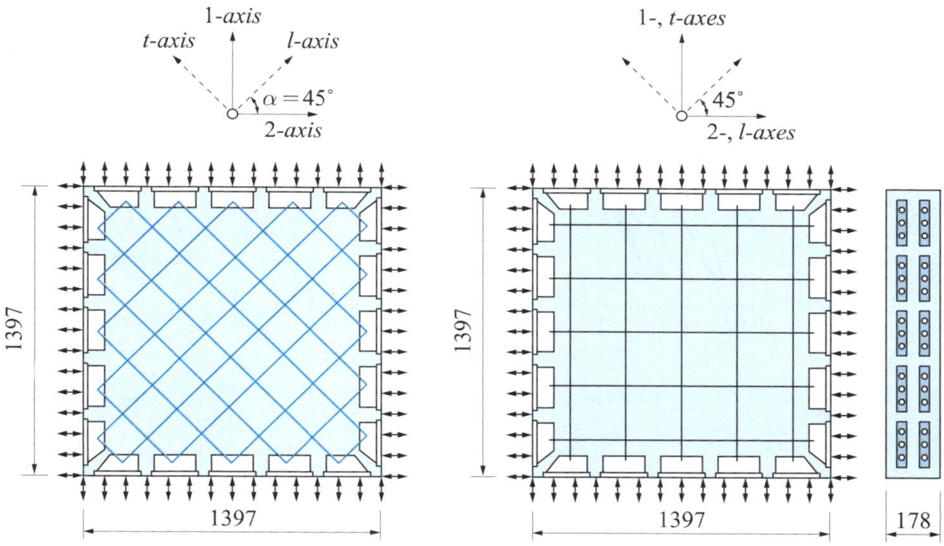

(a) CA3 (주응력방향과 45도 차이)　　(b) CE3 (주응력방향 배근)

[그림 5.36] 철근배근이 다른 두 실험체(Mansour 등, 2001)

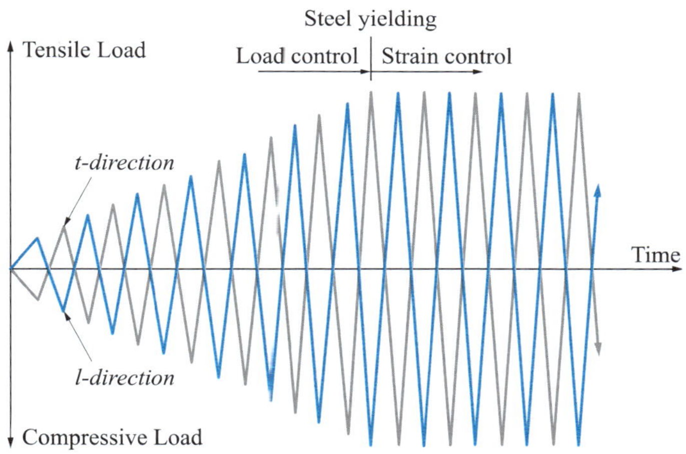

[그림 5.37] 가력 프로그램

두 요소에 대하여 실험에서 측정한 전단응력-변형률 관계를 [그림 5.38]에 표시하였다. 그림에서 철근이 주응력방향과 45도 차이가 있는 CA3의 경우에는 에너지소산능력이 매우 작으며 연성도 작다는 것을 알 수 있다. 반면에 주응력방향으로 철근을 배근한 CE3의 경우에는 에너지소산이 매우 크며 연성도 계속해서 증가하고 있다. [그림 5.38

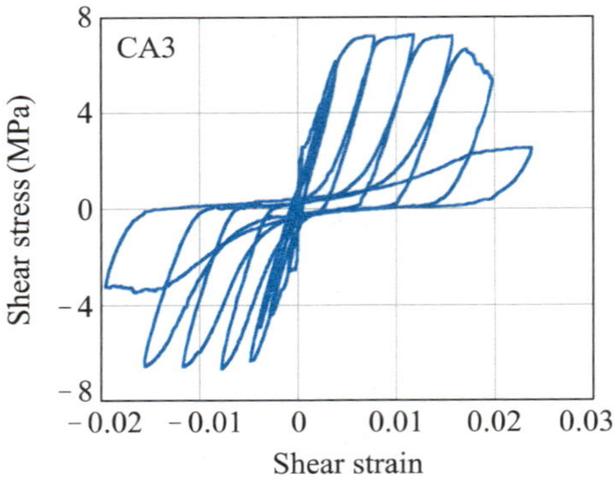

(a) 주응력방향과 45도 배근

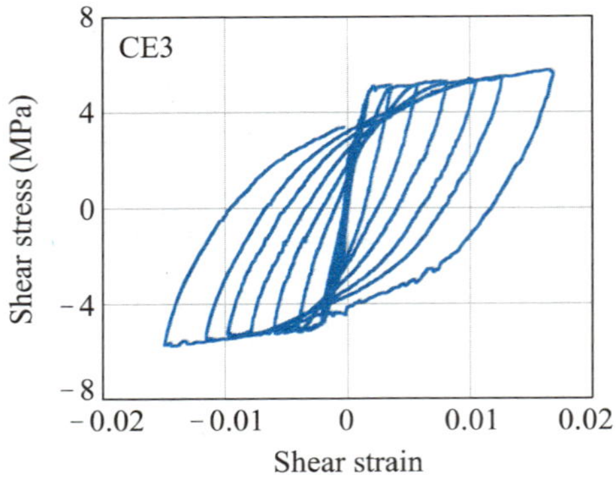

(b) 주응력방향 배근

[그림 5.38] 철근배근이 다른 막요소의 전단응력-변형률 관계

(a)]에서 응력이 "0"에 가까운 점에서 변형만 증가하고 응력은 증가하지 않아 에너지소산이 매우 작게 나타나는 영역을 핀칭효과라 하며, 휨항복 후에 전단파괴하는 부재에서 주로 관찰된다.

반복하중을 받는 철근콘크리트 부재의 거동은 [그림 3.25]의 계산 방법에 의하여 구할 수 있다. 다만 콘크리트와 철근의 하중-변형률 곡선은 [그림 5.31]과 [그림 5.32]의 모델을 이용해야 한다. 주응력방향과 철근배근방향이 일치하는 실험체의 경우에 하중가력방향과 철근배근방향이 일치하므로 실험체의 주응력방향(2-, 1-방향)은 철근배근방향(l-, t-방향)과 일치하게 된다. 따라서 식(3.1)~(3.3), 식(3.40)~(3.42)의 균열각도(θ)는 0도가 된다. 또한, 하중가력방향과 철근배근방향이 45도로 배근된 경우에는 l-방향과 t-방향의 철근변형률은 일치하게 된다. 따라서 결정된 균열각도를 이용하여 [그림 5.39]의 계산 과정을 통하여 패널의 거동을 예측할 수 있다.

[그림 5.40]은 실험과 해석에서 구해진 철근콘크리트 패널의 전단응력-전단변형률 관계이다. 실험체는 [예제 그림 3.1.1]과 같은 실험체이다. 철근은 가로 방향과 세로 방향에 2열씩 서로 직교하도록 배근되었으며, 철근비는 0.012이다. 콘크리트의 압축강도는 51 MPa, 철근의 항복강도는 433.5 MPa이다. 그림에서 점선은 철근콘크리트 패널실험체의 각 면에 설치된 8개의 변위측정기를 통해 얻어진 평균전단응력-변형률 관계를 나타내며, 실선은 트러스모델 해석에 의하여 계산된 결과이다. 실험체와의 비교를 통하여 트러스모델은 전단응력, 수직변형률, 수평변형률을 매우 유사하게 예측하고 있음을 알 수 있다. 특히 해석에서는 철근의 배근방향에 따라서 달라지는 패널의 에너지소산능력을 매우 유사하게 예측하고 있다.

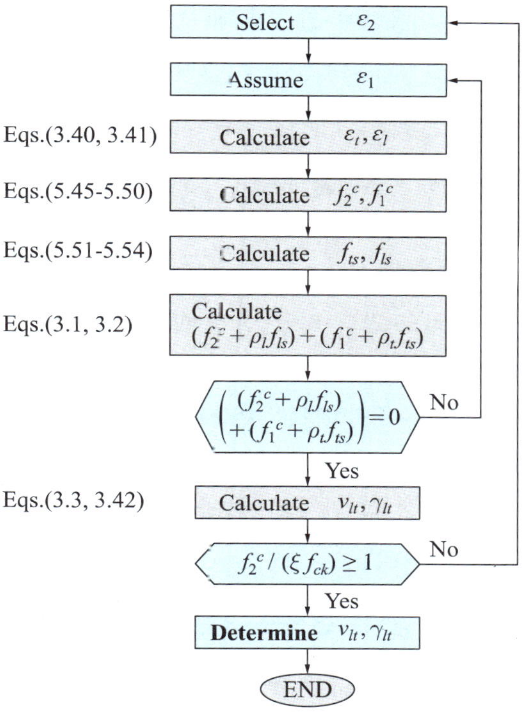

[그림 5.39] 해석 순서

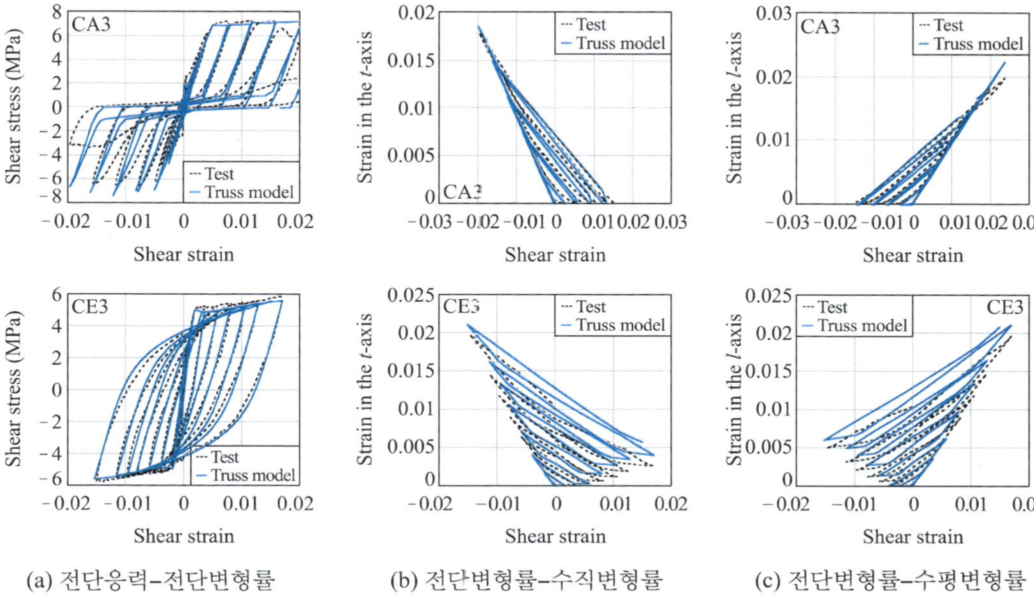

[그림 5.40] 반복하중을 받는 철근콘크리트 막요소의 거동예측

트러스모델을 이용하여 철근의 배근방향이 다른 패널의 변형 예측이 가능하므로, 해석을 이용하여 핀칭현상의 원인을 살펴보았다. 핀칭현상은 재료의 응력과 밀접한 관련이 있으므로 해석에서 예측된 철근과 콘크리트의 응력–변형률 곡선을 비교하였다.

① 철근의 응력–변형률 곡선

[그림 5.41]은 해석에서 계산된 l-방향 철근의 응력–변형률 곡선을 나타낸다. 그림에서 철근배근방향이 주응력방향과 45도 차이가 있는 CA3의 경우에는 철근의 응력이 압축측으로 가지 않고 거의 인장 영역에만 머물러 있다. 한편 철근이 주응력방향으로 배근된 CE3의 경우에는 철근의 응력은 인장과 압축응력을 모두 받고 있다. 그 이유는 힘의 평형상태에서 주응력방향과 45도로 철근이 배근된 실험체는 콘크리트의 역할이 크지만, 주응력방향으로 배근된 실험체는 콘크리트의 역할보다 철근의 역할이 크기 때문이다. 이에 대해서는 각 단계별 재료의 응력–변형률 관계에서 상세하게 설명하기로 한다.

② 콘크리트의 응력–변형률 곡선

[그림 5.42]는 해석에서 계산된 l-방향 콘크리트의 응력–변형률 곡선을 나타낸다. 그림에서 철근배근방향이 주응력방향과 45도 차이가 있는 CA3의 경우에는 콘크리트의 응력이 압축과 인장응력을 모두 받고 있다. 한편 주응력방향으로 철근을 배근한 CE3의 경우에는 콘크리트의 응력은 주로 인장응력에 머물고 있다.

[그림 5.41]과 [그림 5.42]의 비교에서 철근이 주응력방향으로 배근될 경우에는 철근이 압축과 인장응력을 받으며 콘크리트가 받는 응력이 상대적으로 작다. 반면에 주응력방향과 다른 방향으로 배근된 경우에는 철근은 주로 인장응력에만 저항하고, 콘크리트가 압축응력을 저항하였다.

실험체 CA3의 이력곡선의 핀칭현상을 명확하게 파악하기 위하여 하중의 한 사이클에서 발생하는 재료의 응력–변형률 곡선을 [그림 5.43]에 표시하였다. [그림 5.43(a)]에서 A점에서 B점으로 하중이 제거될 때 변하는 철근의 응력을 [표 5.6]에 표시하였다. 하중이 A점에서 B점으로 변할 때 철근의 응력은 약 392 MPa 감소하였다. 이에 따라 콘크리트의 x-방향(수평방향) 변형률은 최대 0.01081에서 0.00627까지 감소하였다[그림 5.43(c)]. 이 단계에서는 콘크리트의 응력이 매우 작기 때문에 x-방향 변형률로 인해 발생하는 y-방향(수직방향)의 균열은 작은 폭으로 줄어든다. 동시에 y-방향의 콘크리트의 최대 압축응력은 거의 “0”까지 감소한다[그림 5.43(d)]. 따라서 핀칭효과가 나타나기 시작하는 B점에서 전단응력, 철근 및 콘크리트의 응력은 모두 “0”에 가깝다. 이 단계에서 재료메커니즘을 구성하는 모든 평형식 및 적합성이 성립한다.

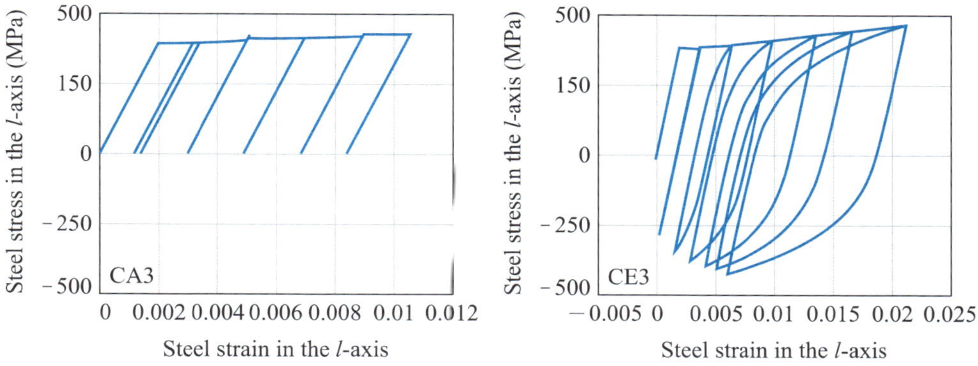

(a) 주응력방향과 45도 배근 (CA3) (b) 주응력방향 배근 (CE3)

[그림 5.41] 철근의 응력–변형률 관계

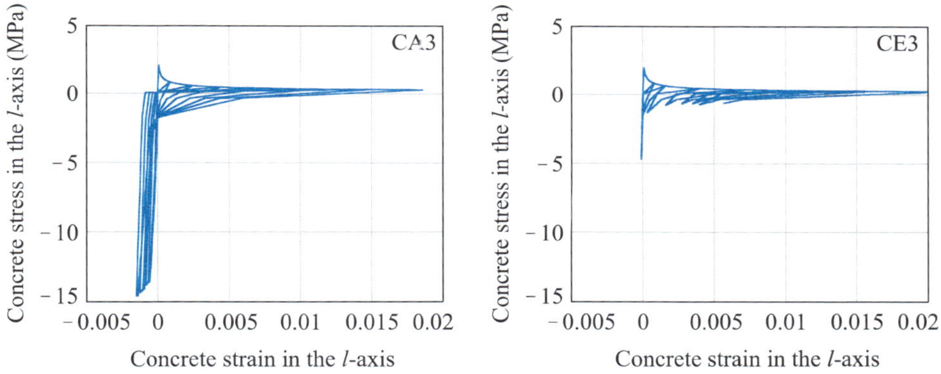

(a) 주응력방향과 45도 배근 (CA3) (b) 주응력방향 배근 (CE3)

[그림 5.42] 콘크리트의 응력–변형률 관계

전단응력–변형률 곡선이 B점에서 C점으로 진행하면 콘크리트의 x-방향 변형률은 0.00627에서 거의 0으로 감소한다[그림 5.43(c)]. 따라서 수직방향의 균열의 폭이 닫혀진다. 이 구간에서 콘크리트의 y-방향 변형률은 거의 0에서 약 0.00625까지 증가한다[그림 5.43(d)]. 따라서 y-방향 변형으로 인해 x-방향 균열의 폭이 넓어지게 된다. 수평과 수직방향의 콘크리트 변형의 적합에 의해 전단변형률이 +0.00648에서 –0.00610으로 크게 변하지만, 철근의 변형률은 약간만 증가한다[그림 5.43(b)]. 힘의 평형관계에서 철근과 콘크리트에 발생하는 작은 응력으로 인해 전단응력의 변화도 작아지며, 결과적으로 전단변형률은 크게 증가하지만 전단응력의 변화는 작아 핀칭현상이 발생하게 된다.

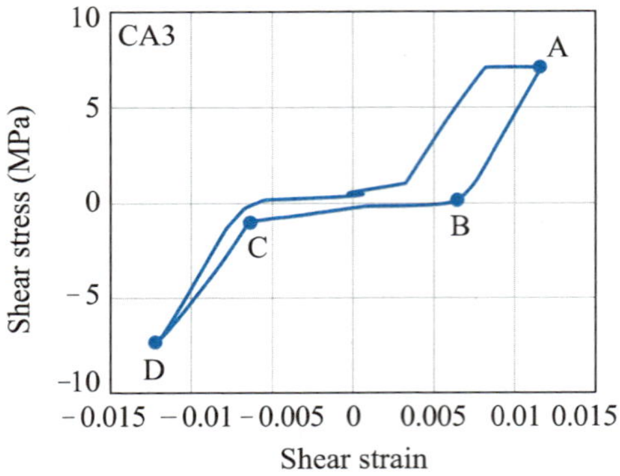

(a) 전단응력–변형률 관계

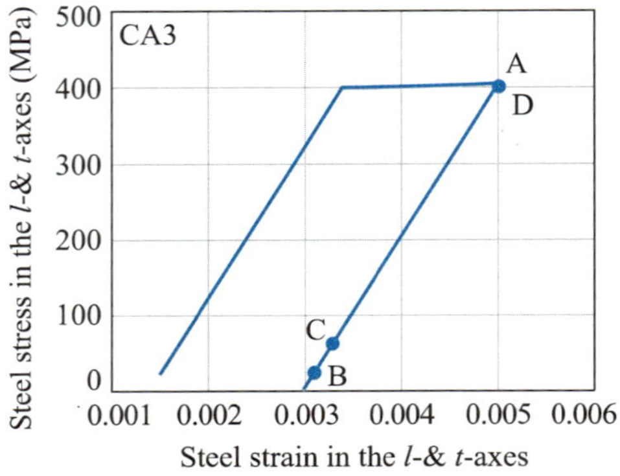

(b) 철근의 응력–변형률 관계

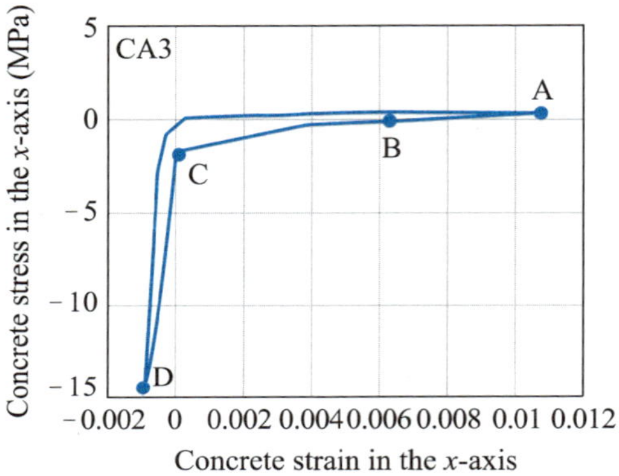

(c) x-방향 콘크리트의 응력–변형률 관계

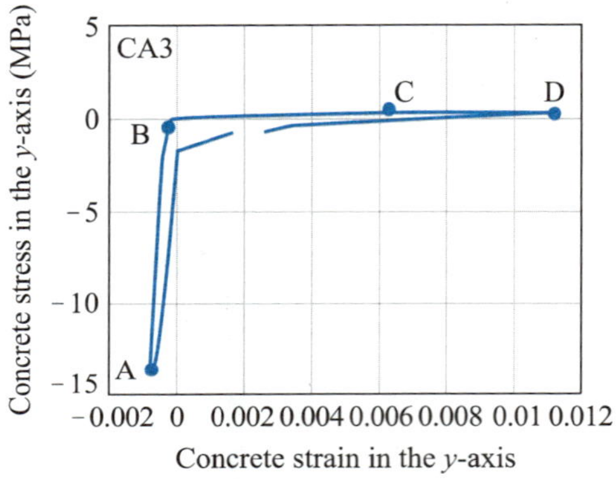

(d) y-방향 콘크리트의 응력–변형률 관계

[그림 5.43] 응력–변형률 관계의 1사이클(CA3)

[표 5.6] CA3 응력과 변형률

변수	사용 식	계산 값			
		A	B	C	D
ε_{cx} 선정	-	0.01081	0.00627	0.00015	−0.00090
ε_{cy} 가정	-	−0.00083	−0.00021	0.00625	0.011200
ε_l	Eq.(3.40)	0.00499	0.00303	0.00319	0.00509
ε_t	Eq.(3.41)	0.00499	0.00303	0.00319	0.00509
f_x^c (MPa)	Eqs.(5.45)~(5.50)	0.281	−0.148	−1.717	−14.487
f_y^c (MPa)	Eqs.(5.45)~(5.50)	13.859	−0.212	0.272	0.276
f_{ls} (MPa)	Eqs.(5.51)~(5.54)	403.830	10.723	43.013	402.520
f_{ts} (MPa)	Eqs.(5.51)~(5.54)	403.830	10.723	43.013	402.520
v_{xy} (MPa)	Eq.(3.3)	7.070	0.0317	−0.995	−7.382
γ_{xy}	Eq.(3.42)	0.01164	0.00648	−0.00610	−0.01210

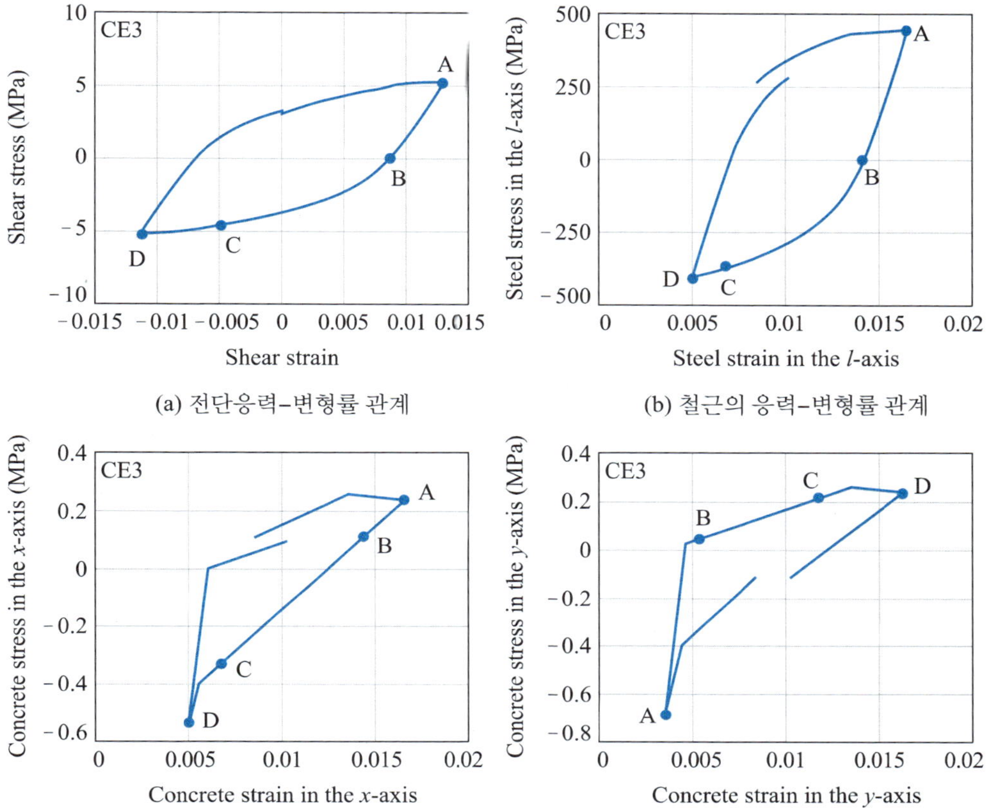

(a) 전단응력–변형률 관계

(b) 철근의 응력–변형률 관계

(c) x-방향 콘크리트의 응력–변형률 관계

(d) y-방향 콘크리트의 응력–변형률 관계

[그림 5.44] 응력 – 변형률 관계의 1사이클(CE3)

전단응력이 C점에서 D점으로 진행하면 x-방향 변형은 압축이 되므로 y-방향의 균열은 완전히 폐쇄된다. 이 때 x-방향의 콘크리트 압축응력은 급격히 증가한다[그림 5.43(c)]. 또한 y-방향 변형이 급격히 증가하게 되어 x-방향 균열이 빠르게 커지게 된다. 변형의 적합에 의해 y-방향 변형률은 철근의 변형률을 크게 증가시킨다[그림 5.43(b)]. 철근과 y-방향 콘크리트의 응력이 크므로 힘의 평형을 유지하기 위해 전단응력도 증가한다. 이 과정을 통하여 주응력방향과 다른 각도로 철근이 배근된 부재에는 핀칭현상이 발생하게 된다.

주응력방향과 철근방향이 일치할 때의 부재 거동을 평가하기 위하여 CE3의 해석 결과를 분석하였다. [그림 5.44]는 전단응력 – 변형률 관계의 1사이클에서 발생하는 CE3의 재료의 응력 – 변형률 관계이며, [표 5.7]에는 A, B, C, D점의 응력과 변형률 값을 정리하였다. 그림에서 응력이 A점에서 B점으로 감소될 때 철근의 응력은 인장응력 442

MPa에서 −1.63 MPa까지 감소하였다. 이에 따라 x-방향(수평방향)의 콘크리트 응력은 0.24 MPa에서 0.10 MPa까지 감소되지만, x-방향 콘크리트 변형은 0.01654에서 0.00142까지 감소한다.

전단응력−변형 곡선이 B점에서 C점으로 진행하면서 콘크리트의 y-방향(수직방향) 변형은 0.00142에서 0.000675까지 감소하였다. 이 단계에서 y-방향 균열은 닫히며, x-방향과 y-방향의 콘크리트 응력은 매우 작다. 그러나 y-방향 콘크리트의 변형률이 0.00142에서 0.000675로 증가함에 따라서 철근에는 높은 압축응력(−376.8 MPa)이 발생한다[그림 5.23(b)]. 결과적으로 힘의 평형을 유지하기 위하여 전단응력은 거의 0에서 −4.67 MPa까지 증가하며, 핀칭현상이 나타나지 않는다.

해석 결과에서 부재의 핀칭현상은 철근의 배근과 밀접한 관계가 있다. 철근의 배근방향이 주응력방향과 일치할 경우에는 철근의 응력이 압축응력을 받아 제 역할을 하게 되지만, 철근이 주응력방향과 45도로 배근될 경우에는 철근의 응력이 인장응력에 머물면서 역할을 하지 않기 때문에 결과적으로 변형은 크게 발생하지만 응력은 증가하지 않는 핀칭현상이 나타나게 된다.

[표 5.7] CE3 응력과 변형률

변수	사용 식	계산 값			
		A	B	C	D
ε_{cx} 선정	-	0.01654	0.01422	0.00675	0.00497
ε_{cy} 가정	-	0.00350	0.00555	0.01182	0.01630
ε_l	Eq.(3.40)	0.01654	0.01422	0.00675	0.00497
ε_t	Eq.(3.41)	0.00350	0.00555	0.01182	0.01630
f_x^c (MPa)	Eqs.(5.45)~(5.50)	0.237	0.103	−0.328	−0.539
f_y^c (MPa)	Eqs.(5.45)~(5.50)	−0.698	0.046	0.214	0.238
f_{ls} (MPa)	Eqs.(5.51)~(5.54)	441.990	−1.632	−376.800	−408.440
f_{ts} (MPa)	Eqs.(5.51)~(5.54)	−407.580	−5.538	392.900	440.860
v_{xy} (MPa)	Eq.(3.3)	0.00	0.00	0.00	0.00
γ_{xy}	Eq.(3.42)	0.00	0.00	0.00	0.00
v_{45° (MPa)	*	5.310	0.051	−4.658	−5.230
γ_{45°	*	0.01304	0.00867	−0.00507	−0.01133

* 변환 응력과 변형률

[표 5.7]에서 CE3의 경우에는 최대 전단응력과 전단변형률이 주응력방향에서 45도 기울어진방향에 존재하므로 트러스모델에서 계산한 응력을 45도 변환하여 전단응력과 전단변형률을 구해야 한다.

5.6.2 배근각도와 에너지소산 및 연성능력

지진하중이 부재의 휨항복 강도 이상으로 증가한 후에 전단에 의해 파괴될 때 특별한 주의가 필요하다. 이러한 부재는 휨파괴하는 부재에 비하여 강성과 강도가 적고 에너지 소산 영역이 작기 때문이다. 철근의 배근 위치에 따라서 이력곡선의 에너지소산이 달라지며, 연성능력도 달라질 수 있다. 실험 결과(Mansour 등, 2005)에 의하면 벽체나 연결보에 철근을 부재축과 수직 또는 경사지게 배근할 경우에 각 부재의 연성능력에는 차이가 발생하였다. [표 5.8]은 철근의 배근각도와 주압축응력 방향과의 각도의 차이(α)가 45도, 68.2 (21.8)도, 79.8 (10.2)도, 90.0 (0.0)도인 4개의 실험체의 재료 특성을 나타낸다. [그림 5.45]는 철근의 배근각도와 주응력관계를 나타낸다. 그림에서 l-방향과 t-방향

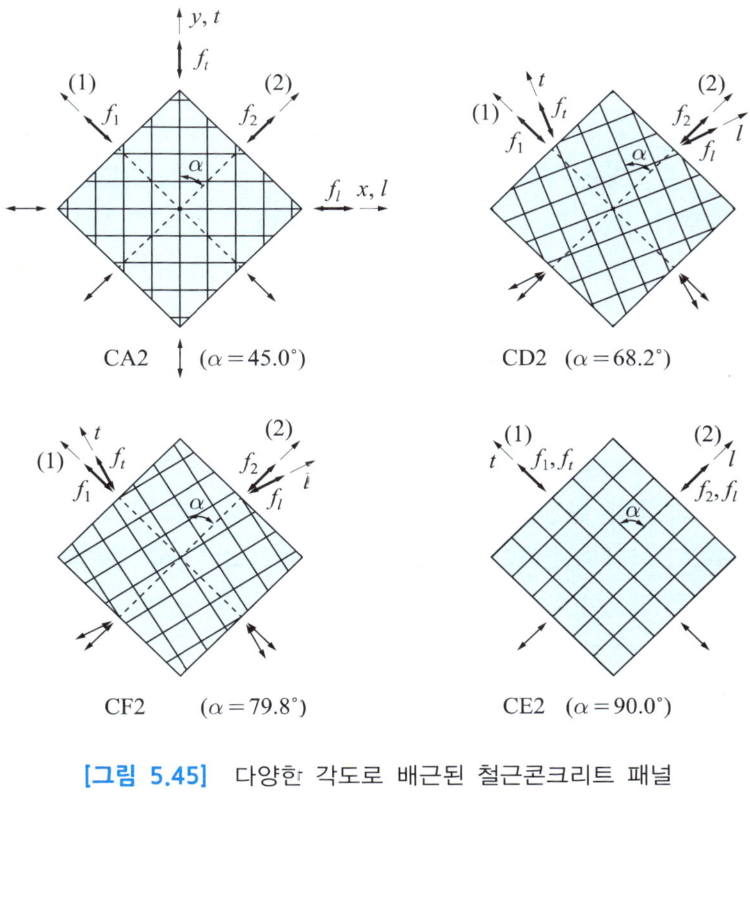

[그림 5.45] 다양한 각도로 배근된 철근콘크리트 패널

[표 5.8] CE3 응력과 변형률

실험체	f_{ck} (MPa)	ρ_t (%)	f_{yt} (MPa)	ρ_l (%)	f_{yl} (MPa)	α (degree)
CA2	45	0.77	424	0.77	424	45
CD2	44	0.59	424	0.59	424	68.2(21.8)
CE2	44	0.56	424	0.56	424	79.8(10.2)
CF2	49	0.54	424	0.54	424	90.0(0.0)

은 철근의 배근방향이며, 1-방향과 2-방향은 철근콘크리트 패널의 제1주응력과 제2주응력 방향을 나타낸다.

[그림 5.46]은 4개의 철근콘크리트 패널의 실험 결과이다. 그림에서 패널의 에너지소산과 연성은 철근의 배근각도에 따라서 큰 영향을 받고 있다. 철근이 주응력방향과 45도 각도 차이로 배근된 CA2의 응력－변형률 곡선에서 핀칭현상이 가장 심하게 발생하였으며, 주응력방향으로 배근된 CE2의 응력－변형률 곡선에서 핀칭현상이 가장 적게 발생하였다. 에너지소산의 관점에서는 CA2의 에너지소산이 가장 작았으며, CE2의 에너지소산이 가장 컸다.

이러한 현상을 파악하기 위하여 3장의 변형률적합조건을 이용한 트러스모델과 반복하중을 받는 재료의 응력－변형률 관계를 이용하여 철근의 배근각도가 부재의 거동에 미치는 영향을 평가하였다. 해석에서는 철근의 배근각도를 0도(콘크리트 주응력방향＝철근배근방향)에서부터 90도로 변화시키며, 각각의 각도에서 발생하는 부재의 최대 전단력과 최대 전단력에 상응하는 전단변형률을 계산하였다. [그림 5.47]은 해석에서 계산된 전단강도비와 전단변형률비를 나타낸다. 그림의 전단강도비(v_α / v_{45°)란 각각의 실험체에서 계산된 전단강도를 철근이 45도로 배근된 실험체의 전단강도로 나눈 값을 의미한다. 전단변형률비($\gamma_\alpha / \gamma_{45^\circ}$)도 이와 유사하게 각도가 변화하는 부재의 전단강도에 상응하는 변형률을 철근이 45도로 배근된 부재의 전단변형률로 나눈 값이다. 그림에서 전단강도와 최대 변형률은 철근의 배근각도가 콘크리트의 주응력 방향(0도나 90도)에 가까워짐에 따라서 증가하고 있다. 철근이 주응력방향에 배근된 경우의 전단강도와 전단변형률은 철근이 주응력방향과 45도 각도로 차이가 있는 경우보다 약 1.5배 크다. 전단강도와 전단변형률이 증가하는 비율은 각도에 따라서 선형적으로 증가하거나 감소하는 것이 아니라 45도로부터 약 25도 전후에서는 증가비율이 매우 작지만 그 이후에는 증가비율이 급속하게 커진다.

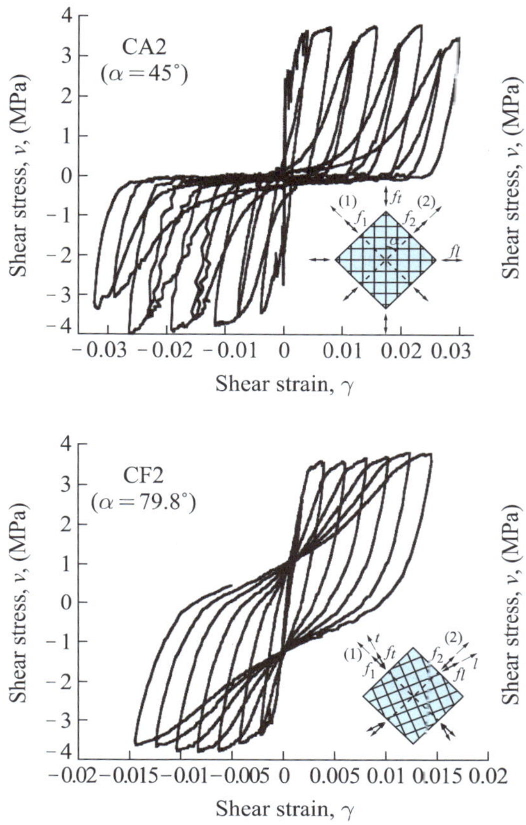

[그림 5.46] 다양한 각도로 배근된 철근콘크리트 패널의 전단응력 – 변형률(Mansour 등, 2005)

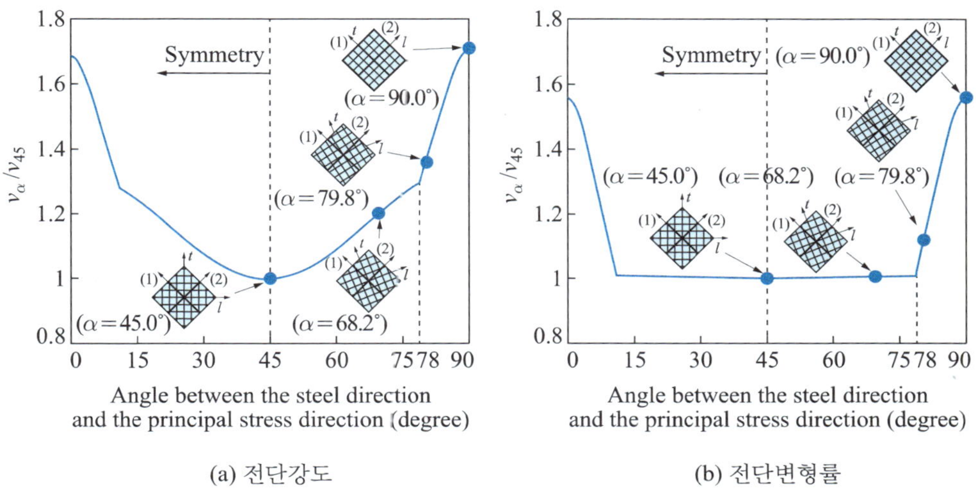

(a) 전단강도 (b) 전단변형률

[그림 5.47] 철근의 배근방향과 전단강도 및 전단변형률 관계(Lee 등, 2012)

에너지소산능력의 경우에도 [그림 5.48]과 같이 유사한 경향을 나타냈다. [그림 5.48]에서는 에너지소산성능을 철근의 각도가 45도로 배근된 실험체와 비교하여 나타낸다. 그림의 에너지소산능력비(E_α/E_{45})는 각각의 부재의 전단응력−전단변형률 곡선에서 계산된 에너지소산능력을 철근이 45도로 배근된 실험체의 전단응력−전단변형률 곡선의 에너지소산능력으로 나눈 값을 의미한다. 그림에서 에너지소산능력은 철근의 배근각도가 콘크리트의 주응력 방향(0도나 90도)에 가까워짐에 따라서 증가하고 있다. $\alpha = 90^\circ (=0^\circ)$실험체의 경우 에너지소산능력이 $\alpha = 45^\circ$ 실험체보다 약 2.8배 크게 나타났고, $\alpha = 80^\circ (=0^\circ)$실험체의 경우는 약 2.4배, $\alpha = 67.5^\circ (=22.5^\circ)$실험체의 경우는 약 1.4배 크게 나타났다. 그 이유는 [그림 5.48]의 철근의 거동에서 알 수 있다. 부재의 거동과 에너지소산능력은 철근의 거동과 직접적인 관련이 있다. [그림 5.49]에서 철근의 거동은 철근의 배근방향에 따라서 달라지며, [그림 5.48]의 에너지소산능력은 이러한 철근의 거동에 따라서 달라진다.

[그림 5.49]에서 $\alpha = 90^\circ (=0^\circ)$와 $\alpha = 80^\circ (=0^\circ)$실험체의 경우 철근이 주응력방향에 가까운 쪽에 배근됨으로써 양 방향 철근이 각각 인장과 압축을 저항한다. 따라서 압축력은 콘크리트와 철근이 함께 부담하므로 콘크리트가 저항하는 압축응력(f_2^c)은 상대적으로 작다. 반면에 $\alpha = 67.5^\circ (=22.5^\circ)$와 $\alpha = 45^\circ$ 실험체의 경우는 철근은 인장력만을 저항하고 압축력을 저항하지 않기 때문에 콘크리트가 부담하는 압축응력은 상대적으로 크다.

철근의 배근방향이 부재에 미치는 영향은 다양하게 적용될 수 있다. 건축구조기준에서는 건물높이가 60 m 이상이고 내진설계범주 D에 해당하는 특수전단벽 구조물에는

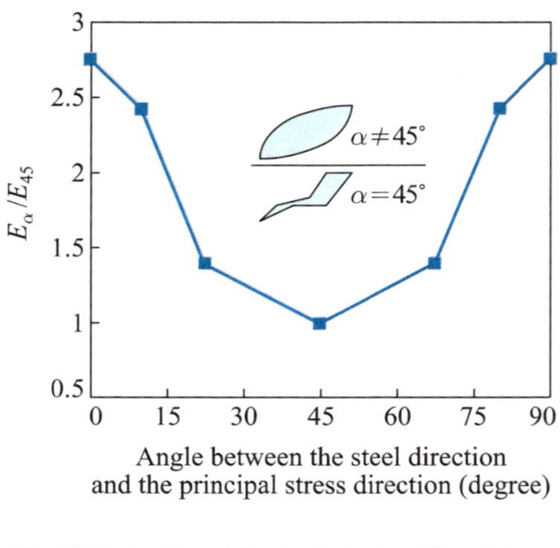

[그림 5.48] 철근의 배근방향과 에너지소산능력(Lee 등, 2012)

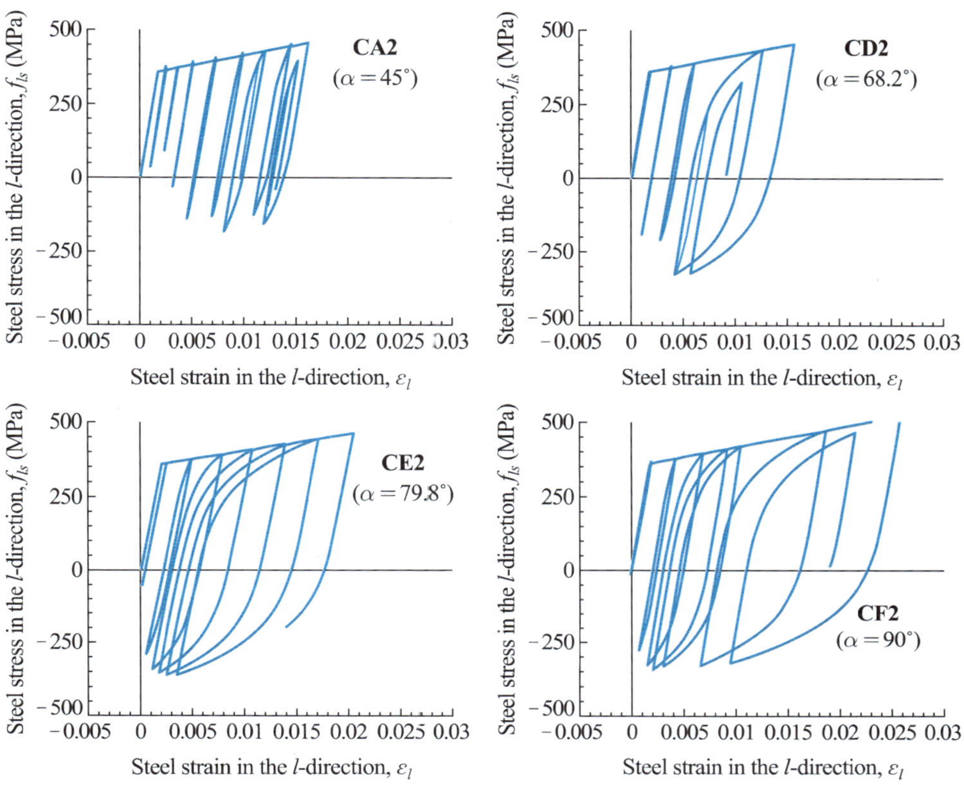

[그림 5.49] 철근의 응력-변형률 곡선

연결보를 설치해야 하며, 이 연결보에는 대각철근을 배근해야 한다. 대각으로 배근된 철근은 일반 배근 철근에 비하여 부재의 연성능력을 향상시키는 효과가 있지만 철근배근이 어렵고 철근배근각도에 따라서 연성능력이 달라지기 때문에 대각철근을 특수구조물 전단벽에 폭 넓게 적용하기 위해서는 여전히 다양한 분야에 대한 성능검증과 적용성 향상에 대한 노력이 필요하다. 특수전단벽에 설치된 철근콘크리트 연결보는 전단벽의 크기, 층고, 건물의 용도 등에 따라서 연결보의 길이와 보의 높이의 비가 다양하다. [표 5.9]는 최근에 시공된 실제 구조물의 연결보의 길이와 보의 높이의 관계이다. 표에서 기준층 연결보의 L(부재 길이)$/h$(보의 단면 높이)비율은 2.88에서 5.0에 이르기까지 다양하다. 이와 같이 L/h에 차이가 발생할 경우에 필연적으로 대각철근의 배근각도가 다양해진다. [그림 5.50]에서 대각철근의 배근각도가 다양해질 경우에 연결보의 연성능력과 에너지소산은 [그림 5.46]과 [그림 5.48]의 철근의 배근방향의 영향을 고려해 설계할 필요가 있다(Shin 등, 2020).

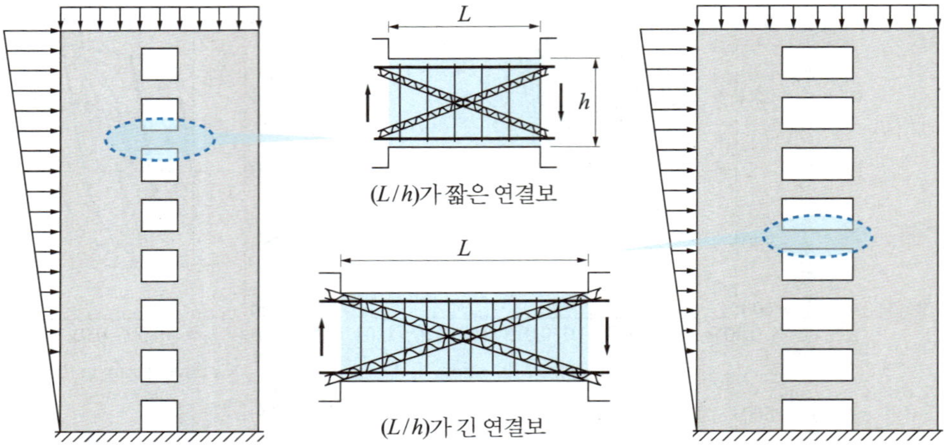

[그림 5.50] 연결보의 D/h비와 철근의 배근각도

[표 5.9] 연결보가 설치된 철근콘크리트 구조물의 특성

규모	준공	보의 높이	기준층 연결보 L (부재 길이) / h (보의 높이)
B6/F33	2004	D : 1070～5890	3750/750 = 5.0
B5/F51	2011	D : 800～4400	2300/800 = 2.875
B2/F58	2013	D : 3000～3400	2000/3300 = 0.606
B3/F30	2004	D : 550～1800	LB1/D = 1650/550 = 3.0 LB2/D = 2150/550 = 3.91
B2/F29	2005	D : 500～700	-
B7/F36	2012	D : 600～700	2600/700 = 3.71
B5/F80	2011	D : 750～800	2400/800 = 3.00
B4/F40	2009	D : 350	2750/350 = 7.86
B2/F50	2012	D : 550	2100/550 = 3.82
B5/F42	2007	-	-
B3/F68	2014	D : 1000～3000	3750/1000 = 3.75
B5/F34	2007	D : 600	2200/600 = 3.67
B6/F37	2006	D : 600～800	2750/600 = 4.58
B3/63	2009	D : 850	2500/850 = 2.94

제6장

보-기둥 접합부의 내진 성능

6.1 일반 사항

철근콘크리트 모멘트저항골조 구조물에서 보와 기둥이 만나는 부분을 접합부라 한다. 접합부는 상부 기둥에 작용하는 하중을 하부 기둥에 전달하고 보의 주철근을 정착하며, 보와 기둥의 강성에 따라서 힘을 분배시키는 중요한 부재이다. 접합부가 피해를 입는 것은 기둥이 피해를 입는 것을 의미하며, 층 전체의 붕괴를 초래할 수 있고, 층간변위(story drift)를 크게 하여 구조물의 안전을 위협할 수 있다. 따라서 철근콘크리트 부재의 내진설계에서는 접합부는 탄성 상태를 유지할 수 있도록 설계하고, 소성힌지가 보의 양단부에 선행하여 발생하도록 계획하여야 한다. 설계에서는 보-기둥 접합부와 기둥은 보의 변형 능력이 설계변형 능력에 도달할 때까지 내력이 감소되지 않도록 해야 한다.

1960년대 이전에 발생한 지진피해를 살펴보면 철근콘크리트 구조물의 보-기둥 접합부 파괴는 드물었고 대부분의 파괴는 기둥이나 보 및 벽체에 집중되었다. 그러나 1960년 이후에 발생한 지진피해에서는 철근콘크리트 구조물의 보-기둥 접합부 파괴가 빈번하게 발생하였다. 이러한 현상은 1960년대 이전의 보-기둥 접합부설계법이 우수했기 때문에 피해가 발생하지 않은 것이 아니라 접합부 외의 기둥이나 보의 설계법과 시공기술이 1960년 이후에 발달하여 상대적으로 약한 보-기둥 접합부에 지진 피해가 집중한 것으로 보인다(Paulay and Priestley, 1992).

보-기둥 접합부의 거동은 접합부 패널 자체의 성능과 함께 접합부를 연결하고 있는 주변 부재인 보와 기둥의 구조 성능과 밀접한 관련이 있다. 6장에서는 접합부의 하중 특성, 설계법, 강도, 연성 평가에 대하여 설명하고자 한다.

6.2 접합부 구조 거동 특성

철근콘크리트 보-기둥 접합부는 모멘트저항골조에 하중이 작용할 때 구조물의 전체 거동에 영향을 주는 가장 중요한 부재 중 하나이다. 내진설계에서는 골조가 붕괴되지 않고 지진에 의해 피해가 발생한 이후에 복구될 수 있도록 하기 때문에 기둥이나 접합부와 같은 주요 부재에서 파괴가 발생하지 않고, 힘에 저항하는 부재에서 철근이 단계적으로 인장파괴하도록 한다. 다시 말하여 구조물이 최대한의 연성을 가지도록 하기 위하여 강기둥-약보를 기본 개념으로 하여 보의 항복이 가장 선행되도록 골조를 설계하게 된다. 철근콘크리트 구조물의 보-기둥 접합부는 휨모멘트보다는 전단력과 부착력이 크게 작용하므로 파괴의 종류도 콘크리트 압괴에 의한 전단파괴나 부착파괴가 빈번하게 발생한다. 보-기둥 접합부는 구조물의 기둥에 포함되는 부분으로 파괴가 발생할 경우에 구조물에 치명적인 손상을 유발할 수 있다.

[그림 6.1]은 연직하중을 받는 접합부와 수평하중을 받는 접합부에 발생하는 힘의 상태를 나타낸다. 접합부에 발생하는 전단력은 좌우 보에 발생하는 모멘트의 차이를 기둥

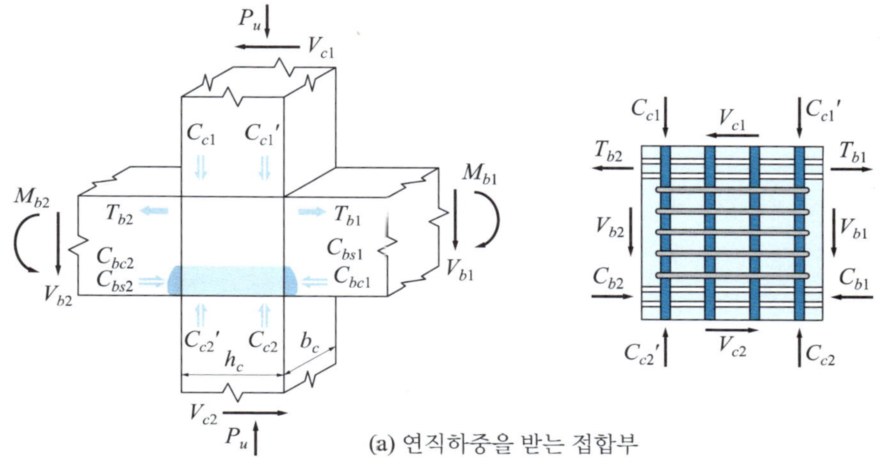

(a) 연직하중을 받는 접합부

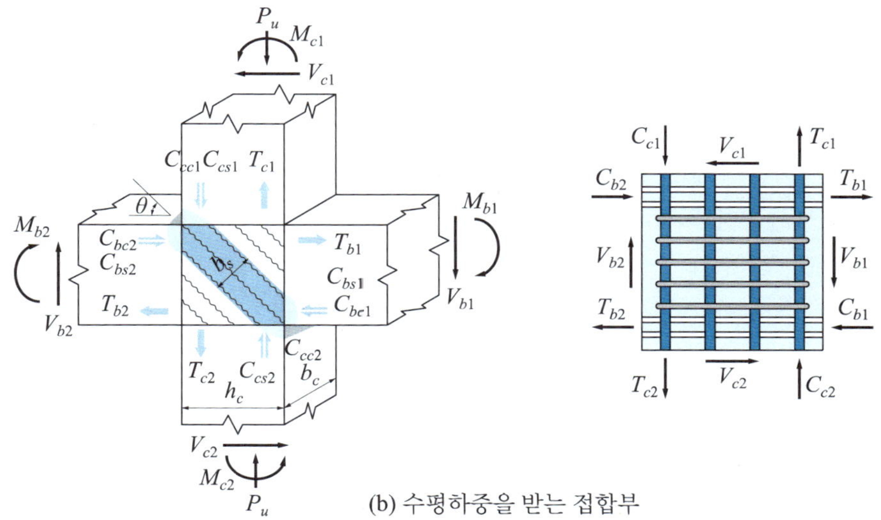

(b) 수평하중을 받는 접합부

[그림 6.1] 접합부의 부재력

의 폭으로 나눈 값이다. 중력하중과 같이 연직하중을 받는 접합부의 경우에는 접합부 좌우 보에 부모멘트가 발생하며, 두 모멘트의 방향이 서로 반대이다. 따라서 접합부에 발생하는 전단력은 식(6.1a)와 같이 좌우 보의 인장력의 차이가 되므로 값이 크지 않다. 한편, 지진하중과 같이 수평하중을 받는 접합부에는 좌우 보에 동일한 방향으로 모멘트가 발생한다. 따라서 좌우 보에 발생하는 모멘트의 차가 접합부의 전단력이 되므로 수평하중을 받는 접합부의 전단력은 식(6.1b)와 같이 좌우 보에 발생하는 인장력과 압축력의 합이 되며, 그 값은 연직하중을 받는 접합부의 전단력보다 크다.

(연직하중을 받는 내부접합부)

$$V_{jh} = T_{b1} - T_{b2} - V_{c1} \tag{6.1a}$$

(수평하중을 받는 내부접합부)

$$V_{jh} = T_{b1} + C_{cc2} + C_{cs2} - V_{c1} \tag{6.1b}$$

여기서, V_{jh} : 접합부의 전단력

T_{b1}, T_{b2} : 보의 철근 인장력

C_{cc1}, C_{cc2} : 보의 콘크리트 압축력

C_{cs1}, C_{cs2} : 보의 철근 압축력

V_{c1} : 기둥의 전단력

접합부의 부재력은 기둥이나 보와는 다르며, 다음과 같이 전단력과 부착력이 증가한다.

① **전단력 증가** : [그림 6.1(b)]와 식[6.1(b)]에서 설명하였듯이 지진력에 의하여 접합부의 좌우에서 동일한 방향으로 휨모멘트가 발생할 경우에 접합부의 상부 또는 하부에는 압축력과 인장력이 발생하여 접합부의 전단력은 기둥의 다른 부분에 비하여 크게 증가한다. 이 현상은 [그림 6.2]에서도 확인할 수 있다. [그림 6.2]는 접합부를 중심으로 반곡점이 발생한 기둥의 일부를 절단한 후의 힘의 상태와 모멘트와 전단력의 분포이다. 그림에서 알 수 있듯이 휨모멘트는 접합부 상하측에서 반시계 방향으로 발생하며, 접합부를 전후로 하여 모멘트의 기울기가 급하게 바뀌게 된다. 따라서 전단력은 모멘트의 기울기이므로 접합부에서 전단력이 크게 증가한다.

② **부착력 증가** : [그림 6.1(a)]에서 연직하중을 받는 접합부는 접합부 좌우 보에 부모멘트가 발생하며, 두 모멘트의 방향이 서로 반대이다. 부착력은 임의의 구간의 힘의 차이이므로 연직하중을 받는 접합부의 부착력은 $V_b = T_{b1} - T_{b2}$ 가 된다. 한

편 [그림 6.1(b)]에서 지진력에 의하여 접합부의 좌우에서 동일한 방향으로 휨모멘트가 발생할 경우에 접합부의 상부 또는 하부의 철근의 한 쪽은 인장력을 받고 다른 쪽은 압축력을 받아 접합부의 부착력은 $V_b = T_{b1} + C_{bc2} + C_{bs2}$ 가 된다. 즉, 철근의 한 쪽을 잡아당기면서 다른 쪽에서는 철근을 미는 힘이 작용하여 접합부의 부착력은 기둥의 다른 부분에 비하여 크게 증가한다.

힘의 평형을 이용하면 [그림 6.2]의 기둥에 발생하는 전단력(V_c)을 식(6.2)에 의해 계산할 수 있다.

$$V_c = \frac{2\,T_b\,z_b + V_b\,h_c}{L_c} \tag{6.2}$$

여기서, V_c : 기둥의 전단력

V_b : 보의 전단력

T_b : 보의 철근 인장력

z_b : 보의 상하 주철근의 단면중심간의 거리

h_c : 기둥 단면의 높이

L_c : 기둥의 높이

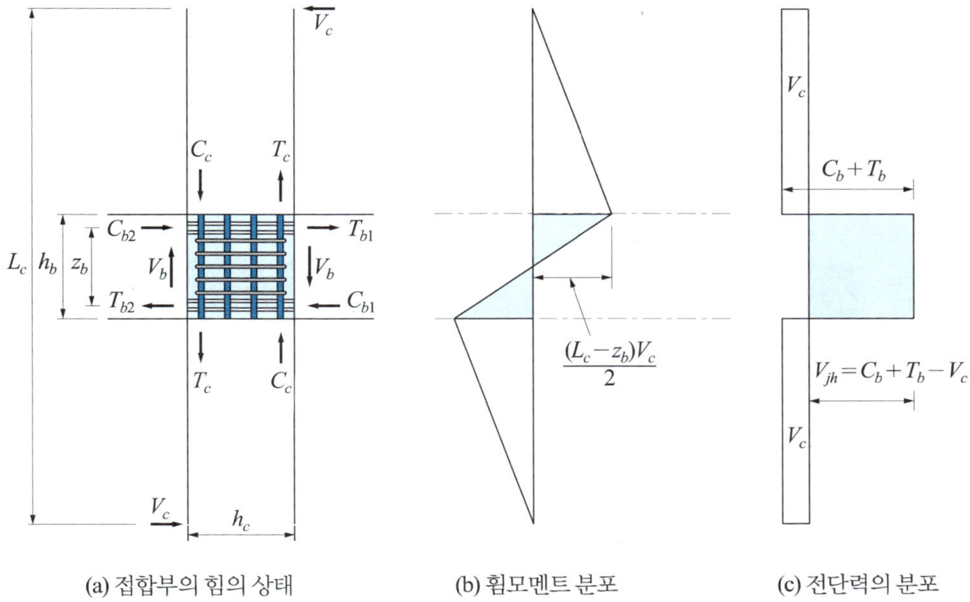

[그림 6.2] 접합부의 힘의 분포(Paulay and Priestley, 1992)

접합부의 수평전단력(V_{jh})은 상부 철근의 인장력(T_b)과 압축력(C_b)에서 기둥의 전단력(V_c)을 뺀 값인 식(6.3)에서 계산한다.

$$V_{jh} = C_b + T_b - V_c \tag{6.3}$$

식(6.2)를 식(6.3)에 대입하면 식(6.4)가 된다.

$$V_{jh} = \left(\frac{L_c}{z_b} - 1 \right) V_c - \frac{h_c}{z_b} V_b \tag{6.4}$$

기둥의 전단력(V_c)과 보의 전단력(V_b)이 회전을 유발하므로 회전에 대한 평형을 고려하여 식(6.5)를 유도할 수 있다.

$$V_c = \frac{L_b}{L_c} V_b \tag{6.5}$$

여기서, L_b : 보의 길이

L_c : 기둥의 길이

식(6.5)를 식(6.4)에 대입하여 보의 주인장철근이 항복할 때의 V_{jh} 를 식(6.6)에서 계산한다.

$$V_{jh} = \left(\frac{L_c}{z_b} - 1 \right) V_{by} \frac{L_b}{L_c} - \frac{h_c}{z_b} V_{by} \tag{6.6}$$

6.3 각 국의 접합부 설계기준

철근콘크리트 보-기둥 접합부의 거동평가는 1970년 이후에 여러 연구자들에 의해 실험 및 이론적으로 수행되었다. 특히 미국, 일본, 뉴질랜드의 3개국 공동 연구에서는 다양한 종류의 접합부에 대한 연구가 수행되었다. 지금까지의 연구 결과에 의하면 전단력이 작용하는 접합부는 내부접합부와 외부접합부로 구분되며, 각 접합부에 작용하는 외력과 내부력을 [그림 6.3]의 아치메커니즘과 트러스메커니즘으로 구분할 수 있다. 아치메커니즘이란 기둥과 보의 압축영역의 힘이 접합부에 콘크리트 압축대를 형성하고 이 압축대에 의해 힘이 전달되는 메커니즘이다. 트러스메커니즘이란 접합부에 배근된 철근을 중심으로 좌우철근, 상하철근, 콘크리트압축대가 트러스를 형성하며, 이 트러스를 통해 힘이 전달되는 메커니즘이다.

그러나 다양한 연구에도 불구하고 현재 미국, 일본 및 뉴질랜드의 평가식은 접합부 전단 메커니즘과 접합부 강도에 영향을 주는 기본 요소에 대하여 서로 엇갈린 견해를 보이고 있다. ACI318기준과 일본건축학회기준에서는 접합부의 강도를 콘크리트 아치메커니즘을 기본으로 평가하지만, 뉴질랜드기준에서는 접합부 강도를 콘크리트의 아치메커니즘과 함께 트러스메커니즘을 이용하여 평가한다. 또한, 3개국 기준식에서는 접합부 강도에 가장 큰 영향을 미치는 요소로 콘크리트의 압축강도와 접합부 면적을 꼽고 있지만, 접합부에 존재하는 철근비와 축력비의 영향에 대해서도 서로 엇갈린 견해를 나타내고 있다. ACI318기준과 일본건축학회기준에서는 철근비와 축력비에 의한 영향을 직접

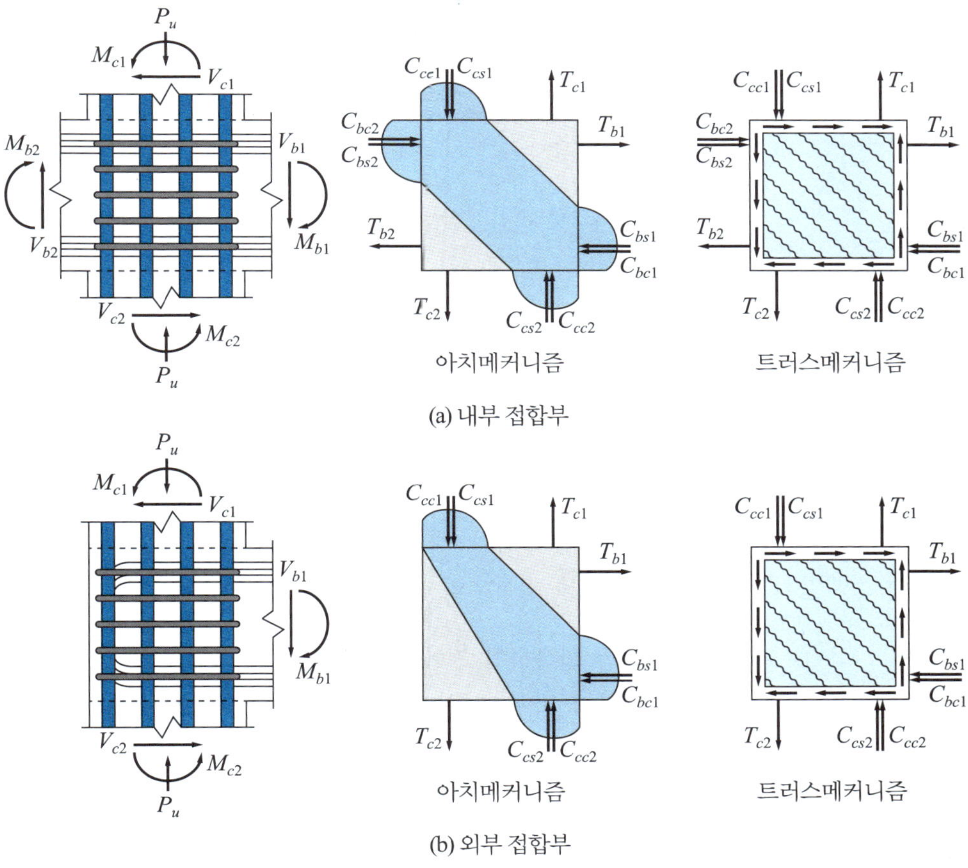

[그림 6.3] 접합부의 전단 저항 메커니즘

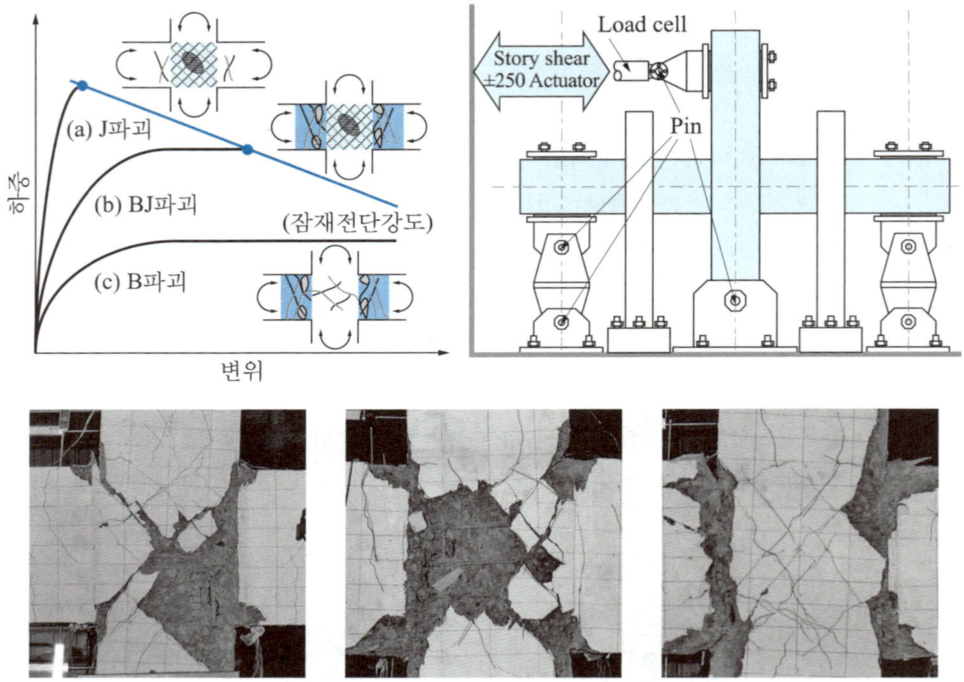

(a) J파괴 (b) BJ파괴 (c) B파괴

[그림 6.4] 접합부의 파괴모드(Lee 등, 2009)

반영하고 있는데 반해 뉴질랜드기준에서는 두 요소에 의한 영향을 트러스메커니즘을 이용하여 반영한다.

접합부는 기둥 부재의 일부로써 파괴될 경우에 건물에 치명적인 피해를 줄 수 있다. 따라서 설계자는 보－기둥 접합부가 설계연성요구량에 도달하는 동안 접합부 내력이 보의 소성힌지 내력 이하가 되지 않도록 설계해야 한다. 접합부는 보의 내력과 접합부 내력의 차이에 의하여 [그림 6.4]의 세 가지 파괴모드로 구분된다. [그림 6.4]는 실험에서 관찰된 세 가지 보－기둥 접합부의 균열 형상이다.

① **J파괴** : 보가 휨 항복하기 전에 접합부 내력이 작아져, 보가 탄성 상태를 유지한 상태에서 접합부가 먼저 파괴되는 경우이다($V_{jh} < V_{by}$). V_{jh}는 접합부의 내력이며 V_{by}는 보의 휨철근 항복시의 접합부의 전단력이다. J파괴란 접합부의 내력(V_{jh})이 V_{by}보다 작아서 접합부에 인접한 보에 소성힌지가 발생하기 이전에 접합부가 먼저 파괴하는 경우이다. J파괴 접합부의 파괴는 [그림 6.4]와 같이 접합부의 패널에 집중되고 보의 소성힌지 영역에는 균열이 거의 발생하지 않는다. J파괴

는 접합부의 전단에 의하여 파괴되므로 부재는 매우 취성적인 거동을 나타낸다.

② **BJ파괴** : 보의 주인장철근이 항복하고 보에 소성힌지가 발생된 이후에 접합부가 파괴되는 경우이다($V_{jh} \geq V_{by}$). 접합부의 내력(V_{jh})이 V_{by}보다 약간 커서 접합부에 인접한 보에 소성힌지가 먼저 발생하지만, 부재의 연성이 증가하면 보의 소성힌지에 손상은 더 이상 진전하지 않고 접합부의 손상이 진전하여 최종적으로 접합부가 파괴하는 경우이다. 이러한 현상은 변형률 침투(strain penetration)와 밀접한 관련이 있다. 보-기둥 접합부의 변형이 작을 경우에 접합부의 강도는 [그림 6.5(a)]와 같이 매우 크다. 이 후에 보에 소성힌지가 발생하면 보의 주철근의 변형

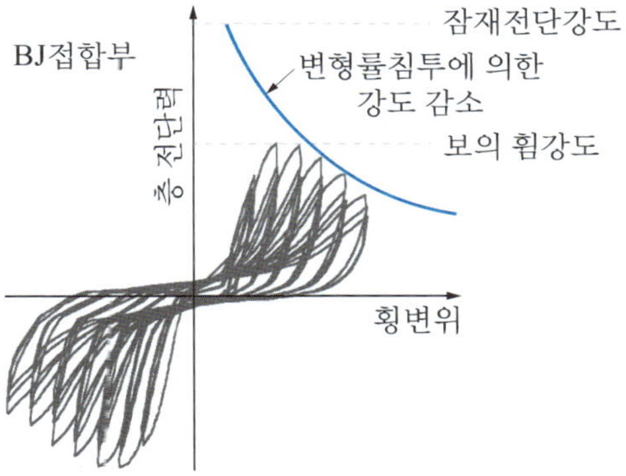

(a) BJ파괴 부재의 전단강도 변화

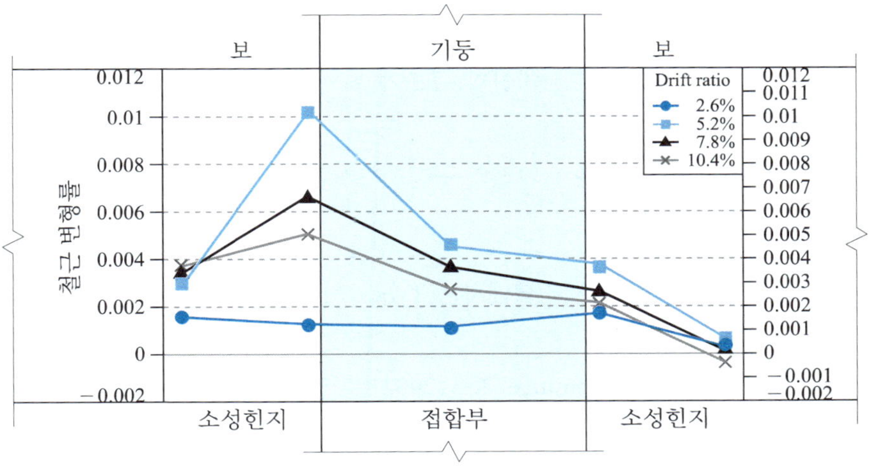

(b) 변형률 침투

[그림 6.5] BJ파괴 부재의 전단강도 변화와 변형률 침투

률이 증가한다. 이론적으로는 접합부는 강체이므로 접합부 내부의 철근의 변형률은 매우 작아야 한다. 그렇지만 실제 철근콘크리트 보-기둥 접합부의 파괴 현상을 살펴보면 [그림 6.5(b)]와 같이 보의 소성힌지에 배근된 철근의 변형률이 접합부 내부에도 침투하여 접합부의 변형이 증가한다. 접합부의 변형이 증가하면 접합부의 강도가 [그림 6.5(a)]와 같이 감소하여 최종적으로는 접합부가 파괴되는 것을 BJ파괴라 한다. BJ파괴는 6.4절에서 상세하게 설명된다.

③ **B파괴** : 보의 휨항복강도보다 접합부의 강도가 매우 커서 접합부에 큰 변형이나 손상이 발생하지 않은 상태에서 보의 소성힌지가 파괴되는 경우이다($V_{jh} \geq V_{by}$). 접합부의 내력(V_{jh})이 V_{by} 보다 매우 크다. B파괴에서는 부재의 연성이 증가하면 보의 소성힌지에 파괴가 집중되고 접합부에는 손상이 거의 발생하지 않는다. 최종적으로는 보가 휨파괴한다. B파괴에서도 변형률 침투현상이 발생하지만, V_{jh} 와 V_{by} 의 차이가 크기 때문에 접합부의 손상은 크지 않다.

6.3.1 ACI 352R-02지침

KDS 14 국가건설기준과 ACI318기준에서는 세 가지 파괴모드 중에서 취성적으로 파괴되는 J파괴 접합부는 허용하지 않으며, 연성적으로 파괴하는 BJ나 B파괴접합부만 허용한다. 미국콘크리트학회의 접합부 설계지침 ACI/ASCE 352R-02 (2002)에서는 J파괴, BJ파괴, B파괴를 내진설계와 관련지어 다음과 같이 Type-1과 Type-2의 두 가지 접합부로 구분하여 설계한다.

① Type-1접합부 : 지진의 규모가 작거나 발생빈도가 낮은 지역에 건설되는 구조물의 접합부

② Type-2접합부 : 지진의 규모가 크며 발생빈도가 높은 지역에 건설되는 구조물의 접합부

지진의 규모가 큰 지역에서는 Type-2의 접합부 내력을 작게 하여 간접적으로 부재의 연성을 확보한다.

ACI-ASCE Committee 352 (2002)는 접합부의 전단력에 저항하는 메커니즘 중에서 아치작용만을 고려하여 식(6.7)과 식(6.8)에 의해 접합부 내력을 평가한다.

$$V_{ju} \leqq \phi V_{jn} \tag{6.7}$$

$$V_{jn} = 0.083\,\gamma\,\sqrt{f_{ck}}\,A_j \tag{6.8}$$

여기서, V_{ju} : 접합부 설계전단강도
ϕ : 강도감수계수이며 0.75
V_{jn} : 접합부 공칭전단강도
γ : 접합부 강도계수
A_j : 접합부 유효면적

γ는 접합부 강도계수로서 구조물에 작용하는 지진하중의 크기에 따라 [그림 6.6]과 [표 6.1]의 Type-1과 Type-2 접합부로 구분된다. Type-1은 비탄성변형이 크게 고려되지 않는 약진 지역에 적용되는 계수이며, Type-2는 비탄성변형이 고려되는 강진 지역에 적용되는 계수이다. Type-1의 γ에 비하여 Type-2의 γ값이 작은 이유는 지진의 규모가 클 경우에는 접합부의 연성능력이 더 커야 하며 ACI 352R-02에서는 접합부의 연성능력을 접합부의 강도의 크기를 이용하여 간접적으로 반영하고 있다. 따라서 동일한 접합부의 경우에도 Type-2 접합부의 γ값이 Type-1의 값보다 작아 식(6.8)에 의하여 계산된 Type-2 접합부의 공칭전단강도(V_{jn})는 Type-1 접합부의 V_{jn} 보다 작다. 또한 접합부의 강도는 접합부에 연결된 보의 수에 따라서 달라지므로 강도계수(γ)는 보의 연결 숫자에 따라서 다르다. 접합부의 4면에 보가 연결될 경우에 접합부에 대한 보의 구속효과에 의하여 V_{jn} 이 증가하며, 연결된 보의 수가 줄어들면 구속하는 면이 감소하여 γ의 값도 감소한다. 접합부의 상하에 연결된 기둥의 효과도 보와 유사하게 접합면의 구속과 관련이 있으며 최상단 접합부의 경우에는 상부 기둥이 없어 구속효과가 감소하기 때문에 γ의 값도 작다.

[표 6.1] 접합부의 형태에 따른 γ값

접합부 형태		접합부 Type	
		1	2
A.	연속적인 상하 기둥을 가진 접합부		
A.1	4개의 보로 구속된 접합부	24	20
A.2	3개의 보로 구속되거나 서로 반대면인 2개의 보로 구속된 접합부	20	15
A.3	위 두 가지 이외의 접합부	15	12
B.	불연속 하는 상하 기둥을 가진 접합부		
B.1	4개의 보로 구속된 접합부	20	15
B.2	3개의 보로 구속되거나, 서로 반대면인 2개의 보로 구속된 접합부	15	12
B.3	위 두 가지 이외의 접합부	12	`8

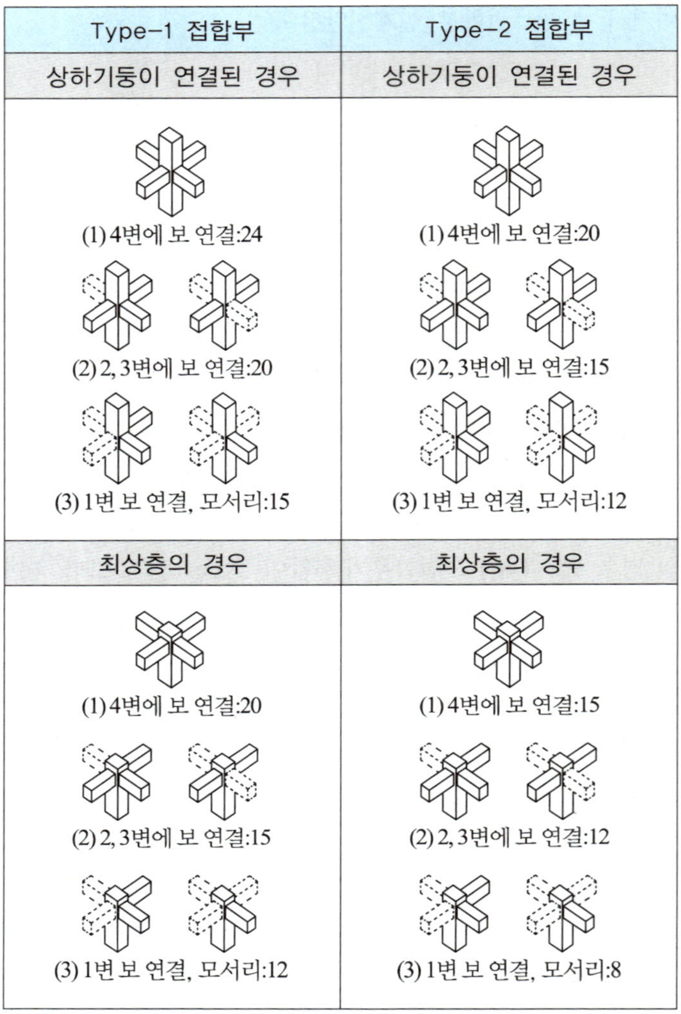

[그림 6.6] 접합부의 강도계수(γ)

식(6.8)의 접합부 유효면적(A_j)은 [그림 6.7]에 표시된 접합면의 수평방향의 면적이며, 식(6.9)에 의해 계산한다.

$$A_j = b_j \times h_c \tag{6.9}$$

여기서, b_j는 유효접합부 폭으로 [그림 6.7]의 기둥 중심축과 보의 중심축이 일치하지 않고 편심하중이 작용하거나 보와 기둥의 단면 폭에 따라서 다르며, 식(6.10)의 최솟값을 사용한다.

$$b_j = \min\left(\frac{b_b + b_c}{2},\ b_b + \sum\frac{mb_c}{2},\ b_c\right) \tag{6.10}$$

여기서, b_b : 보의 단면폭

b_c : 기둥의 단면폭

m : 접합부의 기울기 계수로 일반적인 경우에 0.5를 쓰며, 보와 기둥의 편심의 차이가 $b_c/8$이 넘을 경우에는 0.3을 사용한다.

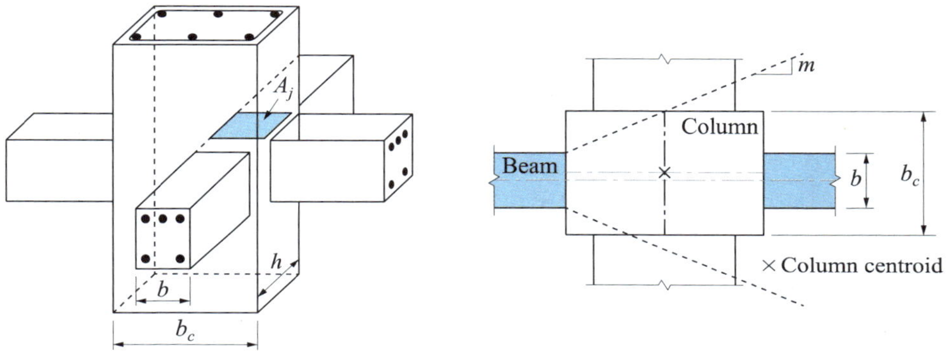

[그림 6.7] 접합부의 유효단면적

6.3.2 KDS 14 국가건설기준

KDS 14 국가건설기준에서는 ACI 352R-02에 근거하여 식(6.11)에 의해 접합부내력을 평가한다.

$$V_{jn} = \lambda_j \sqrt{f_{ck}}\, A_j \tag{6.11}$$

여기서, λ_j는 접합부구속계수이며 식(6.8)의 접합부 강도계수(γ)와 동일한 계수이다. 다만 KDS 14 국가건설기준에서는 지진의 크기가 강한 Type-2 접합부에 근거한 값을 사용하고 있다. 따라서 접합부구속계수(λ_j)는 [그림 6.6]의 Type-2접합부 중에서 상하 기둥이 있는 접합부 강도계수(γ)를 기준으로 다음의 값을 사용한다.

① 4면이 구속된 접합부의 경우	1.7
② 3면 또는 서로 반대 방향의 2면이 구속된 경우	1.25
③ 기타의 경우	1.0

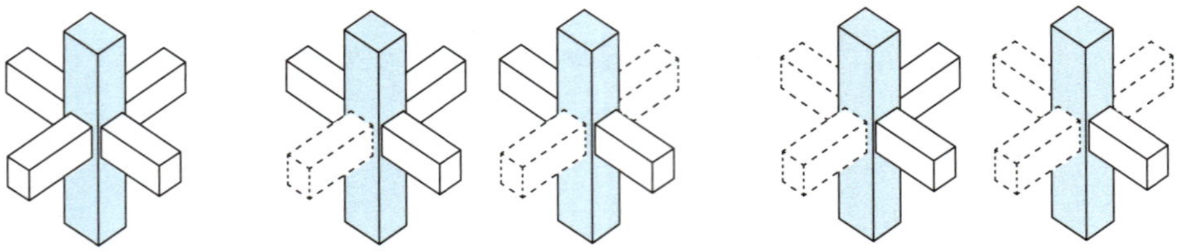

[그림 6.8] 접합부의 구속

각 접합면의 3/4이 인입(引入)되는 부재와 접합되어 있으면 그 면은 구속되어 있다고 보며, 이러한 부재가 접합부의 모든 면으로 인입될 때 그 접합부는 구속된 것으로 간주한다.

식(6.11)의 유효접합부면적(A_j)은 [그림 6.7]에 표시된 접합면의 수평방향의 면적이다. 기둥에 연결된 보의 폭은 기둥의 폭보다 작은 경우가 있으므로 그러한 경우에는 식(6.9)에 의해 계산한다. 보의 단면폭(b_b)이 기둥의 단면폭(b_c)보다 클 경우에는 $b_e = b_c$로 하고, 보의 단면폭(b)이 기둥의 단면폭(b_c)보다 작은 경우에는 $b_e = (b_b + b_c)/2$로 계산한다.

특수모멘트골조의 접합부설계에서는 접합면에서 보의 종방향철근의 작용력은 휨인장철근의 응력을 $1.25f_y$ 라고 가정하여 결정해야 한다. 이는 특수모멘트골조의 보의 설계에서 보의 강도에 1.2 (=6/5)를 곱하는 것과 동일하게 재료의 초과강도와 관련이 있다. 보의 양 단부에 소성힌지가 발생할 경우에 보의 변형이 증가하여 휨철근은 변형률경화구간에 도달하여 초과강도에 도달할 수 있다. 기둥의 한 부분인 접합부의 파괴를 방지하기 위하여 보의 휨강도를 계산할 때는 보의 휨강도에 유리하게 작용할 수 있는 모든 경우를 고려하여 계산해야 한다. 따라서 보의 휨강도에 예상강도계수(provable strength factor, ϕ_p)와 초과강도계수(over strength factor, ϕ_o)를 곱하여 계산한다. 따라서 접합부 설계에서 보의 종방향철근의 작용력을 계산할 때는 휨인장철근의 응력을 $1.25f_y$ 라고 가정하여 계산한다. 보의 종방향철근이 보－기둥 접합부를 통과하여 연장되는 경우에 보의 종방향철근에 평행한 기둥 변의 길이 h는 보통중량콘크리트인 경우 식(6.12)를 만족해야 한다. 이는 보의 인장철근이 충분한 정착길이를 확보하도록 하기 위함이다.

$$\frac{h}{d_b} \geq 20 \qquad (f_y \leq 400\text{MPa인 경우}) \tag{6.12a}$$

[표 6.2] 특수모멘트골조 접합부의 철근상세

내용	접 합 부
횡방향 철근	(1) (2)에서 규정된 바와 같이 접합부가 구조 부재로 구속되어 있지 않으면, 기준에서 규정하는 횡방향 후프철근을 접합부 내에 두어야 한다. (2) 기둥의 접합부 4면에 보부재가 연결되어 각 부재 폭이 기둥폭의 3/4 이상일 때, 가장 깊이가 작은 부재의 깊이만큼 구간 내에서는 기준에서 규정된 철근량의 1/2 이상의 횡방향철근만을 배치할 수 있다. 이들 위치에서는 기준에서 규정된 횡방향철근의 간격을 150 mm까지 넓힐 수 있다. (3) 기둥 심부 외측에 있는 보의 종방향철근이 그 접합부에 인입되는 다른 보에 의해 구속되어 있지 않을 때는 기준에 따라 필요한 횡방향철근을 접합부 내에 배치하여야 한다.
인장철근의 정착길이	(1) 보통중량콘크리트에서 90°표준갈고리가 있는 철근의 정착길이 l_{dh}는 D6에서 D35까지 철근의 경우 $8d$ 이상, 150 mm 이상, 또한 식(6.12)에서 규정된 길이 이상이어야 한다. 경량콘크리트에서 90°표준갈고리를 갖는 철근의 정착길이는 $10d_b$ 이상, 190 mm 이상 또한 식(6.12)에서 규정된 값의 1.25배 이상이어야 한다. 90°갈고리는 기둥이나 경계부재의 횡구속된 콘크리트 내까지 연장해야 한다. (2) D6에서 D35까지 철근에서 직선철근의 정착길이 l_d는 철근 하부에 한 번에 친 콘크리트의 깊이가 300 mm를 초과하지 않을 경우에는 (1)에 규정된 길이의 2.5배 이상으로 하고, 철근 하부에 한 번에 친 콘크리트의 깊이가 300 mm를 초과할 경우에는 (1)에 규정된 길이의 3.5배 이상으로 하여야 한다. (3) 접합부에서 끝나는 직선철근은 기둥이나 경계부재의 횡구속된 심부를 완전히 가로질러야 한다. 횡구속된 심부에 걸쳐 있지 않은 부분의 매입정착길이는 1.6배 만큼 증가시켜야 한다. (4) 에폭시 도막 철근이 사용된 경우, (1)에서 (3)까지 기술된 정착길이는 규정된 계수값을 곱해야 한다.

$$\frac{h}{d_b} \geq 25 \qquad (f_y > 400\text{MPa인 경우}) \tag{6.12b}$$

접합부에 배근되는 보의 인장철근의 정착길이(l_{dh})는 식(6.13)의 값 이상이 되어야 한다.

$$l_{dh} = f_y d_b / \left(5.4\sqrt{f_{ck}}\right) \tag{6.13}$$

여기서, d_b : 인장철근의 지름

6.3.3 AIJ-2010기준

일본건축학기준(AIJ-2010기준)은 아치작용을 기본으로 식(6.14)에 의해 접합부의 설계내력을 계산한다.

$$V_{jn} = k_A \Phi F_j b_j h \tag{6.14}$$

여기서, k_A : 보－기둥 접합부의 형상계수

- 내부 접합부(＋자형접합부) : 1.0
- 외부 접합부와 T형 접합부 : 0.7
- L형 접합부 : 0.4

Φ : 접합부의 직각 방향에 연결되는 보의 유무에 대한 보정계수

- 접합부 양측에 직각 방향으로 보가 있는 경우 : 1.0
- 그렇지 않은 경우 : 0.85

F_j는 접합부 전단강도이며 식(6.15)에 의해 계산한다.

$$F_j = 0.8 \times (f_{ck})^{0.7} \tag{6.15}$$

b_j는 접합부의 유효폭이며 식(6.16)에 의해 계산한다.

$$b_j = b_b + b_{a1} + b_{a2} \tag{6.16}$$

여기서 b_b는 보의 폭으로서 b_{a1}, b_{a2}, b_j를 결정하는데 필요한 부분 항이며 기둥 단면의 1/4과 [그림 6.9]의 $b_{ai}/2$ 중 작은 값이다.

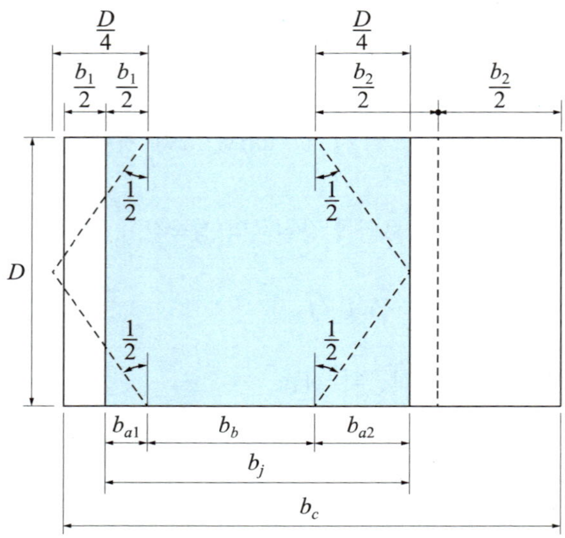

[그림 6.9] AIJ-2010기준 접합부의 유효단면적

예제 6.1

특수모멘트골조로 된 18층 철근콘크리트 건물의 내부 접합부가 [예제 그림 6.1.1]과 같다. 보에는 고정하중 $w_D = 20\text{kN/m}$, 활하중 $w_L = 15\text{kN/m}$의 등분포하중이 작용한다. 기둥에는 계수축력 $P_u = 3{,}011.2\text{kN}$이 작용한다. 접합부의 NS방향을 설계하라.

1) KDS 14 국가건설기준

2) 일본건축학회기준

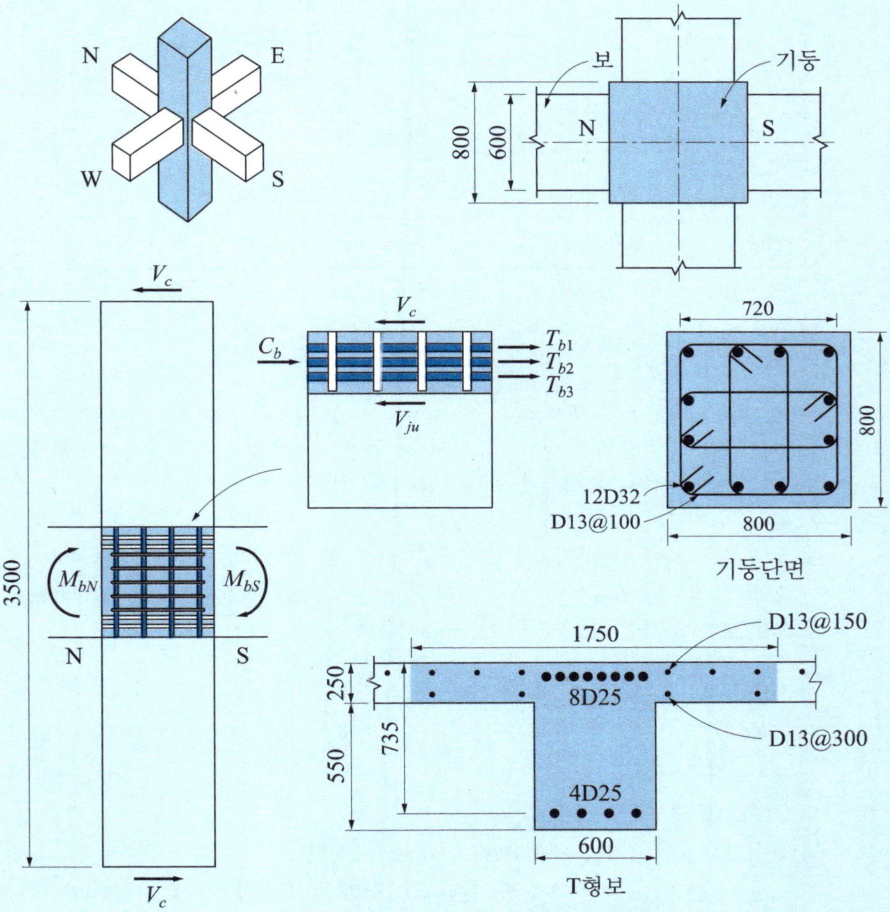

[예제 그림 6.1.1] 철근콘크리트 구조물의 접합부

[풀이 : KDS 14 국가건설기준]

접합부를 설계하기 위해서 필요한 부재의 크기와 재료 조건을 [예제 표 6.1.1]에 표시하였다.

[예제 표 6.1.1] 부재의 크기와 사용 재료

부재	단면(mm)	f_{ck} (MPa)	f_y (MPa)	주철근	횡방향철근	기타
슬래브	250 ×6,000	24	400	상부철근 D13@150	-	두께 : 250 mm 폭 : 6,000 mm
				하부철근 D13@300		
보	600 ×800	24	400	상부철근 8-D25	4-D10@120	보 길이 : 7,000 mm
				하부철근 4-D25		
기둥	800 ×800	27	400	12-D32	4-D13@100	기둥 높이 : 3,500 mm

D32 철근($d_b = 31.8$ mm, $A_s = 794.2$ mm2), D25 철근($d_b = 25.4$ mm, $A_s = 506.7$ mm2), D13 철근($d_b = 12.7$ mm, $A_s = 126.7$ mm2), D10 철근($d_b = 9.53$ mm, $A_s = 71.3$ mm2)

접합부를 설계하기 위해서는 우선 T형보의 유효폭을 계산해야 한다. 보의 양쪽에 슬래브가 있는 경우에 T형보의 유효폭은 다음 세 가지 값 중에서 최솟값을 선택한다. [예제 그림 6.1.1]과 [예제 표 6.1.1]을 이용하여 보 경간과 슬래브의 중심 거리를 계산한다.

- 브 경간의 1/4 7,000/4 = 1,750 mm
- 슬래브 두께의 16배(h_f) + 보의 웨브 폭(b_w) 16×250 + 600 = 4,600 mm
- 양쪽 슬래브와 슬래브의 중심 거리 6,000/2 + 6,000/2 = 6,000 mm

그러므로 T형보의 유효폭은 1,750 mm이다.

1) 접합부의 전단내력을 검토한다.

식(6.7)에서 접합부에 작용하는 계수전단력(V_{ju})은 설계전단력(ϕV_{jn})보다 작아야 한다.

$$V_{ju} \leq \phi V_{jn} \tag{a}$$

여기서, ϕ : 강도감수계수이며 0.75

(1) 접합부에 작용하는 계수전단력(V_{ju})을 계산한다.

계수전단력은 [예제 그림 6.1.1]과 식(6.3)과 같이 접합부 주변의 수평방향의 힘의 평형을 이용하여 식(b)에서 계산한다. 여기서 $V_{ju} = V_{jh}$ 이다.

$$V_{jh} = C_b + T_b - V_c = 1,013.4 + 2,660.3 - 684.8 = 2,988.9\text{kN} \tag{b}$$

① 압축력(C_b)를 계산한다. 북쪽에서 정모멘트(M_{bN})가 작용하며, 압축력(C)은 힘의 평형에 의하여 인장력(T)과 동일하므로 하부 인장철근의 인장력을 이용하여 계산한다. 이 때 보의 철근에는 초과강도계수 1.25를 곱해야 한다.

$$C = T$$

$$C_b = A_s(1.25 f_y) = 4 \times 506.7 \times (1.25 \times 400) = 1,013.4\text{kN} \tag{c}$$

② 인장력(T_b)을 계산한다.

남쪽에서 부모멘트(M_{bS})가 작용한다. 이때 보는 T형보로 하며 인장력(T_b)을 계산할 때 슬래브의 인장철근을 포함해야 한다. 보의 휨설계에서는 정모멘트를 받는 보의 경우에만 T형보로 간주한다. 그러나 내진설계 구조물의 접합부 설계에서는 정확한 내력을 평가하기 위하여 부모멘트를 받는 보의 경우에도 T형보로 간주하며 슬래브의 유효폭 내에 배근된 슬래브 철근을 포함하여 인장력을 계산한다. 이 때 보의 철근에는 초과강도계수 1.25를 곱해야 한다.

$$T_b = A_s(1.25f_y) = (8\times 506.7 + 6\times 126.7 + 4\times 126.7)\times(1.25\times 400) = 2{,}660.3\text{kN} \quad \text{(d)}$$

③ 기둥의 전단력(V_c)을 계산한다.

기둥의 전단력은 [예제 그림 6.1.1]의 접합부 주변의 회전에 대한 평형을 이용하여 식(e)에서 계산한다.

$$V_c = \frac{M_{bN} + M_{bS}}{l_c} \quad \text{(e)}$$

보의 북쪽 방향의 정모멘트(M_{bN})를 계산한다. 보는 T형보를 사용하며, 철근에는 초과강도계수 1.25를 곱해야 한다. 여기서 등가 직사각형 압축응력블록을 이용하여 등가응력블럭의 깊이(a)를 계산하며, 설계의 단순화를 위하여 압축철근의 영향은 고려하지 않는다. 계수 η는 콘크리트의 압축강도가 24 MPa이므로 1.0이다.

$$a = \frac{A_s(1.25\times f_y)}{\eta\, 0.85 f_{ck} b} = \frac{4\times 506.7\times(1.25\times 400)}{1\times 0.85\times 24\times 1{,}750} = 28.4\,\text{mm}$$

$$M_{bN} = A_s(1.25f_y)jd = 4\times 506.7\times(1.25\times 400)\times(735 - 28.4/2) = 730.5\,\text{kN}\cdot\text{m} \quad \text{(f)}$$

보의 남쪽 방향의 부모멘트(M_{bS})를 계산한다. 보는 T형보를 사용하며 슬래브 철근의 영향을 반영한다. 또한, 철근에는 초과강도계수 1.25를 곱해야 한다. 이 경우에도 압축철근의 영향은 고려하지 않고 a를 계산한다.

$$a = \frac{A_s(1.25\times f_y)}{\eta\, 0.85 f_{ck} b} = \frac{(8\times 506.7 + 6\times 126.7 + 4\times 126.7)\times(1.25\times 400)}{1\times 0.85\times 24\times 600} = 217.3\,\text{mm}$$

$$M_{bS} = A_s(1.25f_y)jd = (8\times 506.7 + 6\times 126.7 + 4\times 126.7)\times(1.25\times 400)\times(735 - 217.3/2)$$
$$= 1{,}666.3\,\text{kN}\cdot\text{m} \quad \text{(g)}$$

그러므로 기둥의 전단력(V_c)은 다음과 같다.

$$V_c = \frac{M_{bN} + M_{bS}}{l_c} = \frac{730.5 + 1{,}666.3}{3.5} = 684.8\,\text{kN}$$

(2) 접합부에 작용하는 설계전단력(ϕV_{jn})을 계산한다.

접합부의 전단력을 식(6.11)을 이용하여 계산한다.

$$\phi V_{jn} = \phi \lambda_j \sqrt{f_{ck}}\, A_j = 0.75\times 1.7\times\sqrt{27}\times(700\times 800) = 3{,}710.1\,\text{kN}$$

- λ_j : 4면이 구속된 접합부의 경우, $\lambda_j = 1.7$
- A_j : 유효접합부면적, $A_j = b_j \times h = \frac{800+600}{2}\times 800 = 560{,}000\,\text{mm}^2$

접합부에 작용하는 설계전단력(ϕV_{jn})은 3,701.1 kN이며, 이 값은 계수전단력(V_{ju})인 2,988.9 kN보다 크므로 설계가 안전하다.

2) 접합부의 횡방향철근을 배근한다.

접합부는 기둥의 일부분이므로 특수모멘트골조의 휨과 압축을 받는 부재의 횡방향철근 기준에 근거하여 철근을 배근해야 한다.

(1) 횡방향철근의 간격은 [표 6.1]의 규정과 기둥의 철근 간격에 대한 제한을 이용하여 세 값 중에서 최솟값을 택한다.

- 부재의 최소 단면치수의 1/4　　800/4 = 200 mm
- 축방향철근 지름의 6배　　6 ×31.8 = 190.8 mm
- 기둥의 철근 간격 s_x　　$s_x = 100 + [(350 - h_x)/3]$

$$= 100 + [(350 - 180)/3] = 156.7\,\text{mm}$$

여기서, h_x는 기둥 단면에 띠철근이 네 가닥 배근되어 있으므로 720/4 = 180 mm이다. s_x 값은 150 mm 이하이어야 하며, 100 mm 이상일 필요는 없다. 따라서 횡방향철근의 간격을 150 mm로 한다.

(2) 띠철근의 단면적(A_{sh})은 기둥의 철근 간격에 대한 제한을 이용하여 다음의 큰 값 이상이 되어야 한다.

$$A_{sh} = 0.3\left(\frac{s \cdot h_c \cdot f_{ck}}{f_{yh}}\right)\left(\frac{A_g}{A_{ch}} - 1\right) = 0.3\left(\frac{150 \times 707.3 \times 27}{400}\right)\left(\frac{800 \times 800}{518{,}400} - 1\right) = 504.0\,\text{mm}^2$$

$$A_{sh} = 0.09\left(\frac{s \cdot h_c \cdot f_{ck}}{f_{yh}}\right) = 0.09\left(\frac{150 \times 707.3 \times 27}{400}\right) = 644.5\,\text{mm}^2$$

여기서, $h_c = 800 - 40 \times 2 - 12.7 = 707.3\,\text{mm}$, $A_{ch} = (800 - 40 \times 2)^2 = 720^2 = 518{,}400\,\text{mm}^2$

그러므로 필요한 횡방향철근의 양은 644.5 mm^{2}이다. 한편 접합부의 횡방향철근의 양에 대한 규정에 의하면 기둥의 접합부 4면에 보부재가 연결되어 각 부재 폭이 기둥폭의 3/4 이상일 때, 가장 깊이가 작은 부재의 깊이만큼 구간 내에서는 기준에서 규정된 철근량의 1/2 이상의 횡방향철근만을 배치할 수 있다. 또한, 이들 위치에서는 기준에서 규정된 횡방향철근의 간격을 150 mm까지 넓힐 수 있다. 예제의 조건에서 보부재의 폭 600 mm는 기둥폭의 3/4인 600 mm 이상이므로 규정된 횡방향철근량을 1/2까지 감소시킬 수 있다. 따라서 배근해야 할 철근의 양은 644.5 mm^{2}의 절반인 322.3 mm^{2}이다.

(3) D13의 띠철근을 두 가닥 배치한다.

$$A_{sh} = 2 \times 126.7 = 253.4\,\text{mm}^2$$

배치된 철근의 양 253.4 mm^{2}은 요구되는 철근의 양 322.3 mm^{2}보다 작다. 이 경우에는 횡방향철근의 간격을 조절한다. 즉, 150 mm를 110 mm로 좁힐 경우에 요구되는 철근의 양은 다음과 같이 바뀌게 된다.

$$322.3 \times \frac{110}{150} = 236.4\,\text{mm}^2$$

그러므로 설계가 적합하다.

3) 접합부의 부착을 검토한다.

부착파괴가 발생하지 않도록 식(6.12)를 검토한다.

$$\frac{h}{d_b} \geq 20,\ (f_y \leq 400\text{MPa인 경우})$$

$$\frac{h}{d_b} = \frac{800}{25.4} = 31.5$$

그러므로 접합부는 부착파괴에 안전하다. 예제에 사용된 접합부는 내부 접합부이므로 정착길이에 대한 검토는 필요하지 않다. 외부 접합부의 경우에는 철근의 정착길이를 검토해야 한다.

[풀이 : AIJ-2010기준]

접합부의 크기와 재료 조건에서 접합부의 전단력을 식(6.14)에 의해 계산한다.

$V_{jn} = k_A \Phi F_j b_j h = 1 \times 1 \times 8.04 \times 700 \times 800 = 4{,}502.4$ kN

여기서, $k_A = 1.0$ (내부 접합부+자형접합부)

$\Phi = 1.0$ (양측에 직각 방향으로 보가 있는 경우)

$F_j = 0.8 \times (f_{ck})^{0.7} = 0.8 \times (27)^{0.7} = 8.04$ MPa

$b_j = b_b + b_{a1} + b_{a2} = 600 + 100/2 + 100/2 = 700$ mm

AIJ-2010기준에서 계산된 V_{jn}은 KDS 14 국가건설기준에서 계산된 $V_{jn} = 3{,}710.1/0.75 = 4{,}946.8$ kN보다 작다.

6.4 접합부의 변형 평가

철근콘크리트 보-기둥 접합부는 보에 소성힌지가 발생하기 이전까지는 탄성 상태를 유지해야 한다. 접합부는 기둥의 일부분이기 때문에 접합부에 변형이 발생할 경우 구조물 전체 변형에 큰 영향을 줄 수 있다. 이론적으로 볼 때 접합부는 강체이므로 보에 소성힌지가 발생한 이후 변형은 소성힌지에 집중되어야 하지만 실제로는 보에 발생한 소성힌지의 변형이 접합부에 침투하여 접합부의 변형을 발생시킨다. 접합부에 발생한 변형은 구조물 전체의 변형을 증대시킬 뿐만 아니라 접합부의 강도를 감소시킨다.

보-기둥 접합부의 변형은 접합부에 연결된 부재에 의하여 영향을 받으며, 기둥, 접합부 패널, 보의 변형의 합에서 구할 수 있다. 따라서 보-기둥 접합부의 변형을 구하기 위해서는 세 가지 부재의 변형 특성을 이해하고 각각의 특성을 반영해 평가해야 한다.

6.4.1 보-기둥 접합부의 거동 특성

접합부에 인접한 보에 소성힌지가 발생할 경우 소성힌지의 변형은 급격하게 증가하게 된다. 이러한 변형은 소성힌지에 멈춰있지 않고 인접한 접합부에 침투해서 접합부의 변형을 증가시킨다. [그림 6.10(a)]는 보-기둥 접합부 실험체의 소성힌지 영역, 접합부 영역, 게이지 부착 위치이다. [그림 6.10(b)]는 하중 단계별로 측정된 접합부와 소성힌지구역의 철근의 변형률 분포이다. 그림에서 접합부 내부에 배근된 철근의 변형률은 부재의 변위가 증가하면 점차 증가하여 접합부 중앙부의 철근 변형률이 항복변형률을 초과한 0.004에 도달하고 있다. 접합부 철근의 변형률이 증가하면 접합부 내부에 균열이 발생

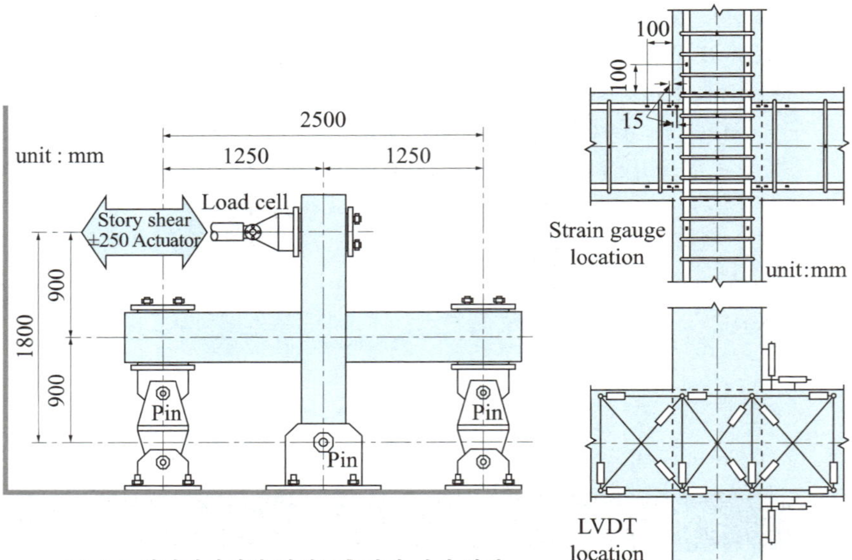

(a) 스트레인게이지와 변형률측정기 설치 위치

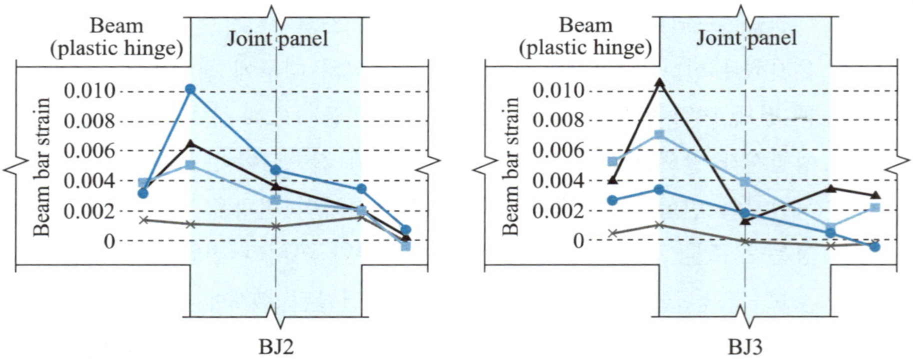

(b) 접합부 패널에 배근된 철근의 변형률 변화

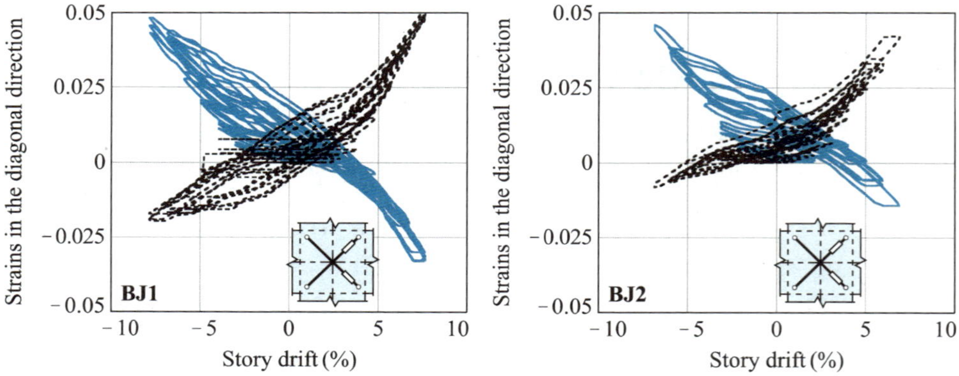

(c) 접합부 패널의 변형

[그림 6.10] 접합부의 유효단면적(Lee 등, 2009)

하게 되며, 결과적으로 [그림 6.10(c)]와 같이 접합부 내부의 변형률이 증가하게 된다. [그림 6.10(c)]는 접합부에 대각선 방향으로 설치된 변형률측정기에서 측정된 변형률을 나타낸다. 이론적으로 접합부 패널에는 변형이 발생하지 않거나 작은 변형만이 발생해야 하지만 실제로는 상당히 큰 변형이 발생하고 있다. 이러한 변형은 접합부 콘크리트의 유효압축강도(ξf_{ck})를 감소시킨다. 특히 ξf_{ck}는 균열방향의 변형률인 콘크리트의 주인장변형률과 밀접한 관련이 있으며, 접합부로 침투한 변형률은 콘크리트의 주인장변형률을 증가시킨다. 결과적으로 접합부의 콘크리트의 압축강도는 감소하고 접합부의 전단강도도 감소한다. 접합부의 강도감소 과정을 [그림 6.11]에 단계별로 나타냈다.

① **1단계** : 보에 소성힌지 발생[그림 6.11(a)]

약보-강기둥 개념에서 설계된 구조물의 보의 휨철근이 항복하고, 접합부 근처에서 소성힌지 발생

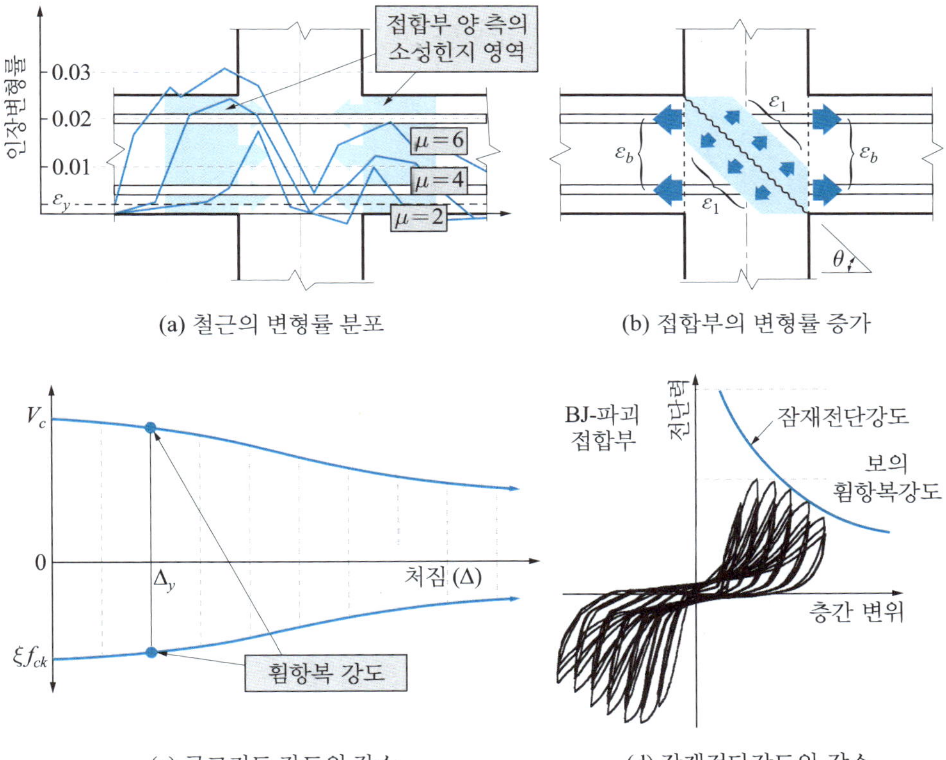

(a) 철근의 변형률 분포

(b) 접합부의 변형률 증가

(c) 콘크리트 강도의 감소

(d) 잠재전단강도의 감소

[그림 6.11] 접합부의 잠재전단강도의 감소 과정

② **2단계** : 접합부로 변형률 침투[그림 6.11(a)]
보의 소성힌지에 배근된 휨철근은 항복 후에 변형률이 급격하게 증가하며, 인접한 접합부로 파괴 침투

③ **3단계** : 접합부 내부의 변형 증가[그림 6.11(b)]
파괴의 영향이 접합부까지 전파됨으로써 접합부의 변형률도 증가

④ **4단계** : 콘크리트의 유효압축강도 감소[그림 6.11(c)]
접합부의 변형은 연화효과(softening effect)를 유발하여 접합부 콘크리트의 강도 감소

⑤ **5단계** : 접합부의 잠재 전단강도 감소[그림 6.11(d)]
콘크리트의 강도가 감소됨으로써 콘크리트 아치메커니즘에 의한 접합부 강도 감소

6.4.2 보 - 기둥 접합부의 변형

접합부는 보, 기둥, 접합부 패널의 세 가지 요소가 만나서 전체 거동을 유발하게 된다. 따라서 보－기둥 접합부의 변형은 [그림 6.12]의 세 가지 요소의 합이다. 즉, 보－기둥 접합부의 전체 회전각(R_T)을 식(6.17)에 의해 표현할 수 있다.

$$R_T = R_c + R_j + R_b \tag{6.17}$$

여기서 R_c, R_j, R_b : 각각 기둥, 접합부 패널, 보의 회전각

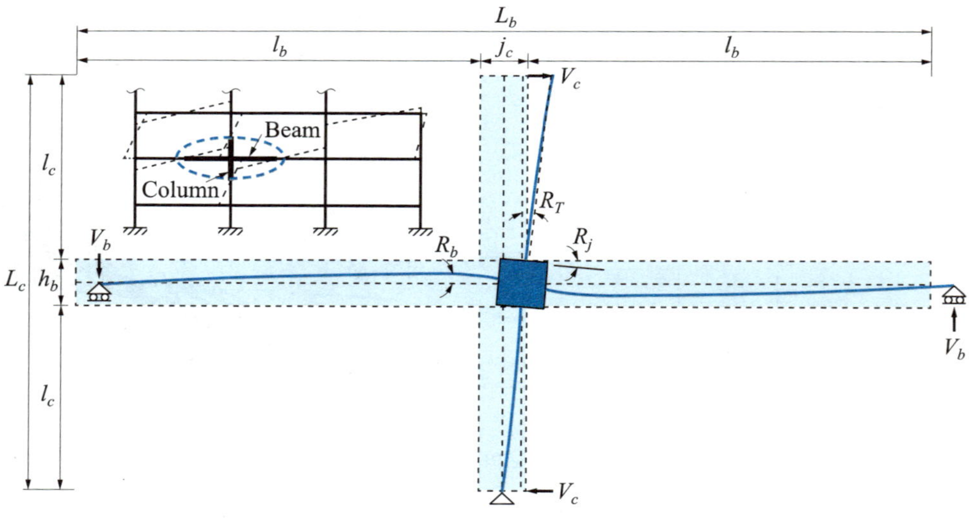

[그림 6.12] 보－기둥 접합부의 전체 변형

▌ 기둥의 변형

기둥의 회전각은 [그림 6.13]과 식(6.18)과 같이 최상부에서 발생한 변형을 기둥의 전체 길이로 나누어 계산할 수 있다.

$$\delta_c = R_c \times L_c \tag{6.18}$$

여기서, δ_c : 기둥의 변형
L_c : 기둥의 길이

약보-강기둥의 설계 개념이 적용될 경우에 보-기둥 접합부의 전체 회전에서 기둥의 변형이 차지하는 비율이 작다. 그 이유는 보에 소성힌지가 발생하여 보의 변형이 증가할 경우에 기둥은 탄성 상태를 유지하기 때문이다. 따라서 탄성 해석에 의하여 기둥의 부재회전각(R_c)을 식(6.19)에 의해 계산한다.

$$R_c = \left(\int_0^{l_c} \phi_c(x)x\,dx + 1.2\,l_c \frac{V_c}{G_c A_c}\right)\left(\frac{2}{L_c}\right) \tag{6.19}$$

여기서, ϕ_c : 기둥의 곡률
l_c : 한 쪽 기둥의 길이
V_c : 기둥 전단력
G_c : 전단탄성계수
A_c : 기둥의 단면적

식(6.19)는 식(6.20)으로 변환된다.

$$R_c = \left(\frac{\phi_c l_c}{2}\frac{2l_c}{3} + 1.2\,l_c \frac{V_c}{G_c A_c}\right)\left(\frac{2}{L_c}\right) \tag{6.20}$$

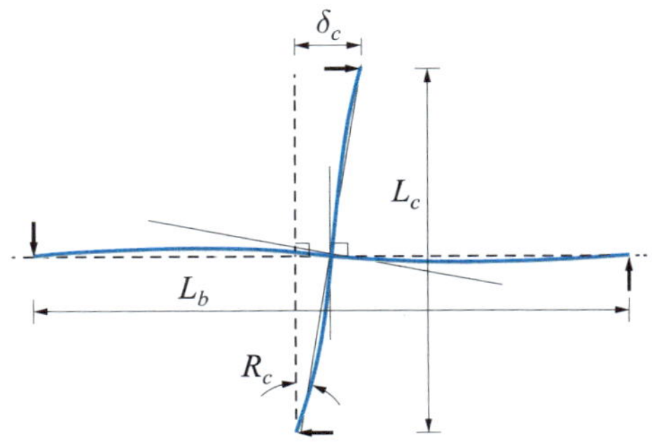

[그림 6.13] 기둥의 변형

▌ 접합부의 변형

접합부 패널에는 [그림 6.14]와 같이 팽창과 전단변형이 발생한다. 이 중에서 팽창은 보-기둥 접합부의 전체 변형에 큰 영향을 주지 않으며 부재의 전체 변형에 영향을 주는 것은 전단변형이다. 패널의 전단변형은 패널의 회전각(R_j)과 관계가 있으며, 패널의 회전각은 접합부의 기하학적 조건인 식(6.21)에서 계산할 수 있다.

$$R_j = \gamma_j \left(1 - \frac{h_c}{L_b} - \frac{h_b}{L_c}\right) \tag{6.21}$$

여기서, γ_j : 접합부의 변형률
h_c : 접합부 기둥의 폭
h_b : 접합부 보의 깊이
L_b : 보의 길이
L_c : 기둥의 높이

이들 변수에 대한 정의는 [예제 6.2]를 참조하기 바란다.

후크(Hooke)의 법칙에 의하여 접합부의 변형률과 전단응력은 식(6.22)의 관계가 있다.

$$\gamma_j = \frac{V_j}{A_j\, G_j} \tag{6.22}$$

여기서, V_j : 접합부의 전단력
A_j : 접합부의 단면적
G_j : 접합부의 전단탄성계수

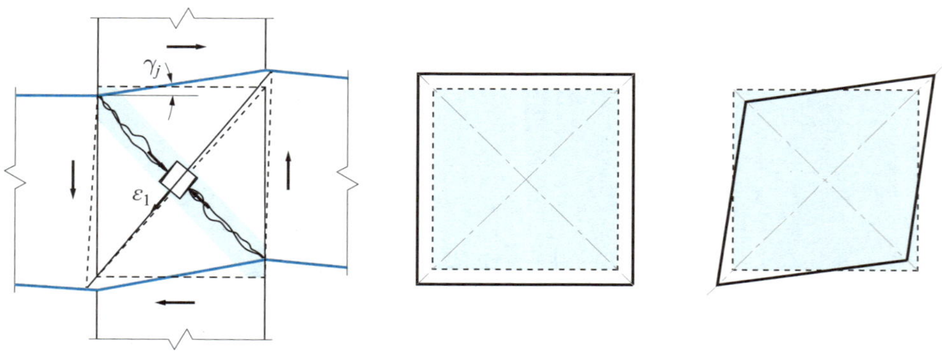

(a) 전체 변형 (b) 팽창 (c) 전단변형

[그림 6.14] 접합부 패널의 변형

식(6.22)의 접합부의 전단탄성계수 G_j는 3장에서 설명한 재료메커니즘에 의하여 식(6.23)에 의해 계산할 수 있다.

$$G_j = \frac{f_1^c - f_2^c}{2(\varepsilon_1 - \varepsilon_2)} \tag{6.23}$$

접합부 패널에는 인장과 압축의 2축 응력이 작용하므로 식(6.23)의 콘크리트의 주압축응력(f_2^c)은 콘크리트의 유효압축강도(ξf_{ck})로 대체해야 하며, 부재 파괴시의 콘크리트의 주인장응력(f_1^c)은 매우 작으므로 식(6.23)은 식(6.24)로 대체할 수 있다.

$$G_j = \frac{-\xi f_{ck}}{2(\varepsilon_1 - \xi \varepsilon_{co})} \tag{6.24}$$

▌보의 변형

보의 변형은 보－기둥 접합부 변형 중에서 가장 큰 비율을 차지한다. 보의 회전각(R_b)은 식(6.25)와 같이 네 가지로 세분화 할 수 있으며, [그림 6.15]에는 이들 변형을 그림으로 표현하였다.

$$R_b = R_{bf} + R_{bs} + R_{bp} + R_{bh} \tag{6.25}$$

여기서, R_{bf} : 휨모멘트에 의한 회전
R_{bs} : 전단력에 의한 회전
R_{bp} : 철근의 뽑힘(pullout)에 의한 회전
R_{bf} : 변형률 변화(strain shifting)에 의한 회전

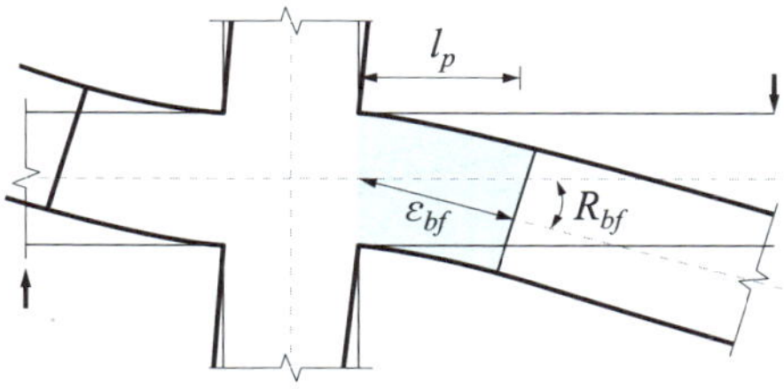

(a) 휨변형

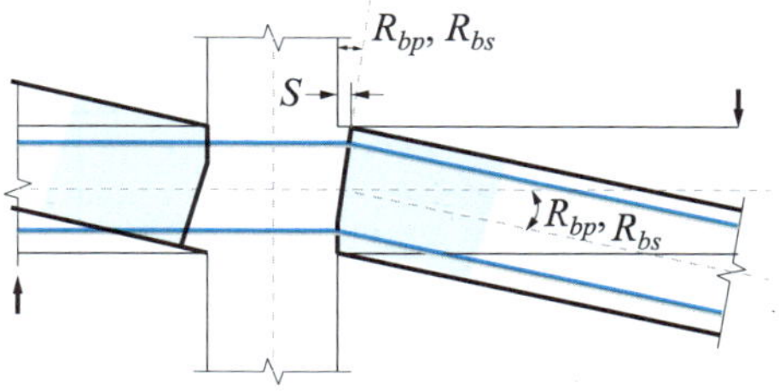

(b) 전단변형과 뽑힘변형

[그림 6.15] 보의 변형

식(6.25)에서 전단력에 의한 회전(R_{bs})과 변형률 변화에 의한 회전(R_{bf})은 매우 작기 때문에 무시할 수 있다[식(5.36) 참조]. 또한 보의 소성힌지 구역에서 발생하는 부재 축 방향변형률은 정(正)과 부(負)방향의 소성 부재 회전각의 영향을 포함한 식(6.26)에서 구할 수 있다.

$$\varepsilon_l = \frac{(R_{bfp} + R_{bfn}) \cdot z}{2l_p} \qquad \text{식(5.38)과 동일} \tag{6.26}$$

여기서, R_{bfp}와 R_{bfn} : 정(正)과 부(負)방향의 휨모멘트에 의한 보의 회전각

보의 휨변형이 발생하면서 보의 주인장철근은 항복변형률 이후까지 지속적으로 증가하게 된다. 보에 소성힌지가 발생한 이후에 접합부에 정착된 보의 철근은 뽑힘(pullout) 현상이 발생하게 된다. 접합부에서 발생한 철근의 뽑힘길이(Δ_{dp})는 철근의 변형률과 콘크리트 변형률의 차이에 의하여 식(6.27)에 의해 계산한다.

$$\Delta_{dp} = \int_0^{h_c} (\varepsilon_s - \varepsilon_c) dx \tag{6.27}$$

여기서, ε_s와 ε_c : 각각 접합부에 배근된 철근과 콘크리트의 변형률

정확한 뽑힘길이(Δ_{dp})를 구하기 위해서는 두 변형률의 상대적인 차이에 근거해야 하지만 Filoppou 등(1983)은 대 변형이 발생한 이후에 철근의 변형률에 비하여 콘크리트의 변형률은 지극히 작기 때문에 무시할 수 있다고 지적하였다. 따라서 식(6.27)은 식(6.28)로 변경된다.

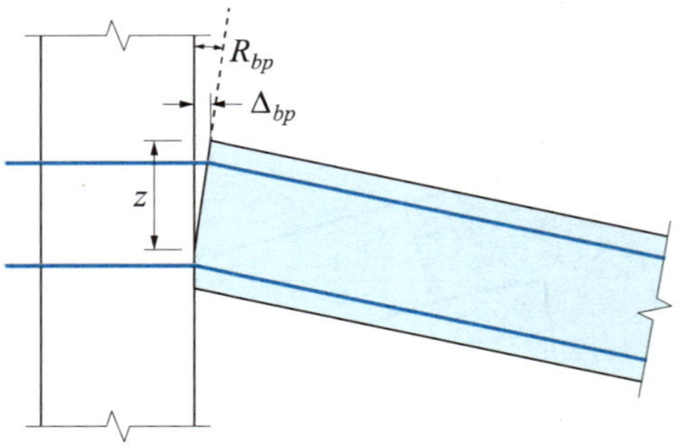

[그림 6.16] 철근의 뽑힘에 의한 보 회전각

$$\Delta_{dp} = \int_0^{h_c} (\varepsilon_s) dx \tag{6.28}$$

식(6.25)의 철근의 뽑힘에 의한 회전(R_{bp})은 식(6.28)의 Δ_{dp}를 상하철근의 중심간의 거리(z)로 나누어 계산할 수 있다.

$$R_{dp} = \frac{\Delta_{dp}}{z} \tag{6.29}$$

6.4.3 접합부 패널의 변형률 침투

보–기둥 접합부의 전체 회전각(R_T)을 식(6.17)에 의해 계산하기 위해서는 보의 소성힌지영역에서 발생한 파괴가 접합부로 전파되는 변형률 침투(strain penetration)를 파악해야 한다. 변형률 침투는 앞서도 언급했듯이 보에 소성힌지가 발생한 이후에 주인장 철근의 변형률이 소성힌지에서만 증가하지 않고 접합부 내부까지 침투하여 접합부 내부에서도 변형이 증가하는 현상을 말한다.

보–기둥 접합부의 실험 결과에 의하면 철근의 변형률 침투는 다음과 같은 특징이 있다.

① **전단강도비의 영향** : 변형률 침투는 전단강도비가 증가할수록 감소한다. 즉, 보의 휨항복시의 접합부 전단력(V_{jby})과 접합부의 전단강도(V_{j1})의 차이가 클수록 변형률 침투는 감소한다. 예를 들어, [그림 6.17]에서 $V_{j1}/V_{jby}=1.96$인 실험체의 변형률 침투와 3.13인 실험체의 변형률 침투를 비교해 보면 V_{j1}/V_{jby}의 값이 클수록, 즉 잠재전단강도비가 클수록 변형률 침투가 작다는 것을 알 수 있다. 그 이유는 V_{jby}와 V_{j1}의 차이가 크다는 것은 보–기둥 접합부가 B 파괴를 할 가능성이 높다는 것을 의미하며, B 파괴의 경우에는 파괴가 대부분 소성힌지에서만 발생하고 접합부에는 거의 파괴가 발생하지 않기 때문이다. 몇몇 연구자들이 수행한 V_{j1}/V_{jby}와 변형률 침투의 관계를 [그림 6.18]에 정리하였다. 소성힌지에서 접합부의 변형률 침투 비율을 K라고 할 때, K는 보의 소성힌지의 축방향변형률(ε_l)과 접합부의 축방향변형률(ε_j)의 비에 의해 식(6.30)으로 정의된다.

$$K = \frac{\varepsilon_j}{\varepsilon_l} \tag{6.30}$$

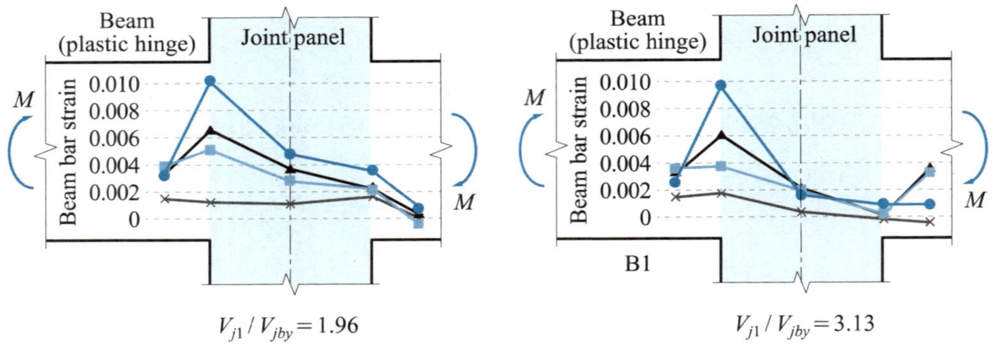

[그림 6.17] 소성힌지에서 접합부로 변형률 침투

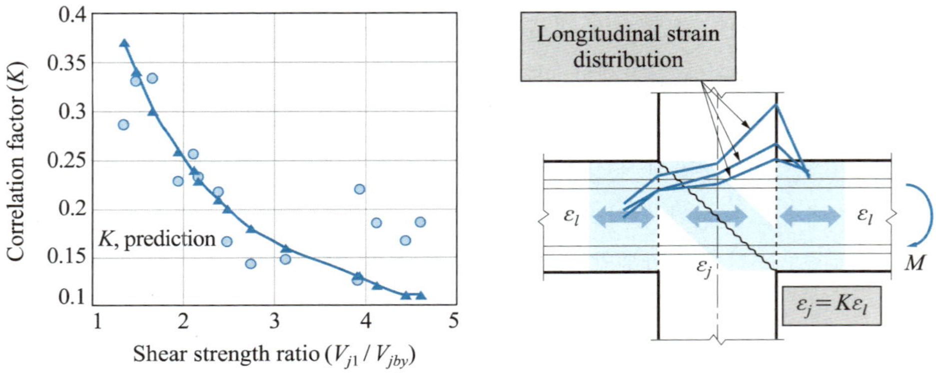

[그림 6.18] 접합부의 변형률 침투 비율

(Lee 등, 2009, Bolong 등, 1991, Kitayama 등, 1991, Joh 등, 1991)

② **축력비의 영향** : 변형률 침투는 축력비(n)가 증가하면 감소한다. 기둥에 작용하는 축력이 클 경우에 보의 소성힌지에서 전달되는 변형률 침투는 억제되어 변형률 침투 비율 K는 감소한다. 축력은 접합부에 압축응력을 유발하게 되며, 압축응력은 소성힌지로부터 전파되는 파괴의 침투를 억제한다.

실험 결과에 근거하여 변형률 침투 비율 K는 V_{j1} / V_{jby}와 n의 함수로 나타낼 수 있다.

$$K = 0.5\left(\frac{V_{jby}}{V_{j1}}\right)\left(\frac{1}{1+100n}\right)^{0.12} \tag{6.31}$$

여기서, V_{jby} : 보의 휨항복시의 접합부 전단력

V_{j1} : 접합부의 전단강도를 말하며 Type-1 접합부로 설계한 전단강도
n : 기둥의 축력비로 압축이 "양수"

식(6.31)의 결과와 실험 결과를 [그림 6.18]에 비교하였다. 그림에서 식(6.31)은 V_{j1} / V_{jby}과 축력의 영향을 반영하고 있다.

6.4.4 보 - 기둥 접합부의 변형 예측

보－기둥 접합부의 전체 변형을 예측하기 위해서는 어느 한 부재의 변형이 아니라, 기둥, 접합부 패널, 보의 변형을 모두 계산해야 한다. 정확한 변형 예측을 위해서는 이들 요소에 대한 계산이 필요하다. 보－기둥 접합부의 전체 회전각(R_T)을 다음의 순서에 의해 계산할 수 있다.

① 부재의 재료 특성이 주어지고, 보의 휨모멘트에 의한 부재회전각 R_{bfp}와 R_{bfn}이 주어진다. 약보－강기둥의 설계에서는 보의 변형을 이용하여 설계가 이루어지므로 여기서도 맨 먼저 보의 부재회전각이 정해진다.
② 접합부 변형률 침투(K)를 식(6.31)에 의해 계산한다. 소성힌지가 발생한 이후에 접합부에 침투하는 파괴의 정도를 K에 의해 평가한다.
③ 보의 소성힌지 영역의 축방향변형률(ε_l)을 식(6.26)에 의해 계산한다. 소성힌지 영역의 축방향변형률(ε_l)은 보의 부재회전각과 연계되므로 정해진 부재회전각에 해당하는 ε_l을 계산한다.
④ 접합부의 축방향변형률(ε_j)을 식(6.30)에 의해 계산한다. 계산된 K값과 ε_l을 이용하여 접합부에 침투된 변형을 계산한다.
⑤ 보의 접합부 철근의 뽑힘(Δ_{dp})과 뽑힘에 의한 회전(R_{bp})을 식(6.28)과 식(6.29)에 의해 계산한다.
⑥ 기둥의 변형(R_c)을 식(6.20)에 의해 계산한다.
⑦ 접합부 패널의 변형(R_j) 식(6.21)에 의해 계산한다.
⑧ 보－기둥 접합부의 전체 회전각(R_T)을 식(6.17)에 의해 계산한다.

예제 6.2

특수모멘트골조로 된 18층 철근콘크리트 건물의 내부 접합부의 변형을 계산하라. [예제 그림 6.2.1]의 보－기둥 접합부는 실제 부재를 약 1/2로 축소한 것이다. 실험 결과와 해석 결과를 직접 비교하기 위하여 축소된 보－기둥 접합부를 예제로 하였다.

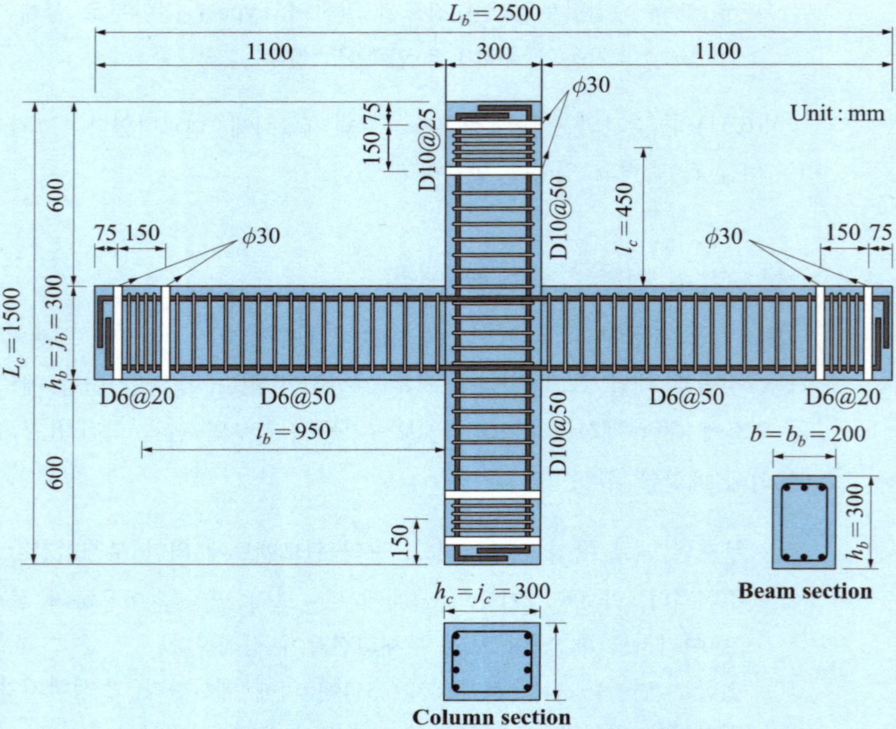

[예제 그림 6.2.1] 철근콘크리트 구조물의 접합부

부재	단면(mm)	f_{ck}(MPa)	f_y(MPa)	주철근	횡방향철근	기타
보	200 × 300	40	530	상부철근 3-D13	D6@50	보 길이 : 2,200 mm
				하부철근 3-D13		
기둥	250 × 300	40	520	8-D19	D10@50	기둥 높이 : 1,200 mm

D19 철근($d_b = 19.1$ mm, $A_s = 286.7\ \text{mm}^2$), D13 철근($d_b = 12.7$ mm, $A_s = 126.7\ \text{mm}^2$),
D10 철근($d_b = 9.53$ mm, $A_s = 71.3\ \text{mm}^2$)

[풀이]

휨모멘트에 의한 보-기둥 접합부의 회전각 R_{bfp}와 R_{bfn}이 0.01일 때의 변형을 계산하였다.

① 보의 휨모멘트에 의한 부재회전각 R_{bfp}와 R_{bfn}이 주어진다.

$L_c = 1{,}200$ mm, $L_b = 2{,}200$ mm, $l_c = 450$ mm, $l_b = 950$ mm, $h_c = j_c = 300$ mm,

$h_b = j_b = 300$ mm, $z = 240$ mm, $b_c = 250$ mm, $b = b_b = 200$ mm, $n = 0$

$R_{bfp} = R_{bfn} = 0.01$

② 접합부 변형률 침투(K)를 식(6.31)에 의해 계산한다.

$$K = 0.5\left(\frac{V_{jby}}{V_{j1}}\right)\left(\frac{1}{1+100n}\right)^{0.12} = 0.5\left(\frac{430}{708.7}\right)\left(\frac{1}{1}\right)^{0.12} = 0.303$$

여기서 식(6.8)~식(6.10)을 이용하여 V_{j1} 을 계산하고, 식(6.6)에서 V_{jby} 를 계산한다.

$$V_{j1} = 0.083\,\gamma\,\sqrt{f_{ck}}\,A_j = 0.083 \times 20\,\sqrt{40} \times 67500 = 708.7\text{ kN}$$

$$b_j = b_e = \min\left(\frac{b_b + b_c}{2},\ b_b + \Sigma\frac{mb_c}{2},\ b_c\right) = \left(\frac{200+250}{2},\ 250\right) = 225\,\text{mm}$$

$$A_j = b_e \times j_c = 225 \times 300 = 67{,}500\ \text{mm}^2$$

$$V_{jby} = \left(\frac{L_c}{z_b} - 1\right)V_{by}\frac{L_b}{L_c} - \frac{h_c}{z_b}V_{by} = \left(\frac{1{,}200}{240} - 1\right)70.7 \times \frac{2{,}200}{1{,}200} - \frac{300}{240} \times 70.7 = 430\text{ kN}$$

$$V_{jb} = \frac{M_{by}}{l_b} = \frac{A_b f_y jd}{l_b} = \frac{67.2}{0.95} = 70.7\text{ kN}$$

V_{j1} 을 KDS 14 국가건설기준의 식(6.11)에 의해서도 계산이 가능하다. 다만 식(6.11)은 Type-2의 접합부 설계에 해당하는 평가식이므로 계산한 값에 4/3 (=20/15)를 곱해서 Type-1 접합부의 강도로 변환해야 한다.

$$V_{jn} = \lambda_j \sqrt{f_{ck}}\,A_j = 1.25\,\sqrt{40} \times 67{,}500 \times \frac{4}{3} = 711.5\text{ kN}$$

여기서, λ_j : 1.25 (3면 또는 서로 반대 방향의 2면이 구속된 경우)

③ 보의 소성힌지 영역의 축방향변형률(ε_l)을 식(6.26)에 의해 계산한다.

$$\varepsilon_l = \frac{(R_{bfp} + R_{bfn}) \cdot z}{2l_p} = \frac{(0.01 + 0.01) \cdot 240}{2 \times 270} = 0.00889$$

④ 접합부의 축방향변형률(ε_j)을 식(6.30)에 의해 계산한다.

$$\varepsilon_j = K\varepsilon_l = 0.303 \times 0.00889 = 0.002694$$

⑤ 보의 접합부 철근의 뽑힘과 뽑힘에 의한 회전(R_{bp})을 식(6.28)과 식(6.29)에 의해 계산한다.

$$\Delta_{dp} = \int_0^{h_c} (\varepsilon_s)\,dx = 0.002694 \times 300 = 0.8082\,\text{mm}$$

$$R_{dp} = \frac{\Delta_{dp}}{z} = \frac{0.8082}{240} = 0.003367$$

⑥ 기둥의 변형(R_c)을 식(6.20)에 의해 계산한다.

$$R_c = \left(\frac{\phi_c l_c}{2}\frac{2l_c}{3} + 1.2\,l_c\frac{V_c}{G_c A_c}\right)\left(\frac{2}{L_c}\right)$$

$$= \left(\frac{0.000004414 \times 450}{2}\frac{2 \times 450}{3} + 1.2 \times 450\frac{129{,}600}{13{,}201.3 \times 75{,}000}\right)\left(\frac{2}{1200}\right) = 0.000615$$

여기서, $V_c = V_b\dfrac{L_b}{L_c} = 70.7 \times \dfrac{2{,}200}{1{,}200} = 129.6\text{ kN}$

$$M_c = V_c \cdot l_c = 129.6 \times 0.45 = 58.3\text{ kN} \cdot \text{m}$$

$$\varepsilon_{cs} = \frac{M_c}{A_{cs} \times E_s \times jd} = \frac{58.3 \times 10^6}{4 \times 286.7 \times 200{,}000 \times 240} = 0.001059$$

$\phi_c = \dfrac{\varepsilon_{cs}}{d - kd} = \dfrac{0.001059}{240} = 0.000004414$ (kd는 "0"으로 가정)

$G_c = \dfrac{E_c}{2(1+\nu)} = \dfrac{30{,}891}{2(1+0.17)} = 13.201.3$ MPa (푸와송비 $\nu = 0.17$)

$A_c = 250 \times 300 = 75{,}000\,\mathrm{mm}^2$

⑦ 접합부 패널의 변형(R_j)은 식(6.21)에 의해 계산한다.

$$R_j = \gamma_j\left(1 - \frac{h_c}{L_b} - \frac{h_b}{L_c}\right) = 0.00202\left(1 - \frac{300}{2{,}200} - \frac{300}{1{,}200}\right) = 0.00124$$

여기서 식(6.22)와 식(6.24)를 이용하여 γ_j을 계산한다.

$$\gamma_j = \frac{V_j}{A_j\,G_j} = \frac{430{,}000}{67{,}500 \times 3154.8} = 0.00202$$

$$G_j = \frac{\xi f_{ck}}{2(\varepsilon_1 - \xi\varepsilon_{co})} = \frac{0.742 \times 40}{2[0.00322 - 0.742 \times (-0.002)]} = 3{,}154.8\ \mathrm{MPa}$$

$$\varepsilon_1 = \varepsilon_l + \varepsilon_t - \varepsilon_2 = \varepsilon_j + \varepsilon_{cs}/2 - 0 = 0.002694 + 0.001059/2 = 0.00322$$

$$\xi = \frac{1}{0.8 + 170\varepsilon_1} = \frac{1}{0.8 + 170 \times 0.00322} = 0.742$$

⑧ 보-기둥 접합부의 전체 회전각(R_T)을 식(6.17)에 의해 계산한다.

$$R_T = R_c + R_j + R_b = 0.000615 + 0.00124 + (0.003367 + 0.01) = 0.015222$$

전체 부재회전각에 대하여 기둥, 접합부, 보가 차지하는 변형률 비를 살펴보면 각각 4.04퍼센트, 8.15퍼센트, 87.81퍼센트이며, 보의 변형이 가장 크다.

실험에서는 [예제 그림 6.2.2]와 같이 철근에 변형률게이지, 접합부 패널에 변형률측정기, 또한 철근에 전산볼트를 구간별로 용접하여 미끌림량을 측정하였다.

실험의 측정 장치를 이용하여 관측한 접합부 변형 실험값과 계산값을 [예제 그림 6.2.3]에서 비교하였다. 실험에서는 반복하중에 의하여 변화하는 실험값이 측정되었지만, 계산에서는 하중-변형 이력곡선의 포락선에 해당하는 계산값이 제시되었다. 그림의 비교에서 실험값과 계산값이 정확하게 일치하지는 않지만 어느 정도 변형의 변화를 예측하고 있다는 것을 알 수 있다.

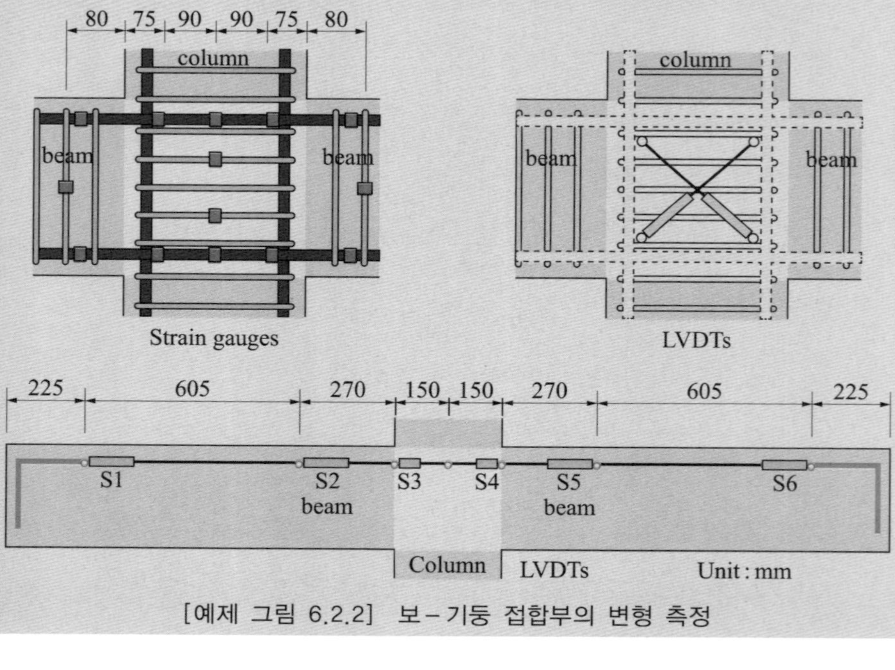

[예제 그림 6.2.2] 보-기둥 접합부의 변형 측정

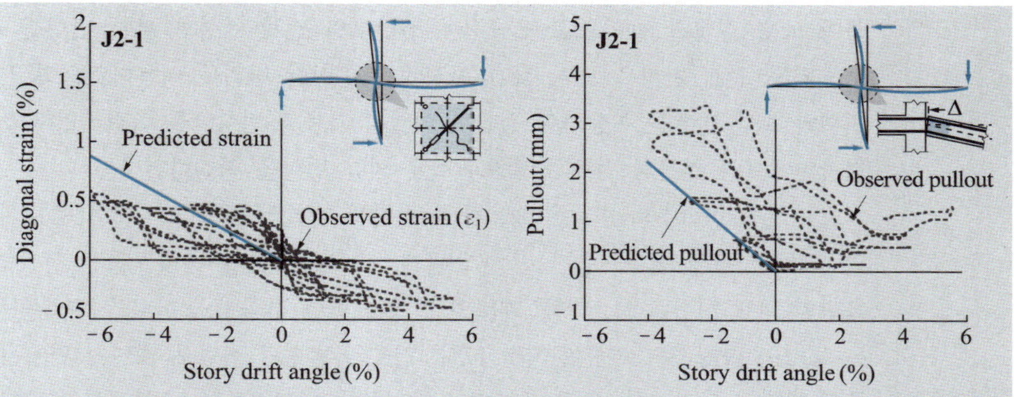

(a) 접합부 패널의 대각 변형 (b) 철근의 뽑힘

[예제 그림 6.2.3] 접합부의 변형 비교

보-기둥 접합부의 전체 변형을 [예제 6.2]와 동일한 방법으로 계산하고 이를 실험 결과와 비교하였다. Teraoka(1997)는 [그림 6.19]와 같이 여러 개의 변위측정기를 이용

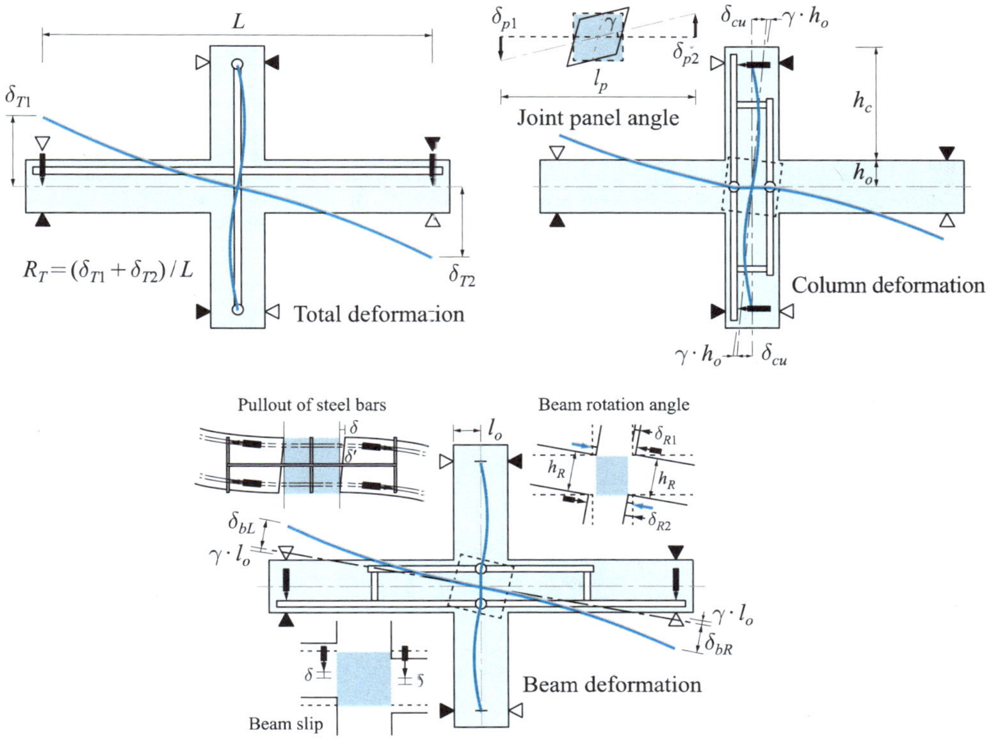

[그림 6.19] 접합부의 변형 측정(Teraoka, 1997)

하여 매우 정교한 방법으로 보-기둥 접합부의 전체 변형과 부분 변형을 측정하였다. 보-기둥 전체 변형은 보의 좌우 지점에서 측정한 변위를 이용하였으며, 기둥 상하의 변위와 보의 변위를 이용하여 접합부 패널과 기둥의 변형각을 측정하였다. 보에는 패널 접합면에서의 철근의 뽑힘과 휨모멘트에 의한 변형을 측정하였다.

보-기둥 접합부의 변형은 보, 기둥, 접합부 패널의 변형을 더해서 구할 수 있다. [그림 6.20]은 전체 변형-층간 전단력 관계, 보, 기둥, 패널 변형-층간 전단력 관계이다. 그림의 전체 변형은 보, 기둥, 패널의 변형을 합한 값과 동일하다. 대부분의 실험체에서는 보에서 발생하는 변형이 가장 크다. 기둥의 변형과 접합부 패널의 변형은 부재의 종류에 따라서 달라진다. 특히 세부재가 차지하는 변형비는 6.4.3항에서 설명한 변형률 침

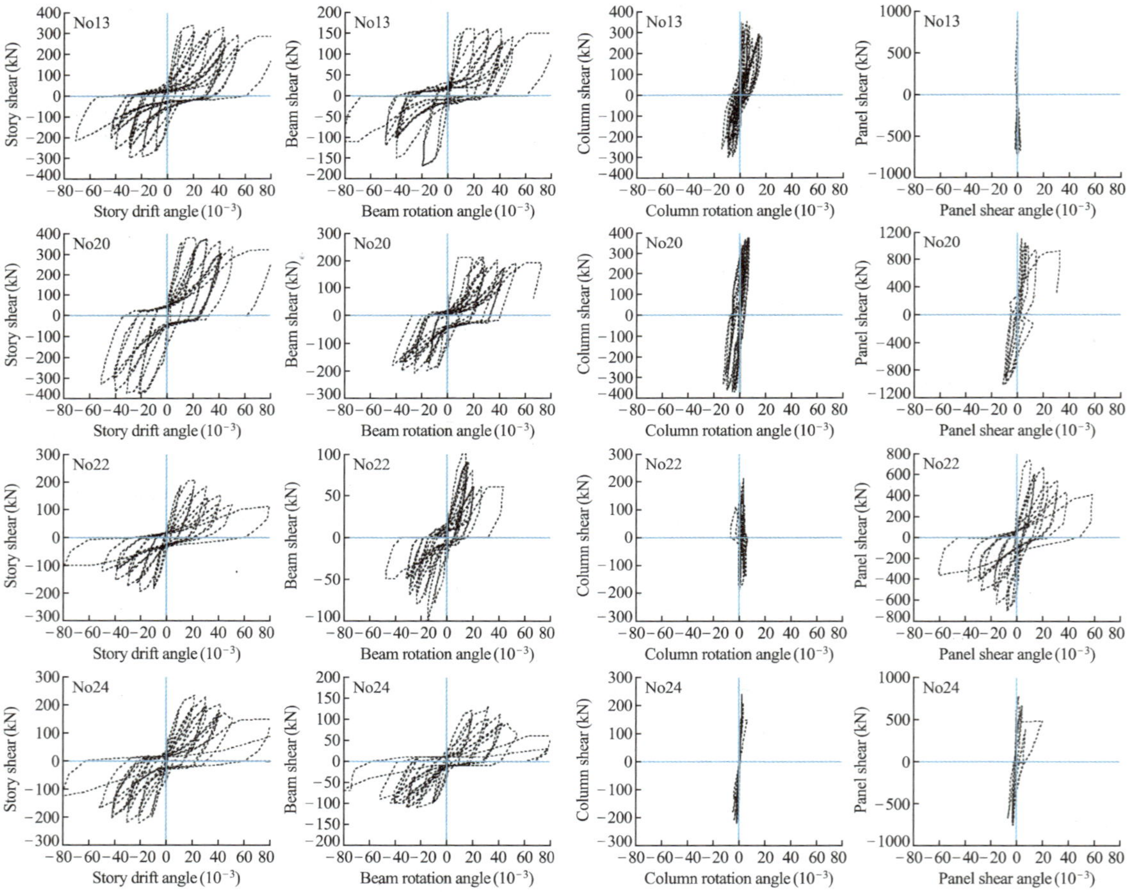

(a) 전체 변형 (b) 보의 변형 (c) 기둥의 변형 (d) 패널의 변형

[그림 6.20] 접합부의 전체 변형과 부분 변형(Teraoka, 1997)

투비율 K에 대한 영향과 같이 잠재전단강도비(V_{j1}/V_{jby})가 증가할수록 접합부에 발생하는 변형이 감소하며 기둥에 발생하는 변형은 상대적으로 증가하였다. 예를 들어, [그림 6.20]에서 실험체 No.13의 잠재전단강도비(V_{j1}/V_{jby})는 실험체 No.22의 잠재전단강도비보다 크기 때문에 접합부의 변형은 보나 기둥의 변형에 비하여 작다. 반면에 실험체 No.22의 접합부의 변형은 상대적으로 크다.

위에서 계산한 보, 기둥, 패널의 변형 비율을 보다 명확하게 평가하기 위하여 [그림 6.21]에서는 실험에서 측정한 변형비를 비교하였다. [그림 6.21]은 실험에서 측정한 여러 결과 중에서 실험체 No. 20에 대한 하나의 예를 나타낸다. 그림에는 4종류의 하중-변위 관계가 표시되어 있다. 여기서 변형비는 각 부재의 변형을 전체 변형으로 나눈 값이다. 즉, 패널 변형비란 패널 변형각/전체 변형각(R_j/R_T)을 의미한다. 변형비를 나타내는 그래프의 x축은 전체 층변위각(total story drift angle)을 나타내며, y축은 변형비

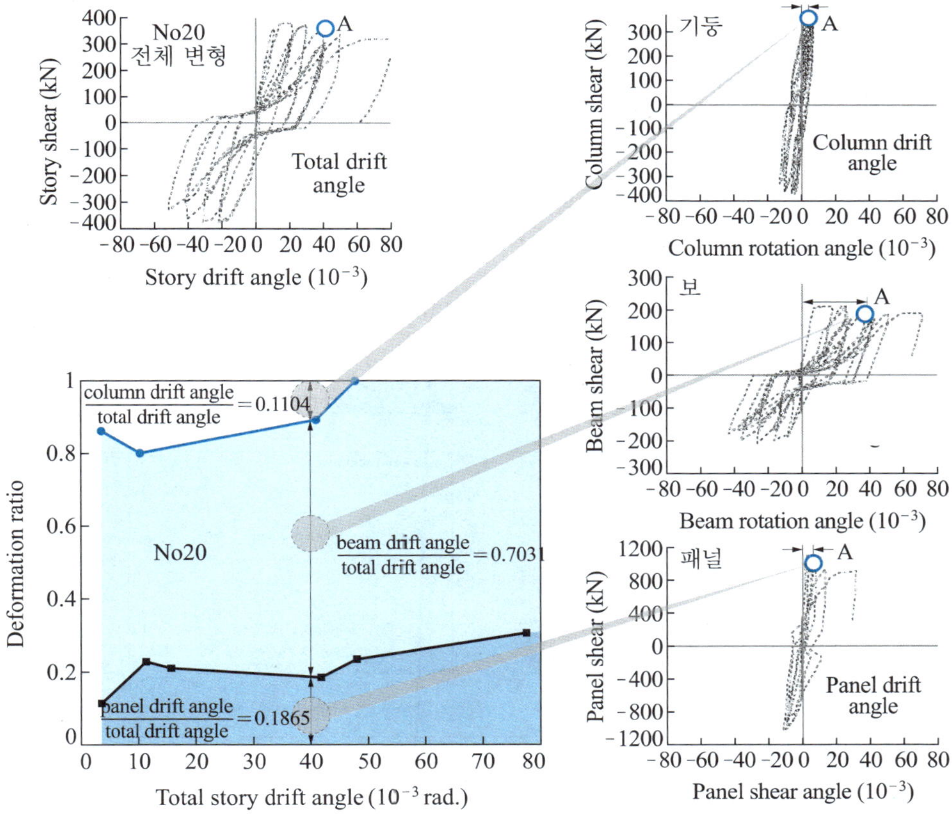

[그림 6.21] 보-기둥 접합부의 변형비율

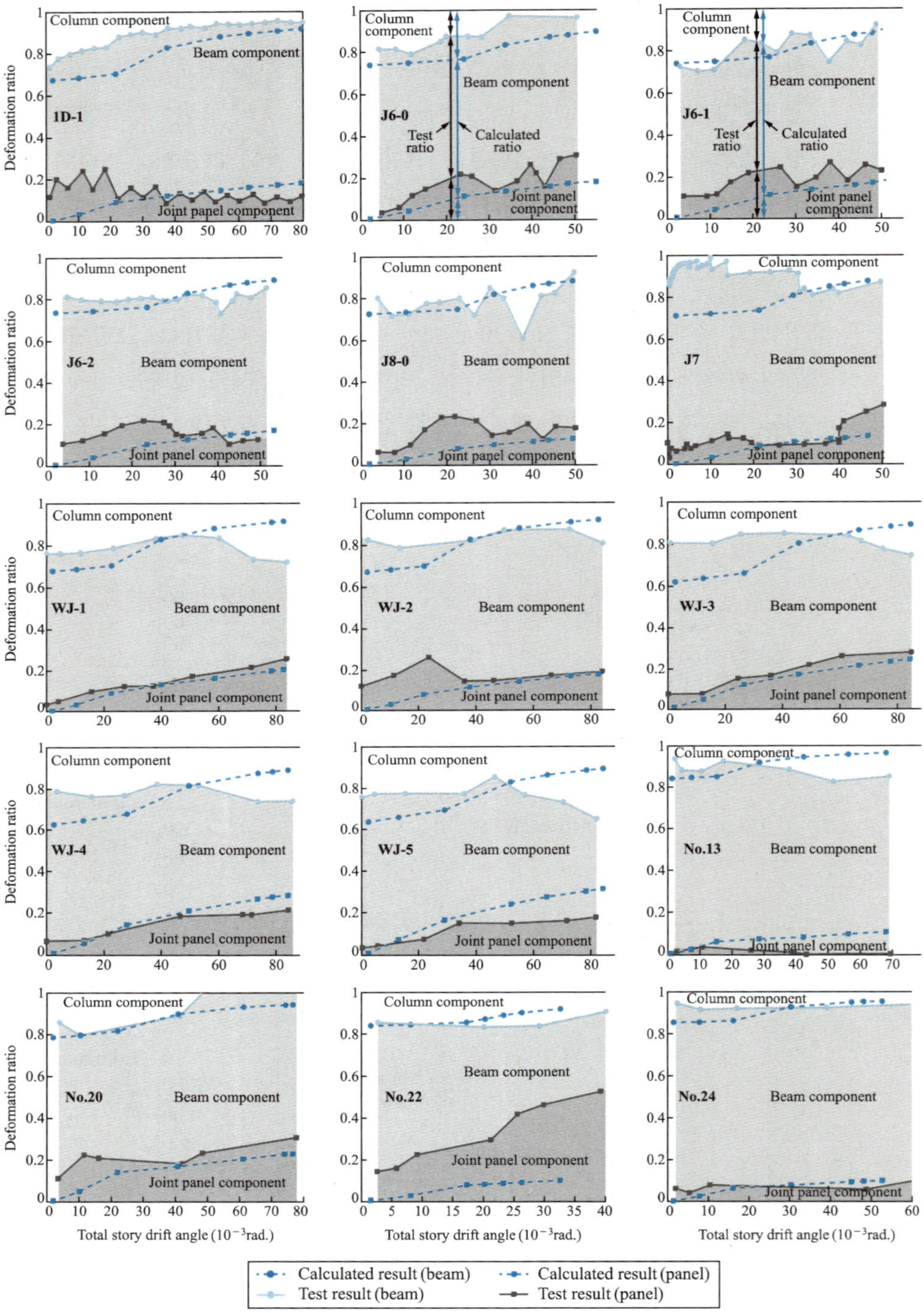

[그림 6.22] 변형비율 비교(Lee 등, 2020)

를 나타낸다. 변형비의 전체 합은 1, 즉 100퍼센트가 된다. 변형비를 나타내는 그래프의 하단에는 접합부 패널의 변형비(R_j/R_T), 중간은 보의 변형비(R_b/R_T), 상부는 기둥의 변형비(R_c/R_T)가 표시되어 있다. 그림에서 전체 층변위각이 0.001 rad.인 A점에 해당하는 패널, 보, 기둥의 변형각을 구한 후에 이 값을 전체 변형각으로 나누어 변형비를 계산했을 경우에 패널, 보, 기둥의 변형비는 각각 18.65%, 70.31%, 11.04%이다. 이들 변형비는 전체 변위각이 증가하면서 다양한 비율로 변화하는 것을 알 수 있다. 즉, 전체 변위각이 작은 경우에는 기둥의 변형비가 크지만, 전체 변위각이 증가함에 따라서 기둥의 변형비는 작아지고 패널이 차지하는 변형비가 증가하고 있다. 이는 소성힌지가 발생하기 전이나 발생한 직후에는 기둥의 변형이 크지만, 전체 변위각이 증가함에 따라서 변형률 침투가 증가하여 기둥이 차지하는 변형비가 상대적으로 감소하고, 패널이 차지하는 변형비가 상대적으로 커지기 때문이다.

[그림 6.21]과 같은 방법으로 보 - 기둥 접합부의 변형비를 계산한 후에 전체 35개 실험체를 대표하는 15개 실험체의 층변의각과 변형비의 관계를 [그림 6.22]에 나타냈다. [그림 6.22]에는 [예제 6.2]의 방법에 의하여 계산한 보 - 기둥 접합부의 변형비를 동시에 표시하였다. 그림의 점선은 실험에서 측정된 변형비를 나타내며, 그림의 실선은 계산한 변형비를 나타낸다. [그림 6.22]에서 모든 실험체의 전체 변위각이 증가하면 기둥의 변형비(R_c/R_T)는 감소하고 패널의 변형비(R_j/R_T)는 증가한다. 이는 보 - 기둥 접합부의 변형이 증가함에 따라서 파괴가 소성힌지에서 패널로 전파되기 때문이다.

실험과 해석에서의 변형비는 모두 보가 가장 크며, 기둥과 접합부는 잠재전단강도비에 따라서 달라진다. 이를 보다 명확하게 파악하기 위하여 전체 층변위각이 0.02일 때의 잠재전단강도비(V_{j1}/V_{jby})과 보의 변형비(R_b/R_T) 관계 및 접합부의 변형비(R_j/R_T) 관계를 [그림 6.23]에 나타냈다. [그림 6.23]에는 [예제 6.2]와 동일한 방법으로 계산한 변형비도 표시되어 있다. 그림에서 보의 변형비는 잠재전단강도비가 증가할수록 증가하였지만, 접합부의 변형비는 감소하였다. 이는 접합부 패널의 변형률 침투는 전단강도비가 증가할수록 감소하기 때문이다. 층변위각이 0.02일 때의 기둥의 변형비는 2.2～23.6퍼센트, 접합부의 변형비는 0.8～26.8퍼센트, 보의 변형비는 56.4～92.0퍼센트이다.

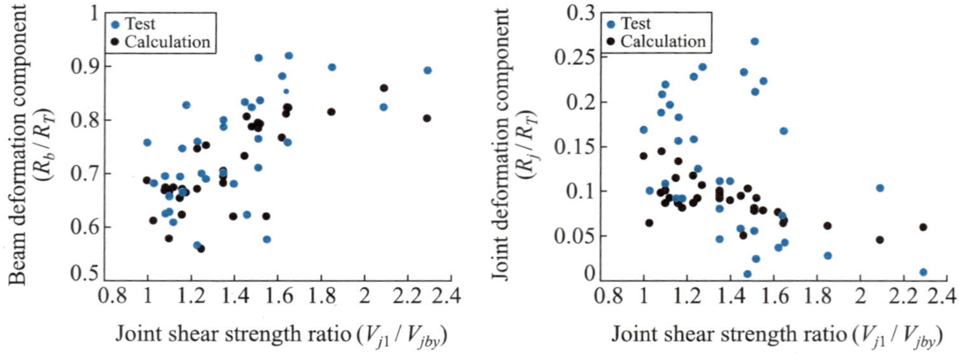

(a) 보의 변형비율　　　(b) 접합부의 변형비율

[그림 6.23] 층변위각 0.02에서의 변형비율 비교

6.5 트러스모델에 의한 접합부의 연성 평가

보-기둥 접합부에 대한 KDS 14 국가건설기준과 ACI318-19기준에서는 취성적으로 파괴되는 J파괴 접합부는 허용하지 않고 있으며, 연성적으로 파괴하는 BJ나 B파괴 접합부만 허용한다. BJ파괴 접합부나 B파괴 접합부의 연성능력은 6.4절에서 설명하였듯이 보-기둥 접합부의 잠재전단강도비(V_{j1} / V_{jby})에 따라서 달라진다. 기준에서는 접합부의 연성능력을 직접 평가하지는 않고, 접합부의 강도를 낮추어 간접적으로 접합부가 연성능력을 확보하도록 하고 있다. 그러나 이러한 간접적인 연성능력 평가법은 접합부의 연성을 명확하게 반영하지 않기 때문에 때로는 접합부의 성능을 과대평가 또는 과소평가할 수 있는 위험성이 있다. 따라서 합리적으로 보-기둥 접합부를 설계하기 위해서는 접합부의 연성을 직접 평가할 수 있는 방법이 필요하다.

보-기둥 접합부의 연성능력은 아치작용과 트러스모델을 이용하여 다음과 같이 평가할 수 있다.

6.5.1 접합부의 전단저항

접합부의 전단저항은 아치작용에 의한 전단저항과 트러스작용에 의한 전단저항으로 구분된다. 아치작용은 기둥과 보의 압축영역에 인접한 접합부 콘크리트에 의해 저항하는 전단강도이다. [그림 6.24(a)]와 같이 보와 기둥에 휨압축영역이 발생하면 접합부의 대각선 방향으로 압축대가 형성된다. 아치작용을 유발하는 접합부의 영역은 보와 기둥의 중립축의 깊이로부터 구할 수 있다. 트러스작용은 [그림 6.24(b)]와 같이 접합부에 사인장균열이 발생한 이후에 접합부 내부의 수평방향철근, 수직방향 철근, 대각 방향 콘크리트에 의해 발생한다.

아치작용에 의해 콘크리트 압축대에 압축력 D_c가 발생할 경우에 수평방향의 전단강도(V_{ch})은 식(6.32)가 된다.

$$V_{ch} = D_c \cos\theta = \xi_c f_{ck}(b_s b_j)\cos\theta \tag{6.32}$$

여기서, ξ_c : 아치작용이 분담하는 콘크리트 유효강도감소계수비

접합부에는 2축 응력이 작용하여 주인장방향 변형이 증가하면 콘크리트의 압축강도가 감소하므로 3장에서 설명한 콘크리트의 유효압축강도(ξ)를 사용해야 한다. b_j는 접합부의 유효폭이며 식(6.10)에 의해 계산한다. θ는 압축대의 각도이며 균열 각도와 동일하다. θ는 폭이 넓은 접합부를 제외하고는 단면의 기하학적 조건에서 구할 수 있다.

$$\tan\theta = \frac{h_b}{h_c} \tag{6.33}$$

여기서, h_c : 기둥 단면의 폭

h_b : 보의 단면높이

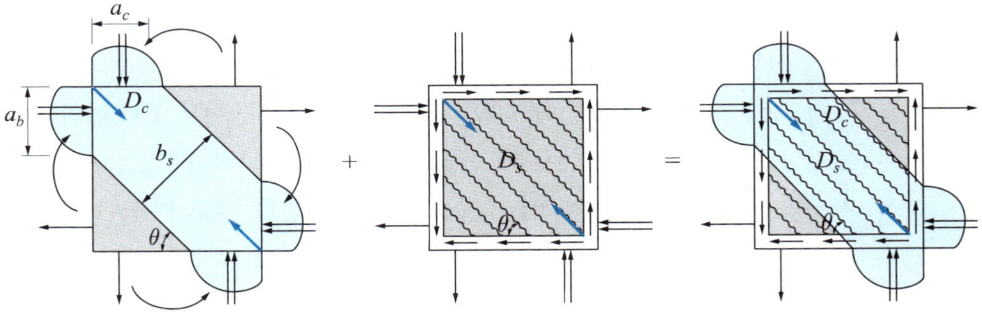

(a) 아치작용 (b) 트러스작용 (c) 아치작용과 트러스작용

[그림 6.24] 접합부 전단저항기구

식(6.32)의 b_s는 [그림 6.23(a)]에 표시된 압축대의 폭으로 기둥과 보의 압축대의 영역으로 구한다.

$$b_s = \sqrt{a_b^2 + a_c^2} \tag{6.34}$$

여기서, a_b : 보의 압축영역 깊이

a_c : 기둥의 휨에 의해 발생하는 압축영역으로 Paulay와 Priestley (1992)는 식(6.35)를 이용해 계산하였다.

$$a_c = \left(0.25 + 0.85 \frac{P}{f_{ck} A_g}\right) h_c \tag{6.35}$$

여기서, P : 기둥의 축력

A_g : 기둥의 전체 단면적

$P/(f_{ck} A_g)$: 축력비

트러스작용에 의해 부재는 철근의 항복 후 또는 항복 전에 콘크리트 압축대에 의해 파괴된다. 트러스작용에서 콘크리트 압축대에 작용하는 힘 D_s로부터 전단내력을 다음과 같이 유도한다.

$$V_{sh} = D_s \cos\theta = \xi_s f_{ck} (0.8 h_b b_j) \cos\theta \sin\theta \tag{6.36}$$

여기서, ξ_s : 트러스작용이 분담하는 콘크리트 유효강도감소계수비

트러스의 면적에 0.8을 곱하는 이유는 트러스작용은 철근을 중심으로 발생하므로 피복콘크리트의 두께를 제외한 면적을 사용해야 하기 때문이다.

접합부에서는 두 가지 작용에 의하여 발생하는 콘크리트의 응력이 콘크리트의 유효압축강도(ξf_{ck})에 도달했을 때 접합부는 파괴하게 된다. 이는 3.3.3항의 아치작용과 하계소성이론에 근거한 트러스모델의 개념과 동일하다. 따라서 [그림 6.24(c)]와 같이 아치작용과 트러스작용이 유발하는 콘크리트응력의 합과 유효강도를 비교해야 한다.

$$\xi_c + \xi_s = \xi \tag{6.37}$$

식(6.37)의 ξ_c, ξ_s은 ξ에 대한 비율이므로, ξ는 1, 즉 100퍼센트이다.

6.5.2 아치작용과 트러스작용의 전단력 분담율

접합부의 전단강도를 계산하기 위해서는 식(6.37)에서 아치작용과 트러스작용이 분담하는 유효강도감소계수비를 계산해야 한다. 접합부의 전단강도 V_{jh} 는 아치작용에 의한 접합부의 전단강도(V_{ch})와 트러스작용에 의한 전단강도(V_{sh})의 합인 식(6.38)에서 계산한다.

$$V_{jh} = V_{ch} + V_{sh} \tag{6.38}$$

접합부의 수평전단력(V_{jh})은 식(6.1b)를 변환하여 식(6.39)가 된다. 식(6.1b)의 $C_{cc2} + C_{cs2}$ 는 힘의 평형에 의하여 $C_{cc2} + C_{cs2} = T_{b2}$ 이다.

$$V_{jh} = T_{b1} + T_{b2} - V_c \tag{6.39}$$

아치작용은 기둥과 보의 압축영역에 인접한 접합부 콘크리트에 의해 저항하는 전단강도이다. [그림 6.25(a)]의 보와 기둥에 휨압축영역이 발생하면 접합부의 대각선 방향으로 압축대가 형성된다. 그림에서 대각 압축대 D_c 에서 수평 방향 전단력 V_{ch} 는 아치작용이 유발하는 콘크리트의 압축력 C_c' 와 철근의 압축력 $\Delta T_c'$, 기둥에 작용하는 전단력 V_c 의 힘의 평형 관계를 통해서 다음과 같이 계산된다. 여기서 $\Delta T_c'$ 은 [그림 6.1(b)]의 휨모멘트가 유발하는 C_{cs2} 와 다르다는 것에 유의해야 한다.

$$V_{ch} = C_c' + \Delta T_c' - V_c \tag{6.40}$$

V_{ch} 를 계산하기 위해서는 C_c' 과 $\Delta T_c'$ 을 계산해야 한다. Paulay와 Priestley (1992)는 접합부의 상부와 하부에서 발생하는 수평력은 철근의 부착력과 밀접한 관련이 있음을 지적하였다. 즉, 철근을 따라서 달라지는 부착력은 일부가 콘크리트의 압축대에 영향을 주고, 그 나머지는 트러스작용에 기여한다고 가정하였다. 부착응력(u)은 접합부의 좌우 방향 철근의 힘의 차이이다.

$$u = \frac{dT}{dx \cdot \Sigma o} \tag{6.41}$$

여기서, dT : 철근이 받는 힘의 증분
dx : 철근의 묻힘 길이
Σo : 철근의 둘레길이

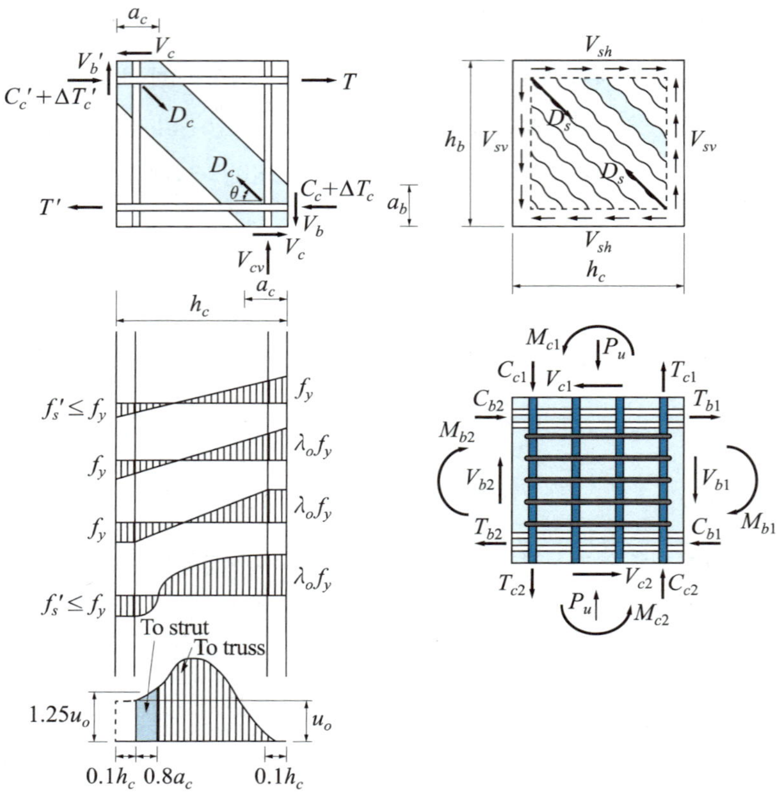

(a) 아치작용과 부착응력 변화　　　　(b) 트러스작용과 힘의 분포

[그림 6.25] 접합부 전단저항기구의 힘의 분담(Paulay와 Priestley,1992)

식(6.41)의 인장력(dT)을 철근의 응력(df_s)과 면적(A_b)에 의하여 식(6.42)로 계산한다.

$$u = \frac{A_b \cdot df_s}{dx \cdot \sum o} \tag{6.42}$$

식(6.41)의 부착응력(u)은 접합부 좌우측의 철근응력에 따라서 달라진다. [그림 6.25(a)]의 좌측과 우측에 시계방향 모멘트가 작용하는 접합부의 경우에 좌측의 압축력은 콘크리트와 철근이 저항하고 우측의 인장력은 철근만이 저항하므로 좌측 철근의 응력은 우측 철근의 응력보다 작다. 보에 소성힌지가 발생하기 이전에 변형률 침투는 크지 않기 때문에 접합부 내부에서의 철근의 응력은 길이에 따라 선형적으로 변화한다. 따라서 탄성 상태의 접합부의 부착응력 상태는 [그림 6.25(a)]와 같이 선형적인 분포가 된다. 탄성 상태의 부착응력(u)은 우측에 철근이 항복할 때 최대가 된다. 한편 보에 소성힌지가 발생한 이후에는 철근의 변형률 침투에 의해 접합부 근처에서부터 철근의 항복영역이 증가하여 철근의 응력분포는 비선형으로 변화하게 된다. 철근의 응력 변화가 없는 구간에서의 부착응력의 값은 "0"이 되며, 접합부 중간 부분에서 철근이 탄성을 유지한 상태에서 부착전달길이가 짧아질 경우에 부착응력은 최대가 된다.

[그림 6.25(a)]의 비선형 부착응력 분포의 평균값을 u_o 라고 할 경우에 아치영역 부근에서의 평균부착응력은 전체 평균부착응력보다 큰 값인 $1.25u_o$ 로 관찰되었다(Paulay와 Priestley, 1992). 또한 수평방향의 아치영역의 길이를 a_c 라고 할 경우에 소성힌지영역 철근의 변형률 침투에 의하여 부착응력의 값이 "0"이 되는 길이를 $0.2a_c$ 로 가정할 경우에 식(6.34)의 수평철근의 부착력 $\Delta T_c'$ 을 식(6.43)에 의해 계산할 수 있다.

$$\Delta T_c' = (1.25u_o)(0.8a_c) = u_o a_c \tag{6.43}$$

철근의 평균부착응력 u_o 는 $(C_{bs}' + T_{b1})/b_c$ 이므로 식(6.43)을 식(6.44)로 변경한다.

$$\Delta T_c' = (C_{bs}' + T_{b1})\frac{a_c}{b_c} \tag{6.44}$$

아치영역의 길이 a_c 는 기둥의 휨에 의해 발생하는 압축영역으로 식(6.35)에서 계산한다. 식(6.44)에서 C_{bs}' 은 접합부 좌측 부위의 철근의 압축 분담분이다. [그림 6.25(a)]의 좌측의 압축력은 콘크리트와 철근이 저항하고 우측의 인장력은 철근만이 저항하므로 좌측 철근의 응력은 우측 철근의 응력보다 작으므로 Paulay와 Priestley (1992)는 항복강도의 70퍼센트로 가정하였다. 따라서 C_{bs}' 은 식(6.45)가 된다.

$$C_{bs}' = 0.7f_y A_{st} \tag{6.45}$$

여기서, A_{st} : 상부철근의 단면적

특수모멘트골조 설계에서 소성힌지 영역에서 철근은 비탄성 거동을 하므로 초과강도계수(over-strength factor, λ_o)를 곱하여 계산한다. 이 값은 대략적으로 $1.2 < \lambda_o < 1.4$ 의 범위를 가지며, ACI352R-02 (2002)와 KDS 14 국가건설기준에서는 1.25를 적용하고 있다. 그러므로 시계방향 모멘트를 받고 있는 접합부 우측에서의 인장력은 식(6.46)에 의해 계산해야 한다.

$$T_{b1} = 1.25f_y A_{st} \tag{6.46}$$

식(6.45)와 식(6.46)을 식(6.44)에 대입하여 아치작용에 의한 철근의 응력을 계산한다.

$$\Delta T_c' = \left(\frac{0.7+1.25}{1.25}\right)\frac{a_c}{b_c}T_{b1} = 1.56\frac{a_c}{b_c}T_{b1} \tag{6.47}$$

한편 식(6.40)에서 아치작용에 의한 콘크리트의 저항 V_{ch} 의 콘크리트의 분담분 C_c' 은 [그림 6.1(b)]의 C_{bc2} 와 동일한 값이므로 보의 힘의 평형을 이용하여 구할 수 있다.

$$C_c' = C_{bs2} = T_{b2} - C_{bs2} = \frac{A_{sb}}{A_{st}}T_{b1} - \frac{0.7}{1.25}T_{b1} = \left(\frac{A_{sb}}{A_{st}} - 0.56\right)T_{b1} \tag{6.48}$$

식(6.33)에서 $T_{b2} : A_{sb} = T_{b1} : A_{st}$ 의 관계를 이용한다. 여기서 A_{sb} 는 하부철근의 단면적이다. 식(6.46)과 식(6.47)을 식(6.40)에 대입하여 아치작용에 의한 콘크리트의 저항 V_{ch} 를 계산한다.

$$\begin{aligned} V_{ch} &= \left(\frac{A_{sb}}{A_{st}} - 0.56\right)T_{b1} + 1.56\frac{a_c}{h}T_{b1} - V_c \\ &= \left(1.56\frac{a_c}{b_c} + \frac{A_{sb}}{A_{st}} - 0.56\right)T_{b1} - V_c \end{aligned} \tag{6.49}$$

식(6.49)의 V_{ch} 를 이용하여 접합부 전단강도 V_{jh} 에 대한 V_{ch} 와 V_{sh} 의 비율을 구할 수 있다.

$$\begin{aligned} V_{sh} &= V_{jh} - V_{ch} \\ &= \left[\left(1 + \frac{A_{sb}}{A_{st}}\right)T_{b1} - V_c\right] - \left[\left(1.56\frac{a_c}{h} + \frac{A_{sb}}{A_{st}} - 0.56\right)T_{b1} - V_c\right] \\ &= 1.56\left(1 - \frac{a_c}{b_c}\right)T_{b1} \end{aligned} \tag{6.50}$$

식(6.35)에서 축력비 $P/(f_{ck}A_g)$를 n 이라고 정의하고, 식(6.50)에 대입하여 트러스작용에 의한 저항 V_{sh} 를 계산한다.

$$V_{sh} = 1.56[1 - (0.25 + 0.85n)]\,T_{b1} = (1.17 - 1.33n)\,T_{b1} \tag{6.51}$$

V_{sh} 에 대한 V_c 의 비율은 식(6.4)와 식(6.39)를 이용하여 유도한다.

$$V_{jh} = \left(\frac{L_c}{z_b} - 1\right)V_c - \frac{h_c}{z_b}\frac{L_c}{L_b}V_b = \left(1 + \frac{A_{sb}}{A_{st}}\right)T_{b1} - V_c \tag{6.52}$$

식(6.52)를 V_c를 기준으로 다시 정리한다.

$$\left(\frac{L_c}{z_b} - \frac{h_c}{z_b}\frac{L_c}{L_b}\right)V_c = \left(1 + \frac{A_{sb}}{A_{st}}\right)T_{b1} \tag{6.53}$$

여기서 식(6.53)의 좌측항은 보-기둥 접합부의 기하학적인 관계로 구할 수 있으며 이 값을 $1/k_j$로 정의한다.

$$\frac{1}{k_j} = \left(\frac{L_c}{z_b} - \frac{h_c}{z_b}\frac{L_c}{L_b}\right) \tag{6.54}$$

그러므로 V_c는 다음과 같다.

$$V_c = k_j\left(1 + \frac{A_{sb}}{A_{st}}\right)T_{b1} \tag{6.55}$$

따라서 V_{jh}는 식(6.55)를 식(6.39)에 대입하여 계산한다.

$$V_{jh} = (1 - k_j)\left(1 + \frac{A_{sb}}{A_{st}}\right)T_{b1} \tag{6.56}$$

식(6.51)과 식(6.56)을 이용하면 트러스저항에 의한 전단저항 비율을 구할 수 있다.

$$\frac{V_{sh}}{V_{jh}} = \frac{1.17 - 1.33n}{(1 - k_j)\left(1 + \dfrac{A_{sb}}{A_{st}}\right)} \tag{6.57}$$

Paulay와 Priestley는 $V_c \approx 0.15(1 + A_{sb}/A_{st})T_{b1}$로 가정하였는데, 여기서 유도된 식(6.55)의 결과와 큰 차이가 나지 않았다.

6.5.3 보-기둥 접합부의 연성 평가

접합부의 연성을 접합부의 거동특성을 반영하여 평가할 수 있다. 접합부의 강도는 주변 부재의 거동에 영향을 받는다. 특히 인접한 보의 소성힌지에서 발생한 변형률 침투는 접합부의 강도와 연성에 큰 영향을 미친다. 지진하중을 받는 보의 연성평가와 유사하게 접합부의 잠재전단강도는 [그림 6.26]과 같이 접합부 내부의 변형이 증가하면 감소하게 된다. 변형률 침투는 접합부의 변형 증가를 유발하고, 접합부의 변형 증가는 콘크리트의 유효압축강도를 감소시켜 접합부의 전단강도는 감소한다. 보-기둥 접합부의 전체 거동은 주변 부재의 영향을 받게 되므로 약보-강기둥 설계에서 보에 소성힌지가 발생한 이후에 접합부의 하중은 휨항복강도가 결정한다. 따라서 접합부의 잠재전단강도가 [그림 6.26(b)]와 같이 휨항복강도에 도달할 때의 변위를 보-기둥 접합부의 연성한계로 할 수 있다. 왜냐하면 한계점을 넘어서는 접합부의 강도가 휨항복강도보다 낮기 때문에 전체 거동은 접합부의 강도에 지배를 받기 때문이다.

6.4절에서 설명한 보-기둥 접합부의 변형과 6.5절에서 설명한 접합부의 강도 평가를 이용하여 접합부의 연성한계를 다음의 순서에 의하여 평가한다.

① 부재의 재료 특성이 주어지고, 보의 휨모멘트에 의한 부재회전각 R_{bfp}와 R_{bfn}이 주어진다.
② 접합부 변형률 침투(K)를 식(6.31)에 의해 계산한다.
③ 보의 소성힌지 영역의 축방향변형률(ε_l)을 식(6.26)에 의해 계산한다.
④ 접합부의 축방향변형률(ε_j)을 식(6.30)에 의해 계산한다.
⑤ 보의 접합부 철근의 뽑힘(Δ_{dp})과 뽑힘에 의한 회전(R_{bp})을 식(6.28)과 식(6.29)에 의해 계산한다.
⑥ 기둥의 변형(R_c)을 식(6.20)에 의해 계산한다.
⑦ 접합부 패널의 변형(R_j)을 식(6.21)에서 계산한다.
⑧ 보-기둥 접합부의 전체 회전각(R_T)을 식(6.17)에 의해 계산한다.
⑨ 트러스저항에 의한 전단저항 비율을 식(6.57)에 의해 계산한다. 전단저항 비율을 식(6.36)에 대입하여 트러스저항에 의한 전단저항(V_{sh})을 계산한다.

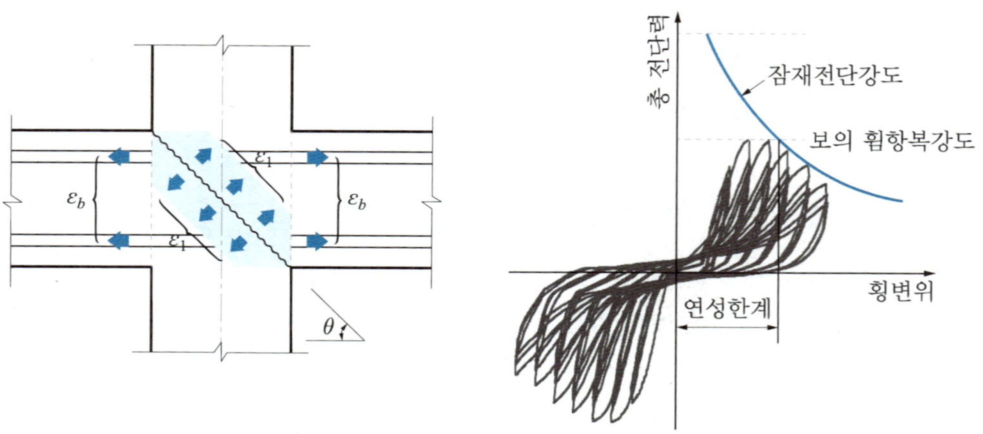

(a) 접합부 변형률 증가 (b) 잠재전단강도의 감소와 연성한계

[그림 6.26] 접합부 연성 평가

⑩ 식(6.37)에서 아치작용에 의한 전단저항 비율을 계산한다. 전단저항 비율을 식(6.32)에 대입하여 아치작용에 의한 전단저항(V_{ch})을 계산한다. V_{sh}와 V_{ch}의 비율은 층변위에 따라서 변하지 않은 고정 비율로 간주하였다.

⑪ 보의 휨전단강도(V_{jby})와 접합부의 전단강도(V_{jh})의 크기를 비교한다. 접합부의 전단강도가 보의 휨전단강도보다 낮아질 때까지 부재 회전각을 증가시키면서 반복하여 계산한다.

⑫ V_{jh}가 V_{jby}에 도달했을 때의 부재 변형을 보-기둥 접합부의 연성으로 간주하고 계산한다.

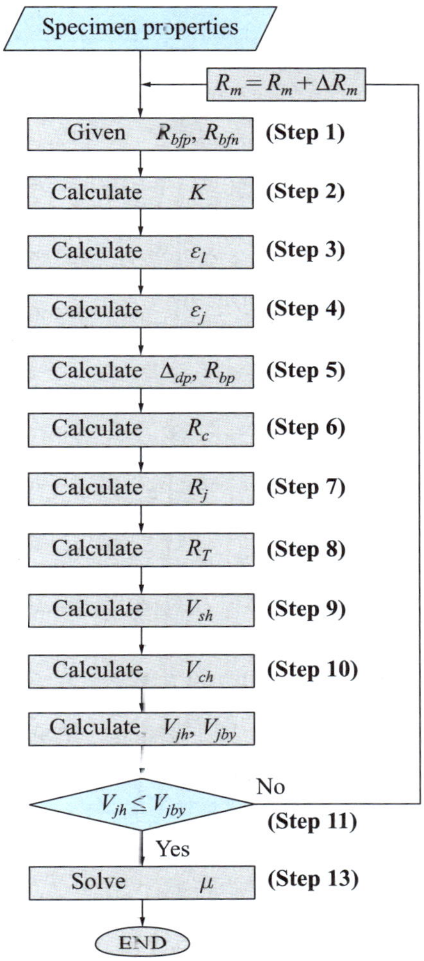

[그림 6.27] 접합부 연성한계 평가 순서도

예제 6.3

[예제 6.2]의 특수모멘트골조로 된 18층 철근콘크리트 건물의 내부 접합부의 연성을 계산하라.

[풀이]

휨모멘트에 의한 부재회전각 R_{bfp}와 R_{bfn}이 0.01일 때의 변형에 대하여 [예제 6.2]에서 계산하였다.

① 보의 휨모멘트에 의한 부재회전각 R_{bfp}와 R_{bfn}이 주어진다.

$$R_{bfp} = R_{bfn} = 0.01$$

② 보-기둥 접합부 변형을 계산한다. 변형은 [예제 6.2]의 결과와 동일하다.

$$R_T = R_c + R_j + R_b = 0.000615 + 0.00124 + (0.003367 + 0.01) = 0.015222$$

$$\xi = 0.742$$

③ 트러스저항에 의한 전단저항 비율을 식(6.57)에 의해 계산한다. 전단저항 비율을 식(6.36)에 대입하여 트러스저항에 의한 전단저항(V_{sh})을 계산한다.

$$\frac{V_{sh}}{V_{jh}} = \frac{1.17 - 1.33n}{(1-k_j)\left(1+\dfrac{A_{sb}}{A_{st}}\right)} = \frac{1.17 - 1.33 \times 0}{(1-0.2316)(1+1)} = 0.76$$

$$V_{sh} = \xi_s f_{ck}(0.8 h_b b_j)\cos\theta \sin\theta = 0.76 \times (0.742 \times 40)(0.8 \times 300 \times 225)\cos 45^\circ \times \sin 45^\circ$$
$$= 609.0\,\text{kN}$$

여기서 $1/k_j$와 각도 θ를 각각 식(6.54)와 (6.33)에서 계산한다.

$$\frac{1}{k_j} = \left(\frac{L_c}{z_b} - \frac{h_c}{z_b}\frac{L_c}{L_b}\right) = \left(\frac{1,200}{240} - \frac{300}{240}\frac{1,200}{2,200}\right) = 4.318$$

$$k_j = 0.2316$$

$$\tan\theta = \frac{h_b}{h_c} = \frac{300}{300} = 1$$

④ 식(6.37)에서 아치작용에 의한 전단저항 비율을 계산한다. 전단저항 비율을 식(6.32)에 대입하여 아치작용에 의한 전단저항(V_{ch})을 계산한다. $\xi_s = V_{sh}/V_{jh}$ 이므로 0.76이다.

$$\xi_c = \xi - \xi_s = 1 - 0.76 = 0.24$$

$$V_{ch} = \xi_c f_{ck}(b_s b_j)\cos\theta = 0.24(0.742 \times 40) \times (99.44 \times 225)\cos 45^\circ = 112.7\text{ kN}$$

여기서 기둥의 압축영역길이(a_c)를 식(6.35)에서 계산하고, 보의 압축영역길이(a_b)는 허용응력설계의 중립축의 깊이에 의하여 계산한다.

$$a_c = \left(0.25 + 0.85\frac{P}{f_{ck}A_g}\right)h_c = (0.25 + 0)300 = 75\text{ mm}$$

$$a_b = kd = n\rho\left\{\sqrt{(1+r)^2 + \frac{2}{n\rho}\left(1 + r\frac{d'}{d}\right)} - (1+r)\right\}d$$

$$= 6.66 \times 0.007\left\{\sqrt{(1+1)^2 + \frac{2}{6.66 \times 0.007}\left(1 + 1\frac{30}{270}\right)} - (1+1)\right\} \times 270 = 65.3\text{mm}$$

보의 주인장철근비 $\rho = \dfrac{A_s}{bd} = \dfrac{3 \times 126.7}{200 \times 270} = 0.007$

상하 철근비 $r = \dfrac{A_s'}{A_s} = 1$

$E_c = 8{,}500\sqrt[3]{f_{cu}} = 8500 \times \sqrt[3]{40+4} = 30{,}008$ MPa

$n = \dfrac{E_s}{E_c} = \dfrac{200{,}000}{30{,}008} = 6.66$

압축대의 폭(b_s)을 식(6.34)에서 계산한다.

$b_s = \sqrt{a_b^2 + a_c^2} = \sqrt{65.3^2 + 75^2} = 99.44$ mm

⑤ 보의 휨전단강도(V_{jby})와 접합부의 전단강도(V_{jh})의 크기를 비교한다.

[예제 6.2]에서 계산한 V_{jby}는 430 kN이며, 식(6.38)에서 계산한 V_{jh}는 다음과 같다.

$V_{jh} = V_{ch} + V_{sh} = 112.7 + 609.0 = 721.7$ kN

V_{jh}가 V_{jby}보다 크므로 1단계로 돌아가 휨모멘트에 의한 부재회전각을 증대시킨다. 부재회전각이 증가하면 유효강도계수(ξ)가 감소하여 잠재전단강도(V_{jh})는 감소한다.

⑥ V_{jh}가 V_{jby}에 도달했을 때의 부재 변형을 보-기둥 접합부의 연성한계로 간주하고 계산한다.

[그림 6.28]은 [예제 6.3]의 방법으로 예측된 철근콘크리트 보-기둥 접합부의 연성과 실험 결과를 비교하고 있다. 그림에서 아치작용과 트러스작용의 합에 의하여 계산한 접합부의 잠재전단강도는 부재의 변형이 증가함에 따라서 점차 감소한다. 이 값이 보의 휨항복강도에 도달하였을 때의 변형을 보-기둥 접합부의 연성한계로 한다.

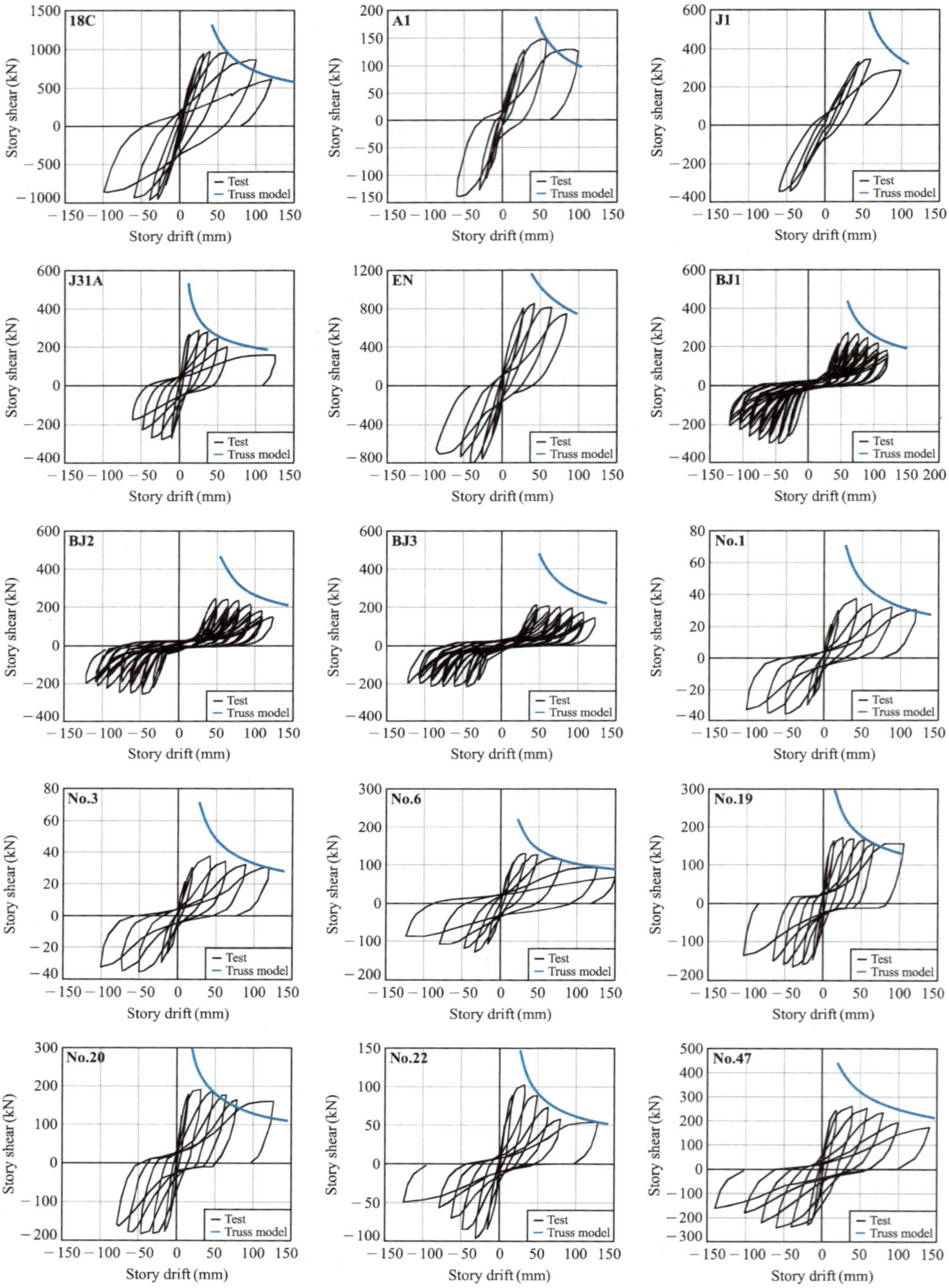

[그림 6.28] 철근콘크리트 보-기둥 접합부의 연성 예측

제7장

응력교란영역설계

7.1 일반 사항

철근콘크리트 구조물은 응력과 부재의 기하학적인 형태에 따라서 평면유지의 가정을 적용할 수 있는 구간과 적용할 수 없는 구간으로 나눌 수 있다. St. Venant 원리에 의하면 집중 하중이 작용하거나 단면이 급격하게 변하는 구간에서는 평면유지의 가정이 적용되지 않는다. 이러한 구간에서 변형률은 중립축에서 떨어진 거리에 비례하는 것이 아니라 비선형적으로 변화한다. 따라서 [그림 7.1]의 구조물을 다음과 같이 응력균일영역(B영역)과 응력교란영역(D영역)으로 구분할 수 있다.

① **B영역**(응력균일영역, B-region) : 휨이론의 평면유지 가정이 적용되는 부재 영역을 말한다. 이 구간에서 변형률은 중립축으로부터 떨어진 거리에 비례하여 선형적으로 변화한다.

② **D영역**(응력교란영역, D-region) : 집중 하중이 작용하여 하중이 불연속적으로 작용하거나, 부재의 형태가 불연속적(discontinuity)인 영역으로 평면유지의 가정이 적용되지 않는 응력교란(disturbed)영역을 말한다. 이 구간에서 변형률은 중립축으로부터 떨어진 거리에 비례하여 변화하는 것이 아니라 비선형적인 분포를 나타낸다. [그림 7.1]의 깊은보, 브래킷, 단이진 보, 집중하중점, 지점 등은 D영역에 해당되는 부재 또는 영역이다.

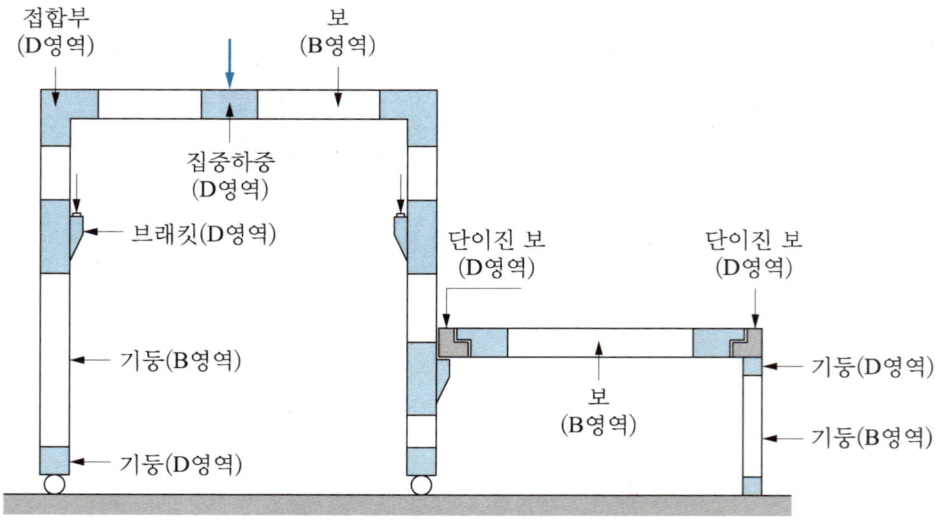

[그림 7.1] B영역과 D영역(Hsu, 1993)

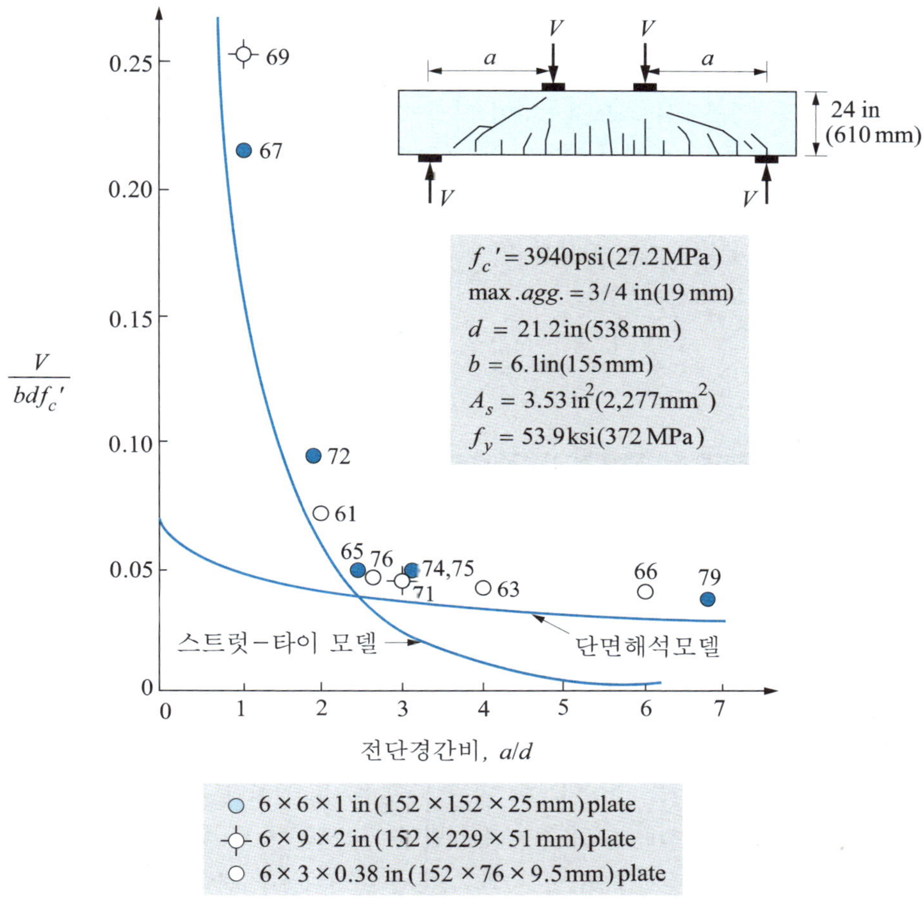

[그림 7.2] 철근콘크리트 보의 전단실험 결과와 스트럿-타이 모델 및 트러스모델에 의한 결과의 비교(Kani 등, 1979, Collins와 Mitchell, 1991)

철근콘크리트 구조물에는 B영역과 D영역이 혼재하며, 하중의 불연속 또는 부재의 기하학적 형태의 불연속이 발생한 지점에서 단면의 높이(h) 또는 단면의 유효높이(d)까지의 영역을 D영역으로 간주한다. 두 개의 D영역이 겹치거나 만났을 경우에는 두 개의 D영역을 한 개의 D영역으로 보고 설계할 수 있다. D영역의 단면 높이에 대한 길이 비의 최댓값은 2이다.

B영역의 설계법을 D영역에 적용할 경우에 부재의 내력을 정확하게 예측하기 어렵다. [그림 7.2]는 Kani의 전단경간비를 변수로 한 철근콘크리트 보의 실험 결과를 Collins 등이 3장의 변형률 접합조건을 활용한 트러스모델을 기본으로 한 전단설계법(그림의 단면해석모델)과 스트럿-타이 모델에 의한 예측 결과를 비교한 것이다. 그림에서 B영역

단면해석은 전단경간비가 2.5 이하인 보의 전단내력을 과소평가하고 있다. 반면, 스트럿–타이 모델은 전단경간비가 2.5 이하인 보의 전단내력을 비교적 정확하게 예측하여 응력교란영역에서 스트럿–타이 모델이 효율적임을 알 수 있다.

KDS 14 국가건설기준에서는 스트럿–타이 모델을 부재의 응력교란영역 중에서 깊은 보, 전단경간비가 2 이하인 브래킷과 내민 받침에 적용할 수 있도록 하고 있다. 이 장에서는 스트럿–타이 모델의 일반 개념과 설계 방법 및 이를 활용한 깊은보 설계법을 설명하고자 한다.

7.2 스트럿–타이 모델

7.2.1 스트럿 - 타이 모델의 기본 개념

Ritter와 Morch가 사인장균열이 발생한 철근콘크리트 보의 힘의 흐름을 콘크리트의 대각선 압축대와 철근의 수직 및 하부인장재로 구성된 트러스모델에 의하여 설명한 후에 트러스모델은 여러 연구자에 의하여 발전되었다. 스트럿–타이 모델(Strut-Tie Model, STM)은 소성이론과 힘의 평형조건을 이용한 트러스모델의 일종으로 응력교란영역의 전단설계에 효율적인 설계법이다. 스트럿–타이 모델은 [그림 7.3]의 스트럿, 타이, 절점 및 절점영역(스트럿과 타이의 단면력을 지점이나 부근의 B영역으로 전달시켜 주는 점과 영역)으로 구성된다.

7.2.2 스트럿 - 타이 모델의 구성요소

스트럿–타이 모델의 구성요소의 특징을 요약하면 다음과 같다.

▌ 스트럿(strut)

스트럿은 스트럿–타이 모델의 압축재를 말한다. 스트럿의 형태는 힘의 분포에 의하여 프리즘(prismatic), 아치(arch), 부채모양(fan-shape), 병모양(bottle-shape)의 스트럿으로 이상화하여 설계한다. 스트럿의 양쪽 면에 접해있는 절점영역의 강도가 차이가 나거나, 양쪽 면의 지압길이가 다를 경우에는 스트럿 내부의 콘크리트 유효압축강도가 서로 다를 수 있다. 이 경우에는 스트럿의 폭을 일정하게 감소시켜 유효압축강도의 변화를 반영할 수 있다.

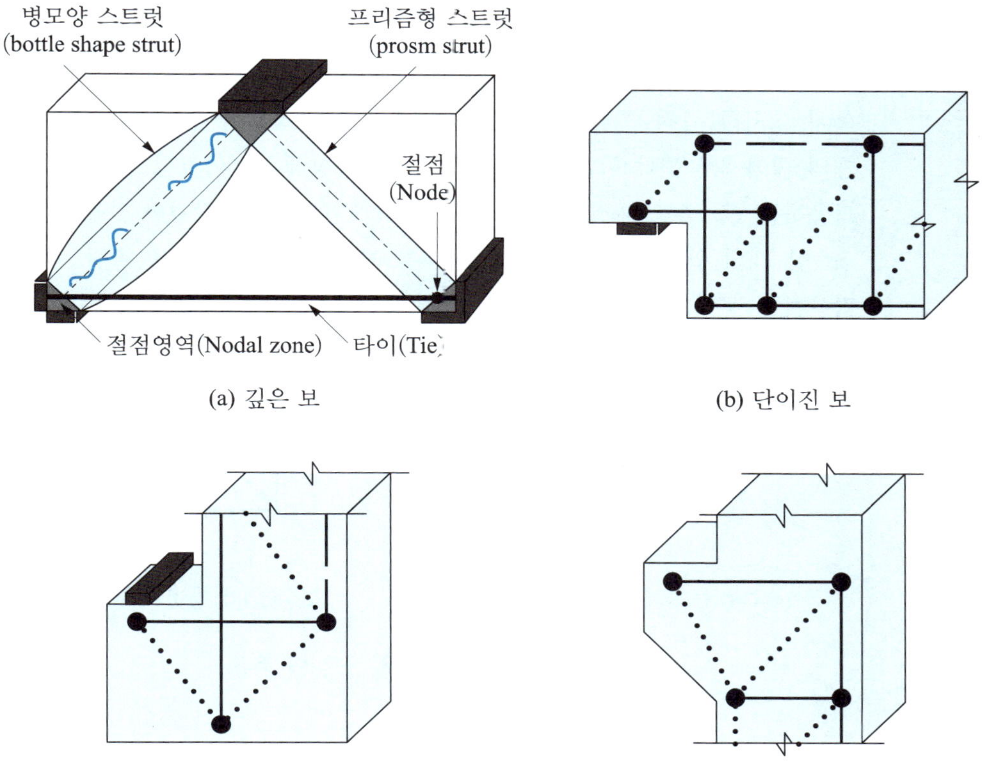

(a) 깊은 보 (b) 단이진 보

(c) 레지 (d) 브래킷

[그림 7.3] 다양한 부재의 스트럿-타이 모델

병모양 스트럿은 [그림 7.3]의 압축응력과 인장응력을 받아 스트럿 중간 부위의 폭이 옆으로 퍼진 스트럿이다. 설계의 단순화를 위하여 병모양 스트럿은 프리즘형 또는 단면이 일정하게 감소하는 테퍼드 스트럿(tapered strut)으로 변화시킬 수 있다. 병모양 스트럿에는 균열을 제어하기 위하여 균열제어철근을 배근하기도 한다. 크기가 변화하는 병모양 스트럿의 단면적은 전체 단면적 중에서 가장 작은 값을 택하여 설계한다.

▌타이(tie)

타이는 스트럿-타이 모델의 인장재를 말한다. 타이는 철근, 긴장재(prestressing steel), 철근 주위의 콘크리트로 구성된다. 철근 주변의 콘크리트에는 스트럿과 타이에 작용하는 힘을 정착하기 위한 영역이 포함된다. 인장경화효과에 의하여 타이 주변 콘크리트가 인장력에 저항하게 되고 이로 인하여 철근의 인장변형이 감소할 수 있지만 설계에서는 인장경화효과를 직접 반영하지는 않는다.

▌ 절점(node)

절점은 스트럿－타이 모델에서 스트럿과 타이 그리고 집중하중이 작용하는 접합부의 축이 교차하는 점을 말한다. 절점에는 힘의 평형조건을 만족시키기 위하여 적어도 세 개의 힘이 작용해야 한다. 절점은 힘의 작용방향에 따라 [그림 7.4]의 세 개의 압축력이 작용하는 $C-C-C$ 절점, 두 개의 압축력과 한 개의 인장력이 작용하는 $C-C-T$ 절점, 한 개의 압축력과 두 개의 인장력이 작용하는 $C-T-T$ 절점, 세 개의 인장력이 작용하는 $T-T-T$ 절점으로 구별한다.

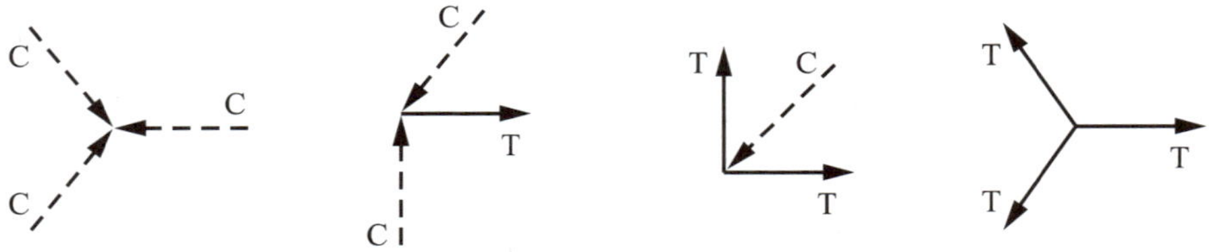

(a) C-C-C 절점 (b) C-C-T 절점 (c) C-T-T 절점 (d) T-T-T 절점

[그림 7.4] 절점의 종류

▌ 절점영역(nodal zone)

절점영역은 스트럿－타이 모델에서 하중이 전달될 수 있는 절점 주변의 콘크리트 영역을 말한다. 그 동안 세 방향에서 동일한 응력이 작용하는 정수압 절점영역(hydrostatic stress nodal zone)만이 절점영역으로 이용되었지만, 설계에서는 철근의 부착에 대한 영향, 정착길이와 방법 및 철근 배근형태를 고려하여 정수압 절점영역 대신에 확장절점영역을 이용하고 있다([그림 7.10] 참조).

정수압 절점영역에서는 스트럿과 타이의 축이 하중면, 즉 절점영역 경계면과 직각을 이루며, 모든 하중면에서 같은 크기의 응력이 작용한다. 따라서 [그림 7.5(a)]의 $C-C-C$ 절점영역에서는 절점면에 작용하는 응력이 동일하므로 절점영역면의 폭의 비($w_{n1}:w_{n2}:w_{n3}$)와 힘의 비($C_1:C_2:C_3$)는 비례한다. $C-C-T$ 절점의 경우에는 두 개의 압축력과 한 개의 인장력이 작용한다. 이 중에서 인장력이 작용하는 타이는 절점을 관통하여 반대쪽에 설치된 정착판으로 연결된 것과 같이 힘이 전달된다([그림 7.5(b)] 참조). 따라서 타이의 반대편에 스트럿의 응력과 같은 크기의 지압응력이 작용한다고 볼 수 있으므로 $C-C-T$ 절점영역도 정수압 절점영역으로 간주하여 설계할 수 있다. 철근타이의 정착을 위해서는 지압판을 사용하거나 [그림 7.5(c)]의 직선 또는 갈고리철근을 사용하여 정착할 수 있다.

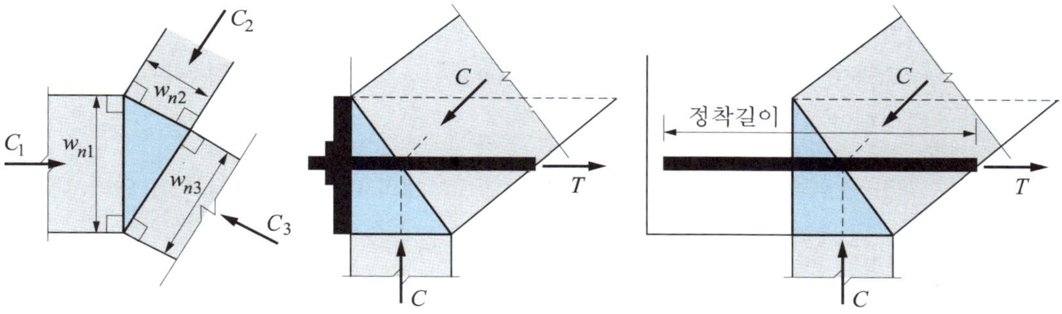

(a) 형상 (b) 정착판에 의한 정착 (c) 부착판에 의한 정착

[그림 7.5] 정수압 절점영역

절점영역 내의 2개 이상의 절점에 하중이 작용할 경우에 두 스트럿에 작용하는 2개 이상의 힘에 대한 합력을 구한 후에 이를 이용하여 스트럿-타이 모델을 해석할 수 있다. [그림 7.6(a)]와 같이 세 힘 이상이 2차원 구조물의 절점영역에 작용할 경우에는 A-E면과 C-E면에 작용하는 스트럿의 힘을 A-C면에 작용하는 1개의 힘으로 대치할 수 있으며, 이 힘은 절점 D를 통과한다. 또한 부재축에 수직한 방향의 지점의 폭이 부재의 폭보다 좁을 경우에는 절점면의 수직방향으로 발생하는 쪼갬균열을 억제하기 위하여 횡구속철근을 배근해야 한다.

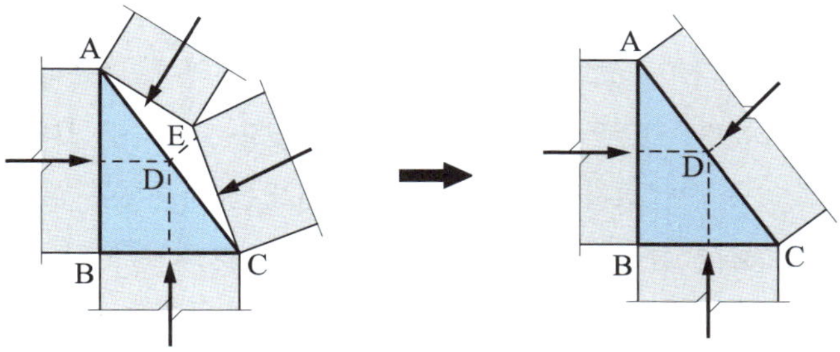

(a) 2개의 절점에 하중 작용 (a) 동일한 절점에 하중 작용

[그림 7.6] 절점영역의 합력

7.2.3 스트럿 - 타이 모델의 설계과정

스트럿-타이 모델에 의하여 철근콘크리트 부재를 설계하기 위해서는 다음 항목을 결정해야 한다.

① 스트럿-타이 모델의 형태를 결정. 부재의 D영역을 결정하고, 영역 내에서 힘의 흐름에 기초하여 압축재, 인장재 및 절점을 배치
② D영역에 작용하는 하중에 근거하여 압축재와 인장재에 작용하는 축력을 계산
③ 콘크리트의 유효압축강도와 하중계수를 계산하고, 스트럿의 형태와 강도를 계산
④ 절점영역의 분포와 강도를 계산
⑤ 인장재의 형태, 강도, 필요 단면적과 정착길이를 계산
⑥ 철근 배근

▌스트럿-타이 모델의 형상 결정

스트럿-타이 모델에 있어서 가장 중요한 항목은 기하학적인 형태를 정하는 것이다. 모델의 형상에 따라서 계산되는 철근의 양에 큰 차이가 있으므로 스트럿-타이 모델의 기하학적 형상 결정은 중요하다. 모델의 형상을 정할 때는 다음의 여러 조건을 고려해야 한다.

① 하중의 전달경로를 이용하거나 응력의 흐름 방법으로 선정할 수 있다.
  (a) 하중의 전달경로를 이용하는 하중경로법은 [그림 7.7(a)]와 같이 D영역과 B영역의 경계면과 반력을 먼저 결정한 후에 적절한 하중경로를 가정하여 스트럿-타이 모델을 정한다. D영역과 B영역에 작용하는 힘은 서로 평형상태를 이룬다. D영역의 한쪽 면에서 작용하는 하중은 B영역의 경계면에 가장 단거리로 전달되지만 D영역에 배근된(또는 배근해야 할) 철근의 위치와 균열발생 가능성 등을 고려하여 하중경로를 결정해야 한다.
  (b) 응력의 흐름 상태를 이용하는 응력흐름법은 [그림 7.7(b)]와 같이 콘크리트 부재의 주압축응력 흐름을 먼저 결정하고, 주압축응력의 흐름방향을 근거로 콘크리트 스트럿의 방향과 위치를 결정한다. 주압축응력의 흐름방향과 콘크리트 스트럿 방향의 차이를 가급적 줄이는 것이 철근타이의 변형률 에너지가 최소가 되는 최적의 스트럿-타이 모델을 선정하는데 유리하다.
② 철근타이의 위치는 실제 설계시의 배근 형태를 고려하여 결정한다.
③ 절점의 위치는 하중작용 지점, 지지점, 철근의 배근 위치와 피복두께를 고려하여 선정한다.

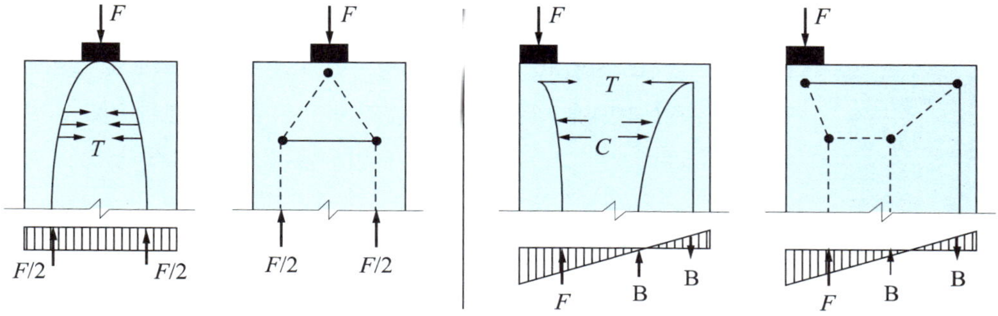

(a) 하중경로법에 의한 스트럿–타이 모델

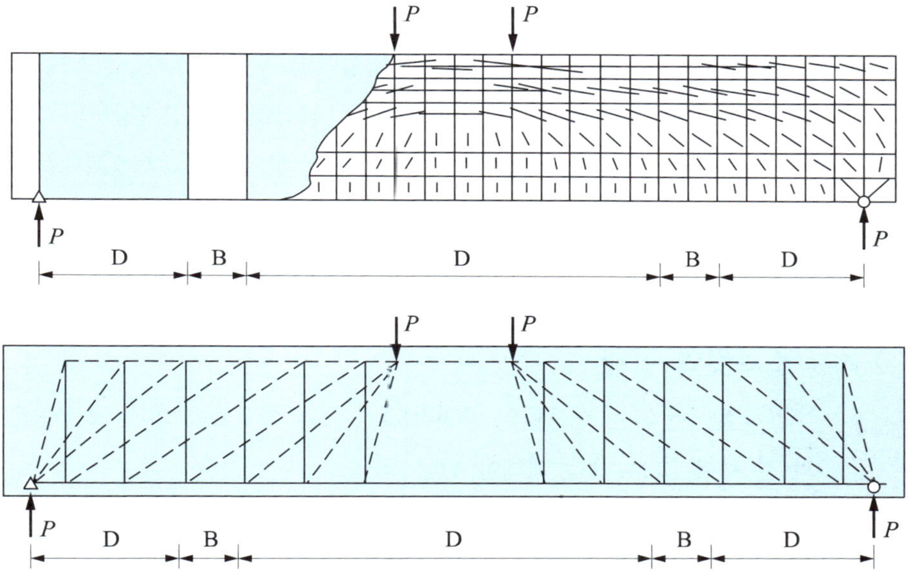

(b) 응력흐름법에 의한 스트럿–타이 모델

[그림 7.7] 스트럿–타이 모델 선정 예

④ 스트럿–타이 모델에 작용하는 하중과 반력은 정적평형을 이루며 평형조건만을 이용하여 구할 수 있다.

⑤ 타이는 스트럿 또는 다른 타이를 가로지를 수 있지만 스트럿은 서로를 통과하거나 중복될 수 없다. 스트럿은 단지 절점에서 교차하거나 겹칠 수 있으며, 스트럿이 중복될 경우에 스트럿의 응력도 중복되어야 한다.

⑥ KDS 14 국가건설기준에서는 한 절점에서 스트럿과 타이가 이루는 각도는 25도

이하가 될 수 없도록 규정하고 있다. 한 절점에서 스트럿과 타이가 이루는 각도는 균열발생을 감소시키고, 거의 같은 방향에서 발생하는 스트럿 길이의 축소와 타이 길이의 신장(伸張)에 의한 부적합을 피하기 위하여 충분한 각도를 이루어야 한다. 따라서 기준에서는 스트럿과 타이가 이루는 각도를 최소 25도로 제한한다.

▌스트럿, 타이, 절점영역의 설계

스트럿과 타이 및 절점영역의 설계는 식(7.1)에 근거한다.

$$\phi F_n \geqq F_u \tag{7.1}$$

여기서, F_u : 계수하중에 의하여 스트럿, 타이, 또는 절점영역의 한 면에 작용하는 힘

F_n : 스트럿, 타이 또는 절점영역의 공칭강도(F_{ns} : 스트럿의 공칭강도, F_{nt} : 타이의 공칭강도, F_{nn} : 절점영역의 공칭강도)

ϕ : 강도감소계수(강도감소계수는 콘크리트 스트럿과 절점영역에 대한 설계에서는 0.75). 그러나 휨철근과 전단철근을 계산하기 위한 타이에 대한 설계에서는 0.85의 강도감소계수를 사용한다.

7.2.4 스트럿의 설계

압축철근이 없는 스트럿의 공칭강도(F_{ns})는 식(7.2)에 의해 계산하며, 스트럿 양쪽 끝의 값 중에 작은 값을 택해야 한다.

$$F_{ns} = f_{ce} A_c \tag{7.2}$$

여기서, A_c : 스트럿 축과 직각인 스트럿 양쪽 단면적의 작은 값

f_{ce} : 콘크리트 스트럿의 유효압축강도

▌콘크리트 스트럿의 유효압축강도

콘크리트 스트럿의 유효압축강도는 식(7.3)으로 계산한다.

$$f_{ce} = 0.85\beta_s f_{ck} \tag{7.3}$$

여기서, 콘크리트 스트럿의 강도감소계수(β_s)는 [표 7.1]에서 선정한다.

[표 7.1] 콘크리트 스트럿의 강도감소계수

조 건	β_s
① [단면이 일정한 스트럿] 보 또는 기둥 압축영역의 직사각형 응력블록과 동일한 스트럿에 적용[그림 7.8 참조]	1.0
② [병모양 스트럿] 스트럿의 중간부위의 폭이 절점부위의 폭보다 큰 스트럿[그림 7.8 참조] (a) 식(7.4)를 만족하는 철근이 있는 경우 (b) 식(7.4)를 만족하는 철근이 없는 경우	 0.75 0.60λ
③ 인장부재 또는 부재의 인장 플랜지의 스트럿 보, 박스거더, 벽 인장플랜지의 종방향 또는 횡방향철근을 설계하기 위하여 사용된 스트럿-타이 모델의 압축스트럿에 적용(인장 영역에 발생한 균열을 통하여 압축력을 전달해야 함)	0.40
④ 기타 모든 경우 ①, ②, ③을 제외한 모든 경우 평행한 경사 균열이 보의 복부를 몇 개의 경사 스트럿으로 나누는 보의 복부 압축장에서의 스트럿 균열이 스트럿 안을 가로지를 수 있는 스트럿	0.60

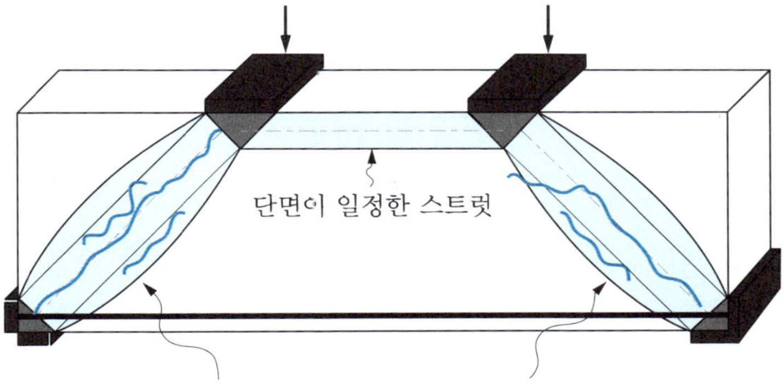

[그림 7.8] 스트럿의 종류

[표 7.1]에서 λ는 일반강도 콘크리트의 경우 1.0, 모래-경량콘크리트의 경우 0.85, 그리고 경량콘크리트의 경우 0.75이다. 부분적으로 모래가 교체 사용되었을 경우 선형보간법에 의해 λ의 값을 보정한다. 병모양 스트럿은 [그림 7.8]에 제시한 내부 수평퍼짐(internal lateral spread)에 의하여 스트럿 축과 평행하게 쪼개짐이 발생한다. 이러한 쪼개짐을 억제하기 위하여 철근이 배근되며, β_s 값은 식(7.4)에 의하여 계산된 철근의 양에 따라서 달라진다. 병모양 스트럿에 배근된 철근은 균열폭을 억제하고, 스트럿의 축

하중 저항력을 증대시키며 힘을 재분배시킨다. [그림 7.8]의 병모양 스트럿에서 경사균열이 부재축과 일정하게 발생할 경우에 β_s 값은 [표 7.1]의 ②에 해당되지만, 균열이 부재축을 가로질러서 발생할 경우에는 [표 7.1]의 ④의 β_s 값을 사용해야 한다.

▌ 병모양 스트럿의 최소 철근

병모양 스트럿의 중간부위는 2축 응력(압축응력과 인장응력)을 받아 압축력 퍼짐(compressive force spread)현상이 발생한다. 압축력 퍼짐에 의하여 유발되는 횡방향 인장력에 저항하기 위하여 스트럿의 축을 가로질러 철근을 배근한다. 이 때 스트럿의 압축력은 스트럿의 축에 대하여 2 : 1 (축방향 : 횡방향)의 비로 퍼진다고 가정한다.

콘크리트 압축강도(f_{ck})가 40 MPa 이하일 경우에 식(7.4)를 만족하는 철근을 스트럿 축에 가로질러 배근해야 한다.

$$\sum \frac{A_{si}}{b\, s_i} \sin^2 \gamma_i \geq 0.003 \tag{7.4}$$

여기서, b : 단면의 폭

A_{si} : 콘크리트 스트럿 중심선과 이루는 각 γ_i와 철근의 간격 s_i로 배치된 철근의 전체 면적

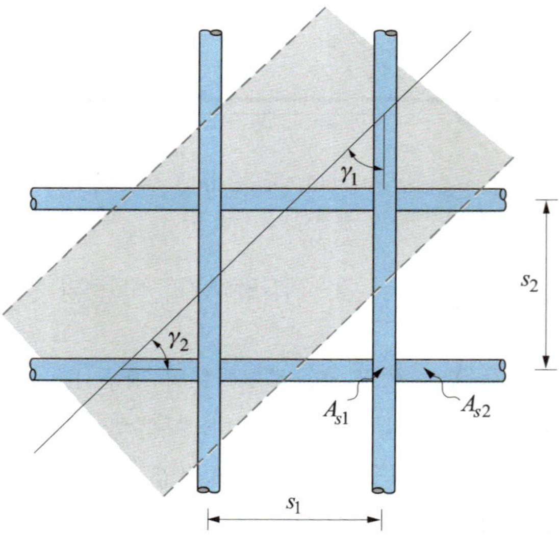

[그림 7.9] 스트럿을 가로지르는 구속 철근

식(7.4)의 철근은 [그림 7.9]와 같이 스트럿 축에 대하여 직각을 이루는 γ_1과 γ_2의 각도로 두 방향으로 배근하거나 스트럿 축에 한 방향으로 γ의 각도로 배근한다. 철근이 한 방향으로 배근될 경우에 γ는 스트럿 축과 40도 이상 되어야 한다.

식(7.4)를 만족하지 못한 경우에는 병모양 스트럿의 $\beta_s = 0.60\lambda$를 사용하여 f_{ce}를 계산한다([표 7.1] 참조).

▌스트럿의 압축철근

스트럿의 강도를 증가시키기 위해 압축철근을 사용할 수 있다. 콘크리트 스트럿의 중심선에 평행하게 배치된 압축철근은 적절하게 정착되어야 하며, 띠철근 또는 나선철근이 배근될 경우에 이러한 철근의 내측에 압축철근을 배근해야 한다. 이와 같이 축방향으로 보강된 스트럿의 강도는 식(7.5)에 의하여 계산한다.

$$F_{ns} = f_{ce}A_c + 1.13A_s'f_s' \tag{7.5}$$

식(7.5)의 스트럿의 철근응력 f_s'은 스트럿이 압축파괴 할 때에 스트럿의 변형률로부터 계산할 수 있다. SD500 이하 철근의 f_s'은 철근의 설계기준항복강도 (f_y)로 할 수 있다. 계수 1.13 ($\approx$ 0.85/0.75)은 식(7.5)를 식(7.1)에 대입할 때 발생하는 강도감소계수비의 차이를 나타낸다.

▌스트럿의 폭

스트럿의 폭(w_s)은 [그림 7.10]과 같이 타이의 폭(w_t)과 가력점 또는 지지판의 폭(l_b)에 의하여 식(7.6)에 의하여 계산한다.

$$w_s = w_t \cos\theta + l_b \sin\theta \tag{7.6}$$

여기서, θ : 스트럿과 인장재 사이의 각도

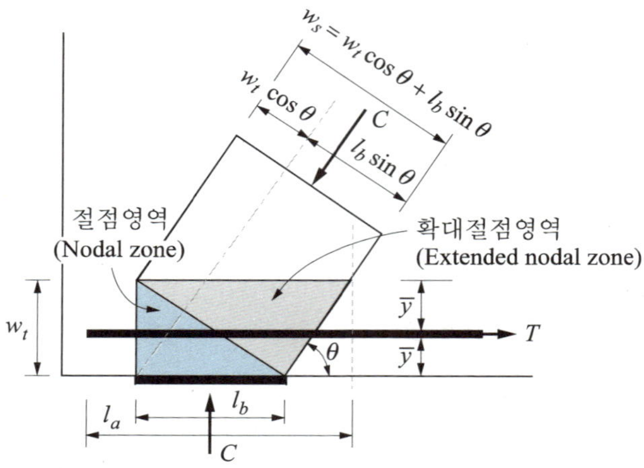

(a) 1열 철근 배근의 경우

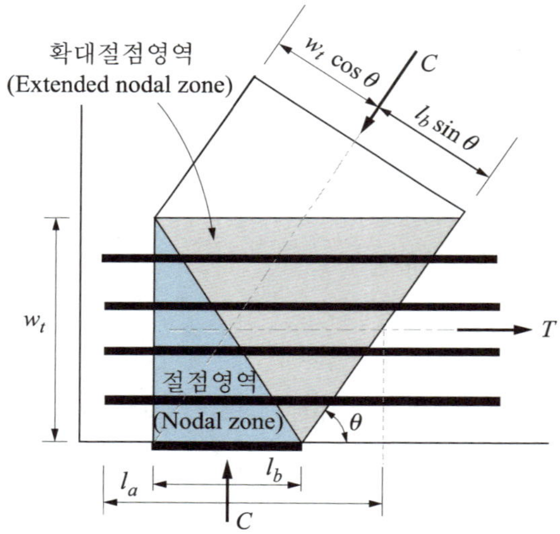

(b) 다열 철근 배근의 경우

[그림 7.10] 스트럿의 폭, 타이의 유효폭 및 확장절점영역

7.2.5 타이의 설계

타이의 공칭강도(F_{nt})는 식(7.7)에 의하여 계산한다.

$$F_{nt} = A_{st}f_y + A_{ps}(f_{se} + \Delta f_p) \tag{7.7}$$

여기서, A_{st} : 타이 안에 있는 프리스트레스 되지 않은 철근의 단면적

A_{ps} : 타이 안에 있는 프리스트레스가 가해진 긴장재의 단면적

f_y : 프리스트레스 되지 않은 철근의 설계기준항복강도

f_{se} : 긴장재의 응력손실 후의 유효응력

Δf_p : 계수하중에 의한 긴장재의 응력증가

$(f_{se} + \Delta f_p)$는 긴장재의 설계기준항복강도(f_{py})를 넘지 않아야 한다.

식(7.7)에서 Δf_p는 부착된 긴장재에 대해서는 420 MPa, 부착되지 않은 긴장재에 대해서는 70 MPa을 사용할 수 있으며, 해석에 의해 증명된 경우 다른 Δf_p값을 사용할 수 있다.

▌타이의 유효폭

철근의 중심선은 타이의 중심선과 일치해야 한다. 절점영역의 크기를 계산하기 위하여 사용되는 타이의 유효폭(w_t)은 철근의 분포에 따라 다음 제한된 조건 안에서 바뀔 수 있다.

① 인장철근이 1단으로 배근된 경우에 타이의 유효폭(w_t)은 [그림 7.10(a)]의 철근 단면적 중심에서 바깥쪽 콘크리트까지 거리의 2배이다.

$$w_t = 2 \times \bar{y} \tag{7.8}$$

여기서, $\bar{y}$: 철근의 도심

② 절점영역의 응력을 정수압 상태로 할 경우에 철근타이 유효폭의 상한값($w_{t,\max}$)은 정수압 절점영역의 폭과 동일하며 식(7.9)에 의해 계산한다.

$$w_{t,\max} = F_{nt} / f_{cu} \tag{7.9}$$

여기서, f_{cu}: 절점영역의 콘크리트 유효압축강도

만약 타이의 폭이 ①에서 계산된 값보다 클 경우에 타이의 철근은 [그림 7.10(b)]와 같이 타이의 폭과 두께에 일정한 간격으로 배근되어야 한다.

③ ①항과 ②항에서 계산한 철근타이의 유효폭(w_t)이 콘크리트 타이의 유효폭 $F_{nt}/(b \cdot f_t)$ (b : 부재의 두께, f_t : 콘크리트의 인장강도)를 초과할 경우, 콘크리트 타이의 유효폭을 철근타이 유효폭의 상한값으로 할 수 있다.

▌ 철근타이의 정착

철근타이는 기준에서 정하는 기계식정착, 포스트 텐션 정착, 표준 갈고리, 또는 정착길이를 확보한 직선철근에 의하여 정착되어야 한다.

① 절점을 기준으로 서로 맞은편에 있는 타이의 단면력에 차이가 있을 경우에 절점영역에서 타이를 정착시켜야 한다.
② 하나의 타이가 연결된 절점영역의 경우, 확장절점영역(extended nodal zone, [그림 7.10] 참조)의 경계면과 철근타이의 도심이 교차하는 지점에서 타이를 정착시켜야 한다.
③ 두 개 이상의 타이가 연결된 절점영역의 경우, 확장절점영역의 경계면과 철근타이의 도심이 교차하는 지점에서 각각의 타이를 정착시켜야 한다.
④ 횡방향철근은 KDS 14 국가건설기준에 근거하여 정착되어야 한다.

7.2.6 절점영역의 설계

절점영역의 공칭강도(F_{nn})는 식(7.10)에 의하여 계산된다.

$$F_{nn} = f_{cu} A_n \tag{7.10}$$

여기서, f_{cu} : 절점영역의 콘크리트의 유효압축강도
A_n : F_u의 작용선에 직각인 절점영역 경계면의 면적 또는 합력 작용선에 직각인 절점영역 경계면의 면적

한 절점에 만나는 모든 스트럿의 응력이 동일할 경우에 정수압 절점영역이 사용될 수 있다. 정수압 절점영역의 면은 스트럿의 축에 수직하며 절점영역면의 폭은 스트럿에 작용하는 힘에 비례한다. 세 방향에서 응력이 다르게 작용하는 비정수압 절점영역(non-hydrostatic stress node)의 절점 응력을 계산하는 것은 다소 복잡하다. 설계에서는 비정수압 절점영역과 같이 절점면에 전단응력과 직응력이 동시에 발생하는 경우에는 스트럿에 직각을 이루고 있는 면(A_c)을 이용하여 A_n을 계산할 수 있도록 하고 있다.

▌ 절점영역의 유효압축강도

절점영역에 구속철근이 배근되어 있지 않고 구속효과가 실험과 해석에 의하여 제공되지 않을 경우에는 절점영역의 유효압축응력을 식(7.11)에 의하여 계산한다.

$$f_{cu} = 0.85\beta_n f_{ck} \tag{7.11}$$

여기서, β_n는 절점영역의 콘크리트 유효압축강도에 대하여 타이의 정착이 미치는 영향을 고려한 계수로 [표 7.2]와 같다.

[표 7.2] 절점영역의 강도감소계수

조 건	β_n
① [$C-C-C$ 절점] 스트럿 또는 지압면적으로 둘러싸인 절점영역	1.0
② [$C-C-T$ 절점] 한 개의 타이에 의하여 정착된 절점영역	0.80
③ [$C-T-T$ 또는 $T-T-T$ 절점] 두 개 이상의 타이에 의하여 정착된 절점영역	0.60

7.3 도로교설계기준(한계상태설계법)

EC2-04설계기준에 기반을 두고 있는 도로교설계기준(한계상태설계법)의 응력교란영역에 대한 설계는 스트럿-타이 모델에 근거하고 있다. 도로교설계기준(한계상태설계법)의 스트럿-타이 모델의 기본 설계 개념은 KDS 14 국가건설기준과 동일하다. 다만 스트럿과 절점의 콘크리트 강도감소계수를 다르게 사용하고 있다.

▌ 스트럿의 강도감소계수

콘크리트 스트럿을 두 가지로 구분하여 설계한다. 첫 번째는 일방향 압축응력을 주로 받는 스트럿이다. 이 스트럿에는 횡방향으로 작용하는 응력이 매우 작고, 단면이 일정한 경우이며, 일축 압축응력에 근거하여 식(7.12)에 의하여 콘크리트 강도를 계산한다.

$$f_{ce} = 0.85\,\phi_c\,f_{ck} \tag{7.12}$$

여기서, ϕ_c : 콘크리트 재료계수($=0.65$)

두 번째는 이축응력을 받아 횡방향으로 응력이 발생하는 병모양스트럿의 경우이다. 이 스트럿에서는 식(4.18)의 강도감소계수를 사용한다. 따라서 식(7.3)을 식(7.13)으로 대체하여 콘크리트의 유효압축강도(f_{ce})를 계산한다.

$$f_{ce} = 0.6\left(1 - \frac{f_{ck}}{250}\right)\phi_c f_{ck} \tag{7.13}$$

스트럿에 배근된 횡방향철근은 스트럿을 구속하여 압축강도를 증가시킬 수 있다. 따라서 식(7.4)에서 계산된 횡방향철근이 0.4퍼센트 이상 배치된 스트럿은 각도에 따라서 콘크리트 스트럿의 압축강도(f_{ce})를 다음과 같이 증대시킨다.

$$f_{ce} = 0.8\left(1 - \frac{f_{ck}}{250}\right)\phi_c f_{ck} \qquad (\theta > 75^\circ \text{ 경우}) \tag{7.14a}$$

$$f_{ce} = 0.7\left(1 - \frac{f_{ck}}{250}\right)\phi_c f_{ck} \qquad (60^\circ < \theta \leqq 75^\circ \text{ 경우}) \tag{7.14b}$$

$$f_{ce} = 0.6\left(1 - \frac{f_{ck}}{250}\right)\phi_c f_{ck} \qquad (\theta \leqq 60^\circ \text{ 경우}) \tag{7.14c}$$

여기서, θ : 철근과 스트럿 축선 사이의 각도

▌ 절점의 강도감소계수

절점의 강도감소계수도 식(4.18)의 강도감소계수를 사용하고 있다. 따라서 식(7.11)을 식(7.15)로 대체하여 절점의 콘크리트 유효압축강도(f_{cu})를 계산한다.

$$f_{cu} = \left(1 - \frac{f_{ck}}{250}\right)\phi_c f_{ck} \qquad \text{(C-C-C 절점)} \tag{7.15a}$$

$$f_{cu} = 0.85\left(1 - \frac{f_{ck}}{250}\right)\phi_c f_{ck} \qquad \text{(C-C-T 절점)} \tag{7.15b}$$

$$f_{cu} = 0.75\left(1 - \frac{f_{ck}}{250}\right)\phi_c f_{ck} \qquad \text{(C-T-T 절점)} \tag{7.15c}$$

7.4 깊은보의 설계기준

도시인구집중, 교통문제, 주거문제 등을 해결하기 위한 한 방안으로 주상복합건물, 오피스텔과 같은 복합용도의 건물이 꾸준히 증가하고 있다. 업무시설, 근린생활시설, 판매시설 등이 모두 허용되는 주상복합구조물은 [그림 7.11]과 같이 상부층에 주거용 또는 사무용 공간이 있으며, 하부층에는 쇼핑센터와 같은 상업용 공간이 공존한다. 주거시설, 사무실, 상업시설 등이 공동으로 사용되는 복합구조물에서는 하부층에 대공간 시설이 있어 전이보에 의해 상부하중을 하부로 전달해야 한다. 이들 전이보는 대부분 단면의 높이가 커서 깊은보로 설계해야 한다.

철근콘크리트 부재의 전단거동은 전단경간비(전단경간/단면의 유효높이)에 큰 영향을 받는다. 전단경간비가 짧을 경우에는 평면유지의 가정을 적용할 수 없어 변형률분포가 [그림 7.12]와 같이 중립축으로부터 거리에 비례하지 않고 비선형 분포를 나타낸다. 또한 부재축과 이루는 주압축응력의 각도가 평면유지의 가정이 적용되는 부재(B영역 부재)에 비하여 크다. 따라서 깊은보는 D영역에 해당되므로 B영역과 다른 설계법을 적용해야 한다. 설계에서는 깊은보를 보의 순경간(l_n)과 단면의 높이(h) 또는 직접하중과 받침대까지의 거리(a_v)와 단면의 높이(h)의 비율에 의하여 규정한다.

$$\text{(깊은보)} \qquad \frac{l_n}{h} \leq 4 \quad \text{또는} \quad \frac{a_v}{h} \leq 2$$

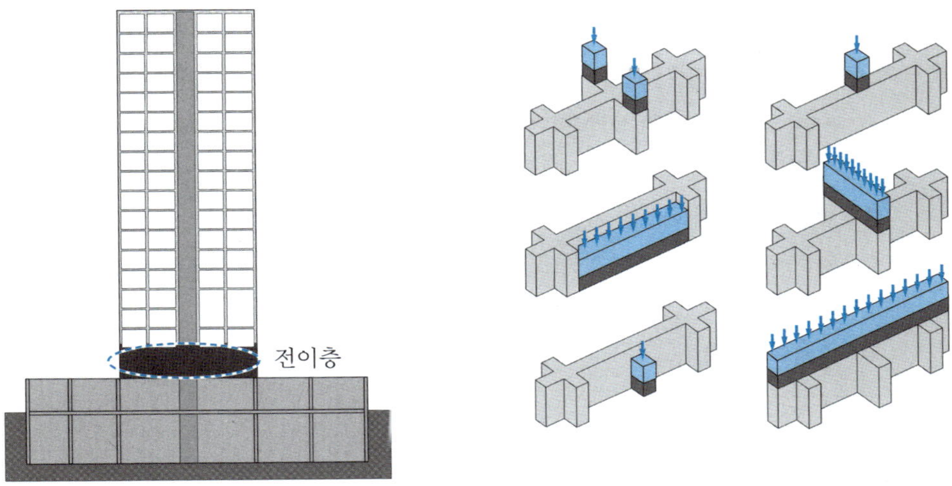

[그림 7.11] 전이층과 다양한 형태의 전이보

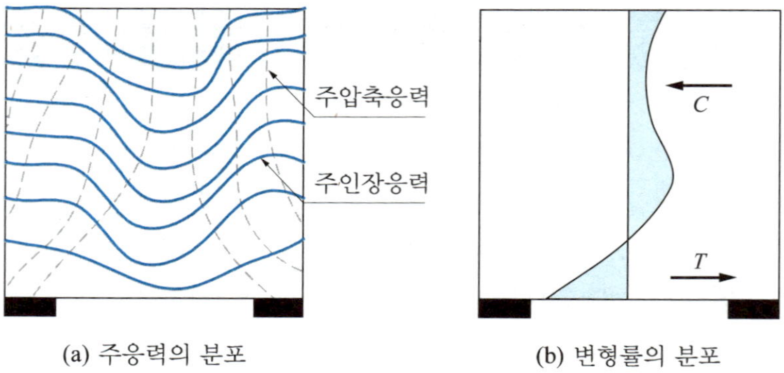

[그림 7.12] 깊은보의 응력분포

7.4.1 KDS 14 국가건설기준

KDS 14 국가건설기준에서는 비선형 변형률 분포를 고려하여 깊은보를 휨설계하거나, 스트럿-타이 모델로 휨설계하고 있다. 또한 전단설계에 대하여 식(7.16)을 만족하도록 하고 있다.

$$V_u \leqq \phi V_n \tag{7.16}$$

여기서, V_u : 소요전단강도(계수전단강도)

ϕ : 강도감소계수($=0.75$)

V_n : 공칭전단강도로서 V_n은 $(5\lambda\sqrt{f_{ck}}/6)b_w d$ 이하가 되어야 한다.

KDS 14 국가건설기준의 스트럿-타이 모델에서는 부정정 모델을 허용하지 않고 있다. 따라서 깊은보에 적용할 수 있는 모델은 [그림 7.13]의 두 가지 모델에 국한된다. 즉, [그림 7.13]의 STM-1과 같이 콘크리트 스트럿만에 의하여 가력점의 하중이 지점에 직접 전달되는 모델과 [그림 7.13]의 STM-2와 같이 중간에 수직 타이가 있는 모델로 나눌 수 있다. 또한 기준에서는 한 절점에서 스트럿과 타이가 이루는 각도는 25도 이하가 될 수 없다고 규정하고 있다. 이 규정에 근거할 경우에 전단경간비(a/d)가 약 1.9 이하일 때는 STM-1과 STM-2의 적용이 가능하지만, $a/d>1.9$일 때는 STM-2만을 적용해야 한다.

① $a/d \leq 1.9$: STM-1과 STM-2 적용 가능

② $a/d > 1.9$: STM-2 적용 가능

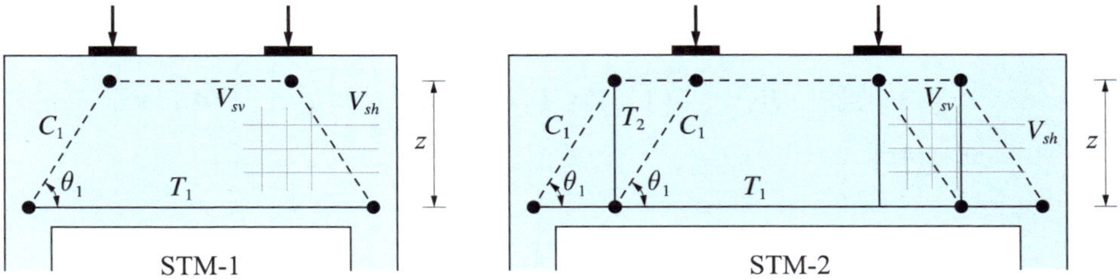

[그림 7.13] KDS 14 국가건설기준 깊은보의 모델

깊은보에 발생하는 콘크리트 압축대의 각도는 일반적으로 45도 이상이며, 전단경간비가 짧아질수록 커진다. 따라서 부재축과 평행하게 배근된 전단철근도 전단력을 저항할 수 있다. 설계에서는 다음과 같이 부재축 방향과 부재축과 직각되는 방향에 최소 철근을 배근하도록 규정하고 있다.

① 휨인장철근과 직각인 수직전단철근의 최소 단면적(A_v)과 간격(s)

$A_v \geqq 0.0025 b_w s$, $s \leqq \frac{d}{5}$ 또한 300 mm 이하

② 휨인장철근과 평행한 수평전단철근의 최소 단면적(A_{vh})과 간격(s_h)

$A_{vh} \geqq 0.0015 b_w s$, $s_h \leqq \frac{d}{5}$ 또한 300 mm 이하

깊은보에 대한 설계는 7.2.3항에서 설명한 스트럿－타이모델의 설계 과정을 따른다.

7.4.2 도로교설계기준(한계상태설계법)

도로교설계기준(한계상태설계법)에서는 깊은보의 설계를 경험식과 스트럿－타이 모델의 두 가지 방법을 허용하고 있다. 경험식의 경우에는 전단경간비가 짧아질 경우에 콘크리트의 전단저항이 증가하는 것을 고려하여 식(7.17)에 의하여 설계전단강도(V_d)를 계산한다.

$$V_d \leqq V_{cd} + \phi_s f_{yt} A_v \frac{0.75a}{s} \tag{7.17}$$

여기서, ϕ_s : 철근의 재료계수이며 0.9

f_{yt} : 수직전단철근의 항복강도

A_v : 수직전단철근의 단면적

a : 전단경간

s : 수직전단철근의 간격

콘크리트의 전단강도(V_{cd})는 아치작용을 고려하여 식(4.11)에 근거한 식(7.18)에서 계산한다.

$$V_{cd} = \left[0.85\,\phi_c\,k\,\sqrt[3]{\rho_w f_{ck}}\left(\frac{2d}{a}\right)\right] b_w d \tag{7.18}$$

여기서, ϕ_c : 콘크리트 재료계수이며 0.65

k : 크기효과계수이며 식(4.12)에 의해 계산

ρ_w : 주인장철근비

식(7.18)의 V_{cd}는 $0.5\,\phi_c f_{c2,\max} b_w d$를 초과해서는 안 된다. $f_{c2,\max} = 0.6(1 - f_{ck}/250) f_{ck}$이다.

도로교설계기준(한계상태설계법)에서도 다음과 같이 부재축 방향과 부재축과 직각되는 방향에 최소 철근을 배근하도록 규정하고 있다.

① 휨인장철근과 직각인 수직전단철근의 최소 단면적(A_v)과 간격(s)

$A_v \geqq 0.002 b_w s$, 보 두께의 두 배 또한 300 mm 이하

② 휨인장철근과 평행한 수평전단철근의 최소 단면적(A_{vh})과 간격(s_h)

$A_{vh} \geqq 0.002 b_w s_h$, 보 두께의 2배 또한 300 mm 이하

7.4.3 CEB-FIP 모델기준

CEB-FIP 모델기준(1999)에서는 KDS 14 국가건설기준과 달리 부정정 스트럿-타이 모델을 허용하고 있다. 따라서 깊은보에 [그림 7.13]의 두 가지 모델과 [그림 7.14]의 STM-3을 적용할 수 있다. STM-3은 전단력(V_n)의 일부를 콘크리트 대각 스트럿이 직접 지점에 전달하고 나머지를 수직전단철근이 지지한다는 개념이다. a/z의 비가 짧아지면 수직전단철근이 지지하는 비율(T_2)은 식(7.19)와 같이 감소하고, 직접스트럿에 의하여 전달되는 하중 비율이 증가한다. 반면 a/z의 비가 길어지면 T_2가 증가하고 직접스트럿에 의하여 전달되는 하중 비율이 감소한다.

$$T_2 = \left(\frac{2a/z - 1}{3 - N/V_n}\right) V_n \tag{7.19}$$

여기서, z : 상하현재 중심간의 거리

N : 축력이며, 깊은보의 경우에는 "0"

스트럿-타이 모델은 식(7.19)의 a/z의 비율에 따라 다음과 같이 정해진다.

① $a/z \le 0.5$: STM-1적용 가능

② $0.5 < a/z \le 2.0$: STM-3 적용 가능

③ $a/z > 2.0$: STM-2 적용 가능

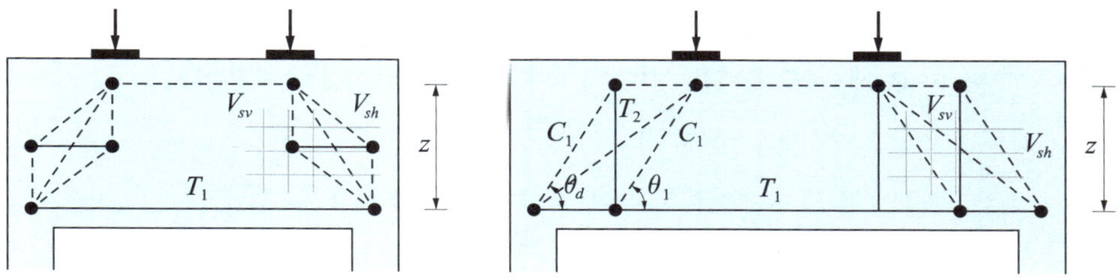

STM-3

[그림 7.14] CEB-FIP 모델 기준 깊은보의 모델

예제 7.1

[예제 그림 7.1.1]의 깊은보를 설계하라. 깊은보에는 두 개의 상부 기둥에서 각각 1,827.5 kN의 집중하중이 작용하며, 보에 50 kN/m의 계수하중이 작용하고 있다. 전단철근은 D13철근이나 D16철근을 사용하고, 주철근은 D32철근을 사용하라. 콘크리트의 압축강도 $f_{ck} = 27\,\text{MPa}$, 전단철근과 주철근의 설계기준항복강도 $f_y = 400\,\text{MPa}$이다. D13철근, D16철근, D32철근의 단면적은 각각

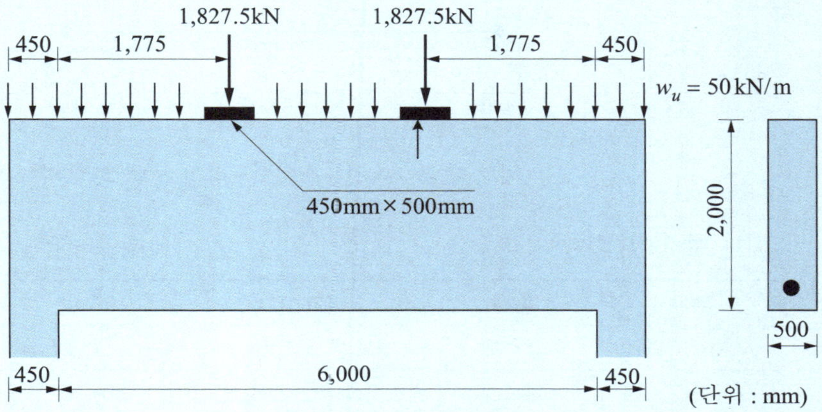

[예제 그림 7.1.1] 깊은보(이정윤, 2020)

$A_s = 126.7\,\text{mm}^2$, $A_s = 198.6\,\text{mm}^2$, $A_s = 794.2\,\text{mm}^2$이다.

(a) KDS 14 국가건설기준의 STM-1에 의하여 설계하라.

(b) KDS 14 국가건설기준의 STM-2에 의하여 설계하라.

(c) CEB-FIP 모델기준의 STM-3에 의하여 설계하라.

(d) 도로교설계기준(한계상태설계법)의 경험식에 의하여 설계하라.

[풀이-1] KDS 14 국가건설기준의 STM-1에 의한 설계

스트럿-타이 모델 설계에서는 모델의 형상에 따라서 계산되는 철근의 양에 큰 차이가 발생한다. 이 예제에서는 세 가지 종류의 스트럿-타이 모델과 경험식의 계산 결과를 비교하였다.

(1) 스트럿-타이 모델의 형상 결정

보에 작용하는 등분포하중을 집중하중으로 변환한 후에 깊은보에 작용하는 힘의 흐름에 기초하여 [예제 그림 7.1.2]와 같이 압축재, 인장재 및 절점을 배치한다.

$$P_u = 1{,}827.5\,\text{kN} + 50\,\text{kN/m} \times \frac{6.9\,\text{m}}{2} = 2{,}000.0\,\text{kN}$$

STM-1의 부재와 절점을 [예제 표 7.1.1]과 [예제 표 7.1.2]에 정리하였다.

(2) 압축재, 인장재에 작용하는 축력 계산

① 상하 부재의 폭을 계산한다.

부재의 유효깊이(d)를 계산한다. 이 때 D32 철근을 2단으로 배근하여 d를 계산한다.

$d = h - cover - d_s - d_b -$순간$/2 = 2{,}000 - 40 - 16 - 32 - 40/2 = 1{,}892.0\,\text{mm}$

여기서, h : 단면의 높이

d_s : 전단철근의 지름

d_b : 주철근의 지름

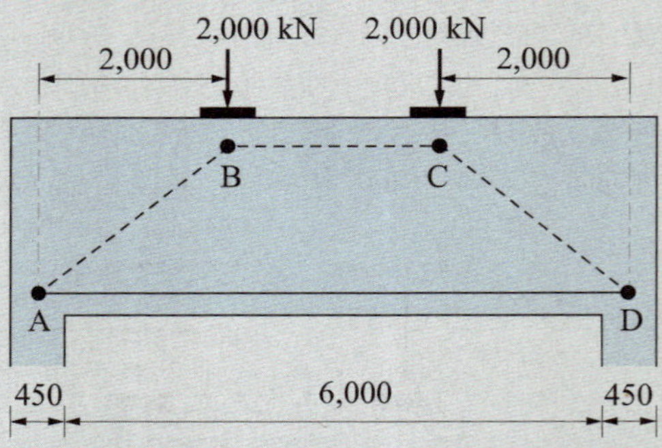

[예제 그림 7.1.2] 스트럿-타이 모델(STM-1)

[예제 표 7.1.1] 부재의 종류(STM-1)

부재	종류	비고
AB, CD	압축재	병모양 스트럿
BC	압축재	프리즘형 스트럿
AD	인장재	

[예제 표 7.1.2] 절점의 종류(STM-1)

절점	비고
A, D	CCT
B, C	CCC

타이 AD의 폭(w_t)을 계산한다.

$w_t = 2(cover + d_s + d_b + \text{순간격}/2) = 2(40+16+32+40/2) = 216\,\text{mm} \rightarrow 250\,\text{mm}$

압축재 BC의 폭(w_s)은 중립축의 깊이(c)를 사용하여 계산한다. 중립축의 깊이(c)를 계산하기 위하여 우선 소요휨모멘트(M_u)를 저항하는데 필요한 인장철근의 총 단면적을 계산한다. 콘크리트 압축강도는 $f_{ck} = 27\text{MPa}$이므로 등가 직사각형 압축응력블록 계수 η는 1이다.

$M_u \leqq \phi M_n$

$M_u = P_u \times (1.775 + 0.45/2) = 2{,}000 \times 2 = 4{,}000.0\text{kN} \cdot \text{m}$

$$\phi M_n = \phi A_s f_y \left(d - \frac{a}{2}\right) = \phi A_s f_y \left(d - \frac{A_s f_y}{2 \times r_i \times (0.85 f_{ck}) b}\right)$$

$$4{,}000\text{kN} \cdot \text{m} \leqq 0.85 \times A_s \times 400 \left(1{,}892 - \frac{A_s \times 400}{2 \times 1 \times 0.85 \times 27 \times 500}\right)$$

$0.01743 A_s^{\,2} - 1{,}892 A_s + 11{,}764{,}706 = 0$

그러므로 필요한 인장철근의 총 단면적은 $A_s = 6{,}622.1\text{mm}^2$이다. 따라서 힘의 평형식을 이용하여 등가 압축응력블록의 깊이(a)를 계산하고, 중립축의 깊이(c)를 계산한다. $f_{ck} = 27\text{MPa}$이므로 등가 직사각형 압축응력블록 계수 β_1은 0.8이다.

$$a = \frac{A_s f_y}{\eta(0.85 f_{ck}) b} = \frac{6{,}622.1 \times 400}{1 \times 0.85 \times 27 \times 500} = 230.8\,\text{mm}$$

$$c = \frac{a}{\beta_1} = \frac{230.8}{0.8} = 288.5\,\text{mm}$$

따라서 압축재 BC의 폭(w_s)은 중립축의 깊이와 비슷하게 300 mm로 정한다.

② 트러스의 부재력을 계산한다.

상하 부재의 폭을 계산하였기 때문에 경사 스트럿 AB, CD와 부재축이 이루는 각도를 계산 할 수 있다.

$\theta = \arctan(1{,}725/2{,}000) = 40.8°$

스트럿의 부재력은 다음과 같다.

$F_{u,AB} = F_{u,CD} = 2{,}000.0/\sin 40.8° = 3{,}060.8\,\text{kN}$

$F_{u,BC} = F_{u,AB} \cos\theta = 3{,}060.8 \times \cos 40.8° = 2{,}317.0\,\text{kN}$

타이의 부재력은 다음과 같다.

$F_{u,AD} = 2{,}000 \times \cot\theta = 2{,}000 \times \cot 40.8° = 2{,}317.0\,\text{kN}$

스트럿과 타이의 부재력을 [예제 표 7.1.3]과 [예제 그림 7.1.3]에 정리하였다.

[예제 표 7.1.3] 부재력 계산[STM-1]

부재	β_s	부저력 (kN)	요구 부재 폭 (mm)	실제 부재 폭 (mm)	판정
AB, CD	0.75	3,060.8	474.2	483.3	만족
BC	1.0	2.317.0	269.2	300.0	만족
AD	-	2.317.0	-	-	-

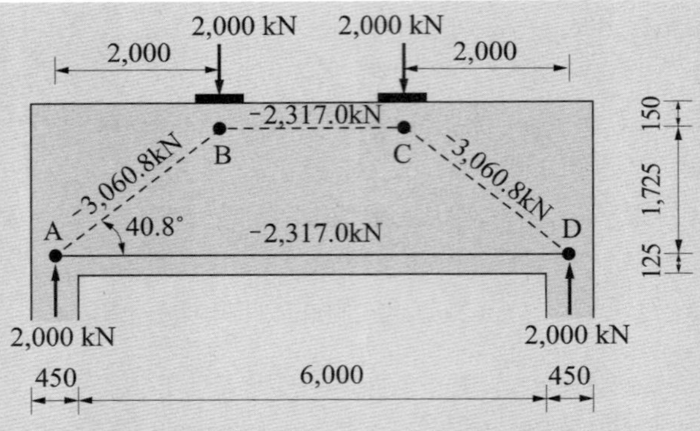

[예제 그림 7.1.3] 부재력의 계산(STM-1)

(3) 콘크리트 스트럿의 요구 폭 계산

① 스트럿의 폭 계산

$$w_{sb} = l_b \sin\theta + w_t \cos\theta$$

$$w_{sb,AB} = 450 \sin 40.8° + 250 \cos 40.8° = 483.3\text{mm}$$

$$w_{sb,BC} = 300\text{mm}$$

② 스트럿의 내력 검토

식(7.1)~식(7.3), 식(7.6)을 이용하여 스트럿 부재력을 저항하는데 필요한 요구 스트럿 폭($w_{s,req}$)을 계산한다. 이 때 병모양 스트럿 AB와 CD의 강도감소계수(β_s)는 0.75로 한다.

$$w_{s,req} = \frac{F_u}{\phi(0.85\beta_s f_{ck})\, b_w}$$

$$w_{s,req,AB} = \frac{3{,}060.8 \times 10^3}{0.75(0.85 \times 0.75 \times 27)500} = 474.2\text{mm}$$

$$w_{s,req,BC} = \frac{2{,}317 \times 10^3}{0.75(0.85 \times 1.0 \times 27)500} = 269.2\text{mm}$$

요구 스트럿 폭($w_{s,req}$)을 [예제 표 7.1.3]에 정리하였다. [예제 표 7.1.3]에서 β_s 값을 0.75로 사용하기 위해서는 식(7.4)에 대한 검토가 필요하다.

(4) 절점의 요구 폭 계산

식(7.1), 식(7.10), 식(7.11)을 이용하여 절점영역이 요구하는 폭($w_{n,req}$)을 계산한다.

$$w_{n,req} = \frac{F_u}{\phi\,(0.85 \cdot \beta_n \cdot f_{ck}) \cdot b_w}$$

[A, D 절점]

$$w_{n,req,R} = \frac{2{,}000.0 \times 10^3}{0.75(0.85 \times 0.8 \times 27)500} = 290.5\text{mm}$$

$$w_{n,req,AB} = \frac{3{,}060.8 \times 10^3}{0.75(0.85 \times 0.8 \times 27)500} = 444.6\text{mm}$$

$$w_{n,req,AD} = \frac{2{,}317 \times 10^3}{0.75(0.85 \times 0.8 \times 27)500} = 336.5\text{mm}$$

[예제 표 7.1.4] 절점의 설계 검토(STM-1)

절점	절점 종류	β_n	부재 종류	부재력 (kN)	요구된 폭 (mm)	실제 폭 (mm)	판정	보완
A, D	CCT	0.8	R	2,000.0	290.5	450.0	만족	
			AB	3,060.8	444.6	483.3	만족	
			AD	2,317.0	336.5	250.0	불만족	배근조절
B, C	CCC	1.0	하중	2,000.0	232.4	250.0	만족	
			AB	3,060.8	355.7	483.3	만족	
			BC	2,317.0	269.2	300.0	만족	

다른 절점도 이와 같은 방법에 의하여 요구되는 절점의 폭을 계산한다. 계산된 요구 폭과 실제 폭을 [예제 표 7.1.4]에서 비교하였다. 표에서 절점 A, D의 타이 AD에 대하여 요구되는 폭($w_{n,req}$)이 실제 폭에 비하여 크기 때문에 '불만족'이지만, 철근의 배근 위치를 조절하여 보완할 수 있다고 판단하여 설계를 허용한다.

(5) 철근 단면적과 정착길이 계산

① 타이의 철근량 계산

식(7.7)을 이용하여 타이에 작용하는 부재력에 저항하기 위한 철근량을 계산한다. 이 때 콘크리트 스트럿과 절점영역에 대한 강도감소계수(ϕ)는 0.75이지만, 휨철근과 전단철근을 계산하기 위한 강도감소계수(ϕ)는 0.85임에 주의해야 한다.

[휨철근]

타이 AD $\quad A_{st} = \dfrac{F_u}{\phi f_u} = \dfrac{2,317,000}{0.85 \times 400} = 6,814.7\,\text{mm}^2$

타이 AD에 요구되는 휨철근을 2단 배열(10-D32 $= 2 \times 5 \times 794.2 = 7,942.0\,\text{mm}^2$)로 배근한다.

② 최소 철근량을 계산하고 비교 검토

깊은보에는 부재축방향과 부재축과 직각되는 방향에 최소 철근을 배근해야 한다.

[휨인장철근과 직각인 수직전단철근의 최소 단면적(A_v)과 간격(s)]

$s \leq \dfrac{d}{5}$ 와 300 mm 이하 중에서 작은 값을 택해야 한다.

$s \leq \dfrac{1,892}{5} = 378.4\,\text{mm}$ 이므로 수직전단철근의 최대 간격은 300 mm 이하다.

또한, 최소 철근의 양은 $A_v \geq 0.0025 b_w s$ 가 되어야 한다.

$A_v \geq 0.0025 b_w s = 0.0025 \times 500 \times 300 = 375.0\,\text{mm}^2$

타이 BG, EH에서 계산한 D16@120은 최소 철근량보다 많고 간격이 좁으므로, D16을 120 mm 간격으로 양면에 배근한다($2 \times 198.6 = 397.2\text{mm}^2$). 그러나 이 값은 병모양 스트럿의 β_s 에 필요한 최소 철근량을 계산한 후에 재조정이 필요하다.

[휨인장철근과 평행한 수평전단철근의 최소 단면적(A_{vh})과 간격(s_h)]

$s_h \leq \dfrac{d}{5}$ 와 300 mm 이하 중에서 작은 값을 택해야 한다.

$s_h \leq \dfrac{1,892}{5} = 378.4\,\mathrm{mm}$ 이므로 수평전단철근의 최대 간격은 300 mm 이하다.

또한, 최소 철근의 양은 $A_{vh} \geq 0.0015\,b_w s$가 되어야 한다.

$A_{vh} \geq 0.0015 b_w s = 0.0015 \times 500 \times 300 = 225.0\,\mathrm{mm}^2$

그러므로 D13을 300 mm 간격으로 양면에 배근한다($2 \times 126.7 = 253.4\mathrm{mm}^2$).

③ 병모양 스트럿의 β_s에 필요한 최소 철근량 계산

병모양 스트럿 AB, CD의 β_s값을 [표 7.1]과 같이 0.75로 사용하기 위해서는 스트럿에 식(7.4) 이상의 철근이 배근되어야 한다.

$$\Sigma \frac{A_{si}}{bs_i} \sin^2 \gamma_i \geq 0.003$$

$$\Sigma \frac{A_{si}}{bs_i} \sin^2 \gamma_i = \frac{2 \times 198.6}{500 \times 300} \sin^2 49.2 + \frac{2 \times 126.7}{500 \times 300} \sin^2 40.8 = 0.0022$$

계산된 철근비는 0.0022로 요구되는 철근비 0.003보다 작다. 따라서 [예제 표 7.1.3]의 β_s 값을 0.75를 사용할 수 없고 0.6을 사용해야 한다. 만일 β_s 값이 0.6이 될 경우에 스트럿 AB, CD에서 요구되는 부재 폭은 474.5 mm가 아니라 592.7 mm로 늘어나 설계부적합이 된다. 따라서 이를 방지하기 위하여 수직철근의 간격을 300 mm 이하가 되게 해야 한다. 식(7.4)의 철근비가 0.003이 되기 위해서는 수직철근의 간격이 200 mm가 되어야 한다.

$$\Sigma \frac{A_{si}}{bs_i} \sin^2 \gamma_i = \frac{2 \times 198.6}{500 \times 200} \sin^2 49.2 + \frac{2 \times 126.7}{500 \times 300} \sin^2 40.8 = 0.003$$

④ 철근의 정착 검토

타이 AD에서 90도 갈고리를 사용할 경우에 필요한 정착길이(l_{dh})는 다음과 같다.

$$l_{hb} = \frac{0.24 \beta d_b f_y}{\lambda \sqrt{f_{ck}}} \times \text{보정계수} = \frac{0.24 \times 1 \times 31.8 \times 400}{1 \times \sqrt{27}} \times \frac{6,814.7}{7,942.0} = 504.1\,\mathrm{mm}$$

여기서, λ : 경량콘크리트 계수이며 보통콘크리트를 사용할 경우에 1이다.
　　　β : 에폭시도막계수이며 도막을 하지 않을 경우에 1이다.

보정계수는 실제 배근철근량과 소요 철근량의 비이다.

[예제 그림 7.1.4]에서 철근의 정착길이는

$l_a = 450.0 + 144.8 - 40.0\,(\text{피복두께}) - 15.9\,(\text{전단철근직경}) = 538.9\,\mathrm{mm}$

이므로 안전하다.

(6) 철근 배근

계산 결과에 근거하여 [예제 그림 7.1.5]와 같이 철근을 배근한다.

- 주철근 : 2단 배열 5-D32
- 전단철근 :
  - 부재축과 직각방향
    - 양쪽 하부 기둥에서 지점까지 : D16@200을 양면 배근
    - 중앙부 : D16@300을 양면 배근
  - 부재축 방향 : D13@300을 양면 배근

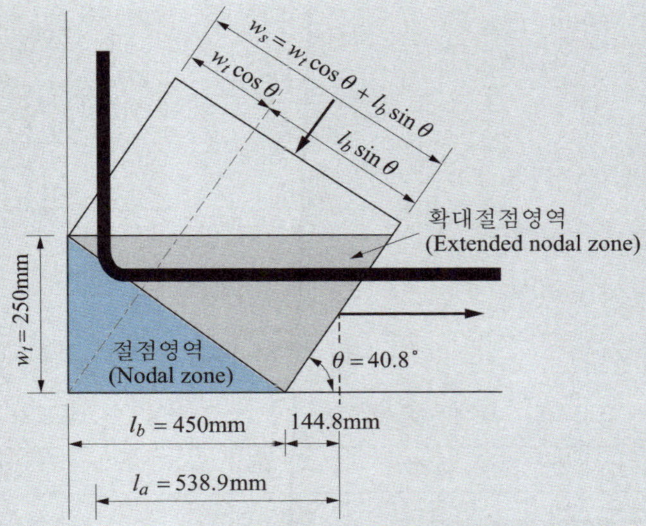

[예제 그림 7.1.4] 정착길이의 계산(STM-1)

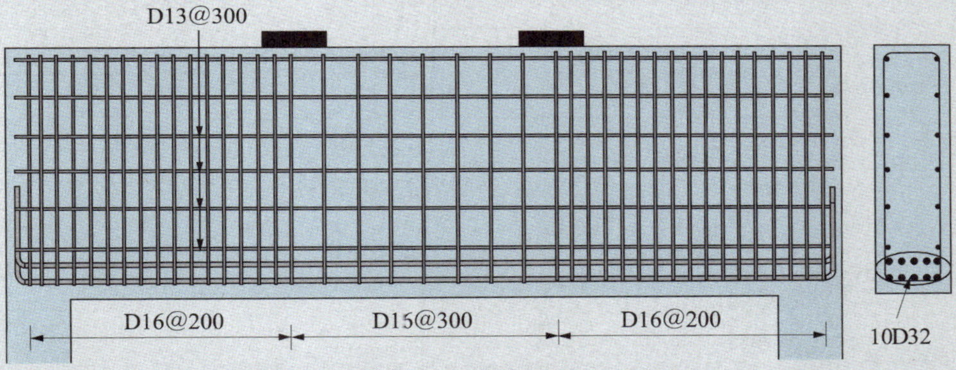

[예제 그림 7.1.5] 철근 배근(STM-1)

[풀이-2] KDS 14 국가건설기준의 STM-2에 의한 설계

(1) 스트럿-타이 모델의 형상 결정

보에 작용하는 등분포하중을 집중하중으로 변환한 후에 깊은보에 작용하는 힘의 흐름에 기초하여 [예제 그림 7.1.6]과 같이 압축재, 인장재 및 절점을 배치한다.

STM-2의 부재와 절점을 [예제 표 7.1.5]와 [예제 표 7.1.6]에 정리하였다.

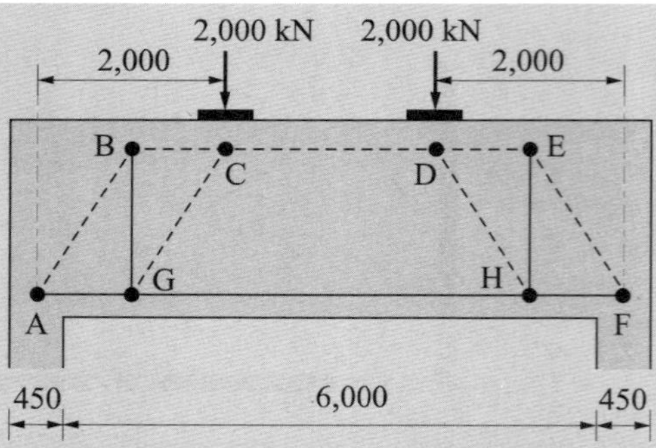

[예제 그림 7.1.6] 스트럿－타이 모델(STM－2)

[예제 표 7.1.5] 부재의 종류(STM－2)

부재	종류	비고
AB, EF	압축재	병모양 스트럿
BC, DE	압축재	프리즘형 스트럿
CD	압축재	프리즘형 스트럿
AG, FH	인장재	
GH	인장재	
BG, EH	인장재	
CG, DH	압축재	병모양 스트럿

[예제 표 7.1.6] 절점의 종류(STM－2)

절점	비고
A, F	CCT
B, E	CCT
C, D	CCC
G, H	TTT

(2) 압축재, 인장재에 작용하는 축력 계산

① 상하 부재의 폭 계산(풀이 1과 동일)

하부 타이의 폭

$w_t = 2(cover + d_s + d_b + \text{순간격}/2) = 216\,\text{mm} \rightarrow 250\,\text{mm}$

상부 압축재 BC, CD와 DE의 폭(w_s)은 300 mm로 정한다.

② 트러스의 부재력을 계산한다.

경사 스트럿 AB, EF, CG, DH와 부재축이 이루는 각도를 계산한다.

$\theta = \arctan(1{,}725/1{,}000) = 59.9^\circ$

스트럿의 부재력은 다음과 같다.

$F_{u,AB} = F_{u,EF} = 2{,}000.0/\sin 59.9^\circ = 2{,}311.7\text{kN}$

$F_{u,BC} = F_{u,DE} = F_{u,AB}\cos\theta = 2{,}311.7 \times \cos 59.9^\circ = 1{,}159.3\text{kN}$

$F_{u,CG} = F_{u,DH} = 2{,}000.0/\sin 59.9^\circ = 2{,}311.7\text{kN}$

$F_{u,CD} = F_{u,BC} + F_{u,CG}\cos\theta = 1{,}159.3 + 2{,}311.7 \times \cos 59.9^\circ = 2{,}318.6\text{kN}$

타이의 부재력은 다음과 같다.

$F_{u,AG} = F_{u,FH} = 2{,}000 \times \cot\theta = 2{,}000 \times \cot 59.9^\circ = 1{,}159.3\text{kN}$

$F_{u,BG} = F_{u,EH} = F_{u,AB}\sin\theta = 2{,}311.7 \times \sin 59.9^\circ = 2{,}000.0\text{kN}$

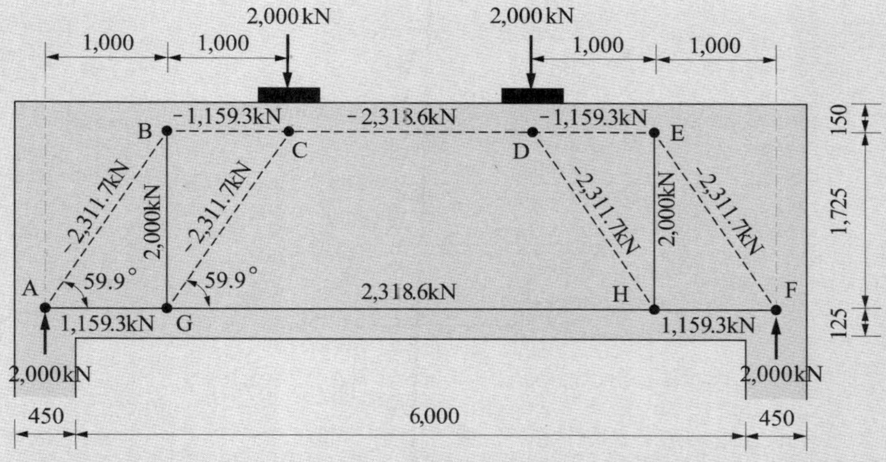

[예제 그림 7.1.7] 부재력의 계산(STM-2)

[예제 표 7.1.7] 부재력 계산(STM-2)

부재	β_s	부재력 (kN)	요구 부재 폭 (mm)	실제 부재 폭 (mm)	판정
AB, EF	0.6	2,311.7	447.7	514.7	만족
BC, DE	1.0	1,159 3	134.7	300.0	만족
CD	1.0	2,318.6	269.4	300.0	만족
AG, FH	-	1,159.3	-	250.0	-
GH	-	2,318.6	-	250.0	-
BG, EH	-	2,000.0	-	1,000.0	-
CG, DH	0.6	2,311.7	447.7	990.5	만족

$F_{u,GH} = F_{u,AG} + F_{u,CG}\cos\theta = 1,159.3 + 2,311.7 \times \cos 59.9° = 2,318.6\text{kN}$

스트럿과 타이의 부재력을 [예제 표 7.1.7]과 [예제 그림 7.1.7]에 정리하였다.

(3) 콘크리트 스트럿의 요구 폭 계산

① 스트럿의 폭 계산

$w_{sb} = l_b \sin\theta + w_t \cos\theta$

$w_{sb,AB} = w_{sb,EF} = 450\sin 59.9° + 250\cos 59.9° = 514.7\,\text{mm}$

$w_{sb,CG} = w_{sb,DH} = 1,000\sin 59.9° + 250\cos 59.9° = 990.5\,\text{mm}$

$w_{sb,BC} = w_{sb,CD} = w_{sb,DE} = 300.0\,\text{mm}$

② 스트럿의 내력 검토

식(7.1)~식(7.3), 식(7.6)을 이용하여 스트럿 부재력을 저항하는데 필요한 요구 스트럿 폭($w_{s,req}$)을 계산한다. 이 때 병모양 스트럿 AB, CG, EF, DH의 강도감소계수(β_s)는 0.6으로 한다.

$$w_{s,req} = \frac{F_u}{\phi(0.85\beta_s f_{ck})b_w}$$

$$w_{s,req,AB} = \frac{2{,}311.7 \times 10^3}{0.75(0.85 \times 0.6 \times 27)500} = 447.7\,\text{mm}$$

$$w_{s,req,BC} = \frac{1{,}159.3 \times 10^3}{0.75(0.85 \times 1.0 \times 27)500} = 134.7\,\text{mm}$$

$$w_{s,req,CD} = \frac{2{,}318.6 \times 10^3}{0.75(0.85 \times 1.0 \times 27)500} = 269.4\,\text{mm}$$

$$w_{s,req,CG} = \frac{2{,}311.7 \times 10^3}{0.75(0.85 \times 0.6 \times 27)500} = 447.7\,\text{mm}$$

요구 스트럿 폭($w_{s,req}$)을 [예제 표 7.1.7]에 정리하였다.

(4) 절점의 요구 폭 계산

식(7.1), 식(7.10)과 식(7.11)을 이용하여 절점영역이 요구하는 폭($w_{n,req}$)을 계산한다.

$$w_{n,req} = \frac{F_u}{\phi\,(0.85 \cdot \beta_n \cdot f_{ck}) \cdot b_w}$$

[예제 표 7.1.8] 절점의 설계 검토(STM-2)

절점	절점 종류	β_n	부재 종류	부재력 (kN)	요구된 폭 (mm)	실제 폭 (mm)	판정	보완
A, F	CCT	0.8	R	2,000.0	290.5	450.0	만족	
			AB	2,311.7	335.8	514.7	만족	
			AG	1,159.3	168.4	250.0	만족	
B, E	CCT	0.8	AB	2,311.7	335.8	514.7	만족	
			BC	1,159.3	168.4	300.0	만족	
			BG	2,000.0	290.5	1000.0	만족	
C, D	CCC	1.0	P	2,000.0	232.4	450.0	만족	
			BC	1,159.3	134.7	300.0	만족	
			CD	2,318.6	269.4	300.0	만족	
			CG	2,311.7	268.6	990.5	만족	
G, H	TTT	0.6	AG	1,159.3	224.5	250.0	만족	
			GH	2,318.6	449.0	250.0	불만족	배근조절
			BG	2,000.0	387.3	1000.0	만족	
			CG	2,311.7	447.7	990.5	만족	

[A, F 절점]

$$w_{n,req,R} = \frac{2{,}000.0 \times 10^3}{0.75(0.85 \times 0.8 \times 27)500} = 290.5\,\text{mm}$$

$$w_{n,req,AB} = \frac{2{,}311.7 \times 10^3}{0.75(0.85 \times 0.8 \times 27)500} = 335.8\,\text{mm}$$

$$w_{n,req,AG} = \frac{1{,}159.3 \times 10^3}{0.75(0.85 \times 0.8 \times 27)500} = 168.4\,\text{mm}$$

다른 절점도 이와 같은 방법에 의하여 요구되는 절점의 폭을 계산한다. 계산된 요구 폭과 실제 폭을 [예제 표 7.1.8]에서 비교하였다. 표에서 절점 G, H의 타이 GH에 대하여 요구되는 폭(w_{n-req})이 실제 폭에 비하여 크기 때문에 '불만족'이 되지만 철근 배근 위치를 조절하여 보완할 수 있다고 판단하여 설계를 허용한다.

(5) 철근 단면적과 정착길이 계산

① 타이의 철근량을 계산하고 철근을 정함.

식(7.1)과 식(7.7)을 이용하여 타이에 작용하는 인장력을 저항하기 위한 철근량을 계산한다.

[휨철근]

타이 AG, FH $A_{st} = \dfrac{F_u}{\phi f_y} = \dfrac{1{,}159{,}300}{0.85 \times 400} = 3{,}409.7\,\text{mm}^2$

타이 GH $A_{st} = \dfrac{F_u}{\phi f_y} = \dfrac{2{,}318{,}600}{0.85 \times 400} = 6{,}819.4\,\text{mm}^2$

타이 GH에 요구되는 철근량을 기준으로 부재 하부의 휨철근을 2단 배열해야 하므로 10-D32 $= 2 \times 5 \times 794.2 = 7{,}942.0\,\text{mm}^2$을 배근한다.

[전단철근]

타이 BG, EH $A_{st} = \dfrac{F_u}{\phi f_y} = \dfrac{2{,}000{,}000}{0.85 \times 400} = 5{,}882.4\,\text{mm}^2$

필요한 전단철근의 수(n)와 간격(s)은 다음과 같다.

$$n = \frac{A_{st}}{2D16} = \frac{5{,}882.4}{2 \times 198.6} = 14.8\text{개} \rightarrow 15\text{개}$$

$$s = \frac{2{,}000}{15} = 133.3\,\text{mm}\,\text{개} \rightarrow 120.0\,\text{mm}$$

그러므로 타이 BG에 17-D16@120을 배근한다.

② 최소 철근량을 계산하고 모델에서 계산한 철근량과 비교 검토

[휨인장철근과 직각인 수직전단철근의 최소 단면적(A_v)과 간격(s)]

D16을 120 mm 간격으로 양면에 배근한다($2 \times 198.6 = 397.2\,\text{mm}^2$).

[휨인장철근과 평행한 수평전단철근의 최소 단면적(A_{vh})과 간격(s_h)]

D13을 300 mm 간격으로 양면에 배근한다($2 \times 126.7 = 253.4\,\text{mm}^2$).

③ 병모양 스트럿의 β_s에 필요한 최소 철근량 계산

병모양 스트럿 AB, EF, CG, DH의 β_s 값([표 7.1])으로 0.75를 사용할 수 있는지 검토하기 위하여 식(9.4)의 철근비를 검토한다.

$$\sum \frac{A_{si}}{bs_i} \sin^2\gamma_i \geq 0.003$$

$$\Sigma \frac{A_{si}}{bs_i}\sin^2\gamma_i = \frac{2\times 198.6}{500\times 120}\sin^2 30.1 + \frac{2\times 126.7}{500\times 300}\sin^2 59.9 = 0.0029$$

계산된 값이 0.003보다 작으므로 병모양 스트럿 AB, CG, EF, DH의 강도감소계수(β_s)는 0.6으로 해야 한다.

④ 철근의 정착 검토

타이 AG, FH에서 90° 갈고리를 사용할 경우에 필요한 정착길이(l_{dh})는 다음과 같다.

$$l_{hb} = \frac{0.24\beta d_b f_y}{\lambda\sqrt{f_{ck}}} \times \text{보정계수} = \frac{0.24\times 1\times 31.8\times 400}{1\times\sqrt{27}} \times \frac{3,409.7}{7,942.0} = 252.2\,\text{mm}$$

정착길이는 [예제 그림 7.1.8]과 같이 타이 내의 철근의 도심이 확장절점영역을 지나 부재 경간으로 들어가는 점에서 시작한다. [예제 그림 7.1.8]에서 철근의 정착길이는 466.6 mm이므로 안전하다. $l_a = 450.0 + 72.5 - 40.0$ (피복두께) $- 15.9$ (전단철근 직경) $= 466.6\,\text{mm}$

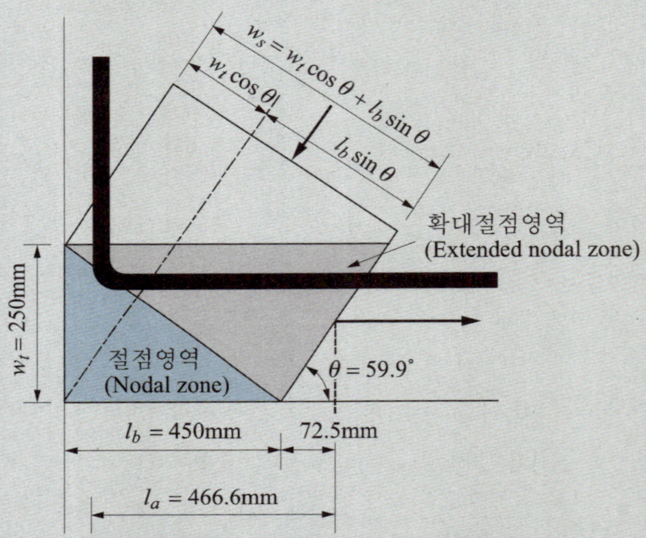

[예제 그림 7.1.8] 정착길이의 계산(STM-2)

(6) 철근 배근

계산 결과에 근거하여 [예제 그림 7.1.9]와 같이 철근을 배근한다.

- 주철근 : 2단 배열 5-D32
- 전단철근 :
  부재축과 직각방향
  - 양쪽 하부 기둥에서 지점까지 : D16@120을 양면 배근
  - 중앙부 : D16@300을 양면 배근
  - 부재축 방향 : D13@300을 양면 배근

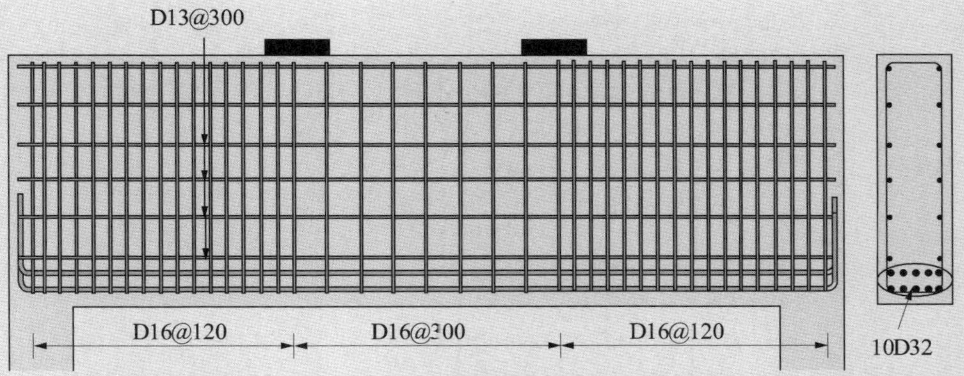

[예제 그림 7.1.9] 철근 배근(STM-2)

[풀이-3] CEB-FIP 모델기준의 STM-3에 의한 설계

(1) 스트럿-타이 모델의 기하학적인 형태는 [예제 그림 7.1.10]이 되고 STM-3의 부재의 종류를 [예제 표 7.1.9]에 정리하였다. 절점의 종류는 [예제 표 7.1.6]과 동일하다.

주어진 조건에서 $a/z = 2{,}000/1{,}725 = 1.16$이므로 STM-3의 설계가 가능하다.

(2) 압축재와 인장재에 작용하는 축력 계산

① 상하 부재의 폭 계산(풀이 1과 동일)

하부 타이의 폭은 250 mm로 정한다.

상부 스트럿의 폭(w_s)은 300 mm로 정한다.

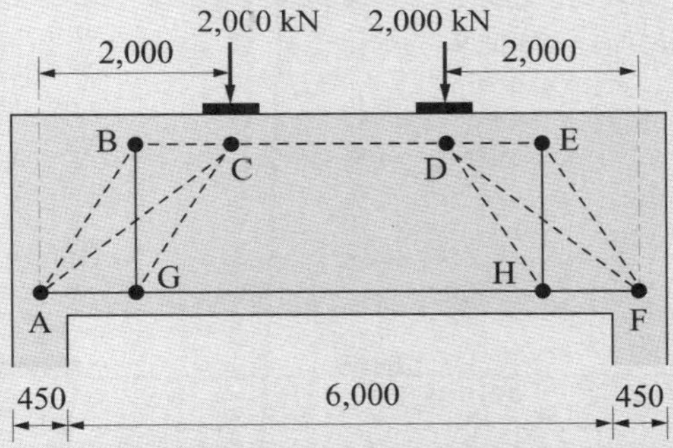

[예제 그림 7.1.10] 스트럿-타이 모델 (STM-3)

[예제 표 7.1.9] 부재의 종류(STM-3)

부재	종류	비고	부재	종류	비고
AB, EF	압축재	병모양 스트럿	AG, FH	인장재	
BC, DE	압축재	프리즘형 스트럿	GH	인장재	
CD	압축재	프리즘형 스트럿	BG, EH	인장재	
AC, DF	압축재	병모양 스트럿	CG, DH	압축재	병모양 스트럿

② 트러스의 부재력 계산

CEB-FIP 모델기준에서는 전단력(V_n)의 일부를 콘크리트 직접스트럿에 의하여 직접 지점에 전달하고, 나머지를 수직전단철근이 지지한다는 개념이다. 수직전단철근이 지지하는 비율(T_2)을 식(7.19)에 의해 계산한다.

$$T_2 = \left(\frac{2a/z-1}{3-N/V_n}\right)V_n = \left(\frac{2\frac{2,000}{1,725}-1}{3-0}\right)V_n = 0.44\,V_n$$

그러므로 전체 하중의 56퍼센트는 콘크리트 직접스트럿 AC에 의하여 전달되고 $0.44 \times 2,000 = 880$ kN만 수직하중으로 작용한다.

경사 스트럿 AB, EF, CG, DH와 부재축이 이루는 각도를 계산한다.

$\theta = \arctan(1,725/1,000) = 59.9°$

직접스트럿 AC와 부재축이 이루는 각도를 계산한다.

$\theta_d = \arctan(1,725/2,000) = 40.8°$

스트럿의 부재력은 다음과 같다.

$$F_{u,AC} = F_{u,DF} = \frac{0.56\,V_n}{\sin\theta_d} = \frac{0.56 \times 2,000}{\sin 40.8°} = 1,714.1\text{ kN}$$

$F_{u,AB} = F_{u,EF} = F_{u,BG}/\sin\theta = 880/\sin 59.9° = 1,017.1\text{kN}$

$F_{u,BC} = F_{u,DE} = F_{u,AB}\cos\theta = 1,017.1 \times \cos 59.9° = 510.1\text{kN}$

$F_{u,CG} = F_{u,DH} = 880/\sin 59.9° = 1,017.1\text{kN}$

$F_{u,CD} = F_{u,BC} + F_{u,CG}\cos\theta + F_{u,AC}\cos\theta_d = 2,317.8\text{kN}$

타이의 부재력은 다음과 같다.

$F_{u,AG} = F_{u,FH} = F_{u,AB}\cos\theta + F_{u,AC}\cos\theta_d = 1,807.7\text{ kN}$

$F_{u,BG} = F_{u,EH} = 880\text{ kN}$

$F_{u,GH} = F_{u,AG} + F_{u,CG}\cos\theta = 1,807.7 + 1,017.1 \times \cos 59.9° = 2,317.8\text{kN}$

스트럿과 타이의 부재력을 [예제 표 7.1.10]과 [예제 그림 7.1.11]에 정리하였다.

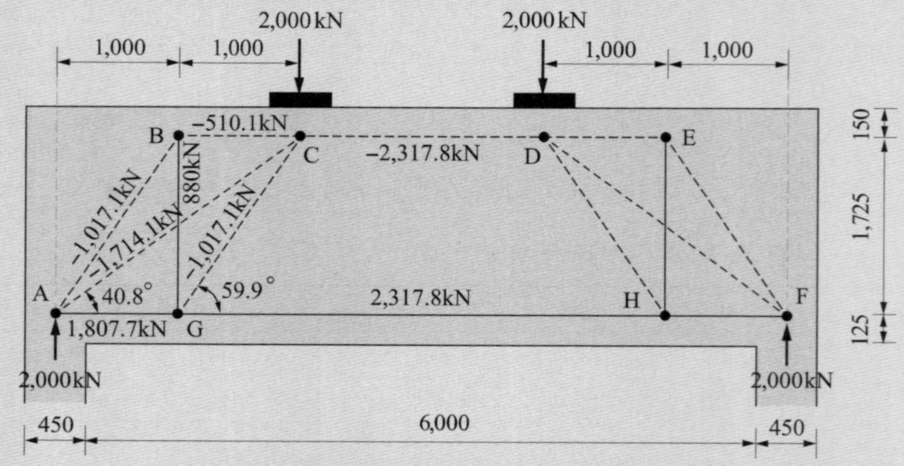

[예제 그림 7.1.11] 부재력의 계산(STM-3)

[예제 표 7.1.10] 부재력 계산(STM-3)

부재	부재력(kN)	요구 부재 폭 (mm)	실제 부재 폭 (mm)	판정
AB, EF	1,017.1	216.6	191.7	불만족 *
BC, DE	510.1	68.4	300.0	만족
CD	2,317.8	310.7	300.0	불만족 *
AC, DF	1,714.1	365.1	323.0	불만족 *
AG, FH	1,807.7	-	250.0	-
GH	2,317.8	-	250.0	-
BG, EH	880.0	-	1,000.0	-
CG, DH	1,017.1	216.6	990.5	만족

* 이 예제에서는 소요강도를 강도설계법에 근거하여 계산하였다. CEB-FIP 모델기준의 소요강도에 맞추어 계산하면 요구 부재 폭이 달라질 수 있다. 여기서는 세 모델의 비교를 위하여 폭이나 콘크리트 강도를 조정하지 않고 설계를 수행하였다.

(3) 콘크리트의 스트럿의 요구 폭 계산

① 스트럿의 폭 계산

$$w_{sb} = l_b \sin\theta + w_t \cos\theta$$

$$w_{sb,A} = w_{sb,F} = \sqrt{450^2 + 250^2} = 514.7\text{mm}$$

$$w_{sb,CG} = w_{sb,DH} = 1{,}000\sin 59.9° + 250\cos 59.9° = 990.5\text{mm}$$

$$w_{sb,BC} = w_{sb,CD} = w_{sb,DE} = 300.0\text{mm}$$

[그림 7.1.11]의 절점 A와 절점 F와 같이 한 경계면에는 두 개 이상의 스트럿이 존재할 경우에 각각의 스트럿의 폭은 두 스트럿의 힘의 차이에 의해 계산한다.

$$w_{sb,AB} = \frac{F_{u,AB}}{F_{u,AB} + F_{u,AC}} w_{sb} = \frac{1017.1}{1017.1 - 1714.1} 514.7 = 191.7\text{ mm}$$

$$w_{sb,AC} = \frac{F_{u,AB}}{F_{u,AB} + F_{u,AC}} w_{sb} = \frac{1714.1}{1017.1 + 1714.1} 514.7 = 323.0\text{ mm}$$

정확한 폭은 절점면과 수직을 이루는 각도와 각각의 부재가 이루는 각도의 차이를 반영해서 계산해야 하지만, 그 차이가 크지 않으므로 여기서는 각도의 차이는 무시하고 절점 A와 절점 F의 스트럿의 폭을 계산하였다.

② 스트럿의 내력 검토

식(7.12)~식(7.14)를 이용하여 스트럿 부재력을 저항하는데 필요한 요구 스트럿 폭($w_{s,req}$)을 계산한다. 이 예제에서는 CEB-FIP 모델기준의 스트럿과 절점의 콘크리트유효강도는 도로교설계기준(한계상태설계법) 규정에 근거하여 설계하였다. 식(7.4)에 의하여 계산된 횡방향철근이 0.4퍼센트 이상 배치된 스트럿은 각도에 따라서 콘크리트 스트럿의 압축강도(f_{ce})가 달라질 수 있지만 기본 횡방향철근만 배근하는 것으로 하여 요구 스트럿 폭($w_{s,req}$)을 계산하였다.

$$f_{ce} = 0.85\,\phi_c f_{ck} = 0.85 \times 0.65 \times 27 = 14.92\text{ MPa}$$

$$f_{ce} = 0.6\left(1 - \frac{f_{ck}}{250}\right)\phi_c f_{ck} = 0.6\left(1 - \frac{27}{250}\right)0.65 \times 27 = 9.39 \text{ MPa}$$

$$w_{s,req} = \frac{F_u}{f_{ce}\, b_w}$$

$$w_{s,req,AB} = w_{s,req,CG} = \frac{1,017.1 \times 10^3}{9.39 \times 500} = 216.6\text{mm}$$

$$w_{s,req,BC} = \frac{510.1 \times 10^3}{14.92 \times 500} = 68.4\text{mm}$$

$$w_{s,req,CD} = \frac{2,317.8 \times 10^3}{14.92 \times 500} = 310.7\text{mm}$$

$$w_{s,req,AC} = \frac{1,714.1 \times 10^3}{9.39 \times 500} = 365.1\text{mm}$$

요구 스트럿 폭($w_{s,req}$)을 [예제 표 7.1.10]에 정리하였다.

(4) 절점영역의 분포와 강도 계산

절점영역이 요구하는 폭($w_{n,req}$)을 계산한다.

$$w_{n,req} = \frac{F_u}{f_{cu} \cdot b_w}$$

절점의 강도감소계수를 식(7.15)에 의해 계산한다.

(C-C-C 절점) $f_{cu} = \left(1 - \frac{f_{ck}}{250}\right)\phi_c f_{ck} = \left(1 - \frac{27}{250}\right)0.65 \times 27 = 15.65 \text{ MPa}$

(C-C-T 절점) $f_{cu} = 0.85\left(1 - \frac{f_{ck}}{250}\right)\phi_c f_{ck} = 0.85 \times 15.65 = 13.31 \text{ MPa}$

(C-T-T 절점) $f_{cu} = 0.75\left(1 - \frac{f_{ck}}{250}\right)\phi_c f_{ck} = 0.75 \times 15.65 = 11.74 \text{ MPa}$

[A, F 절점]

A, F 절점에는 두 개의 콘크리트 스트럿 AB와 AC에서 부재력이 전달되므로 두 힘의 합력에 대하여 검토해야 한다.

$$w_{n,req,R} = \frac{2,000.0 \times 10^3}{13.31 \times 500} = 300.5 \text{ mm}$$

$$w_{n,req,AB,AC} = \frac{2,731.2 \times 10^3}{13.31 \times 500} = 410.4 \text{ mm}$$

$$w_{n,req,AG} = \frac{1,807.7 \times 10^3}{13.31 \times 500} = 271.6 \text{ mm}$$

다른 절점도 이와 같은 방법에 의하여 요구되는 절점의 폭을 계산한다.

(5) 철근 단면적과 정착길이 계산

① 타이의 철근량 계산

[휨철근]

타이 AG, FH $\quad A_{st} = \dfrac{F_u}{\phi_s f_y} = \dfrac{1,807,700}{0.9 \times 400} = 5,021.4\text{mm}^2$

타이 GH $A_{st}=\frac{F_u}{\phi_s f_y}=\frac{2,317,800}{0.9\times 400}=6,438.3\,\mathrm{mm}^2$

타이 GH에 요구되는 철근량을 기준으로 부재 하부의 휨철근을 2단 배열해야 하므로 10-D32 $=2\times 5\times\ 794.2=7,942.0\mathrm{mm}^2$을 배근한다.

[전단철근]

타이 BG, EH $A_{st}=\frac{F_u}{\phi_s f_y}=\frac{880,000}{0.9\times 400}=2,444.4\,\mathrm{mm}^2$

필요한 전단철근의 수(n)와 간격(s)은 다음과 같다.

$$n=\frac{A_{st}}{2D16}=\frac{2,444.4}{2\times 198.6}=6.2\text{개}\ \rightarrow\ 7\text{개}$$

$$s=\frac{2,000}{7}=285.7\,\mathrm{mm}\ \rightarrow\ 250.0\,\mathrm{mm}$$

그러므로 타이 BG에 8-D16@250을 배근한다.

② 최소 철근량을 계산하고 모델에서 계산한 철근량과 비교 검토

[휨인장철근과 직각인 수직전단철근의 최소 단면적(A_v)과 간격(s)]

보 두께의 2배와 300 mm 이하 중에서 작은 값을 택해야 한다.

수직전단철근의 최대 간격은 300 mm 이하이다.

또한, 최소 철근의 양은 $A_v \geq 0.002b_w s$가 되어야 한다.

$$A_v \geq 0.002\,b_w s=0.002\times 500\times 300=300.0\,\mathrm{mm}^2$$

타이 BG, EH에서 계산한 D16@250은 최소 철근량보다 많고 간격이 좁으므로, D16을 250 mm 간격으로 양면에 배근한다($2\times 198.6=397.2\,\mathrm{mm}^2$).

[휨인장철근과 평행한 수평전단철근의 최소 단면적(A_{vh})과 간격(s_h)]

보 두께의 2배와 300 mm 이하 중에서 작은 값을 택해야 한다.

수평전단철근의 최대 간격은 300 mm 이하다.

또한, 최소 철근의 양은 $A_{vh} \geq 0.002\,b_w s_h$가 되어야 한다.

$$A_{vh} \geq 0.002b_w s_h=0.002\times 500\times 300=300.0\,\mathrm{mm}^2$$

그러므로 D16을 300 mm 간격으로 양면에 배근한다($2\times 198.6=397.2\,\mathrm{mm}^2$).

③ 철근의 정착 검토

(6) 철근 배근

계산 결과에 근거하여 [예제 그림 7.1.12]와 같이 철근을 배근한다.

- 주철근 : 2단 배열 5-D32
- 전단철근 :
  부재축과 직각방향
  - 양쪽 하부 기둥에서 지점까지 : D16@250을 양면 배근
  - 중앙부 : D16@300을 양면 배근
  부재축 방향 : D16@300을 양면 배근

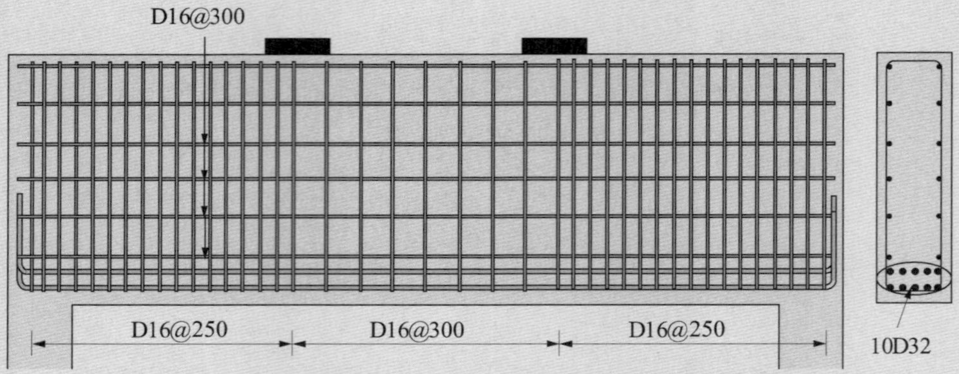

[예제 그림 7.1.12] 철근 배근(STM-3)

[풀이-4] 도로교설계기준(한계상태설계법)의 경험식에 의한 설계

(1) 휨설계는 도로교설계기준(한계상태설계법)에 의하여 설계한다.

(2) 콘크리트의 전단강도(V_{cd})를 식(7.18)에 의하여 계산한다.

$$V_{cd} = \left[0.85\,\phi_c k\,\sqrt[3]{\rho_w f_{ck}}\left(\frac{2d}{a}\right)\right] b_w d$$

$$= \left[0.85 \times 0.65 \times 1.33\,\sqrt[3]{0.0085 \times 27}\left(\frac{2 \times 1{,}875}{2{,}000}\right)\right] 500 \times 1{,}875 = 790.8\ \text{kN}$$

여기서,

$$k = 1 + \sqrt{\frac{200}{d}} = 1 + \sqrt{\frac{200}{1{,}875}} = 1.33 \leq 2.0$$

$$\rho_w = \frac{A_t}{b \cdot d} = \frac{10 \times 794.2}{500 \times 1{,}875} = 0.0085$$

V_{cd}는 $0.5\,\phi_c f_{c2,\max} b_w d$를 초과해서는 안 된다.

$$0.5\,\phi_c f_{c2,\max} b_w d = 0.5 \times 0.65 \times 14.45 \times 500 \times 1{,}875 = 4{,}402.7\,\text{kN}$$

$$f_{c2,\max} = 0.6(1 - f_{ck}/250) f_{ck} = 14.45\,\text{MPa}$$

그러므로 $V_{cd} = 790.8\,\text{kN}$이다.

(3) 필요한 철근량을 식(7.17)에 의하여 계산한다.

필요한 전단철근의 강도를 계산한다.

$$V_{sd} = V_d - V_{cd} = 2{,}000 - 790.8 = 1{,}209.2\ \text{kN}$$

수직전단철근의 간격을 계산한다. 전단철근은 D16을 두 가닥 사용한다.

$$s = \frac{\phi_s f_{yt} A_v 0.75a}{V_{sd}} = \frac{0.9 \times 400 \times 2 \times 198.6 \times 0.75 \times 2{,}000}{1{,}209{,}200} = 177\ \text{mm}$$

네 가지 방법에 의하여 계산한 깊은보의 소요 휨인장강도와 소요 수직전단강도를 [예제 표 7.1.11]와 [예제 그림 7.1.13]에서 비교하였다. 표와 그림에서 네 가지 방법의 소요 휨인장강도는 거의 유사하지만, 소요 수직전단강도는 적용하는 방법에 따라서 큰 차이가 있음을 알 수 있다.

[예제 표 7.1.11] 계산 결과의 비교

설계법	소요 휨인장강도(kN)	소요 수직전단강도(kN)
KDS 14 20 24 국가건설기준 STM-1	2,317.0	0.0
KDS 14 20 24 국가건설기준 STM-2	2,318.6	2,000
CEB-FIP 모델기준 STM-3	2,317.8	880
도로교설계기준 경험식	2,317.8	1,209.2

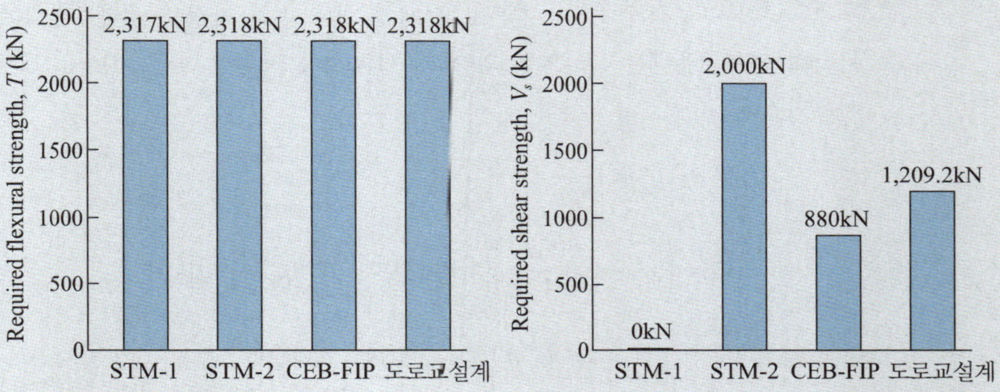

(a) 소요 휨인장강도　　(b) 소요 수직전단강도

[예제 그림 7.1.13] 소요 강도의 비교

7.5 깊은보의 실용 설계

KDS 14 국가건설기준과 도로교설계기준(한계상태설계법)에서 채택하고 있는 깊은보의 설계법은 [예제 7.1]의 비교에서 알 수 있듯이 선택된 방법에 따라서 계산 결과에 큰 차이가 발생하기 때문에 기준에 대한 신뢰성이 떨어져 구조기술자는 깊은보 설계에 스트럿-타이 모델을 쉽게 적용하지 못하고 있다.

우리나라 구조설계기준의 깊은보 설계에 대한 변천 과정을 살펴보면 2003년 콘크리트학회 구조기준에는 De Paiva와 Siess (1965)가 제안한 식(7.20)~(7.22)의 실험식이 사용되었다.

$$V_n = V_c + V_s \tag{7.20}$$

$$V_c = \left(3.5 - 2.5\frac{M_u}{V_u d}\right)\left(0.16\sqrt{f_{ck}} + 17.6\rho_w \frac{V_u}{M_u}d\right)b_w d \tag{7.21}$$

$$V_s = \left[\frac{A_v}{s}\left(\frac{1+l_n/d}{12}\right) + \frac{A_{vh}}{s_h}\left(\frac{11-l_n/d}{12}\right)\right]f_y\, d \tag{7.22}$$

여기서, $V_c < 0.5\sqrt{f_{ck}}\, b_w d$ 이어야 하며, $\left[3.5 - 2.5M_u/(V_u d)\right] \le 2.5$ 이다.

ρ_w : 주인장철근비

A_v 와 s : 휨인장철근과 직각인 수직전단철근의 단면적과 간격

A_{vh} 와 s_h : 휨인장철근과 평행한 수평전단철근의 단면적과 간격

이 식에서는 깊은보의 전단내력을 콘크리트와 철근으로 구분하여 계산한다. 콘크리트의 전단강도는 전단경간비가 1보다 작아질 때 점점 증가하다가, 0.4 이하부터는 일반 보에 대한 전단강도의 2.5배를 일정하게 유지한다. 전단철근은 수평철근과 수직철근으로 구분되며 수직철근의 경우에는 전단경간비가 길수록 전단기여분이 점점 증가하지만, 수평철근의 경우에는 전단경간비가 짧을수록 전단기여분이 점점 증가한다. De Paiva와 Siess의 깊은보 설계식은 2007년 콘크리트구조설계기준에서 스트럿-타이 모델 설계로 변경되었다. 한편, ACI318기준에서는 2002년 스트럿-타이 모델을 깊은보 설계법으로 채택한 이후에 현재까지 사용하고 있다. ACI318-08기준까지는 스트럿-타이 모델이 기준의 부록에 수록되었지만, ACI318-14기준부터는 본문에 수록되었다. ACI318-19기준에서는 콘크리트의 스트럿을 내부 스트럿(interior struts)과 경계 스트럿(boundary strut)으로 구분하였으며 콘크리트의 유효압축강도를 변경하였다.

7.5.1 스트럿 - 타이 모델의 문제점

스트럿 – 타이 모델은 스트럿과 타이에 발생하는 힘의 평형조건만을 이용하여 부재의 내력을 계산할 수 있는 실용적인 설계법이다. 현재 ACI318-19기준이나 EC2-04기준에서는 깊은보에 대한 설계로 스트럿 – 타이 모델을 적용하고 있으며, 스트럿 – 타이 모델의 예측 정확성은 기존의 반경험식에 비하여 향상되었으나 다음과 같은 이유 때문에 활용하기 어려운 단점이 있다.

▌ 계산 과정의 복잡성

스트럿 – 타이 모델 설계의 장점은 비선형해석에 비하여 계산 과정이 단순하다는 것이다. 이는 힘의 평형식만을 이용하여 부재내력을 계산하기 때문에 비선형해석에 비하여 계산 과정이 단순해지기 때문이다. 그렇지만 스트럿 – 타이 모델을 이용하여 깊은보에 대한 설계를 수행하기 위해서는 [예제 7.1]에서 풀이하였듯이 다음 여섯 단계의 설계 과정이 필요하며 이러한 계산법은 반경험식을 사용한 계산 과정에 비하여 매우 복잡하다.

① 스트럿 – 타이 모델의 형태를 결정(부재의 D-영역을 결정하고, 영역 내에서 힘의 흐름에 기초하여 압축재, 인장재 및 절점을 배치)
② D-영역에 작용하는 하중에 근거하여 압축재와 인장재에 작용하는 축력 계산
③ 콘크리트의 유효압축강도와 하중계수를 계산, 스트럿의 형태와 강도 계산
④ 절점영역의 분포와 강도 계산
⑤ 인장재의 형태, 강도, 필요 단면적과 정착길이 계산
⑥ 철근 배근

특히, 절점영역에 대한 내력을 검토하기 위해서는 최소 3면의 절점내력을 검토해야 하므로 이를 위해서 많은 시간이 소요된다. [예제 7.1]의 스트럿 – 타이 모델에 근거하여 설계한 깊은보의 계산 과정은 약 7페이지에 20여개의 식이 사용되었다.

▌ 모델 선정에 의한 계산 결과의 차이

스트럿 – 타이 모델 설계의 또 하나의 장점은 설계자가 다양한 모델을 적용하여 경제적이며 합리적인 설계가 가능하도록 하는 것이다. 그러나 실제 설계에서 설계자가 선정한 모델에 따라서 계산 결과에 지나치게 큰 차이가 발생할 수 있다. 예를 들어, [그림 7.15(a)]의 중간에 타이가 없는 STM-1의 경우에는 수직철근이 불필요하고 7.4.1항의 기본 전단철근($A_v = 0.0025 b_w s$)만 배근하면 되지만, [그림 7.15(b)]의 STM-2의 경우에

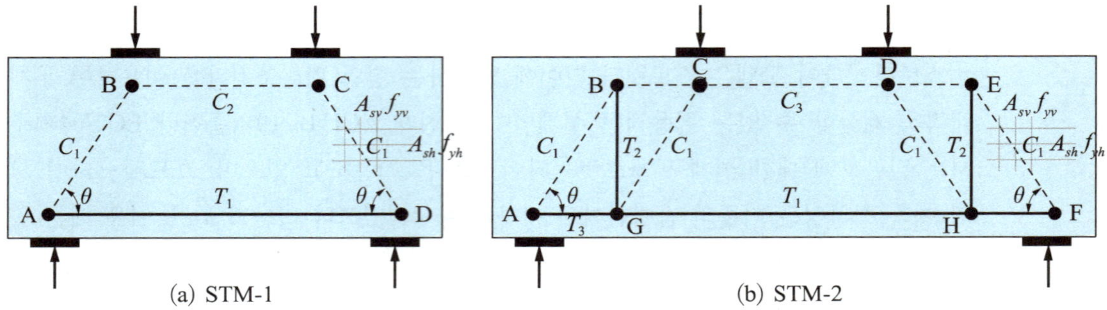

[그림 7.15] STM-1과 STM-2

는 타이에서 계산된 많은 양의 수직철근을 배근해야 한다. 다시 말하면 [예제 7.1]의 STM-2에 의해 계산된 수직철근의 양은 5,882.4 mm^2이지만, STM-1에 의해 계산된 수직철근은 이론적으로 0이며, 기본 전단철근($A_v = 0.0025b_w s$)을 배근한 경우에도 철근비에 차이가 발생한다. 이러한 차이는 구조기술자에게서 스트럿－타이 모델의 신뢰성을 떨어트릴 수 있다.

▌전단철근량의 증가

[그림 7.15(b)]의 STM-2는 깊은보 설계에서 사용되고 있는 중간에 타이가 있는 스트럿－타이 모델이다. STM-2에 의해 설계할 경우에 중간타이의 내력은 가력점의 하중과 동일하다. 따라서 중간타이의 전단력은 $V_s = V_u$가 되며, 콘크리트에 의한 전단강도는 반영되지 않는다. 예를 들어, [예제 표 7.1.11]에서 요구되는 수직철근 전단력은 2,000 kN이며, 이 값은 $V_u = 2{,}000$ kN과 동일한 값이다. 결과적으로 STM-2에 의해 계산된 전단철근의 양은 경험식에 의하여 계산한 전단철근량보다 많아진다([예제 그림 7.1.13] 참조).

▌스트럿 각도에 의한 계산 결과의 차이

스트럿이 이루는 각도에 따라서 계산되는 부재력이 달라진다. 압축대 절점의 위치를 정하는 방법은

① 중립축을 기준으로 결정하는 방법
② 주철근의 배근 위치에 의하여 정하는 방법

으로 나누어진다(Reineck, 2003). 두 방법에 의해 정해지는 절점의 위치에 따라서 스트

럿과 부재축이 이루는 각도가 달라지며, 달라지는 각도에 의해 계산되는 부재력에 차이가 발생한다.

7.5.2 스트럿 - 타이 모델의 단순화

철근콘크리트 부재의 깊은보, 단이진보, 코벨, 브라켓, PSC 정착구역 등은 평면유지의 법칙을 적용할 수 없는 D-영역에 속한다. KDS 14 국가건설기준에서는 프리스트레스트 콘크리트의 포스트텐션 긴장재 정착구역에 대한 설계를 다음 세 가지 방법에 의해 설계하도록 하고 있다.

① 평형조건에 근거한 소성모델(스트럿－타이 모델 정산법)
② 선형응력 해석(유한요소 해석 또는 유사 해석)
③ 적용 가능한 실용 설계법

위의 방법에서 ① 스트럿－타이 모델 정산법은 KDS 14 20 24 국가건설기준에 근거하여 설계하며 모든 정착구역에 대하여 설계할 수 있다. 정착구역의 스트럿－타이 모델은 PS강재의 위치, 방향, 부재 단면의 형상에 따라서 [그림 7.16]과 같이 다양하다. 정산법 설계에서는 부재력을 계산하고 스트럿, 타이, 절점영역의 내력과 필요한 철근의 양을 계산한다.

그러나 정산법의 계산 과정이 복잡하기 때문에 KDS 14 국가건설기기준에서는 사각형 단면이며, 가력점의 위치가 정형화된 경우에는 ③ 실용 설계법을 적용할 수 있도록 허용하고 있다. [그림 7.17]은 정형화된 긴장력을 받는 부재의 스트럿 타이 모델이다. 정착구역이 정형화될 경우에 스트럿 타이 모델도 한 모델로 정형화되므로 스트럿－타이 모델 전 설계 과정을 따를 필요 없이 최종 결과만을 이용하여 설계하면 된다. 실용 설계법에서는 스트럿－타이 모델에 근거하여 유도된 식(7.23)에 의하여 파열력(bursting force, T_{burst})을 구한 후에 이를 이용하여 필요한 수직철근량을 계산한다. T_{burst}는 [그림 7.17]의 정형화된 스트럿－타이 모델의 수직방향 부재력이다.

$$T_{burst} = 0.25 \sum P_{pu}\left(1 - \frac{h_{anc}}{h}\right) \tag{7.23}$$

여기서, $\sum P_{pu}$: 개개의 긴장재에 대한 P_{pu}의 합

h_{anc} : 검토하려는 방향에서 하나의 정착장치 또는 가깝게 위치한 정착장치 그룹의 깊이

h : 고려되는 방향의 단면 깊이

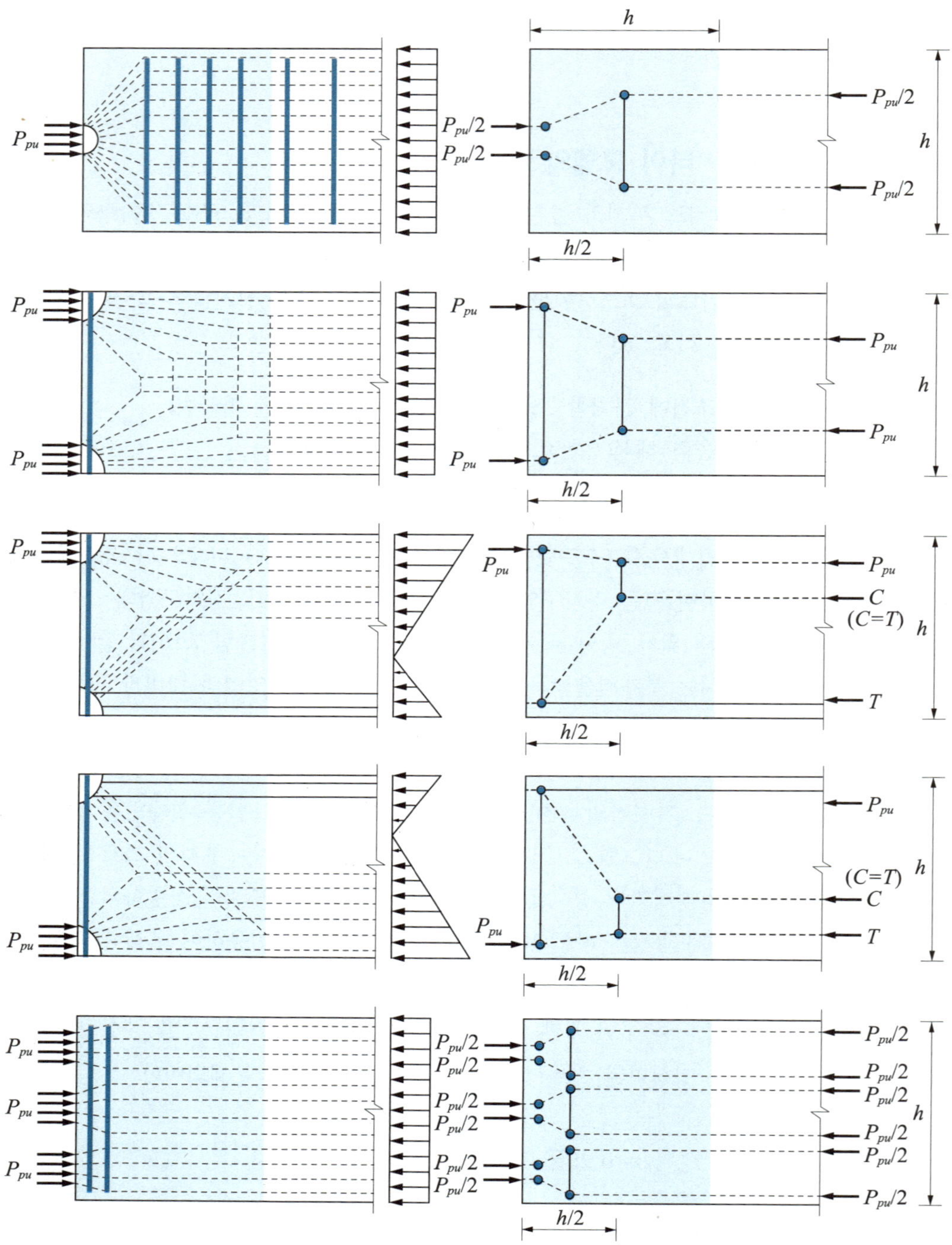

[그림 7.16] 포스트텐션 보의 정착구역 스트럿-타이 모델

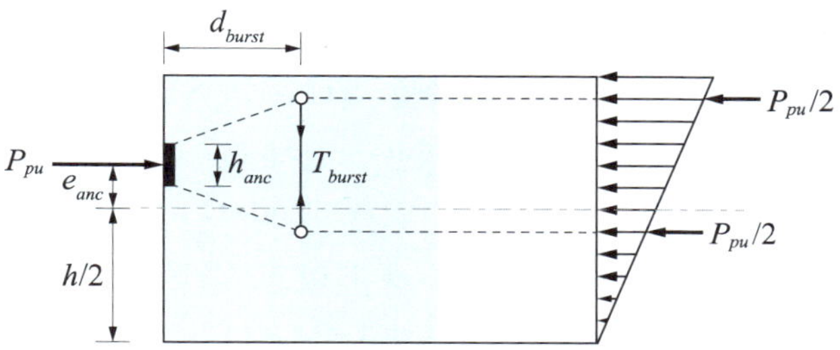

[그림 7.17] 스트럿-타이 모델에 의한 간이계산

다만 실용 설계법은 정형화된 부재에만 사용할 수 있으며 다음 경우에는 사용할 수 없다.

- 부재의 단면이 직사각형이 아닌 경우
- 일반구역 내부 또는 인접한 부위의 불연속으로 인하여 힘의 흐름 경로에 변화를 유발하는 경우
- 최소 단부거리가 단부 방향의 정착장치 치수의 1.5배 미만인 경우
- 여러 개의 정착장치가 서로 근접되지 않아 한 개의 정착그룹으로 볼 수 없는 경우

KDS 14 국가건설기기준의 프리스트레스트 정착영역의 실용 설계법과 동일하게 다음과 같은 세 가지 방법으로 깊은보를 설계할 수 있다.

① 비선형 해석
② 평형조건에 근거한 스트럿-타이 모델 정산법
③ 실용 설계법

▌실용 설계법 적용 제한

실용 설계법은 다음의 경우에는 사용할 수 없으며, 이 경우에는 ① 또는 ②의 방법에 의해 설계해야 한다.

- 부재의 단면이 사각형이 아닌 경우
- 집중하중점과 가력점 사이의 불연속으로 인하여 힘의 흐름 경로가 변화하는 경우, 예를 들어 개구부가 있는 유공보의 경우
- 가력점 또는 받침점의 크기가 식(7.25)보다 작은 경우

단면이 직사각형이며 하중이 정형화된 경우에는 STM-1 또는 STM-2에 의해 설계하

므로 이에 근거하여 실용 설계법의 식을 유도할 수 있지만, 부재 단면이 T형이거나 원형인 경우 또는 유공보의 경우에는 STM-1과 STM-2에 의해 설계하기 어렵다. 이 경우에는 하중과 부재의 특성을 반영한 모델이 필요하므로 ① 비선형 해석이나 ② 평형조건에 근거한 스트럿-타이 모델 정산법에 따르는 것이 바람직하다.

스트럿-타이 모델 설계에서 가장 많은 시간이 소요되는 것은 절점내력을 계산하는 것이다. KDS 14 20 24 국가건설기기준의 스트럿-타이 모델 설계법에서는 CCT, CCC, TTT 등의 모든 절점에 대하여 3개 이상의 내력을 검토하도록 하고 있다. [예제 7.1]의 STM-2의 경우에도 4개의 절점에서 14면에 대한 검토가 이루어져야 한다([예제 표 7.1.8]). 그러나 실제로 깊은보가 절점에서 파괴되는 경우는 매우 드물다. 따라서 만일 절점내력에 대한 검토 여부를 먼저 파악할 수 있다면 STM의 계산 과정을 크게 줄일 수 있게 된다.

절점파괴여부를 검토하기 위하여 실용 설계법에서는 다음과 같이 절점영역 평가식을 유도하고 있다. [그림 7.15]의 STM-1과 STM-2의 지지점의 절점 A는 [그림 7.18]과 같이 CCT절점이다. 이 중에서 스트럿과 만나는 절점면 1-1의 내력에 대해서는 별도로 검토할 필요가 없다. 그 이유는 이 절점이 만나는 스트럿은 부재의 복부에서 발생하는 내부스트럿(병모양스트럿)이기 때문이다. 병모양스트럿은 [그림 7.8]과 같이 스트럿 중앙부의 폭이 단부의 폭보다 넓기 때문에 스트럿 내력은 폭이 가장 작은 곳인 단부의 면적을 곱한 값이 된다. 경계면 1-1은 스트럿과 절점이 만나는 면으로 1-1면의 폭을 곱하여 스트럿 내력과 절점 내력을 계산한다. 따라서 면적은 동일하지만 스트럿 내력은 [표 7.1]의 콘크리트의 유효압축강도 0.7 또는 0.6을 곱하여 계산하는 반면에, 절점 내력은 [표 7.2]의 콘크리트의 유효압축강도 0.8을 곱하여 계산한다. 결과적으로 1-1면에서는 절점영역의 내력이 항상 스트럿의 내력보다 크기 때문에 절점 1-1면에서는 결코 파괴가 발생하지 않는다.

타이와 접하는 [그림 7.18]의 2-2면에서는 절점파괴가 발생할 가능성이 있으면 철근의 배근위치를 조정할 수 있으므로 이 면에서도 파괴가 발생하지 않는다(ACI318-19의 R23.8.1). 따라서 절점 파괴의 가능성은 지점 반력이 발생하는 3-3면이 된다.

[그림 7.15]의 내부 스트럿에 작용하는 압축력(C)의 수직분력과 3-3면의 지점 반력에 대한 평형에서 식(7.24)를 구한다.

$$\beta_s f_{ck} (b_w w_s)\sin\theta = \beta_n f_{ck} (b_w l_b) \tag{7.24}$$

여기서, β_s : 콘크리트 스트럿의 유효압축강도계수, [표 7.1]에서 계산

β_n : 절점영역의 유효압축강도계수, [표 7.2]에서 계산

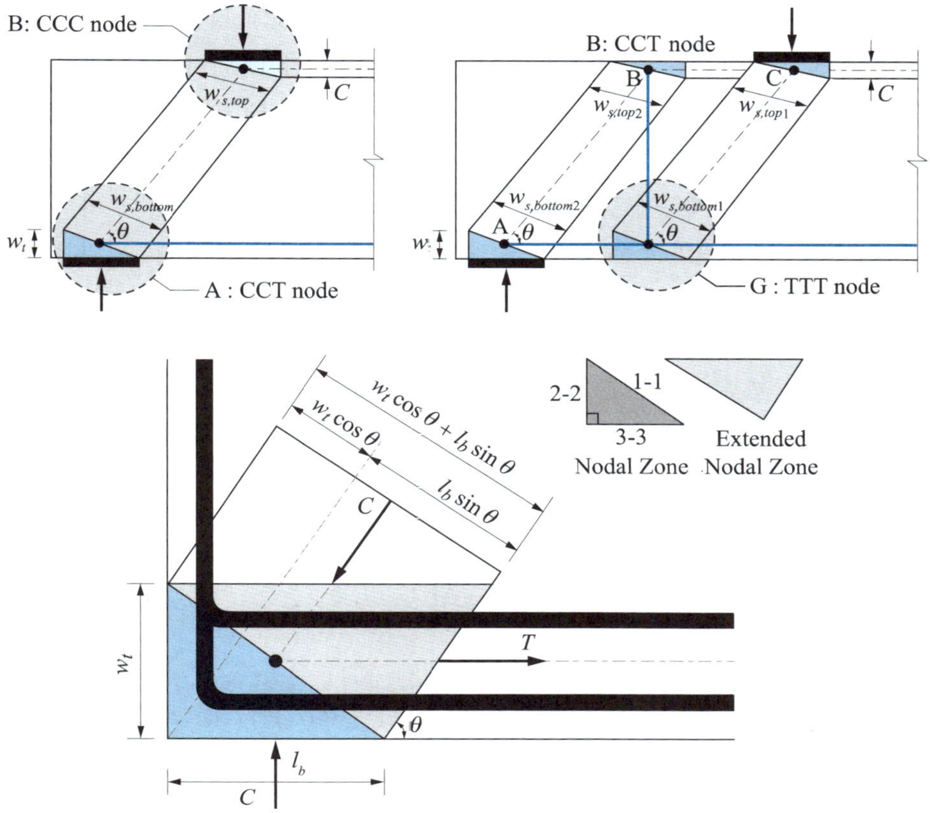

[그림 7.18] 지지점의 절점 A

w_s : 콘크리트 스트럿의 폭

l_b : 지점 반력을 받는 지압판의 길이

θ : 콘크리트 스트럿과 브재축이 이루는 각도

KDS 14 20 24 국가건설기준에서는 식(7.24)의 콘크리트 스트럿의 폭(w_s)을 식(7.6)에서 계산한다. 식(7.6)을 식(7.24)에 대입하여 식(7.25)를 구할 수 있다.

$$l_b \geq \frac{\beta_s \, w_t \sin\theta \cos\theta}{\beta_n - \beta_s \sin^2\theta} \tag{7.25}$$

따라서 지압판의 폭(l_b)이 식(7.25)보다 클 경우에는 절점에서 파괴될 가능성이 없으므로 절점영역의 내력을 검토할 필요 없이 콘크리트 스트럿과 타이에 대한 내력만을 검토하면 된다.

한편 [그림 7.15(a)]의 절점 B와 [그림 7.15(b)]의 절점 C는 CCC 절점이다. CCC 절점의 콘크리트 유효압축강도계수는 [표 7.2]에서 1.0이며, 이 값은 CCT 절점의 유효압축강도계수 0.8보다 커서 파괴의 가능성이 낮다. CCC 절점의 복부에 발생하는 콘크리트 스트럿과 만나는 경계면에서는 CCT 절점과 동일하게 절점 내력이 스트럿 내력보다 항상 크기 때문에 검토할 필요가 없다. 또한 경계면 스트럿(단면이 일정한 스트럿)과 만나는 경계면의 폭은 휨강도의 중립축의 깊이 또는 등가응력블럭의 깊이와 동일하다. 따라서 이 폭은 콘크리트의 휨압축강도에 의하여 결정되기 때문에 스트럿－타이 모델의 절점영역 설계에서 재검토할 필요가 없다. 가력점과 만나는 절점영역의 경계면에 대해서는 필요할 경우에 식(7.25)에 의해 검토할 수 있다.

[그림 7.15(b)]의 절점 B와 G는 각각 CCT 절점과 TTT 절점이다. 특히 G 절점은 TTT 절점으로 콘크리트 유효압축강도계수가 0.6이지만, 이 절점의 폭은 [예제 7.1]과 같이 절점 AB 길이 절반과 절점 BC 길이 절반의 합에 해당하는 길이를 이용하여 계산하므로 절점영역의 면적이 넓어져서 절점영역의 파괴 가능성이 매우 낮다(콘크리트 구조부재의 스트럿－타이 모델 설계 예제집(한국콘크리트학회, 2012), 스트럿－타이 모델 설계 예제집(ACI445, 2002)).

이상의 분석에서 알 수 있듯이 지압판의 폭(l_b)이 식(7.25)보다 클 경우에는 절점에서 파괴할 가능성이 없으므로 절점영역의 내력을 별도로 검토할 필요가 없다.

7.5.3 STM 실용 설계법

식(7.25)에 의해 지압판의 폭을 계산한 후에 절점영역의 파괴 가능성이 확인되면 부재에 의해 전달되는 전단력(V_n)을 계산한다. 지압판의 폭에 대한 조건이 만족되는 경우에 스트럿－타이 모델의 내력은 부재의 내력만으로 평가하면 된다. 따라서 [그림 7.15]의 STM-1 또는 STM-2를 구성하는 부재를 중심으로 식(7.26) 또는 식(7.27)에 의해 깊은보의 내력을 계산할 수 있다.

(STM-1) $$V_n = \min.(C_1 \sin\theta,\ T_1 \tan\theta) \quad (7.26)$$

(STM-2) $$V_n = \min.(C_1 \sin\theta,\ T_1/2 \tan\theta,\ T_2) \quad (7.27)$$

여기서, C_1 : 콘크리트 스트럿의 강도이며, $C_1 = \beta_s (0.85 f_{ck}) w_s b_w$

T_1 : 하부 휨저항 타이의 강도이며, $T_1 = A_s f_y$

T_2 : 수직타이의 강도이며, $T_2 = A_v f_{yt}$

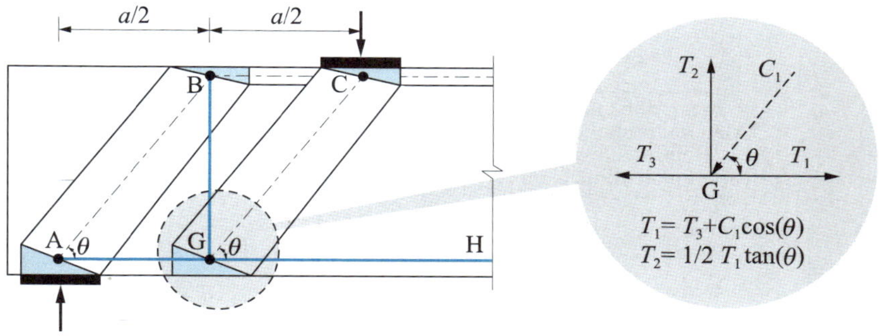

[그림 7.19] 절점 D의 힘의 평형

STM-1의 경우에는 내부 스트럿과 하부 인장철근 타이의 내력 중에서 작은 값이 전단강도(V_n)를 결정한다. STM-2의 경우에는 내부 스트럿, 중간 타이, 하부 인장철근 타이의 내력 중에서 가장 작은 값이 전단강도(V_n)를 결정한다. STM-2에서 가력점과 지점의 중앙부에 중간 타이가 위치할 경우에 두 개의 내부 스트럿(AB, CG)의 부재력이 동일하므로 AB 스트럿과 CG 스트럿 둘 중에서 하나의 내력만을 검토하면 된다. 또한 타이 GH의 부재력은 타이 AG의 부재력 보다 항상 크기 때문에 타이 GH에 발생하는 T_1 만 검토하면 된다. T_1 에는 [그림 7.19]와 같이 네 개의 부재가 만나 힘의 평형을 이루고 있으며, T_1 의 부재력을 이용하여 작용 하중(수직 전단력)을 계산하기 위해서는 T_1 부재력을 2로 나누어야 한다. 경계면 스트럿(단면이 일정한 스트럿) BC 부재력은 하부 타이의 부재력과 동일하며 콘크리트의 유효압축강도가 내부 스트럿의 유효압축강도보다 항상 크다. 또한 경계면 스트럿의 폭은 휨설계에 의하여 결정되므로 여기서 비교할 필요가 없다. 결과적으로 내부 스트럿, 휨인장 타이, 수직 타이의 최솟값에 의하여 STM-2의 전단강도(V_n)가 결정된다.

KDS 14 20 24 국가건설기준의 스트럿-타이 모델의 설계는 번거로운 계산 과정을 거쳐야 하지만, 실용 설계법은 [그림 7.20]과 같이 다음의 네 단계에 의하여 쉽고 간단하게 깊은보를 설계할 수 있다.

- **1단계** : 재료 조건이 주어지고 전단경간비 a/h 에 의해 STM-1 또는 STM-2의 모델을 선정한다.
- **2단계** : 스트럿의 각도를 계산하고 식(7.25)에서 지압판의 폭(l_b)을 계산한다.
- **3단계** : 지압판의 폭이 식(7.25)에서 계산한 폭보다 넓을 경우에 절점영역에 대한 설계가 불필요하다. 만일 폭이 좁다면 절점영역의 파괴 가능성이 있으므로 ① 비선형 해석이나 ② 평형조건에 근거한 스트럿-타이 모델 정산법에 의해 설계해야 한다.

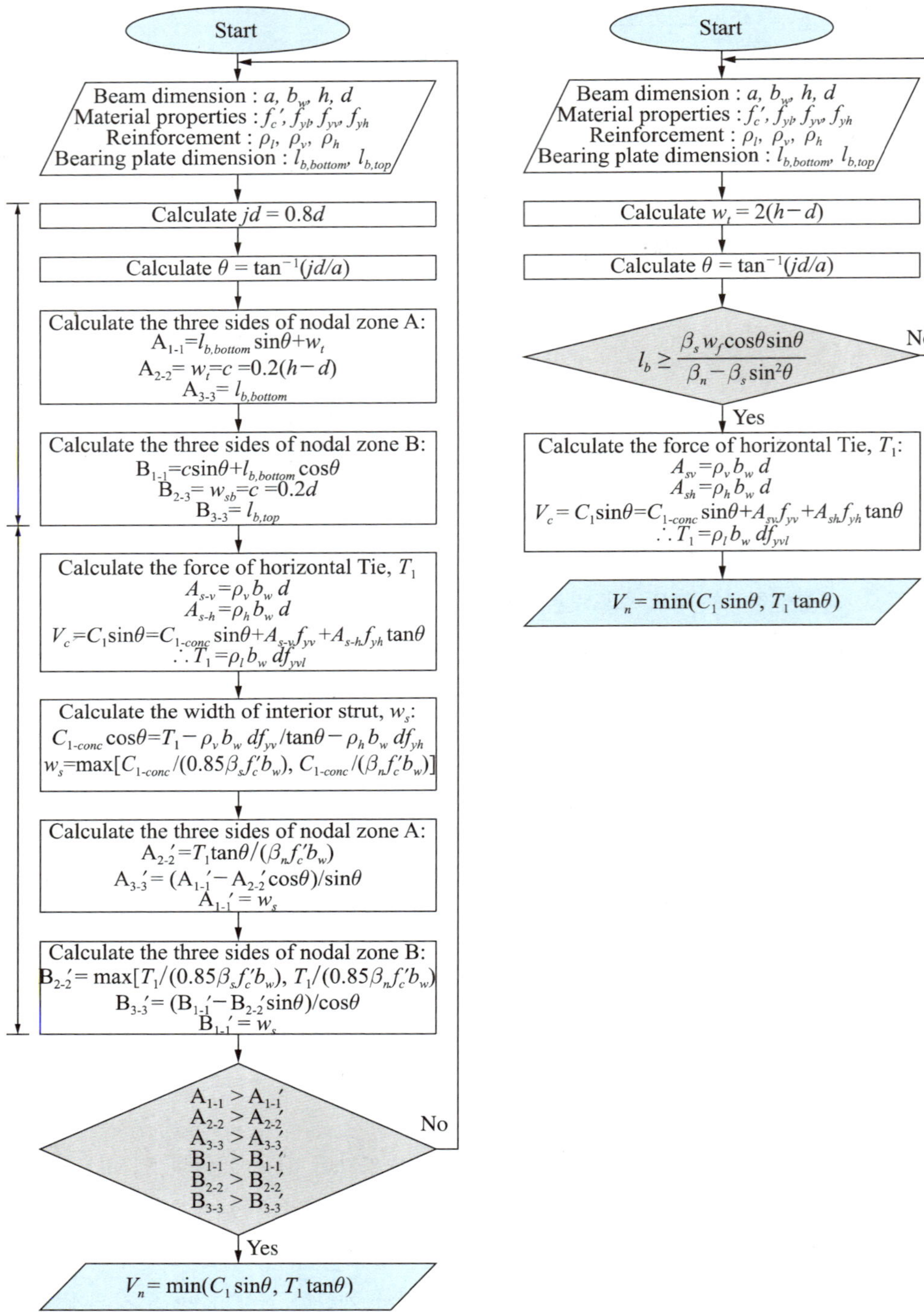

(a) STM 정산식 (b) STM-실용 설계법

[그림 7.20] 정산식과 실용 설계법의 계산 순서

- **4단계** : 절점영역에 대한 검토가 필요 없을 경우에 식(7.26) 또는 식(7.27)의 최솟값으로 부재의 전단강도를 계산한다.

실용 설계법에 의한 결과를 595개의 깊은보 실험 결과와 비교하였다. 595개 깊은보는 다양한 변수에 대하여 실험한 것으로 전단경간비(a/h)는 0.15 ~ 2.0, 콘크리트의 압축강도(f_{ck})는 11.3 ~ 120 MPa, 단면의 유효깊이(d)는 132 ~ 2,000 mm, 수직방향 철근비(ρ_v)는 0.0 ~ 0.0245로 변화한다. 모든 실험체는 사각형 단면이며 가력점과 지점사이에 유공이 있지 않다. 실험체의 상세는 이 책의 [부록 3 : 스트럿－타이 모델 분석 깊은보 데이터]에 기술되었다.

[그림 7.21]에는 2003년 콘크리트구조기준에서 사용한 식(7.20) ~ (7.22)의 실험식에 의한 결과, STM-1에 의한 정산식(KDS 14 국가건설기준), STM-1과 STM-2에 의한 정산식, 실용 설계법에 의한 결과가 비교되었다. [그림 7.21(a)]에서 식(7.20) ~ (7.22)의 실험식은 $a/h \approx 1$을 경계로 예측 정도에 많은 차이가 있다. 그 이유는 식(7.20) ~ (7.22)에서는 전단경간비(a/d)가 1 이하가 되면 깊은보의 영향을 반영하지만 1 이상에서는 깊은보의 영향을 반영하지 않기 때문이다. 식(7.20) ~ (7.22)의 실험식은 실제 전단강도를 평균값 2.13, 변동계수 50.35퍼센트로 예측하였다.

KDS 14 국가건설기준 정산식의 STM-1에 의한 예측 결과는 [그림 7.21(b)]와 같이 평균값 1.50, 변동계수 36.48퍼센트로 식(7.20) ~ (7.22)의 실험식에 비하여 예측 정확성이 향상되었다. STM-1의 계산에서는 수평철근과 수직철근의 영향은 포함되지 않고 콘크리트의 스트럿 내력과 인장타이의 내력을 비교하여 부재 내력을 계산하였다.

[그림 7.21(c)]는 KDS 14 국가건설기준의 정산식의 STM-1과 STM-2을 함께 사용하여 예측한 결과이다. KDS 14 국가건설기준에서는 콘크리트 스트럿의 각도가 25도 이하가 되지 않도록 하고 있다. 이 규정을 따를 경우에 전단경간비(a/d)가 약 1.9 이하일 때는 STM-1과 STM-2의 적용이 가능하며, $a/d > 1.9$일 때는 STM-2만 적용해야 한다. 기준에서는 전단경간비가 짧을 경우에는 하중이 가력점에서 지점으로 직접 전달되어 콘크리트 스트럿의 역할이 중요하고, 전단경간비가 커지면 수직 타이의 역할이 중요한 점을 반영하고 있다. CEB-FIP 모델기준(1991)과 Foster와 Gilbert (1998)는 전단경간비에 따라 사용해야 할 모델을 지정하고 있다. [그림 7.21(c)]에서는 $a/h \leq 0.5$일 때는 STM-1을 사용하고, $0.5 < a/h \leq 2.0$일 때는 STM-2를 사용하여 595개 깊은보의 내력을 평가하였다. STM-2를 사용할 경우에 수직 방향으로 철근이 적게 배근된 실험체의 전단강도를 매우 낮게 평가하므로 여기서는 콘크리트 스트럿 내력과 수평타이 내력을 중심으로 실험체의 전단강도를 계산하였다. 두 모델은 평균값 1.13, 변동계수 39.37퍼센

트로 실험 결과를 예측하여 STM-1과 유사한 예측 정확성을 나타냈다.

[그림 7.21(d)]는 실용 설계법에 의한 결과이다. 실용 설계법에서는 비교를 위하여 STM-1의 모델에 대한 간략식(7.26)만으로 깊은보의 내력을 계산하고 이를 실험 결과와 비교하였다. 그림에서 2개의 식만을 이용한 간략식의 경우도 KDS 14 20 24 국가건설기준 정산법에 의해 예측한 결과와 거의 유사하게 평균값 1.48, 변동계수 35.53퍼센트로 실험 결과를 예측하였다. 두 결과의 유일한 차이는 절점영역 파괴 반영 여부이다.

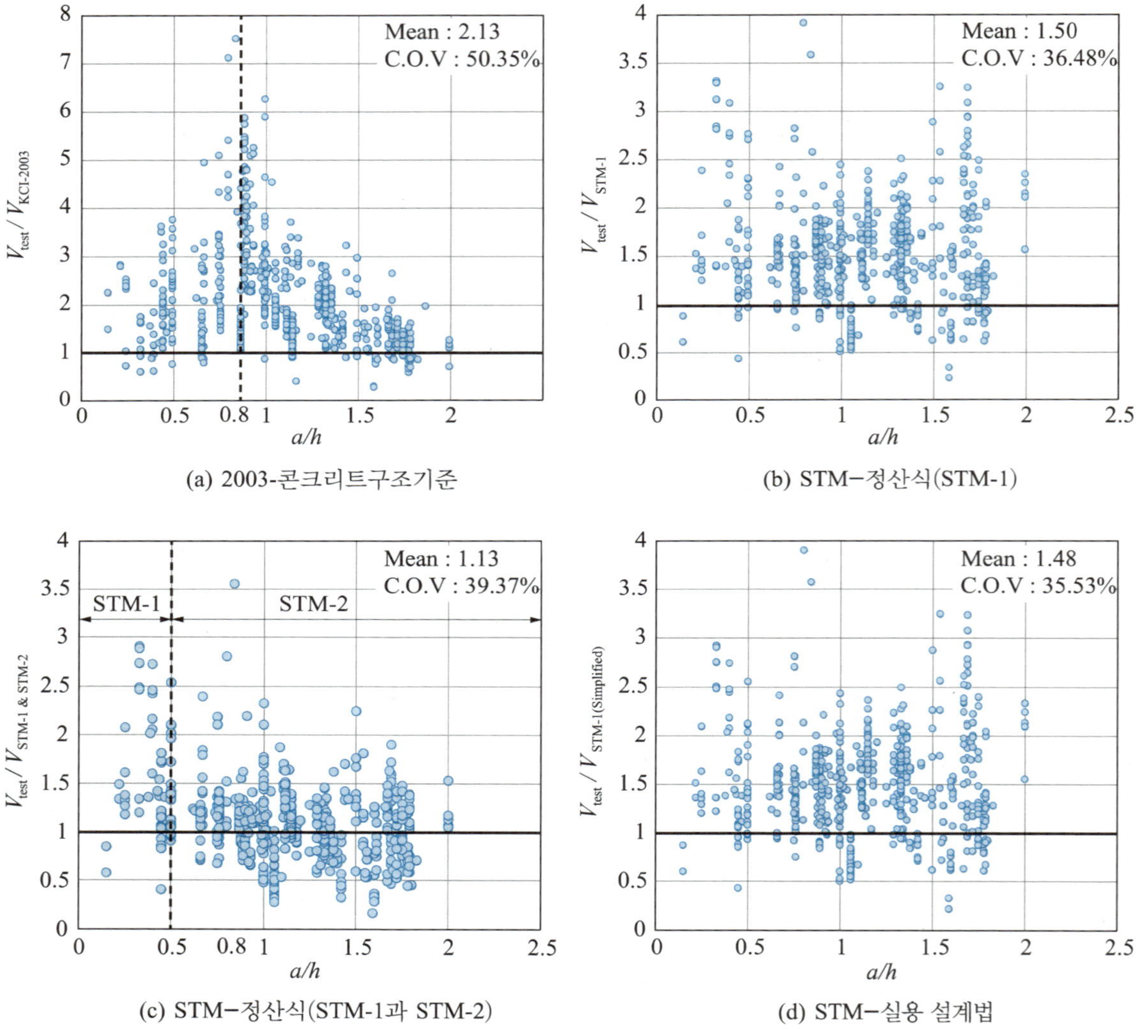

[그림 7.21] STM 정산식과 실용 설계법의 비교

[그림 7.21(d)]의 실용 설계법 결과가 [그림 7.21(b)]의 정산식 결과보다 좋은 이유는 정산식의 경우에는 식(7.25)의 지압판의 폭(l_b)이 작을 경우에는 절점영역 내력으로 부재의 내력을 결정하지만 실제 부재에서는 이러한 절점영역의 파괴가 발생하지 않았기 때문이다. 다시 말하면 KDS 14 20 24 국가건설기준에서는 절점이 파괴될 것으로 예측하였지만, 실제로는 이러한 파괴가 발생하지 않았기 때문이다.

[그림 7.22]에서는 스트럿-타이 모델의 정산식에 의한 결과와 실용식에 의한 결과를 직접 비교하였다. 그림의 x-축은 식(7.25)에 의하여 계산한 지압판의 폭(l_b)과 실제 지압판의 폭(l_{b-test})을 비교한 것으로 l_{b-test}/l_{b-cal}의 값이 1 이하인 경우에는 절점영역의 파괴 가능성이 있어서 정산식에 의하여 계산해야 한다. 그림에서 l_{b-test}/l_{b-cal}의 값이 1 이상인 경우에는 정산식과 간략식의 결과가 정확하게 일치하고 있다. 그림에서 l_{b-test}/l_{b-cal}의 값이 1 이상인 경우에 한 종류의 데이터만 보이는 것은 두 해석에 의한 결과값이 동일하기 때문이다. 비교한 595개 실험 결과 중에서 소수만이 절점영역 파괴의 가능성이 있었으며 나머지는 스트럿이나 타이에 의하여 파괴되었다. 반면에 1 이하인 경우에는 정산식과 약산식에 의한 결과에서 차이가 발생한다. 설계에서는 l_{b-test}/l_{b-cal}의 값이 1 이하인 경우에는 절점영역이 파괴될 가능성이 있으므로 실용 설계법 대신에 정산식을 사용해야 한다.

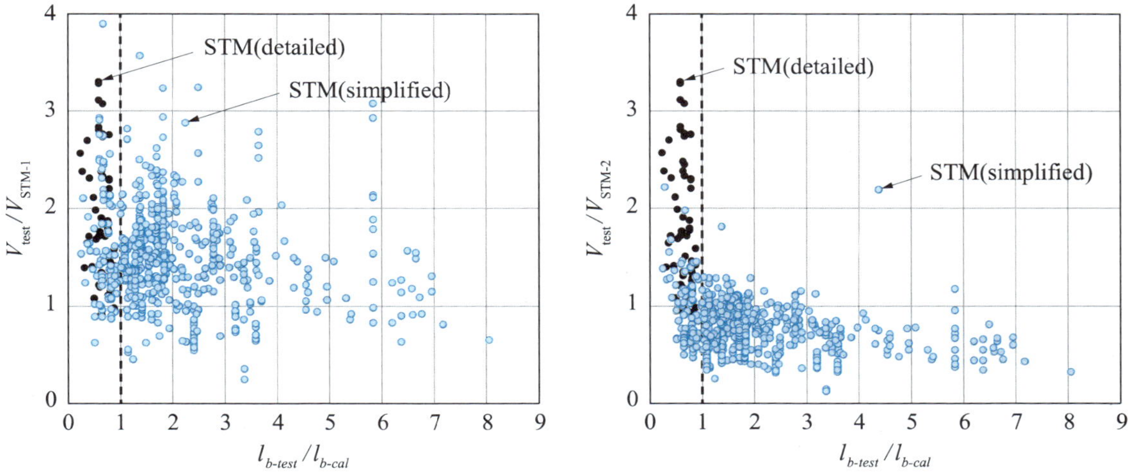

(a) Model-1 (b) Model-2

[그림 7.22] 지압판의 폭에 의한 STM 정산식과 실용 설계법의 비교

7.5.4 개선된 STM 실용 설계법

비록 7.5.3항의 식(7.25)～식(7.27)의 실용 설계법이 정산식의 복잡한 해석 과정을 간략화하여 계산 과정을 대폭 줄이고, 정산식과 비슷한 정확성으로 깊은보의 내력을 예측하였지만, 여전히 KDS 14 20 24 국가건설기준의 스트럿－타이 모델이 갖고 있는 다음 문제점을 해결하지 못하고 있다.

① B영역과 D영역 경계면의 불연속

KDS 14 20 24 국가건설기준에서는 보의 설계를 평면유지의 가정이 적용되는 B영역과 응력교란영역인 D영역으로 구분하고 있다. [그림 7.23]은 전단경간비(a/h)가 2인 지점의 두 모델을 나타낸다. 기준에서는 전단경간비(a/h)가 2 이하인 경우에는 스트럿－타이 모델에 의해서 설계하도록 하고 있으며, 2보다 클 경우에는 트러스모델에 근거하여 $V_n = V_c + V_s$로 설계하도록 하고 있다. 한편 두 영역의 경계면인 $a/h = 2$에서는 스트럿－타이 모델에 의해서도 계산이 가능하고, B영역 설계법에 해당하는 $V_n = V_c + V_s$에 의해서도 설계가 가능하다. 따라서 $a/h = 2$에서 KDS 14 국가건설기준의 두 모델에 의해 계산된 결과는 일치해야 하지만 실제는 그렇지 않다. 스트럿－타이 모델의 STM-2에 의해 계산할 경우에 수직타이 BD의 부재력은 [예제 그림 7.1.7]과 같이 계수하중 V_u와 동일하다($V_u = V_s$). 한편 B영역 설계법에 의해 계산할 경우에 전단력은 $V_u = \phi(V_c + V_s)$(콘크리트의 전단강도＋전단철근의 전단강도)로 계산되어 스트럿－타이 모델에 의해 요구되는 수직전단철근의 양은 B영역 설계법에 의하여 요구되는 수직전단철근의 양보다 항상 크다.

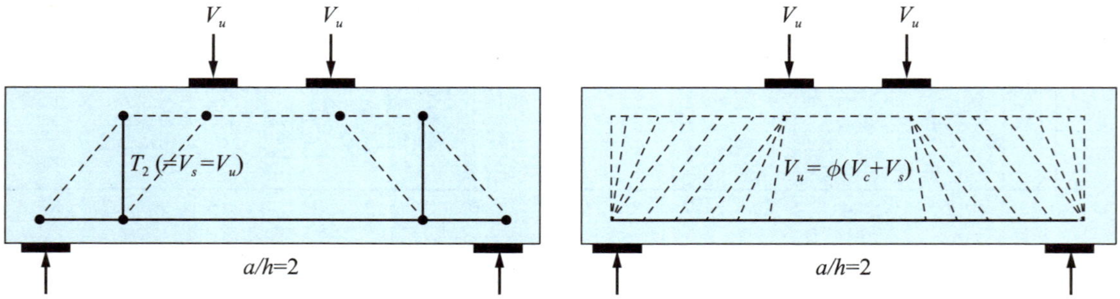

(a) 스트럿－타이 모델 설계 (b) 트러스모델에 의한 설계

[그림 7.23] $a/h = 2$에서의 전단설계

② 철근량의 과다와 불연속

앞서도 언급하였듯이 스트럿-타이 모델의 STM-2에 의해 전단력을 계산할 경우에 모든 전단력을 수직타이가 받기 때문에($V_u = V_s$) 수직전단철근을 과다하게 배근할 수밖에 없다. 또한 사용하는 STM의 모델 종류에 따라서 요구되는 전단철근의 양이 급격하게 변한다. [그림 7.24]는 전단경간비에 따라서 변화하는 각 기준의 요구철근량의 변화를 나타낸다. 예를 들어, a/h가 0.5 이하인 보에 대해서는 STM-1을 사용하여 설계하고, a/h가 0.5를 초과하는 보에 대해서는 STM-2를 사용하여 설계할 경우에 계산된 요구 전단철근량은 [그림 7.24]의 $a/h = 0.5$인 AB점에서 불연속이 발생한다. 즉, STM-1로 설계할 경우에는 $a/h \leq 0.5$에서 최소 수직전단철근($\rho_{v,\min}$)만 배근해도 되지만, STM-2로 설계할 경우에는 $V_s = V_u$에 해당하는 수직전단철근을 배근해야 하기 때문이다. 또한 $a/h = 2.0$인 부재에 대해서도 STM-2에 의해서는 $V_s = V_u$에 해당하는 수직전단철근의 양이 계산되지만, B영역 설계법에서는 $V_s = V_u/\phi - V_c$에 해당하는 수직전단철근의 양이 계산되어 [그림 7.24]의 CD점과 같이 콘크리트의 전단강도(V_c)의 차이가 발생한다.

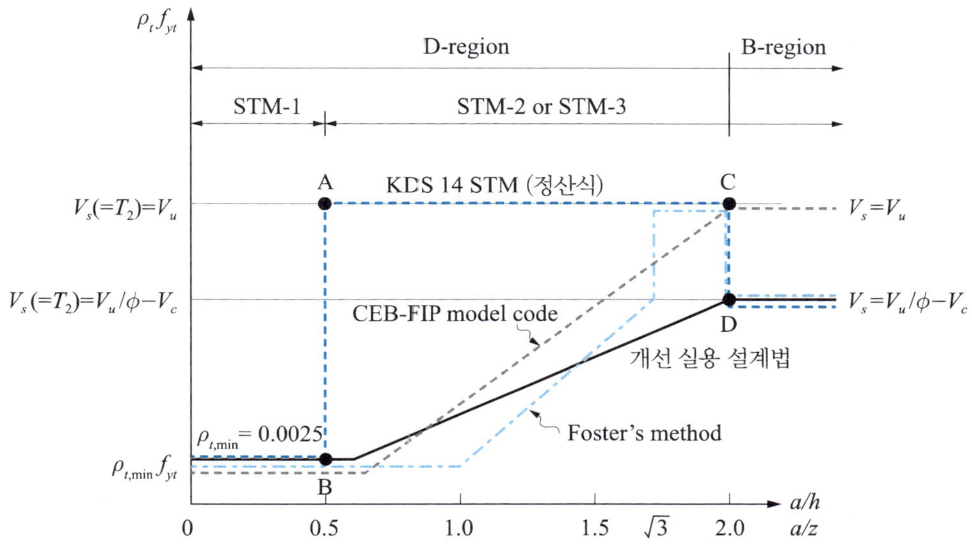

[그림 7.24] 기준에 따라서 달라지는 전단철근양의 변화

③ 수직전단철근에 의한 내력 평가의 어려움

수직철근이 배근된 STM-2의 전단내력은 콘크리트 스트럿(C_1), 수직철근 타이(T_2), 수평철근 타이(T_1)의 최솟값이 결정한다. 수직철근이 배근되지 않았거나, 작은 양의 수직철근이 배근된 경우에 부재의 전단내력은 수직철근 내력에 의해 정해지므로 계산값이 매우 작다. [그림 7.21(c)]의 STM-2는 595개 깊은보의 전단내력을 콘크리트 스트럿 내력과 수평타이 내력을 중심으로 계산하였지만, [그림 7.25]는 수직철근 내력을 포함한 계산 결과이다. 그림에서 전단철근이 배근되지 않거나 작게 배근된 실험체에 대하여 STM-2는 실제 강도를 지나치게 낮게 평가한다. 실제 설계에서는 이러한 개념을 적용하지 않지만 전단내력을 계산할 때는 배근된 철근의 양에 따라서 실제보다 낮은 강도가 계산된다. 따라서 KDS 14 국가건설기준의 스트럿-타이 모델을 이용해서 부재의 전단내력을 정확하게 평가하기가 어렵다.

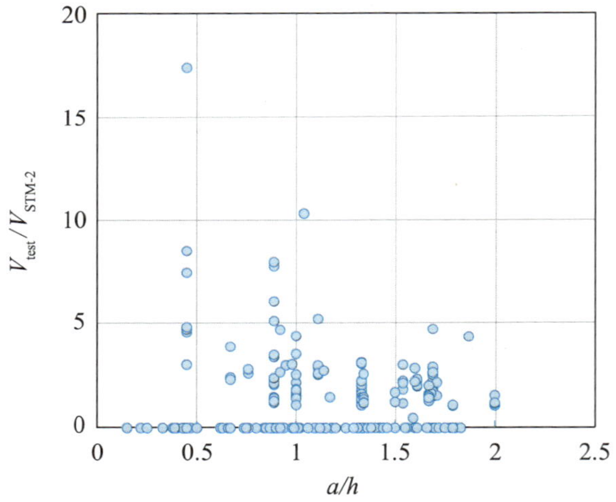

[그림 7.25] 전단철근 내력을 포함한 STM-2의 전단강도 예측

④ 수직전단철근 배근 구역의 모호함

기준에서 사용되고 있는 스트럿-타이 모델은 Morch가 제안한 연속체 개념의 트러스모델보다는 Ritter가 제안한 분리된 개념의 트러스모델에 가깝다. 따라서 수직철근의 부재력(T_2)에 대응하기 위해 배근되는 철근의 수는 부재의 길이에 따라서 달라진다. 바꿔 말하면 [그림 7.26]과 같이 전단경간이 다른 두 부재의 T_2가 동일할 경우에 배근 간격은 다음과 같이 결정될 수 있다.

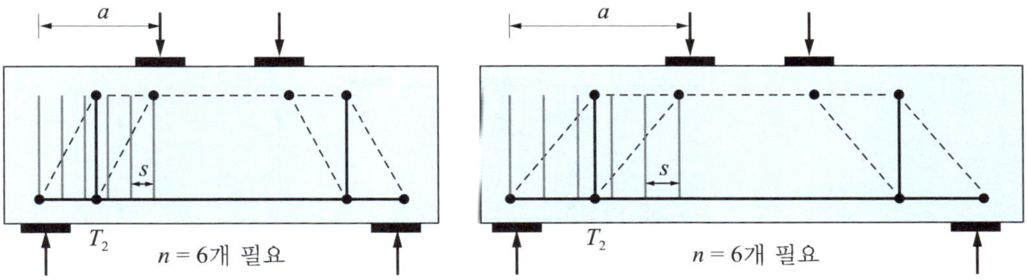

[그림 7.26] 수직전단철근 배근 구역

- $A_{vt} = T_2/(\phi f_y)$: 전체 수직전단 철근량(A_{vt}) 결정
- $n = A_{vt}/A_v$: 배근되는 철근의 수(n) 결정
- $s = a/n$: 배근 간격(s) 결정

연구자 또는 기준에 따라서 다르기는 하지만 수직철근의 배근 구역이 명확하지 않기 때문에 위의 방법으로 수직철근을 배근할 경우에 전단경간(a)이 길면 T_2가 동일할 경우에 배근 간격(s)이 넓어지게 된다. 즉, 전단경간(a)이 두 배 증가하면 배근 간격(s)도 두 배 증가하게 된다. CEP-FIP 모델기준의 스트럿-타이 모델 설계 예제집(2011)과 한국콘크리트학회의 콘크리트 구조부재의 스트럿-타이 모델 설계 예제집(2012)에서는 수직철근의 배근 구역을 전단경간(a)으로 하고 있지만, ACI318기준의 스트럿-타이 모델 설계 예제집(2002)에서는 수직철근의 배근 구역을 전단경간의 절반(a/2)으로 하고 있어 설계자에게 혼란을 유발한다.

이러한 모순들 때문에 스트럿-타이 모델은 구조기술자의 신뢰를 받지 못하고 있다. 여기서는 스트럿-타이 모델이 갖고 있는 모순을 해결할 수 있는 방법을 검토하였다.

▌스트럿-타이 모델 경계면의 불연속

KDS 14 20 24 국가건설기준에서는 전단경간비에 따라서 다른 스트럿-타이 모델을 적용하도록 하고 있다. a/h가 짧은 경우에 가력점에서 지점으로 전달되는 하중이 크기 때문에 [그림 7.15(a)]의 STM-1을 적용하며, a/h가 비교적 긴 경우에는 중간타이를 사용하는 [그림 7.15(b)]의 STM-2를 적용한다. 그러나 STM-1과 STM-2의 경계면에서는 [그림 7.24]의 AB점에 대하여 설명하였듯이 계산한 철근량에 큰 불연속이 발생하게 된다. 이러한 불연속을 해결하기 위해서는 CEB-FIP 모델기준(1999), Foster and Gilbert (1998), Foster (1998) 등이 사용하고 있는 [그림 7.27]의 부정정 스트럿-타이 모델(여

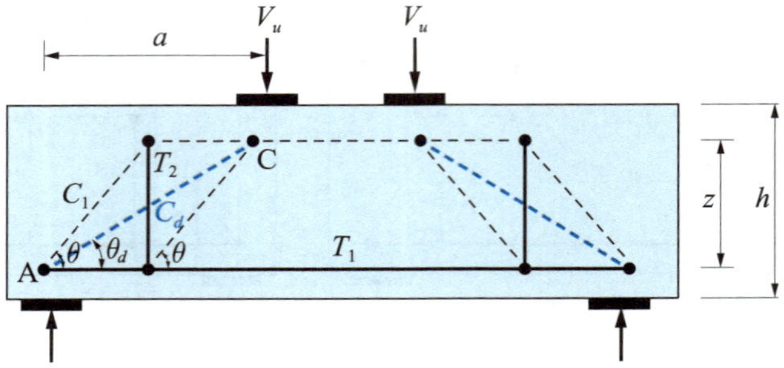

[그림 7.27] STM-3

기서는 STM-3으로 명명)을 적용할 필요가 있다. 부정정 스트럿-타이 모델에서는 지점에 작용하는 하중의 일부가 바로 가력점으로 전달되는 직접스트럿 AC를 추가로 적용한다. 이 경우에 모델은 부정정이 되므로 CEB-FIP 모델기준과 Foster 모델에서는 직접스트럿의 값을 식(7.28)과 식(7.29)에서 먼저 계산한다. 식(7.28)과 식(7.29)은 직접스트럿이 부담하는 외력의 분담력이다. 그 이후에 감소된 전단하중($V_u - C_d \sin\theta_d$)에 대하여 정정 스트럿-타이 모델로 설계하면 된다.

CEB-FIP 모델기준(1999)

$$C_d = \left(\frac{4 - 2a/z - N/V_n}{3 - N/V_n} \right) \frac{1}{\sin\theta_d} V_n \,, \quad T_2 = V_n - C_d \sin\theta_d \tag{7.28}$$

Foster 모델(1998)

$$C_d = \left(\frac{\sqrt{3} - a/z}{\sqrt{3} - 1} \right) \frac{1}{\sin\theta_d} V_n \,, \quad T_2 = V_n - C_d \sin\theta_d \tag{7.29}$$

여기서, C_d : 직접스트럿이 받는 외력의 분담분
T_2 : 중간 수직타이의 인장력
a : 전단경간
z : 상하현재 중심간의 거리
θ_d : 직접스트럿의 각도
N : 축력(인장력이 "+")

a/z 의 비가 짧아지면 직접스트럿이 전달하는 하중은 증가하지만, 수직전단철근이 지지하는 비율(T_2)은 감소한다. 반면 a/z 의 비가 길어지면 직접스트럿이 전달하는 하중은 감소하고 T_2 의 부재력은 증가한다.

식(7.29)에서 $a/z \leq 1.0$에서는 전체 전단력(V_n)은 직접스트럿만에 의하여 전달된다. 따라서 중간 수직타이의 부재력 $T_2 = 0$이 되므로 모델은 STM-3에서 STM-1로 변환된다. 또한 $a/z = \sqrt{3}$일 때에는 직접스트럿에 의해 전달되는 전단력이 없으므로 모든 전단력을 중간 수직타이가 지지해야 된다($T_2 = V_n$). 식(7.28)의 경우에도 동일하게 $a/z \leq 0.5$일 때 모델은 STM-3에서 STM-1로 변환된다. 따라서 식(7.28)과 식(7.29)의 두 경우에는 a/z의 비에 따라서 T_2의 부담력에 차이가 발생하고, 배근해야 할 수직철근량이 [그림 7.24]와 같이 자연스럽게 감소하여 STM-1, STM-2, STM-3의 경계면에서 철근량의 불연속이 발생하지 않는다.

CEB-FIP 모델기준이나 Foster 모델과 동일하게 개선된 스트럿－타이 모델은 a/h의 비율에 의해 다음과 같이 정해져야 한다.

① $a/h \leq 0.5$: STM-1 적용
② $0.5 < a/h \leq 2.0$: STM-3 적용

두 모델의 경계점에 대해서는 관점에 따라서 달라질 수 있다. 식(7.28)의 CEB-FIP 모델기준에서 경계점은 $a/z = 0.5$이다. $z = 0.8h$로 하여 z를 식에 대입하면 $a/h = 0.4$가 된다. 식(7.29)의 Foster 모델의 경계점은 $a/z = 1.0$이며, 동일하게 z를 대입하면 $a/h = 0.8$이 된다. 2003년까지 콘크리트학회 구조기준으로 사용되던 De Paiva와 Siess (1965)의 식(7.20)~(7.22)에서 콘크리트의 전단강도는 전단경간비가 1보다 작아질 때 점점 증가하다가, 0.4 이하부터는 일반 보에 대한 전단강도의 2.5배를 일정하게 유지한다. 따라서 여기서는 CEB-FIP 모델기준과 De Paiva와 Siess (1965)의 식과 유사하게 $a/h = 0.5$로 하였다. 모델의 경계점에서는 최소 철근이 배근되므로 경계점에 따라 배근되는 철근량에 큰 차이가 발생하지는 않는다. 즉, [그림 7.28]에서 $a/h = 0.5$를 하는 경우와 $a/h = 0.8$로 하는 경우에 각 시작점을 $a/h = 2.0$과 연결하고 최소철근량을 고려하면 철근량에 큰 차이가 발생하지 않는다.

[그림 7.28]은 전단경간비가 변화할 때 CEB-FIP 모델기준, Foster 모델, 개선 실용설계법에 의해 계산되는 직접스트럿의 압축력을 나타낸다. 그림에서 전단경간비가 감소하면 직접스트럿의 부재력(C_d)이 증가하며(수직타이의 부재력 T_2는 감소) 모델이 STM-3에서 STM-1로 변화하여 불연속이 발생하지 않는다.

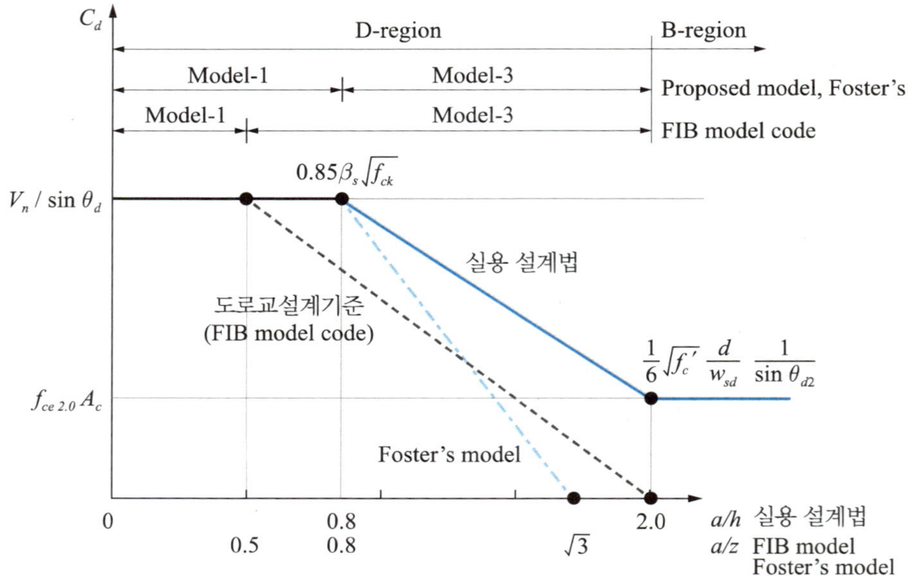

[그림 7.28] STM-3

▌B영역과 D영역 경계면의 불연속

직접스트럿을 사용함으로써 모델 변환 경계면에서의 불연속을 제거할 수 있지만, 이 경우에도 B영역과 D영역의 경계점인 $a/h=2.0$에서의 전단강도의 불일치 문제는 해결하지 못한다. 즉, $a/h=2.0$에서 스트럿-타이 모델에 의하여 계산한 D영역의 전단강도와 B영역 설계에 의한 전단강도는 일치하지 않는다.

[그림 7.24]는 KDS 14 20 24 국가건설기준의 스트럿-타이 모델, CEB-FIP 모델기준, Foster모델, 개선 실용설계법에 의하여 계산한 필요 수직철근의 양($\rho_t f_{yt}$)을 비교하고 있다. 여기서는 모든 기준식의 최소 수직전단철근비는 $\rho_{t,\min}=0.0025$, 콘크리트 스트럿의 유효강도계수(β_s)는 동일하다고 가정하였다. [그림 7.24]에서 KDS 14 20 24 국가건설기준의 스트럿-타이 모델의 $\rho_t f_{yt}$는 $a/h \leqq 0.5$과 $0.5 < a/h \leqq 2.0$에서 일정하다. 반면에 CEB-FIP 모델기준, Foster 모델, 개선 실용설계법의 $\rho_t f_{yt}$는 a/h가 증가하면 증가하고 있다.

$a/h=2.0$에서 KDS 14 20 24 국가건설기준의 $\rho_t f_{yt}$는 갑자기 변화하며 스트럿-타이 모델의 $V_s(=T_2)=V_u$에 의하여 계산한 $\rho_t f_{yt}$가 $V_s=V_u/\phi-V_c$로 계산한 B영역 설계의 $\rho_t f_{yt}$보다 크다. Foster 모델에서도 유사한 불연속이 발생한다.

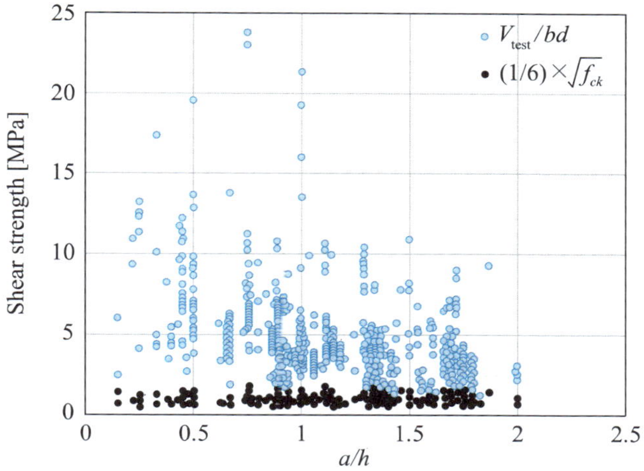

[그림 7.29] B영역 콘크리트 전단강도와 595개 실험체 전단강도

불연속이 발생한 [그림 7.24]의 CD점에서의 차이 값은 KDS 14 기준의 경우에 $v_c = (1/6) \times \sqrt{f_{ck}}$ 이다. [그림 7.29]에는 $v_c = (1/6) \times \sqrt{f_{ck}}$ 의 값과 595개의 깊은보의 전단강도[$v_n = V_{\max}/(b_w d)$]를 비교하였다. 그림에서 $v_c = (1/6) \times \sqrt{f_{ck}}$ 는 595 실험체 전단강도의 거의 하한값이며, $a/h = 2.0$에서는 실험값과 큰 차이가 발생하지 않고 있다. 따라서 $a/h = 2.0$인 부재의 전단내력은 B영역 설계의 $v_c = (1/6) \times \sqrt{f_{ck}}$ 로 설계가 가능하다.

$a/h = 2.0$에서의 콘크리트 직접스트럿이 지지하는 유효강도를 $v_c = (1/6) \times \sqrt{f_{ck}}$ 로 간주하고 이를 직접스트럿의 각도에 맞추어 분력을 계산하면 식(7.30)이 된다.

$$f_{ce}\, A_c = \left(\frac{1}{6} \sqrt{f_{ck}} \frac{d}{w_{sd}} \frac{1}{\sin\theta_d} \right) A_c \tag{7.30}$$

식(7.30)에서 직접스트럿의 면적 $A_c = w_{sd}\, b_w$ 이므로 직접스트럿의 수직성분은 $(1/6)\sqrt{f_{ck}}\ (b_w\, d)$가 된다. w_{sd}는 직접스트럿의 면적이다. 개선 실용 설계법의 경우에 $a/h = 0.5$에서 STM-3은 STM-1로 변환하므로 콘크리트의 유효압축강도(f_{ce})는 KDS 14 20 24 국가건설기준에 의해 $0.85\beta_s f_{ck}$가 된다. 그러므로 CEB-FIP 모델기준과 Foster 모델과 동일하게 $0.5 \leq a/h \leq 2.0$에서의 직접스트럿의 콘크리트의 유효압축강도(f_{ce})의 변화를 [그림 7.28]과 같이 선형 관계로 표현할 수 있다.

[그림 7.28]에서 f_{ce}는 a/h가 증가하면 증가하여 $a/h \leq 0.5$에서는 $0.85\beta_s f_{ck}$로 일정한 값이 된다. 또한 $a/h = 2.0$에서는 $(1/6)\sqrt{f_{ck}}\ (b_w\, d)$가 되어 B영역 전단설계의 콘

크리트 전단저항(V_c)과 동일하게 된다. 또한 a/h가 증가하면 수직철근의 양도 최소철근비($\rho_{t-\min}$)에 도달할 때까지 일정하게 감소한다. 따라서 직접스트럿이 부담하는 외력의 비율은 [그림 7.28]의 전단경간비와 $C_d \sin\theta_d$의 관계에서 구한다.

$$C_d \sin\theta_d = \frac{a/h-2}{1.5}(V_c - V_n) + V_c \tag{7.31a}$$

$$T_2 = V_n - C_d \sin\theta_d \tag{7.31b}$$

여기서, $V_c = 1/6\sqrt{f_{ck}}\, b_w d$

▌ 직접스트럿의 콘크리트 유효압축강도와 직접스트럿의 강도

직접스트럿이 부담하는 외력의 비율, $C_d \sin\theta_d$는 식(7.31a)에서 계산하며, 유사한 방법으로 직접스트럿의 콘크리트의 유효압축강도(f_{ce})를 계산할 수 있다. [그림 7.30]은 직접스트럿의 콘크리트의 유효압축강도와 철근량의 변화를 나타낸다. 그림에서 $a/h=$ 0.5일 때는 $C_d \sin\theta_d$가 모든 외력을 다 부담하므로 즉, STM-3은 STM-1로 변환하므로 콘크리트의 유효압축강도(f_{ce})는 KDS 14 20 24 국가건설기준에 의해 $0.85\beta_s f_{ck}$가 된다. 한편 $a/h=2.0$일 때 전단내력은 B영역 설계의 $v_c=(1/6)\times\sqrt{f_{ck}}$ 이다. 그러므로 직접스트럿의 콘크리트의 유효압축강도는 $a/h=0.5$점과 $a/h=2.0$점을 연결하여 식(7.32)에서 구한다.

$$f_{ce} = \frac{f_{c2-2.0} - f_{ce-0.5}}{2.0-0.5}\left(\frac{a}{h} - 2.0\right) + f_{ce-2.0} \tag{7.32}$$

여기서, $f_{ce-0.5} = 0.85\,\beta_s f_{ck}$, $f_{ce-2.0} = \left(\frac{1}{6}\sqrt{f_{ck}}\,\frac{d}{w_{sd}}\,\frac{1}{\sin\theta_{d2}}\right)$이다. $a/h=2.0$인 부재의 스트럿의 각도 θ_{d2}는 $z=0.8h$인 경우에 $\sin\theta_{d2} = z/a = 0.8h/a = 0.4$이며 $\theta_{d2}=22$도이다. 식(7.32)에서 f_{ce}는 $a/h=0.5$일 때 최대가 되며, a/h가 증가하면 점차 감소한다. 이러한 개념은 도로교설계기준(한계상태설계법)에서 콘크리트의 유효압축강도(ξf_{ck})가 각도가 증가하면 커지는 것과 유사한 개념이다.

직접스트럿의 압축강도는 식(7.32)의 콘크리트의 유효압축강도(f_{ce})에 면적을 곱하여 식(7.33)에서 구한다.

$$C_{dn} = f_{ce} A_c \tag{7.33}$$

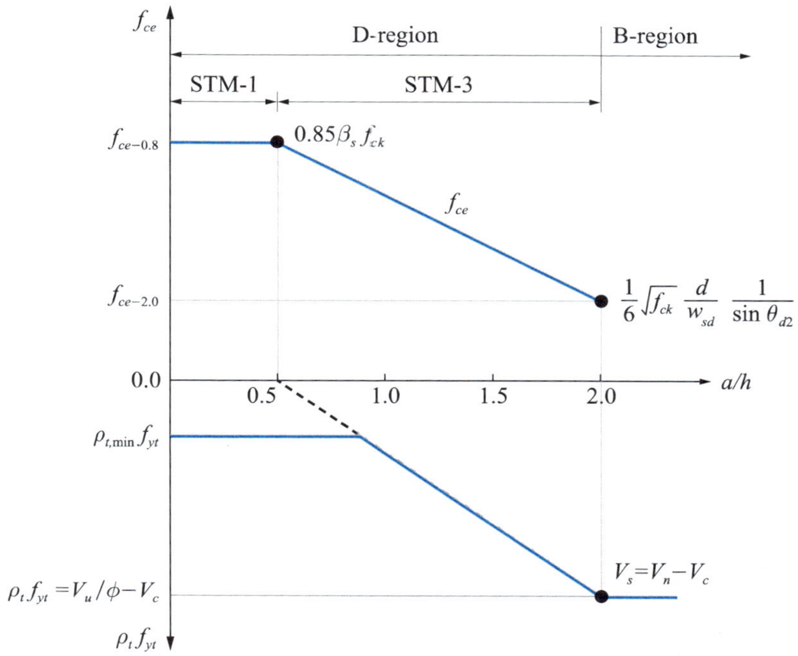

[그림 7.30] 직접스트럿의 콘크리트의 유효압축강도와 철근량

여기서, C_{dn} : 직접스트럿의 압축강도이며 $A_c = w_{sd}\, b_w$

C_{dn}은 직접스트럿의 내부 저항력이며 식(7.29)의 직접스트럿이 받는 외력의 분담분 (C_d)과는 다르다.

STM-3에 대한 실용 설계식은 식(7.27) 대신에 식(7.34)를 사용한다.

(STM-3)

$$V_n = \min.(C_1 \sin\theta + C_{dn} \sin\theta_d\,,\ T_1/2\ \tan\theta,\ T_2 + C_{dn} \sin\theta_d) \qquad (7.34)$$

▌ 수직전단철근 배근 구역

[그림 7.26]에서 설명하였듯이 기존에서는 수직철근의 배근 구역이 명확하게 명시되어 있지 않다. CEP-FIP 모델기준의 스트럿-타이 모델 설계 예제집(2011)에서는 수직철근의 배근 구역을 전단경간(a)으로 하고 있지만, ACI318기준의 스트럿-타이 모델 설계 예제집(2002)에서는 수직철근의 배근 구역을 전단경간의 절반($a/2$)으로 하고 있다. 따라서 수직전단철근의 배근 간격(s)은 전단경간(a)에 따라서 달라질 수 있다. 이러한 문제를 해결하기 위해서는 수직전단철근의 배근 구역을 정해주어야 한다.

B영역과 D영역의 경계점인 $a/h=2.0$에서는 스트럿-타이 모델에 의해 계산된 수직철근의 간격과 B영역 설계에서 계산된 철근의 간격이 동일해야 한다. 식(7.31b)에 의해 계산된 T_2는 B영역 설계의 V_s와 동일하다. 하지만 D영역과 B영역의 수직철근 간격(s)은 각각 식(7.35)와 식(7.36)에 의해 계산되므로 D영역의 s가 B영역의 s보다 넓다.

$$s = \frac{a\,A_v\,f_y}{T_2} \quad \text{(스트럿-타이 모델)} \tag{7.35}$$

$$s = \frac{d\,A_v\,f_y}{V_s} \quad \text{(B영역 전단설계)} \tag{7.36}$$

식(7.35)에서 a를 사용할 경우에 $a/h=2.0$인 부재의 균열각도는 22도가 된다는 것을 의미한다. 그러나 실제 보에서 전단균열의 각도가 22도로 낮은 경우는 드물다. 이 문제를 해결하기 위해서 식(7.35)와 식(7.36)을 동일한 값으로 할 때 $a=d$가 된다. 따라서 D영역의 수직철근의 배근 구역을 단면의 유효깊이(d)로 할 때 경계점 $a/h=2.0$에서 연속적으로 철근을 배근할 수 있게 된다. 다만 전단경간(a)이 d보다 짧은 경우에는 a를 사용해야 한다. 그 이유는 [그림 7.31]의 전단경간이 짧은 부재에서는 균열이 지점과 가력점을 연결하여 수직철근 전부가 균열을 관통하지만, 전단경간이 긴 부재에서는 모든 수직철근이 균열을 관통하지 않기 때문이다. 따라서 수직철근의 배근 구역은 단면의 유효깊이(d) 또는 전단경간(a)의 작은 값으로 해야 한다.

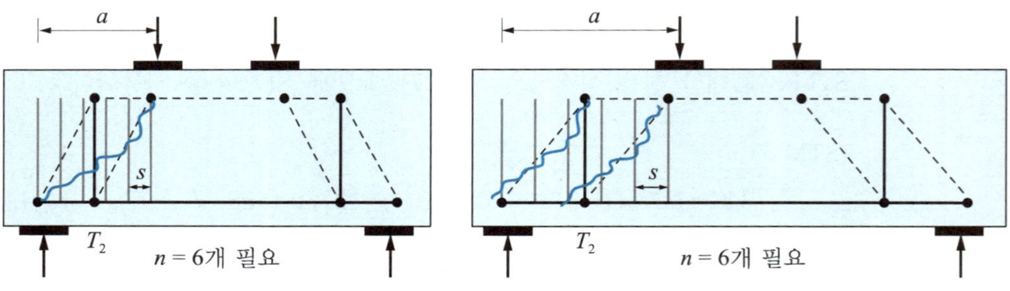

[그림 7.31] 수직전단철근 배근 구역

▌상하현재 내력과 요구 철근량

깊은보에는 휨모멘트와 전단력이 동시에 작용하므로 두 부재력에 대해 설계해야 한다. [그림 7.32]는 [예제 7.1]의 STM-3 부재력과 탄성해석으로 구한 휨모멘트 다이어그램이다. STM-3에서 계산한 상부 부재(CD)와 하부 부재(GH)의 부재력은 2,317.8 kN이며, 탄성해석에 의해 계산한 휨모멘트는 4,000 kN · m이다. 두 해석법에 의해 하부 부재(GH) 철근의 양을 계산해보면 동일하다.

$$A_v = \frac{F_{GH}}{f_y} = \frac{2,317,800}{400} = 5,784.5\ \mathrm{mm}^2 \quad \text{(STM-3)} \tag{7.37}$$

$$A_v = \frac{M}{f_y \times z} = \frac{4,000 \times 10^6}{400 \times 1,725} = 5,797.1\ \mathrm{mm}^2 \quad \text{(휨해석)} \tag{7.38}$$

상부 부재(CD)의 폭도 콘크리트의 중립축 깊이를 중심으로 결정되었기 때문에 상부 부재의 STM-3의 내력과 휨해석의 압축력은 동일하다. 따라서 깊은보에 대한 휨설계를 실시하였다면 스트럿－타이 모델에서 상부 부재(CD)와 하부 부재(GH)의 내력을 검토할 필요는 없다.

결과적으로 하부타이의 내력은 휨설계에서 결정하고 이 값은 스트럿－타이 모델의 결과와 동일하기 때문에 식(7.26)과 식(7.34)의 하부타이가 유발하는 전단력을 비교할 필요가 없다. 따라서 식(7.26)과 식(7.34)는 식(7.39)와 식(7.40)으로 간략화 된다.

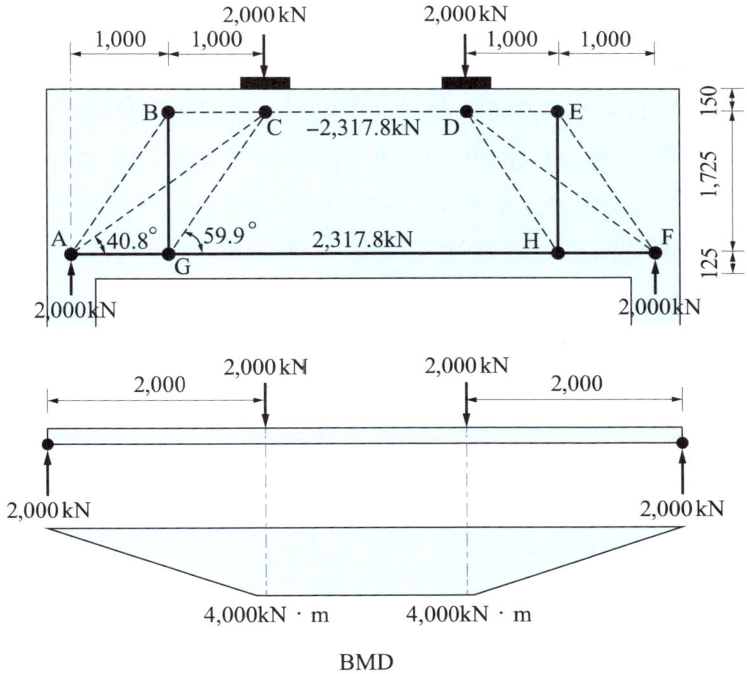

[그림 7.32] 스트럿－타이 모델과 휨해석

▮ 설계와 해석의 차이

[그림 7.25]의 STM-2의 전단강도 예측에서 설명하였듯이 스트럿-타이 모델의 내력은 선정된 부재력의 최솟값으로 정해진다. 따라서 STM-2의 경우에 전단철근이 배근되지 않거나 작게 배근된 실험체에 대하여 STM-2는 실제 강도를 지나치게 낮게 평가한다. CEB-FIP 모델기준(1999), Foster 모델(1998), 개선 실용 설계법에서는 모두 직접스트럿을 사용해서 배근해야할 철근의 양을 $T_2 = V_n - C_d \sin\theta_d$ 에서 계산한다. 저항력의 관점에서 $C_d \sin\theta_d$ 가 V_n 보다 클 경우에는 수직철근을 배근할 필요가 없지만, 설계에서는 부정정트러스를 정정트러스로 만드는 과정에서 일부의 외력이 직접스트럿에 의해 전달된다고 가정하고 있으므로 직접스트럿의 내력값에 무관하게 $T_2 = V_n - C_d \sin\theta_d$ 에서 계산한 철근을 배근해야 한다. 따라서 설계를 위한 직접스트럿의 분담 부재력(C_d)과 공칭강도(C_{dn})를 구분해야 한다.

$$\text{(STM-1)} \quad V_n = C_1 \sin\theta \tag{7.39}$$

$$\text{(STM-3)} \quad V_n = \min.(C_1 \sin\theta + C_{dn} \sin\theta_d,\ T_2 + C_{dn} \sin\theta_d) \tag{7.40}$$

▮ 스트럿 폭의 결정

[그림 7.33]의 STM-3의 절점 A의 스트럿 경계면에는 경사스트럿(C_1)과 직접스트럿(C_d)이 맞닿아 있으므로 두 스트럿의 폭은 [예제 7.1]에서 설명하였듯이 절점면과 수직을 이루는 각도와 각각의 부재가 이루는 각도의 차이를 반영해서 계산해야 한다(콘크리트 구조부재의 스트럿-타이 모델 설계 예제집(한국콘크리트학회, 2012), 윤영묵과 김병헌 예제).

$$w_s = \frac{C_1'}{C_1' + C_d'} \cos(\theta_t - \theta_s) w_{st} \tag{7.41a}$$

$$w_{sd} = \frac{C_d'}{C_1' + C_d'} \cos(\theta_t - \theta_d) w_{st} \tag{7.41b}$$

여기서, $C_1' = C_1 \cos(\theta_t - \theta)$

$C_d' = C_s \cos(\theta_t - \theta_d)$

$\theta = \tan^{-1}(w_t / l_b)$

$w_{st} = \sqrt{w_t^2 + l_b^2}$

그러나 설계에서는 비정수압 절점영역에서 절점면에 전단응력과 직응력이 동시에 발생하는 경우에는 스트럿에 직각을 이루고 있는 면을 이용하여 계산할 수 있도록 허용하고 있으므로 두 스트럿의 폭을 각도의 차이를 무시하고 힘의 차이에 의한 식(7.42)에서 계산할 수 있다.

$$w_{sd} = \frac{C_d \sin\theta_d}{V_n} w_{st}\ ,\quad w_s = w_{st} - w_{sd} \tag{7.42}$$

한편 해석에서 공칭전단강도(V_n)가 주어지지 않은 부재의 직접스트럿의 폭을 계산할 때는 식(7.42)의 V_n 을 STM-1의 $C_1\sin\theta$에서 계산할 수 있다. [그림 7.33]의 STM-1의 절점 A에서의 $V_n = C_1\sin\theta_d$ 이며, STM-3의 절점 A에서는 $V_n = C_1\sin\theta + C_d\sin\theta_d$ 으로 두 값은 거의 동일하다. 따라서 V_n 이 주어지지 않는 STM-3의 w_{sd} 를 계산할 때의 V_n 은 STM-1에서 계산할 수 있다.

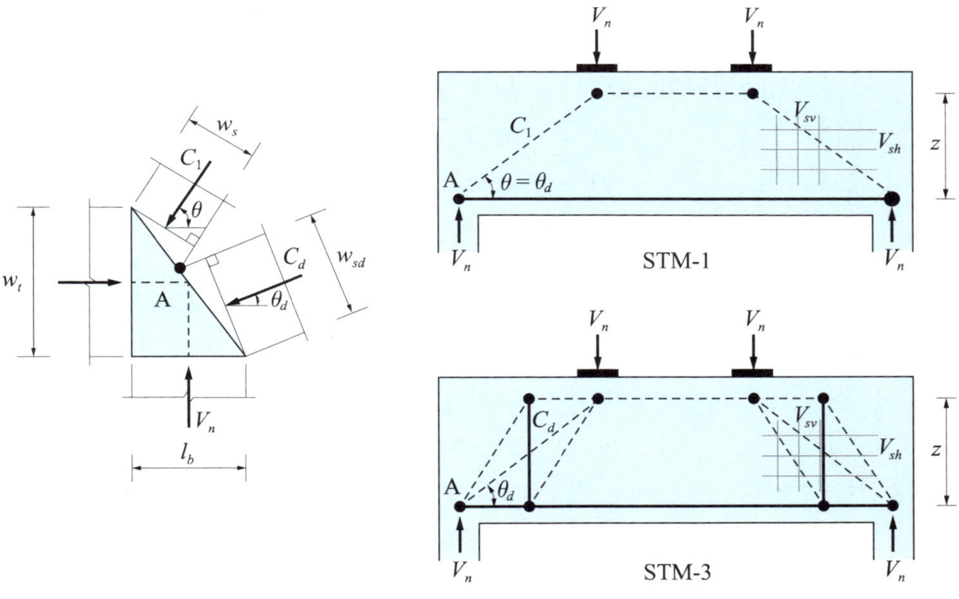

[그림 7.33] 스트럿 폭의 결정

7.5.5 개선된 STM 실용 설계법의 설계 과정

직접스트럿을 적용하고 $a/h = 2.0$에서의 V_c값을 f_{ce}에 반영함으로써 실용 설계법에서는 B영역과 D영역 경계면의 불연속과 스트럿-타이 모델 경계면의 불연속을 제거할 수 있었다. [그림 7.24]와 같이 $a/h = 0.5$에 도달하면 직접스트럿이 저항하는 힘은 최대가 되고 수직타이가 저항하는 힘은 "0"이 되어 STM-3은 STM-1로 변화하게 된다. $a/h = 2.0$에 도달하면 직접스트럿의 수직전단저항력이 B영역 전단설계의 콘크리트 전단강도(V_c)와 동일하게 되어 불연속이 발생하지 않고 동일한 전단강도를 계산할 수 있다.

스트럿-타이 모델을 활용한 깊은보의 실용 설계법은 [그림 7.34]에 정리되었듯이 a/h의 비율에 의해 정해진다.

① $a/h \leqq 0.5$: STM-1 적용

$$V_n = C_1 \sin\theta \tag{7.43}$$

$$C_1 = \beta_s (0.85 f_{ck}) w_s b_w, \quad w_s = l_b \sin\theta + w_t \cos\theta$$

$$\tan\theta = z/a, \quad w_t = 2(h-d), \quad z = 0.9d$$

② $0.5 < a/h \leqq 2.0$: STM-3 적용

$$V_n = \min.(C_1 \sin\theta + C_{dn} \sin\theta_d, \ T_2 + C_{dn} \sin\theta_d) \tag{7.44}$$

$$C_1 = \beta_s (0.85 f_{ck}) w_s b_w, \quad T_2 = A_v f_{yt}, \quad C_{dn} = f_{ce} w_{sd} b_w$$

$$\tan\theta = 2z/a, \quad \tan\theta_d = z/a$$

$$w_{st} = \sqrt{l_b^2 + w_t^{\,2}}, \quad w_{sd} = (C_d \sin\theta_d / V_n) w_{st}, \quad w_s = w_{st} - w_{sd}$$

$$f_{ce} = \frac{f_{c2-2.0} - f_{ce-0.5}}{2.0 - 0.5}\left(\frac{a}{h} - 2.0\right) + f_{ce-2.0}$$

$$f_{ce-0.5} = 0.85 \beta_s f_{ck}, \quad f_{ce-2.0} = \left(\frac{1}{6}\sqrt{f_{ck}}\frac{d}{w_{sd}}\frac{1}{\sin 22}\right) \leqq f_{ce-0.5}$$

배근철근량

$$T_2 = V_u/\phi - C_d \sin\theta_d \tag{7.45}$$

$$C_d \sin\theta_d = \frac{a/h - 2}{1.5}(V_c - V_n) + V_c$$

수직철근의 배근 구역은 단면의 유효깊이(d) 또는 전단경간(a)의 작은 값으로 해야 한다. 또한 지압판의 폭이 식(7.25)에 의해 계산한 지압판의 폭(l_b)보다 작을 경우에는 절점파괴의 위험성이 있으므로 정산법으로 설계해야 한다.

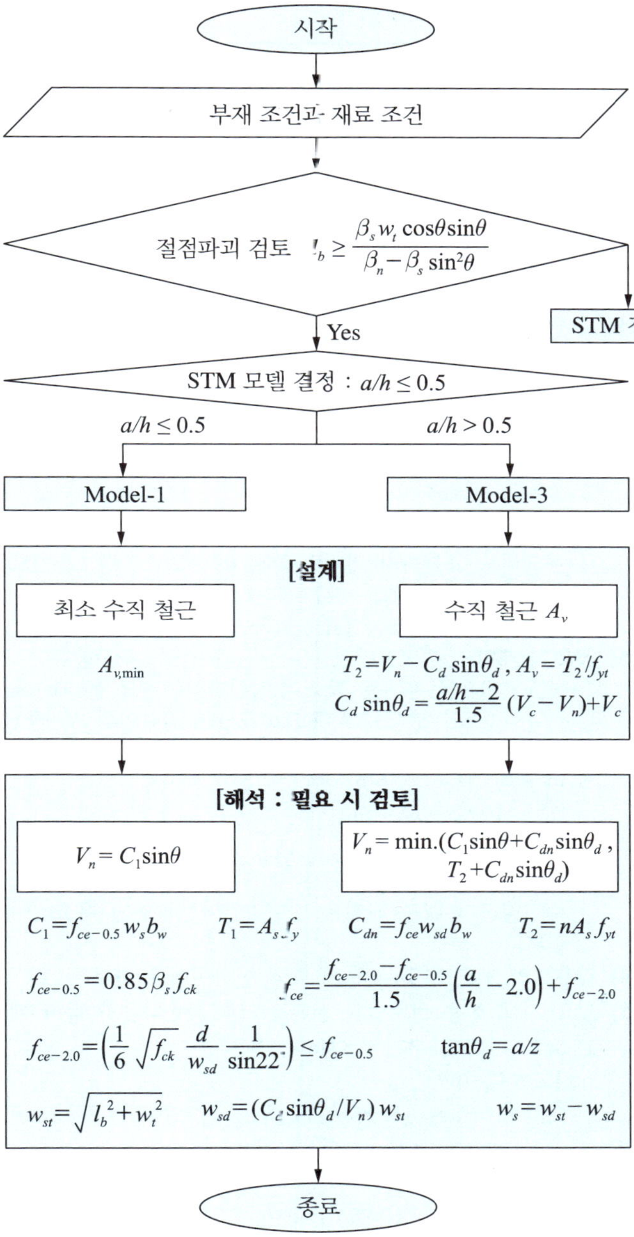

[그림 7.34] STM 실용 설계법의 계산 과정

[표 7.3] 깊은보의 설계

항목	상 세 내 용
설계 일반	(1) 깊은보는 l_n이 부재 깊이의 4배 이하이거나 하중이 받침부로부터 부재 깊이의 2배 거리 이내에 작용하고 하중의 작용점과 받침부가 서로 반대면에 있어서 하중 작용점과 받침부 사이에 압축대가 형성될 수 있는 부재에 적용하여야 한다. (2) 깊은보는 다음 방법의 하나에 의해 설계하여야 한다. ① 비선형 해석 ② 평형조건에 근거한 스트럿-타이 모델 정산법 ③ 실용 설계법 단, 실용 설계법은 다음 경우에는 사용할 수 없다. - 부재의 단면이 사각형이 아닌 경우 - 집중하중점과 가력점 사이의 불연속으로 인하여 힘의 흐름 경로가 변화하는 경우 - 받침점의 크기가 식(7.25)보다 작은 경우 $l_b \geq \dfrac{\beta_s w_t \sin\theta \cos\theta}{\beta_n - \beta_s \sin^2\theta}$ (7.25) 여기서, β_s와 β_n는 각각 [표 7.1]과 [표 7.2]에서 결정, w_t : 주인장철근 중심에서 콘크리트 표면까지 거리의 2배, $w_t = 2(h-d)$, $z = 0.9d$ $a/h \leq 0.5$인 부재는 $\tan\theta = z/a$ $a/h > 0.5$인 부재는 $\tan\theta = 2z/a$ (3) 실용 설계법의 수직전단철근은 다음과 같이 계산한다. ① $a/h \leq 0.5$인 부재는 최소 수직전단철근 이상을 배근해야 한다. ② $a/h > 0.5$인 부재는 식(7.31b)에서 수직타이의 부재력(T_2)을 계산하고 이에 해당하는 철근을 배근해야 한다. 단, 식(7.45)에서 계산한 수직전단철근은 최소 수직전단철근 이상이 되어야 한다. $T_2 = V_u/\phi - C_d \sin\theta_d$ (7.45) $C_d \sin\theta_d = \dfrac{a/h - 2}{1.5}(V_c - V_u/\phi) + V_c$ 수직철근의 배근 간격은 전단경간(a)와 단면 유효깊이(d)의 작은 값을 기준으로 한다. (4) 깊은보의 V_n은 $(5\lambda\sqrt{f_{ck}}/6)b_w d$ 이하이어야 한다. (5) 필요 시에 실용 설계법의 전단강도(V_n)는 다음과 같이 계산한다. ① $a/h \leq 0.5$인 부재 : STM-1 적용 $V_n = C_1 \sin\theta$ (7.43) 여기서, $C_1 = \beta_s(0.85 f_{ck}) w_s b_w$, $w_s = l_b \sin\theta + w_t \cos\theta$ ② $a/h > 0.5$인 부재 : STM-3 적용 $V_n = \min.(C_1 \sin\theta + C_{dn} \sin\theta_d,\ T_2 + C_{dn} \sin\theta_d)$ (7.44) 여기서, $C_1 = \beta_s(0.85 f_{ck}) w_s b_w$, $T_2 = A_v f_{yt}$, $C_{dn} = f_{ce} w_{sd} b_w$ $\tan\theta_d = z/a$, $w_{st} = \sqrt{l_b^2 + w_t{}^2}$, $w_{sd} = (C_d \sin\theta_d / V_n) w_{st}$ $w_s = w_{st} - w_{sd}$, $f_{ce} = \dfrac{f_{c2-2.0} - f_{ce-0.5}}{2.0 - 0.5}\left(\dfrac{a}{h} - 2.0\right) + f_{ce-2.0}$ (7.32) $f_{ce-0.5} = 0.85\beta_s f_{ck}$, $f_{ce-2.0} = \left(\dfrac{1}{6}\sqrt{f_{ck}}\dfrac{d}{w_{sd}}\dfrac{1}{\sin 22}\right) \leq f_{ce-0.5}$ 설계전단강도(V_u)가 주어지지 않은 부재의 직접스트럿의 폭(w_{sd})을 계산할 때는 V_n을 STM-1의 $C_1 \sin\theta_d$에서 계산하여 $V_u/\phi = V_n$으로 할 수 있다.

7.5.6 STM 실용 설계법에 의한 깊은보 전단 내력과 설계

▌ 깊은보 전단 내력 평가

[예제 7.2]와 전단경간비를 변수로 한 변수 분석 결과를 이용하여 실용 설계법의 깊은보 전단내력 평가를 살펴보았다.

예제 7.2

[예제 그림 7.2.1]의 깊은보의 전단강도를 계산하라. 콘크리트의 압축강도 $f_{ck}=27\text{MPa}$, 전단철근과 주철근의 설계기준항복강도 $f_y=400\text{MPa}$이다. D16철근, D32철근의 단면적은 각각 $A_s=198.6\text{mm}^2$, $A_s=794.2\text{mm}^2$이다.

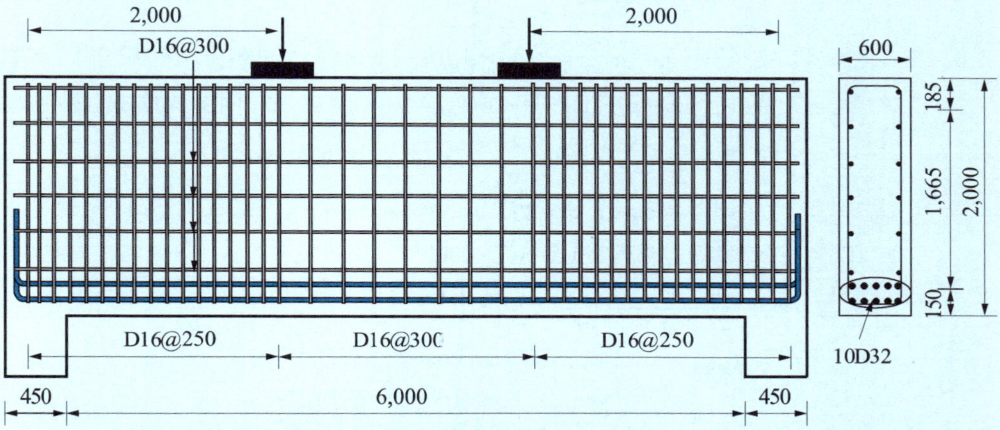

[예제 그림 7.2.1] 깊은보

[풀이]

(1) 모델의 선정

$a/h=2{,}000/2000=1$이므로 STM-3이 된다.

(2) 절점파괴 검토

$$l_b \geq \frac{\beta_s w_t \cos\theta \sin\theta}{\beta_n-\beta_s \sin^2\theta}=\frac{0.6\times 300\times \cos(59)\times \sin(59)}{0.8-0.6\sin^2(59)}=221\text{ mm}$$

여기서, $z=0.9d=0.9\times 1{,}850=1{,}665\text{ mm}$

$\theta=\arctan(1{,}665/1{,}000)=59°$

$\beta_s=0.6,\ \beta_n=0.8,\ w_t=300\text{ mm}$

병모양 스트럿의 β_s값([표 7.1])으로 0.75를 사용할 수 있는지 검토하기 위하여 식(9.4)의 철근비를 검토한다.

$$\Sigma\frac{A_{si}}{bs_i}\sin^2\gamma_i \geq 0.003$$

$$\Sigma\frac{A_{si}}{bs_i}\sin^2\gamma_i = \frac{2\times 198.6}{600\times 250}\sin^2(31) + \frac{2\times 198.6}{600\times 300}\sin^2 59 = 0.0023$$

계산된 값이 0.003보다 작으므로 병모양 스트럿의 강도감소계수(β_s)는 0.6으로 해야 한다. 실제 폭은 450 mm이므로 절점영역 검토가 불필요하며 실용 설계법 설계가 가능하다.

(3) 스트럿의 각도 계산

$\theta = \arctan(1{,}665/1{,}000) = 59°$

$\theta_d = \arctan(1{,}665/2{,}000) = 40°$

(4) 스트럿의 폭 계산

이 예제는 부재의 강도를 계산하는 예제이며 공칭전단강도(V_n)가 주어져 있지 않으므로 직접스트럿의 폭(w_{sd})을 계산할 때의 V_n을 STM-1의 $C_1\sin\theta_d$에서 계산할 수 있다.

$$w_{sd} = \frac{C_d\sin\theta_d}{V_n}w_{st} = \frac{2{,}236}{2{,}873}\times 541 = 421\text{ mm}$$

$$w_s = w_{st} - w_{sd} = 541 - 421 = 120\text{ mm}$$

여기서, $C_d\sin\theta_d = \dfrac{a/h-2}{1.5}(V_c - V_u/\phi) + V_c = \dfrac{1-2}{1.5}(961 - 2{,}873) + 961 = 2{,}236\text{ kN}$

$V_n = 0.85\beta_s f_{ck}(b_w w_{st})\sin(\theta_d) = 0.85\times 0.6\times 27(600\times 541)\sin(40) = 2{,}873\text{ kN}$

$V_c = \dfrac{1}{6}\sqrt{f_{ck}}(b_w d) = \dfrac{1}{6}\sqrt{27}(600\times 1{,}850) = 961\text{ kN}$

$w_{st} = \sqrt{w_t^2 + l_b^2} = \sqrt{300^2 + 450^2} = 541\text{ mm}$

(5) 직접스트럿 콘크리트 유효압축강도 계산

$$f_{ce} = \frac{f_{c2-2.0} - f_{ce-0.5}}{2.0-0.5}\left(\frac{a}{h} - 2.0\right) + f_{ce-2.0} = \frac{10.16 - 13.77}{1.5}\left(\frac{2{,}000}{2{,}000} - 2\right) + 10.16 = 12.57\text{MPa}$$

여기서, $f_{ce-0.5} = 0.85\,\beta_s f_{ck} = 0.85\times 0.6\times 27 = 13.77\text{ MPa}$

$$f_{ce-2.0} = \left(\frac{1}{6}\sqrt{f_{ck}}\frac{d}{w_{sd}}\frac{1}{\sin 22}\right) = \frac{1}{6}\sqrt{27}\,\frac{1{,}850}{421}\,\frac{1}{\sin(22)} = 10.16\text{ MPa}$$

(6) 전단강도를 계산한다.

(STM-3) $V_n = \min.(C_1\sin\theta + C_{dn}\sin\theta_d,\ T_2 + C_{dn}\sin\theta_d)$

$V_n = \min.(2{,}891,\ 3{,}217) = 2{,}891\text{kN}$

여기서, $C_1\sin\theta = f_{ce-0.5}A_c\sin\theta = f_{ce-0.5}(w_s b_w)\sin\theta$

$= 13.77\times 120\times 600\times\sin(59) = 849.8\text{ kN}$

$C_{dn}\sin\theta_d = f_{ce}A_c\sin\theta_d = f_{ce}(w_{sd}b_w)\sin\theta_d$

$= 12.57\times 421\times 600\times\sin(40) = 2{,}041.0\text{ kN}$

$T_2 = nA_s f_y = \dfrac{\min(a,d)}{s}\times 2\times 198.6\times 400$

$= \dfrac{1{,}850}{250}\times 2\times 198.6\times 400 = 1{,}175.7\text{kN}$

그러므로 부재의 내력은 콘크리트 스트럿의 내력에 의하여 결정된다.

$V_u \leqq \phi V_n = 0.75\times 2{,}891 = 2{,}168\text{ kN}$

참고로 주어진 주인장철근에 의하여 전단강도를 계산할 수 있다.

$T_1/2\tan\theta = A_s f_y\tan\theta = (7{,}942\times 400)/2\times\tan(59) = 2{,}643.5\text{ kN}$

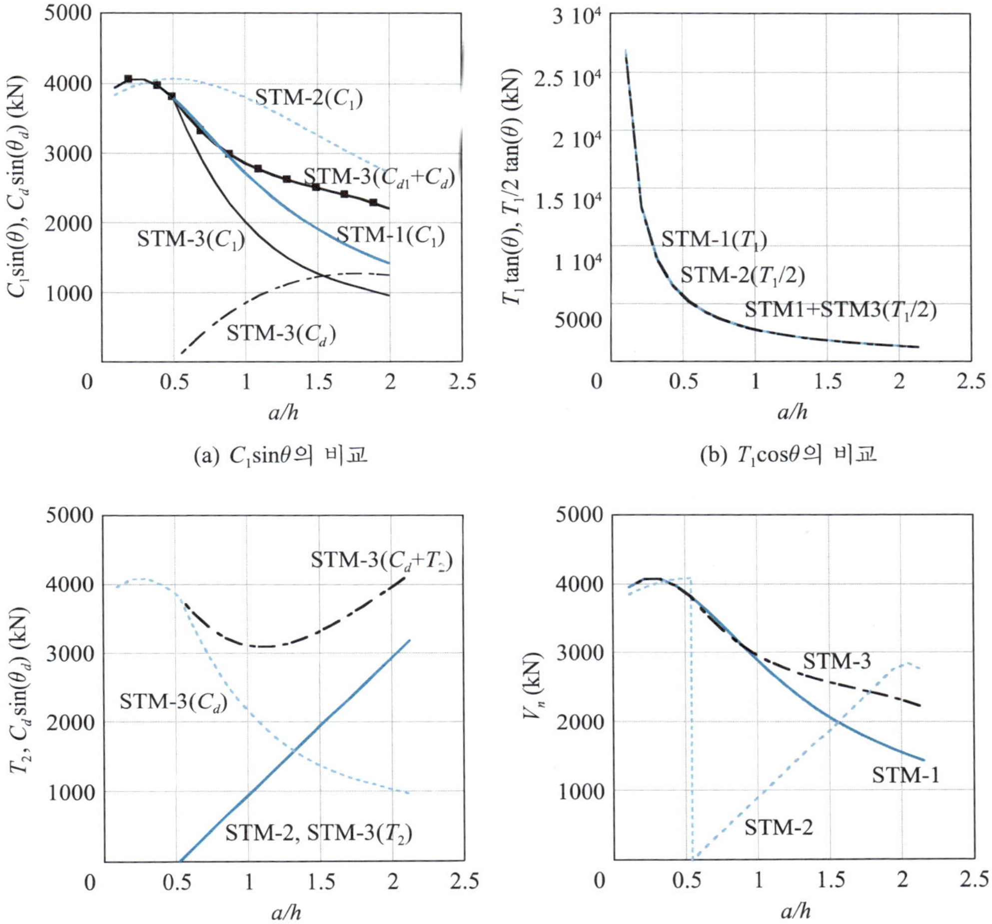

(a) $C_1 \sin\theta$의 비교 (b) $T_1 \cos\theta$의 비교

(c) T_2의 비교 (d) V_n의 비교

[그림 7.35] 세 모델의 비교

[그림 7.35]에서는 전단경간비(a/h)를 0에서 2로 변화시켰을 때 각 모델에서 계산된 전단내력(V_n)을 비교하였다. 부재와 재료의 조건은 [예제 7.2]와 동일하다. 다만 수직철근은 $a/h \leqq 0.5$에서는 배근하지 않았으며, $a/h > 0.5$에서는 전단철근비(ρ_t)를 일정하게 배근하였다. [그림 7.35(a)]에서 세 모델의 콘크리트 스트럿에 의해 계산된 전단내력($C_1 \sin\theta$)이 비교되었다. 그림에서 스트럿의 각도(θ)가 큰 STM-2의 전단내력이 θ가 작은 STM-1의 전단내력보다 크다는 것을 알 수 있다. STM-3의 직접스트럿의 각도(θ_d)는 STM-1의 스트럿의 각도(θ)와 같지만, 콘크리트의 유효압축강도(f_{ce})가 작기 때문에 STM-1의 전단내력보다 작다. [그림 7.35(b)]의 수평타이의 전단내력($T_1 \tan\theta$)은 세 모

델에서 모두 동일하다. 앞에서도 설명하였듯이, STM-2와 STM-3의 경우에는 중간 절점에 네 부재가 만나 평형을 이루므로 T_1의 절반 값을 사용해야 한다. [그림 7.35(c)]에서 수직타이의 전단내력($C_1 \sin\theta$)이 비교되었다. 철근이 없을 경우에는 이론적으로 계산되는 T_2가 "0"이므로 전단내력도 "0"이 된다. STM-3에서는 직접스트럿과 타이의 합($C_d \sin\theta_d + T_2$)에 의해 전단내력을 계산하므로 STM-3의 전단내력과 STM-2의 전단내력에는 큰 차이가 발생한다. 다만 T_2의 값은 배근된 철근의 양에 따라서 달라 질 수 있다. 세 모델의 구성 모델 내력의 최솟값에 의해 결정된 전단강도(V_n)를 [그림 7.35(d)]에 표시하였다. 최솟값은 상하현재의 내력은 배제하고 콘크리트 스트럿과 수직철근의 내력만을 비교하였다. 그림에서 STM-1 또는 STM-1과 STM-3을 함께 사용한 모델에서는 내력의 불연속이 발생하지 않았지만, STM-2의 경우에는 수직철근의 양에 따라서 내력의 불연속이 발생하고 있다. 이러한 불연속의 크기는 철근의 양에 따라서 달라질 수 있다. STM-1의 전단내력은 콘크리트 스트럿($C_1 \sin\theta$)에 의해 정해졌지만, STM-2의 전단내력은 전단경간비에 따라서 콘크리트 스트럿과 수직철근 타이의 내력에 의해 정해졌다. STM-1과 STM-3을 함께 사용한 모델에서는 콘크리트 스트럿($C_1 \sin\theta$), 직접스트럿과 수직철근 타이의 내력에 의해 정해졌다.

[그림 7.36]에서는 "STM-1과 STM-2" 또는 "STM-1과 STM-3"을 함께 사용한 모델의 전단내력을 비교하고 있다. $a/h \leq 0.5$일 때는 STM-1을 사용하고, $0.5 < a/h \leq 2.0$일 때는 STM-2 또는 STM-3을 사용하여 깊은보의 내력을 평가하였다. STM-1과 STM-2을 함께 사용한 모델에서는 경계점을 기준으로 전단내력에 큰 변화가 발생하였다. 즉, 수직철근의 양에 따라서 계산된 전단내력에 차이가 발생하며, 수직철근이 없을 경우에는 전단내력도 "0"이 된다. 한편, STM-1과 STM-3을 함께 사용한 모델에서는 경계점에서도 내력 불연속이 발생하지 않으며, $C_1 \sin\theta$, $C_d \sin\theta_d + T_2$의 최솟값에 따라서 내력이 변화하고 있다.

STM-1과 STM-3을 함께 사용한 모델의 개선 효과는 [그림 7.37]의 595 깊은보 실험결과 비교에서도 알 수 있다. 그림에서 STM-1과 STM-2를 함께 사용한 모델에서는 수직 타이를 정확하게 예측하지 못하여 계산과 실험 전단강도에 큰 차이가 발생하고 있다. 반면에 실용 설계법은 실제 전단강도를 평균값 1.73과 변동계수 42.8퍼센트로 예측하고 있다. 실용 설계법의 예측 정확성은 배근된 수직 철근의 양에 따라서 달라질 수 있다. 실용 설계법의 예측 정확성은 KDS 14 국가건설기준에 의해 계산한 정산식의 결과와 큰 차이가 나지 않는다. 이러한 방법은 모델 선정에서 오는 불확실성, 계산 결과의 차이, 경계점에서의 불연속을 없애서 구조기술자의 스트럿-타이 모델에 대한 신뢰를 높일 수 있다.

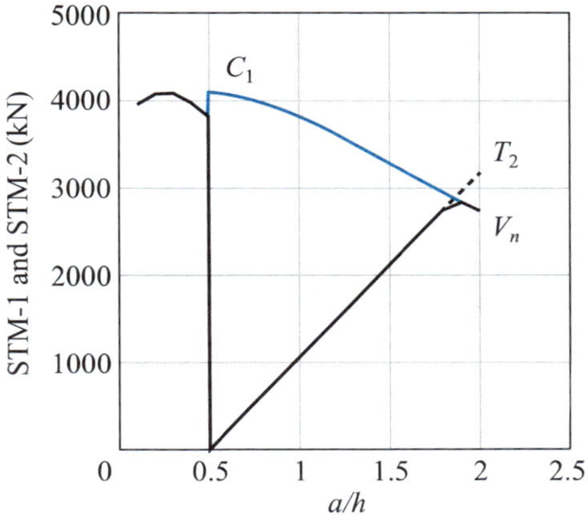

(a) STM-1과 STM-2

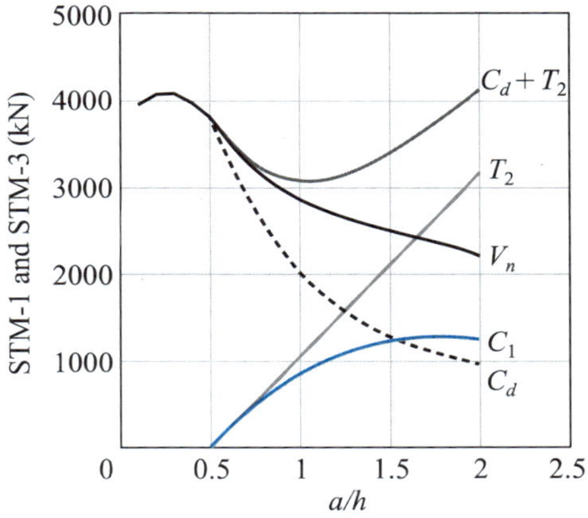

(b) STM-1과 STM-3

[그림 7.36] "STM-1과 STM-2" 또는 "STM-1과 STM-3"의 비교

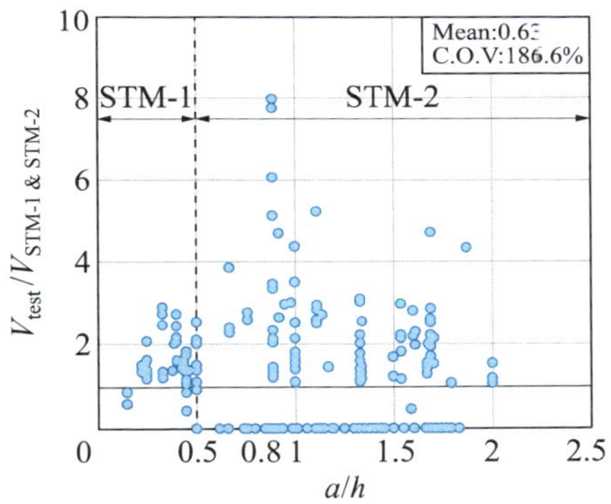

(a) STM-1 and STM-2 (detailed method)

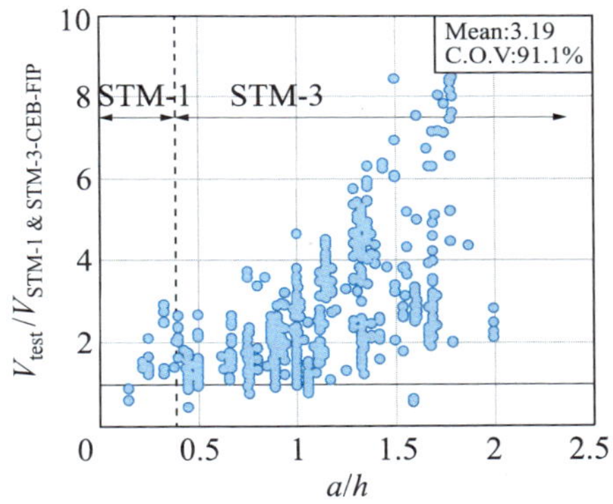

(b) CEB-FIP

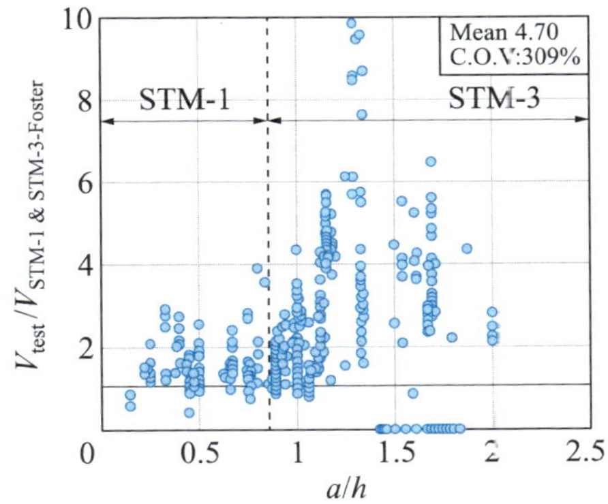

(c) Foster

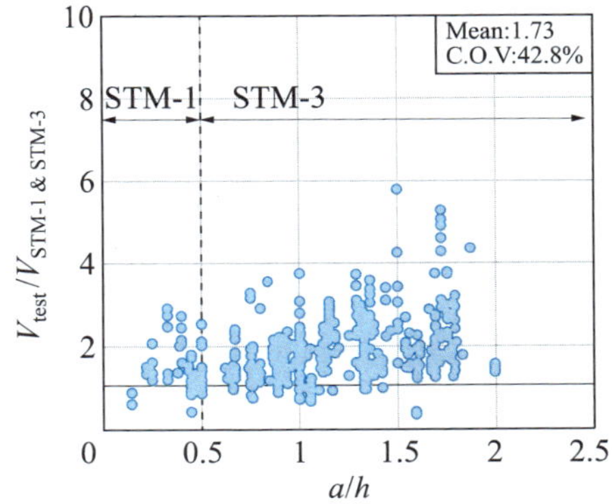

(d) STM-1과 STM-3 (실용식)

[그림 7.37] "STM-1과 STM-2" 또는 "STM-1과 STM-3"의 실험 결과 비교

▌ 깊은보 전단설계 평가

[예제 7.3]과 전단경간비를 변수로 한 변수 분석 결과를 이용하여 실용 설계법의 깊은보 전단설계를 살펴보았다.

예제 7.3

[예제 그림 7.3.1]의 깊은보를 실용 설계법으로 설계하라. 설계전단강도 $V_u = 2{,}000.0\text{ kN}$과 설계휨강도 $M_u = 4{,}000.0\text{ kN}\cdot\text{m}$가 작용하고 있다. 콘크리트의 압축강도 $f_{ck} = 27\text{MPa}$, 전단철근과 주철근의 설계기준항복강도 $f_y = 400\text{MPa}$이다. 전단철근은 D13철근이나 D16철근을 사용하고, 주철근은 D32철근을 사용하라.

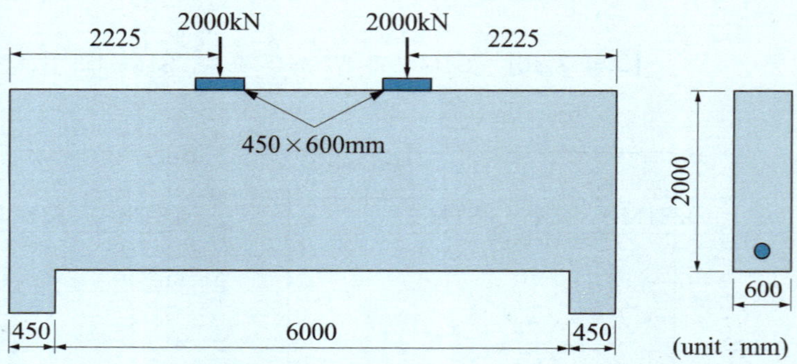

[예제 그림 7.3.1] 깊은보

[풀이]

(1) 휨철근량 계산

부재의 유효깊이(d)를 계산한다. D32 철근을 2단으로 배근하여 d를 계산한다.

$$d = h - cover - d_s - d_b - \text{순간}/2 = 2{,}000 - 40 - 16 - 32 - 40/2 = 1{,}892.0\text{ mm}$$

여기서, h : 단면의 높이

d_s : 전단철근의 지름

d_b : 주철근의 지름

타이 AD의 폭(w_t)을 계산한다.

$$w_t = 2(cover + d_s + d_b + \text{순간격}/2) = 2(40 + 16 + 32 + 40/2) = 216\text{ mm}$$

중립축의 깊이(c)를 계산하기 위하여 우선 소요휨모멘트(M_u)를 저항하는데 필요한 인장철근의 총 단면적을 계산한다. 콘크리트 압축강도는 $f_{ck} = 27\text{MPa}$이므로 등가 직사각형 압축응력블록 계수 η는 1이다.

$$M_u \leq \phi M_n$$

$$M_u = P_u \times a = 2{,}000 \times 2 = 4{,}000.0\text{ kN}\cdot\text{m}$$

$$\phi M_n = \phi A_s f_y\left(d - \frac{a}{2}\right) = \phi A_s f_y\left(d - \frac{A_s f_y}{2 \times \eta \times (0.85 f_{ck}) b}\right)$$

$$4{,}000\ \text{kN}\cdot\text{m} \leqq 0.85\times A_s\times 400\left(1{,}892-\frac{A_s\times 400}{2\times 1\times 0.85\times 27\times 600}\right)$$

$$0.01453A_s^{\,2}-1{,}892A_s+11{,}764{,}706=0$$

그러므로 필요한 인장철근의 총 단면적은 $A_s = 6{,}547\ \text{mm}^2$이다. 따라서 힘의 평형식을 이용하여 등가 압축응력블록의 깊이(a)를 계산하고, 중립축의 깊이(c)를 계산한다. $f_{ck} = 27\ \text{MPa}$이므로 등가 직사각형 압축응력블록 계수 β_1은 0.8이다.

$$a=\frac{A_s f_y}{\eta(0.85f_{ck})b}=\frac{6{,}547\times 400}{1\times 0.85\times 27\times 600}=190.2\ \text{mm}$$

$$c=\frac{a}{\beta_1}=\frac{190.2}{0.8}=237.7\ \text{mm}$$

요구되는 철근량을 기준으로 부재 하부의 휨철근을 2단 배열해야 하므로 10-D32 $= 2\times 5\times 794.2 = 7{,}942.0\ \text{mm}^2$을 배근한다.

(2) 모델의 선정

$a/h = 2{,}000/2{,}000 = 1$이므로 STM-3이 된다.

(3) 절점파괴 여부를 식(7.25)에 의해 검토

$$l_b \geq \frac{\beta_s\, w_t \cos\theta \sin\theta}{\beta_n-\beta_s \sin^2\theta}=\frac{0.6\times 216\times \cos(59.6)\times \sin(59.6)}{0.8-0.6\sin^2(59.6)}=160.0\ \text{mm}$$

여기서, $z = 0.9d = 0.9\times 1{,}892 = 1{,}703\ \text{mm}$

$\theta = \arctan(1{,}703/1{,}000) = 59.6°$

$\beta_s = 0.6,\ \beta_n = 0.8,\ w_t = 216\ \text{mm}$

실제 폭은 450 mm이므로 절점영역 검토가 불필요하며 실용 설계법 설계가 가능하다.

(4) 필요한 철근량 계산

$$T_2 = V_u/\phi - C_d \sin\theta_d = 2{,}000/0.75 - 2{,}105 = 562\ \text{kN}$$

$$A_{st}=\frac{T_2}{f_y}=\frac{562{,}000}{400}=1{,}405\ \text{mm}^2$$

공칭강도를 기준으로 하므로 A_{st} 계산에서 강도감소계수를 사용할 필요가 없다.

여기서, $C_d \sin\theta_d = \dfrac{a/h-2}{1.5}(V_c - V_u/\phi) + V_c = \dfrac{1-2}{1.5}(983-2{,}000/0.75)+983 = 2{,}105\ \text{kN}$

$$V_c=\frac{1}{6}\sqrt{f_{ck}}\,(b_w d)=\frac{1}{6}\sqrt{27}\,(600\times 1{,}892)=983\ \text{kN}$$

예제 실험체의 전단경간비는 $a/h = 1$이며, 이 값은 STM-1과 STM-3의 경계가 되는 $a/h = 0.5$와 가깝기 때문에 직접스트럿의 부담률($C_d \sin\theta_d$)이 크다. 결과적으로 요구되는 수직철근의 양은 작다. 필요한 전단철근의 수(n)와 간격(s)은 다음과 같다. 수직전단철근의 배근 구역은 단면의 유효깊이(d) 또는 전단경간(a)의 작은 값으로 한다.

$$n=\frac{A_{st}}{2D16}=\frac{1{,}405}{2\times 198.6}=3.54\text{개},\quad s=\frac{1{,}892}{3.54}=534\ \text{mm}$$

그러므로 최소 철근량을 배근해야 한다.

(5) 최소 철근량 검토

[휨인장철근과 직각인 수직전단철근의 최소 단면적(A_v)과 간격(s)]

$s \leqq \frac{d}{5}$와 300 mm 이하 중에서 작은 값을 택해야 한다.

$s \leqq \frac{1,892}{5} = 378.4\,\text{mm}$ 이므로 수직전단철근의 최대 간격은 300 mm 이하다.

또한, 최소 철근의 양은 $A_v \geqq 0.0025 b_w s$ 가 되어야 한다.

$A_v \geqq 0.0025\, b_w s = 0.0025 \times 600 \times 250 = 375.0\,\text{mm}^2$

타이 BG, EH에서 계산한 D16@250은 최소 철근량보다 많고 간격이 좁으므로, D16을 250 mm 간격으로 양면에 배근한다($2 \times 198.6 = 397.2\,\text{mm}^2$).

[휨인장철근과 평행한 수평전단철근의 최소 단면적(A_{vh})과 간격(s_h)]

$s_h \leqq \frac{d}{5}$ 와 300 mm 이하 중에서 작은 값을 택해야 한다.

$s_h \leqq \frac{1,892}{5} = 378.4\,\text{mm}$ 이므로 수평전단철근의 최대 간격은 300 mm 이하다.

또한, 최소 철근의 양은 $A_{vh} \geqq 0.0015 b_w s$ 가 되어야 한다.

$A_{vh} \geqq 0.0015\, b_w s = 0.0015 \times 600 \times 250 = 225.0\,\text{mm}^2$

그러므로 D13을 300 mm 간격으로 양면에 배근한다($2 \times 126.7 = 253.4\,\text{mm}^2$).

(6) 직접스트럿 콘크리트 유효압축강도 계산(필요 시 계산)

$$f_{ce} = \frac{f_{c2-2.0} - f_{ce-0.5}}{2.0 - 0.5}\left(\frac{a}{h} - 2.0\right) + f_{ce-2.0} = \frac{11.10 - 13.77}{1.5}\left(\frac{2000}{2000} - 2\right) + 11.10 = 12.88\text{MPa}$$

$$f_{ce-0.5} = 0.85\,\beta_s\, f_{ck} = 0.85 \times 0.6 \times 27 = 13.77\ \text{MPa}$$

$$f_{ce-2.0} = \left(\frac{1}{6}\sqrt{f_{ck}}\,\frac{d}{w_{sd}}\,\frac{1}{\sin 22}\right) = \frac{1}{6}\sqrt{27}\,\frac{1,892}{394}\,\frac{1}{\sin(22)} = 11.10\,\text{MPa}$$

여기서, $w_{st} = \sqrt{w_t^2 + l_b^2} = \sqrt{216^2 + 450^2} = 499\ \text{mm}$

$$w_{sd} = \frac{C_d \sin\theta_d}{V_n} w_{st} = \frac{2,105}{2,000/0.75} \times 499 = 394\ \text{mm}$$

$$w_s = w_{st} - w_{sd} = 499 - 394 = 105\ \text{mm}$$

(7) 부재의 내력 검토(필요 시 계산)

(STM-3) $V_n = \min.(C_1 \sin\theta + C_{dn} \sin\theta_d,\ T_2 + C_{dn} \sin\theta_d)$

$V_n = \min.(2,721,\ 3,175) = 2,721\ \text{kN}$

여기서, $C_1 \sin\theta = f_{ce-0.5}\, A_c \sin\theta = f_{ce-0.5}(w_s\, b_w) \sin\theta$

$= 13.77 \times 105 \times 600 \times \sin(59.6) = 748.2\ \text{kN}$

$C_{dn} \sin\theta_d = f_{ce}\, A_c \sin\theta_d = f_{ce}\,(w_{sd} b_w) \sin\theta_d$

$= 12.88 \times 394 \times 600 \times \sin(40.4) = 1,973.4\ \text{kN}$

$$V_c = \frac{1}{6}\sqrt{f_{ck}}\,(b_w d) = \frac{1}{6}\sqrt{27}\,(600 \times 1,892) = 983\ \text{kN}$$

$$T_2 = nA_s\, f_y = \frac{\min(a,d)}{s} \times 2 \times 198.6 \times 400 = \frac{1,892}{250} \times 2 \times 198.6 \times 400 = 1,202\ \text{kN}$$

$$\theta_d = \arctan(1,703/2,000) = 40.4°$$

그러므로 부재의 내력은 콘크리트 스트럿의 강도인 2,743 kN에 의해 결정된다.

$V_u \leqq \phi V_n = 0.75 \times 2,721 = 2,041\ \text{kN}$

휨모멘트 계산에서 결정된 인장타이의 내력은 항상 만족되므로, 인장타이 내력을 별도로 비교할 필요는 없다.

(8) 철근 배근

계산 결과에 근거하여 철근을 배근한다.

[그림 7.38]에서는 전단경간비(a/h)를 0에서 2로 변화시켰을 때 각 모델에서 계산된 수직철근량(A_v)을 비교하였다. 부재와 재료의 조건은 [예제 7.2]와 동일하다. 그림에서 STM-1과 STM-2를 사용한 모델의 경우에는 모델의 경계점인 $a/h=0.5$에서 철근량이 급격하게 변화한다. 반면 개선된 실용 설계법은 0.5부터 수직 철근량이 점차 증가하며 불연속점이 발생하지 않는다. $a/h=2.0$에서 도로교설계기준(한계상태설계법, 그림에서는 K-bridge로 표시되어 있음), CEB-FIP 모델기준, Forster 모델에서 계산된 수직 철근량은 전단경간비가 클 경우에는 모두 실용 설계법의 수직 철근량보다 크며 B-영역과 D-영역에서 철근량의 불연속이 발생한다. 그러나 실용 설계법의 경우에는 B-영역과 D-영역의 경계점인 $a/h=2.0$에서도 철근량의 불연속이 발생하지 않고 있다.

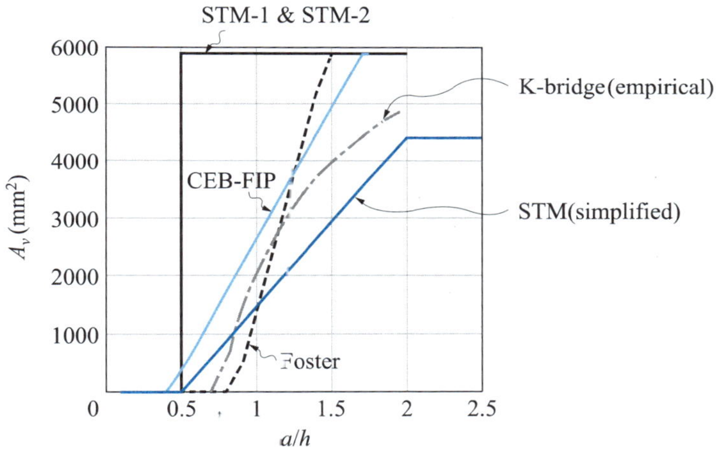

[그림 7.38] 수직철근량 비교

예제 7.4

[예제 그림 7.4.1]의 부재를 설계하라. 상부 기둥으로부터 2,000 kN의 계수하중이 작용하고 있다. 전단철근은 D13철근이나 D16철근을 사용하고, 주철근은 D32철근을 사용하라. 콘크리트의 압축강도 $f_{ck}=27\text{MPa}$, 전단철근과 주철근의 설계기준항복강도 $f_y=400\text{MPa}$이다.

(1) 하중 가력점의 좌측면을 D영역 설계인 스트럿-타이 모델로 설계하라.

(2) 하중 가력점의 우측면을 B영역으로 설계하라.

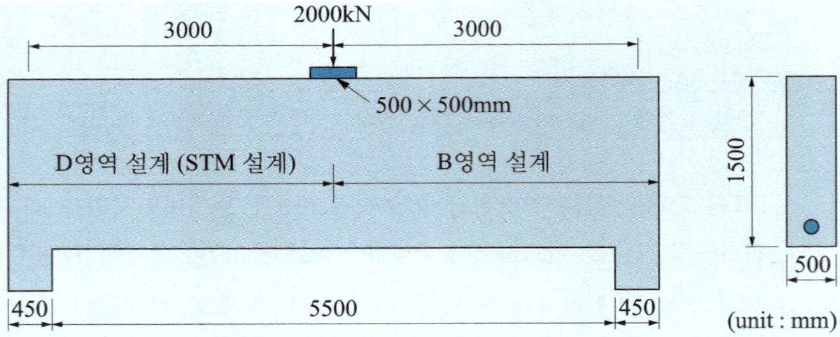

[예제 그림 7.4.1] 철근콘크리트 보

[풀이 : 좌측면의 D영역 설계]

계수하중 2,000 kN이 발생시키는 계수전단하중(V_u)은 1,000 kN이다.

(1) 휨철근량 계산

[예제 7.1]과 동일한 방법으로 휨철근량을 계산한다.

$d = 1{,}350$ mm

(2) 모델의 선정

$a/h = 3{,}000/1{,}500 = 2$이므로 STM-3이 된다.

(3) 절점파괴 여부를 식(7.25)에 의해 검토

$$l_b \geq \frac{\beta_s w_t \cos\theta \sin\theta}{\beta_n - \beta_s \sin^2\theta} = \frac{0.6 \times 300 \times \cos(39) \times \sin(39)}{0.8 - 0.6\sin^2(39)} = 156.5 \text{ mm}$$

여기서, $z = 0.9d = 0.9 \times 1{,}350 = 1{,}215$ mm

$\theta = \arctan(1{,}215/1{,}500) = 39°$

$\beta_s = 0.6$, $\beta_n = 0.8$, $w_t = 300$ mm

실제 폭은 450 mm이므로 절점영역 검토가 불필요하며 실용 설계법의 적용이 가능하다.

(4) 필요한 철근량 계산

$T_2 = V_u/\phi - C_d \sin\theta_d = 1{,}000/0.75 - 585 = 748$ kN

$$A_{st} = \frac{T_2}{f_y} = \frac{748{,}000}{400} = 1{,}870 \text{mm}^2$$

여기서, $C_d \sin\theta_d = \dfrac{a/h - 2}{1.5}(V_c - V_u/\phi) + V_c = \dfrac{2-2}{1.5}(585 - 1{,}000/0.75) + 585 = 585$ kN

$$V_c = \frac{1}{6}\sqrt{f_{ck}}(b_w d) = \frac{1}{6}\sqrt{27}(500 \times 1{,}350) = 585 \text{ kN}$$

필요한 전단철근의 수(n)와 간격(s)은 다음과 같다. 수직전단철근의 배근 구역은 단면의 유효깊이(d) 또는 전단경간(a)의 작은 값으로 한다.

$$n = \frac{A_{st}}{2D16} = \frac{1{,}870}{2 \times 198.6} = 4.71\text{개}$$

$$s = \frac{1{,}350}{4.71} = 287 \text{ mm}$$

이 예제에서는 B-영역 설계와 비교하기 위하여 최소 철근에 대한 검토는 하지 않았다.

(5) 직접스트럿 콘크리트 유효압축강도 계산(필요 시 계산)

$$f_{ce} = \frac{f_{ce-2.0} - f_{ce-0.5}}{2.0 - 0.5}\left(\frac{a}{h} - 2.0\right) + f_{ce-2.0} = 13.17\ \text{MPa}$$

$$f_{ce-0.5} = 0.85\,\beta_s\,f_{ck} = 0.85 \times 0.6 \times 27 = 13.77\ \text{MPa}$$

$$f_{ce-2.0} = \left(\frac{1}{6}\sqrt{f_{ck}}\,\frac{d}{w_{sd}}\,\frac{1}{\sin 22}\right) = \frac{1}{6}\sqrt{27}\,\frac{1{,}350}{237}\,\frac{1}{\sin(22)} = 13.17\,\text{MPa}$$

여기서, $w_{st} = \sqrt{w_t^2 + l_b^2} = \sqrt{300^2 + 450^2} = 541\ \text{mm}$

$$w_{sd} = \frac{C_d \sin\theta_d}{V_n} w_{st} = \frac{585}{1{,}000/0.75} \times 541 = 237\ \text{mm}$$

$$w_s = w_{st} - w_{sd} = 541 - 237 = 304\ \text{mm}$$

(6) 부재의 내력 검토(필요 시 계산)

(STM-3) $V_n = \min.(C_1 \sin\theta + C_{dn} \sin\theta_d,\ T_2 + C_{dn} \sin\theta_d)$

$V_n = \min.(1{,}902,\ 1{,}333) = 1{,}333\,\text{kN}$

여기서, $C_1 \sin\theta = f_{ce-0.5}\,A_c \sin\theta = f_{ce-0.5}(w_s\,b_w)\sin\theta$

$= 13.77 \times 304 \times 500 \times \sin(39) = 1{,}317.2\ \text{kN}$

$$C_{dn} \sin\theta_d = f_{ce}\,A_c \sin\theta_d = f_{ce}(w_{sd} b_w)\sin\theta_d = 13.17 \times 237 \times 500 \times \sin(22) = 584.6\ \text{kN}$$

$$T_2 = nA_s f_y = \frac{\min(a,d)}{s} \times 2 \times 198.6 \times 400 = 4.71 \times 2 \times 198.6 \times 400 = 748.3\ \text{kN}$$

그러므로 부재의 내력은 수직철근의 항복 내력인 1,333 kN에 의해 결정된다.

$V_u \leqq \phi V_n = 0.75 \times 1{,}333 = 1{,}000\ \text{kN}$

(7) 철근 배근

계산 결과에 근거하여 철근을 배근한다.

[풀이 : 우측면의 B영역 설계]

(1) 휨철근량 계산

KDS 14 국가건설기준에 의해 [예제 7.1]과 동일한 방법으로 휨철근량을 계산한다.

$d = 1{,}350\ \text{mm}$

(2) 콘크리트의 공칭 전단강도 계산

콘크리트에 의한 공칭 전단강도(V_c)를 계산한다.

$$V_c = \frac{1}{6}\sqrt{f_{ck}}(b_w d) = \frac{1}{6}\sqrt{27}(500 \times 1{,}350) = 585\ \text{kN}$$

(3) 전단철근의 간격 계산

전단철근은 부재축과 90도 각도로 2가닥이 배근되어 있으므로, 간격(s)은 다음과 같다.

$V_n = V_c + V_s$

$V_s = V_u/\phi - V_c = 1{,}000/0.75 - 585 = 748\,\text{kN}$

$$s = \frac{\phi A_v f_{yt} d}{V_u - \phi V_c} = \frac{0.75 \times 2 \times 198.6 \times 400 \times 1{,}350}{1{,}000{,}000 - 0.75 \times 585{,}000} = 287\,\text{mm}$$

B영역과 D영역의 경계점에서 계산되는 전단철근의 간격은 동일하다.

7.6 연속 깊은보의 실용 설계

7.6.1 연속 깊은보의 해석

실제 구조물은 단순보보다 연속보가 많다. 스트럿-타이 모델은 기본적으로 정정구조물에 대한 해석을 수행하지만, 부정정구조물인 연속보에 스트럿-타이 모델을 적용하기 위해서는 몇 가지 검토가 필요하다. 연속보의 스트럿-타이 모델 설계는 부정정트러스에 대한 해석과 분리된 정정트러스에 대한 해석으로 구분할 수 있다. 부정정트러스에 대한 해석은 연속보에서 구한 반력을 이용하여 부정정 스트럿-타이 모델을 선정한 후에 부재력과 절점을 검토하는 방법이다.

분리된 정정트러스에 대한 해석법은 연속보를 단순하게 해석하기 위한 방법으로 [그림 3.37]과 같이 연속보에 형성되는 트러스를 부모멘트에 대한 트러스와 정모멘트에 대한 트러스로 구분하여 해석하는 방법이다. 지점 반력이 결정된 부재는 힘의 평형을 이용하여 각 부재의 부재력을 계산하여 부모멘트 트러스와 정모멘트 트러스의 부재력을 합하여 계산한다. 이 방법은 분리된 트러스를 이용하여 정정트러스의 부재력을 쉽게 계산할 수 있지만 스트럿-타이 모델 계산의 번거로움을 덜 해주지는 않는다. 바꿔 말하면 분리된 두 트러스의 모든 부재 및 절점에 대한 내력 검토를 KDS 14 국가건설기준

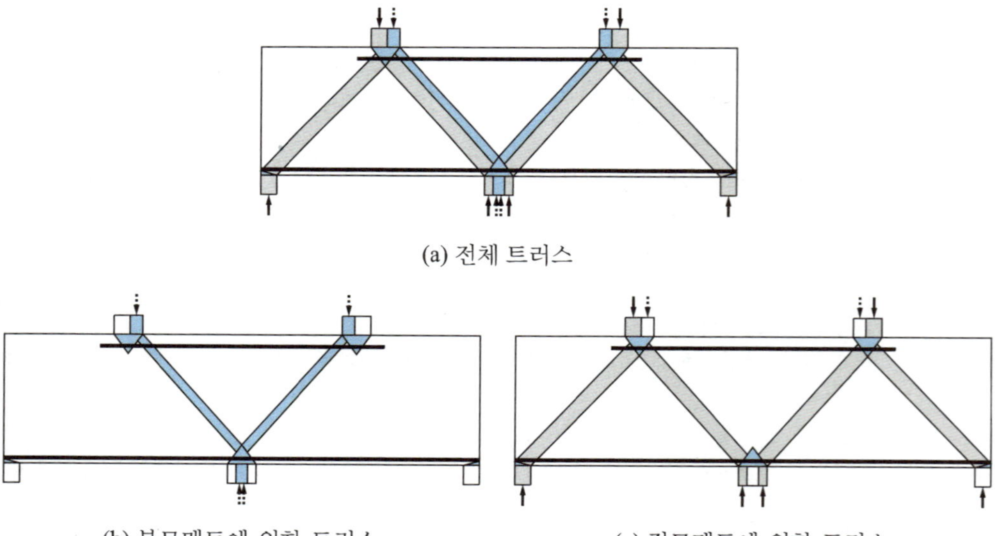

(a) 전체 트러스

(b) 부모멘트에 의한 트러스

(c) 정모멘트에 의한 트러스

[그림 7.39] 연속보의 스트럿-타이 모델(MacGregar, 2005)

스트럿-타이 모델 정산법에 따라서 수행해야 하므로 시간이 많이 소요되며 7.5의 스트럿-타이 모델 정산법 해석의 문제점을 갖고 있다.

7.6.2 연속 깊은보의 모델 선정과 부재력 계산

연속보의 스트럿-타이 모델 선정과 부재력 계산은 두 가지 방법으로 수행된다. 첫 번째는 [그림 7.40(a)]와 같이 연속보에 대한 지점 반력을 먼저 구하고 스트럿-타이 모델을 선정하는 방법이며, 두 번째는 [그림 7.40(b)]와 같이 연속보에 대한 스트럿-타이 모델을 먼저 선정하고 연속트러스의 지점 반력을 구하는 방법이다. 첫 번째 방법에서는 먼저 연속보를 해석해서 지점 반력을 계산하고 지점 반력과 가력의 평형을 이용하여 스

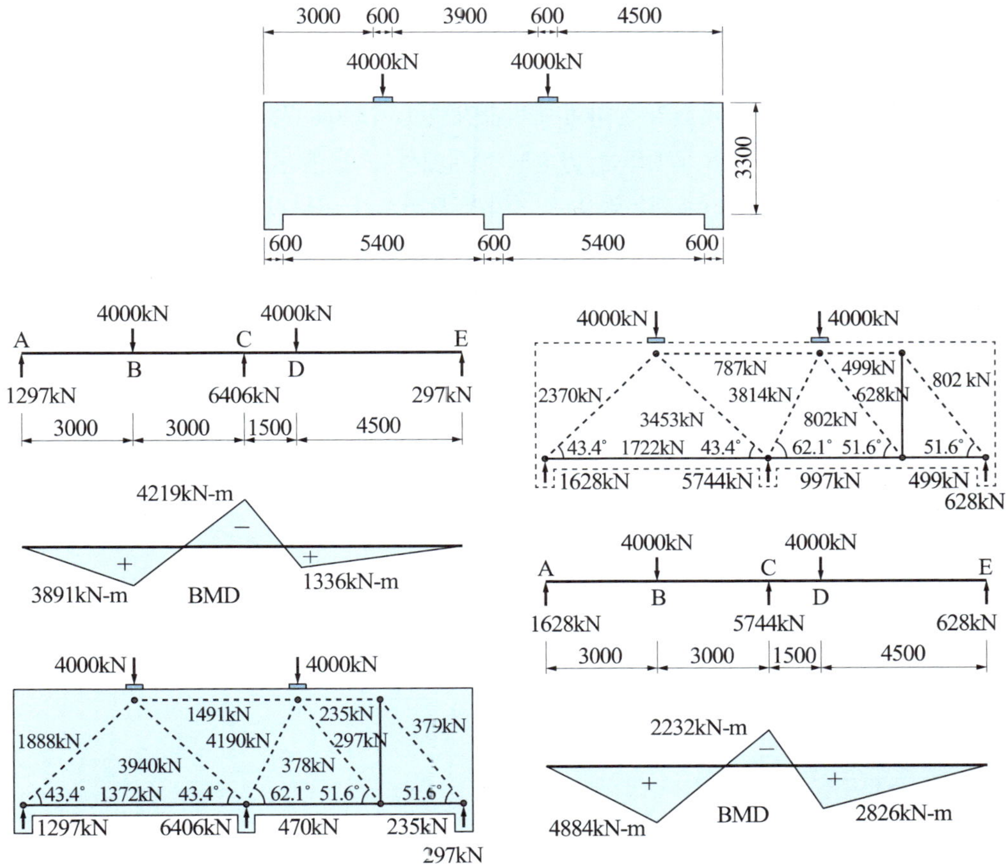

(a) 연속보 해석 후 모델 선정

(b) 모델 선정 후 연속트러스 해석

[그림 7.40] 연속보의 스트럿-타이 모델 선정

트럿–타이 모델의 부재력을 계산하는 방법이다. 두 번째 방법은 먼저 연속보의 스트럿–타이 모델을 선정하고, 연속트러스에 가해지는 하중에 대한 지점 반력을 계산한 후에 스트럿과 타이의 부재력을 구하는 방법이다. 두 방법에 의해 계산된 반력과 부재력에는 상당한 차이가 있다.

첫 번째 방법은 연속보 휨해석 결과와 일치하므로 휨설계와 전단설계를 함께 수행할 수 있지만, 두 번째 방법은 연속보 휨해석 결과와 일치하지 않는다. 따라서 두 번째 방법으로 스트럿–타이 모델을 설계할 경우에는 휨설계와 전단설계를 분리해서 수행해야 한다. 이 경우에 상현재와 하현재의 인장 철근의 양은 휨모멘트에 대하여 요구되는 철근의 양과 차이가 발생하여 설계의 기본 개념을 위배할 수 있다.

첫 번째 방법에서는 연속보 해석에서 구한 휨모멘트와 트러스 상하현재의 부재력을 이용하여 계산한 휨모멘트가 일치한다. 즉, B점, C점, D점의 모멘트는 각각 3,891 kN · m, 4,219 kN · m, 1,336 kN · m이며 트러스의 상하현재의 부재력(1,372 kN, 1,491 kN, 470 kN)에 상하현재 거리(z =2,835 mm)를 곱한 값과 동일하다. 그러나 두 번째 방법에서 계산한 트러스의 상하현재의 부재력(1,722 kN, 787 kN, 997 kN)에 상하현재 거리를 곱하여 계산한 모멘트는 연속보 해석에서 구한 휨모멘트와 일치하지 않는다.

연속 깊은보는 기본적으로 보이며 트러스가 아니기 때문에 스트럿–타이 모델설계는 연속보에 대한 지점 반력을 먼저 구하고 모델을 선정하는 첫 번째 방법이 바람직하다.

7.6.3 연속 깊은보의 설계

연속 깊은보의 STM 실용 설계법은 단순 깊은보의 설계법과 동일하다. 연속보에서는 구간을 구분한 후에 각 구간의 전단력에 대하여 검토하면 된다.

예제 7.5

[예제 7.5.1]의 깊은보를 실용 설계법으로 설계하라. 콘크리트 설계기준압축강도는 30 MPa이고 철근의 항복강도는 400 MPa이다. 단면의 폭은 600 mm이며, 단면의 유효깊이(d)는 3,150 mm이다.

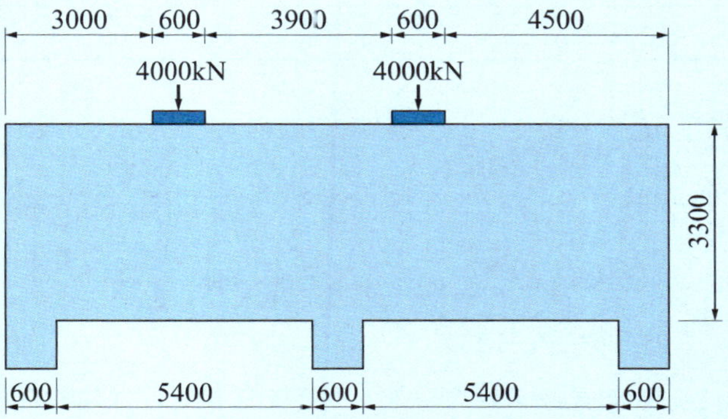

[예제 그림 7.5.1] 연속보

[풀이]

(1) 연속보 해석

연속보에 대한 휨모멘트와 전단력 다이어그램을 구한다. 계산 결과를 [예제 그림 7.5.2]에 표시하였다.

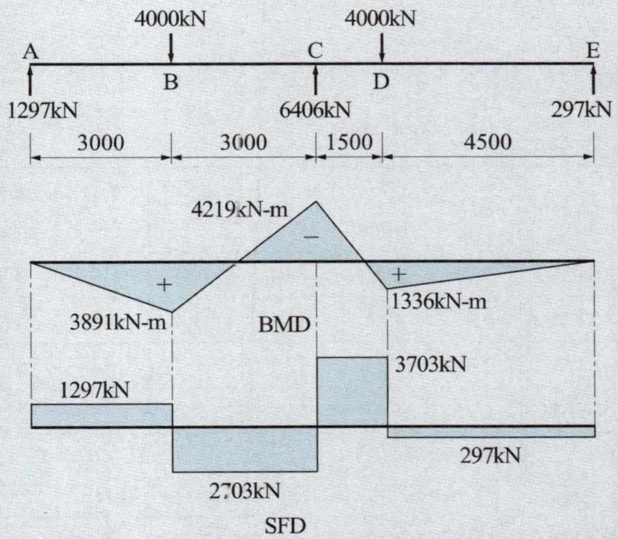

[예제 그림 7.5.2] 지점 반력, 전단력과 휨모멘트 다이어그램

(2) 휨철근량 계산

연속보를 휨설계한다.

[예제 표 7.5.1] 휨 설계 결과

위치	소요 휨인장강도(kN · m)	소요 철근량(mm2)
B점	3,891 (정모멘트)	3,690
C점	4,219 (부모멘트)	4,006
D점	1,336 (정모멘트)	1,254

[B점] $M_u \leq \phi M_n$

$$\phi M_n = \phi A_s f_y\left(d-\frac{a}{2}\right) = \phi A_s f_y\left(d-\frac{A_s f_y}{2\times\eta\times(0.85 f_{ck})b}\right)$$

$$3{,}891\text{kN}\cdot\text{m} \leqq 0.85\times A_s\times 400\left(3{,}150-\frac{A_s\times 400}{2\times 1\times 0.85\times 30\times 600}\right)$$

$$0.01307A_s^{\,2}-3{,}150A_s+11{,}444{,}118=0$$

그러므로 필요한 인장철근의 총 단면적은 $A_s = 3{,}690\,\text{mm}^2$이다. 중립축의 깊이($c$)를 계산한다.

$$a=\frac{A_s f_y}{\eta(0.85 f_{ck})b}=\frac{3{,}690\times 400}{1\times 0.85\times 30\times 600}=96.5\,\text{mm}$$

$$c=\frac{a}{\beta_1}=\frac{96.5}{0.8}=121\,\text{mm}$$

[C점] 필요한 인장철근의 총 단면적은 $A_s = 4{,}006\,\text{mm}^2$이다.

[D점] 필요한 인장철근의 총 단면적은 $A_s = 1{,}254\,\text{mm}^2$이다.

(3) 전단설계

각 구역의 전단설계 결과를 [예제 표 7.5.2]에 정리하였다.

[예제 표 7.5.2] 전단설계 결과

구간	Model	a/h	l_b (mm)	θ	θ_d	w_s (mm)	w_{sd} (mm)	f_{ce} (MPa)	$f_{ce-0.5}$ (MPa)	f_{ce-2} (MPa)
AB	STM-3	0.91	225	62.1	43.4	0	670	14.3	15.3	11.5
BC	STM-3	0.91	225	62.1	43.4	95	575	14.8	15.3	13.3
CD	STM-1	0.45	225	62.1	-	0	671	15.3	15.3	11.4
DE	STM-3	1.36	203	51.6	32.2	0	671	13.1	15.3	11.4

구간	V_u (외력) (kN)	$C_d(\sin\theta_d)$ (kN)	$V_n(C_1)$ (kN)	$V_n(C_{dn})$ (kN)	$V_n(T_2)$ (kN)	$V_n(C_1+C_{dn})$ (kN)	$V_n(C_1+C_{dn})$ (kN)	V_u (내력) (kN)
AB	1,297	1,728	0	3,937	1	3,937	3,937	2,953
BC	2,703	3,092	774	3,502	512	4,276	4,014	3,412
CD	3,703	4,937	0	5,442	0	5,442	5,442	4,081
DE	297	396	0	2,807	0	2,807	2,807	2,105

표에서는 최소 철근의 영향은 반영하지 않고 부재 내력을 계산하였다. 모든 구간에서 수직전단철근은 요구되지 않으며 기본철근만 배근하면 설계가 가능하다.

[구역 AB의 전단설계 과정]

(1) 모델의 선정

$a/h = 3{,}000/3{,}300 = 0.91$이므로 STM-3이 된다.

(2) 절점파괴 여부 검토

$$l_b \geq \frac{\beta_s w_t \cos\theta \sin\theta}{\beta_n - \beta_s \sin^2\theta} = \frac{0.6 \times 300 \times \cos(62.1) \times \sin(62.1)}{0.8 - 0.6\sin^2(62.1)} = 225\ \text{mm}$$

여기서, $z = 0.9d = 0.9 \times 3{,}150 = 2{,}835$ mm

$\theta = \arctan(2{,}835/1{,}500) = 62.1°$

$\beta_s = 0.6$, $\beta_n = 0.8$

$w_t = 300\,\text{mm}$

실제 폭은 600 mm이므로 절점영역 검토가 불필요하며 실용 설계법의 적용이 가능하다.

(3) 필요한 철근량 계산

$T_2 = V_u/\phi - C_d \sin\theta_d = 1{,}297/0.75 - 1{,}728 = 1.3$ kN

$$A_{st} = \frac{T_2}{f_y} = \frac{1333}{400} = 3.3\,\text{mm}^2$$

여기서, $$C_d \sin\theta_d = \frac{a/h - 2}{1.5}(V_c - V_u/\phi) + V_c$$

$$= \frac{0.91 - 2}{1.5}(1{,}725.3 - 1{,}297/0.75) + 1{,}725.3 = 1{,}728\ \text{kN}$$

$$V_c = \frac{1}{6}\sqrt{f_{ck}}(b_w d) = \frac{1}{6}\sqrt{30}(600 \times 3{,}150) = 1{,}725.3\ \text{kN}$$

계산된 철근량이 극히 작으므로 최소 철근량을 배근해야 한다.

(4) 직접스트럿 콘크리트 유효압축강도 계산(필요 시 계산)

$$f_{ce} = \frac{f_{ce-2.0} - f_{ce-0.5}}{2.0 - 0.5}\left(\frac{a}{h} - 2.0\right) + f_{ce-2.0} = 14.3\ \text{MPa}$$

$$f_{ce-0.5} = 0.85\,\beta_s f_{ck} = 0.85 \times 0.6 \times 30 = 15.3\ \text{MPa}$$

$$f_{ce-2.0} = \left(\frac{1}{6}\sqrt{f_{ck}}\frac{d}{w_{sd}}\frac{1}{\sin 22}\right) = \frac{1}{6}\sqrt{30}\,\frac{3{,}150}{670}\,\frac{1}{\sin(22)} = 11.45\,\text{MPa}$$

여기서, $w_{st} = \sqrt{w_t^2 + l_b^2} = \sqrt{300^2 + 600^2} = 670$ mm

$$w_{sd} = \frac{C_d \sin\theta_d}{V_n} w_{st} = \frac{1{,}728}{1{,}297/0.75} \times 670 = 670\ \text{mm}$$

$w_s = w_{st} - w_{sd} = 670 - 670 = 0$ mm

(5) 부재의 내력 검토(필요 시 계산)

(STM-3) $V_n = \min.(C_1 \sin\theta + C_{dn}\sin\theta_d,\ T_2 + C_{dn}\sin\theta_d)$

$V_n = \min.(3{,}950,\ 3{,}950) = 3{,}950\,\text{kN}$

여기서, $C_1 \sin\theta = f_{ce-0.5} A_c \sin\theta = f_{ce-0.5}(w_s b_w)\sin\theta$

$= 15.3 \times 0 \times 600 \times \sin(62.1) = 0$ kN

$$C_{dn}\sin\theta_d = f_{ce}\,A_c\sin\theta_d = f_{ce}\,(w_{sd}b_w)\sin\theta_d$$
$$= 14.3\times 670\times 600\times \sin(43.4) = 3{,}950\ \text{kN}$$
$$T_2 = nA_s\,f_y = 0\ \text{kN}$$

그러므로 부재의 내력은 3,950 kN에 의해 결정된다.

$V_u \leqq \phi V_n = 0.75\times 3{,}950 = 2{,}963\ \text{kN}$

계산된 값이 [예제 표 7.5.2]와 약간 차이가 있는 것은 각도의 반올림에 의한 결과이다.

제8장
비틀림 설계기준

8.1 일반 사항

비틀림모멘트가 작용하는 철근콘크리트 부재는 전단력을 받는 부재와 마찬가지로 사인장균열이 발생하며, 취성적으로 파괴된다. 1960년대까지 간접적으로 철근콘크리트 부재의 구조설계에 반영되었던 비틀림효과는 구조물이 대형화되고 구조형식이 다양화되면서 1970년 이후부터 콘크리트구조기준에 별도의 항목으로 반영되고 있다.

구조물에 작용하는 비틀림모멘트는 작용방법과 구조형식에 따라서 다음의 두 가지로 구분된다.

① **평형비틀림(1차 비틀림, 정정비틀림)** : [그림 8.1(a)]와 같이 구조물에 하중의 편심효과를 직접 유발하는 비틀림모멘트이다. 그림에서 프리캐스트 보(A 부재)의 하중이 지지하는 보(B 부재)의 중심축에 직접 편심효과를 유발하여 비틀림모멘트를 발생시킨다.

② **적합비틀림(2차 비틀림, 부정정비틀림)** : [그림 8.1(b)]의 부정정구조물에 발생하는 비틀림으로 비틀림강성에 의하여 비틀림모멘트의 효과가 달라진다. 그림에서 1번 부재에 작용하는 하중은 2번 부재의 중심부에 전달되어 2번 부재에 비틀림모멘트를 유발한다. 1번 부재와 2번 부재는 강절점으로 연결된 부정정구조물이므로 전달되는 하중은 부재의 강성에 따라서 달라진다. 2번 부재에 균열이 발생하기 이전에는 부재의 강성이 크기 때문에 상대적으로 큰 비틀림모멘트가 전달되지만, 하중이 증가하여 2번 부재에 비틀림균열이 발생한 후에는 2번 부재의 강성이 감소

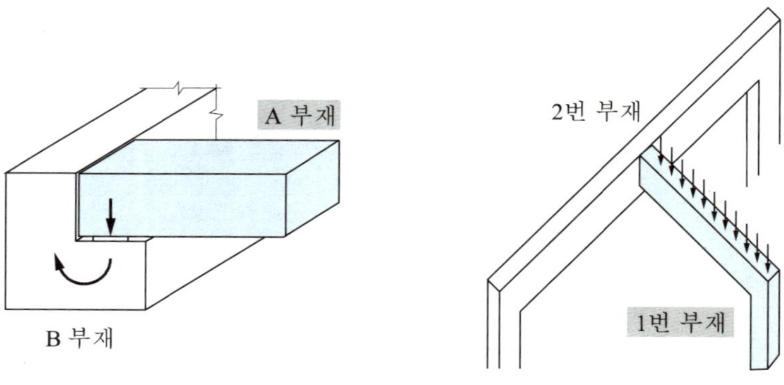

(a) 평형비틀림 부재　　(b) 적합비틀림 부재

[그림 8.1] 비틀림 부재

되기 때문에 전달되는 비틀림모멘트의 값이 작아지면서 힘의 재분배가 발생한다. 설계에서는 힘의 재분배에 의하여 전달되는 비틀림모멘트를 비틀림 균열모멘트 이하로 제한하고 있다.

비틀림모멘트는 전단력과 유사한 형태로 부재를 파괴시키지만, 부재 상하면에 작용하는 응력과 작용 방향은 다르다. [그림 8.2]는 비틀림과 전단력에 의하여 발생되는 응력이다. 전단력이 작용하는 부재는 부재축과 수직 방향으로 전단력이 작용하여 부재의 앞뒷면에 동일한 방향으로 사인장균열이 발생하고, 부재의 상하면에는 사인장균열이 발생하지 않는다. 전단력도 부재의 앞뒷면에서 위에서 아래로 일정한 방향으로 작용한다([그림 8.2(b)] 참조). 한편, 비틀림모멘트는 부재축을 중심으로 회전하는 전단응력을 유발한다. 따라서 비틀림모멘트가 작용하는 부재는 앞뒤, 상하면의 부재 모든 면에 일정한 각도의 나선형 사인장균열이 발생한다. [그림 8.2(a)]와 같이 반시계방향으로 비틀림모멘트가 작용할 경우에 부재 앞쪽 면에는 아래쪽 방향으로 전단응력이 발생하지만, 뒤쪽 면에는 위쪽 면으로 전단응력이 발생한다.

전단력이 작용하는 부재는 일반적으로 부재축과 직각되는 방향에만 전단철근을 배근하여 전단내력을 증대시키지만, 비틀림모멘트가 작용하는 부재는 회전하는 전단응력에 대응하기 위하여 부재축과 직각되는 방향(횡방향)과 함께 부재축방향(종방향)으로도 비틀림철근을 배근해야 한다. 부재축과 직각되는 방향에는 [그림 8.3]과 같이 단면 전체를 감싸는 폐쇄형 비틀림철근을 배근하며, 부재축방향에는 종방향 비틀림철근을 배근하여 비틀림내력을 증대시킨다.

철근콘크리트 부재에 비틀림모멘트만 작용하는 경우는 드물며 대부분의 경우는 휨과

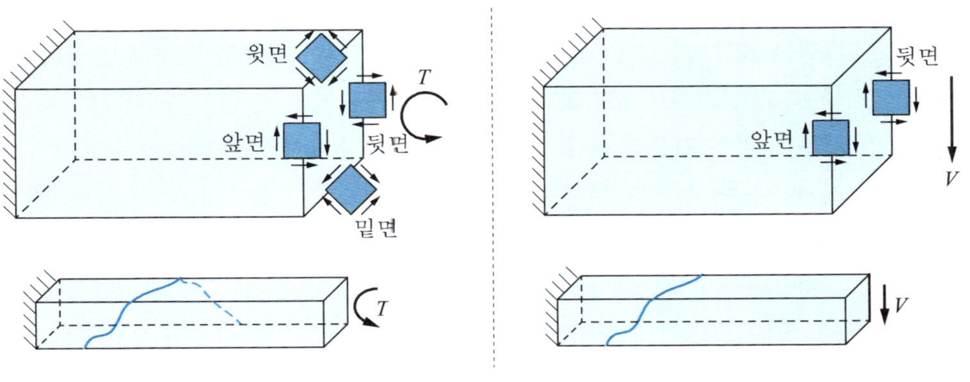

(a) 비틀림모멘트　　(b) 전단력

[그림 8.2] 비틀림모멘트와 전단력의 비교

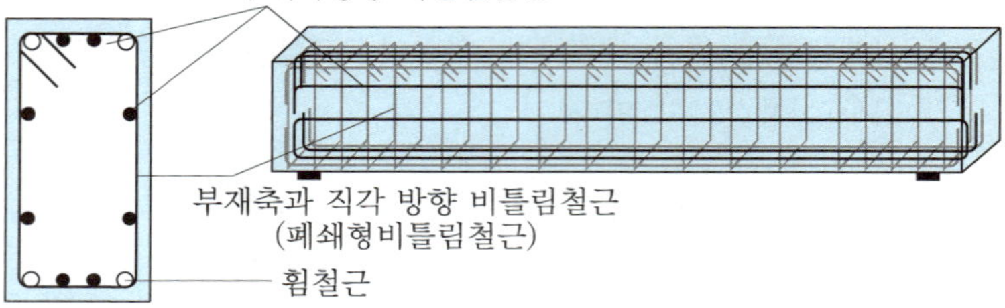

[그림 8.3] 비틀림철근

전단 또는 휨과 전단 및 축력이 동시에 작용하여 복잡한 파괴메커니즘을 나타낸다. 8장의 전반부에는 콘크리트와 비틀림철근에 의한 비틀림저항을 설명하며, 후반부에서는 KDS 14국가건설기준과 도로교설계기준(한계상태설계법)의 비틀림설계를 설명한다.

8.2 비틀림거동과 비틀림파괴의 종류

8.2.1 비틀림거동

비틀림파괴하는 부재는 전단파괴하는 부재와 같이 휨인장파괴하는 부재에 비하여 취성적으로 파괴된다. [그림 8.4]는 비틀림철근이 없는 철근콘크리트 보와 비틀림철근이 배근된 철근콘크리트 보의 파괴 양상을 나타낸다. 비틀림철근이 없는 보는 비틀림모멘트에 의해 사인장균열이 발생함과 동시에 부재가 파괴되며, 사인장균열의 숫자도 적다. 그러나 비틀림철근이 배근된 보는 비틀림철근이 항복한 이후에 연성이 다소 증가한 뒤에 복부 콘크리트가 압축파괴되며, 사인장균열의 숫자도 증가한다. 비틀림철근이 있는 경우와 없는 경우의 부재의 연성을 비교하면 비틀림철근이 있는 부재의 연성이 비틀림철근이 없는 부재의 연성보다 크다. 그러나 비틀림철근이 항복한 이후에 파괴하는 보의 연성도 휨인장파괴하는 보의 연성에 비하면 작다.

비틀림이 지배하는 부재의 거동은 크게 세 구간으로 구분된다. [그림 8.4]의 A점까지는 사인장균열이 발생하지 않고 철근콘크리트 전체 단면이 비틀림모멘트를 지지한다. 그러나 A점에서 사인장균열이 발생한 후에는 부재의 변형이 증가하며 비틀림강성도 감소한다. B점에서 비틀림철근이 항복한 이후에 복부 콘크리트의 변형이 증가하며, 콘크리트의 유효압축강도가 감소하여 C점에서 복부 콘크리트가 압축파괴한다.

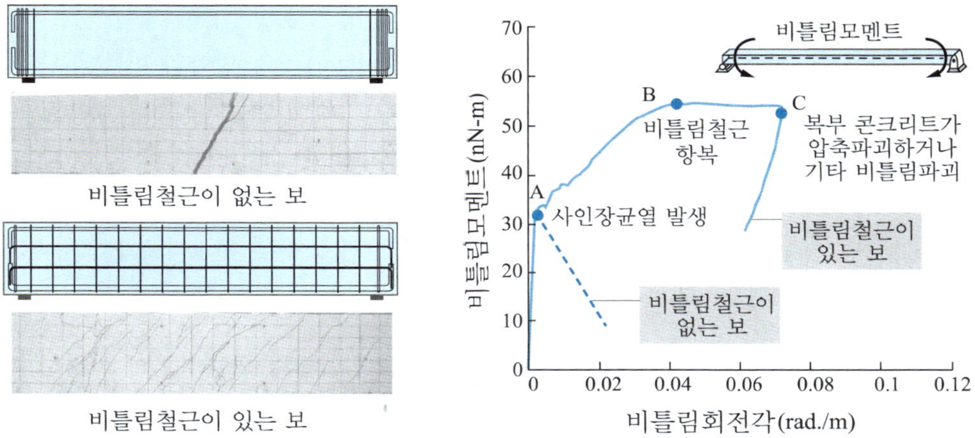

[그림 8.4] 비틀림거동

8.2.2 비틀림 파괴모드

휨모멘트를 받는 철근콘크리트 부재는 주인장철근과 압축력을 받는 콘크리트의 상대적 저항력의 차이에 따라서 파괴모드가 구분되며([그림 8.5(a)]), 전단파괴하는 부재는 전단철근과 복부 콘크리트의 상대적 세기에 따라서 전단파괴모드가 구분된다([그림 8.5(b)]). 비틀림모멘트에 의하여 파괴되는 철근콘크리트 부재도 전단파괴되는 부재와 마찬가지로 복부 콘크리트와 철근의 상대적 세기에 의하여 파괴모드가 구분된다([그림 8.5(c)]). 다만, 비틀림부재에는 부재축방향과 부재축과 직각되는 방향에 철근이 배근되므로, 양 방향의 철근의 세기와 복부 콘크리트의 상대적 세기에 의하여 파괴모드가 세분화 된다.

① **최소비틀림철근파괴**(minimum torsional reinforcement failure) : 비틀림철근량이 매우 적게 배근된 경우. 부재에 사인장균열이 발생함과 동시에 내력이 급격하게 감소하는 취성적 파괴이다.

② **비틀림인장파괴**(torsional tension failure) : 비틀림철근이 비교적 적게 배근된 경우. 비틀림철근이 항복한 이후에 복부 콘크리트가 압축파괴하거나 기타 비틀림파괴하는 경우로 다른 네 가지 파괴모드에 비하여 연성적이다. 비틀림인장파괴는 부재축방향 비틀림철근과 부재축과 직각방향 비틀림철근의 양에 따라서 파괴 순서가 달라진다. 부재축방향 비틀림철근의 양이 부재축과 직각되는 방향의 비틀림철근의 양보다 적을 경우에는 부재축방향 비틀림철근이 먼저 항복한 이후에 부재축과 직각되는 방향의 비틀림철근이 항복한다. 철근의 양이 양 방향에서 다른 경우

에는 반대의 현상이 발생한다.

③ **비틀림균형파괴**(torsional balanced failure) : 양 방향의 비틀림철근이 항복변형률에 도달함과 동시에 복부 콘크리트가 압축파괴하거나 기타 비틀림 파괴하는 경우로 취성적으로 파괴된다.

④ **비틀림압축파괴**(torsional compression failure) : 양 방향의 비틀림철근이 많이 배근된 경우. 비틀림철근이 항복하기 이전에 복부 콘크리트가 압축파괴하거나 기타 비틀림파괴하여 취성적으로 파괴된다.

이와 같이 비틀림파괴는 콘크리트와 비틀림철근의 구성 비율에 따라서 파괴종류가 달라지며, 이 중에서 비틀림인장파괴는 비틀림철근이 먼저 항복하고 콘크리트가 압축파괴하기 때문에 부재가 연성적인 파괴를 하지만 휨인장파괴하는 보의 연성에 비하여 작다. 설계에서는 최소비틀림철근비와 최대비틀림철근비를 제한하여 비틀림인장파괴를 유도하고 있다.

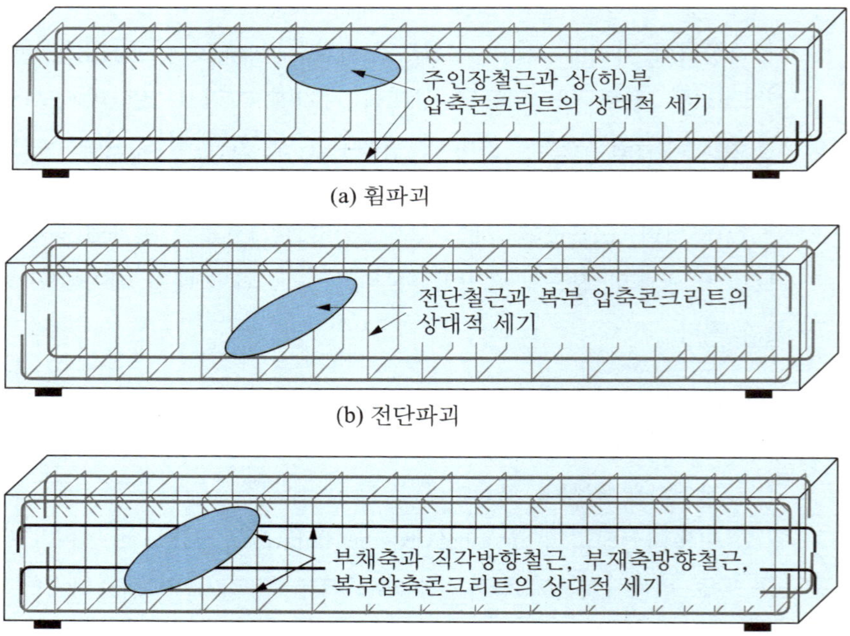

(a) 휨파괴

(b) 전단파괴

(c) 비틀림파괴

[그림 8.5] 철근과 콘크리트의 상대적 세기

8.3 콘크리트에 의한 비틀림내력

비틀림모멘트에 대한 연구는 18세기부터 Coulomb (1787)을 비롯한 여러 연구자들에 의하여 이루어졌다. 8.3절에서는 탄성이론과 소성이론에 근거하여 발전된 비틀림모멘트 이론을 정리하였다.

8.3.1 Navier 이론

19세기 초에 Navier (1926)는 탄성상태인 원형관의 비틀림 전단응력을 다음의 두 가지 가정에 근거하여 유도하였다.

① 비틀림모멘트가 작용한 후에도 단면은 원형을 유지한다.
② 비틀림각도가 작을 경우에 단면의 직경과 임의의 단면간의 거리는 변하지 않는다.

[그림 8.6(a)]는 한쪽 면이 고정된 원통을 나타내며, 이 원통의 다른 쪽에 비틀림모멘

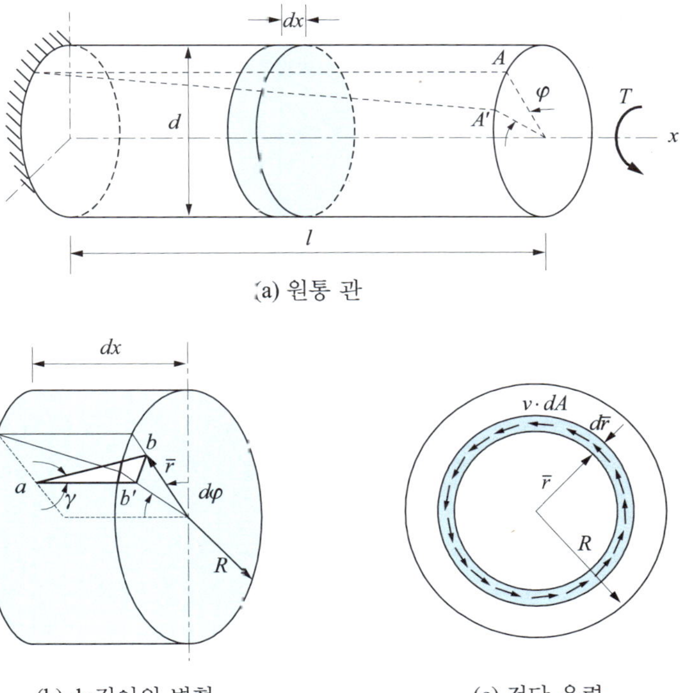

(a) 원통 관

(b) dx길이의 변형

(c) 전단 응력

[그림 8.6] 비틀림모멘트가 작용하는 원형관

트(T)가 작용하고 있다. 길이 방향으로 짧은 길이(dx)를 절단했을 때([그림 8.6(b)]), 전단변형률(γ)은 원통 단면의 중심에 작용하는 비틀림회전각과 식(8.1)의 관계가 있다.

$$\gamma \cdot dx = \overline{bb'}, \quad d\varphi \cdot \bar{r} = \overline{bb'}$$

$$\gamma = \frac{\bar{r} \cdot d\varphi}{dx} \tag{8.1}$$

여기서, $\bar{r}$: 부재축에서 떨어진 거리
R : 원통의 반지름
dx : x방향의 작은 길이
φ : 비틀림회전각
$d\varphi$: 비틀림회전각의 증분

식(8.1)을 단위길이에 대한 비틀림회전각(ψ)으로 변환하여 식(8.2)를 유도한다.

$$\gamma = \bar{r}\,\psi \tag{8.2}$$

여기서, ψ : 비틀림회전각 φ의 변화율, 즉 단위길이에 대한 비틀림회전각($\psi = d\varphi/dx$)

따라서 후크의 법칙(Hooke's law)을 이용하여 거리 $\bar{r}$에서의 비틀림에 의한 전단응력(v)을 유도할 수 있다.

$$v = G \cdot \gamma = G \cdot \bar{r}\psi \tag{8.3}$$

여기서, G : 전단탄성계수

비틀림모멘트(T)는 원형 단면에 작용하는 전단력에 떨어진 거리 $\bar{r}$를 곱하여 계산한다([그림 8.6(c)] 참조).

$$\begin{aligned} T &= \int_0^R v \cdot \bar{r} \cdot dA = \int_0^R (G \cdot \bar{r} \cdot \psi)\bar{r} \cdot dA \\ &= G \cdot \psi \int_0^R \overline{r^2} dA = G \cdot \psi \cdot I_p \end{aligned} \tag{8.4}$$

여기서, I_p : 단면극2차모멘트

식(8.4)와 $\psi\,(= d\varphi/dx)$를 이용하여 보의 단위길이에 대한 회전각(θ)과 길이 l인 곳의 비틀림회전각(φ)을 계산한다.

$$\psi = \frac{T}{G\,I_p} \tag{8.5}$$

$$\varphi = \psi \cdot l = \frac{T\,l}{G\,I_p} \tag{8.6}$$

식(8.3)에 식(8.5)를 대입하여 부재축에서 $\bar{r}$ 만큼 떨어진 곳의 전단응력을 계산한다.

$$v = G \cdot \bar{r} \cdot \theta = \frac{T \cdot \bar{r}}{I_p} \tag{8.7}$$

원형 단면에 대한 단면극2차모멘트를 식(8.7)에 대입하고, 단면의 중심에서 가장 바깥쪽에 작용하는 최대 전단응력을 계산하면 식(8.8)이 된다.

$$v = \frac{T}{I_p} \cdot \frac{D}{2} = \frac{16}{\pi D^3} T \tag{8.8}$$

여기서, D : 원형 단면의 지름

8.3.2 St. Venant 탄성이론과 Nadai 소성이론

Navier이론(1926)에 의하여 계산된 비틀림 전단응력은 탄성상태인 원형관에는 적용이 가능하지만 사각형 단면에는 적용할 수 없다. 이는 원형 단면은 원의 중심에서 떨어진 거리가 일정하지만, 사각형 단면은 중심에서 떨어진 거리가 일정하지 않아 비틀림모멘트에 의한 변형과 전단흐름이 일정하지 않기 때문이다. St. Venant (1856)는 탄성상태의 사각형 단면에 작용하는 비틀림응력을 재료메커니즘을 이용하여 유도하였다. St. Venant 탄성이론에서는 다음의 두 가지를 가정하였다.

① 비틀림모멘트가 작용한 후에도 사각형 단면은 동일한 단면 형태를 유지한다.
② 사각형 단면 부재에 발생하는 뒤틀림(warping)은 부재 전 길이에 걸쳐서 일정하다.

St. Venant 탄성이론에 의하여 유도된 비틀림 전단응력(v)은 식(8.9)가 된다.

$$v = \frac{T}{\alpha_t\, x^2 y} \tag{8.9}$$

여기서, x : 단면의 짧은 변의 길이
y : 단면의 긴 변의 길이

식(8.9)의 α_t 는 x/y 의 비율을 나타내며, St. Venant의 탄성이론에 의하면 식(8.10a)에서 0.2 (x/y 가 1일 때)로부터 0.33 (x/y 가 0일 때)까지 변화한다. 한편, Nadai (1950)는 St. Venant의 탄성이론과는 다르게 소성이론을 적용하여 직사각형 단면에 대하여 식(8.10b)의 α_t 를 유도하였다. 식(8.10b)에 의하면 α_t 값은 0.33(x/y 가 1일 때)에서 0.5 (x/y 가 0일 때)까지 변화한다.

(St. Venant의 탄성이론)

$$\alpha_t = \frac{1}{3 + 2x/y} \tag{8.10a}$$

(Nadai의 소성이론)

$$\alpha_t = \frac{1 - x/3y}{2} \tag{8.10b}$$

8.3.3 Skew bending 이론

St. Venant의 탄성이론과 Nadai의 소성이론에 의하여 유도된 비틀림응력 평가식을 콘크리트 단면에 적용하면 실제값을 정확하게 예측할 수 없다. 이는 콘크리트가 탄성재료가 아니며, 또한 소성이론을 적용할 만큼 충분한 연성능력이 없기 때문이다. 따라서 콘크리트의 파괴특성을 고려한 Skew bending 이론(Hsu, 1968, 1984)이 제안되었다. Skew bending 이론에서는 [그림 8.7]의 부재축에 일정한 방향으로 작용하는 콘크리트의 비틀림모멘트(T_c)를 식(8.11)의 균열과 평행한 방향의 휨모멘트(T_b)와 균열과 직각되는 방향의 뒤틀림모멘트(T_t)로 분해한다.

$$T_c = T_b + T_t \tag{8.11}$$

(a) 비틀림철근이 없는 보의 비틀림파괴 사진

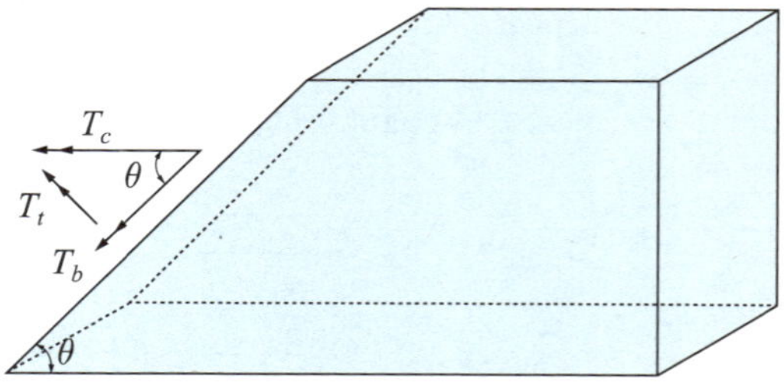

(b) 비틀림 분력

[그림 8.7] Skew bending 이론에 의한 비틀림 파괴 모델

휨모멘트(T_b)의 분력은 식(8.12)가 된다.

$$T_b = T_c \cdot \cos\theta \tag{8.12}$$

여기서, θ : 비틀림균열각도

비틀림균열이 발생하기 직전에 재료는 탄성상태로 볼 수 있으므로, 탄성해석에 의하여 식(8.13)의 휨응력(f)을 계산한다.

$$f = \frac{T_b}{Z} \tag{8.13}$$

여기서, Z : 단면계수

비틀림균열이 발생할 때의 휨응력(f)을 콘크리트의 휨인장강도(f_r)로 대체하고, 비틀림균열면(경사면)에 대한 단면계수[$Z = x^2y/(6 \cdot \sin\theta)$]를 식(8.13)에 대입하여 휨모멘트를 계산한다.

$$T_b = \frac{x^2\,y}{6}\,\frac{1}{\sin\theta}\,f_r \tag{8.14}$$

식(8.14)의 균열각도(θ)를 45도로 가정하고, 이를 식(8.12)에 대입하여 비틀림모멘트(T_c)를 계산할 수 있다.

$$T_c = \left(\frac{x^2\,y}{3} f_r\right) \tag{8.15}$$

8.4 비틀림철근에 의한 비틀림내력

비틀림철근이 배근되지 않은 철근콘크리트 부재의 비틀림거동을 살펴보면 [그림 8.8]과 같이 비틀림균열이 발생함과 거의 동시에 부재가 취성적으로 파괴된다. 이러한 부재의 비틀림회전각은 작으며, 비틀림균열의 수도 작다. 비틀림철근이 배근된 경우에는 사인장균열이 발생한 이후에도 부재의 내력이 증가하며, 비틀림철근이 항복한 이후에 복부 콘크리트가 압축파괴하여 최대 비틀림모멘트에 도달한다. 이러한 부재의 변형은 비틀림철근이 배근되지 않은 부재의 변형보다 크며, 사인장균열의 수도 증가한다.

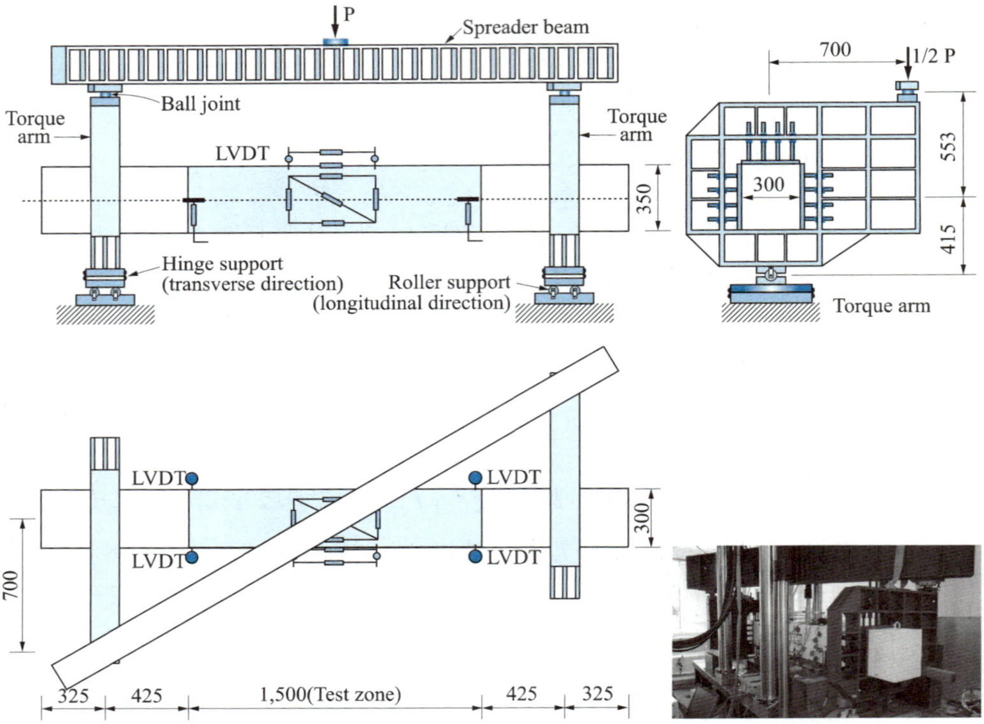

(a) 비틀림 실험 장치와 측정 기구

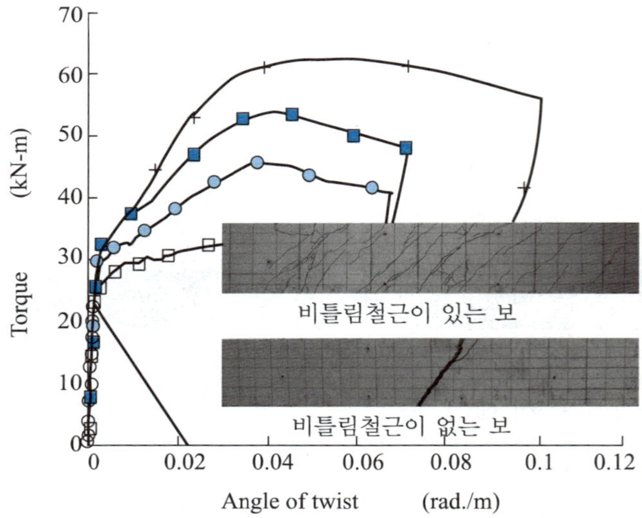

(b) 비틀림모멘트와 비틀림회전각의 관계

[그림 8.8] 비틀림 실험 결과

비틀림철근이 있는 부재의 비틀림내력을 구하기 위하여 여러 이론이 제안되었다. 설계에서는 Bredt (1896)에 의하여 제안된 박판튜브이론(thin walled tube theory)과 Rausch (1928)에 의해 제안된 입체트러스모델(space truss model)에 근거하여 유도된 내력 평가식을 사용하고 있다.

8.4.1 박판튜브이론

[그림 8.9]의 속이 비어 있으며 두께가 얇은 부정형의 단면에 비틀림모멘트가 작용하여 전단응력이 발생하였다. 전단응력은 단면의 두께에 따라서 달라질 수 있으므로 단면 두께의 변화를 고려한 전단흐름[shear flow, 식(8.16)]으로 응력을 나타낸다.

$$q = v \cdot t \tag{8.16}$$

여기서, q : 전단흐름

v : 비틀림모멘트에 의한 전단응력

t : 단면의 두께

부정형 단면의 짧은 길이 ds에 작용하는 전단력에 의하여 작은 크기의 비틀림모멘트(dT)가 식(8.17)과 같이 발생한다.

$$dT = q \cdot ds \cdot r \tag{8.17}$$

여기서, r : 단면 중심에서 전단흐름까지의 거리

부정형 단면 전체에 작용하는 비틀림모멘트는 식(8.17)을 적분하여 계산할 수 있다. 또한 작은 크기의 비틀림모멘트(dT)를 면적의 개념으로 표시하면 [그림 8.9]의 음영부분과 동일하며, 이 면적은 길이 ds와 거리 r을 곱한 값의 절반 값이다. 그 이유는 $ds \cdot r$은 사각형 면적이지만, [그림 8.9]의 원의 중심에서 ds의 양 끝을 연결한 면적은 삼각형 면적이기 때문이다. 따라서 $\int_s r\,ds$는 $2A_o$로 대체할 수 있다.

$$T = q\int_s r\,ds$$

$$T = q \cdot (2A_o) \tag{8.18}$$

여기서, A_o : 전단흐름 안쪽의 단면적

식(8.18)의 전단흐름(q)을 전단응력으로 표현하면 식(8.19)가 된다.

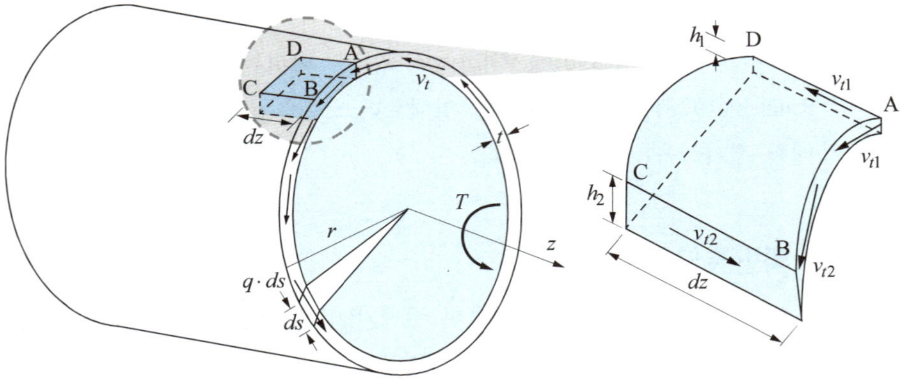

[그림 8.9] 박판튜브의 비틀림응력

$$T = v \cdot t \cdot (2A_o)$$

$$v = \frac{T}{2A_o t} \tag{8.19}$$

8.4.2 입체트러스모델

비틀림내력은 3장의 전단내력 계산에서 설명한 트러스모델을 이용하여 사인장균열이 발생한 철근콘크리트 부재의 힘을 콘크리트의 대각선 압축대, 비틀림철근의 복부 인장재, 주철근의 인장재, 상부콘크리트의 압축재로 구분하여 계산할 수 있다. 다만, 전단력이 작용할 경우에는 부재 단면과 동일한 방향으로 전단력이 작용하므로 부재 전체에 대하여 트러스모델을 적용시키지만, 비틀림모멘트는 부재축을 중심으로 회전하므로 작용하는 전단력의 방향이 면에 따라서 달라진다([그림 8.10] 참조). 따라서 트러스모델을 각 면에 별도로 적용시킨 후에 이를 합하여 전체 비틀림모멘트를 계산하며, 이를 입체트러스모델(space truss model)이라 한다. 입체트러스모델은 45도 트러스모델과 동일한 기본 가정을 이용한다. 다만, 균열의 각도를 45도로 가정하지 않고 소성이론에 근거한 재료조건에 의하여 계산하며, 이를 박판튜브이론(thin-walled tube theory)에 적용시킨다. 입체트러스모델의 주요 특징을 요약하면 다음과 같다.

① 사인장균열각도 : 사인장균열의 각도는 소성이론에 근거하여 재료조건으로 계산한다.
② 콘크리트의 인장강도 : 콘크리트의 인장강도는 무시한다.
③ 장부작용과 골재의 맞물림작용 : 장부작용과 골재의 맞물림작용은 고려하지 않는다.
④ 비틀림철근의 강도 : 철근의 항복강도를 이용한다.

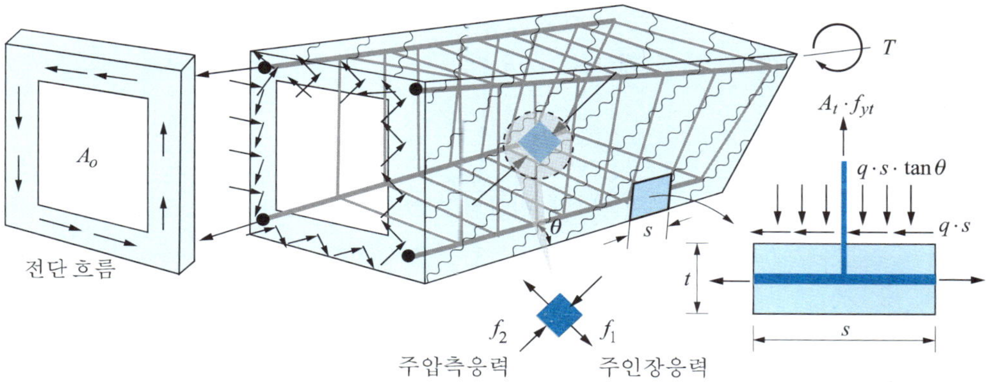

[그림 8.10] 입체트러스모델

⑤ 비틀림 영향 면적 : 압축력에 의하여 좌굴이 발생하지 않는 범위에서 [그림 8.11]의 속이 비어 있는 단면의 비틀림내력과 속이 차 있는 단면의 비틀림내력은 동일하다고 가정한다. 따라서 비틀림고멘트에 의하여 발생하는 전단흐름(shear flow)이 단면의 주철근을 감싸고 있는 비틀림철근의 단면중심에 발생한다고 가정한다.

[그림 8.10]에서 비틀림모멘트가 작용하는 부재의 한 면을 절단하여 입체트러스모델을 적용하여 표시하면 [그림 8.10]의 오른편 구석의 자유물체도와 같다. 박판튜브이론에 의하여 계산한 식(8.17)과 부재축과 직각방향(t 방향)에 대한 힘의 평형을 이용하여 식(8.20)을 유도한다.

$$A_t f_{yt} = q \cdot s \cdot \tan\theta \tag{8.20}$$

여기서, A_t : 폐쇄형 비틀림철근(스터럽) 한 가닥의 단면적

f_{yt} : 폐쇄형 비틀림철근의 항복강도

s : 폐쇄형 비틀림철근의 간격

식(8.20)에 식(8.18)을 대입하여 폐쇄형 비틀림철근에 의한 비틀림모멘트강도(T_s)를 계산한다.

$$T_s = 2\frac{A_{oh} A_t f_{yt}}{s}\cot\theta \tag{8.21}$$

여기서, A_{oh} : 폐쇄형 비틀림철근중심이 감싸고 있는 면적

[그림 8.10]의 균열이 발생한 철근콘크리트 단면의 부재축방향(l 방향)에 대한 힘의 평형을 식(8.22)에서 계산할 수 있다.

$$A_l f_{yl} = q \cdot p_h \cdot \cot\theta \tag{8.22}$$

여기서, A_l : 부재축방향 비틀림철근의 총 단면적

f_{yl} : 부재축방향 비틀림철근의 항복강도

p_h : 전단흐름의 둘레 길이[$p_h = 2(x_o + y_o)$]

x_o : 폐쇄형 비틀림철근의 짧은 변 중심간의 길이

y_0 : 폐쇄형 비틀림철근의 긴 변 중심간의 길이([그림 8.12] 참조)

식(8.22)에 식(8.20)을 대입하여 부재축방향에 필요한 철근량을 계산할 수 있다.

$$A_l = \frac{A_t}{s}\, p_h\, \frac{f_{yt}}{f_{yl}} \cot^2\theta \tag{8.23}$$

식(8.23)을 비틀림균열각도에 의하여 정리하면 식(8.24)가 된다.

$$\cot^2\theta = \frac{s\, A_l f_{yl}}{p_h\, A_t f_{yt}} = \frac{\rho_l f_{yl}}{\rho_t f_{yt}} \tag{8.24}$$

여기서, 폐쇄형 비틀림철근의 철근비(ρ_t)와 길이방향 비틀림철근의 철근비(ρ_l)는 다음과 같다.

$$\rho_t = \frac{A_t \cdot p_h}{s \cdot A_g} \tag{8.25a}$$

$$\rho_l = \frac{A_l}{A_g} \tag{8.25b}$$

여기서, A_g : 부재의 전체 단면적

지금까지 설명된 방법과는 다소 다르게 [그림 8.10]의 비틀림모멘트를 전단력 계산법과 동일한 방법에 의하여 계산할 수 있다. 다만, 전단에서는 단면의 폭 b에 대하여 전단력을 구하지만, 비틀림에서는 [그림 8.10]과 같이 단면의 폭 t에 대하여 구한다. 여기서 폭 t는 폐쇄형 비틀림철근의 단면 중심에서 바깥쪽 콘크리트까지 거리의 2배이다. 이렇게 전단과 비틀림의 폭이 달라지는 이유는 전단력이 작용할 경우에는 부재 단면과 동일한 방향으로 전단력이 작용하므로 부재 전체에 대하여 트러스모델을 적용시켜야 하지만

(평면트러스), 비틀림모멘트는 [그림 8.10]과 같이 부재축을 중심으로 회전하며 전단력의 방향이 면에 따라서 달라지고(입체트러스), 박판튜브이론을 적용하여 중심에서 바깥쪽에 위치한 얇은 판에 작용하는 전단응력을 구하기 때문이다.

단면을 중심으로 폭 t에 작용하는 트러스 부재력을 [그림 8.11]에 표시하였다. [그림 8.11]에서 각 면에 작용하는 힘의 평형은 다음과 같다.

$$V_1 = V_3 = \frac{A_t f_{yt} y_o}{s} \cot\theta \tag{a}$$

$$V_2 = V_4 = \frac{A_t f_{yt} x_o}{s} \cot\theta \tag{b}$$

[그림 8.11(a)]의 전단력이 유발하는 비틀림모멘트는 작용하는 전단력에 단면 중심까지의 거리를 곱하여 계산할 수 있다.

$$T_1 = T_3 = \frac{A_t f_{yt} y_o}{s} \cot\theta \times \frac{x_o}{2} \tag{c}$$

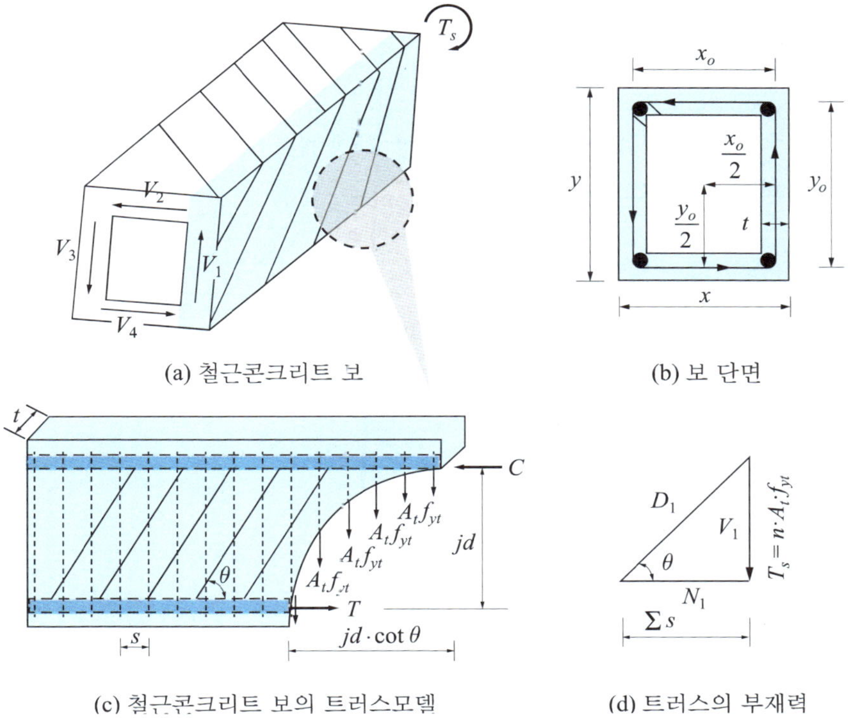

[그림 8.11] 합력에 의한 입체트러스모델

$$T_2 = T_4 = \frac{A_t f_{yt} x_o}{s} \cot\theta \times \frac{y_o}{2} \tag{d}$$

식(c)와 식(d)에서 계산한 비틀림모멘트를 합하여 전체 비틀림모멘트를 계산할 수 있다.

$$T_s = T_1 + T_2 + T_3 + T_4$$

$$T_s = 2\frac{x_o y_o A_t f_{yt}}{s} \cot\theta$$

$$T_s = 2\frac{A_{oh} A_t f_{yt}}{s} \cot\theta \tag{e}$$

부재의 한 면(t)에 대하여 부재축방향(l-방향)에 작용하는 힘(N_1)과 콘크리트 압축력에 작용하는 힘(D_1)은 부재축과 직각방향에 작용하는 힘(V_1)과 평형을 이룬다([그림 8.11(d)] 참조).

$$D_1 = \frac{V_1}{\sin\theta} \tag{f}$$

$$N_1 = V_1 \cot\theta \tag{g}$$

네 면에 작용하는 부재축방향의 힘(N)은 식(h)에서 각 면에 작용하는 부재축방향의 힘을 합한 것과 같다.

$$N = 2(N_1 + N_2) = A_l f_{yl} \quad \text{또는} \quad N = 2(N_3 + N_4) = A_l f_{yl} \tag{h}$$

식(h)에 식(g)와 식(a)를 대입하고 식(e)의 T_s 에 의하여 정리하여 식(i)를 유도할 수 있다.

$$A_l f_{yl} = \frac{T_s}{2A_{oh}} p_h \cot\theta$$

$$A_l = \frac{A_t}{s} p_h \frac{f_{yt}}{f_{yl}} \cot^2\theta \tag{i}$$

여기서, p_h : 전단흐름의 둘레 길이[$= 2(x_o + y_o)$]

A_{oh} : 폐쇄형스터럽에 둘러싸인 보의 단면적($= x_o \cdot y_o$)

8.5 각 국의 비틀림 설계기준

현재 사용되고 있는 KDS 14 국가건설기준, ACI318-19기준, 도로교설계(한계상태설계법), EC-04기준, CSA-14기준, JSCE-07기준의 전단설계식은 서로 상이하지만, 비틀림 설계식은 매우 유사하다. 전단설계식의 경우에 사인장균열의 각도를 계산하기 위하여 45도트러스모델, 소성트러스모델, 변형률 적합 트러스모델 등이 적용되었지만, 비틀림내력의 경우에는 여섯 기준 모두 입체트러스모델과 박판튜브이론에 근거하여 유도된 내력 산정식을 활용하고 있다. 전단력에 의하여 발생하는 사인장균열의 각도(θ)는 KDS 14 국가건설기준, ACI318-19기준, JSCE-07기준에서는 45도로 가정하지만 도로교설계기준(한계상태설계법), EC-04기준, CSA-14기준에서는 재료의 물성에 의하여 직접 계산하거나 유한요소해석에 대한 변수해석을 통하여 구해진 $\theta = 29 + 7000\varepsilon_x$을 사용한다. 한편, 비틀림모멘트에 의하여 발생하는 사인장균열의 각도(θ)에 대해서는 CSA-14기준을 제외한 다섯 기준에서 모두 횡방향과 종방향 비틀림철근의 양에 의하여 계산한다. 트러스모델에서 균열각도는 수직재와 수평재의 부재력에 의해 결정된다. 전단의 경우에는 전단파괴시에 수평재에 해당하는 주인장철근의 부재력을 정확하게 계산하기 어렵기 때문에 균열각도를 계산하기가 어렵다. 그러나 비틀림의 경우에는 설계자가 수직비틀림철근과 수평비틀림철근을 정하기 때문에 수직재와 수평재가 항복할 때의 부재력을 알 수 있으므로 균열각도를 식(8.24)에서 계산할 수 있다. 따라서 CSA-14기준을 제외한 다섯 기준에서 모두 동일한 방법으로 비틀림모멘트에 의하여 발생하는 사인장균열의 각도(θ)를 계산한다.

1960년대까지 간접적으로 반영되었던 철근콘크리트 부재의 비틀림 효과로 1971년 ACI318기준에서 콘크리트에 의한 비틀림강도(T_c)와 비틀림철근에 의한 비틀림강도(T_s)의 합이 반영되었다. ACI318기준에서는 탄성해석(St. Venant 이론), 소성해석(Nadai's Sand-Heap analogy)과 차이가 있는 Skew bending theory에 근거하여 비틀림강도를 정하였고, 콘크리트에 의한 비틀림강도(T_c)는 PCA (Portland Cement Association)의 실험 결과(Hsu, 1968, 1984)에 근거하였다. 비틀림철근에 의한 비틀림강도(T_s)는 입체트러스모델과 박판튜브이론에 근거하여 유도되었다. 다만 비틀림균열의 각도를 45도로 가정하였고, 트러스모델에 의하여 계산된 계수 2를 대신하여 PCA의 실험 결과에 근거하여 양 방향 철근의 응력의 차이와 단면의 폭과 높이의 차이를 변수로 한 계수를 사용하였다. 이러한 비틀림 평가식은 MacGregor 등의 연구 결과(1995)에 근거하여 1995년에 개정되었다. 개정된 비틀림 평가식도 박판튜브이론과 입체트러스모델에 근거하고 있지만, 1995 이전의 ACI318기준과 비교하여 다음의 세 가지 특징이 있다.

① 콘크리트의 비틀림강도(T_c)를 배제하였다. 개정된 비틀림내력 평가식은 콘크리트에 의한 비틀림강도를 고려하지 않고 비틀림철근의 강도(T_s)만을 고려하였다. T_c는 비틀림설계의 필요성을 검토할 때 사용된다.

② 콘크리트 압축대의 경사각(θ)을 식(8.24)에 의하여 부재축방향과 부재축의 직각방향 비틀림철근의 양에 의하여 계산한다. 1995년 이전의 ACI기준식은 각도 θ를 재료 조건과 무관하게 45도로 가정하였다.

③ 전단흐름 경로로 둘러싸인 총 단면적 A_o는 해석에 의해 결정하되, 해석을 하지 않을 경우, 폐쇄형스터럽의 중심선에 의해 둘러싸인 면적(A_{oh})의 0.85배로 하였다.

ACI318-95 기준식은 1995년 이전의 ACI 기준식보다 간략하게 철근콘크리트 부재의 비틀림 내력을 평가할 수 있지만, 비틀림 내력에 미치는 콘크리트와 비틀림철근의 상호 영향을 효과적으로 평가하지 못하고 있다. 한편, PCI 기준에서는 Zia와 Hsu의 연구 내용(2004)을 바탕으로 비틀림 저항 성분을 콘크리트와 비틀림 철근의 합으로 계산하고 있다.

도로교설계기준(한계상태설계법), EC2-04기준, JSCE-07기준에서도 ACI318기준과 동일하게 박판튜브이론과 입체트러스모델에 근거하여 비틀림 내력식을 평가한다. 이들 기준에서는 파괴모드를 비틀림철근의 항복 이후의 콘크리트 압축파괴와 비틀림철근 항복이전의 콘크리트 압축파괴로 구분하고, 각각의 파괴모드에 대하여 입체트러스모델에 의하여 계산된 평가식을 사용하고 있다.

JSCE-07기준에서는 EC2-04기준과 동일하게 파괴모드를 두 가지(비틀림철근의 항복 이후의 콘크리트 압축파괴와 비틀림철근 항복 이전의 콘크리트 압축파괴)로 구분하지만, 후자의 파괴모드에 대하여는 실험식을 사용하고 있다. 두 기준식은 콘크리트 전체 단면적을 유효 비틀림단면으로 사용한다. 이들 세 기준의 비틀림 내력 평가식은 서로 유사하지만 비틀림 파괴모드에 대한 제한값에서는 다소 상이한 평가식을 사용하고 있다. 각 기준식의 특징을 정리하면 다음과 같다.

① 기본 비틀림내력평가식에 대한 모델로 입체트러스모델과 박판튜브이론을 사용한다.

② 도로교설계기준(한계상태설계법), EC2-04기준, JSCE-07기준에서는 복부 콘크리트의 압축파괴내력을 입체트러스모델에서 유도한 평형식을 이용하여 계산한다. KDS 14 국가건설기준과 ACI318-19기준은 경험식에 의해 콘크리트의 압축파괴를 검토한다.

[표 8.1] 각 기준의 비틀림설계식

	KDS 14 국가건설기준	도로교설계기준 (한계상태설계법)	CSA-14
기본 이론	입체트러스이론 박판튜브이론	입체트러스이론 박판튜브이론	입체트러스이론 박판튜브이론 수정압축장이론
주요저항성분	비틀림철근에 의한 저항	비틀림철근에 의한 저항	비틀림철근에 의한 저항
폐쇄형비틀림철근 평가식	$T_n = 2\dfrac{A_o A_t f_{yt}}{s}\cot\theta$	$T_{sd} = 2\dfrac{A_{oh} A_t f_{yt}}{s}\cot\theta$	$T_r = 2\dfrac{A_o A_t f_{yt}}{s}\cot\theta$
사인장균열각도	$\cot^2\theta = \dfrac{\rho_l f_{yl}}{\rho_t f_{yt}}$	$\cot^2\theta = \dfrac{\rho_l f_{yl}}{\rho_t f_{yt}}$	$\theta = 29 + 7000\,\varepsilon_x$ $\varepsilon_x = \dfrac{M_u/z + V_u + 0.5N_u}{2E_s A_s}$
전단흐름 내부의 유효 면적	$A_o = 0.85A_{oh}$	$A_o = A_{oh}$	$A_o = 0.85A_{oh}$
축방향비틀림철근 평가식	$A_l = \dfrac{A_t}{s}\,p_h\,\dfrac{f_{yt}}{f_{yl}}\cot^2\theta$, $A_{l,\min} = \dfrac{0.42\sqrt{f_{ck}}\,A_{cp}}{f_{yl}} - \left(\dfrac{A_t}{s}\right)p_h\dfrac{f_{yt}}{f_{yl}}$	$A_l = \dfrac{T_u\,p_h}{2\,f_{yl}A_{oh}}\cdot\cot\theta$	$A_l = F_l/f_{yl}$ $F_l = \dfrac{M_u}{z} + 0.5N_u + \sqrt{(V_u - V_p)^2 + \left(\dfrac{0.45p_h T_u}{2A_o}\right)^2}\cot\theta$
전단과 비틀림 동시 작용	(속찬단면) $\sqrt{\left(\dfrac{V_u}{b_w d}\right)^2 + \left(\dfrac{T_u p_h}{1.7A_{oh}^2}\right)^2}$ (속빈단면) $\dfrac{V_u}{b_w d} + \dfrac{T_u p_h}{1.7A_{oh}^2}$	(속찬단면) $(V_u)^2 + (T_u)^2$ (속빈단면) $V_u + T_u$	(속찬단면) $\sqrt{\left(\dfrac{V_u}{b_w z}\right)^2 + \left(\dfrac{T_u p_h}{1.7A_{oh}^2}\right)^2}$ (속빈단면) $\dfrac{V_u}{b_w z} + \dfrac{T_u\,p_h}{1.7A_{oh}^2}$
비틀림설계여부 검토	$T_u < \phi\left(\dfrac{\lambda\sqrt{f_{ck}}}{12}\right)\dfrac{A_{cp}^2}{p_{cp}}$	-	$T_u > 0.25\,T_{cr}$ $T_{cr} = \dfrac{A_{oh}^2}{p_{cp}}0.38\,\lambda\phi_c\sqrt{f_{ck}}$
최대비틀림철근비	$\dfrac{5}{6}\dfrac{\sqrt{f_{ck}}}{f_{yt}}\dfrac{A_{oh}}{A_g}\tan\theta$	$\dfrac{\xi f_{ck}}{f_{yt}}\dfrac{p_h}{p_{cp}}\sin^2\theta$	$0.25\dfrac{f_{ck}}{f_{yt}}\dfrac{A_{oh}}{A_g}\tan\theta$
최소비틀림철근비	$0.0625\sqrt{f_{ck}}\dfrac{b_w s}{f_{yt}}$	$\dfrac{0.08\sqrt{f_{ck}}}{f_{yt}}b_w s$	$0.06\sqrt{f_{ck}}\dfrac{b_w s}{f_{yt}}$
최대 간격	$\min.(p_h/8,\ 300\text{mm})$	$\left(\dfrac{p_h}{8},\ 0.75h,\ \min.(b_w,\ h)\right)$	$\min.(0.7z,\ 600\text{mm})$
박판의 두께	$t = A_{oh}/p_h$	(속찬단면) $2t_c \le t \le A_{cp}/p_{cp}$ (속빈단면) : 박판 두께	$t = A_{oh}/p_h$

③ JSCE-07기준에서는 비틀림철근이 없는 경우에 대해서도 비틀림내력을 평가하고 있다.

④ KDS 14 국가건설기준과 ACI318-19기준에서는 모서리 부분 콘크리트의 탈락을 고려하여 전단흐름이 발생하는 콘크리트 면적의 85퍼센트를 유효비틀림면적으로 사용한다. 반면 도로교설계기준(한계상태설계법), EC2-04기준, JSCE-07기준에서는 전단흐름이 발생하는 콘크리트 전체 면적을 유효비틀림면적으로 한다.

⑤ 트러스모델에 의하여 비틀림균열 각도는 결정이 되지만 부재축방향과 부재축과 직각되는 방향의 철근의 차이를 크게 하지 않게 하기 위하여 기준에서는 비틀림균열각도를 30～60도 범위로 한정하고 있다.

[표 8.1]은 KDS 14 국가건설기준, 도로교설계기준(한계상태설계법), CSA-14 기준의 비틀리설계식을 비교하고 있다. 여기서 KDS 14 국가건설기준은 ACI318-19기준과 동일하며, 도로교설계기준(한계상태설계법)은 EC-04기준과 JSCE-07기준과 유사하다.

8.5.1 KDS 14 국가건설기준

▮ 비틀림강도평가식

KDS 14 국가건설기준에서는 식(8.26)과 식(8.27)에 의하여 비틀림 부재를 설계한다.

$$T_u \leqq \phi T_n \tag{8.26}$$

$$T_n = T_s = 2\frac{A_o A_t f_{yt}}{s}\cot\theta \tag{8.27}$$

여기서, T_u : 소요비틀림모멘트(계수비틀림모멘트)

T_n : 공칭비틀림모멘트

T_s : 비틀림철근에 의한 내력

ϕ : 비틀림강도감소계수($\phi = 0.75$)

A_o : 폐쇄형 비틀림철근 중심이 감싸고 있는 콘크리트의 유효면적

콘크리트 압축대의 경사각(θ)은 식(8.24)에 의하여 계산할 수 있지만, KDS 14 국가건설기준에서는 각도를 $30° \leq \theta \leq 60°$ 이내로 규정한다. 기준에서는 프리스트레스 긴장력이 가력되지 않은 부재나 긴장응력이 주철근 인장강도의 40퍼센트 미만인 경우에는 각도를 45도로 할 것을 권장하며, 긴장응력이 주철근 인장강도의 40퍼센트 이상인 경우는 37.5도로 할 것을 권장하고 있다. 다만 이는 권장 사항이며 의무 사항은 아니다.

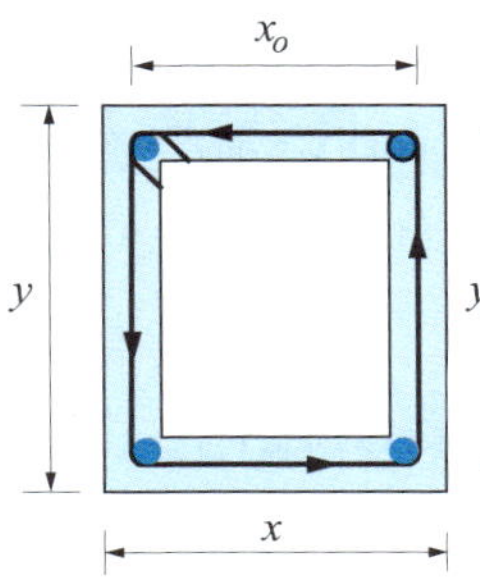

(a) 철근콘크리트 단면

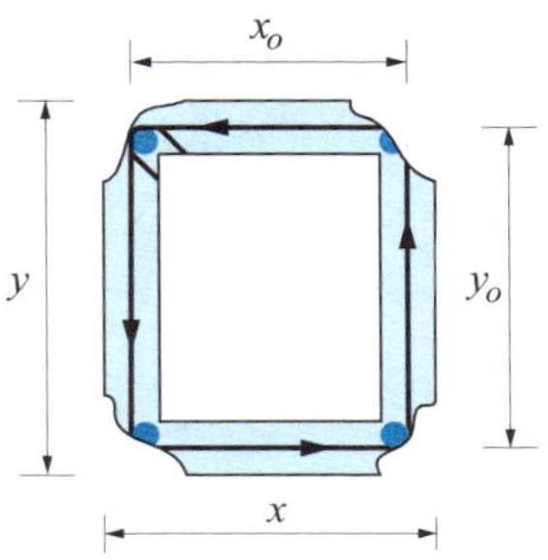

(b) 대 변형 이후의 모서리 콘크리트 탈락

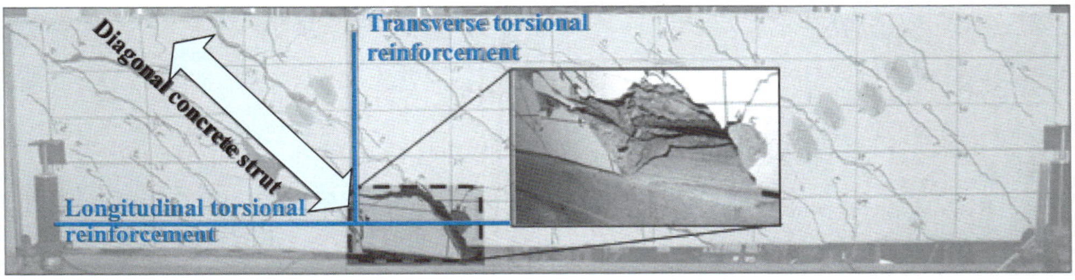

(c) 콘크리트 탈락

[그림 8.12] 비틀림을 받는 철근콘크리트 단면

전단흐름 내부의 면적(A_{oh})은 [그림 8.12(a)]와 같이 전단흐름이 가장 바깥쪽에 있는 폐쇄형 비틀림철근(스터럽)의 단면적 중심을 따라 흐른다고 가정하여 계산한다. 다만 비틀림모멘트에 의하여 파괴가 진전될 경우에 [그림 8.12(b)]와 같이 단면의 모서리 부분의 콘크리트가 탈락되는 경우가 많으므로 전단흐름 내부의 유효면적(A_o)은 폐쇄형 비틀림철근에 의하여 둘러싸인 콘크리트 면적의 85퍼센트로 하고 있다.

$$A_o = 0.85 A_{oh} \tag{8.28}$$

여기서, A_{oh} : 폐쇄형 비틀림철근에 둘러싸인 보의 단면적($A_{oh} = x_o \cdot y_o$)

x_o : 폐쇄형 비틀림철근의 짧은 변 중심간의 길이

y_o : 폐쇄형 비틀림철근의 긴 변 중심간의 길이

부재축방향에 필요한 철근량은 식(8.23)에서 계산한다.

$$A_l = \frac{A_t}{s} p_h \frac{f_{yt}}{f_{yl}} \cot^2\theta$$

▌설계의 제한

KDS 14 국가건설기준에서는 비틀림모멘트에 대한 최소 안전성과 경제성을 확보하기 위하여 몇 가지 제한을 두고 있다. 이러한 제한을 정리하면 다음과 같다.

① 비틀림모멘트와 전단력이 동시에 작용하는 경우

철근콘크리트 부재에 순수한 비틀림만 작용하는 경우는 드물다. 대부분의 부재에는 전단력, 휨모멘트 및 비틀림모멘트가 동시에 작용한다. 이러한 부재의 거동에 대해서는 9장에서 상세하게 설명한다. 설계에서는 콘크리트의 균열 폭이 지나치게 넓게 발생하는 것을 방지하고, 콘크리트 압축대에 의한 파괴를 방지하기 위하여 전단력과 비틀림모멘트가 동시에 작용하는 부재에 다음의 제한을 두고 있다.

- 속찬단면(solid section) : 전단과 비틀림에 의한 응력은 과대한 균열 방지와 콘크리트 압축대에 의한 파괴를 방지하기 위하여 식(8.29a)의 우측변 이하가 되어야 한다.

$$\sqrt{\left(\frac{V_u}{b_w d}\right)^2 + \left(\frac{T_u p_h}{1.7A_{oh}^2}\right)^2} \leqq \phi\left(\frac{V_c}{b_w d} + \frac{2}{3}\sqrt{f_{ck}}\right) \tag{8.29a}$$

- 속빈단면(hollow section) : 전단과 비틀림에 의한 응력은 식(8.29b)를 만족해야 한다.

$$\frac{V_u}{b_w d} + \frac{T_u p_h}{1.7A_{oh}^2} \leqq \phi\left(\frac{V_c}{b_w d} + \frac{2}{3}\sqrt{f_{ck}}\right) \tag{8.29b}$$

속빈단면은 벽의 두께(t)가 A_{oh}/p_h 이하가 되면 좌굴의 위험성이 있으므로, 만일 두께(t)가 A_{oh}/p_h 이하가 되면 식(8.29b)의 좌변 두 번째 항을 $T_u/(1.7A_{oh}t)$로 대체하여 계산해야 한다. 여기서 t는 응력이 계산되는 위치에서 속빈단면의 벽두께이며, 속빈단면의 벽두께가 변할 경우에는 식(8.29b)의 좌변의 값이 최대가 되는 위치에서 계산해야 한다.

그러나 식(8.29a)와 식(8.30a)는 최대전단철근강도에서 제시한 식(4.61) 또는 식(4.63)과 비교했을 때 모순이다. 즉, 식(8.29a)와 식(8.30a)에서 $T_u = 0$일 때 계산되는 최대 전단력은 $V_{u,\max} = \phi\, 5/6\sqrt{f_{ck}}\, b_w d$이 되며, 이 값은 식(4.61) 또는 식(4.63)과 다르기 때문이다. 따라서 식(8.29a)와 식(8.29b)는 식(8.30a)와 식(8.30b)로 변경되어야 한다.

- 속찬단면 : $\left(\dfrac{V_u}{V_{u,\max}}\right)^2 + \left(\dfrac{T_u}{T_{u,\max}}\right)^2 \leqq 1.0$ (8.30a)

• 속빈단면 : $\left(\frac{V_u}{V_{u,\max}}\right)+\left(\frac{T_u}{T_{u,\max}}\right) \leqq 1.0$ (8.30b)

여기서, $V_{u,\max}$는 복부 콘크리트 경사압축대의 최대 설계전단강도이며, 식(4.61) 또는 식(4.63)을 반영하여 계산한다.

$$V_{u,\max} = \phi(V_c + V_{s,\max})$$

여기서, $T_{u,\max}$: 복부 콘크리트 경사압축대의 최대 설계비틀림강도

$$T_{u,\max} = \phi\,\xi f_{ck}\,A_o\,\frac{A_g}{p_{cp}}\,\frac{1}{\cot\theta+\tan\theta}$$

식(8.30a)와 식(8.30b)에 대해서는 8.4절에서 상세하게 설명한다. 균열이 발생한 이후에 속찬단면의 벽두께(t)는 식(8.31)에 의해 계산한다.

$$t = A_{oh}/p_h \tag{8.31}$$

② 비틀림을 고려하지 않아도 되는 경우

소요비틀림모멘트(T_u)가 균열비틀림모멘트(T_{cr})의 1/4보다 작으면 휨과 전단강도에 큰 영향을 미치지 않으므로 이를 무시할 수 있다. 기준에서는 콘크리트의 비틀림강도(T_c)를 직접 반영해 비틀림강도(T_n)를 계산하지는 않지만 식(8.32a, b)를 이용하여 T_u가 작은 경우에 T_c가 T_u를 저항한다고 간주하며, 별도의 비틀림철근은 배근하지 않는다.

(철근콘크리트 부재)

$$T_u < \phi\left(\frac{\lambda\sqrt{f_{ck}}}{12}\right)\frac{A_{cp}^2}{p_{cp}} \tag{8.32a}$$

(축방향 인장력과 압축력을 받는 철근콘크리트 부재)

$$T_u < \phi\left(\lambda\frac{\sqrt{f_{ck}}}{12}\right)\frac{A_{cp}^2}{p_{cp}}\sqrt{1+\frac{N_u}{A_g\lambda\sqrt{f_{ck}}/3}} \tag{8.32b}$$

여기서, λ : 경량콘크리트 계수

p_{cp} : 보의 둘레길이 $p_{cp} = 2(x+y)$([그림 8.12] 참조)

A_{cp} : 보의 단면적 $A_{cp} = xy$

N_u : 설계축력으로 하중계수를 고려한 축력, 축압축력에 대하여 양수(+), 축인장력에 대하여 음수(−)

A_g : 부재의 전체 단면적

③ 적합비틀림

8.1절의 일반 사항에서 설명한 적합비틀림은 균열이 발생한 이후에 내력의 재분배가 발생하여 비틀림모멘트가 감소하므로 소요비틀림모멘트를 식(8.33a, b)에 의해 계산하여 감소시킬 수 있다. 식(8.33a, b)는 식(8.32a, b)의 4배이다.

(철근콘크리트 부재)

$$T_u < \phi\left(\frac{\lambda\sqrt{f_{ck}}}{3}\right)\frac{A_{cp}^{\ 2}}{p_{cp}} \tag{8.33a}$$

(축방향 인장 및 압축력을 받는 철근콘크리트 부재)

$$T_u < \phi\left(\frac{\lambda\sqrt{f_{ck}}}{3}\right)\frac{A_{cp}^{\ 2}}{p_{cp}}\sqrt{1+\frac{N_u}{A_g\lambda\sqrt{f_{ck}}/3}} \tag{8.33b}$$

④ 최소 비틀림철근량과 간격

비틀림철근의 설계기준항복강도(f_{yt})는 전단설계와 동일하게 500 MPa까지이다.

비틀림철근이 부족할 경우에 사인장균열이 발생함과 동시에 부재가 취성적으로 파괴한다(8.2.2항 참조). 이러한 취성파괴를 방지하기 위하여 설계에서는 횡방향 폐쇄비틀림철근의 최소 면적을 식(8.34) 이상이 되도록 규정한다. 식(8.34)에서 비틀림철근에 2를 곱하는 이유는 전단철근은 단면의 전체폭(b)을 이용한 트러스모델에 의하여 계산되지만, 비틀림철근은 단면의 한쪽 면(t, [그림 8.11] 참조)을 이용한 박판튜브이론에 근거한 입체트러스모델에 의하여 계산되기 때문이다. 따라서 전단철근은 폭(b)에 있는 철근 두 가닥이 포함되지만, 비틀림철근은 폭의 한쪽 면(t)에 있는 철근 한 가닥만이 포함된다. 전단력을 지지하기 위하여 배근한 스터럽이 3가닥 이상일 때는 보의 측면 가까이 있는 가닥만 포함시킨다. 이것은 단면의 안쪽에 보강된 스터럽 가닥은 비틀림저항에 거의 효과가 없기 때문이다. 전단철근과 폐쇄형 비틀림철근은 부재축과 직각되는 방향에 배근되므로 두 철근 간격을 동시에 계산하는 것이 편리하다. 따라서 설계에서는 전단철근을 기준으로 한쪽 면(t)에만 배근되는 비틀림철근 단면에 2를 곱하여 철근 간격을 계산한다.

$$A_v + 2A_t = 0.0625\sqrt{f_{ck}}\frac{b_w s}{f_{yt}} \tag{8.34}$$

여기서, A_v : 전단보강스터럽의 단면적

A_t : 비틀림스터럽(폐쇄형 비틀림철근, 횡방향비틀림철근)의 단면적

식(8.34)에 의한 결과는 $0.35 b_w s / f_{yt}$ 이상이 되어야 한다.

부재축방향(종방향) 비틀림철근의 최소 면적($A_{l,\min}$)은 식(8.35) 이상이 되어야 한다.

$$A_{l,\min} = \frac{0.42\sqrt{f_{ck}}A_{cp}}{f_{yl}} - \left(\frac{A_t}{s}\right)p_h\frac{f_{yt}}{f_{yl}} \tag{8.35}$$

식(8.35)를 이용하여 $A_{l,\min}$을 계산할 경우에 A_t/s는 $0.175 b_w/f_{yt}$ 이상이 되어야 한다.

횡방향비틀림철근의 간격은 균열발생 이후에 과도한 비틀림강성의 손실을 방지하며, 균열폭을 제어하기 위하여 식(8.36) 이하가 되어야 한다.

$$s_{\max} = \left(\frac{p_h}{8},\ 300\text{mm}\right) \text{ 중에서 작은 값} \tag{8.36}$$

8.5.2 도로교설계기준(한계상태설계법)

■ 비틀림강도평가식

도로교설계기준(한계상태설계법)의 비틀림설계는 휨모멘트나 전단력 등에 대한 설계와 동일하게 소요비틀림강도(계수비틀림강도)가 설계비틀림강도 이상이 되도록 하고 있다.

$$T_{u,i} \leq T_{d,i} \tag{8.37}$$

여기서, $T_{u,i}$: i번째 벽체의 소요비틀림강도(계수비틀림강도)

$T_{d,i}$: i번째 벽체의 설계비틀림강도

설계비틀림강도는 콘크리트 재료계수(ϕ_c) 0.65와 강재의 재료계수(ϕ_s) 0.9를 이용하여 계산한다.

비틀림모멘트는 전단력을 유발하드로 식(8.37)을 전단강도의 관점으로 변경할 수 있다.

$$V_{u,i} \leqq V_{d,i} \tag{8.38}$$

여기서, $V_{u,i}$: 계수비틀림모멘트에 의하여 유발되는 i번째 벽체의 소요전단강도

$V_{d,i}$: 설계비틀림강도에 의하여 유발되는 설계전단강도

식(8.37)과 (8.38)의 전단강도와 비틀림모멘트의 관계는 박판튜브이론에서 유도된 식(8.19)의 전단응력에서 계산할 수 있다. [그림 8.9(b)]의 벽체 한 면 t에 작용하는 전단강도는 식(8.19)에 벽의 면적($y_o t$)을 곱하여 계산할 수 있으므로 식(8.39)에서 전단강도를 계산할 수 있다.

$$V_u = \frac{T_u}{2A_{oh}t}(y_o t) = \frac{T_u}{2A_{oh}}(y_o) \tag{8.39}$$

여기서, y_o : 벽의 길이

도로교설계기준(한계상태설계법)에서도 KDS 14 국가건설기준과 동일하게 박판튜브이론과 입체트러스모델에 의하여 부재축과 직각방향의 비틀림강도(T_{sd})와 부재축방향의 비틀림강도를 유도한다. 따라서 식(8.27)에 철근의 재료계수(ϕ_s)를 곱하여 T_{sd}를 구한다. 다만 도로교설계기준(한계상태설계법)에서는 폐쇄형 비틀림철근 중심이 감싸고 있는 콘크리트의 유효면적(A_o)를 사용하지 않고 식(8.21)의 폐쇄형 비틀림철근 중심이 감싸는 면적(A_{oh}) 전체를 그대로 적용한다.

$$T_{sd} = \phi_s \, 2\frac{A_{oh} A_t f_{yt}}{s} \cot\theta \tag{8.40}$$

여기서, A_{oh} : 폐쇄형 비틀림철근 중심이 감싸는 면적

부재축방향의 비틀림강도와 필요한 비틀림철근은 식(8.23)에 ϕ_s를 곱하여 계산한다. 식(8.23)에 식(8.16)과 식(8.19)를 대입하여 소요비틀림강도(T_u)의 함수로 나타낼 수 있다.

$$A_l = \frac{T_u \, p_h}{2\phi_s f_{yl} A_{oh}} \cdot \cot\theta \tag{8.41}$$

비틀림균열각도는 식(4.17)의 전단설계와 동일하게 22도에서 45도로 제한하고 있다.

$$1 \leq \cot\theta \leq 2.5 \ \ (22^\circ \leq \cot\theta \leq 45^\circ) \tag{8.42}$$

▌설계의 제한

도로교설계기준(한계상태설계법)에서는 다음의 비틀림설계 제한을 두고 있다.

① 비틀림모멘트와 전단력이 동시에 작용하는 경우

콘크리트의 균열폭이 지나치게 넓게 발생하는 것을 방지하고 콘크리트 압축대에 의한 파괴를 방지하기 위해 전단력과 비틀림도멘트가 동시에 작용하는 부재에 다음의 제한을 두고 있다.

- 속찬단면 : $\left(\dfrac{V_u}{V_{d,\max}}\right)^2 + \left(\dfrac{T_u}{T_{d,\max}}\right)^2 \leqq 1.0$ (8.43a)

- 속빈단면 : $\left(\dfrac{V_u}{V_{d,\max}}\right) + \left(\dfrac{T_u}{T_{d,\max}}\right) \leqq 1.0$ (8.43b)

여기서, $V_{d,\max}$: 복부 콘크리트 경사압축대의 최대 설계전단강도이며, 식(4.19)에서 계산

$T_{d,\max}$: 복부 콘크리트 경사압축대의 최대 설계비틀림강도이며, 입체트러스 모델의 힘의 평형조건을 이용하여 식(8.44)에서 계산

$$T_{d,\max} = 2\phi_c\,\alpha_{cw}\,\xi\,f_{ck}\,A_{oh}\,t\,\frac{1}{\cot\theta + \tan\theta} \tag{8.44}$$

② 비틀림을 고려하지 않아도 되는 경우

속찬 직사각형 단면인 경우 다음 두 조건이 만족된다면 비틀림을 고려하지 않아도 되며 최소 철근량만 배근하면 된다.

$$T_u \leqq \frac{V_u b}{4.5} \tag{8.45}$$

$$V_u < \left(1 + \frac{4.5\,T_u}{V_u b}\right) \leqq V_{cd} \tag{8.46}$$

여기서, V_{cd} : 식(4.13)에서 계산하는 전단철근이 없는 부재의 전단강도

③ 유효 벽두께

박판튜브이론에 적용하는 벽의 유효 두께를 다음과 같이 계산한다.

- 속찬단면 : $2t_c \leqq t \leqq A_{cp}/p_{cp}$
- 속빈단면 : 실제 치수 이하

여기서, A_{cp} : 단면의 바깥쪽 둘레로 싸인 면적

p_{cp} : 단면 바깥쪽 둘레 길이

t_c : 횡방향 철근의 피복 두께

④ 최소 비틀림철근량과 간격

전단과 비틀림에 필요한 최소철근비는 식(8.47) 이상이 되어야 한다. 식(8.47)에서 $(A_v/s)_{\min} = \rho_{v,\min} b_w$ 이므로 식(8.48)을 구할 수 있다.

$$\rho_{v,\min} = \frac{0.08\sqrt{f_{ck}}}{f_{yt}} \tag{8.47}$$

$$A_v + 2A_t = \frac{0.08\sqrt{f_{ck}}}{f_{yt}} b_w s \tag{8.48}$$

횡방향비틀림철근의 간격은 식(8.49) 이하가 되어야 한다.

$$s_{\max} = \left(\frac{p_h}{8},\ 0.75h,\ \min.(b_w,\ h)\right) \text{ 중에서 작은 값} \tag{8.49}$$

8.5.3 캐나다 설계기준

▌비틀림강도평가식

캐나다 설계기준(CSA-14기준)도 박판튜브이론과 입체트러스모델에 의하여 부재축과 직각방향의 비틀림강도(T_r)를 계산한다.

$$T_u \leqq T_r \tag{8.50}$$

$$T_r = 2\phi_s \frac{A_o A_t f_{yt}}{s} \cot\theta \tag{8.51}$$

여기서, T_u : 소요비틀림모멘트(계수비틀림모멘트), 캐나다 설계기준에서는 T_f로 표기

T_r : 공칭비틀림모멘트

ϕ_s : 철근의 재료계수($\phi_s = 0.85$)

A_o : 폐쇄형 비틀림철근 중심이 감싸고 있는 콘크리트의 유효면적이며, $A_o = 0.85A_{oh}$ 를 사용

콘크리트 압축대의 경사각(θ)은 수정압축장이론에서 유도한 식(4.27)의 $\theta = 29 + 7000\,\varepsilon_x$을 사용한다.

부재축방향에 필요한 비틀림철근은 부재축방향에 작용하는 힘(F_l)을 식(8.52)에서 계산한 후에 $A_l = F_l/f_{yl}$로 계산한다.

$$F_l = \frac{M_u}{z} + 0.5N_u + \sqrt{(V_u - V_p)^2 + \left(\frac{0.45p_h T_u}{2A_o}\right)}\cot\theta \tag{8.52}$$

여기서, M_u : 소요휨모멘트

N_u : 소요축력

V_u : 소요전단력

V_p : 유효긴장력에 의한 전단저항성분

p_h : 전단흐름의 둘레 길이$[p_h = 2(x_o + y_o)]$

▌설계의 제한

캐나다 설계기준에서도 다음의 상세 규정을 두고 있다.

- 속찬단면(solid section)

$$\sqrt{\left(\frac{V_u - V_p}{b_w z}\right)^2 + \left(\frac{T_u p_h}{1.7A_{oh}^2}\right)^2} \leq 0.25\,\phi_c f_{ck} \tag{8.53}$$

- 속빈단면(hollow section)

$$\frac{V_u - V_p}{b_w z} + \frac{T_u p_h}{1.7A_{oh}^2} \leq 0.25\,\phi_c f_{ck} \tag{8.54}$$

여기서, V_p : 프리스트레스트 콘크리트의 전단강도

속빈단면은 벽의 두께(t)가 A_{oh}/p_h 이하가 되면 좌굴의 위험성이 있으므로, 만일 두께(t)가 A_{oh}/p_h 이하가 되면 식(8.54)의 좌변 두 번째 항을 $T_u/(1.7A_{oh}t)$로 대체하여 계산해야 한다. 유효전단단면깊이(z)는 $0.9d$ 또는 $0.72h$ 중에서 큰 값이다.

① 비틀림을 고려하지 않아도 되는 경우

소요비틀림모멘트(T_u)가 균열비틀림모멘트(T_{cr})의 1/4보다 작으면 휨과 전단강도에 큰 영향을 미치지 않으므로 이를 무시할 수 있다.

$$T_{cr} = \frac{A_{oh}^2}{p_{cp}} 0.38\,\lambda \phi_c \sqrt{f_{ck}} \tag{8.55}$$

여기서, λ : 경량콘크리트 계수

ϕ_c : 콘크리트의 재료계수($\phi_c = 0.65$)

② 적합비틀림

적합비틀림은 균열이 발생한 이후에 내력의 재분배가 발생하여 비틀림모멘트가 감소하므로 소요비틀림모멘트(T_u)를 균열비틀림모멘트(T_{cr})의 2/3까지 감소시킬 수 있다.

③ 최소 비틀림철근량과 간격

캐나다 설계기준의 비틀림철근의 설계기준항복강도(f_{yt})는 KDS 14 국가건설기준과 동일하게 500 MPa까지이다.

전단철근과 비틀림철근의 최소철근량은 식(8.56)에 의해 계산한다.

$$A_v + 2A_t = 0.06\sqrt{f_{ck}}\,\frac{b_w s}{f_{yt}} \tag{8.56}$$

여기서, A_v: 전단스터럽의 단면적, A_t: 비틀림스터럽의 단면적이다. 식(8.56)에 의한 결과는 $0.35\,b_w s/f_{yt}$ 이상이 되어야 한다.

횡방향비틀림철근의 간격은 식(8.36) 이하가 되어야 한다.

$$s_{\max} = (0.7z,\ \ 600\,\text{mm})\ \text{중에서 작은 값} \tag{8.57}$$

예제 8.1

[예제 그림 4.1.1]의 철근콘크리트 단면에 계수전단력 $V_u = 900\,\text{kN}$과 계수비틀림모멘트 $T_u = 80\,\text{kN}\cdot\text{m}$가 동시에 작용할 때 필요한 스터럽의 간격($s$)을 계산하라. 스터럽은 D10철근을 벽두께에 각각 2가닥씩 배근하며, 부재의 전단경간비(a/d)는 3이다. 주인장철근은 D29철근을 8개 사용하였다. 콘크리트의 압축강도 $f_{ck} = 24\,\text{MPa}$, 스터럽의 설계기준항복강도 $f_y = 400\,\text{MPa}$이다. D10철근과 D29철근의 단면적은 각각 $A_s = 71.3\,\text{mm}^2$, $A_s = 642.4\,\text{mm}^2$이다.

① KDS 14 국가건설기준
② 도로교설계기준(한계상태설계법)
③ 캐나다 설계기준

[풀이 : KDS 14 국가건설기준]

① 비틀림설계를 할 필요가 있는지를 검토한다[식(8.32a, b)].

$$T_u < \phi\left(\frac{\lambda\sqrt{f_{ck}}}{12}\right)\frac{A_{cp}^2}{p_{cp}} \tag{a}$$

단면이 박스형이며 플랜지의 폭이 보의 폭보다 크다. 이 경우에는 플랜지의 양 쪽 날개부분의 단면을 무시하고 부재의 단면적을 계산할 수 있다. 따라서 $A_{cp}=1{,}000\times 900=900{,}000\,\mathrm{mm}^2$, $p_{cp}=2(1{,}000+900)=3{,}800\,\mathrm{mm}$ 이다.

식(a)에서 $\phi\left(\frac{\lambda\sqrt{f_{ck}}}{12}\right)\frac{A_{cp}^2}{p_{cp}}=0.75\left(\frac{1\times\sqrt{24}}{12}\right)\frac{900{,}000^2}{3{,}800}=65.3\,\mathrm{kN\cdot m}$ 이며 T_u는 $80\,\mathrm{kN\cdot m}$ 이므로 비틀림설계가 필요하다.

② 전단력과 비틀림모멘트가 동시에 작용할 때 설계가 가능한 지를 식(8.29a, b)를 이용하여 검토한다. 예제 단면은 속빈단면이므로 식(8.29b)를 이용한다.

$$\frac{V_u}{b_w d}+\frac{T_u p_h}{1.7A_{oh}^2} \leq \phi\left(\frac{V_c}{b_w d}+\frac{2}{3}\sqrt{f_{ck}}\right)$$

여기서, $A_{oh}=920\times 820=754{,}400\,\mathrm{mm}^2$, $p_h=2(920+820)=3{,}480\,\mathrm{mm}$, 콘크리트에 의한 공칭전단강도($V_c$)는 [예제 4.1]에서 $V_c=273.8\,\mathrm{kN}$이다. 식을 계산하기에 앞서 벽의 두께가 A_{oh}/p_h 이하가 되면 좌굴의 위험성이 있으므로 이를 먼저 검토해야 한다.

$$\frac{A_{oh}}{p_h}=\frac{754{,}400}{3{,}480}=216.8\,\mathrm{mm}$$

벽의 두께 200 mm가 A_{oh}/p_h 이하가 되어 좌굴의 위험성 있다. 따라서 식(8.32)의 좌변 두 번째 항을 $T_u/(1.7A_{oh}t)$로 대체하여 계산해야 한다.

$$\frac{V_u}{b_w d}+\frac{T_u}{1.7A_{oh}\cdot t} \leq \phi\left(\frac{V_c}{b_w d}+\frac{2}{3}\sqrt{f_{ck}}\right)$$

$$\frac{900{,}000}{400\times 835}+\frac{80\times 10^6}{1.7\times 754{,}400\times 200} \leq 0.75\left(\frac{273{,}800}{400\times 835}+\frac{2}{3}\times\sqrt{24}\right)$$

$3.0 \leqq 3.06$

그러므로 설계가 가능하다.

③ 폐쇄스터럽의 배근 간격을 결정한다. 콘크리트 압축대의 각도를 기준에서는 45도로 할 것을 권장하고 있으므로 각도를 45도로 가정하고, 식(8.39)를 이용하여 간격을 결정한다.

$$\frac{A_t}{s}=\frac{T_u}{\phi 2A_o f_{yt}}\tan\theta \tag{b}$$

식(b)에서 사인장균열의 각도를 45도로 가정한다. 이것은 부재축방향과 부재축과 직각되는 방향에 동일한 양의 비틀림철근을 배근함을 의미하며, 양 방향의 비틀림철근이 동시에 항복한 이후에 파괴되도록 설계하는 것이다. 식(b)에서 $A_o=0.85A_{oh}$ 이다.

$$\frac{A_t}{s}=\frac{80\times 10^6}{0.75\times 2\times 0.85\times 754{,}400\times 400}=0.208$$

전단철근 폐쇄스터럽 간격을 결정한다. 콘크리트에 의한 공칭전단강도(V_c)는 [예제 4.1]에서 계산하였다.

$$\frac{A_v}{s} = \frac{V_u - \phi V_c}{\phi \times f_{yt} \times d} = \frac{900{,}000 - 0.75 \times 273{,}800}{0.75 \times 400 \times 835} = 2.773$$

$$\frac{A_v}{s} + \frac{2A_t}{s} = 2.773 + 2 \times 0.208 = 3.189 \qquad \text{(c)}$$

④ 폐쇄스터럽의 최소 비틀림철근의 면적과 간격을 결정한다.

$$A_v + 2A_t = 0.0625\sqrt{f_{ck}}\,\frac{b_w s}{f_{yt}}$$

$$\frac{A_v}{s} + \frac{2A_t}{s} = 0.0625\sqrt{24}\,\frac{400}{400} = 0.306$$

식(c)에서 계산된 전단과 비틀림모멘트를 저항하기 위한 폐쇄스터럽의 양은 최소 철근량 이상이 된다. 식(c)를 이용하면 전단과 비틀림모멘트를 저항하기 위한 폐쇄스터럽의 간격을 식(d)에 의해 계산할 수 있다(D10 철근을 사용하며 각 벽두께에 2개씩 배근).

$$s = 2 \times \frac{2 \times 71.3}{3.189} = 89.4\,\text{mm} \qquad \text{(d)}$$

식(d)에 의하여 계산된 폐쇄스터럽의 간격을 식(8.36)에 의하여 검토한다.

$$s_{\max} = \left(\frac{p_h}{8},\ 300\,\text{mm}\right) \text{ 중에서 작은 값} \qquad \text{(e)}$$

$$= \left(\frac{3{,}480}{8}\text{mm},\ 300\,\text{mm}\right) = 300\,\text{mm}$$

그러므로 전단과 비틀림 위험단면에서의 폐쇄스터럽의 간격은 89.4 mm이다.

⑤ 길이방향 비틀림철근의 배근 간격을 식(8.23)에 의하여 결정한다. 식(8.35)에 의하여 종방향 비틀림철근의 최소 면적($A_{l,\min}$)을 계산하고, 계산한 값을 식(8.23)에서 계산한 면적과 비교한다.

$$A_l = \frac{A_t}{s}\,p_h\,\frac{f_{yt}}{f_{yl}}\cot^2\theta \qquad \text{(f)}$$

식(b)를 이용하여 폐쇄형스터럽의 간격을 계산하는 과정에서 사인장균열의 각도를 45도로 가정하였다. 따라서 동일한 각도를 식(f)에 대입하여 길이방향 비틀림철근을 계산한다.

$$A_l = 0.208 \times 3{,}480 \times \frac{400}{400} \times 1 = 723.8\,\text{mm}^2 \qquad \text{(g)}$$

식(g)에 의하여 계산한 A_l 값을 식(8.35)의 종방향 비틀림철근의 최소 면적($A_{l,\min}$)과 비교한다.

$$A_{l,\min} = \frac{0.42\sqrt{f_{ck}}\,A_{cp}}{f_{yl}} - \left(\frac{A_t}{s}\right) p_h \frac{f_{yt}}{f_{yl}} \qquad \text{(h)}$$

$$= \frac{0.42\sqrt{24} \times 900{,}000}{400} - 0.520 \times 3{,}480 \times \frac{400}{400} = 2{,}819.9\,\text{mm}^2$$

식(g)에 의하여 계산한 A_l 값이 식(h)의 종방향 비틀림철근의 최소 면적($A_{l,\min}$)보다 작으므로 배근해야 할 A_l 값은 식(h)의 2,819.9 mm²이다. 보의 상단과 하단 및 중간에 각각 5-D29 (단면적 A_s =642.4 mm²)의 종방향 비틀림철근을 추가로 배근한다. 각 단의 철근 총 단면적은 3,212 mm²이다.

[풀이 : 도로교설계기준(한계상태설계법)]

① 비틀림설계를 할 필요가 있는지 검토한다. 속빈단면이므로 비틀림설계가 필요하다.

② 박판튜브이론에 적용하는 벽의 유효 두께를 계산한다.
속빈단면은 둘레 길이와 면적을 그대로 사용한다. 속찬단면일 경우에는 $2t_c \leq t \leq A_{cp}/p_{cp}$를 사용한다.

③ 전단력과 비틀림모멘트가 동시에 작용할 때 설계가 가능한 지를 식(8.43a, b)를 이용하여 검토한다. 예제의 단면은 속빈단면이므로 식(8.43b)를 이용한다.

$$\left(\frac{V_u}{V_{d,\max}}\right)+\left(\frac{T_u}{T_{d,\max}}\right) \leq 1.0 \tag{a}$$

$$\left(\frac{900}{1{,}040.5}\right)+\left(\frac{80}{1{,}020}\right)=0.94$$

그러므로 적합하다.

여기서, $V_{d,\max}$와 $T_{d,\max}$는 각각 식(4.19)와 식(8.44)를 이용하여 계산한다. 도로교설계기준(한계상태설계법)에서 사인장균열의 각도는 식(8.42)와 같이 $22^\circ \leq \cot\theta \leq 45^\circ$의 범위에 있다. [예제 4.1]에서 계산한 전단설계에서의 각도는 26.7도였다 따라서 각도 26.7도를 기준으로 계산한다.

$$V_{d,\max}=\phi_c\,\alpha_{cw}\,\xi f_{ck} b_w z\,\frac{1}{\cot\theta+\tan\theta}=1{,}040.5\text{ kN}$$

$$T_{d,\max}=2\phi_c\,\alpha_{cw}\,\xi f_{ck} A_{oh}\,t\,\frac{1}{\cot\theta+\tan\theta}$$

$$=2\times0.65\times1\times0.54\times24\times754{,}400\times200\frac{1}{\cot26.7^\circ+\tan26.7^\circ}=1{,}020.0\text{ kN}\cdot\text{m}$$

여기서, $\xi=0.6\left(1-\frac{f_{ck}}{250}\right)=0.6\left(1-\frac{24}{250}\right)=0.54$

그러므로 설계가 가능하다.

④ 폐쇄스터럽의 배근 간격을 결정한다. 콘크리트 압축대의 각도를 가정하고, 식(8.40)을 이용하여 간격을 결정한다.
도로교설계기준(한계상태설계법)에서는 각도에 대한 특별한 권장사항이 없으며, 안전한 설계를 위하여 각도를 45도로 가정하여 설계할 수 있다. 한편 [예제 4.1]에서 계산한 전단설계에서의 각도는 26.7도 이므로 각도 26.7도를 기준으로 계산한다.

$$\frac{A_t}{s}=\frac{T_u}{\phi_s 2A_{oh} f_{yt}}\tan\theta=\frac{80\times10^6}{0.9\times2\times754{,}400\times400}\tan(26.7^\circ)=0.074 \tag{b}$$

전단철근 폐쇄스터럽 간격을 식(4.15)을 이용하여 결정한다.

$$\frac{A_v}{s}=\frac{V_u}{\phi_s\times f_{yt}\times z}\tan\theta=\frac{900{,}000}{0.9\times400\times0.9\times835}\tan(26.7^\circ)=1.673$$

전단과 비틀림모멘트를 저항하기 위한 폐쇄스터럽의 양을 식(c)에서 계산한다.

$$\frac{A_v}{s}+\frac{2A_t}{s}=1.673+2\times0.074=1.821 \tag{c}$$

폐쇄스터럽의 최소철근비를 식(8.48)에 의해 검토한다.

$$\rho_{t,\min}=0.08\frac{\sqrt{f_{ck}}}{f_{yt}}=0.08\frac{\sqrt{24}}{400}=0.00098$$

$$\left(\frac{A_v}{s}\right)_{\min} = \rho_{v,\min} b_w = 0.00098 \times 400 = 0.392$$

최솟값 0.392는 식(c)의 1.821보다 작으므로 안전하다. 식(c)를 이용하면 전단과 비틀림모멘트를 저항하기 위해 필요한 폐쇄스터럽의 간격을 식(d)에서 계산한다. D10 철근을 사용하며 각각의 벽에 스터럽을 2개씩 배근한다.

$$s = 2 \times \frac{2 \times 71.3}{1.821} = 156.6\,\mathrm{mm} \tag{d}$$

식(d)에서 계산된 폐쇄스터럽의 간격을 식(8.49)로 검토한다.

$$s_{\max} = \left(\frac{p_h}{8},\ 0.75h,\ \min.(b_w, h)\right) \text{ 중에서 작은 값} \tag{e}$$

$$= \left(\frac{3,480}{8}\mathrm{mm},\ 0.75 \times 900,\ 400\mathrm{mm}\right) = 400\mathrm{mm}$$

그러므로 전단과 비틀림 위험단면에서의 폐쇄스터럽의 간격은 156.6 mm이다.

⑤ 길이방향 비틀림철근을 식(8.41)에 의해 결정한다.

$$A_l = \frac{T_u\, p_h}{2\phi_s f_{yl} A_{oh}} \cdot \cot\theta = \frac{80 \times 10^6 \times 3,480}{2 \times 0.9 \times 400 \times 754,400} \cot 26.7^\circ = 1,019.1\,\mathrm{mm}^2$$

KDS 14 국가건설기준과 도로교설계기준(한계상태설계법)을 비교해 보면 폐쇄스터럽의 간격과 길이방향 비틀림철근에 큰 차이가 있다는 것을 알 수 있다. KDS 14 국가건설기준의 경우에는 폐쇄스터럽의 간격이 좁지만, 도로교설계기준(한계상태설계법)의 경우에는 길이방향 비틀림철근의 양이 많다. 그 이유는 비틀림회전각의 차이 때문이다. KDS 14 국가건설기준에서는 비틀림균열각도를 45도로 설계하여 부재축방향의 비틀림철근과 부재축과 직각되는 방향의 비틀림철근이 동일하게 배근되었지만, 도로교설계기준(한계상태설계법)의 경우에는 사인장균열의 각도를 전단파괴의 관점에서 26.7도로 하였기 때문에 부재축방향의 비틀림철근이 부재축과 직각되는 방향의 비틀림철근보다 많이 배근되어야 한다.

만일 도로교설계기준(한계상태설계법)의 경우에도 비틀림각도를 45도로 가정하여 계산하면 KDS 14 국가건설기준의 결과와 큰 차이가 발생하지 않는다.

각도를 45도로 가정한 뒤 폐쇄형 비틀림철근 간격을 계산하여 비교해 보았다.

$$\frac{A_t}{s} = \frac{T_u}{\phi_s 2 A_{oh} f_{yt}} \tan\theta = \frac{80 \times 10^6}{0.9 \times 2 \times 754,400 \times 400} \tan(45^\circ) = 0.147$$

$$\frac{A_v}{s} = \frac{V_u}{\phi_s \times f_{yt} \times z} \tan\theta = \frac{900,000}{0.9 \times 400 \times 0.9 \times 835} \tan(45^\circ) = 3.326$$

$$\frac{A_v}{s} + \frac{2A_t}{s} = 3.326 + 2 \times 0.147 = 3.62$$

$$s = 2 \times \frac{2 \times 71.3}{3.62} = 78.9\,\mathrm{mm}$$

길이방향 비틀림철근의 배근 간격을 계산한다.

$$A_l = \frac{T_u\, p_h}{2\phi_s f_{yl} A_{oh}} \cdot \cot\theta = \frac{80 \times 10^6 \times 3,480}{2 \times 0.9 \times 400 \times 754,400} \cot 45^\circ = 512.5\,\mathrm{mm}^2$$

[풀이 : 캐나다 설계기준]

① 비틀림설계를 할 필요가 있는지를 검토한다[식(8.55)].

$$T_{cr} = \frac{A_{oh}^2}{p_{cp}} 0.38\lambda\phi_c\sqrt{f_{ck}} = \frac{754,400^2}{3,800} 0.38 \times 1 \times 0.65\sqrt{24} = 181.2\,\text{kN}\cdot\text{m} \quad \text{(a)}$$

소요비틀림모멘트(T_u)는 80 kN · m이며 T_u가 균열비틀림모멘트(T_{cr})의 1/4인 45.3 kN · m보다 크므로 비틀림설계가 필요하다.

② 전단력과 비틀림모멘트가 동시에 작용할 때 설계가 가능한 지를 식(8.53)과 식(8.54)를 이용하여 검토한다. 예제 단면은 속빈단면이므로 식(8.54)를 이용한다. 유효전단단면깊이(z)는 $0.9d = 0.9 \times 835 = 751.5\,\text{mm}$ 또는 $0.72h = 0.72 \times 900 = 648.0\,\text{mm}$ 중에서 큰 값인 751.5 mm이다. 벽의 두께 200 mm가 A_{oh}/p_h 이하가 되어 좌굴의 위험성 있다. 좌변 두 번째 항을 $T_u/(1.7A_{oh}t)$로 대체하여 계산해야 한다.

$$\frac{V_u - V_p}{b_w z} + \frac{T_u p_h}{1.7A_{oh}^2} \leq 0.25\,\phi_c f_{ck}$$

$$\frac{900,000}{400 \times 751.1} + \frac{80 \times 10^6}{1.7 \times 754,400 \times 200} \leq 0.25 \times 0.65 \times 24$$

$3.31 \leq 3.9$

그러므로 설계가 가능하다.

③ 폐쇄스터럽의 배근 간격을 결정한다.

[예제 4.1]에서 계산한 콘크리트 압축대의 각도는 $\theta = 29 + 7000\varepsilon_x = 36.3°$ 이므로 이 값을 사용하여 식(8.51)에서 간격을 결정한다.

$$\frac{A_t}{s} = \frac{T_u}{\phi_s 2A_o f_{yt}} \tan\theta \quad \text{(b)}$$

$$\frac{A_t}{s} = \frac{80 \times 10^6}{0.85 \times 2 \times 0.85 \times 754,400 \times 400} \tan 36.3 = 0.135$$

식(b)에서 $A_o = 0.85A_{oh}$ 이다. 전단철근 폐쇄스터럽 간격을 결정한다. 콘크리트에 의한 설계전단강도(V_{cd})는 [예제 4.1]에서 계산하였다.

$$\frac{A_v}{s} = \frac{V_u - V_{cd}}{\phi_s \times f_{yt} \times z} \tan\theta = \frac{900,000 - 148,700}{0.85 \times 400 \times 0.9 \times 835} \tan(36.3°) = 2.16$$

$$\frac{A_v}{s} + \frac{2A_t}{s} = 2.16 + 2 \times 0.135 = 2.43 \quad \text{(c)}$$

④ 폐쇄스터럽의 최소 비틀림철근의 면적과 간격을 결정한다[식(8.56)].

$$A_v + 2A_t = 0.06\sqrt{f_{ck}}\frac{b_w s}{f_{yt}}$$

$$\frac{A_v}{s} + \frac{2A_t}{s}\ 0.06\sqrt{24}\,\frac{400}{400} = 0.294$$

식(c)에서 계산된 전단과 비틀림모멘트를 저항하기 위한 폐쇄스터럽의 양은 최소 철근량보다 크다. 전단과 비틀림모멘트를 저항하기 위한 폐쇄스터럽의 간격을 계산한다.

$$s = 2 \times \frac{2 \times 71.3}{2.43} = 117.4\,\text{mm} \quad \text{(d)}$$

식(d)에서 계산된 폐쇄스터럽의 간격을 식(8.57)에 의하여 검토한다.

$$s_{\max} = (0.7z,\ 600\,\text{mm}) \text{ 중에서 작은 값} \quad \text{(e)}$$

$$= (0.7 \times 0.9 \times 835\,\text{mm},\ 600\,\text{mm}) = 526.1\,\text{mm}$$

그러므로 전단과 비틀림 위험단면에서의 폐쇄스터럽의 간격은 117.4 mm이다.

⑤ 부재축방향에 필요한 비틀림철근은 부재축방향에 작용하는 힘(F_l)을 식(8.52)에서 계산한 후에 $A_l = F_l/f_{yl}$로 계산한다. 여기서,

$$F_l = \frac{M_u}{z} + 0.5N_u + \sqrt{(V_u - V_p)^2 + \left(\frac{0.45p_h T_u}{2A_o}\right)^2}\cot\theta$$

$$= \frac{1,020\times10^6}{0.9\times835} + \sqrt{(900\times10^3)^2 + \left(\frac{0.45\times3,480\times80\times10^6}{2(0.85\times754,400)}\right)^2}\cot 36.3 = 2,018,401\ \text{N}$$

그러므로

$$A_l = \frac{F_l}{f_{yl}} = \frac{2,018,401}{400} = 5,046\ \text{mm}^2 \qquad \text{(f)}$$

보의 상단과 하단 및 중간에 각각 9-D29 (단면적 $A_s = 642.4\text{mm}^2$)의 종방향 비틀림철근을 추가로 배근한다.

예제 8.2

[예제 그림 8.2.1]의 장선구조에 연결된 1방향 슬래브의 외각보를 비틀림설계하라. 스터럽은 D10 (단면적 $A_s = 71.3\,\text{mm}^2$)을 [예제 그림 8.2.1]과 같이 두 가닥 사용하라. 부재축방향 비틀림철근은 D19 (단면적 $A_s = 286.7\,\text{mm}^2$)를 사용하라. 콘크리트의 압축강도 $f_{ck} = 24\,\text{MPa}$, 전단과 비틀림철근의 설계기준항복강도 $f_y = 400\,\text{MPa}$이다.

- 보에 사용되는 철근콘크리트의 자중 : 24 kN/m^3
- 슬래브의 고정하중에 의하여 전달되는 분포 하중 : 30 kN/m

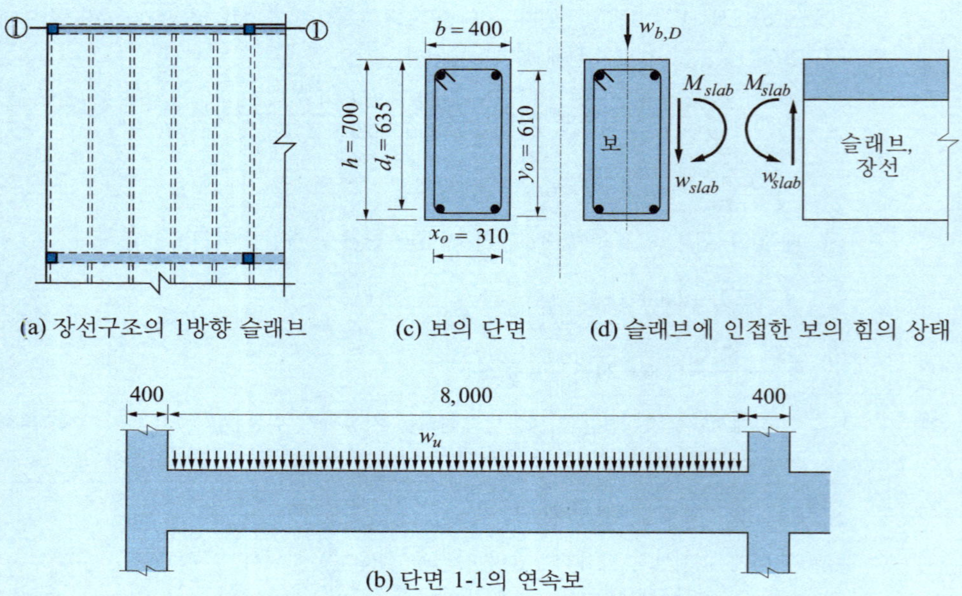

(a) 장선구조의 1방향 슬래브 (c) 보의 단면 (d) 슬래브에 인접한 보의 힘의 상태

(b) 단면 1-1의 연속보

[예제 그림 8.2.1] 철근콘크리트 보와 단면(이정윤, 2020)

• 슬래브의 활하중에 의하여 전달되는 분포 하중 : 30 kN/m
• 슬래브의 고정하중에 의하여 전달되는 부모멘트 : 10 kN · m/m
• 슬래브의 활하중에 의하여 전달되는 부모멘트 : 10 kN · m/m

[풀이]

① 주어진 하중 조건에 대한 계수하중을 계산한다.

보에 작용하는 하중의 분포를 계산한다.

• 슬래브에서 전달되는 하중 $w_{slab} = 1.2 \times 30 + 1.6 \times 30 = 84.0\,\mathrm{kN/m}$

• 보의 자중 $w_{b.D} = 1.4 \times 24 \times 0.4 \times 0.7 = 9.4\,\mathrm{kN/m}$

$$w_u = w_{slab} + w_{b,D} = 84 + 9.4 = 93.4\,\mathrm{kN/m}$$

보에 작용하는 비틀림모멘트의 분포를 계산한다.

• 슬래브에서 전달되는 부방향 모멘트

$$M_{slab} = 1.2 \times 10 + 1.6 \times 10 = 28.0\,\mathrm{kN \cdot m/m}$$

• 슬래브의 전단력에 의하여 유발되는 비틀림모멘트

$$T_{slab} = 84 \times 0.2 = 16.8\,\mathrm{kN \cdot m/m}$$

• 전체 비틀림모멘트 분포 $t_u = 28.0 + 16.8 = 44.8\,\mathrm{kN \cdot m/m}$

② 전단력과 비틀림모멘트의 분포를 계산하고, 위험단면의 최대 계수비틀림모멘트와 최대 계수전단력을 계산한다.

보의 부재축방향에 따라서 변화하는 계수전단력($V_{u,x}$)을 계산한다. 단부에서 x 만큼 떨어진 위치의 계수전단력을 힘의 평형을 이용하여 계산한다. 계수전단력($V_{u,x}$)의 분포는 [예제 그림 8.2.2(b)]에 표시되었다.

$$V_{ux} = \frac{w_u l}{2} - w_u x = 373.6 - 93.4x \tag{a}$$

최대 소요전단력($V_{u,\max}$)을 계산한다. 받침부에 압축력이 작용하면 $V_{u,\max}$ 는 받침부에서 단면유효높이(d)만큼 떨어진 위치의 전단력이다.

$$V_{u,\max} = \frac{w_u l}{2} - w_u x = 373.6 - 93.4 \times 0.635 = 314.3\,\mathrm{kN} \tag{b}$$

보의 부재축방향에 따라서 변화하는 계수비틀림모멘트($T_{u,x}$)를 계산한다. 계수비틀림모멘트($T_{u,x}$)의 분포는 [예제 그림 8.2.2(c)]어 표시되었다.

$$T_{ux} = \frac{t_u l}{2} - t_u x = 179.2 - 44.8x \tag{c}$$

최대 소요비틀림모멘트($T_{u,\max}$)을 계산한다. 받침부에 압축력이 작용하면 $T_{u,\max}$ 는 받침부에서 단면유효높이(d)만큼 떨어진 위치의 비틀림모멘트이다.

$$T_{u,\max} = \frac{w_u l}{2} - w_u x = 179.2 - 44.8 \times 0.635 = 150.8\,\mathrm{kN \cdot m} \tag{d}$$

③ 비틀림설계를 할 필요가 있는지 검토한다[식(8.32 a, b)].

$$T_u < \phi\left(\frac{\lambda\sqrt{f_{ck}}}{12}\right)\frac{A_{cp}^2}{p_{cp}} \tag{e}$$

$$A_{cp} = 400 \times 700 = 280{,}000\,\mathrm{mm}^2,\ p_{cp} = 2(400 + 700) = 2{,}200\,\mathrm{mm}$$

식(e)에서 $\phi\left(\frac{\lambda\sqrt{f_{ck}}}{12}\right)\frac{A_{cp}^{\ 2}}{p_{cp}} = 0.75\left(\frac{1\times\sqrt{24}}{12}\right)\frac{280{,}000^2}{2{,}200} = 10.9\,\text{kN}\cdot\text{m}$이며,

$T_{u,\max}$는 $150.8\,\text{kN}\cdot\text{m}$이므로 비틀림설계가 필요하다.

④ 평형비틀림과 적합비틀림을 구별한다. 적합비틀림일 경우에 계산한 최대 비틀림모멘트의 분포를 식(8.33a, b)에 맞추어 감소시킨다.

[예제 그림 8.2.1]의 장선구조 슬래브의 단부에서 발생하는 휨모멘트가 보에 비틀림모멘트를 유발한다. 보에 균열이 발생하여 비틀림강성이 감소할 경우에 슬래브에서 전달되는 비틀림모멘트가 감소하므로 이 경우는 적합비틀림으로 볼 수 있다. 따라서 최대 비틀림모멘트는 식(8.33a)에 의해 계산해야 한다.

$$T_u < \phi\left(\frac{\lambda\sqrt{f_{ck}}}{3}\right)\frac{A_{cp}^{\ 2}}{p_{cp}} \tag{f}$$

$$\phi\left(\frac{\lambda\sqrt{f_{ck}}}{3}\right)\frac{A_{cp}^{\ 2}}{p_{cp}} = 0.75\left(\frac{1\times\sqrt{24}}{3}\right)\frac{280{,}000^2}{2{,}200} = 43.6\,\text{kN}\cdot\text{m}$$

따라서 식(d)에서 계산한 최대 소요비틀림모멘트($T_{u,\max}$)는 $43.6\,\text{kN}\cdot\text{m}$가 되므로, 비틀림모멘트의 분포도 150.8/43.6 = 3.46배 만큼 감소하여 식(g)와 [예제 그림 8.2.2(d)]와 같이 바뀐다.

$$T_{ux} = \frac{t_u l}{2} - t_u x = 51.8 - 12.9x \tag{g}$$

⑤ 단면치수 제한을 검토한다[식(8.29a)].

$$\sqrt{\left(\frac{V_u}{b_w d}\right)^2 + \left(\frac{T_u p_h}{1.7A_{oh}^{\ 2}}\right)^2} \le \phi\left(\frac{V_c}{b_w d} + \frac{2}{3}\lambda\sqrt{f_{ck}}\right) \tag{h}$$

$$V_c = \frac{1}{6}\sqrt{f_{ck}}\,b_w d = \frac{1}{6}\times\sqrt{24}\times 400\times 635 = 207{,}390\,\text{N}$$

$$\sqrt{\left(\frac{314{,}300}{400\times 635}\right)^2 + \left(\frac{43{,}600{,}000\times 1{,}840}{1.7\times 189{,}100^2}\right)^2} \le 0.75\left(\frac{207{,}390}{400\times 635} + \frac{2}{3}\times 1\times\sqrt{24}\right)$$

$1.81\text{MPa} \le 3.06\text{MPa}$

여기서, $A_{oh} = 310\times 610 = 189{,}100\,\text{mm}^2$

$p_h = 2(310+610) = 1{,}840\,\text{mm}$

$$V_c = \frac{1}{6}\sqrt{f_{ck}}\,b_w d = \frac{1}{6}\sqrt{24}\times 400\times 635 = 207{,}390\,\text{N}$$

그러므로 단면은 충분히 크다.

⑥ 폐쇄스터럽의 배근 간격을 결정한다. 콘크리트 압축대의 각도를 45도로 가정하고, 식(8.39)를 이용하여 간격을 결정한다.

$$\frac{A_t}{s} = \frac{T_u}{\phi 2A_o f_{yt}}\tan\theta \tag{i}$$

식(i)에서 사인장균열의 각도는 45도로 가정한다. 이것은 부재축방향과 부재축과 직각되는 방향에 동일한 양의 비틀림철근을 배근함을 의미하며, 양 방향의 비틀림철근이 동시에 항복한 이후에 파괴되도록 설계하는 것이다.

$$\frac{A_t}{s} = \frac{43{,}600{,}000}{0.75\times 2\times 0.85\times 189{,}100\times 400} = 0.452$$

콘크리트의 전단강도와 전단철근 폐쇄스터럽 간격을 결정한다.

$$\phi V_c = \phi \frac{1}{6} \sqrt{f_{ck}}\, b_w d = 0.75 \times \frac{1}{6} \times \sqrt{24} \times 400 \times 635 = 155.5\,\mathrm{kN}$$

$$\frac{A_v}{s} = \frac{V_u - \phi V_c}{\phi \times f_{yt} \times d} = \frac{314{,}300 - 155{,}500}{0.75 \times 400 \times 635} = 0.834$$

⑦ 폐쇄스터럽의 최소 비틀림철근의 양과 간격을 계산한다[식(8.34)와 식(8.36)].

$$A_v + 2A_t = 0.0625 \sqrt{f_c{}'} \frac{b_w s}{f_{yt}} \tag{j}$$

$$\frac{A_v}{s} + \frac{2A_t}{s} = 0.0625 \sqrt{24} \frac{400}{400}$$

$$\frac{A_v}{s} + \frac{2A_t}{s} = 0.306$$

그러므로 계산된 전단과 비틀림모멘트를 저항하기 위한 폐쇄스터럽의 양은 최소 철근량 이상이 된다. 따라서 전단과 비틀림모멘트를 저항하기 위한 폐쇄스터럽의 양을 다음 식으로 계산한다.

$$\frac{A_v}{s} + \frac{2A_t}{s} = 0.834 + 2 \times 0.452 = 1.738 \tag{k}$$

식(k)를 이용하여 전단과 비틀림모멘트를 저항하기 위한 폐쇄스터럽의 간격을 계산한다(D10 철근 사용).

$$s = \frac{2 \times 71.3}{1.738} = 82.0\,\mathrm{mm} \tag{l}$$

계산된 폐쇄스터럽의 간격을 식(8.36)에 의해 검토한다.

$$s_{\max} = \left(\frac{p_h}{8},\ 300\,\mathrm{mm} \right) \text{ 중에서 작은 값} \tag{m}$$

$$= \left(\frac{1{,}840}{8}\mathrm{mm},\ 300\,\mathrm{mm} \right) = 230\,\mathrm{mm}$$

그러므로 전단과 비틀림 위험단면에서의 폐쇄스터럽의 간격은 82.0 mm가 되어야 한다.

⑧ 길이방향 비틀림철근의 배근 간격을 결정한다. ⑥에서 이용한 동일한 콘크리트 압축대의 각도를 이용하여 식(8.23)에서 길이방향 비틀림철근의 양을 계산하고 간격을 결정한다. 또한, 식(8.35)에 의하여 종방향 비틀림철근의 최소 면적($A_{l,\min}$)을 계산하고, 계산한 값을 식(8.23)에서 계산한 면적과 비교한다.

$$A_l = \frac{A_t}{s} p_h \frac{f_{yt}}{f_{yl}} \cot^2\theta \tag{n}$$

$$A_l = 0.452 \times 1{,}840 \times \frac{400}{400} \times 1 = 831.7\,\mathrm{mm}^2 \tag{o}$$

식(o)에 의하여 계산한 A_l 값을 식(8.35)의 종방향 비틀림철근의 최소 면적($A_{l,\min}$)과 비교한다.

$$A_{l,\min} = \frac{0.42\sqrt{f_{ck}}\, A_{cp}}{f_{yl}} - \left(\frac{A_t}{s} \right) p_h \frac{f_{yt}}{f_{yl}} \tag{p}$$

$$= \frac{0.42\sqrt{24} \times 280{,}000}{400} - 0.452 \times 1{,}840 \times \frac{400}{400} = 608.6\,\mathrm{mm}^2$$

배근해야 할 A_l 값은 $831.7\mathrm{mm}^2$이다. 보의 상단과 하단 및 중간의 세 곳에 각각 3-D19 (단면적 $A_s = 286.7\mathrm{mm}^2$)의 비틀림철근을 추가로 배근한다.

$$\frac{831.7}{3} = 277.2\,\mathrm{mm}^2$$

⑨ 구간별 폐쇄형스터럽의 간격을 계산한다.

[예제 그림 8.2.2]에서 전단력과 비틀림모멘트는 부재의 길이에 따라서 변화한다. 그러므로 보다 경제적인 설계를 위해서는 부재의 구간에 따라서 폐쇄형스터럽의 간격을 조절할 수 있다.

식(g)에 1.5를 대입하여 지점에서 1.5 m 위치의 스터럽의 간격을 계산한다.

$$T_{ux} = \frac{t_u l}{2} - t_u x = 51.8 - 12.9x = 32.5\,\text{kN} \cdot \text{m} \tag{q}$$

$$\frac{A_t}{s} = \frac{32{,}500{,}000}{0.75 \times 2 \times 0.85 \times 189{,}100 \times 400} = 0.337 \tag{r}$$

식(a)에 1.5를 대입하여 전단력을 계산한다.

$$V_{u,\max} = \frac{w_u l}{2} - w_u x = 373.6 - 93.4 \times 1.5 = 233.5\,\text{kN}$$

전단철근 폐쇄스터럽 간격을 결정한다.

$$\frac{A_v}{s} = \frac{V_u - \phi V_c}{\phi \times f_{yt} \times d} = \frac{233{,}500 - 155{,}500}{0.75 \times 400 \times 635} = 0.409$$

계산된 값은 최소 폐쇄형스터럽의 양보다 많으므로, 폐쇄스터럽의 간격을 계산할 수 있다(D10 철근 사용).

$$\frac{A_v}{s} + \frac{2A_t}{s} = 0.409 + 2 \times 0.337 = 1.083$$

$$s = \frac{2 \times 71.3}{1.083} = 131.7\,\text{mm}$$

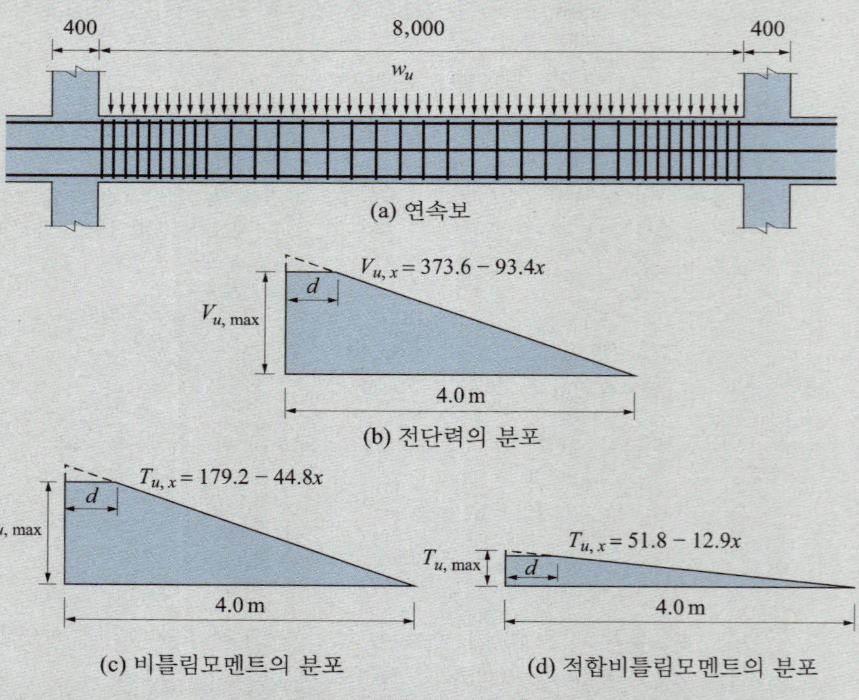

[예제 그림 8.2.2] 철근 배근, 전단력과 비틀림모멘트 분포(이정윤, 2020)

앞에서 계산한 스터럽 간격은 식(m)에서 계산한 간격 이상이므로 이 간격으로 배근해야 한다. 전단에 대한 스터럽의 최대 간격은 다음과 같다.

$$s_{max} = \min\left(\frac{2\times 71.3\times 400}{0.35\times 400},\ \frac{635}{2},\ 600\,\text{mm}\right) = \min(407.4,\ 317.5,\ 600\,\text{mm}) \quad \text{(s)}$$

그러므로 스터럽의 최대 간격(s_{max})은 317.5 mm이며, 이 값은 식(m)에서 계산한 폐쇄형 비틀림 스터럽의 최대 간격 230 mm보다 크다.

⑩ 131.7 mm의 간격으로 폐쇄형스터럽을 배근한다.

8.6 변형률적합 트러스모델에 의한 비틀림거동 평가

8.6.1 기본 이론

전단을 받는 부재에 트러스모델을 적용할 경우에 균열각도를 힘의 평형조건만으로 정확하게 계산하는 것은 어렵다. 따라서 전단설계에서는 재료메커니즘을 활용한 변형률적합 트러스모델에서 균열각도를 계산한다. 순수비틀림을 받는 부재의 경우에는 힘의 평형조건에서 유도한 수직방향과 수평방향의 철근의 양에 대한 비율인 식(8.24)에 의해 비틀림균열각도를 계산할 수 있다. 그러므로 비틀림 내력의 관점에서는 변형률적합 트러스모델을 적용할 필요가 없지만 균열이 발생한 이후의 비틀림 거동 전체를 파악하기 위해서는 변형률적합 트러스모델을 활용해야 한다.

[그림 8.13(a)]의 속빈단면 부재에 비틀림모멘트가 작용하고 있다. 비틀림모멘트는 단면의 4면에 입체트러스를 형성하지만 해석에서는 단면 두께 t를 중심으로 한 면을 중심으로 해석한다. 한 면의 평면트러스의 응력상태는 [그림 8.13(b)]와 같다.

주응력방향(1, 2-방향)과 철근방향(l, t-방향)의 응력간의 관계는 식(8.58)～식(8.60)이 된다. 이 식은 식(3.1)～식(3.3)과 동일하다.

$$f_l = f_2^c \cos^2\theta + f_1^c \sin^2\theta + \rho_l f_{ls} \quad \text{식(3.1)과 동일} \qquad (8.58)$$

$$f_t = f_2^c \sin^2\theta + f_1^c \cos^2\theta + \rho_t f_{ts} \quad \text{식(3.2)와 동일} \qquad (8.59)$$

$$v_{lt} = \left(-f_2^c + f_1^c\right)\sin\theta\cos\theta \quad \text{식(3.3)과 동일} \qquad (8.60)$$

여기서, ρ_l, ρ_t는 l-과 t-방향에 배근된 폐쇄형 비틀림 철근비이며, 식(8.25a, b)에 의해 계산해야 한다. 식(8.60)에서 계산된 전단응력(v_{lt})은 식(8.19)에 의해 비틀림내력(T)으로 변환할 수 있다.

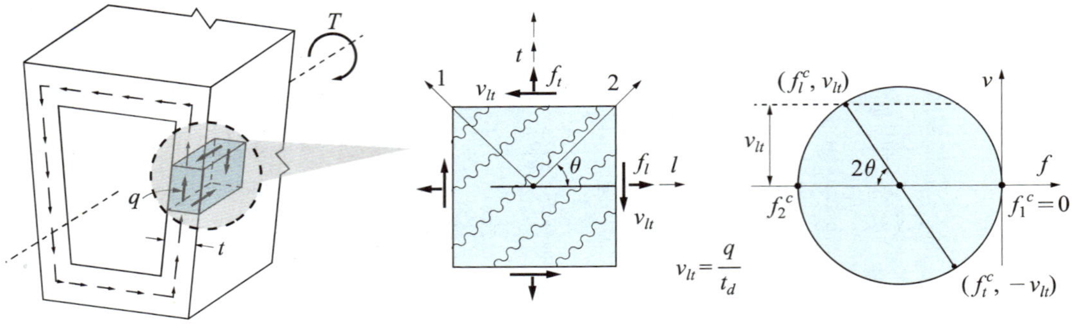

(a) 박판 튜브　　(b) 박판 응력 상태　　(c) 모어의 응력원

[그림 8.13] 박판튜브의 응력과 모어의 응력원

콘크리트 주압축변형률(2-방향)과 주인장변형률(1-방향)은 식(8.61)~식(8.63)과 같이 사인장균열의 각도(θ)만큼 떨어진 l-방향과 t-방향의 변형률로 전환할 수 있다. 이 식은 3장의 식(3.40)~식(3.42)와 동일하다.

$$\varepsilon_l = \varepsilon_2 \cos^2\theta + \varepsilon_1 \sin^2\theta \qquad \text{식(3.40)과 동일} \tag{8.61}$$

$$\varepsilon_t = \varepsilon_2 \sin^2\theta + \varepsilon_1 \cos^2\theta \qquad \text{식(3.41)과 동일} \tag{8.62}$$

$$\frac{\gamma_{lt}}{2} = (-\varepsilon_2 + \varepsilon_1)\sin\theta\cos\theta \qquad \text{식(3.42)와 동일} \tag{8.63}$$

여기서, ε_l, ε_t : l-과 t-방향의 철근의 평균변형률

ε_1, ε_2 : 콘크리트 주인장응력(제1방향)의 방향 및 주압축응력 방향(제2방향)의 평균변형률

γ_{lt} : $l-t$ 방향의 전단변형률

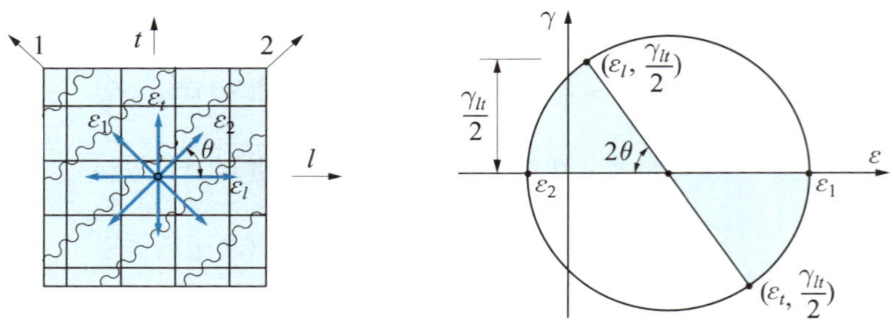

(a) 박판의 변형률 상태　　(b) 모어의 변형률원

[그림 8.14] 박판튜브의 변형률과 모어의 변형률원

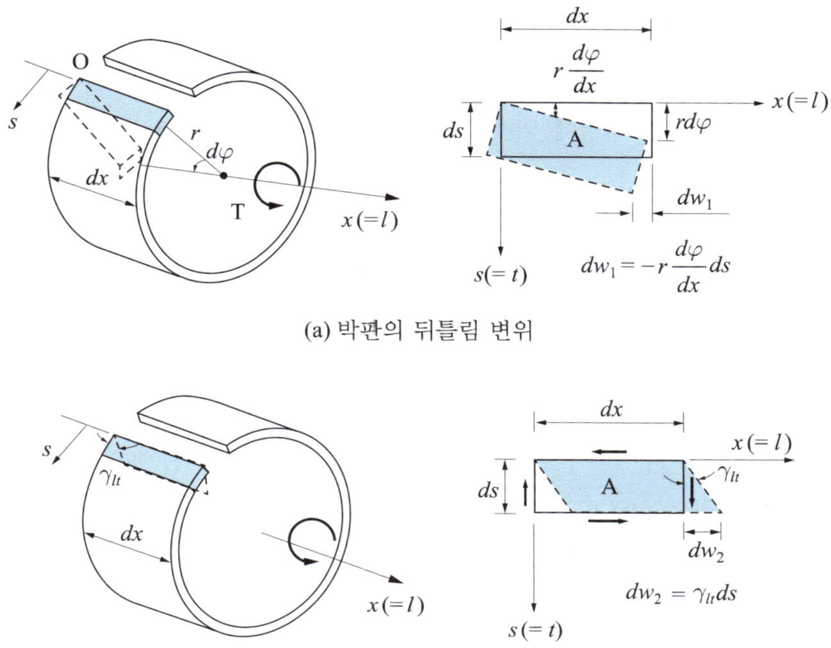

(a) 박판의 뒤틀림 변위

(b) 박판의 전단 변형

[그림 8.15] 박판의 뒤틀림 변형

Navier의 탄성이론(1826)에서 사용한 [그림 8.6]의 원형관에 박판이론을 적용할 경우에 [그림 8.15]와 같이 두께가 매우 얇은 관으로 생각할 수 있다. 원통 관을 길이 방향(x-방향)으로 짧은 길이 dx 만큼 절단하였다. 폐쇄된 이 원통 관(closed section)이 만일 [그림 8.15]와 같이 잘라졌다고 하면(open section) 이 관에 작용하는 비틀림모멘트에 의해 [그림 8.15a, b]의 두 가지 변형이 발생한다. 첫 번째는 [그림 8.15a]의 뒤틀림 변위(warping displacement)이며, 두 번째는 [그림 8.15b]의 전단 변형(shear deformation)이다. 뒤틀림 변위는 단면 원의 중심점을 기준으로 $d\varphi \cdot r$ 만큼 발생하므로 절단된 면의 O점을 중심으로 발생하는 회전각은 $d\varphi \cdot r/dx$가 된다. 그러므로 원통 방향(t-방향)으로 발생하는 변위는 절단한 길이를 곱하여 식(8.64)에서 구할 수 있다.

$$dw_1 = -\bar{r}\frac{d\varphi}{dx}ds = -\bar{r}\psi\, ds \tag{8.64}$$

여기서, $\bar{r}$: 부재축에서 떨어진 거리

dx : x-방향의 작은 길이

φ : 비틀림회전각

$d\varphi$: 비틀림회전각의 증분

ψ : 비틀림회전각 φ의 변화율, 즉 단위길이에 대한 비틀림회전각($\psi = d\varphi/dx$)

한편 전단 변형에 의해 [그림 8.15b]에서 식(8.65)의 변위가 발생하게 된다.

$$dw_2 = \gamma_{lt} \cdot ds \tag{8.65}$$

따라서 전체 뒤틀림 변형은 식(8.64)와 식(8.65)를 더한 값인 식(8.66)이 된다.

$$dw = dw_1 + dw_2 = -\bar{r}\psi\, ds + \gamma_{lt}\, ds \tag{8.66}$$

여기서 만일 단면이 절단되지 않고 닫힌 단면(closed section)의 경우에는 이러한 뒤틀림 변형이 "0"이 되어야 한다. 따라서 식(8.66)을 전체 길이로 적분하여 계산한 뒤틀림 변형은 식(8.67)과 같이 "0"이 된다.

$$\int_s dw = -\psi \int_s \bar{r}\, ds + \int_s \gamma_{lt}\, ds = 0 \tag{8.67}$$

식(8.67)에서 $\bar{r}$는 비틀림응력이 가장 크게 발생하는 거리, 즉 비틀림 회전 중심에서 가장 먼 거리 r로 대체한다. 또한 [그림 8.9]의 박판 튜브에서 $\int_s r\, ds$는 $2A_o$로 대체할 수 있다.

$$\int_s \gamma_{lt}\, ds = 2A_o\psi \tag{8.68}$$

여기서 박판의 두께가 일정할 경우에 전단응력(τ_{lt})과 전단변형률(γ_{lt})도 일정하다. 또한 $\int_s ds$는 전단흐름의 둘레길이인 식(8.22)의 전단흐름의 둘레 길이 p_h와 동일하다.

$$\gamma_{lt}\int_s ds = 2A_o\psi$$

$$\psi = \frac{p_h}{2A_o}\gamma_{lt} \tag{8.69}$$

8.6.2 재료의 구성법칙(응력 - 변형률 곡선)

트러스모델에 기반한 식(8.58)~식(8.60)과 식(8.61)~식(8.63)을 이용하여 비틀림거동을 예측하기 위해서는 평형조건과 적합조건을 연결해 주는 재료의 구성법칙(응력-변형률 곡선)이 필요하다.

① 콘크리트의 주압축응력－주압축변형률 관계($f_2^c - \varepsilon_2$)

② 콘크리트의 주인장응력－주인장변형률 관계($f_1^c - \varepsilon_1$)

③ l-방향(부재축방향) 철근의 응력－변형률 관계($f_l - \varepsilon_l$)

④ t-방향(부재축방향) 철근의 응력－변형률 관계($f_t - \varepsilon_t$)

위의 네 가지 구성법칙은 3장에서 설명한 변환각연화트러스모델이나 수정압축장이론의 구성법칙을 사용할 수 있다.

예제 8.3

[예제 그림 4.1.1]의 철근콘크리트 단면에 비틀림철근으로 횡방향비틀림철근 $A_t/s = 1.04$ mm과 종방향비틀림철근량 $A_l = 3{,}619.2\text{mm}^2$을 배근하였다. 콘크리트의 압축강도 $f_{ck} = 24\,\text{MPa}$, 철근의 설계기준항복강도 $f_y = 400\,\text{MPa}$이다. 이 단면이 순수비틀림을 받을 경우에 비틀림강도를 계산하라.

① KDS 14 국가건설기준

② 적합조건을 이용한 트러스모델

[풀이 : KDS 14 국가건설기준]

식(8.27)에서 비틀림내력을 계산한다.

$$T_n = 2\frac{A_o A_t f_{yt}}{s}\cot\theta = 2\times 0.104\times(0.85\times 754{,}400)\times 400\times\cot(45) = 533.52\text{ kN}\cdot\text{m}$$

여기서

$A_o = 0.85A_{oh}$

$A_{oh} = 920\times 820 = 754{,}400\text{mm}^2$

$A_{cp} = 1{,}000\times 900 = 900{,}000\text{mm}^2$

$p_h = 2(920+820) = 3{,}480\text{mm}$

$$\cot^2\theta = \frac{\rho_l f_{yl}}{\rho_t f_{yt}} = \frac{0.004\times 400}{0.004\times 400} = 1$$

$$\rho_t = \frac{A_t\cdot p_h}{s\cdot A_g} = 1.04\times\frac{3{,}480}{900{,}000} = 0.004$$

$$\rho_l = \frac{A_l}{A_g} = \frac{3{,}619.2}{900{,}000} = 0.004$$

[풀이 : 적합조건을 이용한 트러스모델]

① 콘크리트의 주압축변형률(ε_2)을 정한다. 주압축방향 변형률은 “0”에 근접한 값에서 점점 감소시킨다. 여기서는 어느 한 점에 대한 결과를 비교하기 위하여 $\varepsilon_2 = -0.000101$에 대한 결과를 살펴보았다.

② 콘크리트의 주인장변형률(ε_1)을 가정한다. $\varepsilon_2 = -0.000101$에 수렴하는 $\varepsilon_1 = 0.002511$이었다.

③ ξf_{ck} , f_2^c, f_1^c을 식(3.44), 식(3.45), 식(3.47)에서 계산한다.

$$\frac{5.8}{\sqrt{f_{ck}}} = \frac{5.8}{\sqrt{24}} = 1.18 \leqq 0.9$$

$$\xi = \frac{5.8}{\sqrt{f_{ck}}} \frac{1}{\sqrt{1+400\varepsilon_1}} = 0.9 \times \frac{1}{\sqrt{1+400\times 0.002511}} = 0.6357$$

$$\xi f_{ck} = 0.6357\times(-24) = -15.26\,\text{MPa}$$

$$f_2^c = \xi f_{ck}\left[2\frac{\varepsilon_2}{\xi\varepsilon_{co}} - \left(\frac{\varepsilon_2}{\xi\varepsilon_{co}}\right)^2\right] = -15.27\left(2\frac{-0.000101}{0.6357\times(-0.002)} - \left(\frac{0.000101}{0.6357\times(-0.002)}\right)^2\right)$$

$$= -2.32\,\text{MPa}$$

$$f_1^c = f_{cr}\left(\frac{\varepsilon_{cr}}{\varepsilon_1}\right)^{0.4} = 1.52\left(\frac{0.00008}{0.002511}\right)^{0.4} = 0.384\,\text{MPa}$$

$$f_{cr} = 0.311\sqrt{f_{ck}} = 0.311\sqrt{24} = 1.52\,\text{MPa}$$

④ ε_t, f_{ts}을 식(3.49), 식(3.50)에서 계산한다.

$$\varepsilon_t = \varepsilon_1 + \frac{\varepsilon_1 - \varepsilon_2}{f_1^c - f_2^c}\left(f_t - f_1^c - \rho_t f_{ts}\right) = 0.00121$$

계산한 값을 평균 항복변형률(ε_{ytn})과 비교한다.

$\varepsilon_t > \varepsilon_{ytn}$ 이므로 식(3.49b)에서 ε_t와 f_{ts}를 계산한다.

$$f_{ts} = \left[0.91 - \frac{2}{\rho}\left(\frac{f_{cr}}{f_{yt}}\right)^{1.5}\right] f_{yt} + \left[0.02 + 0.25\frac{1}{\rho}\left(\frac{f_{cr}}{f_{yt}}\right)^{1.5}\right] E_s \cdot \left(\varepsilon_1 + \frac{\varepsilon_1 - \varepsilon_2}{f_1^c - f_2^c}\left(f_t - f_1^c - \rho_t f_{ts}\right)\right)$$

$$= 241.57\,\text{MPa}$$

⑤ ε_l , f_{ls}를 식(3.48), 식(3.51)에서 계산한다.

$$\varepsilon_l = \varepsilon_1 + \frac{\varepsilon_1 - \varepsilon_2}{f_1^c - f_2^c}\left(f_l - f_1^c - \rho_l f_{ls}\right) = 0.00121$$

계산한 값을 평균 항복변형률(ε_{yln})과 비교한다.

$\varepsilon_l > \varepsilon_{yln}$ 이므로 식(3.48b)를 이용하여 ε_l과 f_{ls}를 계산한다.

$$f_{ls} = \left[0.91 - \frac{2}{\rho}\left(\frac{f_{cr}}{f_{yl}}\right)^{1.5}\right] f_{yl} + \left[0.02 + 0.25\frac{1}{\rho}\left(\frac{f_{cr}}{f_{yl}}\right)^{1.5}\right] E_s \cdot \left(\varepsilon_1 + \frac{\varepsilon_1 - \varepsilon_2}{f_1^c - f_2^c}\left(f_l - f_1^c - \rho_l f_{ls}\right)\right)$$

$$= 241.57\,\text{MPa}$$

⑥ ε_{1c}를 계산하고 가정한 ε_1과 비교한다.

$$\varepsilon_{1c} = \varepsilon_l + \varepsilon_t - \varepsilon_2 = 0.00121 + 0.00121 - (-0.000101) = 0.002521$$

가정한 $\varepsilon_1 = 0.002511$와 계산한 값이 거의 유사하므로 다음 단계로 이동한다.

⑦ 균열각도 θ를 계산한다.

$$\varepsilon_t = \varepsilon_2\sin^2\theta + \varepsilon_1\cos^2\theta = \frac{\varepsilon_1 + \varepsilon_2\tan^2\theta}{1+\tan^2\theta}$$

$$\theta = 45.0^\circ$$

⑧ 전단변형률(γ_{lt})과 전단응력(v_{lt})을 식(3.3)과 식(3.42)에서 계산한다.

$$v_{lt} = \left(-f_2^c + f_1^c\right)\sin\theta\cos\theta = (2.32+0.384)\sin(45)\cos(45) = 1.35\,\text{MPa}$$

$$\frac{\gamma_{lt}}{2} = (-\varepsilon_2 + \varepsilon_1)\sin\theta\cos\theta$$

$$\gamma_{lt} = (0.000101 + 0.002511)\sin(45)\cos(45) \times 2 = 0.002612$$

⑨ 비틀림모멘트(T)와 비틀림회전각(ψ)을 식(8.19)와 식(8.61)에서 계산한다.

$$T = v_{lt} \cdot 2A_o t = 1.35 \times 2 \times 0.85 \times 754{,}400 \times 200 = 346.27\ \text{kN} \cdot \text{m}$$

$$\psi = \frac{p_h}{2A_o}\gamma_{lt} = \frac{3{,}480}{2 \times 0.85 \times 754{,}400} 0.02612 = 7.088 \times 10^{-6}$$

$$t = \frac{A_{oh}}{p_h} = \frac{754{,}400}{3{,}480} = 216.8\,\text{mm} \leqq 200\,\text{mm}$$

$$A_o = A_{oh}$$

⑩ 콘크리트의 주압축응력(f_2^c)과 콘크리트의 유효압축강도(ξf_{ck})를 비교한다. f_2^c가 2.32 MPa로 ξf_{ck}의 15.27 MPa에 도달하지 못했으니 첫 번째 단계로 돌아가서 콘크리트의 주압축변형률(ε_2)을 음의 방향으로 증가시킨다.

이러한 과정을 통하여 계산한 결과를 [예제 그림 8.3.1]에 표시하였다. 비틀림모멘트(T)와 비틀림회전각(ψ)은 크게 세 가지 점으로 구분된다. 즉, 사인장균열이 발생하기 전, 발생 이후, 철근의 항복 이후의 세 구간이다. 사인장균열이 발생한 이후에 T-ψ 곡선의 기울기는 감소하며, 철근이 항복한 이후에 비틀림모멘트는 완만한 기울기로 증가한다. 비틀림강도에 도달하는 것은 [예제 그림 3.1.2(c)]과 동일하게 콘크리트의 주압축응력(f_2^c)이 콘크리트의 유효압축강도(ξf_{ck})에 도달했을 때이다. ξf_{ck}는 철근이 항복한 이후에 더 급하게 감소한다. [예제 그림 8.3.1(b)]에서 균열각도(θ)는 45도로 일정하다. 그 이유는 부재축방향(l방향)과 횡방향(t방향)에 배근된 비틀림철근비가 동일하기 때문이다. [예제 그림 8.3.1(d)]에서 콘크리트의 인장강도는 약 1.5 MPa이며, 인장강도에 도달 한 후에 일정한 기울기로 감소한다. 비틀림철근비가 동일한 l-방향과 t-방향 철근의 응력-변형률 관계는 동일하다. 철근은 항복한 이후에도 일정한 기울기로 계속해서 증가하여 부재 파괴시에 500 MPa을 초과하고 있다.

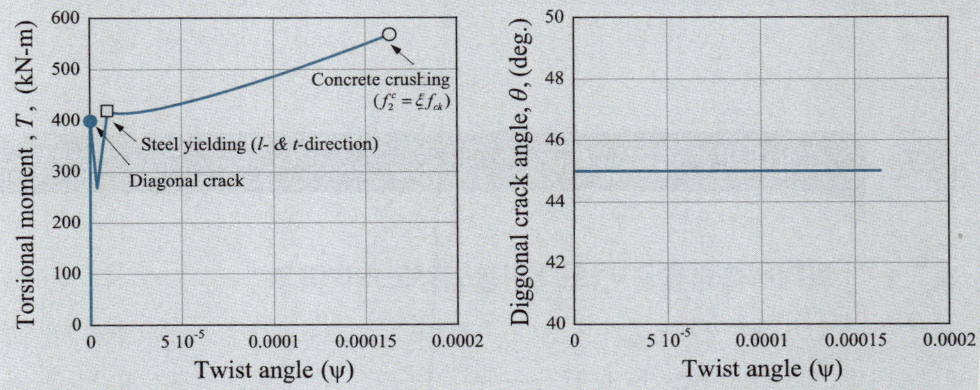

(a) Ψ-T (b) Ψ-θ

[예제 그림 8.3.1] 트러스모델에 의한 비틀림거동 예측

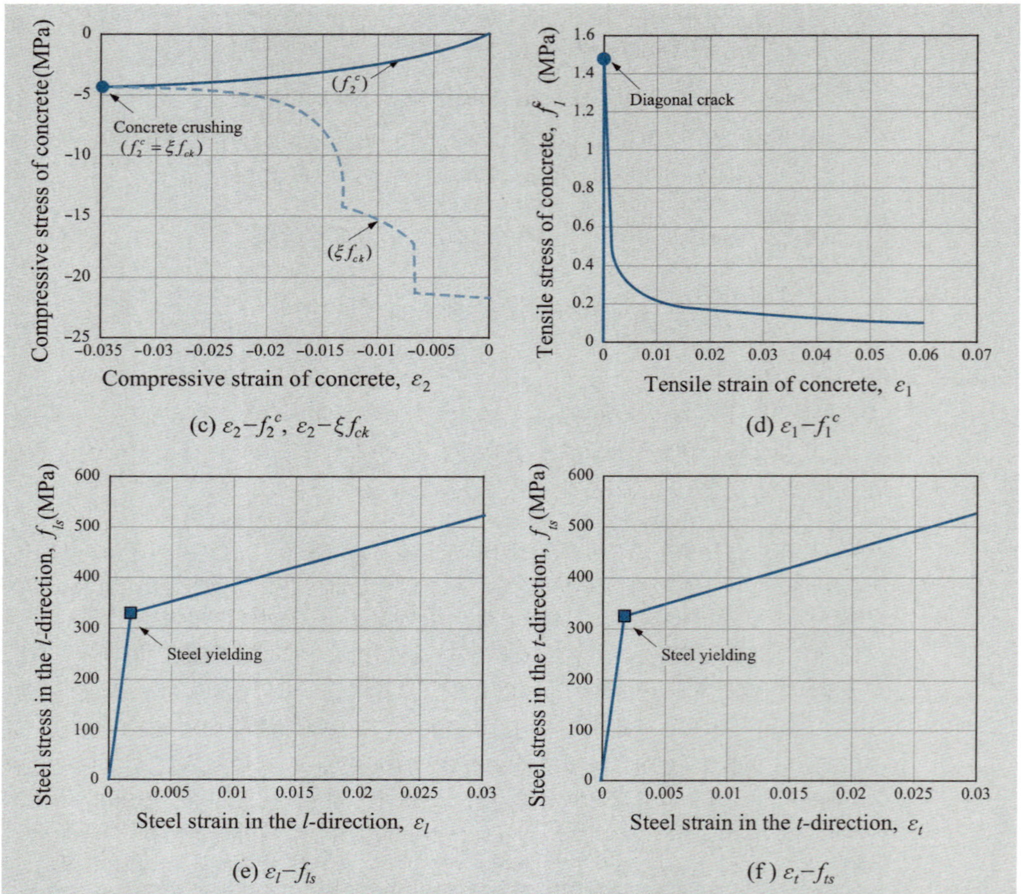

(예제 그림 8.3.1 계속)

8.7 최대비틀림철근비

8.7.1 최대비틀림철근비(최대비틀림강도)의 비교

KDS 14 국가건설기준, ACI 318-19기준, 도로교설계기준(한계상태설계법), EC-04기준, CSA-14기준, JSCE-07기준에서 사용되고 있는 비틀림내력 평가식은 거의 동일하지만 최소비틀림보강철근, 최대비틀림보강철근, 최대철근간격 등과 같은 철근 상세에 대한 규정은 상이하다.

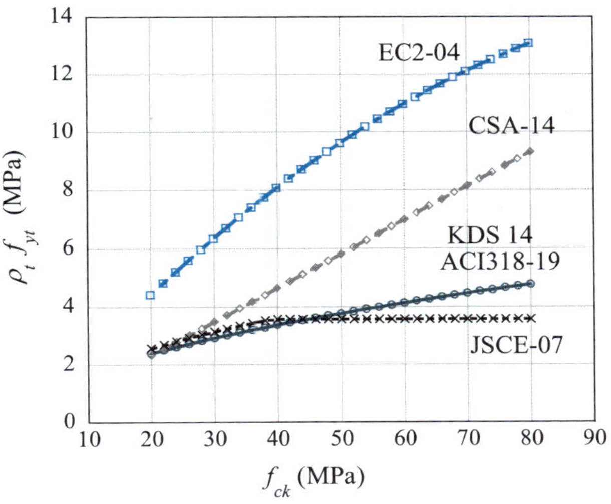

[그림 8.16] 최대비틀림철근비 비교

[표 8.2] 최대비틀림강도와 최대비틀림철근비의 비교

기 준	최대비틀림강도 / 최대비틀림철근비
KDS 14 국가건설기준 ACI318-19	$T_{n,\max} = \dfrac{5}{6}\sqrt{f_{ck}}\dfrac{1.7A_{oh}^2}{p_h}$
	$\rho_{t,\max} = \dfrac{5}{6}\dfrac{\sqrt{f_{ck}}}{f_{yt}}\dfrac{A_{oh}}{A_g}\tan\theta$
도로교설계기준 EC2-04기준	$T_{n,\max} = 2\xi f_{ck} A_o \dfrac{A_g}{p_{cp}}\sin\theta \cdot \cos\theta$
	$\rho_{t,\max} = \dfrac{\xi f_{ck}}{f_{yt}}\dfrac{p_h}{p_{cp}}\sin^2\theta$
CSA-14기준	$T_{n,\max} = 0.25 f_{ck}\dfrac{1.7A_{oh}^2}{p_h}$
	$\rho_{t,\max} = 0.25\dfrac{f_{ck}}{f_{yt}}\dfrac{A_{oh}}{A_g}\tan\theta$
JSCE-07기준	$T_{n,\max} = K_t f_{wcd}\dfrac{A_o}{A_{oh}}$
	$\rho_{t,\max} = \dfrac{1}{2}\dfrac{K_t f_{wcd}}{f_{yt}}\dfrac{p_h}{A_{oh}A_g}\tan\theta$

[그림 8.16]과 [표 8.2]에 각 기준에 규정된 최대비틀림철근비와 최대비틀림강도를 비교하였다. 표에서 KDS 14 국가건설기준의 최대비틀림철근비는 다음과 같이 유도할 수 있다. 식(8.29)의 속찬단면과 속빈단면의 제한식에서 순수비틀림만이 작용할 경우에 식(8.29a, b)는 식(8.70)으로 변경된다.

$$\left(\frac{T_u p_h}{1.7 A_{oh}^2}\right) \leqq \phi\left(\frac{V_c}{b_w d} + \frac{2}{3}\sqrt{f_{ck}}\right) \tag{8.70}$$

식(8.70)의 $V_c = 1/6\sqrt{f_{ck}}\, b_w\, d$로 하며, 강도감소계수 $\phi = 1$, 비틀림강도 $T_u = T_n$로 변경한 후에 식(8.70)에 식(8.27)을 대입하여 식(8.71)을 구한다.

$$\frac{A_t\, p_h}{s}\frac{2}{1.7}\frac{A_o}{A_{oh}} \leqq \frac{5}{6}\frac{\sqrt{f_{ck}}}{f_{yt}} A_{oh}\tan\theta \tag{8.71}$$

폐쇄형 비틀림철근의 철근비(ρ_t)는 식(8.25a)의 $\rho_t = A_t \cdot p_h / (s \cdot A_g)$을 사용한다. 식(8.28)에서 $A_o = 0.85 A_{oh}$이므로 최대비틀림철근비는 식(8.72)가 된다.

$$\rho_{t,\max} \leqq \frac{5}{6}\frac{\sqrt{f_{ck}}}{f_{yt}}\frac{A_{oh}}{A_g}\tan\theta \tag{8.72}$$

[그림 8.16]에서 기준식들의 최대 비틀림철근량에는 차이가 있음을 알 수 있다. 예를 들어, 콘크리트 압축강도가 40 MPa일 때 KDS 14 국가건설기준, 도로교설계기준(한계상태설계법), CSA-14, JSCE-07는 각각 3.37 MPa, 8.06 MPa, 4.65 MPa, 3.58 MPa로 차이가 있다. 도로교설계기준과 CSA-14기준에서는 콘크리트 압축대와 비틀림철근의 힘의 평형을 이용하여 최대비틀림강도를 계산한다. 그러나 KDS 14 국가건설기준과 JSCE-07기준에서는 경험적인 결과에 근거한 평가식에 의해 최대비틀림강도를 계산한다.

구조설계기준에서 최대비틀림강도를 제한하는 이유는 4.5절의 최대전단강도 제한과 동일하게 다음과 같은 이유 때문이다.

① **비틀림철근의 항복 유도** : 최대철근비 이상으로 철근을 배근할 경우에 비틀림철근이 항복하지 않고 복부 콘크리트가 압축파괴할 수 있다. 이 경우에 부재는 매우 취성적으로 파괴될 수 있으며, 비틀림철근이 항복하지 않은 상태에서 부재는 최대내력에 도달하게 되어 현 기준의 비틀림철근 내력 평가식을 사용할 경우에 실제 강도를 과대평가할 수 있다.

② **사인장균열 폭의 제어** : 비틀림철근비가 증가하면 사인장균열의 폭이 증가한다.

③ **경제성** : 철근의 양이 일정값 이상으로 증가하여도 비틀림강도가 비례해서 증가하지 않는다. 전단과 비틀림의 경우에는 스터럽의 양이 증가하면 사인장균열의 각도도 증가하기 때문에 스터럽의 역할이 상대적으로 감소하며 비틀림내력이 거의 원의 형태로 증가하게 된다.

최대비틀림강도에 대한 제한이 부적절할 경우에 비틀림압축파괴(비틀림철근이 항복하기 이전에 복부 콘크리트가 압축파괴)가 발생하거나 비경제적인 설계를 하기 쉽다.

8.7.2 트러스모델에 근거한 최대비틀림철근비의 유도

각 기준에 대한 비교에서 경험식에 근거하는 KDS 14 국가건설기준, ACI318-19기준, JSCE-07기준의 최대전단철근비는 도로교설계기준(한계상태설계법), EC2-04기준, CSA-14기준, JSCE-07기준의 값에 비하여 낮다. 도로교설계기준(한계상태설계법), EC2-04기준, CSA-14기준은 트러스모델에 근거하여 최대비틀림철근비를 유도하고 있다. 사인장균열이 발생한 [그림 8.10]의 트러스모델에서 최대비틀림철근비는 비틀림철근이 항복함과 동시에 복부 콘크리트가 압축파괴에 도달하는 비틀림균형파괴시의 철근비를 의미한다. 따라서 트러스모델 평형조건 중의 하나인 식(8.21)의 수직방향 힘과 대각 콘크리트 스트럿의 수직방향 분력의 평형 조건으로 식(8.73)을 유도할 수 있다.

$$2\frac{A_{oh}A_t f_t}{s}\cot\theta = 2(-f_2^c + f_1^c)A_{oh}\frac{A_g}{2(x+y)}\sin\theta \cdot \cos\theta \tag{8.73}$$

식(8.73)을 정리하여 식(8.74)를 유드한다. 여기서 폐쇄형 비틀림철근의 철근비(ρ_t)는 식(8.25a)의 $\rho_t = A_t \cdot p_h/(s \cdot A_g)$이다.

$$\rho_t f_t = (-f_2^c + f_1^c)\frac{p_h}{p_{cp}}\sin^2\theta \tag{8.74}$$

최대비틀림철근비는 비틀림철근이 항복함과 동시에 복부 콘크리트가 압축파괴에 도달하는 비틀림균형파괴시의 철근비를 의미하므로 식(8.74)에서 콘크리트의 주압축응력(f_2^c) 대신에 콘크리트의 유효압축강도(ξf_{ck})를 대입하고, 비틀림철근의 응력(f_t) 대신에 항복강도(f_{yt})를 대입할 수 있다. 따타서 식(8.74)를 최대비틀림철근비($\rho_{t,\max}$)의 조건을 이용하여 식(8.75)로 변환한다.

$$\rho_{t,\max} = \frac{1}{f_{yt}}(-\xi f_{ck} + f_1^c)\frac{p_h}{p_{cp}}\sin^2\theta \tag{8.75}$$

식(8.75)에서 유도된 최대전단철근비를 구하기 위해서는 다음과 같이 콘크리트 강도감소계수(ξ), 콘크리트 압축대의 각도(θ), 콘크리트의 주인장응력(f_1^c)을 계산해야 한다.

① 콘크리트 강도감소계수(ξ)

4.5절에서도 설명하였듯이 ε_1값을 포함하고 있는 평가식이 더 정확한 것으로 알려져 있지만 이들 식을 설계식에 반영하는 것은 어렵다. 그 이유는 파괴시 또는 철근항복시의 주인장변형률(ε_1)을 계산하는 것이 쉽지 않기 때문이다. 도로교설계기준(한계상태설계법)에서는 식(3.18)의 EC2-04기준의 유효압축강도를 사용하고 있으므로 콘크리트의 강도만을 변수로 사용하는 $\xi = 0.6(1 - f_{ck}/250)$을 선택할 경우 비교적 쉽게 최대전단철근비 계산이 가능하다.

② 사인장균열의 각도(θ)

전단력을 받는 부재의 경우에는 균열의 각도를 예측하는 것이 어렵지만, 비틀림이 작용하는 입체트러스의 경우에는 식(8.24)에 의해 비틀림균열각도를 계산할 수 있으므로, 이 값을 식(8.75)에 적용한다.

③ 콘크리트의 인장강도(f_1^c)

기준의 비틀림강도 평가식에서는 식(8.75)의 두 번째 항에 포함된 콘크리트의 인장강도를 고려하지 않으므로 이를 반영하지 않는다.

8.7.3 입체트러스와 평면트러스의 차이

전단과 비틀림을 받는 부재의 설계는 모두 트러스모델에 기반을 두고 있다. 설계에서는 전단철근과 비틀림철근의 항복강도와 최대철근량에 대한 제한도 동일하게 제한한다. 그러나 전단력을 받는 부재의 트러스모델과 비틀림을 받는 부재의 트러스모델에는 다음의 차이가 있다.

▌압축영역의 유무

전단력을 받는 부재는 항상 휨모멘트가 동시에 작용한다. [그림 3.1]에서 설명하였듯이 전단력이 작용하는 보의 트러스모델은 단면의 위치에 따라서 달라지는 휨응력과 전단응력의 분포가 단순화되어 유도되었다. 즉, 단면의 상현재와 하현재는 휨응력에만 저항하며, 수평전단응력은 복부 콘크리트에 일정하게 분포한다고 가정하였다. 그러나 실제 부재의 휨응력과 전단응력의 분포는 [그림 8.17]의 응력분포에서 알 수 있듯이 단면의 상부는 휨압축응력과 전단응력이 동시에 작용하지만, 단면의 하부는 휨인장응력과 전단응력이 동시에 작용한다. 휨균열은 단면의 하부에서 사인장균열로 변환하여 진전하다가 단면 상부의 압축응력대에 도달하게 되면 진전이 느려지거나 균열의 각도가 작아진다. 이러한 경향은 [그림 8.17(a)]의 실험에서 관찰된 균열 형상에서도 쉽게 살펴볼 수 있다. 결국 부재의 상부 콘크리트 요소에는 휨모멘트에 의한 압축응력대가 형성되며, 압축응력대는 복부 콘크리트의 강도를 증대시키는 역할을 하게 된다. 결과적으로 최대전단철근비는 이론으로 유도된 평형식의 계산 결과보다 증대할 수 있다.

한편 순수비틀림을 받는 부재의 경우에는 [그림 8.18]과 같이 단면에 일정한 크기의 전단흐름이 발생하면서 단면 전체에 균등한 전단응력이 발생한다. 또한 휨모멘트가 작용하지 않기 때문에 휨응력에 의한 압축대가 형성되지 않는다. 따라서 복부 콘크리트의 압축강도는 휨압축응력의 영향을 받지 않게 되며, 최대비틀림철근비($\rho_{t,\max}$)에도 영향을 미친다.

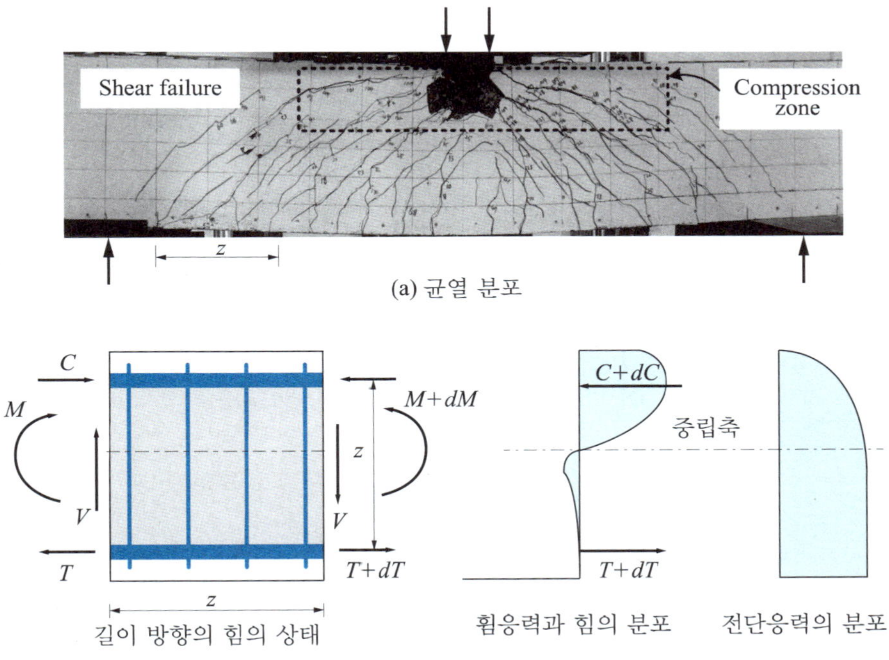

(a) 균열 분포

(b) 휨응력과 전단응력 분포

[그림 8.17] 전단력을 받는 부재의 균열 분포와 압축대

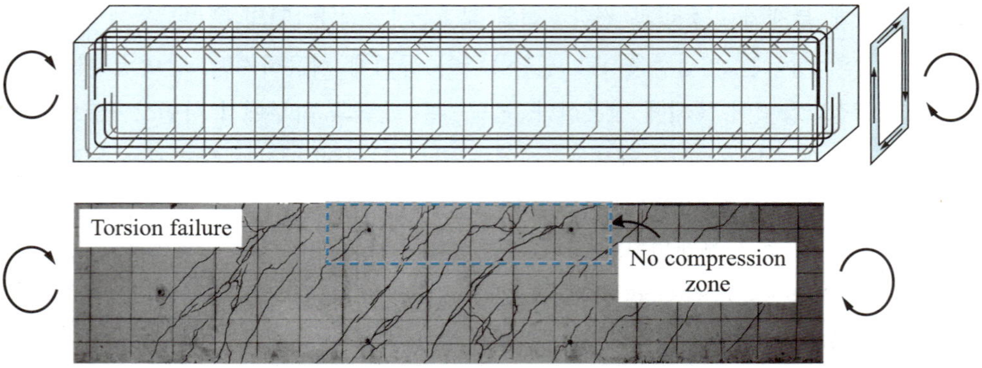

[그림 8.18] 비틀림모멘트를 받는 부재의 균열 분포

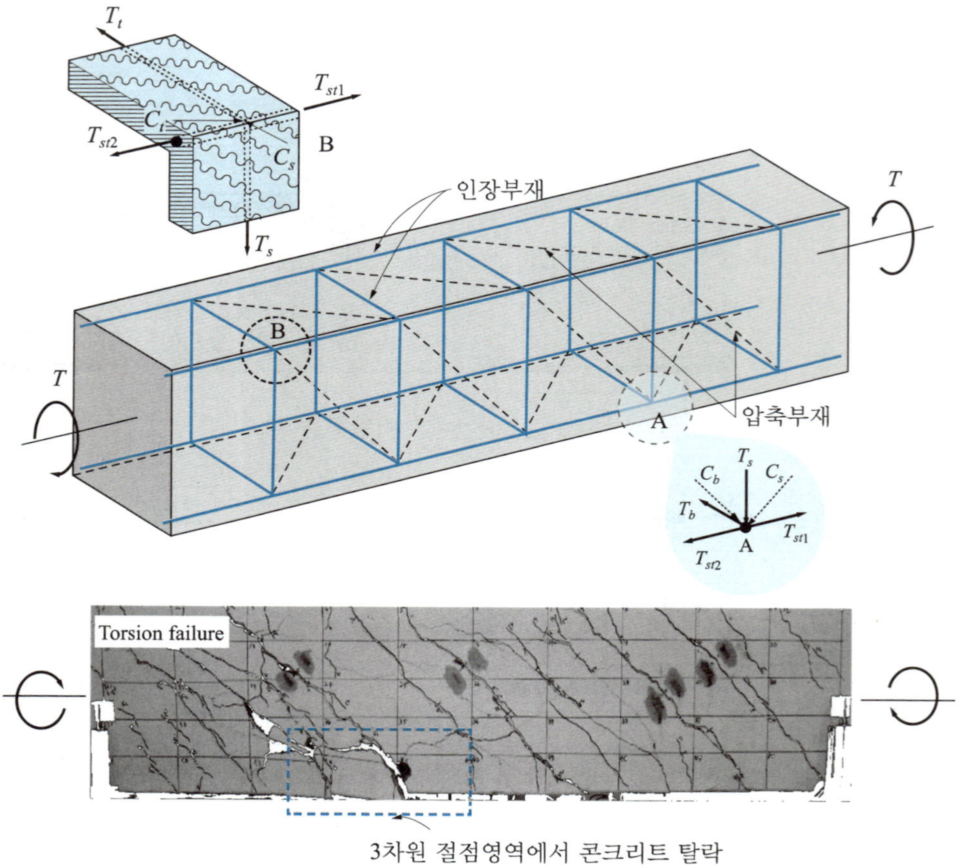

[그림 8.19] 입체트러스모델의 3차원 절점영역과 콘크리트 탈락(Lee 등, 2018)

▌ 3차원 절점영역

전단력을 받는 부재의 트러스모델과 비틀림을 받는 트러스모델의 가장 큰 차이는 전단의 경우에는 평면트러스가 형성되고, 비틀림의 경우는 입체트러스가 형성된다는 것이다. 입체트러스의 경우에 [그림 8.19]의 A점 또는 B점과 같이 옆판과 아랫판(또는 옆면과 윗면)이 만나는 절점에는 3차원 절점영역이 형성되며, 절점에는 인접한 부재에서 발생하는 응력이 집중된다. 이러한 절점에는 작용하는 부재 응력의 차이 때문에 인장응력이 발생할 수 있다. 그 결과 절점영역 근처의 콘크리트가 [그림 8.19]와 같이 탈락되어 부재의 내력이 감소할 수 있다. 한편, 전단력이 작용하는 부재에서는 절점영역에서의 콘크리트 탈락은 거의 발생하지 않는다. 따라서 입체트러스모델의 경우에는 식(8.75)의 평형식에서 유도된 최대비틀림철근량이 실제보다 과대평가될 수 있다. 그 이유는 비틀림철근이 항복함과 동시에 복부 콘크리트가 압축파괴하는 균형파괴 시점이 형성되기 전에 비틀림 내력이 감소할 수 있기 때문이다.

▌ 뒤틀림에 의한 압축응력 증대

Navier의 이론이나 St. Venant이론어서는 비틀림모멘트가 작용한 후에도 동일한 단면형태를 유지하며 부재축방향의 변형, 즉 뒤틀림(warping)이 발생하지 않는다고 가정하고 있다. 그러나 실제 부재 특히 축력이 작용하지 않는 속빈단면의 경우에는 뒤틀림이 발생할 가능성이 크다.

[그림 8.20]은 비틀림을 받는 속빈단면의 뒤틀림 변형을 나타내고 있다. 비틀림을 받는 캔틸레버 보의 면 ABCD는 xy방향과 수직되는 방향으로 w의 뒤틀림 변위가 발생하게 된다. 이 변위는 B점에서 D점의 대각 경사방향으로 포물선 형태를 이루며 비틀림 회전각 Ψ와 식(8.76)의 관계가 있다.

$$w = \Psi x y \tag{8.76}$$

경사 콘크리트 스트럿 방향의 뒤틀림 변위의 경사각은 식(8.76)의 w를 대각 방향 s의 값으로 1차 미분하여 구할 수 있다.

$$\frac{dw}{ds} = \frac{\partial w}{\partial x}\frac{dx}{ds} + \frac{\partial w}{\partial y}\frac{dy}{ds} \tag{8.77}$$

식(8.76)을 미분하고 [그림 8.20(b)]의 면 ABCD의 기하학적 관계를 이용하여 식(8.77)을 식(8.78)로 변경한다.

$$\frac{dw}{ds} = (\Psi\, y)\cos\theta + (\Psi\, x)\sin\theta \qquad (8.78)$$

대각 방향의 콘크리트 스트럿의 곡률(ϕ)은 뒤틀림 변위(w)을 대각 방향 s의 값으로 2차 미분하여 구할 수 있다.

$$\frac{d^2w}{d^2s} = \frac{\partial(dw/ds)}{\partial x}\frac{dx}{ds} + \frac{\partial(dw/ds)}{\partial y}\frac{dy}{ds} \qquad (8.79)$$

식(8.76)을 2차 미분하고 [그림 8.20(b)]의 면 ABCD의 기하학적 관계를 이용하여 식(8.79)를 식(8.80)으로 변경한다.

$$\frac{d^2w}{d^2s} = (\Psi\sin\theta)\cos\theta + (\Psi\cos\theta)\sin\theta$$

$$\phi = \Psi\sin 2\theta \qquad (8.80)$$

경사 콘크리트 스트럿 방향의 뒤틀림 변위의 경사각은 식(8.76)의 w를 대각 방향 s의 값으로 미분하여 구할 수 있다.

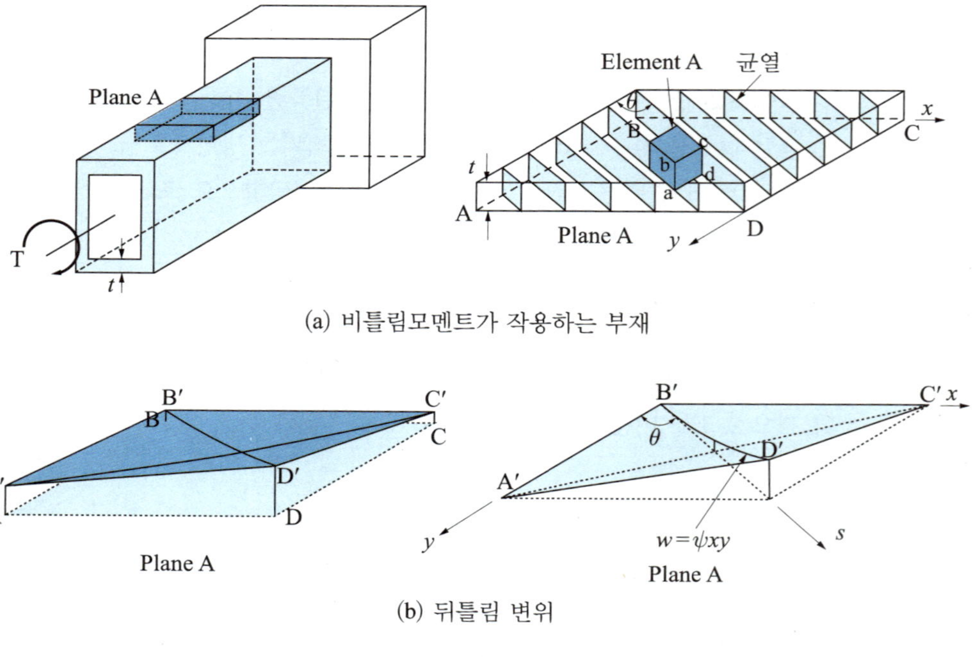

[그림 8.20] 박판의 뒤틀림 변위

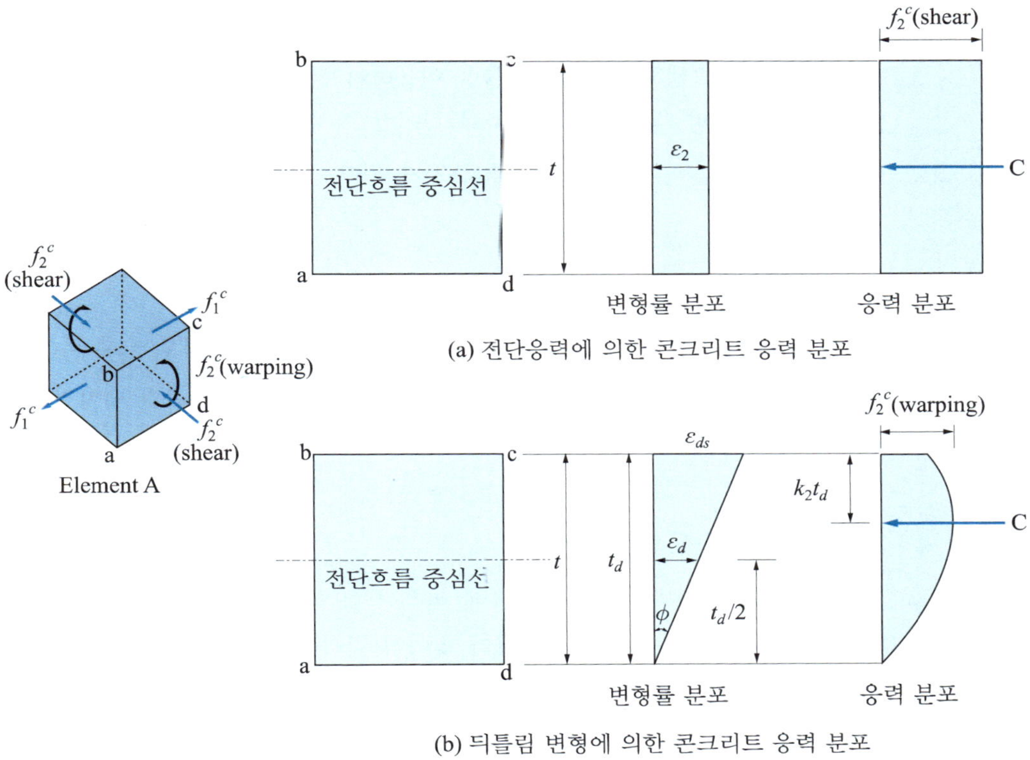

[그림 8.21] 비틀림 박판에 발생하는 두 가지 압축 응력

식(8.80)의 곡률은 전단흐름 근처의 콘크리트에 뒤틀림에 의한 휨변형을 유발하게 된다. [그림 8.20(a)]의 요소 A는 균열과 균열 사이의 콘크리트이다. 요소 A의 압축 응력은 [그림 8.21]과 같이 전단응력에 의한 콘크리트 압축응력($f^c_{2-shear}$)과 뒤틀림 변형에 의한 휨압축응력($f^c_{2-warping}$)의 합이 된다. $f^c_{2-shear}$는 비틀림모멘트가 발생시키는 전단응력에 의하여 균열면에 발생하는 압축응력으로 트러스모델에 의하여 유도한 응력이다. 따라서 $f^c_{2-shear}$는 [그림 8.21(a)]에 표시되었듯이 박판 두께 t에 일정한 크기로 작용하게 된다. 한편 뒤틀림 변형은 식(8.80)의 곡률(ϕ)에 의한 휨변형을 발생시키므로 압축변형률은 중립축으로부터 떨어진 거리에 비례하여 증가한다. 따라서 이 부재의 파괴는 $f^c_{2-shear}$와 $f^c_{2-warping}$의 합이 콘크리트 유효압축강도(ξf_{ck})에 도달했을 때 발생한다.

$$(f^c_{2-shear}) + (f^c_{2-warping}) \leq \xi f_{ck} \tag{8.81}$$

$f^c_{2-shear}$는 8.3의 접합조건을 이용한 트러스모델에서 계산할 수 있다. $f^c_{2-warping}$은 박판 두께 t에 발생하는 압축변형률을 이용하여 콘크리트의 응력－변형률 곡선에서 계산해야 한다. 박판 두께 t와 중립축의 깊이 t_d가 동일할 경우에 전단흐름 중심선의 뒤틀림 변형에 의한 압축변형률은 식(8.82)가 된다.

$$\varepsilon_d = \phi \frac{t_d}{2} \tag{8.82}$$

결과적으로 전단력만 작용하는 경우보다 비틀림이 작용할 경우에 복부 콘크리트의 압축응력이 증가한다. 따라서 균형파괴 시점이 형성되기 전에 비틀림 내력이 감소하여, 식(8.75)에서 계산된 최대 비틀림철근량이 실제값을 과대평가할 수 있다.

8.7.4 최대비틀림강도의 감소율

8.7.3항에서 설명한 세 가지 이유에 비추어 볼 때 비틀림을 받는 부재의 최대비틀림철근비는 식(8.75)에서 유도한 값보다 낮아야 한다. [그림 8.22]는 KDS 14 국가건설기준의 전단강도와 776개 실험체의 전단강도를 비교한 것이다. 776개 데이터의 재료범위를 [표 8.3]에 표시하였다. [그림 8.22(a)]는 KDS 14 국가건설기준의 전단평가식(4.2)에 의한 계산 결과와 실험 결과를 비교한 것이다. 그림에서 $\rho_v f_{yt} / f_{ck}$가 약 0.2를 초과한 이후에는 V_{test} / V_{cal}의 값이 1 이하가 되어 KDS 14 국가건설기준의 전단평가식이 실험 결과를 과대평가함을 알 수 있다. [그림 8.22(b)]는 트러스모델에서 유도한 식(4.61)

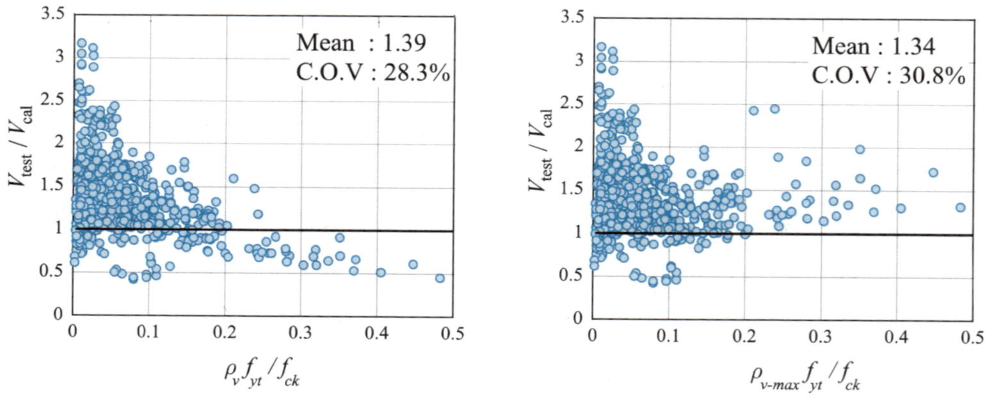

(a) 최대전단철근비 제한이 없는 경우 (b) 최대전단철근비 제한이 있는 경우

[그림 8.22] 776개 실험체에 대한 최대전단철근비 적용 정확성 검토

[표 8.3] 941실험체의 재료 특성

재료	전단파괴하는 실험체(776개)	비틀림파괴하는 실험체(143개)
f_{ck}	11.2 ~ 139.2 MPa	14.34 ~ 109.8 MPa
a/d	1.12 ~ 7.20	-
d	95 ~ 1,383 mm	235 ~ 555 mm
$\rho_w\ (\rho_l)$	0.005 ~ 0.156	0.004 ~ 0.039
ρ_t	0.0004 ~ 0.0387	0.003 ~ 0.032
$f_y\ (f_{yl})$	217 ~ 1,068 MPa	310 ~ 673 MPa
f_{yt}	179 ~ 1,451 MPa	285 ~ 673 MPa
$\rho_w f_y\ (\rho_l f_{yl})$	2.72 ~ 80.25 MPa	1.29 ~ 22.13 MPa
$\rho_t f_{yt}$	0.11 ~ 24.36 MPa	1.27 ~ 10.48 MPa

의 최대전단철근비 제한을 반영하여 계산한 결과와 실험 결과를 비교한 것이다. 즉, $\rho_v f_{yt}$ 값이 $\rho_{v,\max} f_{yt} = 0.2(1 - f_{ck}/250) f_{ck}$ 이상이 되면 $\rho_v f_{yt} = \rho_{v,\max} f_{yt}$ 로 제한하여 계산한 결과이다. [그림 8.22(b)]에서 $\rho_{v,\max} f_{yt}$ 제한에 의하여 계산한 V_{test}/V_{cal}는 $\rho_v f_{yt}/f_{ck}$가 0.2를 초과한 이후에도 1.0을 유지하고 있다.

동일한 방법으로 [그림 8.23]에서는 KDS 14 국가건설기준의 비틀림강도와 143개 실험체의 비틀림강도를 비교하였다. 수집한 데이터의 재료범위를 [표 8.3]에 표시하였으며, 실험체 상세는 [부록 4: 비틀림강도 분석 데이터 (143개)]에 정리하였다. [그림 8.23(a)]는 KDS 14 국가건설기준의 비틀림강도 평가식(8.27)에 의한 계산 결과와 실험 결과를 비교한 것으로 $\rho_t f_{yt}/f_{ck}$가 약 0.1을 초과한 이후에는 T_{test}/T_{cal}의 값이 1 이하가 되어 실험 결과를 과대평가하고 있다. [그림 8.23(b)]는 트러스모델에서 유도한 식(8.75)의 제한을 반영하여 계산한 결과와 실험 결과를 비교한 것이다. 즉, $\rho_t f_{yt}$ 값이 $\rho_{t,\max} f_{yt}$ 이상이 되면 $\rho_t f_{yt} = \rho_{t,\max} f_{yt}$로 제한하여 계산한 결과이다. [그림 8.23(b)]에서 $\rho_{t,\max} f_{yt}$ 제한을 하여도 최대전단철근비를 반영한 [그림 8.22(b)]와는 다르게 T_{test}/T_{cal}의 값은 $\rho_t f_{yt}/f_{ck}$가 약 0.1을 초과한 이후에도 여전히 1 이하가 되어 실험 결과를 과대평가하고 있다.

[그림 8.22(a)]와 [그림 8.23(a)]의 비교에서 전단 또는 비틀림 파괴모드가 변화는 시점은 전단의 경우에는 $\rho_v f_{yt}/f_{ck}$가 약 0.2를 초과한 이후이며, 비틀림의 경우에는 $\rho_t f_{yt}/f_{ck}$가 약 0.1을 초과한 이후로 그 값의 차이가 2배이다. 즉, 비틀림강도가 더 위

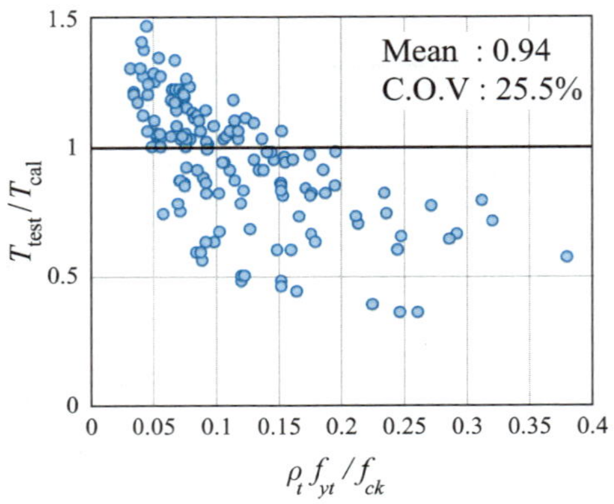

(a) 최대비틀림철근비 제한이 없는 경우

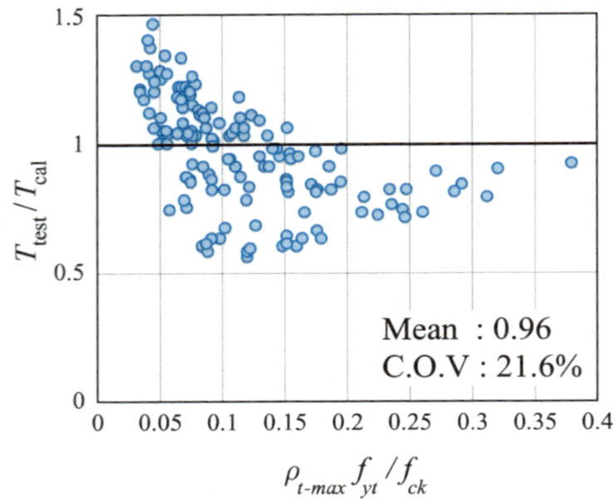

(b) 최대비틀림철근비 제한이 있는 경우

[그림 8.23] 143개 실험체에 대한 최대비틀림철근비 적용 정확성 검토

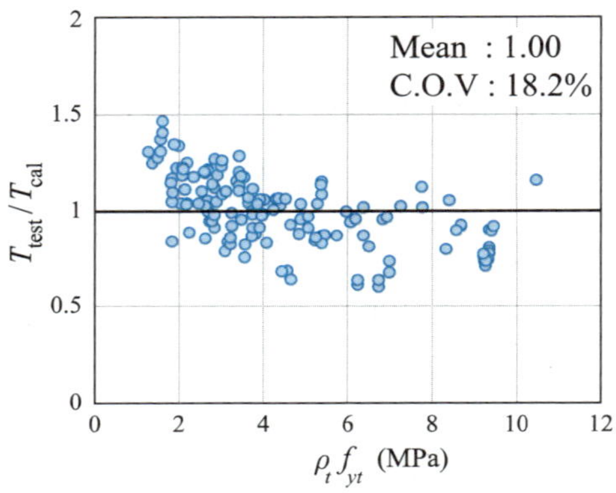

(a) 최대비틀림철근비의 80% 적용

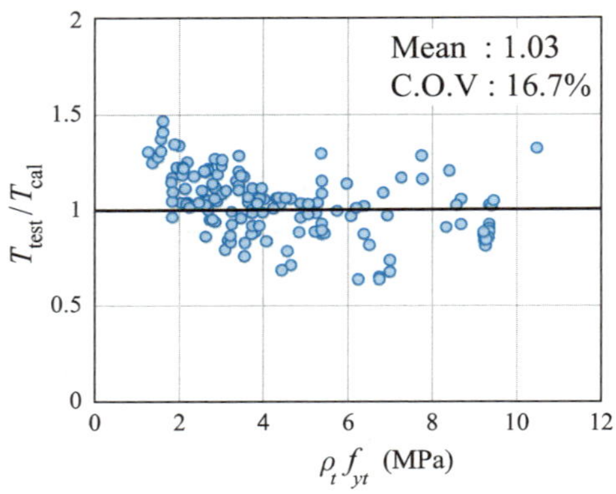

(b) 최대비틀림철근비의 70% 적용

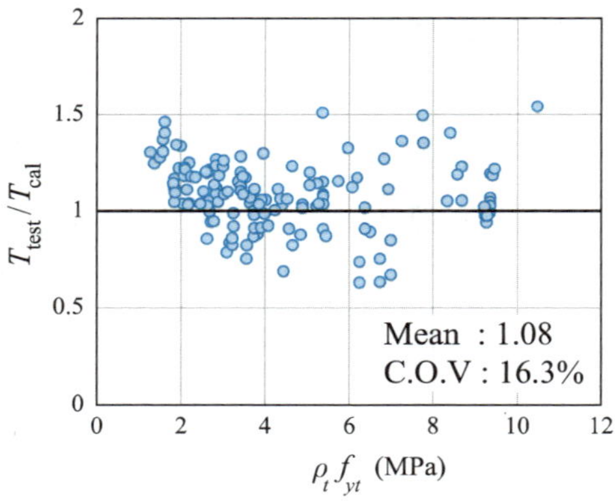

(c) 최대비틀림철근비의 60% 적용

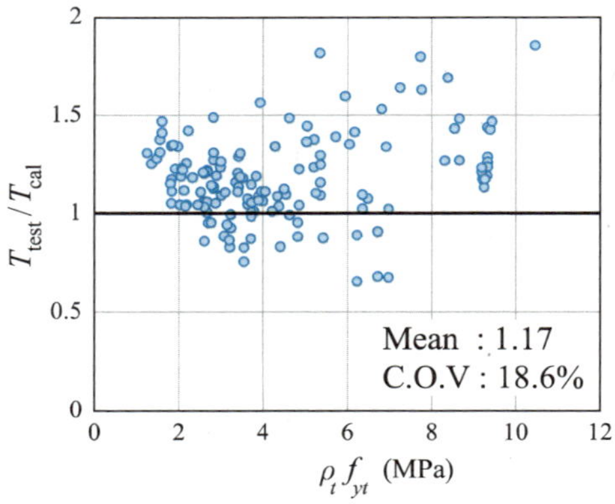

(d) 최대비틀림철근비의 50% 적용

[그림 8.24] 최대비틀림철근비 감소율과 비틀림강도비의 비교

험하게 예측되었다. 8.7.3항에서 설명한 세 가지 이유를 반영하여 식(8.67)에서 유도된 최대비틀림철근비를 정량적으로 감소시키는 것은 매우 어렵다. 특히 절점영역에서 콘크리트의 탈락 시점을 정량적으로 나타내는 것은 어렵다.

최대전단강도와 최대비틀림강도의 차이는 복부 콘크리트의 압축강도와 밀접한 관련이 있다. Euro-Design-Handbook (Karlsruhe, 1994)은 이를 반영하기 위하여 최대비틀림강도에 적용하는 콘크리트의 유효압축강도계수(ξ)를 전단에 적용하는 ξ의 70퍼센트를 적용하고 있다. 유사한 관점에서 ξ의 80퍼센트, 70퍼센트, 60퍼센트, 50퍼센트를 식(8.75)의 $\rho_{t,\max} f_{yt}$ 계산에 사용하여 KDS 14 국가건설기준의 비틀림강도 평가식(8.27)을 비교하였다. $\rho_{t,\max} f_{yt}$ 이상이 되면 $\rho_t f_{yt} = \rho_{t,\max} f_{yt}$로 제한하여 예측한 143개의 비틀림 실험 결과를 [그림 8.24]에 표시하였다. 그림에서 최대비틀림철근비의 감소비율이 증가함에 따라서 T_{test}/T_{cal}의 값이 1.0에서 1.17까지 증가하고 있다. 다만 최대비틀림철근비의 80퍼센트를 적용할 경우에는 여전히 $T_{test}/T_{cal} \leq 1.0$인 실험 결과가 많으며, 최대비틀림철근비의 50퍼센트를 적용할 경우에는 T_{test}/T_{cal}의 평균값이 1.17까지 증가하였지만 변동계수가 18.6퍼센트까지 증가하였다.

[그림 8.24]의 결과를 이용하여 평균값이 높은 최대비틀림철근비의 60퍼센트 또는 50퍼센트를 적용하여 예측한 비틀림파괴고드와 실험에서 측정한 비틀림파괴모드를 [그림 8.25]에서 비교하였다. 비교한 실험체의 파괴모드는 비틀림철근이 항복한 후에 파괴하

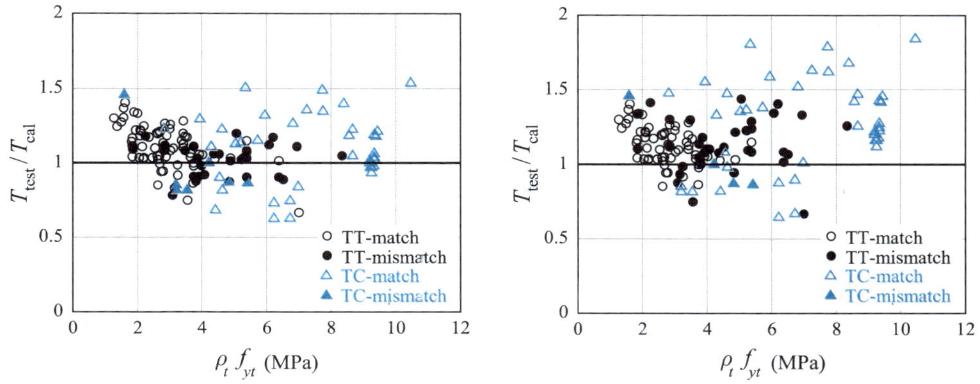

(a) 최대비틀림철근비의 60% 적용   (b) 최대비틀림철근비의 50% 적용

[그림 8.25] 최대비틀림철근비와 파괴모드의 비교

(TT : torsional tension failure, TC : torsional compression failure, match : 파괴모드 일치, mismatch : 파괴모드 불일치)

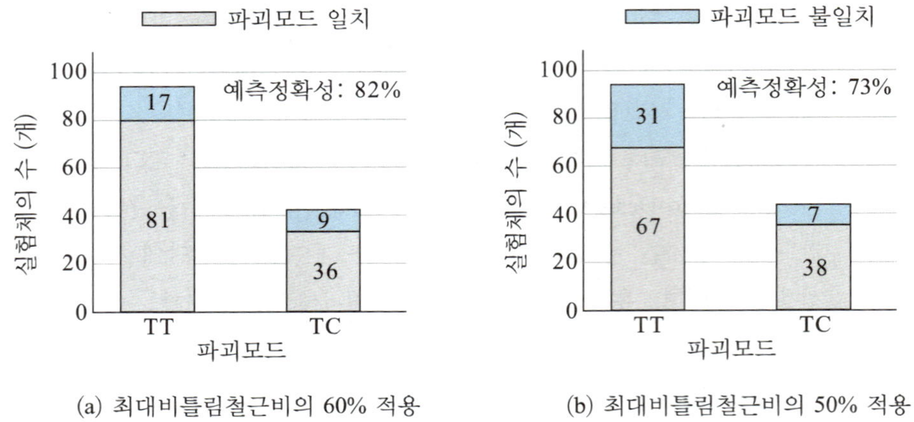

[그림 8.26] 파괴모드 예측의 정확성

는 비틀림인장파괴(torsional tension failure, TT)와 비틀림철근이 항복하기 전에 파괴하는 비틀림압축파괴(torsional compression failure, TC)로 구분되었다. [그림 8.25]에서 비틀림철근의 양($\rho_t f_{yt}$)이 증가함에 따라서 파괴모드는 TT에서 TC로 변화한다. 많은 수의 실험체 파괴모드는 4 MPa < $\rho_t f_{yt}$ < 6 MPa에서 공존하고 있다. 파괴모드에 대한 예측에 있어서도 4 MPa < $\rho_t f_{yt}$ 또는 $\rho_t f_{yt}$ > 6 MPa에서는 TT 또는 TC 파괴모드를 비교적 정확하게 예측하지만, 두 파괴모드가 공존하는 4 MPa < $\rho_t f_{yt}$ < 6 MPa에서는 파괴모드가 정확하게 예측되지 못하고 있다.

[그림 8.26]에서 최대비틀림철근비의 60퍼센트와 50퍼센트를 적용하여 계산한 143개 실험체의 파괴모드의 정확성을 비교하였다. 최대비틀림철근비의 60퍼센트를 적용할 경우에 TT파괴모드를 나타낸 98개 실험체 중에서 81개 실험체의 파괴모드가 정확하게 예측되었으며, TC파괴모드를 나타낸 45개 실험체 중에서 36개 실험체의 파괴모드가 정확하게 예측되었다. 한편 최대비틀림철근비의 50퍼센트를 적용할 경우에 TT 실험체 중에서 67개 실험체의 파괴모드가 정확하게 예측되었으며, TC 실험체 중에서 38개 실험체의 파괴모드가 정확하게 예측되었다. 예측의 정확성을 살펴보면 60퍼센트를 적용할 경우에 82퍼센트(117/143)의 정확성을 보였으며, 50퍼센트를 적용할 경우의 73퍼센트(105/143)의 정확성을 보였다.

8.7.5 최대비틀림강도의 비교

[그림 8.22]~[그림 8.26]의 비교에서 트러스모델을 활용하여 유도한 식(8.75)의 최대 비틀림강도는 평면트러스와 입체트러스모델의 차이, 절점영역의 콘크리트 탈락, 뒤틀림 변형에 의한 콘크리트 압축응력 증가 등의 영향을 고려하여 60퍼센트 또는 50퍼센트 감소시키는 것이 합리적임을 확인할 수 있다. 따라서 식(8.75)의 콘크리트의 인장강도(f_1^c)를 무시하고, 0.6 또는 0.5를 곱하여 식(8.25a)에서 식(8.83a, b)를 구한다.

$$\frac{A_t f_{yt}}{s} = 0.6\xi f_{ck}\frac{A_g}{p_{cp}}\sin^2\theta \tag{8.83a}$$

$$\frac{A_t f_{yt}}{s} = 0.5\xi f_{ck}\frac{A_g}{p_{cp}}\sin^2\theta \tag{8.83b}$$

식(8.83a, b)의 좌측 항($A_t f_{yt}/s$)을 식(8.26)과 식(8.27)의 비틀림모멘트로 대체하여 식(8.84a, b)를 구한다.

$$T_{u,\max} = 1.2\phi\,\xi f_{ck} A_o \frac{A_g}{p_{cp}}\frac{1}{\cot\theta + \tan\theta} \tag{8.84a}$$

$$T_{u,\max} = \phi\,\xi f_{ck} A_o \frac{A_g}{p_{cp}}\frac{1}{\cot\theta + \tan\theta} \tag{8.84b}$$

식(8.84a, b)를 사용할 경우에 최대전단강도와 최대비틀림강도가 다르기 때문에 속찬단면과 속빈단면에 대한 기준식(8.29a, b)를 그대로 사용할 수 없다. 따라서 이 경우에는 도로교설계기준(한계상태설계법)에서 사용하는 식과 동일한 형태의 식을 활용하여 전단과 비틀림을 받는 부재의 최대 내력을 제한해야 한다.

- 속찬단면 : $$\left(\frac{V_u}{V_{u,\max}}\right)^2 + \left(\frac{T_u}{T_{u,\max}}\right)^2 \leq 1.0 \tag{8.85a}$$

- 속빈단면 : $$\left(\frac{V_u}{V_{u,\max}}\right) + \left(\frac{T_u}{T_{u,\max}}\right) \leq 1.0 \tag{8.85b}$$

여기서, $V_{u,\max}$: 복부 콘크리트 경사압축대의 최대 설계전단강도이며 식(8.86)에서 계산

$T_{u,\max}$: 복부 콘크리트 경사압축대의 최대 설계비틀림강도이며 식(8.84)에서 계산

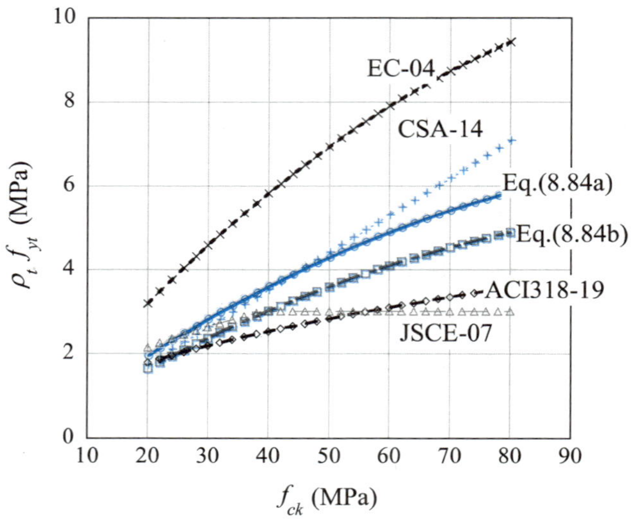

[그림 8.27] 최대비틀림강도의 비교(이정윤 등, 2021)

최대설계전단강도($V_{s,\max}$)는 식(4.61)과 식(4.63)의 전단철근의 최대 저항력에 콘크리트의 전단저항력을 더하여 식(8.86)에서 계산한다.

$$V_{u,\max} = \phi(V_c + V_{s,\max}) \tag{8.86}$$

[표 8.2]의 각 기준 최대비틀림철근비 및 최대비틀림강도에 강도감소계수 또는 재료계수를 반영한 값을 [표 8.4]에 정리하였다. 또한 식(8.84a, b)에서 계산한 최대비틀림철근양($\rho_{t,\max} f_{yt}$)을 [그림 8.27]에서 비교하였다. [그림 8.27]에서 ACI318-19기준의 최대비틀림철근양은 트러스모델에서 직접 유도된 EC2-04기준과 CSA-14기준과 큰 차이가 있다. 그림에서 식(8.84a, b)의 값은 EC2-04기준과 CSA-14기준식보다 작으며 ACI318-19기준식보다 크다. 특히 최대비틀림강도의 50퍼센트를 적용하여 계산한 값은 CSA-14기준과 ACI318-19기준의 약 절반 값이다.

최대비틀림강도의 비교를 위하여 철근콘크리트 보에 대한 실험 결과를 분석하였다. [그림 8.28]은 최대비틀림강도를 반영하여 계산한 비틀림강도비(T_{test}/T_{cal})이다. 비교한 실험체에는 500 MPa의 고강도 철근을 사용한 실험체의 실험 결과가 함께 포함되었다. [그림 8.28]에서 ACI318-19기준식, JSCE-07기준식, 식(8.84a, b)의 최대비틀림강도를 고려하여 계산한 T_{test}/T_{cal} 의 평균값은 1 이상이 되어 안전측으로 비틀림강도를 예측하였지만, 식(8.75)의 최대비틀림강도를 거의 100퍼센트 적용하는 EC2-04기준식과

CSA-14기준식의 T_{test}/T_{cal}의 평균값은 1 이하가 되어 비틀림강도를 위험하게 예측하고 있다.

[표 8.4] 강도감소계수 또는 재료계수를 고려한 최대비틀림강도 및 최대비틀림철근비의 비교

기 준	최대비틀림강도 최대비틀림철근비
ACI318-19기준	$T_{u,\max} = \phi \dfrac{5}{6}\sqrt{f_{ck}}\dfrac{1.7A_{oh}^2}{p_h}$
	$\rho_{t,\max} = \phi \dfrac{5}{6}\dfrac{\sqrt{f_{ck}}}{f_{yt}}\dfrac{A_{oh}}{A_g}\tan\theta$
도로교설계기준 EC2-04기준	$T_{u,\max} = \phi_c\, 2\xi f_{ck}\, A_o \dfrac{A_g}{p_{cp}}\sin\theta \cdot \cos\theta$
	$\rho_{t,\max} = \dfrac{\phi_c\, \xi f_{ck}}{\phi_s\, f_{yt}}\dfrac{p_h}{p_{cp}}\sin^2\theta$
CSA-14기준	$T_{u,\max} = \phi_c\, 0.25 f_{ck}\dfrac{1.7A_{oh}^2}{p_h}$
	$\rho_{t,\max} = \dfrac{\phi_c}{\phi_s}0.25\dfrac{f_{ck}}{f_{yt}}\dfrac{A_{oh}}{A_g}\tan\theta$
JSCE-07기준	$T_{u,\max} = \dfrac{1}{\gamma_c}K_t f_{wcd}\dfrac{A_o}{A_{oh}}$
	$\rho_{t,\max} = \dfrac{\gamma_s}{\gamma_c}\dfrac{1}{2}\dfrac{K_t f_{wcd}}{f_{yt}}\dfrac{p_h}{A_{oh}A_g}\tan\theta$
식(8.76a) 식(8.46b)	$T_{u,\max} = \phi 1.2\, \xi f_{ck}\, A_o \dfrac{A_g}{p_{cp}}\sin\theta \cdot \cos\theta$ $T_{u,\max} = \phi\, \xi f_{ck}\, A_o \dfrac{A_g}{p_{cp}}\sin\theta \cdot \cos\theta$
	$\rho_{t,\max} = \phi \dfrac{0.6\, \xi f_{ck}}{f_{yt}}\dfrac{p_h}{p_{cp}}\sin^2\theta$ $\rho_{t,\max} = \phi \dfrac{0.5\, \xi f_{ck}}{f_{yt}}\dfrac{p_h}{p_{cp}}\sin^2\theta$

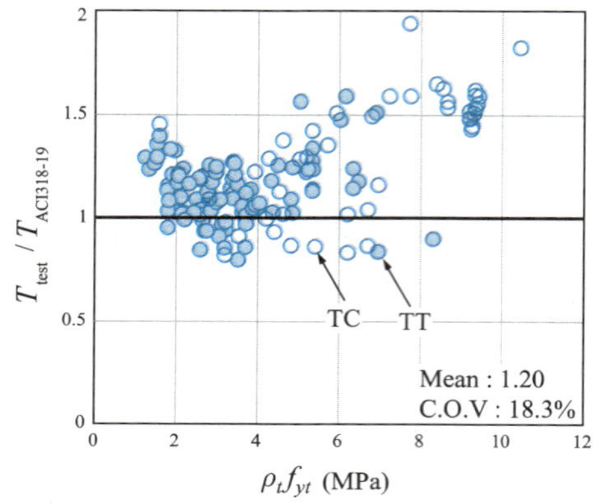

(a) ACI318-19

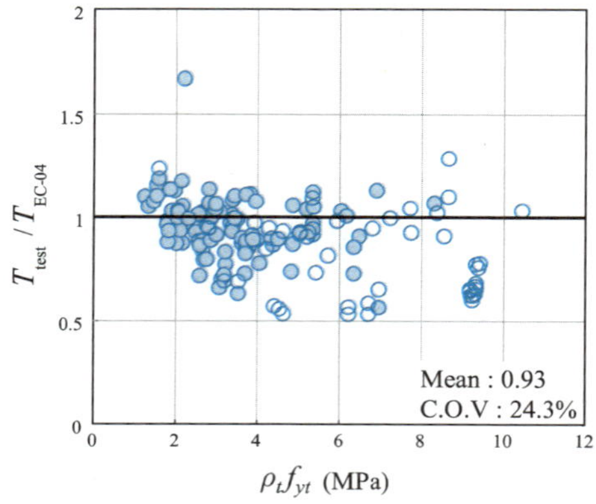

(b) 도로교설계기준

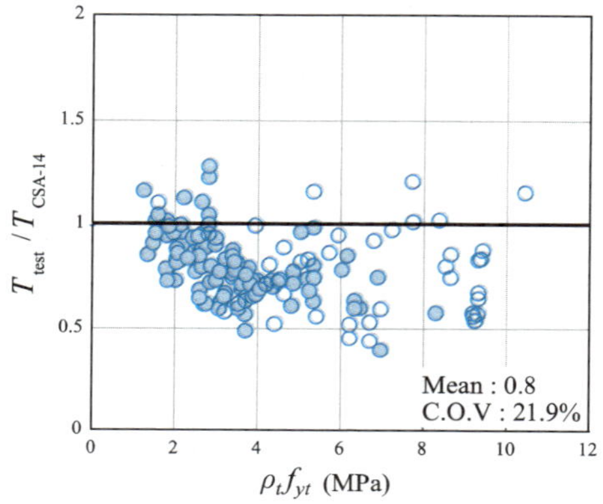

(c) CSA-14

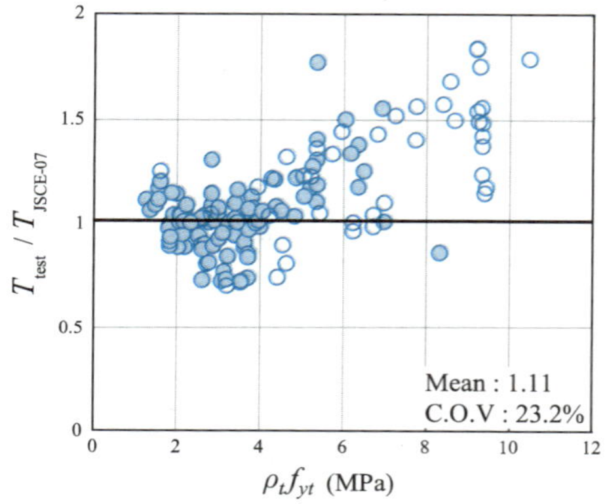

(d) JSCE-07

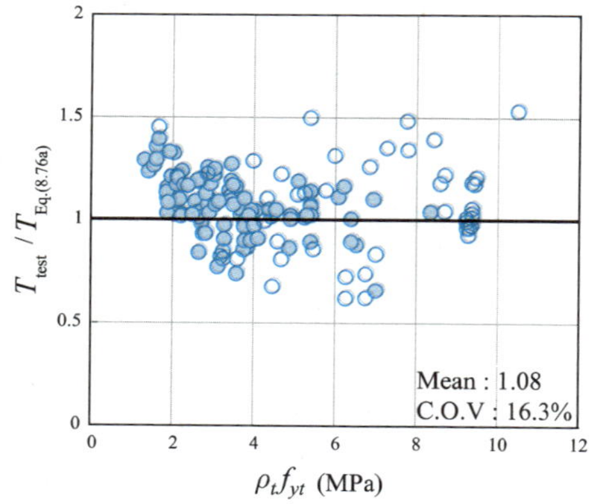

(e) Eq.(8.84a)

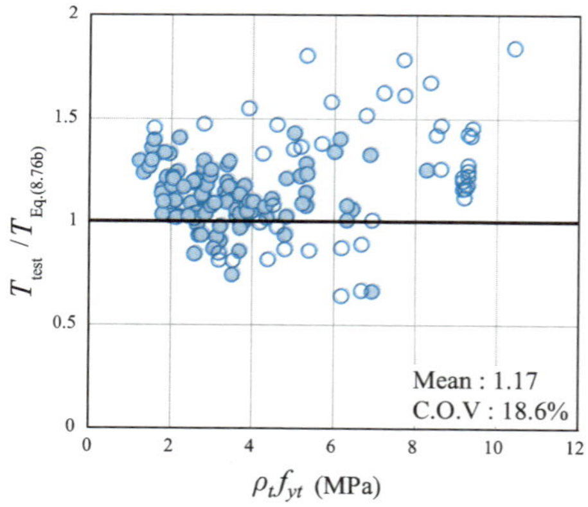

(f) Eq.(8.84b)

[그림 8.28] 최대비틀림강도 평가식과 실험 결과의 비교(이정윤 등, 2021)

8.8 비틀림철근의 최대 항복강도

8.8.1 고강도 비틀림철근을 사용한 철근콘크리트 부재의 비틀림 성능

구조설계기준에서는 전단과 비틀림을 동시에 설계하므로 비틀림철근의 최대항복강도는 전단철근의 최대항복강도와 동일하다. ACI 318-19기준에서는 비틀림철근의 항복강도를 약 420 MPa까지 제한하고 있지만, EC2-04기준에서는 600 MPa까지 허용하고 있으며, CSA-04기준에서도 비틀림철근의 항복강도를 500 MPa까지 허용하고 있다. 이와 같이 각 기준에서 비틀림철근의 항복강도를 제한하는 이유는 전단철근의 항복강도 제한과 동일하게 두 가지 이유에 근거한다.

① **비틀림철근의 항복 유도** : 비틀림철근이 항복한 이후에 부재가 파괴할 수 있도록 비틀림철근의 항복강도를 제한한다. 철근의 항복강도가 증가하면 항복변형률이 증가하여 철근이 항복하기 이전에 콘크리트의 압축파괴가 발생할 수 있다.

② **사인장균열의 폭** : 고강도 비틀림철근을 사용할 경우에 배근 간격이 증가하고 비틀림강도가 커져서 사인장균열의 폭이 증가할 수 있다.

고강도 철근을 사용한 철근콘크리트 부재의 전단 거동에 대한 연구는 많이 이루어졌고, 고강도 전단철근을 사용하여도 설계기준의 파괴 모드, 내력 및 사용성을 만족시키는 것으로 검증되었다. 하지만 고강도 비틀림철근을 사용한 철근콘크리트 부재의 비틀림 거동에 대한 연구는 많지 않다. 비틀림과 전단력은 동일하게 전단응력을 유발하지만 휨모멘트가 작용할 경우에 철근콘크리트 부재의 복부 콘크리트가 받는 유효압축응력이 달라질 수 있다. 또한 8.7절에서 설명하였듯이 비틀림은 전단과 다르게 3차원 트러스모델을 적용해야 하며 2차원과 3차원 트러스 모델 차이에 의하여 전단과 다른 파괴모드를 나타낼 수 있다.

8.8.2 비틀림철근과 전단철근의 차이

기준에서는 전단과 비틀림을 동시에 설계하므로 고강도 철근의 적용성을 전단과 비틀림의 관점에서 비교해 보았다. 식(4.60)과 식(8.67)에서 균형파괴는 철근의 항복강도, 철근비, 콘크리트의 압축강도에 영향을 받는다. 즉, 철근비가 많거나 콘크리트의 압축강도가 낮은 경우에는 철근의 항복강도가 낮아도 과다철근파괴를 일으킬 수 있으며, 반대로 철근비가 적거나 콘크리트의 압축강도가 크면 고강도 철근을 사용한 부재도 과소철근파괴를 일으킬 수 있다. 따라서 [그림 8.29]에서는 전단철근의 양을 콘크리트의 압축강도의 제곱근으로 나눈 값($\rho_v f_{yt} / \sqrt{f_{ck}}$)과 전단철근의 내력비를 비교하였다. 실험에서 측정된 총 263개의 철근콘크리트 보의 전단강도를 KDS 14 국가건설기준 또는 도로교설계기준(한계상태설계법)의 전단강도 평가식에 의해 계산된 강도로 나누었다. 분석된 데이터는 콘크리트의 압축강도가 13～139 MPa, 전단철근의 항복강도는 233～1451 MPa, 전단철근의 양($\rho_v f_{yt}$) 0.38～17.85 MPa의 범위에 있다.

전단강도 계산에서는 하중계수, 강도감소계수, 재료계수를 모두 1로 하였으며 전단철근의 간격, 최소전단철근비, 전단철근의 항복강도에 대한 제한은 적용하지 않았다. 계산된 값들은 ACI318-19기준의 전단철근의 항복강도 제한에 맞추어 전단철근의 항복강도(f_{yt}) 420 MPa을 기준으로 과다철근파괴(SC)와 과소철근파괴(ST)로 분류하였다. [그림 8.29]에서 $\rho_v f_{yt} / \sqrt{f_{ck}} \leqq 1.0$ 이내에서는 V_{test} / V_{cal}의 평균값은 1 이상이며, 사용된 전단철근의 항복강도가 420 MPa 초과한 경우에도 대부분의 실험체는 전단철근이 항복한 이후에 최대 내력에 도달하고 있음을 알 수 있다.

이러한 결과를 보다 구체적으로 평가하기 위하여 [그림 8.30]에는 항복강도가 420 MPa 이하인 전단철근을 사용한 실험체와 420 MPa를 초과하는 전단철근을 사용한 실험체로 구분하여 전단철근의 항복 여부와 파괴모드를 검토하였다. [그림 8.30(a)]에서

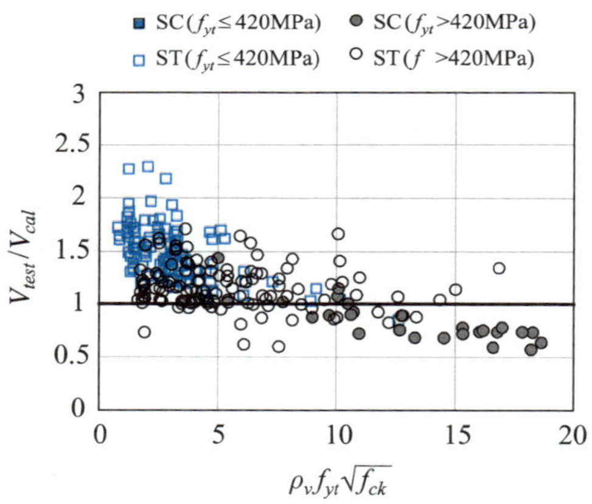

(a) KDS 14 국가건설기준

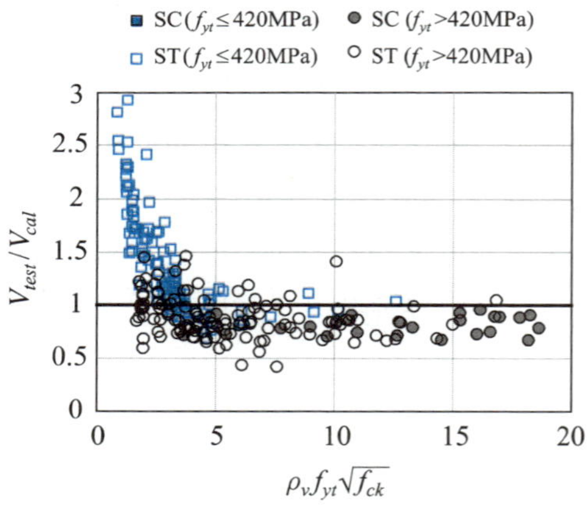

(b) 도로교설계기준

[그림 8.29] 전단강도비와 파괴모드의 비교(Kim 등, 2019)

[ST (under reinforced shear failure) : 전단철근이 항복한 이후에 최대 내력에 도달하는 실험체이며, SC (over reinforced shear failure) : 전단철근이 항복하지 않고 콘크리트가 먼저 압축파괴한 실험체]

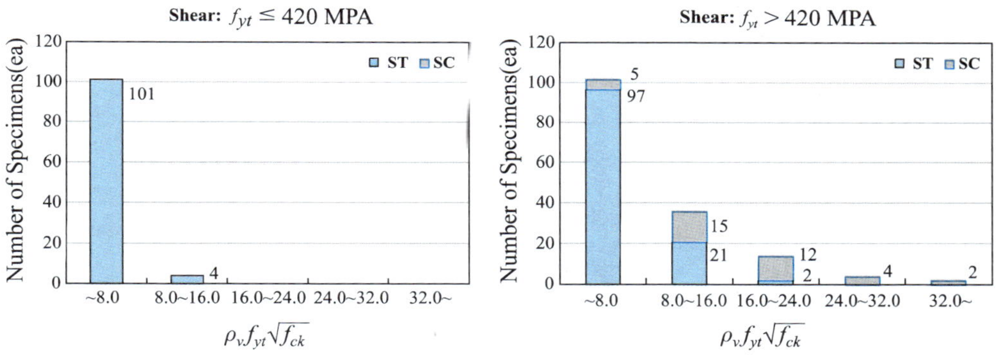

(a) 420MPa 이하 (b) 420MPa 이상

[그림 8.30] 전단철근의 항복강도와 파괴모드의 비교

확인할 수 있듯이, 전단철근의 항복강도가 420 MPa 이하일 경우에 모든 실험체는 전단철근의 양과 무관하게 전단철근이 항복한 이후에 최대 내력에 도달하는 과소철근파괴를 나타냈다. 한편 항복강도가 420 MPa를 초과하는 고강도 전단철근을 사용한 경우에는 전단철근의 양에 따라서 파괴모드가 달라졌다. 즉, 철근량이 $\rho_v f_{yt} / \sqrt{f_{ck}} \le 0.67$의 경우에는 전단철근의 항복강도가 420 MPa를 초과하는 전단철근을 사용한 실험체의 95.1 퍼센트가 과소철근파괴를 보였다. 또한 $0.67 < \rho_v f_{yt} / \sqrt{f_{ck}} \le 1.27$인 경우에는 61.76 퍼센트의 실험체가 과소철근파괴를 보였으며, $\rho_v f_{yt} / \sqrt{f_{ck}} > 1.27$ 의 경우에는 거의 대부분의 고강도 전단철근을 사용한 실험체는 과다철근파괴를 나타냈다.

[그림 8.31]은 전단철근의 항복강도와 전단철근량비의 관계이다. 그림에서 $\rho_v f_{yt} / \sqrt{f_{ck}} \le 0.67$ 이하로 배근된 실험체의 경우에는 전단철근의 항복강도가 700 MPa까지 증가하여도 거의 대부분 실험체의 전단철근이 항복하지만, 전단철근량이 크며 전단철근량의 항복강도가 700 MPa을 초과하는 경우에는 실험체의 일부가 과다철근파괴를 나타냈다.

동일한 방법으로 비틀림을 받는 123개 철근콘크리트 보를 분석하였다. [그림 8.32]는 비틀림 철근량을 콘크리트 압축강도로 나눈 값($\rho_t f_{yt} / f_{ck}$)과 비틀림강도비(T_{test} / T_{cal})의 관계이다. 실험에서 측정된 비틀림강도는 KDS 14 국가건설기준의 비틀림강도 평가식과에 의해 계산된 강도로 나누었다. 분석에서는 KDS 14 국가건설기준 비틀림철근의 항복강도 제한에 맞추어 항복강도(f_{yt}) 500 MPa을 기준으로 과다철근파괴(TC)과 과소철근파괴(TT)을 분류하였다. 그림에서 철근의 항복강도가 500 MPa을 초과하는 경우에는 많은 경우가 과다철근파괴를 나타내며 비틀림강도비(T_{test} / T_{cal})도 1 이하가 되어 위험한 예측을 하고 있다.

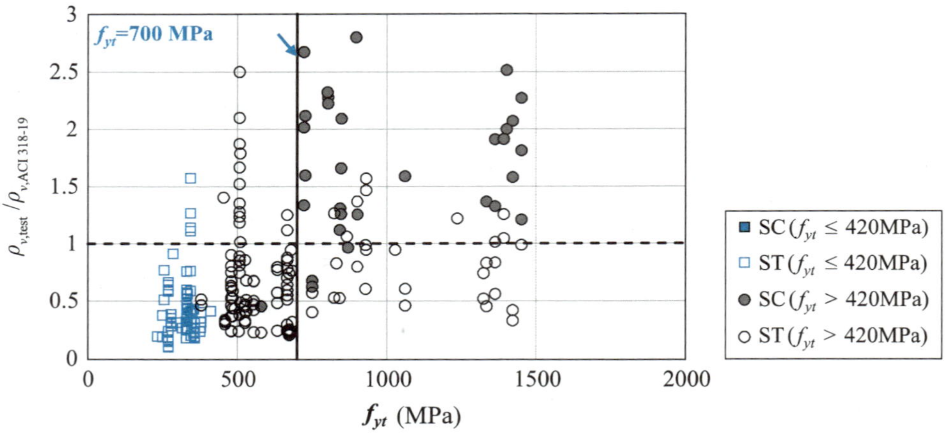

[그림 8.31] 전단철근의 항복강도 최댓값

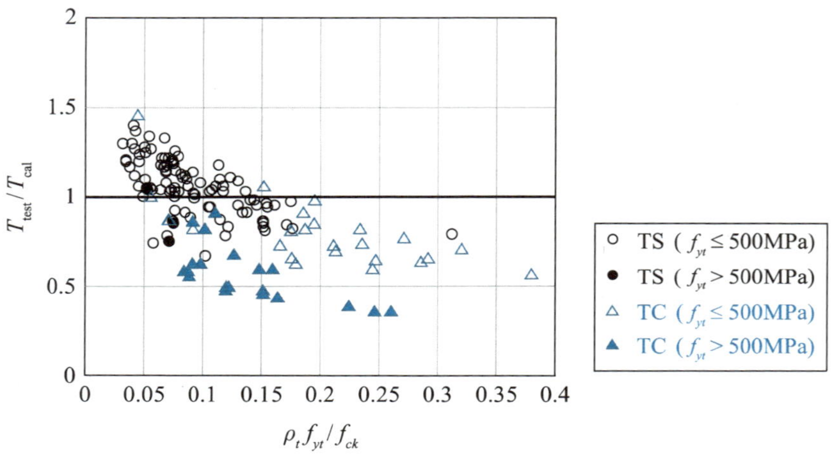

[그림 8.32] 비틀림강도비와 철근강도의 비교

[그림 8.33]에는 항복강도가 420 MPa 이하인 비틀림철근을 사용한 실험체와 420 MPa를 초과하는 비틀림철근을 사용한 실험체로 구분하여 비틀림철근의 항복 여부와 파괴모드를 검토하였다. 전단의 경우에는 [그림 8.30]에서 전단 철근의 항복강도가 420 MPa 이하일 경우에 전단철근의 양과 무관하게 모든 실험체의 전단철근이 항복한 이후에 최대 내력에 도달하는 과소철근파괴를 나타냈지만, 비틀림의 경우에는 [그림 8.33(a)]와 같이 비틀림철근의 항복강도가 420 MPa 이하일 경우에도 20퍼센트의 실험체가 과다철근파괴를 나타냈다. 한편 항복강도가 420 MPa를 초과하는 고강도 전단철근

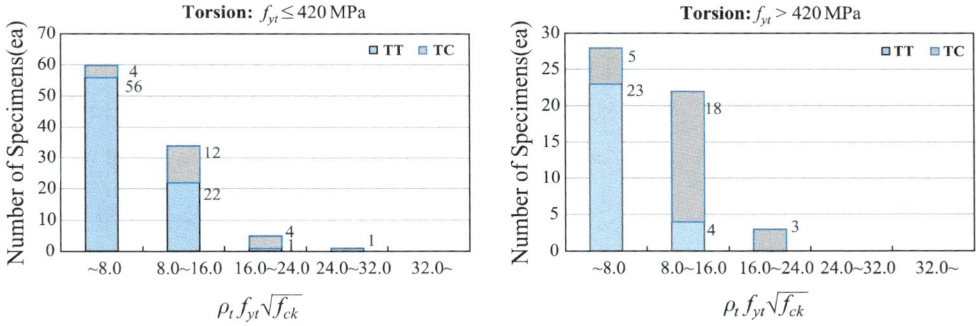

(a) 420 MPa 이하 (b) 420 MPa 이상

[그림 8.33] 비틀림철근의 항복강도와 파괴모드의 비교

을 사용한 경우에는 실험체의 23.8퍼센트가 과다철근파괴를 나타냈지만, 비틀림을 받는 부재의 경우에는 420 MPa를 초과하는 고강도 비틀림철근을 사용한 경우에는 실험체의 49.1퍼센트가 과다철근파괴를 나타냈다.

[그림 8.29]~[그림 8.33]의 비교를 통하여 고강도 전단철근을 사용한 실험체의 파괴모드와 고강도 비틀림철근을 사용한 실험체의 파괴모드가 다르다는 것을 알 수 있다. 특히 비틀림설계는 전단설계와는 다르게 고강도 철근을 사용할 경우에 실험체가 과다철근파괴할 수 있다. 그 이유는 8.7절에서 설명하였듯이 평면트러스와 입체트러스모델의 차이, 절점영역의 콘크리트 탈락, 뒤틀림변형에 의한 콘크리트 압축응력 증가 등이 비틀림 거동에 영향을 주어 철근이 항복하기 이전에 콘크리트가 압축파괴하거나 탈락하기 쉽기 때문이다.

8.8.3 비틀림철근의 항복강도

비틀림철근의 최대항복강도가 전단철근의 최대항복강도보다 낮을 수는 있지만 현재 KDS 14 국가건설기준에서 사용하고 있는 전단철근의 최대항복강도 500 MPa은 [그림 4.43]과 같이 실제값보다 낮은 값이다. 이러한 관점에서 볼 때 비틀림철근의 최대항복강도를 500 MPa로 제한하는 것은 합리적이라 할 수 있다. 특히 철근의 항복여부는 철근비와 밀접한 관련이 있으므로 8.7절에서 설명한 최대비틀림철근비와 철근의 항복강도를 동시에 고려해서 파괴모드를 검토할 필요가 있다(Lee 등, 2021).

[그림 8.34]는 트러스모델의 평형조건에서 유도한 식(8.75)의 $\rho_{t,\max} f_{yt}$ 의 60퍼센트 또는 50퍼센트의 제한 값을 KDS 14 국가건설기준의 비틀림강도 평가식(8.27)에 반영

시켜 143개의 비틀림 실험 결과를 비교한 것이다. 이 그림에서는 ACI318-19기준과 도로교설계기준(한계상태설계법)을 함께 비교하였다. 그림에서 ACI318-19기준과 식(8.75)의 $\rho_{t,\max}f_{yt}$ 의 60퍼센트와 50퍼센트의 제한 값을 사용한 KDS 14 국가건설기준의 비틀림강도 평가식은 비틀림철근의 항복강도가 500 MPa 이하인 경우에 $T_{test}\ T_{cal}$ 의 값이 대체로 1을 넘어 안전하다는 것을 알 수 있다. 그러나 도로교설계기준(한계상태설계법)의 경우에는 전반적으로 $T_{test}\ T_{cal}$ 의 값이 낮다.

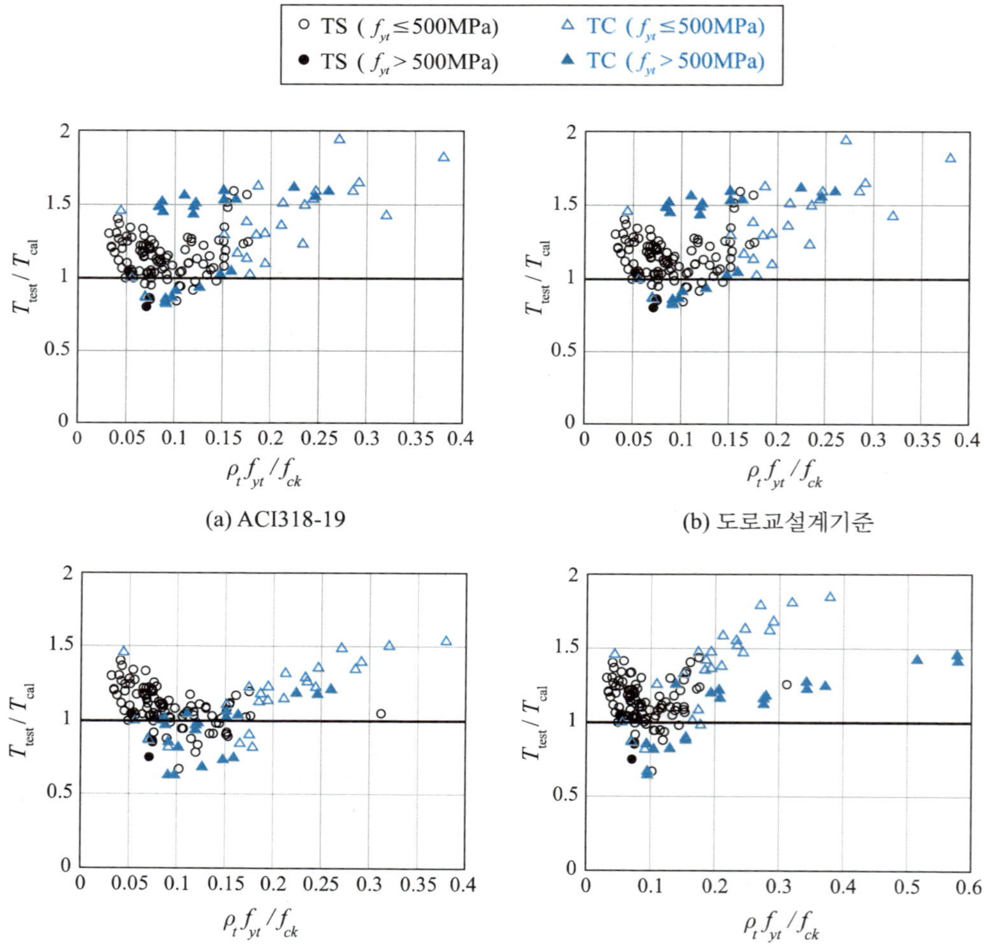

(a) ACI318-19

(b) 도로교설계기준

(c) KDS 14 기준 – 식(8.84a)

(d) KDS 14 기준 – 식(8.84b)

[그림 8.34] 비틀림철근의 최대항복강도와 실험 결과의 비교

제9장

복합하중을 받는 비틀림 부재

9.1 일반 사항

구조 부재는 휨과 압축, 전단과 비틀림, 휨과 전단과 비틀림 등의 복합하중을 받는다. 응력의 관점에서는 휨과 압축력이 수직응력을 유발하며, 전단과 비틀림이 전단응력을 유발하지만, 철근콘크리트 부재의 경우에는 콘크리트의 취성 파괴와 철근의 연성 파괴에 의해 더 복잡한 결과가 발생하게 된다. 비틀림설계에서 가장 대표적인 복합하중은 전단과 비틀림을 받는 부재에 대한 설계이다. KDS 14 국가건설기준과 도로교설계기준(한계상태설계법)에서는 Ersoy and Ferguson (1968)의 실험 결과에 근거하여 전단과 비틀림을 받는 부재에 대한 설계를 하고 있다. 한편 휨과 비틀림을 받는 부재에 대한 설계에서는 부재축방향 철근을 중첩하여 설계하는 방법을 택하고 있으며, 압축력이 추가된 부재에 대해서는 특별한 고려가 반영되어 있지 않다.

비틀림을 포함한 복합하중 설계는 설계자에게 큰 관심을 받지 못했다. 그 이유는 복합하중에서 비틀림 효과가 미치는 영향이 크지 않기 때문이다. 또한 비틀림을 포함한 복합하중을 받는 부재의 거동을 평가하기 위해서는 복잡한 실험장치가 필요한 것도 한 이유이다. 그럼에도 불고하고 현재 건설되고 있는 구조물은 점점 대형화, 비정형화 되고 있어 이전까지 큰 관심을 갖지 못했던 복합하중을 받는 구조물에 대한 주의가 요구되고 있다. 이 장에서는 전단과 비틀림, 휨과 전단과 비틀림과 같이 복합하중을 받는 부재의 설계법을 설명한다.

9.2 전단과 비틀림을 받는 부재에 대한 설계

전단과 비틀림모멘트는 부재 단면을 회전시키는 전단응력을 유발하지만, 단면의 각 요소에 발생시키는 응력은 차이가 있다. [그림 9.1]과 같이 전단력과 비틀림이 동시에 작용할 경우에 단면의 좌측에는 전단력과 비틀림모멘트가 유발하는 전단응력의 합 $(v_s + v_t)$이 작용하지만, 우측에는 두 값의 차$(v_s - v_t)$가 작용하여 응력이 감소한다. 당연하게 단면의 좌측 부위가 위험하며 이곳에 발생하는 철근과 콘크리트의 변형은 우측에 위치한 철근과 콘크리트의 변형보다 크다.

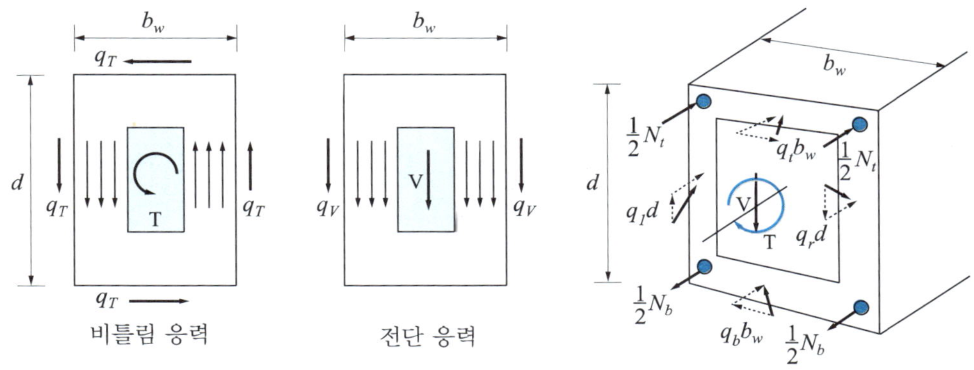

[그림 9.1] 비틀림응력과 전단응력의 비교

전단력과 비틀림이 유발하는 전단흐름(q)을 각각 q_V와 q_T로 할 때, 단면의 네 측면에서 발생하는 전단흐름은 식(9.1)이 된다.

$$q_l = q_V + q_T = \frac{V}{2d} + \frac{T}{2A_o} \qquad \text{(왼쪽면)} \tag{9.1a}$$

$$q_r = q_V + q_T = \frac{V}{2d} - \frac{T}{2A_o} \qquad \text{(오른쪽면)} \tag{9.1b}$$

$$q_t = q_b = q_T = \frac{T}{2A_o} \qquad \text{(상하면)} \tag{9.1c}$$

[그림 9.1]의 한 요소에서 전단흐름과 수직방향 철근의 인장력에 대한 힘의 평형조건을 이용하여 각 면에 발생하는 콘크리트 압축대의 각도(균열의 각도)를 계산할 수 있다.

$$q \cdot (1) = \frac{A_t f_t}{s} \cot\theta \cdot (1) \tag{9.2}$$

$$\cot\theta_l = \frac{s}{A_t f_t}\left(\frac{V}{2d} + \frac{T}{2A_c}\right) \tag{9.3a}$$

$$\cot\theta_r = \frac{s}{A_t f_t}\left(\frac{V}{2d} - \frac{T}{2A_o}\right) \tag{9.3b}$$

$$\cot\theta_t = \cot\theta_b = \frac{s}{A_t f_t}\left(\frac{T}{2A_o}\right) \tag{9.3c}$$

여기서 θ_l, θ_r, θ_t, θ_b는 각각 좌측면, 우측면, 상부면, 하부면의 콘크리트 압축대의

각도이다.

구조물에 작용하는 전단력은 휨모멘트와 연계된다. 휨모멘트는 [그림 9.1]에서 상부와 하부 철근에 축력 N_b, N_t를 발생시킨다. 축방향철근과 각 면에 작용하는 힘들에 대한 회전의 평형을 단면 상부면을 중심으로 계산하면 식(9.4)가 된다.

$$M = N_b\, d - (q_l \tan\theta_l \times d)\frac{d}{2} - (q_r \tan\theta_{rl} \times d)\frac{d}{2} - (q_b \times b_w)d \tag{9.4}$$

식(9.4)에 식(9.1)과 식(9.3)을 대입하여 정리한다.

$$M = N_b\, d - \frac{d^2}{2A_t f_t}\left(\frac{V}{2d} + \frac{T}{2A_o}\right)^2 - \frac{d^2}{2A_t f_t}\left(\frac{V}{2d} - \frac{T}{2A_o}\right)^2 - \frac{b_w d}{2A_t f_t}\left(\frac{T}{2A_o}\right)^2 \tag{9.5}$$

식(9.5)의 모든 항을 $N_b d$로 나눈 후에 다시 정리하여 식(9.6)을 구한다.

$$\frac{d}{A_t f_t}\left(\frac{V}{2d}\right)^2 \frac{1}{N_b} - \frac{b_w + d}{A_t f_t}\left(\frac{T}{2A_o}\right)^2 \frac{1}{N_b} = 1 \tag{9.6}$$

식(9.6)의 변수를 모멘트, 전단력, 비틀림으로 간략화한다.

$$M_o = N_b \times d \tag{9.7a}$$

$$V_o = 2d\sqrt{\left(\frac{2N_b}{d}\right)A_t f_t} \tag{9.7b}$$

$$T_o = 2A_o\sqrt{\left(\frac{2N_b}{p_o}\right)A_t f_t} \tag{9.7c}$$

식(9.7b)의 전단의 경우에는 단면 전체를 기준으로 계산하므로 양 면에 작용하는 힘을 고려하여 2를 곱하며, 식(9.7c)에 $p_o = 2(d + b_w)$를 반영한다. 식(9.7a, b, c)를 식(9.6)에 대입하여 식(9.8)을 구한다.

$$\frac{M}{M_o} + \left(\frac{V}{V_o}\right)^2 R + \left(\frac{T}{T_o}\right)^2 R = 1 \tag{9.8}$$

여기서, $R = N_t / N_b$이며 상부와 하부 주철근이 유발하는 힘의 비율을 나타낸다. 실제 구조물에는 전단력과 휨모멘트가 동시에 작용하지만 휨모멘트를 고려하지 않고 전단력과 순수비틀림만을 받는 부재를 가정할 때. 식(9.8)은 식(9.9)가 된다.

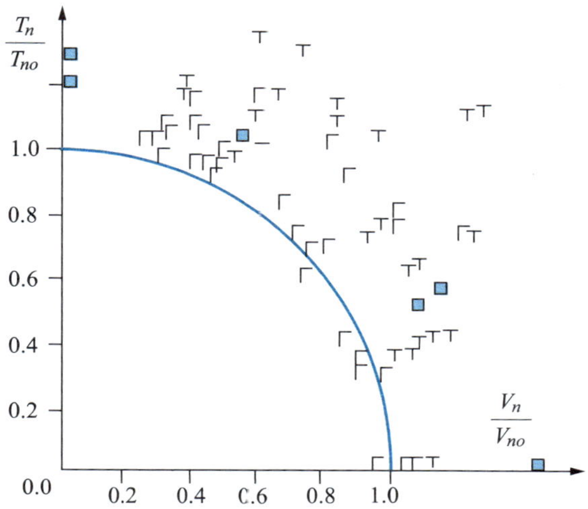

[그림 9.2] 비틀림과 전단력이 동시에 작용할 때의 내력(Ersoy and Ferguson, 1968)

$$\left(\frac{V}{V_o}\right)^2 + \left(\frac{T}{T_o}\right)^2 = 1 \tag{9.9}$$

식(9.9)에서 전단력과 비틀림은 원의 관계가 있음을 알 수 있다. 스터럽이 없는 부재에 전단력과 비틀림이 동시에 작용한 경우에 [그림 9.2]와 같이 두 힘은 원의 관계를 나타낸다. 전단력과 비틀림모멘트가 동시에 작용할 경우에 부재의 내력은 원의 형태로 감소하며, KDS 14 국가건설기준에서는 전단과 비틀림의 관계를 식(9.10)에서 구한다.

$$\left(\frac{V_c}{V_{cu}}\right)^2 + \left(\frac{T_c}{T_{cu}}\right)^2 = 1 \tag{9.10}$$

여기서, T_c : 전단과 비틀림이 동시에 작용하는 경우의 비틀림내력

T_{cu} : 순수비틀림만이 작용한 경우의 비틀림내력

V_c : 전단과 비틀림이 동시에 작용하는 경우의 전단내력

V_{cu} : 순수전단만이 작용한 경우의 전단내력

9.3 비틀림과 휨모멘트를 받는 부재에 대한 설계

비틀림모멘트와 휨모멘트가 동시에 작용하는 부재의 하중 관계는 식(9.8)에서 유도할 수 있다. 식(9.8)에서 전단력이 없다고 가정할 경우에 식(9.8)은 식(9.11)이 된다.

$$\frac{M}{M_o}+\left(\frac{T}{T_o}\right)^2 R=1 \tag{9.11}$$

식(9.10)을 이용하여 비틀림모멘트와 휨모멘트의 관계를 살펴보면 [그림 9.3]의 관계가 된다. 그래프는 상부와 하부 주철근 힘의 비율(R)에 따라서 달라진다. 상부와 하부 주철근의 양이 동일하여 $R=1$이면 반원의 형태를 이루지만, 상부와 하부철근의 양이 차이가 날 경우에는 임의의 점을 경계로 하는 불연속이 발생하게 된다. 예를 들어, $R=0.5$일 경우에 $T/T_o=\sqrt{1.5}$를 기준으로 곡선이 달라지며, $R=0.25$일 경우에 $T/T_o=\sqrt{2.5}$를 기준으로 곡선이 달라진다.

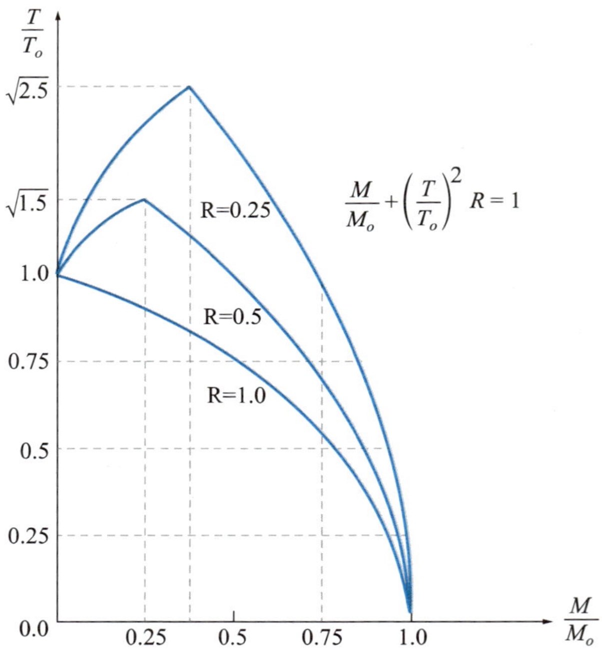

[그림 9.3] 비틀림모멘트와 휨모멘트의 관계

이론적으로 비틀림모멘트와 휨모멘트는 [그림 9.3]의 상관 곡선을 나타내지만 실험 결과는 다른 양상을 나타낸다. [그림 9.4a, b]는 Gesund 등(1964), McMullen와 Warwaruk (1967), Collins 등 (1968), Onsongo (1978)의 실험 결과이다. [그림 9.4(a)]에서 V/V_o가 증가하면 T/T_o는 감소하지만, [그림 9.4(b)]에서 M/M_o가 증가하여도 T/T_o는 급격한 감소하지 않는다. 특히, M/M_o가 약 0.6에 도달할 때까지 T/T_o는 거의 일정한 값을 유지하며, 그 이후에 감소하고 있다.

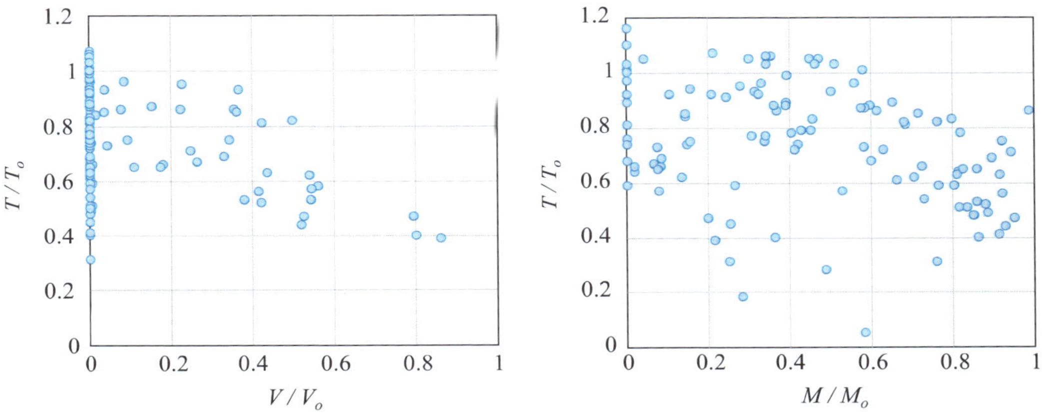

(a) 비틀림모멘트와 전단력의 관계

(b) 비틀림모멘트와 휨모멘트의 관계

[그림 9.4] 복합하중의 내력 관계

9.4 비틀림, 전단, 휨모멘트를 받는 부재에 대한 설계

비틀림모멘트와 휨모멘트가 동시어 작용하는 부재의 하중 관계는 식(9.8)에서 유도할 수 있다. [그림 9.5]는 식(9.8)의 비틀림모멘트, 전단력, 휨모멘트의 관계를 나타낸다.

식(9.10)에서 유도한 이론적인 측면에서는 비틀림모멘트, 전단력, 휨모멘트가 [그림 9.5]의 관계를 나타내지만, 철근이 항복한 이후의 힘의 재분배와 파괴모드를 고려할 경우에 비틀림모멘트와 휨모멘트 관계는 [그림 9.5]와 다를 수 있다.

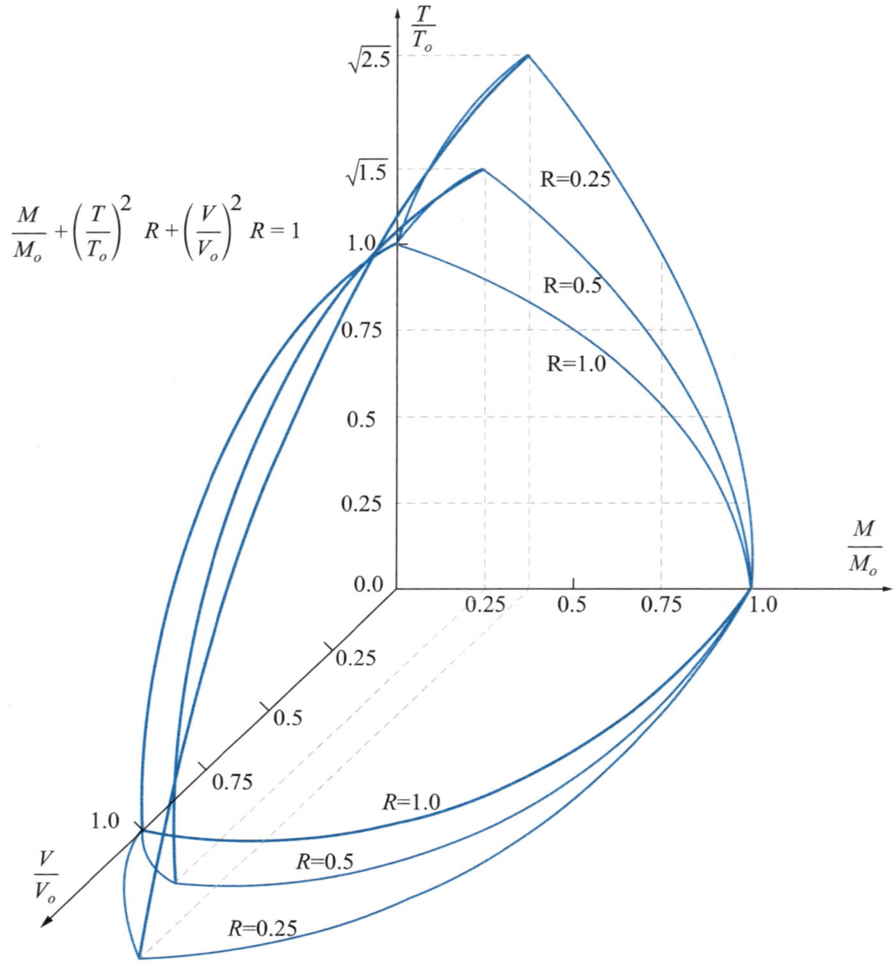

[그림 9.5] 비틀림모멘트, 전단력, 휨모멘트의 관계

▮ 위험 위치의 차이

[그림 9.6]은 비틀림모멘트와 휨멘트를 받고 있는 부재의 응력상태를 나타낸다. 정모멘트를 받고 있는 부재의 상판(Plane A)은 휨압축응력이 발생하며, 하판(Plane B)에는 휨인장응력이 발생한다. 따라서 상판에는 순수전단을 받는 부재의 콘크리트 압축대와 각도 θ 차이를 두고 휨압축응력이 작용하게 된다. 하판에는 부재축과 90도 방향으로 휨균열이 발생하지만 부재축과 θ 방향으로 사인장균열이 발생하게 된다. 만일 휨모멘트에 의해 휨균열에 있는 모든 축방향철근이 항복했다고 할지라도 사인장균열의 각도는 θ 방향이므로 사인장균열에 위치한 부재축방향 철근은 항복강도(f_y)에 모두 도달하지는 않는다. 사인장균열에 위치한 부재축방향 철근의 응력을 식(9.12)에 의해 계산할 수 있다.

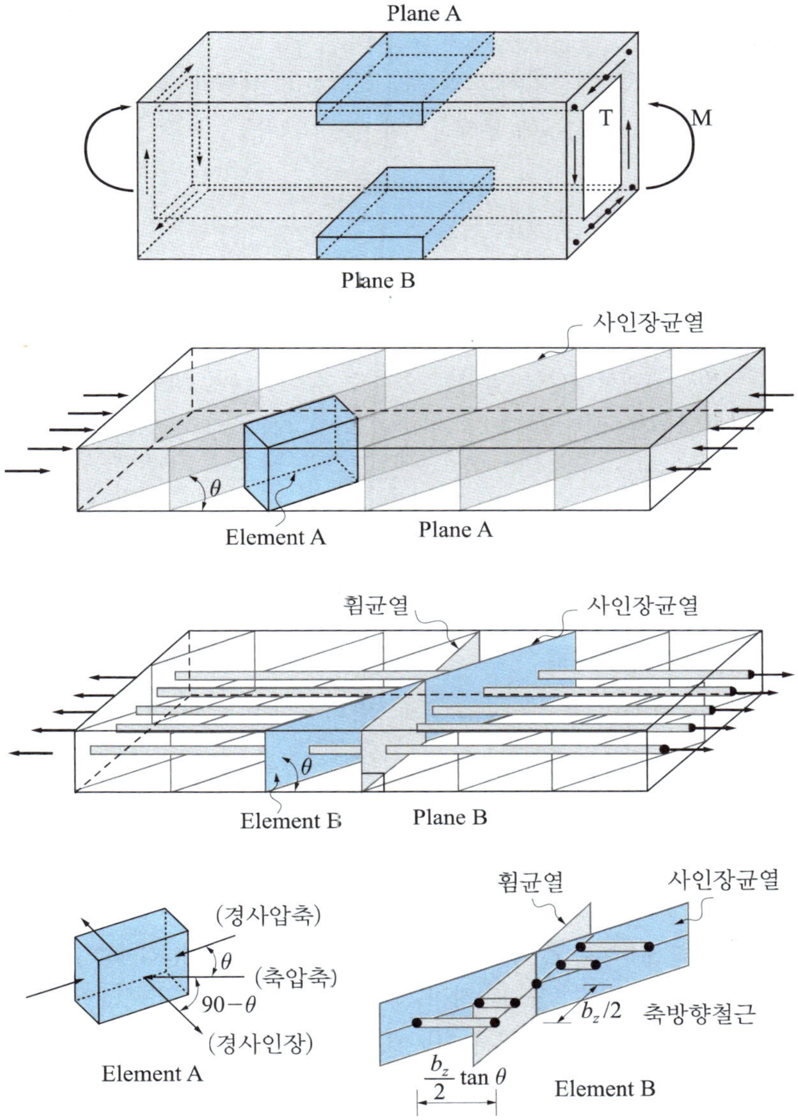

[그림 9.6] 비틀림모멘트와 휨모멘트를 받는 부재의 응력 상태

$$f_\theta = \frac{a-b_z}{a} f_y \tag{9.12}$$

여기서, f_θ : 보의 폭을 기준으로 맨 바깥쪽에 있는 철근의 응력

b_z : 보의 폭 방향으로 맨 바깥쪽 철근의 단면 중심간의 거리

a : 전단경간

부재축방향 철근이 휨모멘트를 저항하고 사용한 응력의 남는 부분을 비틀림모멘트에 저항한다고 할 경우에 부재축방향 철근의 비틀림모멘트 저항력(F_{lt})은 식(9.13)이 된다.

$$F_{lt} = \frac{1}{2}A_s\left(\frac{b_z}{a}\right)f_y \tag{9.13}$$

여기서, A_s : 휨모멘트에 저항하는 전체 인장철근의 단면적

식(9.13)에서 1/2를 곱하는 이유는 사인장균열 방향에 따라서 F_{lt}가 일정하지 않고 [그림 9.6]에 표시하였듯이 맨 바깥쪽 철근이 최대가 되며 중앙부에 위치한 철근이 최소가 되기 때문이다.

이러한 관점에서 볼 때 휨모멘트의 위험 단면과 비틀림모멘트의 위험 단면은 일치하지 않기 때문에 식(9.8)의 $T-V-M$ 관계는 발생하지 않을 수 있다.

▌힘의 재분배

[그림 9.5]의 $T-V-M$ 관계는 모두 철근의 항복강도(f_y)를 기준으로 계산된 값이다. 즉, 철근이 항복하는 순간에 부재는 최대 강도에 도달한다는 관점에서 유도된 상관곡선이다. 그러나 실제 부재는 이러한 현상이 발생하지 않는다. 즉, 철근이 항복한 이후에도 변형이 진행되면서 힘의 재분배가 발생하게 된다.

[그림 9.7]은 비틀림, 전단력, 휨모멘트를 가력하기 위한 실험 장치이다. 실험에서는 마찰력을 최소로 한 원형 철물에 2개의 액츄에이터(actuator)를 연결한 후에 좌측과 우측에 서로 다른 힘을 가력하여 세 가지 힘을 동시에 가력하였다. 실험에서는 두 개의 액츄에이터를 동시에 눌러서 휨모멘트와 전단력을 가력한 후에 우측 액츄에이터는 아래로 계속 누르고, 좌측 액츄에이터는 위로 잡아 당겨서 비틀림을 가력하였다.

[그림 9.8 (a), (b)]에서 $T-V-M$ 관계를 변수로 한 실험 결과와 식(9.8)에 의해 유도된 비틀림모멘트와 전단력의 관계 및 비틀림모멘트와 휨모멘트의 관계를 비교하였다. 식(9.8)에서는 휨모멘트 또는 전단력이 증가할수록 비틀림 내력은 감소하지만, [그림 9.8]의 실험 결과에서는 이러한 현상은 전혀 나타나지 않고 휨모멘트 또는 전단력이 증가하여도 비틀림 내력은 순수비틀림 내력과 거의 동일한 값을 유지하였다.

정면도 측면도

[그림 9.7] 비틀림모멘트, 전단력, 휨모멘트를 받는 실험체

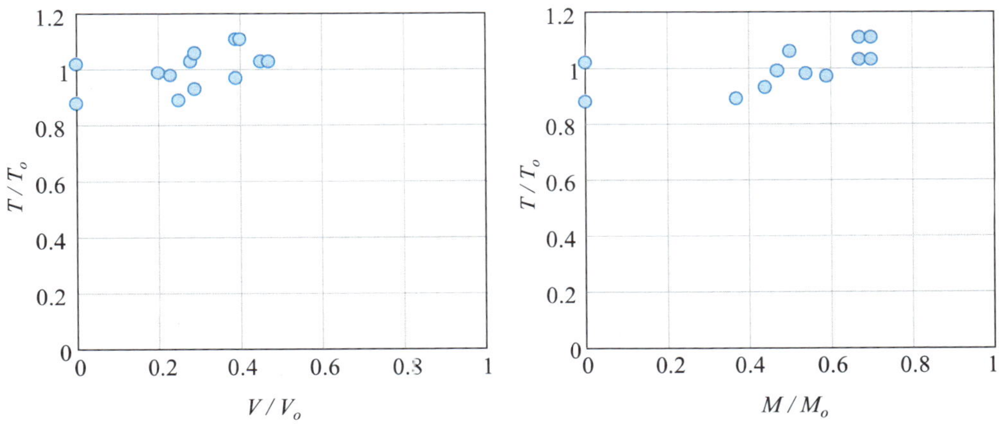

(a) 비틀림모멘트와 전단력의 관계 (b) 비틀림모멘트와 휨모멘트의 관계

[그림 9.8] 실험 결과의 복합하중 내력 관계

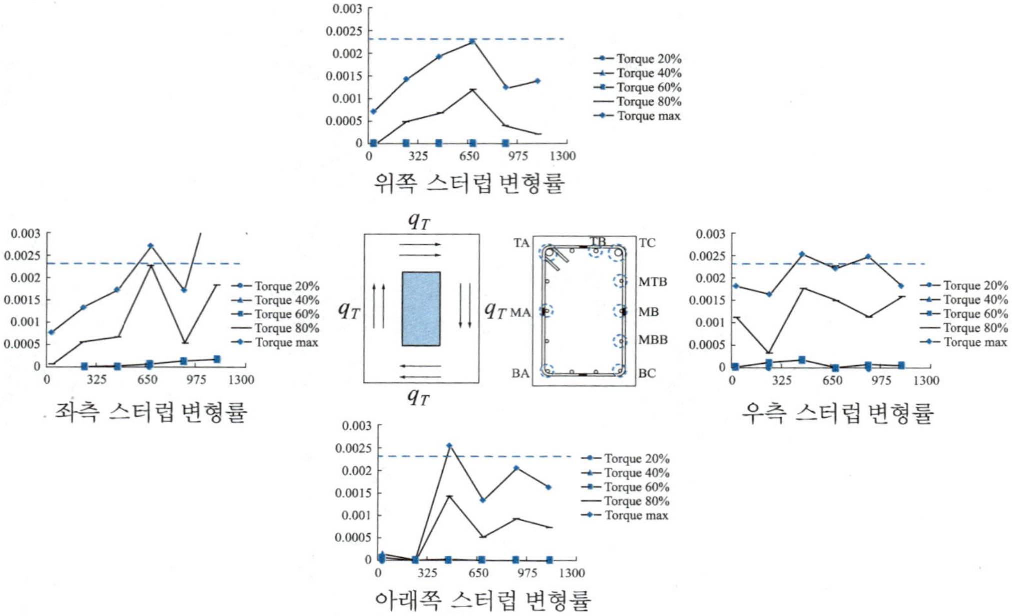

[그림 9.9] 순수비틀림모멘트를 받는 실험체의 폐쇄형 스터럽 변형률 분포

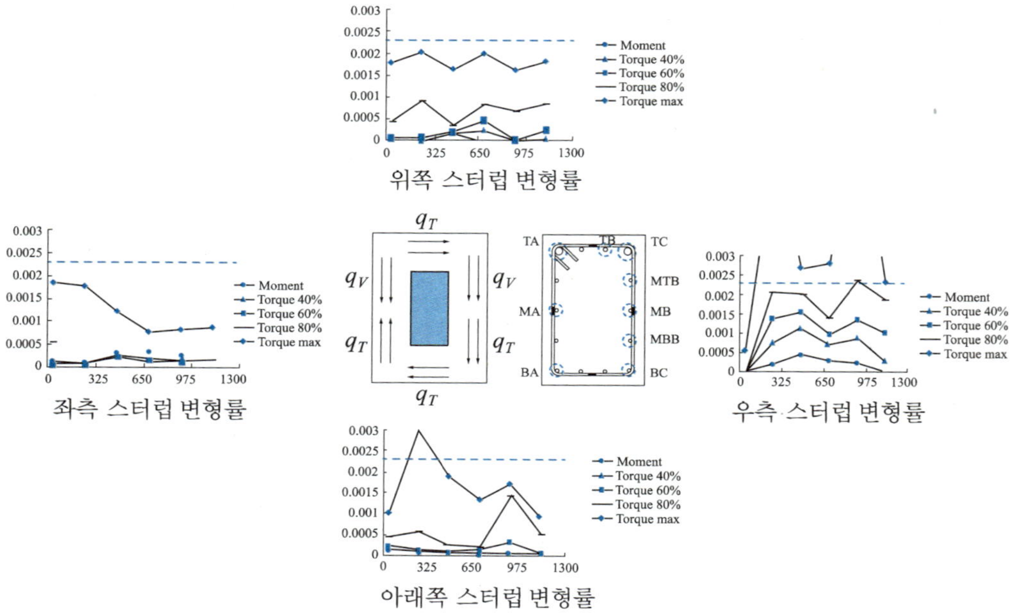

[그림 9.10] 비틀림모멘트 – 전단력 – 휨모멘트를 받는 실험체의 폐쇄형 스터럽 변형률 분포

이와 같이 이론과 실험에 큰 차이가 나는 이유를 힘의 재분배의 관점에서 설명할 수 있다. 실험에서는 폐쇄형 스터럽의 네 변에 변형률게이지를 부착하여 철근의 변형률을 측정하였다. [그림 9.9]와 [그림 9.10]은 게이지에서 측정된 철근의 변형률 분포를 나타낸다. 그림에서는 비틀림모멘트를 다섯 단계, 최대 내력의 20, 40, 60, 80, 100퍼센트로 구분한 후에 단계별로 측정된 스터럽의 변형률 분포를 나타낸다. [그림 9.9]는 휨모멘트가 없고 순수비틀림모멘트만 작용한 경우이며, [그림 9.10]은 휨모멘트와 비틀림모멘트가 동시에 작용한 경우이다. [그림 9.9]에서 순수비틀림모멘트만이 작용할 경우에는 네 변의 변형률 분포가 거의 유사하다. 또한 네 변의 스터럽이 거의 동시에 항복변형률에 도달하였다. 반면에 [그림 9.10]의 휨모멘트와 비틀림모멘트가 동시에 작용한 경우에는 전단과 비틀림이 같은 방향으로 작용하는 우측면의 스터럽의 변형률이 제일 크고, 전단과 비틀림이 반대 방향으로 작용하는 좌측면의 스터럽의 변형률이 제일 작다. 스터럽이 항복변형률에 도달하는 시점도 우측에서 먼저 도달하고, 좌측에서는 도달하지 않았다.

따라서 실험에서 측정된 스터럽의 변형률을 근거로 스터럽이 항복변형률에 도달할 때의 비틀림모멘트를 중심으로 실험 결과와 식(9.8)에 의해 유도된 비틀림모멘트와 전단력의 관계 및 비틀림모멘트와 휨모멘트의 관계를 [그림 9.11]에서 비교하였다. 그림에서 스터럽이 항복변형률에 도달했을 때의 비틀림모멘트를 적용할 경우에 실험과 이론 결과([그림 9.4]의 결과)는 매우 유사하다는 것을 알 수 있다. 바꾸어 말하면 식(9.8)에서는 철근의 항복강도를 기준으로 유도된 결과이며, 철근이 항복한 이후의 힘의 재분배에 대해서는 고려하지 않고 있다. 비교 결과에 의하면 철근항복시점에서는 실험값과 이론값이 거의 일치하고 있다는 것을 알 수 있다.

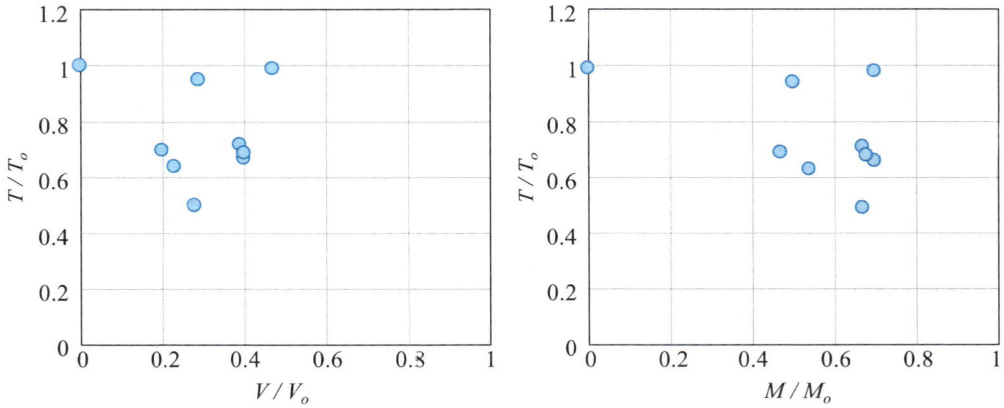

(a) 비틀림모멘트와 전단력의 관계 (b) 비틀림모멘트와 휨모멘트의 관계

[그림 9.11] 철근항복 시점의 복합하중 내력 관계

힘의 재분배를 보다 명확하게 파악하기 위하여 단면의 네 변에서 측정된 스터럽의 변형률을 이용하여 철근의 응력을 계산한 후 이 값들을 식(9.14)에 대입하여 각 면의 비틀림모멘트를 계산하였다.

$$T_1 = T_3 = \frac{A_t f_{yt} y_o}{s} \cot\theta \times \frac{x_o}{2} \tag{9.14a}$$

$$T_2 = T_4 = \frac{A_t f_{yt} x_o}{s} \cot\theta \times \frac{y_o}{2} \tag{9.14b}$$

여기서, x_o : 폐쇄형 비틀림철근의 짧은 변 중심간의 길이

y_o : 폐쇄형 비틀림철근의 긴 변 중심간의 길이

식(9.14a, b)에 의하여 계산한 비틀림모멘트를 박판튜브이론에 근거하여 전단면에 적용시키면 전체 비틀림모멘트를 계산할 수 있다.

$$T_s = T_1 + T_2 + T_3 + T_4 \tag{9.15}$$

[그림 9.12a]의 순수비틀림모멘트만 작용하는 실험체와 [그림 9.12b, c, d]의 휨모멘트와 비틀림모멘트가 동시에 작용하는 실험체의 네 면에서 계산된 비틀림모멘트를 비교하고 있다. 순수비틀림모멘트만 작용하는 경우에는 네 면의 비틀림모멘트가 거의 균등하지만, 휨모멘트와 비틀림모멘트가 동시에 작용하는 실험체는 초기에는 전단과 비틀림이 같은 방향으로 작용하는 우측면의 비틀림모멘트가 제일 크다. 그러나 우측면의 철근이 항복변형률에 도달한 이후에 거의 일정하게 비틀림모멘트를 유지한다. 반면에 전단과 비틀림이 반대 방향으로 작용하는 좌측면의 비틀림모멘트는 초기에는 작지만 우측면의 비틀림모멘트가 더 이상 증가하지 않고 나서 급격하게 증가하고 있다.

이와 같은 결과를 통하여 식(9.8)에 의해 유도된 $T-V-M$ 관계는 철근이 항복함과 동시에 부재는 최대 내력에 도달한다는 가정에서 유도된 결과이지만, 실제 구조물은 철근이 항복한 이후에 단면 내에서 힘의 재분배가 발생하여 내력이 증가하기 때문에 이론과 다른 결과를 나타내게 된다. 특히 전단과 비틀림을 동시에 받는 부재의 경우에는 동일한 전단응력이 발생하지만 단면의 위치에 따라서 전단응력에 큰 차이가 발생하여 이러한 양상이 더 심해진다.

이론과 실험 결과에 큰 차이가 발생하여 복합하중을 받을 때 비틀림모멘트가 부재 거동에 미치는 영향에 대한 연구는 향후 더 많이 필요할 것으로 판단된다.

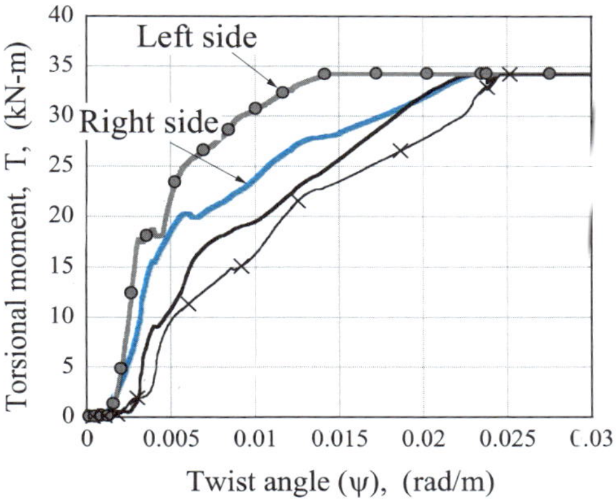

(a) 순수비틀림을 받는 실험체

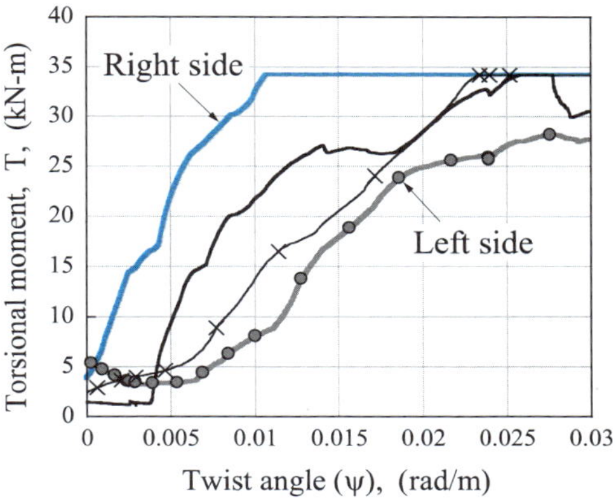

(b) 휨모멘트(0.9 M/M_o)와 비틀림모멘트를 동시에 받는 실험체

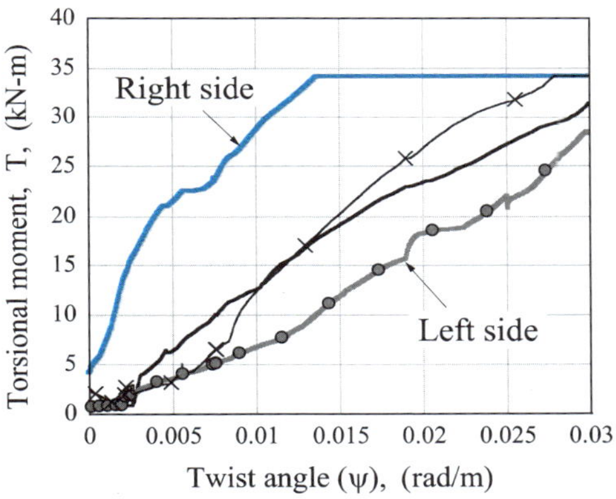

(c) 휨모멘트(0.8 M/M_o)와 비틀림모데트를 동시에 받는 실험체

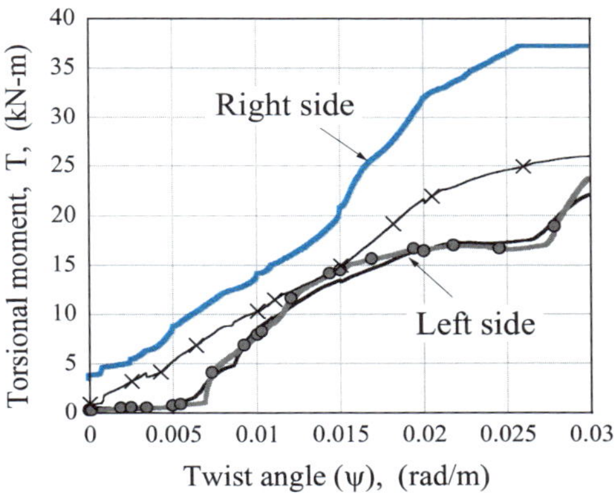

(d) 휨모멘트(M/M_o)와 비틀림모멘트를 동시에 받는 실험체

[그림 9.12] 네 면의 비틀림모멘트와 전체 비틀림모멘트 관계

MEMO

부록

1. 전단강도 및 변수 분석 데이터
   1.1 전단철근이 없는 실험체(784개)
   1.2 전단철근이 있는 실험체(157개)
2. 최대전단철근비 분석 데이터(283개)
3. 스트럿-타이 모델 분석 깊은보 데이터(595개)
4. 비틀림강도 분석 데이터(143개)

부록 부호

b_w : 단면의 폭(mm)

d : 단면의 유효깊이(mm)

h : 단면의 유효깊이(mm)

f_{ck} : 콘크리트 압축강도(MPa)

ρ_w : 주인장철근비(%)

$\rho_w{}'$: 주압축철근비(%)

a/d : 전단경간비

ρ_t : 전단철근비(%)

ρ_h : 수평전단철근비(%)

ρ_l : 수평비틀림철근비(%)

f_{yt} : 전단철근의 항복 강도(MPa)

f_{yh} : 수평전단철근의 항복 강도(MPa)

f_{yl} : 수평비틀림철근의 항복 강도(MPa)

V_n : 전단강도(kN)

T_n : 비틀림강도(kN-m)

1. 전단강도 및 변수 분석 데이터

참고문헌 : Reineck, K.-H., Bentz, E,. Fitik, B., Kuchma, D.A., and Bayrak, O. (2013), "ACI-DAfStb Database of Shear Tests on Slender Reinforced Concrete Beams without Stirrups," *ACI Structural Journal*, Vol.110, No.5, pp.867～876.

1.1 전단철근이 없는 실험체(784개)

Reference	Specimen	b_w (mm)	d (mm)	f_{ck} (MPa)	ρ_w (%)	a/d	V_n (kN)
Adebar (1989)	ST1	360.0	278.0	50.1	1.57	2.92	127.5
Adebar;	ST2	360.0	278.0	50.1	1.57	2.92	118.7
Collins (1994)	ST3	290.0	278.0	46.9	1.95	2.92	107.7
Adebar;	ST16	290.0	178.0	49.1	3.04	4.56	75.1
Collins (1996)	ST23	290.0	278.0	56.5	0.99	2.92	89.9
Ahmad;	A1	127.0	203.2	60.0	3.93	4.00	58.3
Kahloo	A2	127.0	203.2	60.0	3.93	3.00	69.3
Poveda	A3	127.0	203.2	60.0	3.93	2.70	69.3
(1986)	A7	127.0	208.0	60.0	1.77	4.00	47.2
	A8	127.0	208.0	60.0	1.77	3.00	49.3
	B1	127.0	201.7	66.3	5.03	4.00	51.7
	B2	127.0	201.7	66.3	5.03	3.00	69.3
	B3	127.0	201.7	66.3	5.03	2.70	100.5
	B7	127.0	208.0	66.3	2.25	4.00	45.0
	B8	127.0	208.0	66.3	2.25	3.00	47.1
	B9	127.0	208.0	66.3	2.25	2.70	80.4
	C1	127.0	184.2	63.6	6.64	4.00	54.7
	C2	127.0	184.2	63.6	6.64	3.00	76.0
	C3	127.0	184.2	63.6	6.64	2.70	69.3
	C7	127.0	206.5	63.6	3.26	4.00	45.9
	C8	127.0	206.5	63.6	3.26	3.00	44.9
	C9	127.0	206.5	63.6	3.26	2.70	45.7
Ahmad;	B7N	102.0	178.0	41.2	1.40	3.70	26.7
Park;	B7H	102.0	178.0	75.7	1.40	3.70	26.9
El-Dash (1995)	B8H	102.0	178.0	78.4	1.40	3.70	26.9
Al-Alusi	12	76.2	127.0	22.8	2.62	2.50	27.0
(1957)	11	76.2	127.0	26.2	2.62	3.40	17.4
	2	76.2	127.0	25.5	1.47	3.40	14.4
	21	76.2	127.0	26.8	2.62	3.40	24.1
	15	76.2	127.0	22.8	2.62	4.00	17.2

	10	76.2	127.0	26.2	2.62	4.00	14.7
	4	76.2	127.0	24.2	1.47	4.00	13.9
	13	76.2	127.0	26.3	2.62	4.00	17.0
	18	76.2	127.0	24.5	2.62	4.50	14.0
	7	76.2	127.0	23.1	2.62	4.50	13.5
	24	76.2	127.0	26.1	2.62	4.50	15.4
	16	76.2	127.0	25.7	2.62	4.50	14.8
	17	76.2	127.0	27.2	2.62	5.50	13.8
	8	76.2	127.0	23.9	2.62	5.50	13.4
	19	76.2	127.0	28.2	4.09	5.50	14.0
	25	76.2	127.0	23.6	2.62	5.50	13.5
	9	76.2	127.0	29.3	2.62	6.50	14.1
	20	76.2	127.0	24.9	4.09	6.50	15.0
	23	76.2	127.0	25.8	4.09	7.40	14.0
Angelakos; Bentz; Collins (2000)	DB0530	300.0	925.0	29.6	0.51	2.88	167.9
	DB120	300.0	925.0	18.6	1.01	2.88	181.9
	DB130	300.0	925.0	29.6	1.01	2.88	187.9
	DB140	300.0	925.0	35.6	1.01	2.88	182.9
	DB165	300.0	925.0	62.6	1.01	2.88	187.9
	DB180	300.0	925.0	77.6	1.01	2.88	174.9
	DB230	300.0	895.0	29.6	2.09	2.97	259.9
Aster; Koch (1974)	2	1000.0	250.0	24.5	0.64	3.68	221.6
	3	1000.0	250.0	24.9	0.91	3.68	226.1
	11	1000.0	500.0	22.2	0.46	3.65	279.7
	12	1000.0	500.0	24.9	0.65	3.65	342.5
	16	1000.0	750.0	28.0	0.42	3.67	432.6
Lubell, Sherwood, Bentz	AT-1 - East	2016.0	916.0	61.7	0.76	2.91	1194.2
Collins (2004)	AT-1 West	2016.0	916.0	62.2	0.76	2.91	1287.8
	AT-2/250N	250.0	437.0	35.3	0.92	2.89	116.8
Sherwood (2008)	AT-2/250W	252.0	439.0	36.1	0.90	2.87	113.7
	AT-2/1000W	1002.0	439.0	36.6	0.91	2.87	479.3
	AT-2/1000N	1002.0	438.0	35.5	0.91	2.88	448.0
	AT-2/3000	3005.0	439.0	38.2	0.91	2.87	1308.4
	AT-3/N1	697.0	307.0	35.1	0.94	3.26	240.2
	AT-3/N2	706.0	306.0	34.7	0.93	3.27	261.3
	AT-3/T1	700.0	306.0	35.4	0.93	3.27	256.4
	AT-3/T2	706.0	307.0	34.7	0.92	3.26	252.3
Bernander (1957)	A1	100.0	168.0	26.7	1.11	4.17	21.2
	A2	100.0	168.0	26.7	1.17	4.17	23.7
	A3	100.0	168.0	25.2	0.97	4.17	19.8
	A4	100.0	168.0	26.7	1.11	4.17	21.6

	A5	100.0	168.0	26.7	1.17	4.17	21.0
	A6	100.0	168.0	25.2	0.97	4.17	17.3
Bernhardt;	S6A	150.0	159.0	79.7	2.63	2.52	95.8
Fynboe	S6C	150.0	159.0	79.7	2.63	2.52	115.8
(1986)	S9A	150.0	159.0	79.7	5.27	3.46	80.7
	S9B	150.0	159.0	79.7	5.27	3.46	65.7
	S9C	150.0	159.0	94.7	5.27	3.46	68.7
Bhal	B1	240.0	300.0	20.8	1.26	2.94	71.0
(1968)	B2	240.0	600.0	27.2	1.26	2.94	119.5
	B3	240.0	900.0	25.1	1.26	2.94	166.4
	B4	240.0	1200.0	22.8	1.26	2.94	187.1
	B5	240.0	600.0	24.2	0.63	2.94	106.9
	B6	240.0	600.0	22.3	0.63	2.94	115.4
	B7	240.0	900.0	24.8	0.63	2.94	140.1
	B8	240.0	900.0	25.3	0.63	2.94	127.6
Bresler;	0A-1	309.9	461.0	20.2	1.81	3.80	170.7
Scordelis	0A-2	304.8	466.1	21.3	2.27	4.74	184.4
(1963)	0A-3	307.3	461.5	35.2	2.73	6.77	195.8
Cladera;	H 50/1	200.0	360.0	47.5	2.23	2.90	99.7
Mari	H 50/5	200.0	360.0	47.5	2.23	2.90	177.6
(2002)	H 60/1	200.0	360.0	58.4	2.23	2.90	108.1
Cladera	H 75/1	200.0	360.0	66.5	2.23	2.90	99.9
(2002)	H100/1	200.0	360.0	84.6	2.23	2.90	117.9
	H100/5	200.0	360.0	84.6	2.23	2.90	140.1
Cao (2000)	SB 2012/0	300.0	1845.0	25.1	1.52	2.89	418.4
	SB 2003/0	300.0	1925.0	27.7	0.36	2.77	238.9
Cederwall; Hedman; Losberg	734-34	135.0	234.0	26.9	1.07	3.42	42.1
Chana	2.1a	203.0	356.0	36.5	1.74	3.00	96.0
(1981)	2.1b	203.0	356.0	36.5	1.74	3.00	97.1
	2.2a	203.0	356.0	30.4	1.74	3.00	87.4
	2.2b	203.0	356.0	30.4	1.74	3.00	94.4
	2.3a	203.0	356.0	33.3	1.74	3.00	99.4
	2.3b	203.0	356.0	33.3	1.74	3.00	96.4
	3.1a	100.0	177.0	22.1	1.78	3.00	23.8
	3.1b	100.0	177.0	22.1	1.78	3.00	23.9
	3.2a	100.0	177.0	23.8	1.78	3.00	24.5
	3.2b	100.0	177.0	23.8	1.78	3.00	25.5
	3.3a	100.0	177.0	26.1	1.78	3.00	26.5
	3.3b	100.0	177.0	26.1	1.78	3.00	23.2
	D1	100.0	177.0	20.[illegible]	1.78	3.00	22.1
	D2	100.0	177.0	20.6	1.78	3.00	23.4

	D3	100.0	177.0	29.4	1.78	3.00	21.4
	4.1a	60.0	106.0	18.4	1.78	3.00	9.8
	4.1b	60.0	106.0	18.4	1.78	3.00	8.7
	4.2a	60.0	106.0	18.4	1.78	3.00	9.0
	4.2b	60.0	106.0	18.4	1.78	3.00	9.7
	4.3a	60.0	106.0	32.8	1.78	3.00	11.7
	4.3b	60.0	106.0	32.8	1.78	3.00	12.4
	4.4a	60.0	106.0	32.8	1.78	3.00	9.6
	4.4b	60.0	106.0	32.8	1.78	3.00	10.5
Chang; Kesler (1958)	IA1	101.6	136.7	25.2	2.89	4.09	19.9
	IB1	101.6	136.7	25.2	1.86	2.60	19.6
	IC1	101.6	136.7	25.2	2.37	3.35	19.6
	IC2	101.6	136.7	25.2	2.37	3.35	17.8
	IIB1	101.6	136.7	15.3	2.37	4.09	16.6
	IIC1	101.6	136.7	15.3	2.89	2.60	17.8
	4-21a	101.6	136.7	36.2	1.86	3.72	21.1
	4-22a	101.6	136.7	29.5	1.86	3.72	21.4
	4-23a	101.6	136.7	29.8	1.86	3.72	21.6
	5-21a	101.6	136.7	29.8	2.89	3.72	28.9
	5-21b	101.6	136.7	29.8	2.89	3.72	27.5
	5-22a	101.6	136.7	28.8	2.89	3.72	22.4
	5-22b	101.6	136.7	28.8	2.89	3.72	25.9
	5-23a	101.6	136.7	29.7	2.89	3.72	24.5
	5-23b	101.6	136.7	29.7	2.89	3.72	23.4
Collins; Kuchma (1999)	B100	300.0	925.0	33.6	1.01	2.88	227.9
	B100H	300.0	925.0	95.6	1.01	2.88	193.0
	B100B	300.0	925.0	36.6	1.01	2.88	206.9
	B100L	300.0	925.0	36.6	1.01	2.88	225.9
	B100-R	300.0	925.0	33.6	1.01	2.88	251.9
	B100HE	300.0	925.0	95.6	1.01	2.88	219.9
	B100L-R	300.0	925.0	36.6	1.01	2.88	237.9
Diaz de Cossio; Siess (1960)	A-2	152.4	254.0	29.1	0.98	3.30	42.4
	A-3	152.4	254.0	17.1	0.98	4.30	34.9
	A-12	152.4	254.0	24.3	3.33	3.30	59.5
	A-13	152.4	254.0	19.7	3.33	4.30	47.6
	A-14	152.4	254.0	25.1	3.33	5.30	55.6
Drangsholt; Thorenfeld (1992)	B11	150.0	221.0	51.6	1.82	3.00	58.1
	B13	150.0	207.0	51.6	3.24	4.00	70.5
	B14	150.0	207.0	51.6	3.24	3.00	82.6
	B21	150.0	221.0	75.4	1.82	3.00	67.9
	B23	150.0	207.0	75.4	3.24	4.00	77.8
	B24	150.0	207.0	75.4	3.24	3.00	82.6

	B43	150.0	207.0	84.0	3.24	4.00	86.2
	B44	150.0	207.0	84.0	3.24	3.00	107.2
	B51	150.0	221.0	95.3	1.82	3.00	56.2
	B53	150.0	207.0	95.3	3.24	4.00	76.8
	B54	150.0	207.0	95.3	3.24	3.00	77.7
	B61	300.0	442.0	75.4	1.82	3.00	180.3
	B63	300.0	414.0	75.4	3.24	4.00	229.4
	B64	300.0	414.0	75.4	3.24	3.00	280.7
Elzanaty; Nilson; Slate (1986)	F11	177.8	269.9	18.3	1.19	4.00	43.7
	F12	177.8	268.3	18.3	2.44	4.00	53.2
	F8	177.8	273.1	37.6	0.93	4.00	44.7
	F13	177.8	269.9	37.6	1.19	4.00	47.6
	F14	177.8	268.3	37.6	2.44	4.00	63.4
	F1	177.8	269.9	63.1	1.19	4.00	57.4
	F2	177.8	268.3	63.1	2.44	4.00	65.6
	F10	177.8	266.7	63.1	3.21	4.00	74.9
	F9	177.8	268.3	76.9	1.63	4.00	62.3
	F15	177.8	268.3	76.9	2.44	4.00	66.3
	F6	177.8	268.3	61.1	2.44	6.00	60.1
Feldman; Siess (1955)	L-2	152.4	252.5	19.1	3.35	3.02	76.4
	L-2A	152.4	252.5	34.3	3.35	3.02	80.9
	L-3	152.4	252.5	25.6	3.35	4.02	54.3
	L-4	152.4	252.5	23.4	3.35	5.03	52.0
	L-5	152.4	252.5	25.5	3.35	6.04	52.2
	L2R	152.4	252.5	19.1	3.35	2.87	74.8
	L2aR	152.4	252.5	34.3	3.35	2.87	93.0
	L3R	152.4	252.5	25.6	3.35	3.87	62.4
Ferguson; Thompson (1953)	A1	101.6	209.6	27.3	4.76	3.39	29.1
	A2	101.6	209.6	24.9	4.76	3.39	27.0
	A3	101.6	209.6	32.7	4.76	3.39	33.6
	A4	101.6	209.6	32.6	4.76	3.39	31.6
	A5	101.6	209.6	43.0	4.76	3.39	33.9
	A6	101.6	209.6	36.3	4.76	3.39	35.6
	D1	177.8	209.6	28.9	2.72	3.39	48.7
	D2	177.8	209.6	27.2	2.72	3.39	52.0
	N1	108.0	177.8	18.3	2.97	4.00	23.8
	N2	108.0	177.8	18.2	2.97	4.00	23.9
	N3	108.0	177.8	15.1	2.97	4.00	21.5
	G4	108.0	114.3	20.5	4.62	6.22	14.0
	G5	108.0	114.3	19.3	4.62	6.22	15.8
	G6	108.0	114.3	19.5	4.62	6.22	17.6
	B1	101.6	209.6	33.3	4.76	3.39	35.5

	B2	101.6	209.6	31.1	4.76	3.39	31.6
	B3	101.6	209.6	37.6	4.76	3.39	39.4
	B4	101.6	209.6	41.0	4.76	3.39	43.9
	B5	101.6	209.6	38.6	4.76	3.39	38.3
	C1	101.6	209.6	31.1	4.76	3.39	50.1
	C2	101.6	209.6	31.1	4.76	3.39	38.8
	L1	108.0	158.8	19.3	3.33	4.48	27.4
	L2	108.0	158.8	20.2	3.33	4.48	29.8
	L3	108.0	158.8	19.8	3.33	4.48	27.4
Ferguson (1956)	F2	100.8	189.0	26.9	2.08	3.23	22.2
Gabrielsson	SAR3	200.0	260.0	134.6	3.09	4.23	108.0
(1993)	HP1	200.0	200.0	136.6	3.02	4.00	109.1
	HP3	200.0	200.0	122.6	4.02	4.00	102.1
	HP5	200.0	200.0	105.6	4.02	4.00	109.6
Ghannoum	N155 (N)	400.0	127.5	31.8	1.96	2.50	111.9
(1998)	N155 (S)	400.0	127.5	31.8	1.18	2.50	84.6
	N220 (N)	400.0	190.0	31.8	1.97	2.50	122.7
	N220 (S)	400.0	190.0	31.8	1.18	2.50	103.6
	N350 (N)	400.0	312.5	31.8	2.00	2.50	178.6
	N350 (S)	400.0	312.5	31.8	1.20	2.50	158.0
	N485 (N)	400.0	440.0	31.8	1.99	2.50	215.4
	N485 (S)	400.0	440.0	31.8	1.19	2.50	187.5
	N960 (N)	400.0	889.0	31.8	1.97	2.50	386.1
	N960 (S)	400.0	889.0	31.8	1.18	2.50	366.6
	H90 (N)	400.0	65.0	56.2	1.92	2.50	77.4
	H90 (S)	400.0	65.0	56.2	1.15	2.50	52.1
	H155 (N)	400.0	127.5	56.2	1.96	2.50	105.0
	H155 (S)	400.0	127.5	56.2	1.18	2.50	76.7
	H220 (N)	400.0	190.0	56.2	1.97	2.50	135.3
	H220 (S)	400.0	190.0	56.2	1.18	2.50	105.9
	H350 (N)	400.0	312.5	56.2	2.00	2.50	189.6
	H350 (S)	400.0	312.5	56.2	1.20	2.50	157.3
	H485 (N)	400.0	440.0	56.2	1.99	2.50	199.0
	H485 (S)	400.0	440.0	56.2	1.19	2.50	198.5
	H960 (N)	400.0	889.0	56.2	1.97	2.50	337.4
	H960 (S)	400.0	889.0	56.2	1.18	2.50	316.7
Grimm, R.	S 1.1	300.0	153.0	87.7	1.34	3.73	70.2
(1997)	S 1.2	300.0	152.0	88.8	2.21	3.75	75.2
	S 1.3	300.0	146.0	91.3	4.22	3.90	98.6
	S 2.2	300.0	348.0	88.9	1.88	3.53	191.1
	S 2.4	300.0	328.0	91.7	3.76	3.75	230.3
	S 3.2	300.0	718.0	91.3	1.72	3.66	258.5

	S 3.3	300.0	746.0	92.0	0.83	3.53	201.4
	S 3.4	300.0	690.0	91.7	3.57	3.81	380.9
	S 4.1	300.0	153.0	108.5	1.34	3.73	74.4
	S 4.2	300.0	152.0	108.5	2.21	3.75	90.3
	S 4.3	300.0	146.0	108.5	4.22	3.90	122.2
Haddadin; Hong; Mattock (1971)	A1	177.8	381.0	27.1	3.81	2.50	116.8
	C1	177.8	381.0	23.5	3.81	4.25	87.3
	E1	177.8	381.0	11.5	3.81	2.50	99.5
	J1	177.8	381.0	23.3	3.81	2.50	122.4
Hallgren (1994)	B90SB5-2-33	156.0	191.3	30.4	2.27	3.66	56.6
	B90SB6-2-33	156.0	193.9	30.4	2.24	3.61	54.1
	B90SB9-2-31	156.0	191.8	28.7	2.27	3.65	49.6
	B90SB10-2-31	157.0	192.8	28.7	2.20	3.63	54.1
	B90SB13-2-86	163.0	191.8	83.8	2.17	3.65	83.1
	B90SB14-2-86	158.0	193.9	83.8	2.21	3.61	77.1
	B90SB17-2-45	157.0	191.3	42.5	2.26	3.66	59.6
	B90SB18-2-45	155.0	193.9	42.5	2.26	3.61	63.6
	B90SB21-2-85	155.0	193.9	82.2	2.26	3.61	69.6
	B90SB22-2-85	158.0	192.8	82.2	2.23	3.63	76.1
	B91SC1-2-62	156.0	192.8	59.4	2.25	3.63	71.6
	B91SC2-2-62	155.0	196.1	59.4	2.23	3.57	70.1
	B91SC3-2-69	155.0	193.9	66.7	2.26	3.61	77.1
	B91SC4-2-69	156.0	195.0	66.7	2.23	3.59	74.6
	B91SD1-4-61	156.0	193.9	58.4	3.99	3.61	89.1
	B91SD2-4-61	156.0	195.0	58.4	3.97	3.59	90.5
	B91SD3-4-66	156.0	195.0	63.3	3.97	3.59	82.1
	B91SD4-4-66	155.0	195.0	63.3	3.99	3.59	79.6
	B91SD5-4-58	156.0	195.5	55.9	3.95	3.58	78.5
	B91SD6-4-58	150.0	195.5	55.9	4.11	3.58	83.1
Hallgren (1996)	B3	262.0	208.0	90.0	0.74	2.64	76.1
	B5	283.0	211.0	88.9	1.05	2.61	104.2
	B7	337.0	208.0	82.6	0.57	2.64	89.3
Hamadi (1976)	G1	100.0	370.0	27.9	1.70	3.39	45.0
	G2	100.0	372.0	21.1	1.08	3.37	41.4
	G4a	100.0	372.0	19.6	1.08	5.90	31.0
	G4b	100.0	372.0	18.6	1.08	3.44	38.9
Hanson (1958)	8A-X	152.4	266.7	23.1	2.49	2.48	81.2
	8A	152.4	266.7	25.3	2.49	2.48	58.5
	8B	152.4	266.7	34.7	2.49	2.48	91.1
	8C	152.4	266.7	55.6	4.99	2.48	128.0
	8D	152.4	266.7	71.3	4.99	2.48	166.2
Hanson	8A4	152.4	266.7	18.5	1.25	4.95	34.8

(1961)	8B4	152.4	266.7	28.6	1.25	4.95	43.8
	8BW4	152.4	266.7	27.3	1.25	4.95	41.0
	8B2	152.4	266.7	28.4	3.51	4.95	53.4
	8B3	152.4	266.7	27.7	1.25	2.48	46.8
Hedmann; Losberg (1978)	A4	152.0	267.0	17.5	1.25	4.95	33.8
	B4	152.0	267.0	27.1	1.25	4.95	42.8
	BW4	152.0	267.0	25.8	1.25	4.95	40.0
	B2	152.0	267.0	26.9	2.22	4.95	52.4
Islam; Pam; Kwan (1998)	M100-S0	150.0	203.0	80.9	3.22	3.94	65.0
	M80-S0	150.0	203.0	69.8	3.22	3.94	58.0
	M60-S0	150.0	207.0	48.4	2.02	3.86	45.5
	M40-S0	150.0	205.0	32.0	3.19	3.90	55.0
	M25-S0	150.0	207.0	24.2	2.02	3.86	47.5
Johnson; Ramirez (1989)	6	304.8	538.7	53.5	2.49	3.10	197.0
Kani (1967)	40	151.6	139.7	24.0	2.59	5.35	32.0
	41	152.4	141.2	24.8	2.61	2.41	51.4
	43	151.4	137.2	25.6	2.73	5.93	29.1
	47	151.1	132.1	22.4	2.84	5.13	28.2
	48	151.1	133.4	22.4	2.82	5.09	27.1
	52	152.4	138.4	22.4	2.69	3.93	28.9
	55	150.4	134.6	22.7	2.81	3.02	32.6
	56	153.2	137.4	24.8	2.67	3.46	28.0
	57	153.2	138.7	24.0	2.61	5.39	31.6
	58	152.4	138.4	24.8	2.66	3.44	28.9
	59	154.4	139.7	24.2	2.63	2.67	50.2
	60	154.9	138.7	24.4	2.64	2.93	39.3
	81	153.4	274.3	25.1	2.76	5.93	51.2
	83	156.0	271.3	25.1	2.75	3.00	64.9
	84	151.1	271.0	25.1	2.84	4.00	55.4
	91	154.4	268.7	25.1	2.71	6.06	51.0
	93	154.9	272.8	27.9	2.66	6.46	53.8
	95	153.4	275.1	22.9	2.75	2.47	72.7
	96	153.2	275.1	22.9	2.76	3.94	56.3
	97	152.4	276.4	24.8	2.68	2.95	62.5
	98	153.2	274.6	23.8	2.69	2.47	76.3
	99	152.4	271.8	23.8	2.73	2.50	77.2
	63	154.4	542.8	23.8	2.77	4.00	93.2
	64	156.2	540.5	23.3	2.75	8.03	79.0
	65	149.6	552.5	24.6	2.82	2.46	112.3
	66	156.2	541.3	24.0	2.75	6.01	90.7
	71	154.9	544.1	25.0	2.66	2.99	102.1

	74	152.4	523.2	24.8	2.84	3.12	107.6
	75	152.4	524.0	24.9	2.84	3.11	107.9
	76	152.4	517.7	28.4	2.87	2.63	114.8
	79	153.2	556.3	23.7	2.72	6.84	83.6
	3042	153.9	1094.7	24.0	2.70	2.50	236.9
	3043	153.7	1092.2	24.6	2.71	3.00	165.0
	3044	152.4	1097.3	27.1	2.72	3.98	159.0
	3045	154.9	1092.2	25.9	2.70	5.00	152.3
	3046	154.9	1097.3	24.3	2.70	7.00	154.1
	3047	154.9	1094.7	24.3	2.69	8.00	147.0
	271	611.1	268.7	24.6	2.75	6.07	217.2
	272	610.9	270.8	24.6	2.73	5.02	227.7
	273	612.1	271.3	24.8	2.72	4.01	206.1
	274	612.1	270.3	24.8	2.73	3.02	250.1
Kani; Huggins; Wittkopp (1979)	266	153.2	271.5	15.7	0.50	2.48	32.5
	267	153.4	269.2	18.3	0.52	3.53	24.5
	268	153.2	275.3	17.7	0.49	2.96	27.2
	246	153.2	274.3	25.2	0.51	3.47	25.4
	248	153.2	281.9	25.2	0.49	2.41	37.1
	179	153.2	264.2	29.9	0.53	2.57	33.6
	180	153.4	269.2	32.1	0.52	3.53	24.9
	143	153.7	274.3	15.3	0.74	3.96	30.2
	149	152.7	271.5	15.6	0.78	2.50	43.7
	150	153.4	273.1	15.6	0.77	2.48	46.2
	151	153.9	272.5	16.9	0.78	2.49	35.6
	152	149.4	270.0	17.3	0.79	3.02	32.5
	153	152.4	272.5	17.3	0.76	2.99	32.8
	103	155.2	273.8	27.1	0.74	2.97	38.8
	105	152.4	271.8	23.8	0.77	2.50	41.5
	106	153.7	267.7	26.4	0.76	2.53	44.6
	107	154.4	267.0	24.2	0.76	5.08	25.6
	111	153.9	272.0	24.6	0.76	2.49	43.3
	112	152.9	273.1	24.6	0.76	2.48	39.4
	115	152.4	271.5	23.8	0.77	2.50	45.3
	116	152.4	271.0	24.0	0.78	3.01	39.3
	163	156.0	272.5	33.0	0.76	2.49	40.5
	163'	151.6	271.8	33.0	0.78	2.50	38.0
	166	151.9	271.3	33.0	0.78	3.01	40.3
	166'	153.7	274.3	33.0	0.76	2.97	38.3
	121	152.4	272.3	17.9	1.85	2.99	48.9
	122	149.9	275.6	17.5	1.84	3.94	38.8
	123	155.4	271.3	13.0	1.79	4.00	37.8

	124	154.4	271.3	13.0	1.80	5.00	32.0
	126	155.4	272.3	13.9	1.78	2.99	42.7
	130	153.4	275.6	15.6	1.79	5.41	40.0
	131	151.1	274.1	15.7	1.85	2.48	49.6
	132	153.7	270.8	16.1	1.81	2.51	52.0
	133	153.9	273.3	17.5	1.81	4.97	38.5
	27	152.4	271.3	27.4	1.87	2.50	51.4
	28	152.4	271.3	26.8	1.87	2.50	54.3
	29	152.4	271.3	22.2	1.87	4.50	42.9
	30	152.4	271.3	22.8	1.87	4.50	46.3
	35	155.2	269.5	23.7	1.82	3.53	44.9
	36	152.9	273.1	23.7	1.82	3.49	51.6
	182	154.7	268.5	31.5	1.80	5.05	48.8
	186	154.7	271.8	32.7	1.78	3.99	55.4
	191	153.7	275.1	31.6	1.80	2.96	53.1
	193	153.4	277.6	32.2	1.80	2.44	56.7
	194	153.9	277.6	32.2	1.80	2.93	51.2
	195	153.2	275.3	32.2	1.82	3.94	47.3
	197	150.4	273.6	33.6	1.84	2.48	53.4
	202	153.7	272.5	31.5	2.68	5.97	49.9
	206	152.4	270.3	32.8	2.73	2.51	100.3
	208	156.7	275.1	33.3	2.68	4.44	60.1
	210	154.4	271.8	32.8	2.68	2.50	79.0
	211	153.2	269.7	32.8	2.73	3.02	57.2
	212	155.2	273.3	32.8	2.66	2.98	60.5
	213	154.2	275.6	34.3	2.66	4.44	57.4
	214	153.4	271.8	33.6	2.71	2.50	81.8
	215	154.4	273.6	33.6	2.67	2.48	65.8
	709	152.4	279.1	24.4	2.72	4.87	52.0
	666	154.9	276.6	26.9	2.70	2.95	63.4
	675	152.4	276.9	24.2	2.74	2.95	56.7
	718	151.6	280.2	24.2	2.72	4.85	54.3
	742	152.4	270.8	32.5	2.80	5.02	54.5
	744	152.4	269.0	34.2	2.82	5.05	52.5
	746	152.4	268.2	28.6	2.83	5.06	53.2
	502	152.4	287.0	23.0	2.64	2.83	49.6
	504	150.9	273.1	23.8	2.81	2.98	62.1
Kawano;	A-1a	105.0	300.0	22.4	1.28	3.00	34.0
Watanabe	A-1b	105.0	300.0	22.4	1.28	3.00	30.0
(1998)	A-2a	176.0	500.0	24.9	1.37	3.00	85.0
	A-2b	176.0	500.0	24.9	1.37	3.00	104.0
	A-3a	350.0	950.0	18.3	1.18	3.00	232.1

	A-3b	350.0	950.0	18.2	1.18	3.00	253.6
	A-4a	600.0	2000.0	19.8	1.20	3.00	721.4
	A-4b	600.0	2000.0	20.7	1.20	3.00	670.9
Kim,	CTL-1	170.0	270.0	49.6	1.87	3.00	70.7
Park	CTL-2	170.0	270.0	49.6	1.87	3.00	71.6
(1994)	P1.0-1	170.0	272.0	49.6	1.01	3.00	58.3
	P1.0-2	170.0	272.0	49.6	1.01	3.00	56.4
	P3.4-1	170.0	267.0	49.6	3.35	3.00	78.1
	P3.4-2	170.0	267.0	49.6	3.35	3.00	78.5
	P4.6-1	170.0	255.0	49.6	4.68	3.00	89.7
	P4.6-2	170.0	255.0	49.6	4.68	3.00	95.4
	A4.5-1	170.0	270.0	49.6	1.87	4.50	66.6
	A4.5-2	170.0	270.0	49.6	1.87	4.50	63.8
	A6.0-1	170.0	270.0	49.6	1.87	6.00	59.2
	A6.0-2	170.0	270.0	49.6	1.87	6.00	61.1
	D142-1	170.0	142.0	49.6	1.87	3.00	41.0
	D142-2	170.0	142.0	49.6	1.87	3.00	39.4
	D550-1	300.0	550.0	49.6	1.88	3.00	226.1
	D550-2	300.0	550.0	49.6	1.88	3.00	214.5
	D915-1	300.0	915.0	49.6	1.87	3.00	271.8
	D915-2	300.0	915.0	49.6	1.87	3.00	332.2
Krefeld;	11A2	152.4	313.9	27.8	3.31	2.71	73.4
Thurston	12A2	152.4	237.7	27.7	4.37	3.58	64.1
(1966)	III-18A2	152.4	316.0	16.9	2.66	2.69	63.2
	18B2	152.4	316.0	17.5	2.66	2.69	72.1
	18C2	152.4	316.0	20.2	2.66	2.69	73.4
	18D2	152.4	316.0	19.7	2.66	2.69	60.1
	IV-13A2	152.4	319.0	17.5	0.80	2.67	48.5
	14A2	152.4	242.8	18.3	1.05	3.50	35.1
	15A2	152.4	316.0	17.7	1.33	2.69	45.8
	15B2	152.4	316.0	18.3	1.33	2.69	52.0
	16A2	152.4	239.8	19.8	1.76	3.55	41.8
	17A2	152.4	242.8	19.6	2.10	3.50	44.0
	1.80E+03	152.4	316.0	17.4	2.66	2.69	81.8
	19A2	152.4	239.8	18.2	3.51	3.55	46.3
	20A2	152.4	237.7	18.5	4.37	3.58	50.7
	21A2	203.2	237.7	17.5	4.92	3.58	76.5
	2AC	152.4	254.0	20.6	1.31	4.55	37.8
	3AC	152.4	255.5	18.4	1.99	4.52	44.0
	4AC	152.4	254.0	14.1	2.62	4.55	37.8
	5AC	152.4	252.5	15.9	3.33	4.58	41.8
	6AC	152.4	250.4	20.4	4.15	4.61	53.4

	3CC	152.4	255.5	18.1	1.99	5.72	35.6
	4CC	152.4	254.0	18.2	2.62	5.75	40.0
	5CC	152.4	252.5	17.9	3.33	5.78	44.5
	V-3GC	152.4	255.5	20.1	1.99	8.10	31.6
	VII-6C	152.4	252.5	17.7	3.33	3.37	51.2
	VIII-3AAC	152.4	255.5	32.2	1.99	3.33	55.6
	4AAC	152.4	254.0	26.8	2.62	3.35	57.8
	5AAC	152.4	252.5	30.4	3.33	3.37	56.9
	6AAC	152.4	250.4	32.0	4.15	3.40	60.1
	3AC	152.4	255.5	29.5	1.99	4.52	53.4
	4AC	152.4	254.0	28.1	2.62	4.55	53.8
	5AC	152.4	252.5	30.4	3.33	4.58	54.3
	6AC	152.4	250.4	31.7	4.15	4.61	59.2
	4CC	152.4	254.0	36.0	2.62	5.75	52.5
	5CC	152.4	252.5	35.1	3.33	5.78	57.4
	6CC	152.4	250.4	36.0	4.15	5.83	63.2
	5EC	152.4	252.5	35.1	3.33	6.99	53.4
	6EC	152.4	250.4	31.4	4.15	7.05	48.9
	4AAC	152.4	254.0	10.5	2.62	3.35	42.7
	5AAC	152.4	252.5	13.0	3.33	3.37	50.3
	3AC	152.4	255.5	11.3	1.99	4.52	36.9
	4CC	152.4	254.0	14.7	2.62	5.75	35.1
	X-C	203.2	482.6	14.4	1.55	3.03	84.5
	XI-PCA	152.4	250.4	33.9	4.15	7.05	53.4
	PCB	152.4	250.4	33.9	4.15	7.05	53.4
	s-I-OCa	152.4	254.0	33.3	2.62	5.75	48.5
	OCb	152.4	254.0	36.6	2.62	5.75	52.5
	s-II-Oca	254.0	455.7	35.9	2.22	3.87	146.8
	Ocb	254.0	455.7	35.9	2.22	3.87	133.4
Küng (1985)	B	140.0	200.0	17.4	0.36	2.50	20.4
	C	140.0	200.0	17.2	0.56	2.50	26.5
	D	140.0	200.0	16.7	0.81	2.50	30.5
	E	140.0	200.0	16.5	1.10	2.50	43.0
	F	140.0	200.0	16.0	1.82	2.50	54.0
	D-1	140.0	200.0	19.3	0.81	2.50	42.9
	E-1	140.0	200.0	17.5	1.10	2.50	40.4
Kuhlmann; Ehmann (2001)	A6-L	402.0	250.0	47.2	1.56	2.86	198.8
	A6-R	402.0	250.0	47.2	1.56	4.86	146.5
Kuhlmann; Zilch; Ehmann et al. (2002)	B1/l	400.0	250.0	45.2	1.92	2.86	187.3
	B1/r	400.0	250.0	45.2	1.92	4.86	149.8
	C3	400.0	250.0	41.0	1.57	3.86	138.2
	C6	400.0	250.0	41.9	1.57	3.86	138.5

Kulkarni;	B4JL20-S	102.0	152.0	38.2	1.38	5.00	19.5
Shah	B3SE03-S	102.0	152.0	41.2	1.38	4.50	23.0
(1998)	B3NO15-S	102.0	152.0	39.2	1.38	4.00	22.7
	B3NO30-S	102.0	152.0	41.2	1.38	3.50	24.2
Laupa;	S2	152.4	268.7	24.5	2.09	4.82	43.2
Siess	S3	152.4	265.2	29.9	2.51	4.89	53.8
(1953)	S4	152.4	263.4	28.4	3.20	4.92	56.3
	S5	152.4	261.9	27.5	3.97	4.95	50.5
	S11	152.4	267.0	12.4	1.91	4.85	34.5
	S13	152.4	261.9	23.8	3.97	4.95	50.5
Leonhardt	P4	500.0	145.0	10.9	1.40	3.38	99.1
Walther	4l	190.0	270.0	28.0	2.07	2.48	81.2
(1962)	4r	190.0	270.0	28.0	2.07	2.48	86.6
	5l	190.0	270.0	28.0	2.07	3.00	59.8
	5r	190.0	270.0	28.0	2.07	3.00	75.8
	6l	190.0	270.0	28.0	2.07	4.07	59.7
	6r	190.0	270.0	28.0	2.07	4.07	67.2
	7-1	190.0	278.0	27.7	2.01	4.86	60.9
	7-2	190.0	278.0	27.7	2.01	4.86	67.0
	8-1	190.0	278.0	31.2	2.01	5.83	64.0
	8-2	190.0	274.0	31.2	2.04	5.91	64.2
	EA1	190.0	270.0	18.0	2.16	2.78	59.2
	EA2	190.0	270.0	18.0	1.78	2.78	75.5
	D1/1	50.0	70.0	27.1	1.62	3.00	7.3
	D1/2	50.0	70.0	27.1	1.62	3.00	7.2
	D2/1	100.0	140.0	28.9	1.62	3.00	21.3
	D2/2	100.0	140.0	28.9	1.62	3.00	23.4
	D3/1	150.0	210.0	31.4	1.62	3.00	46.8
	D3/2l	150.0	210.0	31.4	1.62	3.00	41.6
	D3/2r	150.0	210.0	31.4	1.62	3.00	44.9
	D4/1	200.0	280.0	32.2	1.68	3.00	75.1
	D4/2l	200.0	280.0	32.2	1.68	3.00	75.0
	D4/2r	200.0	280.0	32.2	1.68	3.00	69.6
	C1	100.0	150.0	35.9	1.33	3.00	21.7
	C2	150.0	300.0	35.9	1.34	3.00	65.5
	C3	200.0	450.0	35.9	1.34	3.00	100.5
	C4	225.0	600.0	35.9	1.34	3.00	150.8
	E6	190.0	270.0	25.9	2.40	2.78	92.0
Marti; Pralong;	PS6	400.0	167.0	26.9	1.84	3.83	113.4
Thürlimann (1977)	PS11	400.0	167.0	27.1	1.38	3.83	98.6
Mathey;	IIIa-17	203.2	402.8	26.8	2.55	3.78	88.1
Watstein	IIIa-18	203.2	402.8	22.8	2.55	3.78	80.7

(1963)	Va-19	203.2	402.8	21.1	0.93	3.78	63.3
	Va-20	203.2	402.8	23.2	0.93	3.78	65.9
	VIb-21	203.2	402.8	23.7	0.84	2.84	71.4
	VIb-22	203.2	402.8	23.4	0.84	2.84	62.4
	VIb-23	203.2	402.8	28.2	0.84	2.84	75.1
	VIa-24	203.2	402.8	23.9	0.47	3.78	54.5
	VIa-25	203.2	402.8	23.4	0.47	3.78	49.9
Moayer; Regan (1974)	P41	149.9	279.4	41.6	1.89	3.50	69.8
Moody; Viest; Elstner; Hognestad (1954)	A1	177.8	261.6	27.9	2.17	2.96	60.6
	A2	177.8	266.7	28.6	2.14	2.90	67.3
	A3	177.8	268.0	28.6	2.23	2.89	76.2
	A4	177.8	270.0	29.1	2.38	2.87	71.7
	B1	177.8	266.7	18.8	1.60	2.90	56.8
	B2	177.8	268.0	19.2	1.63	2.89	60.6
	B3	177.8	270.0	16.8	1.60	2.87	56.1
	B4	177.8	271.5	14.4	1.64	2.85	56.1
	1	152.4	268.2	34.3	1.90	3.41	58.8
	2	152.4	268.2	14.3	1.90	3.41	36.6
	3	152.4	268.2	23.4	1.90	3.41	53.3
	4	152.4	268.2	13.0	1.90	3.41	41.5
	5	152.4	268.2	28.3	1.90	3.41	53.1
	6	152.4	268.2	13.4	1.90	3.41	35.5
	7	152.4	268.2	28.5	1.90	3.41	52.2
	9	152.4	268.2	38.8	1.90	3.41	54.4
	10	152.4	268.2	21.5	1.90	3.41	50.0
	11	152.4	268.2	35.7	1.90	3.41	61.1
	12	152.4	268.2	17.8	1.90	3.41	48.2
	13	152.4	268.2	35.4	1.90	3.41	56.6
	14	152.4	268.2	20.2	1.90	3.41	44.2
	15	152.4	268.2	35.0	1.90	3.41	52.2
	16	152.4	268.2	13.9	1.90	3.41	38.8
Morrow; Viest (1957)	B40 B4	304.8	368.3	32.4	1.89	3.00	157.6
	B56 B2	304.8	368.3	12.3	1.89	4.10	102.6
	B56 A4	304.8	374.7	22.6	2.45	4.03	140.4
	B56 B4	304.8	368.3	24.8	1.89	4.10	124.8
	B56 E4	304.8	368.3	26.0	1.27	4.10	111.5
	B56 A6	308.1	355.6	37.5	3.87	4.25	180.5
	B56 B6	304.8	371.6	43.3	1.87	4.07	139.3
	B70 B2	304.8	365.3	13.9	1.91	5.11	92.0
	B70 A4	304.8	368.3	24.8	2.50	5.07	135.4
	B70 A6	304.8	355.6	42.6	3.91	5.25	181.0

	B84 B4	304.8	363.5	24.8	1.92	6.11	114.8
	B113 B4	304.8	365.3	30.2	1.91	8.10	109.0
Mphonde;	AO-3-3b	152.4	298.5	18.9	3.34	3.49	64.6
Frantz	AO-3-3c	152.4	298.5	25.4	2.33	3.49	66.8
(1984)	AO-7-3a	152.4	298.5	36.2	3.34	3.49	82.2
	AO-7-3b	152.4	298.5	40.3	3.34	3.49	82.8
	AO-11-3a	152.4	298.5	74.5	3.34	3.49	89.7
	AO-11-3b	152.4	298.5	74.2	3.34	3.49	89.4
	AO-15-3a	152.4	298.5	81.0	3.34	3.49	93.5
	AO-15-3b	152.4	298.5	93.7	3.34	3.49	100.0
	AO-15-3c	152.4	298.5	91.8	3.34	3.49	97.8
	AO-3-2	152.4	298.5	18.7	3.34	2.41	77.8
	AO-7-2	152.4	298.5	43.9	3.34	2.41	117.9
	AO-11-2	152.4	298.5	78.9	3.34	2.41	111.3
	AO-15-2a	152.4	298.5	83.5	3.34	2.41	177.8
	AO-15-2b	152.4	298.5	68.8	3.34	2.41	205.7
Niwa;	1	600.0	2000.0	24.7	0.28	2.98	402.0
Yamada et al.	2	600.0	2000.0	23.8	0.14	2.98	382.0
(1987)	3	300.0	1000.0	22.2	0.14	2.98	113.5
Podgorniak-Stanik	BRL100	300.0	925.0	91.6	0.51	2.88	165.6
(1998)	BRH100	300.0	895.0	91.6	3.14	2.97	690.4
	BN100	300.0	925.0	34.6	0.76	2.88	193.6
	BH100	300.0	925.0	96.6	0.76	2.88	195.0
	BN50	300.0	450.0	34.6	0.81	2.92	132.4
	BH50	300.0	450.0	96.6	0.81	2.92	132.0
	BN25	300.0	225.0	34.6	0.89	2.95	73.0
	BH25	300.0	225.0	96.6	0.89	2.95	85.2
Rajagopalan;	S-13	152.1	264.9	21.3	1.73	4.22	40.0
Ferguson	S-1	153.9	258.6	34.2	1.43	3.93	35.6
(1968)	S-2	153.9	265.2	30.7	0.98	3.83	37.4
	S-3	152.4	266.7	25.6	0.81	4.19	31.1
	S-4	152.4	268.2	30.7	0.63	4.17	28.0
	S-5	152.4	261.9	25.5	0.53	4.27	33.6
	S-9	151.9	261.6	22.7	0.53	4.27	24.5
	S-6	150.9	267.5	28.6	0.35	4.18	27.4
	S-7	152.4	268.2	26.2	0.25	4.17	30.0
	S-12	153.2	268.5	27.3	0.25	4.16	24.6
Regan (1971)	R1	152.0	272.0	23.5	1.46	3.27	46.0
	R2	152.0	272.0	23.5	1.46	3.27	48.0
	R3	152.0	272.0	22.1	1.46	3.27	46.0
	R7	152.0	272.0	25.4	1.46	3.27	56.0
	R29	152.0	272.0	27.5	1.46	3.27	54.0

	K3	152.0	272.0	30.3	3.89	6.63	62.0
Rehm; Eligehausen; Neubert	P 1	900.0	313.0	21.3	1.21	3.19	333.1
Reineck; Koch; Schlaich (1978)	N6	500.0	226.0	23.4	0.79	2.50	120.4
	N7	500.0	225.0	22.2	1.40	2.50	142.4
	N8	500.0	226.0	23.4	0.79	3.50	104.1
Remmel (1991)	2	150.0	165.0	82.7	1.87	3.06	48.0
	3	150.0	165.0	82.7	1.87	4.00	46.3
	5	150.0	160.0	82.1	4.09	3.06	60.2
	6	150.0	160.0	82.1	4.09	4.00	57.6
Rosenbusch;	1.2 / 1	200.0	260.0	41.0	3.55	3.37	91.2
	2.3 / 1	200.0	262.0	37.2	1.15	2.48	79.7
	2.4 / 1	200.0	260.0	37.2	1.81	2.40	121.1
	2.6 / 1	200.0	260.0	37.9	1.81	3.94	75.9
Ruesch; Haugli (1962)	X	90.0	111.0	20.6	2.65	3.60	14.7
	Y	120.0	199.0	20.6	2.65	3.60	30.6
	Z	180.0	262.0	21.8	2.64	3.62	56.1
Salandra; Ahmad (1989)	LR-2.59-NS	101.6	171.5	52.4	1.45	2.59	26.7
	LR-3.63-NS	101.6	171.5	50.6	1.45	3.63	21.8
	HR-2.59-NS	101.6	171.5	65.7	1.45	2.59	29.8
	HR-3.63-NS	101.6	171.5	67.7	1.45	3.63	20.0
Scholz (1994)	A-2	200.0	372.0	78.2	0.81	3.00	85.3
	B-2	200.0	368.0	82.1	2.00	3.00	127.3
	B-3	200.0	368.0	82.1	2.00	4.00	112.0
	C-2	200.0	366.0	81.5	3.37	3.00	123.3
	C-3	200.0	366.0	81.5	3.37	4.00	108.0
	D-2	200.0	362.0	94.4	1.94	3.00	123.3
	D-3	200.0	362.0	94.4	1.94	4.00	123.0
Shin; Lee; Moon; Ghosh (1999)	MHB 2.5-0	125.0	215.0	49.6	3.77	2.45	56.6
	HB 2.5-0	125.0	215.0	70.6	3.77	2.45	85.0
Swamy; Qureshi (1971)	M1N3D	152.4	171.5	19.7	4.36	3.00	81.8
	M1N3	152.4	171.5	27.0	4.36	3.00	86.7
	M1N3A	152.4	171.5	28.2	4.36	3.00	78.6
	M1N3B	152.4	171.5	25.4	4.36	3.00	82.0
	M2N3A	76.2	85.6	28.2	4.37	3.01	26.5
	M2N3	76.2	85.6	29.3	4.37	3.01	22.4
	M2N3B	76.2	85.6	28.5	4.37	3.01	22.5
	M2N3C	76.2	85.6	26.8	4.37	3.01	22.9
	M3N3B	50.8	57.2	28.5	4.36	3.00	13.1
	M3N3	50.8	57.2	27.5	4.36	3.00	11.4
	M3N3C	50.8	57.2	26.8	4.36	3.00	9.5

	M1N8	152.4	171.5	29.9	4.36	8.00	48.6
	M1N4	152.4	171.5	28.2	4.36	4.00	66.1
	M2N4	76.2	85.6	27.0	4.37	4.01	17.7
	M3N4	50.8	57.2	27.3	4.36	4.00	7.8
Taylor (1968)	1A	203.2	369.9	26.5	1.03	3.02	61.8
	2A	203.2	369.9	30.8	1.55	3.02	91.6
	5A	203.2	369.9	27.6	1.03	2.47	80.5
	1B	203.2	369.9	26.5	1.03	3.02	75.6
	2B	203.2	369.9	30.8	1.55	3.02	100.5
	3B	203.2	369.9	29.2	1.03	3.02	76.1
	5B	203.2	369.9	27.6	1.03	2.47	80.5
	6B	203.2	369.9	25.4	1.03	3.50	77.8
Taylor (1972)	A1	400.0	930.0	26.3	1.35	3.01	358.4
	A2	400.0	930.0	20.2	1.35	3.01	328.4
	B1	200.0	465.0	24.4	1.35	3.01	104.3
	B2	200.0	465.0	19.6	1.35	3.01	87.3
	B3	200.0	465.0	26.0	1.35	3.01	85.3
Walraven (1978)	A1	200.0	125.0	21.7	0.83	3.00	29.8
	A2	200.0	420.0	21.7	0.74	3.00	70.6
	A3	200.0	720.0	22.0	0.79	3.00	100.8
Xie; Ahmad; Yu (1994)	NNN-3	127.0	215.9	36.1	2.08	2.93	36.9
	NHN-3	127.0	215.9	98.5	2.08	2.93	46.0
Yoon; Cook; Mitchell (1996)	N1-S	375.0	655.0	33.6	2.88	3.23	249.0
	M1-S	375.0	655.0	64.6	2.88	3.23	296.0
	H1-S	375.0	655.0	84.6	2.88	3.23	327.0
Yoshida; Bentz; Collins (2000)	YB2000/0	300.0	1890.0	31.2	0.74	2.82	255.0
Lubell (2006)	AW1	1170.0	538.0	34.5	0.79	3.30	585.0
	AW4	1168.0	506.0	37.5	1.69	3.51	725.0
	AW8	1169.0	507.0	37.0	1.69	3.57	800.0
	AX6	703.0	288.0	38.6	1.73	3.48	282.5
	AX7	704.0	287.0	38.6	1.04	3.49	250.6
	AX8	705.0	289.0	38.6	1.72	3.47	272.1
	AY1	249.0	434.0	38.3	0.33	2.91	85.3
Sherwood (2008) Sherwood;Bentz; Collins(2007)	L-10N1	300.0	1400.0	36.0	0.83	2.87	270.6
	L-10N2	300.0	1400.0	37.9	0.83	2.87	247.9
	L-10H	300.0	1400.0	71.2	0.83	2.87	240.4
	L-20N1	300.0	1400.0	29.0	0.83	2.87	268.4
	L-20N2	300.0	1400.0	30.8	0.83	2.87	272.5
	L-40N1	300.0	1400.0	25.7	0.83	2.87	245.0
	L-40N2	300.0	1400.0	26.1	0.83	2.87	290.7
	L-50N1	300.0	1400.0	38.6	0.83	2.87	274.3

	L-50N2	300.0	1400.0	37.7	0.83	2.87	299.1
	L-50N2R	300.0	1400.0	37.7	0.83	2.87	331.2
	S-10N1	122.0	280.0	39.5	0.84	2.78	36.7
	S-10N2	122.0	280.0	39.5	0.84	2.78	38.3
	S-10H	122.0	280.0	74.9	0.84	2.78	37.7
	S-20N1	122.0	280.0	36.8	0.84	2.78	39.2
	S-20N2	122.0	280.0	35.7	0.84	2.78	38.3
	S-40N1	122.0	280.0	26.7	0.84	2.78	41.7
	S-40N2	122.0	280.0	26.7	0.84	2.78	34.9
	S-50N1	122.0	280.0	41.1	0.84	2.78	38.5
	S-50N2	122.0	280.0	41.1	0.84	2.78	40.6
	L-20L	295.0	1450.0	33.0	0.25	2.77	188.4
	L-20LR	295.0	1450.0	33.0	0.25	2.77	225.8
Thiele (2010)	T1_ohne	400.0	248.0	23.2	0.93	4.15	107.4
	T7_70_oben	400.0	297.0	22.2	1.35	3.47	130.9
	T9_ohne	400.0	167.0	39.4	2.41	4.97	112.2
	T13_ohne	400.0	217.0	40.1	1.85	3.82	127.8
	T10_40_oben	400.0	167.0	39.4	2.41	4.97	102.4
Injaganeri (2007)	H20-0-0	150.0	161.0	48.0	2.50	2.88	56.2
	H40-0-0	150.0	345.0	56.1	2.33	2.95	120.8
	H60-0-0	150.0	536.0	56.1	3.13	2.97	171.8
Winkler (2011)	SB 2	150.0	200.0	32.7	1.19	3.91	42.0
	SB 3	150.0	300.0	32.7	1.18	3.92	52.4
	SB 4	225.0	450.0	32.7	1.20	3.93	93.4
	SB 5	300.0	600.0	32.7	1.20	3.94	165.7
	SB 6	450.0	900.0	32.7	1.20	3.94	304.2
Rosenbusch (2003)	1.1-1	200.0	260.0	41.0	0.65	3.37	50.6
	2.1-1	200.0	260.0	41.0	3.55	3.37	91.1
Tureyen; Frosch (2002)	V-S-1	457.2	360.4	38.5	0.96	3.28	179.1
Tureyen (2001)	V-S-2	457.2	360.4	39.0	1.92	3.28	203.0
	V-D-2	457.2	360.4	41.3	0.36	3.28	134.4
Bentz; Buckley (2005)	SBB1.1	104.0	84.0	33.2	1.63	2.80	14.5
	SBB1.2	105.0	84.0	33.2	1.61	2.80	18.5
	SBB1.3	104.0	84.0	33.2	1.63	2.80	15.0
	SBB2.1	106.0	168.0	31.9	1.60	2.87	28.9
	SBB2.2	105.0	168.0	31.9	1.61	2.87	30.6
	SBB2.3	106.0	166.0	31.9	1.61	2.91	29.9
	SBB3.1	105.0	333.0	33.7	1.55	2.94	42.5
	SBB3.2	101.0	333.0	33.7	1.61	2.94	41.0
	SBB3.3	101.0	333.0	33.7	1.61	2.94	43.3

Tanimura; Sato (2005)	45	300.0	400.0	94.8	2.20	2.50	345.0
Sneed (2007);	1-1	304.8	233.3	63.7	1.20	2.91	131.1
Sneed, Ramirez (2008);	1-2	306.3	531.7	63.7	1.24	2.89	139.3
Sneed,	1-3	304.8	681.0	62.6	1.24	2.89	146.5
Ramirez	1-4	306.3	822.1	72.4	1.60	2.89	165.2
(2010)	2-1	203.2	234.9	66.2	1.24	2.89	57.3
	2-2	407.9	527.1	62.4	1.20	2.92	155.0
	2-3	508.0	684.2	65.7	1.30	2.87	260.8
	2-4	612.9	820.3	70.5	1.60	2.90	344.2
Feldman;	D-1	152.4	252.5	28.4	3.35	2.77	60.1
Siess	D-2	152.4	252.5	36.2	3.35	2.77	71.3
(1955)	D-3	152.4	252.5	30.8	3.35	3.32	57.0
	D-6	152.4	252.5	21.4	3.35	2.77	61.7
Krefeld;	2AU	152.4	254.0	18.8	1.31	2.40	43.3
Thurston	4AU	152.4	254.0	15.5	2.62	2.40	51.6
(1966)	5AU	152.4	252.5	18.2	3.35	2.41	62.8
	2CU	152.4	254.0	18.4	1.31	3.00	32.9
	3CU	152.4	255.5	18.1	1.99	2.98	42.9
	4CU	152.4	254.0	18.2	2.62	3.00	48.2
	5CU	152.4	252.5	18.0	3.35	3.02	50.0
	6CU	152.4	250.4	18.2	4.28	3.04	47.3
	3EU	152.4	255.5	15.2	1.99	3.58	41.3
	4EU	152.4	254.0	17.8	2.62	3.60	49.1
	3GU	152.4	255.5	20.2	1.99	4.17	42.4
	5GU	152.4	252.5	18.9	3.35	4.23	47.5
	3JU	152.4	255.5	19.8	1.99	4.77	36.5
	4AU	152.4	254.0	29.3	2.62	2.40	66.8
	5AU	152.4	252.5	29.3	3.35	2.41	75.5
	6AU	152.4	250.4	31.7	4.28	2.43	88.2
	4CU	152.4	254.0	29.9	2.62	3.00	58.9
	5CU	152.4	252.5	29.9	3.35	3.02	57.7
	6CU	152.4	250.7	34.4	4.28	3.04	65.5
	4CU	152.4	254.0	14.7	2.62	3.00	42.5
	4EU	152.4	254.0	11.9	2.62	3.60	33.8
Leonhardt	14/1	190.0	273.0	29.9	2.05	2.75	63.6
Walther	14/2	190.0	273.0	29.9	2.05	2.75	62.6
(1962)	15/1	190.0	272.0	34.4	2.06	3.68	61.5
	15/2	189.0	273.0	34.4	2.06	3.66	67.5
	16/1	190.0	273.0	31.9	2.05	4.58	67.8
	16/2	189.0	274.0	31.9	2.05	4.56	70.1

Regan (1971)	UL1	152.0	265.0	32.6	3.00	3.18	63.9
Shioya (1989)	UB-10-1.3-0	300.0	200.0	17.7	1.34	2.50	47.5
Shioya (1989);	2-3	300.0	600.0	18.7	0.38	3.00	72.0
Shioya,	2-4	500.0	1000.0	24.8	0.44	3.00	157.0
Nojiri,	2-5	500.0	1000.0	19.5	0.44	3.00	170.0
Akiyama	2-6	1000.0	2000.0	26.1	0.40	3.00	539.0
(1985)	2-7	1500.0	3000.0	21.9	0.39	3.00	1102.5
Shioya (1989)	3-4	300.0	600.0	24.9	0.38	3.00	58.8
	3-6	500.0	1000.0	25.8	0.44	3.00	120.4

1.2 전단철근이 있는 실험체(157개)

참고문헌 : Reineck, K.-H., Bentz, E,. Fitik, B., Kuchma, D.A., and Bayrak, O. (2014), "ACI-DAfStb Databases for Shear Tests on Slender Reinforced Concrete Beams with Stirrups," *ACI Structural Journal*, Vol.111, No.5, pp.1147~1156.

Reference (Authors)	Specimen	bw (mm)	d (mm)	f_{ck} (MPa)	ρ_w (%)	a/d	ρ_t (%)	f_{yt} (MPa)	V_n (kN)
Ahmad_1996_003_NNW-3	NNW-3	127.0	203.2	39.1	3.19	2.92	0.49	324.1	87.27
Ahmad_1996_006_NHW-3	NHW-3	127.0	198.1	97.8	4.53	2.92	0.50	324.1	102.61
Ahmad_1996_007_NHW-3a	NHW-3a	127.0	198.1	89.4	4.53	2.92	0.65	324.1	108.46
Ahmad_1996_008_NHW-3b	NHW-3b	127.0	198.1	102.9	4.53	2.92	0.79	324.1	122.78
Ahmad_1996_009_NHW-4	NHW-4	127.0	198.1	98.4	4.53	3.92	0.50	324.1	94.03
Angelakos_1999_001_DB0.530M	DB0.530M	300.0	925.0	29.6	0.50	2.88	0.08	508.0	265.86
Angelakos_1999_004_DB140M	DB140M	300.0	925.0	35.6	1.01	2.88	0.08	508.0	279.50
Aparicio_1997_001_VHA	VHA	75.0	704.0	42.1	14.5	3.41	1.77	500.3	894.83
Aparicio_1997_002_HA-45	HA-45	150.0	1369.	40.9	9.40	3.06	1.68	582.0	3428.8
Bhal_1968_001_B1S	B1S	240.0	300.0	24.8	1.26	2.70	0.15	441.5	128.70
Bhal_1968_002_B2S	B2S	240.0	600.0	23.1	1.26	2.80	0.15	441.5	249.57
Bhal_1968_003_B3S	B3S	240.0	900.0	24.3	1.26	2.85	0.15	441.5	369.39
Bhal_1968_004_B4S	B4S	240.0	1200.	23.4	1.26	2.88	0.15	441.5	472.61
Bresler_1963_001_A-1	A-1	307.3	466.1	21.7	1.80	3.76	0.10	325.5	237.46
Bresler_1963_007_C-1	C-1	154.9	463.6	27.2	1.80	3.78	0.20	325.5	157.66
Cladera_2002_010_H 100/2	H 100/2	200.0	353.0	84.6	2.28	2.95	0.17	530.0	226.62
Cederwall_1974_003_734-46	734-46	139.0	234.0	27.8	1.04	2.56	0.41	436.5	96.69
Guidi_1963_001_V	V	80.0	380.0	31.7	3.35	3.95	0.71	490.5	123.69
Guralnik_1960_004_IB-2R	IB-2R	177.8	307.8	14.4	1.42	2.97	0.24	529.0	142.16
Guralnik_1960_005_IC-1R	IC-1R	177.8	299.2	31.6	4.53	3.06	1.60	340.7	413.90
Guralnik_1960_006_IC-2R	IC-2R	177.8	309.6	31.6	4.38	2.95	0.24	529.0	227.15

Guralnik_1960_008_ID-2R	ID-2R	177.8	306.[illegible]	31.6	2.47	2.99	0.24	529.0	219.62
Hamadi_1976_002_GT-2	GT-2	120.0	350.0	22.5	2.99	3.46	0.38	320.0	149.83
Hamadi_1976_004_GT-4	GT-4	120.0	350.0	28.6	2.99	3.46	0.52	480.0	228.83
Hamadi_1976_005_GT-5	GT-5	120.0	350.0	17.1	2.99	3.46	0.67	480.0	223.83
Hegger_2001_001_SVB 3b	SVB 3b	180.0	450.0	67.6	3.64	3.33	0.56	514.0	428.80
Hegger_2003_001_NSC 3L	NSC 3L	80.0	470.0	26.6	9.53	3.19	0.71	550.0	337.74
Hegger_2003_002_NSC 3R	NSC 3R	80.0	470.0	26.6	9.53	3.09	0.71	550.0	350.93
Johnson_1989_001_1	1	304.8	538.7	34.0	2.49	3.10	0.16	479.3	344.26
Johnson_1989_002_2	2	304.8	538.7	34.0	2.49	3.10	0.08	479.3	228.16
Johnson_1989_005_5	5	304.8	538.7	53.5	2.49	3.10	0.16	479.3	388.29
Kong_1997_001_S1-1	S1-1	250.0	292.0	59.2	2.80	2.50	0.15	569.0	229.61
Kong_1997_002_S1-2	S1-2	250.0	292.0	59.2	2.80	2.50	0.15	569.0	209.66
Kong_1997_003_S1-3	S1-3	250.0	292.0	59.2	2.80	2.50	0.15	569.0	207.41
Kong_1997_004_S1-4	S1-4	250.0	292.0	59.2	2.80	2.50	0.15	569.0	279.31
Kong_1997_005_S1-5	S1-5	250.0	292.0	59.2	2.80	2.50	0.15	569.0	254.59
Kong_1997_006_S1-6	S1-6	250.0	292.0	59.2	2.80	2.50	0.15	569.0	225.28
Kong_1997_007_S2-1	S2-1	250.0	292.0	67.8	2.80	2.50	0.10	569.0	261.38
Kong_1997_008_S2-2	S2-2	250.0	292.0	67.8	2.80	2.50	0.12	569.0	233.84
Kong_1997_009_S2-3	S2-3	250.0	292.0	67.8	2.80	2.50	0.15	569.0	254.61
Kong_1997_010_S2-4	S2-4	250.0	292.0	67.8	2.80	2.50	0.15	569.0	220.60
Kong_1997_011_S2-5	S2-5	250.0	292.0	67.8	2.80	2.50	0.20	569.0	283.51
Kong_1997_013_S3-1	S3-1	250.0	297.0	62.9	1.66	2.49	0.10	632.0	210.53
Kong_1997_014_S3-2	S3-2	250.0	297.0	62.9	1.66	2.49	0.10	632.0	179.28
Kong_1997_015_S3-3	S3-3	250.0	293.0	62.9	2.79	2.49	0.10	632.0	229.78
Kong_1997_016_S3-4	S3-4	250.0	293.0	62.9	2.79	2.49	0.10	632.0	176.12
Kong_1997_017_S3-5	S3-5	250.0	287.0	62.9	3.85	2.51	0.10	632.0	297.88
Kong_1997_018_S3-6	S3-6	250.0	287.0	62.9	3.85	2.51	0.10	632.0	284.18
Kong_1997_019_S4-1	S4-1	250.0	524.0	82.1	3.12	2.48	0.15	569.0	356.03
Kong_1997_021_S4-3	S4-3	250.0	332.0	82.1	2.97	2.50	0.15	569.0	244.80
Kong_1997_022_S4-4	S4-4	250.0	292.0	82.1	2.80	2.50	0.15	569.0	259.36
Kong_1997_024_S4-6	S4-6	250.0	198.0	82.1	2.79	2.53	0.15	569.0	203.95
Kong_1997_025_S5-1	S5-1	250.0	292.0	84.2	2.80	3.01	0.15	569.0	243.07
Kong_1997_026_S5-2	S5-2	250.0	292.0	84.2	2.80	2.74	0.15	569.0	261.27
Kong_1997_027_S5-3	S5-3	250.0	292.0	84.2	2.80	2.50	0.15	569.0	245.14
Kong_1997_031_S7-1	S7-1	250.0	278.0	70.0	4.73	3.40	0.10	569.0	218.24
Kong_1997_032_S7-2	S7-2	250.0	278.0	70.0	4.73	3.40	0.12	569.0	206.44
Kong_1997_033_S7-3	S7-3	250.0	278.0	70.0	4.73	3.40	0.15	569.0	247.54
Kong_1997_034_S7-4	S7-4	250.0	278.0	70.0	4.73	3.40	0.19	569.0	274.64
Kong_1997_035_S7-5	S7-5	250.0	278.0	70.0	4.73	3.40	0.22	569.0	305.44
Kong_1997_036_S7-6	S7-6	250.0	278.0	70.0	4.73	3.40	0.26	569.0	311.82
Kong_1997_037_S8-1	S8-1	250.0	292.0	69.8	2.80	2.50	0.10	569.0	273.37
Kong_1997_038_S8-2	S8-2	250.0	292.0	69.8	2.80	2.50	0.12	569.0	252.31

Kong_1997_039_S8-3	S8-3	250.0	292.0	69.8	2.80	2.50	0.15	569.0	310.82
Kong_1997_040_S8-4	S8-4	250.0	292.0	69.8	2.80	2.50	0.15	569.0	267.09
Kong_1997_041_S8-5	S8-5	250.0	292.0	69.8	2.80	2.50	0.19	569.0	290.49
Kong_1997_042_S8-6	S8-6	250.0	292.0	69.8	2.80	2.50	0.22	569.0	285.03
Krefeld_1966_010_26-1	26-1	254.0	455.7	37.7	2.23	3.87	0.16	341.4	209.76
Krefeld_1966_012_29b-1	29b-1	254.0	455.7	35.3	2.23	3.87	0.11	341.4	163.06
Krefeld_1966_015_29a-2	29a-2	254.0	455.7	34.8	2.23	3.87	0.11	372.4	219.55
Krefeld_1966_016_29b-2	29b-2	254.0	455.7	39.0	2.23	3.87	0.11	372.4	205.31
Krefeld_1966_017_29c-2	29c-2	254.0	455.7	21.7	2.23	3.87	0.11	372.4	164.39
Krefeld_1966_018_29d-2	29d-2	254.0	455.7	28.0	2.23	3.87	0.11	372.4	167.95
Krefeld_1966_020_29f-2	29f-2	254.0	455.7	39.4	2.23	3.87	0.11	372.4	237.34
Krefeld_1966_021_29g-2	29g-2	254.0	455.7	13.3	2.23	3.87	0.11	372.4	152.83
Krefeld_1966_024_24.5-3	24.5-3	254.0	455.7	33.0	2.23	3.87	0.22	237.2	235.56
Krefeld_1966_034_39-3	39-3	254.0	455.7	40.3	2.23	3.87	0.24	275.9	242.68
Leonhardt_1962_002_ET2	ET2	150.0	300.0	21.4	2.79	3.50	0.34	313.9	130.94
Leonhardt_1962_003_ET3	ET3	100.0	300.0	21.4	4.19	3.50	0.51	313.9	126.25
Leonhardt_1962_004_ET4	ET4	50.0	300.0	21.4	8.38	3.50	1.03	313.9	98.08
Leonhardt_1962_002_T1 (r)	T1 (r)	100.0	825.0	21.8	10.3	3.03	2.90	426.6	800.03
Leonhardt_1963_003_TA1	TA1	160.0	375.0	15.2	4.52	3.00	1.25	426.7	338.53
Leonhardt_1963_004_TA2	TA2	160.0	375.0	15.2	4.52	3.33	0.87	425.8	322.14
Leonhardt_1963_005_TA3	TA3	160.0	375.0	14.6	4.52	3.33	0.56	417.9	275.05
Leonhardt_1963_006_TA4	TA4	160.0	375.0	14.6	4.52	3.33	0.31	440.5	232.38
Leonhardt_1963_009_TA11	TA11	160.0	375.0	23.8	4.52	3.33	0.56	417.9	338.32
Leonhardt_1963_010_TA12	TA12	160.0	375.0	23.8	4.52	3.33	0.31	440.5	267.69
Leonhardt_1963_011_TA13	TA13	160.0	375.0	20.0	4.52	3.33	1.25	426.7	346.17
Leonhardt_1963_012_TA14	TA14	160.0	375.0	20.0	4.52	3.33	0.87	425.8	336.36
Leonhardt_1963_013_TA15	TA15	160.0	375.0	19.0	4.52	3.33	0.56	417.9	295.16
Leonhardt_1963_014_TA6	TA6	160.0	375.0	14.1	4.52	3.33	0.56	417.9	235.32
Leonhardt_1963_015_TA16	TA16	160.0	375.0	19.0	4.52	3.33	0.56	417.9	296.14
Levi_1989/1993_001_RC 30 A1	RC 30 A1	120.0	940.0	22.6	8.02	4.04	0.84	480.0	695.35
Levi_1989/1993_002_RC 30 A2	RC 30 A2	120.0	940.0	22.6	8.02	4.04	0.84	480.0	707.35
Levi_1989/1993_003_RC 60 A1	RC 60 A1	120.0	940.0	44.6	9.41	4.04	0.84	480.0	1009.4
Levi_1989/1993_004_RC 60 A2	RC 60 A2	120.0	940.0	44.6	9.41	4.04	0.84	480.0	957.35
Levi_1989/1993_005_RC 60 B1	RC 60 B1	120.0	940.0	47.6	12.5	4.04	1.26	480.0	1200.4
Levi_1989/1993_006_RC 60 B2	RC 60 B2	120.0	940.0	47.6	12.5	4.04	1.26	480.0	1258.4
Levi_1989/1993_007_RC 70 B1	RC 70 B1	120.0	940.0	57.6	12.5	4.04	1.26	480.0	1349.4
Lynberg_1974_001_5A-0	5A-0	120.0	540.0	23.3	3.88	2.78	0.52	674.0	441.70
Lynberg_1974_002_5B-0	5B-0	120.0	540.0	24.2	3.88	2.78	0.52	647.0	441.70
Maruyama_1988_001_RS2-WD	RS2-WD	86.3	397.5	37.7	1.04	2.89	0.23	645.0	128.01
Moayer_1974_002_P20	P20	149.9	279.4	38.3	1.89	3.50	0.21	310.3	121.11
Özden_1967_002_T6	T6	110.0	298.0	31.0	3.83	3.52	0.61	272.7	138.80
Özden_1967_003_T7	T7	110.0	298.0	28.1	3.83	3.52	0.61	272.7	142.72

Özden_1967_004_T9	T9	110.0	298.0	28.1	3.83	3.52	0.61	272.7	155.47
Ozcebe_1999_003_TS56	TS56	150.0	310.0	58.6	3.46	5.00	0.24	255.0	130.46
Ozcebe_1999_006_TS59	TS59	150.0	310.0	79.6	4.43	5.00	0.28	255.0	126.66
Ozcebe_1999_009_TS36	TS36	150.0	310.0	72.6	2.59	3.00	0.24	255.0	156.76
Ozcebe_1999_011_TH39	TH39	150.0	310.0	70.6	3.08	3.00	0.21	255.0	143.76
Ozcebe_1999_012_TS39	TS39	150.0	310.0	70.6	3.08	3.00	0.28	255.0	180.06
Petersson_1972_001_V1	V1	175.0	322.0	35.6	1.07	3.57	0.22	323.0	100.93
Petersson_1972_002_VL1	VL1	120.0	278.0	40.6	3.01	3.24	0.84	366.0	190.73
Regan_1971_012_R21	R21	152.0	254.0	45.0	4.17	3.45	0.40	280.0	153.53
Regan_1971_024_T6	T6	152.0	254.0	25.3	4.17	3.50	0.82	270.0	205.91
Regan_1971_027_T9	T9	152.0	254.0	18.9	4.17	3.50	0.40	280.0	154.91
Regan_1971_032_T17	T17	152.0	254.0	32.9	4.17	7.10	0.40	280.0	135.81
Regan_1971_034_T20	T20	152.0	254.0	29.3	4.17	5.30	0.40	280.0	139.36
Regan_1971_039_T26	T26	152.0	254.0	49.5	4.17	3.50	0.40	280.0	179.91
Regan_1971_040_T27	T27	152.0	254.0	11.2	4.17	3.50	0.40	280.0	132.91
Regan_1971_044_T32	T32	152.0	254.0	25.7	4.17	3.50	0.82	270.0	216.91
Regan_1971_048_T36	T36	152.0	254.0	20.0	4.17	3.50	0.40	280.0	180.26
Regan_1971_049_T37	T37	152.0	254.0	27.6	4.17	3.50	0.82	270.0	209.91
Regan_1971_050_T38	T38	152.0	254.0	28.3	4.17	3.50	0.82	270.0	239.26
Regan_1971_056_W1	W1	64.0	267.0	27.5	9.41	3.33	2.15	704.0	160.87
Regan_1971_058_W3	W3	64.0	267.0	43.1	9.41	3.33	2.15	704.0	199.87
Regan_1971_059_W5	W5	64.0	267.0	31.9	9.41	3.33	3.23	704.0	190.87
Regan_1971_061_W7	W7	64.0	267.0	31.9	9.41	3.33	2.07	691.0	162.87
Rehm_1978_001_RsIS / BQ II 0	RsIS / BQ II 0	250.0	430.0	22.1	3.95	3.00	0.76	560.0	601.24
Rehm_1978_004_RnIIS	RnIIS	450.0	548.0	19.7	1.36	3.00	0.34	557.0	758.34
Reineck_1991_001_Stb III	Stb III	77.0	590.0	58.2	13.6	4.27	1.20	515.0	536.67
Reineck_1991_002_Stb I	Stb I	77.0	589.0	58.2	15.6	4.27	1.68	549.0	681.73
Roller_1990_007_7	7	457.2	762.0	70.0	1.88	2.91	0.16	445.2	799.06
Roller_1990_009_9	9	457.2	762.0	122.9	2.35	2.91	0.16	445.2	760.63
Roller_1990_010_10	10	457.2	762.0	122.9	2.89	2.91	0.23	445.2	1183.4
Sarsam_1992_010_BS4-H	BS4-H	180.0	233.0	77.7	2.82	2.50	0.19	820.0	207.47
Sarsam_1992_013_CS3-H	CS3-H	180.0	233.0	71.8	3.51	2.50	0.14	820.0	247.77
Sarsam_1992_014_CS4-H	CS4-H	180.0	233.0	73.3	3.51	2.50	0.19	820.0	221.27
Shin_1999_010_MHB 2.5-50	MHB 2.5-50	125.0	215.0	49.6	3.77	2.45	0.59	365.9	149.32
Shin_1999_022_HB 2.5-50	HB 2.5-50	125.0	215.0	70.6	3.77	2.45	0.59	365.9	149.32
Soerensen_1974_003_T-23	T-23	110.0	298.0	31.8	3.83	3.52	0.34	349.2	140.76
Soerensen_1974_007_T-2-B	T-2-B	110.0	298.0	22.5	3.83	3.52	0.31	397.3	130.95
Stroband_1997_002_2	2	90.0	647.1	85.0	6.14	2.56	0.68	600.0	531.42
Stroband_1997_003_3	3	90.0	647.1	85.9	8.98	2.56	1.52	630.0	889.70
Stroband_1997_004_4	4	90.0	661.5	86.9	10.8	2.50	2.65	630.0	1144.6
Stroband_1997_005_5	5	90.0	650.0	86.8	11.7	2.55	3.87	630.0	1219.1
Taylor_1966_001_ST-2-C	ST-2-C	114.3	257.2	16.9	3.37	3.56	0.62	289.7	105.53

Taylor_1966_004_HSS-1-B	HSS-1-B	114.3	257.2	17.1	3.37	4.44	0.33	437.9	86.98
Yoon_1996_003_N2-N	N2-N	375.0	655.0	33.6	2.86	3.23	0.12	430.0	490.38
Yoon_1996_006_M2-N	M2-N	375.0	655.0	64.6	2.86	3.23	0.16	430.0	696.38
Yoon_1996_008_H2-S	H2-S	375.0	655.0	84.6	2.86	3.23	0.14	430.0	605.38
Yoon_1996_009_H2-N	H2-N	200.0	655.0	84.6	5.36	3.23	0.44	430.0	728.38
Rosenbusch_2003_002_1.4-1	1.4/1	200.0	260.0	45.5	3.55	3.37	0.14	680.0	170.61
Rosenbusch_2003_004_1.7-1	1.7/1	200.0	260.0	48.0	3.55	3.37	0.56	550.0	190.46
Kautsch_2010_001_A2	A2	155.0	719.4	28.4	2.87	2.68	0.43	605.0	657.10
Kautsch_2010_002_B2	B2	155.0	719.4	29.0	2.87	2.68	0.32	605.0	571.22
Tanimura_2005_031_41	41	300.0	400.0	18.2	2.20	2.50	0.52	388.0	326.27

2. 최대전단철근비 분석 데이터(283개)

1. 한국콘크리트학회, "콘크리트 구조물에 대한 고장력 철근의 적용성 연구"
2. 한국콘크리트학회, "고강도 철근 설계 시공 지침 작성 연구"
3. 한국콘크리트학회, "원전 구조물의 고강도 철근 적용기술 개발"
4. Clark, A.P. (1951), "Diagonal Tension in Reinforced Concrete Beams," *Proceedings of ACI Journal*, Vol.48, No.2, pp.145～156.
5. Elstner, R.C., Moody, K.G., Viest, I.M., and Hognestad, E. (1955), "Shear Strength of Reinforced Concrete Beams. Part3-Tests of Restrained Beams with Web Reinforcement," *Proceedings of ACI Journal*, Vol.51, No.6, pp.525～539.
6. Guralnick, S.A. (1960), "High-Strength Deformed Steel Bars for Concrete Reinforcement," *ACI Journal, Proceedings*, Vol.57, No.3, pp.241～282.
7. Haddadin, M.J., Hong, S.-T., and Mattock, A. H. (1971), "Stirrup Effectiveness in Reinforced Concrete Beams with Axial Force," *Proceedings, ASCE*, Vol.97(ST 9), pp.2277～2297.
8. Kim, S.-W. (2004), *Prediction of Shear Behavior of Reinforced Concrete Members using Compatibility aided Truss Models*, Ph D dissertation, Dept. of Architectural Engineering, Sungkyunkwan University, 250 pp.
9. Kokusho, S., Kobayashi, K., Mitsugi, S., and Kumagai, H. (1987), "Ultimate Shear Strength of RC Beams with High Tension Shear Reinforcement and High Strength Concrete," *Journal of Structural Construction Engineering, Architectural Institute of Japan*, Vol.373, pp.83-91.
10. Lee, J.-Y. and Choi, I.-J. (2011), "Shear Behavior of Reinforced Concrete Beams with High-Strength Stirrups," *ACI Structural Journal*, Vol.108, No.5, pp.620～629.
11. Lee, J.-Y., Lee, D.H, Lee, J.-E., and Choi, S.-H. (2015), "Shear Behavior and Diagonal Crack Width for RC Beams with High Strength Shear Reinforcement," *ACI Structural Journal*, Vol.112, No.3, pp.323～334.
12. Mattock, A.H., and Wang, Z. (1984), "Shear Strength of Reinforced Concrete Members Subject to High Axial Compressive Stress," *ACI Structural Journal*, Vol.81, No.3, pp.287～298.

13. Moretto, O. (1945), "An Investigation of the Strength of Welded Stirrups in Reinforced Concrete Beams," *Proceedings of ACI Journal*, Vol.42, No.2, pp.141~162.
14. Nishiura, N., Makitani, E., and Shindou, K. (1993), "Shear Resistance of Concrete Beams with High Strength Web Reinforcements," *JCI Proceedings*, Vol.15, No.2, pp.461~466.
15. Placas, A., and Regan, P.E. (1971), "Shear Failure of Reinforced Concrete Beams," *Proceedings of ACI Journal*, Vol.68, No.10, pp.763~773.
16. Takagi, H., Okude, H., and Nitta, T. (1989), "Shear Strength of Beam Depending the Strength of Web Reinforcements," *JCI Proceedings*, Vol.17, No.2, pp.75~80.
17. Matsuzaki, Y., Nakano, K., Iso, M., and Watanabe, H. (1990), "Experimental Study on Shear Characteristic of RC Beams with High Tension Shear Reinforcement," *JCI Proceedings*, Vol.12, No.2, pp.325~328.
18. Yang, C., Tshmura, K., and Yoshimura, M. (1993), "Shear Failure Tests of Beams Made of Ultra-High-Strength Materials," *JCI Proceedings*, Vol.15, No.2, pp.27~32.
19. Simokaichi, T. (1994), *Research on Shear Transfer Mechanism of Reinforced Concrete Members*. MSc thesis, Dept. of Architectural Engineering, Kyoto University, Japan, 98pp.
20. Enomoto, H., Iwai, I., Kakita, Y., Watanabe, F., and Muguruma, H. (1990), "Shear Strength of High Strength Concrete Beams, Part 1," *Summaries of Technical Papers of Annual Meeting*, Architectural Institute of Japan, pp.287~288.
21. Fukuhara, M., and Kokusho, S. (1982), "Effectiveness of High Tension Shear Reinforcement in RC Members," *Journal of Structural Construction Engineering*, Architectural Institute of Japan, No.320, pp.12~20.
22. Lee, J.-Y. and Hwang, H.-B. (2010), "Maximum Shear Reinforcement of Reinforced Concrete Beams," *ACI Structural Journal*, Vol.107. No.5. pp.580~588.

* 참고문헌의 번호

Specimens	f_{ck} (MPa)	s (mm)	ρ_t (%)	f_{yt} (MPa)	b (mm)	d (mm)	V_n (kN)
A1-1 (4)*	24.7	182.9	0.38	331	203.2	389.9	221.8
A1-2	23.7	182.9	0.38	331	203.2	389.9	209.2
A1-3	23.4	182.9	0.38	331	203.2	389.9	222.6
A1-4	24.8	182.9	0.38	331	203.2	389.9	244.0
B1-1	23.4	190.5	0.37	331	203.2	389.9	278.1
B1-2	25.4	190.5	0.37	331	203.2	389.9	255.9
B1-3	23.7	190.5	0.37	331	203.2	389.9	284.4
B1-4	23.3	190.5	0.37	331	203.2	389.9	267.0
B1-5	24.6	190.5	0.37	331	203.2	389.9	240.9
B2-1	23.2	95.3	0.73	331	203.2	389.9	301.1
C1-3	24.0	203.2	0.34	331	203.2	389.9	245.6
C3-1	14.1	203.2	0.34	331	203.2	389.9	223.4
C3-2	13.8	203.2	0.34	331	203.2	389.9	200.4
C3-3	13.9	203.2	0.34	331	203.2	389.9	187.8

C4-1	24.5	203.2	0.34	331	203.2	389.9	309.0
D1-6	27.7	203.2	0.46	331	152.4	314.5	174.9
D1-7	28.0	203.2	0.46	331	152.4	314.5	179.3
D1-8	27.8	203.2	0.46	331	152.4	314.5	186.0
D2-6	29.5	152.4	0.61	331	152.4	314.5	168.7
D2-7	28.4	152.4	0.61	331	152.4	314.5	157.2
D2-8	26.1	152.4	0.61	331	152.4	314.5	168.2
D4-1	27.4	190.5	0.49	331	152.4	314.5	168.2
D4-2	25.7	190.5	0.49	331	152.4	314.5	157.2
D4-3	22.1	190.5	0.49	331	152.4	314.5	165.4
D5-1	27.7	254.0	0.37	331	152.4	314.5	146.2
D5-2	29.0	254.0	0.37	331	152.4	314.5	157.2
D5-3	27.1	254.0	0.37	331	152.4	314.5	157.2
B30046 (16)*	32.8	110.0	0.46	349	200	360	268.7
B30121	32.3	65.0	1.21	285	200	360	403.0
B60030	32.6	95.0	0.30	492	200	360	249.1
B60059	32.9	85.0	0.59	554	200	360	410.9
B80019	33.3	145.0	0.19	866	200	360	277.5
B80022	33.6	145.0	0.22	824	200	360	274.6
B80046	33.6	110.0	0.46	901	200	360	377.6
B80058	33.7	85.0	0.58	841	200	360	418.7
B80059	33.7	85.0	0.59	901	200	360	461.9
B80110	33.8	65.0	1.10	803	200	360	527.6
B80121	33.8	65.0	1.21	898	200	360	507.0
B120019	34.5	145.0	0.19	1062	200	360	324.6
B120030	34.8	95.0	0.30	1062	200	360	386.4
B120059	34.7	85.0	0.59	1061	200	360	474.7
B120121	34.8	65.0	1.21	1066	200	360	540.4
B15019	34.9	145.0	0.19	1235	200	360	311.9
B15022	35.3	145.0	0.22	824	200	360	281.5
B15058	35.4	85.0	0.58	831	200	360	439.3
B15110	35.5	65.0	1.10	803	200	360	531.6
C205D10(1) (12)*	29.0	160.0	0.24	355	150	315.0	137.5
C205D20(2)	30.4	160.0	0.24	355	150	315.0	122.4
C210DOA(3)	34.1	80.0	0.47	355	150	315.0	163.0
C305DO(5)	32.5	160.0	0.24	355	150	315.0	107.7
1-V1/4(1) (13)*	23.8	165.1	0.27	378	139.7	463.6	258.4
2-V1/4(2)	33.0	165.1	0.27	378	139.7	463.6	299.2
2-V3/8(8)	28.3	165.1	0.27	329	139.7	463.6	318.0
1a-V1/4(13)	24.3	165.1	0.27	316	139.7	495.3	234.6
1a-V3/8(14)	22.9	165.1	0.27	357	139.7	495.3	259.5

S21-40 (14)*	20.4	110.0	0.40	842	200	360	270.7
S21-59	20.4	85.0	0.59	846	200	360	291.3
S21-89	21.2	70.0	0.89	801	200	360	370.7
S36-40	29.3	110.0	0.40	870	200	360	333.4
S36-59	32.5	85.0	0.59	843	200	360	439.4
S36-89	29.3	70.0	0.89	848	200	360	456.0
B21060 (9)*	20.6	100.0	0.31	1333	180	360	241.2
B21074	20.6	100.0	0.44	1422	180	360	279.5
B21092	20.6	100.0	0.71	1402	180	360	321.7
B21011	20.6	100.0	1.00	1431	180	360	356.0
B36041	35.3	100.0	0.15	1392	180	360	302.1
B36051	35.3	100.0	0.23	1422	180	360	348.2
B36060	35.3	100.0	0.31	1333	180	360	365.8
B36074	35.3	100.0	0.44	1422	180	360	367.8
B36092	35.3	100.0	0.71	1402	180	360	460.0
B36011	35.3	100.0	1.00	1431	180	360	510.0
B57041	55.9	100.0	0.15	1392	180	360	300.1
B57060	55.9	100.0	0.31	1333	180	360	416.8
B57074	55.9	100.0	0.44	1422	180	360	485.4
B57092	55.9	100.0	0.71	1402	180	360	549.2
R8 (15)*	26.6	197.5	0.21	269	152.4	271.8	79.5
R11	26.1	197.5	0.21	269	152.4	271.8	89.5
R12	33.8	197.5	0.21	259	152.4	254.0	109.5
R14	28.9	296.2	0.14	269	152.4	271.8	89.5
R15	29.7	101.1	0.41	279	152.4	254.0	139.7
R16	31.4	101.1	0.41	279	152.4	254.0	139.7
R24	30.7	197.5	0.21	269	152.4	254.0	92.1
R25	30.7	197.5	0.21	269	152.4	254.0	104.5
R28	31.4	50.0	0.83	269	152.4	254.0	179.2
C4S2.0 (8)*	42.2	200.0	0.32	358	220	264.0	217.8
C4S3.0	42.2	300.0	0.22	358	220	244.0	186.3
C4S3.5	42.2	300.0	0.22	358	220	244.0	163.7
C4S4.0	42.2	300.0	0.22	358	220	244.0	142.3
IA-2R(17) (6)*	18.0	146.1	0.24	526	177.8	306.1	167.1
IC-2R(19)	33.8	146.1	0.24	526	177.8	309.6	225.1
ID-2R(20)	33.8	146.1	0.24	526	177.8	306.1	217.7
IIA-2(9)	18.0	146.1	0.24	526	177.8	306.1	137.1
IIB-2(10)	16.7	146.1	0.24	526	177.8	307.8	112.7
IIC-2(12)	37.9	146.1	0.24	526	177.8	309.6	181.7
IID-2(13)	37.9	146.1	0.24	526	177.8	306.1	180.1
210-0.19 (17)*	22.9	168.4	0.19	683	200	336	254.0

210-0.40	22.9	80.0	0.40	683	200	336	320.7
210-0.59	22.9	120.3	0.59	723	200	336	329.5
210-0.89	22.9	79.8	0.89	723	200	336	377.6
210-1.15	22.9	60.2	1.18	723	200	336	423.6
360-0.19	37	168.4	0.19	679	200	336	258.9
360-0.89	37	79.8	0.89	728	200	336	461.9
360-1.18	37	60.2	1.18	728	200	336	514.9
570-89	65.9	80.0	0.40	1028	200	336	411.9
B90-041	36.9	110.0	0.41	931	200	360	374.6
E30-041	36.9	110.0	0.41	931	200	360	222.6
G30-041	36.9	110.0	0.41	931	200	360	215.7
B-1 (19)*	55.7	100.0	0.31	376	150	260	154.7
B-2	55.7	50.0	0.84	929	150	260	424.7
B-3	63.8	100.0	0.31	346	150	260	164.0
B-4	63.8	120.0	0.44	233	150	260	156.3
B-5	63.8	50.0	0.84	929	150	260	453.0
B-1 (20)*	50.7	75.0	0.50	297	150	285	160.8
B-4	50.7	100.0	0.66	902	150	285	338.4
B-5	50.7	50.0	1.71	846	150	285	478.6
B-6	73.5	75.0	0.57	412	150	285	291.3
B-7	73.5	100.0	0.85	846	150	285	434.5
SH-1 (18)*	139.2	100.0	0.33	1451	120	255	227.5
SH-2	139.2	50.0	0.66	1451	120	255	320.7
SH-3	139.2	50.0	0.98	1451	120	255	343.2
SH-4	139.2	40.0	1.23	1451	120	255	351.1
2-3 (21)*	31.8	120.0	0.28	250	180	360	209.9
2-4	31.8	120.0	0.28	250	180	360	189.3
2-5	31.8	120.0	0.28	1324	180	360	294.2
2-6-	31.8	120.0	0.28	1324	180	360	327.6
2-7-	31.8	60.0	0.56	250	180	360	245.2
2-8-	31.8	60.0	0.56	250	180	360	245.2
2-11-	31.8	90.0	0.75	255	180	360	269.7
2-13-	31.8	60.0	1.13	255	180	360	323.6
2-15-	31.8	120.0	0.29	674	180	360	274.6
1-2-	27.5	160.0	0.19	329	180	360	174.6
1-3-	27.5	160.0	0.19	1363	180	360	270.7
1-4-	27.5	160.0	0.19	1363	180	360	304.0
1-6-	27.5	114.0	0.26	329	180	360	205.0
1-7-	27.5	114.0	0.26	1363	180	360	336.4
1-8-	27.5	89.0	0.34	329	180	360	217.7
1-9-	27.5	89.0	0.34	1363	180	360	346.2

1-10-	27.5	62.0	0.49	1363	180	360	402.1
1-11-	27.5	145.0	0.48	1392	180	360	372.7
1-12-	27.5	62.0	1.12	1392	180	360	447.2
3-2-	27.5	160.0	0.19	329	180	360	147.1
3-4-	27.5	114.0	0.26	329	180	360	186.3
A2 (7)*	29.1	190.5	0.19	357	177.8	381.0	193.1
A3	29.9	190.5	0.42	343	177.8	381.0	289.9
A4	28.4	101.6	0.79	343	177.8	381.0	340.7
A5	26.2	63.5	1.26	343	177.8	381.0	385.5
B3	27.6	190.5	0.42	343	177.8	381.0	270.3
C2	27.7	190.5	0.19	357	177.8	381.0	172.7
E2	15.1	190.5	0.19	357	177.8	381.0	168.0
E3	13.6	190.5	0.42	343	177.8	381.0	188.3
E4	13.3	101.6	0.79	343	177.8	381.0	250.0
E5	17.0	63.5	1.26	343	177.8	381.0	306.2
G3	26.1	190.5	0.42	454	177.8	381.0	331.3
G4	26.6	127	0.63	454	177.8	381.0	381.4
G5	26.0	76.2	1.05	454	177.8	381.0	426.1
H2	28.1	190.5	0.42	343	177.8	381.0	317.0
J3	30.3	190.5	0.42	343	177.8	381	261.5
J5	32.4	63.5	1.26	343	177.8	381	431.5
T4 (5)*	32.3	197.5	0.21	269	152.4	271.8	109.4
T6	25.7	50.0	0.83	269	152.4	254.0	204.4
T7	27.2	197.5	0.21	269	152.4	264.2	109.5
T8	31.1	197.5	0.21	269	152.4	254.0	124.6
T9	20.1	101.1	0.41	279	152.4	254.0	154.5
T10	28.1	296.2	0.14	269	152.4	271.8	86.6
T11	36.8	101.1	0.41	279	152.4	254.0	160.3
T12	30.5	197.5	0.21	269	152.4	254.0	144.4
T13	12.7	197.5	0.21	269	152.4	271.8	89.9
T14	33.2	50.0	0.83	269	152.4	254.0	219.1
T15	33.0	197.5	0.21	269	152.4	254.0	104.5
T16	32.5	296.2	0.14	269	152.4	254.0	92.5
T19	29.8	197.5	0.21	269	152.4	254.0	113.4
T32	27.5	50.0	0.83	269	152.4	254.0	216.0
T34	33.8	197.5	0.21	269	152.4	254.0	112.3
T35	33.5	197.5	0.21	269	152.4	254.0	114.6
T36	24.0	101.1	0.41	279	152.4	254.0	179.2
T37	31.7	50.0	0.83	269	152.4	254.0	209.4
B334-120 (3)*	50.1	120	0.60	334	350	391.7	566.4
B334-160	50.1	160	0.45	334	350	391.7	495.2

B334-200	50.1	200	0.36	334	350	391.7	445.7
B480-120	50.1	120	0.60	480	350	391.7	636.0
B480-160	50.1	160	0.45	480	350	391.7	536.3
B480-200	50.1	200	0.36	480	350	391.7	508.5
B530-120	50.1	120	0.60	530	350	391.7	629.4
B530-160	50.1	160	0.45	530	350	391.7	525.6
B530-200	50.1	200	0.36	530	350	391.7	515.1
B667-120	50.1	120	0.60	667	350	391.7	638.3
B667-160	50.1	160	0.45	667	350	391.7	565.8
B667-200	50.1	200	0.36	667	350	391.7	573.7
B34-1 (2, 3)*	33.6	0	0.00	0	350	389.5	403.2
B34-2	33.6	100	0.72	334	350	389.5	0.0
B34-3	33.6	100	0.72	480	350	389.5	679.5
B34-4	33.6	100	0.72	667	350	389.5	714.3
B34-5	33.6	120	0.60	480	350	389.5	674.3
B34-6	33.6	160	0.45	667	350	389.5	575.0
B42-1	42.1	0	0.00	0	350	389.5	627.1
B42-2	42.1	100	0.72	334	350	389.5	665.2
B42-3	42.1	100	0.72	480	350	389.5	801.3
B42-4	42.1	100	0.72	667	350	389.5	800.6
B42-5	42.1	120	0.60	480	350	389.5	691.4
B42-6	42.1	160	0.45	667	350	389.5	673.3
B68-1	68.4	0	0.00	0	350	389.5	621.9
B68-2	68.4	100	0.72	334	350	389.5	801.0
B68-3	68.4	100	0.72	480	350	389.5	870.6
B68-4	68.4	100	0.72	667	350	389.5	914.7
B68-5	68.4	120	0.60	480	350	389.5	798.4
B68-6	68.4	160	0.45	667	350	389.5	701.9
S20-1 (10)*	25	200	0.30	484	250	300	187.1
S20-2	25	200	0.30	555	250	300	200.9
S20-3	25	200	0.30	634	250	300	220.9
S20-4	25	200	0.30	750	250	300	251.3
S30-1	33.3	0	0.00	0	300	520	190.0
S30-2	33.3	0	0.00	0	300	520	204.8
S30-3	33.3	320	0.15	580	300	520	300.1
S30-4	33.3	320	0.15	580	300	520	310.4
S30-5	33.3	160	0.30	580	300	520	446.6
S30-6	33.3	160	0.30	580	300	520	446.9
S35-1	35	200	0.30	484	250	300	225.8
S35-2	35	200	0.30	555	250	300	244.7
S35-3	35	200	0.30	634	250	300	258.0

S35-4	35	200	0.30	750	250	300	253.5
S40-1	38.2	0	0.00	0	300	368.5	175.8
S40-2	38.2	95	0.50	379	300	368.5	397.9
S40-3	38.2	95	0.50	484	300	368.5	537.0
S40-4	38.2	95	0.50	555	300	368.5	566.7
S40-5	38.2	95	0.50	634	300	368.5	591.7
S40-6	38.2	95	0.50	750	300	368.5	490.6
S50-1	50.3	0	0.00	0	300	368.5	186.8
S50-2	50.3	95	0.50	379	300	368.5	587.2
S50-3	50.3	95	0.50	484	300	368.5	640.9
S50-4	50.3	95	0.50	555	300	368.5	656.8
S50-5	50.3	95	0.50	634	300	368.5	710.1
S50-6	50.3	95	0.50	750	300	368.5	758.7
S80-1	81.4	0	0.00	0	300	368.5	261.6
S80-2	81.4	95	0.50	379	300	368.5	668.2
S80-3	81.4	95	0.50	484	300	368.5	722.5
S80-4	81.4	95	0.50	555	300	368.5	783.3
S80-5	81.4	95	0.50	634	300	368.5	837.4
S80-6	81.4	95	0.50	750	300	368.5	868.4
BS1-1 (11, 3)*	43.6	0	0.00	0	500	501.5	526.5
BS1-2	43.6	130	0.22	459	500	501.5	834.0
BS1-3	43.6	180	0.16	674	500	501.5	728.5
BS1-4	43.6	130	0.22	674	500	501.5	809.0
BS2-1	40	0	0.00	0	500	751.5	425.0
BS2-2	40	130	0.22	459	500	751.5	1239.
BS2-3	40	180	0.16	674	500	751.5	915.0
BS2-4	46.2	130	0.22	674	500	751.5	1133
BS3-1	48.5	0	0.00	0	500	1002	446.0
BS3-2	48.5	130	0.22	459	500	1002	1426.
BS3-3	48.5	180	0.16	674	500	1002	1181.
BS3-4	48.5	130	0.22	674	500	1002	1494
BS4-1	54.8	0	0.00	0	500	1252	888.5
BS4-2	54.8	130	0.22	459	500	1252	1686
BS4-3	54.8	180	0.16	674	500	1252	1684
BS4-4	54.8	130	0.22	674	500	1252	1798
G60-S600 (3)*	51	130	0.22	505	490	512.97	788.0
G60-S900	51	220	0.23	480	495	793.3	1196.0
G60-S1200	51	225	0.24	480	480	1093.3	1459.0
G60-S1500	51	200	0.24	480	540	1382.8	1895.0
G80-S900	51	300	0.17	667	495	793.3	989.0
G80-S1200	51	310	0.17	667	480	1093.3	1497.0

G80-S1500	51	275	0.17	667	540	1382.8	1963.0
F20-1 (22)*	26.8	360	0.20	508	350	383	188.5
F20-2	26.8	180	0.40	508	350	383	422.2
F20-3	26.8	120	0.60	508	350	383	625.0
F20-4	26.8	90	0.80	508	350	383	666.7
F20-5	26.8	70	1.03	508	350	383	836.1
F40-1	37.2	120	0.59	510	200	252	216.7
F40-3	37.2	70	1.02	510	200	252	262.2
F40-5	37.2	50	1.43	510	200	252	345.0
F60-1	63	250	0.51	508	200	252	242.2
F60-2	63	120	1.06	508	200	252	354.5
F60-3	63	90	1.41	508	200	252	437.1
F60-4	63	65	1.95	508	200	252	491.3
F60-5	63	50	2.53	508	200	252	497.6
F80-1	84.6	130	0.98	508	200	252	358.3
F80-2	84.6	85	1.49	508	200	252	530.6
F80-3	84.6	63	2.01	508	200	252	600.0
F80-4	84.6	50	2.53	508	200	252	633.4
F80-5	84.6	42	3.02	508	200	252	759.7

3. 스트럿-타이 모델 분석 깊은보 데이터(595개)

1. Birrcher, D., Tuchscherer, R., Huizinga, M., Wood, S., and Jirsa, J. (2013), *Strength and Serviceability Design of Reinforced Concrete Inverted-T Beams*, Vol.7, 400pp.
2. Rogowsky, D. M., MacGregor, J. G., and Ong, S. Y. (1986), "Tests of Reinforced Concrete Deep Beams," *ACI Journal Proceedings*, Vol.83, No.4, pp.614～623.
3. Brown, M. D. (2005), *Design for Shear in Reinforced Concrete Using Strut-and-Tie and Sectional Models*, 352pp.
4. Foster, S.J., and Gilbert, R.I. (1998), "*Experimental Studies on High-Strength Concrete Deep Beams,*" *ACI Structural Journal*, Vol. 95, No. 4, pp.382～390.
5. Clark, A.P. (1951), "Diagonal Tension in Reinforced Concrete Beams," *ACI Journal Proceedings*, Vol. 48, pp.145～156.
6. Alcocer, S.M., and Uribe, C.M. (2008), "Monolithic and Cyclic Behavior of Deep Beams Designed Using Strut-and-Tie Models," *ACI Structural Journal*, Vol.105, No.3, 327pp.
7. Tanimura, Y., and Sato, T. (2005), "Evaluation of Shear Strength of Deep Beams with Stirrups," *Quarterly Report of RTRI*, Vol.46, No.1, pp.53～58.
8. Matsuo, M., Lertsrisakulrat, T., and Yanagawa, A. (2002), "Shear Behavior of RC Deep Beams with Stirrups," *Transactions of the Japan Concrete Institute*, Vol.23, No.5, pp.385～390.

9. Deschenes, D.J. (2009), *Asr/Def-Damaged Bent Caps: Shear Tests and Field Implications*, Master's Thesis, University of Texas at Austin, 294pp.
10. Moody, K.G., Viest, I.M., Elstner, R.C., and Hognestad, E. (1954), "Shear Strength of Reinforced Concrete Beams Part 1-Tests of Simple Beams," *ACI Journal Proceedings*, Vol.51, pp.317～332.
11. Moody, K.G., Viest, I.M., Elstner, R.C., and Hognestad, E. (1955), "Shear Strength of Reinforced Concrete Beams Part 2-Tests of Restrained Beams Without Web Reinforcement," *ACI Journal Proceedings*, Vol.51, No.1, pp.417～434.
12. Morrow, J., and Viest, I.M. (1957), "Shear Strength of Reinforced Concrete Frame Members Without Web Reinforcement," *ACI Journal Proceedings*, Vol.53, No.3, pp.833～869.
13. Chang, T.S., and Kesler, C.E. (1958), "Static and Fatigue Strength in Shear of Beams with Tensile Reinforcement," *ACI Journal Proceedings*, Vol.54, No.6, pp.1033～1057.
14. Watstein, D., and Mathey, R. G. (1958), "Strains in beams Having Diagonal Cracks," *ACI Journal Proceedings*, Vol.55, No.12, pp.717～728.
15. Rodriguez, J.J., Bianchini, A.C., Viest, I.M., and Kesler, C.E. (1959), "Shear Strength of Two-Span Continuous Reinforced Concrete Beams," *ACI Journal Proceedings*, Vol.55, No.4, pp.1089～1130.
16. De Cossio, R.D., and Siess, C.P. (1960), "Behavior and Strength in Shear of Beams and Frames Without Web Reinforcement," *ACI Journal Proceedings*, Vol.56, No.2, pp.695～736.
17. Leonhardt, F., and Walther, R. (1961), "The Stuttgart Shear Tests," *Cement and Concrete Association Library*, No.111, pp.49～54.
18. Mathey, R.G., and Watstein, D. (1963), "Shear Strength of Beams Without Web Reinforcement Containing Deformed Bars of Different Yield Strengths," *ACI Journal Proceedings*, Vol.60, No.2, pp.183～208.
19. De Paiva, H.A., and Siess, C.P. (1965), "Strength and Behavior of Deep Beams in Shear," *Proceedings of ASCE*, Vol.91, No. ST.5, pp.19～41.
20. Kani, G.N.J. (1967), "How Safe are Our Large Reinforced Concrete Beams?" *ACI Journal Proceedings*, Vol.64, No.3, pp.128～141.
21. Ramakrishnan, V., and Ananthanarayana, Y. (1968), "Ultimate strength of Deep Beams in Shear," *ACI Journal Proceedings*, Vol.65, No.2, pp.87～98.
22. Manuel, R., "Failure of Deep Beams," *ACI Special publication*, Vol.42, 1974, 15 pp.
23. Niwa, J.K. Maekawa, and H.O. (1981), "Non-Linear Finite Element Analysis of Deep Beams," *Advanced Mechanics of Reinforced Concrete*, International Association for Bridge and Structural Engineering, Zurich, Switzerland, 13pp.
24. Smith, K.N., and Vantsiotis, A.S. (1982), "Shear Strength of Seep Beams," *ACI Journal Proceedings*, Vol.79, No.3, pp.201–213.
25. Mphonde, A.G., and Frantz, G.C. (1984), "Shear Tests of High-and Low-Strength Concrete Beams Without Stirrups," *ACI Journal Proceedings*, Vol.81, No.4, pp.350～357.
26. Lehwalter, N. (1988), *Bearing Capacity of Concrete Compression Struts in Truss-Systems, Exemplified by the Case of Short Beams*," PhD thesis, Darmstadt, German.
27. Walravena, J., and Lehwalter, N. (1994), "Size Effects in Short Beams Loaded in Shear," *ACI Structural Journal*, Vol.91, No.5, 1994, pp.585～593.
28. Xie, Y., Ahmad, S.H., Yu, T, Hino, S., and Chung, W. (1994), "Shear Ductility of Reinforced Concrete Beams of Normal and High-Strength Concrete," *ACI Structural Journal*,

Vol.91, No.2, pp.140～149.

29. Tan, K.H., Kong, F.K., Teng, S., and Guan. L. (1995), "High-Strength Concrete Deep Beams with Effective Span and Shear Span Variations," *ACI Structural Journal*, Vol.92, No.4, pp.395～405.
30. Shin, S.W., Lee, K.S., Moon, J.I., and Ghosh, S.K. (1999), "Shear Strength of Reinforced High-Strength Concrete Beams with Shear Span-to-Depth Ratios Between 1.5 and 2.5," *ACI Structural Journal*, Vol.96, No.4, pp.549～556.
31. Tan, K H., and Lu, H.Y. (1999), "Shear Behavior of Large Reinforced Concrete Deep Beams and Code Comparisons," *ACI Structural Journal*, Vol.96, No 5, pp.836～846.
32. Pendyala, R.S., and Mendis, P. (2000), "Experimental Study on Shear Strength of High-Strength Concrete Beams," *ACI Structural Journal*, Vol.97, No.4, pp. 564～571.
33. Adebar, P. (2000), "One-Way Shear Strength of Large Footings," *Canadian Journal of Civil Engineering*, Vol.27, No.3, pp.553～562.
34. Oh, J.K., and Shin, S.W. (2001), "Shear Strength of Reinforced High-Strength Concrete Deep Beams," *ACI Structural Journal*, Vol.98, No.2, pp.164～173.
35. Lertsrisakulrat, T., Niwa, J., and Yanagawa, A. (2001), "Concept of Concrete Compressive Fracture Energy in RC Deep Beams Without *Transverse Reinforcement," Transactions of the Japan Concrete Institute*, Vol.23, No.3, pp.97～102.
36. Yang, K.H., Chung, H.S., Lee, E.T., and Eun, H.C. (2003), "Shear Characteristics of High-Strength Concrete Deep Beams Without Shear Reinforcements," *Engineering Structures*, Vol.25, No.10, pp.1343～1352.
37. Seliem, H., Hosny, A., and Dwairi, H. (2006), *Shear Behavior of Concrete Beams Reinforced with MMFX Steel Without Web Reinforcement, Report*, No. IS-06-08, Constructed Facilities Laboratory, North Carolina State University, Raleigh, NC, 21pp.
38. Zhang, N., and Tan, K.H. (2007), "Size Effect in RC Deep Beams: Experimental Investigation and STM Verification," *Engineering Structures*, Vol.29, No.12, pp.3241～3254.
39. Ismail, K.S. (2016), *Shear Behavior of Reinforced Concrete Deep Beams*, PhD thesis, Sheffield University, Sheffield, England, 312pp.
40. Kong, F.K., Robins, P.J., and Cole, D.F. (1970), "Web Reinforcement Effects on Deep Beams," *ACI Journal Proceedings*, Vol.67, pp.1010～1018.
41. Subedi, N.K., Vardy, A.E., and Kubotat, N. (1986), "Reinforced Concrete Deep Beams Some Test Results," *Magazine of concrete Research*, Vol.38, No.137, pp.206～219.
42. Tan, K.H., Kong, F.K., and Teng, S. (1997), "Effect of Web Reinforcement on High-Strength Concrete Deep Beams," *ACI Structural Journal*, Vol.94, No.5, pp.572～582.
43. Kong, P.Y., and B.V.R. (1998), "Shear Strength of High-Performance Concrete Beams," *ACI Structural Journal*, Vol.95, No.6, pp.677～688.

Specimens	b (mm)	h (mm)	d (mm)	a/h	f_{ck} (MPa)	f_y (MPa)	$\rho_w{}'$ (%)	ρ_w (%)	f_{yt} (MPa)	s (mm)	ρ_t (%)	f_{yh} (MPa)	ρ_h (%)	V_n (kN)
M-03-4-CCC24361	914	1219	1016	1.54	28.3	420	0.4	2.9	420	279	0.3	420	0.3	5019
M-09-4-CCC24361	914	1219	1016	1.54	28.3	420	0.4	2.9	420	102	0.9	420	0.3	6343
M-02-4-CCC24361	914	1219	1016	1.54	19.3	434	0.4	2.9	434	254	0.2	434	0.2	4902
M-03-4-CCC08121	914	1219	1016	1.54	20.7	434	0.4	2.9	434	279	0.3	434	0.3	4137

M-03-2-CCC24361	914	1219	1016	1.54	33.8	427	0.2	2.9	427	279	0.3	427	0.3	4875
I-03-21	533	1118	978	1.61	36.1	462	1.2	2.3	462	165	0.3	462	0.3	2532
I-03-41	533	1118	978	1.61	36.8	503	1.2	2.3	503	178	0.3	503	0.3	2924
I-02-21	533	1118	978	1.61	27.2	462	1.2	2.3	462	241	0.2	462	0.2	2018
I-02-41	533	1118	978	1.61	28.7	503	1.2	2.3	503	254	0.2	503	0.2	2349
II-03-CCC20211	533	1067	980	1.69	22.7	448	1.2	2.3	448	241	0.3	448	0.5	2222
II-03-CCC10071	533	1067	980	1.69	24.0	448	1.2	2.3	448	241	0.3	448	0.5	2123
II-03-CCT10211	533	1067	980	1.69	30.4	489	1.2	2.3	489	241	0.3	489	0.5	2826
II-03-CCT05071	533	1067	980	1.69	29.0	489	1.2	2.3	489	241	0.3	489	0.5	2657
II-02-CCT05071	533	1067	980	1.69	21.5	441	1.2	2.3	441	381	0.2	441	0.2	1785
II-02-CCC10071	533	1067	980	1.69	21.7	441	1.2	2.3	441	381	0.2	441	0.2	1489
II-02-CCC10211	533	1067	980	1.69	31.9	462	1.2	2.3	462	381	0.2	462	0.2	1463
II-02-CCT05211	533	1067	980	1.69	32.7	462	1.2	2.3	462	381	0.2	462	0.2	2524
III-1.85-021	533	1067	980	1.69	28.3	441	1.2	2.3	441	368	0.2	441	0.2	2170
III-1.85-0251	533	1067	980	1.69	28.3	441	1.2	2.3	441	305	0.2	441	0.1	2293
III-1.85-031	533	1067	980	1.69	34.4	441	1.2	2.3	441	254	0.3	441	0.3	1834
III-1.85-011	533	1067	980	1.69	34.5	434	1.2	2.3	434	457	0.1	434	0.1	1213
III-1.85-03b1	533	1067	980	1.69	22.8	427	1.2	2.3	427	152	0.3	427	0.3	2095
III-1.85-02b1	533	1067	980	1.69	22.8	427	1.2	2.3	427	241	0.2	427	0.2	2080
III-1.2-021	533	1067	980	1.69	28.3	413	1.2	2.3	413	241	0.2	413	0.2	3765
III-1.2-031	533	1067	980	1.69	29.1	469	1.2	2.3	469	241	0.3	469	0.3	3688
III-2.5-021	533	1067	980	1.69	31.9	427	1.2	2.3	427	241	0.2	427	0.2	1327
III-2.5-031	533	1067	980	1.69	34.7	448	1.2	2.3	448	241	0.3	448	0.3	2295
IV-2175-1.85-021	533	1892	1750	1.71	34.0	455	1.3	2.4	455	241	0.2	455	0.2	3392
IV-2175-1.85-031	533	1892	1750	1.71	34.0	455	1.3	2.4	455	241	0.3	455	0.3	3747
IV-2175-1.2-021	533	1892	1750	1.11	34.5	441	1.3	2.4	441	363	0.2	441	0.2	5439
IV-2123-1.85-031	533	572	495	1.60	28.7	455	2.3	2.3	455	160	0.3	455	0.3	1461
IV-2123-1.85-021	533	572	495	1.60	29.1	558	2.3	2.3	558	135	0.2	558	0.2	1543
IV-2123-1.2-021	533	572	495	1.04	31.9	400	2.3	2.3	400	135	0.2	400	0.2	2631
1/1.0N2	201	1001	950	1.00	26.1	572	-	0.9	572	188	0.2	572	-	606
2/1.0N2	201	1001	950	1.00	26.8	572	-	0.9	572	188	0.2	572	0.1	754
2/1.5N2	201	599	536	1.67	42.4	572	0.1	1.1	572	150	0.2	572	0.1	351
2/2.0N2	201	500	455	2.00	43.2	572	0.1	0.9	572	201	0.1	572	0.1	206
BM1/1. 0/T22	200	1000	950	1.00	26.1	-	-	1	-	-	-	-	-	699
BM1A/ 1.02	200	1000	950	1.00	26.4	-	-	1	-	-	-	-	-	600
BM1/1. 5/T12	200	800	535	1.25	42.4	-	-	1.1	-	-	-	-	-	303
I-CL-8.5-03	152	762	686	1.00	17.8	503	2	0.1	503	216	0.4	-	-	355
I-2C-8.5-03	152	762	686	1.50	22.1	503	2	0.1	503	216	0.4	-	-	541
II-N-F-5.8-33	457	457	406	1.50	19.9	503	2.2	0.1	503	76	0.4	-	-	804
B1.2-34	124	1199	1123	1.87	80.0	427	1.3	0.2	427	76	0.7	427	0.3	1303
B2.0-14	124	701	625	1.11	83.0	427	2.4	0.3	427	76	0.7	427	0.4	796
B2.0-24	124	701	625	1.11	120.	427	2.4	0.3	427	76	0.7	427	0.4	826
B2.0-34	124	701	625	1.11	78.0	427	2.4	0.3	427	76	0.7	427	0.4	701

B2.0A-44	124	701	625	0.45	86.0	427	2.4	0.3	427	76	0.7	427	0.4	951
B2.0C-64	124	701	625	0.76	93.0	427	2.4	0.3	427	76	1	427	0	731
B2.0D-74	124	701	625	1.11	104.	427	2.4	0.3	427	76	0.7	427	0	722
B3.0-14	124	701	625	0.45	80.0	427	2.4	0.3	427	76	0.7	427	0.4	512
B3.0-24	124	701	625	0.76	120.	427	2.4	0.3	427	76	0.7	427	0.4	527
B3.0-34	124	701	625	1.68	77.0	427	2.4	0.3	427	76	0.7	427	0.4	527
B3.0A-44	124	701	625	1.14	88.0	427	2.4	0.3	427	76	0.7	427	0.4	777
A1-15	203	457	389	2.00	24.7	331	3.1	0.2	331	183	0.4	-	-	224
A1-25	203	457	389	2.00	23.7	331	3.1	0.2	331	183	0.4	-	-	211
A1-35	203	457	389	2.00	23.4	331	3.1	0.2	331	183	0.4	-	-	224
A1-45	203	457	389	2.00	24.8	331	3.1	0.2	331	183	0.4	-	-	246
B1-15	203	457	389	1.67	23.4	331	3.1	0.2	331	191	0.4	-	-	281
B1-25	203	457	389	1.67	25.4	331	3.1	0.2	331	191	0.4	-	-	258
B1-35	203	457	389	1.67	23.7	331	3.1	0.2	331	191	0.4	-	-	287
B1-45	203	457	389	1.67	23.3	331	3.1	0.2	331	191	0.4	-	-	270
B1-55	203	457	389	1.67	24.6	331	3.1	0.2	331	191	0.4	-	-	243
B2-15	203	457	389	1.67	23.2	331	3.1	0.2	331	97	0.7	-	-	303
B2-25	203	457	389	1.67	26.3	331	3.1	0.2	331	97	0.7	-	-	324
B2-35	203	457	389	1.67	24.9	331	3.1	0.2	331	97	0.7	-	-	337
B6-15	203	457	389	1.67	42.1	331	3.1	0.2	331	191	0.4	-	-	381
C1-15	203	457	389	1.33	25.7	331	2.1	0.2	331	203	0.3	-	-	279
C1-25	203	457	389	1.33	26.3	331	2.1	0.2	331	203	0.3	-	-	313
C1-35	203	457	389	1.33	24.0	331	2.1	0.2	331	203	0.3	-	-	248
C1-45	203	457	389	1.33	29.0	331	2.1	0.2	331	203	0.3	-	-	288
C2-15	203	457	389	1.33	23.7	331	2.1	0.2	331	102	0.7	-	-	292
C2-25	203	457	389	1.33	25.0	331	2.1	0.2	331	102	0.7	-	-	303
C2-35	203	457	389	1.33	24.1	331	2.1	0.2	331	102	0.7	-	-	326
C2-45	203	457	389	1.33	27.0	331	2.1	0.2	331	102	0.7	-	-	290
C3-15	203	457	389	1.33	14.1	331	2.1	0.2	331	203	0.3	-	-	226
C3-25	203	457	389	1.33	13.8	331	2.1	0.2	331	203	0.3	-	-	202
C3-35	203	457	389	1.33	13.9	331	2.1	0.2	331	203	0.3	-	-	190
C4-15	203	457	389	1.33	24.5	331	3.1	0.2	331	203	0.3	-	-	311
C6-25	203	457	389	1.33	45.2	331	3.1	0.2	331	203	0.3	-	-	426
C6-35	203	457	389	1.33	44.7	331	3.1	0.2	331	203	0.3	-	-	437
C6-45	203	457	389	1.33	47.6	331	3.1	0.2	331	203	0.3	-	-	430
D1-15	203	457	394	1.00	26.2	331	1.6	0.2	331	152	0.5	-	-	303
D1-25	203	457	394	1.00	26.1	331	1.6	0.2	331	152	0.5	-	-	359
D1-35	203	457	394	1.00	24.6	331	1.6	0.2	331	152	0.5	-	-	258
D2-15	203	457	394	1.00	24.0	331	1.6	0.2	331	114	0.6	-	-	292
D2-25	203	457	394	1.00	25.9	331	1.6	0.2	331	114	0.6	-	-	314
D2-35	203	457	394	1.00	24.8	331	1.6	0.2	331	114	0.6	-	-	336
D2-45	203	457	394	1.00	24.5	331	1.6	0.2	331	114	0.6	-	-	337
D3-15	203	457	394	1.00	28.2	331	2.4	0.2	331	76	0.9	-	-	397

D4-15	203	457	394	1.00	23.1	331	1.6	0.2	331	58	1.2	-	-	314
MR6	351	1194	1100	1.17	35.4	427	1.6	0.8	427	152	0.5	152	0.3	1616
MT6	351	1194	1100	1.17	35.0	427	1.6	0.8	427	152	0.5	152	2.9	1616
2A7	300	450	401	0.45	23.2	372	2.1	0.3	372	99	0.2	-	-	822
3A7	300	450	401	0.45	23.2	386	2.1	0.3	386	99	0.5	-	-	834
4A7	300	450	401	0.45	23.2	365	2.1	0.3	365	99	0.8	-	-	871
6A7	300	450	401	0.89	29.0	372	2.1	0.3	372	99	0.2	-	-	733
7A7	300	450	401	0.89	29.0	386	2.1	0.3	386	99	0.5	-	-	752
8A7	300	450	401	0.89	29.0	365	2.1	0.3	365	99	0.8	-	-	806
11A7	300	450	401	1.34	23.0	386	2.1	0.3	386	99	0.5	-	-	493
12A7	300	450	401	1.34	23.5	365	2.1	0.3	365	99	0.8	-	-	572
14B7	300	450	401	0.89	32.0	372	2.1	0.3	372	99	0.2	-	-	753
15B7	300	450	401	0.89	32.0	386	2.1	0.3	386	99	0.5	-	-	776
16B7	300	450	401	0.89	32.0	365	2.1	0.3	365	99	0.8	-	-	851
17C7	300	450	401	0.89	31.3	372	2.1	0.3	372	99	0.2	-	-	572
18C7	300	450	401	0.89	31.5	386	2.1	0.3	386	99	0.5	-	-	775
19C7	300	450	401	0.89	31.8	365	2.1	0.3	365	99	0.8	-	-	758
20D7	300	450	401	0.89	24.3	951	2.1	0.3	951	99	0.5	-	-	667
21D7	300	450	401	0.89	26.9	1047	2.1	0.3	1047	99	0.8	-	-	663
22D7	300	450	401	1.34	26.2	951	2.1	0.3	951	99	0.5	-	-	539
23D7	300	450	401	1.34	26.3	1047	2.1	0.3	1047	99	0.8	-	-	568
28A7	300	450	401	0.67	25.5	386	2.1	0.3	386	99	0.5	-	-	649
29A7	300	450	401	0.67	26.2	365	2.1	0.3	365	99	0.8	-	-	667
30A7	300	450	401	0.67	26.4	386	2.1	0.3	386	99	0.9	-	-	702
31A7	300	450	401	1.79	26.6	386	2.1	0.3	386	99	0.5	-	-	419
32A7	300	450	401	1.79	27.4	365	2.1	0.3	365	99	0.8	-	-	443
33A7	300	450	401	0.89	24.7	386	2.1	0.3	386	99	1	-	-	649
34A7	300	450	401	0.89	24.8	372	2.1	0.3	372	99	1	-	-	600
3.60E+08	300	450	401	0.45	24.5	386	0.4	0.3	386	99	0.5	-	-	540
3.70E+08	300	450	401	0.45	25.8	365	0.4	0.3	365	99	0.8	-	-	555
3.90E+08	300	450	401	0.89	25.4	386	0.4	0.3	386	99	0.5	-	-	472
4.00E+08	300	450	401	0.89	25.9	365	0.4	0.3	365	99	0.8	-	-	472
46F7	300	450	401	0.89	97.5	958	2.1	0.3	958	99	0.2	-	-	1245
47F7	300	450	401	0.89	96.3	951	2.1	0.3	951	99	0.5	-	-	1302
48F7	300	450	401	1.34	94.5	958	2.1	0.3	958	99	0.2	-	-	934
49F7	300	450	401	1.34	94.2	951	2.1	0.3	951	99	0.5	-	-	982
L67	201	1049	1001	0.95	31.2	386	0.2	0.4	386	249	0.3	-	-	-
L77	401	2050	1999	0.98	30.5	372	0.1	0.4	372	500	0.3	-	-	-
D6048	150	650	599	0.92	34.2	331	1.8	0.1	331	99	0.4	-	-	588
D6088	150	650	599	0.92	35.3	331	1.8	0.1	331	51	0.8	-	-	665
VALID9	533	1067	917	1.59	34.9	448	3.1	1	448	241	0.3	241	-	577
NR19	533	1067	917	1.59	50.0	448	3.1	1	448	241	0.3	241	-	561
III-24a10	178	610	533	1.36	17.8	-	-	2.7	-	-	-	-	-	297

III-24b10	178	610	533	1.36	20.6	-	-	2.7	-	-	-	-	-	303
III-25a10	178	610	533	1.36	24.3	-	-	3.5	-	-	-	-	-	268
III-25b10	178	610	533	1.36	17.2	-	-	3.5	-	-	-	-	-	290
III-26a10	178	610	533	1.36	21.7	-	-	4.3	-	-	-	-	-	421
III-26b10	178	610	533	1.36	20.6	-	-	4.3	-	-	-	-	-	397
III-27a10	178	610	533	1.36	21.4	-	-	2.7	-	-	-	-	-	348
III-27b10	178	610	533	1.36	22.9	-	-	2.7	-	-	-	-	-	357
III-28a10	178	610	533	1.36	23.3	-	-	3.5	-	-	-	-	-	303
III-28b10	178	610	533	1.36	22.4	-	-	3.5	-	-	-	-	-	341
III-29a10	178	610	533	1.36	21.7	-	-	4.3	-	-	-	-	-	390
III-29b10	178	610	533	1.36	25.0	-	-	4.3	-	-	-	-	-	437
III-3010	178	610	533	1.36	25.0	483	-	4.3	483	-	-	-	-	478
III-3110	178	610	533	1.36	25.0	483	-	4.3	483	-	-	-	-	507
I-g11	178	381	298	1.06	30.6	-	-	1	-	-	-	-	-	133
I-h11	178	381	298	1.06	24.4	-	-	1.5	-	-	-	-	-	132
I-i11	178	381	305	1.06	22.9	-	-	2.1	-	-	-	-	-	147
I-2b11	178	381	305	1.06	18.8	-	-	3.8	-	-	-	-	-	141
I-3b11	178	381	305	1.06	20.5	-	-	4.8	-	-	-	-	-	150
I-j11	178	381	305	1.06	33.4	-	-	1.5	-	-	-	-	-	156
I-k11	178	381	305	1.06	26.6	-	-	2.1	-	-	-	-	-	162
I-4a11	178	381	305	1.06	29.8	-	-	2.9	-	-	-	-	-	148
I-4b11	178	381	305	1.06	27.9	-	-	2.9	-	-	-	-	-	162
I-5a11	178	381	305	1.06	28.0	-	-	3.8	-	-	-	-	-	178
I-5b11	178	381	305	1.06	27.9	-	-	3.8	-	-	-	-	-	163
I-6a11	178	381	305	1.06	31.4	-	-	4.8	-	-	-	-	-	171
I-6b11	178	381	305	1.06	24.6	-	-	4.8	-	-	-	-	-	178
I-l11	178	381	305	1.06	35.2	-	-	1.5	-	-	-	-	-	159
I-m11	178	381	305	1.06	30.3	-	-	2.1	-	-	-	-	-	156
I-7a11	178	381	305	1.06	33.0	-	-	2.9	-	-	-	-	-	171
I-7b11	178	381	305	1.06	34.5	-	-	2.9	-	-	-	-	-	178
I-8a11	178	381	305	1.06	33.0	-	-	3.8	-	-	-	-	-	215
I-8b11	178	381	305	1.06	32.3	-	-	3.8	-	-	-	-	-	163
I-9a11	178	381	305	1.06	36.3	-	-	4.8	-	-	-	-	-	193
I-9b11	178	381	305	1.06	32.1	-	-	4.8	-	-	-	-	-	193
I-n11	178	381	305	1.06	36.1	-	-	1.5	-	-	-	-	-	175
I-o11	178	381	305	1.06	34.8	-	-	2.1	-	-	-	-	-	190
I-p11	178	381	305	1.06	41.2	-	-	2.9	-	-	-	-	-	197
I-q11	178	381	305	1.06	33.7	-	-	3.8	-	-	-	-	-	193
I-r11	178	381	305	1.06	40.9	-	-	4.8	-	-	-	-	-	208
II-18a11	178	610	533	0.66	15.0	-	-	2.8	-	-	-	-	-	326
II-19a11	178	610	533	0.66	20.9	-	-	3.5	-	-	-	-	-	357
II-19b11	178	610	533	0.66	22.3	-	-	3.5	-	-	-	-	-	395
II-20a11	178	610	533	0.66	19.9	-	-	4.3	-	-	-	-	-	348

II-20b11	178	610	533	0.66	20.4	-	-	4.3	-	-	-	-	-	369
IV-g11	178	381	305	1.60	23.4	-	-	1	-	-	-	-	-	80
IV-h11	178	381	305	1.60	25.9	-	-	1.5	-	-	-	-	-	89
IV-i11	178	381	305	1.60	24.1	-	-	2.1	-	-	-	-	-	86
IV-j11	178	381	305	1.60	24.8	-	-	2.9	-	-	-	-	-	106
IV-k11	178	381	305	1.60	25.0	-	-	3.8	-	-	-	-	-	112
IV-I11	178	381	305	1.60	27.0	-	-	4.8	-	-	-	-	-	103
V-b11	178	381	305	1.06	26.0	-	-	1.5	-	-	-	-	-	195
V-d11	178	381	305	1.06	24.8	-	-	2.9	-	-	-	-	-	213
V-f11	178	381	305	1.06	23.3	-	-	4.8	-	-	-	-	-	211
VI-a11	178	381	305	1.42	28.2	-	-	1	-	-	-	-	-	103
VI-b11	178	381	305	1.42	28.7	-	-	1.5	-	-	-	-	-	172
VI-c11	178	381	305	1.42	24.7	-	-	2.1	-	-	-	-	-	147
VI-d11	178	381	305	1.42	26.9	-	-	2.9	-	-	-	-	-	158
VI-e11	178	381	305	1.42	28.4	-	-	3.8	-	-	-	-	-	171
VI-f11	178	381	305	1.42	38.4	-	-	2.1	-	-	-	-	-	187
VI-g11	178	381	305	1.42	38.1	-	-	2.9	-	-	-	-	-	174
VI-h11	178	381	305	1.42	36.6	-	-	3.8	-	-	-	-	-	207
VI-i11	178	381	305	1.42	41.5	-	-	4.8	-	-	-	-	-	195
B14-E212	305	410	375	0.87	12.7	-	-	0.6	-	-	-	-	-	278
B14-A412	305	406	362	0.87	22.6	-	-	2.5	-	-	-	-	-	512
B14-B412	305	406	368	0.88	26.3	-	-	1.9	-	-	-	-	-	500
B14-E412	305	406	368	0.88	28.9	-	-	1.2	-	-	-	-	-	512
B14-A612	305	406	356	0.88	45.4	-	-	3.8	-	-	-	-	-	901
B14-B612	305	406	368	0.88	46.8	-	-	1.9	-	-	-	-	-	778
B21-B212	305	406	367	1.31	13.9	-	-	1.9	-	-	-	-	-	239
B21-E212	305	406	375	1.31	11.3	-	-	0.6	-	-	-	-	-	212
B21-A412	305	406	368	1.31	29.8	-	-	2.5	-	-	-	-	-	523
B21-B412	305	406	368	1.31	27.1	-	-	1.9	-	-	-	-	-	396
B21-E412	305	406	365	1.31	24.2	-	-	1.2	-	-	-	-	-	423
B21- E4R12	305	406	368	1.31	31.9	-	-	1.2	-	-	-	-	-	434
B21-F412	305	406	370	1.31	31.4	-	-	1.2	-	-	-	-	-	468
B21-A612	305	406	356	1.32	45.3	-	-	3.8	-	-	-	-	-	579
B21-B612	305	406	375	1.31	45.5	-	-	1.8	-	-	-	-	-	579
B28-B212	305	406	362	1.75	14.7	-	-	1.9	-	-	-	-	-	201
B28-E212	305	406	372	1.75	13.7	-	-	0.6	-	-	-	-	-	130
B28-A412	305	406	368	1.75	27.5	-	-	2.5	-	-	-	-	-	324
B28-B412	305	406	368	1.75	32.3	-	-	1.9	-	-	-	-	-	257
B28-E412	305	406	368	1.75	33.1	-	-	1.2	-	-	-	-	-	268
B28-B612	305	406	368	1.75	43.9	-	-	1.9	-	-	-	-	-	324
IIIA213	102	152	137	1.67	14.9	-	-	2.4	-	-	-	-	-	21
B-18-114	203	457	404	1.33	25.4	-	-	3.1	-	-	-	-	-	311
C-18-114	203	457	404	1.33	25.6	-	-	1.9	-	-	-	-	-	289

C-18-214	203	457	404	1.33	26.4	-	-	1.9	-	-	-	-	-	311
D-18-114	203	457	404	1.33	25.7	-	-	1.2	-	-	-	-	-	267
D-18-214	203	457	404	1.33	27.0	-	-	1.2	-	-	-	-	-	267
E-18-114	203	457	404	1.33	22.4	-	-	0.8	-	-	-	-	-	221
E-18-214	203	457	404	1.33	26.7	-	-	0.8	-	-	-	-	-	222
E6N115	152	368	318	1.18	22.1	-	-	1.6	-	-	-	-	-	211
E6N215	154	368	318	1.18	17.9	-	-	1.6	-	-	-	-	-	163
E6N315	154	368	318	1.18	22.7	-	-	1.6	-	-	-	-	-	185
C6N115	156	368	321	1.18	26.1	-	-	1.6	-	-	-	-	-	210
C6N215	152	368	318	1.18	22.1	-	-	1.6	-	-	-	-	-	152
C6N315	154	368	314	1.18	21.7	-	-	1.6	-	-	-	-	-	185
A-1116	152	305	254	1.67	28.3	-	-	3.3	-	-	-	-	-	103
D-516	152	305	276	1.38	25.8	-	-	1.4	-	-	-	-	-	91
117	190	320	270	0.84	32.4	-	-	0.6	-	-	-	-	-	389
217	190	320	270	1.25	32.4	-	-	2.5	-	-	-	-	-	260
317	190	320	270	1.69	32.4	-	-	1.9	-	-	-	-	-	147
GA117	190	320	270	1.56	22.3	-	-	1.2	-	-	-	-	-	90
GA217	190	320	270	1.56	22.3	-	-	3.8	-	-	-	-	-	106
G617	190	320	270	1.56	26.1	-	-	1.9	-	-	-	-	-	144
11/117	190	340	290	1.10	38.1	-	-	1.9	-	-	-	-	-	166
11/217	190	346	296	1.09	38.1	-	-	0.6	-	-	-	-	-	177
12/117	190	323	273	1.55	36.8	-	-	2.5	-	-	-	-	-	144
12/217	189	322	272	1.55	36.7	-	-	1.9	-	-	-	-	-	115
I-118	203	457	403	1.33	25.4	-	-	3.1	-	-	-	-	-	313
II-318	203	457	403	1.33	21.9	-	-	1.9	-	-	-	-	-	262
II-418	203	457	403	1.33	26.4	-	-	1.9	-	-	-	-	-	313
III-518	203	457	403	1.33	25.7	-	-	1.9	-	-	-	-	-	289
III-618	203	457	403	1.33	25.6	-	-	1.9	-	-	-	-	-	291
IV-718	203	457	403	1.33	24.1	-	-	1.9	-	-	-	-	-	291
IV-818	203	457	403	1.33	24.9	-	-	1.9	-	-	-	-	-	304
V-918	203	457	403	1.33	23.1	-	-	1.2	-	-	-	-	-	224
V-1018	203	457	403	1.33	27.0	-	-	1.2	-	-	-	-	-	268
VI-1118	203	457	403	1.33	25.4	-	-	1.2	-	-	-	-	-	224
VI-1218	203	457	403	1.33	25.7	-	-	1.2	-	-	-	-	-	268
V-1318	203	457	403	1.33	22.4	-	-	0.8	-	-	-	-	-	222
V-1418	203	457	403	1.33	26.7	-	-	0.8	-	-	-	-	-	224
VI-1518	203	457	403	1.33	25.5	-	-	0.8	-	-	-	-	-	180
VI-1618	203	457	403	1.33	22.8	-	-	0.8	-	-	-	-	-	189
G23S- 1119	51	330	305	0.62	24.6	-	-	0.8	-	-	-	-	-	90
G33S- 1119	76	229	203	0.89	23.3	-	-	1.7	-	-	-	-	-	85
G34S- 1119	76	229	203	0.89	35.2	-	-	1.7	-	-	-	-	-	110
G43S- 1119	102	178	152	1.14	24.2	-	-	1.7	-	-	-	-	-	77
G44S- 1119	102	178	152	1.14	37.0	-	-	1.7	-	-	-	-	-	84

2420	152	305	271	1.33	27.9	-	-	1.9	-	-	-	-	-	182
4620	151	152	136	1.79	25.5	-	-	2.8	-	-	-	-	-	69
5320	151	152	132	0.89	47.4	-	-	2.8	-	-	-	-	-	155
5420	151	152	136	0.89	26.7	-	-	2.8	-	-	-	-	-	158
9420	153	305	273	1.78	25.3	-	-	2.8	-	-	-	-	-	111
6720	157	610	528	0.89	30.3	-	-	2.8	-	-	-	-	-	548
6920	155	610	542	0.89	27.4	-	-	2.7	-	-	-	-	-	585
7220	152	610	549	1.78	24.8	-	-	2.7	-	-	-	-	-	197
304120	152	1219	1097	1.80	26.9	-	-	2.7	-	-	-	-	-	326
10920	153	305	271	1.33	25.0	-	-	0.8	-	-	-	-	-	72
11320	152	305	274	1.34	25.5	-	-	0.8	-	-	-	-	-	87
12920	155	305	275	1.33	17.6	-	-	1.8	-	-	-	-	-	143
13420	154	305	273	1.78	17.4	-	-	1.8	-	-	-	-	-	60
13520	149	305	274	1.79	17.4	-	-	1.9	-	-	-	-	-	77
14220	156	305	276	1.78	19.3	-	-	0.8	-	-	-	-	-	58
14820	152	305	274	1.34	19.9	-	-	0.8	-	-	-	-	-	80
16220	153	305	272	1.78	34.3	-	-	0.8	-	-	-	-	-	59
17420	153	305	272	0.88	36.4	-	-	0.5	-	-	-	-	-	107
17820	153	305	269	1.33	34.5	-	-	0.5	-	-	-	-	-	67
18120	154	305	272	1.78	33.9	-	-	1.8	-	-	-	-	-	95
18420	154	305	271	1.33	35.1	-	-	1.8	-	-	-	-	-	163
18820	153	305	277	1.78	33.1	-	-	1.8	-	-	-	-	-	93
19920	152	305	273	1.78	36.0	-	-	1.8	-	-	-	-	-	77
20120	155	305	274	0.89	35.2	-	-	2.7	-	-	-	-	-	254
20420	152	305	275	1.78	34.8	-	-	2.7	-	-	-	-	-	147
20520	153	305	275	1.79	35.2	-	-	2.7	-	-	-	-	-	126
24920	153	305	276	0.89	28.0	-	-	0.5	-	-	-	-	-	104
25020	152	305	274	1.33	28.0	-	-	0.5	-	-	-	-	-	63
25120	154	305	276	1.78	26.2	-	-	0.5	-	-	-	-	-	42
26520	153	305	269	1.33	18.1	-	-	0.5	-	-	-	-	-	53
26920	154	305	274	0.89	18.1	-	-	0.5	-	-	-	-	-	89
27020	152	305	273	1.78	20.1	-	-	0.5	-	-	-	-	-	41
C121	76	381	343	0.63	21.5	-	-	0.8	-	-	-	-	-	90
K1'-R21	79	381	343	0.91	13.7	-	-	0.3	-	-	-	-	-	39
122	102	457	406	0.22	31.7	-	-	0.6	-	-	-	-	-	389
422	102	457	406	0.22	31.7	-	-	1	-	-	-	-	-	454
522	102	457	406	0.44	31.7	-	-	1	-	-	-	-	-	403
722	102	457	406	0.44	36.9	-	-	1.4	-	-	-	-	-	487
1022	102	457	406	0.80	38.1	-	-	1.9	-	-	-	-	-	294
1122	102	457	406	0.94	32.3	-	-	1.9	-	-	-	-	-	274
T123	100	300	228	0.67	35.8	-	-	6	-	-	-	-	-	315
T223	100	600	507	0.33	54.7	-	-	3	-	-	-	-	-	514
T323	100	300	228	0.67	13.1	-	-	3	-	-	-	-	-	114

T423	100	600	507	0.25	13.1	-	-	3	-	-	-	-	-	213
T523	100	600	507	0.33	66.6	-	-	6	-	-	-	-	-	882
T623	100	600	507	0.25	35.8	-	-	6	-	-	-	-	-	578
T723	100	300	228	0.50	59.9	-	-	6	-	-	-	-	-	446
0A0-4424	102	356	305	0.66	20.5	-	-	1.9	-	-	-	-	-	160
0A0-4824	102	356	305	0.66	20.9	-	-	1.9	-	-	-	-	-	156
0B0-4924	102	356	305	0.87	21.7	-	-	1.9	-	-	-	-	-	149
0C0-5024	102	356	305	1.15	20.7	-	-	1.9	-	-	-	-	-	116
1A1-1024	102	356	305	0.66	18.7	437	-	1.9	437	-	0.3	437	0.2	161
1A3-1124	102	356	305	0.66	18.0	437	-	1.9	437	-	0.3	437	0.5	148
1A4-1224	102	356	305	0.66	16.1	437	-	1.9	437	-	0.3	437	0.7	141
1A4-5124	102	356	305	0.66	20.6	437	-	1.9	437	-	0.3	437	0.7	171
1A6-3724	102	356	305	0.66	21.1	437	-	1.9	437	-	0.3	437	0.9	184
2A1-3824	102	356	305	0.66	21.7	437	-	1.9	437	-	0.6	437	0.2	175
2A3-3924	102	356	305	0.66	19.8	437	-	1.9	437	-	0.6	437	0.5	171
2A4-4024	102	356	305	0.66	20.3	437	-	1.9	437	-	0.6	437	0.7	172
2A6-4124	102	356	305	0.66	19.1	437	-	1.9	437	-	0.6	437	0.9	162
3A1-4224	102	356	305	0.66	18.4	437	-	1.9	437	-	1.3	437	0.2	161
3A3-4324	102	356	305	0.66	19.2	437	-	1.9	437	-	1.3	437	0.5	173
3A4-4524	102	356	305	0.66	20.8	437	-	1.9	437	-	1.3	437	0.7	179
3A6-4624	102	356	305	0.66	19.9	437	-	1.9	437	-	1.3	437	0.9	168
1BI-0124	102	356	305	0.87	20.1	437	-	1.9	437	-	0.2	437	0.2	148
1 B3-2924	102	356	305	0.87	20.1	437	-	1.9	437	-	0.2	437	0.5	144
1B4-3024	102	356	305	0.87	20.8	437	-	1.9	437	-	0.2	437	0.7	150
1B6-3124	102	356	305	0.87	19.5	437	-	1.9	437	-	0.2	437	0.9	153
2BI-0524	102	356	305	0.87	17.2	437	-	1.9	437	-	0.4	437	0.2	129
2B3-0624	102	356	305	0.87	17.0	437	-	1.9	437	-	0.4	437	0.5	131
2B4-0724	102	356	305	0.87	17.5	437	-	1.9	437	-	0.4	437	0.7	126
2B4-5224	102	356	305	0.87	21.8	437	-	1.9	437	-	0.4	437	0.7	150
2B6-3224	102	356	305	0.87	19.8	437	-	1.9	437	-	0.4	437	0.9	145
3B1-0824	102	356	305	0.87	16.2	437	-	1.9	437	-	0.6	437	0.2	131
3B1-3624	102	356	305	0.87	20.4	437	-	1.9	437	-	0.8	437	0.2	159
3B3-3324	102	356	305	0.87	19.0	437	-	1.9	437	-	0.8	437	0.5	158
3B4-3424	102	356	305	0.87	19.2	437	-	1.9	437	-	0.8	437	0.7	155
3B6-3524	102	356	305	0.87	20.7	437	-	1.9	437	-	0.8	437	0.9	166
4B1-0924	102	356	305	0.87	17.1	437	-	1.9	437	-	1.3	437	0.2	154
1C1-1424	102	356	305	1.15	17.2	437	-	1.9	437	-	0.2	437	0.2	119
1C3-0224	102	356	305	1.15	18.9	437	-	1.9	437	-	0.2	437	0.5	123
1C4-1524	102	356	305	1.15	22.7	437	-	1.9	437	-	0.2	437	0.7	131
1C6-1624	102	356	305	1.15	19.0	437	-	1.9	437	-	0.2	437	0.9	122
2C1-1724	102	356	305	1.15	19.9	437	-	1.9	437	-	0.3	437	0.2	124
2C3-0346	102	356	305	1.15	16.2	437	-	1.9	437	-	0.3	437	0.5	134
2C3-2724	102	356	305	1.15	16.3	437	-	1.9	437	-	0.3	437	0.5	115

2C4-1824	102	356	305	1.15	20.4	437	-	1.9	437	-	0.3	437	0.7	125
2C6-1924	102	356	305	1.15	20.8	437	-	1.9	437	-	0.3	437	0.9	124
3C1-2024	102	356	305	1.15	21.0	437	-	1.9	437	-	0.6	437	0.2	141
3C3-2124	102	356	305	1.15	16.6	437	-	1.9	437	-	0.6	437	0.5	125
3C4-2224	102	356	305	1.15	18.3	437	-	1.9	437	-	0.6	437	0.7	128
3C6-2324	102	356	305	1.15	19.0	437	-	1.9	437	-	0.6	437	0.9	137
4C1-2424	102	356	305	1.15	19.6	437	-	1.9	437	-	0.8	437	0.2	147
4C3-0424	102	356	305	1.15	18.6	437	-	1.9	437	-	0.6	437	0.5	129
4C3-2824	102	356	305	1.15	19.2	437	-	1.9	437	-	0.8	437	0.5	152
4C4-2524	102	356	305	1.15	18.5	437	-	1.9	437	-	0.8	437	0.7	153
4C6-2624	102	356	305	1.15	21.2	437	-	1.9	437	-	0.8	437	0.9	160
AO-3-125	152	337	298	0.15	23.1	-	-	3.3	-	-	-	-	-	116
AO-15-1a25	152	337	298	0.15	79.5	-	-	3.3	-	-	-	-	-	276
V11126	250	1000	930	0.47	16.8	-	-	0.7	-	-	-	-	-	849
V12226	250	1000	930	0.47	15.8	-	-	0.7	-	-	-	-	-	642
V22126	250	1000	930	0.93	20.4	-	-	1.1	-	-	-	-	-	588
V22226	250	1000	930	0.93	15.4	-	-	1.1	-	-	-	-	-	430
V31126	250	1000	930	1.40	17.0	-	-	1.7	-	-	-	-	-	369
V32126	250	1000	930	1.40	16.9	-	-	1.7	-	-	-	-	-	387
V32226	250	1000	930	1.40	15.0	-	-	1.7	-	-	-	-	-	375
V61126	250	200	160	0.40	19.9	-	-	0.9	-	-	-	-	-	221
V81126	250	200	160	1.20	20.6	-	-	1.9	-	-	-	-	-	140
V01127	250	400	360	0.90	16.1	-	-	1.1	-	-	-	-	-	226
V01227	250	400	360	0.90	21.8	-	-	1.1	-	-	-	-	-	322
V01327	250	400	360	0.90	22.1	-	-	1.1	-	-	-	-	-	344
V01427	250	400	360	0.90	24.3	-	-	1.1	-	-	-	-	-	425
V02127	250	400	360	0.90	13.9	-	-	1.1	-	-	-	-	-	220
V02327	250	400	360	0.90	20.1	-	-	1.1	-	-	-	-	-	347
V02427	250	400	360	0.90	25.2	-	-	1.1	-	-	-	-	-	396
V03127	250	400	360	0.90	20.0	-	-	1.1	-	-	-	-	-	323
V03227	250	400	360	0.90	18.2	-	-	1.1	-	-	-	-	-	318
V03327	250	400	360	0.90	19.8	-	-	1.1	-	-	-	-	-	246
V03427	250	400	360	0.90	26.4	-	-	1.1	-	-	-	-	-	437
V71127	250	200	160	0.80	18.1	-	-	1.5	-	-	-	-	-	165
V02227	250	400	360	0.90	19.9	-	-	1.1	-	-	-	-	-	270
V51127	250	600	560	0.93	19.8	-	-	1.1	-	-	-	-	-	350
V41127	250	800	740	0.93	19.4	-	-	1.1	-	-	-	-	-	395
V21127	250	1000	930	0.93	20.0	-	-	1.1	-	-	-	-	-	505
V711/427	250	200	160	0.80	19.5	420	-	1.5	420	-	0.1	-	-	207
V711/427	250	400	360	0.90	18.2	420	-	1.1	420	-	0.1	-	-	317
V511/427	250	600	560	0.94	18.7	420	-	1.1	420	-	0.1	-	-	465
V411/427	250	800	760	0.92	17.0	420	-	1.1	420	-	0.2	-	-	467
V711/427	250	200	160	0.80	19.6	420	-	1.5	420	-	0.4	-	-	380

V022/327	250	400	360	0.90	19.6	420	-	1.1	420	-	0.4	-	-	380
V511/327	250	600	560	0.94	21.3	420	-	1.1	420	-	0.3	-	-	580
V411/327	250	800	760	0.92	19.8	420	-	1.1	420	-	0.3	-	-	665
NNN-128	127	254	216	0.85	47.0	-	-	2.1	-	-	-	-	-	156
NNN-228	127	254	216	1.70	41.4	-	-	2.1	-	-	-	-	-	57
I-1/0.7529	110	500	443	0.75	56.3	-	-	2.6	-	-	-	-	-	500
II- 1/1.0029	110	500	443	1.00	77.6	-	-	2.6	-	-	-	-	-	255
III- 1/1.5029	110	500	443	1.50	77.6	-	-	2.6	-	-	-	-	-	185
A-0.27-2.1529	110	500	463	0.25	58.8	375	-	1.2	375	-	0.5	-	-	675
A-0.27-3.2329	110	500	463	0.25	61.6	375	-	1.2	375	-	0.5	-	-	630
A-0.27-4.3029	110	500	463	0.25	53.9	375	-	1.2	375	-	0.5	-	-	640
A-0.27-5.3829	110	500	463	0.25	57.3	375	-	1.2	375	-	0.5	-	-	630
B-0.54-2.1529	110	500	463	0.50	56.0	375	-	1.2	375	-	0.5	-	-	468
B-0.54-3.2329	110	500	463	0.50	45.7	375	-	1.2	375	-	0.5	-	-	445
B-0.54-4.3029	110	500	463	0.50	53.9	375	-	1.2	375	-	0.5	-	-	500
B-0.54-5.3829	110	500	463	0.50	53.0	375	-	1.2	375	-	0.5	-	-	480
C-0.81-2.1529	110	500	463	0.75	51.2	375	-	1.2	375	-	0.5	-	-	403
C-0.81-3.2329	110	500	463	0.75	44.0	375	-	1.2	375	-	0.5	-	-	400
D-1.08-2.1529	110	500	463	1.00	48.2	375	-	1.2	375	-	0.5	-	-	270
E-1.62-3.2329	110	500	463	1.50	50.6	375	-	1.2	375	-	0.5	-	-	220
MHB1. 5-030	125	250	215	1.29	52.0	-	-	3.8	-	-	0	-	-	113
MHB1.5-2530	125	250	215	1.29	52.0	-	-	3.8	-	-	0.5	-	-	156
MHB1.5-5030	125	250	215	1.29	52.0	-	-	3.8	-	-	0.9	-	-	208
MHB1.5-7530	125	250	215	1.29	52.0	-	-	3.8	-	-	1.4	-	-	240
MHB1.5-10030	125	250	215	1.29	52.0	-	-	3.8	-	-	1.8	-	-	258
MHB2. 0-030	125	250	215	1.72	52.0	-	-	3.8	-	-	0	-	-	88
MHB2.0-2530	125	250	215	1.72	52.0	-	-	3.8	-	-	0.3	-	-	111
MHB2.0-5030	125	250	215	1.72	52.0	-	-	3.8	-	-	0.7	-	-	174
MHB2.0-7530	125	250	215	1.72	52.0	-	-	3.8	-	-	1	-	-	185
MHB2.0-10030	125	250	215	1.72	52.0	-	-	3.8	-	-	1.3	-	-	193
HB1.5-030	125	250	215	1.29	73.0	-	-	3.8	-	-	0	-	-	142
HB1.5-2530	125	250	215	1.29	73.0	-	-	3.8	-	-	0.5	-	-	214
HB1.5-5030	125	250	215	1.29	73.0	-	-	3.8	-	-	0.9	-	-	246
HB1.5-7530	125	250	215	1.29	73.0	-	-	3.8	-	-	1.4	-	-	266
HB1.5-10030	125	250	215	1.29	73.0	-	-	3.8	-	-	1.8	-	-	280
HB2.0-030	125	250	215	1.72	73.0	-	-	3.8	-	-	0	-	-	99
HB2.0-2530	125	250	215	1.72	73.0	-	-	3.8	-	-	0.3	-	-	143
HB2.0-5030	125	250	215	1.72	73.0	-	-	3.8	-	-	0.7	-	-	196
HB2.0-7530	125	250	215	1.72	73.0	-	-	3.8	-	-	1	-	-	230
HB2.0-10030	125	250	215	1.72	73.0	-	-	3.8	-	-	1.3	-	-	242
1-500/0.5031	140	500	444	0.50	49.1	-	-	2.6	-	-	-	-	-	850
1-500/0.7531	140	500	444	0.75	42.5	-	-	2.6	-	-	-	-	-	700
1-500/1.0031	140	500	444	1.00	37.4	-	-	2.6	-	-	-	-	-	570

2-1000/0.5031	140	1000	884	0.50	31.2	414	-	2.6	414	-	0.1	414	0.1	875
2-1000/0.7531	140	1000	884	0.74	32.7	414	-	2.6	414	-	0.1	414	0.1	650
2-1000/1.0031	140	1000	884	1.00	30.8	414	-	2.6	414	-	0.1	414	0.1	435
3-1400/0.5031	140	1400	1251	0.50	32.8	414	-	2.6	414	-	0.1	414	0.1	1175
3-1400/0.7531	140	1400	1251	0.75	36.2	414	-	2.6	414	-	0.1	414	0.1	950
3-1400/1.0031	140	1400	1251	1.02	35.3	414	-	2.6	414	-	0.1	414	0.1	800
4-1750/0.7531	140	1750	1559	0.76	40.4	414	-	2.6	414	-	0.1	414	0.1	1240
4-1750/1.0031	140	1750	1559	1.01	44.8	414	-	2.6	414	-	0.1	414	0.1	1000
332	80	160	140	1.75	63.0	-	-	2	-	-	-	-	-	31
532	80	160	140	1.75	87.0	-	-	2	-	-	-	-	-	35
832	80	160	140	1.75	33.0	370	-	2	370	-	0.5	-	-	34
1232	80	160	140	1.75	69.0	370	-	2	370	-	0.5	-	-	49
1432	80	160	140	1.75	32.0	370	-	2	370	-	0.3	-	-	43
1532	80	160	140	1.75	61.0	370	-	2	370	-	0.3	-	-	44
1832	80	160	140	1.75	91.0	370	-	2	370	-	0.3	-	-	46
2032	80	160	140	1.75	83.0	370	-	2	370	-	0.3	-	-	44
2132	80	160	140	1.75	36.0	370	-	2	370	-	0.5	-	-	47
DF-1133	250	1090	1000	1.83	19.5	-	-	0.8	-	-	-	-	-	330
DF-1433	250	1090	1000	1.61	19.5	-	-	0.8	-	-	-	-	-	409
DF-1533	250	1090	962	1.61	20.3	-	-	1.8	-	-	-	-	-	330
DF-1633	250	1090	1000	1.31	20.3	-	-	0.8	-	-	-	-	-	380
H31A234	130	560	500	0.45	49.1	415	-	1.6	415	-	0.1	415	0.4	746
H32A234	130	560	500	0.76	49.1	415	-	1.6	415	-	0.1	415	0.4	530
H33A234	130	560	500	1.12	49.1	415	-	1.6	415	-	0.1	415	0.4	378
H410034	130	560	500	0.45	49.1	-	-	1.6	-	-	-	-	-	642
H41A2(1)34	130	560	500	0.45	49.1	415	-	1.6	415	-	0.1	415	0.4	713
H41B234	130	560	500	0.45	49.1	415	-	1.6	415	-	0.2	415	0.4	706
H41C234	130	560	500	0.45	49.1	415	-	1.6	415	-	0.3	415	0.4	709
H420034	130	560	500	0.76	49.1	-	-	1.6	-	-	-	-	-	401
H42A2(1)34	130	560	500	0.76	49.1	415	-	1.6	415	-	0.1	415	0.4	488
H42B2(1)34	130	560	500	0.76	49.1	415	-	1.6	415	-	0.2	415	0.4	456
H42C2(1)34	130	560	500	0.76	49.1	415	-	1.6	415	-	0.3	415	0.4	421
H430034	130	560	500	1.12	49.1	-	-	1.6	-	-	-	-	-	337
H43A2(1)34	130	560	500	1.12	49.1	415	-	1.6	415	-	0.1	415	0.4	347
H43B234	130	560	500	1.12	49.1	415	-	1.6	415	-	0.2	415	0.4	381
H43C234	130	560	500	1.12	49.1	415	-	1.6	415	-	0.3	415	0.4	402
H45A234	130	560	500	1.79	49.1	415	-	1.6	415	-	0.1	415	0.4	211
H45B234	130	560	500	1.79	49.1	415	-	1.6	415	-	0.2	415	0.4	237
H45C234	130	560	500	1.79	49.1	415	-	1.6	415	-	0.3	415	0.4	235
H41A2(2)34	120	560	500	0.45	50.6	415	-	1.3	415	-	0.1	415	0.5	490
H41A334	120	560	500	0.45	50.6	415	-	1.3	415	-	0.1	415	0.9	455
H42A2(2)34	120	560	500	0.76	50.6	415	-	1.3	415	-	0.1	415	0.5	392
H42B2(2)34	120	560	500	0.76	50.6	415	-	1.3	415	-	0.2	415	0.5	361

H42C2(2)34	120	560	500	0.76	50.6	415	-	1.3	415	-	0.4	415	0.5	374
H43A034	120	560	500	1.12	50.6	415	-	1.3	415	-	0.1	415	0	314
H43A134	120	560	500	1.12	50.6	415	-	1.3	415	-	0.1	415	0.2	260
H43A2(2)34	120	560	500	1.12	50.6	415	-	1.3	415	-	0.1	415	0.5	277
H450034	130	560	500	1.79	49.1	-	-	1.6	-	-	-	-	-	113
H51A234	130	560	500	0.45	49.1	415	-	1.6	415	-	0.1	415	0.4	702
H52A234	130	560	500	0.76	49.1	415	-	1.6	415	-	0.1	415	0.4	568
H53A234	130	560	500	1.12	49.1	415	-	1.6	415	-	0.1	415	0.4	363
N33A234	130	560	500	1.12	23.7	415	-	1.6	415	-	0.1	415	0.4	228
N420034	130	560	500	0.76	23.7	-	-	1.6	-	-	-	-	-	265
N42A234	130	560	500	0.76	23.7	415	-	1.6	415	-	0.1	415	0.4	284
N42B234	130	560	500	0.76	23.7	415	-	1.6	415	-	0.2	415	0.4	377
N42C234	130	560	500	0.76	23.7	415	-	1.6	415	-	0.3	415	0.4	358
N43A234	130	560	500	1.12	23.7	415	-	1.6	415	-	0.1	415	0.4	255
N53A234	130	560	500	1.12	23.7	415	-	1.6	415	-	0.1	415	0.4	270
U41A034	120	560	500	0.45	73.6	415	-	1.3	415	-	0.1	415	-	438
U41A134	120	560	500	0.45	73.6	415	-	1.3	415	-	0.1	415	0.2	542
U41A234	120	560	500	0.45	73.6	415	-	1.3	415	-	0.1	415	0.5	548
U41A334	120	560	500	0.45	73.6	415	-	1.3	415	-	0.1	415	0.9	547
U42A234	120	560	500	0.76	73.6	415	-	1.3	415	-	0.1	415	0.5	418
U42B234	120	560	500	0.76	73.6	415	-	1.3	415	-	0.2	415	0.5	410
U42C234	120	560	500	0.76	73.6	415	-	1.3	415	-	0.4	415	0.5	408
U43A034	120	560	500	1.12	73.6	415	-	1.3	415	-	0.1	415	-	291
U43A134	120	560	500	1.12	73.6	415	-	1.3	415	-	0.1	415	0.2	310
U43A234	120	560	500	1.12	73.6	415	-	1.3	415	-	0.1	415	0.5	338
D20035	150	250	200	0.80	38.4	-	-	1.9	-	-	-	-	-	214
D40035	150	450	400	0.89	35.5	-	-	1.7	-	-	-	-	-	285
D60035	150	650	600	0.92	40.8	-	-	1.8	-	-	-	-	-	425
L5-4036	160	400	355	0.50	31.4	-	-	1	-	-	-	-	-	447
L5-6036	160	600	555	0.50	31.4	-	-	1	-	-	-	-	-	535
L5-60R36	160	600	555	0.50	31.4	-	-	1	-	-	-	-	-	479
L5-7536	160	750	685	0.50	31.4	-	-	1.1	-	-	-	-	-	597
L5-10036	160	1000	935	0.50	31.4	-	-	0.9	-	-	-	-	-	582
L10-4036	160	400	355	1.00	31.4	-	-	1	-	-	-	-	-	192
L10- 40R36	160	400	355	1.00	31.4	-	-	1	-	-	-	-	-	312
L10-6036	160	600	555	1.00	31.4	-	-	1	-	-	-	-	-	375
L10-7536	160	750	685	1.00	31.4	-	-	1.1	-	-	-	-	-	272
L10- 75R36	160	750	685	1.00	31.4	-	-	1.1	-	-	-	-	-	330
L10-10036	160	1000	935	1.00	78.5	-	-	0.9	-	-	-	-	-	544
UH5-4036	160	400	355	0.50	78.5	-	-	1	-	-	-	-	-	733
UH5-6036	160	600	555	0.50	78.5	-	-	1	-	-	-	-	-	823
UH5-7536	160	750	685	0.50	78.5	-	-	1.1	-	-	-	-	-	1010
UH5- 10036	160	1000	935	0.50	78.5	-	-	0.9	-	-	-	-	-	1029

UH10- 4036	160	400	355	0.94	78.5	-	-	1	-	-	-	-	-	499
UH10- 40R36	160	400	355	0.94	78.5	-	-	1	-	-	-	-	-	385
UH10- 6036	160	600	555	1.00	78.5	-	-	1	-	-	-	-	-	573
UH10- 7536	160	750	685	1.00	78.5	-	-	1.1	-	-	-	-	-	338
UH10- 75R36	160	750	685	1.00	78.5	-	-	1.1	-	-	-	-	-	361
UH10- 10036	160	1000	935	1.00	78.5	-	-	0.9	-	-	-	-	-	769
G-1.9- 5137	460	915	850	1.79	51.0	-	-	0.7	-	-	-	-	-	744
M-1.9- 5137	460	915	850	1.79	51.0	-	-	0.4	-	-	-	-	-	789
M-1.9- 3837	460	915	850	1.79	38.0	-	-	0.4	-	-	-	-	-	691
1DB35bw38	80	350	313	0.98	25.9	426	-	1.3	426	-	0.4	-	-	100
1DB50bw38	115	500	454	1.00	27.4	426	-	1.3	426	-	0.4	-	-	187
1DB70bw38	160	700	642	1.01	28.3	370	-	1.2	370	-	0.5	-	-	427
1DB100bw38	230	1000	904	0.99	28.7	455	-	1.2	455	-	0.4	-	-	775
2DB3538	80	350	314	0.99	27.4	-	-	1.3	-	-	-	-	-	85
2DB5038	80	500	459	1.01	32.4	-	-	1.2	-	-	-	-	-	136
2DB7038	80	700	650	1.02	24.8	-	-	1.3	-	-	-	-	-	156
2DB10038	80	1000	926	1.02	30.6	-	-	1.3	-	-	-	-	-	242
3DB35b38	80	350	314	0.99	27.4	-	-	1.3	-	-	-	-	-	85
3DB50b38	115	500	454	1.00	28.3	-	-	1.3	-	-	-	-	-	167
3DB70b38	160	700	642	1.01	28.7	-	-	1.2	-	-	-	-	-	361
3DB100b38	230	1000	904	0.99	29.3	-	-	1.2	-	-	-	-	-	672
A139	100	400	330	1.38	85.2	-	-	3.7	-	-	-	-	-	177
D139	100	400	330	1.38	58.2	-	-	3.7	-	-	-	-	-	148
E139	100	400	330	1.06	58.2	-	-	3.7	-	-	-	-	-	208
F139	100	400	330	0.75	60.5	-	-	3.7	-	-	-	-	-	271
F239	100	400	330	0.75	60.6	448	-	3.7	448	-	0.7	577	0.2	353
F339	100	400	330	0.75	59.5	448	-	3.7	448	-	1.4	577	0.2	374
G139	100	400	330	1.38	30.9	448	-	3.7	448	-	0.6	577	0.2	146
G239	100	400	330	1.06	30.5	448	-	3.7	448	-	0.6	577	0.2	186
G339	100	400	330	0.75	31.3	448	-	3.7	448	-	0.7	577	0.2	244
H239	100	375	328	1.44	35.8	-	-	1.4	-	-	-	-	-	158
H339	100	250	219	1.44	35.8	-	-	1.4	-	-	-	-	-	127
B1-3040	76	762	724	0.33	21.5	280	-	0.5	280	-	2.5	-	-	239
B1-2540	76	635	597	0.40	24.6	280	-	0.6	280	-	2.5	-	-	224
B1-2040	76	508	470	0.50	21.2	280	-	0.8	280	-	2.5	-	-	190
B1-1540	76	381	343	0.67	21.2	280	-	1.1	280	-	2.5	-	-	164
B1-1040	76	254	216	1.00	21.7	280	-	1.7	280	-	2.5	-	-	89
B2-3040	76	762	724	0.33	19.2	303	-	0.5	303	-	0.9	-	-	249
B2-2540	76	635	597	0.40	18.6	303	-	0.6	303	-	0.9	-	-	224
B2-2040	76	508	470	0.50	19.9	303	-	0.8	303	-	0.9	-	-	215
B2-1540	76	381	343	0.67	22.8	303	-	1.1	303	-	0.9	-	-	140
B2-1040	76	254	216	1.00	20.1	303	-	1.7	303	-	0.9	-	-	100
B3-3040	76	762	724	0.33	22.6	-	-	0.5	-	-	-	280	2.5	276

B3-2540	76	635	597	0.40	21.0	-	-	0.6	-	-	-	280	2.5	226
B3-2040	76	508	470	0.50	19.2	-	-	0.8	-	-	-	280	2.5	208
B3-1540	76	381	343	0.67	21.9	-	-	1.1	-	-	-	280	2.5	159
B3-1040	76	254	216	1.00	22.6	-	-	1.7	-	-	-	280	2.5	86
B4-3040	76	762	724	0.33	22.0	-	-	0.5	-	-	-	303	0.9	242
B4-2540	76	635	597	0.40	21.0	-	-	0.6	-	-	-	303	0.9	201
B4-2040	76	508	470	0.50	20.1	-	-	0.8	-	-	-	303	0.9	181
B4-1540	76	381	343	0.67	22.0	-	-	1.1	-	-	-	303	0.9	109
B4-1040	76	254	216	1.00	22.6	-	-	1.7	-	-	-	303	0.9	96
B5-3040	76	762	724	0.33	18.6	280	-	0.5	280	-	0.6	280	0.6	239
B5-2540	76	635	597	0.40	19.2	280	-	0.6	280	-	0.6	280	0.6	208
B5-2040	76	508	470	0.50	20.1	280	-	0.8	280	-	0.6	280	0.6	173
B5-1540	76	381	343	0.67	21.9	280	-	1.1	280	-	0.6	280	0.6	127
B5-1040	76	254	216	1.00	22.6	280	-	1.7	280	-	0.6	280	0.6	98
1A241	100	500	450	0.38	37.0	454	-	0.9	454	-	0.2	454	0.5	375
1B241	100	500	450	1.38	37.0	454	-	0.9	454	-	0.2	454	0.5	170
1C241	100	900	850	0.43	35.5	454	-	1.2	454	-	0.2	454	0.4	485
1D241	100	900	850	1.44	35.5	454	-	1.2	454	-	0.2	454	0.4	231
2C141	100	900	850	0.39	34.9	438	-	0.3	438	-	0.2	438	0.4	303
3 E141	100	500	450	0.67	52.0	211	-	0.2	211	-	0.4	211	0.3	90
I-3/0.7542	110	500	443	0.75	59.2	-	-	2.6	-	-	-	353	1.6	1120
I-4/0.7542	110	500	443	0.75	63.8	-	-	2.6	-	-	-	447	1.6	1160
II-2N/1.0042	110	500	443	1.00	77.6	353	-	2.6	353	-	1.4	-	-	1040
II-3/1.0042	110	500	443	1.00	78.0	-	-	2.6	-	-	-	353	1.6	780
II-4/1.0042	110	500	443	1.00	86.3	-	-	2.6	-	-	-	447	1.6	660
II-5/1.0042	110	500	443	1.00	86.3	-	-	2.6	-	-	-	447	3.2	940
III-2N/1.5042	110	500	443	1.50	77.6	353	-	2.6	353	-	1.4	-	-	670
III-3/1.5042	110	500	443	1.50	78.0	-	-	2.6	-	-	-	353	1.6	400
III-4/1.5042	110	500	443	1.50	86.3	-	-	2.6	-	-	-	447	1.6	380
III-5/1.5042	110	500	443	1.50	86.3	-	-	2.6	-	-	-	447	3.2	530
S5-466	250	350	292	1.66	89.4	569	-	2.8	569	-	0.2	-	-	477
S5-566	250	350	292	1.46	89.4	569	-	2.8	569	-	0.2	-	-	573

4. 비틀림강도 분석 데이터(143개)

1. Fang, I.K. and Shiau, J.K. (2004), "Torsional behavior of normal-and high-strength concrete beams," *Structural Journal*, Vol.101, No.3, pp.304～313.
2. Koutchoukali, N.E., and Belarbi, A. (2001), "Torsion of high-strength reinforced concrete beams and minimum reinforcement requirement," *Structural Journal*, Vol.98, No.4, pp.462～469.
3. Lee, J.-Y., and Kim, S.-W. (2010), "Torsional strength of RC beams considering tension stiffening effect," *Journal of structural engineering*, ASCE, Vol.136, No.11, pp.1367～1378.
4. Lee, J.-Y., Kim, K.-H., Lee, S.H. Kim, C., and Kim, M.-H. (2018), "Maximum Torsional Reinforcement of Reinforced Concrete Beams Subjected to Pure Torsion," *ACI Structural Journal*, Vol.115, No.3, pp.749～760.
5. McMullen, A.E. and Rangan, B.V. (1978), "Pure Tension in Rectangular Sections-A Re-Examination," *ACI Proceedings*, Vol.75, No.10, pp.511～519
6. Rasmussen, L.J. and Baker, G. (1995), "Torsion in reinforced normal and high-strength concrete beams part 1: experimental test series," *Structural Journal*, Vol.92, No.1, pp.56～62

Specimens	b_w (mm)	h (mm)	f_{ck} (MPa)	f_{yl} (MPa)	ρ_l (%)	f_{yt} (MPa)	ρ_t (%)	T_n (kN-m)
H-06-06	350	500	79	440	0.68	440	0.61	92
H-06-12	350	500	79	410	1.16	440	0.61	115
H-12-12	350	500	79	410	1.16	440	1.22	155
H-12-16	350	500	79	520	1.64	440	1.22	196
H-20-20	350	500	79	560	1.96	440	1.97	239
H-07-10	350	500	68	500	0.98	420	0.68	127
H-14-10	350	500	68	500	0.98	360	1.36	135
H-07-16	350	500	68	500	1.64	420	0.68	145
N-06-06	350	500	36	440	0.68	440	0.61	80
N-06-12	350	500	36	410	1.16	440	0.61	95
N-12-12	350	500	36	410	1.16	440	1.22	117
N-12-16	350	500	36	420	1.64	440	1.22	138
N-20-20	350	500	36	560	1.96	440	1.97	158
N-07-10	350	500	34	500	0.98	420	0.68	112
N-14-10	350	500	34	500	0.98	360	1.36	125
N-07-16	350	500	34	500	1.64	420	0.68	117
B5UR1	203	305	40	386	0.82	373	0.92	19
B7UR1	203	305	65	386	0.82	399	0.92	19
B9UR1	203	305	75	386	0.82	373	0.92	21
B12UR1	203	305	81	386	0.82	399	0.92	19
B14UR1	203	305	94	386	0.82	386	0.92	21

B12UR2	203	305	76	386	0.82	386	0.97	18
B12UR3	203	305	73	376	1.05	386	1.04	23
B12UR4	203	305	76	373	1.23	386	1.10	24
B12UR5	203	305	77	380	1.28	386	1.41	24
B1	254	381	28	314	0.53	341	0.54	22
B2	254	381	29	316	0.83	320	0.82	29
B3	254	381	28	328	1.17	320	1.17	38
B4	254	381	31	320	1.60	323	1.62	47
B5	254	381	29	332	2.11	321	2.13	56
B6	254	381	29	332	2.67	323	2.61	62
B7	254	381	26	320	0.53	319	1.17	27
B8	254	381	27	322	0.53	320	2.61	33
B9	254	381	29	319	1.17	343	0.54	30
B10	254	381	26	334	2.67	342	0.54	34
D1	254	381	27	333	0.53	338	0.54	22
D2	254	381	26	323	0.83	331	0.82	28
D3	254	381	28	341	1.17	333	1.17	39
D4	254	381	31	330	1.60	333	1.62	48
M1	254	381	30	326	0.83	353	0.55	30
M2	254	381	31	329	1.17	357	0.78	41
M3	254	381	27	322	1.60	326	1.07	44
M4	254	381	27	319	2.11	327	1.42	50
M5	254	381	28	335	2.67	331	1.81	56
M6	254	381	29	318	3.16	341	2.13	60
I2	254	381	45	325	0.83	349	0.83	36
I3	254	381	45	343	1.17	334	1.17	46
I4	254	381	45	315	1.60	326	1.62	58
I5	254	381	45	310	2.11	325	2.13	71
I6	254	381	46	325	2.67	329	2.61	77
G1	254	508	30	322	0.40	339	0.40	27
G2	254	508	31	323	0.62	334	0.63	40
G3	254	508	27	339	0.88	328	0.88	50
G4	254	508	28	325	1.20	321	1.20	65
G5	254	508	27	331	1.58	328	1.60	72
G6	254	508	30	334	0.60	350	0.59	39
G7	254	508	31	319	0.93	323	0.94	53
G8	254	508	28	322	1.32	329	1.31	73
N1	152	305	30	352	0.61	341	0.61	9
N1A	152	305	29	346	0.61	345	0.61	9
N2	152	305	30	331	1.11	338	1.11	14
N2A	152	305	28	333	1.11	361	1.11	13
N3	152	305	27	352	0.91	352	0.89	12

N4	152	305	27	340	1.42	356	1.42	16
K1	152	495	30	345	0.56	354	0.57	15
K2	152	495	31	336	1.02	338	1.03	24
K3	152	495	29	316	1.59	321	1.58	28
K4	152	495	29	344	2.26	340	2.28	35
C1	254	254	27	341	0.44	341	0.44	11
C2	254	254	27	334	0.80	345	0.81	15
C3	254	254	27	331	1.24	330	1.24	20
C4	254	254	27	336	1.76	328	1.76	25
C5	254	254	27	328	2.40	329	2.37	30
C6	254	254	28	316	3.16	328	3.20	34
J1	254	381	14	328	0.53	346	0.54	21
J2	254	381	15	320	0.83	341	0.83	29
J3	254	381	17	339	1.17	337	1.17	35
J4	254	381	17	324	1.60	332	1.62	41
PT4	381	381	29	425	1.10	328	0.66	70
PT5	356	356	34	373	1.26	328	0.75	65
P6	356	432	39	380	3.90	328	0.69	99
A1	254	254	37	360	0.44	285	0.55	13
A1R	254	254	40	360	0.44	285	0.55	13
A2	254	254	38	380	0.80	285	1.06	23
A3	254	254	39	352	1.24	360	1.21	28
A4	254	254	39	351	1.77	360	1.69	35
B1	178	356	36	360	0.45	285	0.57	13
B1R	178	356	40	360	0.45	285	0.57	12
B2	178	356	40	380	0.81	285	1.06	21
B3	178	356	39	352	1.26	360	1.26	25
B4	178	356	39	351	1.80	360	1.72	32
B30.1	160	275	42	620	3.47	665	1.41	17
B30.2	160	275	38	638	3.47	669	1.41	15
B30.3	160	275	36	605	3.47	672	1.41	15
B50.1	160	275	62	612	3.47	665	1.41	20
B50.2	160	275	57	614	3.47	665	1.41	18
B50.3	160	275	62	612	3.47	665	1.41	19
B70.1	160	275	77	617	3.47	658	1.41	20
B70.2	160	275	77	614	3.47	656	1.41	21
B70.3	160	275	76	617	3.47	663	1.41	21
B110.1	160	275	110	618	3.47	655	1.41	25
B110.2	160	275	105	634	3.47	660	1.41	24
B110.3	160	275	105	629	3.47	655	1.41	25
T1-350-65	400	600	35	350	0.75	350	0.75	123
T1-480-90	400	600	35	480	0.55	480	0.54	124

T1-660-122.5	400	600	35	616	0.44	660	0.40	89
T2-350-52.5	400	600	35	350	0.93	350	0.93	126
T2-480-72.5	400	600	35	480	0.69	480	0.67	106
T2-660-100	400	600	35	613	0.54	660	0.49	110
T3-350-90	400	600	35	350	0.55	350	0.54	101
T3-660-90	400	600	35	618	0.60	660	0.54	117
T4-350-72.5	400	600	35	350	0.69	350	0.67	110
T4-660-72.5	400	600	35	609	0.75	660	0.67	120
T1-1	300	350	43	410	0.48	370	0.60	33
T1-2	300	350	44	410	0.72	370	0.91	46
T1-3	300	350	42	410	0.97	370	1.19	54
T1-4	300	350	43	510	1.13	355	1.83	62
T2-1	300	350	40	410	0.48	370	0.34	26
T2-2	300	350	42	510	0.76	370	0.60	38
T2-3	300	350	43	510	1.13	370	0.88	50
T2-4	300	350	43	512	1.33	370	1.03	56
T1-C42S40	300	350	42	317	1.00	340	1.01	45
T1-C42S50	300	350	42	469	1.00	480	1.01	50

참고문헌

(약자)

AASHTO: American Association of State Highway and Transportation Officials
ACI: American Concrete Institute
AIJ: Architectural Institute of Japan
ASCE: American Society of Civil Engineering
CEB: Comite Eurointernational du Beton
CSA: Canadian Standards Association
IABSE: International Association for Bridge and Structural Engineering
JSCE: Japan Society of Civil Engineering
KCI: Korean Concrete Institute
KDS: Korean Design Standard

국토교통부 (2016), 도로교설계기준, 한국도로교통협회.

김우 (2015), *콘크리트구조 한계상태설계, 2판*, 동화기술, 692pp.

이정윤 (2018), “트러스모델에 근거한 철근콘크리트 보의 최대 전단철근비 평가,” *콘크리트학회 논문집*, Vol.30, No.2, pp. 217～227.

이정윤 (2020), *철근콘크리트구조, 3판*, 동화기술, 789pp.

이정윤, 김길희, 신동익 (2021), “철근콘크리트 보의 최대 설계비틀림강도 평가 (I) 최대 비틀림철근비,” *콘크리트학회 논문집* : Vol.33.

이정윤, 김길희, 신동익 (2021), “철근콘크리트 보의 최대 설계비틀림강도 평가 (II) 최대 설계전단강도와의 상관관계,” *콘크리트학회 논문집* : Vol.33.

한국콘크리트학회 (2018), *콘크리트구조학회기준*, 기문당, 637pp.

한국콘크리트학회 전단-비틀림 전문위원회 (2012), *콘크리트 구조부재의 스트럿－타이 모델 설계 예제집*, 개정판, KCI-M-06-001, 기문당, 266pp.

KDS 14 국가건설기준 (2020).

AASHTO (2003), *LRFD Bridge Design Specifications, Customary*, American Association of State Highway and Transportation Officials.

AASHTO (2014), *LRFD Bridge Design Specifications*, Customary, American Association of State Highway and Transportation Officials.

ACI-ASCE Committee 352 (2002), *Recommendation for Design of Beam-Column Connections in Monolithic Reinforced Concrete Structures*, American Concrete Institute, Farmington Hills, Michigan, 37pp.

ACI Committee 224R-01 (2001), *Control of Cracking in Concrete Structures*, American Concrete Institute, Detroit, 46pp.

ACI Committee 318 (2019), *Building Code Requirements for Structural Concrete (ACI 318R-19) and Commentary (318R-19)*, American Concrete Institute, Farmington Hills, Michigan, 519pp.

ACI Committee 363 (1992), *State-of-the-Art Report on High-Strength Concrete (ACI 363R-92)*, American Concrete Institute, Farmington Hills, Michigan, 55pp.

ACI Subcommittee 445 (2002), *Examples for the Design of Structural Concrete with Strut-and-Tie Models*, ACI SP-208, 242pp.

Adebar, P. (1994), “Testing Structural Concrete Beam Elements,” *RILEM : Material and Structure*, Vol.27, No.172, pp.445～451.

AIJ (2010), *AIJ standard for structural calculation of reinforced concrete structure*, Architectural Institute of Japan, pp.525.

AIJ (1990), *Design Guidelines for Earthquake-Resistant Reinforced Concrete Buildings Based on Ultimate Strength Concept*, Architectural Institute of Japan, 201pp.

Aoyama, H. (2001), *Design of Modern Highrise Reinforced Concrete Structures*, Imperial College Press, 442pp.

ASCE/SEI-41 (2013), *ASCE/SEI 41-13: Seismic evaluation and retrofit of existing buildings*, ASCE Reston, Virginia.

ASCE-ACI Committee 426 (1973), "The Shear Strength of Reinforced Concrete Members," *Journal of the Structural Division*, ASCE, Vol.99, No.6, pp.1091~1187.

ASCE-ACI Committee 445 on shear and torsion (1998), "Recent approaches to shear design of structural concrete," *Journal of Structural Engineering*, ASCE, Vol.124, No.12, pp.1375~1417.

Bažant, Z.P. and Gambarova, P. (1980), "Rough Cracks in Reinforced Concrete," *Journal of the Structural Division*, ASCE, Vol.106, No.4, pp.819~842.

Bažant, Z.P. and Kim, J.-K. (1984), "Size effect in shear failure of longitudinally reinforced beams," *ACI Journal*, Vol.81, No.5, pp.456~468.

Bažant, Z.P. and Yu, Q. (2005), "Designing Against Size Effect on Shear Strength of Reinforced Concrete Beams without Stirrups: I. Formulation," *Journal of Structural Engineering*, Vol.131, No.12, pp.1877~1885.

Bentz, E.C. (2009), "Shear Strength of Members without Transverse Reinforcement," *Structures Congress*, pp.1604~1611.

Bentz, E.C. and Collins M.P. (2001), *Response-2000 User Manual*, Toronto, Canada, Department of Civil Engineering, University of Toronto.

Bentz, E.C. and Collins M.P. (2006), "Development of the 2004 Canadian Standards Association(CSA) A23.3 Shear Provisions for Reinforced Concrete," *Canadian Journal of Civil Engineering*, Vol.33, No.5. pp.521~534.

Bentz, E.C., Vecchio, F.J., Collins, M.P. (2006), "Simplified Modified Compression Field Theory for Calculating Shear Strength of Reinforced Concrete Elements," *ACI Structural Journal*, Vol.103, No.4. pp.614~624.

Bolong, Z., and Yuzhou, C. (1991), "Behavior of Exterior Reinforced Concrete Beam-Column Joints Subjected to Bi-Directional Cyclic Loading," *SP-123*, American Concrete Institute, pp.69~96.

Bredt, R. (1896), "Kritische Bemerkungen zur Drehungselastizitat," *Zeitschrift des Vereines Deutscher Ingenieure*, Band 40, No.28, pp.785~790 and No.29, pp.813~817.

Briggs, M., Miller, S., Darwin, D. and Browning, J. (2007), *Bond Behavior of Grade 100 AST A1035 Reinforcing Steel in Meam-Splice Specimens*, Structural engineering and Engineering Materials, SL Report 07-1, The University of Kansas Center for Research, 83pp.

Caflisch, R., Krauss, R., and Thurlimann, B. (1971), *Biege-und Schub-versuche and teilweise Vorgespannten Betonbalken*, Serie C., Bericht 6504-3, Institut fur Baustatik, ETH, Zurich.

CEB-FIP Model Code for Concrete Structures (1991), *Evaluation of the Time Dependent Behaviour of Concrete*, Bulletin d'Information No. 199, Comite European du Béton/Fédération Internationale de la Precontrainte, Lausanne, 201pp.

CEB-FIP (2011), *Design examples for strut-and-tie models, fib* Bulletin 61, 219pp.

Chana, P.S. (1987), "Investigation of the Mechanism of Shear Failure of Reinforced Concrete Beams," *Magazine of Concrete Research*, Vol.39, No.12, pp.196~204.

Chen, W.F. (1982), *Plasticity in Reinforced Concrete*, Mac Graw-Hill, New York, 484pp.

Chen, W.F. and Drucker, D.C. (1969), "Bearing Capacity of Concrete Blocks or Rock," *Proceedings, Engineering Mechanics Division, ASCE*, Vol.95, No.4, pp.955～978.

Choi, W.-S., Park, H.-G., Chung, L., and Kim, J.K. (2014), "Experimental Study for Class B Lap Splice of 600 MPa (87 ksi) Reinforcing Bars," *ACI Structural Journal*, Vol.111, No.1, pp.49～58.

Collins, M.P. and Mitchell, D. (1991), *Prestressed concrete structures*, Prentice-Hall, Englewood Cliffs, N.J., 766pp.

Collins, M.P. and Mitchell, D., Adebar, P., Vecchio, F.J., (1996) "A General Shear Design Method," *ACI Structural Journal*, Vol.93, No.1, pp.36～60.

Collins M.P., Walsh, P.F., Archer, F.E. and, Hall, A S. (1968), "Ultimate Strength of Reinforced Concrete Beams Subjected to Combined Torsion and Bending," *Torsion of Structural Concrete, SP-18*, American Concrete Institute, Detroit, pp. 279～402.

Commission of the European Communities (1991), *Eurocode No. 2: Design of Concrete Structures*, Part 1: General Rules and Rules for Buildings. ENV 1992-1-1.

Comite European De Normalisation (CEN) (2004), *Eurocode 2: Design of Concrete Structures*, Part 1-1 General Rules and Rules for Buildings (BS EN 1992-1-1), Lausanne, Switzerland, 211pp.

Coulomb, C.A. (1787), "Researches theoriques et experimentales sur la force et surl'elasticite des fils de metal," *Histoire de l'Academic Royale des Sciences*, Paris, pp.229～269.

CSA Committee A23.3-14 (2004), *Design of Concrete Structures for Buildings (CAV3-A23.3-14)*, Canadian Standards Association, Toronto, ON, Canada, 29pp.

De Paiva, H. A., and Siess, C.P. (1965), "Strength and Behavior of Deep Beams in Shear," *Proceedings of ASCE*, Vol.91, No.ST.5, pp.19～41.

Dei Poli, S., Gambarova, P.S., and Karakoc, C. (1987), "Aggregate Interlock Role in RC Thin-Webbed Beams in Shear," *ASCE-Journal of Structural Division*, Vo.113, No 1, pp.1～19.

Dei Poli, S., di Prisco, M.D., and Gambarova, P.S. (1990), "Stress Field in Web of RC Thin-Webbed Beams Failing in Shear," *ASCE-Journal of Structural Division*, Vo.116, No.9, pp.2496～2501.

DIN 1045-1 (2001), Deutsche Norm: Tragwerke aus Beton, Stahlbeton und Spannbeton—Teil 1: Bemessung und Konstruktion. S. (Concrete, reinforced and prestressed concrete structures—Part 1: Design). Normenausschuss Bauwesen (NABau) im DIN Deutsches Institut für Normung e.V. Beuth Verl. Berlin, pp.1～148.

Elnashai, A.S., Dowling, P.J., and Aoyama, H., (2001), *Design of Modern Highrise Reinforced Concrete Structures*, Imperial college press, 442pp.

Ersoy, U. and Ferguson, P.M. (1968), "Concrete Beams subjected to Combined *Torsion and Shear-Experimental Trends," Torsion of Structural Concrete by SP 18*, American Concrete Institute, pp.441～460.

Fardis, M.N. and Buyukozturk, O. (1979), "Shear Transfer Model for Reinforced Concrete," *Journal of the Structural Division, ASCE*, Vol.105, No.2, pp.255～275.

Fenwick, R.C. (1966), *The Shear Strength of Reinforced Concrete Beams*, PhD Dissertation, University of Canterbury, Christchurch, New Zealand, 335pp.

Fenwick, R.C. and Paulay, T. (1968), "Mechanisms of Shear Resistance of Concrete Beams," *Journal of the Structural Division, ASCE*, Vol.94, No.10, pp.2325～2350.

fib Bulletin 3 (1999), *Structural Concrete Textbook on Behaviour, Design and Performance-Updated knowledge of the CEB/FIP Model Code 1990, Volume 3: Durability – Design for Fire Resistance – Member Design – Maintenance, Assessment and Repair – Practical Aspects Manual*, International Federation for Structural Concrete (fib), Lausanne, 292pp.

Filippou et al. (1998), *Effect of bond deterioration on hysteretic behavior of reinforced concrete joints, Report No. UCB/EERC 83-19*, Univ. of California, Berkeley.

Foster, S.J. (1998), "Design of Non-Flexural Members for Shear," *Cement and Concrete Composites*, Vol.20, No.6, pp.465～475.

Foster, S.J., and Gilbert, R.I. (1998), "Experimental Studies on High-Strength Concrete Deep Beams," *ACI Structural Journal*, Vol.95, No.4, pp.382～390.

Gesund, H., Schuette, F.J., Buchanan, G.R., and Gray, G.A. (1964), "Ultimate Strength in Combined Bending and Torsion of Concrete Beams Containing both Longitudinal and Transverse Reinforcement," *Journal of ACI Proceedings*, Vol. 51, No.12, pp.1509～1522.

Gupta, P.R. and Collins, M.P. (2001), "Evaluation of Shear Design Procedures for Reinforced Concrete Members under Axial Compression," *ACI Structural Journal*, Vol.98, No.4, 2001, pp.537～547.

Haroon, M., Shin, D., Lee, J.-Y., and Kim, C. (2020), "Deformability of Reinforced Concrete Columns Failing in Shear after Flexural Reinforcement Yielding," *ACI Structural Journal*, Vol.117, No.3, pp.71～90.

Hosny, A., Seliem, H.M., Rizkalla, S., and Zia, P. (2012), "Development Length of Unconfined Conventional and High-Strength Steel Reinforcing Bars," *ACI Structural Journal*, Vol.109, No.5, pp.655～664.

Hsu, T.T.C. (1968), "Torsion of Structural Concrete Plane Concrete Rectangular Members," *Torsion of Structural Concrete, SP-18*, American Concrete Institute, Detroit, pp.203～238.

Hsu, T.T.C. (1968), "Torsion of Structural Concrete-Behavior of Reinforced Concrete Rectangular Members," *Torsion of Structural Concrete, SP-18*, American Concrete Institute, Detroit, pp.261～306.

Hsu, T.T.C. (1984), *Torsion of Reinforced Concrete*, Van Nostrand Reinhold Co., New York, 515pp.

Hsu, T.T.C., (1988), "Softening Truss Model for Shear and Torsion," *ACI Structural Journal*, Vol.85, No.6, pp.624～635.

Hsu, T.T.C., (1993), *Unified Theory of Reinforced Concrete*, CRC Press, Boca Raton, Fla. 313pp.

Japan Society of Civil Engineering (2007), *Standard Specifications for Concrete Structures*, Japan Society of Civil Engineering, Japan, 469pp.

Japan Concrete Institute (1988), *JCI Colloquium on Ductility of Concrete Structures and Its Evaluation*, 466pp.

Jelic, I., Pavlovic, M.N., and Kotsovos, M.D., (1999), "A Study of Dowel Action in Reinforced Concrete Beams," *Magazine of Concrete Research*, Vol.51, No.2, pp.131～141.

Joh, O., Goto, Y., and Shibata, T. (1991), "Influence of Transverse Joint and Beam Reinforcement and Relocation of Plastic Hinge Region on Beam-Column Joint Stiffness Deterioration," *SP-123*, American Concrete Institute, pp.187～223.

Kani, G.N.J. (1964), "The riddle of shear failure and its solution," *ACI Journal Proceedings*, Vol.61, No.4, pp.441～467.

Kani, G.N.J. (1966), "Basic Facts Concerning Shear Failure," *ACI Journal Proceedings*, Vol.63, pp.675～692.

Kani, G.N.J. (1967), "How Safe Are our Large Reinforced Concrete Beams?" *ACI Journal Proceedings*, Vol. 64, No.3, pp.128～141.

Kani, M.W., Huggins, M.W., and Wittkopp, R.R. (1979), *Kani on shear in reinforced concrete*, Department of Civil Engineering, University of Toronto, Canada.

Karlsruhe, J.E. et al. (1994), *Concrete Structures Euro-Design-Handbook, 1994/96*. Edited by Josef Eibl Karlsruhe, Ernst & Sohn, Berlin, Germany, 764pp.

Kaufmanm, W. (1998), *Strength and Deformations of Structural Concrete Subjected to In-Plane Shear and Normal Forces*, Institute of Structural Engineering, Swiss Federal Institute of Technology Zurich, 147pp.

Kaufmann, W. and Marti, P. (1998), "Structural Concrete: Cracked Membrane Model," *Journal of Structural Engineering, ASCE*, Vol.124, No.12, pp1467～1475.

Khalifa, J. (1986), *Limit Analysis and Design of Reinforced Concrete Shell Elements*, Ph.D. Dissertation, Department of Civil Engineering, University of Toronto.

Kim, C., Kim, S., Kim, K.-H., Shin, D., Haroon, M., and Lee, J.-Y. (2019), "Torsional Behavior of Reinforced Concrete Beams with High-Strength Steel Bars," *ACI Structural Journal*, Vol.116, No.6, pp.251～263.

Kirschner, U. and Collins, M.P. (1986), *Investigating the Behaviour of Reinforced Concrete Shell Elements*, Toronto, Canada, Department of Civil Engineering, University of Toronto.

Kitayama, K., Otani, S., and Aoyama, H. (1991), "Development of Design Criteria for RC Interior Beam-Column Joints," *SP-123*, American Concrete Institute, pp.97～123.

Kupfer, H. (1964), "Erweiterung der Mörsch schen Fachwerkanalogie mit Hilfe des Prinzips vom Minimum der Formanderungsarbeit (Generalization of Mörsch's Truss Analogy Using the Principle of Minimum Strain Energy)," *Comite Euro-International du Beton, Bulletin d'Information, No.40*, CEB, Paris, pp.44～57.

Kupfer, H., Hilsdorf, H.K., and Rusch, H. (1969), "Behavior of concrete under biaxial stress," *ACI Journal Proceedings*, Vol.66, No.8, pp.656～666.

Lampert, P., and Thurlimann, B. (1971), "Ultimate Strength and Design of Reinforced Concrete Beams in Torsion and Bending," *IABSE*, No.31-I, pp.107～131.

Lee, J.-Y. and Choi, I.-J. (2011), "Shear Behavior of Reinforced Concrete Beams with High-Strength Stirrups," *ACI Structural Journal*, Vol.108, No.5, pp.620～629.

Lee, J.-Y., Haroon, M., Shin, D.I., and Kim, S.-W. (2021), "Shear and Torsional Design of Reinforced Concrete Members with High-Strength Reinforcement," *Journal of Structural Engineering, ASCE*, Vol.147, No.2.

Lee, J.-Y. and Hwang, H.-B. (2010), "Maximum Shear Reinforcement of Reinforced Concrete Beams," *ACI Structural Journal*, Vol.107. No.5, pp.580～588.

Lee, J.-Y. and Kim, J. (2016), "Simplified Equation Based on a Compatibility-Aided Truss Model for Shear Strength of RC Beams," *ACI Structural Journal*, Vol.113, No.5, pp. 1301～1312. 2016.12.

Lee, J.-Y., Kim, K.-H., Lee, S.H. Kim, C., and Kim, M.-H. (2018), "Maximum Torsional Reinforcement of Reinforced Concrete Beams Subjected to Pure Torsion," *ACI Structural Journal*, Vol.115, No.3, pp.749～760.

Lee, J.-Y., Kim, J.-Y., and Oh, G.-J. (2009), "Strength deterioration of reinforced concrete beam-column joints subjected to cyclic loading," *Engineering Structures*, Vol.31. No.9, pp.2070～2085.

Lee, J.-Y., Kim, S.-W., and Mansour, M.Y. (2011), "Nonlinear Analysis of Shear-Critical Reinforced Concrete Beams Using Fixed Angle Theory," *Journal of Structural Engineering, ASCE*, Vol.137, No.10, pp.1017～1029.

Lee, J.-Y. and Kim, U.Y. (2008), "Effect of Longitudinal Tensile Reinforcement Ratio and Shear Span-to-Depth Ratio on Minimum Shear Reinforcement in Beams," *ACI Structural Journal*, Vol.105. No.2, pp.134～144.

Lee, J.-Y., Lee, J.-H., Lee, DH, Hong, S.-J., and Kim, H.-Y. (2018), "Practicability of Large-Scale Reinforced Concrete Beams Using Grade 80 Stirrups," *ACI Structural Journal*, Vol.115, No.1, pp.269～280.

Lee, J.-Y. and Mansour, M.Y. (2006), "New algorithm for fixed-angle softened-truss model," *Structures and Buildings*, Vol.159, No.6, pp.349～359.

Lee, J.-Y., Mansour, M.Y., and Park, J. (2012), "Structural behavior of RC membranes having inclined steel bars," *Engineering Structures*, Vol.41, pp.146～156.

Lee, J.-Y., Park, J., Haroon, M., and Kim, C. (2019), "Longitudinal axial strain in plastic hinge regions of reinforced concrete columns," *Magazine of Concrete Research*, Vol.71, No.20, pp.1043～1069.

Lee, J.-Y., Park, J., and Kim, C. (2020), "Deformations of Reinforced-concrete Beam－Column Joint Assemblies," *Magazine of Concrete Research*, Vol.72, No.13, pp.649～669.

Lee, J.-Y. and Watanabe, F. (2003), "Predicting the Longitudinal Axial Strain in the Plastic Hinge Regions of Reinforced Concrete Beams Subjected to Reversed Cyclic Loading," *Engineering Structures*, Vol.25, No.7, pp.927～939.

Lee, J.-Y. and Watanabe, F. (2003), "Shear Deterioration of Reinforced Concrete Beams Subjected to Reversed Cyclic Loading," *ACI Structural Journal*, Vol.100, No.4, pp.480～489.

Li. B., Maekawa, K., and Okamura, H. (1991), "Modeling of Shear Transfer in Concrete Using Contact Density Function," *International Workshop on Concrete Shear in Earthquake*, Houston, USA, pp.226～235.

MacGregor, J.G. (2005), *Reinforced concrete mechanics and design*, 3rd Edition, Prentice Hall, 939pp.

MacGregor, J.G. and Ghoneim, M.G. (1995), "Design for Torsion," *ACI Structural Journal*, Vol.92, No.2, pp.211～218.

Mander, J.B., Priestley, M. J. N., and Park, R. (1988), "Theoretical stress-strain model for confined concrete." *Journal of Structural Engineering, ASCE*, Vol.114, No.8, pp.1804～1826.

Mansour, M.Y., Lee, J.-Y., and Hindi, R. (2005), "Analytical prediction of the pinching mechanism of RC elements under cyclic shear using a rotation-angle softened truss model," *Engineering Structures*, Vol.27, pp.1138～1150.

Mansour, M.Y., Lee, J.-Y., and Hsu, T.T.C. (2001), "Cyclic Stress-Strain Curves of Concrete and Steel Bars in Membrane Elements," *Journal of Structural Engineering, ASCE*, Vol.127, No.12, pp.1402～1411.

Mattock, A. H., (1974), "Shear Transfer in Concrete Having Reinforcement at an Angle to the Shear Plane," *Shear in Reinforced Concrete, SP-42*, American Concrete Institute, Farmington Hills, Mich., pp.17～42.

Mattock, A. H., and Hawkins, N. M. (1972), "Research on Shear Transfer in Reinforced Concrete," *PCI Journal*, Vol.17, No.2, pp.55～75.

McMullen, A.E. and Warwaruk, J. (1967), *The Torsional Strength of Rectangular Reinforced Concrete Beams Subjected to Combined Loading*, Report No. 2, University of Alberta, Edmonton, 162pp.

Mizar, S.A., Hatzinikolas, M., and MacGregor, J.G. (1979), "Statical Descriptions of Strength of Concrete," *Journal of Structural Engineering, ASCE*, Vol.105, No.6, pp.1021～1037.

Morsch, E. (1902), *Der Eisenbetonbau, Seine Anwendung und Theorie*, 1th Edition, Im Selbstverlag der Firma, Neustadt, 118pp.

Morsch, E. (1909), *Concrete-steel construction*, McGraw-Hill, New York.

Muguruma H. and Watanabe F. (1990) "Ductility Improvement of High Strength Concrete Columns with Lateral Confinement," *High-Strength Concrete, 2nd International Symposium, SP-121*, American Concrete Institute, pp.47～60.

Munikrisha, A., Hosny, A., Rizkalla, S. and Zia, P. (2011), "Behavior of Concrete Beams Reinforced with ASTM A1035 Grade 100 Stirrups Under Shear," *ACI Structural Journal*, Vol.108. No.4, pp.34～41.

Nadai, A. (1950), *Theory of Flow and Fracture of Solids*, Vol.1, McGraw-Hill Book, New York.

Navier. C.L. (1826), "Resume des lecons donnees a l'ecole des ponts et chaussees sur l'application de la mecanique a l'establissement des constructions et des machines," Premiere partie, Paris, pp.71～76.

New Zealand Concrete Society (1991), *Guidelines for the Use of Structural Precast Concrete in Buildings*, New Zealand Concrete Society, pp.173.

Nielsen, M.P. (1967), "Om Forskydningsarmering i Jernbetonbjaelker (On Shear Reinforcement in Reinforced Concrete Beams)," *Bygningsstatiske Meddelelser*, Vol.38, No.2, pp.33～58.

Nielsen, M.P., Braestrup, M.W., Jensen, B.C., and Bach, F. (1978), *Concrete Plasticity*, Special publication, Danish Society for Structural and Engineering.

Okamura, H. and Higai, T.(1980), "Proposed design equation for shear strength of R.C. beams without web reinforcement," *Proceeding of JSCE*, No.300, pp.131~141.

O'Leary, A.J. (1970), *Shear Flexure and Axial Tension in Reinforced Concrete Members*, PhD Dissertation, University of Canterbury, Chrischurch, New Zealand, 380pp.

Onsongo, W.M. (1978), *The Diagonal Compression Field Theory for Reinforced Concrete Beams Subjected to Combined Torsion, Flexure and Axial Loads*, Ph.D. Dissertation, Department of Civil Engineering, University of Toronto, Canada, 246pp.

Pang, X.-B.D., and Hsu, T.T.C. (1995), "Behavior of Reinforced Concrete Membrane Elements in Shear," *ACI Structural Journal*, Vol.92, No.6, pp.665~79.

Pang, X.-B.D., and Hsu, T.T.C. (1996), "Fixed Angle Softened Truss Model for Reinforced Concrete," *ACI Structural Journal*, Vol.93, No.2, pp.196~208.

Park, R. and Paulay, T. (1975), *Reinforced Concrete Structures*. John Wiley & Sons, 769pp.

Paulay, T. and Loeber, P.J. (1974), "Shear Transfer by Aggregate Interlock," *Shear in Reinforced Concrete, SP-42*, American Concrete Institute, Farmington Hills, Mich., pp.1~16.

Paulay, T., Park R., and Phillips, M.H. (1974), "Horizontal Construction Joints in Cast in Place Reinforced Concrete," *Shear in Reinforced Concrete, SP-42*, American Concrete Institute, Farmington Hills, Michigan, pp.599~616.

Paulay, T. and Priestley, M.J.N. (1992), *Seismic Design of Reinforced Concrete and Masonry Buildings*, John Wiley and Sons, New York, 744pp.

Priestle, M.J.N., Seible, F., and Calvi, G.M. (1996), *Seismic Design and Retrofit of Bridges*, John Wiley & Sons, Inc., New York, USA.

Ramberg, W. and Osgood, R. (1943), *Description of Stress-Strain Curves by Three Parameters*, Technical Note 902, National Advisory Committee for Aeronautics.

Rausch, E. (1928), *Design of Reinforced Concrete in Torsion*, PhD. thesis, Technische Hochschule, Berlin, 53pp.

Reineck, K.-H. (1991), "Modeling of Members with transverse reinforcement," *IABSE Colloquium on Structural Concrete*, IABSE Rep., IABSE, Zurich, No.62, pp.481~488.

Reineck, K.-H. (1991), "Model for Structural Concrete Members without Transverse Reinforcement," *IABSE Colloquium on Structural Concrete*, IABSE Rep., No.62, pp.643-648.

Reineck, K.-H. (2003), *Examples for the Design of Structural Concrete with Strut-and-Tie Models, SP-208*, American Concrete Institute, Farmington Hills, MI, 249pp.

Reineck, K.-H., Bentz, E,. Fitik, B., Kuchma, D.A., and Bayrak, O. (2013), "ACI-DAfStb Database of Shear Tests on Slender Reinforced Concrete Beams without Stirrups," *ACI Structural Journal*, Vol.110, No.5, pp.867~876.

Reineck, K.-H., Bentz, E,. Fitik, B., Kuchma, D.A., and Bayrak, O. (2014), "ACI-DAfStb Databases for Shear Tests on Slender Reinforced Concrete Beams with Stirrups," *ACI Structural Journal*, Vol.111, No.5, pp.1147~1156.

Ritter, W. (1899), "Die bauweise hennebique, Schweizerische Bauzeitung," Vol.33, No.7, pp.59~61.

Roller, J.J. and Russell, H.G. (1990), "Shear Strength of High-Strength Concrete Beams with Web Reinforcement," *ACI Structural Journal*, Vol.87, No.2, pp.191~198.

Sagaseta, J. and Vollum, R.L., (2011), "Influence of aggregate fracture on shear transfer through cracks in reinforced concrete," *Magazine of Concrete Research*, Vol.63, No.2, pp.119~137.

Saint-Venant, B. (1856), "Mémoire sur la torsion des prismes (lu à l'Académie le 13 juin 1853). Mémoires Des Savants Etrangers, Mémoires présentes par divers savants a REPORT ON TORSION IN

STRUCTURAL CONCRETE (ACI 445.1R-12) 91 l'Académie des Sciences, de l'institut Imperial de France et imprime par son ordre, Vol. 14, Imprimerie Impériale, Paris, pp.233～560.

Schlaich, J., and Schäfer, K. (1984), "Konstrulerenim Stahlbeton-bau," Beton-Kalender 1984, Wilhelm Ernst und Sohn, Berlin, pp.787～1004.

Schlaich, J., Schäfer, K., and Jennewein, M. (1987), "Towards a Consistent Design of Structural Concrete," *PCI Journal*, Vol.32, No.3, pp.74～150.

Seliem, H., Hosny, A., Rizkalla, S., Zia, P., Briggs, M., Miller, S., Darwin, D., Browning, J., Glass, G., Hoyt, K., Donnelly, K. and Jirsa, J. (2009), "Bond Characteristics of ASTM A1035 Steel Reinforcing Bars", *ACI Structural Journal*, Vol.106, No.4, pp.530～539.

Sezen, H., and Moehle, J.P. (2004), "Shear strength model for lightly reinforced concrete columns," *Journal of Structural Engineering*, ASCE, Vol.130, No.11, pp.1692～1703.

Shin, D.I., Haroon, M., Kim, C., Lee, B.-S., and Lee, J.-Y., (2019), "Shear Strength Reduction of Large-Scale Reinforced Concrete Beams with High-Strength Stirrups," *ACI Structural Journal*, Vol.116, No.5, pp.161～172.

Shin, D.I., Haroon, M., Yoon, S.-H., and Lee, J.-Y. (2020), "Effect of deviation angle between principal stress and diagonal reinforcement direction on seismic performance of RC coupling beams," Engineering Structures, Vol. 201, pp.110618～0.

Teraoka, M. (1997), *Study on Earthquake-Resistant Design Methods for Beam-Column Joints in High-Rise Moment-Resisting Frames*, Fusita Corporation, 505pp.

Vecchio, F. and Collins, M.P. (1986), "The Modified Compression-Field Theory for Reinforced Concrete Elements Subjected to Shear," *ACI Structural Journal*, Vol.83, No.2, pp.219～231.

Vintzeleou, E.N. and Tassios, T.P. (1986), "Mathematical Models for Dowel Action under Monotonic Conditions," *Magazine of Concrete Research*, Vol.38, pp13～22.

Walraven, J.C. (1979), *Experiments on Shear Transfer in Cracks in Concrete － Part 2*, Analysis of Results, Delft University of Technology.

Walraven, J.C. (1981), "Fundamental Analysis of Aggregate Interlock," *Journal of Structural Division, ASCE*, Vol.108, pp.2245～2270.

Watanabe, F. and Ichinose, T. (1992), "Strength and Ductility Design of RC Members Subjected to Combined Bending and Shear," *Concrete Shear in Earthquake*, edited by Hsu, T.T.C. and Mau, S.T., Elsevier Applied Science, pp. 429～438.

Watanabe, F. and Lee, J.-Y. (1998), "Theoretical Prediction of Shear Strength and Failure Mode of Reinforced Concrete Beams," *ACI Structural Journal*, Vol.95, No.6, pp.749-757.

Yokoo, Y. and Nakamura, T. (1977), "Non-stationary Hysterectic Uniaxial Stress-Strain Relations of a Wide-Flange Steel," *Transactions of AIJ*, No.260, pp.71～80.

Yoon, Y.-S., Cook, W.D., and Mitchell, D. (1996), "Minimum Shear Reinforcement in Nominal, Medium, and High-Strength Concrete Beams," *ACI Structural Journal*, Vol.93, No.5, 1996, pp.576～584.

Yu, Q. and Bažant, Z.P., (2011), "Can Stirrups Suppress Size Effect on Shear Strength of RC Beams?," *Journal of Structural Engineering*, Vol.137, No.5, pp.607～617.

Zararis, P.D. and Papadakis, G. C. (2001), "Diagonal Shear Failure and Size Effect in RC Beams without Web Reinforcement," *Journal of Structural Engineering, ASCE*, Vol.127, No.7, pp.733～742.

Zia, P. and Hsu, T.T.C. (2004), "Design for Torsion and Shear in Prestressed Concrete Flexural Members," *PCI journal*, pp.34～42.

Zsutty, T. C. (1971), "Shear Strength Prediction for Separate Categories of Simple Beam Tests," *ACI Journal, Proceedings*, Vol.68, No.2, pp.138～143.

찾아보기

아

자

차

카

타

파

하

기타

저자 : **이 정 윤**
성균관대학교 건설환경공학부 교수

저서 : 《철근콘크리트 구조》, 《프리스트레스트 콘크리트 구조》, 《스트럿-타이 모델 예제집(공저)》, 《콘크리트 건축물 구조설계 예제집(공저)》, 《구조역학(공저)》

KDS 국가건설기준 강도설계법과 한계상태설계법
철근콘크리트 전단과 비틀림 정가 42,000원

발 행 2022년 1월 10일 초판 1쇄
저 자 이정윤
발행인 정우용
발행처 도서출판 **동 화 기 술**
경기도 파주시 광인사길 201(문발동, 파주출판도시)
Tel (031)955-4211~6 donghwapub@nate.net
Fax (031)955-4217 www.donghwapub.co.kr
(등록) 1977년 12월 19일/9-16호

ISBN 978-89-425-9345-3